Peter Fischer-Stabel (Hrsg.)

Umweltinformationssysteme

Peter Fischer-Stabel (Hrsg.)

Umweltinformationssysteme

Grundlagen einer angewandten Geoinformatik/Geo-IT

3., völlig neu bearbeitete und erweiterte Auflage

Wichmann

Titelgrafik: Sentinel-2 (ESA), Autoabgase (stock.adobe.com – elcovalana), BfS-Messfeld Schauinsland (Bundesamt für Strahlenschutz), GIS-Layer (Transparenzportal Hamburg), GNSS-RTK-Rover (Leica Geosystems), App „Meine Umwelt" – Anzeige Lärmkartierung zum Thema Verkehr (Ministerium für Umwelt, Landwirtschaft und Energie Sachsen-Anhalt), Lärmkartierung in Mannheim (Stadt Mannheim), Flussaue (stock.adobe.com – RWFOTO), Tagesmittel der Feinstaubkonzentration in Deutschland (Umweltbundesamt und Bundesländer), Luftverschmutzung durch Industrie (stock.adobe.com – Ralf Geithe)

Bibliografische Information der Deutsche Nationalbibliothek
Die Deutsche Nationalbibliothek verzeichnet diese Publikation in der Deutschen Nationalbibliografie; detaillierte bibliografische Daten sind im Internet über **http://dnb.d-nb.de** abrufbar.

ISBN 978-3-87907-700-7 (Buch)
ISBN 978-3-87907-701-4 (E-Book)

Bismarckstr. 33, 10625 Berlin
www.vde-verlag.de
www.wichmann-verlag.de

Druck & Bindung: Elanders GmbH, Waiblingen
Printed in Germany 2021-07

Geleitwort

Umwelt- und Naturschutz sind im Mittelpunkt von Gesellschaft, Politik und Wirtschaft angekommen. Mehr Menschen denn je wird bewusst, was es für sie bedeutet, wenn die planetaren Grenzen fortgesetzt überschritten werden. Zugleich wird immer klarer, dass sich das gewohnte Arbeiten, Wirtschaften, Konsumieren, Mobilsein, Reisen, Ernähren usw. grundlegend ändern müssen, Wege gefunden werden sollten, all dies nicht gegen, sondern mit Natur und Umwelt zu gestalten. Und obwohl schon viele Weichen neu gestellt wurden, vom Pariser Klimaabkommen bis zum Klimaschutzgesetz in Deutschland und in der Europäischen Union: Die Geschwindigkeit der Veränderungen muss auf allen Feldern erhöht werden.

Parallel stellt die beschleunigte Digitalisierung aller Lebensbereiche das Gewohnte infrage, Geschäftsmodelle ganzer Schlüsselindustrien funktionieren nicht mehr, persönliche und politische Kommunikationsformen verändern die Art, wie wir reden und diskutieren, infolge der Covid-19-Pandemie wird unsere Arbeitswelt vollends auf digitale Grundlagen gestellt. Die sozial-ökologische und digitale Transformation erreicht eine neue Etappe.

In diesem zeitlichen Kontext erscheint die 3. Auflage dieses wichtigen Lehrbuchs über Umweltinformationssysteme. Einen besseren Zeitpunkt könnte es nicht geben. Denn mit den skizzierten tektonischen Veränderungen unserer Welt erleben wir einen Bedeutungszuwachs für die Anwendungen der Informatik, wie sie sich die Autor*innen der ersten und zweiten Auflage kaum haben vorstellen können.

Die transformatorischen Herausforderungen unserer Zeit wollen gestaltet werden, ja sie werden nur zu bewältigen sein, wenn ihre Basis interoperable Umwelt(Geo-)daten sind. Die Umweltinformationssysteme sind *der* Schlüssel, um umwelt- und naturschutzgerechtes Handeln möglich zu machen, wie die Digitalisierung insgesamt Voraussetzung dafür ist, dass etwa Energie-, Verkehrs- oder Ernährungswende gelingen. Sie lösen unsere Herausforderungen nicht als Technologie, aber ohne die Digitalisierung als technologisches Instrument funktioniert die sozial-ökologische Transformation nicht. Dezentrale erneuerbare Energien brauchen digitale Steuerung zur Versorgungssicherheit, umweltgerecht gelenkte Verkehre brauchen digitale Anwendungen, um nur zwei Beispiele zu nennen.

So verhält es sich auch bei den klassischen Themen der Umweltpolitik. Messen und Monitoren, ob lokal oder global, brauchen digitale Messnetze und Fernerkundung. Szenarienannahmen, etwa bei der Klimaanpassung, brauchen datenbasierte Modelle, möglichst straßenscharf. Die Verfolgung von Wilderern ebenso wie die Überführung von Umweltstraftätern müssen auf digitale Vollzugsdaten zurückgreifen können, um nur einige Beispiele zu nennen.

Zugleich eröffnen Daten neue Optionen: So kann digitale Sensorik helfen, das Dilemma von Artenschutz und Windenergie aufzulösen, wenn Rotorblätter frühzeitig herannahende Vögel detektieren und kurzzeitige Abschaltungen steuern. Building Information Modeling unterstützt Planer*innen und Genehmigungsbehörden bei ihrer Arbeit, ermöglicht in der Zukunft gar agile (und damit auch digital gestützte) Prozesse, die Genehmigungszeiten verkürzen können. Die Entwicklung von Geschäftsmodellen kann im Abgleich mit Umweltdaten frühzeitige Hinweise geben, ob die Idee im Einklang mit den planetaren Grenzen steht. Die Kreislaufwirtschaft braucht zu ihrem Funktionieren bei (häufig globalen) Wertschöpfungsketten an den „Übergabestellen" verlässliche Daten, Produktpässe und digitale Zwillinge sind Instrumente, mit denen gearbeitet wird. Wenige Beispiele und „Gucklöcher" in die Zukunft, die zeigen: Ohne Umweltinformationssysteme läuft bei der Zukunftsgestaltung nichts mehr. Sie sind die Instrumente für eine ökologisch und ökonomisch gute Zukunft.

Mit der europaweit einzigartigen Umweltpolitischen Digitalagenda hat das Bundesumweltministerium 2020 gezeigt, wie wichtig die Verknüpfung der Nachhaltigkeit mit der Digitalisierung ist. Künftige Umweltpolitiker*innen, Planer*innen und Verwaltungen aller Ebenen brauchen ein digitales Grundverständnis für ihre Arbeit. Diese 3. Auflage liefert dafür nicht nur das Rüstzeug, sondern zeigt überdies auf, was sich für faszinierende Möglichkeiten aus den Umweltinformationssystemen ergeben, um unsere Zukunft ökologisch zu gestalten. Denn auch darum geht es bei sozial-ökologischen Transformation: um die Lust, diese zu gestalten, unter Nutzung modernster Technologien bei klarer Zielorientierung. Die kommenden zwei Jahrzehnte sind entscheidende Jahrzehnte für das Leben aller auf diesem Planeten. Daran müssen alle Generationen und Berufe mitwirken. Die Umweltbehörden werden sich zu „Orten" weiterentwickeln, in denen verlässliche Daten für alle zu finden sind und wo sich alle Akteur*innen, die an der Transformation mitwirken, austauschen können, um die besten Lösungen zu finden. Das vorliegende Grundlagenbuch sollten dabei alle in der Tasche haben.

Ministerialdirektor Dirk Meyer
Bundesministerium für Umwelt,
Naturschutz und nukleare Sicherheit

Vorwort des Herausgebers

Sehr geehrte Leserin, sehr geehrter Leser,

seit Erscheinen der 2. Auflage im Jahre 2013 hat sich die Informationstechnik rasant weiterentwickelt, selbstverständlich auch mit Auswirkungen auf die Umweltdatenverarbeitung und -bereitstellung. Neben neuen analytischen Methoden wurden innovative Monitoringsysteme aufgebaut und Standardisierungsbemühungen zum Austausch von Daten und Diensten transnational und global unterstützt. Mobile Anwendungen sind mittlerweile aus unserem Alltag nicht mehr wegzudenken und neue Visualisierungstechniken realisieren den verständlichen Transport hochkomplexer Information zum Betrachtenden, nationale Umweltdatenportale befinden sich im Aufbau.

Für die breite Öffentlichkeit manifestiert sich die rasante Entwicklung der Digitalisierung unserer Umwelt – um nur ein Beispiel aufzugreifen – durch die Vielzahl der mittlerweile am Markt verfügbaren Smartphone-Apps zur Artbestimmung, welche auch bei technikaffinen Jugendlichen ein neues Interesse an Natur und Umwelt erzeugen. Diese innovativen Möglichkeiten dürfen uns aber nicht dazu verleiten, die Analyse und Bewertung von Umweltinformation ausschließlich Algorithmen zu überlassen. Trotz aller Fortschritte in der Informationstechnik brauchen wir weiterhin Biolog*innen, Umwelt- & Geowissenschaftler*innen, Toxikolog*innen und weitere Wissenschaftler*innen, um die richtigen Fragen zu stellen und die Ergebnisse verifizieren und einordnen zu können.

Das vorliegende Werk greift in seiner 3. Auflage die Innovationen der letzten Jahre in der Entwicklung von Umweltinformationssystemen (UIS) auf: Neben den verschiedenen Disziplinen, welche traditionell bei der Entwicklung von UIS sowohl auf der Seite der Datenprovider als auch auf der Seite der Softwaretechniker*innen und Systemintegratoren Beiträge leisten müssen, wurden in der vorliegenden Auflage auch neue Themenfelder bearbeitet, um den erweiterten Interessen der Studierenden im Rahmen einer umweltbezogenen, informationstechnischen Ausbildung Rechnung zu tragen. Die Autor*innen geben in der gebotenen Kürze eine Einführung in das jeweilige Fachgebiet, um den Leser*innen ein grundlegendes Verständnis der behandelten Thematik zu vermitteln. Die einzelnen Themen können im Rahmen von Vorlesungen und praktischen Übungen beziehungsweise im Selbststudium vertieft werden. Weiterführende Hinweise zum Selbststudium sind jeweils am Beitragsende aufgelistet bzw. können dem Literaturverzeichnis entnommen werden.

Aufgrund der Vielzahl der Beiträge musste auf das „Common Example“, welches ein solches Lehrbuch in idealer Weise durch alle Kapitel begleitet, verzichtet werden. Übungsbeispiele und -aufgaben zu den behandelten Themen werden jedoch sukzessive bereitgestellt und können auf der Homepage zum vorliegenden Buch (*http://www.umwelt-campus.de/umweltinformationssysteme/*) abgerufen werden. Dort finden sich auch weitere Beschreibungen zu ausgewählten Systemen und Tools sowie die entsprechenden URLs. Um den ohnehin komplexen Rahmen der Thematik nicht zu sprengen, wird in der vorliegenden Publikation – außer einem Übersichtsbeitrag – auf die Besonderheiten betrieblicher UIS nicht näher eingegangen.

Umweltinformationssysteme stützen sich auf ihren Inhalt, in der Hauptsache also auf Umweltdaten. Das Kapitel *Grundlagen* beschäftigt sich daher in erster Linie mit den Eigenheiten von Umweltdaten und -informationen, dem rechtlichen Rahmen sowie dem aktuellen Digitalisierungsprozess, auch in Bezug zu Natur und Landschaft. Im zweiten Teil *Datenquellen* werden ausgewählte Verfahren der Umweltdatenerfassung sowie Basis-Informationssysteme präsentiert.

Der dritte Teil *Methoden und Werkzeuge* skizziert Methoden und Systemkomponenten zur Verwaltung, Auswertung und Präsentation von Umweltdaten. *Operationelle Beispielsysteme* werden im anschließenden vierten Teil vorgestellt, ausgehend von föderalen über nationale bis hin zu transnationalen Ansätzen. Das letzte Kapitel enthält *Best-Practice-Beispiele*, in denen ausgewählte umweltfachliche Themen mit den erwähnten Daten und Methoden bearbeitet werden und den Leser*innen hierdurch die Komplexität der Verarbeitung von Umweltdaten verdeutlichen.

Das vorliegende interdisziplinär ausgerichtete Lehrbuch wendet sich an all jene, welche moderne Umweltinformationssysteme nicht nur benutzen, sondern auch verstehen und selbst gestalten wollen. Angesprochen sind Studierende der verschiedenen Umweltstudiengänge, aber auch der Informatik. Praktiker*innen, die in irgendeiner Form mit Umweltinformationen zu tun haben, kann das vorliegende Werk ebenso bei ihrer Arbeit unterstützen wie Lehrende, die auf dem weiten Feld der Geo- und Umweltinformatik aktiv sind und entsprechende Übersichtsbeiträge zur Einführung in den jeweiligen Themenbereich benötigen. Vorausgesetzt für die Lektüre des vorliegenden Buchs werden lediglich elementare Informatikkenntnisse sowie ein grundlegendes Verständnis für umweltrelevante Fragestellungen.

Den Autor*innen der verschiedenen Provenienzen möchte ich an dieser Stelle ein herzliches Dankeschön für ihre engagierte Mitarbeit aussprechen. Durch das Einhalten der Zeitvorgaben, ein konstruktives Mitwirken aller Beteiligten sowie durch interessante Diskussionen konnte die vorliegende interdisziplinär gestaltete Publikation in einem überschaubaren Zeitrahmen realisiert werden.

Den Autor*innen wurden keine Vorgaben bzgl. der Verwendung einer gendersensiblen Sprache gemacht, weshalb in den Einzelbeiträgen unterschiedliche Schreibweisen zu finden sind. Vom Herausgeber ist die wertschätzende Ansprache aller Personen sowohl bei einer ausschließlichen Wahl der männlichen als auch bei der Benennung der weiblichen und männlichen Form in den Beiträgen beabsichtigt.

Dem Verlag, insbesondere Herrn Gerold Olbrich, sei für die Betreuung, den Entwurf der Titelgrafik und die Offenheit für alle Vorschläge seitens des Herausgebers und der Autor*innen gedankt.

Ich wünsche unseren Leser*innen, dass ihnen dieses Buch eine wichtige Wissensquelle beim Lernen, Lehren und in der Praxis sei.

Trier, im Juni 2021 *Prof. Dr. Peter Fischer-Stabel*

Inhaltsverzeichnis

Geleitwort 5

Vorwort des Herausgebers 7

Teil I Grundlagen 25

1 Umweltdaten und Umweltinformationssysteme (UIS) 26
Peter Fischer-Stabel

1.1 Einführung 26
1.2 Umweltdaten und Umweltinformation 27
1.3 Umweltinformationssysteme (UIS) 29
1.3.1 Definition und Kennzeichen von UIS 30
1.3.2 Systemkategorien 31
1.3.2.1 Nationale und internationale Umweltinformationssysteme 31
1.3.2.2 Landesweite Umweltinformationssysteme 32
1.3.2.3 Kommunale Umweltinformationssysteme 32
1.3.2.4 Verwaltungsunabhängige Umweltinformationssysteme 32
1.3.2.5 Betriebliche Umweltinformationssysteme 33
1.4 Ausblick 33

2 Rechtlicher Rahmen zur Erfassung von und zum Zugang zu Umweltinformationen 35
Stefanie von Landwüst

2.1 Erfassung von Umweltinformationen 35
2.1.1 Einleitung 35
2.1.2 Bedeutung der Erhebung von Umweltinformationen bei der Zulassung von Projekten und Aufstellung von Plänen 35
2.1.3 Umweltverträglichkeitsprüfung 36
2.1.3.1 Grundsätze für Umweltprüfungen 37
2.1.3.2 Umweltinformationen als Grundlage der UVP 38
2.1.4 Projektbezogene Erhebung von Umweltinformationen 38
2.1.5 Öffentlichkeitsbeteiligung bei der Umweltverträglichkeitsprüfung 39
2.2 Rechtliche Verpflichtung zum Aufbau von UIS 39
2.3 Zugang zu Umweltinformationen 40
2.3.1 Völker- und europarechtlicher Hintergrund 41
2.3.2 Zugang zu Umweltinformationen nach dem Umweltinformationsgesetz 41
2.3.2.1 Gesetzeszweck und Anwendungsbereich 42
2.3.2.2 Informationspflichtige Stellen 42
2.3.2.3 Anspruch auf Zugang zu Umweltinformationen 42

2.3.2.4 Antrag und Verfahren 43
2.3.2.5 Ausschlussgründe 43
2.3.2.6 Verbreitung von Umweltinformationen 44
2.3.3 Bereitstellung von Umweltinformationen mittels Umweltinformationssystemen 45

3 Digitalisierung in Naturschutz und Gesellschaft 47
Michael Bilo

3.1 Von der digitalen Beschreibung zum funktionalen Dienst 47
3.1.1 Am Anfang war – der Raum 47
3.1.2 Ungleichheit gleich beschrieben 48
3.1.3 Von der Metainformation zum Portal 48
3.1.4 Vernetzung von Daten und Diensten 49
3.2 Digitalisierung und Naturschutzinformation 49
3.2.1 Neue Datengrundlagen schaffen 51
3.2.2 Neue Methoden nutzen 52
3.2.3 Perspektiven der Digitalisierung im Naturschutz 54
3.2.4 Digitalisierung im Naturschutz – für wen? 55

4 Räumliche Bezugssysteme 57
Boris Resnik

4.1 Einführung 57
4.2 Ersatzflächen für die Erdoberfläche 58
4.3 Koordinatensysteme 59
4.4 Lokale und globale Bezugssysteme 61
4.5 Erstellung des einheitlichen Raumbezugs 63
4.6 Standardisierung von Begriffen 65

5 Ein Streifzug durch zwei Jahrtausende Dokumentation und Nutzung von Umweltdaten 67
Eva Maria Klos und Peter Fischer-Stabel

5.1 Einleitung 67
5.2 Umweltbeobachtungen von der Antike bis zum Beginn der Neuzeit 68
5.3 Beginn der Neuzeit: neue Messgeräte für objektivierbare Daten 69
5.4 Präzisierung und Vernetzung von Umweltdaten ab dem 19. Jahrhundert 71
5.5 Umweltdatenerhebung ex post 74
5.6 Fazit 75

Teil II Datenquellen ... 77

6 Umweltmonitoring mit Messnetzen ... 78
Heinrich Humer, Gerald Schimak und Patrick Zwickl

6.1 Grundsätzliches ... 78
6.1.1 Daten – Information – Erkenntnis ... 79
6.2 Aufgaben eines Messnetzes ... 80
6.3 Messtechnische Grundlagen – „Wer misst, misst Mist" ... 81
6.3.1 Messen, Messgenauigkeit, Messunsicherheit ... 81
6.3.2 Erkennen von systematischen Fehlern ... 82
6.4 Daten(fern)übertragung ... 83
6.5 Qualitätsmanagement ... 83
6.6 Grenzwertüberwachung und Meldungsmanagement ... 84
6.7 Vom Messnetz zum integrierten Umweltinformationssystem ... 85
6.7.1 Vernetzung von Messnetzen ... 86
6.7.2 OGC-Dienste für globale Vernetzung von Sensoren ... 87
6.7.3 Verwendung Fernerkundungsdaten ... 87
6.8 „Internet of Things"-(IoT-)Diskurs – Masse versus Qualität? ... 88
6.9 Digitales Wartungsmanagement ... 90
6.10 Citizen-Science-Aspekte ... 91
6.11 Resümee ... 91

7 Biomonitoring ... 93
Stefan Stoll und Gerhard Wagner

7.1 Grundlagen und Methodik ... 93
7.1.1 Grundlagen ... 93
7.1.2 Auswahl geeigneter Bioindikatoren für das Biomonitoring ... 95
7.1.3 Vorzüge und Einschränkungen von Biomonitoringverfahren ... 95
7.1.4 Qualitätssicherung und Richtlinien ... 97
7.2 Anwendungen und Beispiele ... 98
7.2.1 Emittentenbezogenes Untersuchungsdesign ... 98
7.2.2 Großräumige Untersuchungen ... 99
7.2.3 Langfristige Untersuchungen (Dauerbeobachtung) ... 99
7.2.4 Bioindikation zur integralen Bewertung der ökologischen Umweltqualität ... 101

8 Biodiversität und Artbestimmung ... 105
Axel Didion und Peter Fischer-Stabel

8.1 Einführung ... 105
8.2 Artbestimmung ... 106
8.2.1 Artbestimmung mit allen fünf Sinnen ... 107
8.2.2 Visuelle Wahrnehmung ... 107
8.2.3 Auditive Wahrnehmung ... 108
8.2.4 Olfaktorische Wahrnehmung ... 109
8.2.5 Haptische Wahrnehmung ... 110

8.2.6 Gustatorische Wahrnehmung 110
8.3 Artbestimmung und neue Medien 111
8.3.1 Digitale Bestimmungsschlüssel: webbasiert und Freiland-Apps 112
8.3.1.1 Digitale Versionen von Bestimmungsliteratur 112
8.3.1.2 Artbestimmung mittels Künstlicher Intelligenz (KI) und maschinellem Lernen (MI) 112
8.3.2 Artbestimmung mittels DNA-Barcodemethode 113
8.3.3 Hardwarebezogene Ansätze zur Unterstützung von Biodiversitätsstudien 114
8.3.4 Biodiversität und Crowdsourcing 114
8.4 Ausblick 115

9 Fernerkundung – Grundlagen, Systeme und Anwendungen 118
Thomas Udelhoven, Achim Röder, Johannes Stoffels, Rebecca Retzlaff und Henning Buddenbau

9.1 Grundlagen 118
9.2 Fernerkundliche Aufnahmesysteme 119
9.2.1 Passive Aufnahmesysteme 119
9.2.1.1 Der Strahlungstransfer durch die Atmosphäre 121
9.2.1.2 Spektrale Eigenschaften von Vegetation, Boden und Wasser 124
9.2.1.3 Die zeitliche Dimension 127
9.2.1.4 Thermalfernerkundung 128
9.2.2 Aktive Fernerkundungssysteme 131
9.2.2.1 Mikrowellenfernerkundung (Radar) 131
9.2.2.2 Radarinterferometrie 134
9.2.2.3 Laserscanning: LiDAR (Light Detection and Ranging) 135
9.3 Relevante Erdbeobachtungsmissionen 137
9.3.1 Das Landsat-Programm 138
9.3.2 Das Copernicus-Programm der ESA und die Sentinels 138
9.3.3 Software 140

10 AFIS-ALKIS-ATKIS – amtliche Geobasisdaten in Rheinland-Pfalz 145
Dietrich Schürer, Dirk Fitting und Ulrich Moritz

10.1 Einführung in die amtlichen Geobasisdaten 145
10.2 Modellierung amtlicher Geobasisdaten 147
10.2.1 Einführung ins AAA-Datenmodell 147
10.2.2 AAA-Modelltheorie 148
10.2.3 Aktuelle AAA-Referenzversion 150
10.3 AFIS – amtliche Geobasisdaten des Raumbezugs 150
10.3.1 Grundlagen 150
10.3.2 Geodätische Bezugssysteme 151
10.3.3 Integrierter geodätischer Raumbezug 2016 151
10.3.4 Bereitstellung des integrierten geodätischen Raumbezugs durch SAPOS® 152
10.4 ATKIS – amtliche Geobasisdaten der Geotopographie 154
10.4.1 ATKIS – Datenbestände und Produkte 154
10.4.2 Erhebung von topographischen Landschaftsveränderungen 155

10.4.3 Führung von ATKIS-Landschaftsmodellen (ATKIS-DLM) ... 158
10.4.4 Führung von Digitalen Topographischen Karten ... 159
10.4.4.1 Führung des Topographischen Kartenwerks 1:5.000 (DTK5) ... 160
10.4.4.2 Führung der amtlichen Topographischen Kartenwerke 1:25.000 (DTK25), 1:50.000 (DTK50) und 1:100.000 (DTK100) ... 162
10.4.5 ATKIS-3D-Topographiemodelle ... 162
10.4.6 ATKIS – Digitale Orthophotos ... 164
10.5 AAA-Übermittlung von Geobasisdaten ... 164
10.5.1 Übermittlung von Geobasisdaten – ein stetiger Wandel ... 164
10.5.2 Produkte der Vermessungs- und Katasterverwaltung Rheinland-Pfalz ... 166

11 Geobasisdaten in Österreich ... 170
Bernhard Zagel

11.1 Amtliche Geobasisdaten in Österreich ... 170
11.1.1 Bundesamt für Eich- und Vermessungswesen: Produkte und Dienste ... 170
11.1.2 Geodatenportale der Bundesländer ... 173
11.1.3 Basemap.at – die digitale Verwaltungskarte ... 174
11.2 Geodätische Bezugssysteme in Österreich ... 174
11.3 Open Government Data und INSPIRE in Österreich ... 175
11.4 Weitere Geodatenquellen in Österreich ... 176

12 Geobasisdaten Schweiz ... 178
David Oesch

12.1 Einleitung ... 178
12.1.1 Geodateninfrastrukturen ... 178
12.1.2 Gesetzliche Grundlagen ... 179
12.1.3 Geobasisdaten ... 180
12.2 Kategorisierung Geobasisdaten ... 180
12.3 Metainformationen ... 181
12.4 Grundlegende Geodienste ... 182
12.5 Zugangsregelungen ... 183
12.5.1 Geobasisdaten des Bundesrechts sind öffentlich zugänglich ... 183
12.5.2 Zuständigkeit Gewährung des Zugangs Geobasisdaten des Bundesrechts ... 184
12.6 Nutzungsregelung ... 184
12.7 Gebühren/Open Data ... 185
12.7.1 Gebührenerhebung ... 185
12.7.2 Gebührenbefreite Nutzung ... 185
12.8 Ausblick ... 186

13 OpenStreetMap als Datenquelle für Umweltinformationssysteme – Grundlagen und Anwendungsbeispiele ... 188
Sven Lautenbach, Linda Sendlinger, Michael Schultz, Christina Ludwig, Carolin Klonner, Dominik Neumann und Alexander Zipf

13.1 OpenStreetMap ... 188
13.2 Datenqualität ... 190

13.3 Anwendungsbeispiele ... 192
13.3.1 meinGrün – urbane Grünflächen und optimale Routen ... 192
13.3.2 Klimaschutzkarte ... 193
13.3.3 OSM-basierte Landnutzungsdaten (OSMlanduse.org) ... 194
13.3.4 Einsatz von OSM im Bereich Treibhausgasemissionen und Klimawandel-Mitigation ... 194
13.3.5 Erfassung von Hochwasserrisikowahrnehmung ... 195
13.4 Schlussfolgerungen und Ausblick ... 196

14 BIM – die digitale Revolution in der Verkehrsinfrastrukturplanung ... 198
Alexander Bräunlich und Stephan Siegert

14.1 Die Digitalisierung des Privat- und Arbeitslebens ... 198
14.1.1 Die weit vernetzte digitale Welt im Privaten ... 198
14.1.2 BIM in der Arbeitswelt ... 199
14.2 Was ist BIM im Gegensatz zur konventionellen Planung? ... 200
14.2.1 Von den Fachmodellen zum Gesamtmodell ... 201
14.2.2 Das „Herz" eines BIM-Projekts: die CDE ... 202
14.2.3 GIS ... 203
14.2.4 Projektteams arbeiten agil und dezentral ... 204
14.2.5 Intrinsische Motivation als Erfolgsfaktor für BIM ... 205
14.3 Was sind die nächsten BIM-Schritte? ... 206

Teil III Methoden ... 209

15 Anforderungsanalyse zur Entwicklung von Umweltinformationssystemen ... 210
Stefan Naumann

15.1 Einführung ... 210
15.2 Typische Phasen der Anforderungsanalyse ... 211
15.2.1 Problemanalyse ... 211
15.2.2 Erstellung der Anforderungsspezifikation ... 212
15.2.3 Anforderungen validieren ... 213
15.3 Methoden zur strukturierten Anforderungsanalyse ... 213
15.4 Software-Werkzeuge ... 214
15.5 Fallstudie „Infosystem für junge Umweltforscher (IfU)" ... 214
15.5.1 Allgemeine Anforderungen an das System ... 215
15.5.2 Aktivitäten identifizieren: Erfassen der Use Cases ... 215
15.5.3 Evaluierung des Prototyps ... 218
15.6 Ausblick ... 218

16 Modellierung und Qualität von Daten ... 220
Rolf Krieger

16.1 Einleitung ... 220
16.2 Grundlagen ... 221

16.2.1 Phasen der Datenmodellierung ... 221
16.2.2 Konzeptioneller Datenbankentwurf ... 222
16.2.3 Logischer Datenbankentwurf ... 223
16.2.4 Physischer Datenbankentwurf ... 223
16.3 Entity-Relationship-Modell ... 224
16.3.1 Elemente des Entity-Relationship-Modells ... 224
16.3.2 Grafische Darstellung ... 226
16.4 Fallbeispiel ... 227
16.5 Informations- und Datenqualität ... 229
16.6 Resümee ... 232

17 Geoinformationssysteme (GIS) ... 234
Peter Fischer-Stabel

17.1 Einführung ... 234
17.1.1 Merkmale von Geoinformationen (GI) ... 234
17.1.2 Positionierung der Disziplin GIS ... 235
17.1.3 Entwicklungsgeschichte von GIS ... 236
17.2 Basisfunktionalitäten eines GIS ... 236
17.2.1 Erfassung und Modellierung raumbezogener Daten ... 237
17.2.2 Raumbezogene Datenverwaltung ... 238
17.2.3 Analyse raumbezogener Daten ... 238
17.2.4 Visualisierung raumbezogener Daten ... 239
17.3 Architekturen von GIS-Software ... 239
17.4 Geodaten-Services ... 240
17.4.1 Web Map Service (WMS) ... 241
17.4.2 Web Feature Service (WFS) ... 241
17.4.3 Web Coverage Service (WCS) ... 242
17.4.4 Web Processing Service (WPS) ... 242
17.5 Open-Source-GIS-Werkzeuge ... 242
17.5.1 Geospatial Data Abstraction Library (GDAL) ... 243
17.5.2 Geotools ... 243
17.5.3 GRASS GIS ... 243
17.5.4 QGIS ... 243
17.5.5 Geoserver ... 244
17.5.6 Mapserver ... 244
17.5.7 PostgreSQL/PostGIS ... 244
17.5.8 Browserbasierte Kartenclients ... 245
17.6 Ausblick ... 245

18 Geodatenbanksysteme ... 247
Thomas Brinkhoff

18.1 Einleitung ... 247
18.2 Modellierung ... 248
18.2.1 ISO 19125 Simple Feature Access ... 248
18.2.2 ISO/IEC 13249-3 SQL/MM Spatial ... 248
18.2.3 Funktionen ... 250

18.3 Räumliche Anfragebearbeitung ... 250
18.3.1 Mehrstufige Anfragebearbeitung ... 251
18.3.2 Approximationen ... 252
18.3.3 Räumliche Indexstrukturen ... 252
18.4 Nutzungsmöglichkeiten für Umweltinformationssysteme ... 254
18.5 Aktuelle Entwicklungen ... 254

19 Methoden der Positionsbestimmung/Satellitenortung ... 257
Manfred Bauer

19.1 Verfügbare Verfahren ... 257
19.1.1 Satellitenbasierte Positionsbestimmung ... 257
19.1.2 Mobilfunkbasierte Positionsbestimmung ... 258
19.1.3 WLAN-basierte Positionsbestimmung ... 259
19.1.4 Positionsbestimmung mit Tachymetrie ... 261
19.2 Satellitenortung im Detail ... 261
19.2.1 Funktionsprinzip ... 261
19.2.2 Voraussetzungen zur GNSS-Ortung – Ergebnisse der GNSS-Ortung ... 263
19.2.3 Vorhandene GNSS ... 264
19.2.4 GNSS-Genauigkeit ... 265
19.2.5 Ausgewählte GNSS-Korrekturdienste zur relativen Auswertung für Europa 266
19.2.5.1 EGNOS ... 266
19.2.5.2 Marine-DGNSS ... 266
19.2.5.3 Continuosly Operating Stations (CORS) der Vermessungsverwaltungen ... 267
19.2.6 Ausgewählte GNSS-Korrekturdienste zur absoluten Auswertung ... 267
19.2.6.1 Kostenfreie Dienste ... 267
19.2.6.2 Kostenpflichtige Dienste ... 267
19.3 Ausblick ... 267

20 KI und maschinelles Lernen – Erfassung von Expertenwissen zur Anomalie-Erkennung in Umweltdaten ... 269
Rüdiger Machhamer und Kristof Ueding

20.1 Einleitung ... 269
20.2 Datenerfassung und -vorverarbeitung ... 270
20.2.1 Datenerfassung ... 270
20.2.2 Datenvorverarbeitung ... 271
20.3 Modellbildung ... 271
20.3.1 Dichtebasiertes raumbezogenes Gruppieren mit Rauschen (DBSCAN) ... 271
20.3.2 Verwendung von DBSCAN zur Anomalie-Detektion ... 274
20.3.3 k-Nächste-Nachbarn-Algorithmus ... 274
20.3.4 Verwendung von kNN zur Anomalie-Detektion ... 275
20.3.5 Bildung des Anomalie-Modells ... 276
20.4 Live-Betrieb mit Supervised Runtime Learning ... 276
20.5 Ergebnisse und Fazit ... 277

21	**Internet of Things im Umweltmonitoring**	279
	Klaus-Uwe Gollmer und Michael Mattern	
21.1	Grundlagen	279
21.1.1	Internet der Dinge	279
21.1.2	Allgemeiner Aufbau eines IoT-Knotens	280
21.2	Technologie	280
21.2.1	Hardware (Embedded System)	280
21.2.2	Netzwerktechnik	282
21.2.3	Datenspeicherung und Visualisierung	283
21.2	Anwendung Luftgütemessung mit der IoT2-Werkstatt	284
22	**Modellbildung und Simulation**	289
	Klaus-Uwe Gollmer	
22.1	Einleitung	289
22.2	Modelle im Umweltbereich	290
22.3	Der Prozess der Modellbildung	290
22.3.1	Modelltypen	291
22.3.2	Ablauf einer Simulationsstudie	293
22.4	Software zur Simulation und Modellentwicklung	294
22.5	Anwendungsbeispiele	294
22.5.1	Fuzzy-System zur Hochwasservorhersage	294
22.5.2	Simulation von biologischen Abwasserreinigungsprozessen	295
22.5.3	Prognosemodelle in der Landwirtschaft	297
23	**Geovisualisierung und thematische Kartographie**	299
	Ariane Ruff	
23.1	Einleitung	299
23.1.1	Zielsetzung und thematische Einordnung	299
23.1.2	Begriffsdefinition „Thematische Kartographie“	300
23.1.3	Begriffsdefinition „Geovisualisierung“	300
23.2	Kartographische Grundlagen	301
23.2.1	Datenerfassung	301
23.2.2	Kartographische Modellbildung	303
23.2.3	Kartendesign	303
23.2.4	Kartengrafik	303
23.3	Regeln und Prinzipien guter Kartengrafik	305
23.3.1	Inhalte thematischer Karten	305
23.3.2	Grundsätze guter Kartengrafik	306
23.3.3	Generalisierung	307
23.3.4	Klassenbildung	309
23.4	Einsatzbereiche und aktuelle Entwicklungen	309
23.4.1	Atlanten und Fachinformationssysteme	309
23.4.2	Web-Mapping und Web-Kartographie	309

24 Extended-Reality-Technologien zur Visualisierung von Umweltinformationen ... 312
Jens Schneider

24.1 Hintergrund ... 312
24.2 Augmented Reality ... 314
24.2.1 Technische Grundlagen ... 314
24.2.2 Anwendungsbereiche ... 316
24.2.3 Entwicklungswerkzeuge ... 317
24.3 Virtual Reality ... 318
24.3.1 Technische Grundlagen ... 318
24.3.2 Anwendungsbereiche ... 319
24.3.3 Entwicklungswerkzeuge ... 320
24.4 Praxisbeispiel – Augmented Reality ... 320

25 Betriebliche Umweltinformationssysteme (BUIS) ... 324
Volker Wohlgemuth

25.1 Einleitung und Motivation ... 324
25.2 Definition ... 325
25.3 Hauptaufgabenbereiche von BUIS ... 326
25.4 Merkmale und Ausprägungen von BUIS ... 327
25.5 Beispiel für ein stoffstromorientiertes BUIS ... 331
25.6 Entwicklungspfade ... 332

26 Software für das betriebliche Umwelt- und Nachhaltigkeitsmanagement ... 335
Klaus Helling

26.1 Strukturierung der Softwareanwendungen für das betriebliche Umwelt- und Nachhaltigkeitsmanagement ... 335
26.1.1 Betriebliches Umwelt- und Nachhaltigkeitsmanagement ... 335
26.1.2 Strukturierungsansatz für Softwareanwendungen für Umwelt und Nachhaltigkeit ... 337
26.2 Fazit und Ausblick ... 340

27 Konzepte nachhaltiger Informationstechnik ... 342
Franziska Mai, Eva Kern, Timo Johann, Achim Guldner und Stefan Naumann

27.1 Einführung ... 342
27.2 Green IT und Green by IT ... 343
27.2.1 Das umweltfreundliche Rechenzentrum ... 344
27.2.2 Green IT im Alltag ... 344
27.2.3 Streaming ... 345
27.2.4 Praxisbeispiele ... 346
27.3 Grüne und nachhaltige Software ... 347
27.3.1 Green Software Engineering ... 348

27.3.2 GREENSOFT-Modell ... 349
27.4 Green IT im UIS-Bereich ... 351
27.5 Zusammenfassung und Ausblick ... 351

Teil IV Operationelle Umweltinformationssystme ... 355

28 Das Umweltinformationssystem Baden-Württemberg – im Wandel durch nachhaltige Digitalisierung ... 356
Günter Barnikel und Bastian Ellmenreich

28.1 Einführung ... 356
28.2 Rechtlicher und organisatorischer Rahmen ... 357
28.3 Entwicklung, Architektur und Komponenten ... 358
28.3.1 UIS-Generationen ... 358
28.3.2 Systemkategorien ... 359
28.3.3 Serviceorientierte Architektur ... 360
28.3.4 Zentrale Komponenten ... 360
28.3.4.1 Räumliches Informations- und Planungssystem (RIPS) ... 360
28.3.4.2 Informationssystem Wasser, Immissionsschutz, Boden, Abfall, Altlasten (WIBAS) ... 361
28.3.4.3 Naturschutzinformationssystem (NAIS) ... 361
28.3.4.4 UIS-Berichtssystem (UIS-BRS) ... 362
28.3.4.5 Umweltportal Baden-Württemberg ... 362
28.4 Herausforderungen, Planungen und Entwicklungen ... 363
28.4.1 Fernerkundungsdaten ... 363
28.4.2 Mobile Angebote und Verfahren ... 363
28.4.3 Schlüsselprojekt WIBAS-Zentralisierung ... 364
28.4.4 Neuausrichtung Umweltportal ... 364
28.4.5 Green IT ... 364

29 Das Regionale Klimainformationssystem ReKIS – eine gemeinsame Plattform für Sachsen, Sachsen-Anhalt und Thüringen ... 366
Rico Kronenberg, Johannes Franke, Tobias Neumann, Stefan Struve, Christian Bernhofer und Werner Sommer

29.1 Einleitung ... 366
29.2 ReKIS – Anliegen und Anforderungen ... 367
29.3 ReKIS – Funktionen, Werkzeuge und Datensätze ... 368
29.3.1 ReKIS EXPERT ... 369
29.3.1.1 ReKIS – Download ... 369
29.3.1.2 ReKIS – Rasterinterpolationsdienst ... 370
29.3.2 ReKIS KOMMUNAL ... 371
29.4 Ausblick und zukünftige Herausforderungen ... 371

30 Das Messnetz für die Ortsdosisleistung (ODL) ... 375
Walter Harms

30.1 Geschichte ... 375
30.1.1 Vom BZS zum BfS ... 375
30.1.2 Radioaktivität und Dosis(-leistung) ... 376
30.2 Vergleichbarkeit von Messergebnissen ... 376
30.3 Strahlen und Menschen ... 378
30.4 Anforderungen an ein ODL-Messnetz ... 379
30.4.1 Die Messnetzknoten-Entwicklung der Rechnerausstattung ... 379
30.4.2 Entwicklung der Software ... 380
30.5 Messstationen ... 381
30.5.1 Einleitung ... 381
30.5.2 Redundanz und Datenverkehr ... 382
30.5.3 Datenprüfung ... 382
30.6 Der Internetauftritt ODLinfo ... 383
30.6.1 Fukushima ... 384
30.7 Ausblick ... 385

31 Grenzüberschreitende Umweltinformation am Beispiel der Internationalen Kommission zum Schutz des Rheins ... 386
Adrian Schmid-Breton, Sophia Kesseler-Johann und Tabea Stötter

31.1 Informations- und Datenaustauschprozesse der IKSR als Basis für Umweltinformationssysteme ... 386
31.1.1 Realer Informationsaustausch und aktive Zusammenarbeit zwischen den Staaten ... 386
31.1.2 Der IKSR-Ansatz zur Bearbeitung und Bereitstellung von Daten ... 388
31.2 Vorstellung vier operationeller Umweltinformationssysteme am Rhein ... 388
31.2.1 Der internationale Warn- und Alarmplan Rhein ... 388
31.2.2 Das internationale Hochwasservorhersage- und Hochwasserwarnungssystem Rhein ... 390
31.2.3 FloRiAn: ein Instrument zur Hochwasserrisikoanalyse ... 391
31.2.4 Ein operationelles Niedrigwasserüberwachungssystem ... 392
31.3 IKSR-Kartenportal und -Rheinatlas ... 393
31.3.1 Ein Kartenportal als Instrument der Öffentlichkeitsinformation ... 393
31.3.2 Der Rheinatlas als Hochwassersensibilisierungsinstrument ... 393

32 Infrastructure for Spatial Information in Europe (INSPIRE) – Geodaten für Europa ... 395
Bettina Barth

32.1 Einleitung ... 395
32.2 INSPIRE – Geodateninfrastruktur für Europa ... 396
32.3 Aufbau der Geodateninfrastruktur Deutschland (GDI-DE) ... 399
32.4 INSPIRE-Umsetzung im Saarland (GDI-SL) ... 400
32.4.1 Koordinierungsstelle der GDI-SL – Geodatenzentrum ... 400
32.4.2 GeoPortal Saarland ... 401

32.5 INSPIRE-Umsetzung in Deutschland und Europa: Status und Ausblick 402
32.5.1 Aktueller Stand ... 402
32.5.2 Fazit und Ausblick ... 404

33 Bereitstellung von Umweltinformationen für mobile Endgeräte 406
Jana-Sophie Engelmann

33.1 Motivation ... 406
33.2 Anwendungsbereiche ... 407
33.2.1 Terrestrisch ... 407
33.2.2 Luft ... 408
33.2.3 Wasser ... 409
33.2.4 Übergreifende Konzepte ... 410
33.3 Ausblick ... 413

Teil V Best-Practise-Beispiele ... 415

34 Nachhaltigkeits- und Biodiversitätsmonitoring im Alpenraum 416
Ulrike Tappeiner, Roberta Bottarin, Thomas Marsoner, Uta Schirpke und Erich Tasser

34.1 Einleitung und Problemstellung ... 416
34.2 Nachhaltigkeitsmonitoring ... 417
34.2.1 Der Alpenatlas: ein alpenweites Nachhaltigkeitsinformationssystem zur nachhaltigen Entwicklung ... 418
34.2.2 Nachhaltigkeitsmonitoring Südtirol ... 419
34.2.3 Das grenzüberschreitende Mont-Blanc-Observatorium ... 420
34.3 Biodiversitätsmonitoring ... 420
34.3.1 Biodiversitätsmonitoring in den Alpen ... 421
34.3.2 Biodiversitätsmonitoring Schweiz ... 423
34.3.3 Biodiversitätsmonitoring Südtirol ... 423

35 Nachhaltige Landnutzung und digitale Landwirtschaft ... 426
Patrick Noack

35.1 Einleitung ... 426
35.2 Werkzeuge und Methoden ... 428
35.2.1 Werkzeuge ... 428
35.2.1.1 GNSS ... 428
35.2.1.2 Ackerschlagkartei (FMIS) ... 429
35.2.1.3 Terminals, mobile und stationäre GI-Systeme ... 429
35.3 Datenquellen ... 430
35.3.1 Rasterdaten ... 430
35.3.1.1 DOP, UAV- und Satellitendaten ... 430
35.3.1.2 Wetterdaten ... 431
35.3.1.3 Digitale Geländemodelle ... 431

35.3.2 Vektordaten ... 431
35.3.2.1 Feldgrenzen ... 431
35.3.2.2 Gewässer und Landschaftselemente ... 431
35.3.2.3 Bodenkarten ... 432
35.3.2.4 Nährstoffkarten ... 432
35.3.2.5 Sensordaten ... 432
35.4 Anwendungsbeispiel: teilflächenspezifische Grunddüngung ... 433
35.4.1 Vorbereitung und Planung ... 433
35.4.2 Durchführung der Bodenbeprobung ... 433
35.4.2.1 Erstellung der Nährstoff- und Düngekarte ... 433
35.4.2.2 Teilflächenspezifische Applikation ... 434

36 GIS-basierte Gefährdungs- und Risikoanalyse von urbanen Starkregenereignissen (Risk Mapping – Starkregenereignisse) ... 436
Laura Berresheim, Jan-Henrik Kruse und Thomas Siekmann

36.1 Starkregengefährdung – Grundlagen und Problemstellung ... 436
36.2 Gefahren- und Risikokarten für Starkregenereignisse ... 437
36.2.1 Grundlagen und Daten für die starkregenbedingte Gefährdungsanalyse ... 437
36.2.2 Vorgehensweise und Analyse ... 437
36.2.3 Klassifizierung der Ergebnisse und Bestimmung der Gefährdungsbereiche .. 438
36.2.4 Bewertung der kritischen Außengebiete ... 439
36.2.5 Bewertung potenzieller Risiken ... 441
36.2.6 Praxisbezogene Anwendung ... 441
36.3 Grenzen der Methodik ... 443
36.4 Schlussfolgerung und Ausblick ... 444

37 Informationssysteme für das Krisen- und Notfallmanagement ... 446
Horst Kremers

37.1 Herausforderungen ... 446
37.2 Governance ... 448
37.3 Synergien durch übergeordnete und begleitende Strategien und Programme 449
37.4 Management ... 450
37.5 Empfehlungen ... 450
37.6 Zukunft ... 452

38 Erneuerbare Energien ... 456
Henrik te Heesen

38.1 Grundlagen ... 456
38.1.1 Definitionen ... 456
38.1.2 Energiekennzahlen ... 457
38.2 Erneuerbare Energiesysteme ... 459
38.2.1 Windenergie ... 460
38.2.2 Photovoltaik ... 461
38.2.3 Wasserkraft ... 463
38.3 Anwendung zur energetischen Bilanzierung ... 464

39 Netzdokumentation bei einem regionalen Versorgungsunternehmen ... 467
Markus Lermen

39.1 Aufgaben der Netzdokumentation – früher und heute ... 467
39.1.1 Einführung der grafischen Datenverarbeitung bei Versorgungsunternehmen ... 467
39.1.2 Amtliche Kartenwerke als Grundlage der Netzdokumentation ... 468
39.1.3 Aktuelle Anforderungen an Netzbetreiber ... 468
39.2 Moderne IT-Architektur ... 469
39.3 Leitplanken und Orientierung – das Regelwerk der Fachverbände DVGW und VDE-FNN ... 470
39.4 Von der örtlichen Vermessung bis zur Netzauskunft – die Prozesse in der Netzdokumentation ... 470
39.4.1 Örtliche vermessungstechnische Aufnahme ... 471
39.4.2 Übergabe der Informationen ohne Medienbruch ... 472
39.4.3 Neue Entwicklungen – Einmessung per Smartphone-App ... 473
39.4.4 Datenübernahme und Bearbeitung im GIS ... 474
39.4.5 Qualitätssicherung ... 474
39.4.5.1 Empfehlungen des Regelwerks ... 474
39.4.5.2 Umsetzung in der Praxis ... 475
39.5 Anwendungsbeispiel Netzauskunft ... 476
39.6 Ausblick ... 478

40 Citizen Science – praktische Erfahrungen am Beispiel des ArtenFinders Rheinland-Pfalz ... 479
Hendrik Geyer

40.1 Umweltinformationssysteme und Citizen Science – der ArtenFinder Rheinland-Pfalz als Beispiel ... 479
40.1.1 Zielsetzung bzw. Anreiz für die Teilnehmer ... 480
40.1.2 Teilnehmer und Ehrenamtsmanagement ... 481
40.1.3 Laufzeit und Finanzierung ... 481
40.1.4 Nachhaltigkeit ... 481
40.1.5 Datenqualität ... 482
40.1.6 Zielgruppe ... 484

41 Emissionskataster ... 487
Heinrich Humer und Rudolf Orthofer

41.1 Hintergrund ... 487
41.2 Das „emikat.at"-Datenmanagementsystem ... 488
41.2.1 Das Konzept ... 489
41.2.1.1 Die Architektur ... 489
41.2.1.2 Eigenschaften ... 490
41.2.1.3 Versionsmanagement und Szenarien ... 490
41.2.1.4 Räumliche Auflösung ... 490
41.2.1.5 Emissionsquellen ... 490

41.2.1.6 Zeitliche Auflösung 491
41.2.2 Die Client-Anwendung 491
41.3 Emissionsmodellierung am Beispiel Wien 493
41.3.1 Die Eingangsdaten 493
41.3.1.1 Die Emission generierenden Aktivitäten 493
41.3.1.2 Die Emissionsfaktoren 493
41.3.1.3 Die Berechnungsmodelle 493
41.3.2 Die Ergebnisse 494
41.3.3 Benutzungsspezifische Datenzusammenstellungen (Reports) 494
41.3.3.1 Tabellen 494
41.3.3.2 Kartendarstellungen 494
41.3.3.3 Szenario-Vergleich 495
41.3.4 Beispielsergebnis: PM10-Emissionen in Wien 495
41.4 Zusammenfassung 496

Autoren 499

Stichwortverzeichnis 513

I Grundlagen

1 Umweltdaten und Umweltinformationssysteme (UIS) 26
Peter Fischer-Stabel

2 Rechtlicher Rahmen zur Erfassung von und zum Zugang zu Umweltinformationen 35
Stefanie von Landwüst

3 Digitalisierung in Naturschutz und Gesellschaft 47
Michael Bilo

4 Räumliche Bezugssysteme 57
Boris Resnik

5 Ein Streifzug durch zwei Jahrtausende Dokumentation und Nutzung von Umweltdaten 67
Eva Maria Klos und Peter Fischer-Stabel

1 Umweltdaten und Umweltinformationssysteme (UIS)

Peter FISCHER-STABEL[1]

Zusammenfassung

Umweltinformationssysteme (UIS) sind wichtige Hilfsmittel, die angesichts der ständig wachsenden Anforderungen im Umweltbereich ein schnelles und qualifiziertes Handeln sicherstellen. Sie dienen der Abbildung des Istzustands der Umwelt und können als Planungs- und Kontrollinstrumentarium dazu beitragen, Umweltveränderungen in ihrer Dynamik zu erfassen und Schadensprozesse rechtzeitig erkennbar machen. Überdies bewerkstelligen sie den öffentlichen Zugang zu Umweltdaten. Neben den Eigenschaften von Umweltdaten werden in diesem Kapitel Kennzeichen von UIS sowie unterschiedliche Systemkategorien vorgestellt. Ein Ausblick auf künftige Entwicklungen rundet dieses Kapitel ab.

1.1 Einführung

Nach MÜLLER (1994) ist es die vordringliche Aufgabe des Natur- und Umweltschutzes, die heute noch lebenden Organismenarten zu erhalten (Artenschutz), einen ganzheitlichen Schutz von Ökosystemen zu sichern (Gebiets-, Biotop- und Ökosystemschutz), natürliche Faktoren als wichtige abiotische Bestandteile von Ökosystemen (Wasser, Klima, Boden) vor Beeinträchtigungen zu bewahren und die Flächennutzungen so zu beeinflussen, dass die funktionalen Beziehungen der Lebensgemeinschaften (Biozönosen) und die naturnahen Stoff- und Energieflüsse in Ökosystemen (Naturhaushalt) nicht zerstört werden.

Eine Lösung dieser Aufgabe kann nur mittels fundierter ökosystemarer Kenntnisse, welche aus langfristigen Umweltbeobachtungen resultieren, erreicht werden. Derartige Langzeitbeobachtungen der Umwelt zur frühzeitigen Kenntnisnahme von Veränderungen erfordern die Beobachtung eines multidimensionalen Parameterraums, was ohne unterstützende Informationstechnologie nicht zu bewerkstelligen ist. Umweltinformationssysteme bieten hier ein geeignetes Set an Werkzeugen und Methoden der Informatik an, um dieser Daten- und Informationsfülle adäquat begegnen zu können.

Die Erhebung von Umweltinformationen resultiert aus gesetzlichen Vorgaben des Umweltrechts sowie aus nationalen und internationalen Gesetzen und Vereinbarungen (vgl. Kap. 2). Diese Regelungen bilden die Grundlage für die Erfüllung von Berichtspflichten, die zum Zwecke der Erfolgskontrolle von Umweltgesetzen und für die Einhaltung von internationalen Abkommen erforderlich sind (KNETSCH 2011). Bundes-Immissionsschutzgesetz (BImschG),

[1] Hochschule Trier, Umwelt-Campus Birkenfeld, Postfach 1380, 55761 Birkenfeld, p.fischer-stabel@umwelt-campus.de, www.umwelt-campus.de

Wasserhaushaltsgesetz (WHG), das Kreislaufwirtschaft- und Abfallgesetz (KrW-/AbfG) seien an dieser Stelle als Beispiele für entsprechende Regelwerke genannt.

Infolge der Verabschiedung von Konventionen und Gesetzen zum freien Zugang der Öffentlichkeit zu Umweltinformationen werden Umweltinformationssysteme neben ihren traditionellen Einsatzbereichen in Umweltmonitoring, Verwaltungsvollzug, Störfallmanagement und Forschung auch zur Information der Öffentlichkeit über den Zustand der Umwelt eingesetzt. Insbesondere mobilen Anwendungen kommt hier aufgrund des großen Interesses der Öffentlichkeit an Umweltthemen, einhergehend mit einem veränderten IT-Nutzungsverhaltens, eine immer größere Bedeutung zu (vgl. auch Kapitel 33).

Die Umsetzung der Richtlinie 2003/4/EG zum Zugang der Öffentlichkeit zu Umweltinformationen in nationales Recht und dessen Ausgestaltung im Rahmen entsprechender Länderregelungen zielte dabei in der Hauptsache auf eine verstärkte Beteiligung der Öffentlichkeit an Entscheidungsprozessen. Dieses öffentliche Interesse und der daraus ggf. resultierende Druck auf die politischen Entscheidungsträger ist letztendlich eine zentrale Voraussetzung zum Erreichen der UN-Nachhaltigkeitsziele.

Dieses Kapitel soll der Leserschaft einen Einstieg in die Thematik der Umweltinformationssysteme geben, die mit Methoden der Umweltinformatik für die verschiedensten Anwendungsbereiche entwickelt werden.

1.2 Umweltdaten und Umweltinformation

Den Begriff Umweltinformation definiert das Umweltinformationsgesetz (BGBL. 3704, 2005) in § 2, Absatz (3) wie folgt:

Umweltinformationen sind unabhängig von der Art ihrer Speicherung alle Daten über

1. *den Zustand von Umweltbestandteilen wie Luft und Atmosphäre, Wasser, Boden, Landschaft und natürliche Lebensräume einschließlich Feuchtgebiete, Küsten- und Meeresgebiete, die Artenvielfalt und ihre Bestandteile, einschließlich gentechnisch veränderter Organismen, sowie die Wechselwirkungen zwischen diesen Bestandteilen;*
2. *Faktoren wie Stoffe, Energie, Lärm und Strahlung, Abfälle aller Art sowie Emissionen, Ableitungen und sonstige Freisetzungen von Stoffen in die Umwelt, die sich auf die Umweltbestandteile im Sinne der Nummer 1 auswirken oder wahrscheinlich auswirken;*
3. *Maßnahmen oder Tätigkeiten, die*
   a) sich auf die Umweltbestandteile im Sinne der Nummer 1 oder auf Faktoren im Sinne der Nummer 2 auswirken oder wahrscheinlich auswirken oder
   b) den Schutz von Umweltbestandteilen im Sinne der Nummer 1 bezwecken; zu den Maßnahmen gehören auch politische Konzepte, Rechts- und Verwaltungsvorschriften, Abkommen, Umweltvereinbarungen, Pläne und Programme;
4. *Berichte über die Umsetzung des Umweltrechts;*
5. *Kosten-Nutzen-Analysen oder sonstige wirtschaftliche Analysen und Annahmen, die zur Vorbereitung oder Durchführung von Maßnahmen oder Tätigkeiten im Sinne der Nummer 3 verwendet werden, und*
6. *den Zustand der menschlichen Gesundheit und Sicherheit, die Lebensbedingungen des Menschen sowie Kulturstätten und Bauwerke, soweit sie jeweils vom Zustand der Umweltbestandteile im Sinne der Nummer 1 oder von Faktoren, Maßnahmen oder Tätigkei-*

ten im Sinne der Nummern 2 und 3 betroffen sind oder sein können; hierzu gehört auch die Kontamination der Lebensmittelkette (UIG § 2 (3)).

Diesem, vom Gesetzgeber sehr weit gefassten Begriff der Umweltinformation, der die thematische Zugehörigkeit von Einzelfaktoren, Maßnahmen und Dokumenten zu „Umweltthemen" beschreibt, steht aus informationstechnischer Sicht eine auf den ersten Blick einfache Definition von Umweltdaten gegenüber:

Umweltdaten zeichnen sich aus informationstechnischer Sicht dadurch aus, dass sie neben einem ***umweltfachlichen*** Bezug (z. B. Artname eines Vogels: *Athene noctua*; Messwert: Temperatur 22 °C) auch einen ***zeitlichen*** (z. B. Beobachtungszeitpunkt: 15.02.2021; 6:15 Uhr; Messzeitpunkt: 24.12.2020, 14:00 Uhr) und einen ***räumlichen*** Bezug (z. B. Beobachtungsort: Lat.: 49°36′n. B., Lon.: 7°10′ö. L.; Messstation: Umwelt-Campus Birkenfeld) haben (siehe Abb. 1.1). Ebenso wie alle sonstigen Daten sind Umweltdaten einem entsprechenden auswerterelevanten Skalenniveau (Nominal-, Ordinal-, Metrisch-) zugeordnet.

Neben diesen eigentlichen Umweltdaten (Messdaten, Beobachtungen etc.) fallen weitere, diesen Messdaten zugehörige Details wie z. B. Name des Beobachters oder Typ des Sensors, Anbringungshöhe, Exposition, Bildmaterial etc. an. Diese zusätzlichen Daten können auch als ***Metadaten*** bzw. Metainformationen bezeichnet werden. Oftmals liefern sie wertvolle Hinweise für die Interpretation der gewonnenen Messwerte.

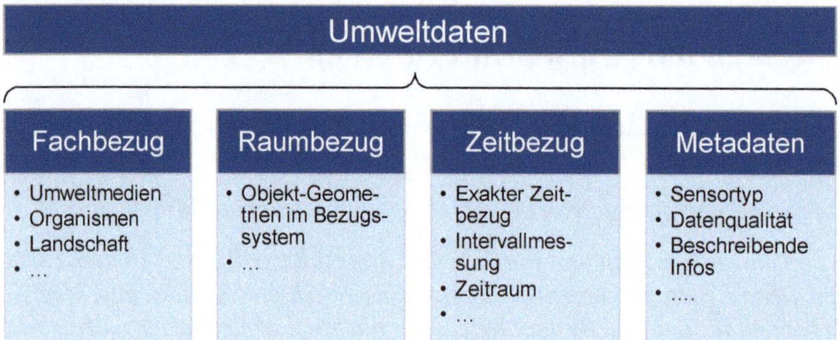

Abb. 1.1: Dimensionen von Umweltdaten

Im Gegensatz zu den Daten, die elementare Tatbestände darstellen, ist eine Information etwas Höherwertiges. Eine Information unterrichtet uns über bestimmte Sachverhalte und kann erst durch die problemorientierte Aufbereitung von Daten oder Nachrichten gewonnen werden.

Die Umweltdaten aus dem obigen Beispiel sind demzufolge erst einmal wertfrei: Weder können wir die Bedeutung unserer Steinkauz-Beobachtung noch jene unserer Temperaturmessung einordnen. Besprechen wir jedoch unsere Beobachtung mit einem erfahrenen Ornithologen, der aufgrund seiner langjährigen Arbeit mit der Auswertung avifaunistischer Daten Kenntnisse in Häufigkeit, Verbreitung und Habitatbindung dieser Art besitzt, so wissen wir, dass der Steinkauz eine im Bestand stark gefährdete Vogelart ist (Stand: 2021), die Art über ein paläarktisches Verbreitungsmuster verfügt und als charakteristischer Bewohner extensiver Streuobstwiesen regelmäßiger Brutvogel im UNESCO MaB Biosphärenreservat Bliesgau ist.

Gleiches gilt für den gemessenen Temperaturwert: Beispielsweise kann ein ortsunkundiger australischer Forschungspartner ohne Kenntnis von Messreihen der gleichen bzw. benachbarter Stationen an dem registrierten Temperaturwert nichts Ungewöhnliches finden. Nach einer Erarbeitung der Information über den jahres- und tageszeitlichen Temperaturgang im Hunsrück durch eine Auswertung historischer Daten und Messreihen wird er aber konstatieren können, dass der 24.12.2020 ein ungewöhnlich warmer Tag gewesen sein muss oder dass ein Messfehler bzw. eine Messstörung vorgelegen hat (vgl. auch Kapitel 16).

An diesen Beispielen wird deutlich, dass Umweltinformationen einerseits sehr umfangreich sein können und aufgrund der multimedialen Thematik (z. B. Wasser, Luft, Boden, Organismen) sowie der unterschiedlichen Zuständigkeiten oder unterschiedlicher Bearbeitergruppen oft verteilt vorliegen. Sie sind vielmals unvollständig (z. B. keine flächendeckende Dichte der Messstationen), unsicher (korrekte Beobachtung?), unscharf (z. B. Inter- bzw. Extrapolation von Werten), dynamisch, heterogen (z. B. regional unterschiedliche Mess- oder Auswertemethoden). Überdies ist es oft notwendig, bestehende Informationen zu kombinieren, um neue Erkenntnisse zu gewinnen (z. B. Flächennutzungswandel und Veränderung der Artenvielfalt). Insbesondere auch das Heranziehen historischer Daten und Informationen zur Ableitung eines Erkenntnisgewinns (z. B. im Bereich Klimawandel oder der Katastrophenvorsorge) zeigt die hohe Komplexität von Umweltdaten: Wir sind hier zusätzlich mit über die Zeitachse sich ändernden Messtechniken, Einheiten, Bezugsgrößen etc. konfrontiert, welche zur Vergleichbarkeit erst einmal eine Bereinigung und ggf. Transformation der Datensätze erforderlich machen. Nähere Informationen hierzu finden sich auch in Kapitel 5.

Die Umweltdatenverarbeitung erscheint somit als ein komplexes Feld. Sie stellt spezielle Anforderungen an die Erfassung und Verwaltung, Verarbeitung sowie die nutzergerechte Aufbereitung und Bereitstellung der Daten bzw. Informationen. Die Informatik als Wissenschaft der systematischen und automatisierten Informationsverarbeitung ist deshalb mit ihren Methoden und Werkzeugen integraler Bestandteil bei der Lösung von Umweltproblemen.

1.3 Umweltinformationssysteme (UIS)

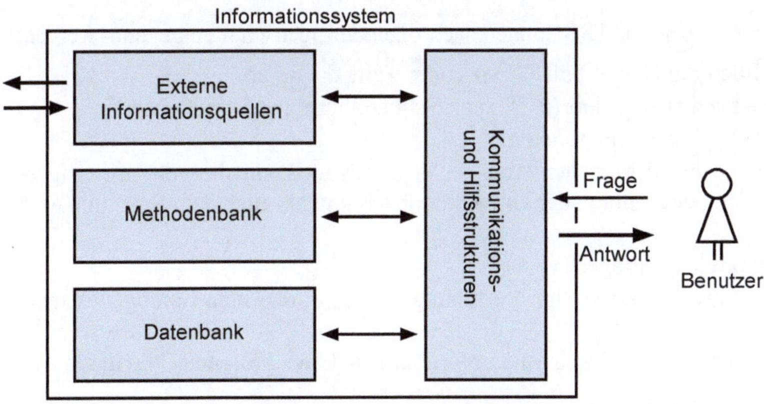

Abb. 1.2: Benutzer und Informationssystem (verändert nach ZEHNDER 2005)

Ein Informationssystem ist -generisch gesehen- eine Sammlung bzw. eine Verknüpfung von Daten sowie ein Regelwerk für die Zuständigkeit der Einrichtung, Verarbeitung, Fortführung und Nutzung dieser Daten. Informationssysteme existieren in jeder Verwaltung und jedem

Unternehmen, unabhängig davon, ob sie manuell, teilautomatisiert oder vollständig über die Datenverarbeitung realisiert sind.

Ausgangspunkt eines jeden Informationssystems ist der Benutzer. Er stellt Fragen, die das System unter Zuhilfenahme von zweckmäßig bereitgestellten Medien mittels geeigneter Methoden und Hilfsorganisationen beantwortet. Informationssysteme sind daher offene Systeme, die mit ihrer Umwelt im Informationsaustausch stehen (vgl. auch ZEHNDER 2005).

1.3.1 Definition und Kennzeichen von UIS

Umweltinformationssysteme der verschiedensten Dimensionen stellen mittlerweile wichtige Hilfsmittel dar, um angesichts der ständig wachsenden Anforderungen im Umweltbereich ein schnelles und qualifiziertes Handeln sicherzustellen. Sie dienen der Abbildung des Ist-Zustands der Umwelt und können als Planungs- und Kontrollinstrumentarium dazu beitragen, Umweltveränderungen in ihrer Dynamik zu erfassen und Schadensprozesse rechtzeitig erkennbar zu machen. Ebenso bewerkstelligen sie den Zugang zu Umweltdaten.

Aus ***informationstechnischer Sicht*** ist ein ***Umweltinformationssystem*** ein *System zur Aufnahme, Speicherung, Verarbeitung und Wiedergabe von Umweltinformationen, das aus der Gesamtheit von Daten und Verarbeitungsanweisungen besteht* (PAGE et al. 1995). Wesentliches Kennzeichen ist, dass es die Zusammenführung von mehreren Datenbeständen unter einen gemeinsamen thematischen oder auch räumlichen Bezug realisiert und einen problemorientierten Zugriff darauf ermöglicht.

Aus der Sicht der Anwender bzw. einer ***umsetzungsorientierten Sicht*** ist ein UIS *einerseits ein Instrument zur Erleichterung der Bearbeitung von Umweltfragestellungen, andererseits unterrichtet es die Öffentlichkeit über den Zustand der Umwelt.*

Eine komprimierte Übersicht über die Historie und Entwicklung des UIS-Begriffs kann dem Artikel von KNETSCH (2011) entnommen werden.

Als wesentliche Kennzeichen von UIS können nachfolgende Eigenschaften genannt werden:

- Sie decken sachlich die Umwelt als Ganzes oder Teile davon ab.
- Sie sind systematisch strukturiert (z. B. nach Schutzgütern und Verursachern).
- Sie haben eine räumliche Komponente.
- Sie dienen sowohl der historischen Analyse (z. B. Erfolgskontrolle von Umweltgesetzen), dem Vollzug, der Planung, der Umweltbeobachtung als auch dem Störfallmanagement.
- Sie geben Antworten auf Fragen.
- Sie stellen ein Instrumentarium zur Verfügung (sie sind also kein homogenes Instrument).
- Sie erleichtern den Zugriff durch Metainformations- bzw. geeignete Navigationssysteme.
- Sie informieren die Öffentlichkeit über zeitgemäße Kanäle.

Umweltinformationssysteme decken dabei das gesamte Spektrum der medial gegliederten Umweltaufgaben einer Verwaltung oder Organisation ab. Viele Systeme konzentrieren sich zunächst auf die Unterstützung des Vollzugs der gesetzlichen Pflichtaufgaben, da die Informationssysteme dort auch am schnellsten Anwendungserfolge bringen. Mittlerweile finden aber auch übergreifende Aufgaben mit hohem querschnittsorientierten Informationsbedarf

(z. B. Landschaftsplanung, Beteiligungsverfahren, Bereitstellung von Informationen nach UIG, Geodateninfrastrukturen, Standortsuche, allgemeine Bürgerdienste) Unterstützung durch UIS.

Konkrete Aufgaben, Informationen zur Architektur eines komplexen Umweltinformationssystems, aber auch die Beschreibung neuer Herausforderungen kann die Leserschaft dem Kapitel 28 zum UIS Baden-Württemberg von BARNICKEL & ELMENREICH entnehmen.

1.3.2 Systemkategorien

Durch die unterschiedliche Schwerpunktsetzung sowohl auf den verschiedenen administrativen Ebenen als auch aufgrund der umweltfachlichen Besonderheiten kann es kein UIS-Referenzsystem geben. Ein Umweltinformationssystem sollte demzufolge immer als das angesehen werden, was die jeweiligen Initiatoren darunter verstehen bzw. was im Rahmen des Requirements Engineering (vgl. Kapitel 15) als notwendige Systemeigenschaften erarbeitet wurde. Aus technischer Sicht finden eine große Anzahl heterogener IT-Komponenten in UIS Verwendung, wobei ein Schwerpunkt immer noch im Bereich Datenbanken, GIS-Komponenten, Visualisierungstechniken und Webtechnologien liegt.

Aufgrund der Vielfalt an Akteuren, die mittlerweile Umweltinformationssysteme entwickeln und betreiben, fällt es schwer, eine Klassifizierung der verfügbaren Systeme durchzuführen. Trotz aller Schwächen erachtet es der Autor aber als sinnvoll, Systemkategorien zu definieren, um insbesondere den Studierenden einen leichten Einstieg in die Thematik zu ermöglichen.

Allgemein betrachtet kann bei behördlichen UIS von einem medienübergreifenden Ansatz gesprochen werden, bei NGO oder privat betriebenen UIS liegt demgegenüber oft ein thematischer Ansatz (z. B. Biodiversität, Radionuklide, gentechnisch veränderte Organismen, regenerative Energien) vor. Eine Auswahl operationeller Beispielsysteme der unterschiedlichen Kategorien erhalten Sie unter folgender URL:
https://www.umwelt-campus.de/umweltinformationssysteme/.

1.3.2.1 Nationale und internationale Umweltinformationssysteme

Sowohl auf nationaler als auch auf europäischer und internationaler Ebene hat die Entwicklung von Informationssystemen zur Dokumentation des Zustands der Umwelt eine lange Tradition. In Deutschland wurden durch die Entwicklung des Umweltplanungs- und Informationssystems (UMPLIS) mit Gründung des Umweltbundesamts 1974 die ersten Strukturen gelegt, die sich über weitere Systeme, z. B. LANIS-Bund (Landschafts- und Naturschutzinformationssystem des Bundesamts für Naturschutz) bis hin zum nationalen Umweltportal (PortalU), weiter differenzieren und mittlerweile z. T. in Folgesystemen aufgegangen sind (siehe hierzu auch Kapitel 3). Weitere Ansätze, wie z. B. der Aufbau eines nationalen Umwelt- und Naturschutzinformationssystems UNIS-D, werden aktuell (2021) diskutiert.

Auf europäischer Ebene besteht neben dem CORINE-System (Coordinated Information on the Environment) seit dem Jahre 1994 mit dem European Environment Information and Observation Network (EIONET) ein europaweites Netzwerk aus Umweltdaten-Providern (EEA, Topic Centers, Nationale Agenturen etc.), welches die Bereitstellung qualitätsgesicherter Umweltinformationen unter Verwendung zeitgemäßer IT-Methoden zum Ziel hat. Des Weiteren werden auf europäischer Ebene durch entsprechende Initiativen und Programme (z. B.

INSPIRE-Richtlinie (siehe Kapitel 32) oder dem GMES- und Copernicus-Programm (siehe auch Kapitel 9)) eine Harmonisierung der Infrastrukturen und Dienste angestrebt.

Mit zur bedeutendsten Gruppe von transnationalen UIS gehören wohl jene, die im Rahmen des United Nations Environmental Program (UNEP) entwickelt wurden. INFOTERRA (International Environmental Information System, 1972) kann als eines der ersten internationalen UIS angesehen werden. Es dient der Koordination von Informationseinheiten, um der internationalen Wissenschaftsgemeinde einen strukturierten Zugang zu weltweiten Umweltdaten und -themen zu ermöglichen. GRID (Global Resource Information Database, 1981) als eines der ersten transnationalen UIS mit GIS-Komponente sowie GEMS (Global Environmental Monitoring System, 1975) sind weitere globale Informationssysteme, die von UNEP unterhalten werden. Weiterhin wurden zwischenzeitlich sowohl für UNESCO-MaB-Gebiete als auch für Weltkulturerbestätten und Nationalparke entsprechende transnationale Informations- und Monitoringsysteme aufgebaut.

1.3.2.2 Landesweite Umweltinformationssysteme

Diese dienen einerseits einer Verbesserung der umweltpolitischen Steuerung durch Aufzeigen von Wirkungszusammenhängen, andererseits informieren sie Politik und Öffentlichkeit über Zustand und Entwicklung der Umwelt auf Länderebene mithilfe eines entsprechenden Berichtswesens. UIS der Länder werden aufgrund der notwendigen Koordination vieler Fachsysteme und der dadurch recht komplexen Architektur mit entsprechenden finanziellen und personellen Ressourcen ausgebaut sowie gepflegt. Das UIS des Landes Baden-Württemberg kann hier aufgrund seines interdisziplinären, medienübergreifenden Ansatzes sowie aus technologischen Gesichtspunkten als ein Referenzsystem für die Gruppe der landesweiten UIS in Deutschland angesehen werden (vgl. Kapitel 28).

1.3.2.3 Kommunale Umweltinformationssysteme

Kommunale UIS haben vordergründig eine Informationsfunktion für Verwaltung, Politik und Öffentlichkeit zu erfüllen. Neben einer Optimierung der Problembearbeitung (z. B. Verursacheridentifikation) sind die Entlastung von Routinearbeiten (z. B. Anhörungsverfahren, Kommunikation von Bebauungsplänen) sowie eine Vorgangsbeschleunigung positive Effekte, die seitens der Kommunen mit der Einführung eines UIS erwartet werden (vgl. FÜRST et al. 1996). Kommunale UIS haben ihren Aufbauschwerpunkt in größeren Städten sowie in den Landkreisen, wo fachübergreifende und integrierende Systeme entwickelt werden.

1.3.2.4 Verwaltungsunabhängige Umweltinformationssysteme

Neben den behördlichen UIS der verschiedenen Verwaltungseinheiten betreiben in verstärktem Maße Verbände (z. B. Natur- und Umweltschutz, Fischerei, Jagd, Landwirtschaft), NGOs und Gesellschaften (z. B. natur- und heimatkundliche Arbeitsgemeinschaften, Beobachterringe) eigene Informationssysteme. Ausgehend von ehemals reinen Fachkatastern (z. B. Fundortdateien, Kulturgüterdatenbanken) entwickeln sich unter Verwendung der entsprechenden Werkzeuge komplexe Informationssysteme, welche die jeweiligen Interessengruppen bei der Umsetzung ihrer Verbandsarbeit unterstützen. Häufig liegen hier umfangreiche Fachdatenbestände vor, sodass auch behördliche UIS zum Teil auf diese externen Systeme zurückgreifen. Dies ist insbesondere bei floristischen und faunistischen Fragestellungen der Fall (z. B. avifaunistisches Erfassungsportal Ornitho[2]; Ocean Biogeographic Information System[3]; Global Biodiversity Information Facility GBIF[4]).

1.3.2.5 Betriebliche Umweltinformationssysteme

Ein betriebliches UIS ist nach RAUTENSTRAUCH 1999 ein organisatorisch-technisches System zur systematischen Erfassung, Verarbeitung und Bereitstellung umweltrelevanter Informationen in einem Betrieb. Es dient primär der Erfassung betrieblicher Umweltbelastungen sowie der Planung und Steuerung von Umweltschutzmaßnahmen. Betriebliche UIS bedienen sich der Konzepte und Methoden sowohl der Wirtschafts- als auch der Umweltinformatik (siehe hierzu auch die Beiträge von WOHLGEMUTH bzw. HELLING).

1.4 Ausblick

Parallel zur Entwicklung innovativer Systeme zur Erfassung (z. B. Sensor-Web-Applikationen, Copernicus Programm), Analyse (z. B. Künstliche Intelligenz & Machine Learning) und auch zur Bereitstellung von Umweltinformationen (z. B. Anwendungen für mobile Endgeräte oder z. B. für offene Sensordaten wie openSenseMap[5], NetAtmo Weathermap[6]) besteht auf dem Gebiet der UIS auch weiterhin ein großer Forschungs- und Entwicklungsbedarf, um im Sinne eines gemeinsamen europäischen bzw. globalen Netzwerks über zentrale Informationsknoten Umweltinformationen transnational aufzufinden und idealerweise in Echtzeit abrufen zu können.

Mit der Umsetzung der INSPIRE-Richtlinie in Europa wurde im Jahre 2021 immerhin die Harmonisierung eines grenzüberschreitenden Zugangs zu bei Behörden vorliegenden Geodaten erreicht[7]. Die Covid-19-Pandemie hat aber auch gezeigt, dass unter Mitarbeit aller Nationen auch auf globaler Ebene umweltfachliche Daten nach einheitlichen Standards erfasst und der interessierten Community tagesaktuell bereitgestellt werden können[8]. Insbesondere auch auf dem Gebiet des Katastrophenmanagements sind vielversprechende Lösungsansätze bereits vorhanden, wie das Beispiel Global Disaster Alert and Coordination System GDACS[9] zeigt (vgl. auch Kapitel 37).

Parallel zu den technischen Innovationen zur Erfassung, zur Auffindbarkeit und Präsentation von Umweltinformationen laufen aktuell auch F&E-Projekte, die neuartige Ansätze der Bewertung und (Online-)Kommunikation von Umweltdaten und -informationen erlauben: klima-adaptiertes Routing, Mobile-Tagging, digitale Zwillinge, Mixed Reality oder auch die digitale Bürgerbeteiligung als einige wenige Beispiele bringen neue Aspekte in die Diskussionen über den Umgang mit Umweltinformationen ein. Schließlich stellt auch der „Open-Data“-Ansatz eine vielversprechende Entwicklung für einen erweiterten Zugang zu Umweltinformationen dar.

---

[2] http://www.ornitho.de
[3] http://www.iobis.org/
[4] https://www.gbif.org
[5] https://opensensemap.org
[6] https://weathermap.netatmo.com/
[7] https://inspire-geoportal.ec.europa.eu/index.html
[8] https://coronavirus.jhu.edu/map.html
[9] https://www.gdacs.org/

Mit innovativen methodischen Ansätzen und dem Aufkommen neuer Technologien bleibt die Konzeption und der Aufbau von Umweltinformationssystemen also auch in den kommenden Jahren ein weitreichendes und interessantes Betätigungsfeld für Umweltwissenschaftler, Informatiker und Ingenieure (siehe auch FREITAG et al. 2020).

Aktuelle Informationen zu den Entwicklungen auf dem Gebiet der Umweltinformationssysteme können u. a. den Fachkonferenzen *EnviroInfo (http://www.enviroinfo.eu/), ISESS (http://www.isess.net/)* und *INTERGEO (https://www.intergeo.de)* sowie den Aktivitätsschwerpunkten und Berichten des Fachausschusses Umweltinformatik der Gesellschaft für Informatik *(www.gi.de)* entnommen werden.

Literatur

FREITAG, U., FUCHS-KITTOWSKI, F., ABECKER, A. & HOSENFELD, F. (Hrsg.) (2020): Umweltinformationssysteme – Wie verändert die Digitalisierung unsere Gesellschaft? Tagungsband des 27. Workshops des Arbeitskreises „Umweltinformationssysteme“ der Fachgruppe „Informatik im Umweltschutz‘‘ der Gesellschaft für Informatik (GI) 2020. Springer Vieweg, Wiesbaden.

FÜRST, D. et al. (1996): Umweltinformationssysteme. Problemlösungskapazitäten für den vorsorgenden Umweltschutz und politische Funktion. Beiträge zur räumlichen Planung, 46. Institut für Landesplanung und Raumforschung, Universität Hannover.

KNETSCH, G. (2011): Behördliche Umweltinformationssysteme. In: Handbuch der Umweltwissenschaften, 20. Erg.-Lfg. 3/2011.

MÜLLER, P. (1994): Chancen für eine ökologisch zweckdienliche Kooperation. In: FIL (Hrsg.): Naturnutzende Landwirtschaft. Fördergemeinschaft Integrierter Pflanzenbau, 9/1994. Rheinischer Landwirtschaftsverlag, Bonn.

PAGE, B. & HILTY, L. M. (Hrsg.) (1994): Umweltinformatik. Informatikmethoden für Umweltschutz und Umweltforschung. Oldenbourg, München.

RAUTENSTRAUCH, C. (1999): Betriebliche Umweltinformationssysteme. Grundlagen, Konzepte, Systeme. Springer, Berlin/Heidelberg/New York.

ZEHNDER, C. A. (2005): Informationssysteme und Datenbanken. 8. Aufl. vdf Hochschulverlag AG, ETH Zürich.

2 Rechtlicher Rahmen zur Erfassung von und zum Zugang zu Umweltinformationen

Stefanie VON LANDWÜST[1]

Zusammenfassung

Die Erhebung von Umweltinformationen und das Recht stehen in engem Zusammenhang: Ohne Kenntnis seiner Umweltauswirkungen und der Feststellung der Vereinbarkeit mit dem Umwelt- und Naturschutzrecht darf ein öffentliches oder privates Projekt nicht genehmigt werden. Auch für Pläne, wie z. B. einen Bebauungsplan, ist Rechtmäßigkeitsvoraussetzung, dass die Umweltauswirkungen zuvor geprüft wurden. Das Recht verpflichtet Projekt- und Planungsträger zur Erhebung von Umweltinformationen, für Genehmigungsbehörden bilden Umweltinformationen die Basis für ihre Zulassungsentscheidung und die behördliche Vollzugskontrolle.

Neben dem rechtlichen Rahmen zur Erfassung von Umweltinformationen ist das Recht der Öffentlichkeit auf freien Zugang zu Umweltinformationen auf Grundlage der Umweltinformationsgesetze (UIG) des Bundes und der Länder sowie die Beteiligung der Öffentlichkeit an umweltrelevanten Planverfahren Gegenstand dieses Beitrags.

2.1 Erfassung von Umweltinformationen

2.1.1 Einleitung

Neben der Forschung und Lehre und der Wahrnehmung staatlicher Allgemeinwohlaufgaben, wie Hochwasserschutz, Luftreinhaltung oder Biodiversitätsschutz, ist die Planung und Genehmigung von öffentlichen und privatwirtschaftlichen Projekten sowie von Fachplänen, wie z. B. Bebauungs-, Flächennutzungs- und Landschaftsplänen, ein wesentlicher Anlass für die Erhebung von Umweltinformationen. Dieses Kapitel konzentriert sich zur Veranschaulichung des rechtlichen Rahmens zur Erfassung von Umweltinformationen auf den letztgenannten Aspekt.

2.1.2 Bedeutung der Erhebung von Umweltinformationen bei der Zulassung von Projekten und Aufstellung von Plänen

Vorhaben mit komplexen und weitreichenden Auswirkungen (z. B. Verkehrswege, Hochwasserschutzanlagen, Windparks oder Industrieanlagen) werden in besonderen Verfahren

[1] Syndikusrechtsanwältin und Abteilungsleiterin Öffentliches Recht und Grunderwerb, WIGES Wasserbauliche Infrastrukturgesellschaft mbH, Blutenburgstraße 20, 80636 München, info@wiges-gmbh.de, www.wiges-gmbh.de

zugelassen. Die Genehmigungsvoraussetzungen ergeben sich zunächst aus speziellen Fachgesetzen[2].

Daneben sind bei der Zulassung dieser Projekte alle relevanten fachrechtlichen Vorschriften zu beachten. Von Relevanz sind hier insbesondere das Immissionsschutzrecht[3], die naturschutzrechtliche Eingriffsregelung[4], das Habitat- und Artenschutzrecht auf Basis der europarechtlichen Vogelschutz- und FFH-Richtlinie[5] sowie die Ziele der Wasserrahmenrichtlinie (WRRL)[6].

Die Prüfung der Vereinbarkeit eines Vorhabens mit den umwelt- und naturschutzrechtlichen Vorschriften erfolgt auf Basis der Planunterlagen und Fachgutachten, die vom Vorhabenträger zu erstellen sind. Hierzu zählen – natürlich abhängig von dem zu genehmigenden Projekt – vor allem:

- Umweltbericht
- Landschaftspflegerischer Begleitplan
- FFH-Verträglichkeitsuntersuchung
- Artenschutzbeitrag
- Fachbeitrag Wasserrahmenrichtlinie
- Schalltechnische Untersuchung
- Luftschadstofftechnische Untersuchung
- Hydrogeologischer Fachbeitrag
- Baugrunduntersuchungen
- Bodenanalysen

Für die Erstellung dieser und anderer ggf. erforderlicher Fachbeiträge bedarf es der Erhebung von Umweltinformationen.

2.1.3 Umweltverträglichkeitsprüfung

Für bestimmte Vorhaben ist neben der Genehmigung die Durchführung einer Umweltverträglichkeitsprüfung (UVP) vorgeschrieben. Diese Verpflichtung folgt aus der europarechtlichen UVP-Richtlinie[7]. Sie wurde durch das Gesetz über die Umweltverträglichkeitsprü-

---

[2] Z. B. Bundesfernstraßengesetz (FStrG), Allgemeines Eisenbahngesetz (AEG), Wasserhaushaltsgesetz (WHG), Bundesimmissionsschutzgesetz (BImSchG). Die Texte aller genannten Gesetze und Verordnungen sind im Internet unter www.gesetze-im-internet.de (2021) abrufbar.

[3] Z. B. Verkehrslärmschutz gemäß § 41 ff. BImSchG i. V. m. der Verkehrslärmschutzverordnung (sog. 16. BImSchV).

[4] §§ 14 ff. Bundesnaturschutzgesetz (BNatSchG).

[5] Richtlinie 2009/147/EG des Europäischen Parlaments und des Rats vom 30.11.2009 über die Erhaltung der wildlebenden Vogelarten (Vogelschutz-Richtlinie) und Richtlinie 92/43/EWG des Rats vom 21.05.1992 zur Erhaltung der natürlichen Lebensräume sowie der wildlebenden Tiere und Pflanzen (FFH-Richtlinie, auch als Habitatschutz-Richtlinie bezeichnet). Die in diesem Beitrag genannten EU-Richtlinien sind im Internet unter www.eur-lex.europa.eu (2021) abrufbar.

[6] Richtlinie 2000/60/EG des Europäischen Parlaments und des Rats vom 23.10.2000 zur Schaffung eines Ordnungsrahmens für Maßnahmen der Gemeinschaft im Bereich der Wasserpolitik (Wasserrahmenrichtlinie).

[7] Richtlinie 85/337/EWG des Rats vom 27.06.1985 über die Umweltverträglichkeitsprüfung bei bestimmten öffentlichen und privaten Projekten, ersetzt durch die Richtlinie 2011/92/EU vom 13.12.2011, geändert durch die Richtlinie 2014/52/EU vom 16.04.2014.

fung (UVPG) in deutsches Recht umgesetzt. Die Anlage 1 zum UVPG enthält eine Auflistung von Projekten, die UVP-pflichtig sind.

2.1.3.1 Grundsätze für Umweltprüfungen

Die UVP ist eines der wichtigsten Instrumente des vorsorgenden Umweltschutzes. Durch sie sollen möglichst frühzeitig die Umweltauswirkungen von Projekten unter Einbeziehung der Öffentlichkeit ermittelt, beschrieben und bewertet werden. Aufgrund des integrativen und medienübergreifenden Ansatzes sind bei der UVP alle unmittelbaren und mittelbaren Umweltauswirkungen eines Projekts einschließlich der zwischen den einzelnen Beeinträchtigungen bestehenden ökologischen Wechselbeziehungen zu berücksichtigen[8]. Prüfungsgegenstand sind folgende umweltrelevanten Schutzgüter (§ 2 Abs. 1 UVPG):

1. Menschen, insbesondere die menschliche Gesundheit,
2. Tiere, Pflanzen und die biologische Vielfalt,
3. Fläche, Boden, Wasser, Luft, Klima und Landschaft,
4. kulturelles Erbe und sonstige Sachgüter sowie
5. die Wechselwirkungen zwischen den vorgenannten Schutzgütern.

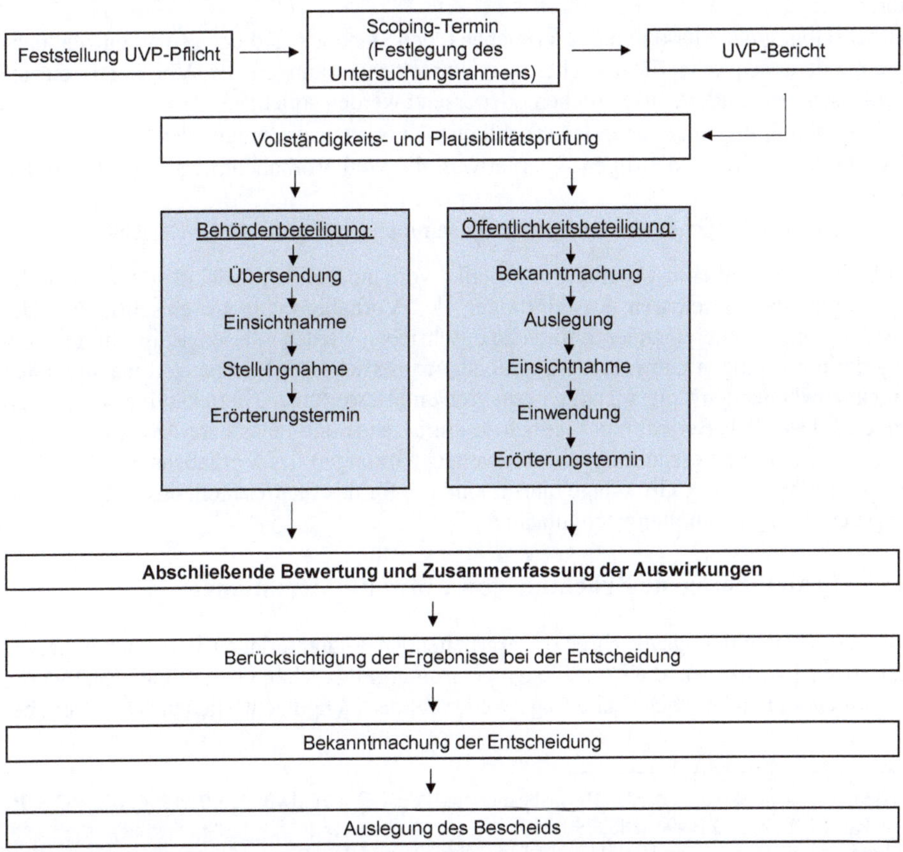

Abb. 2.1: Schematischer Ablauf einer Umweltverträglichkeitsprüfung

[8] Vgl. SCHINK (2018), Einleitung, Rn. 1.

Die UVP wird nicht in einem selbstständigen Verfahren durchgeführt, sondern in das Genehmigungsverfahren integriert (§ 4 UVPG). Zuständig für die Durchführung der UVP ist damit die Genehmigungsbehörde. Die bei der UVP gewonnenen Erkenntnisse sind bei der Entscheidung über die Zulassung des Projekts zu berücksichtigen[9].

Bei der Aufstellung und Änderung von Plänen und Programmen tritt an die Stelle der UVP die sog. Strategische Umweltprüfung (SUP), die in den §§ 33 ff. UVPG geregelt ist.

Das Schema in Abbildung 2.1 zeigt überblicksartig den Ablauf einer UVP[10].

2.1.3.2 Umweltinformationen als Grundlage der UVP

Ein zentrales Element, gerade mit Blick auf die Erhebung vom Umweltinformationen, ist der sog. UVP-Bericht. Er ist eine maßgebliche Entscheidungsgrundlage für die Behörde bei der Feststellung der Umweltverträglichkeit eines Vorhabens. Regelungen hierzu enthält § 16 UVPG. Hiernach muss der UVP-Bericht mindestens enthalten:

- Beschreibung des Vorhabens (z. B. Standort, Art, technische Ausgestaltung, Größe);
- Beschreibung der Umwelt im Untersuchungsgebiet (Bestandsaufnahme und -bewertung);
- Beschreibung der Merkmale des Vorhabens, des Standorts und der geplanten Maßnahmen, mit denen erhebliche nachteilige Umweltauswirkungen des Vorhabens ausgeschlossen, vermindert, ausgeglichen oder ersetzt werden sollen;
- Beschreibung der zu erwartenden erheblichen Umweltauswirkungen des Vorhabens;
- Beschreibung der vernünftigen Alternativen, die vom Vorhabenträger geprüft worden sind;
- allgemeinverständliche, nichttechnische Zusammenfassung des UVP-Berichts.

Da im UVP-Bericht alle im Untersuchungsgebiet vorhandenen UVP-Schutzgüter sowie die unmittelbaren und mittelbaren Auswirkungen des Vorhabens auf sie einschließlich der Wechselwirkungen untereinander umfassend beschrieben werden müssen, ist hierfür eine Erhebung der notwendigen Umweltinformationen erforderlich. Das Europarecht macht zu den konkret anzuwendenden Untersuchungsverfahren und Bewertungskriterien keine besonderen Vorgaben[11]. Der UVP-Bericht muss jedoch so umfassende und belastbare Aussagen enthalten, dass die konkrete Feststellung von Umweltauswirkungen des Vorhabens auf die UVP-Schutzgüter möglich ist[12]. Grundlage hierfür sind die für das Planfeststellungs- oder Genehmigungsverfahren eingeholten Fachgutachten.

2.1.4 Projektbezogene Erhebung von Umweltinformationen

Die für das Genehmigungsverfahren zu erarbeitenden Planunterlagen und Fachgutachten müssen, soweit vorhanden, die gesetzlichen oder untergesetzlichen Grenz- bzw. Richtwerte, DIN-Normen und andere technische Regelwerke bei der fachgutachterlichen Bewertung be-

---

9 Zu den Wesensmerkmalen der UVPs. insbesondere BVerwG, Urteil vom 25.01.1996, Az. 4 C 5.95, juris Rn. 23 ff., NVwZ 1996, 788, 790.

10 Nähere Informationen sind z. B. auf dem UVP-Portal des Bundes unter https://www.uvp-portal.de/de/wissenswertes (2021) zu finden.

11 BVerwG, Urteil vom 25.01.1996, Az. 4 C 5.95, juris Rn. 27, NVwZ 1996, 788, 792.

12 Reidt & Augustin (2018), § 16, Rn. 29.

rücksichtigen[13]. So enthält beispielsweise die 16. BImSchV[14] Immissionsgrenzwerte für Verkehrslärm bei Bau oder wesentlicher Änderung von Straßen und Schienenwegen, die TA Luft[15] Immissionsrichtwerte für luftverunreinigende Stoffe oder die Abwasserverordnung[16] Grenzwerte für das Einleiten von Abwasser in Gewässer. Diese Normen legen zudem die Methodik für die Ermittlung und Bewertung der Emissionen bzw. Immissionen fest. Insbesondere im Naturschutzrecht fehlen jedoch häufig normierte Grenz- oder Richtwerte sowie normativ vorgeschriebene Ermittlungs- und Bewertungsmethoden. Hier ist ein Rückgriff auf anerkannte Fachkonventionen[17] oder sonstige plausible Methoden[18] zulässig und erforderlich. Fehlen auch anerkannte Standardmethoden, gilt nach der Rechtsprechung weitestgehend eine Methodenfreiheit. Die angewandte Methode muss dem aktuellen Stand der Wissenschaft entsprechen, fachlich anerkannt und transparent, funktionsgerecht sowie in sich schlüssig ausgestaltet sein[19]. Selbstverständlich ist, dass die gewählte Methode richtig angewendet werden muss.

2.1.5 Öffentlichkeitsbeteiligung bei der Umweltverträglichkeitsprüfung

Neben der fachlichen Prüfung der Umweltauswirkungen eines Vorhabens ist ein weiteres wichtiges Element der UVP die Verpflichtung zur Beteiligung der Öffentlichkeit. Diese ist in §§ 18 ff. UVPG geregelt. Die Öffentlichkeitsbeteiligung soll zum einen die zuständige Behörde mit weiteren umweltrelevanten Informationen versorgen und zum anderen die UVP für die Öffentlichkeit transparent und nachvollziehbar machen[20]. Die Öffentlichkeit erhält auf diese Weise Informationen über die Umweltauswirkungen eines UVP-pflichtigen Vorhabens und kann sich hierzu äußern. Das Verfahren zur Beteiligung der Öffentlichkeit an UVP gliedert sich in mehrere Schritte: die ortsübliche Bekanntmachung des Verfahrens, die öffentliche Auslegung der Unterlagen, die Gelegenheit zur Äußerung der betroffenen Öffentlichkeit und den Erörterungstermin.

2.2 Rechtliche Verpflichtung zum Aufbau von UIS

Neben der projektbezogenen Erfassung von Umweltinformationen sind die rechtlichen Vorgaben für die Schaffung von Umweltinformationssystemen zu betrachten.

---

13 S. BVerwG, Urteil vom 17.12.2013, Az. 4 A 1.13, juris Rn. 35 ff., BVerwGE 148, 353, 362; REIDT & AUGUSTIN (2018), § 16, Rn. 30.

14 Verkehrslärmschutzverordnung – 16. BImSchV.

15 Technische Anleitung zur Reinhaltung der Luft – TA Luft.

16 Verordnung über Anforderungen an das Einleiten von Abwasser in Gewässer.

17 KALLERHOFF & FELLENBERG (2018), § 26, Rn. 35; z. B. „Arbeitshilfe Vögel und Straßenverkehr", BMVBS, 2012, erstellt auf Grundlage der Studie „Vögel und Verkehrslärm" von GARNIEL et al. 2007; „Fachinformationssystem und Fachkonventionen zur Bestimmung der Erheblichkeit im Rahmen der FFH-VP", LAMBRECHT & TRAUTNER, 2007.

18 Z. B. die Revierkartierung für Brutvögel nach den Methodenstandards von SÜDBECK et al. (Hrsg.), 2005.

19 BVerwG, Beschluss vom 02.10.2014, Az. 7 A 14.12, juris Rn. 6, DVBl. 2015, 95; VGH München, Urteil vom 19.02.2014, Az. 8 A 11.40040, juris Rn. 683.

20 DIPPEL (2018), § 18, Rn. 1 f.

Von Relevanz ist insbesondere die sog. INSPIRE-Richtlinie (INfrastucture for SPatial InfoRmation in Europe) auf Ebene der Europäischen Union[21]. Die Richtlinie ist am 15.05.2007 in Kraft getreten und verpflichtet die Mitgliedstaaten, Geobasisdaten sowie in den Anhängen der Richtlinie näher spezifizierte Geofachdaten stufenweise bereitzustellen. Ziel der INSPIRE-Richtlinie ist, die grenzübergreifende Nutzung von Geodaten in Europa zu erleichtern und eine europäische Geodateninfrastruktur (GDI) aufzubauen, um die gemeinschaftliche Umweltpolitik zu fördern. Ein weiteres Ziel ist die Vereinfachung des Zugangs zu und die Nutzung von Geodaten für Bürger, Verwaltung und Wirtschaft. Unter bestimmten Voraussetzungen müssen daher geodatenhaltende Stellen ihre Geodaten bzw. entsprechende Metadaten bereitstellen. Allerdings kann der Zugang der Öffentlichkeit zu Geodaten zum Schutz öffentlicher oder sonstiger Belange beschränkt werden. Hier spielen insbesondere sicherheitsrelevante Geodaten kritischer Infrastrukturen, personenbezogene Daten und Geschäfts- und Betriebsgeheimnisse eine Rolle. Auf Grundlage der INSPIRE-Richtlinie hat die Europäische Kommission fünf Durchführungsbestimmungen (zu Metadaten, Netzdiensten, Interoperabilität von Geodatensätzen und -diensten, harmonisierten Zugangsbedingungen sowie Überwachung und Berichterstattung) erlassen, die als EU-Verordnungen oder -Entscheidungen unmittelbar in den Mitgliedstaaten gelten und Vorgaben für den Aufbau der GDI enthalten. Daneben gibt es begleitende, rechtlich nicht bindende Umsetzungsanleitungen.

Als europäische Richtlinie war sie bis zum 15.05.2009 in nationales Recht umzusetzen. Aufgrund der föderalen Struktur der Bundesrepublik Deutschland waren neben dem Geodatenzugangsgesetz des Bundes (GeoZG)[22] auch auf Länderebene entsprechende Gesetze zu erlassen[23], sodass es in Deutschland insgesamt 17 Gesetze zur Umsetzung der INSPIRE-Richtlinie gibt. Das GeoZG des Bundes gilt für geodatenhaltende Stellen des Bundes und der bundesunmittelbaren juristischen Personen des öffentlichen Rechts, wohingegen die GeoZG der Länder für die geodatenhaltenden Stellen des jeweiligen Bundeslandes, seiner Gemeinden und Gemeindeverbände, seiner Landkreise und der unter ihrer Aufsicht stehenden juristischen Personen des öffentlichen Rechts gelten[24]. Bund und Länder haben eine Verwaltungsvereinbarung geschlossen, um ihre Geodaten auf standardisierte und einfache Weise über das Internet bereitzustellen[25]. Hierfür wird die „Geodateninfrastruktur Deutschland" (GDI-DE) aufgebaut und in die europäische GDI eingebunden.

2.3 Zugang zu Umweltinformationen

Nach dem geltenden Umweltrecht auf völkerrechtlicher, europäischer und nationaler Ebene hat die Öffentlichkeit das Recht, Informationen über die Umwelt zu erhalten. Behörden sind

---

[21] Richtlinie 2007/2/EG vom 14. März 2007 des Europäischen Parlaments und des Rats zur Schaffung einer Geodateninfrastruktur in der Europäischen Gemeinschaft (INSPIRE).

[22] Gesetz über den Zugang zu digitalen Geodaten (Geodatenzugangsgesetz – GeoZG) vom 10.02.2009.

[23] Vgl. z. B. Bayerisches Geodateninfrastrukturgesetz (BayGDIG) vom 22.07.2008; Gesetz über den Zugang zu digitalen Geodaten Nordrhein-Westfalen (Geodatenzugangsgesetz – GeoZG NRW) vom 17.02.2009.

[24] Zur Umsetzung der INSPIRE-Richtlinie in Niedersachsen: WILLGALIS/GÖBEL, NaVKV 2011, S. 12 ff.

[25] Vgl. https://www.gdi-de.org/ (2021); Zu praktischen Erfahrungen mit der Bereitstellung von Geodaten in Deutschland s. WITT & KAUßEN, Praxistauglichkeit frei verfügbarer Geodaten in Deutschland, NuL 2020, S. 473 ff.

verpflichtet, Umweltinformationen in der Öffentlichkeit zu verbreiten. Wesentliches Ziel des Umweltinformationsrechts ist, das Umweltbewusstsein der Bürgerinnen und Bürger zu stärken, einen freien Meinungsaustausch und eine wirksamere Teilnahme der Öffentlichkeit an Entscheidungsverfahren in Umweltfragen zu ermöglichen und letztendlich so den Umweltschutz zu verbessern[26].

2.3.1 Völker- und europarechtlicher Hintergrund

Ein Grundpfeiler des Umweltinformationsrechts ist das völkerrechtliche „Übereinkommen über den Zugang zu Informationen, die Öffentlichkeitsbeteiligung an Entscheidungsverfahren und den Zugang zu Gerichten in Umweltangelegenheiten", das am 25.06.1998 in Aarhus (Dänemark) von der Wirtschaftskommission der Vereinten Nationen für Europa (UNECE) geschlossen und als „Aarhus-Konvention" bekannt wurde. Vertragsparteien sind u. a. nicht nur die Mitgliedstaaten der Europäischen Union, sondern auch die Europäische Union selbst. Die Aarhus-Konvention besteht aus drei Säulen, nämlich dem freien Zugang zu Umweltinformationen (Art. 4), der Öffentlichkeitsbeteiligung an Entscheidungsverfahren (Art. 6 – 8) und den Zugang zu Gerichten in Umweltangelegenheiten (Art. 9).

Zur Umsetzung der Aarhus-Konvention wurde im Jahr 2003 auf europäischer Ebene u. a. die Richtlinie 2003/4/EG über den Zugang der Öffentlichkeit zu Umweltinformationen (UI-Richtlinie) erlassen. Sie hat zum Ziel, der Öffentlichkeit freien Zugang zu Umweltinformationen, die bei Behörden vorhanden sind oder für sie bereitgehalten werden, zu verschaffen und die Umweltinformationen in der Öffentlichkeit zu verbreiten. Die UI-Richtlinie hat die Richtlinie 90/313/EWG[27] aufgehoben, welche im Jahr 1990 erstmals den Anspruch der Öffentlichkeit auf freien Zugang zu Umweltinformationen schuf. Im Vergleich zur Richtlinie 90/313/EWG erweiterten die Aarhus-Konvention und die UI-Richtlinie den Anspruch auf Umweltinformationen um die Verpflichtung der Behörden, Umweltinformationen so umfassend wie möglich öffentlich zugänglich zu machen und zu verbreiten, insbesondere unter Verwendung von Informations- und Kommunikationstechnologien.

2.3.2 Zugang zu Umweltinformationen nach dem Umweltinformationsgesetz

Die Richtlinie 90/313/EWG wurde mit dem Umweltinformationsgesetz (UIG) des Bundes vom 08.07.1994 in deutsches Recht umgesetzt. Da nach der Aarhus-Konvention und Inkrafttreten der UI-Richtlinie eine Anpassung an die neue Rechtslage notwendig wurde, hat der Bund das UIG neugefasst[28]. Den gemeinschaftsrechtlichen Vorgaben hat der deutsche Gesetzgeber kaum eigene Akzente hinzugefügt und die UI-Richtlinie oft 1:1 umgesetzt[29]. Aufgrund neuerer Entscheidungen des Bundesverwaltungsgerichts waren Zweifel an der Gesetzgebungskompetenz des Bundes auch für die Landesebene aufgekommen, sodass durch ein Bundesgesetz nur noch Informationsansprüche gegenüber Bundesbehörden geregelt werden

[26] Erwägungsgrund 1 der Richtlinie 2003/4/EG des Europäischen Parlaments und des Rats vom 28. Januar 2003 über den Zugang der Öffentlichkeit zu Umweltinformationen und zur Aufhebung der Richtlinie 90/313/EWG des Rats (UI-Richtlinie).

[27] Richtlinie 90/313/EWG des Rats vom 7. Juni 1990 über den freien Zugang zu Informationen über die Umwelt.

[28] Umweltinformationsgesetz vom 22.12.2004.

[29] SCHRADER, ZUR 2005, 568, 569.

konnten. Für Informationsansprüche auf Länderebene mussten die Bundesländer eigene Landesgesetze erlassen[30].

2.3.2.1 Gesetzeszweck und Anwendungsbereich

§ 1 Abs. 1 UIG stellt klar, dass das UIG zwei parallele Gesetzeszwecke verfolgt: zum einen den freien Zugang zu Umweltinformationen und zum anderen die Verbreitung von Umweltinformationen durch die informationspflichtigen Stellen.

2.3.2.2 Informationspflichtige Stellen

Der Anspruch auf Zugang zu Umweltinformationen richtet sich gegen die sog. informationspflichtigen Stellen. Dieser Begriff ist in § 2 Abs. 1 UIG definiert. Hierunter fallen alle Behörden des Bundes und sonstige Bundesorgane und -einrichtungen, soweit sie öffentlich-rechtliche Verwaltungsaufgaben wahrnehmen, unabhängig davon, ob sie im Bereich des Umweltschutzes tätig sind. Neben den obersten Bundesbehörden (z. B. Bundesministerien, Bundestagsverwaltung, Bundesgerichte) zählen hierzu alle Bundesoberbehörden (z. B. Bundesamt für Naturschutz, Umweltbundesamt, Eisenbahn-Bundesamt) und die Bundemittel- und -unterbehörden (z. B. Wasserstraßen- und Schifffahrtsämter, Bundespolizeidirektionen, Zollämter). Hinzu kommen die juristischen Personen des öffentlichen Rechts, wie Anstalten, Körperschaften und Stiftungen. Auch Beliehene (z. B. TÜV und DEKRA) sind informationspflichtige Stellen, ebenso beratende Gremien (z. B. Sachverständigenrat für Umweltfragen, Strahlenschutzkommission, Störfall-Kommission), welche als Teil der Stelle der öffentlichen Verwaltung angesehen werden, die sie beraten. Keine informationspflichtigen Stellen sind die obersten Bundesbehörden, soweit sie gesetzgeberisch tätig werden und bis zum Abschluss des Gesetzgebungsverfahrens beteiligt sind. Gleiches gilt für die obersten Gerichtshöfe des Bundes, wenn sie Rechtsprechungsaufgaben wahrnehmen[31].

Natürliche oder juristische Personen des Privatrechts sind ebenfalls informationspflichtige Stellen, soweit sie öffentliche Aufgaben wahrnehmen oder öffentliche Dienstleistungen (v. a. im Bereich der Daseinsvorsorge) erbringen, die im Zusammenhang mit der Umwelt stehen, und der Kontrolle einer Bundesbehörde oder einer unter der Aufsicht des Bundes stehenden Körperschaft, Anstalt oder Stiftung des öffentlichen Rechts unterliegen[32]. Beispiele sind etwa private, staatlich kontrollierte Unternehmen der Wasserversorgung und Abwasserentsorgung, Energieversorgungsunternehmen oder Flughafenbetreiber[33].

2.3.2.3 Anspruch auf Zugang zu Umweltinformationen

Zentraler Begriff des Umweltinformationsrechts ist der Begriff „Umweltinformationen“, der in § 2 Abs. 3 UIG legal definiert ist. Er bestimmt Gegenstand und Reichweite des Informationsanspruchs und ist insgesamt weit auszulegen[34]. Anknüpfungspunkt für Umweltinformationen sind „Daten“, die einen Umweltbezug haben. Auch der Begriff der „Daten“ ist weit auszulegen. Als Umweltinformationen gelten danach alle Daten über die in § 2 Abs. 3 Nr. 1 bis 6 UIG im Einzelnen aufgeführten Verhältnisse. Unerheblich ist, auf welche Art und

[30] REIDT & SCHILLER (2019), § 1, Rn. 17.
[31] Ausführlich hierzu REIDT & SCHILLER (2019), § 2, Rn. 4 ff.
[32] Vgl. FLUCK & THEUER (2020), § 2 UIG, Rn. 156 ff.
[33] REIDT & SCHILLER (2019), § 2, Rn. 29.
[34] St. Rspr., s. BVerwG, Urteil vom 23.02.2017, Az. 7 C 31.15, juris Rn. 53 ff., NVwZ 2017, 1775 ff.

Weise die Informationen gespeichert sind. Entscheidend ist allein, dass sie irgendwo bei einer informationspflichtigen Stelle abgelegt sind[35].

Anspruch auf Zugang zu Umweltinformationen hat jede natürliche oder juristische Person, unabhängig von der Nationalität oder ihrem Sitz und ohne Geltendmachung eines berechtigten Interesses (§ 3 Abs. 1 UIG). Gegenstand des Informationsanspruchs sind sämtliche Umweltinformationen, über die die informationspflichtigen Stellen, bei denen der Antrag gestellt wird, verfügen[36].

2.3.2.4 Antrag und Verfahren

Zugang zu Umweltinformationen wird gemäß § 4 Abs. 1 UIG nur auf Antrag gewährt. Der Antrag muss so bestimmt sein, dass die informationspflichtige Stelle erkennen kann, auf welche Umweltinformationen er sich bezieht. Ist er zu unbestimmt, kann sie eine Präzisierung des Antrags verlangen (§ 4 Abs. 2 UIG).

Verfügt die Stelle, bei der der Antrag gestellt wird, nicht über die begehrten Umweltinformationen, muss sie den Antrag entweder an die richtige informationspflichtige Stelle weiterleiten oder den Antragsteller auf die andere informationspflichtige Stelle hinweisen. Der Zugang zu den Umweltinformationen ist spätestens innerhalb eines Monats nach Eingang des Antrags bei der informationspflichtigen Stelle, die über die Umweltinformationen verfügt, zu gewähren. Bei sehr umfangreichen und komplexen Umweltinformationen beträgt die Frist zwei Monate (§ 3 Abs. 3 UIG).

Die Informationen können durch Erteilung mündlicher und schriftlicher Auskünfte, Akteneinsicht oder in sonstiger Weise zugänglich gemacht werden. Die informationspflichtige Stelle muss die Informationen grundsätzlich in der vom Antragsteller gewünschten Form zugänglich machen. Wenn gewichtige Gründe gegen eine bestimmte Art der Offenlegung sprechen – etwa ein deutlich höherer Verwaltungsaufwand – darf die Behörde auch eine andere Form wählen.

2.3.2.5 Ausschlussgründe

Der Anspruch auf Zugang zu Umweltinformationen besteht nicht unbegrenzt. Vielmehr kann der Antrag zum Schutz der in § 8 UIG aufgezählten öffentlichen und der in § 9 UIG festgelegten sonstigen Belange abgelehnt werden (§ 5 UIG). Es dürfen jedoch nur die von einem der Ablehnungsgründe betroffenen Informationen zurückbehalten werden. Soweit möglich, müssen von den Ablehnungsgründen nicht betroffene Informationen ausgesondert und dem Antragsteller zugänglich gemacht werden. Die Ablehnung ist zu begründen.

Die Ablehnungsgründe sind in §§ 8, 9 UIG abschließend aufgezählt und insgesamt eng auszulegen[37]. Der Zugang zu Umweltinformationen kann gemäß § 8 UIG zum Schutz internationaler Beziehungen, der Landesverteidigung und öffentlichen Sicherheit (z. B. Gefährdung des Lebens und der Gesundheit von Menschen durch Boykott von Castor- oder sonstigen Gefahrguttransporten bei Bekanntgabe von Daten hierüber[38]), der Vertraulichkeit von internen Beratungen und der Durchführung eines laufenden Gerichts- oder ähnlichen Verfahrens

[35] BT-Drs. 15/3406, S. 14.

[36] BT-Drs. 15/3406, S. 15.

[37] Reidt & Schiller (2019), § 8, Rn. 1, § 9, Rn. 1.

[38] Reidt & Schiller (2019), § 8, Rn. 18.

– auch solche, an denen die informationspflichtige Stelle nicht beteiligt ist[39] – versagt werden. Ein Versagungsgrund liegt auch vor, wenn zu befürchten ist, dass durch die Bekanntgabe von Informationen negative Folgen für die Umwelt eintreten (z. B. die Preisgabe des Aufenthaltsorts seltener Tierarten, die dadurch gefährdet werden könnten[40]). Ein missbräuchlich gestellter Antrag kann ebenfalls abgelehnt werden, etwa wenn hierdurch ein Verwaltungsverfahren verzögert werden soll oder der Antrag allein der Industriespionage dient[41]. Schließlich sind behördeninterne Vorgänge, Entwürfe und noch nicht aufbereitete Daten geschützt. Zu prüfen ist in einem zweiten Schritt in jedem Einzelfall, ob nicht das öffentliche Interesse an der Bekanntgabe das Geheimhaltungsinteresse überwiegt. Ist dies der Fall, muss dem Antrag stattgegeben werden. Eine Antragsablehnung ist ebenfalls ausgeschlossen, wenn es um Umweltinformationen über Emissionen geht.

§ 9 UIG ermöglicht die Ablehnung eines Antrags zum Schutz der Rechte Dritter, wenn durch die Bekanntgabe der Umweltinformationen personenbezogene Daten offenbart und dadurch Interessen der Betroffenen erheblich beeinträchtigt würden, Rechte am geistigen Eigentum (v. a. Urheberrechte) verletzt würden oder es zu Verletzungen von Betriebs- oder Geschäftsgeheimnissen, dem Steuergeheimnis oder dem Statistikgeheimnis käme. Allerdings kann der Zugang zu den begehrten Informationen gewährt werden, wenn die Betroffenen dem zugestimmt haben. Drittbetroffene Personen sind vor der Zugänglichmachung der sie betreffenden Informationen anzuhören. Zum Schutz der vertrauensvollen Zusammenarbeit von informationspflichtigen Stellen mit privaten Dritten dürfen von diesen freiwillig übermittelten Umweltinformationen nur mit ihrer Einwilligung zugänglich gemacht werden, wenn die Bekanntgabe nachteilige Auswirkungen auf die Interessen des privaten Dritten hätte. Auch in den Fällen des § 9 UIG ist dem Antrag aber stattzugeben, wenn das öffentliche Interesse an der Bekanntgabe überwiegt und wenn es um den Zugang über Umweltinformationen über Emissionen geht.

2.3.2.6 Verbreitung von Umweltinformationen

Zwar wird der Zugang zu Umweltinformationen nur auf Antrag gewährt, gemäß § 7 UIG müssen die informationspflichtigen Stellen jedoch die Öffentlichkeit unterstützen und den Zugang erleichtern, etwa durch Speicherung der Umweltinformationen in elektronischen Datenbanken, Nennung von Ansprechpartnern, Information über die behördlichen Zuständigkeiten oder die verfügbaren Umweltinformationen.

Überdies verpflichtet die UI-Richtlinie und in ihrer Umsetzung § 10 UIG die informationspflichtigen Stellen, die Öffentlichkeit aktiv und systematisch über den Zustand der Umwelt zu unterrichten. So sind beispielsweise umweltrelevante Rechtsquellen (z. B. völkerrechtliche Verträge, Unionsrecht, nationale Gesetze), politische Konzepte, Pläne und Programme (z. B. Nachhaltigkeitsstrategie der Bundesregierung, Luftreinhaltepläne, Abfallwirtschaftspläne), Daten aus der Umweltüberwachung, Zulassungsentscheidungen und Ergebnisse von UVP zu veröffentlichen. Die Ausschlussgründe nach §§ 8 und 9 UIG gelten entsprechend.

---

39 BVerwG, Urteil vom 28.10.1999, Az. 7 C 32/98, juris Rn. 17, BVerwGE 110, 17, 24.

40 TURIAUX (1995), § 7, Rn. 38.

41 BVerwG, Urteil vom 24.09.2009, Az. 7 C 2/09, juris Rn. 35 ff.; BT-Drs. 15/3406, S. 29.

2.3.3 Bereitstellung von Umweltinformationen mittels Umweltinformationssystemen

Um den Verpflichtungen aus den Umweltinformationsgesetzen nachzukommen, haben Bund und Länder Umweltinformationssysteme (UIS) aufgebaut[42]. Auf europäischer Ebene wurde von der Europäischen Kommission im Jahr 2008 der Aufbau eines Shared Environmental Information System (SEIS) initiiert[43]. Das Konzept der Europäischen Kommission ist jedoch nicht verbindlich und bei der Entwicklung des SEIS auf die Initiative der Mitgliedstaaten angewiesen.

Die UIS dienen nicht der erstmaligen Erhebung von Umweltinformationen, sondern bündeln vielmehr bereits vorhandene Umweltinformationen verschiedenster Fachgebiete und stellen sie für die Nutzung durch die Öffentlichkeit und Verwaltung bereit. Umweltdaten werden zentral gespeichert, verwaltet, aufgearbeitet, verknüpft und können abgerufen werden.

Literatur

BUNDESMINISTERIUM FÜR VERKEHR, BAU UND STADTENTWICKLUNG (BMVBS) (2012): Arbeitshilfe Vögel und Straßenverkehr. Bonn.

DIPPEL, M. (2018): Kommentierung zu § 18 UVPG. In: SCHINK, A, REIDT, O. & MITSCHANG, S. (Hrsg.): Umweltverträglichkeitsprüfungsgesetz, Umweltrechtsbehelfsgesetz. München.

FLUCK, J. & THEUER, A. (2020): Kommentierung zu § 2 UIG. In: FLUCK, J., FETZER, T. & FISCHER K. (Hrsg.): Informationsfreiheitsrecht mit Umweltinformations- und Verbraucherinformationsrecht. IFG/UIG/VIG/IWG/GeoZG, München.

GARNIEL, A., DAUNICHT, W. D., MIERWALD, U. & OJOWSKI, U. (2007): Vögel und Verkehrslärm. Quantifizierung und Bewältigung entscheidungserheblicher Auswirkungen von Verkehrslärm auf die Avifauna. Bonn/Kiel.

KALLERHOFF, D. & FELLENBERG, F. (2018): Kommentierung zu § 26. In: STELKENS, P., BONK, H. J. & SACHS M. (Hrsg.): Verwaltungsverfahrensgesetz. 9. Aufl. München.

LAMBRECHT, H. & TRAUTNER, J. (2007): Fachinformationssystem und Fachkonventionen zur Bestimmung der Erheblichkeit im Rahmen der FFH-VP. Endbericht zum Teil Fachkonventionen. Hannover/Filderstadt.

REIDT, O. & AUGUSTIN, J. (2018): Kommentierung zu §§ 16 UVPG. In: SCHINK, A., REIDT, O. & MITSCHANG S. (Hrsg.): Umweltverträglichkeitsprüfungsgesetz, Umweltrechtsbehelfsgesetz. München.

REIDT, O. & SCHILLER, G. (2019): Kommentierung zu §§ 1, 2, 8 UIG. In: LANDMANN, R. & ROHMER, E. (Hrsg.): Umweltrecht. München.

SCHINK, A. (2018): Einleitung zum UVPG. In: SCHINK, A., REIDT, O. & MITSCHANG, S. (Hrsg.): Umweltverträglichkeitsprüfungsgesetz, Umweltrechtsbehelfsgesetz. München.

---

42 S. z. B. Umweltinformationssystem Baden-Württemberg (UIS BW); Niedersächsisches Umweltinformationssystem (NUMIS); Umweltportal NRW; Landwirtschafts- und Umweltinformationssystem Brandenburg (LUIS-BB).

43 Mitteilung der Kommission an den Rat, das Europäische Parlament, den Europäischen Wirtschafts- und Sozialausschuss und den Ausschuss der Regionen: hin zu einem gemeinsamen Umweltinformationssystem (SEIS), vom 04.02.2008.

SCHRADER, C. (2005): UIG und IFG – Umweltinformationsgesetz und Informationsfreiheitsgesetz im Vergleich. In: Zeitschrift für Umweltrecht (ZUR), 2005, 568-576.

SÜDBECK, P., ANDRETZKE, H., FISCHER, S., GEDEON, K., SCHIKORE, T., SCHRÖDER, K. & SUDFELD C. (2005): Methodenstandards zur Erfassung der Brutvögel Deutschlands. Radolfzell.

TEPPERWIEN, J. (2018): Kommentierung zu § 1 UVPG. In: SCHINK, A., REIDT, O. & MITSCHANG S. (Hrsg.): Umweltverträglichkeitsprüfungsgesetz, Umweltrechtsbehelfsgesetz. München.

TURIAUX, A. (1995): Umweltinformationsgesetz (UIG). München.

WILLGALIS, S. & GÖBEL, H.-P. (2011): Umsetzung der europäischen INSPIRE-Richtlinie in Landesrecht – Niedersächsisches Geodateninfrastrukturgesetz (NGDIG). In: Nachrichten der Niedersächsischen Vermessungs- und Katasterverwaltung (NaVKV), 2011, 12-17.

3 Digitalisierung in Naturschutz und Gesellschaft

Michael BILO[1]

Zusammenfassung

Die Digitalisierung im Naturschutz hat eine jahrzehntelange Geschichte, die zunächst die im wörtlichen Sinne gemeinte Digitalisierung analoger Daten und Informationen als auch später die allgemeine Nutzung digitaler Methoden bei Erhebung, Verarbeitung und Vermittlung von Naturschutzwissen umfasst. Der dabei häufig festzustellende Schwerpunkt auf dem Bereich digitaler Geoinformation ist in der Tatsache begründet, dass Naturschutz z. B. als Arten-, Habitat- oder Flächenschutz immer „irgendwo" stattfindet. Neuere Entwicklungen der Digitalisierung ermöglichen aber auch alternative Formen der Datenerhebung, der Entscheidungsfindung und der Wissensvermittlung. Während Datenerhebung und Entscheidungsfindung eher methodenfokussiert sind, ermöglichen neue Formen der Wissensvermittlung die Einbindung neuer, teilweise auch dem Naturschutz skeptisch gegenüberstehender Bevölkerungsteile, was vor dem Hintergrund des stets werte- und akzeptanzgebundenen Naturschutzes eine gesellschaftspolitisch wichtige Rolle spielt.

3.1 Von der digitalen Beschreibung zum funktionalen Dienst

3.1.1 Am Anfang war – der Raum

In Abwandlung des biblischen Johannesprologs soll nur kurz auf die ersten Digitalaktivitäten im Naturschutz eingegangen werden, die auf der Basis einer seit über hundert Jahren bestehenden Erfahrung in raumbezogener Information entfaltet wurden. Ohne die an anderer Stelle beschriebenen historischen Aktivitäten des kartographischen Naturschutzes erneut aufzugreifen, bleibt festzuhalten, dass der erste vertiefte (und veröffentlichte) Einsatz naturschutzspezifischer, digitaler Methoden im Bereich Geographischer Informationssysteme Anfang der 1970er-Jahre erfolgte. Sehr schnell wurden nicht nur die Chancen visueller und kartographischer Darstellung zur Vermittlung von Naturschutzwissen erkannt, sondern auch das Potenzial der numerischen Datenanalyse eingesetzt (BILO 2013).

Raumbezogene Naturschutzinformation diente bereits zu diesen Zeiten einer datenbasierten Entscheidungsfindung und Politikberatung z. B. im Konfliktfeld zwischen Flächenschutz und Flächennutzung. Neben der Entscheidungsfindung konnten aber auch naturschutzrelevante Beschlüsse durch diese im Vergleich zur klassischen Kartographie variableren Methoden besser visualisiert und damit auch an spezielle oder allgemeine Adressaten vermittelt werden. Zunehmend dienten in den Folgejahr(zehnt)en technische Fortschritte in numeri-

[1] Bundesamt für Naturschutz, Abteilungsleiter I1„Digitalisierung, Artenschutzvollzug, Nagoya-Protokoll", Konstantinstraße 110, 53179 Bonn, michael.bilo@bfn.de, www.bfn.de

schen Auswertungen und grafischen Darstellungsmöglichkeiten sowohl der fachlichen Validität als auch deren breiten Akzeptanz.

3.1.2 Ungleichheit gleich beschrieben

Eine besondere Herausforderung des Naturschutzes bei der vergleichenden Aufnahme von Daten und Informationen besteht in der föderalen Verteilung von Zuständigkeiten zwischen Bund, Bundesländern und Kommunen. Den Bundesländern ist grundgesetzlich in weiten Teilen die politische Zuständigkeit im Naturschutz zugewiesen. Dies führt zu einer sehr weitreichenden Heterogenität in Erfassung und Darstellung von Naturschutzinformationen auf allen Verwaltungsebenen. Fachlich ist dabei sowohl der Flächenschutz (Schutzgebiete) als auch der Artenschutz (Taxonomie, Schutzstatus) betroffen. Lediglich auf der Grundlage internationaler oder europarechtlicher Regelungen, wie z. B. der FFH/SPA-Richtlinie (EUROPÄISCHE UNION 1992) oder INSPIRE-Richtlinie (EUROPÄISCHE UNION 2007) und den damit verbundenen Berichts- oder Normungspflichten, wird eine gewisse Standardisierung sowohl der Form als auch der Inhalte herbeigeführt.

Vor diesem Hintergrund wurde bereits Anfang der 1990er-Jahre der Versuch unternommen, so mit den Heterogenitäten umzugehen, dass die vorhandenen Unterschiede zumindest einheitlich beschrieben und damit dokumentiert werden. Es begann die hohe Zeit der Metainformation. Der durch die Umwelt- und Naturschutzverwaltungen entwickelte Umweltdatenkatalog UDK bildet die Referenz und Grundlage für viele weitere Metadateninformationssysteme (KRUSE 2005), auf deren Basis Anwendungen bis zum heutigen Tage operativ im Betrieb sind und weiterhin einer Entwicklung unterliegen, wie es die Software-Kooperation von Bund und Ländern im Projekt InGrid zeigt (INGRID 2020).

3.1.3 Von der Metainformation zum Portal

Mit der Weiterentwicklung der vernetzten Portalangebote von Umweltinformationssystemen im Internet, wie dem anlässlich der EXPO2000 entwickelten German Environmental Information Network GEIN oder dem daraus entstandenen Umweltportal PortalU® (KRUSE 2013), konnte erstmals sinnvoll der aus den verschiedenen Umweltinformationsgesetzen abzuleitenden gesetzlichen Forderung nach aktiver Informationsbereitstellung nachgekommen werden. Auch der Forderung des Umweltinformationsgesetzes des Bundes, Umweltinformationen soweit möglich „exakt und vergleichbar" bereitzustellen (UIG 2014), konnte – eben soweit eben möglich – nachgekommen werden. Ein Teil der aktiv bereitgestellten Informationen basierte auf den bereits vorhandenen Metadatenkatalogen von Bund, Ländern und Kommunen. Ein weiterer Teil sollte den Zugang zu den verteilten Naturschutzinformationen durch eine über Fach-, Raum- und Zeitbezug geführte Recherche vereinfachen. Die Vereinheitlichung der dafür notwendigen Referenzdaten war die große Leistung dieser Portalangebote. Ergänzt wurden sie in PortalU® durch das aktive und automatisierte „Feeding" von aktuellen Meldungen der Vereinbarungspartner. Hier stieß diese technisch gut funktionale Lösung jedoch an ihre fachlichen Grenzen, da mit dem nicht redigierten Inhaltsangebot (eine politische Entscheidung der Vereinbarungspartner von Bund und Ländern) automatisch die fachlichen Heterogenitäten und unterschiedlichen Zuständigkeiten offenkundig wurden. Die administrative Verortung des Natur- und Umweltschutzes in den Verwaltungen geht eben nicht immer einher mit dem Informationsbedarf der Nutzer eines Umweltportals.

3.1.4 Vernetzung von Daten und Diensten

In den Boom-Jahren der Entwicklung neuer Internetangebote und Portale war nicht absehbar, in welcher Geschwindigkeit sich die Nutzung des Internets in nur wenigen Jahren grundlegend ändern würde. Durch technische Innovation aber, auch durch die massive und schnelle Verlagerung der Nutzung auf hauptsächlich mobil genutzte Endgeräte, änderten sich sowohl Art und Umfang der inhaltlichen Angebote als auch die Technologien, wie Inhalte dargestellt werden. Sowohl die rasche Weiterentwicklung datenbankgestützter Content Management Systeme zur redundanzfreien Verwaltung eigener Webangebote als auch die Möglichkeiten, dienstebasiert eigene Inhalte in Drittsysteme einzuspielen oder vice versa diese Dienste anderer Anbieter für eigene Darstellungen zu nutzen, verändern das Informationsangebot im Internet deutlich. Zumindest bei der Frage nach der Auffindbarkeit und Zugänglichkeit eigener Inhalte wird so z. B. eine gute Verschlagwortung für Suchmaschinen wichtiger als eine gute interne Navigationsstruktur. Bei einer Analyse des Internetangebots www.bfn.de im Vorfeld einer Migration zu einem responsiven Angebot wurde deutlich, dass die meisten Nutzer direkt von Drittangeboten, häufig einer Suchmaschine, zu „Deep Links“ eintauchen und damit die elaborierte Navigationsstruktur des Angebots umgehen. Der Nutzungsrückgang der tiefen Navigationsstrukturen erfordert aber damit immer häufiger eine kritische Auseinandersetzung mit den Informationsquellen. Der für Dritte unbekannte Algorithmus z. B. der Suchmaschinen für ein hohes Ranking im Suchergebnis entzieht sich jeder redaktionellen Nachvollziehbarkeit und Verantwortung. Die Relevanz ist vorhanden – es stellt sich nur die Frage „wer oder was definiert Relevanz“? Die Gefahr einer Informationsblase ist nicht nur für politisch Interessierte real.

Eines der erfolgreichsten dienstebasierten Angebote des Naturschutzes ist die deutschlandweite Darstellung aller nach Naturschutzrecht geschützten Gebiete. Aus einer zunächst bundesinternen Abstimmung zwischen wenigen Ressorts wurde ein Bund-/Länderprojekt des Lenkungsausschusses Geodateninfrastruktur, bei den Chancen und Grenzen einer Verwaltungsgrenzen übergreifenden Entwicklung einer gemeinsamen Darstellung der Inhalte ausgetestet wurden. Auch wenn nicht das gesamte Potenzial abgerufen werden konnte, so führte die vertiefte und erfolgreiche Bearbeitung des Themas letztlich dazu, dass das Thema „Schutzgebiete“ als einziges Fachthema des Geoinformationswesens in den Annex I der INSPIRE-Richtlinie aufgenommen wurde. Der Annex I der Richtlinie definiert die Themen, die in kürzester Zeit und in stärkster Regelungstiefe bearbeitet werden konnten. Irrtümlicherweise wird der Annex häufig als der „Vermessungsanhang“ angesehen, was angesichts der starken Vertretung geodätischer Referenzinformation zwar verständlich, aber dennoch falsch ist. Für die Schutzgebiete lag zumindest in Deutschland hinreichend Wissen vor, alle Regelungen zeitnah dienstebasiert umsetzen zu können. Die aktuelle deutschlandweite Darstellung aller Schutzgebietskategorien des Naturschutzes mit zahlreichen zusätzlichen Sachinformationen ist ein Ausfluss dieser Entwicklungen (vgl. Abb. 3.1). Die Webdienste der Geodateninfrastrukturen bilden damit ein positives Beispiel der Mehrfachnutzung verteilter Datengrundlagen.

3.2 Digitalisierung und Naturschutzinformation

Ganz unabhängig von der Frage der jeweils aktuellen technischen Möglichkeiten stellt sich im Zuge der fortschreitenden Digitalisierung die Frage, inwieweit die in Kap. 3.1 beschriebenen Prozesse die Grundlagen des Wissens, nämlich Naturschutzdaten, aus ihnen abgelei-

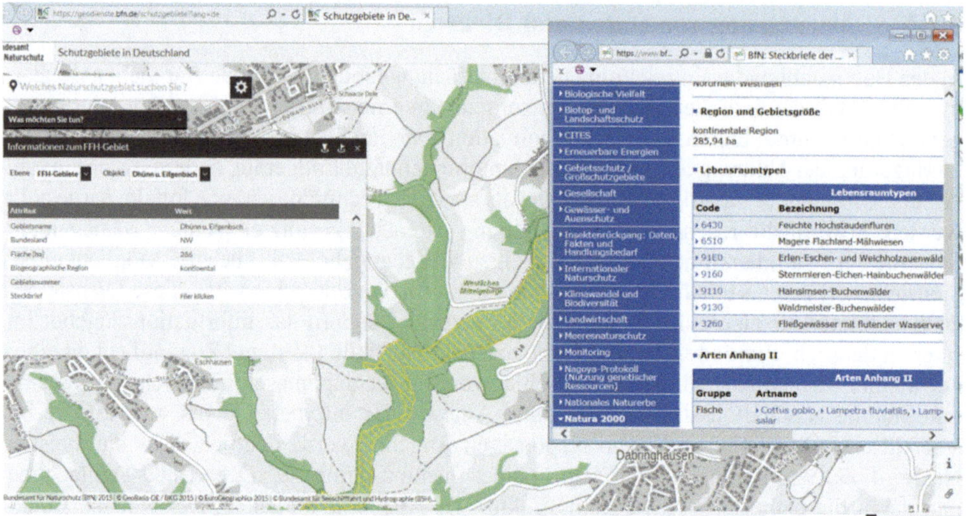

Abb. 3.1: Screenshot aus der deutschlandweiten Übersichtskarte der Schutzgebiete mit zahlreichen gebietsbezogenen Sachinformationen (BFN 2020a)

tete kontextbezogene Naturschutzinformationen und darauf aufbauend bedarfsgerechtes Naturschutzwissen verändert haben. In der hohen Zeit der intellektuell erschlossenen Metainformation der 1990er-Jahre war die standardisierte Dokumentation dezentral vorliegender heterogener Datenbestände das Maß der Dinge. Sie war Voraussetzung einer sinnvollen internetbasierten Vernetzung der dezentralen Metadatenkataloge mit einem großen vergleichbaren Fundus an „Daten über Daten“. Das Problem: Die Akzeptanz, die eigenen Datenbestände mit einem teilweise etwas sperrigen Metainformationssystem zu dokumentieren, war und ist bis heute nur schwer herzustellen („*... ich kenne doch meine Daten, ich muss sie nicht beschreiben*“). Auf der anderen Seite standen nur wenige Bedarfsträger, die sich den Mühen einer echten (und auch ausschließlichen) Metadatenrecherche unterwarfen. Die Weiterentwicklung zu den großen Umweltportalen führte mit ihren unterstützenden Recherchefunktionalitäten und echten Mehrwerten (wie z. B. der Recherche in für Suchmaschinen verborgenen datenbankgestützten Fachinformationssystemen) nur vorübergehend zu vertieftem Interesse der Nutzer, zumal die fortlaufende Weiterentwicklung großer fachneutraler Suchmaschinen auch deren „Trefferquoten“ deutlich erhöhte. Festzuhalten bleibt, dass die Verfügbarkeit von Naturschutzinformation und damit der Zugang zu Naturschutzwissen über Jahrzehnte deutlich verbessert wurde, die Grundlagen hingegen zumindest hinsichtlich der Vergleichbarkeit im Wesentlichen unverändert blieben. Der Forderung der verschiedenen Umweltinformationsgesetze nach aktiver Verbreitung von Umweltinformation und zunehmenden Bereitstellung in elektronischen Formaten wurde damit genüge getan. Die Forderung nach Vergleichbarkeit bleibt häufig unerfüllt.

Die fehlende Vergleichbarkeit insbesondere von Naturschutzinformation hat ab 2019 auf Bundesebene Eingang gefunden, auch in den politischen Raum. Der Deutsche Bundestag hat am 4. April 2019 eine Entschließung zur Beschleunigung des Stromnetzausbaus gefasst (DEUTSCHER BUNDESTAG 2019). Darin wird die Bundesregierung aufgefordert, dem Deutschen Bundestag über den konzeptionellen Stand und den Zeitplan zur technischen Umsetzung eines „Internet-Artenschutzportals“ zu berichten. In dem Portal sollen nach Vorstellung des Deutschen Bundestags Naturschutzinformationen veröffentlicht werden, die Aussagen zu einem möglichen Schutzstatus von Gebieten sowie vorkommenden (besonders geschützten) Tier- und Pflanzenarten umfassen. Hintergrund der Berichtsbitte war die vermeintliche Verzögerung des Netzausbaus durch fehlende Sachinformation insbesondere zum Artenschutz. Mit Bundestagsdrucksache 19/16545 berichtete die Bundesregierung zum Thema und arbeitete die komplexe Sachlage auf. Die wesentlichen Aussagen werden in wenigen Sätzen zusammengefasst:

„Für die Verwaltung der im Rahmen der Vorarbeiten für den vorliegenden Bericht analysierten Datenquellen besteht – mit wenigen Ausnahmen – die grundgesetzliche Zuständigkeit der Länder. Die relevanten Datenbestände liegen daher in der Regel nur dezentral vor und weisen eine hohe inhaltliche und technische Heterogenität auf. Eine – für die Einrichtung eines Portals des Bundes unverzichtbare – bundesweite Harmonisierung in diesem Bereich könnten fachliche oder geometrische Veränderungen an den bei den Ländern liegenden Quelldaten notwendig machen, die deren Aussagekraft verändern und ihre Gültigkeit reduzieren würden. Relevante Details könnten ebenfalls verloren gehen." (DEUTSCHER BUNDESTAG 2020)

Während die Zugänglichkeit von Naturschutzinformation über verschiedene Maßnahmen und Technologien kontinuierlich verbessert werden konnte, konnte aus unterschiedlichen Gründen weder deren Quantität noch Qualität in der Breite maßgeblich gesteigert werden. Diese Tatsache kann angesichts der im Vergleich dazu revolutionären technologischen Fortschritte und „Geschäftsmodelle" nur schwer der breiten Öffentlichkeit oder der Politik vermittelt werden. Der Naturschutz muss jedoch der Gefahr entgegnen, dem falschen Narrativ des „Verhinderers" innovativer Entwicklungen (wie z. B. der Energiepolitik) zu unterliegen. Aus diesem Grund wird die Bundesregierung ab 2021 mit dem Aufbau eines Naturschutzportals starten, in dem vorhandene Naturschutzinformationen gebündelt und der breiten Öffentlichkeit verfügbar gemacht werden. Dieses Naturschutzportal wird auch Arteninformationen enthalten, soweit sie öffentlich zugänglich sind. Erst mittelfristig wird eine fachliche Harmonisierung angegangen werden können.

3.2.1 Neue Datengrundlagen schaffen

Welche Chancen eröffnet die weitreichende und flächendeckende Digitalisierung dem Naturschutz hinsichtlich der Datengrundlagen? Worin besteht die qualitative und quantitative Veränderung gegenüber bisherigen Maßnahmen? Welche Risiken bestehen und können diese abgeschätzt werden? Diese Fragen sind zu beantworten, wenn der Naturschutz auf neue Aktivitäten zur Verbesserung seiner Datengrundlagen setzt.

Eine sehr grundsätzliche Chance besteht in der extrem breiten Verteilung mobiler Endsysteme und deren Nutzung. Allein die Verbreitung von Smartphones mit hervorragender Bild- und Tonaufnahmequalität, steter räumlicher Lokalisierung sowie Anwendungen zur Erfassung naturschutzrelevanter Sachverhalte stellen einen enormen Mehrwert dar, der bislang nur in Ansätzen genutzt wird. Wie bereits in Kap. 3.1.1 erläutert, findet Naturschutz stets „irgendwo" statt. Arten, Habitate und Biotope sowie Eingriffe in den Naturhaushalt haben immer einen Raumbezug, der mit standortbezogenen Diensten (Location-based Services) einfach und mit zumeist hinreichender Genauigkeit festgestellt und dokumentiert werden kann. Akustische oder optische Verfahren zur (lernenden) Mustererkennung vermögen die Bestimmung biologischer Arten zu unterstützen. Intelligent entwickelte Anwendungen („Apps") bringen (automatisch) Standort, (teilautomatisch) Muster und (manuelle) Erfassung zusammen und erleichtern die Übermittlung und Speicherung der erfassten Daten (und nehmen damit gleichzeitig eine Standardisierung vor). Die verstärkte Unterstützung von Planung, (Weiter-)Entwicklung und produktivem Einsatz, insbesondere mit einer nachhaltigen Dokumentation und Speicherung der erfassten Daten, wird die Datengrundlagen des Naturschutzes verändern.

Die geschilderte Form der Datenerhebung kann professionell durch naturschutzfachliche Experten wie auch durch das im Naturschutz so wichtige Ehrenamt (mit häufig nicht weniger fachlicher Expertise) erfolgen. Während an beide Gruppen zu Recht hohe Qualitätsanforderungen gestellt werden, muss auch mit eingeschränkten Qualitätsanforderungen durch Bürgerwissenschaftler umgegangen werden. Weniger fachkundige und sogar falsche Meldungen müssen aufgefangen werden, wenn die Akzeptanz dieser Art der Datenerhebung (und damit des Naturschutzes) nicht konterkariert werden soll. Dies kann teilweise automatisiert durch Plausibilitätsprüfungen erfolgen, teilweise wird der Rat des Experten hinzugezogen werden müssen. Eine gewisse Unschärfe wird trotz allem bleiben. Hier ist dann mit der „Aussage-Resilienz" einzelner Meldungen umzugehen. Citizen-Science-basierte Meldungen werden nie ausschließliche Entscheidungsgrundlage sein können, sondern immer nur Hinweise auf Veränderungen und vertiefte Analysen. Aber allein die Masse der Meldungen wird zunehmend wichtige und richtige Informationen bereitstellen.

Bei der Unterstützung der digitalisierten Datenerhebung sind Verfahren von breit aufgestellten „Citizen Science"-Projekten, die auf eine gestreute Anwendergruppe zielen, zu unterscheiden von Fachverfahren für spezielle Nutzergruppen oder bestimmte Anwendungsfälle (s. Kap. 3.2.2).

3.2.2 Neue Methoden nutzen

Eine wesentliche Herausforderung des Naturschutzes besteht in der Bestimmung von Arten und Biotopen. Während im Umweltschutz mit der Erfassung einer Vielzahl abiotischer, teilweise sensorgesteuerter Parameter sehr schnell Optimierungspotenzial der Digitalisierung zu finden ist, stellt z. B. die Erfassung bestimmter Arten eine hohe intellektuelle Leistung auf der Basis einer i. d. R. mehrjährigen Ausbildung dar. Gerade die Artbestimmung stellt aber (auch als Grundlage der Biotopbestimmung) mit morphologischen Kennzeichen (Form, Farbe, Struktur, Textur) auch ein Potenzial zum Einsatz digitaler Methoden dar, das übergreifend als automatisierte Mustererkennung zu bezeichnen ist. So wurde bereits in 2004 ein „Perspektiv-Workshop" zur bioakustischen Mustererkennung durchgeführt, der sich insbesondere auf die automatische Erkennung von Vogelstimmen konzentrierte (BFN 2005). Methodisch wurden in diesem Forschungsvorhaben zwei von den beteiligten IT-Partnern entwickelte Schlüsseltechnologien im Projekt kombiniert. Dabei handelt es sich erstens um Mustererkennungsmethoden zur robusten Klassifikation elementarer bioakustischer Entitäten (etwa Bestandteile von Lautäußerungen). Die zweite Schlüsseltechnologie dient dazu, diese symbolischen Darstellungen zu vergleichen und komplexe Zusammenhänge abzuleiten. Die Technologie erlaubt die Ermittlung wiederkehrender Ereignisse (etwa wiederholte Rufe eines Individuums) sowie das Auffinden ähnlicher Ereignisse zu einem vorgegebenen Muster.

Neben den sich weiterentwickelnden akustischen Mustererkennungsverfahren insbesondere im Bereich des Monitorings (FROMMOLT 2017) nehmen Methoden der optischen Mustererkennung eine immer wichtigere Rolle ein. Dies gilt sowohl für bildbasierte Verfahren der

Arterkennung zum Monitoring als auch für anwendungsorientierte Verfahren im Vorfeld des produktiven wirtschaftlichen Einsatzes.

Als eine der bekanntesten konkreten Anwendungen bildbasierter Verfahren ist *Flora Incognita* zu nennen (s. Abb. 3.2).

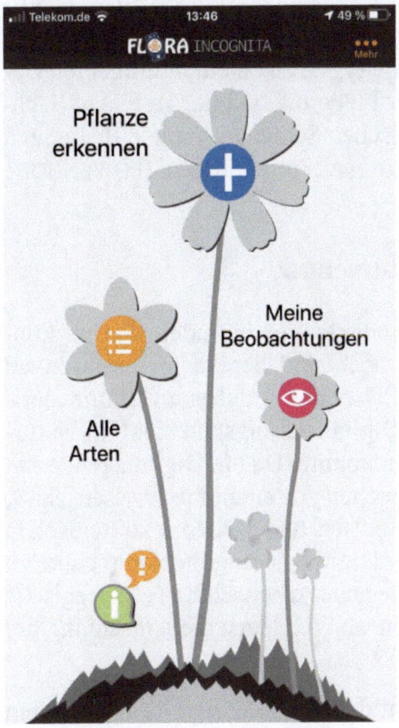

Abb. 3.2:
Startbildschirm der Artenerkennungssoftware Flora Incognita

Flora Incognita ist ein gemeinsames Forschungsprojekt des Max-Planck-Instituts für Biogeochemie in Jena und der TU Ilmenau, das im Rahmen der Umsetzung der Nationalen Strategie zur Biologischen Vielfalt unterstützt wird. Es dient als klassisches Citizen-Science-Projekt der bereits erwähnten breiten Erfassung von Arten und unterstützt mit einer innovativen Bilderkennung die halbautomatische Bestimmung von Pflanzenarten. Lernbasis der KI-unterstützten Anwendung ist eine sehr große und klar definierte Bildersammlung, die in offenen CC-Lizenzen verfügbar sind (WENDEBOURG 2019, THUILLE 2016).

Im Gegensatz zur breit aufgestellten *Fora Incognita* werden in anderen Projekten sehr artspezifische oder stark adressatenorientierte Anwendungen zur mobilen Datenerfassung entwickelt. Die „Webbasierte und mobile Datenerfassung im Projekt *Netzwerk zum Schutz gefährdeter Wildpflanzen in Deutschland* (WIPs-De)“ zielt erstmalig darauf ab, Standortparameter und Populationen der 15 Pflanzenverantwortungsarten deutschlandweit zu ermitteln (BORGMANN et al. 2017). Andere Projekte haben regionale (*ArtenFinder* in Rheinland-Pfalz) oder ökosystemare Bezüge (*LakeExplorer, BeachExplorer*) oder unterstützen einzelne Artengruppen wie Wildbienen (*BienABest*).

Die einschlägigen Forschungsarbeiten zu anwendungsorientierten Verfahren im wirtschaftlichen Einsatz haben gerade in der Begleitung der Energiewende erhebliche Fortschritte gemacht. So wird in einem Verbundvorhaben des Bundesamts für Naturschutz zur naturschutz-fachlichen Begleitung der Energiewende die Eignung „smarter Technologien" im Artenschutz geprüft. Diese Technologien zur automatisierten Datenerfassung, Auswertung, Steuerung und Vernetzung von Prozessen sind nicht mehr nur der Forschung vorbehalten, sondern erlangen zunehmend Einzug in die Praxis. Ein internationaler Online-Workshop im November 2020 zeigte zahlreiche Beispiele auf, wo z. B. Signale in unterschiedlichen Frequenzbereichen in Kombination mit lernenden und prädiktiven Systemen zur kurzfristigen (Teil-) Abschaltung von Windkraftanlagen führen und somit Kollisionen vermeiden helfen. Ergebnisse der Forschung fließen in konkrete Praxisinformationen z. B. zu einem intelligenten Betriebsmanagement von Windkraftanlagen zum Schutz der Fledermäuse oder zu einem Fachkonventionsvorschlag zur Berücksichtigung der artspezifischen Schutzwirkung in Planungen und Genehmigungsverfahren durch Vogelschutzmarkern an Freileitungen (LÖWENHOLZ KOMMUNIKATION 2020).

3.2.3 Perspektiven der Digitalisierung im Naturschutz

Die in den beiden letzten Unterkapiteln angeführten Entwicklungen befinden sich im konkreten Planungs-, Entwicklungs- und Umsetzungstand oder sind bereits im produktiven Wirkbetrieb. Die „Umweltpolitische Digitalagenda" (UPDA) des Bundesumweltministeriums (BMU 2020) weist jedoch perspektivisch weiteres Digitalisierungspotenzial im Naturschutz aus, das bislang nicht ausreichend gehoben werden konnte. Da die Digitalagenda das Ergebnis eines breiten Partizipationsprozesses mit zahlreichen Akteuren aus Wissenschaft, Wirtschaft und Verwaltung reflektiert, ist mit neuen Impulsen und weiteren strategischen Entwicklungen zur Analyse von Chancen und Risiken der Digitalisierung im Naturschutz zu rechnen. Hierfür wurde im Bundesamt für Naturschutz eine neue Arbeitseinheit „Strategische Digitalisierung in Natur und Gesellschaft" eingerichtet, die ab 2021 auch die Umsetzung der UPDA unterstützen wird.

Die vorhandenen Chancen der Digitalisierung müssen auf der Basis der bereits angeführten neuen Methoden in die praktische Naturschutzarbeit überführt werden. Die dadurch erweiterten Datengrundlagen können auch trotz ihrer Heterogenität mit Methoden z. B. der Künstlichen Intelligenz (KI) belastbar interpretiert und ausgewertet werden. Die Förderinitiative „Künstliche Intelligenz" des Bundesumweltministeriums fördert so mit erheblichen finanziellen Mitteln die Forschung zum KI-Einsatz z. B. bei der Bekämpfung des Insektenrückgangs, des Managements der Beikrautflora oder des Artenschutzes bei Windkraftanlagen. Neben den methodenorientierten Maßnahmen sind jedoch auch Chancen und Risiken zu identifizieren, bei denen der Digitalisierungsbezug oder die Auswirkungen der Digitalisierung bislang nicht erkannt wurden. Dies gilt für kleinmaßstäbige Wirkungen, wie die landschaftliche Auswirkung der digitalbedingten Veränderung von Pendlerströmen, als auch für großmaßstäbige Auswirkungen z. B. des Ausbaus der digitalen Infrastrukturen (Sendemaste).

Die Risiken oder bereits jetzt erkennbar negativen Auswirkungen der Digitalisierung dürfen an dieser Stelle nicht verschwiegen werden. Die „Digitalisierung der Natur" kann zu ihrem Schutz, aber auch zu ihrer Ausbeutung genutzt werden. Die Entkopplung von der Natur kann nicht nur bei der vielgescholtenen „Generation Smartphone-Jugend" erfolgen, sondern auch bei gestandenen Naturwissenschaftlern. So stellt IBISCH (2020, 61) die provokante rhetorische Frage: *„Digital unterstütze Erkenntnis: vernetzt, verwirrt und immer schärfer sehenden Auges in die ökologische Katastrophe?"* Der Autor appelliert, dass die digitale Umweltbeobachtung nicht zum Ersatzverhalten für unerlässliche Aktionen wird.

Neben diesen grundsätzlichen Aspekten sind aber bereits heute im angewandten Naturschutz konkrete negative Folgen der Digitalisierung für den Naturschutz sichtbar. Der bislang weitgehend unregulierte und unkontrollierte Online-Handel stellt den Naturschutz vor immer größere technische und personelle Herausforderungen. Im Vollzug des Artenschutzrechts ist ein massiver Anstieg illegaler Handelsaktivitäten im Internet feststellbar, der zunehmend die Wilderei und die Nachfrage nach lebenden Tieren, Pflanzen oder deren Produkten, wie Elfenbein oder Schuppentierschuppen, anheizt. Das Washingtoner Artenschutzübereinkommen (Convention on International Trade in Endangered Species of Wild Fauna and Flora: CITES), umgesetzt durch verschiedene europäische und nationale Normen, verpflichtet auch Deutschland zur Kontrolle der Ein- und Ausfuhr der in Anhängen genannten Arten sowie deren Teile oder Erzeugnisse. Die in diesem Zusammenhang anzuführende Gefahr weiterer zoogener Pandemien insbesondere durch den illegalen Wildtierhandel sei an dieser Stelle nur am Rande bemerkt. Die UPDA führt daher unter dem Kapitel „Umweltpolitik 4.0“ insbesondere den „Vollzug des internationalen Artenschutzes“ als geplante Maßnahme an. Es bleibt zu prüfen, ob hier digitale Methoden für die Bekämpfung der Kontaktaufnahme oder digitalen Abwicklung des illegalen Handels eingesetzt werden können.

3.2.4 Digitalisierung im Naturschutz – für wen?

Im Gegensatz zur wertfreien Naturwissenschaft Ökologie ist der Naturschutz stets wertegebunden. Welche Natur soll geschützt werden? Die Antwort auf diese Frage ist seit der Entstehung des Begriffs in den 70er-Jahren des 19. Jahrhunderts einem stetigen Wechsel unterworfen und muss durch jede Generation neu beantwortet werden. Sie reflektiert das „Naturbewusstsein“, das seit 2009 im zweijährigen Turnus durch das Bundesumweltministerium und das Bundesamt für Naturschutz in einer repräsentativen Erhebung abgefragt wird.

In der aktuellsten Studie des Jahres 2019 bildete das Thema Digitalisierung ein eigenes Kapitel. Das Meinungsbild in der Bevölkerung über die Chancen der Digitalisierung für den Naturschutz ist dabei ambivalent. Etwa gleich große Anteile der Befragten sehen eher die Chancen oder sind unentschieden. Knapp jede fünfte Person sieht die Risiken im Vordergrund. Wenig überraschend ist die Erkenntnis, dass das Ergebnis altersabhängig ist: Während die Hälfte der unter 30-Jährigen die Chancen in den Vordergrund stellt, liegt dieser Anteil bei den über 65-Jährigen bei ca. einem Viertel (BfN 2020b). Die Ergebnisse werden für den Anteil der Jugendlichen in weiteren Studien konkretisiert. Die Akzeptanz der Bevölkerung für den Einsatz digitaler Methoden im Naturschutz bildet eine wichtige Basis für die nächsten Schritte der Digitalisierung im Naturschutz.

Literatur

BfN – Bundesamt für Naturschutz (2005): Bioakustische Mustererkennung: Perspektiven-Workshop am 8. Juni 2004 im Bundesamt für Naturschutz, Bonn. In: Naturschutz und Biologische Vielfalt (16), 62 S.

BfN – Bundesamt für Naturschutz (2020a): Schutzgebiete in Deutschland. https://geodienste.bfn.de/schutzgebiete?lang=de (11.11.2020).

BfN – Bundesamt für Naturschutz (2020b): Naturbewusstsein. https://www.bfn.de/themen/gesellschaft/naturbewusstsein.html (03.12.2020).

BILO, M. (2013): Die Nutzung räumlicher Information im Naturschutz – Kartographie und Geoinformatik im Wandel der Zeit. In: Kartographische Nachrichten, (63) 6, 328-335.

BMU – Bundesministerium für Umwelt, Naturschutz und nukleare Sicherheit (2020): Umweltpolitische Digitalagenda. https://www.bmu.de/fileadmin/Daten_BMU/Pools/Broschueren/broschuere_digitalagenda_bf.pdf.

BORGMANN, P., WESTERHOLD, R., OEVERMANN, S. & ZACHGO, S. (2017): Webbasierte und mobile Datenerfassung im Projekt „Netzwerk zum Schutz gefährdeter Wildpflanzen in Deutschland (WIPs-De)“. In: Natur und Landschaft, 92 (2), 69-75.

DEUTSCHER BUNDESTAG (2019): Bundestagsdrucksache 19/8913, S. 4.

DEUTSCHER BUNDESTAG (2020): Bundestagsdrucksache 19/16545.

EUROPÄISCHE UNION/EUROPÄISCHER RAT (1992): Richtlinie 92/43/EWG des Rats vom 21. Mai 1992 zur Erhaltung der natürlichen Lebensräume sowie der wildlebenden Tiere und Pflanzen. In: Amtsblatt der Europäischen Gemeinschaften. Reihe L: Rechtsvorschriften, 35 (1992), H. 206, 7-50.

EUROPÄISCHE UNION/EUROPÄISCHER RAT (2007): Richtlinie 2007/2/EG des Europäischen Parlaments und des Rats vom 14. März 2007 zur Schaffung einer Geodateninfrastruktur in der Europäischen Gemeinschaft – INSPIRE. In: Amtsblatt der Europäischen Union. Reihe L: Rechtsvorschriften, 50 (2007), H. 108, 1-14.

FROMMOLT, K.-H. (2017): Information obtained from long-term acoustic recordings: applying bioacoustic techniques for monitoring wetland birds during breeding season. In: Journal of Ornithology, 158 (3), 659-668.

IBISCH, P. (2020): Digitalisierung als „Game Changer“? – Ihr Einfluss um den Kampf um globale Ökosysteme. In: Die Ökologie der digitalen Gesellschaft – Jahrbuch Ökologie 2019/2020. Hrsg. GÖPEL, M. et al. Hirzel, Stuttgart. 248 S.

INGRID (2020): Verwaltungskooperation Umweltinformationssysteme (VKoopUIS) Projekt 50. InGrid – Pflege und Weiterentwicklung der InGrid-Softwarekomponenten zum Betrieb von Internetportalen und Metadatenkatalogen. https://www.ingrid-oss.eu/latest/index.html (09.11.2020).

KRUSE, F. (2005): Meta-Umweltinformationssysteme (UDK und gein). In: FISCHER-STABEL, P. (Hrsg.): Umweltinformationssysteme. Wichmann, Heidelberg.

KRUSE, F. (2013): PortalU – Beispiel eines nationalen Umweltinformationssystems. In: FISCHER-STABEL, P. (Hrsg.): Umweltinformationssysteme 2. Aufl. Wichmann, Heidelberg.

LÖWENHOLZ KOMMUNIKATION (2020): Vernetzung der F+E-Vorhaben zur naturschutz-fachlichen Begleitung der Energiewende (FKZ 3515 82 2600). https://www.natur-und-erneuerbare.de (02.12.2020).

THUILLE, A. (2016): Flora Incognita – Interaktive Bestimmung von Pflanzen mit mobilen Endgeräten. In: KORN, H., BOCKMÜHL, K. & SCHLIEP, R. (Hrsg.): Biodiversität und Klima – Vernetzung der Akteure in Deutschland XII. BfN-Skripten 432.

UIG (2014): Umweltinformationsgesetz in der Fassung der Bekanntmachung vom 27. Oktober 2014 (BGBl. I S. 1643), das zuletzt durch Artikel 2 Absatz 17 des Gesetzes vom 20. Juli 2017 (BGBl. I S. 2808) geändert worden ist.

WENDEBOURG, T. (2019): Arten lernen in neuer Dimension – App-Anwendung „Flora Incognita“. In: Naturschutz und Landschaftsplanung, 51 (8), 396-401.

4 Räumliche Bezugssysteme

Boris RESNIK[1]

Zusammenfassung

Koordinaten bzw. Koordinatensysteme besitzen eine zentrale Bedeutung in der Geoinformatik. Sie sind erforderlich, um Positionen von Objekten im Raum eindeutig zu definieren und zueinander in Beziehung zu bringen. Trotz ihrer konzeptionellen und mathematischen Einfachheit sind die geozentrischen Koordinaten in der Praxis eher unbeliebt, da sie wenig anschaulich sind. Aus diesen Gründen arbeitet man in GIS meistens mit einem rechtwinkligen Koordinatensystem in einer Abbildungsebene. Während früher einzelne Staaten eigene Koordinatensysteme definierten und praktisch realisierten, ermöglicht und verlangt heute der Einsatz von überregionalen Geoinformationssystemen eine einheitliche großräumige Definition. Mit dem ETRS89 liegt bereits ein modernes und hochgenau realisiertes Bezugssystem für die Sicherstellung der benötigten räumlichen Kompatibilität vor. Für die Projektion georeferenzierter Objekte in die Kartenebene ist die konforme UTM-Abbildung weltweit etabliert. Da aber bei der Realisierung von GIS-Projekten trotzdem oftmals parallel unterschiedliche Bezugs- und Koordinatensysteme verwendet werden, wurden in letzten Jahrzehnten zahlreiche Versuche unternommen, sie datentechnisch einheitlich zu standardisieren und zu codieren. Als ein weitverbreitetes Beispiel dieser Art wird in diesem Kapitel die sog. EPSG-Schlüsselnummer näher behandelt.

4.1 Einführung

Der wesentlichste Bestandteil von Geoinformationssystemen sind die raumbezogenen Daten, mit denen diese arbeiten. Solche Geodaten beschreiben Objekte bzw. Erscheinungen auf der Erdoberfläche, der darüber liegenden Atmosphäre und der darunterliegenden Erdkruste. Um die Wechselwirkungen zwischen einzelnen Objekten unter Nutzung von GIS-Funktionalitäten zu analysieren, ist es notwendig, deren relative Lage sowie den Bezug zur Erdoberfläche zu kennen. Der Raumbezug ist somit das notwendige und gleichzeitig das charakterisierende Merkmal eines Objekts im GIS. In der Regel wird er durch ein einheitliches Koordinatensystem gewährleistet. Entsprechend der Anzahl der Dimensionen, die zur Beschreibung des Objekts benötigt werden, lassen sich ein-, zwei- oder dreidimensionale Koordinatensysteme definieren, bei denen jeder Punkt des Objekts durch einen Datensatz (Koordinaten) gekennzeichnet werden kann. Es ist jedoch ersichtlich, dass der Raumbezug durch Eingabe der Koordinaten alleine nicht eindeutig, sondern von der Auswahl der Projektionsfläche sowie von der angenommenen Festlegung und Orientierung des Koordinatensystems (Bezugssystem) abhängig ist. Bei der Verwendung von Daten in einem GIS besteht eines der zentralen

[1] Beuth-Hochschule für Technik, FB Bauingenieur- und Geoinformationswesen, Luxemburger Str. 10, 13353 Berlin, resnik@beuth-hochschule.de, www.beuth-hochschule.de

Probleme darin, dass diese oft in unterschiedlichen Koordinaten- bzw. Bezugssystemen vorliegen, jedoch gemeinsam genutzt werden sollen. Die Integration der Daten verlangt also eine genaue Kenntnis der zugrunde liegenden Systeme, um die notwendigen geometrischen Transformationen durchführen zu können.

Obwohl der Raumbezug grundsätzlich drei Dimensionen beinhaltet, wird er meistens in die zweidimensionale Lage und die eindimensionale Höhe gespaltet. Da in beiden Fällen früher unterschiedliche Messverfahren und Darstellungsformen verwendet wurden, war zwischen diesen Raumbezugsarten eine sehr geringe gegenseitige Beeinflussung gegeben. Seit neben den klassischen Messverfahren auch die satellitengestützten Methoden (GNSS) zur genauen Koordinatenberechnung herangezogen wurden und neben zweidimensionalen auch dreidimensionale Datenpräsentationen zunehmend eingesetzt werden, erhielt der Gedanke einer ganzheitlichen Behandlung des Raumbezugs neuen Auftrieb.

4.2 Ersatzflächen für die Erdoberfläche

Beim Aufbau von Geoinformationssystemen ist es meistens notwendig, den Bezug von Objekten bzw. Erscheinungen zur Erdoberfläche zu kennen. Die Figur der Erde ist jedoch so unregelmäßig, dass ihre geschlossene mathematische Beschreibung unmöglich ist. Spricht man also von der Figur der Erde, so wird eine geometrische Grundform gemeint, die mathematisch bzw. physikalisch beschreibbar ist und auf die sich die lokalen Gegebenheiten beziehen lassen (Abb. 4.1).

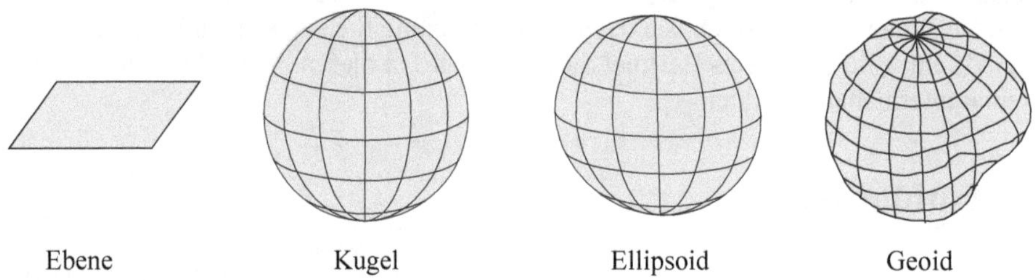

Abb. 4.1: Geodätische Bezugsflächen

In der Praxis der Geoinformatik entscheidet die Gebietsausdehnung über die zu wählende Annäherung an die Erdfigur. Als eine Ersatzfläche für relativ kleine Mess- und Darstellungsgebiete wurde die Erde seit dem Altertum als Ebene angesehen. Diese Annahme ist jedoch für die ausgedehnten UIS kaum von Bedeutung. Als eine bessere Näherung lässt sich die Erdfigur durch eine Kugel mit einem Radius von ca. 6.370 km beschreiben. Die Erdkugel eignet sich besonders zur Darstellung großer Teile der Erdoberfläche in kleinen Maßstäben. Da die normal zur Rotationsachse gerichtete Fliehkraft am Äquator am größten ist und nach den Polen abnimmt, weicht die Figur der Erde deutlich vom Kugelmodell ab. Folglich kann die Erdgestalt genauer durch ein Rotationsellipsoid beschrieben werden, das durch die Rotation der Meridianellipse um ihre kleine Halbachse entsteht. Ein Rotationsellipsoid kann mathematisch durch beide Halbachsen bzw. eine Halbachse und Abplattung (etwa 1:300) vollständig definiert werden (RESNIK & BILL 2018).

Genauso wie die Kugelform ist jedes Rotationsellipsoid ebenfalls nur eine bessere Näherung. Für klassische Landesvermessungen wurden die Ellipsoidparameter (Bessel-, Clarke-,

Hayford-, Krassowskij-Ellipsoid usw.) so gewählt, dass sie sich bestmöglich einem gegebenen Gebiet, Land oder Kontinent anpassen. In der Regel handelt es sich also um lokale und nicht um geozentrische Ellipsoide. Ein mittleres Ellipsoid, bei dem die Rotationsachse weitgehend identisch mit der Erdachse ist, ersetzt dagegen die Erdfigur als Ganzes. Die Internationale Union für Geodäsie und Geophysik hat die Basisparameter für das mittlere Erdellipsoid GRS80 definiert. Aus diesen Parametern wurde später auch das mittlere Ellipsoid (wie z. B. WGS84) abgeleitet, welches bei den satellitengestützten Systemen Anwendung findet.

Im Gegensatz zur rein geometrisch festgelegten Erdfigur (z. B. Rotationsellipsoid) basieren die Höhenbezugssysteme auf physikalischen Annahmen, wobei die Erdfigur durch eine Äquipotenzialfläche des Erdschwerefelds definiert wird. Eine Fläche dieser Art ist auf der Erde durch die Meeresoberfläche gegeben, welche man sich von Gezeiten, Strömungen und sonstigen Effekten befreit denken muss. Denkt man sich diese Fläche unter der festen Erde fortgesetzt, so ergibt sich das Geoid.

4.3 Koordinatensysteme

Bei der Analyse der globalen Phänomene auf der Erdoberfläche ist es naheliegend, ein dreidimensionales, erdfestes, rechtwinkliges Koordinatensystem zu benutzen. Die kartesischen Koordinaten eines Punkts P werden in diesem System durch drei Abstände (X, Y, Z) vom gemeinsamen Ursprung bis zu den senkrechten Projektionen des Punkts auf die entsprechenden Koordinatenachsen angegeben (Abb. 4.2). Da die dreidimensionalen kartesischen Koordinaten für praktische Aufgaben nur wenig anschaulich sind, werden bei GIS-Anwendungen bzw. -Präsentationen meistens die dreidimensionalen polaren (sog. geographischen) Koordinaten verwendet. Die geographische Breite φ eines Punkts ist der Winkel, den die Flächennormale des Referenzellipsoids (bzw. der Kugel) im Punkt mit der Äquatorebene bildet. Die geographische Länge λ ist der Winkel zwischen der Ebene durch den Nullmeridian (z. B. von Greenwich) und der Meridianebene im Punkt. Die Breitenzählung beginnt dabei am Äquator mit 0° und endet am Nordpol mit +90°, am Südpol hingegen mit –90°. Ausgehend vom Ausgangsmeridian werden die Längen in östlicher Richtung von 0° bis 360° gezählt. Es ist leicht ersichtlich, dass für ein und denselben Erdoberflächenpunkt bei unterschiedlichen zugrunde liegenden Rotationsellipsoiden bzw. Kugeln die geographischen Koordinaten im Unterschied zu den räumlichen kartesischen Koordinaten merklich variieren können.

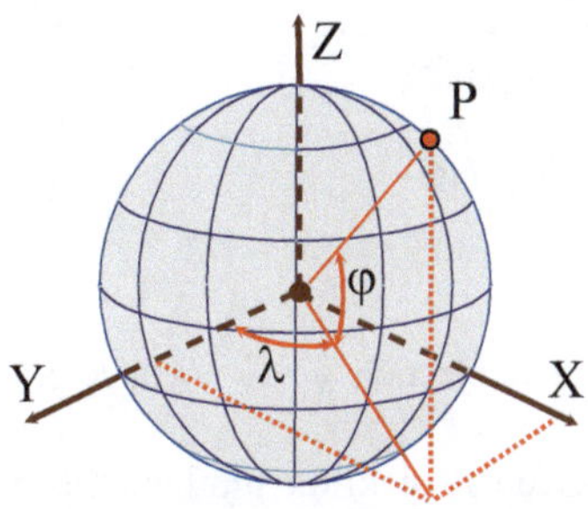

Abb. 4.2: Dreidimensionale geodätische Koordinatensysteme

Obwohl die dreidimensionalen kartesischen und polaren Koordinaten den Punkten bzw. Phänomenen einen festen Platz auf einer Referenzfläche anweisen, sind Berechnungen auf der Kugel bzw. dem Ellipsoid in diesen Systemen bzw. räumliche Darstellungen recht schwierig. Aus diesen Gründen arbeitet man in GIS meistens mit einem rechtwinkligen Koordinatensystem in der Abbildungsebene. Die in der Geoinformatik übliche mathematische Orientierung des ebenen rechtwinkligen Koordinatensystems ist dadurch gekennzeichnet, dass die y-Achse durch Drehen der positiven x-Achse gegen Uhrzeigersinn um 90° erhalten wird. Bei der Implementierung von Geodaten muss jedoch berücksichtigt werden, dass sich der Aufbau des in der Vermessung angewandten rechtwinkligen Koordinatensystems von dieser Definition unterscheidet und die Achsbezeichnungen umgetauscht werden müssen.

Ein Verfahren der Zuordnung zwischen Punkten der physischen Erdoberfläche und Punkten in einem zweidimensionalen ebenen Koordinatensystem wird als Projektion (Abb. 4.3) bezeichnet. Bei einer solchen Abbildung entstehen immer Verzerrungen, d. h., das Original ist niemals längentreu, winkeltreu und flächentreu in die Ebene abbildbar. Grundsätzlich können bei dem Abbildungsvorgang Strecken-, Winkel- und Flächenverzerrungen auftreten. In der Regel wird mithilfe geeigneter Abbildungsgleichungen versucht, eine der Verzerrungsarten entsprechend der Aufgabenstellung zu vermeiden und andere möglichst klein zu halten. In der Geographie bevorzugt man die sog. flächentreuen Abbildungen. Jede winkeltreue Abbildung führt zu einer Ähnlichkeit zwischen Urbild und Abbild, weshalb von Gauß die Bezeichnung konforme Abbildung eingeführt wurde.

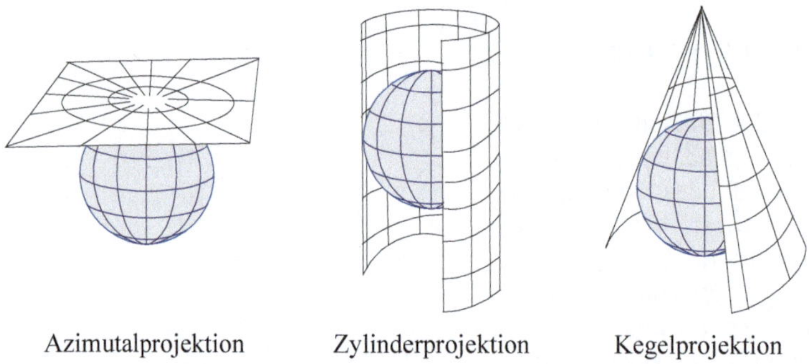

Abb. 4.3: Abbildung der Ellipsoidoberfläche in die Ebene

Obwohl jede Projektion mathematisch durch die entsprechenden Abbildungsgleichungen eindeutig beschrieben wird, kann der größte Teil der Projektionen auch geometrisch gedeutet werden. Das Ellipsoid (bzw. die Kugel) kann z. B. direkt auf eine Ebene abgebildet werden, wobei eine azimutale Projektion entsteht. Bei einer zylindrischen Projektion wird das Ellipsoid zunächst auf einem Zylindermantel abgebildet, der danach aufgeschnitten und in die Ebene abgewickelt wird. Degradiert der Zylinder zu einem Kegel, so spricht man von konischen oder Kegelprojektionen. Wird die Referenzfläche bei einer azimutalen, zylindrischen oder konischen Projektion entlang der Rotationsachse der Erde angelegt, spricht man von einer normalen Lage. Ist sie dagegen in der Äquatorialebene, d. h. um 90 Grad gegen die Rotationsachse der Erde gedreht orientiert, so handelt es sich um eine transversale Lage. Eine beliebige Orientierung der Achse des Referenzkörpers im Raum nennt man schiefachsige oder schräge Lage.

Während im kleinmaßstäbigen Bereich dem Anwender die große Palette der kartographischen Kartennetzentwürfe (HAKE et al. 2013) zur Verfügung steht, werden im mittelmaßstäbigen Bereich dagegen meistens die sog. geodätischen Projektionen eingesetzt. Die letzten sind in der Regel winkeltreu (konform) und beziehen sich auf ein bestimmtes ellipsoidisches Erdmodell. Betrachtet man die Landeskartenwerke der europäischen Staaten, dann fällt auf, dass zylindrische oder konische transversale Projektionen vorherrschen. In der Bundesrepublik Deutschland beruhte die amtliche Kartographie lange Zeit auf der Gauß-Krüger-Abbildung. Auf einzelnen 3°-Streifen dieser Projektion wird ein rechtwinkliges Koordinatensystem gelegt, dessen Abszisse durch den Mittelmeridian und dessen Ordinate durch den

Äquator gebildet wird. Zur Vermeidung negativer Koordinatenwerte bei Ortsangaben westlich des Mittelmeridians erhält dieser den Ordinatenwert 500.000 m, vor den die Kennziffer des Hauptmeridians gesetzt wird. Das einzige global, d. h. weltweit vorliegende einheitliche Kartenwerk beruht jedoch auf der universalen transversalen Mercatorabbildung (UTM). Der wesentliche Unterschied dieser Projektion (Abb. 4.4) zur Gauß-Krüger-Abbildung ist, dass der Grundmeridian nicht längentreu, sondern mit dem konstanten Maßstab 0,9996 abgebildet wird. Auf dem Ellipsoid werden wiederum Meridianstreifen oder Zonen eingeführt, wobei hier die Längenausdehnung der Streifen bezüglich des jeweiligen Grundmeridian ±3° mit einer zusätzlichen Überlappung von 0,5° mit dem Nachbarstreifen, also insgesamt 7°, beträgt. Die 60 Zonen werden von West nach Ost nummeriert, wobei der erste Streifen den Grundmeridian $\lambda = 177°w$ (w = westliche Länge) besitzt. Die Bundesrepublik Deutschland wird z. B. größtenteils von der Zone 9° östlicher Länge mit der Nummer 32 überdeckt.

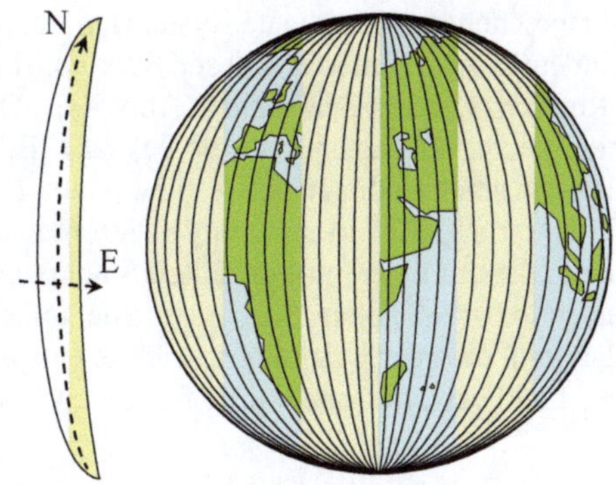

Abb. 4.4: UTM-Projektion

Aus historischen Gründen werden in der klassischen Geodäsie die Lage- und Höhenmessungen getrennt durchgeführt. Meistens handelt es sich bei den letzten um die absoluten Höhen H_i von einzelnen Punkten i, die sich auf eine vordefinierte Bezugsfläche beziehen, bzw. um die Differenzen (Höhenunterschiede ΔH) zwischen ihnen. Die sog. relativen Höhenangaben für ein konkretes Objekt (wie z. B. Höhe eines Gebäudes) spielen dagegen eine untergeordnete Rolle (Abb. 4.5). Die einfachste Definition einer absoluten Höhe ist, sie als Länge einer „nach unten bzw. nach oben gerichteten" Strecke bis zu irgendeiner Bezugsfläche zu betrachten. Je nachdem was unter „nach unten gerichtet" und unter „Bezugsfläche" verstanden wird, resultiert eine Vielzahl von geodätischen Höhensystemen. So wäre es aus rein geometrischer Sicht sinnvoll, die Höhe eines Punkts der Erdoberfläche als Abstand zum Ellipsoid zu nutzen. Diese ellipsoidische Höhe eines Punkts ist gleich der Länge des Lots von diesem Punkt P auf das Ellipsoid. Die Praxis benötigt jedoch meistens die auf eine waagerechte Fläche bezogenen Höhenangaben. Da das Geoid eine solche Niveaufläche darstellt, wird es als Bezugsfläche für Höhen eingesetzt. Die orthometrische Höhe ist die Länge der gekrümmten Lotlinie vom Geländepunkt bis zum Geoid. Die weiteren Systeme dieser Art werden als normal-orthometrische und Normalhöhen bezeichnet.

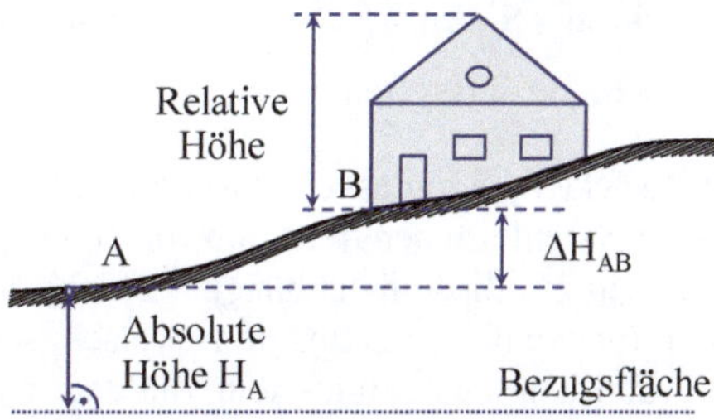

Abb. 4.5: Absolute und relative Höhen

4.4 Lokale und globale Bezugssysteme

Da beim Aufbau eines GIS die raumbezogenen Datensätze unterschiedlicher Herkunft einheitlich festgelegt werden müssen, sind der Ursprung, die Orientierung und der Maßstab des entsprechenden Koordinatensystems in Bezug zur Erde (global) bzw. zum Messobjekt (lokal) eindeutig zu definieren. Dieser Satz von Parametern wird auch als „Bezugssystem" bzw. „Referenzsystem" bezeichnet (Abb. 4.6). Die Geodatenerfassung geschieht meistens in einem lokalen Bezugssystem. So besitzt z. B. ein Punktraster des Ausgangsbilds beim Digitalisieren einer analogen Karte bzw. eines Luftbilds am Bildschirm zunächst eine beliebige Orientierung. Bei kleinräumigen Vermessungen entstehen ebenfalls die Koordinatensysteme, die auf einen ausgewählten Standpunkt bzw. eine Richtung beziehen. Die sog. regionalen bzw. globalen Bezugssysteme unterscheiden sich von solchen lokalen Systemen dadurch, dass der Ursprung sowie die entsprechende Anzahl der Nullrichtungen für ein ganzes Land bzw. die ganze Erde festgelegt werden.

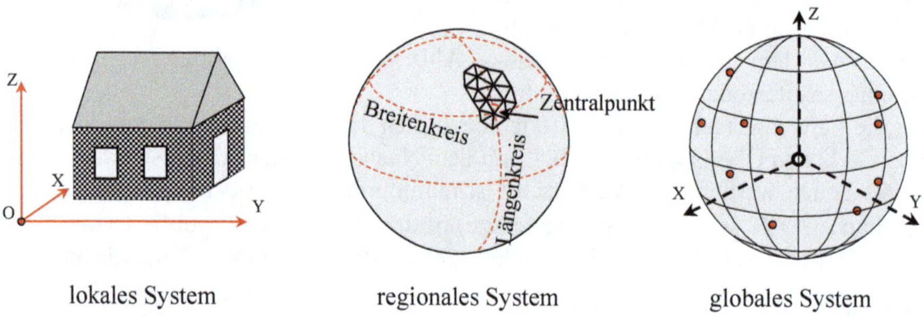

Abb. 4.6: Bezugssysteme

Für Zwecke der Landesvermessung ist es naheliegend, die dreidimensionalen ellipsoidischen Bezugssysteme zu benutzen, die von den Parametern, der Lage und Orientierung des gewählten Rotationsellipsoids abhängen. Solche Systeme sollen nicht nur den Geoobjekten einen festen Platz auf dem Ellipsoid zuweisen, sondern gleichzeitig die Grundlage für eine ebene 2D-Abbildung des Landes sein, die dem ellipsoidischen Urbild so ähnlich wie möglich ist. Die regionalen ellipsoidischen Bezugssysteme wurden früher in verschiedenen Ländern nach der Zentralpunktmethode realisiert, die von den technischen Möglichkeiten der vorigen Jahrhunderte geprägt wurde. Im Zentralpunkt wurden dabei mittels astronomischer Beobachtungsverfahren die astronomische Breite und Länge sowie das astronomische Azimut zu einem Zielpunkt mit hoher Genauigkeit bestimmt. Von diesen Punkten ausgehend wurden danach mittels Richtungs- und Streckenmessungen die weiteren Punkte des sog. trigonometrischen Netzes koordiniert. Solche Bezugssysteme wurden in Abhängigkeit von politischen Rahmenbedingungen und überwiegend ohne gegenseitigen Bezug aufgebaut. Die Lagekoordinaten der zum Deutschen Hauptdreiecknetz (DHDN) gehörenden trigonometrischen Punkte beziehen sich auf das Datum „Rauenberg". Die Lage und Orientierung des Bessel-Referenzellipsoids wurde für diese Zwecke im neunzehnten Jahrhundert auf der Grundlage astronomischer Ortsbestimmungen auf dem Fundamentalpunkt „Rauenberg" in Berlin eindeutig festgelegt. Auf dem Territorium der neuen Bundesländer wird weiterhin oftmals das System 42/83 verwendet, welches seit 1953 die Grundlage der Lagenetze in der ehemaligen DDR bildete und sich auf das Krassowskij-Ellipsoid und das Datum „Pulkowo" (bei St. Petersburg) bezieht. Von der NATO standardisierten militärischen UTM-Kartenwerken mit einer weltweiten Abdeckung (Datum ED50) basieren auf dem Rotationsellipsoid von Hayford usw.

Die satellitengestützten Verfahren haben wie keine andere Technologie Geodatenerfassung beeinflusst. Um eine über die Landesgrenzen hinausgehende interdisziplinäre Bereitstellung und Verarbeitung von raumbezogenen Daten zu gewährleisten, wurde nicht zuletzt vor diesem Hintergrund der Bedarf an einem einheitlichen globalen geozentrischen Bezugssystem schon frühzeitig erkannt. Da die technische Festlegung eines solchen Bezugssystems nach der oben beschriebenen „Zentralpunktmethode" nicht möglich ist (der einzige Zentralpunkt ist das Erdzentrum), erfolgt seine Realisierung durch Zuweisung von plausiblen Koordinaten an global verteilte Beobachtungsstationen. Eine Variante des Systems ist als das Bezugssystem WGS84 (World Geodetic System 1984) bekannt. Ursprünglich wurde das System mittels Koordinaten und Änderungsraten von wenigen global verteilten Kontrollstationen festgelegt, die vom US Department of Defense betrieben werden. Mit den wachsenden technischen Möglichkeiten zum Ende der achtziger Jahre wurde ein ziviles globales Bezugssystem ITRS (International Terrestrial Reference System) realisiert, wobei Koordinaten von mehreren weltweit verteilten Stationen berechnet wurden. Aufgrund von ständig neuen Beobachtungen und neuen Erkenntnissen über das tektonische Verhalten der Erdkrustenplatten werden die jährlich berechneten Koordinatensätze und Geschwindigkeitskomponenten mit Jahreskennung (ITRS89 usw.) versehen. Auf der Basis von diesem System wurde später in Europa das weitmaschige Punktnetz im Bezugssystem ETRS89 geschaffen und regional weiter verdichtet. In Deutschland wird z. B. ein solches Bezugssystem mit dem Bezugsellipsoid GRS80 und UTM-Koordinaten für die Geobasisinformationen der Landesvermessung und des Liegenschaftskatasters verwendet.

Im Gegensatz zu rein geometrischen Festlegungen in der Lage begründen sich die Höhenmessungen auf physikalischen Annahmen und beziehen sich auf das Geoid. Eine Festlegung des Geoids ist jedoch ohne Hypothesen nicht möglich. Da das Geoid einer Äquipotenzialfläche in Höhe des mittleren Meeresniveaus entspricht, kann z. B. ein über längere Zeit gemittelter Pegelstand als eine Ausgangshöhe mit der Höhe „Null" angenommen werden. Das aktuelle amtliche Höhenbezugssystem in Deutschland orientiert sich inzwischen an gesamteuropäischen Festlegungen (Normalhöhen und Amsterdamer Pegel) und wird an das gesamteuropäische Netz UELN (United European Levelling Network) angeschlossen. Diese Höhenangaben werden in Deutschland als Höhen über Normalhöhennull (NHN) bezeichnet.

4.5 Erstellung des einheitlichen Raumbezugs

Für die Erfassung von Geodaten stehen verschiedene Verfahren wie Digitalisieren der analogen Datenbestände, Fernerkundung, mobile Geodatenerfassung mit einem GNSS-Gerät usw. zur Verfügung. Bei dem Implementieren von Geodaten unterschiedlicher Herkunft (Abb. 4.7) stellt sich jeweils die zentrale Aufgabe, sie in ein gewähltes einheitliches Bezugs- und Koordinatensystem zu überführen. Dieser Prozess wird als Georeferenzierung oder Geocodierung bezeichnet, wobei zwischen einer Koordinatenumrechnung (ohne Bezugssystemwechsel) und Koordinatentransformation zwischen verschiedenen Bezugssystemen unterschieden werden muss.

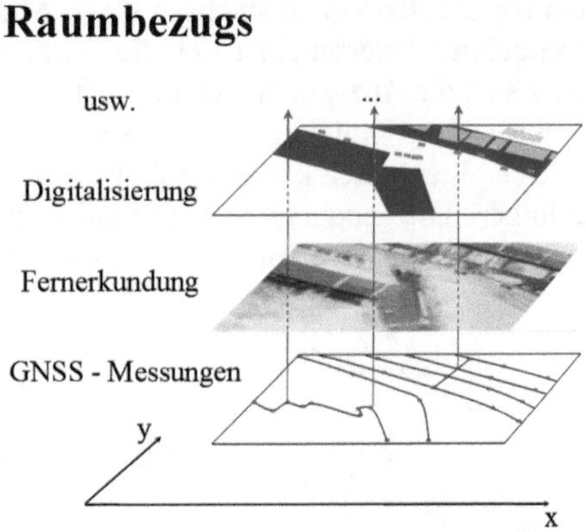

Abb. 4.7: Erstellung eines einheitlichen Raumbezugs

Das übliche GIS verfügt über Funktionen zur Digitalisierung direkt am Bildschirm und zur nachträglichen Georeferenzierung von gewonnen Geodaten. Dabei sind i. d. R. viele Kartennetzentwurfe implementiert, sodass die Datenerfassung von Vorlagenkarten mit beinahe beliebigem Netzentwurf sowie auch eine Transformation (Maßstabsänderungen, Verschiebungen und Drehungen des Koordinatensystems usw.) möglich sind. Nur wenn die Vorlage z. B. aufgrund von Alterungsprozessen erheblich verzerrt ist, müssen spezielle Software-Werkzeuge und die sog. projektiven bzw. polynomischen Transformationen eingesetzt werden.

Auch bei der Verarbeitung von Rasterdaten kommt der Anpassung des digitalen Bilds an ein vordefiniertes Bezugssystem eine sehr große Bedeutung zu. GIS bieten hierzu vielfältige Möglichkeiten. Das Ausgangsbild kann z. B. durch eine sog. Entzerrung mithilfe von mehreren Passpunkten „umgerechnet" werden, wobei in der Regel Drehungen und Dehnungen bzw. Stauchungen der alten Rasterzellen notwendig sind. Neben einer Transformation in ein neues Bezugssystem müssen darüber hinaus die Grauwerte des Ausgangsbilds in Grauwerte des Ergebnisbilds umgerechnet werden (engl. resampling). Bei der folgenden Georeferenzierung wird ein Bezug zwischen Koordinatensystem des Rasterbilds und der Kartenprojektion hergestellt, indem die Transformationsparameter berechnet und in der speziellen zusätzlichen Datei abgelegt werden.

Mobile Geodatenerfassung wird heutzutage meistens dort eingesetzt, wo topaktuelle Informationen benötigt werden und die Anwendung anderer, wirtschaftlicher Erfassungsverfahren aufgrund besonderer Umstände nicht möglich ist. Ein GIS stellt in der Regel Datenschnittstellen bereit, um externe Daten, wie z. B. Koordinaten eines GNSS-Empfängers, zu übernehmen. Die Koordinaten der Beobachtungsstationen, deren Positionen ausschließlich aus Messungen zu den Satelliten hervorgegangen sind, beziehen sich naturgemäß auch auf das gleiche Bezugssystem (z. B. WGS84). Die den klassischen Landesvermessungen zugeordneten Koordinatensysteme sind im Allgemeinen regionale Systeme. Die Koordinatenberechnung in diesen Systemen anhand der GNSS-Messungen bedeutet definitionsgemäß die Transformation eines räumlichen kartesischen Koordinatensystems in ein anderes mittels räumlicher Drehstreckung (Abb. 4.8). Im Unterschied zu dem zweidimensionalen Fall sind dabei sieben Parameter (drei Komponenten des Verschiebungsvektors, die drei Drehwinkel um die drei Koordinatenachsen sowie Maßstabsfaktor) erforderlich. Bei kleinräumigen Anwendungen unterscheidet sich die Wirkung von Verschiebungen und Drehungen kaum, sodass sich die Anzahl der Transformationsparameter auf die drei Komponenten des Verschiebungsvektors reduziert werden kann. Bei geringen Genauigkeitsanforderungen, etwa im Bereich einiger Meter, kann eine Transformation standardmäßig durch die GIS-Funktionalitäten erfolgen. Die genauere Transformation erfordert dagegen die lokalen Transformationsparameter bzw. mehrere Punktmessungen in beiden Bezugssystemen.

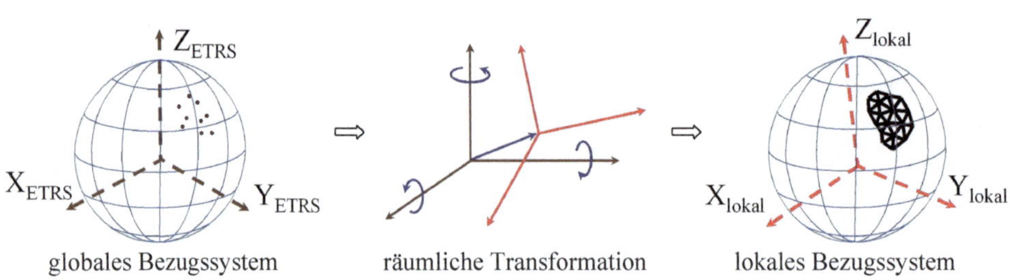

Abb. 4.8: Dreidimensionale Koordinatentransformation

4.6 Standardisierung von Begriffen

Bei der Planung und Ausführung von überregionalen Projekten in einem Geoinformationssystem ist stets dafür zu sorgen, dass sie in einem einheitlichen Bezugs- und Koordinatensystem bearbeitet werden. Eine große Schwierigkeit liegt jedoch darin, dass jedes europäische Land unterschiedliche und oftmals mehrere Bezugs- und Koordinatensysteme für die Darstellung verwendet, die im Ausland oft ungebräuchlich sind und somit digital nicht in einer kartographisch korrekten Abbildung präsentiert werden können. Um die Interpretation von Koordinaten bei der Computerbearbeitung zu erleichtern, wurden in den letzten Jahrzehnten in verschiedenen Ländern die Versuche unternommen, die verwendeten Bezugssysteme datentechnisch einheitlich als Lage- bzw. Höhenstatus zu codieren. In Deutschland ist eine dreistellige Codierung dieser Art üblich, die inzwischen auch von den meisten speziellen Berechnungsprogrammen unterstützt wird. So besitzt z. B. das Bezugssystem ETRS89 in der Form von dreidimensionalen kartesischen Koordinaten einen Status 380, während die geographischen bzw. UTM-Koordinaten in diesem Bezugssystem mit dem Status 889 und 489 einheitlich bezeichnet werden.

Durch den zunehmenden Einsatz von Geobasisdaten in vielen Bereichen der öffentlichen Verwaltung, Wirtschaft, Navigation usw. werden Koordinaten als Bestandteil von raumbezogenen Informationen nicht mehr nur von Fachkräften in Bereichen des Geoinformationswesens, sondern auch von wesentlich breiteren Kreisen von Anwendern benutzt. Solche Verwendung von Geodaten liefert einen noch höheren Standardisierungsdruck, der in den letzten Jahren auch von der Internationalen Organisation für Normung (ISO) erkannt wurde. Zur Angabe eines Koordinatensatzes gehört nach den Normen ISO 19111 immer der Zusatz des Koordinatenreferenzsystems, das aus dem entsprechenden Datum (Bezugssystem) und Koordinatensystem besteht (z. B. ETRS und UTM). Ein Koordinatenreferenzsystem (CRS) ist ein übergeordneter Begriff in der Geoinformatik zur eindeutigen und umfassenden Beschreibung des Raumbezugs, welches sowohl das entsprechende Bezugssystem als auch das Koordinatensystem des Datensatzes beinhaltet. Durch eine solche Vereinheitlichung der Datenstruktur müssen alle in Deutschland verwendeten Koordinatenreferenzsysteme daten-technisch einheitlich codiert werden. Eine solche Codierung (CRS-registry) erfolgt über eine allgemeingültige Kurzbezeichnung wie [Länderkennung] + [geodätisches Bezugssystem] + [Koordinatensystem] + [Submerkmale des Koordinatensystems].

Für die Vereinfachung des komplexen Themas von Erdfigur bis zur Koordinatenbildung bei der Geoinformationsverarbeitung hat die European Petroleum Survey Group Geodesy (EPSG) Ende der 1980er-Jahre ein System weltweit eindeutiger Schlüsselnummern geodätischer Datensätze (EPSG-Codes) eingeführt. 2005 wurde die EPSG durch das Surveying and Positioning Committee der International Association of Oil & Gas Producers (OGP) abgelöst. Die 4- bis 5-stelligen EPSG-Codes sind ein weitverbreitetes Mittel, um den räumlichen Bezug von Geodaten in einem eindeutig anzugeben. Ausgewählte Beispiele sollen dies für Deutschland veranschaulichen (s. Tabelle 4.1).

Die hier verwendeten globalen Bezugsysteme WGS84 und ETRS89 sowie das regionale Bezugssystem DHDN sind ausführlich in Kapitel 4.4 behandelt. Die wesentlichen Unterschiede zwischen den genannten geographischen und projizierten Koordinaten sowie zwischen den üblichen Koordinatensystemen UTM und GK (Gauß-Krüger-Abbildung) wurden dagegen im Kapitel 4.3 erläutert.

Tabelle 4.1: Ausgewählte EPSG-Codes

Code	Koordinatenreferenzsystem	Bemerkung
4326	WGS84/geographisch 2D	Weltweites System mit geographischen Koordinaten
3857	WGS84/Pseudo-Mercator	Ein von Google Maps und OpenStreetMap genutztes Bezugssystem (Kugel-Projektion)
25832	ETRS89/UTM, Zone 32N	Das aktuelle Bezugssystem in Deutschland von 6° O bis 12° O
25833	ETRS89/UTM, Zone 33N	Das aktuelle Bezugssystem in Deutschland von 12° O bis 18° O
31467	DHDN/GK, Zone 3	Das alte Bezugssystem in Deutschland von 7,5° O bis 10,5° O
31468	DHDN/GK, Zone 4	Das alte Bezugssystem in Deutschland von 10,5° O bis 13,5° O

Die Infrastructure for Spatial Information in the European Community (INSPIRE) ist eine weitere Initiative mit dem Ziel, eine europäische Geodaten-Basis mit integrierten raumbezogenen Informationsdiensten zu schaffen. Mit europaweit vereinheitlichten Bezugs- und Koordinatensystemen ETRS89 und UTM, die für den europäischen Raum Verwendung finden können, sollen die Mitgliedsländer dazu veranlasst werden, zunehmend auf regionale Projektionssysteme zu Gunsten einer europäischen Lösung zu verzichten.

Literatur

BILL, R. (2016): Grundlagen der Geo-Informationssysteme. 6. Aufl. Wichmann, Berlin/Offenbach.

HAKE, G., GRÜNREICH, D. & MENG, L. (2013): Kartographie. 8. Aufl. Walter de Gruyter, Berlin.

RESNIK, B. & BILL, R. (2018): Vermessungskunde für den Planungs-, Bau- und Umweltbereich. 4. Aufl. Wichmann, Berlin/Offenbach.

5 Ein Streifzug durch zwei Jahrtausende Dokumentation und Nutzung von Umweltdaten

Eva Maria KLOS[1] und Peter FISCHER-STABEL[2]

Zusammenfassung

Um Veränderungen in der Umwelt wahrzunehmen, nutzt der Mensch seit jeher Umweltdaten. Während er diese zunächst rein sensorisch erfasste, konnten durch die Entwicklung von Messgeräten immer präzisere Daten erhoben und diese auch mit den Parametern Zeit und Ort verknüpft werden. Auf diese Weise wurde es möglich, sie zeitlich und räumlich zu vergleichen. Dieses Kapitel fragt nach den wesentlichen Entwicklungen, die die Geschichte der Dokumentation und Nutzung von Umweltdaten in den letzten zweitausend Jahren prägten, und stellt dabei drei Entwicklungen heraus: erstens die zunehmende Genauigkeit von Daten, die besonders durch die Ent- und Weiterentwicklung von Messgeräten erreicht werden konnte, zweitens die stetig globaler werdende Vernetzung und Nutzung des Wissens um Umweltdaten sowie der Daten selbst sowie drittens die immer verbreitetere Standardisierung der Datenerhebung einschließlich ihrer räumlichen und zeitlichen Präzisierung.

5.1 Einleitung

Als im Jahr 79 n. Chr. der Vesuv ausbrach und Pompeji unter Lava, Gasen, Gestein und Asche begrub, registrierten die Menschen in der antiken Stadt schon vor der Eruption erste Anzeichen der bevorstehenden Katastrophe. So berichtet Plinius der Jüngere von vorangehenden Erdstößen, die aber für diese Region Italiens keine Seltenheit waren (MAUSE 2012, 63-68). Die Vorzeichen richtig zu deuten und geeignete individuelle oder kollektive Gegenmaßnahmen zu ergreifen – im Fall des Ausbruchs des Vesuvs: zu flüchten – hing jedoch über Jahrhunderte vom Bildungsstand, der Lebenserfahrung oder dem gesellschaftlichen Status Einzelner ab. Aber nicht nur Vulkanausbrüche, sondern auch Überschwemmungen, Stürme, Erdbeben oder Bergstürze sind Beispiele für Katastrophen, denen die Menschheit machtlos gegenüberstand und steht und lediglich präventive Maßnahmen die Folgen für die lokale Bevölkerung mildern können.

Um präventive Maßnahmen ergreifen zu können, ist Wissen Macht, vor allem, da nicht alle Veränderungen der Umwelt und ihre potenziellen Auswirkungen auf den Menschen so unmittelbar sichtbar und in den Folgen greifbar sind wie der Feuer und Lava speiende Vesuv.

[1] Hochschule Trier, Präsidialbüro, Schneidershof, 54293 Trier, e.klos@hochschule-trier.de, www.hochschule-trier.de

[2] Hochschule Trier, Umwelt-Campus Birkenfeld, Institut für Softwaresysteme in Wirtschaft, Umwelt und Verwaltung, Campusallee, 55768 Hoppstädten-Weiersbach, p.fischer-stabel@umwelt-campus.de, https://www.umwelt-campus.de/iss

Prozesse wie beispielsweise das Artensterben oder der Klimawandel verbergen sich vor dem menschlichen Auge, wenn nicht durch eine kontinuierliche Datenerfassung und -auswertung der Wandel sichtbar gemacht wird. Die Geschichte dieses Bestrebens, Umweltdaten zu sammeln, verfügbar zu machen, auszuwerten und in das menschliche Handeln zu integrieren, steht im Mittelpunkt des folgenden Streifzugs durch die Jahrhunderte. Der Streifzug soll dabei von der Frage geleitet werden, welche Trends die Geschichte der Dokumentation und Nutzung von Umweltdaten, angefangen in der Antike und endend im 20. Jh., wesentlich prägten.

5.2 Umweltbeobachtungen von der Antike bis zum Beginn der Neuzeit

In der Antike und im Mittelalter kann noch nicht von einer systematischen Erfassung von Umweltdaten die Rede sein. Einzelne beobachteten die Umwelt und registrierten Veränderungen. Einige wenige Gebildete hielten diese individuellen Beobachtungen auch schriftlich fest und überlieferten sie damit der Nachwelt: So beklagte und dokumentierte Platon (ca. 428 – 347 v. Chr.) bereits Mitte des 4. Jh. v. Chr. die starke Waldrodung, welche dem steigenden Holzbedarf einer stetig wachsenden Bevölkerung sowie dem Flottenbau Athens Rechnung tragen musste. Die damit einhergehende und in den Atlantis-Dialogen Platons beschriebene Bodenerosion hat offensichtlich zu bis in unsere Zeit sichtbaren irreversiblen Umweltschäden geführt (NESSELRATH 2014, Randnummer 111a-e). Ähnlich wie auch schon in den Briefen Plinius des Jüngeren zur Eruption des Vesuvs dokumentiert, wurde der Zustand der Umwelt auch in den darauffolgenden Jahrhunderten aufgrund fehlender sonstiger Methoden insbesondere durch die menschlichen sensorischen Sinne wahrgenommen und anschließend deskriptiv, in der Regel in Schriftstücken, dokumentiert: So beschreibt neben anderen auch Plinius der Ältere (23 – 79 n. Chr.) in seiner Enzyklopädie „Naturalis historia" die nach Fäkalien stinkenden Flüsse im antiken Rom, die sich in gesundheitsgefährdende Kloaken verwandelt hatten (GIEBEL 2005, 39-43). Trotz aller – aus heutiger Sicht punktuellen – Umweltbelastungen konnte mangels sonstiger Sensoren lediglich auf die menschliche Beobachtung und Sinneswahrnehmung, wie die olfaktorische (z. B. Gestank in Gerber- oder Metzgervierteln) und visuelle Wahrnehmung (z. B. schwarzer Schnee, Rauchgase, Dunst, Verfärbungen von Gewässern), zurückgegriffen werden. Erste Ansätze, den Informationsgehalt von Organismen in Form einer einfachen Bioindikation zu nutzen, griffen ebenfalls auf die Sinnesorgane zurück, beispielsweise durch die Wahrnehmung toter Fische, die auf verschmutzten Gewässern treiben, oder den Kümmerwuchs bei Kulturpflanzen sowie die Beobachtung von phänologischen Ereignissen wie Laubverfärbungen und vorzeitiger Laubfall[3].

Demgegenüber waren für die Dokumentation von Flora und Fauna und somit für Biodiversitätsbetrachtungen bereits früh Verfahren verfügbar, die unseren heutigen Methoden ähneln. Sie lieferten hauptsächlich qualitative Daten: Skizze und Präparation. Insbesondere für aus damaliger Sicht interessante Taxa wie jagdbare Tiere, Vögel oder Blütenpflanzen – hier vor allem Heil- und Giftpflanzen – existieren eine Vielfalt an Belegen und Zeitzeugnissen zu Arteninventar, Häufigkeiten und Verbreitung, teilweise sogar zu ökologischen Ansprüchen.

---

[3] Am Rande erwähnt sei, dass sich – als Resultat solcher gehäuften Beobachtungen – schon in den Konstitutionen von Melfi (Kaiser Friedrich II., 1231) Verordnungen zum Schutz der Luft und des Wassers finden.

Die Anlage von Herbarien und die Beschreibung von Heilkräutern ist bereits in die Antike zurückzuführen – hier ist beispielweise das Wurzelschneidebuch (Rhizotomikon) von Diokles aus dem 4. Jhd. v. Chr. zu nennen. Diese Art der Dokumentation wurde im Mittelalter wieder häufig aufgenommen, z. B. durch Autorinnen wie Hildegard von Bingen (1098 – 1179), das Innsbrucker (Prüller) Kräuterbuch (um 1100), oder später für Südwestdeutschland auch durch Hieronymus Bock (1498 – 1554).

Auch für die Tierwelt existieren detailreiche Dokumentationen, die Hinweise auf das Artinventar vergangener Epochen liefern und heute noch Verwendung finden: So schrieb Friedrich II. bereits im Jahr 1248 ein wissenschaftliches Werk über Vögel und die Falknerei mit dem Titel „De arte venandi cum avibus", welches neben einer Einführung in die allgemeine Vogelkunde auch über 900 detailgetreue Bilder einzelner Vogelarten enthält.

Abb. 5.1:
Abbildungen verschiedener Vogelarten im Werk „De arte venandi cum avibus", Vatikan, Biblioteca Apostolica Vaticana, 1258 – 1266; Abbildung entnommen aus https://digi.ub.uni-heidelberg.de/diglit/bav_pal_lat_1071/0039 (23.01.2021)

Während unsere Vorfahren also jahrhundertelang ihre Umwelt beobachteten und ihre Beobachtungen in verschiedenen Darstellungsformen verschriftlichten, wurden diese lange Zeit nicht systematisch – das heißt auch untereinander vergleichbar – erfasst und zusammengeführt, sodass weder für Zeitgenossinnen und Zeitgenossen noch für heutige Umweltbeobachtungen präzise Daten vorliegen.

5.3 Beginn der Neuzeit: neue Messgeräte für objektivierbare Daten

An der Schwelle zur Neuzeit ist jedoch eine erste wichtige Entwicklung in der Dokumentation und Nutzung von Umweltdaten zu verzeichnen: Mit dem Aufkommen der ersten Messgeräte im 16. Jh. eröffneten sich neue Perspektiven in der Umweltdatenerfassung. Es waren nun objektivierbare, metrische Daten verfügbar. Messgeräte waren vereinzelt zwar bereits in der Antike entwickelt und verwendet worden; hier sind beispielsweise altägyptische Nilometer aus dem 3. Jh. v. Chr. oder Windrichtungsgeber aus Athen 100 v. Chr. zu nennen. Auch für Regenmesser gibt es aus Korea Nachweise aus dem Jahr 1442. Der eigentliche Beginn der Instrumentenentwicklung zur Erfassung von Umweltparametern begann in Mitteleuropa aber erst in der beginnenden Neuzeit mit der Entwicklung meteorologischer Messgeräte.

Meteorologische Parameter standen dabei aufgrund ihrer Bedeutung für Landwirtschaft und der Versorgung der Bevölkerung mit Lebensmitteln im Vordergrund der Entwicklung der Instrumentenmessung. So wurde die Temperatur durch das Thermometer objektiv messbar (Galileo Galilei, 1597), der Niederschlag durch Niederschlagsmesser (Benedetto Castelli, 1639) und der Luftdruck durch das Barometer (Evangelista Torricelli, 1643). Auch für die Luftfeuchtebestimmung, für die zuvor die Blütenstände getrockneter Korbblütler genutzt worden waren, findet mit dem Haarhygrometer 1782 erstmals ein Messgerät Erwähnung.

Bei den ältesten Messungen handelte es sich lediglich um punktuelle Messungen und nur in sehr seltenen Fällen um Messreihen, wie beispielweise bei der Messung der Luftdruckwerte in Hannover, die Leibniz von 1677 bis 1679 durchführte. Letztere Messreihen erstreckten sich in der Regel nur über einige wenige Jahre und reichten in keinem Fall kontinuierlich bis in die Moderne[4]. Die ältesten verwertbaren europäischen Niederschlagsreihen stehen ab 1715 aus Hoofdorp-Zwanenburg (Holland) zur Verfügung. Zuverlässige Luftdruckreihen gehen bis 1740 zurück. Erschwerend bei der Bearbeitung dieser älteren Messreihen wirkt sich das unterschiedliche Einheitensystem aus. Beim Luftdruck fanden sich so neben den gebräuchlichen Einheiten Millibar, Millimeter Quecksilber auch Einheiten in Zoll, Inches und Pariser Linien.

Basierend auf einem regen Austausch der frühen meteorologischen Beobachter untereinander setzte sich schließlich die Auffassung durch, dass „weitere Fortschritte in der Meteorologie nur durch gleichzeitige, tägliche Beobachtungen an verschiedenen Orten zu erreichen seien“ (GLASER 2001, 19). Somit war die Grundidee zu einer vergleichenden Herangehensweise, die die Parameter Ort und Zeit einschloss, sowie damit einhergehend zum Aufbau eines Umweltmessnetzes geboren. Die von Kurfürst Karl Theodor von der Pfalz im Jahre 1780 gegründete „Societas Meteorologica Palatina“ war eine der ersten Organisationen weltweit, die ein Messnetz mit genormten Instrumenten und festen Ableseterminen einrichtete, welches mehr als ein Jahrzehnt und für die damalige Zeit auch qualitativ hochwertige Wetterdaten lieferte. So wurden hier u. a. die sogenannten Mannheimer Stunden mit Messungen um 7, 14 und 21 Uhr zur Vereinheitlichung der Ablesetermine für meteorologische Beobachtungen festgelegt. Die seit 1781 erfassten Messwerte der aus diesem Messnetz resultierenden Station Hohenpeißenberg (heute Deutscher Wetterdienst) wird dabei als die längste durchgehende verlässliche Messreihe meteorologischer Daten für Deutschland angesehen. Erste Versuche, meteorologische Beobachtungsnetze zu gründen, die leider gescheitert waren, hatte es zuvor auch in Florenz (Academia del Cimento, 1652) sowie 1663 in England durch Hooke gegeben (MANLEY 1962, 43).

Eine erste regelmäßige dokumentierte Beobachtung der Wasserstände in Deutschland mit Pegeln begann 1797, also an der Schwelle zum 19. Jh., in Erfelden am Rhein.

Obschon die Fortschritte in der Erfassung von Umweltdaten durch die neuen Messgeräte einen objektiven Zugang zu Umweltphänomenen und -katastrophen nahelegen, stellten diese für die Menschen in der Regel keine Ereignisse mit objektivierbaren Ursachen dar: Die Vorstellung, Gott bestrafe die Menschheit mit Extremwetterereignissen für ihre Sünden, spra-

[4] Informationen zu den ersten Messreihen im deutschsprachigen Raum finden sich unter anderem bei GLASER (2001, 18 ff.) und RUDLOFF (1967, 5 ff.).

chen die Ursachen einer höheren Macht zu – eine Vorstellung die in Europa noch weit bis ins 18. Jh. fortwirkte (WINIWARTER & KNOLL 2007, 265-269).

5.4 Präzisierung und Vernetzung von Umweltdaten ab dem 19. Jahrhundert

In seiner Globalgeschichte des 19. Jh. „Die Verwandlung der Welt" weist Jürgen Osterhammel auf eine bedeutende zweite Entwicklung in der Erfassung und Nutzung von Umweltdaten hin, auf die der Streifzug durch das vorherige Jahrhundert schon hingedeutet hat: die Vernetzung der verschiedenen Akteure, Disziplinen und damit auch der Daten selbst, die im 19. Jh. ihre Kraft entfaltete. Die schon zuvor entwickelten Messgeräte stellten hierfür eine bedeutende Grundlage dar und „Naturwissenschaftler [machten] stürmische Fortschritte in der Entdeckung von Gesetz und Ordnung innerhalb [der] Natur" (RADKAU 2011, 39).

Osterhammel zeigt die zunehmende Vernetzung der beobachteten und gemessenen Naturphänomene und -katastrophen anhand von zwei Vulkanausbrüchen: Beim Ausbruch des Tambora 1815, der nicht nur lokale, sondern weltweite Folgen hatte und aufgrund der hohen Konzentration von Materialpartikeln in der Stratosphäre in Europa das „Jahr ohne Sommer" mit Ernteausfällen und Hungersnöten auslöste, waren die Folgen weltweit spürbar. Die Katastrophe selbst jedoch konnte aufgrund fehlender flächendeckender Messinstrumentarien nur lokal mit den üblichen sensorischen Beobachtungen als Vulkanausbruch identifiziert werden. Als allerdings 68 Jahre später der Krakatau, ein Vulkan im heutigen Indonesien, ausbrach, „verwandelte sich eine lokale Naturkatastrophe in ein globales wissenschaftliches Ereignis" (OSTERHAMMEL 2016, 295 f.), denn mittlerweile konnten Seismographen, Barometer und Mareographen rund um die Welt den Vulkanausbruch und die damit verbundenen Tsunamis registrieren. Darüber hinaus verbreitete sich die Meldung schnell weltweit, da inzwischen Seekabel für die Telegraphie die Kontinente verbanden (OSTERHAMMEL 2016, 294-297; MCGUIRE 2016).

Diese Globalisierung des Messens und Vergleichens ist auch auf dem Feld der Meteorologie zu beobachten: Zwar tauchten schon Ende des 18. Jh erste Ideen zu einem weltweiten Beobachtungsnetz auf (Johann Heinrich Lambert, 1728 – 1777), die jedoch erst im Nachgang zum ersten internationalen Meteorologenkongress durch die Gründung der Internationalen Meteorologischen Organisation (IMO) im Jahr 1873 schrittweise realisiert werden konnten[5].

Als populärster Vertreter der konsequenten Vernetzung des Wissens über seine Beobachtungen ist heute wohl Alexander von Humboldt bekannt, der nicht nur unterschiedliche Disziplinen verknüpfte. Er brachte bespielweise auch 1828 in einer „Eruption nomadischer Naturforscher" (AH an Arago, zitiert nach an WULF 2018, 250) rund 500 Wissenschaftler aus Deutschland, Italien, Russland, Schweden und dem restlichen Europa bei einer interdisziplinären Konferenz in Berlin zusammen und gab den umweltbezogenen Wissenschaften durch diese Anregung des Austauschs über Fächer- und Landesgrenzen hinweg ganz neue Impulse (WULF 2018, 249 f.).

[5] Nach dem 2. Weltkrieg wurde die damals ausrichtende Internationale Meteorologische Organisation in die neue Meteorologische Weltorganisation der Vereinten Nationen (WMO) überführt.

Abb. 5.2: Das bekannte „Tableau Physique“ (Alexander v. Humboldt, 1807) als frühes Resultat von deskriptiver und messtechnischer Erfassung von Umweltdaten; Abbildung entnommen aus https://www.avhumboldt.de/?p=11781 (01.02.2021)

Aber um die verschiedenen Wissenschaften zusammenzubringen, mussten Daten ansatzweise vergleichbar sein: Da Umweltdaten nur mit einer zeitlichen und räumlichen Dimension ausgestattet auswertbar sind, müssen Übereinkünfte über die Messung dieser beiden Dimensionen getroffen werden. So müssen beispielweise Datumsangaben aus dem Mondkalender der Babylonier (2000 v. Chr.) in das julianische oder gregorianische Kalenderdatum umgerechnet werden, um eine vergleichbare zeitliche Verortung der Daten im Jahreslauf zu erhalten. Zu dieser Übereinkunft über die räumlichen und zeitlichen Dimensionen konnten im 19. Jh. wesentliche Fortschritte verzeichnet werden.

Zwar war nach OSTERHAMMEL (2016, 53) „[d]ie Vermessung und kartographische Aufnahme der gesamten Land- und Wasseroberfläche der Erde […] eines der großen Gemeinschaftsprojekte der neuzeitlichen Wissenschaft“, jedoch lief die Erfassung aufgrund der zum Teil widerstrebenden Interessen der beteiligten Nationen keineswegs koordiniert ab. Sie begann schwerpunktmäßig im 16. Jh. mit portugiesischen und spanischen Karten, „setzte sich nach 1700 in den niederländischen Vorhaben einer globalen Erdbeschreibung fort und profitierte dann im 18. Jh. von der Verfeinerung der Messtechniken und der weiteren Ausdehnung der europäischen Schifffahrt“ (OSTERHAMMEL 2016, 54) – dies auch im Zusammenhang mit dem Kolonialismus –, sodass am Ende des 19. Jh. für die gesamte Erde ein Kartenbild vorhanden war. Für den deutschsprachigen Raum schufen u. a. die Kartenaufnahme der Rheinlande durch Tranchot und von Müffling 1801 – 1820 (1:20.000) sowie der Topographische Atlas von Bayern 1812 – 1864 (1:50.000) eine gute Grundlage.

Betrachten wir die Detailkarten genauer, so müssen wir feststellen, dass quasi – neben ersten Definitionen von Ausgangsmeridianen in der Antike – jeder Akteur einen eigenen Null-Meridian definiert hatte (z. B. Pariser Meridian, Ferro-Meridian, Meridian von Uranienburg). Zudem waren bei Weitem nicht alle Kartenwerke genordet. Eine weltweite Vereinheitlichung der Längenangaben und die damit einhergehende Vereinheitlichung eines weltweiten Zeitsystems wurde schließlich erst im Jahre 1884 auf der Washingtoner Meridiankonferenz erreicht (Greenwich, Greenwich Mean Time GMT). Zugleich spielte die Standardisierung der Maße und Gewichte, zum Beispiel durch die Gewichts- und Maßordnung des Norddeutschen Bundes 1868, eine bedeutende Rolle für die Vergleichbarkeit von Umweltdaten. Diese internationalen Standardisierungstendenzen, deren Herausbildung der Historiker Peter Kramper in seiner Monographie „The Battle of the Standards. Messen, Zählen und Wiegen in Westeuropa 1660-1914“ (KRAMPER 2019) detailreich nachvollzieht, stellen den dritten wichtigen Trend in der Erfassung und Nutzung von Umweltdaten dar. Mit den neuen Möglichkeiten, nun auch vergleichbare Messdaten erheben zu können, vollzog sich der Brückenschlag von der deskriptiven Beobachtung und Beschreibung des Umweltzustands hin zu analytisch-metrischen Methoden der Moderne.

Ein Beispiel sei erlaubt, das die Auswirkungen unterschiedlicher Bezugssysteme und ihr Fortwirken bis in unsere Zeit illustriert: Als 2004 die Hochrheinbrücke bei Laufenburg über die deutsch-schweizerische Grenze gebaut wurde, mussten die Ingenieurinnen und Ingenieure den unterschiedlichen Höhenbezug der beiden Länder beachten, der letztlich zu einem Rechenfehler und anschließenden Korrekturmaßnahmen führte.

Staaten – in den verschiedenen Ausprägungen ihrer politischen Systeme – hatten an standardisierten Umweltdaten ein zunehmendes Interesse, da sie ihnen bei der Entscheidungsfindung in politischen Prozessen dienen konnten. So wurde am 1. April 1901 in Berlin die erste Institution zur Umweltforschung in Deutschland gegründet, die „Königliche Versuchs- und Prüfungsanstalt für Wasserversorgung und Abwässerbeseitigung“, deren Ziel neben der Erforschung auch die Verhinderung von Umweltschäden war (ZIRNSTEIN 1996, 151-154). Zugleich wurden auf dem Gebiet der Umweltanalytik aufgrund der Entwicklung geeigneter Messverfahren (z. B. der Chromatographie durch Michail Semjonowitsch Zwet, 1906) Fortschritte erreicht, wenngleich erste Analysen von Umweltmedien bereits früher datiert sind (so beispielsweise die „chymische Untersuchung des Wassers“, 1768 von Andreas Sigismund Marggraf). Weitere Instrumente zur Umweltdatenerfassung, wie z. B. das pH-Meter (Beckmann 1935) oder das von Johannes Geiger entwickelte Geiger-Müller-Zählrohr (1928) zur Messung ionisierender Strahlung machten, weitere Umweltdaten, die nicht sensorisch erfasst werden können, für den Menschen aus- und verwertbar.

Neue Messtechnologien waren laut Osterhammel dann auch einer der Treiber für eine signifikante Verbesserung der Katastrophenprophylaxe, sodass ab der zweiten Hälfte des 20. Jh. Vorsorge durch den Menschen zumindest in einem gewissen Maße möglich wurde (OSTERHAMMEL 2016, 294).

Neben der Erfindung neuer Messgeräte brachte das 20. Jh. schließlich auch einen rasanten Fortschritt der bestehenden Verfahren: Betrachtet man einen der entscheidenden Trends dieses Jahrhunderts, die Digitalisierung, so zeigt ein Beispiel aus unserer Lebenswelt, dass schon zuvor bekannte Verfahren in diesem Jahrhundert entscheidende Weiterentwicklungen erlebten: Mit der Erfindung der Fotografie (Niépce & Daguerre 1826) war zwar schon ein weiterer Sensor hinzugekommen, welcher bis heute wertvolle Informationen für retrospektive Umweltanalysen liefert. Flächendeckend und massentauglich nutzbar wurde dieser Sensor allerdings erst mit den Kleinbildkameras, die in den 1920er-Jahren entwickelt worden waren. Deren Mobilität und Schnelligkeit war auch bei der Erfassung von Naturphänomenen ein

Vorteil. Ab den 1990er-Jahren wurden sie schließlich nach und nach durch die digitale Fotografie abgelöst. Erst sie machte es möglich, große Datenmengen zu erheben, schnell mit einer wissenschaftlichen Community zu teilen und in Kombination mit dem Internet und neu entwickelten Onlinediensten global nutzbar zu machen.

Ebenfalls stark von der Digitalisierung geprägt war auch die Weiterentwicklung der Kartographie, die – obwohl sie schon von einem sehr präzisen analogen Kartenbestand ausging – mit anderen technischen Errungenschaften verknüpft werden konnte: Das Aufkommen der Satellitentechnik auch für die zivile Nutzung erlaubte ab den 1960er-Jahren (erster Wettersatellit Tiros-1, 1960; Erdbeobachtung Landsat-1, 1972) großflächige Umweltdatenerhebungen bis hin zu globalen Ansätzen.

Zusammengefasst und verfügbar gehalten wird dieses vielschichtige Wissen über Umweltdaten verschiedener Provenienz heute in Umweltinformationssystemen, deren Entwicklung in den 1980ern ihren Anfang nahm (BILL 2016, 15) und über deren Entstehung und Verwendung die verschiedenen Beiträge in diesem Band Auskunft geben.

5.5 Umweltdatenerhebung ex post

Es wurde gezeigt, dass präzise Umweltdaten – wird die Zeitspanne seit dem Auftauchen des Menschen als Akteur in der Erdgeschichte als Referenz angesehen – nur in einem verschwindend geringen Zeitraum gezielt erhoben wurden. Angesichts der über Jahrhunderte dürftigen Datenlage scheint es somit schwierig, heute Daten im Sinne einer Untersuchung langfristiger geschichtlicher Strukturen, der „langen Dauer“[6], zusammenzuführen und damit Auswirkungen von Umweltveränderungen in verschiedenen Epochen zu vergleichen.

Trotzdem gibt es Wege, unterschiedliche Daten im Nachhinein zumindest näherungsweise zu erheben: Auskünfte können Quellen geben, die mittelbar über Naturkatastrophen berichten, darunter Zeitungsberichte oder auch Steuerkataster. Letztere Quelle wurde beispielweise für die Forschungen über den Deichbruch 1855 in Henan am Gelben Fluss in China herangezogen, der die Flussmündung um 300 Kilometer verschob und damit verbunden verheerende Überschwemmungen nach sich zog (OSTERHAMMEL 2016, 298). Eine wichtige Quelle sind ebenso historische Kartenwerke, die Auskünfte zur Geologie, Bodenkunde und Pflanzensoziologie liefern können und die durch eine Gegenüberstellung aus verschiedenen Zeitschichten in einem gewissen Maße auch Entwicklungen sichtbar machen – unter Beachtung der oben beschriebenen Besonderheiten historischer Kartenwerke (JÄGER 1994, 9 f.). Überlieferte Artefakte wie Schriftstücke und plastische Objekte liefern zudem seit dem Spätmittelalter und der Frühen Neuzeit vermehrt Informationen zu historischen Daten: Hoch- und Niedrigwassermarken, Gedenktafeln, bildhafte Darstellungen oder Flugschriften dokumentieren hier besondere Vorfälle, meist katastrophale Witterungsphänomena, Naturkatastrophen oder auch lokal begrenzten Geschehnisse.

[6] Dieses geschichtswissenschaftliche Konzept geht auf Fernand Braudel zurück, der drei Zeitschichten unterscheidet und dafür plädiert, nicht nur punktuelle Ereignisse oder längerfristige Konjunkturen in den Blick zu nehmen, sondern insbesondere auch die Strukturen, die sich über eine lange Dauer herausgebildet haben (RAPHAEL 2006, 53-55).

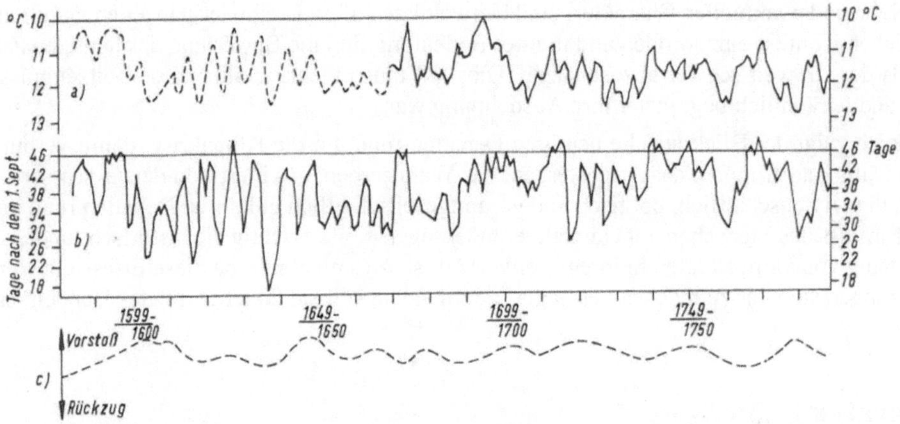

Abb. 22b. Sommertemperaturen, Weinernte und Gletscherbewegungen 1580–1790 (nach *G. Manley* [1065] und *E. Ladurie* [1066])
a) 2-jährig fortlaufende Temperaturmittel in England vom 1. März bis zum 1. September (mutmaßliche Mittel 1580–1680 nach *Manley*, Temperaturmittel 1931–1960 = 12,1°C)
b) 2-jährig fortlaufende Daten der Weinernte in Frankreich (Tage nach dem 1. September, nach *Ladurie*)
c) Gletscherbewegungen (verallgemeinert), nach *Manley*

Abb. 5.3: Beispiel einer Näherung an historische Umweltdaten ex post durch RUDLOFF, der Klimadaten auf der Grundlage von früheren Forschungen zu Sommertemperaturen, der Weinernte und Gletscherbewegungen rekonstruierte (Ausschnitt aus RUDLOFF 1967, 93)

Neben und auch aus diesen mittelbaren Quellen kann mit modernen Untersuchungsmethoden[7] eine Auswertung von sogenannten Proxydaten (indirekten Zeigern) und ihre Einordnung in historische Klima- und Umweltsituationen erfolgen. Unterschieden wird dabei zwischen biologischen (Baumringe, Ernteerträge, phänologische Angaben etc.) und physikalischen Proxydaten (Vereisungsdaten, Hoch- und Niedrigwasser etc.).

5.6 Fazit

Bündelt man nun die Erkenntnisse über die Dokumentation und Nutzung von Umweltdaten, so werden im Wesentlichen drei Trends sichtbar, die diese Geschichte prägten: erstens die zunehmende Genauigkeit von Daten, die besonders durch die Ent- und Weiterentwicklung von Messgeräten erreicht werden konnte, zweitens die stetig globaler werdende Vernetzung und Nutzung des Wissens um Umweltdaten sowie der Daten selbst sowie drittens die immer verbreitetere Standardisierung der Datenerhebung einschließlich ihrer räumlichen und zeitlichen Präzisierung.

An den unterschiedlichsten Stellen finden heutige Forscherinnen und Forscher die Spuren dieser Trends in Form von historischen Informationen, die uns zu über Jahrhunderte oder gar Jahrtausende zurückliegenden Epochen Auskunft zum jeweiligen Zustand der Umwelt geben. Zugleich stoßen sie dabei immer wieder auf Herausforderungen: Aufgrund ihres des-

[7] Einen Einstieg in die Anwendung naturwissenschaftlicher Methoden für umweltgeschichtliche Fragestellungen bieten WINIWARTER & KNOLL 2007, 87-109.

kriptiven und punktuellen Charakters sind Umweltdaten oftmals schwierig in einen räumlich-zeitlichen Kontext einzuordnen und in ihrer Bedeutung für eine Bewertung des heutigen Zustands der Umwelt schwer abzuschätzen. Dies gilt umso mehr, je älter diese Zeitzeugnisse sind und je räumlich begrenzter ihre Ausdehnung war.

Zugleich zeigt der Blick auf die heutigen Debatten rund um die Klimakrise, damit verbundene Naturkatastrophen, das Artensterben, das Waldsterben, das Plastik in den Gewässern – kurz, die wissenschaftlich, politisch und gesamtgesellschaftlich geführten Debatten rund um den Einfluss des Menschen auf Umweltveränderungen –, wie wichtig die historisch fundierte Erhebung von Umweltdaten in ihrem Zeitverlauf ist; dies nicht nur, da diese Erfassung Veränderungen sichtbar zu machen vermag, sondern auch, weil sie faktengestütztes Handeln erlaubt.

Literatur

BILL, R. (2016): Grundlagen der Geo-Informationssysteme. 6. Aufl. Wichmann, Berlin/Offenbach.

GLASER, R. (2001): Klimageschichte Mitteleuropas. 1000 Jahre Wetter, Klima, Katastrophen. Wissenschaftliche Buchgesellschaft, Darmstadt.

JÄGER, H. (1994): Einführung in die Umweltgeschichte. Wissenschaftliche Buchgesellschaft, Darmstadt.

KRAMPER, P. (2019): The Battle of the Standards. Messen, Zählen und Wiegen in Westeuropa 1660-1914. Veröffentlichungen des Deutschen Historischen Instituts London, 82. De Gruyter Oldenburg, Berlin/Boston.

MANLEY, G. (1962): Die Frühgeschichte der Meteorologie und das Studium klimatischer Schwankungen. Endeavour XXI.

MCGUIRE, B. (2013): Krakatoa (Krakatau). In: BOBROWSKY, P. T. (Ed): Encyclopedia of Natural Hazards. Encyclopedia of Earth Sciences Series. Springer, Dordrecht.

OSTERHAMMEL, J. (2016): Die Verwandlung der Welt. Eine Geschichte des 19. Jahrhunderts. C. H. Beck, München.

RADKAU, J. (2011): Die Ära der Ökologie: Eine Weltgeschichte. C. H. Beck, München.

RAPHAEL, L. (2006): Fernand Braudel (1902 – 1985). In: RAPHAEL, L. (Hrsg.): Klassiker der Geschichtswissenschaft. Bd. 2: Von Fernand Braudel bis Natalie Z. Davis. C. H. Beck, München, 45-62.

RUDLOFF, H. v. (1967): Die Schwankungen und Pendlungen des Klimas in Europa seit Beginn der regelmäßigen Instrumentenbeobachtungen (1670). Die Wissenschaft, 122. Braunschweig.

WINIWARTER, V. & KNOLL, M. (2007): Umweltgeschichte. UTB, Köln.

WULF, Andrea (2018): Alexander von Humboldt und die Erfindung der Natur. 3. Aufl. Penguin, München.

ZIRNSTEIN, G. (1996): Ökologie und Umwelt in der Geschichte. Ökologie und Wirtschaftsforschung, 14. Metropolis, Marburg.

II Datenquellen

6 Umweltmonitoring mit Messnetzen 78
Heinrich Humer, Gerald Schimak und Patrick Zwickl

7 Biomonitoring.. 93
Stefan Stoll und Gerhard Wagner

8 Biodiversität und Artbestimmung 105
Axel Didion und Peter Fischer-Stabel

9 Fernerkundung – Grundlagen, Systeme und Anwendungen.. 118
Thomas Udelhoven, Achim Röder, Johannes Stoffels, Rebecca Retzlaff und Henning Buddenbaum

10 AFIS-ALKIS-ATKIS – amtliche Geobasisdaten in Rheinland-Pfalz 145
Dietrich Schürer, Dirk Fitting und Ulrich Moritz

11 Geobasisdaten in Österreich 170
Bernhard Zagel

12 Geobasisdaten Schweiz 178
David Oesch

13 OpenStreetMap als Datenquelle für Umweltinformationssysteme – Grundlagen und Anwendungsbeispiele 188
Sven Lautenbach, Linda Sendlinger, Michael Schultz, Christina Ludwig, Carolin Klonner, Dominik Neumann und Alexander Zipf

14 BIM – die digitale Revolution in der Verkehrsinfrastrukturplanung? 198
Alexander Bräunlich und Stephan Siegert

6 Umweltmonitoring mit Messnetzen

Heinrich HUMER[1], Gerald SCHIMAK[2] und Patrick ZWICKL[3]

Das beste Mittel gegen Sinnestäuschungen ist das Messen, Zählen und Wägen. – Plato (427-347 v. Chr.)

Zusammenfassung

Umweltmessnetze werden seit Jahren überall dort eingesetzt, wo flächendeckend, automatisiert und kontinuierlich verschiedenste Umweltparameter erfasst werden sollen, um für die Gesellschaft, meist administriert durch Behörden, Erkenntnisse und Maßnahmen abzuleiten. Messen ist die erste Bedingung, um abgesicherte politische Entscheidungen zur Verbesserung der Umweltsituation und Maßnahmen für den Erhalt guter Zustände zu treffen. Messnetze haben zum Ziel, kurzfristige Störfaktoren zu erkennen, Maßnahmen für den Bevölkerungsschutz abzuleiten und langfristige Trends sichtbar zu machen. Ebenso erlauben langfristige Aufzeichnungen von Messdaten, den Erfolg von Maßnahmen zu verifizieren sowie neue Phänomene zu erkennen.

Unterstützend und zur Beurteilung flächenhafter Schadstoffbelastung bzw. -ausbreitung werden immer häufiger Fernerkundungsdaten von Satelliten eingebunden. Für die kleinräumige Überwachung oder zur Beobachtung lokaler Veränderungen (z. B. Temperatur) kommen immer öfter Messdaten privater Betreiber von hauseigenen Messanlagen zum Einsatz (Citizen Science). Diese Daten werden mit Daten aus Messnetzen überlagert, um z. B. lokale Klimaveränderungen festzustellen, aber auch grenzüberschreitende Klimaphänomene zu erkennen bzw. zu erklären. In diesem Kapitel werden aber in erster Linie Konzepte der Messtechnik und Architekturen für den Aufbau von mehrstufigen Monitoring Netzwerken vorgestellt. Des Weiteren werden wir aber auch kurz auf die oben erwähnten Möglichkeiten, die Fernerkundungsdaten, IoT bzw. Citizen-Science-Aspekte bieten, eingehen.

6.1 Grundsätzliches

„Umwelt" ist ein spätestens mit Einsetzen der Ökologiebewegungen in der politischen und Alltagssprache gebräuchlich gewordener Begriff, der vor allem zur Abgrenzung jenes nicht von Menschen hervorgebrachten „natürlichen" Anteils seiner Umgebung gegenüber dem

[1] AIT Austrian Institute of Technology GmbH, Center for Digital Safety & Security, A-1210 Wien, heinrich.humer@ait.ac.at, www.ait.ac.at

[2] AIT Austrian Institute of Technology GmbH, Center for Digital Safety & Security, A-1210 Wien, gerald.schimak@ait.ac.at, www.ait.ac.at

[3] AIT Austrian Institute of Technology GmbH, Center for Digital Safety & Security, A-1210 Wien, patrick.zwickl@ait.ac.at, www.ait.ac.at

„künstlich" geschaffenen dient. Leider hat sich jedoch gezeigt, dass fast alle Auswirkungen der „künstlichen" auf die „natürliche" Umwelt negativer Natur sind, auch wenn sie aufgrund des enormen Regenerierungsgrads Letzterer sich zuweilen weniger fatal auswirken, als ursprünglich befürchtet. Um jedoch die künstlichen Einflüsse auf die Umwelt genau zu kennen und gegebenenfalls einschränken oder gar verhindern zu können – eine generelle Vermeidung ist wohl aufgrund massiver ökonomischer Interessen unmöglich –, ist der Einsatz modernster Technologien wie Immissionsmessung und Datennetze sowie die Überwindung politischer (und mentaler) Grenzen notwendig.

Um überhaupt politisch und wirtschaftlich akzeptiert und effizient eingesetzt werden zu können, sei es als Basis allgemeiner Regulierungs- bzw. Sicherheitsmaßnahmen oder zur Feststellung von Gesetzesverletzungen, müssen heute Maßnahmen für den Schutz und die Erholung der Umwelt sinnvoll geplant und überwacht werden. Das ist aber nur möglich, wenn teil- oder vollautomatische Messeinrichtungen zur Überwachung der Boden-, Luft- oder Wasserqualität zur Verfügung stehen. Die Daten dieser Messstationen werden in der Regel in Fachabteilungen der Länder oder des Bundes gesammelt.

Leider sind sie dort aber in den meisten Fällen nur sehr eingeschränkt zugänglich. Selbst der Austausch der Daten zwischen benachbarten Betreibern (Bundesländer, Kommunen etc.) stellt oft ein erhebliches Problem dar. Unterschiedliche Datenbanken und Auswerteapplikationen, die Scheu, sich in die eigenen „Karten" blicken zu lassen, behinderten jahrelang den Zugang auf die Daten des anderen.

Das Informationsbedürfnis unserer Zeit verlangt möglichst aktuelle und vollständige Information aus verschiedensten Datenquellen. Dies bezieht sich sowohl auf lokale bzw. regionale, aber auch auf globale Informationen, insbesondere auf Klimaveränderungen und Klima- bzw. Umweltkatastrophen.

Wurden auf Netzwerkebene durch die weltweite Verbreitung des Internets über TCP/IP grundsätzliche Verbindungsmöglichkeit hergestellt und damit viele Probleme der vergangenen Jahre gelöst, dreht sich heute vielmehr die Frage um die intelligente Auffindung von Information im riesigen Datennetz und deren Verknüpfungsmöglichkeiten. Eine Voraussetzung dabei sind Hintergrundinformationen, Metadaten und Semantik zusätzlich zu den puren Messdaten ebenso zur Verfügung zu stellen.

6.1.1 Daten – Information – Erkenntnis

Sensoren und Messnetze stehen am Beginn einer ganzen Kette von Methoden zur Gewinnung von Information und Erkenntnissen.

Messnetze erheben vorerst Daten – meist in einer ungeheuren Fülle –, oft spricht man auch kritisch von riesigen Datenfriedhöfen.

Erst durch das Anwenden von Modellen, der Aufbereitung dieser Daten, der Aggregation und Umwandlung in eine bearbeitbare und begreifbare, meist grafische Form für Entscheidungsträger und Bürger kann man aus diesen Daten Informationen gewinnen.

Nur die Summe aus plausiblen, zusammenhängenden Informationen zu einem Fachgebiet lassen sich als gesichertes Wissen und Erkenntnis bezeichnen. Fachübergreifendes Wissen ist für komplexe Entscheidungen unerlässlich.

6.2 Aufgaben eines Messnetzes

Die wesentliche Aufgabe eines Online-Messnetzes ist die automatische und kontinuierliche Erfassung, Speicherung, Aufbereitung und Präsentation von Messdaten an mehreren geographisch verteilten Probenahmestellen mit hoher Aktualität und in geeigneter Qualität.

Diese beschriebenen Eigenschaften müssen je nach Komfort der Ausbaustufe erfüllt sein:

- ***Automatisch***: Die wesentlichen Erfassungsschritte, die typischerweise in periodisch kurzen Abständen durchgeführt werden (Messen, Übertragen, Speichern), erfolgen ohne Benutzerinteraktion.
- ***Kontinuierlich***: Es ist das Ziel, kontinuierlich in kurzen Intervallen (Sekunden, Minuten, Stunden) rund um die Uhr Messungen durchzuführen, um auch kurzfristige Schwankungen erkennen zu können. Kontinuierliche Messung bedeutet auch, dass Teilsysteme autonom agieren müssen und Vorkehrungen gegen Leitungsstörungen und Rechnerausfällen getroffen werden müssen.
- ***Erfassung***: Eine wesentliche Aufgabe ist die Erfassung der Umweltsituation. Dazu sind ***Messungen*** notwendig, welche die zu untersuchenden Umweltparameter mit geeigneten automatisierbaren Messverfahren in Messgrößen umwandeln und über Rechnernetzwerke und Programme verarbeitbar machen.
- ***Speicherung***: Die erfassten (= gemessenen) Daten müssen in geeigneter Form gespeichert werden. Dazu werden in der Praxis kommerzielle Datenbanken verwendet.
  Die in den Messnetzen typischerweise anfallenden Messreihen (***Zeitreihen***) erfordern aber auch eigene Methoden, um effizient mit diesen Datenmengen umgehen zu können.
- ***Qualität***: Qualitätsmanagement ist eine unabdingbare Rahmenmaßnahme für die Überwachung und Dokumentation der Messmittel und Messmethoden. Sie hat das Ziel, die Erfassungsqualität zu erhöhen und Ergebnisse zwischen verschiedenen Institutionen vergleichbar zu machen.
  Laufende Plausibilitätsprüfung (halbautomatisch und manuell) helfen, systematische Messfehler zu erkennen und zu korrigieren.
- ***Aufbereitung***: Aggregationen in zeitlicher und räumlicher Dimension helfen, aus der Menge der Daten vergleichbare Kenngrößen zu bilden.
- ***Präsentation***: Ergebnisse müssen verständlich und übersichtlich präsentiert werden. Als Zielpublikum werden Fachleute, Politiker, Medien und die Öffentlichkeit gesehen. Dazu sind jeweils spezialisierte und maßgeschneiderte (sogenannte benutzerspezifische) Darstellungen nötig.
- ***Probenahmestellen***: Umweltschutz betrifft immer große Gebiete. Selbst Bundesländer- und Staatsgrenzen sind für Schadstoffausbreitung keine realen Grenzen, sodass sehr großräumige Beobachtungen der Umweltsituation notwendig sind.
- ***Aktualität***: Will man sich vor speziellen kurzfristigen Effekten schützen (z. B. Ozonalarm, Smogwarnung), so müssen Daten auch aktuell übertragen und ausgewertet werden. In kritischen Situationen müssen zu diesem Zweck Daten auch ungeprüft weitergegeben werden.

6.3 Messtechnische Grundlagen – „Wer misst, misst Mist“

Messen heißt, eine unbekannte Messgröße zu erfassen im Wissen, bei dem Erfassungsschritt auch Fehler zu machen.

Es ist für junge Informatiker, die gelernt haben, exakt zu denken und in der binären Welt zwischen 0 und 1 groß geworden sind, oft überraschend und ungewohnt, sich in einer Welt der Ungenauigkeit zu bewegen. Ein mit viel Mühe verarbeitetes Ergebnis einer Schadstoffkonzentration von 88,2385 ppb wird bei einem erfahrenen Messtechniker ein müdes Lächeln hervorrufen, weiß er doch, dass das angewandte Messverfahren etwa eine Genauigkeit von 5 % des Messbereiches hat. Ein Zitieren von vier Nachkommastellen entlarvt jeden jungen Messtechniker als Greenhorn.

Der Umgang mit diesen Ungenauigkeiten sowie das Eingrenzen von Fehlern machen eigentlich den Großteil der Anstrengungen und Mühen eines ambitionierten Messlabors aus. Nicht zuletzt aus diesem Grund gibt es eine Reihe von Zertifizierungs- und Akkreditierungsmöglichkeiten, um die Qualität des Messlabors zu belegen.

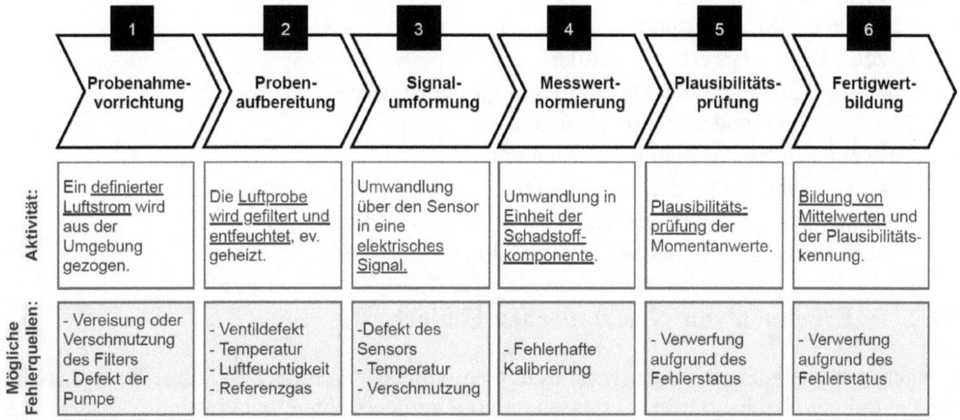

Abb. 6.1: Verarbeitungsfluss in einer Messstation für Luftgüteüberwachung

Diese Unterscheidung ist auch für die EDV-technische Implementierung von großer Bedeutung und unterscheidet einfache Datenloggerlösungen von ausgefeilten integrierten Softwarelösungen, die alle Prozessschritte inklusive der Qualitätssicherung und der Fehlereingrenzung unterstützen. Es soll auch nicht verschwiegen werden, dass Qualitätssicherung Aufwand und Geld kostet; beachtlich viel Geld. Diese Kosten sind erheblich höher als die reinen Errichtungskosten eines Messnetzes.

Am Beispiel der Messung von Stickoxiden (NO) mit dem Messgerät eines namhaften Herstellers sollen die Verarbeitungsschritte dargestellt werden:

6.3.1 Messen, Messgenauigkeit, Messunsicherheit

Messen heißt Vergleichen. Beim ***direkten Messen*** vergleicht man die unbekannte Messgröße mit einer physikalisch gleichartigen, aber bekannten und einstellbaren Größe. Das Messgerät stellt den Unterschied zwischen den beiden Größen fest und registriert ihn (und zeigt ihn an). Wird der Unterschied auf null geregelt, spricht man vom ***Kompensationsprinzip***. Beim ***indirekten Messen*** wird die Messgröße zunächst im Messaufnehmer in eine andere (meist elektrische) Messgröße umgeformt und diese wird dann direkt oder indirekt gemessen. Dieses Vorgehen wird heute in den meisten Fällen gewählt.

Der wahre Wert x_w ist prinzipiell unbekannt. Die Aufgabe für den Messtechniker ist, dem Wert x_w möglichst nahe zu kommen. Der Messwert ergibt sich aus Überlagerung des wahren Werts mit der zufälligen Messabweichung e_r und der systematischen Messabweichung e_s.

$$\text{Messwert } x = x_w + e_r + e_s$$

Zufällige Messabweichungen können nicht vermieden werden und sind einzig durch statistische Methoden (etwa Mittelwertbildung) herauszufiltern.

Eine wichtige Aufgabe ist es, die ***systematischen Messabweichungen*** zu erkennen und zu kompensieren. Systematische Messprobleme treten auf durch:

- Rückwirkung der Messeinrichtung auf das Messobjekt,
- Temperatur der Ansaugluft,
- Fehler in der Messeinrichtung,
- Anzeigefehler, Hysterese, Alterung,
- Querempfindlichkeit der Messeinrichtung (Feuchtigkeit),
- Druckänderung ändert Temperaturanzeige,
- Umwelteinflüsse auf die Messeinrichtung,
- elektrische und magnetische Störungen, Vibrationen, ionisierende Strahlung,
- Alterung der Lampen (Fluoreszenzverfahren, UV-Absorption),
- Verschmutzungen der Ansaugung, Eisbildung.

6.3.2 Erkennen von systematischen Fehlern

In einem automatisierten Messnetz ist es nun Aufgabe der Messtechnik, diese beeinflussenden Faktoren weitgehend mit zu erfassen und mit zu beobachten, um etwaige systematische Fehlerquellen erkennen zu können. Allein aus den Messwerten kann nur im Extremfall, also nur wenn die Messwerte gänzlich unplausibel geworden sind, rasch ein Fehler erkannt werden.

Es ist ein Grundprinzip, dass man immer zusätzliche bzw. redundante Informationen benötigt, um auf systematische Fehler schließen zu können. Ein Messnetz muss also zusätzlich zu den eigentlichen Zielkomponenten Statussignale und Hilfsgrößen erfassen und aufzeichnen, welche für die Plausibilisierung des Messwertes herangezogen werden. Diese Zusatzfaktoren müssen auch aufgezeichnet werden, um im Falle eines Rechtsstreits auch gegen Zweifel und Anfechtungen bestehen zu können.

Eine wichtige Funktion für die Überprüfung der Messfunktion stellt die automatisch durchgeführte Funktionsüberprüfung der Sensoren dar. Dabei wird beispielsweise in der Luftgütemesstechnik täglich mittels eines eigenen Referenzgases (Nullgas und Prüfgas) die Toleranz des Sensors überprüft. Liegt der resultierende Wert außerhalb eines Toleranzfensters, so ist dieser Zustand zu melden und die davor gemessenen Werte müssen als unplausibel eingestuft werden.

Selbst diese Referenzgase und das Messverfahren müssen einer kritischen Beurteilung standhalten. So wird zyklisch (etwa jedes Jahr) eine Kalibrierungsmessung im Labor durchgeführt. Darüber hinaus werden in größeren zeitlichen Abständen Ringversuche durchgeführt, wo eine komplette Messstation von unterschiedlichen Betreibern an einem Ort ihre Messgeräte und ihre Messverfahren kritisch einem Vergleich unterziehen.

6.4 Daten(fern)übertragung

Messstationen stehen typischerweise an Stellen, die für die Messaufgabe interessant sind, aber es ist nicht immer gewährleistet, dass an diesen Stellen eine ausreichende Netzwerk-Infrastruktur vorhanden ist. Fehlt es gänzlich an Telefon- oder Funkanschlussmöglichkeiten, wie es durchaus in entlegenen Gebieten vorkommt, kommt auch heute noch die Übertragung der Daten per Datenträger (Diskette, Memory-Stick) zum Tragen.

Die Datenübertragung über das Handynetz hat sich in den letzten Jahren immer mehr durchgesetzt, da sich dadurch eine gute Standort-Flexibilität und auch eine größere Mobilität der Messstationen erzielen lassen. Ebenso haben sich in den letzten Jahren die Tarife, sprich die Übertragungskosten, erheblich gesenkt, dadurch wurde die Übertragung via Handy-Netz immer interessanter und es wurde sukzessive diese Übertragungsart forciert bzw. installiert. Der Ausbau des Handy-Netzes erreicht heute bereits auch entlegene Gebiete, für wenige noch nicht aufgeschlossene bzw. entlegene Gebiete (z. B. Gebirgslagen, Wälder) muss auf erwähnte (teilweise manuelle) Übertragung zurückgegriffen werden.

6.5 Qualitätsmanagement

Wurden die gemessenen Daten aus der Messstation in die Messnetzzentrale übertragen, müssen sie aufgrund der potenziell vorhandenen Messfehler auf Plausibilität überprüft werden. Die Überprüfung erfolgt nach mehreren Kriterien. Dazu bedarf es eines großen Fachwissens.

Wichtig ist in jedem Fall die Einbeziehung aller Zusatzinformationen, die auf einen Messfehler schließen lassen. Ein Werkzeug für die Plausibilisierungsprüfung muss also folgende Eigenschaften besitzen:

- übersichtliche Darstellung von Messwertreihen in sinnvollen Gruppen,
- schnelles (vor/zurück) Blättern in den Wertereihen,
- Einblenden von Zusatzinformationen (Statusbits),
- Einblenden von Funktionsüberprüfungswerten,
- Einblenden von Werten einer anderen Station (Stationen- oder Komponentenvergleich),
- Ausblenden von unplausiblen Werten (muss kommentiert werden),
- Filtern von Werten nach verschiedenen Kriterien.

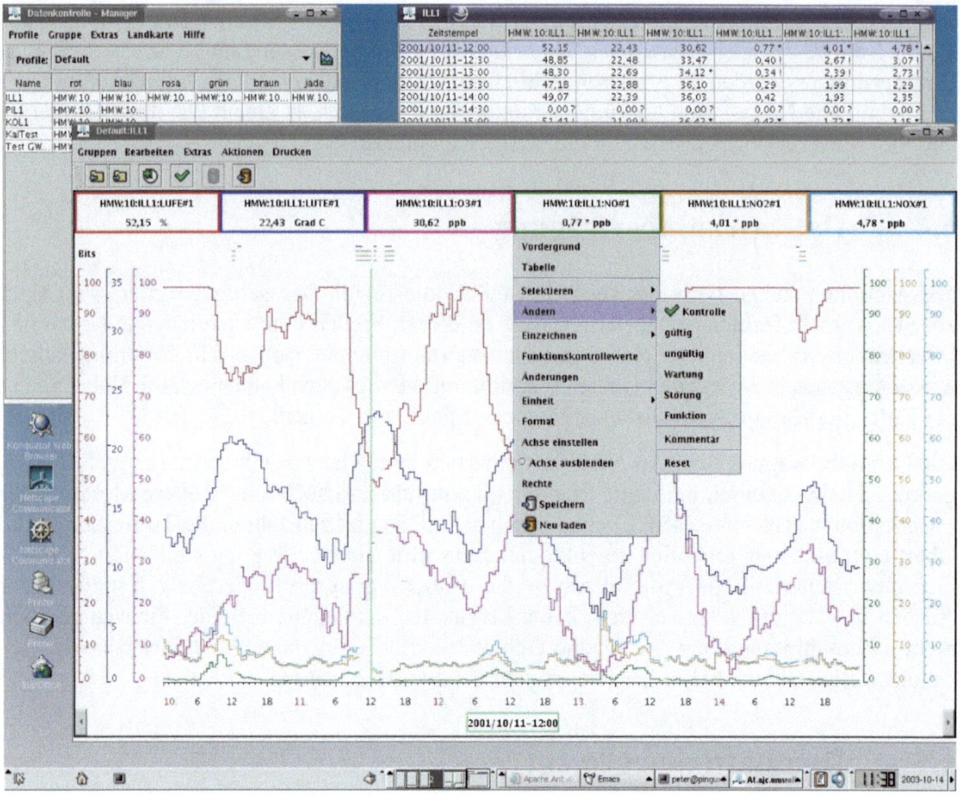

Abb. 6.2: Plausibilitätsprüfung unter Verwendung von Hintergrundinformationen

Werte, die der Plausibilitätsüberprüfung unterzogen wurden, sind als „geprüft“ zu kennzeichnen. Diese Prüfung kann mehrstufig ausgeführt werden.

Veröffentlichte Messwerte sollten zumindest eine erste Überprüfung absolviert haben. In Ausnahmefällen, aber auch aus Aktualitätsgründen wird darauf verzichtet. Es muss aber immer der Hinweis gegeben werden, dass es sich um „ungeprüfte“ Werte handelt.

Das Ziel eines jeden Messnetzes ist es, die Verfügbarkeit der gültigen Messwerte hochzuhalten. Eine Verfügbarkeit von über 95 % der Messwerte gilt als durchaus typisch.

6.6 Grenzwertüberwachung und Meldungsmanagement

Eine wesentliche Aufgabe eines automatisierten Messnetzes ist es, die einlaufende Messwertreihe kontinuierlich auf Auffälligkeiten und Überschreitungen zu überprüfen. Diese Überprüfung hat als Aufgabe, noch vor Erreichen von gesetzlichen Grenzwerten die Betreiber auf eine ernste Situation hinzuweisen und eventuelle Maßnahmen für Bevölkerungsschutz einzuleiten. Eine Alarmierung kann über Telefon, SMS oder Mail-Dienste automatisch erfolgen. Bei Überschreiten relevanter Grenzwerte sind ein Bericht und eine Übersicht zu erstellen, aus denen die Entscheidungsträger relevante Situationsdarstellungen ablesen können.

6.7 Vom Messnetz zum integrierten Umweltinformationssystem

EU-Gesetze und nationale Gesetze legen fest, dass die Umweltmessdaten öffentliche Informationen darstellen und jedem zugänglich zu machen sind. Als Konsequenz dieser Forderung haben sich Messlabors von vormals sehr öffentlichkeitsscheuen und vorsichtigen Institutionen zu transparenten Informationsstellen mit offensiver Öffentlichkeitsarbeit entwickelt.

Messwerte werden heute in vielen Fällen unmittelbar als ungeprüfte Messwerte (oft auch als Rohwerte bezeichnet) an die Öffentlichkeit weitergegeben. Die Verbreitung des Internets als globale Informationsplattform erlaubt mittlerweile das Abfragen von Umweltparameter aus allen Bereichen und allen Ländern von jedem Internetarbeitsplatz aus. Informationsserver im Luftgütebereich existieren auf nationaler sowie EU- und internationaler Ebene, wie z. B. bei den jeweiligen Umweltämtern der Landesregierungen, den Umweltbundesämtern, der Europäischen Umweltagentur (EEA) oder den jeweiligen Environmental Protection Agencies (z. B. der United States Environmental Protection Agency (EPA)).

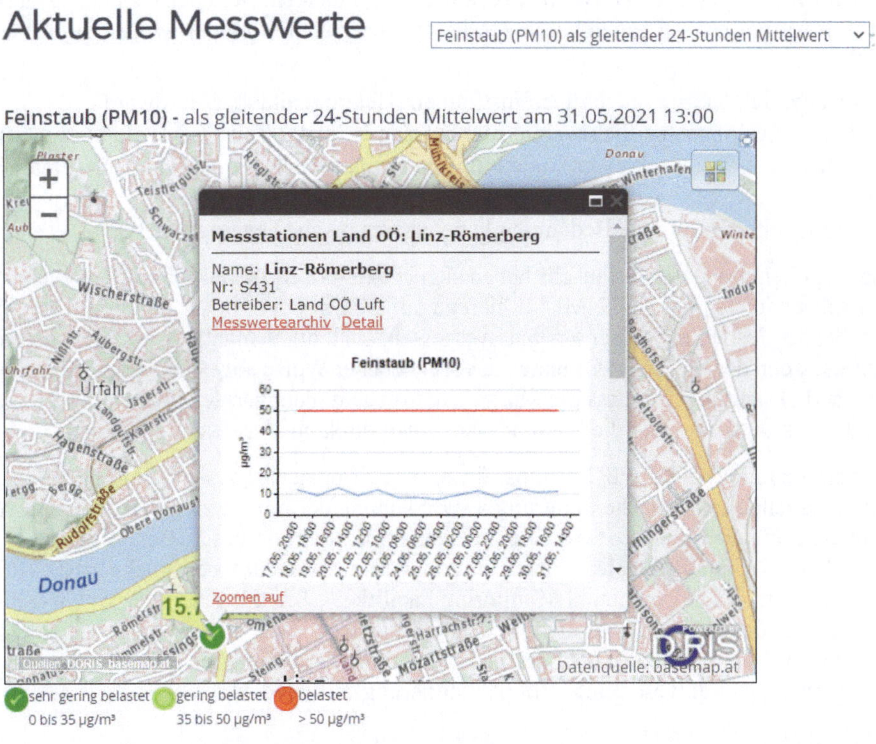

Abb. 6.3: Beispiel: Web-Präsentation – aktueller PM10-Messwerte einer selektierten Station und eines entsprechend ausgewählten Mittelwerts – der Oberösterreichischen Landesregierung

Beschränkte sich die Öffentlichkeitsarbeit in früheren Jahren primär auf die Erstellung eines täglichen Luftgüteberichts, der in Tageszeitung am nächsten Tag veröffentlicht wurde, so hat sich heute für die Luftmessnetzbetreiber das Internet als geeignete Informationsplattform durchgesetzt. Es erlaubt nicht nur eine sehr aktuelle Darstellung der Ist-Situation und eine grafische Aufbereitung der Daten (siehe Abb. 6.3), sondern auch, durch den interaktiven Charakter des Mediums, Daten genauer zu analysieren und historische Abfragen zu erstellen, Beschreibungen der Messstationen sowie aktuelle Berichte (z. B. Tages-, Monats- oder Jahresberichte) anzusehen und/oder herunterzuladen.

6.7.1 Vernetzung von Messnetzen

Umweltverschmutzung endet nicht an den Ländergrenzen. So begleitet uns schon seit vielen Jahren eine Diskussion über die Vernetzung der Daten, um überregionale Trends verfolgen und großflächige Phänomene erkennen zu können.

Emittenten wurden zum Beispiel verpflichtet, Überwachungsmessungen durchzuführen und deren Ergebnisse an die Behörde weiterzumelden. Bundesländer als Betreiber von Messnetzen müssen Daten an das Umweltbundesamt weitergeben, diese wiederum haben eine Berichtspflicht zur Europäischen Umweltbehörde nach Kopenhagen. Messnetze sind also stark vernetzt. Ein Austausch von Daten hat in den vergangenen Jahren immer wieder zu Problemen geführt, da

- die Rechnerarchitekturen nicht übereinstimmen (Heterogenität der Hardware),
- die Netzwerke unterschiedlich waren (hier hat sich in letzter Zeit TCP/IP durchgesetzt),
- der Aufbau der Austauschtelegramme mühsam abzustimmen war (syntaktische Heterogenität),
- die Inhalte unterschiedliche Bedeutung hatten (semantische Heterogenität).

Die Möglichkeiten des Datenaustauschs haben sich in den letzten Jahren sehr gut entwickelt. In vielen Anwendungen hat sich XML[4] basierend auf DTDs[5] oder JSON[6] durchgesetzt. Oft wird aber bei der Festlegung dieser Formate vergessen, auch die Semantik mit zu normieren. Was nützt es, wenn der Messwert O_3 in genau vorgegebener Weise abgespeichert wird, dabei aber nicht berücksichtigt wird, dass die Messwerte trotzdem nicht vergleichbar sind, weil die verwendete Messmethode oder die Standortwahl einen direkten Vergleich verbietet?

Die Europäische Initiative INSPIRE[7] (https://inspire.ec.europa.eu/) hat sich zum Ziel gesetzt, genau diese fehlende semantische Fixierung der Bedeutung der Inhalte zu präzisieren und zu reglementieren. Für Sensor-Netze wurde eine eigene Spezifikation geschaffen, die die Auffindung und den Austausch von Messdaten „normiert“ bzw. standardisiert (siehe „INSPIRE Data Specification on Environmental Monitoring Facilities – Technical Guidelines“, INSPIRE 2013). Die praktische Implementierung dieses Standards wurde bzw. wird in vielen Organisationen bereits umgesetzt. Jedoch ist die Komplexität der definierten Formate hoch und stellt daher einen nicht unwesentlichen Implementierungsaufwand dar.

[4] XML – eXtented Markup Language.
[5] DTD – Document Type Definitions.
[6] JSON – JavaScript Object Notation.
[7] INSPIRE – Infrastructure for Spatial Information in Europe.

6.7.2 OGC-Dienste für globale Vernetzung von Sensoren

OGC (Open Geospatial Consortium; https://www.ogc.org/) ist eine internationale Organisation mit dem Ziel, den Austausch von räumlichen Daten voranzutreiben. OGC hat sich in den letzten Jahren auch um den Austausch von Sensordaten sehr bemüht und dabei auch im EU-Bereich in einigen Prototypprojekten (wie z. B. SANY – SensorsAnywhere; siehe z. B. KLOPFER & SIMONIS 2009) demonstriert, wie mit einer Protokollfamilie die Aufgaben des Auffindens, der Selbstbeschreibung von Sensoren, die Abfrage und die Steuerung erfolgen können.

Mit SWE (Sensor Web Enablement) stellt OGC eine auf Standards basierende Umgebung zur Webintegrierung von Sensoren und Sensornetzwerken bereit. Damit ist es besonders gut möglich, ***Beobachtungen*** und ***Messungen*** (Observation & Measurement Model – O&M) detailliert zu beschreiben und über Standard-Schnittstellen in Form von Programm-Schnittstellen (Dienste) bereitzustellen. Dies gilt sowohl für den Messwert selbst als auch für das Messgerät (z. B. Schadstoff-, Lärmsensor). Typischerweise werden in den Messnetz-Applikationen SWE-Dienste wie der „Sensor Observation Service" (SOS) eingesetzt, mit dem auf Daten und Beschreibungen der Messpunkte zugegriffen werden kann.

Der SOS-Dienst stellt eine einheitliche Webschnittstelle zur Abfrage von Echtzeit-Sensordaten sowie Sensordatenzeitreihen zur Verfügung. Die angebotenen Daten umfassen einerseits Sensor-Beschreibungen im SensorML-Format sowie die Sensor-Messwerte im O&M-Format. Beide Formate sind über OGC-Spezifikationen definiert. Falls der SOS-Dienst transaktional ist, können neue Sensoren über die Serviceschnittstelle registriert und anschließend Messwerte eingefügt werden. Der SOS kann sowohl Daten von Vor-Ort- als auch von Fernerkundungssensoren anbieten. Da der SOS (siehe OGC 2012) ein OGC-Standard ist, ermöglicht er ferner eine einfache Integration in bestehende Geoservice-Infrastrukturen oder in allgemeine Geoinformationssysteme.

6.7.3 Verwendung Fernerkundungsdaten

Daten von Messnetzen können mit einem nicht unerheblichen Aufwand den Status an den gemessenen Messpunkten mit hoher Qualität abbilden. In Ballungszentren ist die Dichte der Messpunkte meist auch repräsentativ genug. Was ist aber die flächenhafte Verteilung? Wie schauen die großräumigen Verfrachtungen aus? Wie groß ist der Einfluss aus Ländern, die mit ihrer Informationspolitik zurückhaltend sind?

Diverse Satellitenprogramme und Förderprojekte (App4AQ 2020) zielen in den letzten Jahren darauf ab, gerade diese Sicht von oben – so wie es in der Meteorologie schon seit vielen Jahren geschieht (siehe ZAMG, 2018 und ZAMG 2020) – auch für den Bereich Luftgütemesstechnik zu erschließen. Wesentliche Aktivitäten, Entwicklungen und Fortschritte passieren zurzeit durch die ESA (European Space Agency) im Copernicus-Programm. Ein kurzer Überblick auf die erfolgten und geplanten Missionen:

- Sentinel-1: Radarsensoren
- Sentinel-2: Passiv-optische Sensoren
- Sentinel-3: Sensoren zur Messung der Meeresoberflächentopographie, Temperatur von Meeres- und Landoberflächen und Ozeanfarbe.
- Sentinel-4 (ab 2017): Geostationär, UVN Spektrometer

- Sentinel-5p (ab Sep 2017): Sensoren zur Messung der optischen Dichte (zur Überbrückung der zeitlichen Lücke zwischen Envisat/OMI und Sentinel-5)
- Sentinel-5 (ab 2020): Leo, 7-Band UVNS-Spektrometer 8 x 8 km Auflösung. Nachfolge für OMI

Jedoch ein typisches Problem bei der Messung ist die Tatsache, dass ein Satellit immer die gesamte optische Säule vermisst, die vertikale Verteilung der Schadstoffe aber nicht homogen verteilt ist. Um also auf die Verhältnisse in Bodennähe schließen zu können, müssen die primären Ergebnisse über komplexe Verteilungsmodelle umgerechnet werden.

6.8 „Internet of Things"-(IoT-)Diskurs – Masse versus Qualität?

Unter Nutzung evolutionärer Verbesserungen von Basistechnologien (u. a. Kommunikationstechnologien wie Wi-Fi, Bluetooth, ZigBee IEEE 802.15.4) sind heute unzählige Smarte Objekte verfügbar, die zusammen das „Internet of Things (IoT)" bilden (SURESH et al. 2019). Typische vernetzte Objekte sind vernetzte Sensoren und Aktuatoren, die auch für Umweltmesssystem neue Potenziale bieten.

Während „traditionelle" Sensorsysteme den professionellen Einsatzbereich adressieren, sind heute durch das IoT auch kostengünstigere Sensoren verfügbar, die in der Masse für breitflächige Messaufgaben (z. B. zur Schaffung eines Flächenverständnisses von Luftschadstoffen) genutzt werden können, jedoch über eine geringere Präzision und Verlässlichkeit verfügen. Diese qualitativen Einschränkungen führen jedoch auch zu Herausforderungen in der Verarbeitung und Interpretation gesammelter Daten. Gerade deshalb haben sich moderne Datenauswertungs- und Analytiktechniken (z. B. Machine Learning, Künstliche Intelligenz, Ausbreitungsrechnung oder Simulation) als ständige Begleiter des IoT-Trends etabliert, um die Komplexität in der Interpretation, Plausibilisierung und Zusammenführung der enormen Datenmengen zu adressieren. Diese Techniken können ebenfalls genutzt werden, um Punktmessungen in ein Flächenverständnis überzuführen – z. B. wird durch diese Techniken auch die Luftverschmutzung für nicht gemessene Punkte auf einer Karte darstellbar. Eine weitere Herausforderung steckt in der Skalierung und Operationalisierung derartiger Messmethoden. Am Beispiel von Wien[8] zeigt sich, dass für derartige flächendeckende Messungen, z. B. zur Erhebung von Wetter-, Luftgüte- oder Lärmdaten, geschätzt 10.000 Sensoren erforderlich sind. Jeder dieser Sensoren muss sabotagesicher montiert, in einem Sensornetzwerk per Funkübertragung eingebunden und laufend gewartet oder ausgetauscht werden. Unter Berücksichtigung der Fehleranfälligkeit günstigerer Sensoren kann es zusätzlich erforderlich sein, Daten auf Basis ihrer Vertrauenswürdigkeit in der Gesamtbetrachtung zu gewichten, d. h., Daten eines älteren Sensors mit höherer Abweichung beeinflussen das Flächenmodell weniger stark als besser kalibrierte Sensoren. Derartige Problematiken werden derzeit aktiv in der Forschung adressiert.

Im Umfeld professioneller Messtechnik sind IoT-basierte Messansätze bisher nicht etabliert, dennoch ist festzuhalten, dass auch dieser Messansatz unter weiterem technologischen Fortschritt in der Zukunft Potenziale bietet, die mit klassischen Messmethoden nicht erreichbar

8 https://www.zamg.ac.at/cms/de/aktuell/news/201einternet-of-things201c-in-der-stadt-wien-ermoeglicht-neue-intelligente-klima-und-verkehrssteuerungssysteme

Tabelle 6.1: Klassische versus IoT-basierte Messsysteme

	Klassische professionelle Messsysteme	**IoT-basierte Messsysteme in großer Stückzahl**
Genauigkeit des Einzelsensors	Hoch	Niedrig
Anzahl verwendeter Sensoren	Wenige	Viele
Kosten pro Sensor	Sehr hoch	Niedrig
Wartbarkeit	Mit entsprechendem Personal Equipment oftmals jahrzehntelang einsetzbare Sensoren	Sensoren als Wegwerfprodukt mit einer rasch steigenden Drift der Messdaten und einer maximalen Lebensdauer im Monatsbereich
Einsatzgebiet	Punktmessungen an repräsentativen Stellen und möglichst stationär zur Reduktion von Störfaktoren	Möglichst flächendeckende stationäre Messungen (einzelne Position ist nicht unbedingt repräsentativ zu wählen), nomadische Messungen oder mobile Messungen (z. B. auf UAVs) denkbar; die Kontrolle von Störfaktoren ist unwahrscheinlich
Aussagekraft ohne Analytik	Sorgsame Reflexion über Bedeutung der Daten, jedoch qualitativ hochwertige Erstausgaben ermöglichen rasche Interpretation	Einzelne Messpunkte mit geringer Aussagekraft; nur durch analytische Methoden wird eine Relevanz z. B. für das Umweltmonitoring hergestellt
Aussagekraft mit entsprechender Analytik	Punktmessungen für offizielle Berichte und Gutachten	Unter Verwendung von plausibilisierenden Algorithmen, Ausbreitungsrechnungen und weiterer analytischer Schritte sind Flächenmessungen und Trendanalysen möglich; vorerst werden diese jedoch keine offizielle Relevanz besitzen

wären. Beispielsweise werden detaillierte Klima- und Mikroklimaanalysen durch detailgenauere Daten wesentlich erleichtert.

Weiterhin ermöglichen neuartige Messansätze auch eine nomadische oder sogar mobile Messung von Umweltdaten. Letztere sind beispielsweise auf öffentlichen Verkehrsmitteln wie Bussen, aber auch mit autonomen Fahrzeugen möglich, die Daten zu einem bestimmten Zweck in einem bestimmten Gebiet oder regelmäßig autonom sammeln. Durch den mobilen Einsatz werden jedoch neue Messherausforderungen geschaffen (siehe BOLLA et al. 2018). Beispielsweise wird oftmals die Kompensation des Fahrtwinds oder von Rotorwinden erforderlich, oder es werden Messaufbauten benötigt, die Interferenzen durch Abgase des Trägerfahrzeugs vermeiden. Trotz der Herausforderungen werden autonome Fahrzeuge immer populärer. Insbesondere in China entwickelt sich ein Trend zu Flächenversuchen (e. g. PENG et al. 2015), bei denen die Suche nach den Emissionsquellen[9] im Mittelpunkt stehen. Innovative Projekte wie das EU-finanzierte „symbIoTe“[10] haben zudem andere mobile Messsysteme ex-

9 China Dialogue, „China uses drones to monitor pollution problem from above", 2015, https://chinadialogue.net/en/cities/7939-china-uses-drones-to-monitor-pollution-problem-from-above/

10 symbIoTe (symbiosis of smart objects across IoT environments), https://www.symbiote-h2020.eu/

perimentell genutzt, um Flächenaussagen für gesündere Fahrradrouten zu treffen und die Routenführung entsprechend anzupassen.

In Verbindung mit neuen Sensornetzwerkansätzen haben sich auch technische Architekturen verändert. Bereits 2009 entstanden Ansätze (siehe z. B. KLOPFER & SIMONIS 2009) zu offenen Sensornetzwerkarchitekturen, die Organisation, Sicherheit, Zuverlässigkeit und Data Ownership mit Offenheit verbinden sollten. Mit dem IoT-Trend wurde die Interoperabilität auf Geräte-, als auch auf Serviceebene kontinuierlich komplexer, weshalb insbesondere Interoperabilitätsaspekte immer stärker in der Forschung betrachtet wurden (siehe symbIoTe). Es ist davon auszugehen, dass moderne IoT-basierte Sensornetzwerke oftmals unterschiedliche Teilsensornetzwerke (ggf. betrieben durch unterschiedliche Organisationen und umgesetzt mit stark unterschiedlichen technischen Mitteln) in einem digitalen Ökosystem verbinden werden, weshalb Interoperabilität, aber auch Plausibilitätskontrolle an Bedeutung gewinnen werden.

6.9 Digitales Wartungsmanagement

Um die Zuverlässigkeit, Verfügbarkeit und Genauigkeit eines Messsystems zu gewährleisten, sind Strategien für die Wartung des Systems unerlässlich. Bei billigen Sensoren mit begrenzter Eingriffsmöglichkeit ist oftmals ein Vollaustausch in regelmäßigen Abständen zu planen. Bei hochwertigen Sensoren, die oftmals einen Gerätewert von jenseits der 20.000 € haben können, sind Komponenten regelmäßig zu überprüfen, zu warten, Komponenten zu tauschen, Jahresservices beim Hersteller zu planen sowie Prüfschritte regelmäßig durchzuführen und zu dokumentieren. Für all diese Schritte gibt es etablierte digitale Wartungsmanagementsysteme, die den Alltag des Messtechnikers oder Wartungstechnikers erleichtern und eine systematische, effiziente und effektive Wartung zentral planbar machen.

Seit Jahren haben sich im Bereich des Wartungsmanagements eigene Informationssysteme etabliert, die Wartung planbar und den Status transparent machen. Diese Systeme umfassen typischerweise folgende Arbeitsschritte:

- Tourenplanung: Auswahl der anzufahrenden Stationen, bei denen Wartungstätigkeiten zu erledigen sind.
- Orte: Nach Planung der Route kann der Status der Geräte pro Ort genau inspiziert werden.
- Tätigkeiten: Offene Tätigkeiten für einen gewählten Ort können nun bearbeitet und kommentiert werden.
- Formulare: Zur Bearbeitung der Tätigkeiten werden oftmals spezifische Formulare angelegt und historisch verwaltet, sodass spezifische Analysen und zeitliche Verläufe durchführbar sind.
- Hilfsmittel: In einer Station sind oftmals Hilfsmittel nötig. Digitale Hilfsmittel (z. B. Handbücher) werden gemäß Routenplanung automatisch geladen und mitgeführt. Auf andere Hilfsmittelbedarfe wird per Eintrag hingewiesen, sodass die Packliste entsprechend umgesetzt werden kann.

Weil Stationen nicht immer zentral oder gut erreichbar sind, sind derartige Informationssysteme robust und für eine Vor-Ort-Benutzung auszulegen. Heute ist es immer noch Standard-Offline-Bearbeitungsfähigkeiten und intelligente Datensynchronisation in den Systemen zu berücksichtigen. Eine direkte Bearbeitung der Live-Daten ist bei Verfügbarkeit einer guten Internetverbindung selbstverständlich im Sinne guter Datenkonsistenz zu bevorzugen.

6.10 Citizen-Science-Aspekte

Insbesondere seit dem Smart-Cities-Trend Ende der 2010er-Jahre und mit zunehmend erschwinglicherer Sensorik wurde Citizen Science immer populärer und für Städte immer wichtiger, um über Umwelt- oder andere Belange Information zu erhalten. Im Gegensatz zu klassischen Umweltsystemen können mit derartigen Methoden konkrete Fragen zur Nutzung von Grünräumen oder punktuellen Umweltbelastungen indikativ beantwortet werden.

Citizen Science fußt üblicherweise auf einer guten methodischen Eingrenzung, die komplexe Thematiken wie Umweltmonitoring auf einfache Tätigkeiten herunterbricht, welche für Laien fehlerfrei zu bearbeiten sind und durchaus einen motivierenden Charakter für Teilnehmer haben können. Danach beginnt die Strategie, geeignete Technologien auszuwählen (z. B. leichte, robuste und billige Messgeräte, Smartphone-Sensorik oder mittels manueller Eingabe in eine Webmaske oder App) und diese gemeinsam mit klaren Instruktionen zu verteilen. Die Daten können zentral gesammelt werden (z. B. mittels Smartphone-Weiterleitung) oder in iterativen Abständen übertragen werden.

Auf der analytischen Seite beginnen die Herausforderungen, sobald die ersten Daten verfügbar werden. Denn aufgrund vielseitiger Möglichkeiten zur unabsichtlichen Verfälschung von Messergebnissen sind Störfaktoren mit Sorgfalt zu entfernen. Weiterhin empfiehlt es sich, eine qualitativere Interpretation der Daten einer quantitativen Auswertung vorzuziehen, um der niedrigen Messgenauigkeit und unsystematischeren Methodik Rechnung zu tragen und dennoch einen klaren Mehrwert für spezifische Fragen abzuleiten.

6.11 Resümee

Der Betrieb eines Messnetzes ist trotz hohem Automatisierungsgrad eine sehr aufwendige und technisch anspruchsvolle Aufgabe. EDV-technische Lösungen unterstützen den Betrieb in weiten Bereichen, sie ersetzen aber in keinem Fall den kritisch-analytischen Messtechniker, der erst über die gewissenhafte Wartung der Messgeräte und über die kritische Überprüfung auf Plausibilität der Messwerte ein qualitativ hochwertiges Messergebnis liefern kann. Qualitativ hochwertige Messergebnisse sind auch die beste Basis für richtige Entscheidungen und Erkenntnisse, die aus diesen Daten abgeleitet werden. Wie im IoT-Kapitel diskutiert, sind im Umfeld professioneller Messtechnik IoT-basierte Messansätze bisher nicht etabliert, dennoch werden mit weiterem technologischen Fortschritt diese Art von Messsystem insbesondere in Mikroklimaanalysen und Ausbreitungsmodellrechnungen ihren festen Platz finden. Ähnliches gilt für die Citizen-Science-Aspekte, welche wir im gleichnamigen Kapitel nur kurz angerissen haben. Hier sehen wir noch große Herausforderungen bezüglich Datenintegrität, -bewertung und Vertrauenswürdigkeit der Daten, die es zu lösen gilt. Viele Entscheidungen und Weichenstellungen im politischen und wissenschaftlichen Umfeld verlangen verlässliche Datengrundlagen. Robuste, genaue und flexible Messsysteme versuchen, dafür die notwendigen, nicht anfechtbaren Entscheidungsgrundlagen bereitzustellen.

Literatur

APP4AQ (2020): „Innovative APPlications for the augmented use of satellite observations to support Air Quality management“, gefördert im Rahmen der 14. Ausschreibung des Austrian Space Application Progammes (ASAP14) von der Österreichischen Forschungsförderungsgesellschaft (FFG). https://projekte.ffg.at/projekt/2975612 (11.01.2021).

BOLLA, G. M., CASAGRANDE, M., COMAZZETTO, A., DAL MORO, R., DESTRO, M., FANTIN, E., COLOMBATTI, G., ABOUDAN, A. & LORENZINI, E. C. (2018): ARIA: Air Pollutants Monitoring Using UAVs. In: 2018 5th IEEE International Workshop on Metrology for AeroSpace (MetroAero-Space) [online]. IEEE, Rome, Italy, Juni 2018, 225-229. https://ieeexplore.ieee.org/document/8453584/ (30.11.2020).

CHAE, B. (2019): The evolution of the Internet of Things (IoT): A computational text analysis. In: Telecommunications Policy (Nov. 2019), 43 (19). DOI: 10.1016/j.telpol.2019.101848.

INSPIRE (2013): INSPIRE Data Specification on Environmental Monitoring Facilities – Technical Guidelines. https://inspire.ec.europa.eu/id/document/tg/ef (14.01.2021).

KLOPFER, M. & SIMONIS, I. (2009): SANY: an open service architecture for sensor networks. SANY Consortium.

OGC – Open Geospacial Consortium (2012): Sensor Observation Service. http://www.opengeospatial.org/standards/sos; Document12-006_OGC_Sensor_Observation_Service_Interface_Standard.pdf; https://portal.opengeospatial.org/files/?artifact_id=47599 (14.01.2021) (BRÖRING, A., STASCH, C., ECHTERHOFF, J. (Eds.)).

PENG, Z.-R., WANG, D., WANG, Z., GAO, Y. & LU, S. (2015): A study of vertical distribution patterns of PM2.5 concentrations based on ambient monitoring with unmanned aerial vehicles: A case in Hangzhou, China. In: Atmospheric Environment (Dez. 2015), Bd. 123, 357-369. DOI: 10.1016/j.atmosenv.2015.10.074.

SURESH, P., VIJAY DANIEL, J., PARTHASARATHY, V. & ASWATHY, R. H. (2014): A state of the art review on the Internet of Things (IoT) history, technology and fields of deployment. In: 2014 International Conference on Science Engineering and Management Research (ICSEMR) [online]. Chennai, India: IEEE. 2014, 1-8. http://ieeexplore.ieee.org/document/7043637/ (30.11.2020).

ZAMG – Zentralanstalt für Meteorologie und Geodynamik (2018): Nutzung von Satellitendaten zur besseren Überwachung der Luftgüte. https://www.zamg.ac.at/cms/de/umwelt/news/nutzung-von-satellitendaten-zur-besseren-ueberwachung-der-luftguete (11.01.2021).

ZAMG – Zentralanstalt für Meteorologie und Geodynamik (2020): Modernste Satellitendaten und Modellvorhersagen bieten einen neuen Blick auf Saharastaub und Luftschadstoffe. https://www.zamg.ac.at/cms/de/umwelt/news/messungen-von-saharastaub-mit-dem-neuen-satelliteninstrument-tropomi-auf-sentinel-5p (11.01.2021).

7 Biomonitoring

Stefan STOLL[1] und Gerhard WAGNER[2]

Zusammenfassung

Mit Biomonitoring werden in der Ökologie Messverfahren auf biologischer Grundlage zur Ermittlung und Beurteilung der Umweltqualität bezeichnet. Dabei werden aus dem Zustand von Individuen, Populationen oder ganzen Artgemeinschaften Rückschlüsse auf chemische und physikalische Umweltveränderungen gezogen. Anders als bei sensorbasierten oder chemisch-analytischen Umweltmonitoringverfahren werden dabei nicht nur einzelne Umweltparameter gemessen. Stattdessen wird die tatsächliche ganzheitliche Wirkung von Umweltveränderungen einschließlich der Kombinations- und Wechselwirkungen mit den natürlichen Umweltbedingungen und multiplen sonstigen Umweltbelastungen auf Organismen erfasst. Neben den methodischen Grundlagen und Maßnahmen zur Qualitätssicherung werden Vorzüge und Einschränkungen in der Anwendung von Bioindikationsverfahren aufgezeigt und verschiedene Anwendungsbeispiele vorgestellt sowie auf weitere Informationsquellen hingewiesen.

7.1 Grundlagen und Methodik

7.1.1 Grundlagen

Das BUNDES-IMMISSIONSSCHUTZGESETZ (BImSchG) fordert in § 1, „Menschen, Tiere und Pflanzen, den Boden, das Wasser, die Atmosphäre […] vor schädlichen Umwelteinwirkungen zu schützen […]“. Ähnlich lautende Ziele werden in den UMWELTAKTIONSPROGRAMMEN DER EUROPÄISCHEN UNION (aktuell 7. Umweltaktionsprogramm 2013 – 2020 mit dem Titel „Gut leben innerhalb der Belastbarkeitsgrenzen unseres Planeten“; Beschluss Nr. 1386/2013/EU) sowie in der Umweltgesetzgebung anderer Staaten formuliert. Ob diese Ziele erreicht werden, kann mit Untersuchungen der Wirkungen von Umweltveränderungen an Organismen geprüft werden.

Direkte Immissionsmessungen mittels sensorbasierter und chemisch-analytischer Verfahren untersuchen einzelne Wirkfaktoren (auch Stressoren genannt), jedoch nicht deren Gesamtwirkung. Für die Beurteilung einer potenziellen Gefährdung oder tatsächlichen Schädigung von Menschen, Nutz- und Wildtieren, Pflanzenkulturen und der natürlichen Vegetation durch Umweltveränderungen durch den Menschen reicht allein die Untersuchung der Emissionen, Immissionen und Depositionen bzw. der Stoffkonzentrationen in den betroffenen Umwelt-

[1] Hochschule Trier, Umwelt-Campus Birkenfeld, Interdisziplinärer Umweltschutz, Campusallee, 55678 Hoppstädten-Weiersbach, s.stoll@umwelt-campus.de, https://www.umwelt-campus.de/sstoll

[2] wagnerg-e@t-online.de

medien und Materialien häufig nicht aus. Das Spektrum emittierter Stoffe und die Anzahl der verwendeten Chemikalien nimmt ständig zu, und diese werden nach ihrer Freisetzung in der Umwelt weiter umgewandelt. Außerdem wirken einzelne Stressoren nicht isoliert voneinander, häufig treten komplexe Wechselwirkungen zwischen Stressoren und den jeweils herrschenden Umweltbedingungen auf.

Erst die systematische Erfassung der Reaktionen besonders sensitiver Organismen sowie der Anreicherung potenziell schädlicher Stoffe in ausgewählten pflanzlichen und tierischen Organismen (Biomonitoring) ermöglicht die Erkennung des Gefährdungspotenzials von Stoffen und eine effektive, wirkungsbezogene Gefährdungsabschätzung und Überwachung der Umweltqualität. Biomonitoring wird in der Praxis seit Langem in verschiedenen methodischen Varianten eingesetzt (Abb. 7.1). In Gewässern wird bereits die Belastung mit abbaubaren organischen Substanzen (Saprobie) sowie mit Nährstoffen (Eutrophierung) mithilfe von Bioindikatoren erfasst (KOLKWITZ & MARSSON 1902). Auch in der Geobotanik und Vegetationskunde ist das Konzept der Zeigerpflanzen nach ELLENBERG et al. (1991) etabliert, bei dem natürlich wachsende Pflanzen durch ihr Vorkommen die Ausprägung eines Spektrums von Standorteigenschaften wie Azidität, Feuchtigkeit oder auch Schwermetalle im Boden anzeigen. Beim Biomonitoring im engeren Sinne werden die methodischen Ansätze nach ihrem Standardisierungsgrad unterschieden. Verfahren, die direkt im Untersuchungsgebiet vorhandene Pflanzen- oder Tierpopulationen nutzen, werden als passives Biomonitoring bezeichnet. Werden dagegen speziell ausgewählte und vorbereitete Organismen im Untersuchungsraum exponiert und deren Reaktionen untersucht, spricht man von aktivem Biomonitoring. Passive Verfahren zeichnen sich in der Regel durch ein besonders hohes Maß an Repräsentativität für den Untersuchungsraum aus. Mit aktiven Verfahren wird dagegen durch weitgehende Standardisierung der Methodik eine erhöhte Reproduzierbarkeit und Vergleichbarkeit der Ergebnisse angestrebt. Die nur im Labor unter standardisierten Bedingungen durchzuführenden Wirkungsuntersuchungen an Organismen werden je nach Vorgehensweise als Biotests, Biosonden oder auch Bioreporter bezeichnet und hier nicht näher erörtert. Ausgeklammert werden in diesem Kapitel auch arbeits- und umweltmedizinische Biomonitoringverfahren.

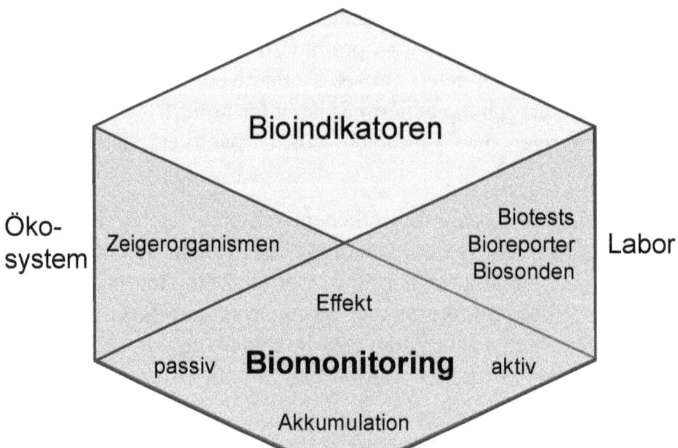

Abb. 7.1: Methodenspektrum Biomonitoring

Wenn sichtbare bzw. messbare Reaktionen von Organismen oder Populationen untersucht werden, z. B. Vergilbungen von Blättern, Ertragsreduktionen oder Reproduktionsstörungen, wird dies als Wirkungs- oder Effektmonitoring bezeichnet. Ist die Anreicherung von Schadstoffen in biologischen Geweben das Ziel der Untersuchung, so spricht man von Akkumulations- oder Trendmonitoring. Abbildung 7.1 fasst diese methodischen Varianten in einer Übersicht zusammen. Sowohl Wirkungen als auch Schadstoffanreicherungen werden häufig stellvertretend für die eigentlichen Zielobjekte (Mensch, Nahrungs- oder Futterpflanzen oder ganze Ökosysteme) in ausgewählten Indikatororganismen, den Bioindikatoren, oder deren Organen gemessen. Besonders empfindliche Bioindikatoren bieten die Möglichkeit, Untersuchungen vorsorgend, also auch bei Belastungsniveaus unterhalb der bei den Zielorganismen wirksamen Schadensschwelle, durchzuführen.

7.1.2 Auswahl geeigneter Bioindikatoren für das Biomonitoring

Bei der Auswahl geeigneter Bioindikatoren für das Biomonitoring sollten fünf wichtige Selektionskriterien berücksichtigt werden (Tab. 7.1). Um die direkte Vergleichbarkeit mit anderen Studien sicherzustellen, bietet es sich außerdem an, bereits etablierte und häufig benutzte Bioindikatoren zu nutzen. Neben den hier aufgeführten wissenschaftlichen Kriterien spielen bei der Anwendung in der Praxis häufig auch Kosten und die Verfügbarkeit von Spezialisten zur Durchführung des Biomonitoringverfahrens eine wesentliche Rolle.

Tabelle 7.1: Kriterien für die Selektion geeigneter Bioindikatoren für das Biomonitoring

Kriterium	Definition
Sensitivität	Bioindikatoren sollten eine erhöhte Empfindlichkeit gegenüber Stressoren aufweisen.
Spezifität	Die biologische Reaktion ist spezifisch für den betreffenden Stressor und ist konsistent in Raum und Zeit.
Monotonie	Das Ausmaß der biologischen Reaktion sollte die Intensität und Dauer des betreffenden Stressors widerspiegeln.
Repräsentativität	Reaktionen bzw. Akkumulationsverhalten der Bioindikatoren müssen mit denen anderer Zielorganismen vergleichbar sein.
Verfügbarkeit	Bioindikatoren müssen im Untersuchungsraum in ausreichender Dichte vorkommen sowie einfach erfassbar und bestimmbar sein (passives Biomonitoring) oder einfach exponiert werden können (aktives Biomonitoring).

7.1.3 Vorzüge und Einschränkungen von Biomonitoringverfahren

Biomonitoringverfahren weisen bestimmte Vorzüge und Einschränkungen gegenüber sensorbasierten oder physikalisch-chemischen Monitoringmethoden auf. Aufgrund dieser Vorzüge und Einschränkungen ergänzen sich Biomonitoring und physikalisch-chemische Messungen gegenseitig und werden zur Erfüllung des Auftrags des Bundesimmissionsschutzgesetzes (BImSchG) sinnvollerweise häufig im Verbund eingesetzt.

Vorzüge von Biomonitoring:

- Biomonitoring ermöglicht eine realistische Einschätzung der tatsächlichen, ganzheitlichen Wirkung von Stressoren in Lebensräumen einschließlich der Kombinations- und

Wechselwirkungen (synergistische und antagonistische Effekte) verschiedener Stressoren und Umweltfaktoren.

- Es ist auf verschiedensten räumlichen Skalen anwendbar, von punktuellen emittentenbezogenen Untersuchungen bis hin zu großräumigen Überwachungs- und Vergleichsuntersuchungen.
- Bioindikatoren ermöglichen eine permanente Umweltüberwachung, die auch kurzfristige Belastungsereignisse oder Belastungsspitzen erfasst. Diese können abhängig von der Beprobungsfrequenz von Verfahren, basierend auf Einzelmessungen, verpasst werden.
- Biomonitoring ist meist kostengünstig und eignet sich so für großräumige Belastungsuntersuchungen sowie als ersten Schritt (Screening) zur Identifikation von intensiver zu untersuchenden Belastungsschwerpunkten.
- Effektbezogene Untersuchungen ermöglichen eine grenzwertunabhängige Bewertung der Stressorenbelastung.
- Auch karzinogene und erbgutverändernde Eigenschaften von Immissionen können durch spezielle Biomonitoringverfahren untersucht werden (z. B. VDI 3957 Bl. 16).

Vorzüge passiver Biomonitoring-Verfahren:

- Die Messobjekte sind im Falle unerwarteter Schadensereignisse bereits im Untersuchungsraum exponiert und können unmittelbar bewertet oder beprobt werden (Beweissicherungsverfahren, retrospektive Untersuchungen, VDI 3957 Bl. 15).
- Die verwendeten Bioindikatoren integrieren die Stressorbelastung über ihren Bewegungsradius. Durch die Auswahl sessiler oder mobiler Bioindikatoren können punktgenaue bis regionale Belastungen erfasst werden.

Vorzüge aktiver Biomonitoring-Verfahren:

- Bioindikatoren können wie Messgeräte an jeder geeigneten Stelle exponiert werden.
- Sie haben meist geringe Anforderungen an vorhandene Infrastruktur (z. B. Stromanschluss, Datenübertragung) und haben einen geringen Betreuungsaufwand.

Einschränkungen von Biomonitoring:

- Die Resultate sind abhängig von den Eigenschaften der eingesetzten Bioindikatoren und damit von deren sachgerechter Auswahl.
- Die Methoden sind nicht immer leicht zu standardisieren, bei vielen Evaluations- oder Beprobungsverfahren im Biomonitoring ist zudem eine gute Einarbeitung der Bearbeiter erforderlich, um vergleichbare Ergebnisse zu erzielen.
- Die Einhaltung konkreter Grenzwerte kann nicht überprüft werden.
- Die Reaktionen von Bioindikatoren sind oft nicht vollkommen spezifisch, die Wirkungen einzelner Stressoren sind nicht immer klar zu trennen.
- Der Einsatz vieler Biomonitoringverfahren ist an bestimmte Jahreszeiten gebunden.
- Die Reaktionen von Bioindikatoren sind häufig witterungsabhängig, auch andere Faktoren wie Krankheiten, Parasiten oder Tierfraß können die Ergebnisse beeinflussen.

Der Einsatz des passiven Biomonitorings ist an die ausreichende Verfügbarkeit (Präsenz, Fangbarkeit, einfache Bestimmbarkeit der Arten) der eingesetzten Bioindikatoren im Untersuchungsraum gebunden.

7.1.4 Qualitätssicherung und Richtlinien

Die Qualitätssicherung bei Planung, Durchführung und Datenauswertung ist eine entscheidende Grundlage für die Akzeptanz und rechtliche Gültigkeit jedes Verfahrens zum Biomonitoring. Hierzu gehört die Qualifikation und Sachkunde der Bearbeiter, insbesondere auch bei der Geländearbeit, die sachgerechte Auswahl geeigneter Bioindikatoren, eine zweckentsprechend optimierte Abgrenzung der Untersuchungsfläche und Gestaltung des Messnetzes, die Standardisierung und Beschreibung der Methoden sowie die Dokumentation der Arbeitsbedingungen und der Ergebnisse (WAGNER 1995). Wichtig ist, dass vor der praktischen Durchführung einer Untersuchung auf der Basis von Vorinformationen und ggf. Voruntersuchungen ein detaillierter, projektbezogener Untersuchungsplan erstellt wird, der zum Beispiel die Abgrenzung und ggf. Untergliederung der Untersuchungsfläche, die Anzahl und räumliche Verteilung der Messpunkte sowie den Zeitplan und die Anzahl von Wiederholungsmessungen beinhalten muss. Natürlich sind gerade im Gelände unvorhergesehene Besonderheiten oder Störungen nie auszuschließen, die vom Bearbeiter adäquate Entscheidungen und ggf. eine Modifikation des Untersuchungsplans vor Ort erfordern. Dies stellt hohe Ansprüche an die fachliche Kompetenz des Bearbeiters. Allerdings sollten situationsbestimmte Ad-hoc-Entscheidungen im Gelände streng begrenzt und durch fundierte Planungsvorgaben und strikte Qualitätskriterien im Untersuchungsplan eingeschränkt werden, um die Vergleichbarkeit der Ergebnisse nicht zu gefährden.

Verschiedene Arbeitskreise und Fachgruppen erarbeiten Richtlinien für Bioindikationsverfahren, die zur Vereinheitlichung der Anwendung und damit zur Akzeptanz und Rechtssicherheit der Ergebnisse beitragen. Der Verein Deutscher Ingenieure e. V. (VDI) behandelt in seinen Richtlinienreihen zum Beispiel verschiedene pflanzliche Bioindikatoren (VDI 3957), und den Einsatz von Tieren als Bioindikatoren (VDI 4230). Weitere Richtlinienwerke existieren für international abgestimmte Untersuchungsprogramme wie Waldzustandsuntersuchungen nach ICP-Forest, UN-ECE (2001), die Bewertung des ökologischen Zustands von Gewässern nach ONLINE-BEWERTUNGSWERKZEUG, das international koordinierte Moosmonitoring nach SIEWERS/HERPIN (1998) und PESCH et al. (2007) sowie die UMWELTPROBENBANK DES BUNDES. Darüber hinaus helfen offene Datenbanken wie die vom ÖKOLOGISCHEN LANGZEITFORSCHUNGSNETZWERK LTER betriebene Datenbank ECOPAR dabei, erhobene Parameter im Umweltmonitoring und die dabei verwendeten Messmethoden zu harmonisieren und dadurch die Vergleichbarkeit von Umweltdaten zu erhöhen. Wenn geeignete standardisierte Messmethoden existieren, sollte darum auf Modifikationen oder die Entwicklung eigener, neuer Verfahren verzichtet werden. Falls doch methodische Modifikationen vorgenommen werden, sollte die Kompatibilität der Ergebnisse mit denen standardisierter Verfahren überprüft werden.

Analytische Labore, welche im Kundenauftrag Umweltproben bearbeiten, können ihre Qualifikation über eine Akkreditierung nach DIN EN ISO/IEC 17025 (BOSCH & WLOKA 2018) belegen. Auch außerhalb dieser DIN-Norm finden in vielen Fachkreisen regelmäßige Ringversuche zum Abgleich von Monitoringergebnissen zwischen verschiedenen Laboren und Forschungsgruppen statt (z. B. HAASE et al. 2010).

7.2 Anwendungen und Beispiele

7.2.1 Emittentenbezogenes Untersuchungsdesign

Emittentenbezogene Untersuchungen haben in der Regel die Abklärung und Bewertung vermuteter Auswirkungen einzelner emittierender Anlagen auf ihre direkte oder weitere Umgebung zum Ziel. Sie werden zum Beispiel bei Umweltverträglichkeitsstudien oder bei Nachbarschaftskonflikten erforderlich, können aber auch präventiv zur Vermeidung solcher Konflikte eingesetzt werden. In der Praxis kommt es darauf an, bereits in der Planungsphase die Beweiskraft der Untersuchungsergebnisse durch geeignete, ausreichend empfindliche und spezifische Methoden, ausreichende Ausdehnung des Untersuchungsgebiets sowie die sachgerechte räumliche Anordnung und Anzahl der Messpunkte abzusichern. Umfangreichere Untersuchungsdesigns erhöhen dabei im Allgemeinen die Aussagekraft und Präzision, allerdings auch den Aufwand und die Kosten der Untersuchung.

Liegen Kenntnisse zum Immissions- bzw. Wirkungsfeld eines Stressors im Untersuchungszeitraum vor, so kann der Aufwand durch gezielte Anordnung von Messpunkten stark reduziert werden. Für den emittentenbezogenen Einsatz pflanzlicher Bioindikatoren zur Ermittlung und Beurteilung der Wirkung von Luftverunreinigungen gibt die VDI 3957/10 (2004) konkrete Hilfestellungen und Hinweise zur Planung, Durchführung und Auswertung von Untersuchungen. Die wichtigsten Faktoren für die Ausbreitung von Schadstoffen sind die Quellhöhe, Windrichtung und Windstärke. Liegen für einen zu untersuchenden Emittenten Daten zur Windverteilung vor, so sollten mindestens drei Messpunkte in Hauptwindrichtung und zwei in der zweithäufigsten Windrichtung lokalisiert werden, und zwar über das erwartete Immissionsmaximum hinaus. Mindestens zwei emittentennahe Kontrollpunkte sollten in den Richtungen der geringsten Windhäufigkeit liegen (Abb. 7.2). An jedem der minimal sieben Messpunkte sollten jeweils mindestens zwei unabhängige Messungen (Proben) erfolgen.

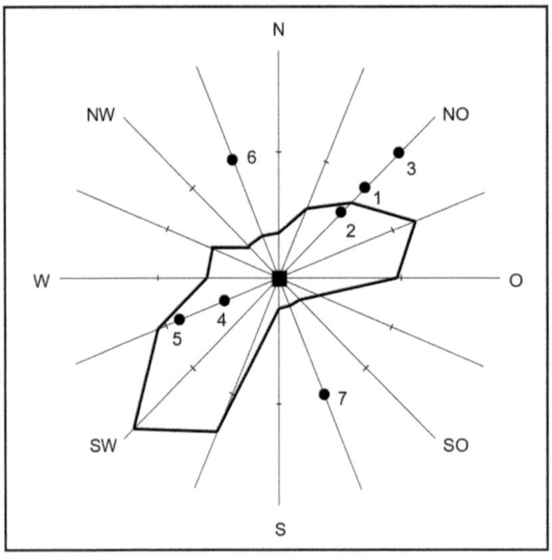

Abb. 7.2:
Die Anordnung der Messpunkte um eine Emissionsquelle unter Nutzung der Windrichtungsverteilung (durchgezogene Linie: relative Häufigkeit der Windrichtung, verändert nach AK BIOINDIKATION/WIRKUNGSERMITTLUNG (1999)

7.2.2 Großräumige Untersuchungen

Ein Beispiel für großräumige Untersuchungen mittels Bioindikatoren ist das ***Moosmonitoring*** (SIEWERS & HERPIN 1998, SIEWERS et al. 2000, PESCH et al. 2007). Es wurde in Skandinavien entwickelt und ist Teil des europaweiten EMEP/ECE-Projekts „Atmospheric Heavy Metal Deposition in Europe – estimations based on moss analysis“. In Deutschland fanden Beprobungen im 5-jährigen Turnus von 1990 – 2005 statt, seit 2015 wird es mit reduziertem Stichprobenumfang weitergeführt. Bei diesem Biomonitoring wird der atmosphärische Eintrag von Elementen in terrestrische Ökosysteme in einem methodenharmonisierten und qualitätskontrollierten chemisch-analytischen Ansatz an den einzelnen Beprobungspunkten bestimmt und die Ergebnisse dann flächenhaft interpoliert. Die Wiederholung der Untersuchung ermöglicht die Betrachtung der Entwicklung der atmosphärischen Einträge über die Zeit (Abb. 7.3). Das Moosmonitoring zeigt, dass die Belastung mit Blei wie auch die Einträge der meisten anderen untersuchten Metalle in den meisten Regionen Deutschlands im Untersuchungszeitraum zurückging.

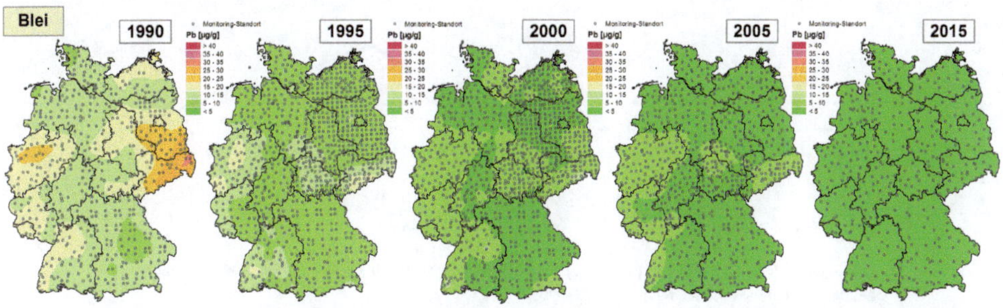

Abb. 7.3: Ergebnisse der Moosmonitorings von 1990, 1995, 2000, 2005 und 2015 für Blei. Der zeitliche Trend zeigt einen signifikanten und flächendeckenden Rückgang der Belastung; https://www.umweltbundesamt.de/sites/default/files/medien/384/bilder/2_karte_blei_mm2016_geostatistik_1990_2015_pb.png (28.01.2021).

7.2.3 Langfristige Untersuchungen (Dauerbeobachtung)

Langfristige vergleichende Untersuchungen haben die Ermittlung zeitlicher Trends zum Ziel und verlangen daher besondere Aufmerksamkeit bezüglich der Sicherstellung der Vergleichbarkeit der angewandten Methoden über die Zeit bei wechselnden Bearbeitern und evtl. technologischem Fortschritt der angewandten Messverfahren. Die UMWELTPROBENBANK DES BUNDES ist ein Beispiel für ein derartiges Untersuchungsprogramm, das in Deutschland seit 1985 systematisch aufgebaut wurde und damit inzwischen bis zu 35-jährige Zeitreihen vorweisen kann. Sie wird getragen vom Bundesministerium für Umwelt, Naturschutz und Reaktorsicherheit und koordiniert vom Umweltbundesamt.

Die Umweltprobenbank dient der laufenden Überwachung der Konzentrationen gegenwärtig bereits bekannter Schadstoffe in Umweltproben, um daraus Trendaussagen über lokale, regionale und nationale Schadstoffentwicklungen abzuleiten und Erfolgskontrollen von Verbots- und Beschränkungsmaßnahmen im Umweltbereich durchzuführen. Außerdem kann anhand der langfristig gelagerten Proben auch rückwirkend die Konzentrationen von Stoffen analysiert werden, welche zur Zeit der Einlagerung noch nicht als Schadstoffe erkannt waren oder nicht mit ausreichender Genauigkeit analysiert werden konnten (retrospektives Monitoring). Zur Gewährleistung der Repräsentativität und Vergleichbarkeit der Proben wurde ein umfangreiches Qualitätssicherungssystem entwickelt. Repräsentativ ausgewählte Probenarten aus repräsentativen Gebieten werden so unter weitestgehender Vermeidung von Kontamination und Verlusten unmittelbar bei tiefen Temperaturen konserviert. Die Proben werden biometrisch und analytisch charakterisiert und dann chemisch veränderungsfrei in der Gasphase über Flüssigstickstoff eingelagert. Die Konzeption der Umweltprobenbank einschließlich der Probennahmegebiete, Probenarten, Probennahmepläne und laufender Ergebnisse kann in der UMWELTPROBENBANK DES BUNDES recherchiert werden.

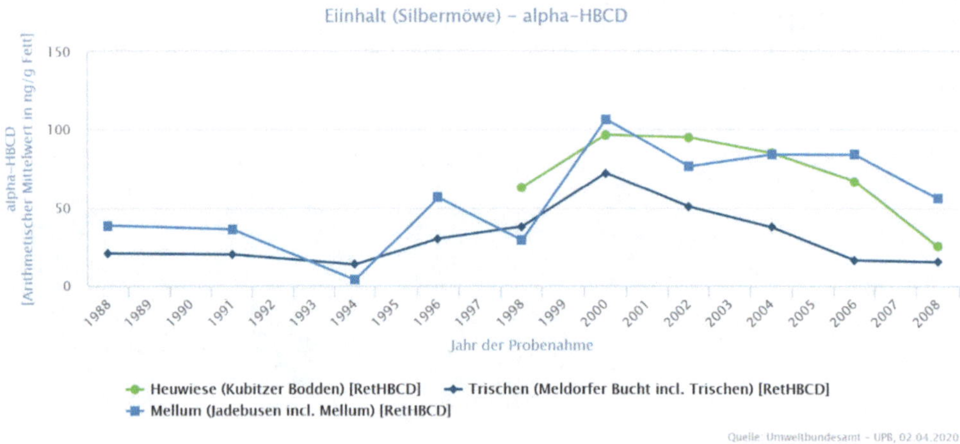

Abb. 7.4: Ergebnisse der Umweltprobenbank des Bundes für Konzentrationen von alpha-Hexabromcyclododecan (alpha-HBCD) in Silbermöweneiern von drei Möwenkolonien an Nord- und Ostsee; https://www.umweltprobenbank.de/de/documents/selected_results/17563 (28.01.2021)

Eine Beispielstudie für eine retrospektive Untersuchung dieser Umweltproben ist die Analyse zur Veränderung der alpha-Hexabromcyclododecan-(alpha-HBCD-)Konzentration in Silbermöweneiern von 1988 bis 2008 (Abb. 7.4). Alpha-HBCD gehört zur Gruppe der bromierten Flammschutzmittel und wird in Dämmplatten, auf Computerbauteilen und zur Beschichtung von Textilien im Möbelbau genutzt. HBCD wird in der Umwelt sehr langsam abgebaut, reichert sich aufgrund seiner Fettlöslichkeit stark in Organismen und insbesondere entlang der Nahrungskette an und ist toxisch für aquatische Organismen. Daher wird HBCD als „besonders besorgniserregender Stoff“ nach den Kriterien der Europäischen Chemikalienverordnung REACH eingestuft. Die zeitlichen Konzentrationsverläufe waren an allen drei Beprobungsorten ähnlich: Bis zum Jahr 2000 stiegen die Konzentrationen an, danach ist eine deutliche Abnahme zu erkennen. Dies spiegelt das Maß der Nutzung und die Wirkung von verschiedenen Programmen zur Kontrolle und Reduktion von HBCD-Emissionen, die in dieser Zeit initiiert wurden.

7.2.4 Bioindikation zur integralen Bewertung der ökologischen Umweltqualität

Die EUROPÄISCHE WASSERRAHMENRICHTLINIE (2000/60/EG), die im Jahr 2000 in Kraft trat, fordert für alle natürlichen Oberflächengewässer mindestens einen guten chemischen und ökologischen Zustand. Der ökologische Zustand wird auf einer fünfstufigen Bewertungsskala erfasst, wobei die beste Zustandsklasse, die Zustandsklasse 1, einem durch menschliche Einflüsse unbeeinträchtigten Gewässer in sehr gutem ökologischen Zustand und die Zustandsklasse 5 einem Gewässer in schlechtem Gewässerzustand mit erheblichen anthropogenen Veränderungen entspricht. Ein guter ökologischer Zustand entspricht der Zustandsklasse 2. Weisen Gewässer einen schlechteren ökologischen Zustand auf, müssen geeignete Maßnahmen durchgeführt werden, um den Gewässerzustand zu verbessern. In Deutschland weisen aktuell nur ca. 7 % der Gewässer einen mindestens guten ökologischen Zustand auf, 36 % einen mäßigen Zustand (Zustandsklasse 3) und 54 % einen unbefriedigenden oder schlechten Zustand (Zustandsklassen 4 und 5). Bei 3 % der Gewässer ist die aktuelle Einstufung unklar (Abb. 7.5).

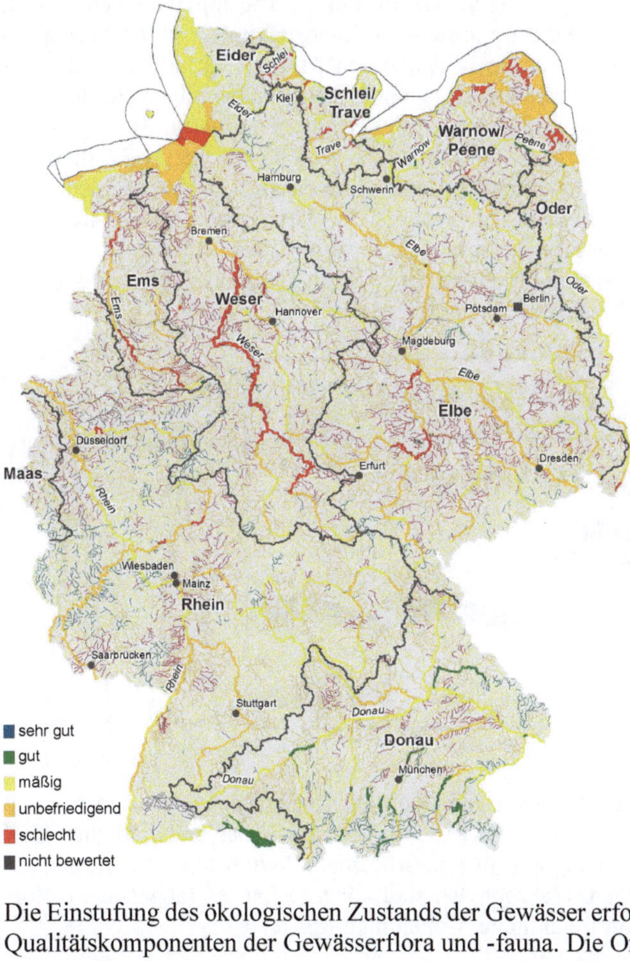

Abb. 7.5: Übersicht über den ökologischen Zustand der Flüsse, Seen, Übergangs- und Küstengewässer in Deutschland im Jahr 2016. Nur ca. 7 % der Gewässer werden mit einem mindestens guten ökologischen Zustand bewertet, der von der Europäischen Wasserrahmenrichtlinie gefordert wird. https://www.umweltbundesamt.de/daten/wasser/fliessgewaesser/oekologischer-zustand-der-fliessgewaesser#okologischer-zustand-der-flusse-und-bache (28.01.2021).

Die Einstufung des ökologischen Zustands der Gewässer erfolgt über sogenannte biologische Qualitätskomponenten der Gewässerflora und -fauna. Die Organismengruppen Fische, Wirbellose, Makrophyten, Phytoplankton und Phytobenthos werden als Indikatoren herangezogen (Abb. 7.6). Dabei wird die Zusammensetzung der Artgemeinschaften und Häufigkeit der Arten erfasst und bewertet, für Fische zusätzlich die Altersstruktur der Populationen und für Phytoplankton die Biomasse (UBA 2017). Die Organismengruppen haben unterschiedliche Empfindlichkeiten für verschiedene Typen von Umweltbeeinträchtigungen und integrieren aufgrund ihrer räumlichen Bewegungsmuster und Lebensspannen die Umweltprobleme über verschiedene räumliche und zeitliche Skalen (Abb. 7.6). Werden mehrere Organismengruppen parallel beprobt, gilt das jeweils schlechteste ermittelte Ergebnis als Gesamtergebnis.

Soll der ökologische Zustand eines Gewässerabschnitts bewertet werden, wird in einem standardisierten Beprobungsverfahren die Artgemeinschaft der ausgewählten Organismengruppe erfasst. Für jede der Gruppen liegt hierfür ein ausführliches Handbuch für Wirbellose vor (MEIER et al. 2006). Darin werden die Auswahl und Bemessung der Probestellen, die zu nutzenden Fanggeräte und Verwendung, die Anzahl zu nehmender Unterproben und deren Verteilung im Gewässer, die Jahreszeit sowie die Abflussbedingungen, die einzuhalten sind, detailliert beschrieben. Damit wird die Repräsentativität der genommenen Probe für den gesamten Gewässerabschnitt sowie die Vergleichbarkeit der Proben zwischen verschiedenen Gewässern sichergestellt. Fische und Makrophyten können im Feld bestimmt werden, Proben von Wirbellosen und Phytobenthos werden meistens im Labor taxonomisch bestimmt, gezählt und weiterbearbeitet. Die so erhobenen Daten zu den Artgemeinschaften werden anschließend mit Referenzlisten von natürlichen Artgemeinschaften im beprobten Gewässertyp verglichen. Diese Vergleiche werden mithilfe von frei verfügbaren ONLINE-BEWERTUNGSWERKZEUGEN durchgeführt (z. B. *Perlodes* für Wirbellose, *fiBS* für Fische, *phylib* für Makrophyten und Phytobenthos). Die Bewertungssysteme machen sich die unterschiedlichen ökologischen Toleranzen der einzelnen Taxa bezüglich diverser ökologischer Stressoren zunutze. Sind für einen bestimmten Stressor besonders sensitive Taxa (Indikatortaxa) unterrepräsentiert oder fehlen ganz bzw. sind für diesen Stressor tolerante Taxa überrepräsentiert, so wird auf das Vorhandensein dieses Stressors geschlossen.

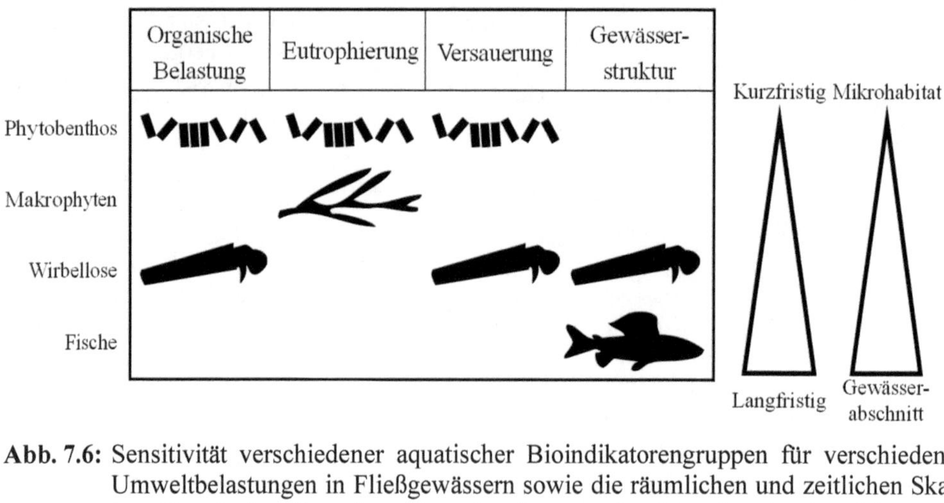

Abb. 7.6: Sensitivität verschiedener aquatischer Bioindikatorengruppen für verschiedene Umweltbelastungen in Fließgewässern sowie die räumlichen und zeitlichen Skalen, die mit einer Beprobung jeweils erfasst werden. Phytobenthos bezeichnet am Boden anhaftende Algen, Makrophyten sind höhere Pflanzen (abgeänderte Vorlage von D. Hering, mit freundlicher Genehmigung).

Literatur

AK BIOINDIKATION/WIRKUNGSERMITTLUNG (1999): Empfehlung zum emittentenbezogenen Einsatz von pflanzlichen Bioindikatoren. In: UWSF – Z. Umweltchem. Ökotox., 11 (4), 207-211.

BIMSCHG, DEUTSCHER BUNDESTAG (2002): Gesetz zum Schutz vor schädlichen Umwelteinwirkungen durch Luftverunreinigungen, Geräusche, Erschütterungen und ähnliche Vorgänge (Bundes-Immissionsschutzgesetz – BImSchG) in der Fassung der Bekanntmachung vom 26. September 2002 (BGBl I, 2002, Nr. 71, 3830-3855).

BOSCH, W. & WLOKA, M. (2018): Allgemeine Anforderungen an die Kompetenz von Prüf- und Kalibrierlaboratorien: Kommentar zu DIN EN ISO/IEC 17025:2018 (Beuth Kommentar). Beuth, Berlin.

ECOPAR: https://www.ufz.de/lter-d/index.php?en=42566&contentonly=1 (28.01.2021).

ELLENBERG, H., WEBER, H. E., DÜLL, R., WIRTH, V., WERNER, W. & PAULISSEN, D. (1991): Zeigerwerte von Pflanzen in Mitteleuropa. Scripta geobotanica, 18. Göttingen.

EUROPÄISCHE WASSERRAHMENRICHTLINIE (2000/60/EG): https://www.bmu.de/themen/wasser-abfall-boden/binnengewaesser/gewaesserschutzpolitik/deutschland/umsetzung-der-wrrl-in-deutschland/ (28.01.2021).

HAASE, P., PAULS, S. U., SCHINDEHÜTTE, K. & SUNDERMANN, A. (2010): First audit of macroinvertebrate samples from an EU Water Framework Directive monitoring program: human error greatly lowers precision of assessment results. In: Journal of the North American Benthological Society, 29 (4), 1279-1291.

ICP-Forest, UN-ECE (2001), http://icp-forests.net/page/icp-forests-manual (28.01.2021).

KOLKWITZ, R. & MARSSON, M. (1902): Grundsätze für die biologische Beurteilung des Wassers nach seiner Flora und Fauna. In: Mitteilungen der königlichen Prüfanstalt für Wasserversorgung und Abwasserbeseitigung Berlin, 1, 33-72.

MEIER, C., HAASE, P., ROLAUFFS, P., SCHINDEHÜTTE, K., SCHÖLL, F., SUNDERMANN, A. & HERING D. (2006): Methodisches Handbuch Fließgewässerbewertung. http://gewaesser-bewertung.de/files/meier_handbuch_mzb_2006.pdf (28.01.2021).

ONLINE-BEWERTUNGSWERKZEUG: www.gewaesser-bewertung-berechnung.de/ (28.01.2021).

PESCH, R, SCHRÖDER, W., MOHR, K, MATTER, Y., KLEPPIN, L, HOLY, M., GÖRITZ, A. & GENẞLER, L. (2007): Moos-Monitoring 2005/2006 Schwermetalle IV und Gesamtstickstoff. Abschlussbericht, Förderkennzeichen (UFOPLAN) 205 64 200. Im Auftrag des Umweltbundesamts, Berlin.

SIEWERS, U. & HERPIN, U. (1998): Schwermetalleinträge in Deutschland. Moos-Monitoring 1995/96. Stuttgart. Geologisches Jahrbuch, Sonderhefte, SD 2.

SIEWERS, U., HERPIN, U. & STRAẞBURG, S. (2000): Schwermetalleinträge in Deutschland. Moos-Monitoring 1995/96. Teil 2. Stuttgart. Geologisches Jahrbuch, Sonderhefte, SD3.

UMWELTAKTIONSPROGRAMME DER EUROPÄISCHEN UNION: https://ec.europa.eu/environment/pubs/pdf/factsheets/7eap/de.pdf (28.01.2021), https://eur-lex.europa.eu/legal-content/DE/TXT/PDF/?uri=CELEX:32013D1386&from=PL (28.01.2021).

UBA – UMWELTBUNDESAMT (2003): Daten zur Umwelt – Umweltzustand in Deutschland – Luft – Bioindikation von Luftverunreinigungen: Biomonitoring von Metallen und Stickstoff. https://www.umweltbundesamt.de/daten/luft/bioindikation-von-luftverunreinigungen#moose-als-bioindikator (28.01.2021).

UBA – UMWELTBUNDESAMT (2017): Gewässer in Deutschland: Zustand und Bewertung. Dessau-Roßlau.

UMWELTPROBENBANK DES BUNDES, UMWELTBUNDESAMT (6/2012): www.umweltprobenbank.de (28.01.2021).

VEREIN DEUTSCHER INGENIEURE (2007): VDI 3957-11: Biologische Messverfahren zur Ermittlung und Beurteilung der Wirkung von Luftverunreinigungen auf Pflanzen (Bioindikation) – Probenahme von Blättern und Nadeln zum Biomonitoring von immissionsbedingten Stoffanreicherungen (passives Biomonitoring). Beuth, Berlin.

VEREIN DEUTSCHER INGENIEURE (2008): VDI 3957-16: Biologische Messverfahren zur Ermittlung und Beurteilung der Wirkung von Luftverunreinigungen auf Pflanzen (Bioindikation) – Nachweis genotoxischer Effekte mit dem Tradescantia-Kleinkern-Test. Beuth, Berlin.

VEREIN DEUTSCHER INGENIEURE (2008): VDI 4230-2: Biologische Verfahren zur Erfassung der Wirkung von Luftverunreinigungen (Bioindikation) – Passives Biomonitoring mit Regenwürmern als Akkumulationsindikatoren. Beuth, Berlin.

VEREIN DEUTSCHER INGENIEURE (2009): VDI 4230-3: Biologische Verfahren zur Erfassung der Wirkung von Luftverunreinigungen (Bioindikation) – Passives Biomonitoring mit Vogeleiern als Akkumulations- und Reaktionsindikatoren. Beuth, Berlin.

VEREIN DEUTSCHER INGENIEURE (2010): VDI 3957-15: Biologische Messverfahren zur Ermittlung und Beurteilung der Wirkung von Luftverunreinigung auf Pflanzen (Bioindikation) – Untersuchungsstrategie nach Schadensereignissen (passives Biomonitoring). Beuth, Berlin.

VEREIN DEUTSCHER INGENIEURE (2011): VDI 3857-2: Beurteilungswerte für immissionsbedingte Stoffanreicherungen in standardisierten Graskulturen – Orientierungswerte für maximale Hintergrundgehalte ausgewählter anorganischer Luftverunreinigungen. Beuth, Berlin.

VEREIN DEUTSCHER INGENIEURE (2020): VDI 3957-1: Biologische Messverfahren zur Ermittlung und Beurteilung der Wirkung von Luftverunreinigungen auf Pflanzen (Biomonitoring) – Grundlagen und Zielsetzung. Beuth, Berlin.

VEREIN DEUTSCHER INGENIEURE 3957/10 (2004): VDI Richtlinie 3957 Blatt 10 Biologische Messverfahren zur Ermittlung und Beurteilung der Wirkung von Luftverunreinigungen auf Pflanzen (Bioindikation) – Empfehlungen zum emittentenbezogenen Einsatz von pflanzlichen Bioindikatoren. VDI/DIN-Handbuch Reinhaltung der Luft, Band 1, Beuth, Berlin.

WAGNER, G. (1995): Basic approaches and methods for quality assurance and quality control in sample collection and storage for environmental monitoring. In: The Science of the Total Environment, 176, 63-71.

ZIMMERMAN, R. D., WAGNER, G. & FINCK, M. (2000): Guidelines for the use of biological monitors in air pollution control (plants) – part 1 – methodological guidance for the drawing-up of biomonitoring guidelines (plants). WHO Air Hygiene Report 12, Berlin.

8 Biodiversität und Artbestimmung

Axel DIDION[1] und Peter FISCHER-STABEL[2]

Zusammenfassung

Getreu dem Zitat „*Nur was man kennt, kann man auch schützen*“ erfordern alle Aktivitäten auf dem Gebiet der Biodiversität, des Artenschutzes oder auch im Biomonitoring die Fähigkeit, Arten sicher bestimmen zu können. Die Dokumentation von Veränderungen – auch bzgl. des Auftretens invasiver Arten und Neubürger – erfordert die Anlage von ökologischen Katastern, da Bestandsentwicklungen nur dann erkannt werden, wenn sie durch Langzeitbeobachtungen von jährlichen Fluktuationen unterscheidbar sind. Eine wesentliche Voraussetzung zur Dokumentation solcher Veränderungen innerhalb von Biozönosen ist die erfolgreiche und korrekte Ansprache der entsprechenden Tier- und Pflanzenarten. In diesem Kapitel werden einige grundlegende Techniken hierzu vorgestellt und um neue technikbasierte Hilfsmittel und neue Medien ergänzt.

8.1 Einführung

Mit dem Übereinkommen über die biologische Vielfalt (Convention on Biological Diversity, CBD) von 1993 wurde ein völkerrechtlicher Vertrag zwischen souveränen Staaten unterzeichnet und auch ratifiziert, in dem sich die Mitgliedsstaaten das Ziel gesetzt haben, die Vielfalt des Lebens auf der Erde zu schützen, zu sichern und deren nachhaltige Nutzung so zu organisieren, dass möglichst viele Menschen heute und auch in Zukunft davon leben können (BFN 2012).

Diese ***Biodiversitätskonvention*** verfolgt drei Ziele:

- die Erhaltung der biologischen Vielfalt,
- die nachhaltige Nutzung ihrer Bestandteile,
- der gerechte Vorteilsausgleich aus der Nutzung der genetischen Ressourcen.

Neben der Kartierung und dem Monitoring des biologischen Inventars zum Zwecke von Schutz und einer nachhaltigen Nutzung der biologischen Vielfalt können auch Veränderungen in Ökosystemen mittels langfristig angelegter, wiederholter Kontrollen von zustandscharakterisierenden Zeigerorganismen und Lebensgemeinschaften festgestellt werden (siehe auch Kapitel 7). Das Spektrum der Veränderungen reicht hierbei von der vollständigen Elimination bis hin zur Förderung von Arten und Artengruppen, die aufgrund ihres spezifischen Informationsgehalts Rückschlüsse auf den aktuellen Zustand des Ökosystems bzw. seiner Kompartimente zulassen.

---

[1] Naturlandstiftung Saar, Feldmannstr. 85, 66119 Saarbrücken, didion@nls-saar.de, www.nls-saar.de

[2] Hochschule Trier, Umwelt-Campus Birkenfeld, Postfach 1380, 55761 Birkenfeld, p.fischer-stabel@umwelt-campus.de, www.umwelt-campus.de

Die Dokumentation von Veränderungen (auch bzgl. des Auftretens invasiver Arten und Neubürger) macht die Anlage von ökologischen Katastern nötig, da Bestandsentwicklungen nur dann erkannt werden, wenn sie durch Langzeitbeobachtungen von jährlichen Fluktuationen unterscheidbar sind.

Das Fehlen einzelner Arten bzw. die Veränderung in der Zusammensetzung von Artengemeinschaften spiegeln die strukturellen Mängel oder den Störungsgrad des Lebensraums wider. Aufgrund des besonderen Zeigerwerts einzelner Organismen bzw. von Organismengesellschaften werden die Störungen auch für andere nicht erfasste Organismengruppen und Taxa mit vergleichbaren Lebensraumansprüchen indiziert.

Eine wesentliche Voraussetzung zur Dokumentation von Veränderungen innerhalb von Biozönosen ist die erfolgreiche und korrekte Ansprache der entsprechenden Tier- und Pflanzenarten. Nachfolgend werden einige grundlegende Techniken hierzu vorgestellt und um neue technikbasierte Hilfsmittel und neue Medien ergänzt.

8.2 Artbestimmung

Getreu dem Zitat „*Nur was man kennt, kann man auch schützen*" erfordern alle Aktivitäten auf dem Gebiet der Biodiversität, des Artenschutzes oder auch im Biomonitoring die Fähigkeit, Arten sicher bestimmen zu können. Das hierzu erforderliche Wissen kann durch Experten im Rahmen von Bestimmungskursen (z. B. Universitäten, Naturschutzverbände, individuelle Begleitung) vermittelt oder aber autodidaktisch erworben werden.

Abb. 8.1: Möglichkeiten, das Vorkommen von Spezies durch visuelle Wahrnehmung zu belegen

Für die wissenschaftliche Bestimmung und die fachlich korrekte Benennung von Tier- und Pflanzenarten steht eine große Palette an geeigneter Bestimmungsliteratur zur Verfügung. Eine kleine, sehr subjektive Auswahl, die einen ersten Einstieg in die Bestimmung von Pflanzen- und Tierarten ermöglicht, befindet sich im Literaturverzeichnis. Neben ausschließlich morphologischen Merkmalen und technisch aufwendiger Genanalysen können viele Spezies mit allen Sinnen erfasst werden, um eine korrekte Ansprache einzelner Arten zu erreichen.

Nicht nur das Vorhandensein adulter Spezies lässt Rückschlüsse auf deren Vorkommen zu, auch Jungtiere, Präimaginalstadien oder verschiedene Spuren sind in den meisten Fällen eindeutig einer Art zuordenbar (vgl. Abb. 8.1).

8.2.1 Artbestimmung mit allen fünf Sinnen

Klassischerweise unterscheidet man im allgemeinen Sprachgebrauch fünf Sinne, die bereits von Aristoteles beschrieben wurden:

- Sehen, visuelle Wahrnehmung,
- Hören, auditive Wahrnehmung,
- Riechen, olfaktorische Wahrnehmung,
- Schmecken, gustatorische Wahrnehmung,
- Tasten, haptische Wahrnehmung.

Die menschlichen Sinne haben unterschiedliche Aufnahmekapazitäten. So werden über den Gesichtssinn pro Sekunde etwa 10 Millionen Sh[3] aufgenommen, über den Tastsinn etwa 1 Million Sh, über den Gehörsinn etwa 100.000 Sh, über den Geruchssinn etwa 100.000 Sh und über den Geschmackssinn etwa 1.000 Sh.

Grundsätzlich unterscheidet man zwischen der Extero- (Wahrnehmung der Außenwelt) und der Interozeption (Wahrnehmung des eigenen Körpers).

Die Wahrnehmung der Außenwelt bezieht sich insbesondere auf die „fünf Sinne“ (Riechen, Sehen, Hören, Schmecken und Fühlen). Das Fühlen (Tastsinn) wiederum kann einerseits nach der Wahrnehmung von Berührung, Schmerz und Temperatur (Oberflächensensibilität), andererseits aber auch in das aktive Erkennen (haptische Wahrnehmung) und das passive „Berührtwerden“ (taktile Wahrnehmung) unterteilt werden.

8.2.2 Visuelle Wahrnehmung

83 % der Informationsaufnahme beim Menschen erfolgt über das Auge. Demzufolge können wir über das Auge auch eine Vielfalt an Bestimmungsmerkmalen erfassen. Wesentliche Parameter sind hier Form, Farbe, Größe, Oberflächenstruktur, Symmetrie (zweiseitig-symmetrisch, radiär-symmetrisch etc.). Die sensitive Wahrnehmung und Beschreibung der unterschiedlichen Ausprägungen der genannten Parameter muss in der Regel erlernt werden.

Die Bestimmung adulter Spezies, von Jungtieren und Präimaginalstadien kann ebenso wie die Entschlüsselung von Spuren unter Zuhilfenahme von digital oder analog vorliegenden Fotos, Abbildungen, Zeichnungen oder auch Bestimmungstafeln vorgenommen werden. Mobile Hardware, wie Smartphones oder Tablet-PCs, stellen mittlerweile in Verbindung mit mobilen Diensten die Bestimmungsliteratur für eine Vielzahl von Organismengruppen direkt im Freiland zur Verfügung.

Über den Dienst Floraweb (http://www.floraweb.de/), einer Anwendung des Bundesamts für Naturschutz (BFN), welche Daten zu Wildpflanzen und zur Vegetation in Deutschland bereitstellt, sind mittlerweile Steckbriefe zu mehr als 3.600 Pflanzenarten Deutschlands mobil verfügbar. Neben Pflanzen sind Brutvögel und deren Populationsdynamik wichtige Bioindikatoren für die Lebensraumqualität unserer Umwelt (vgl. BEZZEL & PRINZINGER 1990). Da sie zu den am besten untersuchten Tiergruppen gehören, aber auch aufgrund ihrer relativ einfachen flächendeckenden Erfassbarkeit, können Avizönosen nicht nur zur frühzeitigen Indikation von Umweltveränderungen und Umweltgefahren herangezogen werden, sondern

[3] Shannon (Sh) ist die nach dem amerikanischen Mathematiker und Begründer der Informationstheorie CLAUDE ELWOOD SHANNON benannte Einheit für den Informationsgehalt einer Nachricht.

auch einen wertvollen Beitrag zur Bewertung von Arealen und Landschaftsräumen liefern. Durch mehrmalige Wiederholung avifaunistischer Kartierungen werden quantitative und qualitative Bestandstrends ermittelt und unter Zuhilfenahme weiterer Umweltdaten gegebenenfalls kausale Zusammenhänge erkannt.

Eine weitverbreitete Methode zur Erfassung von Brutvögeln stellt die optische und akustische Erfassung von Individuen dar. Auch hier existiert eine Vielfalt an multimedialen Bestimmungsmaterialien. Einen Schlüssel zur Bestimmung der Avifauna stellt unter anderen der Naturschutzbund Deutschland (NABU) mit dem Online-Vogelführer auf seinem Webauftritt sowie als App zur Verfügung (www.nabu.de/natur-und-landschaft/natur-erleben/spiele-apps-klingeltoene/vogelfuehrer/index.html).

Zur Bestimmung von Kleinlebewesen sowie zur Visualisierung von Oberflächenstrukturen liefern auch digitale Handmikroskope wertvolle Dienste. Die leichte Handhabung und die bis zu 200-fache Vergrößerung lassen hierbei kein Detail unentdeckt.

8.2.3 Auditive Wahrnehmung

Die „Hörschwelle“ beim Menschen liegt im Bereich der tiefsten hörbaren Frequenz von 20 Hz und der höchsten hörbaren Frequenz, die, je nach Alter, bis maximal 20 kHz beträgt; ein Frequenzbereich, in dem auch Lautäußerungen vieler Tiere angesiedelt sind.

Neben der bekannten Möglichkeit der Bestimmung von Vogelarten anhand ihres Gesangs, ihrer Rufe und Instrumentallaute existiert für viele weitere Tiergruppen die Möglichkeit, eine Artbestimmung über eine Auswertung der für Menschen hörbaren Lautäußerungen durchzuführen. Neben Heuschrecken und Zikaden besteht diese Möglichkeit auch bei Froschlurchen sowie bei einigen Säugetieren (z. B. Röhren des Hirschs, Bellen des Rehbocks, Fiepen des Rehkitzes, Grunzen des Wildschweins, Brunftruf Marder).

Neben dem Erlernen der Laute unter Verwendung von geeignetem Audiomaterial werden mittlerweile die Geräte angeboten, die eine automatische Erkennung von z. B. Vogelstimmen ermöglichen soll. Der Song-Sleuth-Detektor der Firma Wildlife Acoustics (www.wildlife acoustics.com/) zur Analyse von Vogelstimmen war eines der ersten derartigen Geräte am Markt. Einen Ersatz für den erfahrenen Ornithologen stellen diese Geräte bis heute jedoch noch nicht dar.

Die für den Menschen nicht hörbaren Ultraschall-Rufe der Fledermäuse können demgegenüber unter Zuhilfenahme geeigneter Detektoren (z. B. Bat-Detektor, Horchkisten) und Richtmikrofone sehr gut ausgewertet werden und erlauben somit zuverlässige Aussagen zur Fledermausfauna eines Untersuchungsgebiets. Auch einige Heuschreckenarten, die im Ultraschall-Bereich singen, können mithilfe von Bat-Detektoren kartiert werden.

Sogar die Pflanzenwelt verfügt über Arten, deren Bestimmung mittels auditiver Wahrnehmung erleichtert wird. Ausgewählte Beispiele sind:

- Knack-Erdbeere (*Fragaria viridis*), deren Frucht sich mit leichtem Knall ablöst. Beim Pflücken der Frucht entsteht ein leichter Unterdruck im Bereich des Fruchtbodens; anschließend strömt Luft ein und es kommt, ähnlich wie beim Öffnen einer Milchflasche, zu einem leisen Knall.
- Bruch-Weide (*Salix fragilis*): Hier lassen sich die Zweige leicht und mit hörbarem Knacken abbrechen.

- Klappertopf (*Rhinanthus angustifolius*): Beim Schütteln der verblühten Pflanze „klappern" die Samen in den Samenkapseln.

Als abschließendes Beispiel der Unterstützung einer Artbestimmung anhand akustischer Merkmale seien die Bombardierkäfer (*Brachininae*) genannt. Bei Störungen und zum Schutz vor Feinden werden Explosionslaute und eine 100 °C heiße Gaswolke emittiert. Brachininae verfügen über zwei inaktive Substanzen in zwei Drüsen: Hydrochinon und Wasserstoffperoxid. In einer Explosionskammer wird Peroxid von Enzymen (Katalase und Peroxidase) in Wasser und Sauerstoff zerlegt und das Hydrochinon zu giftigem 1,4-Benzochinon oxidiert. Durch den Druck des entstehenden Sauerstoffs wird die giftige Flüssigkeit mit einem Knall explosionsartig ausgetrieben.

8.2.4 Olfaktorische Wahrnehmung

Die olfaktorische Wahrnehmung, auch Geruchssinn, olfaktorischer Sinn oder Riechwahrnehmung, bezeichnet die Wahrnehmung von Gerüchen. Eine Klassifikation der Geruchsqualitäten nach Günther Ohloff, einem der führenden Wissenschaftler auf dem Gebiet der Aromastoffe, zeigt Abbildung 8.2.

Grundgeruch	Blumig	Fruchtig	Grün	Würzig	Holzig	Harzig	Animalisch	Erdig
Geruchsnote	Jasmin	Zitrone	Gurke	Zimt	Zeder	Kiefernholz	Moschus	Erde
Geruchsnote	Rose	Apfel	Heu	Vanille	Koniferen	Weihrauch	Fäkalien	Schimmel

Abb. 8.2: Grundgeruch und dazugehörige ausgewählte Geruchsnoten (Wikipedia – Geruch; https://de.wikipedia.org/wiki/Geruch)

Bei einigen Arten, insbesondere bei Pflanzen und Pilzen, kann eine artspezifische Unterscheidung anhand des Geruchs vereinfacht werden. Beispiele hierfür sind die Unterscheidung von Bärlauch (*Allium ursinum*) und Maiglöckchen (*Convallaria majalis*). Ersterer strömt beim Verreiben der Blätter starken Knoblauchgeruch aus, was beim Maiglöckchen fehlt. Auch eine Unterscheidung von Kamillenarten kann unter anderem anhand des Geruchs vorgenommen werden:

- Echte Kamille (*Matricaria chamomilla*): starker Geruch, Zungenblüten, Köpfchenboden hohl;
- Geruchlose Kamille (*Tripleurospermum perforatum*): kein Geruch, Zungenblüten, Köpfchenboden markig;
- Strahlenlose Kamille (*Matricaria discoidea*): starker Geruch, keine Zungenblüten, Köpfchenboden hohl.

Ein weiteres Beispiel ist der Gefleckte Schierling (*Conium maculatum*): Zerrieben riecht er nach Mäuseharn (für Geruch ist das Alkaloid Coniin verantwortlich). Dieses Unterscheidungsmerkmal verhindert eine Verwechselung mit dem Gold-Kälberkropf (*Chaerophyllum aureum*).

Auch bei der eindeutigen Bestimmung von Pilzen sind olfaktorische Merkmale entscheidend. Abbildung 8.3 einer Bestimmungstabelle für Pilze zeigt einen Ausschnitt von Geruchsnoten zur Unterstützung der Artbestimmung.

Beispiele finden sich auch bei der Bestimmung von Säugern. Bekannt ist hier die Unterscheidung von Marderartigen anhand des Geruchs ihrer Losung:

- Baummarder: angenehm nach Moschus riechend,
- Steinmarder: riecht sehr unangenehm,
- Iltis: riecht sehr scharf und unangenehm.

U	Fleisch (Pilz) - Geruch		
1	angenehm, unspezifisch oder mit anderen Gerüchen kombiniert	13	honigartig
2	unangenehm, unspezifisch oder mit anderen Gerüchen kombiniert	14	nach rohen Kartoffeln oder Kartoffelkeimen
3	obstartig, fruchtig	15	dumpf
4	anisartig	16	nach frisch geschnittenem Gras
5	säuerlich oder essigartig	17	rettichartig
6	pilzartig, würzig	18	lerchenspornartig, duftend
7	nach Liebstöckel („Maggi")	19	mehlartig
8	nussartig, mandelartig, süßlich	20	nach Kernseife, Waschküche
9	heringsartig	21	nach frischen Sägespänen
10	knoblauchartig, acetylenartig	22	aromatisch
11	chemisch, arzneiartig	23	scharf, streng
12	stinkend, auch aasartig	24	nach grüner Gurke
		25	Nach Beerenwanzen

Abb. 8.3: Beispiel für eine geruchsbasierte Unterstützung der Artbestimmung bei Pilzen (SCHÄLOW 1987)

8.2.5 Haptische Wahrnehmung

Als haptische Wahrnehmung (griech.: haptós „fühlbar", haptikós „zum Berühren geeignet") bezeichnet man das aktive Erfühlen von Größe, Konturen, Oberflächentextur, Gewicht usw. eines Objekts durch Integration aller Hautsinne und der Tiefensensibilität. Die Gesamtheit der haptischen Wahrnehmungen erlaubt es dem Gehirn, mechanische Reize, Temperaturreize und Schmerz zu lokalisieren und zu bewerten.

Typische Beispiele aus der Botanik sind die Unterscheidung von Brennnessel (*Urtica spec.*) und Taubnessel (*Lamium spec.*) (Berührung der Blätter bei ersterer brennt auf der Haut) oder die Trennung von Blasen-Segge (*Carex vesicaria*) und Schnabel-Segge (*Carex rostrata*): Während bei ersterer die Stängel scharf dreikantig und oben rau sind, hat die Schnabel-Segge stumpfdreikantige und glatte Stängel.

Haptische Bestimmungsmerkmale können weiterhin die Rauigkeit, Flaumigkeit, Weichhaarigkeit, Borstlichkeit, Hakigkeit, Klebrigkeit, Schleimigkeit etc. sein.

8.2.6 Gustatorische Wahrnehmung

Derzeit gelten fünf Geschmacksqualitäten als allgemein wissenschaftlich anerkannt: süß, sauer, salzig, bitter und umami. Für sie sind jeweils eigene Geschmacksrezeptoren auf der Zunge nachgewiesen.

Beispiele für eine gustatorische Unterstützung bei der Artbestimmung ist die Unterscheidung von Kalk-Kreuzblume (*Polygala calcarea*) und der Bitteren Kreuzblume (*Polygala amara*): Während bei ersterer die Blätter nicht bitter schmecken, ist dies bei Letzterer der Fall. Ein weiteres Beispiel aus der Botanik findet sich bei Mädesüß (*Filipendula ulmaria*). Die geschmackliche Unterstützung ist auch bei der Bestimmung z. B. von Apfelsorten sowie bei Pilzen sehr hilfreich.

8.3 Artbestimmung und neue Medien

Trotz global gesehen zum Teil pessimistischer Aussichten ist die Artenvielfalt in Mitteleuropa noch sehr hoch und auch für einen einzelnen Experten in ihrer gesamten Breite nicht erfassbar, schon gar nicht auf Artniveau. Allein das kleinste Flächenbundesland Saarland hat mit mehr als 11.000 höheren Tier- und Pflanzenarten sowie Pilzen ein Artinventar, welches die Artenkenntnis eines einzelnen Menschen schlicht überfordert (siehe Abb. 8.4). Aus diesem Grund haben sich auch professionelle Zoologen, Botaniker und Ökologen auf ausgewählte Gruppen spezialisiert, in denen sie mit der von der Wissenschaft geforderten Tiefe arbeiten. Auf der anderen Seite finden sich in zunehmender Zahl Freiwillige, die sich im Rahmen einer ehrenamtlichen Tätigkeit oder als Mitglied in entsprechenden Organisationen für die Erfassung und den Erhalt der einheimischen Artenvielfalt einsetzen (siehe auch Citizen Science).

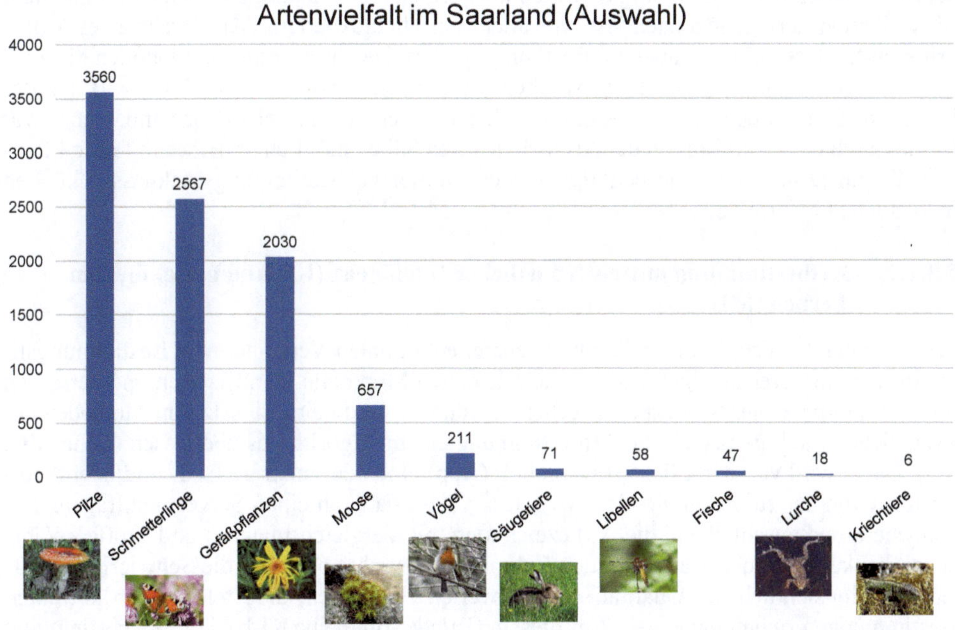

Abb. 8.4: Artenvielfalt im Saarland (Gesamtartenzahl ausgewählter Organismengruppen) (https://rote-liste-saarland.de)

Für beide Gruppen von Taxonomen ist eine Unterstützung der Artbestimmung durch die neuen (mobilen) Medien äußerst hilfreich. Sowohl die Vielfalt der im Freiland verfügbaren und im Zweifelsfall abrufbaren Hilfsmittel als auch die hohe Qualität der verfügbaren Bestimmungsliteratur, welche optische und akustische Merkmale umfasst, erleichtern eine eindeutige Ansprache der jeweiligen Spezies.

8.3.1 Digitale Bestimmungsschlüssel: webbasiert und Freiland-Apps

Die Digitalisierung der Artbestimmung entspricht nicht nur dem Zeitgeist, sondern ist auch von Nutzen für den Naturschutz, zumal mit den neuen Methoden auch das Interesse der heranwachsenden e-affinen Generation an der Tier- und Pflanzenwelt wieder geweckt werden kann. Wir unterscheiden dabei zwischen zwei verschiedenen Arten von Softwaresystemen: die digitale Version eines Bestimmungsbuchs mittels klassischem dichotomen- oder einem Multikriterien-Schlüssel und die automatische i. d. R. bild- bzw. audiobasierte Bestimmung durch künstliche Intelligenz/maschinelles Lernen. Die Bestimmungshilfen werden dabei webbasiert über den Browser als lokale Smartphone-App oder auch als Kombination angeboten.

8.3.1.1 Digitale Versionen von Bestimmungsliteratur

Elektronische Bestimmungshilfen bzw. -literatur ersetzen den Transport von Bestimmungsbüchern ins Gelände und sind ihren gedruckten Pendants meistens visuell sowie im Aktualitätsgrad überlegen. Auch bietet die digitale Bestimmung durch den Vorzug eines raschen Wechsels zwischen Bestimmungsschritten im Vergleich zum analogen Buch eine schnellere Identifikation der vorliegenden Art, vor allem bei Nichtexperten. Der Nutzer eines Multikriterien-Schlüssels kann dabei die Bestimmung – im Gegensatz zum traditionellen dichotomen Ansatz – mithilfe von selbstgewählten Merkmalen vorantreiben und sie, z. B. bei der Pflanzenbestimmung, auch an die aktuelle phänologische Phase der Pflanze anpassen. Zwar ist hierdurch die Identifikation der Art nicht in allen Fällen möglich (z. B. wenn fertile Pflanzenteile zur Diskriminierung benötigt werden), mögliche Bestimmungssackgassen können jedoch leichter vermieden werden.

8.3.1.2 Artbestimmung mittels Künstlicher Intelligenz (KI) und maschinellem Lernen (MI)

Während bei der Verwendung der oben genannten digitalen Versionen von Bestimmungsliteratur der Kartierer in Eigenleistung die relevanten Merkmale identifizieren und benennen muss, um Organismen korrekt ansprechen zu können, wird beim Einsatz von Methoden der Künstlichen Intelligenz (KI) die Artbestimmung einem Algorithmus überlassen (siehe Abb. 8.5). Dabei wird von der Client-Anwendung (App) eine oder mehrere Bild- und/oder Audiodateien von der zu bestimmenden Art erfasst, diese dann an einen Server übertragen, dort analysiert, und anschließend die Artbezeichnung mit Vergleichsmaterial und Treffer-Wahrscheinlichkeiten an den Kartierer zurückgespielt. Dieser hat nun aber die Schwierigkeit, das Ergebnis hinsichtlich der Qualität selbst bewerten zu müssen, d. h. falsche von korrekten Bestimmungen zu unterscheiden. Aus diesem Grunde sollte eine KI-basierte Artbestimmung insbesondere in kritischen Fällen (z. B. bei der Pilz-Bestimmung) immer mit einer Überprüfung der Ergebnisse mittels Fachliteratur oder durch Experten einhergehen.

In den Download-Stores existieren dabei einerseits Generalisten-Apps, welche mehrere Taxa, wie z. B. Vögel und Blütenpflanzen und Käfer, abdecken, wie z. B. Seek by Naturalist oder Naturblick, bzw. auch Google Lens, welche die Bilderkennung nicht nur auf Organis-

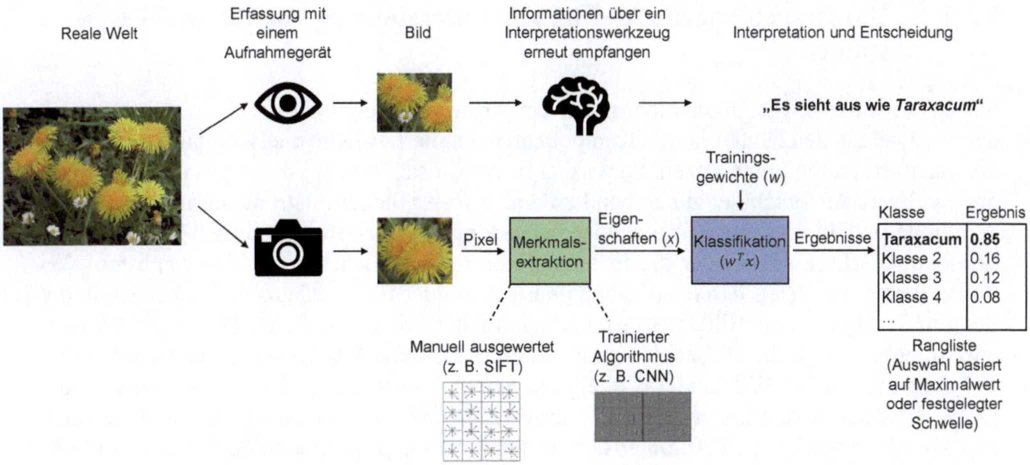

Abb. 8.5: Analyseschema einer Artbestimmung mittels KI (nach WÄLDCHEN & MÄDER 2018, verändert)

men beschränkt, sondern alles versucht zu klassifizieren, was in Google-Datenbanken zu finden ist. Demgegenüber finden sich spezialisierte Apps, die auf eine Organismengruppe, wie z. B. Vögel, Insekten, Blütenpflanzen oder Pilze, beschränkt sind, hierfür aber einen größeren Artumfang mit besseren Trefferquoten bearbeiten. Beispielhaft seien an dieser Stelle die Apps Picture Insect, Vogelstimmen ID, Merlin Bird DI, Flora incognita oder PlantNet genannt.

Eine Übersicht über verfügbare mobile Anwendungen ist u. a. auf der Homepage zur vorliegenden Publikation zu finden[4].

8.3.2 Artbestimmung mittels DNA-Barcodemethode

Eine weitere, in der wissenschaftlichen Artbestimmung mittlerweile verbreitete Methode ist die DNA-Barcodemethode. „DNA Barcoding ist eine taxonomische Methode zur Artbestimmung anhand der DNA-Sequenz eines Markergens. Die Abfolge der Basenpaare wird dabei analog wie der Strichcode auf Lebensmittel-Verpackungen als Kennzeichen für eine bestimmte Art verwendet[5]."

Im Projekt International Barcode of Life (https://ibol.org/) werden DNA-Sequenzen und Artenbezeichnungen von Organismen in der Datenbank Bold (Barcode of Life Data) abgelegt. Dieses Archiv soll helfen, bereits bekannte Arten zuzuordnen und neue zu erkennen. Für die Analysen reicht es dabei aus, Gewebereste, auch von Organismen in juvenilen Stadien, zu untersuchen, um eine artbezogene Zuordnung zu erreichen. Besonders vorteilhaft ist diese Methode zur Artenbestimmung bei Taxa, die sehr artenreich sind bzw. bei denen es nur wenige Experten mit einer profunden Artenkenntnis gibt, wie z. B. bei Insekten und Pilzen.

4 https://www.umwelt-campus.de/umweltinformationssysteme
5 https://www.biologie-seite.de/Biologie/DNA-Barcoding

8.3.3 Hardwarebezogene Ansätze zur Unterstützung von Biodiversitätsstudien

Neben softwareseitiger Unterstützung bei der Artbestimmung haben sich auch im Bereich der Hardware in den letzten Jahren Komponenten etabliert, welche die Bemühungen zur Biodiversitätserfassung unterstützen. So wird z. B. der Einsatz von Wildkameras (Fotofallen) in der Biodiversitätsforschung zunehmend zu einem wesentlichen Instrumentarium, insbesondere in der wildbiologischen Freilanddatenerfassung. Capture-Recapture-Analysen, populationsökologische Studien oder die Erfassung von raumzeitlichen Verbreitungsmustern von im Bestand gefährdeten Arten sind gängige Einsatzfelder für Wildkameras, bei denen in der Summe Terabytes von Bilddatensätzen gesammelt werden. So fielen bei einer populationsökologischen Studie zu Schalenwilddichten im Nationalpark Hunsrück-Hochwald unter Verwendung von 30 Wildkameras alleine in einem Monat knapp 270.000 Bilddateien an. Diese Bilddatensätze müssen gesichtet, ausgewertet und mit Metadaten attributiert werden, was künftig erwartbar von Automatisierungstechniken und Methoden der KI übernommen werden wird. Wissenschaftsbasierte Projekte zum Fotofallenmonitoring finden sich unter anderem in den Nationalparks im deutschsprachigen Raum.

Ein weiteres Beispiel für den kombinierten Einsatz neuer Hardware mit den oben genannten automatisierten Methoden der Artbestimmung liefert das Projekt AMMOD (Automated Multisensor Stations for Monitoring of BioDiversity)[6]. Ähnlich den Wetterstationen zur Messung von meteorologischen Daten sollen hier langfristig durch den Aufbau eines bundesweiten Stationsnetzwerks (u. a. automatische Beprobung von Fluginsekten, Bilderkennung von Vögeln und nachtaktiven Insekten, bioakustische Bestimmung von Fledermäusen und Grillen) kontinuierlich Daten zur biologischen Vielfalt erfasst werden.

8.3.4 Biodiversität und Crowdsourcing

Unter Crowdsourcing, einem Begriff, der sich aus den Worten „Crowd“ und „Outcourcing“ zusammensetzt, versteht man generell das Aufteilen und Auslagern von Aufgaben an Mitglieder einer großen Gruppe, welche ihre Teilaufgaben lösen und dem Anbieter zum Zusammenführen wieder zur Verfügung stellen. Citizen Science („Bürgerwissenschaften“) als ein Spezialfall des Crowdsourcing-Ansatzes soll dabei diverse Forschungsansätze unterstützen und dient im Umweltbereich insbesondere einer Verbesserung der Datenbasis durch die Beteiligung von interessierten Laien und Ehrenamtlichen an der Datenerhebung.

Auf dem Gebiet des Biodiversitätsmonitorings existieren dabei eine Vielzahl an Citizen-Science-Ansätzen, wie z. B. dem Tagfaltermonitoring (https://www.ufz.de/tagfalter-monitoring/), dem System zur Dokumentation des avifaunistischen Geschehens in Deutschland und Luxemburg Ornitho (https://www.ornitho.de/) oder z. B. dem ArtenFinder Rheinland-Pfalz (https://artenfinder.rlp.de/) bzw. die Seite Naturgucker, um nur einige wenige zu nennen (https://www.naturgucker.de). Als globaler Ansatz sei an dieser Stelle die Map of Life erwähnt (https://mol.org/).

Da die im Rahmen von Beobachtungsprojekten zur Biodiversität erhobenen Daten häufig auch in Forschungsaktivitäten bzw. raumplanerischen Abwägungen und Bewertungen Eingang finden, ist eines der zentralen Probleme des CS-Ansatzes das Erreichen einer hohen

[6] https://www.zfmk.de/de/forschung/projekte/ammod-eine-wetterstation-fuer-artenvielfalt

Datenqualität. Diese kann durch verschiedene Mechanismen bei der Datenerfassung bis hin zu einer nachlaufenden Qualitätsbewertung, z. B. Überprüfung durch Experten oder Plausibilitätsabschätzungen, erreicht werden.

8.4 Ausblick

Eine profunde Artenkenntnis erforderte schon immer sehr viel Einarbeitungszeit, Geduld und eine ausgeprägte Aufmerksamkeit des Beobachters. Trotz der mittlerweile vielfältigen Möglichkeiten der Unterstützung der Artbestimmung durch neue Medien und technologische Innovationen wird auch künftig eine korrekte Artbestimmung, z. B. durch analytische Softwarewerkzeuge, den Spezialisten nicht ersetzen können, zumal häufig eine Artbestimmung unter Zuhilfenahme aller fünf Sinne erforderlich ist. Trotzdem erleichtern die neuen Hilfsmittel die Bestimmung vor allem von „Allerweltsarten", insbesondere für den Laien. Dadurch kann die Hürde zum Einstieg in die wissenschaftliche Artbestimmung gesenkt und somit ein Grundstein für die Weiterentwicklung des interessierten „Laien" zum Experten gelegt werden.

Ohne die Mitarbeit einer Vielzahl an Beobachtern im Rahmen verschiedener Monitoringprogramme, deren Durchführung eine entsprechende Artenkenntnis voraussetzt, können Veränderungen im Artinventar nicht dokumentiert und letztlich als Indikatoren für den Zustand unserer Umwelt verwendet werden.

Literatur

BEZZEL, E. & PRINZINGER, R. (1990): Ornithologie. UTB, Stuttgart.

BFN (2012): Das Übereinkommen über die biologische Vielfalt. https://www.bfn.de/themen/biologische-vielfalt/uebereinkommen-ueber-die-biologische-vielfalt-cbd.html (20.01.2021).

CONVENTION ON BIOLOGICAL BIODIVERSITY (1992): www.cbd.int/ (20.01.2021).

MINISTERIUM FÜR UMWELT DES SAARLANDES UND DELATTINIA (2020): Pflanzen und Tierarten des Saarlandes – Bestand und Gefährdung. https://rote-liste-saarland.de/ (20.01.2021).

WÄLDCHEN, J. & MÄDER, P. (2018): Machine Learning for image based species identification. In: Methods in Ecology and Evolution 2018 (9), 2216-2225. DOI: 10.1111/2041-210X.13075.

Ausgewählte Bestimmungsliteratur

BACHOFER, M., AICHELE, D. & SCHWEGLER, H. (2021): Unsere Gräser. 14. Aufl. Kosmos, Stuttgart.

BANG, P. & DAHLSTRÖM, P. (2009): Tierspuren. BLV, München.

BARTHEL, P. H. & DOUGALIS, P. (2019): Was fliegt denn da? 34. Aufl. Kosmos, Stuttgart.

BELLMANN, H. (2004): Heuschrecken. Die Stimmen von 61 heimischen Arten. Die Audio-CD. Ample, Germering.

BELLMANN, H. (2018): Der Kosmos-Insektenführer. Kosmos, Stuttgart.

BERGMANN, H.-H., HELB, H.-W. & BAUMANN, S. (2008): Die Stimmen der Vögel Europas. AULA, Wiebelsheim.

BERGMANN, H.-H. & KLAUS, S. (2016): Spuren und Zeichen der Vögel Mitteleuropas. AULA, Wiebelsheim.

BERGMANN, H.-H. & WESTPHAL, U. (2019): Welcher Vogel singt denn da? Quelle & Meyer, Wiebelsheim.

BOUCHNER, M. (1996): Der Kosmos-Spurenführer. Kosmos, Stuttgart.

BROWN, R., FERGUSON, J., LAWRENCE, M., LEES, D. & WILHELMI, M. (2005): Federn, Spuren, Zeichen der Vögel Europas. 4. Aufl. AULA, Wiebelsheim.

CHINARY, M. (1984): Insekten Mitteleuropas. 3. Aufl. Paul Parey, Singhofen.

DIJKSTRA, K.-D., SCHRÖTER, A. & LEWINGSTON, R. (2021): Libellen Europas. Der Bestimmungsführer. Haupt, Bern.

FISCHER, J., STEINLECHNER, D., ZEHM, A., PONIATOWSKI, D., FARTMANN, T., BECKMANN, A. & STETTMER, C. (2020): Die Heuschrecken Deutschlands und Nordtirols. 2. Aufl. Quelle & Meyer, Wiebelsheim.

FÜNFSTÜCK, H.-J. & WEISS, I. (2017): Die Vögel Mitteleuropas im Portrait. Quelle & Meyer, Wiebelsheim.

HECKER, F. (2018): Tierspuren – lebensgroß. 3. Aufl. Kosmo, Stuttgart.

KNUTSON, R. (2006): Flattened Fauna. Ten Speed Press, Berkeley.

LAUX, H. (2019): Der große Kosmos Pilzführer. 3. Aufl. Kosmos, Stuttgart.

LÜDER, R. (2020): Grundkurs Pflanzenbestimmung. Eine Praxisanleitung für Anfänger und Fortgeschrittene. 9. Aufl. Quelle & Meyer, Wiebelsheim.

MONING, C., GRIESOHN-PFLIEGER, T. & HORN, M. (2013): Grundkurs Vogelbestimmung. 2. Aufl. Quelle & Meyer, Wiebelsheim.

MÜLLER, H. J. & BÄHRMANN, R. (2021): Bestimmung wirbelloser Tiere. 8. Aufl. Springer, Berlin/Heidelberg.

PETERSON, R., MOUNTFORT, G. & HOLLOM, P. (2002): Die Vögel Europas. Blackwell Wissenschaft, Berlin.

RICHARDS, K. & LIMBRUNNER, A. (2019): Welche Tierspur ist das? 3. Aufl. Kosmos, Stuttgart.

ROTHMALER, W. (2017): Exkursionsflora von Deutschland, Bd. 3: Gefäßpflanzen, Atlasband. 13. Aufl. Springer Spektrum, Heidelberg/Berlin.

SCHÄLOW, E. (1987): PILZE. Neumann-Neudamm, Melsungen.

SCHAUER, T. & CASPARI, C. (2020): Der illustrierte Pflanzen-Führer. BLV, München.

SCHMEIL, O. & FITSCHEN, J. (2019): Flora von Deutschland und angrenzender Länder. 97. Aufl. Quelle & Meyer, Wiebelsheim.

SETTELE, J., STEINER, R., REINHARDT, R., FELDMANN, R. & HERMANN, G. (2015): Schmetterlinge. Die Tagfalter Deutschlands. 3. Aufl. Ulmer, Stuttgart.

SPOHN, M., AICHELE, D., GOLTE-BECHTLE, M. & SPOHN, R. (2021): Was blüht denn da? Kosmos, Stuttgart.

SVENSSON, L., MULLARNEY, K. & ZETTERSTRÖM, D. (2017): Der Kosmos Vogelführer. 3. Aufl. Kosmos, Stuttgart.

SÜDBECK, P. et al. (2012): Methodenstandards zur Erfassung der Brutvögel Deutschlands. Radolfzell.

WACHMANN, E., PLATEN, R. & BARNDT, D. (1995): Laufkäfer. Naturbuch, München.

Beispiele von Online-Bestimmungswerkzeugen

Tagfalter:	http://www.tagfalter-monitoring.de
Amphibien:	http://www.whose-tadpole.net/
Vögel:	www.nabu.de/natur-und-landschaft/natur-erleben/spiele-apps-klingeltoene/vogelfuehrer/index.html
Gräser:	App iGräser
Pflanzen:	App iFlora Deutschland
Bäume:	https://www.baumkunde.de/
Käferfauna:	https://www.kerbtier.de/
Schnecken & Muscheln:	https://www.schneckenchecken.ch/
Übergreifend:	http://offene-naturfuehrer.de

9 Fernerkundung – Grundlagen, Systeme und Anwendungen

Thomas UDELHOVEN[1], Achim RÖDER[1], Johannes STOFFELS[1], Rebecca RETZLAFF[1] und Henning BUDDENBAUM[1]

Zusammenfassung

Durch die zunehmende Verfügbarkeit von räumlich, zeitlich und spektral hochauflösenden Erdbeobachtungsdaten, ergeben sich nicht zur neue Forschungsfelder und Anwendungsmöglichkeiten, sondern fernerkundliche Methoden und Daten finden im zunehmenden Maß Einzug in operationelle Dienste und Anwendungen. Fernerkundung wird für verschiedene Anwendungen genutzt, z. B. im Katastrophenmanagement, zur Überwachung des globalen Klimawandels, für die Stadtplanung usw. Obwohl Fernerkundungsdaten zunehmend kostenlos für die Nutzer bereitgestellt werden, bilden sie doch wichtige wirtschaftliche Vermögenswerte und eine wertvolle Ressource für viele Umweltanwendungen. Die Zunahme der erhobenen Informationen führt dabei auch zu einer zunehmenden Komplexität in deren Verarbeitung. Die folgenden Kapitel sollen einen Überblick der Grundlagen der modernen Umweltfernerkundung sowie entsprechender relevanter Systeme, Weltraummissionen und Anwendungen liefern.

9.1 Grundlagen

Informationen über den physikalischen Zustand der Umwelt werden auf verschiedenen Wegen erhoben. Werden räumlich detaillierte Informationen benötigt, bietet die Fernerkundung eine sinnvolle Alternative zu direkten Messungen oder punktuellen Probenahmen. Charakteristisch ist in diesem Fall, dass sich das Messgerät in einiger Entfernung vom Ort der Messung befindet. Dabei wird gelegentlich auch zwischen Nah- und Fernerkundung unterschieden (BALDI et al. 2019). In beiden Fällen wird die zu messende Größe indirekt aus der von den Objekten reflektierten oder emittierten elektromagnetischen Strahlung abgeleitet. Im Rahmen der Erdbeobachtung ist somit die elektromagnetische Strahlung das wichtigste Medium zur Übertragung dieser Informationen. Hierbei werden in der Praxis verschiedene Spektralbereiche genutzt (Tabelle 9.1).

Neben terrestrischen Messungen, wie beispielsweise Kamera- und Sensorsystemen beim automatisierten Betrieb von Vollerntemaschinen in der Landwirtschaft oder terrestrischem Laserscanning, werden hierbei bildgebende UAS- (Automated Unmanned Systems), flugzeug- oder satellitengestützte Sensorplattformen eingesetzt. Letztere erlauben prinzipiell die Erfassung der gesamten Erdoberfläche, und es werden immer neue Satellitensysteme mit unterschiedlichen Missionszielen gestartet (siehe dazu auch EUROPEAN SPACE AGENCY 2021). Da

[1] Universität Trier, Umweltfernerkundung und Geoinformatik, 54286 Trier, udelhove@uni-trier.de

Tabelle 9.1: Einteilung der für die Fernerkundung relevanten Spektralbereiche des elektromagnetischen Spektrums

Bereich	**Genutzte Wellenlängen**
Sichtbares Licht (engl. visible, VIS)	~ 0,4 µm – ~ 0,7 m
Nahes Infrarot (engl. near infrared, NIR)	~ 0,7 µm – ~ 1,4 µm
Kurzwelliges Infrarot (eng. short-wave infrared, SWIR)	~ 1,4 µm – ~ 3,0 µm
Mittleres Infrarot (englisch: mid-wave infrared, MWIR)	~ 3,0 µm – ~ 8,0 µm
Langwelliges Infrarot (englisch: long-wave infrared, LWIR)	~ 8,0 µm – ~ 15,0 µm
Mikrowellenbereich	~ 2 cm – 100 cm

entsprechende Datenarchive oft zur freien Nutzung bereitstehen, hat sich die Fernerkundung zu einer der wichtigsten Informationswissenschaften im Umweltbereich entwickelt. Sie bietet einzigartige Möglichkeiten zur raumzeitlichen Verfolgung von Landschaftsprozessen, was sich in einer großen Zahl interdisziplinärer Studien zur Landnutzungsveränderung widerspiegelt. Einen umfassenden Überblick über die vielfältigen Anwendungsfelder liefert beispielsweise JENSEN (2009). Mit der Geschichte der operativen Erdbeobachtung, die mehr als vier Jahrzehnte zurückreicht, ergibt sich damit ein großes Potenzial auch für retrospektive Analysen der Entwicklung von Ökosystemen auf verschiedenen raumzeitlichen Skalen. Ein Beispiel für die globale Analyse von Langzeitprozessen ist der „World Atlas of Desertification“ (CHERLET et al. 2018). Eine Voraussetzung für ein solches Umweltmonitoring bilden die Prinzipien der Wiederholbarkeit, Objektivität und Konsistenz bei der Datenerhebung und -prozessierung (HILL et al. 2003).

9.2 Fernerkundliche Aufnahmesysteme

9.2.1 Passive Aufnahmesysteme

Passive Aufnahmesysteme gewinnen Informationen aus den Merkmalen des reflektierten Sonnenlichts oder aus emittierter Strahlung von Objekten aufgrund deren Eigentemperatur. Je nach Quelle wird daher zwischen solarer und terrestrischer Strahlung unterschieden. Konventionell bezeichnen wir alle von der Sonne ausgehende Strahlung (0,25 µm – 4 µm) als kurzwellige Strahlung, während die von Körpern mit Erdtemperatur (mittlere Oberflächentemperatur der Erde: 288 K) emittierte Wärmestrahlung (4 µm – 15 µm) als langwellige oder thermische Strahlung (TIR) bezeichnet wird. Im ersten Fall wird der Teil der Sonnenstrahlung registriert, der von der Erdoberfläche reflektiert und durch die Atmosphäre zum Aufnahmesystem übertragen wird. Das gemessene Signal wird aus der Wechselwirkung dieser Strahlung mit den Oberflächenbestandteilen abgeleitet, die in Abhängigkeit von den Oberflächeneigenschaften absorbiert, transmittiert oder reflektiert wird. Die jeweiligen Anteile variieren sehr stark und hängen neben der Beschaffenheit der Objekte von der betrachteten Wellenlänge ab. Innerhalb des elektromagnetischen Spektrums erfolgt hierbei eine Fokussierung auf „atmosphärische Fenster“. Dies sind Teilbereiche des Spektrums, in denen die Atmosphäre für elektromagnetische Strahlung weitgehend durchlässig ist.

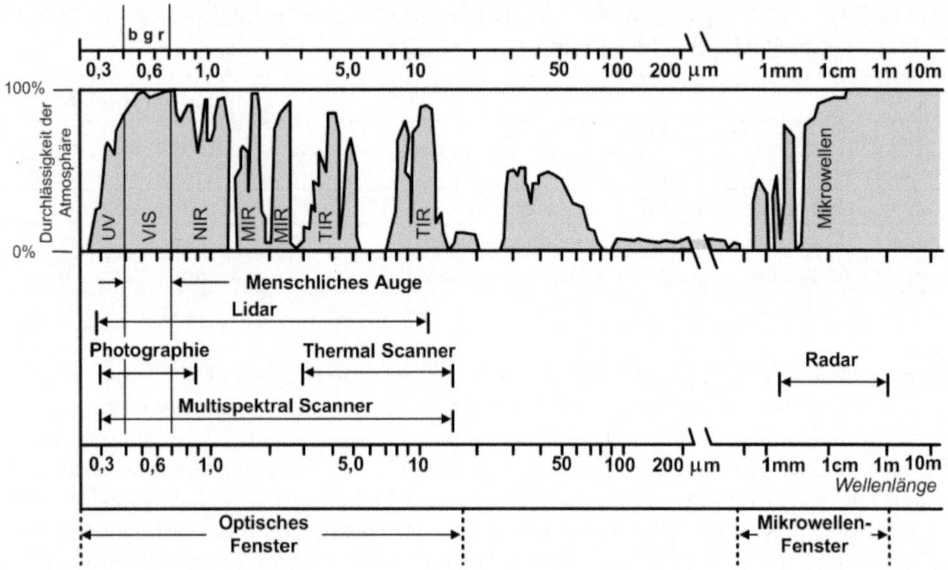

Abb. 9.1: Der wellenlängenabhängige Transmissionsgrad durch die Atmosphäre (STABEL & LENGERT 2013, 4)

Wie Abbildung 9.1 zeigt, liegen wichtige „atmosphärische Fenster" im langwelligen UV, im sichtbaren Licht, im infraroten und im thermalen Bereich. Im thermalen Infrarot ist die Fernerkundung auf zwei wichtige Fenster (3 – 5 µm, 8 – 14 µm) beschränkt. Der genutzte Mikrowellenbereich ist jenseits von ~ 2 cm weitgehend unbeeinflusst von atmosphärischen Störungen.

Jeder Körper weist spezifische Wechselwirkungen mit der elektromagnetischen Strahlung auf. Zum Teil wird die auftreffende Strahlung an der Oberfläche reflektiert, ein weiterer Teil wird absorbiert, ein Rest kann, in Abhängigkeit von den Materialeigenschaften, den Körper durchdringen. Zur quantitativen Beschreibung dienen drei dimensionslose Verhältniszahlen: Mit dem Reflexionsgrad ρ wird das Verhältnis von reflektiertem zu einfallendem Strahlungsfluss gemessen. Der Transmissionsgrad τ eines Mediums ist das Verhältnis von durchgelassenem zu einfallendem Strahlungsfluss. Der Absorptionsgrad α eines Mediums wird durch das Verhältnis von absorbiertem Strahlungsfluss zu einfallendem Strahlungsfluss definiert. Hierbei ergibt sich die Summe aus α, τ und ρ zu 1 oder 100 %.

Ideale diffuse Reflektoren reflektieren Licht gemäß dem Lambert'schen Kosinusgesetz. Die reflektierte Intensität ist dabei unabhängig von der Blickrichtung. Sie hängt lediglich von der Ausrichtung der Lichtquelle relativ zur Oberfläche ab. Reale Körper reflektieren jedoch nicht auf diese Weise, sondern hier erfolgt die Reflexion zum Teil gerichtet. Daher sind für die Auswertung die geometrische Konstellation zwischen Sonne, Sensor und Objekt zu berücksichtigen.

Sowohl reflektierte als auch emittierte elektromagnetische Strahlung muss bis zum Aufnahmesystem die Atmosphäre durchlaufen und unterliegt dort Abschwächungsprozessen von Streuung und Absorption, die zusammen als Extinktion bezeichnet werden. Diese Prozesse sind ebenfalls stark wellenlängenabhängig. Von den atmosphärischen Gasen sind vor allem

Ozon (O_3) und Wasserdampf (H_2O) starken räumlichen und zeitlichen Schwankungen unterworfen. Hinzu kommen Partikel unterschiedlicher Größe und optischer Eigenschaften (Aerosole), die die Strahlungsausbreitung beeinflussen und ebenfalls große räumliche und zeitliche Variabilität aufweisen. Die am Sensor gemessene Strahlung resultiert daher aus der Interaktion verschiedener Faktoren (unterschiedliche Beleuchtung, Schatten, verschiedene Blickrichtungen, durch Topographie bedingte Mehrfachstreuung, atmosphärische Einflüsse), die voneinander zu trennen sind. Für eine quantitative Analyse der Fernerkundungsdaten ist es unerlässlich, die beobachteten Signale in physikalische Größen umzuwandeln. Wichtige radiometrische Größen sind in diesem Zusammenhang die Strahldichte L (W/m²/sr/µm) sowie der einheitslose Reflexionsgrad ρ. Außerdem ist zu beachten, dass ein Fernerkundungssensor stets nur einen bestimmten Raumwinkel erfassen kann (gemessen in Steradiant, sr).

9.2.1.1 Der Strahlungstransfer durch die Atmosphäre

Die Strahldichte am Sensor ist durch folgenden Zusammenhang definiert (CHUVIECO & HUETE 2009):

$$L_{sens,\lambda} = L_{G,\lambda}\, T_\lambda + L_{p,\lambda} \tag{1}$$

Mit $L_{sens,\lambda}$: Wellenlängenabhängige Strahldichte am Sensor
$L_{G,\lambda}$: Wellenlängenabhängige, am Boden reflektierte Strahldichte
$L_{p,\lambda}$: Atmosphärische Hintergrundstrahlung („Path Radiance“)
T_λ : Wellenlängenabhängige atmosphärische Transmission

Die aufwärts gerichtete Transmission wird durch Streuungs- und Absorptionsprozesse gesteuert und wird bestimmt durch die optische Dicke von Gas ($\tau_{g,\lambda}$), Aerosolen ($\tau_{a,\lambda}$) und der verbleibenden molekularen oder Rayleigh-optischen Dicke ($\tau_{r,\lambda}$) für eine spezifische Wellenlänge und dem Beobachtungswinkel Θ:

$$T_\lambda = \exp\left(-(\tau_{g,\lambda} + \tau_{a,\lambda} + \tau_{a,\lambda}\right) / \cos\theta_g \tag{2}$$

Gleichung 2 verdeutlicht, dass extreme Beobachtungswinkel die Transmission stark dämpfen.

Die am Boden gemessene Einstrahlung $E_{G,\lambda}$ steht mit der von der Sonne die Atmosphäre erreichender Einstrahlung $E_{0,\lambda}$ in folgender Beziehung:

$$E_{G,\lambda} = E_{0,\lambda} \cos\theta + T_{\lambda,i} + E_{d,\lambda} \tag{3}$$

Hierbei beschreibt $T_{\lambda,i}$ die abwärts gerichtete atmosphärische Transmission und $E_{d,\lambda}$ ist die diffuse Einstrahlung, bestehend aus der abwärts gerichteten Atmosphärenstreuung (Mie und Rayleigh), die von der aktuellen Zusammensetzung der Atmosphäre abhängt. Der Transmissionsterm ähnelt dem in Gleichung 2, mit dem Unterschied, dass der Beobachtungswinkel des Sensors durch den Einfallswinkel (Θ_i) ersetzt wird:

$$T_{\lambda,i} = \exp\left(-(\tau_{g,\lambda} + \tau_{a,\lambda} + \tau_{a,\lambda}\right) / \cos\theta_i \tag{4}$$

Reflexion am Boden, die von primärem Interesse ist, steht mit $L_{g,\lambda}$ und $E_{g,\lambda}$ wie folgt in Beziehung:

$$\rho_\lambda = \frac{D\pi L_{G,\lambda}}{E_{G,\lambda}} \tag{5}$$

D ist hierbei ein zeitlich variabler Korrekturterm, der den im Jahresverlauf variierenden Abstand zwischen Erde und Sonne berücksichtigt (CHUVIECO & HUETE 2009).

Abbildung 9.2 verdeutlicht die verschiedenen Komponenten des Strahlungstransfers.

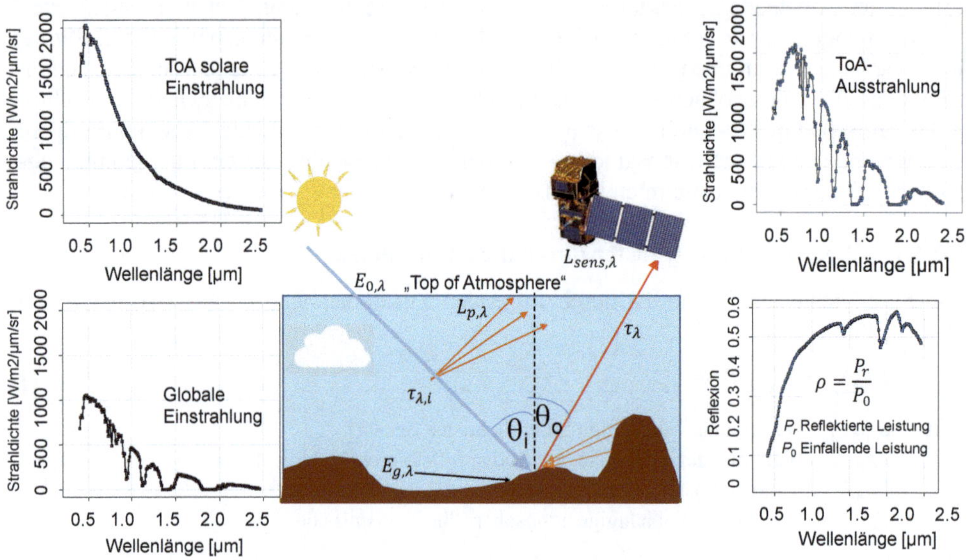

Abb. 9.2: Darstellung des Strahlungstransfers durch die Atmosphäre sowie Spektralkurven der solaren Einstrahlung, globalen Einstrahlung, Ausstrahlung und Reflexionsgrad

Mit Verweis auf Gleichungen 4 und 5 wird deutlich, dass zur Ableitung von ρ_λ der Atmosphäreneinfluss rechnerisch eliminiert werden muss. Das erfordert Schätzungen der auf- und abwärts gerichteten Transmissionsterme, der diffusen Einstrahlung, der atmosphärischen Streuprozesse und topographiebedingter Mehrfachreflexionen am Boden (Abb. 9.2).

Eine Atmosphärenkorrektur kann auch für lokale Anwendungen im Rahmen einfacher empirischer Verfahren („Empirical Line"-Methode) erfolgen, für die am Boden zum Beobachtungszeitpunkt Referenzwerte der Reflexion von Oberflächen unterschiedlicher Helligkeit erhoben werden. Diese werden anschließend über eine Regressionsanalyse mit den am Sensor gemessenen Strahldichten verglichen (siehe Abb. 9.3).

Eine physikalische Modellierung des Strahlungstransfers durch Standardatmosphären kann mit Algorithmen wie MODTRAN (US Airforce Geophysical Lab, BERK et al. 2017) und 6S (Second simulation of the satellite signal in the solar spectrum, VERMOTE et al. 1997, inzwischen 6S V2.1, 2015) durchgeführt werden. MODTRAN beispielsweise ist in der Lage, Strahlungsflüsse im Bereich von 0,25 – 28 µm zu beschreiben. Hierzu wird die Atmosphäre in bis zu 33 Schichten eingeteilt. S6 erlaubt fortschrittliche Strahlungstransfer-Modellierungen, bei der die Reflexion von Sonnenstrahlung durch ein gekoppeltes Atmosphäre-Oberfläche-System für einen weiten Bereich von atmosphärischen, spektralen und geometrischen Bedingungen simuliert werden kann (HILL & MEHL 2003). Außerdem lassen sich darüber hinaus zusätzlich Beleuchtungskorrekturen als Folge von Mehrfachreflexionen am Boden aufgrund von Nachbarschaftsbeziehungen und der Topographie sowie bidirektionale Effekte berücksichtigen.

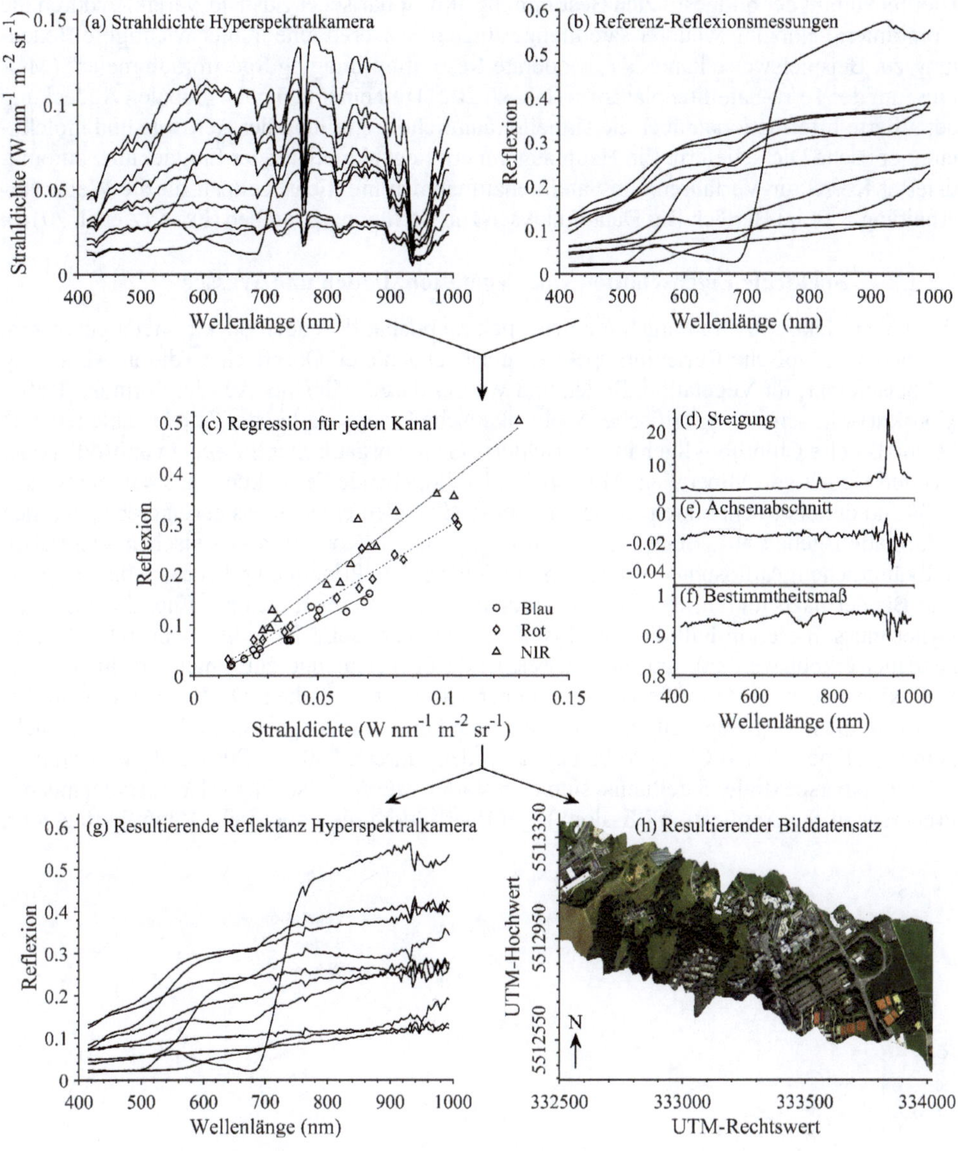

Abb. 9.3: Schematischer Ablauf der Empirical-Line-Korrektur für ein flugzeuggestütztes hyperspektrales Aufnahmesystem. Kalibrierte Strahldichten (a) werden für Referenzflächen extrahiert und für die gleichen Flächen Bodenmessungen des Reflexionsgrads (b) durchgeführt. Die Koeffizienten einer kanalweisen linearen Regression (beispielhaft dargestellt in (c), vollständig für alle Kanäle in (d), (e) werden bei ausreichendem Bestimmtheitsmaß (f) auf den Bilddatensatz angewandt und dieser so in Reflexionswerte umgewandelt (g), (h).

Eine Voraussetzung zur atmosphärischen Korrektur besteht darin, dass der Zustand der Atmosphäre und die Beleuchtungsverhältnisse für den jeweiligen Überflugzeit bekannt sind.

Hierbei kommt der bildgestützten Bestimmung atmosphärischer Zustandsvariablen durch die kombinierte Nutzung weiterer satellitengestützten Sensoren eine immer wichtigere Bedeutung zu. Beispielsweise kann das „Moderate Resolution Imaging Spectroradiometer“ (MODIS) auf der Terra-Satellitenplattform (NASA 2021) mit einer täglichen globalen Abdeckung detaillierte Informationen über die aktuelle räumliche Verteilung der Aerosole und molekularen optische Dicke liefern. Ein Hauptaugenmerk liegt aktuell auf der Entwicklung automatisierter Korrektur-Verfahren, um Satellitenaufnahmen möglichst zeitnah für die Weiterverarbeitung z. B. im Bereich Big Data-Analysen zur Verfügung zu stellen (FRANTZ et al. 2016).

9.2.1.2 Spektrale Eigenschaften von Vegetation, Boden und Wasser

Wird die reflektierte Strahlung mit einem spektral hochauflösenden Spektrometer gemessen, ergeben sich typische Reflexionsspektren der beobachteten Oberflächen, die in Abbildung 9.4 beispielhaft für Vegetation, Böden und Wasser dargestellt sind. Aus der Form der Reflexionskurve lassen sich spezifische biophysikalische Eigenschaften der Objekte ableiten, wie beispielsweise Chlorophyllgehalt von Blättern, Gehalt organischer Substanz von Böden oder Art und Gehalt von Mineralien. Multispektrale bildgebende Fernerkundungssysteme weisen aufgrund der eingeschränkten Anzahl an Spektralkanälen einen etwas geringeren spektralen Informationsgehalt auf. Beim Design muss jeweils ein Kompromiss zwischen spektralem und räumlichem Auflösungsvermögen gefunden werden. Prinzipiell gilt, dass schmale spektrale Bänder dazu führen, dass der Detektor in diesem Bereich weniger Energie empfängt. Daher muss in diesem Fall die vom Pixel erfasste Geländefläche größer sein (oder die Abtastdauer erhöht werden), um eine ausreichende Energiemenge zur Unterscheidung feiner Reflexionsunterschiede in diesem Spektralbereich zu ermöglichen. Dennoch sind heute bereits zahlreiche flugzeuggestützte hyperspektrale Fernerkundungssysteme im Einsatz. Nachdem mit Hyperion und Chris-Proba bereits in den Jahren 2000 und 2001 erste weltraumgestützte hyperspektrale Satellitensysteme gestartet wurden, ist PRISMA („Hyperspectral Precursor of the Application Mission“), gefördert durch die italienische Raumfahrtagentur,

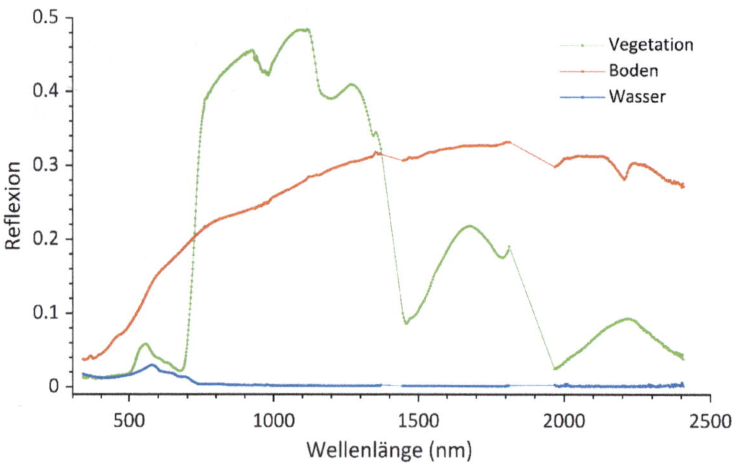

Abb. 9.4: Beispiel für Reflexionskurven natürlicher Oberflächentypen. Die interpolierten Bereiche sind auf Datenlücken im Bereich der Wasserabsorptionsbanden zurückzuführen.

als erster Vertreter einer neuen Generation von Hyperspektralsatelliten seit 2019 operationell. Für 2021 ist der Start der deutschen Hyperspektralmission EnMAP geplant.

Abbildung 9.4 verdeutlicht, dass gesunde Vegetation im Allgemeinen ein relatives Reflexionsmaximum im grünen Bereich („green peak" bei 0,55 µm) aufweist. Die geringe Reflexion im blauen und roten Wellenlängenbereich ist auf eine starke Absorption von Chlorophyll und anderen Pigmenten zurückzuführen. Charakteristisch ist weiterhin ein starker Anstieg der Reflexion im nahen IR („red edge" zwischen 0,68 µm und 0,73 µm). Relative Reflexionsminima bei 0,9 µm, 1,2 µm, 1,45 µm, 1,9 µm und 2,7 µm weisen auf Absorptionsprozesse des in der Pflanze enthaltenen Wassers hin.

Eine einfache Art der Auswertung von Reflexionssignalen stellen spektrale Indizes dar, die anhand der Ratiobildung zweier oder mehrerer Spektralkanäle berechnet werden. Verbreitet sind solche Indizes besonders zur Charakterisierung von Vegetation. Ein Beispiel ist der Normalized Difference Vegetation Index (NDVI), der den Kontrast zwischen dem roten Spektralkanal (geringe Reflexion aufgrund von hoher Absorption für die Photosynthese bei gesunder Vegetation) und dem nahen IR (hohe Reflexion) darstellt.

$$NDVI = \frac{NIR - Rot}{NIR + Rot} \tag{6}$$

Der NDVI reagiert auf Veränderungen der Vegetation, beispielsweise infolge von Trockenstress, empfindlicher als einzelne Spektralkanäle und wird bereits seit langer Zeit als Proxy für Vegetationsbedeckung, -eigenschaften und -produktivität verwendet (MYNENI et al. 1997, TUCKER 1979). Es besteht zudem eine enge Beziehung zwischen NDVI und landwirtschaftlichen Erträgen (BOSCHETTI et al. 2009, STELLMES et al. 2013). Für weitere verschiedenartige Anwendungszwecke existieren eine Fülle weiterer Indizes, die beispielsweise von BANNARI et al. (1995) beschrieben und diskutiert werden. Ein Beispiel zeigt Abbildung 9.5, die den Photochemical Reflectance Index (PRI) für das Gebiet Donnersberg (Rheinland-Pfalz) während einer Trockenstressperiode im Sommer 2014 darstellt (DOTZLER et al. 2015). Der PRI wird als Proxy für Trockenstress von Vegetation angesehen und ist definiert als:

$$PRI = \frac{\rho_{0.531\,\mu m} - \rho_{0.570\,\mu m}}{\rho_{0.531\,\mu m} + \rho_{0.570\,\mu m}} \tag{7}$$

Er reagiert empfindlich auf Veränderungen der Carotinoid-Pigmente (z. B. Xanthophyll-Pigmente), die wiederum als Indikator für die photosynthetische Lichtnutzungseffizienz oder die Rate der Kohlendioxidaufnahme genutzt werden (GAMON et al. 1997).

Wie in Gleichung 7 werden viele Vegetationsindizes durch Ratiobildung zweier oder mehrerer Spektralkanäle berechnet. Hierbei wird zunächst ein Spektralbereich ausgewählt, der für den interessierenden Effekt (hier: Xanthophyllabsorption bei 0,570 µm) sensitiv ist. Außerdem wird ein nichtsensitives Referenzband gewählt (hier 0,531 µm). Anschließend wird entweder die Banddifferenz, das Bandverhältnis oder eine komplexere Beziehung berechnet.

Im Unterschied zu Vegetation weisen unbedeckte Böden im Wellenlängenbereich der optischen Strahlung deutlich weniger strukturierte spektrale Reflexionseigenschaften auf. Reflexionssignale werden im optischen Bereich nahezu ausschließlich durch die obersten Bodenschichten bestimmt. Wichtige Faktoren für das Rückstreuvermögen sind hierbei Bodeneigenschaften wie Bodenwassergehalt, Bodenart, Rauigkeit der Bodenoberfläche, organische Substanz und Eisen- und Mangangehalt. So kann beispielsweise für unbedeckte Böden auf statistischem Weg der Gehalt an organischem Kohlenstoff geschätzt werden, indem der Kohlenstoffgehalt von Referenzproben mit deren Reflexionsmuster korreliert werden (STEVENS

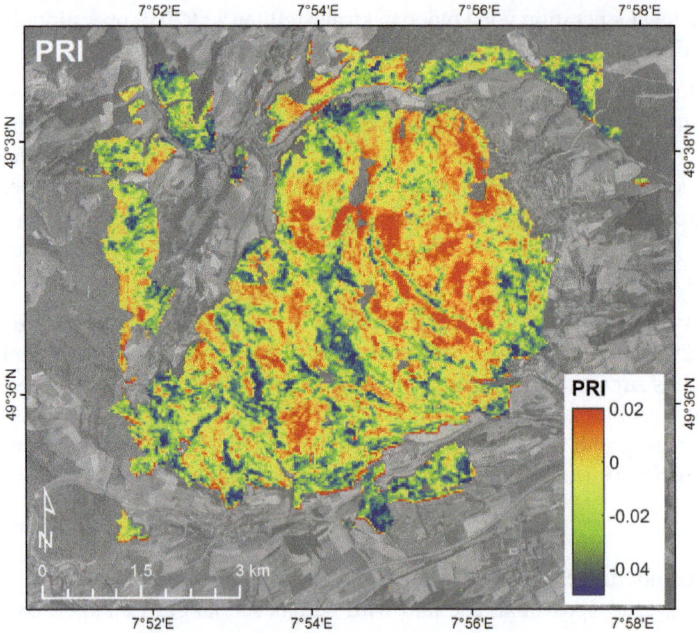

Abb. 9.5: Darstellung von Trockenstress im Gebiet Donnersberg (Pfälzer Wald) unter Verwendung des PRI als Proxy. Positive Werte (erhöhter Trockenstress) treten insbesondere an südexponierten Hängen auf, während die nordexponierten Hänge den geringsten Stress aufweisen (negative PRI-Werte).

et al. 2010). Ein Beispiel hierzu zeigt Abbildung 9.6 (links), die die mittels eines multivariaten Regressionsmodells geschätzten organischen Kohlenstoffgehalte für ein unbedecktes Feld nahe der Stadt Luxembourg darstellt. Datengrundlage ist das bildgebende, flugzeuggestützte hyperspektrale Aufnahmesystem AHS (Airborne Hyperspectral Scanner). Die Bodenmaske, für deren Flächen das Modell angewendet wurde, basiert auf einem NDVI-Schwellwertverfahren. Abbildung 9.6 (rechts) zeigt den statistischen Zusammenhang der gemessenen und geschätzten Kohlenstoffgehalte für die verwendeten Referenzstandorte.

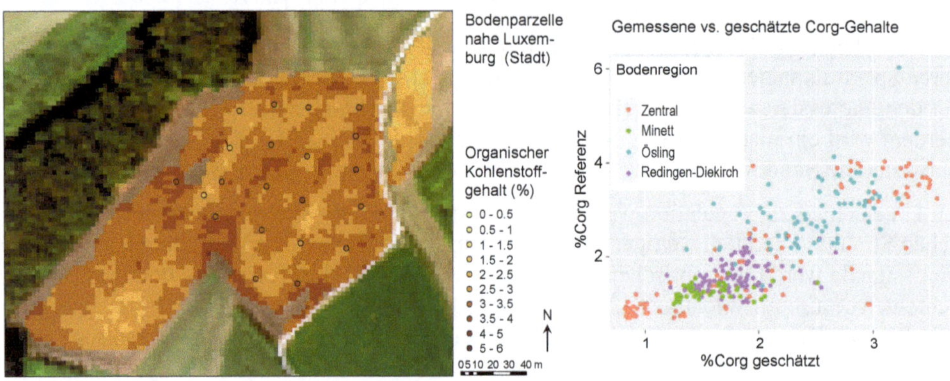

Abb. 9.6: Räumliche Schätzung der organischen Kohlenstoffgehalte durch ein flugzeuggestütztes hyperspektrales Fernerkundungssystem

Reines Wasser wiederum ist durch ein rasch abnehmendes spektrales Reflexionsvermögen vom blauen zum roten Wellenlängenbereich gekennzeichnet. Die Reflexion erhöht sich jedoch bereits bei leicht erhöhtem Schwebstoffgehalt oder Algenkonzentrationen, wie es in Abbildung 9.7 (links) für einen Zeitpunkt im Sommer 2006 in den Dauner Maaren in der Eifel dargestellt ist.

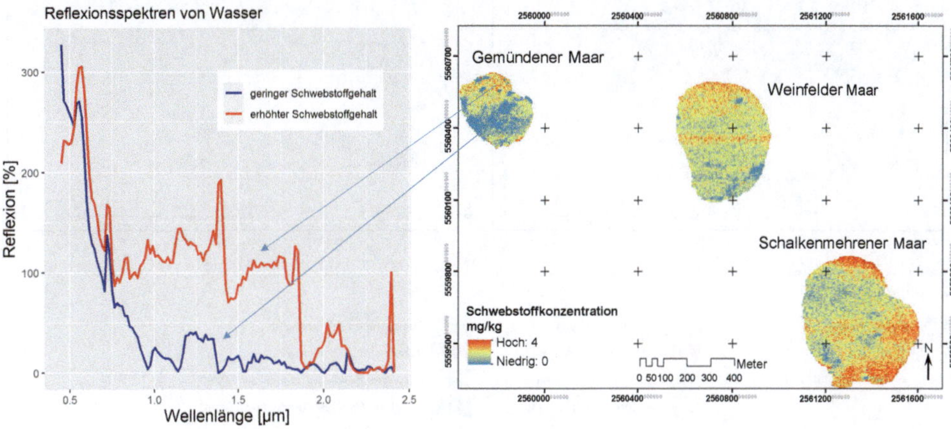

Abb. 9.7: Links: Beispiele für Spektralsignaturen von klarem Wasser und leicht erhöhten Schwebstoffgehalten. Rechts: Räumliche Schätzung der Schwebstoffgehalte in den drei Dauner Maarseen (Juli 2006). Datengrundlage ist das bildgebende, flugzeuggestützte hyperspektrale Aufnahmesystem HyMap. Die räumlichen Schwebstoffkonzentrationen wurden, ähnlich wie beim Bodenbeispiel, durch Regression von im Labor ermittelten Schwebstoffkonzentrationen von Referenzproben mit entsprechenden Spektralsignaturen (HyMap) geschätzt.

Viele globale Satellitenmissionen sind heute darauf ausgelegt, die Farbe der Gewässer von „Case 1“ (Ozeane) und „Case 2“ (Küstengewässer) zu erfassen. Es sind zahlreiche Algorithmen entwickelt worden, um aus dieser Information marine biogeochemische Größen abzuleiten. Insbesondere liefert die Farbe Information über den Chlorophyllgehalt und damit über den maritimen Kohlenstoffkreislauf (WERDELL et al. 2018).

9.2.1.3 Die zeitliche Dimension

Bei den bisher behandelten Beispielen wurde ausschließlich die Spektralinformation von Objekten zur Ableitung von Informationen über die beobachteten Oberflächen genutzt. Für die Analyse und Charakterisierung anderer Umweltphänomene, wie beispielsweise der Degradation landwirtschaftlicher Ökosysteme aufgrund von Übernutzung oder der Folgen des globalen Klimawandels, ist jedoch die Verfügbarkeit von langen Beobachtungsreihen wichtiger als eine hohe spektrale Auflösung (YIN et al. 2012). Vor allem die US-Satellitenmissionen Landsat (siehe Kapitel 9.3.1) und „Advanced Very High Resolution Radiometer (AVHRR)“ liefern für diesen Zweck bereits seit über vier Jahrzehnten globale Erdbeobachtungsdaten. Diese stellen ein unschätzbares und unersetzliches Archiv historischer Landoberflächeninformationen dar, das die Analyse langfristiger Veränderungsprozesse in der Ökosystemanalyse ermöglicht (HILL et al. 2008, RÖDER et al. 2008, STELLMES et al. 2010, UDELHOVEN

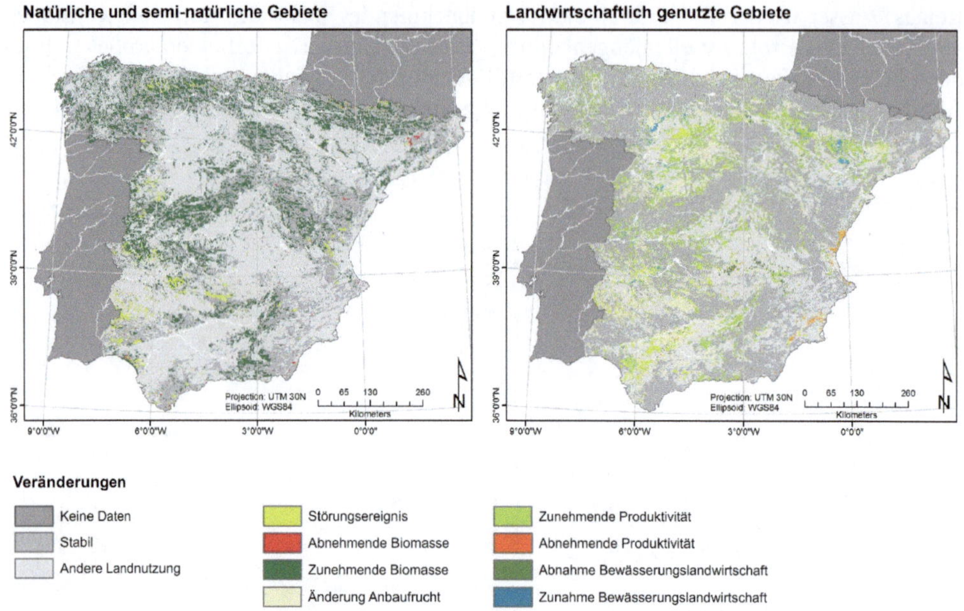

Abb. 9.8: Zuordnung von Trendmustern phänologischer Eigenschaften zu Syndromen des Landnutzungs- bzw. -oberflächenwandels in Spanien, getrennt für die allgemeinen Landnutzungsklassen natürlicher bzw. semi-natürlicher Gebiete und bewirtschafteter Flächen (STELLMES et al. 2013)

2010). Ergänzt werden diese Systeme durch jüngere Missionen, wie SPOT-VEGETATION, MODIS und die Sentinel-Missionen (siehe Kapitel 9.3.2).

Häufig ist das Ziel derartiger Analysen eine Charakterisierung des Vegetationszustands auf verschieden räumlichen Skalen. Dazu kann ein Vegetationsindex, wie der NDVI, verwendet werden, der in zeitlich verdichten Reihen die Ableitung phänologischer Eigenschaften, wie Länge der Vegetationsperiode, Beginn der Wachstumsphase oder Zeitpunkt der maximalen photosynthetischen Aktivität, für aufeinanderfolgende Jahre erlaubt. Diese abgeleiteten Eigenschaften können anschließend mit Methoden der Zeitreihenanalyse, wie der Trendanalyse, weiter untersucht werden (UDELHOVEN 2010). Ein Beispiel hierfür zeigt Abbildung 9.8. Die Karten zeigen das Ergebnis einer regelbasierten Klassifikation für Spanien auf Grundlage zeitlicher Trendmuster, abgeleitet aus annuellen phänologischen Eigenschaften (NDVI-Mittelwert, jährliche NDVI-Amplitude und Zeitpunkt des Maximums). Grundlage sind 20-jährige AVHRR-Daten. Diese klassifizierten Trendmuster können einzelnen Syndromen zugeordnet werden, die charakteristische Landveränderungsprozesse repräsentieren (STELLMES et al. 2013).

9.2.1.4 Thermalfernerkundung

Die Landoberflächentemperatur („Land Surface Temperature", LST) wird heute als Schlüsselparameter in vielen thematischen Bereichen und Anwendungen genutzt, z. B. Landschaftscharakterisierung, Abschätzung von Energieflüssen, Abschätzung von Evapotranspiration und Bodenfeuchte, Dürreüberwachung und städtische Wärmeinseln. Im Gegensatz zur direkten Temperaturmessung beruhen fernerkundliche Messverfahren auf der Tatsache, dass alle Körper, deren Temperatur oberhalb des absoluten Nullpunkts liegt, in Abhängigkeit von dieser Temperatur Energie emittieren. Die kinetische Energie eines Objekts wird dabei in Strahlungsenergie umgewandelt, deren Strahlungsfluss in Watt ($J\ s^{-1}$) gemessen und unter Anwendung des Planck'schen Strahlungsgesetzes in eine entsprechende Strahlungstemperatur (T_{rad}) umgerechnet wird. Seit der Entwicklung satellitengestützter TIR-Sensoren (z. B. Landsat, MODIS, ASTER, Sentinel-3) haben sich Thermaldaten zu einer wichtigen fernerkundlichen Datengrundlage zur Ableitung quantitativer und qualitativer Informationen über Prozesse der Landoberfläche und der Ozeane entwickelt. Hierbei wird vorwiegend das atmosphärische Fenster im Wellenlängenbereich zwischen 8 µm und 14 µm genutzt. Dieser Wellenlängenbereich überspannt das Maximum der Strahlungsenergie für Temperaturen um 300 K, also typischen Oberflächentemperaturen auf der Erde. Das entsprechende Maximum der Strahlungsenergie liegt bei dieser Temperatur bei 9.7 µm. Ein weiteres Fenster befindet sich mittleren Infrarotbereich zwischen 3 µm und 5 µm. Gemäß dem Wien'schen Verschiebungsgesetz befindet sich hier das Ausstrahlungsmaximum von Objekten mit Temperaturen von > 600 K, wie etwa Waldbränden oder Lavaströmen. Zu beachten ist jedoch, dass in diesem Wellenlängenbereich neben der emittierten Strahlung auch reflektiertes Sonnenlicht tagsüber noch einen bedeutenden Beitrag zur Gesamtstrahlung leisten kann, die vom bildgebenden Sensor gemessen wird.

In der Regel existiert ein sehr hoher Zusammenhang zwischen der kinetischen (T_{kin}) und der Strahlungstemperatur (T_{rad}) eines Objekts. Allerdings gilt eine 1:1-Beziehung nur für sogenannte Schwarze Strahler, die sämtliche Energie, die sie absorbieren, auch wieder emittieren. Das Kirchhoff'sche Gesetz besagt, dass der Emissionsgrad eines Körpers stets gleich dem Absorptionsgrad ist. Gut reflektierende (opake) Körper absorbieren somit wenig Strahlung und sind damit auch selbst schlechte Strahler. Die abgeleitete Strahlungstemperatur unterschätzt also in diesem Fall die kinetische Temperatur. Alle realen Körper strahlen weniger und emittieren nur einen Bruchteil der Energie, die ein schwarzer Körper abgeben würde. Ist Θ_e der von einem realen Körper mit einer bestimmten Oberflächentemperatur abgegebene Strahlungsfluss und Θ_s der Strahlungsfluss, den ein Schwarzer Körper bei der gleichen Temperatur aussendet, erhält man den Emissionsgrad ε des Körpers $\varepsilon = \Theta_e / \Theta_s$.

Der Emissionsgrad kann demnach nur Werte zwischen 0 und 1 annehmen. Obwohl der Emissionskoeffizient vieler Materialien wellenlängenabhängige Unterschiede aufweist, kann man für die meisten Oberflächen den einheitlichen Emissionsgrad eines Graukörpers annehmen, wenn man mit einem Breitbandsensor arbeitet. So kommt im Thermalbereich der Emissionsgrad von Wasser ($\varepsilon = 0{,}99$) dem eines Schwarzkörpers ($\varepsilon = 1{,}0$) sehr nahe, während insbesondere polierte Metalle sehr geringe Emissionskoeffizienten aufweisen. Der mittlere Emissionskoeffizient für Vegetation liegt zwischen $\varepsilon \sim 0{,}96 - 0{,}98$.

Die Strahlungstransfergleichung im Thermalbereich, in der der Transfer der emittierten Strahlung $L_{\theta,\lambda}$ bis zum Sensor beschrieben ist, kann wie folgt formuliert werden:

$$L_{\theta,\lambda} = \left[\varepsilon_{\theta,\lambda} \cdot BB_{T,\lambda} \cdot \tau_\lambda + \left(1 - \varepsilon_{\theta,\lambda}\right) \cdot L_{D_\lambda}\right] \cdot \tau_{\theta,\lambda} + L_{U_\lambda} \quad (8)$$

Mit
L_λ : spektrale Strahlung, gemessen mit einem LWIR- Sensor
ε_λ : spektrale Emissivität
$BB_{\lambda,T}$: spektrale Schwarzkörper-Strahlung bei Temperatur T
τ_λ : spektrale atmosphärische Transmission
L_{U_λ} : aufwärtsgerichtete atmosphärische Strahldichte (path radiance)
L_{D_λ} : die atmosphärische abwärtsgerichtete Bestrahlungsstärke (downwelling radiance)

Der erste Term der Gleichung bezieht sich auf einen Schwarzkörper mit Temperatur T, der durch den realen Emissionsgrad des Körpers korrigiert wird und durch den atmosphärischen Transmissionsgrad abgeschwächt wird. Der zweite Term beschreibt den Einfluss der Atmosphäre auf die Messung von L. Einerseits reflektiert das Objekt die nach unten gerichtete Thermalstrahlung der Atmosphäre. Andererseits muss die atmosphärische Pfadstrahlung auf die vom Objekt emittierte Strahlungsleistung addiert werden. In dieser Gleichung wird der geklammerte Term üblicherweise als die Strahldichte an der Oberfläche oder „Land-Leaving-Radiance" (LLR) bezeichnet, da es sich um die Strahldichte handelt, die nur von der Oberfläche abgestrahlt wird, dabei jedoch auch die atmosphärische abwärtsgerichtete Bestrahlungsstärke enthält. Die Umwandlung der $L_{\theta,\lambda}$ in LLR erfordert eine atmosphärische Korrektur. Hierbei kommen oftmals sogenannte „Split-Window"-Methoden zur Anwendung. Zweibandverfahren etwa entfernen hierbei den atmosphärischen Effekt in Gl. (8) durch differenzielle atmosphärische Absorption in benachbarten thermischen Infrarotkanälen, die bei etwa 11 µm und 12 µm zentriert sind, wo das Verhältnis der atmosphärischen Transmission im Wesentlichen durch den Wasserdampfgehalt bestimmt ist. Die lineare oder nichtlineare Kombination der Strahlungstemperaturen wird schließlich für die LST-Schätzung verwendet. Da diese Methode keine genauen Informationen über die atmosphärischen Profile während der Satellitenerfassung benötigt, sind solche Algorithmen für die LST-Schätzung weit verbreitet.

Das Hauptproblem bei der Ableitung von LST aus TIR-Daten ist jedoch die Kopplung zwischen der Temperatur (T) und dem Emissionsgrad (ε). Über Landoberflächen bilden unbekannte Emissionsgrade eine größere Quelle der Ungenauigkeit im Vergleich zu atmosphärischen Effekten (GILLESPIE et al. 1999). Wenn die Strahlungstransfergleichung 8 auf *n* TIR-Bänder angewendet wird, gibt es daher *n* + 1 Unbekannte: *n* Emissionsgrade (eines pro Band) und eine Oberflächentemperatur. Es existieren verschiedene Ansätze, um dieses Problem zu lösen. Eine vereinfachte Methode besteht darin, den Emissionsgrad anhand des NDVI (als Proxy für die Vegetationsbedeckung) zu schätzen (SOBRINO et al. 2004). Stehen mehrere Spektralkanäle im TIR zur Verfügung, können fortschrittlichere Algorithmen verwendet werden. Ein bekanntes Verfahren ist der iterative „Temperature Emissivity Separation"-Algorithmus (TES), der ursprünglich für das satellitengestützte ASTER-Instrument mit fünf

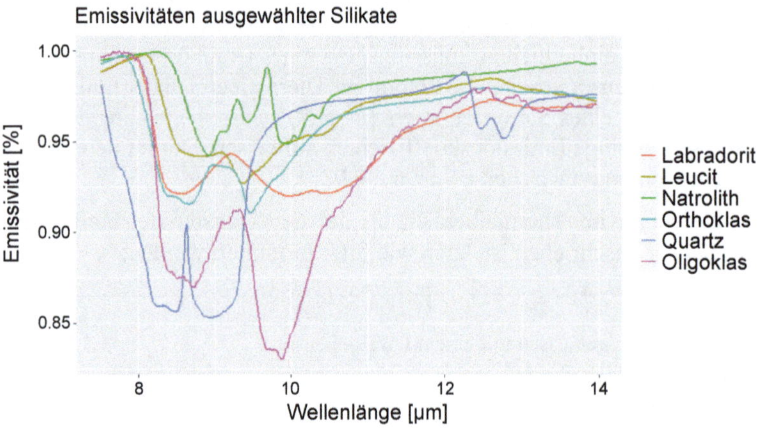

Abb. 9.9: Im Labor gemessene Emissionsspektren verschiedener Silikate im TIR (Datenquelle: ECOSTRESS Spectral Library, MEERDINK et al. 2019)

TIR-Bändern entwickelt worden ist. Nach gründlicher Atmosphärenkorrektur erlaubt TES die Ableitung von Oberflächentemperaturen mit Genauigkeiten von ±1,5 K und spektrale Emissivitäten mit Genauigkeiten von ±1,5 % (GILLESPIE et al. 1999).

In einer Vielzahl von Anwendungen steht die Auswertung der Strahlungstemperatur im Vordergrund. Die spektrale Emissivität erlaubt jedoch, ähnlich wie im optisch reflektiven Bereich, eine qualitative Analyse von Objekteigenschaften. Voraussetzung hierfür ist ein multispektrales Aufnahmesystem. Durch Anwendung des Kirchhoff'schen Strahlungsgesetzes kann der Zusammenhang bei opaken Objekten zwischen spektralen Emissions- und Reflexionskoeffizienten dargestellt werden ($\varepsilon = 1 - \rho$). Einer der wichtigsten Potenziale für multi- und hyperspektrale bildgebende Systeme im TIR stellen geologische und mineralogische Anwendungen dar. So fehlen beispielsweise den weitverbreiteten Feldspäten und Quarziten charakteristische spektrale Merkmale im VIS/NIR-Bereich. Wie Abbildung 9.9 zeigt, können diese aber sehr gut im MIR und TIR identifiziert werden.

9.2.2 Aktive Fernerkundungssysteme

9.2.2.1 Mikrowellenfernerkundung (Radar)

Die Mikrowellenfernerkundung nutzt elektromagnetische Strahlung, die noch größere Wellenlängen aufweist als das thermale Infrarot. Neben den aktiven existieren auch passive Aufnahmesysteme und es wird weiterhin zwischen abbildenden oder auch nur Punkt- bzw. Profile-erfassenden Systemen unterschieden. Nicht abbildende Systeme blicken dabei nach unten, während die abbildenden Systeme seitwärts schauen. Elektromagnetische Strahlung wird hierbei in einem von der Wellenlänge und Länge der physikalischen Antenne abhängigen Öffnungswinkel abgestrahlt und nach Reflexion an der Erdoberfläche wieder empfangen. Im Folgenden werden nur die abbildenden Systeme näher betrachtet. Zur Erkundung der Erdoberfläche sind dabei besonders die Mikrowellen zwischen 2,40 cm und 30 cm von Interesse. Der Grund ist, dass Mikrowellen jenseits von 2 cm Wolken durchdringen und somit unabhängig von der Tageszeit und Wettersituation eingesetzt werden können. Die für die Erdbeobachtung relevanten Mikrowellenbereiche sind das X-Band (2,4 – 4,5 cm), C-Band (4,5 – 7,5 cm), L-Band (15 – 30 cm), und P-Band (30 – 100 cm). Radar kann dabei die Amplitude (die Stärke des reflektierten Signals) und die Phase (die Position in einem Wellenformzyklus) messen, die bei Systemen mit synthetischer Apertur dann rechnerisch zu einem Schrägsichtbild verarbeitet werden. Die Stärke des reflektierten Signals ist der Rückstreukoeffizient, der in Dezibel (dB) angegeben wird.

Eine weitere Eigenschaft der Radarfernerkundung besteht darin, dass Mikrowellen bis zu einem gewissen Grad in Abhängigkeit der Objektbeschaffenheit in Vegetation, Boden oder Meereis eindringen und damit Informationen über deren Struktur liefern können. Generell gilt hierbei: Je größer die Wellenlänge, desto größer ist die Eindringtiefe. Als erstes operationelles satellitengestütztes System, welches im langwelligen P-Band arbeitet, wird voraussichtlich ab 2022 die „Earth Explorer"-Mission BIOMASS der ESA diese Eigenschaft nutzen, um Messungen der Waldhöhe und Waldbiomasse durchzuführen (CARREIRAS et al. 2017). Im Fall von Boden ist Eindringtiefe insbesondere eine inverse nichtlineare Funktion des Bodenwassergehalts, da Mikrowellen empfindlich gegenüber den dielektrischen Eigenschaften der erfassten Objekte sind. NOLAN & FATLAND (2003) stellten fest, dass eine Änderung des volumetrischen Bodenwassergehalts („Volumetric Water Content", VWC) von 5 % eine Änderung der C-Band-Eindringtiefe zwischen 1 mm und 50 mm bewirken kann, abhängig vom anfänglichen VWC. Diese Eigenschaft lässt sich andererseits für die quantitative Ableitung des Bodenwassergehalts nutzen (LAACHRATE et al. 2020). Die verschiedenen Eindringtiefen beispielsweis des X- und C-Bands werden auch zur Klassifikation von Meereis eingesetzt (RESSEL & SINGHA 2016).

Eine grundlegende Eigenschaft aktiver Radarsysteme ist, dass der Informationsgehalt ein anderer ist als im optischen Bereich. Daher sind diese Messungen auch anders zu interpretieren. Insbesondere die Schrägsicht der abbildenden Systeme führt zu verschiedenen Auflösungen in Flug- (Azimut) und Seitenrichtung (Range) und damit zu komplizierteren geometrischen Eigenschaften im Vergleich zu den optischen Systemen. Diese Eigenschaft lässt sich anhand der folgenden beiden Gleichungen verdeutlichen, die ein sogenanntes Radarsystem mit realer Apertur beschreiben:

$$\Delta R_r = \frac{c\Delta t}{2\cos\Theta} \tag{9}$$

$$\Delta R_A = \lambda \frac{GRD}{L} \tag{10}$$

Mit ΔR_r: Auflösung in Range-Richtung
ΔR_A: Auflösung in Azimut-Richtung
c : Lichtgeschwindigkeit
Δt : Laufzeit des Signals
Θ : Depressionswinkel (Winkel zwischen der Horizontalen und der Radarkeule)
L : Länge der physischen Antenne
GRD : „Ground Range Distance“
λ : Wellenlänge

In Gleichung 9 kommt zum Ausdruck, dass Radar-Systeme nur bei Seitensicht Bilder der Erdoberfläche liefern können. Für Geländeteile direkt unter dem Flugkörper ist $\Theta = 90°$, also $\cos\Theta = 0$. In der Umgebung der Nadirlinie entsteht daher kein räumlich aufgelöstes Bild. Auch ergibt sich dadurch eine verbesserte Auflösung im „Far-Range“ im Vergleich zum „Near-Range“, da sich die Auflösung invers zum Cosinus des Depressionswinkels verhält. Die Bildelementgröße auf der Geländeoberfläche in Flugrichtung hängt vom Öffnungswinkel des Radarstrahls ab, der seinerseits von der verwendeten Wellenlänge und der Länge der physikalischen Antenne abhängt. Eine weitere Einflussgröße in dieser Richtung ist die Bodenentfernung der Objekte (Gleichung 10).

Eine konstruktive Lösung des Auflösungsproblems in Azimut-Richtung bei Systemen mit realer Apertur lag in der Entwicklung eines Seitensicht-RADARs mit sogenannter synthetischer Apertur (SAR). Diese Systeme benutzen eine physikalisch sehr kurze Antenne (die Mikrowellenimpulse mit einem sehr breiten Öffnungswinkel abstrahlt), um mittels spezieller Prozessierungstechniken die Wirkung einer sehr langen Antenne zu simulieren („synthetisieren“). Voraussetzung für die Realisierung des Prinzips der synthetischen Apertur ist die Aufzeichnung der Phase der eintreffenden Strahlung (Doppler-Frequenzverschiebung), die Überlagerung der Signale mit einer Serie frequenzstabiler Mikrowellen (Referenzsignal) sowie die Verwendung kohärenter (phasenkonstanter) Strahlung. Eine ausführliche Einführung in die SAR-Prozessierung liefert RICHARDS (2007).

Durch die Auflösungseigenschaften in Range-Richtung ergeben sich weitere Effekte, wie perspektivische Verkürzungen („Foreshortening“) und Überlagerungseffekte („Layover“), die nur unter Nutzung eines digitalen Höhenmodells (DHM) korrigierbar sind. Ein Beispiel hierfür zeigt Abbildung 9.10, die verschiedene Bearbeitungsstufen eines Sentinel-1-SAR-

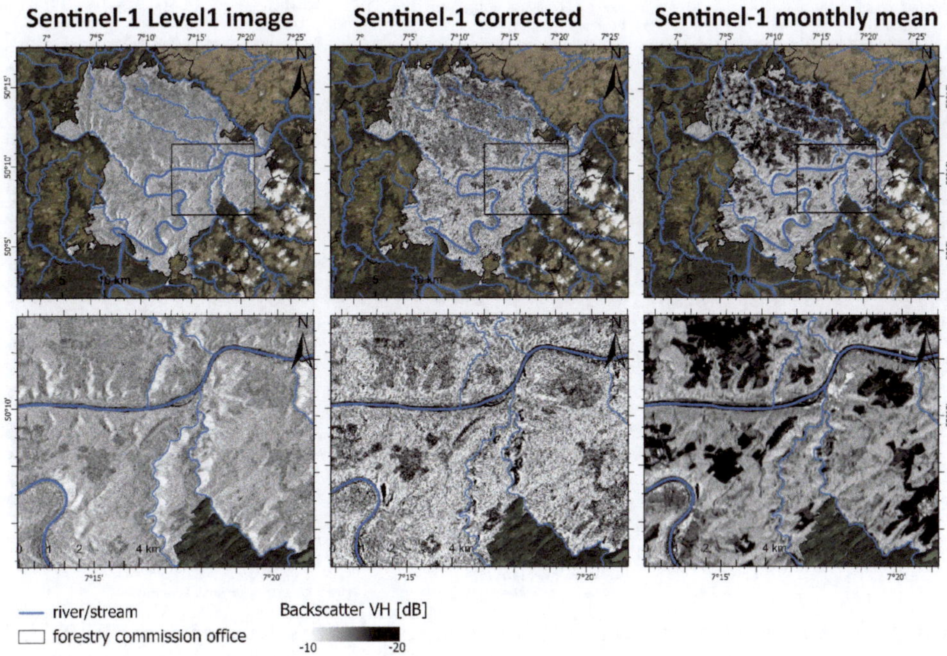

Abb. 9.10: Sentinel-1-Datensatz in drei unterschiedlichen Verarbeitungsstufen (im Hintergrund Sentinel-2 in Echtfarbendarstellung) (ESA)

Bilds zeigen. Die linke Abbildung ist unkorrigiert und zeigt den deutlichen Topographieeinfluss des Geländes, der in der mittleren Abbildung durch ein DHM korrigiert wurde. Ein weiteres charakteristisches Merkmal von SAR-Daten ist ein körniges Rauschen, das als „Speckle" bezeichnet wird. Dieser Effekt tritt in Zusammenhang mit der Verwendung von kohärenter Strahlung auf und ist auf Interferenzen von Wellen zurückzuführen, die von vielen elementaren Streuern reflektiert werden. Eine Möglichkeit, den Speckle-Effekt zu reduzieren, ist eine Mittelwertbildung, so wie sie in Abbildung 9.10 (rechts) dargestellt ist.

Da SAR-Systeme kohärente elektromagnetische Strahlung verwenden, ist das Radarsignal polarisiert. Die Polarisationen werden in der Regel zwischen H (horizontal) und V (vertikal) gesteuert, wobei beispielsweise die Bezeichnung HH darauf hinweist, dass horizontal polarisiertes Licht ausgesendet und empfangen wird. Es sind jedoch auch Kreuzpolarisationen (z. B. VH) üblich. Auftretende Intensitätsunterschiede in den entsprechenden Datenprodukten zeigen, dass verschiedenartig polarisiertes Licht verschieden mit der Objektstruktur interagiert und dass beispielsweise durch Volumenstreuung in dichterer Vegetation die Polarisation des Lichts verändert wird. Ein Beispiel für ein entsprechendes Radarkomposit, das deutlich mit der Landnutzung korreliert, zeigt Abbildung 9.11.

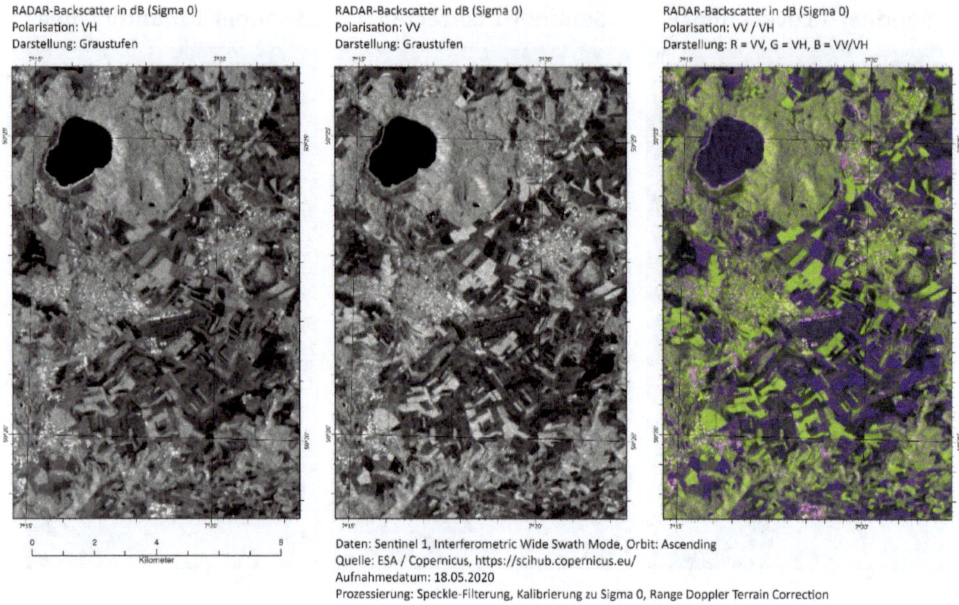

Abb. 9.11: Ausschnitt einer Sentinel-1-Szene im Bereich des Laacher Sees (RLP). Die rechte Teilabbildung zeigt den kreuzpolarisierten Radar-Backscatter (VH), die mittlere Abbildung vertikal empfangenen (und gesendeten) Radar-Backscatter. Das Farbkomposit (rechts) zeigt eine Kombination der Polarisationen rot = VV, grün = VH und blau der Ratio VV/HH. Insbesondere im Bereich der landwirtschaftlichen Nutzflächen zeigen sich Unterschiede des Rückstreuverhaltens in Abhängigkeit von der gewählten Polarisation. Auch das Rückstreuverhalten von Gebäuden zeigt ein unterschiedliches Verhalten. Dies ist z. B. im Bereich des Flugplatzes Mendig (Bildmitte) zu erkennen.

9.2.2.2 Radarinterferometrie

Eine weitere wichtige Entwicklung der letzten Jahre ist das Interferometrische SAR, auch INSAR genannt, das es ermöglicht, direkt aus SAR-Bilddaten detaillierte dreidimensionale Informationen der Erdoberfläche abzuleiten. Hier lässt sich der oben beschriebene Topographieeinfluss zur Erstellung hochauflösender Digitaler Geländemodelle mittels Interferometrie ausnutzen, beispielsweise bei den TandemX- und TerraSAR-X-Missionen, die mittels SAR im X-Band die Erdoberfläche seit 2010 stereographisch vermessen. Darüber hinaus ermöglicht das Verfahren, sehr kleine Bewegungen in der Größenordnung von Zentimetern zu erfassen. Dies eröffnet viele neue Anwendungsgebiete für weltraumgestützte SAR-Daten in den Bereichen Kartographie, Vulkanologie oder Krustendynamik (BIGGS & WRIGHT 2020).

Damit dieses Verfahren anwendbar ist, müssen Objekte aus zwei verschiedenen Blickwinkeln aufgenommen und die resultierenden Phasenunterschiede des rückgestreuten Signals ausgewertet werden. Dies kann entweder mit Systemen mit zwei nebeneinander angeordneten Antennen (beispielsweise die „Shuttle Radar Topography Mission“, SRTM) erreicht werden oder dadurch, dass korrespondierende Bildpunkte zweier zu unterschiedlichen Zeiten aufgenommener SAR-Bilder analysiert werden, wie es beispielsweise bei dem Satellitenpaar

TerraSAR-X und TanDEM-X oder Sentinel-1 der Fall ist. In einem ersten Schritt werden die beiden SAR-Bilder zueinander registriert, um genau die Pixel zu identifizieren, die derselben Fläche der Erdoberfläche entsprechen. Anschließend werden die korrespondierenden Phasenwerte der rückgestreuten Signale in einem Interferometer pixelweise subtrahiert, um das als Interferogramm bekannte Phasendifferenzbild zu erzeugen. Als Beispiel zeigt Abbildung 9.12 (rechts) das Interferogramm zweier korrespondierender SAR-Bilder aus einem Gebiet der Elfenbeinküste. Es enthält Beiträge von Phasenverschiebungen aufgrund von Topographie (hier dominierender Anteil), atmosphärischen Unterschieden und potenziellen Oberflächendeformationen. Diese Phasendifferenz ist ein Maß für den Unterschied in der Weglänge von einem bestimmten Pixel zu jeder Antenne des SAR-Interferometers. Sie enthält damit die notwendigen Informationen über Höhen orthogonal zur SAR-Bildebene (BIGGS & WRIGHT 2020). Eine Voraussetzung dafür ist eine ausreichende Kohärenz der beiden Bilddatensätze, die in Abbildung 9.12 (links) dargestellt ist.

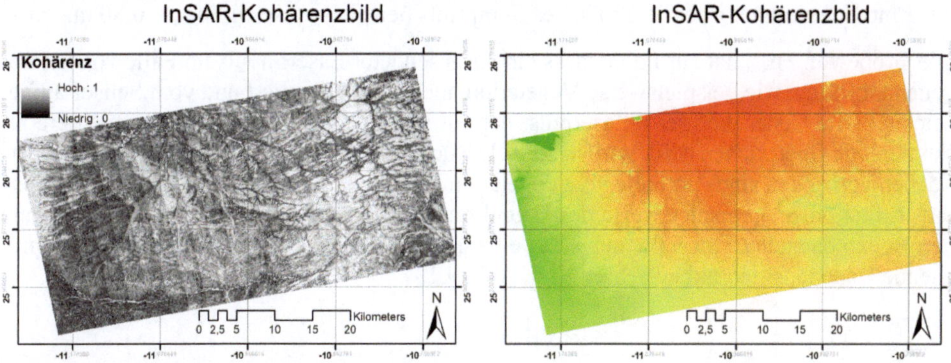

Abb. 9.12: InSAR-Sentinel-1: Kohärenz- und Interferogrammbilder für ein Gebiet der Elfenbeinküste in Westafrika (ESA)

9.2.2.3 Laserscanning: LiDAR (Light Detection and Ranging)

Die LiDAR-Technologie (Light Detection and Ranging) ist eine der wichtigsten Techniken, die in der Photogrammetrie und Fernerkundung eingesetzt werden, um qualitativ hochwertige und hochdichte 3D-Punktwolken zu generieren, beispielsweise zur Erstellung hochauflösender Gelände- und Oberflächenmodelle. Ähnlich wie bei Radarsystemen wird ein kurzer Lichtimpuls ausgesandt und die Zeit bis zum Empfang des Echos gemessen. Im Falle von LiDAR werden jedoch keine Mikrowellen verwendet, sondern die Systemnutzen nutzen einen gepulsten Hochleistungslaser mit Wellenlängen vom sichtbaren Licht bis zum mittleren Infrarot in Kombination mit einem Empfangsteleskop und optischen Detektoren.

Es wird zwischen terrestrischen, flugzeuggestützten und satellitengestützten Systemen unterschieden. Bei flugzeuggestützten Systemen ist eine Voraussetzung eine sehr genaue Erfassung der Position und Ausrichtung der Plattform, die mittels differenziellem GPS (dGPS) und einer inertialen Messeinheit (Inertial Measurement Unit, IMU) sichergestellt wird. Damit kann die Position jedes durch das LiDAR erfassten Bodenpunkts bestimmt werden, die Auswertung der Laufzeitmessung ergibt die Höhe über Grund.

Die emittierten Laserpulse werden von Objekten auf und über der Bodenoberfläche reflektiert. Die Punktdichte beträgt dabei üblicherweise zwischen 4 und 10 Punkten/m². Mehr als 7 bis 8 Punkte/m² bringen keine wesentliche Verbesserung mehr bei der Berechnung von DHM-Genauigkeiten. Höhere Dichten (über 8 Punkte/m²) werden nur für die Strukturanalyse dichter Vegetationsflächen empfohlen (BALSA-BARREIRO et al. 2012). Der Laser-„Footprint“ ist auf dem Boden annähernd kreisförmig und variiert mit dem Scanwinkel und der angetroffenen Topographie. Der Durchmesser des Footprints (Fp_{inst}) wird berechnet als

$$F_{r_\lambda} = \frac{h}{\cos^2(\Theta_{inst})}\gamma \tag{11}$$

Mit h : Höhe des Flugzeug-AGL
Θ_{inst} : momentaner Abtastwinkel
γ : Divergenz des Laserstrahls

Bei einer Flughöhe von h = 750 m, einem Abtastwinkel von Θ_{inst} = 15° und einer Divergenz γ = 1 mrad, berechnet sich die Größe des Footprints beispielsweise zu Fp_{inst} = 0,80 m.

Die Größe von Fp_{inst} hat zur Folge, dass ein ausgesendeter Laserimpuls im Falle von heterogenen Objekten, wie beispielsweise Vegetation, mehrfach reflektiert und vom Sensor aufgezeichnet wird. Jeder emittierte Laserpuls, der auf seinem Weg zum Boden auf mehrere reflektierende Oberflächen trifft, wird in so viele Rückläufe aufgeteilt, wie reflektierende Oberflächen vorhanden sind. Im Falle von Vegetation entspricht der erste zurückkehrende Laserpuls („first pulse“) beispielsweise der Baumkrone. Der letzte Rücklauf („last pulse“) kann den Boden darstellen. Im Falle nur eines einzigen Rücklaufs („only pulse“) ist die entsprechende Bodenposition unbewachsen (vgl. Abb. 9.13).

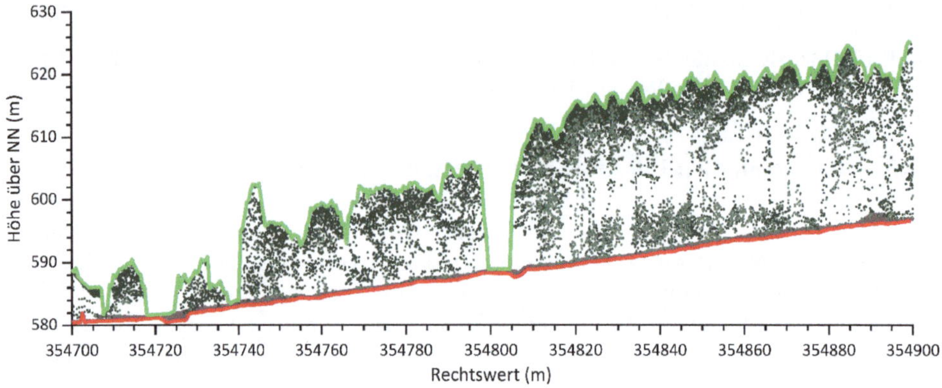

Abb. 9.13: Schematische Darstellung von „first pulse“ (grün) und „last and only pulse“ (rot) bei Vegetation

Die Zwischenrückkehrer können dafür verwendet werden, um die Vegetationsstruktur zu beschreiben. Man unterscheidet daher Vollwellenform- und diskrete ALS-Systeme, die in die Form von Punktwolken mit zusätzlicher Intensitätsinformation verarbeitet werden (YU et al. 2014). Je größer hierbei der Abtastwinkel außerhalb des Nadirs ist, desto mehr Vegetation muss durchdrungen werden, um einen Impuls vom Boden zu empfangen.

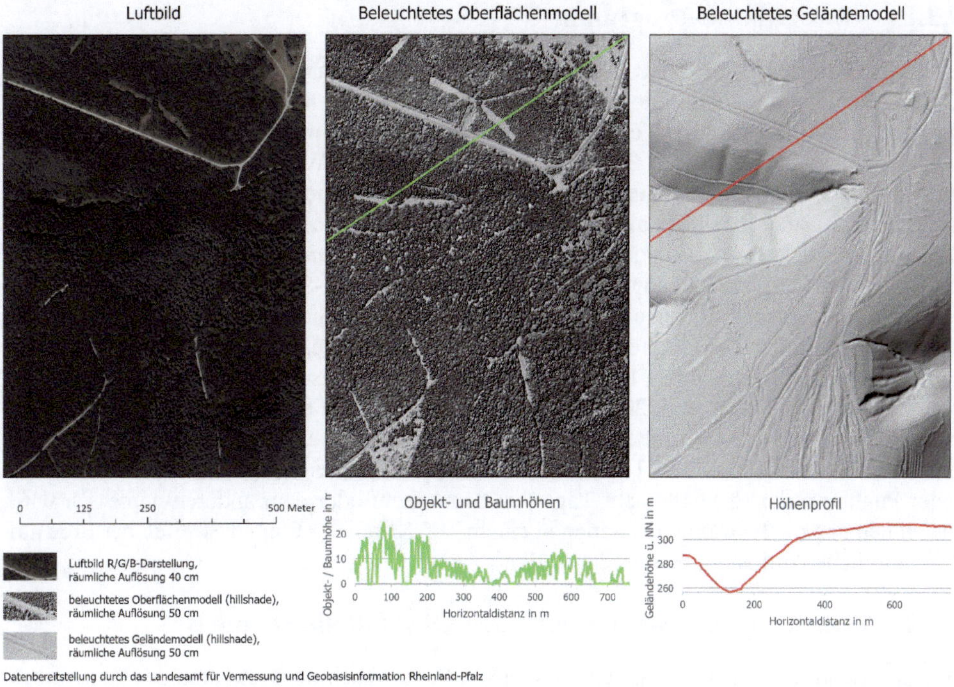

Abb. 9.14: Erstellung eines Digitalen Oberflächenmodells (DSM), Digitalen Höhenmodells (DEM) und Baumhöhenkarte aus einer flugzeuggestützten LiDAR-Punktwolke

Der kombinierte Datensatz aus „first“ und „only pulse“ bildet das Oberflächenmodell (DSM, Höhen über NN). Aus den Datensätzen „last pulse“ und „only pulse“ lässt sich das Geländemodell (DEM, Höhen über NN) ableiten. Die Differenz der beiden bildet das normalisierte Oberflächenmodell (nKM, Höhen über Grund). Dies eröffnet ganz neue Anwendungsfelder von LiDAR, beispielsweise im Rahmen geoarchäologischer Fragestellungen oder zur Optimierung von Wegenetzen in Wäldern. Abbildung 9.14 zeigt ein Beispiel für eine virtuelle Entwaldung des Mattheiser Waldes in Trier, wo dadurch deutlich das Wegenetz darunter hervortritt. Zusätzlich sind im Westen deutlich Erosionsformen zu erkennen.

Für forstliche Anwendungen, etwa zur Schätzung des Holzvorrats (BUDDENBAUM 2010), der Stammpositionen (LAMPRECHT et al. 2015) oder Stammorientierung (LAMPRECHT et al. 2020) besteht die Herausforderung darin, die Position und Struktur einzelner Bäume aus den LiDAR-Punktwolken abzuleiten. Diese Einzelbaumerkennung beruht auf Methoden der Mustererkennung, die den Phänotyp des Baums und die Nachbarschaftsdaten der Punktdaten ausnutzen (LAMPRECHT et al. 2015).

9.3 Relevante Erdbeobachtungsmissionen

Abschließend werden zwei satellitengestützte Missionen etwas näher beleuchtet, die für die fernerkundliche Erdbeobachtung äußerst relevant sind: das Landsat-Programm der NASA und des U.S. Geological Survey und die Sentinel-Missionen der ESA. Beide Missionen stellen kostenfreie globale Datenprodukte zur Verfügung.

9.3.1 Das Landsat-Programm

Seit dem Start des ersten Landsat-Satelliten im Jahr 1972 hat die Landsat-Mission globale Daten gesammelt und damit die längste kontinuierliche Zeitreihe ihrer Art erstellt. Entscheidungsträger auf der ganzen Welt nutzen diese Daten, um Umweltveränderungen besser zu verstehen, landwirtschaftliche Praktiken zu steuern, knappe Wasserressourcen zu verteilen, auf Naturkatastrophen zu reagieren und vieles mehr. Aufgrund der langen Zeitreihen bieten sich Landsat-Daten für die Analyse langfristiger Prozesse, wie die Auswirkungen des globalen Klimawandels oder Landegradationsprozesse an. Die aktuelle Mission, Landsat-8, trägt im Unterschied zu den Vorgängermissionen zwei Pushbroom-Sensorsysteme: den Operational Land Imager (OLI) mit neun Spektralbändern und den Thermal Infrared Sensor (TIRS) mit zwei Spektralbändern. Landsat 9, dessen Start für 2021 geplant ist, wird weitgehend die Funktionen seines Vorgängers Landsat 8 replizieren und nahezu identische Kopien der Sensoren enthalten (MASEK et al. 2020). Landsat bewegt sich auf einer nahezu polaren Umlaufbahn und kann somit auch große Teile der arktischen Gebiete erfassen. Jeder Satellit wiederholt seine Umlaufbahn alle 16 Tage, wobei die beiden Satelliten so versetzt sein werden, dass jeder Punkt auf der Erde alle acht Tage von dem einem oder dem anderen gemessen wird. Dabei nehmen die Instrumente Szenen in einem 185 Kilometer breiten Streifen der Erde auf. Die räumliche Auflösung beträgt dabei 30 m.

9.3.2 Das Copernicus-Programm der ESA und die Sentinels

Bei den Sentinel-Satelliten handelt es sich um Erdbeobachtungssatelliten des Copernicus-Programms der Europäischen Weltraumorganisation ESA. Dieses Programm, dass das „Global Monitoring for Environment and Security"-Programm (GMES) der ESA abgelöst hat, ist wesentlich jünger als die Landsat-Missionen und liefert Daten seit 2014. Das Ziel von Copernicus ist die Schaffung einer modernen und leistungsfähigen Infrastruktur für die Erdbeobachtung und daraus abgeleiteter Dienstleistungen der Geoinformatik. Da auch hier alle Daten frei nutzbar sind, ist die Entwicklung und Implementierung von Copernicus-Diensten für den öffentlichen Bedarf in Europa bereits weit fortgeschritten, die sukzessive durch neue Sentinel-Missionen ergänzt werden. Hierbei stehen sechs thematische Bereiche im Fokus: Atmosphäre, Meeresumwelt, Landbeobachtung, Klimawandel, Katastrophen- und Krisenmanagement sowie Sicherheit. Abbildung 9.15 zeigt eine schematische Zusammenfassung der Missionen und die Startjahre der Einzelmissionen, bei denen es sich mit Ausnahme der Vorläufermission von Sentinel-5 (S5P) um Konstellationen handelt, also um baugleiche Einzelsatelliten (EUROPEAN SPACE AGENCY 2021).

Im Folgenden werden die einzelnen Missionen kurz vorgestellt: Bei den S1 handelt es sich um eine aktive Radarkonstellation, bei der ein räumlich hochauflösendes „C-Band" SAR-Instrument verwendet wird. Die räumliche Auflösung der unterschiedlich polarisierten Datenprodukte (VV+VH, HH+HV, HH, VV) beträgt hierbei 5 m × 5 m („Strip Map Mode") und 5 m × 20 m („Interferometic Wide Swath Mode"). Die derzeitige Zwei-Satelliten-Konstellation bietet einen 6-tägigen zeitlichen Wiederholungszyklus. Diese hohen Auflösungsraten ermöglichen es, zeitnahe Aufnahmen der Land- und Wasseroberflächen der Erde liefern. Die zentralen Missionsziele umfassen hierbei die Überwachung von Wäldern, Wasser, Boden und Landwirtschaft, Unterstützung bei der Notfallkartierung im Falle von Naturkatastrophen, Überwachung der maritimen Umwelt, Meereisbeobachtung und Beobachtung der Auswirkungen des globalen Klimawandels. Die Radardaten werden hierzu innerhalb einer Stunde nach der Erfassung an die Copernicus-Dienste geliefert (POTIN et al. 2017).

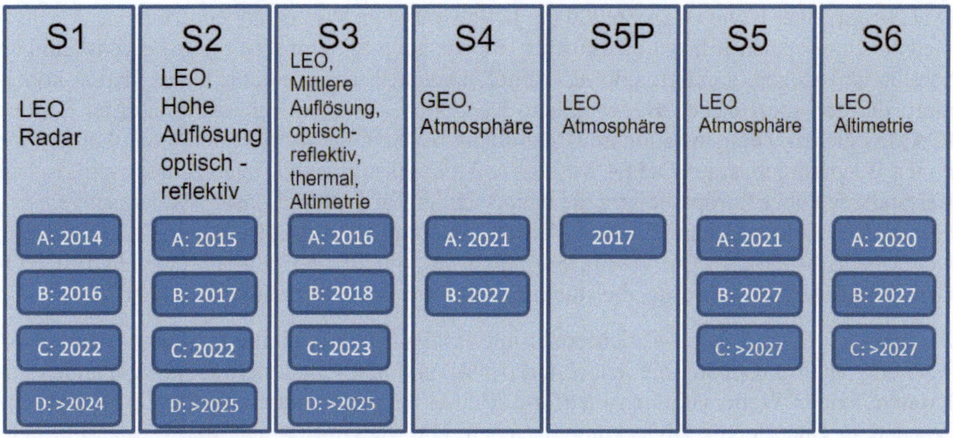

Abb. 9.15: Überblick über die Sentinel-Missionen und die Startjahre der Einzelmissionen. GEO sind hierbei geostationäre Missionen, LEO solche mit niedrigen Erdumlaufbahnen (EUROPEAN SPACE AGENCY 2021).

Sentinel-2 liefert multispektrale optische Daten in hoher räumlicher Auflösung für operationelle Dienste in den Bereichen Landwirtschaft, Forstwirtschaft, Küsten- und Binnengewässer sowie Katastrophenmanagement. Die derzeitige Konstellation von zwei Satelliten umkreisen die Erde zurzeit in einem polnahen „LEO"-Orbit und erreicht unter wolkenfreien Bedingungen am Äquator eine Wiederholungszeit von fünf Tagen am Äquator und zwei bis drei Tagen in mittleren Breiten. Die große Schwadbreite (290 km) und die damit verbundene kurze Wiederkehrzeit in Verbindung mit einer guten spektralen Auflösung mit 13 Kanälen im Bereich der optisch reflektiven Wellenlängen und einer räumlichen Auflösung von 10 – 20 m ermöglichen die Überwachung großräumiger dynamischer Veränderungen. Die übergeordneten Missionsziele beinhalten hierbei die systematische globale Akquisition räumlich und zeitlich hochauflösender, multispektraler Bilddaten als Erweiterung zu den historischen Multispektraldaten der SPOT- und Landsat-Missionen. Beispiele für daraus abgeleitete operationelle Produkte stellen Karten der aktuellen Landbedeckung, geophysikalischer Variablen oder die Erfassung der Phänologie der Vegetation dar (DRUSCH et al. 2012). Die Kontinuität der Daten und Dienste ist durch die Nachfolgesysteme Sentinel-2C und -2D sichergestellt, die ab 2021 gestartet werden sollen.

Die Aufgaben der beiden Satelliten der S3-Missionen sind die kontinuierliche Erfassung der Höhe des Meeresspiegels, der Temperatur der Land- und Meeresoberflächen sowie der unterschiedlichen Chlorophyll- und Schwebstoffgehalte der Meere. Die Messergebnisse werden beispielsweise von maritimen Vorhersagediensten und auch für die Überwachung der Umwelt und der Gewinnung von Klimadaten genutzt. S3 ist hierfür u. a. mit einem abbildenden Spektrometer zur Gewinnung von Farbinformationen von Landoberflächen und der Ozeane (räumliche Auflösung: 300 m, zeitliche Auflösung: zwei Tage), einem abbildenden Radiometer zur Bestimmung von Meeres- und Oberflächentemperaturen (räumliche Auflösung im TIR: 1 km) und einem SAR-Radar-Altimeter (räumliche Auflösung: 300 m) ausgestattet (DONLON et al. 2012).

Das Weltraumsegment der S4-Mission besteht aus einem (UVN)-Lichtabbildungsspektrometer-Instrument, das sich auf dem geostationären Meteosat-Satelliten der dritten Generation

(MTG-S) in einer Höhe von ~ 36.000 km befindet und im Wellenlängenbereich des Ultravioletts bis zum nahen Infrarot aufzeichnet. S4 wie auch S5 sind somit keine eigenständigen Satellitenmissionen, sondern sind als komplementäre Elemente einer Konstellation konzipiert, die den spezifischen Bedürfnissen des Copernicus Atmosphere Monitoring Service (CAMS) dienen. Die geostationäre Umlaufbahn bei Sentinel-4 bietet den Vorteil einer sehr hohen Wiederholungsrate. Die S4-Mission soll hierbei stündliche Daten zu troposphärischen Bestandteilen über Europa liefern, die hauptsächlich für Luftqualitätsanwendungen verwendet werden. Zu den Zielgrößen der Mission gehören die wichtigen Luftqualitätsparameter NO_2 (Stickstoffdioxid), O_3 (Ozon), SO_2 (Schwefeldioxid), HCHO (Formaldehyd), CHOCHO (Glyoxal) und Aerosole, die stündlich erfasst werden (INGMANN et al. 2012).

Auch bei der S5 und deren Vorläufermission S5P handelt es sich um Instrumente zur Überwachung der Atmosphäre, die jedoch auf der in rund 830 Kilometern Höhe agierenden polarumlaufenden Wettersatelliten-Plattform MetOp Second Generation (MetOp-SG) aufsetzen und so eine globale Abdeckung erreichen. Die MetOp-SG-Satelliten werden mit dem Spektrometer TROPOMI („TROPOspheric Monitoring Instrument“) ausgestattet. Dieses überwacht die Luftqualität der Troposphäre, der untersten Schicht der Atmosphäre. Die wichtigsten Zielgrößen sind hierbei Spurengasen wie Stickstoffdioxid (NO_2), Schwefeldioxid (SO_2), Kohlenmonoxid (CO), Formaldehyd (CH_2O), Ozon (O_3) sowie Aerosolen (INGMANN et al. 2012). Der Start der Sentinel-5-Mission ist für das Jahr 2022 vorgesehen.

Die Sentinel-6-Mission ist im Jahre 2020 erfolgreich gestartet. Sie trägt einen Radar-Höhenmesser, der im Zusammenspiel mit den Sentinel-3-Altimetern eine wichtige Rolle bei der exakten Erfassung der globalen Meeresspiegeländerung sowie des Seegangs spielen wird. Die Daten werden in der Wetter- und Sturmflutvorhersage zum Einsatz kommen. Die Architektur von Sentinel-6 baut dabei auf der erfolgreichen CryoSat-Mission auf (SCHARROO et al. 2016).

9.3.3 Software

Die Auswertung von Fernerkundungsdaten und deren Integration mit anderen Umweltinformationen erfordert Softwarelösungen, die es ermöglichen, neben dem erfassten Signal auch geographische Informationen aus diesen Daten zu extrahieren, diese mit statistischen Verfahren zu bearbeiten und mit anderen Raster- oder Vektordaten zu verschneiden. Neben kommerziellen Produkten stehen auch leistungsstarke „Open Source“-Lösungen zur Verfügung. Eine dieser Produkte ist die Open Source „Science Toolbox Exploitation Platform“ (SNAP), die eine Vielzahl an Funktionalitäten und Sensor-spezifischen Werkzeugen zur Verarbeitung von Datenprodukten zahlreicher Satellitenmissionen wie Copernicus Sentinel-1, Sentinel-2 und Sentinel-3 der EU sowie der ESA-Mission SMOS bereitstellt und u. a. auch eine Python-API enthält (EUROPEAN SPACE AGENCY 2020). Die Software wurde im Auftrag der ESA von einem Industriekonsortium entwickelt. Auf SNAP kann über die Website „Science Toolbox Exploitation Platform“ (STEP) zugegriffen werden, die auch Diskussionsforen und Dokumentation beherbergt.

Literatur

BALDI, A., CATUREGLI, L., GAETANI, M., BRANDANI, G., PARDINI, A., GROSSI, N., MAGNI, S., ORLANDINI, S. & VOLTERRANI, M. (2019): A comparison of remote and proximity sensing tecniques in the monitoring of nitrogen status of turfgrasses. In: 2019 IEEE International Workshop on Metrology for Agriculture and Forestry (MetroAgriFor), 24. – 26. Oct. 2019, 344-349.

BALSA-BARREIRO, J., AVARIENTO VICENT, J. P. & LERMA GARCÍA, J. L. (2012): Airborne light detection and ranging (LiDAR) point density analysis. In: Scientific Research and Essays, 7 (33), 3010-3019.

BANNARI, A., MORIN, D., BONN, F. & HUETE, A. R. (1995): A review of vegetation indices. In: Remote Sensing Reviews, 13 (1-2), 95-120.

BERK, A., BERNSTEIN, L. S., ANDERSON, G. P., ACHARYA, P. K., ROBERTSON, D. C., CHETWYND, J. H. & ADLER-GOLDEN, S. M. (1998): MODTRAN Cloud and Multiple Scattering Upgrades with Application to AVIRIS. In: Remote Sensing of Environment, 65 (3), 367-375.

BERK, A. & HAWES, F. (2017): Validation of MODTRAN®6 and its line-by-line algorithm. In: J. Quantitative Spectroscopy Radiative Transfer, 203, 542-556.

BIGGS, J. & WRIGHT, T. J. (2020): How satellite InSAR has grown from opportunistic science to routine monitoring over the last decade. In: Nature Communications, 11 (1), 3863.

BOSCHETTI, M., STROPPIANA, D., BRIVIO, P. A. & BOCCHI, S. (2009): Multi-year monitoring of rice crop phenology through time series analysis of MODIS images. In: International Journal of Remote Sensing, 30 (18), 4643-4662.

BUDDENBAUM, H. (2010): Charakterisierung von Forstbeständen mit Hilfe von Laserscanning und Reflexionsmodellierung. Dissertation, Umweltfernerkundung und Geoinformatik, Universität Trier.

CARREIRAS, J. M. B., QUEGAN, S., LE TOAN, T., HO TONG MINH, D., SAATCHI, S. S., CARVALHAIS, N., REICHSTEIN, M. & SCIPAL, K. (2017): Coverage of high biomass forests by the ESA BIOMASS mission under defense restrictions. In: Remote Sensing of Environment, 196, 154-162.

CHERLET, M., HUTCHINSON, C., REYNOLDS, J., HILL, J., SOMMER, S. & VON MALTITZ, G. (Hrsg.) (2018): World Atlas of Desertification. Publication Office of the European Union, Luxembourg.

CHUVIECO, E. & HUETE, A. R. (2009): Fundamentals of Satellite Remote Sensing. 1st Ed. CRC Press, Boca Raton.

DONLON, C., BERRUTI, B., BUONGIORNO, A., FERREIRA, M. H., FÉMÉNIAS, P., FRERICK, J., GORYL, P., KLEIN, U., LAUR, H., MAVROCORDATOS, C., NIEKE, J., REBHAN, H., SEITZ, B., STROEDE, J. & SCIARRA, R. (2012): The Global Monitoring for Environment and Security (GMES) Sentinel-3 mission. In: Remote Sensing of Environment, 120, 37-57.

DOTZLER, S., HILL, J., BUDDENBAUM, H. & STOFFELS, J. (2015): The Potential of EnMAP and Sentinel-2 Data for Detecting Drought Stress Phenomena in Deciduous Forest Communities. In: Remote Sensing, 7 (10).

DRUSCH, M., DEL BELLO, U., CARLIER, S., COLIN, O., FERNANDEZ, V., GASCON, F., HOERSCH, B., ISOLA, C., LABERINTI, P., MARTIMORT, P., MEYGRET, A., SPOTO, F., SY, O., MARCHESE, F. & BARGELLINI, P. (2012): Sentinel-2: ESA's Optical High-Resolution Mission for GMES Operational Services. In: Remote Sensing of Environment, 120, 25-36.

EUROPEAN SPACE AGENCY (2020): SNAP Download. https://step.esa.int/main/download/snap-download/ (28.01.2021).

EUROPEAN SPACE AGENCY (2021): Applications Copernicus. www.esa.int/Applications/Observing_the_Earth/Copernicus (28.01.2021).

FRANTZ, D., RÖDER, A., STELLMES, M. & HILL, J. (2016): An Operational Radiometric Landsat Preprocessing Framework for Large-Area Time Series Applications. In: IEEE Transactions on Geoscience and Remote Sensing, 54 (7), 3928-3943.

GAMON, J. A., SERRANO, L. & SURFUS, J. S. (1997): The photochemical reflectance index: an optical indicator of photosynthetic radiation use efficiency across species, functional types, and nutrient levels. In: Oecologia, 112 (4), 492-501.

GILLESPIE, A., ROKUGAWA, S., HOOK, S., MATSUNAGA, T. & KAHLE, A. (1999): Temperature/Emissivity Separation Algorithm Theoretical Basis Document, Version 2.4.

HILL, J., HOSTERT, P. & RÖDER, A. (2003): Observation and long-term monitoring of Mediterranean ecosystems with satellite remote sensing and GIS. In: Management of Environmental Quality: An International Journal, 14 (1), 51-68.

HILL, J. & MEHL, W. (2003): Geo- und radiometrische Aufbereitung multi- und hyperspektraler Daten zur Erzeugung langjähriger kalibrierter Zeitreihen. In: Photogrammetrie – Fernerkundung – Geoinformation, 2003, 7-14.

HILL, J., STELLMES, M., UDELHOVEN, T., RÖDER, A. & SOMMER, S. (2008): Mediterranean desertification and land degradation: Mapping related land use change syndromes based on satellite observations. In: Global and Planetary Change, 64 (3), 146-157.

INGMANN, P., VEIHELMANN, B., LANGEN, J., LAMARRE, D., STARK, H. & COURRÈGES-LACOSTE, G. B. (2012): Requirements for the GMES Atmosphere Service and ESA's implementation concept: Sentinels-4/-5 and -5p. In: Remote Sensing of Environment, 120, 58-69.

JENSEN, J. R. (2009): Remote Sensing of the Environment: An Earth Resource Perspective. 2nd Ed. Pearson Education India, New Delhi.

LAACHRATE, H., FADIL, A. & GHAFIRI, A. (2020): Soil Moisture Retrieval Using Microwave Remote Sensing: Review of Techniques and Applications. Springer International Publishing, Cham.

LAMPRECHT, S., STOFFELS, J., DOTZLER, S., HAß, E. & UDELHOVEN, T. (2015): aTrunk – An ALS-Based Trunk Detection Algorithm. In: Remote Sensing, 7 (8).

LAMPRECHT, S., STOFFELS, J. & UDELHOVEN, T. (2020): ALS as Tool to Study Preferred Stem Inclination Directions. In: Remote Sensing, 12 (22), 3744.

MASEK, J. G., WULDER, M. A., MARKHAM, B., MCCORKEL, J., CRAWFORD, C. J., STOREY, J. & JENSTROM, D. T. (2020): Landsat 9: Empowering open science and applications through continuity. In: Remote Sensing of Environment, 248, 111968.

MEERDINK, S. K., HOOK, S. J., ROBERTS, D. A. & ABBOTT, E. A. (2019): The ECOSTRESS spectral library version 1.0. In: Remote Sensing of Environment, 230.

MYNENI, R. B., KEELING, C. D., TUCKER, C. J., ASRAR, G. & NEMANI, R. R. (1997): Increased plant growth in the northern high latitudes from 1981 to 1991. In: Nature, 386 (6626), 698-702.

NASA (2021): MODIS – Moderate Resolution Imaging Spectrometer. https://terra.nasa.gov/about/terra-instruments/modis (28.01.2021).

NOLAN, M. & FATLAND, D. R. (2003): Penetration depth as a DInSAR observable and proxy for soil moisture. In: IEEE Transactions on Geoscience and Remote Sensing, 41 (3), 532-537.

POTIN, P., ROSICH, B., MIRANDA, N., GRIMONT, P., BARGELLINI, P., MONJOUX, E., MARTIN, J., DESNOS, Y., ROEDER, J., SHURMER, I., CONNELL, A. O., TORRES, R., KRASSENBURG, M. & GRATADOUR, J. (2017): Sentinel-1 mission status. In: 2017 IEEE International Geoscience and Remote Sensing Symposium (IGARSS), 23. – 28. July 2017, Fort Worth, TX, USA, 5525-5528.

RESSEL, R. & SINGHA, S. (2016): Comparing Near Coincident Space Borne C and X Band Fully Polarimetric SAR Data for Arctic Sea Ice Classification. In: Remote Sensing, 8 (3), 198.

RICHARDS, M. A. (2007): A Beginner's Guide to Interferometric SAR Concepts and Signal Processing [AESS Tutorial IV]. In: IEEE Aerospace and Electronic Systems Magazine, 22 (9), 5-29.

RÖDER, A., HILL, J., DUGUY, B., ALLOZA, J. A. & VALLEJO, R. (2008): Using long time series of Landsat data to monitor fire events and post-fire dynamics and identify driving factors. A case study in the Ayora region (eastern Spain). In: Remote Sensing of Environment, 112 (1), 259-273.

SCHARROO, R., BONEKAMP, H., PONSARD, C., PARISOT, F., VON ENGELN, A., TAHTADJIEV, M., DE VRIENDT, K. & MONTAGNER, F. (2016): Jason continuity of services: continuing the Jason altimeter datarecords as Copernicus Sentinel-6. In: Ocean Science, 12, 471-479.

SOBRINO, J. A., JIMÉNEZ-MUÑOZ, J. C. & PAOLINI, L. (2004): Land surface temperature retrieval from LANDSAT TM 5. In: Remote Sensing of Environment, 90 (4), 434-440.

STABEL, E. & LENGERT, W. (2013): Fernerkundung – Grundlagen, Systeme und Anwendungen in der Erdbeobachtung. In: FISCHER-STABEL, P. (Hrsg.): Umweltinformationssysteme: Grundlegende Konzepte und Anwendungen. 2. Aufl. Wichmann, Berlin/Offenbach, 78-96.

STELLMES, M., RÖDER, A., UDELHOVEN, T. & HILL, J. (2013): Mapping syndromes of land change in Spain with remote sensing time series, demographic and climatic data. In: Land Use Policy, 30 (1), 685-702.

STELLMES, M., UDELHOVEN, T., RÖDER, A., SONNENSCHEIN, R. & HILL, J. (2010): Dryland observation at local and regional scale – Comparison of Landsat TM/ETM+ and NOAA AVHRR time series. In: Remote Sensing of Environment, 114 (10), 2111-2125.

STEVENS, A., UDELHOVEN, T., DENIS, A., TYCHON, B., LIOY, R., HOFFMANN, L. & VAN WESEMAEL, B. (2010): Measuring soil organic carbon in croplands at regional scale using airborne imaging spectroscopy. In: Geoderma, 158 (1-2), 32-45.

TUCKER, C. J. (1979): Red and photographic infrared linear combinations for monitoring vegetation. In: Remote Sensing of Environment, 8 (2), 127-150.

UDELHOVEN, T. (2010): TimeStats: A software tool for the retrieval of temporal patterns from global satellite archives. In: IEEE Journal of Selected Topics in Applied Earth Observations and Remote Sensing, 4 (2), 310-317.

VERMOTE, E. F., TANRÉ, D., DEUZÉ, J. L., HERMAN, M. & JEAN-JACQUES, M. (1997): Second Simulation of the Satellite Signalin the Solar Spectrum, 6S: An Overview. In: IEEE Transactions on Geoscience and Remote Sensing, 35 (3), 675-686.

WERDELL, P. J., MCKINNA, L. I. W., BOSS, E., ACKLESON, S. G., CRAIG, S. E., GREGG, W. W., LEE, Z., MARITORENA, S., ROESLER, C. S., ROUSSEAUX, C. S., STRAMSKI, D., SULLIVAN, J. M., TWARDOWSKI, M. S., TZORTZIOU, M. & ZHANG, X. (2018): An overview of approaches and challenges for retrieving marine inherent optical properties from ocean color remote sensing. In: Progress in Oceanography, 160, 186-212.

YIN, H., UDELHOVEN, T., FENSHOLT, R., PFLUGMACHER, D. & HOSTERT, P. (2012): How Normalized Difference Vegetation Index (NDVI) Trendsfrom Advanced Very High Resolution Radiometer (AVHRR) and Système Probatoire d'Observation de la Terre VEGETATION (SPOT VGT) Time Series Differ in Agricultural Areas: An Inner Mongolian Case Study. In: Remote Sensing, 4 (11), 3364-3389.

YU, X., LITKEY, P., HYYPPÄ, J., HOLOPAINEN, M. & VASTARANTA, M. (2014): Assessment of Low Density Full-Waveform Airborne Laser Scanning for Individual Tree Detection and Tree Species Classification. In: Forests, 5 (5), 1011-1031.

10 AFIS-ALKIS-ATKIS – amtliche Geobasisdaten in Rheinland-Pfalz

Dietrich SCHÜRER[1], Dirk FITTING und Ulrich MORITZ

Zusammenfassung

Die Vermessungs- und Katasterverwaltungen der 16 Länder der Bundesrepublik Deutschland haben den gesetzlichen Auftrag, amtliche Geobasisdaten zu erheben, zu führen und zu übermitteln. In diesem föderalen Kontext stellt die einheitliche, aktuelle und qualitative Bereitstellung von Geobasisdaten für alle 16 Länder eine große Herausforderung dar, die nur über die Festlegung und Einhaltung von Standards sowie über eine konsequente Digitalisierung und Automation der Prozesse realisiert werden kann. In diesem Kapitel werden die Entwicklungen in den Bereichen des Raumbezugs, der Geotopographie sowie der Übermittlung von Geobasisdaten beim Landesamt für Vermessung und Geobasisinformation Rheinland-Pfalz vorgestellt und erläutert, die sich grundsätzlich auch auf die Aktivitäten in anderen Bundesländer übertragen lassen.

Ziel der Entwicklungen ist, auch zukünftig für Verwaltungen, Wirtschaft und Bürger aktuelle und qualitativ hochwertige Geobasisdaten anzubieten, die für vielfältige Fachanwendungen eine ideale Datengrundlage bilden und Mehrwerte für die gesamte Gesellschaft schaffen.

10.1 Einführung in die amtlichen Geobasisdaten

Geoinformationen spielen in einer digitalen Welt mit komplex vernetzen Prozessen, wenn auch für viele im täglichen Leben kaum bemerkt, eine immer bedeutendere Rolle, da sie eine räumliche Orientierung und völlig neue Perspektiven zum Verständnis räumlicher Sachverhalte und Zusammenhänge ermöglichen.

Auch wenn Geoinformationen für sich bereits viele räumliche und topologische Fragestellungen beantworten, so entfalten sie ihre optimale Wirkung zumeist erst, wenn sie mit weiteren fachspezifischen Informationen, sogenannten Geofachinformationen, von Nutzern kombiniert, themenbezogen ausgewertet und bedarfsbezogen in die jeweiligen Entscheidungs-, Planungs- und Wertschöpfungsketten eingebunden werden.

Aufgrund dieser herausgehobenen Bedeutung von Geoinformationen für den Staat, die Wirtschaft und die gesamte Gesellschaft hat der Gesetzgeber die Erhebung, Führung und Bereitstellung von Geoinformationen als gesetzlichen Auftrag für die Länder der Bundesrepublik Deutschland festgeschrieben. Dieser Auftrag manifestiert sich durch die verschiedenen Län-

[1] Landesamt für Vermessung und Geobasisinformation Rheinland-Pfalz, Von-Kuhl-Straße 49, 56070 Koblenz, dietrich.schuerer@vermkv.rlp.de, dirk.fitting@vermkv.rlp.de, ulrich.moritz@vermkv.rlp.de, www.lvermgeo.rlp.de

dergesetze, wie beispielsweise dem Landesgesetz über das amtliche Vermessungswesen des Landes Rheinland-Pfalz in der Fassung vom 19.12.2018. Diese von amtlichen Stellen bereitgestellte Daten werden auch als Geobasisdaten bezeichnet.

Die Geobasisdaten bieten bei länderübergreifender Flächendeckung eine hohe Aktualität und Vollständigkeit, eine hohe Inhaltsdichte und geometrische Genauigkeit sowie eine universelle und anwendungsneutrale Modellierung in bundesweit gleicher Ausprägung der verschiedenen Produkte. Diese Eigenschaften, die das Siegel der Amtlichkeit beschreiben, führen in Kombination mit einheitlichen Metadaten zu einem breiten Anwendungsspektrum der Geobasisdaten.

Die immer schnellere Entwicklung von digitalen Prozessen im Bereich der Erhebung, der Führung und Übermittlung von Geodaten ergeben sowohl eine immer stärkere Verbreitung und Nachfrage als auch ein sich permanent änderndes Nutzerumfeld durch neue Anwendungen und Problemstellungen, was sich rekursiv wiederum auf die Weiterentwicklung der Geobasisdaten und ihrer Prozesse auswirkt.

Aus diesem Grund sind die Vermessungsverwaltungen der Länder gehalten, neben den informationstechnischen Herausforderungen auch die vielfältigen Anforderungen der Nutzer von Geobasisdaten zu analysieren und dementsprechend sowohl ihre Verarbeitungsprozesse als auch die Geobasisdaten an sich ständig weiterzuentwickeln. Die zunehmend inhaltliche und informationstechnische Verknüpfung von Liegenschaftsinformationen und Informationen der Geotopographie sei hierfür nur beispielhaft angeführt.

Ein weiterer bedeutender Aspekt bei der Nutzung von Geobasisdaten ist die Bereitstellung der Informationen über gemeinsame Knotenpunkte, was verstärkt zum Aufbau von Geodateninfrastrukturen (GDI) in den Ländern, aber auch auf Bundesebene und Europa-Ebene (INSPIRE – Infrastructure for Spatial Information in Europe) geführt hat. Für den Betrieb dieser GDI rückt die Normierung und die Standardisierung (z. B. ISO 191xx oder des Open GIS Consortiums – OGC; AAA-Modellierung der GeoInfoDok) immer weiter in den Fokus.

Das Landesamt für Vermessung und Geobasisinformation Rheinland-Pfalz (LVermGeo) hat deshalb vor einigen Jahren damit begonnen, konsequent die Arbeitsprozesse beginnend, von der Erhebung bis hin zur Übermittlung der Geobasisinformationen, technisch, fachlich und personell auf die eingangs genannten Entwicklungen zukunftsorientiert auszurichten. Angesichts der Komplexität und des Aufwands, die eine solche Neuausrichtung nach sich zieht und die sich auf Vermessungsverwaltungen anderer Länder in gleicher Weise auswirkt, lassen sich viele Entwicklungen nur gemeinsam in enger Kooperation mit „gleichgesinnten" Vermessungsverwaltungen unter dem Motto „Einige für Alle" vorantreiben und realisieren.

Die einheitliche Modellierung der Geoinformationen des amtlichen Vermessungswesens für die Fachdaten des Amtlichen Festpunktinformationssystems (AFIS), des Amtlichen Liegenschaftsinformationssystems (ALKIS), sowie des Amtlichen Topographisch-Kartographischen Informationssystems (ATKIS) – kurz AAA-GeoInfoDok – stellt dabei einen Produkt- und Qualitätsstandard für die amtlichen Geobasisdaten dar. Die permanente Weiterentwicklung und Harmonisierung dieses Standards sichert die Nutzung der unterschiedlichen AAA-Datenbestände untereinander, die Integration von weiteren Geobasisdaten bzw. die Erweiterung der Geobasisdaten an weitere Nutzeranforderungen sowie eine bundesweit einheitliche Nutzung der Daten in einer föderalen Zuständigkeit.

In den folgenden Abschnitten werden nach einem kurzen Überblick über das AAA-Datenmodell die aktuellen Entwicklungen der Vermessungs- und Katasterverwaltung Rheinland-

Pfalz (VermKV RP), die technologisch vom LVermGeo betrieben werden, im Bereich des Raumbezugs (AFIS), der Geotopographie (ATKIS) sowie der Bereitstellung von Geobasisdaten (Vertrieb) vorgestellt, die sich auf Grundlage der einheitlichen Vorgabe und Standards der Arbeitsgemeinschaft der Vermessungsverwaltungen der Länder der Bundesrepublik Deutschland (AdV) prinzipiell auch auf die Entwicklungen in anderen Ländern übertragen lassen.

10.2 Modellierung amtlicher Geobasisdaten

10.2.1 Einführung in das AAA-Datenmodell

Die Vermessungs- und Katasterverwaltungen der Bundesländer haben die gesetzliche Aufgabe, raumbezogene Basisdaten (Geobasisdaten) für Verwaltung, Wirtschaft und private Nutzer zu erheben, zu führen und bereitzustellen. Um die Einheitlichkeit von Geobasisdaten sicherzustellen, haben sich die Länder zur AdV zusammengeschlossen. Die Hauptaufgabe der AdV besteht in der bundesweiten Definition von Produktstandards und Regelwerken zur Qualifizierung von Geobasisdaten, der Festlegung von einheitlichen Gebühren und Entgelten sowie in einer länderübergreifenden Vertriebsstrategie.

Im technischen Bereich hat die AdV unter Beachtung internationaler Normen und Standards eine bundesweit einheitliche Dokumentation zur Modellierung der Geoinformationen des amtlichen Vermessungswesens (GeoInfoDok) erstellt. Ziel der GeoInfoDok war es, zunächst die verschiedenen Geobasisdaten auf eine gemeinsame Modellierungsplattform zu setzen, auf der dann die jeweilige Fachsicht realisiert werden kann. Die GeoInfoDok besteht somit im Kern aus einem Anwendungsschema, welches die Grundlage für das AFIS-ALKIS-ATKIS-Referenzmodell (AAA-Modell) bildet (Abb. 10.1). Das in der Modellierungssprache UML abgefasste Anwendungsschema besteht aus einem Basisschema und einem Fachschema.

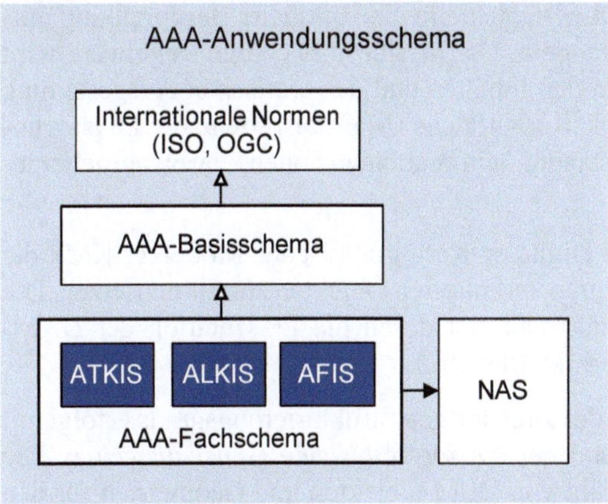

Abb. 10.1: Schematischer Aufbau des AAA-Datenmodells (ADV 2021)

- Im fachneutralen **Basisschema** sind grundlegende Eigenschaften von Geoobjekten beschrieben. Es kann damit auch als Grundlage für Fachinformationssysteme dienen.
- Im **Fachschema** wird die Gliederung von Objektklassen, Objektartgruppen, Objektarten sowie deren Attribute und Referenzen beschrieben. Es umfasst sämtliche im amtlichen

Vermessungswesen aller Bundesländer vorkommenden Informationen in den Bereichen Liegenschaftskataster (ALKIS), Topographie/Kartographie (ATKIS) und Grundlagenvermessung (AFIS).

Die Realisierung erfolgt über die Bildung von Fachobjekten (Instanzen), die über ihre Modellart dem jeweiligen AAA-Fachmodell zugewiesen werden.

10.2.2 AAA-Modelltheorie

Die Erhebung und Führung von Landschaftsinformationen in einem Digitalen Landschaftsmodell (DLM) erfolgt grundsätzlich aus einer thematischen Sichtweise, die anwendungs- und nutzerbezogen eine Abstraktion der vielfältigen Landschaftsinformationen im DLM zu Folge hat. So werden identische Landschaftsobjekte in den verschiedenen DLM (Fachdatenmodelle) unterschiedlich erfasst und beschrieben. Beispielsweise werden die Straßen- und Wegeobjekte im ALKIS-DLM flächenhaft modelliert, während die gleichen Landschaftsobjekte im ATKIS-Basis-DLM linienhaft aufgebaut werden.

Das Regelwerk für die semantische, geometrische und modellierungstechnische Ausgestaltung eines DLM wird als Objektartenkatalog bezeichnet. Die Entscheidung, welche Landschaftsobjekte in ein DLM aufgenommen werden (Erfassungskriterien), legt den sogenannten Strukturierungsrad fest und dieser Prozess wird in der Modelltheorie auch als Objektgeneralisierung bezeichnet.

Ein DLM stellt somit eine objektstrukturierte und attributive Beschreibung der Landschaft dar, die für Analysen und als Grundlage für Fachanwendungen eine ideale Ausgangsbasis bildet.

Ungeachtet der digitalen Erfassung und Modellierung von DLM stellt die grafische Darstellung von Landschaftsinformationen (sog. Karten) die einfachste und effizienteste Art der Informationsaufbereitung und Auswertung dar, da sie vom Nutzer ohne weitere Hilfsmittel visuell ausgewertet und interpretiert werden kann. Für die Herstellung einer kartographischen Präsentation sind die objektstrukturierten DLM-Objekte in eine bildhafte Beschreibung mittels Signaturen und Kartenschriften umzuwandeln. Das hierfür notwendige Regelwerk wird als Signaturenkatalog bezeichnet, der neben den Inhalten und der grafischen Ausgestaltung einer Karte auch die zur Verfügung stehende Kartenfläche (Maßstab) sowie die Physiognomie des menschlichen Auges (Mindestabstände, Minimaldimensionen, Farbwahrnehmungen) berücksichtigen muss.

In der Modelltheorie spricht man auch vom Digitalen Kartographischen Modell (DKM), die sich grundsätzlich aus einzelnen, mit Signaturen verknüpften Objekten zusammensetzen. Die Karte in digitaler oder analoger Form erhält man erst durch die Präsentation der DKM-Objekte in einer grafischen Ausgabe (Rasterbild, Plot etc.).

Die Ableitung eines DKM aus einem DLM des zugehörigen Strukturierungsgrads erfolgt mit den Schritten der *Objektgeneralisierung* und der *Kartographischen Generalisierung*. Die *Objektgeneralisierung* beinhaltet die Auswahl von DLM-Objekten und Geometrien für den Inhalt der Karte und die *Kartographische Generalisierung* löst mit ihren Methoden die grafischen Konflikte zwischen Signaturen, die bei einer Präsentation der DKM-Objekte in einem bestimmten Maßstab entstehen. Die *Kartographische Generalisierung* stellt somit die Lesbarkeit und Interpretierbarkeit der kartographischen Darstellung sicher (SCHÜRER 2002).

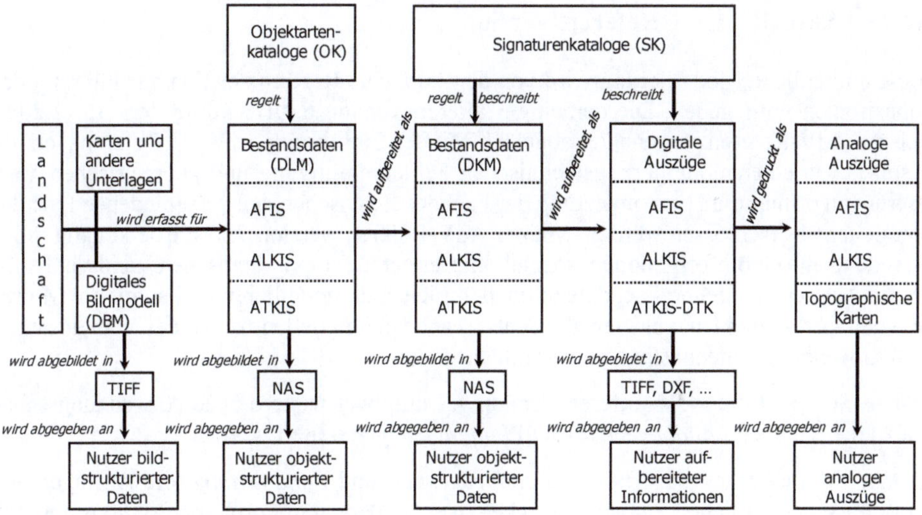

Abb. 10.2: AdV-AAA-Referenzmodell (ADV 2021)

In Abbildung 10.2 ist das AdV-AAA-Referenzmodell mit seinen drei Fachdatenbeständen dargestellt. Die in Abbildung 10.2 dargestellte modelltheoretische Unterscheidung zwischen DLM- und DKM-Bestandsdaten wird in der praktischen Realisierung der Fachmodelle AFIS und ALKIS nicht abgebildet, da die Präsentation von AFIS- und ALKIS-Objekten meist ohne grafischen Konflikt on-the-fly erfolgen kann.

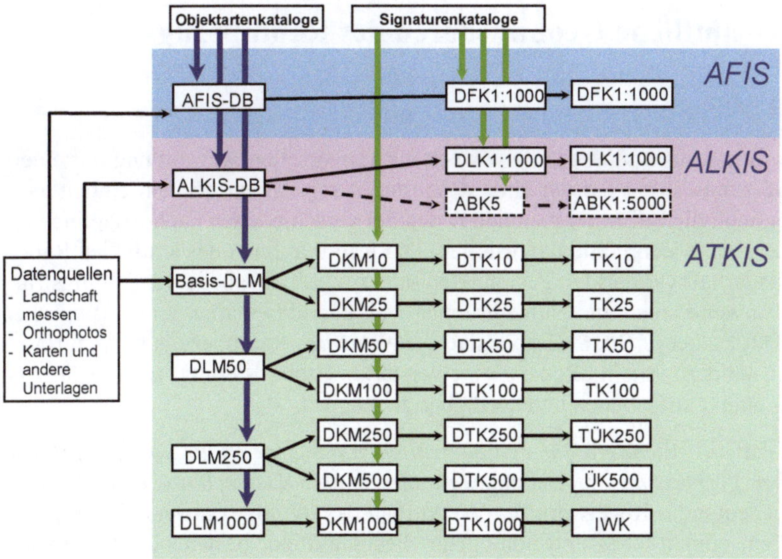

Abb. 10.3: AAA-Bestandsdaten und Produkte (ADV 2021)

Für den Bereich ATKIS ist hingegen eine Unterscheidung und getrennte Speicherung von DLM- und DTK-Bestandsdaten aufgrund der vielen unterschiedlichen Strukturierungsgrade erforderlich. Dies führt zu der in Abbildung 10.3 dargestellten Datenbestands- und Produktvielfalt.

10.2.3 Aktuelle AAA-Referenzversion

Für die einheitliche Modellierung wird von der AdV eine Referenzversion zur Führung der Geobasisdaten vorgegeben. Die derzeitige Referenzversion 6.0.1 wird ab dem 31.12.2023 durch die AdV-Referenzversion 7.1 abgelöst. Mit der Einführung der AdV-Referenzversion 7.1 soll neben einer modellierungstechnischen Fehlerbereinigung und geometrischen Verbesserungen primär die Harmonisierung der Fachdaten zwischen den verschiedenen Fachdatenmodellen abgeschlossen werden. Mit der AdV-Referenzversion 7.1 ist es erstmalig möglich, redundante Geoinformationen, speziell im Bereich der topographischen Landschaftsobjekte, in den verschiedenen Fachdatenmodellen gleich zu modellieren und somit die Migration von AAA-Objekten aus verschiedenen Fachdatenmodellen zu einem gemeinsamen AAA-Anwendungsdatenbestand zu vereinfachen.

Darüber hinaus ist die AdV-Referenzversion 7.1 um zwei weitere neue Anwendungsschemata zu den Themen *Landbedeckung* und *Landnutzung* erweitert worden.

Die AAA-Modellierung der Themen *Landbedeckung* und *Landnutzung*, die Anfragen aus dem Bereich der amtlichen Statistik abdecken, werden derzeit in Form von Produktstandards erstellt. Die Ableitung der Objekte der Landnutzung soll auf Grundlage der AAA-Objekte der Fachdatenbereiche ALKIS und/oder ATKIS in der jeweils höchsten Auflösung erfolgen.

Die Objekte der Landbedeckung sollen hingegen mit den Methoden der Bildauswertung (Klassifikation) automatisch aus Fernerkundungsdaten abgeleitet werden. Die Diskussion, ob die Objekte der Landbedeckung in Form von AAA-Objekten modelliert und dauerhaft geführt werden, wird derzeit in der AdV noch kontrovers geführt.

10.3 AFIS – amtliche Geobasisdaten des Raumbezugs

10.3.1 Grundlagen

Raumbezogene Informationen müssen zum Zweck der universellen Anwendung mit einem eindeutigen Bezug zur Position auf der Erde ausgestattet sein. Denn erst ein einheitlicher Raumbezug ermöglicht, die Informationen und Daten der verschiedenen Fachdisziplinen zusammenzuführen, zu analysieren und darzustellen. Die Informationen des amtlichen Raumbezugs mit ihren dauerhaft vermarkten Festpunkten bilden somit eine bedeutende Infrastruktur für vielfältige Anwendungen und Nutzergruppen weit über den vermessungstechnischen Bereich hinaus (KRICKEL et al. 2016). Dabei sind die Netze des Raumbezugs nicht nur national zu begrenzen, sondern im Hinblick auf eine verstärkte Globalisierung im europäischen und im globalen Kontext aufzubauen und verfügbar zu machen.

Die AdV hat mit der *AdV-Richtlinie für den einheitlichen integrierten geodätischen Raumbezug des amtlichen Vermessungswesens in der Bundesrepublik Deutschland (Rili-RB-AdV)* (AdV 2017) ein bedeutendes Regelwerk für den Aufbau des Raumbezugs erstellt. In dieser Richtlinie wurde ein einheitliches und homogenes Festpunktfeld, bestehend aus Geodätischen Grundnetzpunkten (GGP), Höhenfestpunkten 1. Ordnung (HFP), Schwerefestpunkten 1. Ordnung (SFP) und Referenzstationspunkten (RSP), definiert. Die Festpunkte des Raumbezugs werden im AAA-Modell in den Objektarten Lagefestpunkt (beinhaltet die GGP), Höhenfestpunkt, Schwerefestpunkt und Referenzstationspunkt geführt. Als bundeseinheitliche Standardausgaben können für die Nutzer Einzelnachweise und Punktlisten erzeugt werden.

10.3.2 Geodätische Bezugssysteme

Zur Darstellung raumbezogener Daten (3D-Position, Lage, Höhe und Schwere) sind einheitliche geodätische Bezugssysteme, sogenannte Koordinatenreferenzsysteme, erforderlich. Entsprechend der internationalen Norm ISO 19111 besteht ein Koordinatenreferenzsystem (CRS = Coordinate Reference System) aus einem physikalischen Teil, dem „Datum", und einem mathematischen Teil, dem „Koordinatensystem" (ADV 2012).

Das Datum legt den Bezug des CRS zum Erdkörper durch Definition des Nullpunkts, der Orientierung der Koordinatenachsen und des Maßstabs fest. Zusätzlich wird ein Referenzellipsoid zugeordnet. Mit dem Koordinatensystem werden die mathematischen Regeln festgelegt, nach denen den Objekten an der Erdoberfläche Koordinaten zugewiesen werden, z. B. kartesische Koordinaten, ellipsoidische/geographische Koordinaten, abgebildete Koordinaten (Abb. 10.4).

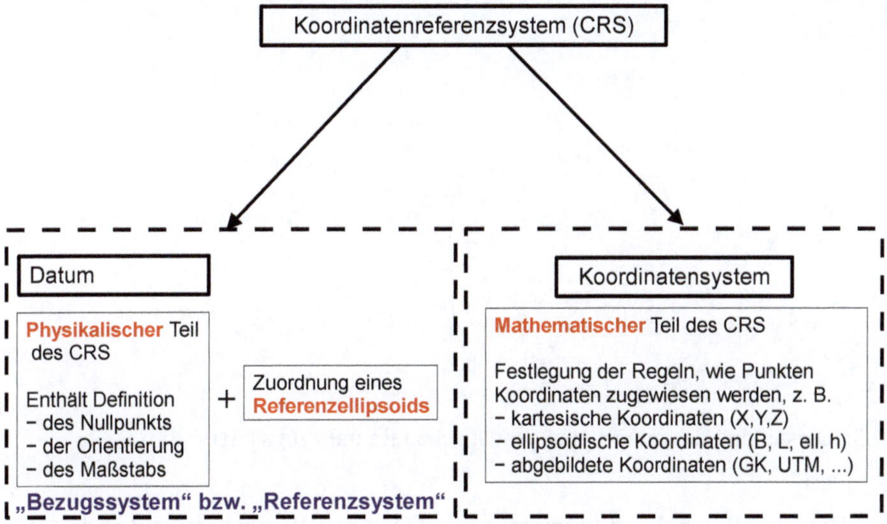

Abb. 10.4: Schematische Darstellung eines Koordinatenreferenzsystems (ADV 2021)

In Deutschland hat die AdV bereits in den Jahren 1991 und 1995 die Homogenisierung der klassischen Lagebezugssysteme durch Einführung des Bezugssystems ETRS89 in Verbindung mit der UTM-Abbildung als Standardkoordinatensystem beschlossen (KREITLOW et al. 2010).

Neben diesem Standardkoordinatensystem können im AAA-Modell weitere länderspezifische CRS verwendet werden. Die möglichen CRS sind in den Dokumenten zur GeoInfoDok und zukünftig in einer CRS-Registry veröffentlicht.

10.3.3 Integrierter geodätischer Raumbezug 2016

Im *Integrierten geodätischen Raumbezug* werden die geometrischen Komponenten (3D-Position bzw. Lage und ellipsoidische Höhe) und die physikalischen Komponenten (Höhe bzw.

geopotenzielle Kote und Schwere) ganzheitlich betrachtet. In den GGP werden diese verschiedenen Komponenten direkt miteinander verknüpft. Die verbindende Bezugsfläche zwischen den geometrisch und den physikalisch definierten Höhen ist das Geoid bzw. Quasigeoid. Es stellt ein zentrales Element des integrierten geodätischen Raumbezugs dar. Um dem Anspruch des amtlichen Vermessungswesens gerecht zu werden, bundesweit einheitliche geodätische Grundlagen bereitzustellen, ist der neue Bezugsrahmen und das dazugehörige AdV-Quasigeoid gemäß dem Beschluss 128/4 des AdV-Plenums vom September 2016 in allen Ländern zeitgleich Ende 2016 eingeführt worden. Damit an dieser Stelle der Charakter des (neuen) integrierten geodätischen Raumbezugs auch nach außen hin deutlich wird, wurden alle eingeführten neuen Bezugsrahmen mit der Jahreszahl 2016 gekennzeichnet (HECKMANN et al. 2015).

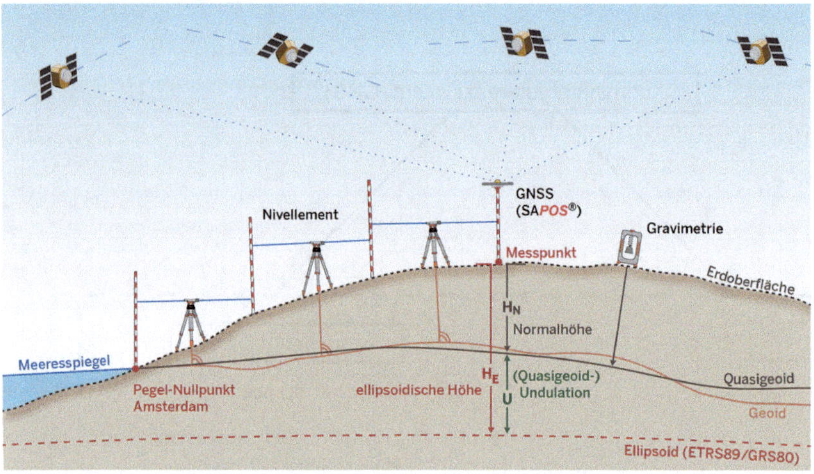

Abb. 10.5: Darstellung des integrierten geodätischen Raumbezugs (ADV 2021)

10.3.4 Bereitstellung des integrierten geodätischen Raumbezugs durch SA*POS*®

Der integrierte geodätische Raumbezug kann über den von der AdV betriebenen Satellitenpositionierungsdienst der Deutschen Landesvermessung SA*POS*® von jedermann genutzt werden. Durch ein bundesweites Netz von ca. 270 permanent betriebenen GNSS-Referenzstationen wird gewährleistet, dass für die gesamte Fläche der Bundesrepublik Deutschland hochgenaue und einheitliche SA*POS*®-Korrekturdatendienste mit folgenden Eigenschaften und Genauigkeiten zur Verfügung stehen:

- **SAPOS-EPS:** Echtzeit Positionierungs-Service, 0,3 m bis 0,8 m Lage-Genauigkeit und 0,5 m bis 1,5 m Höhen-Genauigkeit.
- **SAPOS-HEPS:** Hochpräziser Echtzeit-Positionierungs-Service, 1 cm bis 2 cm Lage-Genauigkeit und 2 cm bis 3 cm Höhen-Genauigkeit.
- **SAPOS-GPPS:** Geodätischer Postprocessing Positionierungs-Service, 1 cm und besser Lage-Genauigkeit und 1 cm bis 2 cm Höhen-Genauigkeit.

Die SA*POS*®-Korrekturdatendienste bilden in Kombination mit dem zugrunde liegenden einheitlichen integrierten geodätischen Raumbezug die Grundlage für vielfältige Wertschöpfungsketten in Wirtschaft und Verwaltung, da die Nutzer auf erforderliche eigene Referenzstationen verzichten und ihre raumbezogenen Aufgaben wirtschaftlich, effizient und hochgenau lösen können. Weitere Informationen können der Internetseite der AdV (adv-online.de) entnommen werden (AdV 2021).

Mit SA*POS*®-Korrekturdatendienste werden somit zahlreiche innovative Fachanwendungen wie beispielsweise Precision Farming (digitale Landwirtschaft) oder hochmoderne Verfahrenslösungen für Verkehrsleitsysteme, Logistik und Flottenmanagement möglich (siehe Abb. 10.6). In der Folge wird SA*POS*® in fast allen Bundesländern für die Landwirtschaft zunehmend auch als Open Data bereitgestellt (RIECKEN et al. 2020).

Abb. 10.6: Nutzung von SA*POS*®-Korrekturdaten in der Landwirtschaft (Geobasis NRW, Bezirksregierung Köln)

Weiter eröffnen sich durch die hochgenaue SA*POS*®-Positionierung in Kombination mit terrestrischen Messverfahren (Präzisionsnivellement, Absolut- und Relativgravimetrie) und Verfahren der Satellitengeodäsie (InSAR, satellitengestützte Bestimmung des Erdschwerefelds) bedeutende Anwendungsmöglichkeiten im Bereich der Geologie und der Abwehr von Georisiken.

Beispielhaft für mögliche Georisiken seien hier die im Frühjahr 2014 aufgetretenen Bodenbewegungen im Bereich der Stadt Landau in der Pfalz aufgeführt. Innerhalb weniger Monate sind vor Ort Hebungen, die sich tlw. durch Rissbildungen an der Erdoberfläche zeigten, festgestellt worden. Aufgrund durchgeführter Präzisionsnivellements und Nutzung von InSAR Auswertungen (Radarinterferometrie) konnten in diesem Bereich Hebungen von über 40 mm innerhalb weniger Monate nachgewiesen werden (Abb. 10.7).

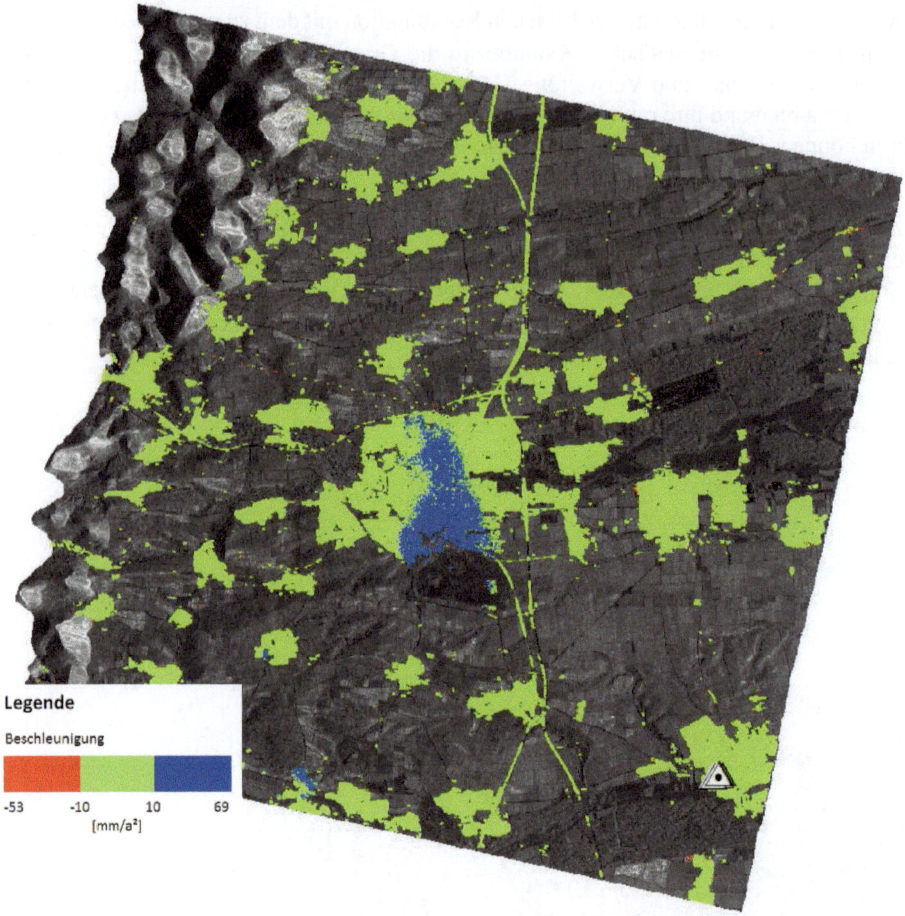

Abb. 10.7: Darstellung Bodenbewegungen im Bereich der Stadt Landau in der Pfalz (ANDERSSOHN 2014)

10.4 ATKIS – amtliche Geobasisdaten der Geotopographie

10.4.1 ATKIS – Datenbestände und Produkte

Das LVermGeo hat auf Grundlage des Landesgesetzes über das amtliche Vermessungswesen den Auftrag, amtliche Geobasisdaten in unterschiedlichen Informationssystemen zu erheben, zu führen und bereitzustellen. Dieser Auftrag wird durch den Aufbau und die Fortführung von unterschiedlichen geotopographischen Datenbeständen (DLM und DTK) erfüllt (vgl. Abb. 10.3 und Abb. 10.8), die unter dem Oberbegriff Amtliches Topographisch-Kartographisches Informationssystem (ATKIS) zusammengefasst werden und die der in Kapitel 10.2 beschriebenen Modelltheorie folgen.

Die ATKIS-Datenbestände werden landesweit, einheitlich, aktuell, konsistent und vollständig erhoben und geführt, wobei der Aufbau anwendungs- und systemneutral erfolgt, um eine möglichst hohe Verwendungsvielfalt zu gewährleisten.

Die Erhebung, Führung und Bereitstellung von Landschaftsinformationen in unterschiedlichen DLM und amtlichen topographischen Karten (DTK und analoge Ausgaben) waren eine enorme Herausforderung, denn die Veränderungen der Landschaft sind möglichst zeitnah in allen Geobasisdatenbeständen nachzuweisen. Die hohe Qualität und Aktualität stellen insbesondere gegenüber den frei verfügbaren Geoinformationen (z. B. Google, OSM etc.) ein Alleinstellungsmerkmal der amtlichen Geobasisdaten dar.

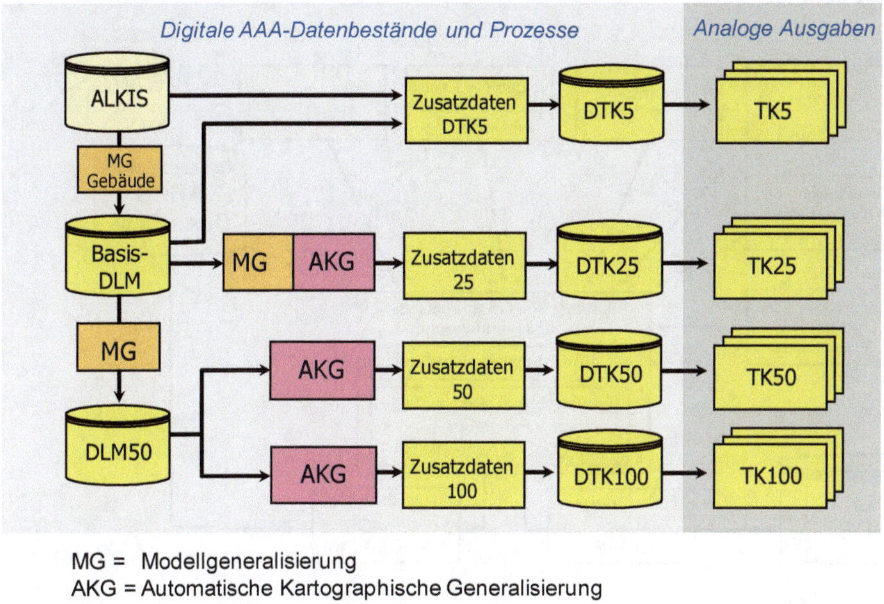

Abb. 10.8: AAA-Datenbestände und Prozesse

Die zeitnahe Aktualisierung aller Geobasisdaten verlangt sowohl eine landesweite Erkennung und Erhebung aller Landschaftsveränderungen als auch einen hohen Automationsgrad für die Herstellung bzw. Ableitung der verschiedenen Geobasisdaten. Insofern hat das LVermGeo in den letzten Jahren die Prozesse der Erhebung, Führung und Bereitstellung konsequent weiterentwickelt und automatisiert.

10.4.2 Erhebung von topographischen Landschaftsveränderungen

Aufgrund der historischen Entwicklungen sind topographische Landschaftsinformationen bisher sowohl im ALKIS-Datenbestand (AAA-Objektbereiche *Tatsächliche Nutzung (ALKIS-tN)*, *Gewässer* u. a.) als auch im ATKIS-Basis-DLM getrennt voneinander erhoben und modelliert worden. Insofern hat sich in den zurückliegenden Jahren die Weiterentwicklung des AAA-Datenmodells auf eine Harmonisierung der verschiedenen Fachdatenmodelle konzentriert, sodass identische Landschaftsinformationen in den verschiedenen Fachdatenmodellen auch gleich modelliert und beschrieben werden.

Diese Harmonisierung wird mit der Einführung des AAA-Anwendungsschemas 7.1 (GID 7.1) im Jahre 2023 abgeschlossen, sodass Landschaftsveränderungen nur einmal erfasst und zur Fortführung aller topographischer Geobasisdaten verwendet werden (Motto: *Einmal erheben und mehrfach nutzen*). In Rheinland-Pfalz ist dieser Grundsatz ungeachtet der Einführung der GID7 bereits in den letzten Jahren vorangetrieben und unter dem Begriff Geotopographisches Informationsmanagement (GIM) zusammengefasst worden.

Das Ziel des GIM-Prozesses ist die einheitliche und zentrale die Erkennung von Landschaftsveränderungen, ungeachtet ihrer späteren Verwendung (Fortführung eines AAA-Datenbestands). Der aus dieser Entwicklung entstandene GIM-Prozess ist schematisch in Abbildung 10.9 dargestellt.

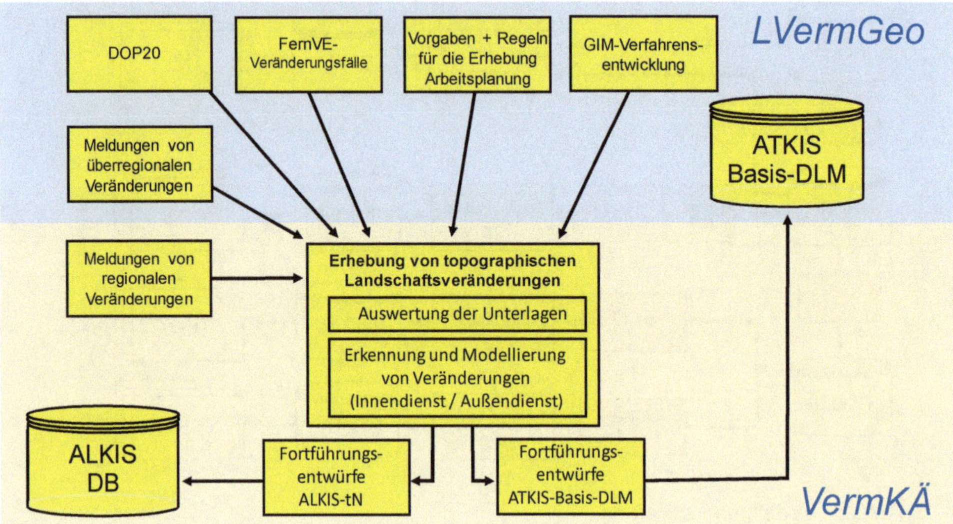

Abb. 10.9: GIM-Prozesse

Organisatorisch gliedert sich der GIM-Prozess in Aufgaben, die zentral und landesweit einheitlich auszuüben sind, sowie in Tätigkeiten, die eine Kenntnis der Örtlichkeit sowie der lokalen Zuständigkeit verlangen.

Das LVermGeo übernimmt in diesem Prozess die Festlegung von einheitlichen Regelwerken und Vorgaben für die Erhebung, die jährliche Arbeitsplanung und Koordinierung der Erhebung, die Entwicklung und Pflege von IT-Verfahren (inkl. Schulung und Fortbildung), die Recherche und Bereitstellung von landesweiten bzw. länderübergreifenden Veränderungen, die Herstellung und Bereitstellung von Luftbildern (DOP20) sowie die Ableitung von automatisch erzeugten Veränderungshinweisen, da diese Arbeiten einheitlich und zentral auszuüben sind.

Die Erhebung der Landschaftsveränderungen erfolgt vor Ort durch die sechs Vermessungs- und Katasterämter, die die vom LVermGeo bereitgestellten Informationen und aktuellen DOP20 gemäß der vereinbarten Arbeitsplanung analysieren und bearbeiten. Primäre Datenquelle sind dabei die DOP20, die jährlich für die halbe Landesfläche neu erzeugt und visuell über einen Vergleich mit den aktuellen Geobasisdaten ALKIS-tN und ATKIS-Basis-DLM auf Veränderungen untersucht werden. In diesen Recherchen werden die vorliegenden Meldungen von sogenannten Veränderungsverursachern (z. B. Kommunen, Landesbetrieb Mobilität (Straßen und Wege), Bundesamt für Straßenwesen etc.) mit eingebunden.

Lassen sich Veränderungsinformationen aus den vorliegenden Unterlagen nicht eindeutig erkennen bzw. auswerten, so kann in besonderen Einzelfällen auch eine Erkundung vor Ort (Außendienst) zur Klärung des Sachverhalts erfolgen.

Als Ergebnis des GIM-Prozesses werden sowohl für den Datenbestand ALKIS-tN als auch für das ATKIS-Basis-DLM Fortführungsentwürfe bereitgestellt, mit denen die AAA-Datenbestände aktualisiert werden.

Um die Erkennung von Landschaftsveränderungen über die Durchmusterung der DOP20 zu beschleunigen und die Erkennungsrate robuster und effizienter zu gestalten, werden in Rheinland-Pfalz seit 2018 Methoden der automatischen Bildklassifizierung und Bildauswertung zur Veränderungserkennung eingesetzt. Im Projekt zur *Automatischen Detektion von Veränderungen der Geotopographie mit Hilfe von Fernerkundungsdaten (FernVE)* sind Ansätze mit unterschiedlichen Bildklassifizierungsverfahren (SupportVectorMaschine (SVM) und ConvolutionalNeuronalNetworks (CNN)) untersucht und produktionsreif realisiert worden. Der FernVE-Prozess leitet aus den DOP20 über Klassenmerkmale unter Einbeziehung weiterer Informationen – wie Digitale Oberflächenmodelle (DGM), Digitale Geländemodelle (DOM) sowie den Objektarten der ALKIS-tN und des ATKIS-Basis-DLM – Bildklassen ab und bestimmt aus den Bildklassen für zwei unterschiedliche Befliegungszeitpunkte die entsprechenden Veränderungen. Die Auswertung dieser Informationen liefert Veränderungsfälle von Landschaftsobjekten, die im anschließenden manuellen Qualifizierungsprozess bewertet und in Fortführungsanlässe für die ALKIS-tN sowie das ATKIS-Basis-DLM umgesetzt werden (Abb. 10.10).

a)

b)

c)

Abb. 10.10: FernVE-Veränderungsmarker und Fortführung des ATKIS-Basis-DLM
a) Veränderungsmarker (gelber Punkt) für ATKIS-Basis-DLM
b) Fortführungsentwurf ATKIS-Basis-DLM aufgrund Veränderungsmarker
c) Fortgeführtes ATKIS-Basis-DLM

Der Einsatz von FernVE im GIM-Prozess hat dazu geführt, dass im Gegensatz zur früheren Vorgehensweise mehr Fortführungsfälle erkannt werden und der Prozess insgesamt deutlich beschleunigt werden konnte, da die GIM-Mitarbeiter nur noch diskrete Veränderungsfälle untersuchen und bewerten.

Die automatische Bildklassifizierung und Bildauswertung – speziell mit dem Einsatz der CNN-Technologie – bietet ein hohes Potenzial, sowohl den Automationsgrad weiter zu erhöhen als auch die inhaltlichen Veränderungen konkreter zu beschreiben. Abbildung 10.10 veranschaulicht den GIM-Prozess über die Auswertung der Veränderungsmarker bis zur Fortführung der ATKIS-Basis-DLM-Daten.

10.4.3 Führung von ATKIS-Landschaftsmodellen (ATKIS-DLM)

Wie in Abbildung 10.8 dargestellt, umfasst das ATKIS-Datenmodell unterschiedlich strukturierte und modellierte Vektordatenbestände, die ausgehend vom ATKIS-Basis-DLM als Primärmodel abgeleitet und fortgeführt werden.

Seit dem Jahr 2010 wird das ATKIS-Basis-DLM auf Grundlage der Modellierungsvorgaben der AAA-GeoInfoDok in der Version 6.0.1 geführt. In Rheinland-Pfalz werden im ATKIS-Basis-DLM neben den Objektarten des Grunddatenbestands, der von allen Ländern verpflichtend geführt wird, auch noch weitere Objektarten sowie Attribute und Attributwerte nachgewiesen. So enthält das ATKIS-Basis-DLM in Rheinland-Pfalz auch besondere Bauwerke (z. B. Kirchen, Schutzhütten und Wasserbehälter), planungsrelevante Objekte (z. B. Mauern, Dämme und Regenrückhaltebecken) sowie spezielle Informationen zum Straßen- und Wegenetz (z. B. Straßenknoten, Art der Befestigung von Wegen).

Insgesamt umfasst das ATKIS-Basis-DLM in Rheinland-Pfalz 91 Objektarten mit 178 Attributen und 344 Attributwerte, die über den GIM-Prozess in vorgegebenen Zyklen landesweit überprüft und aktualisiert werden.

Die ATKIS-Basis-DLM-Objekte werden in Abhängigkeit von ihrer Bedeutung aktualisiert. Dabei werden die Objekte der Spitzenaktualität, zu denen beispielsweise die Objektarten des Straßen- und Wegenetzes, des Schienennetzes, zum Flugverkehr sowie Schutzgebiete gehören, in einem Zyklus von 3 bis 12 Monaten fortgeführt. Alle anderen Objekte werden in einem dreijährigen Zyklus (Grundaktualisierung) fortgeführt.

Darüber hinaus steht das LVermGeo sowohl mit den benachbarten Bundesländern als auch mit den zuständigen Vermessungsverwaltungen der Länder Frankreich, Belgien und Luxemburg in regelmäßigen Kontakt, um die gemeinsamen Grenzverläufe semantisch und geometrisch abzustimmen, sodass auch länderübergreifend semantisch und geometrisch abgestimmte Geobasisdaten vorliegen und einheitlich in die entsprechenden Produkte einfließen.

Neben dem ATKIS-Basis-DLM bietet das LVermGeo mit dem ATKIS-DLM50 ein Landschaftsmodell an, das gegenüber dem ATKIS-Basis-DLM einen semantisch und geometrisch reduzierten Inhalt besitzt.

Um die hohe Aktualität des ATKIS-Basis-DLM auch im ATKIS-DLM50 zu gewährleisten, hat das LVermGeo gemeinsam mit weiteren elf Bundesländern einen automatischen Generalisierungsprozess, die Modellgeneralisierung, entwickelt, mit dem ein aktuelles DLM50 in nur drei Tagen aus dem Basis-DLM abgeleitet werden kann (vgl. Abb. 10.8).

Die Modellgeneralisierung in Verbindung mit einem bundesweit abgestimmten Parametersatz löst die im Basis-DLM vorhandenen länderspezifischen Besonderheiten sowie Freiheitsgrade in der Modellierung auf und bewirkt, dass das DLM50 länderübergreifend eine sehr hohe Konsistenz und Homogenität besitzt. Das DLM 50 bildet aufgrund dieser Eigenschaften die ideale Grundlage für die Herstellung von amtlichen topographischen Karten der Maßstäbe 1:50.000 und 1:100.000 (vgl. Abb. 10.8) und besitzt bei großflächigen und länderübergreifenden Projekten wegen seiner Einheitlichkeit und geringeren Datenmenge gegenüber dem Basis-DLM deutliche Vorteile. Die inhaltliche Reduktion des DLM50 gegenüber dem Basis-DLM ist für das Land Rheinland-Pfalz (ca. 20.000 km^2) in Tabelle 10.1 dargestellt.

Tabelle 10.1: Objektdichte der verschiedenen ATKIS-DLM-Daten

Anzahl der Objekte	Basis-DLM	DLM50
Gesamt	3,0 Mio	1,0 Mio
Flächenhaft	1,0 Mio	400.000
Linienhaft	800.000	500.000
Punkthaft	1,2 Mio	100.000

Mit der Harmonisierung der AAA-Fachdatenmodelle ermöglicht die Modellgeneralisierung auch die beliebige Objektgeneralisierung von weiteren AAA-Fachdaten. So können auch ALKIS-Gebäude mithilfe der Modellgeneralisierung semantisch und geometrisch für eine Nutzung im ATKIS-Basis-DLM aufbereitet, umgewandelt und in den ATKIS-Basis-DLM-Datenbestand sowie in die entsprechenden DTK-Datenbestände übernommen werden.

10.4.4 Führung von Digitalen Topographischen Karten

Aus dem ALKIS-Datenbestand, dem ATKIS-Basis-DLM sowie dem ATKIS-DLM50 werden die zugehörigen amtlichen topographischen Karten in vier unterschiedlichen Maßstäben abgeleitet.

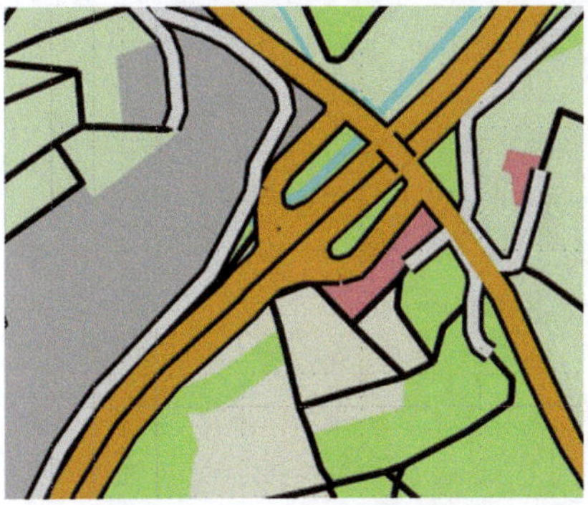

a) ATKIS-DLM50-Präsentation

b) ATKIS-DTK50

Abb. 10.11: Signaturierung von DLM- und DTK-Daten

Hierfür werden die AAA-DLM-Objekte in die jeweilige DTK-Modellart überführt und anhand der objektstrukturierten und attributiven Informationen DTK-Signaturen und Kartenschriften zugewiesen (Abb. 10.8). Die dabei entstehenden grafischen Konflikte und ihre Auflösung sind anschaulich in Abbildung 10.11 dargestellt.

10.4.4.1 Führung des Topographischen Kartenwerks 1:5.000 (DTK5)

Das Topographische Kartenwerk 1:5.000 (DTK5) ist historisch aus der ehemaligen Deutschen Grundkarte 1:5.000 (DGK5) entstanden und wird derzeit nur noch in wenigen Bundesländern geführt. Viele Bundesländer haben dieses Kartenwerk durch den AdV-Standard der topographischen Karte 1:10.000 (DTK10) ersetzt.

Rheinland-Pfalz hat an der Führung der DTK5 anstatt der DTK10 festgehalten, da die DTK5 mit der Darstellung der Eigentumsstruktur und sehr feingliedrigen topographischen Informationen ein Bindeglied zwischen dem Liegenschaftskataster und der Geotopographie ist und mit ihrer farbreduzierten Ausgestaltung eine ideale Grundlage für Fachplanungen (z. B. Grundlage für Bebauungspläne oder Flächennutzungspläne) bildet.

Für die Herstellung der DTK5 werden neben den Eigentumsstrukturen, den Gebäudeinformationen sowie den Lagebezeichnungen des Liegenschaftskatasters auch die topographischen Datenbestände ATKIS-Basis-DLM, ATKIS-DGM sowie des amtlichen Wohnplatzverzeichnisses verwendet (vgl. Abb. 10.12).

Aufgrund des hohen Strukturierungsgrades der DTK5 entstehen bei der Datenzusammenführung der unterschiedlichen Geobasisdatenbestände und deren Präsentation keine bzw. nur geringe grafische Konflikte. Einzig die automatische Schriftplatzierung ist im Hinblick auf die Interpretierbarkeit des Grundrisses zu überarbeiten. Der Herstellungsprozess der DTK5 erfolgt somit weitgehend automatisch und die DTK5-Daten werden in Form von Rasterdaten jährlich abgeleitet und über Web-Präsentationsdienste veröffentlicht.

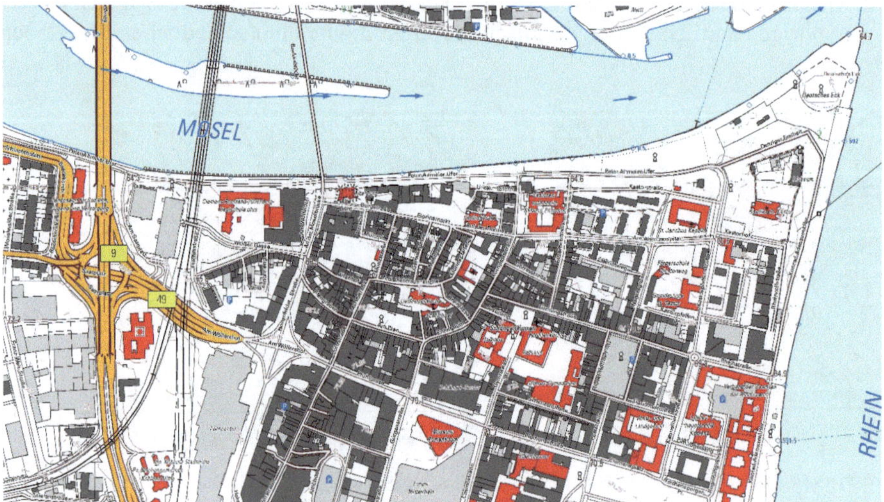

Abb. 10.12: Digitale Topographische Karte 1:5.000 (DTK5/Ausschnitt Koblenz) (LVermGeo RLP 2021)

a)
Digitale Topographische Karte 1:25.000 (DTK25)

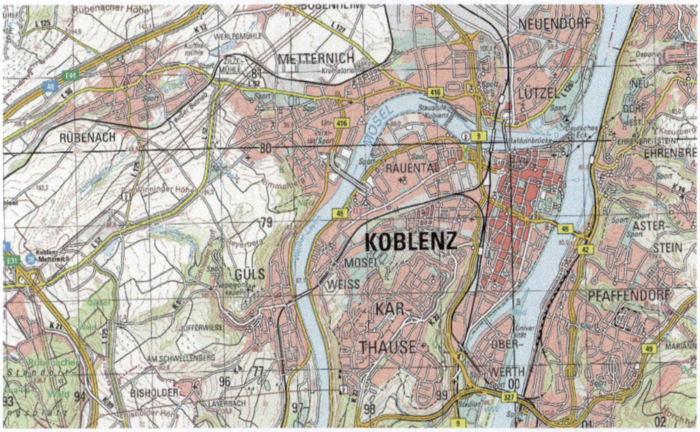

b)
Digitale Topographische Karte 1:50.000 (DTK50)

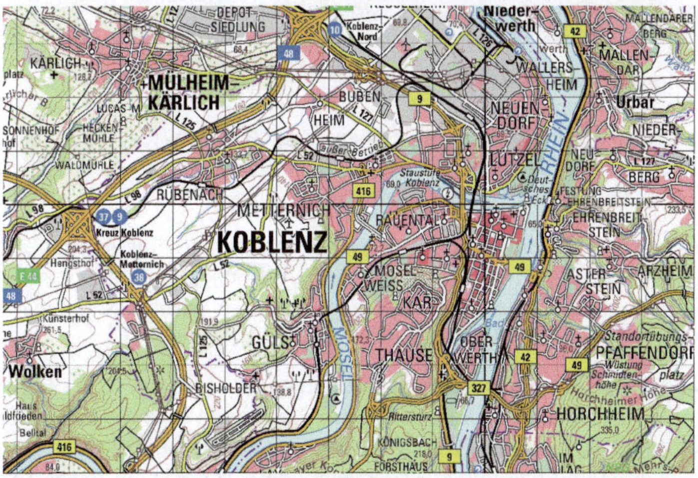

c)
Digitale Topographische Karte 1:100.000 (DTK100)

Abb. 10.13: Amtliche Topographische Karten gemäß AdV-Standard (LVermGeo RLP 2021)

10.4.4.2 Führung der amtlichen Topographischen Kartenwerke 1:25.000 (DTK25), 1:50.000 (DTK50) und 1:100.000 (DTK100)

Die drei amtlichen Kartenwerke DTK25, DTK50 und DTK100 werden aus dem Basis-DLM bzw. dem DLM50 gemäß dem gültigen AdV-Produktstandard abgeleitet. Die grafische Darstellung der DLM-Daten in einem bestimmten Maßstab (vgl. Abb. 10.11) führt aufgrund von einzuhaltenden Mindestabständen und Mindestdimensionen zu Überlappungen von Signaturen (grafische Konflikte), die eine korrekte, visuelle Interpretation der kartographischen Darstellung verhindern. Um diese grafischen Konflikte zu beseitigen und die Interpretierbarkeit der Karte sicherzustellen, hat das LVermGeo ebenfalls in der Entwicklungsgemeinschaft ATKIS-Generalisierung ein Werkzeug zur *automatischen kartographischen Generalisierung* (AKG) entwickelt. Die AKG ist modular aufgebaut und umfasst insgesamt ca. 40 Generalisierungsbausteine, die zu einem maßstabs- und produktbezogenen Workflow mit individuell einstellbaren Parametern zusammengestellt werden können.

Derzeit sind mit der AKG drei Workflows für die Ableitung der DTK25-, DTK50- und DTK100-Daten erstellt worden. Die Ableitung dieser DTK-Datenbestände erfolgt landesweit, einheitlich und voll automatisch und führt zu eigenen AAA-DTK-Datenbeständen. Aufgrund der Komplexität der Landschaft lassen sich nicht alle grafischen Konflikte automatisch lösen, sodass für eine endgültige Produktableitung eine interaktive Nachbearbeitung erfolgt. Diese Nachbearbeitung umfasst die Bereinigung von nicht gelösten Konflikten, die Ergänzung der Höheninformationen (Höhenlinien, Höhenlinienzahlen und Höhenkoten) sowie die Kartenschriften, die in Abbildung 10.8 als Zusatzdaten bezeichnet werden.

Für eine analoge Ausgabe werden zusätzlich noch Kartenrahmen, Kartengitter sowie Titel und Legende erstellt. Die Produktausgabe der DTK-Daten erfolgt dann einerseits in Form von Rasterdaten nach dem AdV-ATKIS-Produktkatalog sowie in Form von PDF-Druckdateien, die bei Bedarf in Form von Plots in analoger Form abgegeben werden (Plot-on-Demand).

Die Herstellungsprozesse für die drei amtlichen topographischen Kartenwerke sind aufgrund des Einsatzes der MG und AKG soweit automatisiert, dass die Fortführung der Kartenwerke in einen mindestens dreijährigen Zyklus sichergestellt werden kann.

10.4.5 ATKIS-3D-Topographiemodelle

Das AAA-Datenmodell bietet grundsätzlich die Möglichkeit, auch 3D-Objekte (Höhenlinie, Höhenkoten, Damm, Wall etc.) zu erheben und zu führen, wobei die dritte Dimension meist nur über einen Höhenwert bzw. über eine Objekthöhe beschrieben wird.

Um die Landschaft flächendeckend dreidimensional zu beschreiben. reicht eine dreidimensionale AAA-Objektgeometrie speziell für die flächenhaften AAA-Objekte nicht aus, sondern es werden Höheninformationen in einem regelmäßigen Raster gefordert, die die markanten Geländeformen und Oberflächenobjekte in ihrer Gesamtheit beschreiben.

Zu diesem Zweck lässt das LVermGeo die gesamte Landesfläche mit Airborne-Laserscanning-Daten in einem vier- bis fünfjährigen Zyklus befliegen. Aus diesen hochgenauen und aktuellen 3D-Punktmengen werden über eine Klassifizierung der Laserpunkte sogenannte Digitale Geländemodelle (DGM1) und Digitale Oberflächenmodelle (DOM1) in einem regelmäßigen Raster von 1 m Bodenauflösung in der feinsten Auflösung gerechnet. Das DGM1 beschreibt somit die Erdoberfläche ohne die darauf befindlichen Gebäude, Bauwerke und Bewuchs, während das DOM1 alle Oberflächenpunkte nachweist (Abb. 10.14).

Aus diesen hochaufgelösten 3D-Topographiemodellen lassen sich DGM und DOM geringerer Gitterweiten automatisch ableiten, was aufgrund der hohen Punktdichte (Datenmenge) speziell für länderübergreifende bzw. bundesweite Aufgabenstellungen gefordert ist.

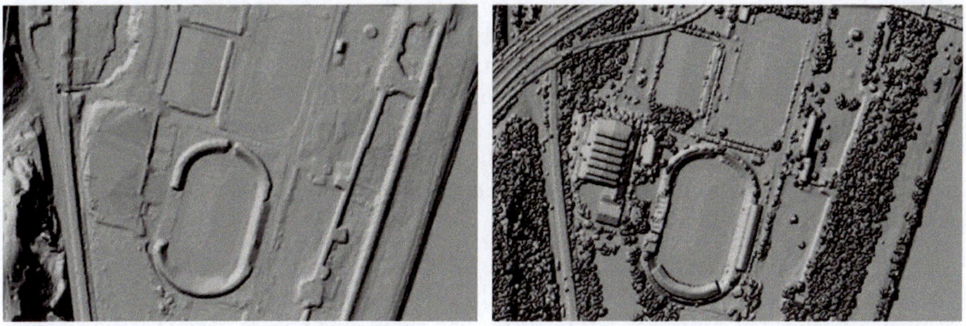

Abb. 10.14: Gegenüberstellung DGM1 (links) und DOM1 (rechts) (LVermGeo RLP 2021)

Die hochaufgelösten 3D-Topographiemodelle bilden die ideale Datengrundlage für vielfältige Analysen und Anwendungen, z. B. Lärmausbreitung, Sichtbarkeits- und Standortanalysen sowie Solarpotenzialanalysen. Eine weitere Anwendung ist die Erstellung von 3D-Stadtmodellen, die über eine Kombination von DGM1, DOM1 sowie den Gebäudeinformationen des Liegenschaftskatasters abgeleitet werden (vgl. Abb. 10.15).

Abb. 10.15: 3D-Stadtmodell Rheinland-Pfalz (LVermGeo RLP 2021)

10.4.6 ATKIS – Digitale Orthophotos

Seit dem Jahr 2009 stellt das LVermGeo jährlich für die Hälfte der Landesfläche aktuelle Luftbilder her, aus denen Digitale Orthophotos (DOP) in einer Kachelgröße von 2×2 km^2 gerechnet werden. Die insgesamt 5.266 DOP werden als Vier-Kanal-Bilder (RGB-IR) mit einer Bodenauflösung von 20 cm/Pixel hergestellt, wobei speziell der Infrarotkanal bei der Bildinterpretation und Bildauswertung viele Vorteile bietet.

Die DOP eigenen sich aufgrund ihres Rasterdatenformats und der einfachen Interpretierbarkeit für vielfältige Anwendungen und werden von einer Vielzahl von Kunden gefordert. Insofern werden die DOP als AdV-Premiumprodukt über den DOP-Viewer des BKG präsentiert und sind auch im Geoportal des Landes Rheinland-Pfalz eingebunden. Die DOP sind darüber hinaus eine wichtige Grundlage für die Erkennung von Veränderungsinformationen und dienen der Aktualisierung der verschiedenen vektoriellen Geobasisdaten (z. B. ALKIS, ATKIS-DLM, ATKIS-DTK).

Ab dem Jahre 2021 bietet das LVermGeo die DOP in der neuen technischen Qualitätsstufe TrueDOP an, die gegenüber den herkömmlichen DOP keine Verkippungen und Verzerrungen von Bildobjekten aufweisen (Abb. 10.16) und somit eine höhere geometrische Qualität in Kombination mit weiteren Geobasisdaten, z. B. den Katastergrenzen, besitzen.

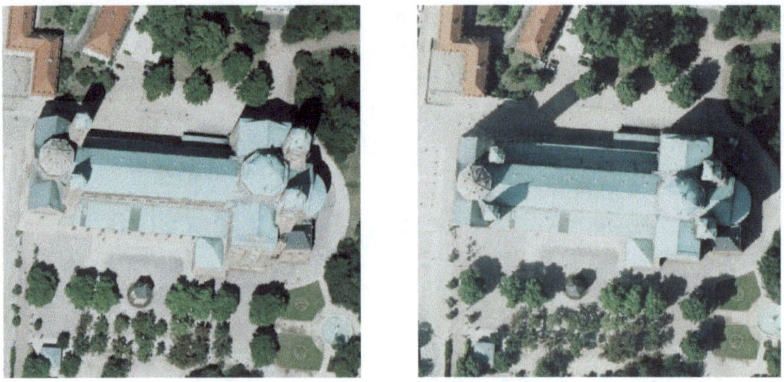

Abb. 10.16: Gegenüberstellung DOP20 (links) und TrueDOP20 (rechts) am Beispiel *Speyerer Dom* (LVermGeo RLP 2021)

10.5 AAA-Übermittlung von Geobasisdaten

10.5.1 Übermittlung von Geobasisdaten – ein stetiger Wandel

Die Digitalisierung hat auch den Vertrieb und speziell die digitale Übermittlung von Geodaten grundlegend verändert. Erfolgte die Übermittlung der Geobasisdaten gegen Ende des letzten Jahrtausends weitestgehend über Hardcopy, da die hohen Speichermengen nicht anders zu übermitteln waren, entwickelte sich der Vertrieb der Daten im Laufe des 21. Jahrhunderts immer stärker über das Internet. Dabei spielen die im Zuge des INSPIRE-Prozesses gesetzlich vorgeschriebenen Entwicklungen, schnittstellenkonforme und standardisierte

Geodatendienste zu entwickeln, eine entscheidende Rolle. Möglich wurde dies mit den immer größer werdenden Durchsatzraten bzw. Bandbreiten des Internets in Zusammenhang mit einer immer weiterentwickelten Modellierung und Standardisierung der Geodaten (z. B. für die Geobasisdaten des AAA-Modell über die Normbasierte Austauschschnittstelle (NAS)), die einen medienbruchfreien Austausch der Geodaten via Internet ermöglicht. Die Grundlagen dafür haben Organisationen wie das Open Geospatial Consortium (OGC) oder das World Wide Web Consortium (W3C) entwickelt, die über die Definition von offenen Standards den weltweiten Rahmen für den interoperablen webbasierten Datenaustausch auch im Geodatenbereich geschaffen haben; in dessen Kontext konnten sich europäische Vorhaben wie INSPIRE, aber auch nationale Festlegungen wie die GeoInfoDok des AAA-Modells entwickeln. So gelingt es heute, weitestgehend alle Geodaten (Vektor- und Rasterformate) über standardisierte Dienste im Internet verfügbar und abrufbar zu machen. Je nach Anwendungsfall wird dabei nicht einmal ein Sekundärdatenbestand auf Anwenderseite erforderlich. Dies entspricht im Übrigen auch dem Grundgedanken einer Geodateninfrastruktur (GDI), die via Metadaten die Geodaten nicht nur auffindbar macht, sondern die dauerhafte Verfügbarkeit über permanent erreichbare Registries sicherstellt; Präsentationsgeodaten können so je nach Abrufszenario „on-the-fly" generiert und dargestellt werden. Wenn die jeweils implementierten Anwendungen gerade im hoheitlichen Bereich mit einer hohen Ausfallsicherheit einhergehen müssen (Gefahrenabwehr), wird nutzerseitig die permanente Verfügbarkeit der Daten (24/7) zunehmend eingefordert. Dieser Wandel stellt gerade die Vermessungs- und Katasterverwaltungen der Bundesländer vor neue Herausforderungen, weil ihre Geobasisdaten die Grundlage jedweder Positionsbestimmung und GIS-basierenden Fachanwendung darstellen (Analysen und Kartendarstellungen).

Die auf europäischer Ebene initiierten und bereits in einigen Bundesländern umgesetzten Open-Data-Strategien werden diesen Prozess noch weiter beschleunigen, da Verwendungsvorbehalte durch Registrierungen und Kosten abgebaut werden. Abschließend wird die von der EU neu aufgelegte PSI-Richtlinie (EU-PSI 2019) zudem Weiterverwendungshürden der Geodaten abbauen und einfach verständliche Nutzungsbedingungen vorschreiben.

Diese gesellschaftlichen Entwicklungsprozesse haben auch die Vermessungs- und Katasterverwaltungen der Länder erkannt und ihre Produktstrategien zunehmend an diesen Anforderungen ausgerichtet. Zu nennen ist hier die AdV-Bereitstellungsstrategie für Geodatendienste, ebenso die eingerichteten Vertriebstellen zur Abgabe bundesweit einheitlicher, qualitätsgesicherter Geobasisdaten der Länder sowie die AdV-Gebührenrichtlinie. Das Datenangebot wird stetig ausgebaut und nutzergerecht optimiert. In diesem Zusammenhang ist ebenso das aus den länderspezifischen Geodateninfrastrukturen erwachsene Lenkungsgremium GDI-DE (LG GDI-DE) zu nennen, das die Anforderungen der INSPIRE-Richtlinie kooperativ als nationale Anlaufstelle abbildet.

Das Zusammenspiel aus Geodaten samt Metadaten, Geodatendiensten, Geodateninfrastrukturen und Übermittlungs- und Weiterverarbeitungsprozessen wird als Geodatenmanagement bezeichnet. Der Vertrieb nimmt dabei die Kundenanforderungen auf und bildet sie auf Basis der immer schneller werdenden Fortentwicklungen der Informationstechnik ab. So ist davon auszugehen, dass mit dem auf OGC-Ebene neu eingeschlagenen Weg der OGC-API die Standardisierung vermehrt auf die Verfügbarkeit über bereits etablierte Webtechniken einhergeht. Die Geodaten werden dabei wie jede andere Information im Internet präsenter und auffindbarer werden. Diese Entwicklungsprozesse werden in den nächsten Jahren für die Bereitstellung der Geobasisdaten ausschlaggebend sein.

Für Rheinland-Pfalz wurde und wird das webbasierte Bereitstellungsangebot der Geobasisdaten stetig ausgebaut. Zukünftig sollen nahezu alle Geobasisdaten und daraus abgeleitete Produkte über Geodatendienste angeboten werden. Die bereits seit Längeren verfügbaren Open-Data-Angebote sind auf der Homepage der VermKV RP einsehbar (siehe auch www.maps.rlp.de). Zugleich werden die gebührenpflichtigen und noch formgebundenen Abrufe der Geobasisdaten über eine Online-Vertriebsplattform, dem GeoShop RP, realisiert. Dies erfolgt im Zuge des Onlinezugangsgesetz (OZG vom 14. Aug. 2017 (BGBL. I S. 3122, 3138)) bzw. den darin vorgesehenen Vorhaben, den Bürgerinnen und Bürger ein bundesweit einheitliches Verwaltungsportal zum Abruf von Verwaltungsdienstleistungen anzubieten.

10.5.2 Produkte der Vermessungs- und Katasterverwaltung Rheinland-Pfalz

In der VermKV RP steht die Kundenorientierung an oberster Stelle; entsprechend haben sich unterschiedliche kundenspezifische Datenbereitstellungen und Übermittlungsprozesse entwickelt und etabliert.

Für Poweruser originärer Geobasisdaten steht das NBA-Verfahren seit der Einführung des AAA-Modell für Daten der Geotopographie und des Liegenschaftskatasters zur Verfügung. Es gewährleistet ein auf den Nutzer abgestimmtes, vollautomatisiertes Abrufverfahren der zu übermittelten Geobasisdaten. Hierbei werden die Vorteile des AAA-Datenmodells auf Datenbankebene vollständig ausgenutzt. Derartige User sind häufig Landesverwaltungen und Kommunalverwaltungen, mit denen vertraglich pauschalisierte Bezugsmodelle vereinbart wurden. Aufseiten der Wirtschaft werden die Daten immer dann über das NBA-Verfahren abgerufen, wenn insbesondere Flurstücksinformationen mit Eigentümer- und Bestandsdaten im berechtigten Interesse übermittelt werden. Hierbei sind insbesondere die Ver- und Entsorgungsunternehmen zu nennen, die häufig eine staatlich übertragene Infrastrukturaufgabe wahrnehmen.

Die VermKV RP ist bestrebt, zukünftig alle Geobasisdaten und daraus abgeleitete Produkte über Geodatendienste bereitzustellen. Momentan werden den Nutzern die überwiegend auf das Open-Data-Angebot ausgerichteten Geodatendienste angeboten. Die Aktualität der Dienste variiert je nach innerbetrieblich eingerichtetem Automatisierungsprozess von täglich bis jährlich. Zunehmend werden kostenpflichtige Geobasisdaten über Downloaddienste angeboten, um Gelegenheitsnutzern einen komfortablen Einzelabruf in meist kleinräumigen Gebieten zu ermöglichen. Vermehrt ist das Interesse an der Dienstetechnologie im Zuge der Open-Data-Strategie der EU im Bereich der New Economy spürbar. Hierbei entwickeln Start-ups auf Geobasisdaten basierende, zielgruppenorientierte Geschäftsmodelle, z. B. für Wald- oder Hausbesitzer.

Eine direkte (meist zur reinen Ansicht erforderliche) Nutzung der Geobasisdaten auf Basis von Geodatendiensten bietet die VermKV RP über selbst aufgesetzte Viewer bzw. Portale: GeoBasisViewer.rlp, Landschaft im Wandel (LaWa.rlp), Bodenrichtwerte-Online (www.BORIS.rlp), Historische Liegenschaftskarte, Rheinland-Pfalz in 3D und GeoPortal.rlp (vgl. https://lvermgeo.rlp.de/de/geodaten-geoshop/viewer).

Im Einzelnen gliedern sich die Produkte (ausgenommen vermessungsnahe Leistungen und Verkehrswertgutachten) der VermKV RP in folgende Themen:

- Vermessungstechnischer Raumbezug:
  - Festpunkte
  - SAPOS

- Quasigeoidmodelle
- Koordinatentransformationen
- Liegenschaftskataster und Bodenmanagement
  - Auszüge aus dem Liegenschaftskataster
  - Hauskoordinaten und -umringe
  - Bodenrichtwerte
  - Grundstücksmarktberichte
  - Auskünfte aus der Kaufpreissammlung
- Geotopographie
  - Luftbilder und Orthophotos (Fernerkundung)
  - Gelände- und Oberflächenmodelle
  - Landschaftsmodelle
  - Topographische Karten und Web-Karten

Das spezifische Angebot, samt Informationen über den Bezugsweg und bestehende Kosten, können dem Produktverzeichnis „Entdecken, Erforschen, Erleben" der Vermessungsverwaltung entnommen werden (VermKV 2021).

Beispielhaft können folgende Nutzungsszenarien verschiedener Branchen benannt werden:

Tabelle 10.2: Nutzerszenarien für verschiedene Branchen

	Geotopographie	Liegenschaftskataster und Bodenmanagement	Verm. Raumbezug
Nutzer/ Verwender	Verwaltungen, Freizeit- und Tourismusgewerbe, Energiewirtschaft, Versorgungs- und Logistikgewerbe etc.	Verwaltungen, Grundstückseigentümer, Immobilienwirtschaft, Landwirtschaft, Gerichte, Ver- und Entsorgungsunternehmen etc.	Vermessungs-/Baubüros, Landwirtschaftliche Betriebe etc.
Anwendungsszenarien	Sichtanalysen, Standort- und Verkehrsplanungen, Raum- und Landesplanung, Umweltmonitoring: Lärm- und Emissionskartierung, Gewässer- und Hochwasserschutz, Solarpotenzialanalysen etc.	Sicherung des Grundeigentums, Transparenz des Grundstücksmarkts, Ordnungs- und Sicherheitsaufgaben, Verwaltungs- und Kontrollsystem für die Agrarförderung (InVeKoS), statistische Auswertungen, kommunales Bodenmanagement, Solarkataster etc.	Ingenieurvermessung, Precision Farming, großräumige Kartierungen etc.

Die Datenbezieher fragen vermehrt länderübergreifende Geobasisdaten an. Die dadurch häufig entstehende Problematik der inhaltlichen und technisch interoperablen Integrität der Geobasisdaten ist dabei in den letzten Jahren stetig verbessert worden, jedoch auf Datenmodellebene noch nicht abschließend gelöst.

Die AdV hat dazu zentrale, bundesweit aktive Vertriebstellen (sog. Zentrale Stellen (ZS)) für die Themen Raumbezug (ZS SAPOS), Geotopographie (ZS GT) und Hauskoordinaten und -umringe (inkl. 3D-Stadtmodelle) (ZS HK/HU) eingerichtet. Dort werden die Daten vereinheitlicht und qualitätsgesichert vorgehalten und an Großkunden abgegeben, dazu zählen u. a. auch Hersteller von Navigationslösungen. Das Angebot wird stetig ausgebaut; zurzeit laufen die Planungen für einen bundesweit einheitlichen Flurstücksbestand.

Zukünftig werden sich die Arbeiten innerhalb der VermKV RP auf die Automation der internen Ablaufprozesse fokussieren, d. h. die digitalen Daten von der Produktion bis hin zum Vertrieb vollautomatisch bereitzustellen. Dabei werden die Prozesse auf die Aktualisierungszyklen der jeweiligen Produkte ausgerichtet.

Literatur

ADV – ARBEITSGEMEINSCHAFT DER VERMESSUNGSVERWALTUNGEN DER LÄNDER DER BUNDESREPUBLIK DEUTSCHLAND (2021): Webseite. www.adv-online.de.

ADV (2017): Richtlinie für den einheitlichen integrierten geodätischen Raumbezug des amtlichen Vermessungswesens in der Bundesrepublik Deutschland (Rili-RB-AdV), 2016.

ADV (2021): Dokumentation zur Modellierung der Geoinformationen des amtlichen Vermessungswesens in der Bundesrepublik Deutschland (GeoInfoDok), Version 6.0.1, 2008, sowie AAA-Anwendungsschema Version 7.1, 2020.

AGRARMINISTERKONFERENZ (2017): Ergebnisprotokoll vom 31.03.2017. https://www.agrarministerkonferenz.de/Dokumente-Beschluesse.html, 2017.

ANDERSSOHN, J. (2014): Satellitenbasierte Bodenbewegungsmessung in Landau in der Pfalz, Deutschland, In: Bericht: Bodenbewegungsanalyse basierend auf TerraSAR-X Daten (2012-2014).

EU-PSI (2019): Public Sector Information: Richtlinie (EU) 2019/1024 des Europäischen Parlaments und des Rats vom 20. Juni 2019 über offene Daten und die Weiterverwendung von Informationen des öffentlichen Sektors (2012-2014), 2019.

GRÜNREICH, D. (2008): Perspektiven und Aufgaben der Kartographie. In: Kartographische Nachrichten, 6/2008.

HECKMANN, B., BERG, G., HEITMANN, S., JAHN, C-H., KLAUSER, B., LIEBSCH, G. & LIEBSCHER, R. (2015): Der bundeseinheitliche Raumbezug – integriert und qualitätsgesichert. In: Zeitschrift für Vermessungswesen (zfv), 3/2015.

KREITLOW, S., BRETTSCHNEIDER, A., JAHN, C.-H. & FELDMANN-WESTENDORFF, U. (2010): Der Bezugssystemwechsel und die Auswirkungen auf die Geodatennutzung. In: Kartographische Nachrichten, 4/2010.

KRICKEL, B., KURTENBACH, E. & RIECKEN, J. (2016): Neuer Raumbezug2016 für NRW. In: NÖV NRW, 2/2016.

RIECKEN, J. (2021): Raumbezug als kritische Infrastruktur. Geodätisches Kolloquium KIT, Karlsruhe, 2021.

RIECKEN, J. & BECKER, P. (2020): Ein neuer Satellitenpositionierungsdienst für Deutschland. In: Zeitschrift für Vermessungswesen (zfv), 4/2020.

SCHÜRER, D. (2002): Ableitung von Landschaftsmodellen mit geringerem Strukturierungsgrad durch Modellgeneralisierung. Schriftenreihe des Instituts für Kartographie und Topographie der Universität Bonn, 28.

SCHÜRER, D. (2008): Das AdV-Projekt ATKIS-Generalisierung – Digitale Landschaftsmodelle und Karten aus dem Basis-DLM. In: Kartographische Nachrichten, 4/2008.

SCHÜRER, D. & DIDINGER, O. (2009): Erzeugung und Bereitstellung von ATKIS-Produkten – ein Blick hinter die Kulissen im Landesamt für Vermessung und Geobasisinformation Rheinland-Pfalz. In: Flächenmanagement und Bodenordnung (fub), 3/2009.

VermKV (2021): Entdecken, Erforschen, Erleben – Produkte der Vermessungs- und Katasterverwaltung Rheinland-Pfalz. https://lvermgeo.rlp.de/de/service/publikationen.

11 Geobasisdaten in Österreich

Bernhard ZAGEL[1]

Zusammenfassung

Digitale Verfügbarkeit und standardisierter Zugang von Geo(basis)daten haben sich in Österreich durch den INSPIRE-Prozess ab 2007 in der EU stark entwickelt. Ausgangspunkt war die EU-Richtlinie 2007/2/EG zur Schaffung einer europäischen Geodateninfrastruktur, eine darauf aufbauende Geodaten-Basis sowie integrierte raumbezogene Informationsdienste. Dies hatte auch Einfluss auf nationale Geoportal-Projektinitiativen, wie z. B. geoland.at und später basemap.at. Parallel dazu wurde der allgemeine Zugang zu Geodaten durch die Open-Data-Initiativen ab 2010 vereinfacht. In Österreich liegt die Führung wesentlicher Geo(basis)daten wie Kataster, (topographische) Grundkarten oder Digitales Landschaftsmodell in Bundeskompetenz. Darüber hinaus nehmen die Geoportale und Geoinformationssysteme (GIS) der Bundesländer eine herausragende Rolle in der Bereitstellung von Geo(basis)daten ein. Insgesamt kann die Situation in Österreich – aufgrund der hochwertigen Angebote von Bundesstellen und Bundesländern – bzgl. der flächendeckenden Führung der wichtigen Geodatenbestände als sehr gut bezeichnet werden.

11.1 Amtliche Geobasisdaten in Österreich

In Österreich ist das Bundesamt für Eich- und Vermessungswesen (BEV) die zentrale Bundesbehörde, die Geobasisdaten, Kataster und amtliche Kartenwerke über das gesamte Bundesgebiet führt und vorhält. Daneben gibt weitere Bundesdienststellen, wie das Umweltbundesamt (UBA), die Geologische Bundesanstalt (GBA) oder die Zentralanstalt für Metrologie und Geodynamik (ZAMG), die fach- und raumspezifische Daten aufnehmen und bereitstellen. Auf Ebene der Bundesländer sind die Geoinformationsportale der Länder mit ihren umfangreichen Geodatenbeständen sowie deren gemeinsamer Geodatenverbund geoland.at zu erwähnen.

11.1.1 Bundesamt für Eich- und Vermessungswesen: Produkte und Dienste

Das Bundesamt für Eich- und Vermessungswesen (BEV) ist eine dem Bundesministerium für Digitalisierung und Wirtschaftsstandort (BMDW) nachgeordnete Bundesbehörde unter anderem mit den Aufgabenbereichen Vermessung und Geoinformation. Österreichweit ist das BEV neben der Zentrale in Wien mit über 50 Dienststellen in allen Bundesländern vertreten (www.bev.gv.at).

[1] Universität Salzburg, Fachbereich Geoinformatik – Z_GIS, Schillerstraße 30, A-5020 Salzburg, bernhard.zagel@sbg.ac.at, www.zgis.at, Twitter: @BernieZ_GIS

Die Aufgabenschwerpunkte des Fachbereichs Vermessung und Geoinformation im BEV sind die Grundlagenvermessung, die Anlegung und Führung des Katasters zur Dokumentation der räumlichen Zuordnung der Eigentumsrechte an Grund und Boden und die topographische Landesaufnahme. Die Ergebnisse dieser Arbeiten bilden als nationale Geobasisdaten die Grundlage der österreichischen Geodateninfrastruktur (vgl. JÜPTNER 2000). Somit stellt das BEV die wichtigsten analogen und digitalen Informationen homogen für das gesamte Bundesgebiet bereit. Wesentliche digitale Geoprodukte sind:

- Kataster (Digitale Katastralmappe – DKM),
- Kartographisches Modell – KM,
- Digitales Landschaftsmodell, Digitales Geländehöhenmodell und Folgeprodukte,
- Luftbilder und Folgeprodukte.

Digitale Katastralmappe – DKM

Die Digitale Katastralmappe (DKM) ist der grafische Datenbestand des Katasters im Koordinatensystem der Österreichischen Landesvermessung[2] und wird von den zuständigen Vermessungsämtern katastralgemeindeweise geführt. Die DKM veranschaulicht die Lage der Grundstücke und enthält:

- die Grenzen der Grundstücke,
- die Grundstücksnummern,
- Nutzungsgrenzen und -symbole,
- die Fest-, Grenz- und Staatsgrenzpunkte mit deren Nummern,
- sonstige Darstellungen.

Die Konsistenz der Daten zwischen der DKM und dem Grundbuch wird über einen täglichen Abgleich der Datenbanken sichergestellt. Sie wird im SHP/DXF/CSV-Format abgegeben.

Kartographisches Modell – KM

Die Daten der staatlichen topographischen Landesaufnahme werden, generalisiert und maßstabsabhängig, digital in Form von Kartographischen Modellen (KM) geführt. Diese bilden die Grundlage für alle amtlichen kartographischen Produkte[3]. Die Modelle wurden ursprünglich durch Digitalisierung der analogen staatlichen Kartenwerke (ÖK50, ÖK250, ÖK500) erstellt und seither in Form von Raster- und Vektormodellen weiterentwickelt. Entsprechend den Maßstabsreihen der analogen Kartenwerke wird bei Rasterdaten zwischen KM50, KM250, KM500 und KM2000, bei Vektordaten zwischen KM50, KM250, KM500 und KM1000 unterschieden. Die Datenbestände der KM sind im BEV-Portal (www.bev.gv.at) und in der Austrian Map (www.amap.at) sowie der Austrian Map mobile verfügbar.

---

2 Basierend auf dem Referenzsystem MGI (Militär-Geographisches Institut); Ellipsoid: Bessel (1841); Projektionssystem: Gauß-Krüger; Bezugsmeridiane 28°, 31°und 34° östlich von Ferro (17°40′westlich von Greenwich); Höhenbezug: Pegel von Triest (Mittelwasser der Adria).

3 Mit dem Beitritt zum NATO-Programm „Partnerschaft für den Frieden“ (PfP) im Jahr 1995 hat sich Österreich verpflichtet, die nationalen Kartenwerke der Maßstäbe 1:50.000, 1:25.000 V und 1:200.000 vom System der österreichischen Landesvermessung (MGI, Bessel-Ellipsoid) auf das weltweit standardisierte „Universale Transversale Mercator System“ (UTM) umzustellen. Damit erfolgte auch eine Änderung der Blattschnitte dieser Kartenwerke (BEV 2007).

Digitales Landschaftsmodell – DLM

Das Digitale Landschaftsmodell (DLM) ist ein lagerichtiges Abbild der Natur und enthält Objekte und Informationen der Erdoberfläche in Vektorform (BEV 2012).

Das Digitale Landschaftsmodell (DLM) des Bundesgebiets wird als Vektordatenbestand geführt, der aus originären Messdaten stammt und daher maßstabsfrei und noch nicht kartographisch generalisiert ist. Wie ATKIS in Deutschland modelliert auch das DLM die relevanten Geoobjekte hierarchisch in Objektbereiche, Objektgruppen und Objektarten und diese Struktur wird in einem Objektartenkatalog abgebildet. Die kleinste abgebildete DLM-Einheit, ein Objekt, repräsentiert einen konkreten, geometrisch begrenzten Gegenstand (z. B. „Landesstraße B1") oder Sachverhalt, der durch Attribute im Detail näher beschrieben wird. Gleichartige Objekte werden zu Objektarten (z. B. „Landesstraße") zusammengefasst, mehrere verwandte Objektarten bilden in weiterer Folge Objektgruppen (z. B. „Straßen"), aus denen als höchste Ebene dieser Begriffshierarchie sieben Objektbereiche der Landschaftsinformation (Verkehr, Siedlung, Gebietsnutzung, Gewässer, Bodenbedeckung, Gelände, Namen) entstehen.

Die punkt- und linienförmigen Objekte des DLM werden blattschnittfrei nach Angabe des Interessengebiets bzw. flächendeckend für Österreich im österreichischen Landeskoordinatensystem (Militär-Geographisches Institut – MGI, Gauß-Krüger-Projektion) abgegeben. Die Umrechnung auf andere Projektionen bzw. Bezugsellipsoide ist möglich (vgl. BEV 2012 bzw. www.bev.gv.at).

Digitales Geländemodell – DGM

Das digitale Geländehöhenmodell (DGM) des BEV beschreibt die Erdoberfläche (natürlicher Boden, ohne Bewuchs) in Form von Punktmengen, die in einem regelmäßigen Gitter angeordnet und in Lage und Höhe georeferenziert sind (Höhenraster). Zusätzliche Geländestrukturen wie Bruchlinien, Formenlinien und markante Einzelpunkte ergänzen den regelmäßigen Höhenraster und liefern detaillierte Informationen über die Topographie Österreichs.

Aktualisierung: Für die Aktualisierung des DGM sind keine fixen Intervalle vorgesehen. Es wird laufend an der Aktualisierung der Höhendaten gearbeitet. Großräumige Veränderungen in der Natur werden permanent nachgeführt. Die Bereitstellung der Daten der unentgeltlichen Produkte erfolgt 1 x jährlich.

Verfügbarkeit: Aktuell liegt für ganz Österreich ein flächendeckendes Geländehöhenmodell mit einem auf 10 Meter interpolierten Raster und integrierten Strukturinformationen vor, von dem weitere Produkte abgeleitet werden, wie Höhenraster (5 m, 25 m sowie unentgeltlich 50 m, 100 m, 250 m, 500 m), Höhenschichtlinien und Strukturinformationen (vgl. BEV 2019, 14 bzw. www.bev.gv.at).

Luftbilder und Orthophotos

Seit dem Jahr 2010 liegen im BEV digitale Luftbilder vor, welche mit großformatigen digitalen Luftbildkameras aufgenommen werden. Aufgezeichnet werden die Farbkanäle RGB (Rot, Grün und Blau) und NIR (nahes Infrarot) sowie PAN (panchromatisch). Die Befliegung des gesamten Bundesgebiets erfolgt im 3-Jahres-Zyklus. Davor – von 1949 bis 2009 – wurden Luftbilder durch analoge Messungsaufnahmen erzeugt. Es stehen ca. 450.000 Aufnahmen zur Verfügung, die das Bundesgebiet jeweils in einem Zeitraum von 5 – 7 Jahren abdecken (BEV 2019, 7)

Orthophotos sind im Gegensatz zum Luftbild eine verzerrungsfreie und maßstabsgetreue Abbildung der Erdoberfläche. Der derzeit aktuellste Bestand an Farb-Orthophotos ist aus digitalen Luftbildern (4-Kanalbilder RGBI) entstanden. Diese Orthophotos werden in einer Bodenauflösung (Pixelgröße) von 20 cm produziert. Der Aktualisierungszyklus ist mit drei Jahren festgelegt. Der Erfassungsstand ist unter www.bev.gv.at ersichtlich (BEV 2019, 11).

11.1.2 Geodatenportale der Bundesländer

In den österreichischen Bundesländern wurde Ende der 1980er-Jahre mit dem Aufbau von Landes-GIS und Fachinformationssystemen begonnen. Bis heute wurden große Anstrengungen unternommen, Basisdatenbestände sowie Daten aus den Fachabteilungen in Geoportale bzw. Landes-GIS zu integrieren und nachzuführen.

Tabelle 11.1: Geoportale der Bundesländer in Österreich

Bundesland	URL
BUGIS* – GeoDaten Burgenland	geodaten.bgld.gv.at
KAGIS – Geoinformation Land Kärnten	kagis.ktn.gv.at
NÖGIS – Geoinformation Niederösterreich	www.noe.gv.at/noegis
DORIS – Digitales Oberösterreichisches Raum-Informations-System	doris.ooe.gv.at
SAGIS – Salzburger Geographisches Informationssystem	www.salzburg.gv.at/sagis
STEGIS* – GIS Steiermark	www.gis.steiermark.at
tiris – Tiroler Rauminformationssystem	www.tirol.gv.at/tiris
VoGIS – Vorarlberger Geographisches Informationssystem	www.vorarlberg.at/lvg
ViennaGIS – Geographisches Informationssystem der Stadt Wien	www.wien.gv.at/viennagis

*) ehemalige, nicht mehr aktuelle Abkürzung

Über das Geodatenportal geoland.at bieten die neun Bundesländer seit 2004 gemeinsam einen freien Zugriff auf wichtige Geofachdaten OGC-konform an. Dabei wurden Basisdatenbestände sowie Daten aus den Fachabteilungen aufgebaut und homogenisiert, um diese über das gesamte Bundesgebiet einheitlich anbieten zu können (vgl. PRAGER 2007).

Das Datenhaltungskonzept von Geoland.at ist dezentral. Die Daten werden vor Ort in den einzelnen Landesverwaltungen gehalten, sind damit aktuell und authentisch. Das Zusammenführen über die Landesgrenzen hinweg erfolgt durch die Portalsoftware zum Zeitpunkt der Nutzeranfrage. Geoland.at ersetzt nicht die Länder-GIS, es ist auch kein zusätzliches GIS, sondern ermöglicht vor allem eine gemeinsame und länderübergreifende Sicht auf die dezentralen Geodaten.

Geoland.at beinhaltet die Themenbereiche Basisdaten, Raumordnung, Verwaltungsgrenzen, Naturschutz, Wasser, Katastrophenschutz, Verkehr, Umwelt, Sport, Wald sowie Kultur und Geschichte.

Weiterhin bieten die Bundesländer basierend auf Basis eigener Luftbild- und Airborne-Laserscanning-Kampagnen flächendeckend digitale Höhenmodelle und Orthophotos an. Diese Initiativen mündeten schließlich in eine digitale Verwaltungskarte als Service für ganz Österreich: basemap.at (vgl. MITTLBÖCK 2020).

11.1.3 Basemap.at – die digitale Verwaltungskarte

Basemap.at ist die auf amtlichen Geodaten basierende digitale Verwaltungsgrundkarte für Österreich. Die verwendeten Geodaten kommen u. a. aus dem Adressregister Österreich, der Graphenintegrations-Plattform (GIP.at), sowie dem Gebäudebestand, dem Laserscanning-Modell und den topographischen Naturbestandsdaten der Landes- und Stadtvermessungen.

Ein Kooperationsprojekt der neun österreichischen Bundesländer (geoland.at), ITS Vienna Region/GIP.at Betreiber sowie der TU Wien und der Fa. Synergis bildete in den Jahren 2012 – 2013 die Grundlage für eine ab dem Jahr 2014 im Internet frei verfügbare Verwaltungskarte. Basemap.at dient sowohl als Grundlage für zahlreiche Verwaltungsverfahren als auch für jegliche private oder kommerzielle Nutzung gemäß den Rahmenbedingungen von Open Government Data Österreich und steht frei zur Nutzung zur Verfügung. Es unterliegt damit der Open Government Data Lizenz von Österreich, Creative Commons Namensnennung (CC-BY 4.0).

Technisch gesehen ist basemap.at eine Rasterkarte in Form eines vorgenerierten Kachel-Caches, in der Web Mercator Auxiliary Sphere und damit kompatibel zu den gängigen weltweiten Basiskarten, wie beispielsweise jenen von OpenStreetMap, Google Maps und Bing Maps. Sie ist als OpenGIS Web Map Tile Service 1.0.0 (WMTS) gemäß OGC-Standard verfügbar (Abb. 11.1).

Abb. 11.1: Ausschnitt Stadt Salzburg (Datenquelle: basemap.at)

11.2 Geodätische Bezugssysteme in Österreich

Zur Darstellung raumbezogener Daten (3D-Position, Lage, Höhe) sind einheitliche, geodätische Bezugssysteme, sogenannte Koordinatenreferenzsysteme, erforderlich. Entsprechend der internationalen Norm ISO 19111 besteht ein Koordinatenreferenzsystem (CRS = Coordinate Reference System) aus einem physikalischen Teil, dem „Datum“, und einem mathematischen Teil, dem „Koordinatensystem“ (BEV 2007).

Das Datum wird oft auch als Bezugssystem bezeichnet und legt den Bezug zur Erde durch Definition des Nullpunkts hinsichtlich des verwendeten Koordinatensystems, der Orientierung der Koordinatenachsen und des Maßstabs fest. Zusätzlich wird ein Referenzellipsoid zugeordnet. In Österreich ist als geodätisches Datum vor allem MGI (für Militär-Geographisches Institut) bekannt, mit Ellipsoid Bessel (1841) und dem Fundamentalpunkt Hermannskogel bei Wien sowie der Orientierung nach dem Azimut Hundsheimer Berg und der Basis von Josefstadt. Ein weiteres für Österreich relevantes Datum ist das Europäische Terrestrische Referenzsystem 1989 (ETRS89).

Das Koordinatensystem umfasst mathematische Regeln zur räumlichen Zuweisung von Punkten und Koordinaten. Je nach Zweck können Koordinaten als kartesische Koordinaten (X, Y, Z), ellipsoidische Koordinaten (Breite, Länge und ggf. ellipsoidische Höhe) oder als projizierte Koordinaten (Gauß-Krüger-Abbildung, UTM-Abbildung) angegeben werden.

In Österreich und Europa finden diverse Raumbezugssysteme Verwendung. Für eine effiziente Geodatennutzung ist es langfristiges Ziel, europaweit ein einheitliches Lagebezugssystem zu nutzen. Mit dem Beitritt zum NATO-Programm „Partnerschaft für den Frieden“ (PfP) 1995 hat sich Österreich verpflichtet, die nationalen Kartenwerke hinsichtlich Bezugssystem, Projektion, Maßstab, Blattschnitt etc. den internationalen Vorgaben anzupassen.

11.3 Open Government Data und INSPIRE in Österreich

In Österreich sind nach § 7 des österreichischen Urheberrechtsgesetzes die öffentlich-rechtlichen Geoinformationen ausdrücklich von der Freiheit amtlicher Werke ausgenommen: „2. Vom Bundesamt für Eich- und Vermessungswesen hergestellte oder bearbeitete (§ 5 Abs. 1) und zur Verbreitung (§ 16) bestimmte Landkartenwerke sind keine freien Werke.“ Dasselbe gilt für die Geodaten der Länder, die landesrechtlich geschützt sind. Das betrifft die Druckwerke ebenso wie die elektronischen Daten, die etwa über AMAP (www.austrianmap.at), Basemap.at (www.basemap.at), Geoland (www.geoland.at) oder die diversen Bundesländer-GIS-Portale öffentlich zugänglich sind.

Mit dem Open-Government-Data-Portal www.data.gv.at leistet die „Cooperation OGD Österreich“, bestehend aus Bund, Ländern und Gemeinden, seit 2011 einen Beitrag zur Verbreitung von offenen Datensätzen und Diensten aus der Verwaltung, die auf den Open-Data-Prinzipien basieren. Die Daten können frei genutzt werden – zur persönlichen Information und auch für kommerzielle Zwecke wie Applikationen oder Visualisierungen. Details zu Rahmenbedingungen und Umfang von OGD-gestellten Daten finden sich unter: www.data.gv.at.

Einen wesentlichen Teil der Open Data gestellten Verwaltungsdaten haben Raumbezug bzw. sind Geodaten. Die Europäische Union hat bereits 2007 beschlossen, gemeinsame Standards und Vorgehensweisen bezüglich Geodaten zu etablieren. Damit sollte das Ziel der Schaffung einer Europäischen Geodateninfrastruktur (INSPIRE: Infrastructure for Spatial Information in the European Community) erreicht werden. Am 15. Mai 2007 trat die vom Europäischen Parlament und Rat der EU verabschiedete INSPIRE-Richtlinie 2007/2/EG in Kraft. Österreich hat seitens des Bundes mit 02.03.2010 diese Richtlinie mit dem Geodateninfrastrukturgesetz (GeoDIG) in nationales Recht umgesetzt. Aufgrund der verfassungsrechtlichen Zuständigkeiten war diese Richtlinie auch von den Ländern umzusetzen. Dazu sei auf folgende Einstiegspunkte verwiesen:

- INSPIRE Österreich: www.inspire.gv.at
- INSPIRE Metadatensuche für Österreich: geometadatensuche.inspire.gv.at

11.4 Weitere Geodatenquellen in Österreich

Neben den bereits erwähnten Geo(basis)daten von BEV und den Bundesländern gibt es in Österreich weitere nachgeordnete bzw. ausgelagerte Institutionen und Dienststellen, die im Natur- und Umweltbereich signifikante Geodatenbestände pflegen und vorhalten.

Tabelle 11.2: Öffentliche Geodatenanbieter in Österreich

Öffentliche bzw. teilstaatliche Geodatenanbieter	URL
Geologische Bundesanstalt	www.geologie.ac.at
Graphenintegration-Plattform – GIP.at (Verkehrsinfrastruktur)	www.gip.gv.at
Hydrographischer Dienst	ehyd.gv.at
Land-, forst- und wasserwirtschaftliches Rechenzentrum GmbH	www.lfrz.gv.at
Österreichische Bundesforste AG	www.bundesforste.at
Statistik Austria	www.statistik.at
Umweltbundesamt GmbH	www.umweltbundesamt.at
Zentralanstalt für Metrologie und Geodynamik – ZAMG	www.zamg.ac.at

Daneben sind in Österreich noch extensive – international eingebundene – Forschungsnetzwerke aktiv, wie z. B. LTER Austria. Die Gesellschaft für ökologische Langzeitforschung leistet einen wesentlichen Beitrag, wenn es darum geht, Ökosysteme besser verstehen zu lernen. Weltweit werden dadurch neue Erkenntnisse über Raumstruktur und Funktionen von Ökosystemen, aber auch über deren langfristige Reaktionen auf Umwelteinflüsse und sogenannte soziale und ökonomische „Driver“ gewonnen.

Geodaten und Metainformationen zu diesen Langzeitmessreihen werden global über die Plattform DEIMS-SDR (Dynamic Ecological Information Management System – Site and dataset registry) gesammelt (www.lter-austria.at bzw. deims.org).

Auf sogenannte Crowdsourcing-Geodaten und Projekte, wie z. B. die weltweite OpenStreetMap, wird noch an anderer Stelle in diesem Buch eingegangen und hier nicht weiter vertieft.

Literatur

BEV (2007): Die neuen Karten im UTM-System. Österreichische Karte 1:50.000, Österreichische Karte 1:25.000V, Österreichische Karte 1:200.000. Bundesamt für Eich- und Vermessungswesen (Hrsg.). Wien.

BEV (2012): Das DLM – Digitales Landschaftsmodell. Bundesamt für Eich- und Vermessungswesen (Hrsg.). Wien.

BEV (2019): BEV – Fernerkundung. Bundesamt für Eich- und Vermessungswesen (Hrsg.). Wien.

JÜPTNER, B. (2000): Geobasisdaten in Österreich. In: Österreichische Zeitschrift für Vermessung und Geoinformation (VGI), 88 (2), 117-121.

MITTLBÖCK, M., KNOTH, L., ATZL, C., JAQUEMAR, S. & NADERER, C. (2020): 3D-Grundkarten für Österreich – von basemap.at zu basemap.at-3D. In: STROBL, J., ZAGEL, B.,

BLASCHKE, T. & GRIESEBNER, G. (Hrsg.): AGIT – Journal für Angewandte Geoinformatik 6-2020. Wichmann, Berlin/Offenbach, 132-145.

PRAGER, R. (2007): Geoland.at – der Geodatenverbund der Länder – Technische und inhaltliche Erweiterungen. In: STROBL, J., BLASCHKE, T. & GRIESEBNER, G. (Hrsg.): Angewandte Geoinformatik 2007. Wichmann, Heidelberg, 577-582.

Internet-Ressourcen, -Dienste und -Portale zu Geodaten in Österreich

AUSTRIAN MAP (AMAP ONLINE): Geoportal des Bundesamts für Eich- und Vermessungswesen (BEV). http://www.austrianmap.at/amap/ (01.02.2021).

BASEMAP.AT: Verwaltungsgrundkarte von Österreich, basierend auf den Geodaten der Bundesländer und deren Partnern. https://www.basemap.at/ (01.02.2021).

BUNDESAMT FÜR EICH- UND VERMESSUNGSWESEN: Bundesbehörde u. a. mit den Aufgabenbereichen: Amtliches Kartenwerke, Katasterwesen, Vermessung und Geoinformation. https://www.bev.gv.at (01.02.2021).

BUNDESRECHENZENTRUM: Kompetenzzentrum für Digitalisierung in Österreich. https://www.brz.gv.at/ (01.02.2021).

DIGITALE KATASTRALMAPPE (DKM): Der grafische Datenbestand des Katasters in Österreich. https://www.bev.gv.at/portal/page?_pageid=713,2292891&_dad=portal&_schema=PORTAL (01.02.2021).

GEOLAND.AT: Geodatenportal der neun Bundesländer in Österreich. http://www.geoland.at (01.02.2021).

GEOLOGISCHE BUNDESANSTALT: Portal für geowissenschaftliche Information in Österreich. https://www.geologie.ac.at (01.02.2021).

INSPIRE ÖSTERREICH: Geoportal INSPIRE Österreich ist die offizielle Informationsseite von INSPIRE Österreich. https://www.inspire.gv.at (01.02.2021).

OPEN DATA AUSTRIA: Katalog offener Datensätze und Dienste aus der öffentlichen Verwaltung, die auf den Open Data-Prinzipien basieren. https://www.data.gv.at (01.02.2021).

UMWELTBUNDESAMT: Führende Institution im Bereich Umweltfragen und -beratung in Österreich. https://www.umweltbundesamt.at (01.02.2021).

ZENTRALANSTALT FÜR METROLOGIE UND GEODYNAMIK: Staatlicher meteorologischer und geophysikalischer Dienst Österreichs. https://www.zamg.ac.at (01.02.2021).

12 Geobasisdaten Schweiz

David OESCH[1]

Zusammenfassung

Geobasisdaten sind gemäß Art. 3 Abs. 1 Bst. c GeoIG (SR 510.62): „Geodaten, die auf einem rechtsetzenden Erlass des Bundes, eines Kantons oder einer Gemeinde beruhen." Die öffentlich zugänglichen Geobasisdaten werden von öffentlichen Einrichtungen zur Verfügung gestellt und via Internet auf Geodateninfrastrukturen der Verwaltung wie geo.admin.ch (Bund), geodienste.ch (Konferenz der Kantonalen Geoinformationsstellen) oder zum Beispiel Stadt Zürich (www.stadt-zuerich.ch/geoportal) öffentlich zugänglich gemacht. Die Geodateninfrastruktur von geo.admin.ch ist die öffentlich sichtbare Umsetzung des Geoinformationsgesetzes GeoIG auf der Bundesebene. Eine solche Umsetzung ermöglicht den Austausch und die effiziente Nutzung geographischer Informationen. Eine GDI wie die Bundes-Geodaten-Infrastruktur BGDI geo.admin.ch erfüllt eine doppelte Funktion in Bezug auf den Informationsauftrag im Sinne des Geoinformationsgesetzes:

- Die Geodateninfrastruktur ist ein wichtiger und notwendiger Schritt in der Umsetzung des GeoIG. Die Geobasisdaten sind im Internet umfassend, rasch und klar strukturiert zugänglich.
- In einer Geodateninfrastruktur werden wichtige Informationen zu den Geobasisdaten der Schweiz erschlossen. Die BGDI geo.admin.ch ist z. B. die Informationsplattform aller Bundesämter betreffend Geobasisdaten.

Die Koordination der Geoinformation innerhalb der Bundesverwaltung, einschließlich geo.admin.ch, steht unter der strategischen Führung und Steuerung des Koordinationsorgans für Geoinformation GKG, die der Kantone unter der Konferenz der Kantonalen Geoinformationsstellen und der Bau-, Planungs- und Umweltdirektoren-Konferenz.

Die Geodateninfrastruktur des Bundes geo.admin.ch hat im Jahr 2020 26 Mio. Nutzer alleine durch den Kartenviewer bedient, es stehen ca. 1.000 Datensätze über verschiedene standardisierte und offene Geodiensten zur Verfügung. Seit 2010 verzeichnet die Geodateninfrastruktur jährliche Zunahmen der Nutzung der verschiedenen Dienstangebote von 25-50 %.

12.1 Einleitung

12.1.1 Geodateninfrastrukturen

Eine Geodateninfrastruktur ermöglicht den Anwendern den direkten Zugriff auf Geoinformationen und Geodienste verschiedener Anbieter. Es handelt sich dabei um ein System von

[1] Bundesamt für Landestopografie swisstopo, Koordination, Geoinformation und Services KOGIS, Seftigenstrasse 264, CH-3084 Wabern, david.oesch@swisstopo.ch, https://www.swisstopo.admin.ch/de/swisstopo/organisation/kogis.html

(politischen) Maßnahmen, institutionellen Einrichtungen, Technologien, Daten und Personen (Abb. 12.1). Das System ermöglicht Anwendern den Austausch und die effiziente Nutzung geographischer Informationen.

Geodateninfrastrukturen gibt es auf allen föderalen Ebenen. Auch Gemeinden, Städte und Kantone betreiben solche Systeme.

- Die Bundes-Geodaten-Infrastruktur BGDI www.geo.admin.ch betrifft die Geoinformationen der Bundesverwaltung. Sie stellt den Zugang zu allen Geobasisdaten technisch und organisatorisch via den zuständigen Fachstellen des Bundes sicher.
- Die Nationale Geodaten-Infrastruktur NGDI bezieht sowohl öffentliche wie auch private Organisationen mit ein.
- Auf kantonaler und Gemeinde-Ebene stehen ebenfalls Geodaten-Infrastrukturen zur Verfügung. Unter www.kkgeo.ch/geodaten/kantonale_geoportale sind die verschiedenen kantonalen Geodateninfrastrukturen aufgeführt.

Ein wesentliches Element und das größte Kapital der NGDI stellen die Geoinformationen selbst dar. Sie sind unterteilt in Geobasisdaten und übrige Geodaten. Diese Abgrenzung erfolgt über das Kriterium des öffentlichen Interesses. Dieses ergibt sich dadurch, dass der Staat Geobasisdaten für die Erfüllung seiner eigenen öffentlichen Aufgaben benötigt bzw. Geobasisdaten Privaten bereitstellt, die im öffentlichen Auftrag handeln.

Abb. 12.1: Das Kontaktnetz bildet das Zentrum der Nationalen Geodateninfrastruktur (swisstopo)

12.1.2 Gesetzliche Grundlagen

Das Geoinformationsgesetz GeoIG trat am 1. Juli 2008 in Kraft. Es ist als Rechtsgrundlage die Basis aller Aktivitäten im Bereich der Information, des Austauschs und der Nutzung von Geobasisdaten des Bundesrechts. „Dieses Gesetz bezweckt, dass Geodaten über das Gebiet der Schweizerischen Eidgenossenschaft den Behörden von Bund, Kantonen und Gemeinden sowie der Wirtschaft, der Gesellschaft und der Wissenschaft für eine breite Nutzung, nachhaltig, aktuell, rasch, einfach, in der erforderlichen Qualität und zu angemessenen Kosten zur Verfügung stehen.“ (GeoIG Art. 1). Geobasisdaten in der Zuständigkeit der Kantone und dem Gemeinwesen sind in den entsprechenden kantonalen und kommunalen Gesetzen geregelt und einsehbar über geobasisdaten.ch.

Um die Umsetzung des GeoIG und der dazugehörigen Geoinformationsverordnung GeoIV zu unterstützen, wurde das „Konzept Nationales Geoportal der Schweiz“ (GIGER 2009) erarbeitet und von den zuständigen Stellen mittels technischer Anhörung 2009 freigegeben.

12.1.3 Geobasisdaten

Geobasisdaten sind Geodaten, die als Grundaufgabe im öffentlichen Interesse flächendeckend über die Schweiz und in geforderter Qualität und Homogenität produziert und verwendet werden und für die Verwaltungsführung unerlässlich sind. Geobasisdaten sind gemäß Art. 3 Abs. 1 Bst. c GeoIG (SR 510.62): „Geodaten, die auf einem rechtsetzenden Erlass des Bundes, eines Kantons oder einer Gemeinde beruhen.“ In der Botschaft zum Bundesgesetz über Geoinformation, Kapitel 2.1.2 (BBl 7817) wird dazu ausgeführt: „Die Abgrenzung der Geobasisdaten von den übrigen Geodaten erfolgt über den Rechtsbezug. Der betreffende Datensatz muss sich auf einen Rechtserlass des Bundes, eines Kantons oder einer Gemeinde abstützen, d. h., es muss ein sachlich plausibler Bezug von einem spezifischen Datensatz zu einem Rechtserlass (Gesetz, Verordnung) hergestellt werden können. Oft ist dieser Bezug in den geltenden Rechtserlassen nur implizit vorhanden, weil sie nur den groben Aufgabenbereich beschreiben, dem einzelne Geobasisdatensätze zugeordnet werden können. In diesen Fällen ist aber das Erfassen, Nachführen und Verwalten der betreffenden Geodaten für die Aufgabenerfüllung zwingend erforderlich.“

Geobasisdaten des Bundesrechts haben eine Sonderstellung in der föderalen Struktur der Schweiz. In der Botschaft zum Bundesgesetz über Geoinformation, Kapitel 2.1.2 (BBl 2006 7817) wird dazu ausgeführt: „Geobasisdaten des Bundesrechts basieren auf der Bundesgesetzgebung; die Datenherrschaft liegt auf Bundes-, kantonaler oder kommunaler Ebene. Das Geoinformationsgesetz ist grundsätzlich anwendbar auf Geobasisdaten des Bundesrechts. Diese werden auf Verordnungsstufe im Geobasisdatenkatalog abschließend aufgezählt (gemäß Anhang 1 GeoIV (SR 510.620)).“

Geodaten, die als Geobasisdaten des Bundesrecht deklariert sind, müssen kurz- bis mittelfristig folgende Voraussetzungen erfüllen:

- ein Datenmodell, Geodienste für Visualisierung und Download und Metadaten gemäß Standarddienst müssen vorhanden sein,
- sie liegen flächendeckend vor,
- sie entsprechen einer definierten Qualität,
- die Nachführung und Archivierungskonzept ist vorhanden.

12.2 Kategorisierung Geobasisdaten

Mit der zunehmenden Bedeutung der Geodaten besteht in der Schweiz ein großes Bedürfnis diese auf eine benutzerfreundliche Art thematisch zu kategorisieren, um den Zugang zur Geoinformation z. B. in Geodateninfrastrukturen, in Geometadatensystemen oder in Archiven zu erleichtern.

Um diesem Anliegen Rechnung zu tragen, hat die Arbeitsgruppe GIS der Schweizerischen Informatikkonferenz (SIK-GIS) in enger Zusammenarbeit mit dem Koordinationsorgan für Geoinformation des Bundes (GKG) den Standard *eCH-0166 Geokategorien*[2] erarbeitet.

Die thematischen Kategorien *ISO-19115 Topic Categories* wurden dazu auf die Verhältnisse der Schweiz und insbesondere die Anforderungen der öffentlichen Verwaltung und ihrer Geodatenkunden angepasst.

Der Standard umfasst eine dreistufige hierarchische Klassifikationsnomenklatur mit drei Oberkategorien auf der obersten Hierarchieebne, der Übernahme der *ISO Topic Categories* auf der zweiten sowie einer Aufteilung von fünf bestehenden ISO-Geokategorien in Unterkategorien auf der dritten Hierarchieebene. Zudem sind die Bezeichnungen einiger ISO 19115 Geokategorien den Bedürfnissen in der Schweiz angepasst worden und es existiert neu eine thematisch gegliederte Reihenfolge der Kategorien. Es handelt sich um eine pragmatische Lösung mit dem Ziel einer optimalen Benutzerfreundlichkeit, einer einfachen Umsetzbarkeit und bestmöglicher Abstützung auf internationale Standards.

12.3 Metainformationen

Geometadaten sind gemäß Art. 3 Abs. 1 Bst. g GeoIG (SR 510.62): „formale Beschreibungen der Merkmale von Geodaten, beispielsweise von Herkunft, Inhalt, Struktur, Gültigkeit, Aktualität, Genauigkeit, Nutzungsrechten, Zugriffsmöglichkeiten oder Bearbeitungsmethoden." Geometadaten dienen dazu, Geodaten bekannt und auffindbar zu machen. Metadaten (Informationen über die Daten) beschreiben formal die Merkmale der erhobenen und verfügbaren Daten. Sie sind von grundlegender Bedeutung, da sie es einem Nutzer, einer Nutzerin ermöglichen, sich über existierende Daten zu informieren, mehrere Datensätze miteinander zu vergleichen und den in einem bestimmten Fall idealen Datensatz zu bestimmen. Zur Unterstützung der Vernetzung von Datensätzen werden genormte Metadaten sowie standardisierte Verfahren für den Zugang zu den Metadatenkatalogen und deren Verwaltung benötigt. Um sie von anderen Arten von Metadaten unterscheiden zu können, werden die Metadaten, welche Geodaten betreffen, Geometadaten genannt.

Zur Unterstützung der Vernetzbarkeit von Geodatensätzen sind genormte Metadaten und standardisierte Prozesse (bzw. Webdienste oder Geodienste) für den Zugriff und die Pflege der Metadatenkataloge erforderlich. Der Metadatenkatalog für die Geodaten der Schweiz wird durch www.geocat.ch bereitgestellt. Bundesämter, Kantone, Gemeinden und private Firmen erfassen und publizieren in geocat.ch Metadaten zu ihren eigenen Geodaten. Das realisierte Modell ist ein Profil (CH-Profil) der internationalen Vornorm ISO/DIS 19115 über geographische Metadaten. Das CH-Profil definiert auf konzeptioneller Ebene die beschreibenden Informationen, welche für vorhandene Geodatensätze erhoben werden sollen. Ziele, die mit diesem Standard auf nationaler Ebene verfolgt werden, sind:

- Metadaten in einer zusammenhängenden und nachprüfbaren Form anzubieten,
- ein besseres Verständnis von Metadaten auf jeder Stufe der Geodatennutzung (Erzeuger, Verwalter, Benutzer) zu gewährleisten,
- den Metadatenaustausch zwischen den Partnern zu erleichtern,

[2] https://ech.ch/de/standards/39393

- die Möglichkeiten der Geodatensuche zu verbessern, insbesondere durch eindeutige Schnittstellen, welche die Abfrage von verteilten Metadaten-Servern erlauben und
- einen gemeinsamen Rahmen für die Entwicklung von Methoden und Werkzeugen zur Metadatenverwaltung zu schaffen.

12.4 Grundlegende Geodienste

Die Nutzung der Geobasisdaten des Bundesrechts soll im Wesentlichen auf der Basis von vernetzten Geodiensten („Geodienste sind vernetzbare Anwendungen, welche die Nutzung von elektronischen Dienstleistungen im Bereich der Geodaten vereinfachen und Geodaten in strukturierter Form zugänglich machen.“ (GeoIG Art. 3 Abs.)) auf allen Ebenen (lokal, regional, national und auch international) erfolgen. Dadurch soll insbesondere die Information über und der Zugang zu den vorhandenen verteilten Datenbeständen bei Bund, Kantonen und Gemeinden wesentlich vereinfacht und beschleunigt werden.

Weiter wurde mit dem Inkrafttreten des Geoinformationsgesetzes vom 1. Juli 2008 und der zugehörigen Verordnungen der Standard *eCH-0056 Anwendungsprofil Geodienste*[3] gemäß Art. 7 GeoIV-swisstopo (SR 510.620.1) eine verbindliche Rechtsnorm für die auf den Geobasisdaten des Bundesrechts aufbauenden Geodienste respektive deren zuständigen Stellen.

Geodienste werden gemäß GeoIV Art. 2 Abs. h-k folgendermaßen definiert:

Suchdienst: Internetdienst, mit dem nach Geodiensten und, auf der Grundlage entsprechender Geometadaten, nach Geodatensätzen gesucht werden kann. Konkrete Umsetzung:

- **CSW (Catalog Service Web)**[4] des Metadatenportal geocat

Darstellungsdienst: Internetdienst, mit dem darstellbare Geodatensätze angezeigt, vergrößert, verkleinert und verschoben, Daten überlagert und die für die Daten relevanten Inhalte von Geometadaten angezeigt werden können und der ein Navigieren in den Geodaten ermöglicht. Konkrete Umsetzung:

- **WM(T)S (Web Mapping (Tiling) Service)**[5]
- **3D**-Dienste[6]
- **Vector-Dienste**[7]

Download-Dienst: Internetdienst, der das Herunterladen von Kopien vollständiger Geodatensätze oder von Teilen davon und, wenn durchführbar, den direkten Zugriff darauf ermöglicht. Konkrete Umsetzung:

- **data.geo.admin.ch** des Geoportals Bund via ATOM Feed[8] und Spatio Temporal Asset Catalog (STAC)
- **geodienste.ch**

---

[3] https://www.ech.ch/de/standards/48061

[4] https://www.geocat.admin.ch/de/documentation/csw-catalog-service-web.html

[5] https://www.geo.admin.ch/internet/geoportal/de/home/services/geoservices/display_services/services_wmts.html oder www.geodienste.ch

[6] https://api3.geo.admin.ch/services/sdiservices.html#terrain-service; https://api3.geo.admin.ch/services/sdiservices.html#d-tiles

[7] https://api3.geo.admin.ch/services/sdiservices.html#mapbox-vector-tiles

[8] https://api3.geo.admin.ch/services/sdiservices.html#atom-feed-open-search-download-service

Transformationsdienst: Internetdienst zur Umwandlung von Geodatensätzen via Dienste von swisstopo.ch.

Programmierschnittstelle: Dokumentierte Schnittstelle, die eine leichte Erweiterung (Programmierung zusätzlicher Funktionen) ermöglicht oder Dritten erlaubt, auf bestimmte Funktionen des Portals zuzugreifen, um diese in eigenen Systemen oder Portalen nutzen zu können. Konkrete Umsetzung:

- **API (RESTful application programming interface)**[9] des Geoportals Bund inklusive Adressen und Höhendienste
- **Linked Data**[10] des Geoportals Bund

Aufruf von Diensten im Sinne der Orchestrierung: Interaktives Werkzeug, das es erlaubt, angebotene Dienste auszuwählen, mit entsprechenden Parametern zu versehen. Konkrete Umsetzung:

- **Kartenviewer map.geo.admin.ch** des Geoportals Bund in fünf Sprachen mit Möglichkeit der Visualisierung und drucken von Karten, teilen, überlagern, zeichnen/annotieren, einbinden in Seiten Dritter und einbinden von eigenen Daten.

12.5 Zugangsregelungen

Der Gesetzgeber wollte mit dem Geoinformationsgesetz unter anderem eine einheitliche Zugangsordnung für alle Geobasisdaten des Bundesrechts schaffen. Unabhängig davon, ob die für das Erheben, Nachführen und Verwalten bestimmter Geobasisdaten zuständige Stelle gemäß Art. 8 Abs. 1 GeoIG (SR 510.62) eine Amtsstelle des Bundes, eines Kantons oder einer Gemeinde oder ein mit der Erfüllung öffentlicher Aufgaben betrauter Privater ist, finden hinsichtlich des Zugangs zu Geobasisdaten des Bundesrechts ausschließlich die Vorschriften des Geoinformationsgesetzes und seiner Ausführungsverordnungen Anwendung.

12.5.1 Geobasisdaten des Bundesrechts sind öffentlich zugänglich

Soweit keine überwiegenden öffentlichen oder privaten Interessen entgegenstehen, sind gemäß Art. 10 GeoIG (SR 510.62) Geobasisdaten des Bundesrechts öffentlich zugänglich und können von jeder Person genutzt werden. Das für die Bundesverwaltung geltende Öffentlichkeitsprinzip findet damit auch dann Anwendung, wenn für die betreffende kantonale oder kommunale Stelle das Öffentlichkeitsprinzip noch nicht gilt und die Verwaltung dem Geheimhaltungsprinzip mit Öffentlichkeitsvorbehalt unterliegt. Der Bundesrat hat im Geobasisdatenkatalog GBDK (Anhang 1 GeoIV, SR 510.620) eine verbindliche Vorabwägung der Interessen vorgenommen. Das Bundesrecht legt die Zugangsberechtigungsstufen A bis C für alle Geobasisdaten des Bundesrechts im Anhang 1 GeoIV (GBDK) verbindlich fest. Abweichende Zugangsregelungen sind nur noch in den Fällen von Art. 22 Abs. 2 und Art. 23 Abs. 2 GeoIV möglich.

---

[9] https://api.geo.admin.ch
[10] https://ld.geo.admin.ch/

12.5.2 Zuständigkeit Gewährung des Zugangs Geobasisdaten des Bundesrechts

Die für das Erheben, Nachführen und Verwalten zuständige Stelle nach Art. 8 Abs. 1 GeoIG (SR 510.62) kann gemäß Art. 12 GeoIG den Zugang zu Geobasisdaten des Bundesrechts sowie deren Nutzung und Weitergabe grundsätzlich von einer Einwilligung abhängig machen. Diese Einwilligung kann in den im Verwaltungsrecht bekannten Formen der Verfügung oder des öffentlich-rechtlichen Vertrags erfolgen (Art. 12 Abs. 1 Bst. a und b GeoIG). Letzterer ermöglicht es, mit kommerziellen Nutzerinnen und Nutzern jeweils auf die spezifischen Bedürfnisse angepasste Regelungen zu treffen. In den meisten Fällen wird die Einwilligung künftig durch technische Zugangskontrollen erfolgen (Art. 12 Abs. 1 Bst. c GeoIG), da der Zugriff auf Geobasisdaten des Bundesrechts so weit als möglich durch Geodienste (Art. 13 GeoIG) bzw. anderweitig im Internet oder durch Abrufverfahren ermöglicht werden soll. Solche Zugangskontrollen können in einer Registrierung, einem Internet-Kiosk oder Ähnlichem, bestehen. Sie sind breiten Bevölkerungskreisen bereits von kommerziellen Angeboten im Internet bestens bekannt und gewährleisten trotz Kontrolle und Gebührenbezug einen niederschwelligen Zugang zu den Daten. Der hier angesprochene Art. 12 GeoIG ist eine echte Kann-Vorschrift, die bedeutet, dass bei Geobasisdaten des Bundesrechts der Zugangsberechtigungsstufe A (Art. 21 Abs. 1 Bst. a in Verbindung mit Art. 22 GeoIV, SR 510.620) die zuständige Stelle – im Rahmen der übrigen Vorschriften des Geoinformationsrechts und soweit auf Nutzungsbeschränkungen und Gebühren verzichtet werden soll – auch auf ein Zugangsverfahren verzichten kann und die Daten in einem Geodienst kostenlos anbieten kann („public domain“).

12.6 Nutzungsregelung

Im Gegensatz zu den Staaten der Europäischen Union kennt die Schweiz keinen besonderen Schutz für Datenbanken (sogenannter Schutz „sui generis“ nach der EU-Datenbankrichtlinie). Dies stellt vor allem im Bereich der Geobasisdaten des Bundesrechts ein Problem dar, weil für die von staatlichen Stellen und von Privaten in deren Auftrag aufgebauten Geodatenbanken ein adäquater Schutz fehlt. Die missbräuchliche Verwendung kopierter Geobasisdaten des Bundesrechts stellt dabei nicht nur ein wirtschaftliches bzw. fiskalisches Problem dar (privater Nutzen aus Daten, die mit Steuergeldern erfasst und aufbereitet worden sind). Geobasisdaten des Bundesrechts mit unklarer Herkunft können bei der Weiterverwendung auch ein Sicherheitsproblem darstellen. Zu denken ist etwa an die Daten über Luftfahrthindernisse.

Es besteht eine Einwilligungserfordernis zur Nutzung der Geobasisdaten des Bundesrechts. Mit der Regelung, dass die Nutzung gemäß Art. 12 Abs. 1 GeoIG (SR 510.62) in Verbindung mit Art. 25 ff. GeoIV (SR 510.620) nur mit der Einwilligung der zuständigen Stelle von Bund, Kanton oder Gemeinde zulässig ist, wird für alle Geobasisdaten des Bundesrechts ein neuer öffentlich-rechtlicher Leistungsschutz geschaffen. Der Einwilligungsvorbehalt soll – so der Wille des Gesetzgebers – dabei nicht im Sinne der Protektion staatlicher Daten, sondern im Sinne einer kontrollierten, rechtsgleichen und wettbewerbsneutralen Nutzung der nationalen Geodateninfrastruktur Anwendung finden. Die Einwilligungserfordernis für die Nutzung besteht unabhängig davon, ob die betreffende Nutzerin bzw. der betreffende Nutzer gleichzeitig auch die Daten von der zuständigen Stelle bezieht oder bereits im Besitz der

Daten ist (siehe dazu auch Art. 31 GeoIV). Auch bei der Änderung der Nutzungsart ist grundsätzlich eine Einwilligung einzuholen.

12.7 Gebühren/Open Data

Für den Zugang und die Nutzung, das heißt für die Geobasisdaten selbst und die Geodienste, welche die Nutzung ermöglichen, können Gebühren erhoben werden. Der Bundesrat regelt die Gebühren für die Geobasisdaten und Geodienste des Bundes. Die Kantone können ihrerseits die Gebühren für die Geobasisdaten und Geodienste der Kantone regeln. Die Tarifierungs- und Vertriebsstrategie des Bundes im Bereich der Geodaten sieht gemäß Umsetzungskonzept zur Strategie für Geoinformation beim Bund (E-GEO 2004) vor, dass der Bezug von Geobasisdaten entweder zu Grenzkosten oder kostenlos erfolgen kann. Auf Bundesebene stehen der Umsetzung dieser Strategie die Auflagen der Schuldenbremse entgegen. Der Bundesrat verlangt eine haushaltsneutrale Umsetzung. Mit der Open Government Data OGD) Strategie 2019 – 2023 (BBL 879-891 2019) werden die Aktivitäten im Bereich OGD bis 2023 für den Bund verbindlich festgelegt. Viele Bundesämter stellen amtlichen Geodaten und Produkte infolge der Arbeiten zur Strategie im Sinne von OGD online kostenlos zur Verfügung. Für die Geodaten des Bundesamts für Landestopografie swisstopo (u. a. Landeskartenwerk und Orthophotos) wird mit der Teilrevision der GeoIV vom 3. April 2020 OGD ab 01.03. 2021 umgesetzt. Die Betrachtung der Geodaten des Bundes gemäß Zugangsstufe A über den Viewer map.geo.admin.ch ist seit 2010 gebührenbefreit. Eine Liste der frei verfügbaren Geodienste ist unter www.geo.admin.ch (Bund) und geodienste.ch (Kantone) verfügbar.

12.7.1 Gebührenerhebung

Für die Nutzung von Geobasisdaten und Geodiensten werden nach den jeweiligen Gebührenvorschriften für die zuständige Bundesstelle oder kantonale Stelle Gebühren erhoben. Dabei kann in diesen Gebührenvorschriften auch eine Gebührenfreiheit vorgesehen werden.

12.7.2 Gebührenbefreite Nutzung

Von einer Gebühr für die Nutzung der Geobasisdaten des Bundes mit Ausnahme des Bereitstellungs- und Vertriebsaufwands befreit sind (Art. 47 Abs. 1 GeoIV, SR 510.620):

- öffentliche Bildungsinstitutionen des Bundes, der Kantone und der Gemeinden: für den Eigengebrauch;
- Forschungsinstitutionen des Bundes und der Kantone: für den Eigengebrauch;
- steuerbefreite gemeinnützige Organisationen: für alle Nutzungen, außer für die Weitergabe an Dritte.

Keine Gebühren werden zudem im Datenaustausch zwischen Behörden erhoben (hier gilt ein pauschales Abgeltungssystem). Der Datenaustausch mit internationalen Organisationen auf der Grundlage völkerrechtlicher Verpflichtungen gilt als Datenaustausch unter Behörden (Art. 42a GeoIV).

12.8 Ausblick

Im Rahmen des Aktionsplans „Digitale Schweiz“ hat der Bundesrat, im Dezember 2020, die „Strategie Geoinformation Schweiz[11]“ verabschiedet. Sie zeigt, welchen Beitrag die Geoinformation zur Digitalisierung und nachhaltigen Entwicklung der Schweiz künftig leisten soll. Mit der Vernetzung und Georeferenzierung von Informationen verfolgt der Bundesrat mit der Strategie die Absicht, digitales faktenbasiertes Geowissen zu schaffen, das nachhaltige Entscheidungen für eine lebenswerte, offene und fortschrittliche Schweiz ermöglicht.

Ein wichtiges Ziel ist die Schaffung von leistungsfähigen, digitalen Geoplattformen. Darauf sollen die Daten automatisiert erstellt, vernetzt und geteilt werden. Durch die intelligente Verknüpfung entsteht so neues Wissen und damit wichtige Grundlagen und Entscheidungshilfen für den Umgang mit unserem Lebensraum. Über offene und benutzerfreundliche technische Schnittstellen sollen Geoinformationen einfach in die Geschäfts- und Alltagsprozesse integriert werden können.

Ferner sieht die neue Strategie vor, Fachkenntnisse und spezifischen Kompetenzen in der Geodatenwissenschaft zu fördern, damit neue Ideen, Ansätze und Konzepte erprobt und später eingeführt werden können.

Die für Bund und Kantone verbindliche Strategie baut auf den bisherigen, gemeinsam bereitgestellten Geodaten-Infrastrukturen auf. Diese werden in den kommenden Jahren durch die enge Zusammenarbeit zwischen Behörden, Wirtschaft, Wissenschaft und Bevölkerung weiterentwickelt und gestärkt. Der Bundesrat und die Bau-, Planungs- und Umweltdirektoren-Konferenz (BPUK) der Kantone geben als Autoren der Strategie die strategische Richtung vor. Die Umsetzung liegt bei den zuständigen Stellen auf Stufe Bund, Kantone und Gemeinden. Die Definition der Maßnahmen für das Erreichen der Ziele erfolgt in enger Zusammenarbeit zwischen Bund, Kantonen und unter Einbezug der Städte und Gemeinden sowie Vertretern aus Wirtschaft, Bildung und Forschung.

Die „Strategie Geoinformation Schweiz“ steht unter anderem im Einklang mit der „Strategie Digitale Schweiz“ (BBL 7593-7634 (2020), Open Government Data Strategie 2019 – 2023 (BBL 879-891 2019)), der E-Government-Strategie Schweiz (BBL 8739-8754 (2019)) und den „Leitlinien der Kantone zur Digitalen Verwaltung“ (KDK 2018) sowie der Agenda 2030 (United Nations 2015). Die Strategie richtet sich an die Politik, an die Verwaltung aller Staatsebenen und an Wirtschaft und Gesellschaft. Sie soll auch Organisationen sowie privaten und öffentlich-rechtlichen Unternehmen, die sich an der Umsetzung beteiligen, als Referenz dienen.

Literatur

BBL 7817 (2006): Bundesblatt Nr. 39 vom 3. Oktober 2006.
https://www.admin.ch/opc/de/federal-gazette/2006/7811.pdf (10.11.2020).

BBL 879-891 (2019): Strategie für offene Verwaltungsdaten in der Schweiz 2019-2023 (Open-Government-Data-Strategie, OGD-Strategie).
https://www.admin.ch/opc/de/federal-gazette/2019/879.pdf (10.11.2020).

[11] https://www.newsd.admin.ch/newsd/message/attachments/64385.pdf

BBL 7593-7634 (2020): Strategie „Digitale Schweiz“. https://www.admin.ch/opc/de/federal-gazette/2020/7593.pdf (10.11.2020).

BBL 8739-8754 (2019): E-Government-Strategie Schweiz 2020-2023. https://www.admin.ch/opc/de/federal-gazette/2019/8739.pdf (10.11.2020).

E-GEO (2004): Mit Geodaten Mehrwert für alle schaffen. Das Umsetzungskonzept zur Strategie für Geoinformation beim Bund. https://cms.geo.admin.ch/www.e-geo.ch/archives/pdf_egeo_de/umsetzungskonzeptbroschuere2004de.pdf (10.11.2020).

GIGER, C. (2009): Konzept Nationales Geoportal der Schweiz (Verfasser: Christine Giger (GeoIT), Manfred Loidold, 19.01.2009). https://cms.geo.admin.ch/www.e-geo.ch/archives/pdf_egeo_de/ngdigesamtkonzeptv2.0.pdf (10.11.2020).

KDK (2018): Leitlinien der Kantone zur Digitalen Verwaltung. Konferenz der Kantonsregierungen, 27.09.2018. Bern.

SR 510.62 (2007): Bundesgesetz über Geoinformation vom 5. Oktober 2007 (Stand am 1. Oktober 2009) (Geoinformationsgesetz, GeoIG; SR 510.62).

SR 510.620 (2008): Verordnung über Geoinformation vom 21. Mai 2008 (Stand am 14. Januar 2020) (Geoinformationsverordnung, GeoIV; SR 510.620).

SR 510.620.1 (2008): Verordnung des Bundesamts für Landestopografie über vom 26. Mai 2008 (Stand am 1. Juli 2017) (GeoIV-swisstopo; SR 510.620.1).

UNITED NATIONS (2015): Transformation unserer Welt: Die Agenda 2030 für nachhaltige Entwicklung. Resolution adopted by the General Assembly on 25 September 2015, transforming our world: the 2030 Agenda for Sustainable Development (A/RES/70/1).

13 OpenStreetMap als Datenquelle für Umweltinformationssysteme – Grundlagen und Anwendungsbeispiele

Sven LAUTENBACH[1], Linda SENDLINGER[1], Michael SCHULTZ[2],
Christina LUDWIG[2], Carolin KLONNER[2], Dominik NEUMANN[1] und Alexander ZIPF[1,2]

Zusammenfassung

OpenStreetMap (OSM) hat sich als globaler und frei verfügbarer Datensatz für viele Anwendungen, auch im Umweltbereich, etabliert. Die nutzergenerierten Daten weisen jedoch einige Besonderheiten auf. Insbesondere sollte die Datenqualität spezifisch für den Anwendungsfall und die Fallstudienregion untersucht werden, da sowohl einzelne Regionen als auch einzelne Objektklassen besser erfasst sind als andere. Neben dem Vergleich mit Referenzdaten hat sich die intrinsische Beurteilung der Datenqualität als wichtiges Bewertungsinstrument etabliert. Anhand einer Reihe von Anwendungen aus dem Umweltbereich demonstrieren wir einige Möglichkeiten für den Einsatz von OSM.

13.1 OpenStreetMap

Seit Gründung des Projekts 2004 hat sich OpenStreetMap als eine bedeutende Datenquelle für viele Anwendungen mit Geobezug etabliert. Das reichhaltige Datenmodell bietet vielfältige relevante Informationen, die für Umweltinformationssysteme benötigt werden. Um die Einsatzmöglichkeiten besser verstehen zu können, ist es wichtig, das zugrunde liegende Datenmodell und die Art der Datenerhebung zu verstehen.

Daten werden von registrierten Freiwilligen unter Nutzung eines reichhaltigen Software-Ökosystems erhoben und in einer zentralen Datenbank gespeichert, die wiederum vielfältige Anwendungen speist. Im Unterschied zu amtlichen Geodaten arbeitet das Projekt nicht mit festgelegten, top-down definierten Objektklassen, sondern wird bottom-up weiterentwickelt. Das zugrunde liegende Datenmodell ist an dieses Vorgehen angepasst: Es besteht aus zwei Geometrietypen, Nodes (Punkte) und Ways (Linien), die über Relations (Beziehungen) gruppiert werden können. Sachdaten werden an die Geometrieobjekte in Form von Key-Value-Paaren, sogenannten Tags, angehängt. Ob z. B. geschlossene Linienzüge als Linien oder Polygone aufgefasst werden, hängt von den Attributwerten ab: der Tag *building=** impliziert beispielsweise, dass es sich um ein Polygon handelt. Komplexere Geometrien können über Relations als Multipolygone definiert werden, indem die Rolle der beteiligten Linienzüge als äußere oder innere Grenze definiert wird. Relations erlauben weiterhin, Abbiegevorschriften zu definieren oder bestimmte Straßenabschnitte Buslinien oder Autobahnen zuzuordnen.

[1] HeiGIT gGmbH, Schloss-Wolfsbrunnenweg 33, 69118 Heidelberg
[2] Lehrstuhl für Geoinformatik, Universität Heidelberg, INF 368, 69120 Heidelberg

Grundsätzlich können von den Beitragenden beliebige Tags an Geometrieobjekte angehängt werden. Allerdings existiert in Form des OSM-Wikis[3] ein Quasi-Standard, der Regeln für die Zuweisung von Tags beschreibt. Die Einhaltung dieser Regeln wird nicht erzwungen, allerdings tragen soziale und technische Mechanismen zu einer stärker standardisierten Verwendung der Tags bei. So geben die gebräuchlichen Programme zur OSM-Datenerfassung bei Verletzungen von vordefinierten Regelsätzen Warnungen aus. Weiterhin existieren Webdienste, die potenzielle Fehler identifizieren und auflisten. Da die OSM-Datenbank die komplette Historie speichert, lassen sich im Zweifelsfall fehlerhafte Änderungen auch rückgängig machen. Bei Bedarf können neue Tags definiert werden. Die OSM-Community nutzt hierfür ein etabliertes Verfahren, bei dem neue Tags vorgeschlagen werden, über die dann abgestimmt wird. Da es sich bei OSM um ein weltweites Projekt handelt, wird eine gewisse Flexibilität bei der Auslegung der Tags benötigt, um den realweltlichen Unterschieden auch in OSM Rechnung zu tragen.

Am 16.12.2020 waren etwa 7,2 Millionen Nutzer bei OSM registriert, durch deren Beiträge bis dahin knapp 6,5 Milliarden Nodes, gut 72 Millionen Ways und 8,5 Millionen Relations in der Datenbank repräsentiert waren[4]. Die Verteilung der Beiträge auf Mitwirkende folgt der aus vielen online Communities bekannten 90:9:1 Regel[5]: Es waren 1,4 % der Mitwirkenden für 90 % der Beiträge zu OSM verantwortlich (ANDERSON et al. 2019). Die räumliche Verteilung der Beiträge ist stark auf europäische Länder konzentriert, mit deutlich weniger Beiträgen im globalen Süden (HERFORT et al. accepted) und weist in der Regel einen Stadt-Land-Gradienten auf, mit höheren Erfassungsgraden in städtischen Regionen. Auch variiert der Erfassungsgrad deutlich zwischen einzelnen Objektklassen, wobei Straßen und Gebäude typischerweise am besten erfasst sind.

Als Mitwirkende treten sowohl unorganisierte als auch organisierte Nutzer*innen auf. Letztere umfassen kommerzielle Unternehmen wie Apple, Microsoft, Facebook, Uber oder Mapbox (ANDERSON et al. 2019), aber auch humanitäre Organisationen, die u. a. über die Missing-Maps-Initiative[6] beitragen, sowie transnationale Organisationen wie das UN Peace Corps. Darüber hinaus wurden und werden auch Geodaten von nationalen, regionalen oder kommunalen Kartenagenturen und anderen Quellen integriert, soweit die Lizenzbedingungen dies zulassen. Die Nutzung der OSM-Daten unterliegt der Open Data Commons Open Database Lizenz (ODbL)[7], die eine weitgehende Nutzung der Daten zulässt, sofern OSM und die Mitwirkenden als Quelle genannt werden. Eine Weitergabe ist – auch nach einer Veränderung der Daten oder Fusionierung mit anderen Datenquellen – nur gemäß derselben Lizenz möglich. Die Datenlizenz ermöglicht die Nutzung von OSM für zahlreiche kommerzielle und freie Dienste, wie z. B. openrouteservice, Snap Maps, Apple Maps, Bing Maps oder OSMand.

OSM erhält keine aktuellen Umweltmessungen, sondern eher mit Geobasisdaten vergleichbare Informationen. Im Vergleich zu Produkten, wie dem Digitalen Landschaftsmodell des deutschen Bundesamts für Geodäsie und Kartographie, ist der thematische Umfang breiter, da vielfältigere Objekte und reichhaltigere Attribute erfasst werden. Für den Einsatz in Umweltinformationssystemen interessant sind z. B. die Schlüssel *landuse* und *natural*, die Land-

3 https://wiki.openstreetmap.org/wiki/Main_Page
4 https://osmstats.neis-one.org/?item=members und https://osmstats.neis-one.org/?item=elements
5 https://www.nngroup.com/articles/participation-inequality/
6 https: www.missingmaps.org
7 https://www.openstreetmap.org/copyright/de

nutzungs- und Landbedeckungsinformationen sowie natürliche Objekte enthalten, sowie der Schlüssel *man_made*, der u. a. Objekte der Wasserwirtschaft abbildet.

13.2 Datenqualität

Im Gegensatz zu amtlichen Datenquellen mit relativ einheitlichen Erfassungsstandards kann bei OSM die Frage nach der Qualität der Geodaten weniger generell beantwortet werden und muss vom jeweiligen Anwendungsfall her betrachtet werden (fit-for-purpose) (BARRON et al. 2014). Während z. B. für Routing-Anwendungen vor allem die Vollständigkeit des Straßennetzes hinsichtlich Geometrie und Sachdaten (Geschwindigkeits- und Durchfahrtsbeschränkungen, Abbiegevorschriften etc.) sowie die Vollständigkeit und Korrektheit der Adressangaben relevant ist, ist für die Abschätzung der Emissionen des Straßenverkehrs und der damit verbundenen Gesundheitsauswirkungen zwar die geometrische und thematische Vollständigkeit des Straßennetzes relevant, die Adressdaten dagegen eher unbedeutend.

Zur Erfassung der Datenqualität lassen sich zwei Vorgehensweisen unterscheiden: Extrinsische Ansätze beruhen auf dem Vergleich von Datenqualitätsaspekten (wie Gebäudevollständigkeit, Lagegenauigkeit von Straßen, Länge des Radwegenetzes) von OSM-Daten mit Referenzdaten, die von höherer Qualität sein sollten (ARSANJANI et al. 2015, DORN et al. 2015). Allerdings sind solche Referenzdaten nicht immer verfügbar. Eine frühe extrinsische Analyse des Straßennetzes in Deutschland auf Grundlage von TomTom-Daten zeigte, dass TomTom zum damaligen Zeitpunkt eine höhere Vollständigkeit hinsichtlich der für den Autoverkehr relevanten Straßenklassen besaß, OSM allerdings hinsichtlich anderer Wegekategorien (Radwege, Fußgängerwege, Wirtschaftswege etc.) vollständiger war (NEIS et al. 2012). Insbesondere in Ländern des globalen Südens gestaltet es sich als schwierig, belastbare Referenzdaten für einen Vergleich zu finden. In diesen Regionen muss eine extrinsische Analyse der Datenqualität daher oftmals auf stichprobenhafte Erhebungen vor Ort beschränkt bleiben.

Im Gegensatz zu extrinsischen Qualitätsanalysen werten intrinsische Ansätze nur die Entwicklung der OSM-Daten (BARRON et al. 2014) aus: Die OSM-Datenbank speichert zu jeder Veränderung eines OSM-Objekts eine neue Version zusammen mit einem Zeitstempel. Darüber lässt sich z. B. die Entwicklung der Anzahl von Gebäuden oder Landnutzungspolygonen oder die Länge des erfassten Flussnetzes über die Zeit auftragen. Dies wird verwendet, um Aussagen hinsichtlich der Objekt-Vollständigkeit in einem Gebiet zu treffen. Da die Anzahl der Objekte der relevanten Klasse in der Region begrenzt ist, sollte die Anzahl der erfassten Objekte mit fortschreitender Erfassung gegen diesen Wert konvertieren (NEIS et al. 2012). Falls die Anzahl der erfassten Objekte in der OSM-Klasse im Gebiet nicht mehr zunimmt, während gleichzeitig noch andere OSM-Objekte erfasst werden, kann man vermuten, dass alle relevanten Objekte der Klasse im Gebiet erfasst wurden. Unterstellt man eine Sättigungskurve, z. B. eine logistische Wachstumsfunktion, kann man diese an den Zeitverlauf anpassen und versuchen, die Sättigungskonstante zu schätzen und darüber zu ermitteln, wie vollständig die Objektklasse im betreffenden Gebiet bereits erfasst wurde (Z. B. BARRINGTON-LEIGH & MILLARD-BALL 2017). Voraussetzung hierfür ist jedoch, dass die Anzahl der aktiven Nutzer und deren Aktivität in der Region hoch genug ist: Falls nur wenige Nutzer aktiv sind, ist die Entwicklung ggf. in einem unvollständigen Zustand stehengeblieben (NEIS et al. 2012).

Abbildung 13.1 verdeutlicht am Beispiel von OSM-basierten Landnutzungsinformationen für drei Landkreise in Deutschland, wie eine solche Analyse aussehen kann. In allen drei Kreisen zeigt sich, dass Siedlungen sowie Industrie und Gewerbe flächenmäßig bereits sehr

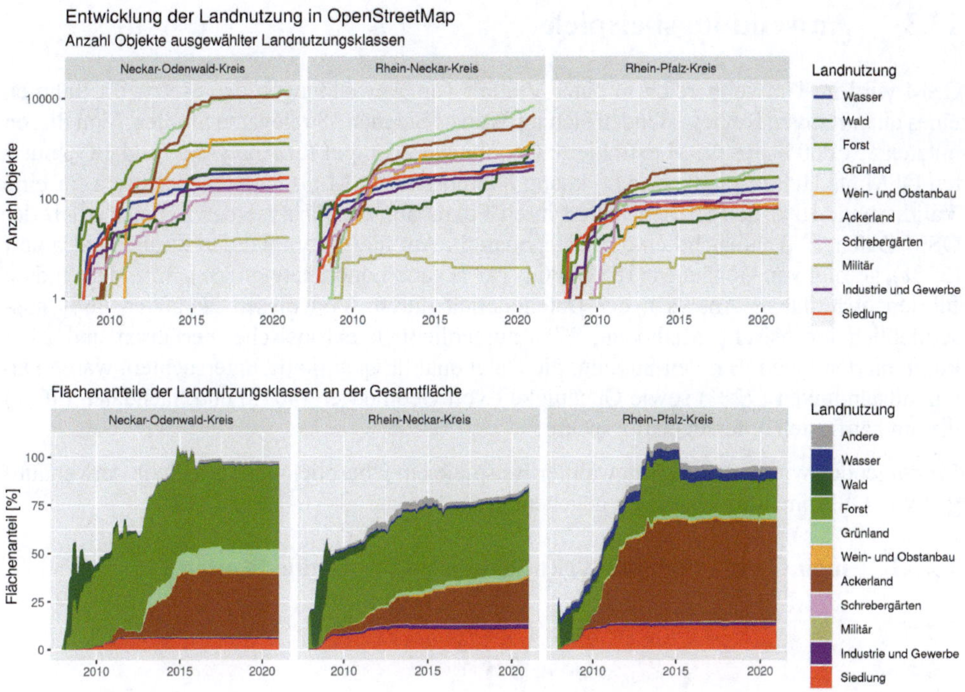

Abb. 13.1: Beispiel für intrinsische Qualitätsanalyse. Obere Reihe: Entwicklung der Anzahl von Landnutzungsobjekten je Kreis. Untere Reihe: Entwicklung der Flächen der zugehörigen Polygone.

früh gesättigt zu sein scheinen, was auf eine hohe Vollständigkeit schließen lässt. Während Acker- und Grünlandflächen im Rhein-Pfalz- und im Neckar-Odenwald-Kreis seit einigen Jahren vollständig erscheinen, werden im Rhein-Neckar-Kreis immer noch zusätzliche Flächen erfasst. Der Anteil der insgesamt erfassten Flächen liegt hier nur bei etwa 85 %. Im Rhein-Pfalz- und dem Neckar-Odenwald-Kreis kam es zwischenzeitlich aufgrund doppelt erfasster Flächen dazu, dass sich die Landnutzungsflächen in OSM zu über 100 % addierten. An der Anzahl der Objekte lässt sich ablesen, dass im Neckar-Odenwald- und im Rhein-Neckar-Kreis die Geometrien von Grünland und Ackerflächen in Form kleinerer Flächen erfasst wurden bzw. werden. Im Rhein-Pfalz-Kreis wurden dagegen deutlich weniger Objekte erfasst, was darauf hindeutet, dass hier einzelne Schläge aggregiert aufgenommen wurden. Durchgeführt wurden die Analysen mit der auf der OSHDB (OpenStreetMap History Database) aufsetzenden ohsome API (RAIFER et al. 2019).

Intrinsische Analyseverfahren existieren für eine Vielzahl weiterer Qualitätsaspekte, wie Lagegenauigkeit, topologische Konsistenz, zeitliche Korrektheit oder thematische Genauigkeit (BALLATORE & ZIPF 2015, DEGROSSI et al. 2017, SENARATNE et al. 2017). Aktuell wird am HeiGIT der OpenStreetMap Quality Analyst (OQT) entwickelt, der für einzelne Regionen und Themen vordefinierte Berichte zur Datenqualität von OSM erstellen wird.

13.3 Anwendungsbeispiele

OSM wird im Umweltbereich in einer Vielfalt von Anwendungen eingesetzt: Im Rahmen eines quantitativen Reviews fanden sich im Web of Science 38 relevante Studien. Von diesen nutzten etwa 60 % aus OSM extrahierte Geoobjekte als Input für Analysen, rund 18 % nutzten OSM als Hintergrundkarte und knapp 8 % nutzten OSM als Referenzdatensatz für eine Validierung. 16 % der Studien hatten ihren Fokus auf der Analyse der Eigenschaften der OSM-Daten, z. B. hinsichtlich der Datenqualität. Am häufigsten wurden Straßen extrahiert (29 %), gefolgt von Gebäuden (18 %), POIs (13 %) und Landnutzung (8 %). 32 % der Studien führten quantitative Analysen der Datenqualität durch. Von diesen benutzten 46 % ausschließlich intrinsische Methoden, 27 % ausschließlich extrinsische Verfahren und 27 % kombinierten beide. Bei den Studien, die Datenqualität quantitativ untersuchten, waren Datenvollständigkeit (72 %) sowie Genauigkeit von Geometrien (46 %) und Sachdaten (46 %) die am häufigsten untersuchten Aspekte.

Im Folgenden wird anhand ausgewählter Beispiele ein Überblick über mögliche Anwendungen von OSM im Umweltbereich gegeben.

13.3.1 meinGrün – urbane Grünflächen und optimale Routen

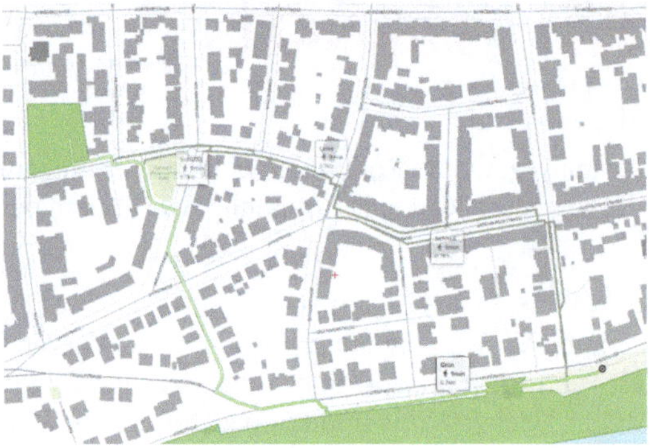

Abb. 13.2: Routing in der meinGrün-App. Angezeigt werden verschiedene Routenoptionen für eine zuvor anhand der Eignung ausgewählten Grünfläche.

Urbane Grünflächen spielen eine wichtige Rolle im Hinblick auf menschliches Wohlbefinden (Tost et al. 2019). Vielen Menschen ist jedoch vermutlich nur ein kleiner Teil der Grünflächen in ihrer Umgebung bekannt. Im Rahmen des meinGrün-Projekts[8] wurde für Heidelberg und Dresden eine App entwickelt, welche es Nutzer*innen ermöglicht, Grünflächen für bestimmte Aktivitäten oder anhand spezifischer Suchparameter auszuwählen und sich mithilfe des openrouteservice[9] (Neis & Zipf 2008, Lautenbach et al. 2020) per Fahrrad oder zu Fuß zu diesen Flächen lotsen zu lassen. Die Routenauswahl kann dabei nicht nur anhand der schnellsten, sondern auch über eine möglichst ruhige, grüne oder schattige Route erfolgen (Abb. 13.2). Als Grundlage wurden Grünflächen hinsichtlich ihrer Ausstattung (Parkbänke, öffentliche Toiletten, Baumbestand etc.) und möglicher Aktivitäten (Fußball, Grillen etc.) aus einer Kombination von OSM, städtischen Daten, Fernerkundung und Social Media erfasst. Das Straßennetz für das Routing basiert auf OSM. Während die Bestimmung der Lärmbelastung entlang der Route auf ein auf OSM-Daten trainiertes Regressionsmodell zurück-

8 http://meingruen.ioer.info/
9 https://openrouteservice.org/

greift (NOVACK et al. 2018, WANG et al. 2020), mussten für die Ableitung der Grüne und der Schattigkeit der Straßen und Wege weitere Daten hinzugezogen werden. Für die Berechnung der Grüne anhand öffentlicher und privater Grünflächen hat sich eine Fusionierung von Fernerkundungsdaten mit OSM-Landnutzungsklassen mithilfe der Dempster-Shafer-Theorie (SHAFER 1976) als zuverlässig herausgestellt (LUDWIG et al. under review). Ergänzt wurde diese durch Standorte von Einzelbäumen aus OSM und städtische Baumkataster. Der Verschattungsgrad der Verkehrswege, welcher für die Generierung von schattigen Routen benötigt wird, wurde mit der Software VOSTOK[10], basierend auf einem 3D-Modell der Gebäude und Vegetation, berechnet. Sofern verfügbar wurden hierfür 3D-Laserscandaten verwendet. Jedoch wurde die Methodik auch basierend auf OSM-Daten und dem städtischen Baumkataster angewandt, um die Übertragung auf Regionen ohne 3D-Laserscandaten zu evaluieren. Da in OSM die Höhe für die meisten Gebäude bisher nicht verfügbar ist (GÖTZ & ZIPF 2013), muss diese mittels anderer Methoden geschätzt werden.

13.3.2 Klimaschutzkarte

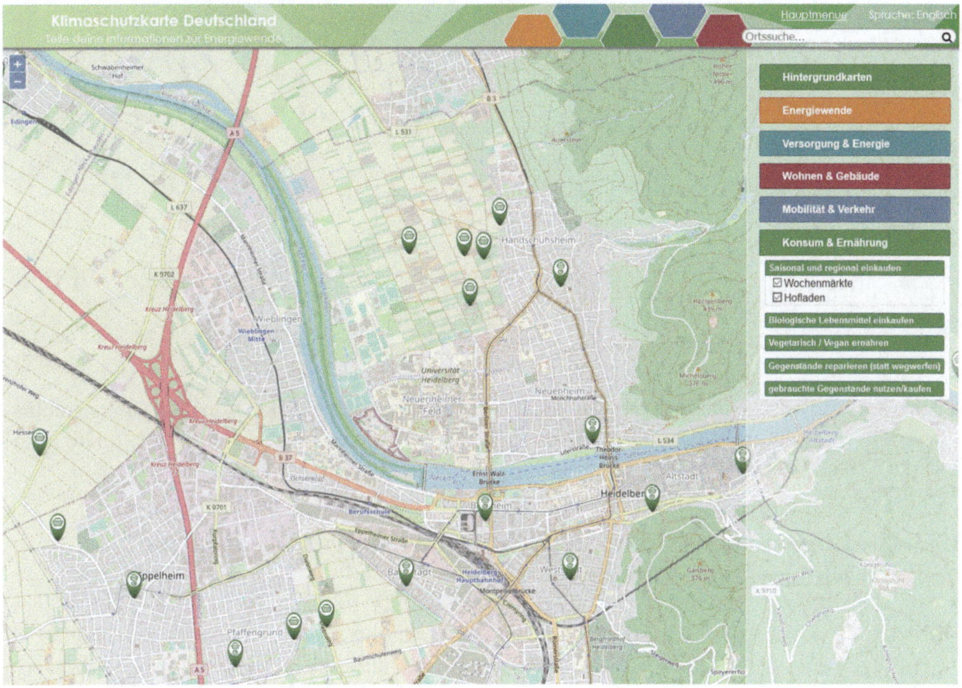

Abb. 13.3: Die Klimaschutzkarte nutzt OSM, um Optionen für klimabewusstes Verhalten, insbesondere Konsumänderungen, aufzuzeigen (https://klimaschutzkarte.org)

Die Klimaschutzkarte (Abb. 13.3) nutzt OSM, um über Themen wie nachhaltigen Konsum, erneuerbare Energie oder klimafreundliche Mobilität zu informieren. Da für OSM-Daten aus Nutzerperspektive erhoben werden, sind solche gesellschaftlich relevanten Aspekte recht gut in OSM abgebildet. So finden sich in OSM Informationen zu Wochenmärkten mit regionalen

[10] https://github.com/GIScience/vostok

Produkten, Gebrauchtwarenläden, Carsharing-Angebote oder Anlagen für die Erzeugung erneuerbarer Energien. Die Anwendung ist mehr als ein reines Informationssystem, da sie über OSM die Möglichkeit bietet, fehlende Daten hinzuzufügen oder zu aktualisieren.

13.3.3 OSM-basierte Landnutzungsdaten (OSMlanduse.org)

Im Rahmen von OSMlanduse[11] (Abb. 13.4) wurden Lücken in OSM-Landnutzungsinformationen mithilfe von Verfahren der Künstlichen Intelligenz und Fernerkundungsdaten geschlossen. Hierfür wurden zuletzt für den März 2020 aus OSM-Daten Tags erstellt, die im Zusammenhang mit Landnutzung und Landbedeckung stehen (SCHULTZ et al. 2017) und sich der CORINE Land Cover Legende zuordnen lassen. Durch das Verwenden bekannter Tags als Lerngrundlagen für Künstliche Intelligenz wurde ein Fernerkundungsmerkmalsraum, bestehend aus Copernicus-Daten, klassifiziert, um ein flächendeckendes Produkt für die EU zu erstellen[12]. So können flächendeckende Landnutzungsprodukte global erstellt werden.

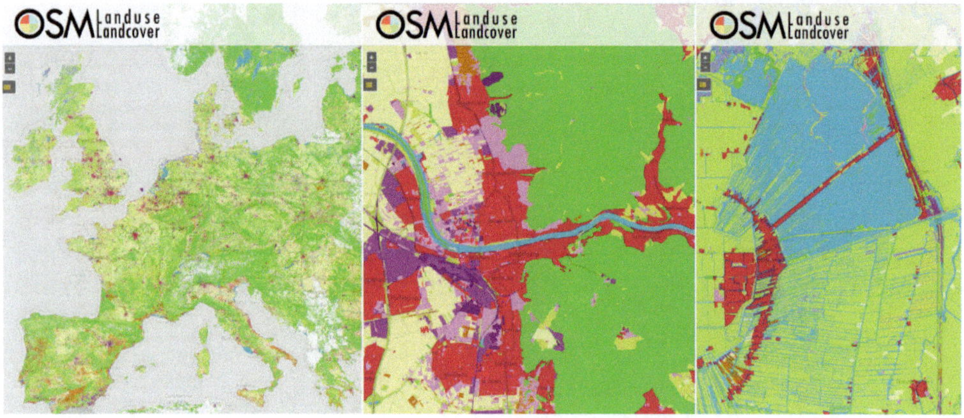

Abb. 13.4: Beispiele für das OSM-Landuse-Landnutzungsprodukt, von links nach rechts: Landnutzung von Europa, Heidelberg und einer Landschaft in Utrecht. Die Farbcodierung und Klassenzuordnung entspricht CORINE 2018.

13.3.4 Einsatz von OSM im Bereich Treibhausgasemissionen und Klimawandel-Mitigation

OSM bietet verschiedene Optionen, um die Abschätzung von Treibhausgasemissionen zu unterstützen und insbesondere die Auflösung deren räumlicher Verortung zu verbessern. Ähnlich wie bei den Aktivitäten in OSMlanduse wurden jene OSM-Objekte extrahiert, welche im Zusammenhang mit der Reduzierung oder Emission von Treibhausgasen (THG) stehen. Für eine Fallstudie in Kalifornien wurden Taxonomien der Emission Factor Database (EFDB) des IPCC verwendet, um OSM-Tags mit Emissionen zu verknüpfen. Die THG-Schätzungen aus Literaturrecherche und offen zugänglichen Datenbanken sowie administrativen Daten wurden mit den OSM-Objekten verknüpft. Für die Validierung der geometri-

[11] http://www.osmlanduse.org

[12] http://www.giscienceblog.uni-hd.de/2020/09/25/contiguous-high-resolution-osmlanduse-map-of-the-european-union-by-combining-copernicus-data-and-openstreetmap/

schen und thematischen Genauigkeit der OSM-Objekte wurde eine Künstliche Intelligenz (KI) erstellt, welche historische OSM-Daten und anonymisierte OSM-Nutzerinformationen als Merkmalsraum verwendet. Durch eine Expertenvalidierungskampagne wurden Referenzdaten gesammelt, um den KI Lernprozess zu initiieren. Besonders große Polygone waren anfällig für geometrische Fehler. Kleine Flächen und Objekte zu den Sektoren Energie und Abfall zeigten recht hohe Genauigkeiten (>85%). Diese Methode ist auf andere Gebiete übertragbar, allerdings begrenzt durch die jeweils verfügbaren räumlichen Geodaten. Aktuelle Arbeiten der Abteilung Geoinformatik mit dem Heidelberg Center for the Environment der Universität Heidelberg zielen auf eine Ergänzung des Ansatzes durch Deep Learning ab.

13.3.5 Erfassung von Hochwasserrisikowahrnehmung

Weltweit steigt das Risiko von Hochwasserereignissen, einerseits durch veränderte Klimabedingungen und Flächennutzungen, andererseits siedeln immer mehr Menschen – meist durch den Bevölkerungsanstieg bedingt – in gefährdeten Gebieten. Zu den Gegenmaßnahmen zählt die Bereitstellung von Karten über die Ausbreitung von Hochwasserereignissen. Meist dienen aufwendige Messungen und Simulationen als Grundlage für Hochwasserkarten. Eine andere wertvolle Informationsquelle, das lokale Wissen der Anwohner*innen und ihre Erfahrungen mit zahlreichen Hochwasserereignissen, wird jedoch nur selten genutzt.

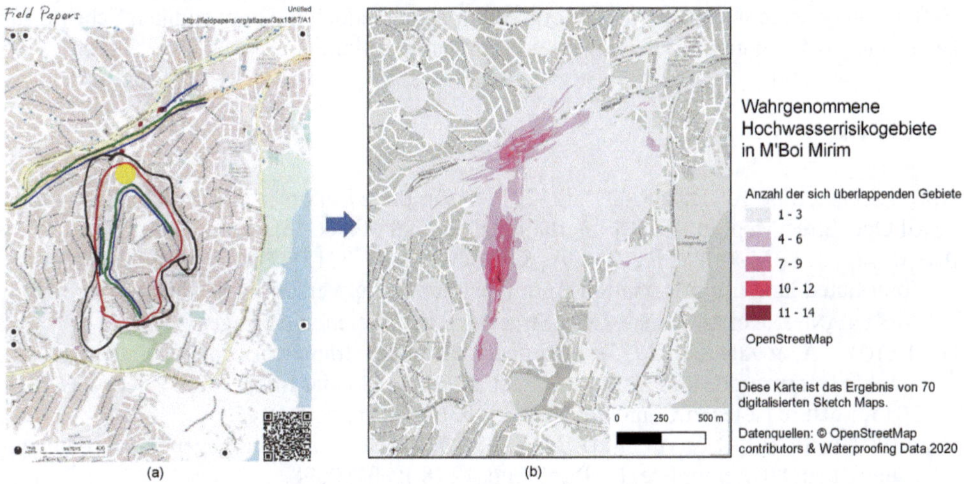

Abb. 13.5: Eine Sketch Map mit Markierungen (a) sowie die Darstellung der Studienergebnisse in digitaler Form aus dem Studiengebiet M'Boi Mirim in São Paulo, Brasilien (b)

Um dieses lokale Wissen greifbar und für die Katastrophenvorsorge nutzbar zu machen, wurden in den Projekten NEOHAZ[13] und Waterproofing Data[14] Sketch Maps zur Erfassung der Hochwasserrisikowahrnehmung eingesetzt (KLONNER et al. 2018, 2021). Anwohner*innen markieren bei der Sketch-Map-Methode von ihnen als Risikogebiete wahrgenommene Regi-

13 https://www.geog.uni-heidelberg.de/gis/neohaz.html
14 https://www.geog.uni-heidelberg.de/gis/waterproofing.html

onen in Papierkarten, die auf OSM-Daten basieren (Abb. 13.5). Die Datenqualität von OSM spielt hierbei eine große Rolle, da sie die Orientierung der Teilnehmenden und die Güte der neu erfassten Informationen beeinflusst. Entscheidend ist, ob sich die regionalen OSM-Daten als Basis und Verortung für die Sketch Maps eignen. Für die nachhaltige Anwendung der Sketch Maps und damit auch z. B. lokale Behörden diese Methode nutzen können, ist es wichtig, dass die Nutzer*innen eine Einschätzung zur Qualität der OSM-Daten erhalten. Über das entwickelte Sketch-Map-Tool erhalten die Nutzer*innen auf anschauliche Art und Weise einen Überblick über die lokale OSM-Datenqualität (KLONNER et al. 2019). Diese intrinsische Qualitätsanalyse bezieht mehrere Indikatoren ein, etwa die Anzahl der Sehenswürdigkeiten, um zu beurteilen, wie gut sich die Karte zur Orientierung eignet.

13.4 Schlussfolgerungen und Ausblick

Die vielfältigen Anwendungen zeigen, welche Bedeutung OSM bereits für Anwendungen im Umweltbereich hat. OSM zeichnet sich in vielen Regionen durch hohe Aktualität und hohe thematische Auflösung aus und eignet sich aufgrund der globalen Abdeckung grundsätzlich für eine Übertragung von darauf aufbauenden Analysen oder Diensten. Allerdings ist die Frage der Datenqualität auf den Anwendungsfall hin zu überprüfen – allgemeingültige, belastbare Aussagen über Anwendungsbereiche und Ländergrenzen hinweg lassen sich nicht treffen. Werkzeuge wie etwa ohsome.org vereinfachen jedoch die notwendigen Schritte zur Beurteilung der Eignung für den jeweiligen Anwendungsfall.

Literatur

ANDERSON, J., SARKAR, D. & PALEN, L. (2019): Corporate Editors in the Evolving Landscape of OpenStreetMap. In: ISPRS International Journal of Geo-Information, 8, 232.

ARSANJANI, J. J., MOONEY, P., ZIPF, A. & SCHAUSS, A. (2015): Quality assessment of the contributed land use information from OpenStreetMap versus authoritative datasets. In: ARSANJANI, J. J. et al. (Eds.): OpenStreetMap in GIScience. Springer, 37-58.

BALLATORE, A. & ZIPF, A. (2015): A conceptual quality framework for Volunteered Geographic Information. In: FABRIKANT S. et al. (Eds.): Spatial Information Theory. COSIT 2015. Lecture Notes in Computer Science, 9368. Springer, 89-107.

BARRINGTON-LEIGH, C. & MILLARD-BALL, A. (2017). The world's user-generated road map is more than 80% complete. In: PLoS one, 12 (8): e0180698.

BARRON, C., NEIS, P. & ZIPF, A. (2014): A Comprehensive Framework for Intrinsic OpenStreetMap Quality Analysis: A Comprehensive Framework for Intrinsic OpenStreetMap Quality Analysis. In: Transactions in GIS, 18, 877-895.

DEGROSSI, L. C., ALBUQUERQUE, J. P. DE, ROCHA, R., DOS, S. & ZIPF, A. (2017): A Framework of Quality Assessment Methods for Crowdsourced Geographic Information: a Systematic Literature Review. In: Proceedings of the 14th ISCRAM Conference, 21-24.

DORN, H., TÖRNROS, T. & ZIPF, A. (2015): Quality evaluation of VGI using authoritative data. A comparison with land use data in Southern Germany. In: ISPRS International Journal of Geo-Information, 4, 1657-1671.

GOETZ, M. & ZIPF, A. (2013): The Evolution of Geo-Crowdsourcing: Bringing Volunteered Geographic Information to the Third Dimension. In: SUI, D. Z., ELWOOD, S. & GOOD-

CHILD, M. F. (Eds.): Crowdsourcing Geographic Knowledge. Volunteered Geographic Information (VGI) in Theory and Practice. Springer, 139-159.

HERFORT, B., LAUTENBACH, S., ALBUQUERQUE, J. P. D., ANDERSON, J. & ZIPF, A. (accepted): The Evolution of Humanitarian Mapping within the OpenStreetMap Community. In: Scientific Reports.

KLONNER, C., HARTMANN, M., DJAMI, L. & ZIPF, A. (2019): Ohsome OpenStreetMap Data Evaluation: Fitness of Field Papers for Participatory Mapping. In: Proceedings of the Academic Track at the State of the Map 2019. Heidelberg, 35-36.

KLONNER, C., USÓN, T. J., MARX, S., MOCNIK, F.-B. & HÖFLE, B. (2018): Capturing Flood Risk Perception via Sketch Maps. In: ISPRS International Journal of Geo-Information, 7, 359.

KLONNER, C., USÓN, T. J., AESCHBACH, N. & HÖFLE, B. (2021): Participatory Mapping and Visualization of Local Knowledge: An Example from Eberbach, Germany. In: International Journal of Disaster Risk Science, 12 (1), 56-71.

LAUTENBACH, S., LUDWIG, C., FENDRICH, S., NOVACK, T., MARX, S., OLEŚ, A. & ZIPF, A. (2020): Optimal ans Ziel: Routing-Dienste auf Basis neutzergenerierter Geodaten – Herausforderungen und Lösungsansätze für globale Datensätze In: ZAGEL, B. & LOIDL, M. (Hrsg.): Geo-IT in Mobilität und Verkehr: Geoinformatik als Grundlage für moderne Verkehrsplanung und Mobilitätsmanagement. Wichmann, Berlin/Offenbach, 89-108.

LUDWIG, C., HECHT, R., LAUTENBACH, S., SCHORCHT, M. & ZIPF, A. (under review): Mapping Public Urban Green Spaces based on OpenStreetMap and Sentinel-2 imagery using Belief Functions. In: ISPRS International Journal of Geo-Information.

NEIS, P. & ZIPF, A (2008): OpenRouteService.org is three times “Open”: Combining OpenSource, OpenLS and OpenStreetMaps. GISRUK 08. Manchester.

NEIS, P., ZIELSTRA, D. & ZIPF, A. (2012): The Street Network Evolution of Crowdsourced Maps: OpenStreetMap in Germany 2007-2011. In: Future Internet, 4, 1-21.

NOVACK, T., WANG, Z. & ZIPF, A. (2018): A System for Generating Customized Pleasant Pedestrian Routes Based on OpenStreetMap Data. In: Sensors, 18, 3794.

RAIFER, M., TROILO, R., KOWATSCH, F., AUER, M., LOOS, L., MARX, S., PRZYBILL, K., FENDRICH, S., MOCNIK, F.-B. & ZIPF, A. (2019): OSHDB: A framework for spatio-temporal analysis of OpenStreetMap history data. In: Open Geospatial Data, Software and Standards, 4 (1), 1-12.

SCHULTZ, M., VOSS, J., AUER, M., CARTER, S. & ZIPF, A. (2017): Open land cover from OpenStreetMap and remote sensing. In: International Journal of Applied Earth Observation and Geoinformation, 63, 206-213.

SHAFER, G., (1976): A mathematical theory of evidence. Princeton University Press.

SENARATNE, H., MOBASHERI, A., ALI, A. L., CAPINERI, C. & HAKLAY, M. (2017): A review of volunteered geographic information quality assessment methods. In: International Journal of Geographical Information Science, 31 (1), 139-167.

TOST, H., REICHERT, M., BRAUN, U., REINHARD, I., PETERS, R., LAUTENBACH, S., HOELL, A., SCHWARZ, E., EBNER-PRIEMER, U., ZIPF, A. & MEYER-LINDENBERG, A. (2019): Neural correlates of individual differences in affective benefit of real-life urban green space exposure. In: Nature neuroscience, 22 (9), 1389-1393.

WANG, Z., NOVACK, T., YAN, Y. & ZIPF, A. (2020): Quiet Route Planning for Pedestrians in Traffic Noise Polluted Environments. In: IEEE Transactions on Intelligent Transportation Systems,1-12.

14 BIM – die digitale Revolution in der Verkehrsinfrastrukturplanung?

Alexander BRÄUNLICH und Stephan SIEGERT[1]

Zusammenfassung

Planungsbeschleunigung, Kosten- und Terminsicherheit sowie Transparenz spielen eine immer größere Rolle bei Verkehrsinfrastrukturprojekten. Die Digitalisierung der Planung, der baulichen Realisierung, aber auch des Betriebs bietet eine große Chance, die genannten Ziele zu erreichen. Weltweit wird die Anwendung der BIM-Methode der neue Standard. Nachfolgend wird dargestellt, was sich hinter BIM verbirgt und wie die Digitalisierung unsere Gewohnheiten und die Zusammenarbeit im Team verändert.

14.1 Die Digitalisierung des Privat- und Arbeitslebens

14.1.1 Die weit vernetzte digitale Welt im Privaten

Die Digitalisierung ist allgegenwärtig, bewusst und unbewusst. Gerade im Privatleben wird das sehr deutlich: Die Kommunikation erfolgt heute kaum noch über handgeschriebene Briefe. E-Mails haben persönliche Briefe nahezu abgelöst, wobei selbst die Mails heute zunehmend ersetzt werden. Denn die Geschwindigkeit der zwischenmenschlichen Kommunikation hat sich erhöht. Nachrichten und Informationen werden dank Messenger-Dienste schnell ausgetauscht. Ein Blick auf die Straße genügt, das Smartphone ist bei vielen der ständige Begleiter in der Hand, um schnell die neusten Posts und Nachrichten zu lesen oder zu verschicken.

Versandhäuser haben ihre Kataloge abgeschafft. Ihre Angebote sind im Internet auffindbar, oftmals sogar mit besseren Informationen als im gedruckten Katalog. Das zu bestellende Objekt der Begierde kann im Internet vom Kunden über einen Viewer von allen möglichen Blickwinkeln aus am Monitor betrachtet und gedreht werden. Ergänzt wird die Produktbeschreibung häufig durch kleine Präsentationsfilme und Kundenrezessionen. Gerade Letzteres, also die Wissensteilung der Erfahrungen anderer Kunden, spielt eine zunehmende Rolle für die eigene Kaufentscheidung.

Mehr und mehr Alltagsgegenstände werden smart. Der Routennavigator beispielsweise, der mich automatisch über aktuelle Staus auf meiner gewählten Strecke informiert und mir Umfahrungsalternativen anbietet. Der smarte Kühlschrank, der mich nicht nur über Lebensmittel informiert, die langsam zur Neige gehen, sondern auf Wunsch sogar automatisch neue Lebensmittel nachordert. Und natürlich darf in dieser (bei Weitem nicht vollständigen) Aufzäh-

---

[1] DEGES Deutsche Einheit Fernstraßenplanungs- und -bau GmbH, Bereich Digitales Planen und Bauen, Zimmerstraße 54, 10117 Berlin, braeunlich@deges.de, siegert@deges.de, www.deges.de

lung der smarte Fernseher nicht fehlen. Dieser ermöglicht mir das zeitversetzte Sehen einer laufenden Sendung, den Abruf von Hintergrundinformationen von einem Film oder die direkte Verbindung zu Mediatheken und Streaminganbietern.

Das hat Einfluss auf unsere Gewohnheiten. Faktisch benötigen wir nur noch ein Medium, um auf die Angebote und Services zugreifen zu können. Mit dem smarten Fernseher kann ich nicht nur fernsehen, sondern zusätzlich im Internet surfen, Waren bestellen und Musik hören. Das gleiche funktioniert auch mit dem Smartphone und dem Tablet. Beide Geräte haben den Vorteil, dass ich mit ihnen mobil sein kann. Ich kann also von jedem beliebigen Ort aus und auch unabhängig von der Zeit medienbruchfrei auf nahezu alles zugreifen und damit auch mein Leben „verwalten". Ich habe eine Bestellung im Internet gemacht? In Echtzeit kann ich die Zustellung beobachten und mir den angekündigten Liefertermin in meinen digitalen Kalender eintragen. Kurzum, wir „arbeiten" auch im Privatleben mehr und mehr mit einer gemeinsamen Datenplattform, dem World Wide Web, zu dem auch die persönliche Datencloud gehört. Die Zahl der Menschen, die heute noch einen analogen Terminkalender oder ein handgeschriebenes Adressbuch besitzen, werden immer weniger. Es ist einfach äußerst komfortabel, schnell einen Termin im digitalen Kalender oder einen neuen Kontakt einzutragen (bzw. zu ändern), die zugleich mittels der Datensynchronisation über die Datencloud auf allen meinen digitalen Geräten abrufbar und somit verfügbar sind.

14.1.2 BIM in der Arbeitswelt

Im Berufsleben bleibt dieser hohe Grad an Digitalisierung leider weit zurück. So war es noch im Jahr 2019 eher unüblich, regelmäßig mobil von zu Hause zu arbeiten oder völlig selbstverständlich Videokonferenzen und Desktopsharing im beruflichen Umfeld anzuwenden. Nach und nach beginnen viele Berufe, sich durch die Digitalisierung in neuen Tätigkeitsfeldern zu bewegen bzw. mitzuwirken. Die digitale Transformation verändert damit auch in der Arbeitswelt unsere Gewohnheiten.

Das kollaborative Arbeiten an digitalen Modellen zur Planungskoordination oder der Bauoberleiter mit dem Tablet auf der Baustelle sind Bilder für die erklärte Zukunft des digitalen Planens und Bauens. Gerade im Bauwesen und in der Verkehrsinfrastrukturplanung kommt ein gewisser Druck zur Digitalisierung aus der Politik. Das Bundesministerium für Verkehr und digitale Infrastruktur (BMVI) verfolgt in seinem im Dezember 2015 veröffentlichten „Stufenplan Digitales Planen und Bauen" das Ziel, Projekte unter Anwendung von Building Information Modeling (BIM) zu planen und baulich zu realisieren. Das hat zur Folge, dass öffentliche Auftraggeber im Zuständigkeitsbereich des BMVI in der Lage sein müssen, die BIM-Anforderungen anzuwenden (BMVI 2015b, 9). Der Stufenplan konkretisiert die Empfehlung der Reformkommission „Bau von Großprojekten", digitale Methoden zu etablieren (BMVI 2015a). Mit dem Masterplan BIM im Straßenbau wird in 2021 der Stufenplan Digitales Planen und Bauen weiter operationalisiert und gleichartige Anwendung gefördert. Deutschland befindet sich mit der BIM-Einführung im globalen Kontext. Öffentlich finanzierte Bauvorhaben dürfen in immer mehr Ländern, wie beispielsweise Großbritannien, Schweden und den USA, ohne die Nutzung von BIM nicht mehr realisiert werden (RIZKALLAH 2018).

BIM revolutioniert nicht nur die Darstellungsweise von technischen Planungen, sondern hinterfragt auch bisher tradierte Prozessabläufe und die Art und Weise der Zusammenarbeit. Fest definierte Prozesse und Rollen sind Voraussetzung für eine strukturierte Planung am digitalen Modell (Rizkallah 2018). Damit kommt es zu einer völlig neuen Art der Zusammenarbeit der Beteiligten. Teilweise wird von einer „digitalen Revolution des Bauwesens" gesprochen. Die Digitalisierung des Bauwesens bedeutet einen tiefgreifenden methodischen – aber auch kulturellen – Wandel im Planungs- und Ausführungsprozess. Alle großen öffentlichen Infrastrukturbetreiber und öffentlichen Auftraggeber sind zwischenzeitlich fest davon überzeugt, dass die Anwendung der BIM-Methode zu erheblichen Effizienz- und Effektivitätssteigerungen führt sowie zu einer wesentlich höheren Belastbarkeit von Kosten- und Termin-Prognosen.

14.2 Was ist BIM im Gegensatz zur konventionellen Planung?

Bei der konventionellen Planung erfolgt der Informationsaustausch in Form von technischen Zeichnungen, die Bauwerksinformationen in Form von Schnitten, Grundrissen und Detailzeichnungen enthalten. Seit Jahrhunderten versucht der Mensch auf diese Weise, komplexe räumliche Objekte in Form von 2D-Darstellungen sichtbar und verständlich zu machen. Die bildhafte „Übersetzung" des Dargestellten in ein virtuelles Abbild findet beim Betrachter statt. Laien haben mit dieser Darstellungsform nicht selten große Schwierigkeiten; teilweise wird von der „Geheimsprache der Ingenieure" gesprochen. Das Sammelsurium von Linien und Farben muss irgendwie im Kopf zusammengeführt werden, um die Planung zu verstehen. Dennoch verbleiben Zweifel, ob die eigene Interpretation der Darstellung auf dem Lageplan mit der tatsächlichen Planung übereinstimmt. Die zweidimensionale Darstellung im Lageplan beinhaltet mindestens zwei Risiken: ein erhöhter Zeitbedarf für das Erfassen und Verstehen der Planung sowie eine Fehlinterpretation des Dargestellten.

Obwohl für die Erstellung von Bauwerksplänen Software zum Einsatz kommt, handelt es sich de facto um die gleiche Arbeitsweise, wie sie vormals am Zeichenbrett mit Tusche und Transparentpapier zur Anwendung kam (BIM4INFRA2020 2018, 3). Zudem verfügen die 2D-Darstellungen über keinerlei weitere Informationen, wie zum Beispiel zu Materialeigenschaften, Kosten oder Bautermin. Des Weiteren werden 2D-Pläne unabhängig voneinander erzeugt, das heißt, Fehler bzw. Uneindeutigkeiten in den unterschiedlichen Darstellungsformen sind möglich. Infolgedessen sind aufwendige Prüfverfahren notwendig.

Der Stufenplan des BMVI definiert BIM wie folgt:

> *„**Building Information Modeling (BIM)** bezeichnet eine **kooperative** Arbeitsmethodik, mit der auf der Grundlage **digitaler 3D Modelle** eines Bauwerks die für seinen **Lebenszyklus** relevanten Informationen und Daten **konsistent erfasst, verwaltet** und in einer **transparenten Kommunikation** zwischen den Beteiligten ausgetauscht oder für die weitere Bearbeitung übergeben werden."* (BMVI 2015b, 4)

BIM ist also keine Software. BIM ist die Methode, die das Ziel verfolgt, den Informationsaustausch zwischen verschiedenen Projektbeteiligten bzw. deren eingesetzten Softwareprodukten möglichst effektiv zu gestalten. Alle Informationen des Bauwerks sollen vom Verantwortlichen einmal erfasst bzw. definiert werden. Danach werden diese Informationen allen anderen Beteiligten zur Verfügung gestellt. Diese können die Informationen verwenden und/oder ergänzen. Die Grundlage hierfür bilden objektorientierte 3D-Modelle. In den 3D-Modellen werden alle relevanten Bauwerksteile bzw. alle relevanten Objekte abgebildet und mit einer beliebig hohen Anzahl von weiteren Informationen (sog. Merkmalen) ausgestattet. Jeder beliebige Schnitt, jede beliebige Ansicht, jedes Detail und gegebenenfalls auch 2D-

Pläne sind immer direkt aus dem 3D-Modell abgeleitet und daher immer konsistent. Das Fehlerpotenzial und verbundene Prüfprozesse werden erheblich reduziert.

Je nach Nutzung und den definierten Anwendungsfällen müssen nicht alle Bauwerksinformationen in ein 3D-Modell überführt oder dorthin verlinkt werden. Zum einen befindet sich die BIM-Methodik weiterhin in der Entwicklung, und nicht immer sind Personal und Technik entsprechend aufgestellt. Zum anderen ist dies oft auch nicht sinnvoll oder effizient. Üblicherweise werden mit dem Einsatz von BIM bestimmte Ziele im Projekt, wie beispielsweise Kostentransparenz oder der Einsatz für die Öffentlichkeitsarbeit, verfolgt. Entsprechend dieser Ziele werden dann sog. BIM-Anwendungsfälle abgeleitet. Diese Anwendungsfälle stellen bestimmte Anforderungen an Aufbau und Inhalt der 3D-Modelle, die zwingend erfüllt werden müssen.

Auch wenn bisher der Begriff „3D-Modelle“ verwendet wurde, handelt es sich bei den Bauwerksmodellen de facto um objektorientierte Multi-Informationsmodelle. Häufig wird von Dimensionen gesprochen. Neben den geometrischen Informationen, also der räumliche Körper mit seinen Abmessungen in Höhe, Breite und Länge (drei Dimensionen = 3D), kann das Bauwerksmodell mit einer zeitlichen Information als vierte Dimension (4D) sowie mit einer kostenbezogenen Information als fünfte Dimension (5D) verknüpft werden. Darüber hinaus können Bauwerksmodelle mit jeglichen weiteren Zusatzinformationen als zusätzliche, eigene Dimensionen versehen werden. Vielmals kommen diese zusätzlichen Informationen aus den Bereichen Nachhaltigkeit, Gewährleistung, Unterhaltung, Facility Management, Rückbau etc.

Abb. 14.1: BIM als multidimensionale Informationsmodelle

14.2.1 Von den Fachmodellen zum Gesamtmodell

Wie bei der konventionellen Planung werden von den zuständigen Fachplanern in iterativen Schritten eigenverantwortlich die Fachmodelle der jeweiligen Planungsgewerke erstellt. Die Koordination der einzelnen Fachplanungsmodelle (z. B. Streckenmodell, Brückenmodell, Tunnelmodell, schalltechnisches Modell) erfolgt dann im Gesamtmodell, welches die Gesamtplanung abbildet. Am Gesamtmodell können schnell Kollisions-, Vollständigkeits-, Beziehungs- oder Alternativenprüfungen durchgeführt werden. Jegliche Prüfroutine zur Unterstützung des Nutzers sind denkbar, bedürfen aber einer Berücksichtigung bei der (Bauwerks-)Informationsmodellerstellung.

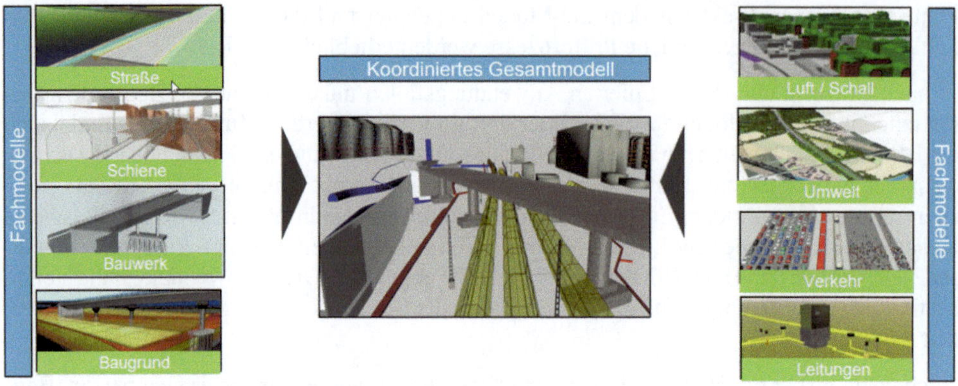

Abb. 14.2: Integration der Fachmodelle zum koordinierten Gesamtmodell

Grundlage für die Erstellung der Fachmodelle bildet das Bestandsmodell. Das Bestandsmodell kann sich je nach Erfordernis bzw. Zweckmäßigkeit aus diversen, in Geoinformationssystemen vorgehaltenen Daten[2] zusammensetzen und darüber hinaus durch Bestandsfachmodelle ergänzt werden.

Ein „klassischer" Aufbau eines Bestandsmodells stellt sich wie folgt dar:

- Digitales Geländemodell aus der Vermessung
- Indizierte oder nicht indizierte Punktwolken
- Digitale Karten (DTK)
- Amtliches Liegenschaftskatasterinformationssystem (ALKIS)
- Georeferenzierte Orthophotos
- 3D-Stadtmodelle (CityGML)
- GIS-Fachkarten (z. B. Kampfmittelverdachtsflächen, Archäologie, Umwelt)

Zur vollumfänglichen Darstellung des Bestands zählt darüber hinaus auch die detaillierte Modellierung der Bestandssituation. Unter der Bestandsituation ist die Erfassung aller baulichen, technischen und schutzwürdigen Anlagen sowie Flächen zu verstehen.

14.2.2 Das „Herz" eines BIM-Projekts: die CDE

Transparenz ist ein wesentliches Merkmal bei BIM-Projekten. Diese wird unter anderem dadurch geschaffen, dass die Daten eines Projekts nicht mehr auf unterschiedlichen und nicht miteinander kommunizierenden Datenspeichern abgelegt, sondern auf einer einzigen Datenplattform über das jeweilige Bauwerksinformationsmodell verbunden werden. In der BIM-Methode ist die sog. „Common Data Environment" (CDE) zentrale Datendrehscheibe und Herz eines BIM-Projekts.

Hier laufen nicht nur alle projektrelevanten Informationen modell-, objektreferenziert und qualitätsgesichert zusammen, sondern werden auch allen Projektbeteiligten zentral bereitgestellt. Die Projektakteure unterliegen dabei einer Hol- und Bringschuld. So sind sowohl neue

[2] Vorhaltung auf Basis von INSPIRE-Richtlinie (EU) und Länderüberführung, z. B. Geodatenzugangsgesetz (Dtl.) initiiert und nachgehalten.

Planungsstände in der CDE zu hinterlegen als auch beispielsweise Korrekturen an der Planung im Ergebnis einer Projektbesprechung oder einer Qualitätsprüfung. Für alle Projektakteure impliziert das die eigene Verantwortlichkeit für die Bereitstellung, Richtigkeit und Aktualität der Daten. Im Ergebnis dessen sind sämtliche Informationen ausschließlich über die Bauwerksinformationsmodelle auf der CDE zu entnehmen. Die zentrale Datendrehscheibe wird deshalb auch als „Single Source of Truth“ (Deutsch: „Die einzige Quelle der Wahrheit“) bezeichnet. Unterschiedliche, nicht verbundene Datenspeicher, wie wir sie aus der konventionellen Planung kennen, sind im BIM-Projekt nicht mehr zulässig.

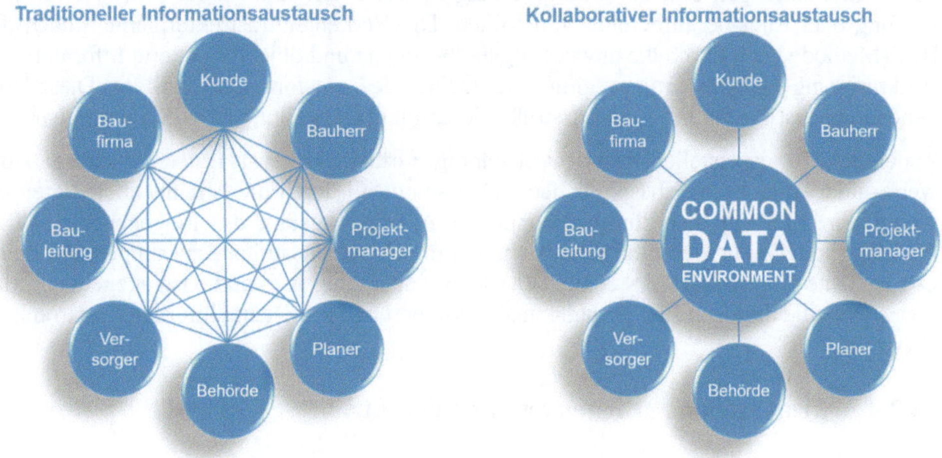

Abb. 14.3: Common Data Environment als Datendrehscheibe

Das Arbeiten mit der CDE dient somit der Sicherung der erforderlichen Datenqualität sowie der Verlässlichkeit der Daten. Im Gegensatz zu unterschiedlichen Datenspeichern besteht bei der CDE kein Risiko, mit inkonsistenten und damit widersprüchlichen Daten zu arbeiten.

14.2.3 GIS

Geoinformationssysteme (GIS) nehmen eine wichtige Rolle in der digitalen Transformation ein. Sie transportieren originär über die Objekte „Punkt, Linie oder Fläche“ auf Folien strukturierte Informationen, die heute noch überwiegend großräumig die örtlichen Gegebenheiten beschreiben. Aus Sicht der Verkehrsinfrastrukturplanung binden sie Projektinformationen in ein vorhandenes Netz bzw. Umfeld ein. Die INSPIRE-Richtlinie (Richtlinie 2007/2/EG) aus dem Jahre 2007 zum Aufbau einer Geodateninfrastruktur der Europäischen Gemeinschaft und deren Überführung in nationales Recht, für Deutschland durch das Geodatenzugangsgesetz (GeoZG), hat zu einer deutlichen Erhöhung der digital weiterverwendbaren (Geo-)Datengrundlage gesorgt. Die Standardisierung der Daten schreitet immer weiter voran, sodass auf konsistenten Daten effiziente Workflows über den Lebenszyklus (nicht nur der Planung) aufgebaut werden können. Die Interaktion zwischen den Beteiligten wird dadurch deutlich verbessert.

Wenn die Verkehrsinfrastrukturplanung als ein Prozess mit vielen Teilprozessen und noch mehr Aufgaben, die durch die unterschiedlichsten Beteiligten bearbeitet werden, verstanden wird, spricht das Potenzial der konsistenten georeferenzierten Datengrundlagen für sich. Der Aufwand und die Notwendigkeit, alle (in unterschiedlicher Qualität vorhandener) Datengrundlagen im Autorentool des Planers digital erstaufzubereiten, reduziert sich. Planer und Auftraggeber können für ihre jeweiligen Prozesse aus der konsistent und gleichzeitig aktualisiert vorgehaltenen Datengrundlage ihre konkreten Aufgaben unterstützen. Beispiel hierfür ist das Einwendungs- und Erwiderungsmanagement, wo regelmäßig Planungsinhalte mit individuellen Betroffenheiten bewertet werden.

Unabhängig davon hat jeder der Beteiligten für seine konkrete Arbeitsaufgabe unterschiedliche Fragestellungen und Erwartungshaltungen, wie Informationen für seine Bewertung, Prüfung oder Eingabe aufbereitet sein sollten. Die Verkehrsinfrastrukturplanung nach der BIM-Methode kann durch die anwendungsfallbezogene und objektorientierte Informationsstrukturierung diese Erwartungshaltung an die Digitale Transformation abbilden. Diese Vorgehensweise ist für die Informationsstrukturierung und Darstellung im GIS übertragbar.

Zunehmend ist festzustellen, dass der vollständige virtuelle Raum als Darstellungsform, Auswerte- und Anreicherungsbasis für den Anwendungsfall durch die Aufgabenbeteiligten erwartet wird. Es gilt also für den konkreten Anwendungsfall, die freigegebenen BIM-Planungsmodelle mit Geoinformationsinhalten für die Arbeitsaufgabe zusammenzubringen. Das ist heute möglich (KADEN et al. 2018), bedarf aber eines Informationsmanagements, das konsequent die digitalen Lieferinhalte qualitätssichert und persistente Informationsströme sicherstellt.

14.2.4 Projektteams arbeiten agil und dezentral

In BIM-Projekten ändert sich auch die persönliche Interaktion zwischen den Teammitgliedern. „Inhalte statt Hierarchie“ lautet das neue Credo. Traditionelle Führungsstile verlieren zunehmend an Bedeutung. Viele Mitarbeitende wollen nicht mehr geführt, sondern motiviert und ermuntert werden sowie eigenverantwortlich arbeiten können. „Digital Leader“ sind die neuen Führungskräfte, die sich deutlich vom traditionellen Führungsstil unterscheiden. Klassische Führung bedeutet eher organisatorische Kompetenzen, also die Verwaltung des Tagesgeschäfts, dass alles so läuft, wie es laufen soll. Digital Leadership hat mit traditioneller Führung und traditionellen Strukturen kaum etwas zu tun (RASSEK o. D.). Leadership wird heute als die Absicht verstanden, Dinge richtig zu tun. Leadership bezeichnet das Schaffen einer Vision, das Vermitteln dieser Vision sowie das Motivieren der Beteiligten, um die Vision durch eigenes Handeln Wirklichkeit werden zu lassen, auch entgegen möglicher Widerstände (RASSEK o. D.). Entscheidungen werden nicht mehr durch einzelne Führungspersonen, sondern im Netzwerk durch formalisierte Prozesse getroffen. Die Bedeutung des Digital Leaders geht im Vergleich zur traditionellen Führungskraft zurück. Wir haben es also zunehmend mit einer partnerschaftlichen, agilen Arbeitsweise und agilen Projektteams zu tun. Hierarchien verlieren an Bedeutung.

Auch die Zusammenstellung von Projektteams ändert sich in der digitalen Planungswelt. Die Teams werden nach fachlichen Qualifikationen zusammengestellt und nicht mehr nach Verfügbarkeit in der Örtlichkeit. Das vernetzte Arbeiten spielt deshalb nicht nur unter fachlichen Gesichtspunkten eine Rolle, sondern auch durch die Anwendung der digitalen Methoden. Projektbesprechungen finden in Form von Videokonferenzen in BIM-Projekten statt. Die Anwesenheit der Projektakteure vor Ort ist aus diesem Grunde unerheblich, da die Besprechungen onlinebasiert anhand des Bauwerkmodells durchgeführt werden, also in einem virtuellen Raum. Für den sonstigen Informationsaustausch innerhalb des Teams werden digitale Kommunikationstechnologien genutzt. Insofern arbeiten Team dezentral und standortübergreifend zusammen.

Die Agilität im Projektteam beeinflusst auch zwangsläufig die Arbeitsweise. Wissen wird geteilt und generell allen Projektakteuren zur Verfügung gestellt. Es entsteht kollektives Wissen. Wissen verliert somit die Bedeutung als Machtfaktor für die Position und Stärke einzelner Teammitglieder, wie sie in sogenannten Silo-Strukturen zu finden ist. Durch die Wissensteilung ist die Möglichkeit geschaffen, kollaborativ (also gemeinsam, gleichzeitig[3] und gegenseitig unterstützend) zu arbeiten und Entscheidungen im Projektteam nach Kompetenzen und nicht nach Dienstalter oder Hierarchie zu treffen. Stärken einzelner Personen werden besser genutzt, Schwächen gegenseitig ausgeglichen (WARKENTIN o. D.). Darüber hinaus kann das Teilen von Wissen auch neue Ideen und Denkprozesse im Team anstoßen. Dieser Ansatz wird durch zwei Faktoren unterstützt:

- In agilen, netzwerkorientierten Teams agieren die einzelnen Akteure selbstverantwortlich und eigenständig. Das ist nicht mit Anarchie zu verwechseln, sondern als Treiber, sich proaktiv und nicht reaktiv im Projekt einzusetzen. Vor diesem Hintergrund hat der Digital Leader auch die Funktion des „Ermöglichers“.
- Damit einher geht die Möglichkeit, experimentieren zu dürfen, im Sinne einer Trail-and-Error-Philosophie. Fehler sind ausdrücklich erlaubt und werden nicht sanktioniert. Vielmehr werden Fehler (und das Scheitern) als Chance betrachtet, aus denen das Team lernt, um sie in Zukunft nicht zu wiederholen. Eine solche fehlertolerante Kultur fördert den Mut zu innovativen Ideen, weil die Angst vor möglichen Schuldzuweisungen genommen wird.

Es zeigt sich, dass das kollaborative Arbeiten die Kommunikation innerhalb des Teams verbessert. Durch den steten Austausch im Team werden Aufgaben und Verantwortlichkeiten klar für alle Projektakteure definiert. Das erzeugt Transparenz und vermeidet das Risiko doppelter Aufgaben (WARKENTIN o. D.).

Agile Teams ermöglichen außerdem eine hohe Flexibilität und Anpassungsfähigkeit, sodass schneller auf nicht vorhersehbare Entwicklungen reagiert werden kann als in hierarchisch organisierten Teams (SCHNELLBÜGEL et al. o. D.). Jeder Vorhabenträger, jedes Planungsbüro und jede Behörde werden mit der Einführung digitaler Methoden bei der Projektbearbeitung strategisch und operativ beweglicher. Durch das Arbeiten mit einer einheitlichen Datendrehscheibe (nämlich der CDE) sowie durch die Abbildung des gesamten Lebenszyklus‘ eines Bauwerks können verschiedene Simulationen und Analysen durchgeführt werden. Die Auswertung der Ergebnisse hilft, Entscheidungen für die weitere Projektentwicklung auf einer soliden Wissensbasis zu treffen (HILL 2020).

14.2.5 Intrinsische Motivation als Erfolgsfaktor für BIM

Zweifelsohne kann festgehalten werden, dass die durch BIM ausgelöste Veränderung der Arbeitsmethodik auch die Anforderungen an die beteiligten Personen beeinflusst. Hierzu

[3] Die „Gleichzeitigkeit“ manifestiert sich dadurch, dass beispielsweise Dokumente digital von mehreren Projektakteuren zur selben Zeit bearbeitet werden können, Auch aus dieser Möglichkeit ergibt sich eine unmittelbare und sofortige Wissensteilung, weil umgehend ein direktes Feedback zu einer z. B. gerade eingearbeiteten Änderung gegeben werden kann.

zählen insbesondere Qualifikation, Veränderung, Bereitschaft und Mut für neue Wege, womit diese Anforderungen zu den größten Herausforderungen zählen, die noch zu bewältigen sind. Die Anwendung von BIM kann deshalb nicht aufgezwungen werden. Schlüsselfaktoren für eine erfolgreiche Transformation zu neuen Arbeitsmethoden sind die eigene Erkenntnis und Eigenmotivation, also die intrinsische Motivation. Wenn Führungskräfte und Mitarbeitende selbst erkennen, dass in der Anwendung der modernen Methoden ein Mehrwert für ihre persönliche Arbeit oder für sich selbst als Person liegt, werden sie sich dem Neuen offener, interessierter und letztendlich erfolgreicher widmen. Nur aus eigenem Interesse und aus eigener Motivation heraus ist eine anhaltende und auch nachhaltige Veränderung von Verhaltensweisen erwartbar. Treiber oder Auslöser dieser intrinsischen Motivation kann die Befriedigung der eigenen Neugierde sein. Die neue Arbeitsmethodik muss also als spannend, aufregend und sinnstiftend vermittelt werden. Es gilt, die einzelne Person aus eigenen Stücken heraus zur Veränderung ihrer Arbeitsmethodik anzuleiten. Eine besondere Rolle kommt hier der Führungskraft oder dem Arbeitgeber zu: Es müssen gegenüber den Mitarbeitenden Angebote formuliert werden, über deren Annahme die einzelne angesprochene Person selbst entscheiden kann. Durch dieses auch als Pull-Prinzip benannte Vorgehen kommt ein hochmotiviertes, leistungsbereites und veränderungswilliges Team zustande, welches den Erfolg des Veränderungsprozesses tatsächlich selbst will und damit Garant für das positive Ergebnis ist.

„Tue Gutes und sprich darüber“, ist auch im Transformationsprozess ein hilfreicher Ansatz. Der Rest der Belegschaft sollte über die Veränderungen fortwährend gut informiert sein, um den Veränderungsprozess auch in einem späteren Zeitpunkt weiterhin aktiv zu unterstützen. Denkbar sind beispielsweise Veranstaltungen mit allen Mitarbeitenden, bei denen neben den Grundlagen der Methodik einzelne Beispiele aus dem eigenen Unternehmen vorgestellt werden. In diesen Beispielen werden die ersten Erfolge und Misserfolge aus der pilothaften Anwendung gezeigt und diskutiert. Die gesamte Belegschaft kann also erkennen, welche ersten Erfolge das Unternehmen bereits zu verbuchen hat und welche Potenziale in der Anwendung der Methodik liegen. Gleichzeitig kann den Early-Adoptern für ihren Pioniergeist gedankt werden.

14.3 Was sind die nächsten BIM-Schritte?

Die Digitalisierung der Planung von Infrastrukturprojekten kommt gut voran, sodass in der Tat von einer „digitalen Revolution“ gesprochen werden kann. Ein weites und bisher weitgehend offenes Handlungsfeld ist die Anwendung der BIM-Methode in der Bauausführung sowie im Betrieb der Verkehrsinfrastruktur. Stichwörter sind hier beispielsweise die digitale Bauüberwachung und Bauabrechnung sowie Einbindung von Bauwerks- und Fahrbahnsensorik zur Verbesserung von Entscheidungen während des Betriebs. Letzteres spielt auch eine Rolle für das autonome Fahren. Wir befinden uns in einem spannenden Transformationsprozess, den wir auch in der Zukunft weiter aktiv und innovativ ausgestalten können. Die digitale Revolution geht weiter!

Literatur

BIM4INFRA2020 (2018): Umsetzung des Stufenplans „Digitales Planen und Bauen“. Berlin.

BMVI – BUNDESMINISTERIUM FÜR VERKEHR UND DIGITALE INFRASTRUKTUR (2015a): Reformkommission Bau von Großprojekten, Komplexität beherrschen – kostengerecht, termintreu und effizient, Endbericht. Berlin.

BMVI – BUNDESMINISTERIUM FÜR VERKEHR UND DIGITALE INFRASTRUKTUR (2015b): Stufenplan Digitales Planen und Bauen. Berlin.

HILL, J. (2020): Wer braucht den Digitalen Zwilling wirklich? https://www.computerwoche.de/a/wer-braucht-den-digitalen-zwilling-wirklich,3547167 (08.01.2021).

KADEN, R. CLEMEN, C., SEUß, R., BLANKENBACH, J., BECKER, R., EICHHORN, A., DONAUBAUER, A., KOLBE, T. H., GRUBER U.; DVW E. V. – GESELLSCHAFT FÜR GEODÄSIE, GEOINFORMATION UND LANDMANAGEMENT, RUNDER TISCH GIS E. V. (Hrsg.) (2018): Leitfaden Geodäsie und BIM, Version 1.2. Bühl/München.

RASSEK, A. (o. D.): Leadership: Mehr als nur Führung. https://karrierebibel.de/leadership/ (03.02.2020).

RASSEK, A. (o. D.): Digital Leadership: Was zeichnet einen Digital Leader aus? https://karrierebibel.de/digital-leadership/ (03.02.2020).

RIZKALLAH, M. (2018): Building Information Modeling (BIM) … die digitale Zukunft? Gegenwart und Ausblick. https://www.deutsches-ingenieurblatt.de/news/news-detail/23065-building-information-modeling-bim/ (11.01.2021).

SCHNELLBÜGEL, M. & SCHELLER, K. (o. D.): Kollaborative Organisations- und Arbeitsstrukturen: Ein Muss für eine erfolgreiche Zukunft. https://www.linxys.ch/kollaborative-organisations-und-arbeitsstrukturen-ein-muss-fuer-eine-erfolgreiche-zukunft/ (23.01.2020).

WARKENTIN, N. (o. D.): Kollaboratives Arbeiten: Tipps für Teams. https://karrierebibel.de/kollaboratives-arbeiten/ (03.02.2020).

III Methoden

15 Anforderungsanalyse zur Entwicklung von Umweltinformationssystemen ... 210
Stefan Naumann

16 Modellierung und Qualität von Daten ... 220
Rolf Krieger

17 Geoinformationssysteme (GIS) ... 234
Peter Fischer-Stabel

18 Geodatenbanksysteme ... 247
Thomas Brinkhoff

19 Methoden der Positionsbestimmung/Satellitenortung ... 257
Manfred Bauer

20 KI und maschinelles Lernen – Erfassung von Expertenwissen zur Anomalie-Erkennung in Umweltdaten ... 269
Rüdiger Machhamer und Kristof Ueding

21 Internet of Things im Umweltmonitoring ... 279
Klaus-Uwe Gollmer und Michael Mattern

22 Modellbildung und Simulation ... 289
Klaus-Uwe Gollmer

23 Geovisualisierung und thematische Kartographie ... 299
Ariane Ruff

24 Extended-Reality-Technologien zur Visualisierung von Umweltinformationen ... 312
Jens Schneider

25 Betriebliche Umweltinformationssysteme (BUIS) ... 324
Volker Wohlgemuth

26 Software für das betriebliche Umwelt- und Nachhaltigkeitsmanagement ... 335
Klaus Helling

27 Konzepte nachhaltiger Informationstechnik ... 342
Franziska Mai, Eva Kern, Timo Johann, Achim Guldner und Stefan Naumann

15 Anforderungsanalyse zur Entwicklung von Umweltinformationssystemen

Stefan NAUMANN[1]

Zusammenfassung

Die Anforderungsanalyse und -definition (engl. Requirements Engineering, RE) ist der erste Schritt in der Softwareentwicklung. Entwickler, Anwender bzw. Betreiber und Kunden kommen hier zusammen, um Anforderungen an ein geplantes Softwaresystem gemeinsam zu ermitteln. In diesem Kapitel stellen wir zunächst grundlegende Begriffe und Ziele des RE vor. Methoden des RE werden ergänzt durch eine Fallstudie, die insbesondere ein Workshop-Konzept und die Darstellungsart der „Use Cases" aufzeigt. Use Cases sind ein zentrales Bindeglied zwischen Entwicklern und den Kunden/Nutzern.

15.1 Einführung

Unter *Requirements Engineering* (RE) wird die *Anforderungsanalyse* und *-definition* im Rahmen der Software-Entwicklung verstanden, also das strukturierte Zusammenstellen der Anforderungen an ein Softwaresystem. Im Regelfall findet diese Zusammenstellung in enger Absprache mit den Auftraggebern bzw. zukünftigen Anwendern statt. Sie ist damit der erste Schritt in den verschiedenen Phasen der Software-Entwicklung und steht zeitlich vor Entwicklung, Test- und Dauerbetrieb. Die Anforderungsanalyse ist nur bedingt formalisierbar, da insbesondere die potenziellen Anwendungsbereiche, aber auch die technischen Möglichkeiten breit gefächert sind.

RE ist der erste Baustein der Software-Entwicklung (SE). Bekanntestes und anschaulichstes SE-Modell ist das Wasserfallmodell, welches die SE in fünf Phasen aufteilt:

1. Analyse und Definition (Requirements Engineering)
2. Entwurf
3. Implementierung
4. Test
5. Einsatz und Wartung

In der Praxis kommt dieses Modell allerdings selten in Reinform zum Einsatz, da es die Entwicklung idealisiert und die Phasen stark gegeneinander abgrenzt. Dennoch ist das Wasserfallmodell eine wichtige Grundlage, da es eine sinnvolle Abfolge und die im Rahmen der Softwareentwicklung prinzipiell zu bearbeitenden Schritte enthält.

[1] Hochschule Trier, Standort Umwelt-Campus Birkenfeld, Institut für Softwaresysteme in Wirtschaft, Umwelt und Verwaltung, Postfach 1380, 55761 Birkenfeld, s.naumann@umwelt-campus.de, www.umwelt-campus.de

Das RE ist dabei – neben den Nutzertests – die wichtigste gemeinsame Phase zwischen Entwicklern und Anwendern, denn hier festgelegte funktionale Anforderungen und Spezifikationen bilden die Grundlage eines Softwareprodukts. Weichen, die in dieser Phase gestellt werden, beeinflussen das gesamte Projekt; nicht selten führen Fehlentscheidungen und -einschätzungen – beispielsweise durch unterschiedliche Fachsprachen oder unklare bzw. widersprüchliche Zielsetzungen – zu längerer Projektlaufzeit, höheren Kosten oder gar zu unbenutzbaren und eingemotteten Systemen. Nicht unterschätzt werden darf auch, dass ein neues Software-System oft bestehende Prozesse vereinfachen und automatisieren soll und somit bisherige, „eingeschliffene" Handlungsmuster auf Kundenseite auf den Prüfstand gestellt werden.

Im RE werden also die durch den Anwender erwarteten Funktionalitäten festgelegt. Fehler im RE oder ungenau festgelegte Spezifikationen können zu erheblichen Verzögerungen und damit Kosten im Gesamt-Entwicklungsprozess führen. Die Ergebnisse des RE stellen eine möglichst genaue Arbeitsgrundlage der Systemarchitekten und Softwareentwickler dar. Um einen Vergleich zum Hausbau zu ziehen: Aus den Besprechungen mit dem Architekten sollte ein detaillierter Plan entstehen, der für die zukünftigen Bewohner verständlich und nachvollziehbar ist und dennoch als technische Grundlage für die Bauausführung dient.

Neben der allgemeinen Einführung der Begriffe sollen im nächsten Kapitel verschiedene Methoden der Anforderungsanalyse vorgestellt werden. An einem Beispiel aus dem Bereich der Umweltinformatik wird dann ein mögliches Vorgehen veranschaulicht.

15.2 Typische Phasen der Anforderungsanalyse

Ein typisches Missverständnis zwischen Fachleuten verschiedener Fachrichtungen – in diesem Fall zwischen Entwicklern und Anwendern eines Softwareprodukts – ist die unterschiedliche und daher gegenseitig häufig unbekannte Fachterminologie. Zudem fällt es Anwendern meist schwer, ihre Anforderungen präzise und strukturiert darzustellen. Das gilt insbesondere, wenn neue Prozesse abgebildet werden, für die es noch keine Beschreibungen (und Erfahrungen) seitens der zukünftigen Anwender gibt.

Aus Sicht der Software-Entwickler gilt es daher, – oft natürlichsprachliche – Anforderungen durch die Möglichkeiten von techniknäheren Modellierungssprachen auszudrücken.

Phasen der Anforderungsanalyse sind daher die *Problemanalyse* (Aufdecken der Anforderungen), die *Erstellung der Anforderungsspezifikation* (Dokumentation der Anforderungen) und die *Validierung der Anforderungen* (Überprüfung auf Korrektheit).

15.2.1 Problemanalyse

Ziel der Problemanalyse ist das Sammeln von Anforderungen aufgrund einer vorgegebenen Problemstellung. Techniken hierzu sind die Strukturierung des Wissens: Aus welchen Schritten besteht ein Vorgang, welche Akteure sind beteiligt, können diese abstrahiert betrachtet werden, welche Sichtweisen des Vorgangs gibt es? Interviews, Szenarien, Beobachtungen und Sozialanalyse können bei der Problemanalyse (neben der Nutzung schriftlich vorhandener Dokumente) helfen.

15.2.2 Erstellung der Anforderungsspezifikation

Eigenschaften einer guten Anforderungsspezifikation sind nach IEEE Standard 830-1998 (IEEE 2004):

1. Korrektheit (nur korrekte Anforderungen)
2. Eindeutigkeit (nur eindeutige Interpretationen)
3. Vollständigkeit (d. h. alle funktionalen und nichtfunktionalen Anforderungen)
4. Konsistenz (keine Widersprüche, konsistente Terminologie)
5. Gewichtung (Muss-, Soll- und Wunschanforderungen)
6. Verifizierbarkeit (Überprüfbarkeit der Anforderungen)
7. Nachvollziehbarkeit (bspw. Festhalten der Anforderungsquelle)
8. Fähigkeit zur Änderung (d. h. klare Struktur, gute Überblickstabellen, keine Redundanz; Unterscheidung von stabilen und flüchtigen Anforderungen)

Typischerweise werden *funktionale* und *nichtfunktionale Anforderungen* unterschieden. Unter funktional sind hierbei die Anforderungen zu verstehen, die der Anwender als direkte Unterstützung durch das System erwartet. Also beispielsweise: Ich möchte mich an dem Software-System anmelden können und dann direkt aktuelle Nachrichten für mich sehen. Nichtfunktionale Anforderungen beziehen sich auf Bereiche wie Sicherheit oder Stabilität des Systems; auch die System-Architektur (cloudbasiert, mobil) kann eine nichtfunktionale Anforderung sein. Diese ergeben sich häufig im Kontext der funktionalen Anforderungen.

Im Gegensatz zu den funktionalen Anforderungen lassen sich die nichtfunktionalen schwerer erfassen bzw. dem Anwender verständlich machen. Sie müssen aber dennoch im RE-Prozess berücksichtigt werden. Typische nichtfunktionale Anforderungen sind Performance, Schnittstellen-Bereitstellung, Dokumentation, Sicherheit gegen unbefugtes Eindringen, Portabilität, Qualität und Skalierbarkeit. Eine genauere Übersicht gibt der IEEE-Standard 830-1998. Nach KOTONYA & SOMMERVILLE (1998) müssen in diesem Zusammenhang folgende Punkte berücksichtigt werden:

1. Einige Anforderungen (wie beispielsweise Antwortzeiten) lassen sich erst durch das System-Design bestimmen.
2. Softwareergonomische Anforderungen sind subjektiv beeinflusst.
3. Da nichtfunktionale oft mit funktionalen Anforderungen zusammenhängen, kann eine getrennte Erfassung das Erkennen dieser Zusammenhänge erschweren.
4. Nichtfunktionale Anforderungen sind oft gegensätzlich (beispielsweise laufen schnelle Antwortzeiten komplexen Server-Aktivitäten entgegen).

Besonders aus Sicht der Entwicklung von Umweltinformationssystemen sollte hier zudem die Anforderung nach Green IT (siehe Kapitel 27) gestellt werden. Dies umfasst die Forderung nach ressourcenschonender und energiesparender Entwicklung der Software und ihrem Betrieb. Dazu gehören Speicher- und Rechenzeit-sparende Algorithmen, Verringerung der Netzlast, eine möglichst lange Hardware-Nutzung, Einsatz von Caching-Verfahren und vieles mehr. Der „Blaue Engel für Software“ bietet hier eine umfangreiche Kriterienliste (https://www.blauer-engel.de/de/produktwelt/elektrogeraete/ressourcen-und-energieeffiziente-softwareprodukte).

Hilfreich (und weit verbreitet) zur Erfassung der Anforderungen sind auch Lastenheft und Pflichtenheft. Das Lastenheft ist dabei die Summe aller Anforderungen des Auftraggebers inklusive Rahmenbedingungen; das Pflichtenheft ist nach DIN 69906-VDI/VDE 3694 das vom Auftragnehmer erarbeitete Realisierungsvorhaben aufgrund der Vorgabe des Lastenhefts. In Softwareprojekten verzahnen sich allerdings oft Anforderung und Realisierung; im Laufe der Entwurfs- und Implementierungsphase muss mit Änderungen gerechnet werden, die eine Anpassung der Anforderungsspezifikation erfordern können. Neuere Ansätze (aus der Sicht des Software Engineering) versuchen daher, diese Trennung durch zyklische oder evolutionäre Vorgehensweisen aufzuheben.

15.2.3 Anforderungen validieren

Ziel der Validierungsphase ist die Gewährleistung, dass die ermittelten Anforderungen auch den Kundenwünschen entsprechen und Fehler so früh wie möglich entdeckt werden. Insofern handelt es sich hier auch um eine Verhandlungsphase mit dem Kunden. Techniken sind:

1. Lesen und bewerten der Anforderungsspezifikation (Problem der Fachterminologie beachten)
2. Prototyping (Masken, User Manuals)
3. Reviews anhand der Eigenschaften einer „guten“ Anforderungsspezifikation (siehe Kapitel 15.2.2)

Hilfreich zur Validierung ist auch die Nutzung von Softwaretools zur Verwaltung von Anforderungen.

15.3 Methoden zur strukturierten Anforderungsanalyse

Es gibt zahlreiche Ansätze zur Formalisierung des Analyseprozesses. Ziel ist letztlich immer, dass die Anforderungen der Anwender strukturiert erfasst und verarbeitet werden, um den Übergang zu Modul-, Daten- und Klassenstrukturen zu vereinfachen. Einen ersten Ansatz bildet die Analyse der natürlichsprachlich gehaltenen Anforderungen des Kunden ABBOT schlägt hier die Extraktion von Hauptwörtern vor, welche im Software-System die Akteure und Klassen repräsentieren werden (ABBOT 1986). Verben zeigen Aktionen dieser Akteure oder Komponenten an, also die Methoden im objektorientierten Ansatz.

Weitere Ansätze sind die Strukturierte Analyse (SA, DEMARCO 1979) und die Objektorientierte Analyse (OOA, COAD & YOURDON 1989). Ein anschauliches Verfahren, mit dem wir uns genauer beschäftigen wollen, ist die Use-Case-Analyse. Sie ist gleichzeitig Bestandteil der Anforderungsanalyse innerhalb der Unified Modeling Language (UML).

JACOBSEN et al. (1992) definieren den Use Case (zu Deutsch Nutzungsfall oder Anwendungsfall) wie folgt: „A use case is a particular form or exemplar of usage, a scenario that begins with some user of the system initiating some transaction or sequence of interrelated events.“ Ein Use Case stellt daher ein Bindeglied zwischen den Beschreibungen der Kunden und den formalen Beschreibungen des Software Engineerings dar. Zu unterscheiden sind:

1. Akteur: Ein Subjekt/Objekt außerhalb des zu entwickelnden Systems, das Daten produziert oder verarbeitet. Beispiele wären ein Anwender, der Informationen aus einem System möchte oder auch ein externes Gerät wie ein Drucker.
2. Use-Case-Aktivitäten: Eine Reihe von systeminternen Handlungen und Reaktionen, die durch Akteure direkt oder indirekt ausgelöst werden. Ein Beispiel wäre die Abwicklung einer Geldabhebung am Bankautomat.

3. Stereotype, welche die Verknüpfung zwischen Aktivitäten ausdrücken: <<include>> (die eingeschlossene Aktivität wird notwendig vom Hauptprozess aufgerufen, dt. „verwendet"), <<extends>> (die erweiterte Aktivität wird optional ausgeführt, dt. „erweitert") und die Spezialisierung, welche eine genauere Ausprägung einer generalisierten Aktivität beschreibt.

Angelehnt an NEUMANN (1998) sind sinnvolle Grundlagen zur Identifikation von Akteuren und Use Cases:

1. Textliche Problembeschreibung
2. Lastenheft o. Ä. (Spezifikation der Anforderungen des Anwenders)
3. Glossar der typischen Begriffe des Anwendungsbereiches
4. Modell des Anwendungsbereiches in verständlicher Form

WIEGERS (1999) schlägt aufbauend folgende Punkte vor, die eine Use-Case-Beschreibung umfassen sollte (siehe auch Beispiel in Kapitel 15.5):

1. Eindeutige Use-Case-ID und eindeutiger Name
2. Ersteller und Erstelldatum (mit Änderungen)
3. Akteur
4. Beschreibung des Use Cases
5. Vor- und Nachbedingungen
6. Priorität des Use Cases
7. Häufigkeit der Nutzung
8. Normalablauf des Use Cases (was üblicherweise passiert)
9. Alternativablauf des Use Cases (was alternativ passieren kann)
10. Ausnahmen im Ablauf
11. Eingeschlossene Use Cases („include")
12. Erweiterungen („extends")
13. Spezielle Anforderungen
14. Annahmen
15. Bemerkungen

15.4 Software-Werkzeuge

Werkzeuge zur Unterstützung des Software-Entwicklungsprozesses werden als CASE-Tools (Computer-Aided Software Engineering) bezeichnet. Zu unterscheiden sind Tools, die System-Modelle erstellen und validieren können, und solche, die bei der (datenbankgestützten) Verwaltung von Anforderungen helfen. Letztere bemühen sich überwiegend, die funktionalen Anforderungen strukturiert erfass- und bearbeitbar zu machen. Beispiele für CASE-Tools sind Rational RequisitePro (IBM) oder Cradle Version 7.3 (3SL, Inc.) Eine Übersicht zu Werkzeugen findet sich bspw. unter www.volere.org/requirements-tools. Hinzu kommt eine Reihe von Werkzeugen, die bei der Entwicklung von Diagrammen (Ablaufdiagramme, Datenflussdiagramm etc.) helfen. Beispiele sind Microsoft Office und Visio (Microsoft Inc.), Aris (IDS Scheer), Power Designer (Sybase).

15.5 Fallstudie „Infosystem für junge Umweltforscher (IfU)"

Das vorgestellte Projekt IfU stellt ausschnittweise den fiktiven Fall einer Anforderungsanal yse für ein internetgestütztes Informationssystem dar. Vorab haben sich die Anwender und

Entwickler auf ein moderiertes, Workshop-gestütztes Verfahren geeinigt, um das System genau und anwenderverständlich definieren zu können.

Die Anwender haben einen geringen Erfahrungsschatz im Software Engineering, aber konkrete Vorstellungen von der gewünschten Funktionalität. Vorab wurden die in Tabelle 15.1 dargestellten gemeinsamen Workshops vereinbart. Als Zeitrahmen für die Anforderungsanalyse wurden zwei Monate festgelegt.

Tabelle 15.1: Phasen der Anforderungsermittlung

Workshop	Beschreibung	Ziel
1	Allgemeine Anforderungen ermitteln	Textuelle Beschreibung des Informationssystems
2	Aktivitäten identifizieren	Use Cases erarbeiten
3	Prototyp evaluieren	Korrekturen an Prozessen und Design ermitteln

15.5.1 Allgemeine Anforderungen an das System

Als Ergebnis des ersten Workshops haben sich textuell beschriebene Ziele des Systems ergeben: Die Anwendergruppe – jugendliche Umweltforscher – möchten ein internetgestütztes Informationssystem zur Verfügung haben, in dem beobachtete „Umweltsünden", wie beispielsweise Gewässerverschmutzung oder illegale Abfallentsorgung, aber auch, besondere Naturbeobachtungen wie der Fund seltener Pflanzen oder schützenswerter Biotope vermerkt werden sollen. Diese Eintragungen der Umwelt-Datenbank sollen allen Anwendern zur Verfügung stehen und von allen Anwendern kommentiert werden können. Zudem gibt es eine Gruppe von Koordinatoren, die sich um die Qualität der Daten kümmern und beispielsweise Kategorien festlegen und pflegen. Das System soll internetbasiert sein und Zugriff über eine Webseite sowie mobilen Zugriff ermöglichen, da die einzutragenden Daten ortsunabhängig anfallen können. Ein Umweltforscher soll also auch im Urlaub bspw. per Internet-Café Daten eintragen können.

15.5.2 Aktivitäten identifizieren: Erfassen der Use Cases

Im zweiten Workshop zwischen Entwicklern und Anwendern wurden Use Cases herausgearbeitet. Die Analyse der textuellen Beschreibung hat folgende relevante Hauptwörter extrahiert: Anwendergruppe, Informationssystem, Umweltsünden, Naturbeobachtungen, Umwelt-Datenbank, Koordinatoren, Kategorien, Datenpflege, Internet, Webseite.

Aufgrund dieser Schlüsselworte und den Ergebnissen des ersten Workshops ließen sich die Akteursgruppen „Anwender" und „Koordinator" ermitteln. Als Systemarchitektur bot sich eine Client-Server-Architektur mit Web-Interface, Datenbank und dazwischenliegender Middleware an (3-Schicht-Architektur).

Als Tischvorlage wurde dem Treffen (auf Grundlage der textuellen Beschreibung) folgender Tagesordnungsvorschlag unterbreitet (Tabelle 15.2).

Tabelle 15.2: Agenda des 2. Workshops

TOP	Beschreibung	Dauer
Vorstellung der Methodik	Erläuterung des Konzepts „Use Cases" zur Darstellung der Aktivitäten	10 min
Ablaufbeschreibung Anwender/innen	Umweltsünden eintragen und bearbeiten	15 min
Ablaufbeschreibung Anwender/innen	Naturbeobachtungen eintragen und bearbeiten	5 min
Ablaufbeschreibung Anwender/innen	Kommentare zu Beobachtungen eintragen	10 min
Ablaufbeschreibung Anwender/innen	Übersicht aller Beobachtungen und Kommentare unter verschiedenen Sichten (ortsabhängig, zeitlich, rubrikbezogen etc.)	20 min
Ablaufbeschreibung Anwender/innen	Sonstiges: Koordinatorengruppe einsehen, Kommunikation mit anderen Anwendern, Kommunikation mit dem Server-Rechner etc.	10 min
Ablaufbeschreibung Koordinatoren	Beobachtungen und Kommentare bearbeiten (inhaltlich, Zuordnung etc.)	10 min
Ablaufbeschreibung Koordinatoren	Stammdatenpflege: Kategorien bearbeiten, Anwender und Koordinatoren verwalten etc.	20 min

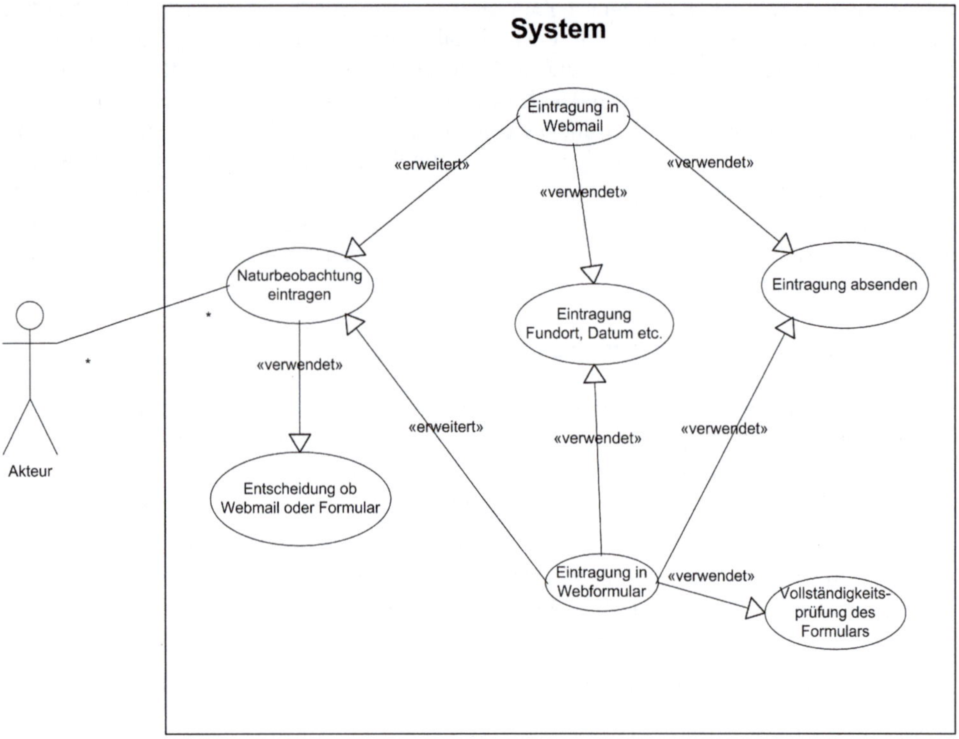

Abb. 15.1: Use-Case-Diagramm „Naturbeobachtung eintragen"

Im eigentlichen Treffen wurden diese Punkte dann aufgeschlüsselt und erweitert. Im grafischen Modell gemäß UML hat sich dann u. a. das Use-Case-Diagramm gemäß Abbildung 15.1 ergeben.

Tabellarisch aufgeschlüsselt stellt sich dieser Use Case dann wie in Tabelle 15.3 dar. Sie zeigt die ausgeführte Notation des Use Cases „Naturbeobachtung eintragen" gemäß dem Use-Case-Diagramm nach JACOBSEN et al. und den Vorschlägen von WIEGERS.

Tabelle 15.3: Detailliertere Beschreibung des Use Cases „Naturbeobachtung eintragen"

Rubrik	**Inhalt**
Use Case ID	UC-3
Use Case Name	Naturbeobachtung eintragen
Erzeugt durch	Hans (letzte Veränderung: Georg)
Datum Erzeugung	20.03.2012 (letzte Veränderung 17.05.2012)
Beschreibung	Der Anwender soll seine Naturbeobachtung mit Datum, Titel, Beschreibung, Ort, Kategoriewahl etc. über ein Webformular eintragen können. Der Anwender soll eine Bestätigung über die erfolgreiche Übertragung erhalten. Es soll in Ausnahmefällen auch möglich sein, die Beobachtung per E-Mail an einen Koordinator zu schicken.
Vorbedingung	1. Das System ist verfügbar 2. Der Anwender ist im System authentifiziert
Nachbedingung	1. Die Naturbeobachtung ist korrekt in der Datenbank eingetragen oder per Mail an einen Koordinator gesandt worden 2. Der Anwender kann sich ausloggen
Priorität	Hoch
Nutzungshäufigkeit	Etwa 50-mal am Tag/1.000 Anwender
Normalablauf	3.0 Eintragen einer Naturbeobachtung per Webformular 3.0.1 Anfrage, ob Eintragung per differenziertem Webformular oder per Webmail (System) 3.0.2 Entscheidung. Falls Webmail, siehe Alternativablauf 3.1 (Anwender) 3.0.3 Eintragen von Fundort, Überschrift, Beschreibung, Rubrik etc. in ein Webformular (siehe UC-17) (Anwender) 3.0.4 Absenden des Formulars (Anwender) 3.0.5 Überprüfung des Formulars auf Vollständigkeit und Rückmeldung (System). 3.0.6 Ergänzung der Eingabe bis Eintragung vollständig (Anwender)
Alternativablauf	3.1 Eintragen einer Naturbeobachtung per Webmail (Alternativablauf nach 3.0.2) 3.1.1 Eintragung der gewünschten Information wie Fundort, Beschreibung etc. in ein Webmail-Formular (Anwender) 3.1.2 Absenden des Formulars (Anwender) 3.1.2 Bestätigung des Webmail-Versands (System)
Ausnahmen	3.E.1 System nach Absenden nicht verfügbar (timeout etc.) 3.E.1.1 Rückmeldung: Sendung nicht erfolgreich (System) 3.E.1.2 Neuanmeldung und Neueingabe des Eintrags gemäß 3.0 (Anwender)
Includes	UC-17 Füllen des Webformulars (Detaillierung 3.0.3)
Bemerkungen	Georg wird klären, an wen die Webmail verschickt wird: alle Koordinatoren oder nur ausgewählte.

15.5.3 Evaluierung des Prototyps

Aufgrund der aufgestellten Use Cases wurden durch die Softwareentwickler ein Datenmodell sowie ein Klassendiagramm entwickelt, die als Grundlage einer prototypischen Entwicklung dienen konnten. Auch hier fand eine Rückkopplung mit den Anwendern zur Abstimmung statt. Anhand der prototypischen Entwicklung konnten zum einen die Anforderungen evaluiert werden, zum anderen hatten die Anwender einen ersten Eindruck von dem lauffähigen System, was zu Verbesserungsvorschlägen (insbesondere in softwareergonomischen Fragen) führte.

Bei der Bildung von Prototypen ist zu unterscheiden zwischen *explorativem* und *evolutionärem Prototyping* (vgl. PARTSCH 1998). Ersteres erzeugt reine Demonstrationssysteme zur Veranschaulichung von (technischen) Möglichkeiten. Evolutionäre Softwareentwicklung nimmt den Prototyp als Ausgangspunkt des Zielsystems. Entscheidend ist aber in beiden Fällen, dass die Anwender einen plastischen Eindruck von dem geplanten System erhalten. So können frühzeitig Missverständnisse und Ungenauigkeiten behoben werden.

15.6 Ausblick

Die vorgestellten Phasen des Requirements Engineering sind als allgemeine Vorgehensschritte zu verstehen, die in ihrer Ausprägung der Anwendungsdomäne angepasst werden müssen. Letztlich muss sich der Softwareentwickler immer in die Prozesse und Anforderungen des Kunden „hineindenken“ und kann nicht nur Spezifikationen abarbeiten, sondern muss auch Hintergründe verstehen können. Dazu ist ein regelmäßiger intensiver und strukturierter Austausch zwischen den Entwicklern und Anwendern notwendig.

Dennoch lassen sich Tendenzen einer zunehmenden Formalisierung und vor allem der Wiederverwendungsfähigkeit von Anforderungsanalysen erkennen: Durch die Vielzahl praktischer Erfahrungen, gestützt durch wissenschaftliche Analyse und Theorie, lassen sich Ergebnisse und Verfahren des RE vergleichbar zu den Entwurfsmustern der objektorientierten Programmierung wiederverwenden. Im Baukastenstil können dann insbesondere Anforderungen aus dem kommerziellen Bereich (E-Business und E-Commerce-Lösungen) zusammengestellt werden; somit könnte im nächsten Schritt automatisiert Software entworfen und implementiert werden. Im Bereich der Umweltinformatik dürfte dies aufgrund des sehr heterogenen und weniger verbreiteten Anwendungsspektrums allerdings noch auf sich warten lassen.

Literatur

ABBOTT, R. (1986): An Integrated Approach to Software Development. John Wiley, New York.

BOOCH, G., RUMBAUGH, J. & JACOBSON, I. (1999): The Unified Modeling Language User Guide. Addison-Wesley, Reading et al.

COUD, P. & YOURDON, E. (1989): OOA-Object-Oriented-Analysis. Prentice Hall, New Jersey.

DAVIS, A. M. (1993): Software Requirements: Objects, Functions, and States. Prentice Hall, New Jersey.

DEMARCO, T. (1979): Structured Analysis and System Specification. Prentice Hall, New Jersey.

IEEE (2004): http://standards.ieee.org/ (11.09.2020).

JACOBSON, I., CHRISTERSON, M., JONSSON, P. & OVERGAARD, G. (1992): Object-Oriented Software Engineering: A Use Case Driven Approach. Addison-Wesley Longman, Amsterdam.

KOTONYA, G. & SOMMERVILLE, I. (1998): Requirements Engineering: Processes and Techniques. John Wiley, Chichester.

NEUMANN, H. A. (1998): Objektorientierte Softwareentwicklung mit der Unified Modeling Language (UML). Hanser, München.

PARTSCH, B. (1998): Requirements-Engineering systematisch. Modellbildung für softwaregestützte Systeme. Springer, Berlin u. a.

WIEGERS, K. E. (1999): Software Requirements. Microsoft Press, Redmond, Washington.

16 Modellierung und Qualität von Daten

Rolf KRIEGER[1]

Zusammenfassung

Die Datenmodellierung ist eine der Kernaktivitäten in der Entwicklung von Informationssystemen. Sie wird unterteilt in die konzeptionelle, logische und physische Datenmodellierung. Ihre zentrale Aufgabe ist es, die zu verarbeitenden Daten und ihre Beziehungen zu erheben, zu analysieren und zu beschreiben und entsprechende Datenstrukturen abzuleiten. Insbesondere die konzeptionelle Datenmodellierung liefert wichtige Informationen, die nicht nur für die eigentliche Entwicklung eines Informationssystems von Bedeutung sind, sondern deren Bedeutung sich über den gesamten Lebenszyklus eines Informationssystems und der darin verwalteten Daten erstreckt. Gegenstand dieses Beitrags ist es, die Datenmodellierung im Allgemeinen zu beleuchten und in die konzeptionelle Datenmodellierung einzuführen. Des Weiteren wird der Begriff der Informations- und Datenqualität erläutert und auf die Bedeutung der Datenmodellierung zur Sicherung der Datenqualität eingegangen.

16.1 Einleitung

Die Entwicklung von (Umwelt-)Informationssystemen wird üblicherweise in die Phasen Analyse, Entwurf, Implementierung und Test unterteilt. Ein zentrales verbindendes Element zwischen den einzelnen Phasen bilden die Daten, die meistens unter Verwendung eines Datenbankmanagementsystems (DBMS) verwaltet und verarbeitet werden sollen. Die Datenbasis und das Datenbankmanagementsystem gemeinsam werden als Datenbank bzw. Datenbanksystem bezeichnet. In der Analysephase werden relevante Daten identifiziert und analysiert. Darauf aufbauend werden Datenstrukturen unter Berücksichtigung des dem Datenbankmanagementsystem zugrunde liegenden Datenmodells entworfen und implementiert. Für den Entwurf der Datenstrukturen bietet die Datenmodellierung einen systematischen Ansatz. Sie wird in die konzeptionelle, logische und physische Datenmodellierung unterteilt und liefert wesentliche Informationen für eine zeit- und speichereffiziente Speicherung der Daten in Datenbanken. Die Bedeutung der Datenmodellierung beschränkt sich jedoch nicht auf den Datenbankentwurf.

1. Die konzeptionelle Datenmodellierung ist für den Systemanalysten ein wichtiges Hilfsmittel, um während der Anforderungsanalyse mit Mitarbeitern der Fachabteilungen die Daten und die dazugehörigen Verarbeitungsprozesse zu diskutieren und dabei funktionale Anforderungen zu identifizieren und zu konkretisieren.
2. Sie liefert den Mitarbeitern einer Fachabteilung Informationen, die für die Ausgestaltung und Dokumentation von Arbeitsabläufen genutzt werden können.

[1] Hochschule Trier, Umwelt-Campus Birkenfeld, Postfach 1380, 55761 Birkenfeld, r.krieger@umwelt-campus.de, www.umwelt-campus.de

3. Sie liefert eine präzise Beschreibung der Daten als unerlässliche Grundlage für Betrieb, Wartung und Weiterentwicklung eines Informationssystems.
4. Sie beeinflusst zahlreiche Merkmale der Datenqualität. Beispiele für solche Merkmale sind Aktualität, Fehlerfreiheit, Bearbeitbarkeit, Vollständigkeit und Verständlichkeit der Daten (ROHWEDDER et al. 2021). Datenmodelle helfen, die Struktur und Abhängigkeiten von Daten zu verstehen und qualitätssichernde Regeln abzuleiten. Die Datenmodellierung leistet damit einen Beitrag zur Sicherung der Datenqualität.

Ziel dieses Kapitels ist es, die Bedeutung der konzeptionellen Datenmodellierung für den Datenbankentwurf zu erläutern und in die konzeptionelle Datenmodellierung einzuführen. In Kapitel 16.2 werden zunächst grundlegende Begriffe eingeführt und die verschiedenen Phasen der Datenmodellierung erläutert. Das Entity-Relationship-Modell als Grundlage für die konzeptionelle Datenmodellierung wird in Kapitel 16.3 vorgestellt. Anschließend wird in einer Fallstudie über ein System zur Leistungs- und Betriebsüberwachung von Kleinkraftwerken zur regenerativen Energieerzeugung die konzeptionelle Datenmodellierung exemplarisch durchgeführt. Kapitel 16.5 beleuchtet verschiedene Aspekte der Informations- und Datenqualität und führt verschiedene Dimensionen zur Bewertung der Datenqualität ein. Abschließend werden die wesentlichen Ergebnisse kurz zusammengefasst.

16.2 Grundlagen

16.2.1 Phasen der Datenmodellierung

Die Datenmodellierung als Teil des Datenbankentwurfs ist ein komplexer Prozess, der sowohl aus organisatorischen als auch aus technischen Gründen eine Strukturierung verlangt.

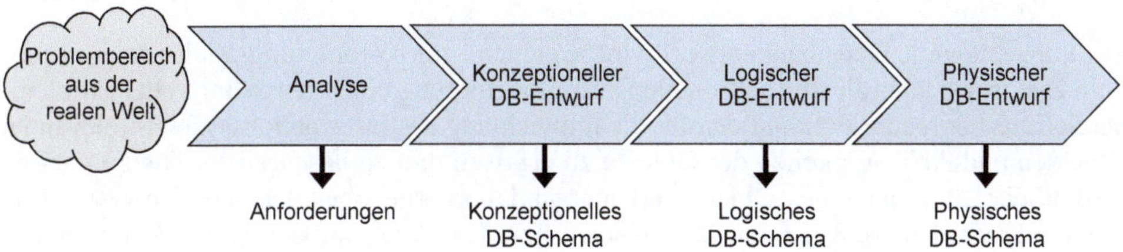

Abb. 16.1: Prozessschritte beim Datenbankentwurf

Der in Abbildung 16.1 dargestellte Entwurfsprozess gliedert sich in vier Phasen, in denen folgende Schritte ausgeführt werden: Analyse, konzeptioneller Datenbankentwurf, logischer Datenbankentwurf und physischer Datenbankentwurf. Dem Entwurf folgt die Implementierung. Mittels der Datenmodellierung werden in den jeweiligen Entwurfsschritten das konzeptionelle, logische und physische Datenbankschema erstellt. Jeder Schritt baut auf den Ergebnissen des vorangegangenen Schritts auf. Wie die Modellierung in einem Entwurfsschritt zu erfolgen hat, wird im Wesentlichen durch das zugrunde gelegte Datenmodell vorgegeben. Es legt die Sprache mit ihrer Syntax und ihren Beschreibungselementen fest, die zur Beschreibung der Daten und ihrer strukturellen Beziehungen verwendet werden kann. Ein Datenbankschema bezeichnet eine gemäß einem Datenmodell erstellte Beschreibung der Daten. Die in den verschiedenen Modellierungsschritten erstellten einzelnen Schemata richten sich an unterschiedliche, in die Systementwicklung involvierte Benutzergruppen (Endbenutzer, Systemarchitekt, Softwareentwickler, Datenbankadministrator), was bei der Darstellungsart berücksichtigt wird. Einen ersten Überblick über mögliche Datenmodelle gibt Tabelle 16.1.

Tabelle 16.1: Datenbankschemata und Datenmodelle

Datenbankschema	Beispiel
Konzeptionelles Datenbankschema	(Strukturiertes) Entity-Relationship-Modell, Object Role Modeling (ORM), Unified Modeling Language
Logisches Datenbankschema	Relationales Modell, objektorientiertes Modell, hierarchisches Modell, Netzwerk-Modell, nicht relationale Modelle (NoSQL)
Physisches Datenbankschema	Umsetzung in einem Datenbankmanagementsystem: Oracle, IBM DB2, Microsoft SQL Server, MySQL, PostgreSQL, Caché, MongoDB, CouchDB, ...

Die in den einzelnen Entwurfsschritten auszuarbeitenden Datenbankschemata sind nicht eindeutig bestimmt. Vielmehr bieten sich in der Praxis oft mehrere Schemata an, die bezüglich ihrer Eignung bewertet werden müssen. Für die Bewertung sind unterschiedliche, zum Teil konkurrierende Entwurfsziele zu betrachten. Wichtige Entwurfsziele sind Informationsbedarf, Sicherstellung der Datenintegrität, Zeiteffizienz und Platzeffizienz. So drückt beispielsweise die Zeiteffizienz aus, ob die entworfenen Datenbankstrukturen dem zu entwickelnden Informationssystem erlauben, die erforderlichen Informationen in einer akzeptablen Rechenzeit zu verarbeiten. Eine optimale Lösung hinsichtlich aller Kriterien ist oftmals nicht möglich, sodass Kompromisse gefunden werden müssen.

16.2.2 Konzeptioneller Datenbankentwurf

Der konzeptionelle Datenbankentwurf wird begleitend zur Anforderungsanalyse ausgeführt. Sein Ziel ist es, über die konzeptionelle Datenmodellierung einen Ausschnitt oder Problembereich aus der realen Welt mit den für die Entwicklung des Informationssystems relevanten Objekten und Abhängigkeiten der Objekte zu erfassen und zu beschreiben. Hierzu müssen wesentliche Merkmale der Objekte erkannt und hervorgehoben werden. Unwesentliche Merkmale werden weggelassen. Die so identifizierten Daten müssen weitergehend untersucht werden. So kann eine Analyse der verschiedenen geplanten Verarbeitungsprozesse weitere wichtige Informationen über die inneren und äußeren Beziehungen der identifizierten Daten liefern. Das konzeptionelle Datenbankschema dokumentiert das Ergebnis dieser Analyse und Modellierung. Es ist ein abstraktes Modell, das die Semantik und die Struktur der relevanten Daten und die Beziehungen zwischen den Daten veranschaulicht und beschreibt. In der Regel wird es auch grafisch dargestellt. Die grafische Darstellungsform ist auch Endbenutzern aus den betroffenen Fachabteilungen, die über kein tiefgehendes Informatikwissen verfügen, verständlich. Eines der am weitesten verbreiteten Datenmodelle zur konzeptionellen Datenmodellierung ist das Entity-Relationship-Modell, auf das in Kapitel 16.3 eingegangen wird.

Das konzeptionelle Datenbankschema soll unabhängig von dem für die spätere Implementierung verwendeten Datenbankmanagementsystem sein. Es sollte so ausgestaltet sein, dass davon ausgehend in den nachfolgenden Entwurfsschritten Datenstrukturen entwickelt werden können, die dem Informationssystem erlauben, die durch die Anforderungsanalyse identifizierten Aufgaben effizient zu lösen. Insbesondere sollte es auf einfache Weise in ein logisches Datenbankschema zu übertragen sein.

16.2.3 Logischer Datenbankentwurf

Der logische Entwurf beinhaltet die Überführung des konzeptionellen Schemas in das Datenmodell eines Datenbanksystems. Hierzu ist eine Vorauswahl des Datenbankmanagementsystems hinsichtlich des zugrunde liegenden Datenmodells erforderlich. Herstellerspezifische Eigenschaften des Systems sollten auch beim logischen Datenbankentwurf und der dabei durchgeführten Datenmodellierung nicht berücksichtigt werden. Das Ergebnis der Modellierung ist das logische Datenbankschema.

Beispiele für logische Datenmodelle sind das hierarchische Datenmodell, das relationale Datenmodell oder das objektorientierte Datenmodell. Das relationale Datenmodell, das auf Arbeiten von Codd basiert (CODD 1970), ist in der Praxis am weitesten verbreitet, wobei in den letzten Jahren nicht relationale Datenmodelle (NoSQL-Datenbanken) zunehmend an Bedeutung gewonnen haben. Wesentliche Elemente des relationalen Datenmodells bilden Relationen, die als Tabellen dargestellt werden. Spalten beschreiben die Eigenschaften der in einer Tabelle gespeicherten Datenobjekte. Zeilen repräsentieren die einzelnen Datenobjekte. Bei der Erstellung des logischen Datenbankschemas werden die Elemente des konzeptionellen Schemas durch entsprechende Tabellen ersetzt. Über die Methode der Normalisierung wird die so erzeugte Darstellung weiter optimiert, um beispielsweise redundante Datenbestände zu vermeiden. Zusätzlich wird festgelegt, welche der Spalten Werte annehmen müssen und welche „leer“ bleiben dürfen. Auch werden in diesem Schritt die Daten über Datentypen weiter spezifiziert, wobei portable Datentypen verwendet werden, um die Unabhängigkeit vom bei der späteren Implementierung verwendeten Datenbanksystem zu gewährleisten.

16.2.4 Physischer Datenbankentwurf

Mit der Wahl eines Datenbanksystems und der Festlegung der konkreten Datenstrukturen über das Datenbankmanagementsystem, dem physischen Entwurf, werden der Entwurfsprozess und die damit verbundene Datenmodellierung abgeschlossen. Der physische Entwurf erfolgt auf Grundlage des logischen Datenbankschemas. Dabei werden zur Optimierung der Datenstrukturen herstellerspezifische Eigenschaften des für die Implementierung gewählten Datenbankmanagementsystems berücksichtigt. Das resultierende physische Datenbankschema beschreibt die Implementierung der Datenbank. Es konkretisiert beispielsweise, wie die Daten gespeichert werden, die Trigger und für welche Attribute ein Index erzeugt wird. Trigger sind spezielle SQL-Unterprogramme, die über ein Ereignis, z. B. INSERT (Einfügen einer Zeile in eine Tabelle), DELETE (Löschen einer Zeile) oder UPDATE (Ändern einer Zeile) ausgelöst werden. SQL (Structured Query Language) ist eine standardisierte Sprache zur Definition und Manipulation von Daten in relationalen Datenbanken. Trigger werden vom Datenbankmanagementsystem verwaltet und ausgeführt. Sie werden beispielsweise zur Sicherstellung der Datenintegrität verwendet. Die Erstellung eines Indexes dient der Optimierung der Zugriffszeiten. Im physischen Entwurf werden auch die portablen Datentypen des logischen Schemas in herstellerspezifische Datentypen des gewählten Datenbanksystems übertragen.

Die Erstellung des physischen Datenbankschemas verlangt tiefgehendes (herstellerspezifisches) Wissen über das eingesetzte Datenbankmanagementsystem und der dazugehörigen

Datenbeschreibungssprache. Zudem müssen Hardware und Software der Produktivumgebung bei der Konfigurierung und Optimierung des Datenbanksystems berücksichtigt werden. So muss bei der Implementierung festgelegt werden, wie die Daten auf die physikalischen Speichermedien verteilt werden sollen. Die Verteilung hat in der Regel einen wesentlichen Einfluss auf die Performance des Gesamtsystems. Wesentlich für die Konfigurierung ist auch das Datenvolumen je Tabelle und die Verwendungshäufigkeit der einzelnen Daten. Beides sollte im Rahmen des physischen Entwurfs geschätzt werden. Auch sollten in diesem Schritt Berechtigungskonzepte und Archivierungsstrategien entwickelt werden.

16.3 Entity-Relationship-Modell

Das Entity-Relationship-Modell (ER-Modell) als Grundlage für die konzeptionelle Datenmodellierung wurde erstmals in (CHEN 1976) vorgestellt. Es ist der am weiteste verbreitete Ansatz zur Erstellung eines konzeptionellen Datenbankschemas. Der Ansatz abstrahiert und modelliert einen über Anforderungen spezifizierten Ausschnitt der realen Welt. Das ER-Modell reduziert den zu abstrahierenden Ausschnitt der realen Welt auf Entitäten, Attribute und Beziehungen zwischen Entitäten. Es liefert eine leicht verständliche grafische Beschreibung der Daten, die auch von Endbenutzern verstanden werden kann.

16.3.1 Elemente des Entity-Relationship-Modells

Die zentralen Elemente des ER-Modells bilden Entitäten (engl. Entity) und Beziehungen zwischen den Entitäten (engl. Relationship). Entitäten sind identifizierbare Objekte aus der realen oder fiktiven Welt. In der realen Welt spricht man auch von Dingen oder Gegenständen. Entitäten sind beispielsweise bestimmte Personen (z. B. Hr. Manfred Mustermann), bestimmte Gebäude (Umwelt-Campus Birkenfeld, Gebäude 9925), ein bestimmter Stoff (z. B. Aceton), ein bestimmtes Buch (z. B. „Umweltinformationssysteme“) oder eine bestimmte Umweltmessstation (z. B. Trier-Ostallee (DERP020)). Aber auch Messdaten, Belege zur Abwicklung von Geschäftsprozessen, wie Kundenaufträge, Rechnungen etc., eine organisatorische Einheit, wie eine bestimmte Abteilung einer Behörde, einer Institution (z. B. Fachbereich Umweltplanung und Umwelttechnik am Umwelt-Campus Birkenfeld) oder eines Unternehmens, können als Entitäten betrachtet werden.

Die Eigenschaften einer Entität werden durch Attribute und den Attributen zugeordneten Werte ausgedrückt. Die Verbindung von Attributen mit Werten liefert somit eine Beschreibung einer Entität. Die Menge der möglichen Werte, die einem Attribut zugeordnet werden können, wird als Domäne oder Wertebereich des Attributs bezeichnet. Ein Gebäude kann beispielsweise über seine Adresse, bestehend aus den Attributen Postleitzahl, Ort, Straße und Hausnummer und dem Attribut Baujahr, beschrieben werden. Die Jahreszahl „1999“ wäre ein Wert für das Attribut Baujahr. Attribute können identifizierend und/oder beschreibend sein. Identifizierende Attribute erlauben eine eindeutige Identifikation einer bestimmten Entität. Beispielsweise kann ein Buch eindeutig über die ISBN-Nummer, ein technisches Gerät über seine Seriennummer identifiziert werden. Je nach Entität ist eine eindeutige Identifikation nur über mehrere Attribute möglich. So wird ein Gebäude über seine Adresse, bestehend aus der Attributkombination Postleitzahl, Straße und Hausnummer, eindeutig identifiziert. Identifizierende Attribute werden auch als (Primär-)Schlüssel bezeichnet. Beschreibende Attribute sind für die Verarbeitungsprozesse relevant, die unterstützt werden sollen.

Die Klassifikation von Entitäten anhand ihrer Bedeutung und ihrer Eigenschaften führt zu Entitätstypen. Ein Entitätstyp bezeichnet also eine Menge von Entitäten. Tabelle 16.2 beschreibt den Entitätstyp Gebäude mit den dazugehörigen Attributen.

Tabelle 16.2: Beispiel für den Entitätstyp Gebäude

Entitätstyp	Attribute
Gebäude	Bezeichnung, Ort, Postleitzahl, Straße, Hausnummer, Baujahr

Eine Entität wird auch als Instanz eines Entitätstyps bezeichnet. Tabelle 16.3 beschreibt eine Entität vom Typ Gebäude. In der Praxis wird zwischen dem Begriff der Entität und des Entitätstyps oftmals nicht unterschieden.

Tabelle 16.3: Beispiel für eine Entität vom Typ Gebäude

Entitätstyp	Attribute
Gebäude	Bezeichnung: *Zentraler Neubau* Ort: *Birkenfeld* Postleitzahl: *55761* Straße: *Campus-Allee* Hausnummer: *1* Baujahr: *1999*

Das ER-Modell ermöglicht auch, Beziehungen zwischen Entitäten darzustellen. So gibt es eine Beziehung zwischen einem Gebäude und den darin enthaltenen Räumen. Beziehungen werden durch Beziehungstypen zwischen den beteiligten Entitätstypen beschrieben. Wesentliche Eigenschaften eines Beziehungstyps sind Name, Grad und Kardinalität. Einem Beziehungstyp können auch Attribute zugeordnet werden. Der Grad gibt die Anzahl der Entitätstypen an, die an einer Beziehung beteiligt sind. In der Praxis handelt es sich meistens um binäre Beziehungstypen, d. h. Beziehungstypen vom Grad 2. Die Beziehung zwischen einem Gebäude und den darin enthaltenen Räumen hat beispielsweise den Grad 2. Die Kardinalität legt die maximale Anzahl von Entitäten fest, mit denen eine Entität eines Typs mit Entitäten eines anderen Typs in Beziehung stehen darf. Tabelle 16.4 beschreibt Kardinalitäten, die einem Beziehungstyp zugeordnet werden können.

Tabelle 16.4: Kardinalität von Beziehungstypen zwischen Entitätstyp A und Entitätstyp B

Kardinalität	Bedeutung
1:1 (eins-zu-eins)	Eine Entität vom Typ A steht mit höchstens einer Entität vom Typ B in Beziehung und umgekehrt.
1:n (eins-zu-viele)	Eine Entität vom Typ A steht mit beliebig vielen Entitäten vom Typ B in Beziehung. Eine Entität vom Typ B steht mit höchstens einer Entität vom Typ A in Beziehung.
m:n (viele-zu-viele)	Eine Entität vom Typ A steht mit beliebig vielen Entitäten vom Typ B in Beziehung und umgekehrt.

Über eine weitere Kennzeichnung des Beziehungstyps kann man festlegen, ob zwischen allen Entitäten der beteiligten Typen eine Beziehung existieren muss oder kann. Ein Beispiel mag dies verdeutlichen. Betrachtet wird hierzu ein Beziehungstyp zwischen zwei Entitätstypen A und B gemäß Tabelle 16.5.

Tabelle 16.5: Beziehungstyp zwischen den Entitätstypen A und B

Entitätstypen	**Kardinalität**		**Existenz**
A	1	eins-zu-viele	muss
B	n		kann

Dieser Beziehungstyp legt fest, dass jede Entität vom Typ A mit keiner, einer oder mehreren Entitäten vom Typ B in Beziehung stehen kann und jede Entität vom Typ B mit genau einer Entität vom Typ A in Beziehung stehen muss. Damit wird ausgedrückt, dass die Existenz einer Entität vom Typ B von der Existenz einer Entität vom Typ A abhängig ist.

Die beschriebenen Elemente des ER-Modells können systematisch in das relationale Datenmodell übertragen werden, was in der Praxis von erheblicher Bedeutung ist. Für die identifizierten Entitätstypen wird hierzu je eine Tabelle angelegt. Die Attribute eines Entitätstyps werden in den entsprechenden Tabellen durch Spalten repräsentiert. Eine Übertragung der Beziehungstypen in das relationale Modell kann auf ähnliche Weise erfolgen.

16.3.2 Grafische Darstellung

Die grafische Erstellung eines konzeptionellen Datenbankschemas nach dem Entity-Relationship-Modell wird durch CASE-(Computer-Aided-Software-Engineering-)Werkzeuge unterstützt, die von verschiedenen Herstellern angeboten werden. Im Laufe der Zeit haben sich mehrere grafische Notationen etabliert. Die meisten Modellierungswerkzeuge unterstützen daher verschiedene Notationen. Im Folgenden wird eine Notation, die Krähenfußnotation (engl. Crow's Foot Notation), eingeführt. Abbildung 16.2 zeigt verschiedene Elemente eines ER-Modells in dieser grafischen Notation. Kleinere Abweichungen in der Darstellung der Elemente sind auch in dieser Notation je nach Werkzeug möglich.

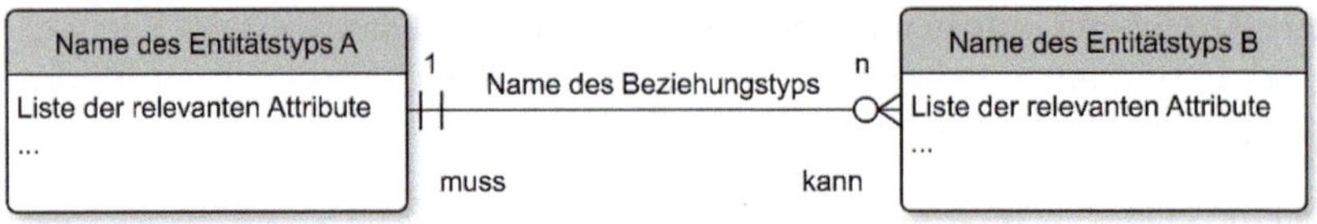

Abb. 16.2: Darstellung von Entitäts- und Beziehungstypen in Krähenfußnotation

Die Elemente werden wie folgt dargestellt:

- Entitätstypen werden durch Rechtecke dargestellt, wobei im oberen Teil der Name des Typs eingetragen wird.
- Die einem Entitätstyp zugeordneten Attribute werden im unteren Teil des Rechtecks aufgelistet. Die zur Identifizierung gewählten Attribute sind unterstrichen oder mit dem Symbol * gekennzeichnet.
- Ein Beziehungstyp zwischen zwei Entitätstypen wird durch eine Verbindungslinie zwischen den entsprechenden Rechtecken dargestellt. Die Verbindungslinie wird mit dem Namen des Beziehungstyps beschriftet.
- Die Kardinalität ergibt sich aus der Gestaltung der Endpunkte einer Verbindungslinie. Ein einzelner senkrechter Strich (|) an einem Endpunkt steht für „eins", ein Krähenfuß

steht für „viele". Ein zweiter senkrechter Strich oder ein senkrechter Strich neben einem Krähenfuß kennzeichnet, dass mindestens eine Beziehung zu einer Entität des entsprechenden Typs existieren muss. Ein Kreis (o) kennzeichnet eine optionale Beziehung, also, dass eine Beziehung existieren kann.

Abbildung 16.3 veranschaulicht die Notation an einem Beispiel.

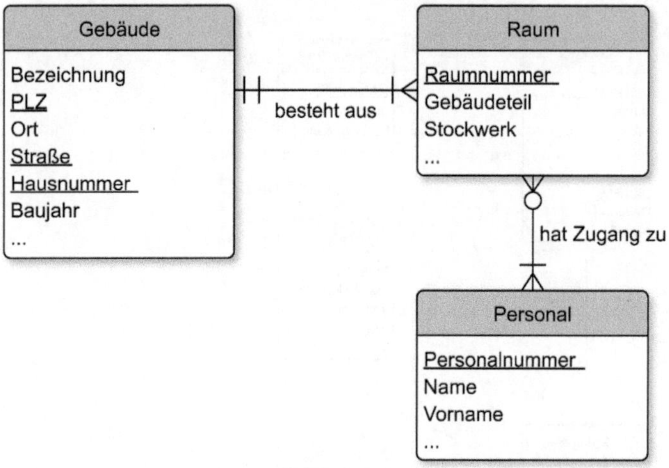

Abb. 16.3: Beispiel für ein ER-Diagramm

Das ER-Diagramm enthält die Entitätstypen Gebäude, Raum und Personal. Dem Entitätstyp Gebäude sind die Attribute Bezeichnung, Postleitzahl, Ort, Straße, Hausnummer und Baujahr zugeordnet, dem Entitätstyp Raum die Attribute Raumnummer, Gebäudeteil und Stockwerk und dem Entitätstyp Personal die Attribute Personalnummer, Name und Vorname. Der Beziehungstyp zwischen den beiden Entitätstypen Gebäude und Raum hat die Kardinalität „eins-zu-viele", wobei ein Raum nur dann existieren kann, wenn das entsprechende Gebäude vorhanden ist. Andererseits muss ein Gebäude aus mindestens einem Raum bestehen. Der Name des Beziehungstyps ist „besteht aus". Der Beziehungstyp „hat Zugang zu" zwischen den Entitätstypen Raum und Personal hat die Kardinalität „viele-zu-viele". Er drückt aus, dass es zu jedem Raum mindestens einen Mitarbeiter geben muss, der Zugang zu diesem Raum hat. Andererseits wird ausgedrückt, dass es Mitarbeiter geben kann, die zu keinem Raum Zugang haben, aber auch Mitarbeiter, die zu mehreren Räumen Zugang haben.

16.4 Fallbeispiel

Um die konzeptionelle Datenmodellierung auf Grundlage des ER-Modells zu veranschaulichen, werden nun an einem Beispiel die wesentlichen Begriffe zusammenhängend erläutert. Das Beispiel bezieht sich auf die Erstellung einer Datenbank für ein Informationssystem zur Leistungs- und Betriebsüberwachung von Kleinkraftwerken zur regenerativen Energieerzeugung, wie es in (Gemmel, Krieger, Naumann & Hinzmann 2004) beschrieben ist. Infolge der Energiewende nehmen diese Anlagen mittlerweile eine zentrale Rolle in der Energieversorgung in Deutschland ein. Als Beispiele können Photovoltaikanlagen, Brennstoffzellen, Blockheizkraftwerke oder Windkraftanlagen dienen. Energieerzeuger betreiben in der Regel eine Vielzahl von Anlagen, die kontinuierlich überwacht werden. Für diese Überwachung ist jede Anlage mit einem Datenlogger ausgestattet, um Messdaten wie Daten über produzierte Leistung, Windgeschwindigkeit oder Außentemperatur nach einem vorgegebenen Zeitraster kontinuierlich mitzuschreiben. In einem zu entwickelnden Informationssystem sollen nun die Daten zusammengeführt und für verschiedene Auswertungen zur Verfügung gestellt werden. Typische Auswertungen beziehen sich auf die Erstellung von Tages- oder Monatsprofilen bezüglich verschiedener Messwerte. Durch Vergleich der Profile einer Anlage mit denen einer Referenzanlage können Betriebsstörungen frühzeitig erkannt und behoben werden.

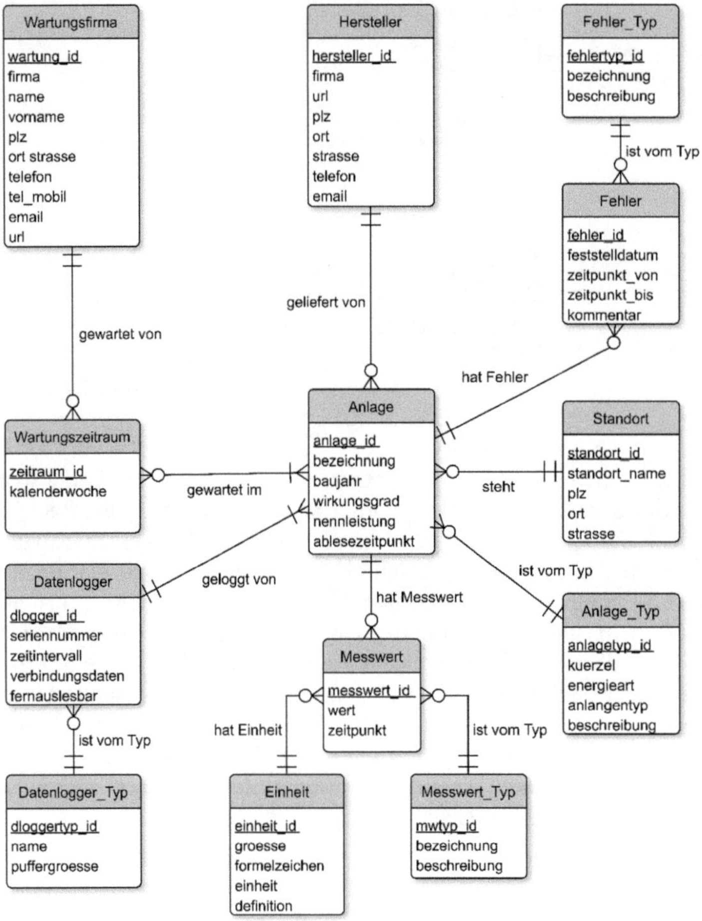

Abb. 16.4: Vereinfachtes konzeptionelles Datenbankschema für ein Informationssystem zur Leistungs- und Betriebsüberwachung von Anlagen zur regenerativen Energieerzeugung als ER-Diagramm

Die konzeptionelle Datenmodellierung wurde wie folgt durchgeführt:

1. Analyse,
2. Bestimmung der Entitätstypen,
3. Bestimmung der Beziehungstypen,
4. Erstellung eines ER-Diagramms mit Entitäts- und Beziehungstypen,
5. Bestimmung der Attribute und der dazugehörigen Wertebereiche.

Abbildung 16.4 zeigt einen Teil des so entworfenen konzeptionellen Datenbankschemas als ER-Diagramm. Auf die Angabe der Wertebereiche wurde aus Platzgründen verzichtet.

Zentraler Entitätstyp ist die Anlage. Eine Anlage steht in Beziehung zu einer Vielzahl weiterer Entitäten unterschiedlicher Typen. Dazu gehören der Typ der Anlage (z. B. Windkraft-, Photovoltaikanlage oder Blockheizkraftwerk), das Unternehmen, das mit der Wartung der Anlage beauftragt ist, der Hersteller der Anlage, der Standort der Anlage und der Datenlogger, der über eine Typbezeichnung näher spezifiziert wird. Weitere Beziehungen betreffen die Wartungszeiträume der Anlage, die Messwerte zu der Anlage und die Fehler, die bei der Anlage aufgetreten sind. Zu einer Anlage können verschiedene Typen von Messwerten gespeichert werden. Ein Messwert setzt sich dabei aus dem eigentlichen Wert und dem Messzeitpunkt zusammen. Für eine vollständige Spezifikation muss einem Messwert neben dem Typ noch eine physikalische Einheit zugeordnet werden. Für jeden Entitätstyp wurde ein künstliches Attribut als Schlüssel eingeführt, dessen Wert der Identifizierung der einzelnen Entitäten dient. Diese identifizierenden Attribute tragen die Endung _id.

16.5 Informations- und Datenqualität

Die Digitalisierung schreitet in vielen Bereichen unserer Gesellschaft, Wirtschaft und Verwaltung mit hoher Geschwindigkeit voran. Ermöglicht wird diese Entwicklung insbesondere durch die gestiegene Leistungsfähigkeit und fortschreitende Miniaturisierung der Hardware, der zunehmenden Vernetzung, z. B. durch den Ausbau der Funknetze als auch durch die Fortschritte im Bereich der Software und Sensortechnik. In einer Studie wurde prognostiziert, dass das Volumen der weltweit jährlich generierten Daten von 33 Zettabytes im Jahr 2018 auf 175 Zettabytes im Jahr 2025 anwachsen wird (IDC 2018). Die verfügbare Datenmenge fördert den Einsatz von Verfahren der künstlichen Intelligenz und des maschinellen Lernens im Allgemeinen als auch bei der Entwicklung von Umweltinformationssystemen. Grundvoraussetzung ist jedoch, dass die Daten in einer hohen Qualität vorliegen. Die Daten- und Informationsqualität hat dadurch in den letzten Jahren zunehmend an Aufmerksamkeit gewonnen.

In Umweltinformationssystemen gibt es zahlreiche Faktoren, die die Qualität der Daten beeinflussen. Beispielsweise ist es so, dass beim Monitoring von Anlagen (Kapitel 16.4) oder in einem Messnetz zum Monitoring des Wetters (z. B. zur Aufzeichnung von Temperatur, Luftdruck, Luftfeuchtigkeit etc.) eine Vielzahl von Stationen betrieben werden, die unter Umständen extremen Witterungsbedingungen ausgesetzt sind. Zudem erfolgt die Datenübertragung über ein Funknetz, in dem Störungen auftreten können. Benutzer können versehentlich fehlerhafte Daten eingeben. Vandalismus und fehlerhafte Sensoren sind weitere Fehlerquellen. So kann ein fehlerhafter Sensor weiterhin Daten liefern, die regelmäßig oder unregelmäßig mit einem Fehler behaftet sind. Abbildung 16.5 zeigt ein entsprechendes Beispiel. Das hohe Datenvolumen und die Geschwindigkeit, in der die Daten anfallen, birgt weitere Risiken. Die Sicherung der Datenqualität in einem solchen Messnetz verlangt daher intelligente Lösungen und ein systematisches Vorgehen.

In der Literatur wird Daten- und Informationsqualität nicht einheitlich definiert. Im Folgenden verstehen wir unter Informationen Kenntnisse über Fakten, Ereignisse, Dinge, Personen, Prozesse etc. und unter Daten eine interpretierbare Repräsentation von Informationen. Sie liegen in einem Format vor, das eine Kommunikation, Interpretation oder maschinelle Ver arbeitung ermöglicht (ISO/TS 8000-1 2011). In der Literatur finden sich zahlreiche Kriterien, die man zur Bewertung der Datenqualität heranziehen kann. In Wang & Strong (1996) wurden beispielsweise über eine Befragung 179 Kriterien identifiziert. Darauf aufbauend

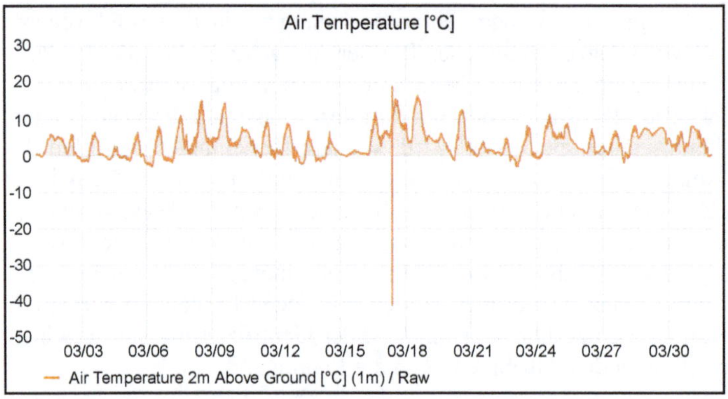

Abb. 16.5: Rohdaten eines Temperatursensors mit einem Ausreißer als fehlerhaftem Messwert. Der Sensor liefert für einen Messzeitpunkt –41°.

wurden 15 Dimensionen der Datenqualität (DQ-Dimensionen) definiert, die vier Kategorien zugeordnet sind. Eine deutsche Übersetzung findet sich mit leichten Anpassungen in ROHWEDDER et al. (2021), in der folgende DQ-Dimensionen genannt werden: Zugänglichkeit, Bearbeitbarkeit, hohes Ansehen, Fehlerfreiheit, Objektivität, Glaubwürdigkeit, Verständlichkeit, Übersichtlichkeit, einheitliche Darstellung, einheitliche Auslegbarkeit, Aktualität, Wertschöpfung, Vollständigkeit, angemessener Umfang und Relevanz. Die Norm (ISO 8000-8 2015) unterscheidet zur Definition, Messung und Bewertung der Datenqualität zwischen syntaktischer, semantischer und pragmatischer Datenqualität.

Letztendlich ist der Begriff der Informations- und Datenqualität unabhängig vom Anwendungsgebiet. Für die Bewertung der Qualität ist von grundlegender Bedeutung, inwieweit die Daten zur Bearbeitung der Aufgaben durch den Benutzer geeignet sind. Des Weiteren ist zu berücksichtigen, ob die richtigen Daten am richtigen Ort und zur richtigen Zeit zur Verfügung stehen und die mit den Datennutzern vereinbarten Anforderungen erfüllen. Damit wird deutlich, dass die Qualität von Daten abhängig von ihrer Verwendung durch den Nutzer ist. So können die gleichen Daten für einen Nutzer eine hohe Qualität und für einen anderen Nutzer eine geringe Qualität aufweisen. Ein Beispiel mag dies verdeutlichen. In einem Umweltinformationssystem ist für eine Wetterstation eine fehlerhafte Anfahrtsbeschreibung hinterlegt. Für einen Mitarbeiter, dessen Aufgabe es ist, die von einer Wetterstation gelieferten Temperaturwerte auszuwerten, ist eine im System hinterlegte Anfahrtsbeschreibung von geringerer Wichtigkeit als für das Wartungsteam, das die Station regelmäßig überprüft und kalibriert.

Die in der Norm (ISO 8000-8 2015) vorgeschlagene Unterscheidung zwischen syntaktischer, semantischer und pragmatischer Qualität der Daten ist in Abbildung 16.6 dargestellt und wird nachfolgend erläutert:

1. Die syntaktische Datenqualität drückt aus, inwieweit die Daten der spezifizierten Syntax, die sich aus den Metadaten ergibt, entsprechen. Metadaten sind Daten über Daten. Metadaten beschreiben also andere Daten. Beispiele sind fachliche Beschreibung von Daten, technische Beschreibung von Daten (z. B. Datenformat und -typ), Geschäftsregeln, die bei der Datenpflege zu beachten sind etc. Auch ein konzeptionelles Datenmodell, das die Struktur von Daten und Beziehungen zwischen Daten beschreibt, ist den Metadaten zuzuordnen. Für die Bewertung der syntaktischen Qualität von strukturierten Daten sollten Regeln zur Entitätsintegrität, Domänenintegrität, referentiellen Integrität und benutzerdefinierten Integrität geprüft werden. So müssen beispielsweise Entitäten eindeutig

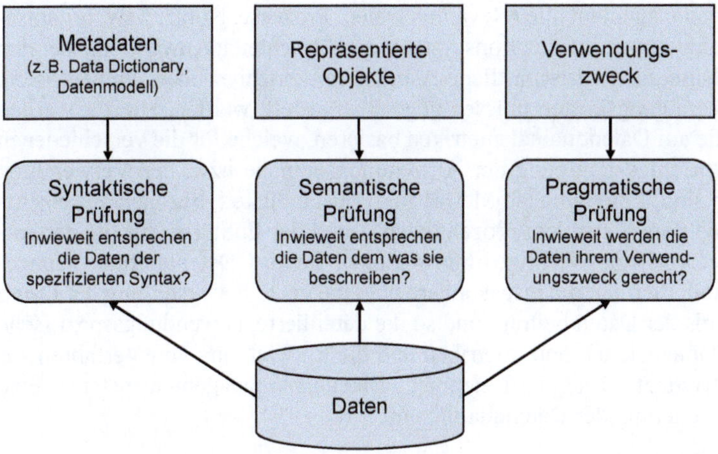

Abb. 16.6: Syntaktische, semantische und pragmatische Qualität von Daten

über einen Primärschlüssel identifizierbar sein, Attributwerte im spezifizierten Wertebereich liegen und Beziehungen zwischen Tabellen über entsprechende Fremdschlüssel fehlerfrei abgebildet sein. Der in einem Fremdschlüsselfeld gespeicherte Wert muss entweder „leer" sein oder es muss eine Entität mit einem solchen Schlüssel existieren. Ein Beispiel für eine benutzerdefinierte Integritätsbedingung wäre, dass der Zeitpunkt eines Messwerts jünger sein muss als das Baujahr der Anlage, dem der Messwert zugeordnet ist (Abb. 16.4). Solche Bedingungen können in der Regel vom Datenbankmanagementsystem nicht kontrolliert werden und müssen deshalb vom Benutzer bei der Datenpflege erfüllt werden. Darüber hinaus können weitere anwendungsspezifische Anforderungen für die Beurteilung der syntaktischen Qualität betrachtet werden.

2. Semantische Datenqualität drückt aus, inwieweit die Daten den repräsentierten Objekten entsprechen. Hier ist beispielsweise zu überprüfen, ob für jedes Objekt des betrachteten Problembereichs ein entsprechendes Datenobjekt existiert, ob die Objekte des Problembereichs widerspruchsfrei abgebildet sind und ob die Attributwerte die Eigenschaften der repräsentierten Objekte fehlerfrei beschreiben. Relevante DQ-Dimensionen zur Bewertung der semantischen Datenqualität sind u. a. die Vollständigkeit und die Fehlerfreiheit der Daten.
3. Die pragmatische Datenqualität drückt aus, inwieweit die Daten ihrem Verwendungszweck gerecht werden. Für ihre Bewertung können wieder mehrere DQ-Dimensionen betrachtet werden. Beispiele sind u. a. die Zugänglichkeit, die Übersichtlichkeit, die Relevanz und der angemessene Umfang der Informationen. Nach ROHWEDDER et al. (2021) sind Informationen zugänglich, „wenn sie anhand einfacher Verfahren auf direktem Weg für den Anwender abrufbar sind", sie sind übersichtlich, „wenn genau die benötigten Informationen in einem passenden, leicht fassbaren Format dargestellt sind", sie sind relevant, „wenn sie für den Anwender notwendige Informationen liefern" und sind von angemessenem Umfang, „wenn die Menge der verfügbaren Information den gestellten Anforderungen genügt".

Die Sicherung der Datenqualität in Organisationen erfordert ein Datenqualitätsmanagement. Das Datenqualitätsmanagement muss dabei den gesamten Lebenszyklus von Daten und den darauf basierenden Informationen (engl. Information Life Cycle) abdecken. Der Lebenszyklus erstreckt sich von der Planung, Beschaffung, Speicherung, Pflege, Verwendung bis zur Löschung bzw. Archivierung der Daten. Eine hohe Datenqualität ist nur dann zu erreichen, wenn das Datenqualitätsmanagement alle relevanten Daten, Prozesse, Nutzer bzw. organisatorische Einheiten und eingesetzte Informationssysteme im betrachteten Anwendungsbereich berücksichtigt. Zudem sind auch wirtschaftliche Aspekte mit einzubeziehen. Fehlerkosten, Prüfkosten und Fehlerverhütungskosten müssen gegenübergestellt werden. Hierfür werden Kennzahlen benötigt, die auf Datenqualitätsmetriken basieren, welche für die verschiedenen DQ-Dimensionen unter Berücksichtigung der Anwendungsdomäne bzw. der Verwendung der Daten zu definieren sind. Eine einfache Metrik zur Vollständigkeit, bezogen auf ein Attribut, ergibt sich beispielsweise aus dem prozentualen Anteil der Entitäten, für die der entsprechende Attributwert vorliegt. Wichtige Informationen für das Datenqualitätsmanagement liefert die Datenmodellierung, die insbesondere über die visuelle Darstellung der Daten zum besseren Verständnis der Daten beiträgt und so die detaillierte, anwendungsspezifische Spezifikation von DQ-Dimensionen und -metriken und die Entwicklung von Verfahren zur Qualitätssicherung unterstützt. Technisch nehmen Datenbankmanagementsysteme eine wichtige Rolle bei der Sicherung der Datenqualität ein.

16.6 Resümee

Dieses Kapitel hat wesentliche Begriffe der Datenmodellierung eingeführt und die Rolle der Datenmodellierung im Entwurfsprozess, bestehend aus dem konzeptionellen, logischen und physischen Datenbankentwurf, erläutert. Zudem wurde die konzeptionelle Datenmodellierung auf Grundlage des Entity-Relationship-Modells vorgestellt und an einem Fallbeispiel erläutert. Eine vertiefende Darstellung des logischen und physischen Entwurfs von Datenbanken und des relationalen Datenmodells ist beispielsweise in DATE (2000), SILBERSCHATZ et al. 2011, VOSSEN (1999) zu finden. Des Weiteren wurde der Begriff der Informations- und Datenqualität eingeführt. Datenmodelle sind ein wichtiges Hilfsmittel für eine präzise Beschreibung der zu verarbeitenden Daten. Die Datenmodellierung liefert damit grundlegende Informationen für Entwicklung, Betrieb, Wartung und Integration von Informationssystemen als auch für die Bewertung und Verbesserung der Datenqualität.

Literatur

CHEN, P. P. S. (1976): The Entity-Relationship Model: Towards an Unified View of Data. In: ACM Transactions on Database Systems, 1 (1), 9-36.

CHEN, P. P. S. & KNÖLL, H.-D. J. (1991): Der Entity-Relationship-Ansatz zum logischen Systementwurf. BI-Wissenschaftsverlag, Mannheim.

CODD, E. F. (1970): A Relational Model of Data for Large Shared Data Banks. In: Communications of the ACM, 13 (6), 377-387.

DATE, C. J. (2000): An Introduction to Database Systems, 7th Ed. Addison Wesley Longman, Inc.

GEMMEL, M., KRIEGER, R., NAUMANN, S. & HINZMANN, B. (2004): Data Management for Performance Analysis of Renewable Power Generation Systems. In: Proceedings of the 18th International Conference Informatics for Environmental Protection, 2, 352-354 (Oct. 2004).

IDC – REINSEL, D., GANTZ, J. & RYDNING, J. (2018): DATA AGE 2025 – The Digitization of the World. An IDC White Paper. https://www.seagate.com/files/www-content/our-story/trends/files/idc-seagate-dataage-whitepaper.pdf (08.02.2021).

ISO/TS 8000-1 (2011): Data Quality – Part 1: Overview. First edition, reference number ISO/TS 8000-1:2011(E).

ISO 8000-8 (2015): Data Quality – Part 8: Information and data quality: Concepts and measuring. First edition, reference number ISO 8000-8:2015(E).

ROHWEDDER, J., KASTEN, G., MALZAHN, D., PIRO, A. & SCHMID, J. (2021): Informationsqualität – Definitionen, Dimensionen und Begriffe. In: HILDEBRAND, K., GEBAUER, M. & MIELKE, M. (Hrsg.): Daten- und Informationsqualität – Die Grundlage der Digitalisierung. 5. Aufl. Springer Vieweg, Wiesbaden.

SILBERSCHATZ, A., KORTH, H. F. & SUDARSHAN, S. (2011): Database System Concepts. 6. Aufl. McGraw-Hill Education, International Edition.

VOSSEN, G. (1999): Datenbankmodelle, Datenbanksprachen und Datenbankmanagement-Systeme. 3. Aufl. Oldenburg, München.

WANG, R. Y. & STRONG, D. M. (1996): Beyond Accuracy: What Data Quality Means to Data Consumers. In: Journal of Management Information Systems, 12 (4), 5-34.

17 Geoinformationssysteme (GIS)

Peter FISCHER-STABEL[1]

Zusammenfassung

Geographische oder raumbezogene Daten nehmen im Umfeld der Umweltinformationen einen sehr hohen Anteil ein. Nahezu jedwede erhobene Umweltinformation lässt sich direkt oder auch indirekt auf der Erde, in ihrem Untergrund oder der Atmosphäre verorten. Im nachfolgenden Kapitel wird ein kurzer Überblick in die sehr weitläufige Thematik von Geoinformationssystemen bzw. Geographischen Informationssystemen (GIS) gegeben. Schwerpunkte bilden dabei die Besonderheiten und die Entwicklungsgeschichte von GIS als eine eigenständige Disziplin, die unterschiedlichen Architekturen von GIS-Softwaresystemen sowie die funktionellen Grundlagen. Abschließend wird auf Geodaten-Services sowie Open-Source-Werkzeuge eingegangen.

17.1 Einführung

Um die Eigenschaften von Geoinformationssystemen besser zu verstehen, werden zuerst die allgemeinen Merkmale räumlicher Informationen und die daraus resultierenden Fragestellungen sowie die Entwicklungsgeschichte von GIS erläutert.

17.1.1 Merkmale von Geoinformationen (GI)

Räumliche Daten stellen immer eine abstrakte Information über die Erde dar. Ziel dieser abstrakten Information ist, ein der jeweiligen Fragestellung entsprechendes, möglichst realistisches Modell von Vorkommnissen oder Abläufen in unserer Umwelt zu erhalten. Je nach Fragestellung entstehen dabei lokale, regionale oder globale Modelle.

Räumliche Daten zeichnen sich durch einen „Dual-Key" aus (LONGLEY et al. 2005). Das heißt, die Verknüpfung der Daten kann über herkömmliche Attribute (z. B. Adressen) oder aber über die geographische Lage erfolgen. Mit Koordinaten (X/Y) ausgestattet, kann ein geographisches Datum unverwechselbar einem realen Punkt auf dem Globus zugewiesen werden (geo-/topographische Lage) (siehe auch Kapitel 4). Je nach Notwendigkeit werden eine dritte Größe (Z/dreidimensional) und der Aspekt Zeit (t/vierdimensional) oder mehrere Größen (multidimensional) hinzugefügt.

Geoinformationen beschreiben raumbezogene Objekte (z. B. eine Waldparzelle) zumeist durch eine entsprechende Geometrie in Vektor- oder Rasterdarstellung (z. B. Lage und Form der Waldparzelle) sowie durch die objektzugehörigen Sachdaten wie Informationen über Eigentumsverhältnisse, Bestockung, Waldschadenskategorie, Nutzungsform etc. (Abb. 17.1).

---

[1] Hochschule Trier, Umwelt-Campus Birkenfeld, Institut für Softwaresysteme, Postfach 1380, 55761 Birkenfeld, p.fischer-stabel@umwelt-campus.de, https://www.umwelt-campus.de/iss

Abb. 17.1: Beschreibung raumbezogener Informationseinheiten durch Geometrie- (Lage und Form) und Sachdaten (umweltfachliche, semantische Information). Dargestellt sind die Grundstücksparzellen in Orange (Vektordaten) mit der zugehörigen Sachinformation in der Datentabelle. Die selektierten Daten sind sowohl in der geometrischen (rotes Umringpolygon) als auch in der tabellarischen Repräsentation markiert. Als Hintergrundinformation wurde ein Orthophoto verwendet (Rasterdaten) (Datengrundlage: LVermGeo Rheinland-Pfalz).

Eine weitere Besonderheit von geographischen Informationen ist ihr räumlicher Bezug zu anderen geographischen Informationen (topologische Lage), d. h. dem Verhältnis der Lage eines Objekts zu dem anderer räumlicher Informationen. Erst das Zusammenführen von metrischen und topologischen Daten führt zu umfassenden Datenmodellen, welche den vielfältigen raumbezogenen Analysebedürfnissen adäquat begegnen können.

Unterschiedliche Raumbezugssysteme können mittels Geocodierung, Transformationen oder aber über Adress-Matching ineinander überführt werden. So können beispielsweise postalische Adressen, Hauskoordinaten und Daten der Einwohnermeldeämter bei Bedarf zusammengeführt werden (z. B. Erstellung einer Betroffenenstatistik bei der Lärmkartierung).

17.1.2 Positionierung der Disziplin GIS

Aus den Besonderheiten räumlicher Informationen ergibt sich die klassische Definition eines Geoinformationssystems (Bill 2016):

„Ein Geoinformationssystem ist ein rechnergestütztes System, das aus Hardware, Software, Daten und Anwendungen besteht und mit dem sich raumbezogene Problemstellungen in unterschiedlichsten Anwendungsgebieten modellieren und bearbeiten lassen. Die dafür benötigten Daten/Informationen können erfasst und redigiert, verwaltet und reorganisiert, analysiert sowie alphanumerisch und grafisch präsentiert werden. GIS bezeichnet sowohl eine Technologie, Produkte als auch Vorhaben zur Bereitstellung und Behandlung von Geoinformationen."

Die Notwendigkeit einer selbstständigen, wissenschaftlichen wie technischen Disziplin GIS ist vor allem durch zwei Hauptgruppen von Problemstellungen begründet (Sinton 1992): zum einen den grundsätzlichen, theoretischen Fragen und zum anderen den technischen Problemen. Die gegenseitige Abhängigkeit von räumlichen Ereignissen schließt die Anwendung herkömmlicher statistischer Analysemethoden aus. Schon in den 1950er- und 1960er-Jahren wurde dieses Problem von den Statistikern diskutiert. Damals ist der Begriff der „räumlichen Autokorrelation“ geprägt worden. Außerdem unterscheiden sich geographische Daten von anderen Daten durch ihre Veränderlichkeit und Unregelmäßigkeit. Diese Besonderheiten setzen eine Programmierung und auch Methoden voraus, die durch herkömmliche Systeme des Computer-aided Design (CAD) oder klassische Datenbankmanagementsysteme (DBMS) nicht abgedeckt werden (siehe auch Kapitel 18).

Im englischsprachigen Umfeld hat sich daher GIS nicht nur als Akronym für „Geographical Information System“, sondern auch für „Geographical Information Science“ etabliert (vgl. LONGLEY et al. 2015).

17.1.3 Entwicklungsgeschichte von GIS

Der Begriff „Geographisches Informationssystem“ wird erstmals 1963 von TOMLINSON beim Aufbau eines rechnergestützten, raumbezogenen Informationssystems in Kanada verwendet. Zu Beginn der Entwicklung der GIS-Technologie war neben dem wissenschaftlichen Bereich vor allem die Computertechnologie ein Motor der Weiterentwicklung. Mit Einführung immer leistungsfähigerer Computer, einschließlich der Personal Computer, und der damit verbundenen Verfügbarkeit von GIS für eine breitere Basis verlor die Technologie als Motor der Geographischen Informationssysteme immer mehr an Bedeutung.

Bereits in den 1970er-Jahren des letzten Jahrhunderts wurde im Vermessungswesen das Sollkonzept der Automatisierten Liegenschaftskarte (ALK) eingeführt. In den 1980er-Jahren setzte sich GIS in Deutschland vor allem auf behördlicher und wissenschaftlicher Ebene durch. Damals wurden u. a. Begriffe wie Amtliches Topographisch-Kartographisches Informationssystem (ATKIS), Bodeninformationssystem (BIS), Landschaftsinformationssystem (LANIS) oder Grafisch-Interaktiver Arbeitsplatz (GIAP) geprägt. In den 1990er-Jahren wurde GIS ein allgemein akzeptiertes Werkzeug zur Verarbeitung raumbezogener Daten. In dieser Dekade war die Entwicklung von GIS durch drei entscheidende Punkte gekennzeichnet:

- Die Verfügbarkeit von Geoinformationen in weltweiten Netzen durch die umfassende Verbreitung des Internets.
- Die allgemeine Verfügbarkeit des Global Positioning Systems (GPS) als eine bahnbrechende Erfassungsmethode für Geoinformationen. Dieses System förderte die Entwicklung von mobilen GNSS/GIS-Einheiten.
- Das Vorantreiben der Entwicklung von GI-Standards auf internationaler Ebene (v. a. Open Geospatial Consortium). Bis dato wurden meist proprietäre, aber stark verbreitete Formate als De-facto-Standards verwendet.

Die hohe Verfügbarkeit öffentlicher und privatwirtschaftlicher Geodienste und Geodateninfrastrukturen GDI (vgl. Kapitel 32) sowie das Vorhandensein einer breitbandigen, drahtlosen Kommunikationsinfrastruktur schaffen nun in einem aktuellen Entwicklungsschritt einen großen Markt für interoperable, mobile GIS-Werkzeuge.

17.2 Basisfunktionalitäten eines GIS

Eine Auflistung von Basisfunktionalitäten eines GIS-Systems würde den Rahmen dieses Einführungsbeitrags sprengen, sodass an dieser Stelle auch auf die weiterführende Literatur zum Vertiefungsstudium hingewiesen sei (u. a. BILL 2016, BOUROUGH 1979, LONGLEY et al.

2015). Generisch betrachtet können alle GIS-Funktionalitäten einer der vier Gruppen *Erfassung und Modellierung*, *Verwaltung*, *Analyse* sowie *Visualisierung raumbezogener Daten* zugeordnet werden.

17.2.1 Erfassung und Modellierung raumbezogener Daten

Um überhaupt raumbezogene Daten verarbeiten zu können, müssen diese erst einmal erfasst und ins Auswertesystem überführt werden. Derzeit existiert eine Vielzahl von Erfassungsmethoden, die von manueller oder automatisierter Digitalisierung, verschiedenen geodätischen Vermessungsmethoden bis hin zu GNSS-gestützten Freilanddatenerhebungen (vgl. Kapitel 19) und Interviews sowie verschiedener Fernerkundungsverfahren einschließlich Laserscanning reichen (vgl. Kapitel 9). Generell unterscheidet man zwischen primären (Datenerfassung erfolgt direkt am Objekt oder an dessen unverarbeiteten Abbild) und sekundären (basiert auf Daten, die bereits in verarbeiteter Form vorliegen) Erfassungsmethoden.

In Abhängigkeit von den zu erfüllenden Qualitätsmerkmalen müssen im Rahmen der Ersterfassung gegebenenfalls verschiedene geometrische Restriktionen, welche insbesondere im großmaßstäbigen Anwendungsbereich von Bedeutung sind, eingehalten werden. Datenkonversionen, Objekterzeugung und wenn nötig auch Klassifikationen sind verschiedene Schritte, die beim Erfassungsprozess durchzuführen sind, um nur einige zu nennen.

Neben einer eigenen Datenerfassung sollte immer auch die Möglichkeit der Übernahme bereits erfasster Geodaten aus bestehenden Informationssystemen geprüft werden. Derzeit existiert eine Vielzahl von Datenbanken, in denen Geodaten von hoher geometrischer und semantischer Qualität vorgehalten werden, deren Nutzung einer Neuerfassung sicherlich vorzuziehen ist. Zu erwähnen ist hier insbesondere das Amtlich Topographisch-Kartographische Informationssystem (ATKIS) sowie das Amtliche Liegenschaftskatasterinformationssystem (ALKIS) (siehe Kapitel 10). Entsprechende Recherche- und Meta-Informationssysteme wie das Geoportal des *Bundesamts für Kartographie und Geodäsie* (http://www.geoportal.de) oder das INSPIRE-Geoportal (https://inspire-geoportal.ec.europa.eu/) unterstützen den Anwender beim Aufspüren bereits vorhandener Datenbestände.

Wie in der Einführung erwähnt, unterscheidet man bei der geometrischen Beschreibung raumbezogener Objekte zwischen Raster- und Vektordaten, wobei alle Objektbeschreibungen auf den geometrischen Grundprimitiva Punkt, Linie und Fläche beruhen. Während beim Rastermodell die Geometrie der Objekte flächenhaft als Summe bestimmter Matrizenzellen (Bildpunkte) dargestellt wird, erfolgt die Beschreibung der Geometrie von Objekten im Vektormodell durch Punkt-, Linien- oder Flächenelementen, die auf Koordinatenangaben beruhen (BARTHELME 2005). Rastermodelle bezeichnet man demzufolge auch als areale Modelle, im Gegensatz zu Vektormodellen, die als lineare Modelle Erwähnung finden.

Rasterdaten sind besonders geeignet für Flächenverschneidungen, raumbezogene Modellierungen und Simulationen, wohingegen eine Stärke des Vektormodells in der logischen Objektbildung und der möglichen Erweiterung des Abfrageraums durch die Verwendung topologisch strukturierter Daten liegt.

Bezüglich der Datenstrukturen von Vektordaten unterscheiden wir generell zwischen einfachen Datenorganisationen in Form einer teilweise sehr langen Auflistung von Koordinatentupeln („Spaghetti-Daten") und komplexen Strukturen, die eine topologische Strukturierung der Daten erlauben, d. h., welche die räumlichen und strukturellen Beziehungen der verschiedenen Elemente zueinander mit erfassen (z. B. Arc-Node-Modell, vgl. Abb. 17.2). Topologisch strukturierte Daten erlauben neben einer Erweiterung des Abfrageraums (z. B. Nachbarschaftsbeziehungen) auch die Formulierung von Konsistenzbedingungen hinsichtlich des raumbezogenen Datenbestandes. Weiterführende Informationen zum topologischen Modellieren, aber auch hinsichtlich des geometrischen Modellierens von Rasterdaten sind bei BILL (2016) sowie bei BARTHELME (2005) zu finden.

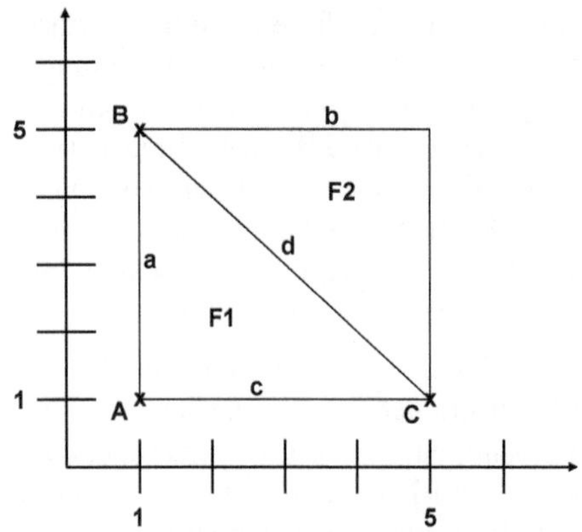

Linie	*Start*	*Ende*	*links*	*rechts*
a	A	B	-	F1
b	B	C	-	F2
c	A	C	F1	-
d	C	B	F1	F2
...				

Abb. 17.2: Arc-Node-Repräsentation geometrischer Grundprimitiva. Die ArcTable definiert die Topologie durch Knoten (Nodes; Großbuchstaben), Linien (Arcs, Kleinbuchstaben) und Regionen (F1, F2). Weitere Datenstrukturen enthalten die zugehörigen Koordinatentupel.

17.2.2 Raumbezogene Datenverwaltung

Die raumbezogene Datenverwaltung wird in Kapitel 18 „Geodatenbanksysteme" behandelt.

17.2.3 Analyse raumbezogener Daten

Zentraler Einsatzbereich von Geoinformationssystemen ist neben der Bereitstellung von Informationsfunktionalitäten (z. B. der Beantwortung von Fragestellungen wie „Was existiert an einem bestimmten Ort?") und der Durchführung von Messungen (z. B. Distanzen, Flächen, Volumina) auch die sektorenübergreifende, raumbezogene Analyse der vorhandenen Daten. Als klassische Anfragen seien hier Fragestellungen bzgl. raumbezogener

- Bedingungen, z. B. „An welcher Stelle werden bestimmte Bedingungen erfüllt?",
- Trends, z. B. „Was änderte sich ...?",
- Raummuster, z. B. „Welche Raummuster existieren?",
- Modellierung, z. B. „Was passiert, wenn ...?"

erwähnt.

Eine der wichtigsten Funktionalitäten von GIS zur Beantwortung derartiger Fragestellungen ist die Flächenverschneidung (Map Overlay), d. h. die Verrechnung bzw. Verschneidung verschiedener Informationsebenen derart, dass ein neuer Datensatz (Ergebnisebene) ggf. auch mit neuer Topologie generiert wird (vgl. Abb. 17.3).

Eine Flächenverschneidung kann selbstverständlich nur dann durchgeführt werden, wenn alle zu verarbeitenden Informationen in einem einheitlichen Bezugssystem vorliegen. Entsprechende Transformationen der unterschiedlichen Eingangsdaten müssen vorab durchgeführt werden. In die Verschneidung können auch Auswertungsfunktionen (z. B. Gewichtungen) integriert werden. Eine automatisierte Übergabe von Sachdaten ist in der Regel umweltfachlich inkorrekt. „Die Flächenverschneidung muss als Minimalanforderung an die Analysefunktionalität eines GIS verstanden werden" BILL (2016).

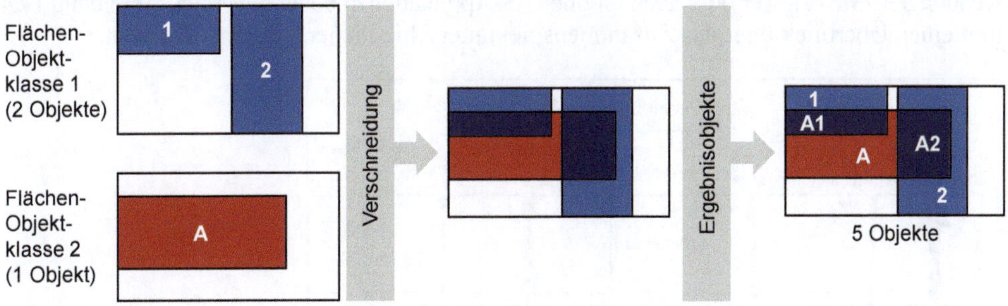

Abb. 17.3: Prinzip der Flächenverschneidung (Map Overlay)

Weitere zentrale GIS-Funktionalitäten sind z. B. im Bereich der Netz-, Standort-, Sichtbarkeits- oder auch Geländeanalysen zu finden. Aufgrund der Vielfalt der möglichen Auswertefunktionalitäten sei an dieser Stelle auf das Literaturverzeichnis hingewiesen, aus dem weiterführende Quellen zum Vertiefungsstudium entnommen werden können (u. a. BILL 2016, LONGLEY et al. 2015).

17.2.4 Visualisierung raumbezogener Daten

Die vierte Gruppe der GIS-Basisfunktionalitäten, die Visualisierung der Daten, dient einerseits dem interaktiven Arbeiten mit dem GIS-System, sei es als Nutzer von Webclients oder als fortgeschrittener Nutzer der GIS-Analysefunktionalitäten, andererseits aber auch der Datenaufbereitung zum besseren Verständnis bzw. zur besseren Lesbarkeit der interessierenden Phänomene. Während die Mensch-Maschine-Kommunikation durch Grundfunktionen, wie Display, Pan, Zoom, Ebenenverwaltung (Darstellung ausgewählter Themen an- bzw. ausschalten), erleichtert wird, dienen diverse Gestaltungsfunktionen zur Erzeugung von z. B. Symbolen, Mustern, Linienarten und -stärken der geeigneten Präsentation der Sachverhalte. Informationen zur guten fachlichen Praxis hinsichtlich der Gestaltung von thematischen Kartenwerken können u. a. dem Kapitel 23 entnommen werden.

Auf dem Gebiet der Datenvisualisierung profitiert die GIS-Technologie zunehmend von den neueren Entwicklungen auf dem Gebiet der Computergrafik und den Entwicklungen im Bereich der Mixed Reality (vgl. auch Kapitel 24).

17.3 Architekturen von GIS-Software

Die Technik hat inzwischen einen Punkt erreicht, der einer Analyse oder Verarbeitung von Geodaten kaum noch Grenzen setzt. Zu Beginn der Entwicklung von GIS wurden allumfassende Systeme entwickelt, die sowohl eigenständig das Datenmanagement übernahmen als auch die Verarbeitung und Analyse der Daten ermöglichte, entsprechend der klassischen Definition von GIS. Die Aspekte wie Vernetzung und eine mehr als lokale Verfügbarkeit spielten eine untergeordnete Rolle. Mit dem Aufkommen standardisierter Dienste wurde ein entscheidender Schritt zur Interoperabilität von GIS-Produkten und -Services umgesetzt, der eine skalierbare, bedarfsbezogene Ausstattung von GIS-Arbeitsplätzen ermöglicht hat. So können in einer verteilten GIS-Umgebung mittlerweile ohne Weiteres Desktop-GIS-Anwendungen, GIS-Viewer oder auch mobile GIS-Applikationen bedient werden. Abbildung 17.4 gibt einen Überblick über das Zusammenspiel unterschiedlicher Systemkategorien.

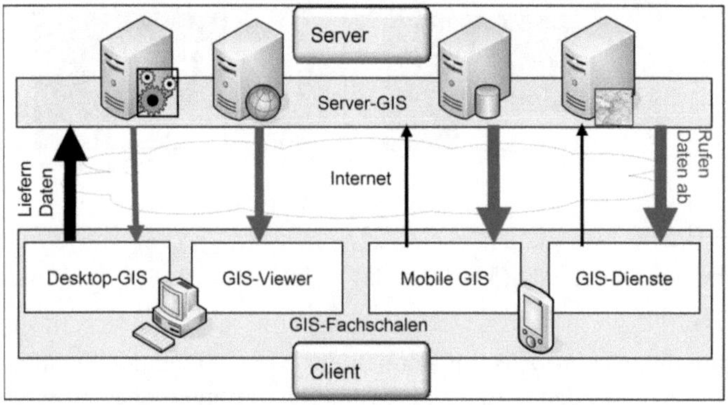

Abb. 17.4: GIS-Systemkategorien im Zusammenspiel (aus BILL 2016)

GIS-Server sind dabei die zentralen Komponenten einer verteilten GIS-Landschaft. Sie haben das Ziel, große Mengen raumbezogener Daten zu verwalten und diese Daten unterschiedlichen Nutzern verfügbar zu machen. Zugriffe auf den Server erfolgen mittels Clients über ein LAN, über Internet bzw. Intranet oder auch über drahtlose Kommunikationsinfrastruktur. Das Spektrum der Clients reicht hier vom einfachen Geodaten-Viewer, mobilen Anwendungen über Desktop-Mapping-Systeme und GIS-Analysewerkzeuge bis hin zu Internet-Mapservern oder Webservern zur Bereitstellung von Geoinformationsdiensten.

Aktuelle Übersichten zum GIS-Softwaremarkt können zum Beispiel unter https://www.geobranchen.de/ bzw. www.geoinformatik.uni-rostock.de abgerufen werden.

17.4 Geodaten-Services

Das Open Geospatial Consortium (OGC)[2] ist ein 1994 gegründetes internationales Industriekonsortium, zu dem heute mehrere hundert Mitglieder (Unternehmen, Regierungsorganisationen und Universitätseinrichtungen[3]) gehören.

Im Geo-Umfeld hat sich das OGC als Standardisierungsgremium etabliert und eine Vielzahl von Standards entwickelt und veröffentlicht.

Eine der Grundlagen für den Aufbau von Geodateninfrastrukturen (GDI) bilden interoperable Dienste. „Interoperabel" bedeutet in diesem Zusammenhang, dass die Schnittstellen klar definiert sind und von allen Herstellern unterstützt werden. Wichtige Standards sind dabei:

2 http://www.opengeospatial.org/
3 http://www.opengeospatial.org/ogc/members

- OGC WMS Web Map Service (Kartendienst),
- OGC WFS Web Feature Service (Vektorgeometriedienst),
- OGC WCS Web Coverage Service (Rasterdatendienst).

Das folgende Kapitel geht im Schwerpunkt auf die drei genannten Standards für die Verteilung von Geoinformationen[4] näher ein. Dabei stellen die Kapitel Geodaten-Services und Open-Source-Werkzeuge eine überarbeitete Fassung des gleichnamigen Beitrags von MATTERN (2013) dar.

17.4.1 Web Map Service (WMS)

Ein Web Map Service ist ein Dienst im Internet, der Ausschnitte von Karten liefert. Hierbei erhält der Nutzer Geodaten als Rasterbild, z. B. GIF, JPEG oder PNG. Die dargestellten Geodaten sind in der Regel an verschiedenen Orten in verschiedenen Systemen gespeichert. Hierdurch verbleiben die Geodaten beim Erzeuger, was alle Nachteile einer redundanten Datenhaltung (z. B. Aktualitätsproblem) ausschließt.

Ein WMS-Dienst muss in der Lage sein, mindestens die Requests GetCapabilities (liefert Informationen über die Fähigkeiten des WMS-Diensts an einen Client) und GetMap (liefert eine Grafik von dem gewählten Ausschnitt im definierten Bezugssystem) zu beantworten. Meist wird auch ein GetFeatureInfo-Request (liefert die in einer Attributtabelle hinterlegten Informationen zu einem Punkt in einem WMS-Layer) unterstützt. Der Zugriff auf einen Web Map Service wird durch eine URL realisiert.

17.4.2 Web Feature Service (WFS)

Unter einem Web Feature Service (WFS) versteht man den internetgestützten Zugriff auf vektorbasierte Geodaten. Im Rahmen der Spezifikationen des OGC ermöglicht ein WFS den Zugriff auf geographische Features (Abstraktion eines Objekts der realen Welt) und gibt das Ergebnis mindestens als unabhängiges Dateiformat Geography Markup Language (GML) zurück. Ein Feature Type ist die Darstellung eines Objekts mithilfe eines Namens, weiteren Attributen und, bei geographischen Feature Types, mit einer Geometrie.

Beispielsweise enthält eine Datenbank Feature Types vom Typ „Fluss“. Eine Instanz eines Features (eine Feature Instance) ist damit dann ein konkreter Fluss (z. B. die Mosel).

Um einen OGC-konformen WFS zu nutzen, wird wie beim WMS auf das Hypertext Transfer Protocol (HTTP) zurückgegriffen. Der WFS hat sechs Operationen, die von einem Benutzer angefragt werden können.

Wie bei einem WMS-Dienst gibt es den GetCapabilities-Request, der Auskunft über die Fähigkeiten und bereitgestellten Informationen gibt. Zusätzlich machen die gestiegenen Anforderungen weitere Operationen erforderlich:

(1) DescribeFeatureType: liefert Strukturinformationen der einzelnen Vektor-Layer, in diesem Zusammenhang Feature Types genannt;
(2) GetFeature: liefert die Daten eines Feature Types;
(3) GetGmlObject: liefert ein spezifisches Objekt aus der Gesamtmenge eines GetFeature Requests;

[4] http://www.opengeospatial.org/standards

(4) Transaction: ermöglicht es, Features zu modifizieren, das heißt neue hinzuzufügen und bestehende zu ändern oder zu löschen;
(5) LockFeature: sperrt das Feature Type für eine Transaktion, damit nicht währenddessen andere Änderungen durchgeführt werden können.

Abhängig von der Anzahl der implementierten Operationen unterscheidet man zwischen Basic WFS (1, 2) und XLink WFS (1, 2, 3), welche Nur-Lesezugriffe anbieten, und Transaction WFS (1, 2, 4), wobei 3 und 5 hier optional auch möglich sind.

WFS-Dienste sind u. a. auch aufgrund von Copyright-Regelungen häufig mit einer Zugangsbeschränkung versehen.

17.4.3 Web Coverage Service (WCS)

Der Web Coverage Service (WCS) normiert den Zugriff auf große, multidimensionale Rasterdatenarchive. Die geographischen Daten werden dabei in Form von sogenannten Coverages bereitgestellt, einem speziellen Typ zur Repräsentation raumbezogener Informationen. Diese Daten decken dabei – wie es der Name „Coverage" schon ausdrückt – ein bestimmtes Gebiet des betrachteten Raums ab, innerhalb dessen die Variation von Attributwerten in Abhängigkeit von der Position abgebildet wird.

Eine WCS-Anfrage liefert die selektierten Rasterdaten zusammen mit detaillierten Beschreibungen sowie mit ihrer ursprünglichen Semantik, also bereit zur Weiterverarbeitung. Damit steht der WCS neben den „Geschwisterstandards" Web Feature Service (WFS) und Web Map Service (WMS).

17.4.4 Web Processing Service (WPS)

Der Web Processing Service (WPS) ist ein Dienst zur Prozessierung von Geoinformationen. Der zugrunde liegende OGC-WPS-Standard[5] definiert, in welcher Form Anfragen an den Dienst gesendet bzw. Ergebnisse zurückgeliefert werden. Beispiele für durch WPS bereitgestellte Prozesse sind bekannte Funktionen, wie z. B. Pufferbildung oder Verschneidungen. Als WPS werden aber auch spezielle raumbezogene Auswerteroutinen bereitgestellt, die in einem Standard-GIS häufig nicht enthalten sind. Ein WPS kann dabei sowohl Vektor- als auch Rasterdaten verarbeiten.

17.5 Open-Source-GIS-Werkzeuge

Mittlerweile existieren eine Vielzahl an Open-Source-Tools, wobei die meisten davon offizielle Projekte unter dem Dach der Open Source Geospatial Foundation (OSGeo)[6] sind. Hier wird jeder Bereich abgedeckt, von Bibliotheken und Konsolenprogrammen über Desktop-Anwendungen hin zu Serveranwendungen wie Mapserver oder Geodatenbanken. Die nachfolgende Auflistung stellt lediglich einen kleinen Ausschnitt verfügbarer Tools dar und erhebt keinen Anspruch auf Vollständigkeit.

5 https://www.ogc.org/standards/wps
6 https://www.osgeo.org/

17.5.1 Geospatial Data Abstraction Library (GDAL)

Die Geospatial Data Abstraction Library (GDAL)[7] bildet die Basis für die Verarbeitung von Rasterdaten in fast jedem Projekt der OSGeo Foundation. Es beinhaltet einige sehr nützliche Kommandozeilen-Werkzeuge zur Umwandlung und Verarbeitung von Daten. Man kann damit beispielsweise Rasterdateien umprojizieren, Informationen auslese, Pyramiden erstellen, Geländemodelle verarbeiten, und vieles mehr. Dabei wird nahezu jedes gängige räumliche Rasterdatenformat unterstützt.

Die OGR Simple Feature Library ist das passende Gegenstück für Vektordaten. Es bietet die Tools ogrinfo, um Informationen auszulesen, und ogr2ogr, um Daten von einem ins andere Format umzuwandeln.

17.5.2 GeoTools

GeoTools[8] ist eine umfangreiche Bibliothek für Java zur Verarbeitung von Geodaten aller Art. Sie wird in so gut wie jedem Java-basierten Projekt, wie z. B. OpenJUMP[9] oder Geoserver, eingesetzt. Aufgrund der sehr guten Dokumentation lässt sie sich recht schnell auch projektbasiert verwenden.

17.5.3 GRASS GIS

Die Entwicklung von GRASS GIS[10] begann im Jahre 1982. Ursprünglicher Initiator des Projekts ist das US Army Construction Engineering Research Laboratory (USA_CERL), welches GRASS für Landmanagement und Umweltplanung entwickelte. Die Entwicklung wurde damals durch den National Environmental Policy Act gefördert.

Ursprünglich lief das Programmpaket auf UNIX-Plattformen, ab 1995 kam es mit der Version 4.2 zur ersten Linux-Portierung. Seit 1999 wird die Gnu General Public License (GPL) als Lizenz verwendet, was maßgeblich zur weiteren Verbreitung und Weiterentwicklung beigetragen hat. Dadurch wurde GRASS schnell für fast alle wichtigen Hardwareplattformen verfügbar. Durch die Verwendung von GDAL und OGR werden viele Eingabe- und Ausgabeformate unterstützt.

17.5.4 QGIS

Seit 2002 hat sich QGIS[11] zu einem ernstzunehmenden GIS-Tool entwickelt. Es bietet eine benutzerfreundliche, einfach erlernbare Programmoberfläche und hat durch Plug-ins mittlerweile einen ähnlichen Funktionsumfang wie GRASS GIS, insbesondere durch die Fähigkeit, selbst als Oberfläche für GRASS zu agieren. Es bietet ebenfalls Unterstützung für alle von GDAL und OGR les- und schreibbaren Formate, direkte Unterstützung für räumliche PostGIS-, SpatialLite-Oracle-Datenbanken und unterstützt OGC WMS-, WCS- und WFS-Dienste (inklusive WFS-T).

---

7 http://www.gdal.org/
8 https://geotools.org/
9 http://www.openjump.org/
10 https://grass.osgeo.org/
11 https://www.qgis.org/de/site/

QGIS bietet ein ausgereiftes Georeferenzierungs-Plug-in, Digitalisierungswerkzeuge zur Erstellung von eigenen Vektordaten, Verarbeitung von GNSS-Daten und ist durch die offene Plug-in-Architektur mit Python erweiterbar. Aus dem Programm heraus kann man auf eine umfangreiche Plug-in-Datenbank zurückgreifen und diese direkt installieren.

17.5.5 Geoserver

Geoserver[12] ist ein WMS-Server und die Referenzimplementierung für die OGC-Standards WFS (inkl. WFS-T) und WCS. Er ist eine auf Java und Geotools basierende Serverapplikation, welche einen Servletcontainer wie Apache Tomcat voraussetzt. Geoserver zeichnet sich zusätzlich durch die relativ einfache Konfiguration über ein komfortables Webinterface aus.

Die Anwendung bietet eine ausgereifte Rechteverwaltung auf Dienst- und Layerebene mit Benutzerauthentifizierung. Er unterstützt viele Datenquellen, darunter räumliche Datenbanken wie PostGIS, ArcSDE, DB2 und Oracle, Shapefiles, kann andere OGC-Webservices als Client abfragen und bietet eine native Unterstützung für GeoTiff, GTOPO30, ArcGrid, WorldImages, ImageMosaic und ImagePyramid Rasterformate. Darüber hinaus kann durch die GDAL-ImageIO Extension fast jede GDAL-Datenquelle angebunden werden. Weitere Features sind On-the-Fly-Projektion, WMS-Ausgabeformate PNG, JPEG, GIF, PDF, SVG, KML und Google Earth Support.

17.5.6 Mapserver

Der Mapserver[13] wird seit 1994 an der Universität von Minnesota entwickelt. Aus diesem Grund ist auch die Bezeichnung UMN Mapserver geläufig. Die Entwicklung wurde von der NASA gefördert, um Satellitenaufnahmen zugänglich zu machen. Das Web Mapping wurde maßgeblich durch das UMN Mapserver-Projekt vorangetrieben. Viele heute übliche Features wurden zunächst für Mapserver entwickelt.

Die Konfiguration erfolgt über Textdateien, den sogenannten Mapfiles. UMN unterstützt die OGC-Standards WMS, WFS, WCS sowohl als Eingabe als auch Ausgabe. Er bietet zudem Support für den Dienst Sensor Observation Service (SOS). Ebenso wie Geoserver unterstützt der UMN Mapserver zahlreiche Ein- und Ausgabeformate.

17.5.7 PostgreSQL/PostGIS

PostGIS[14] erweitert PostgreSQL um die Möglichkeit, räumliche Daten zu speichern und zu analysieren. Dies geschieht durch mehrere neue Datentypen und über 300 Funktionen, die mit den neuen Typen arbeiten. Mit der aktuellen Version werden auch Rasterdaten unterstützt. PostGIS ist vergleichbar mit Oracle Spatial/Locator, IBM DB2/Information spatial DataBlades oder den Geometry- und Geographie-Funktionen in MS SQL Server. PostGIS unterstützt OGC/ISO SQL/MM kompatible Funktionen, beispielsweise ST_Intersect für Überschneidungen oder ST_Buffer für Puffer. Das Programm findet in erster Linie als Datenlieferant Anwendung, kann aber auch als eigene Kategorie von GIS gesehen werden, wie die Macher von Boston GIS erklären.

---

[12] http://geoserver.org/

[13] https://mapserver.org/

[14] http://postgis.refractions.net/

17.5.8 Browserbasierte Kartenclients

Prinzipiell existieren zwei verschiedene Ansätze für webbasierte Kartenclients. Mapbender[15] basiert auf PHP und JavaScript und sieht sich als Allround-Lösung zur Anzeige von OGC-Services mit integriertem Management-Tool. OpenLayers[16] hingegen ist eher ein Baukasten, um eigene Kartenviewer aus verschiedenen Komponenten zusammenzustellen. Es unterstützt dabei neben WMS und WFS verschiedenste Layerformate. Mit beiden Paketen lassen sich auch Dateneingabemöglichkeiten realisieren.

17.6 Ausblick

Das Anwendungsfeld von Geoinformationssystemen ist mittlerweile so vielfältig wie die Anzahl an verschiedenen GIS-Softwareprodukten. Prinzipiell haben GIS-Tools in allen Disziplinen, in denen Umwelt- bzw. Geodaten erfasst und ausgewertet werden, Eingang gefunden. Beispielhaft seien hier der Aufbau von Geodateninfrastrukturen durch die Vermessungsverwaltungen, Netzinformationssysteme der Ver- und Entsorgungsbetriebe, Umweltinformationssysteme der öffentlichen Verwaltungen, Verwaltungs- und Kontrollsysteme der Landwirtschaft, Rauminformationssysteme und -Kataster der Landes- und Landschaftsplanung oder auch Fahrzeugnavigationssysteme erwähnt, um nur einen kleinen Auszug aus den vielfältigen Anwendungsbereichen zu benennen. Auch im Rahmen der Energiewende spielen GIS als Analysewerkzeuge zur Standortfindung sowie zu Potenzialberechnungen eine herausragende Rolle.

Geodateninfrastrukturen, standardisierte Dienste und mobile GIS-Anwendungen lassen bereits jetzt erahnen, welchen Weg die Geoinformationswirtschaft in professionellen Anwendungsgebieten künftig nehmen wird. Betrachten wir zusätzlich noch die Aktivitäten in den Bereichen der konsumentennahen Anwendungen (z. B. geo-soziale Netzwerke), kollaborativer Online-Kartenprojekte (z. B. OpenStreetMap, vgl. Kapitel 13) sowie die Möglichkeiten, die sich aus dem Customizing von Geobrowsern wie Microsoft Bing Maps, Google Maps oder Google Earth ergeben, lässt sich erahnen, dass wir uns bereits auf dem Weg in eine Geoinformationsgesellschaft befinden, in der jeder Bürger Datenlieferant und Geodatennutzer sein kann.

Neben der Verfügbarkeit geeigneter Technik und Geschäftsmodellen wird in einer Geoinformationsgesellschaft aber auch Geomedienkompetenz gefordert. Die Fähigkeit zum reflektierten Umgang mit Geomedien, wie Karten, digitalen Globen, Geoinformationssystemen, Standortinformationen oder auch Location-based Services, wird erforderlich sein für eine mündige Teilhabe am gesellschaftlichen Leben. Diese Kompetenz wird umso bedeutsamer, je präsenter Geomedien im Alltagsleben werden.

Literatur

BARTHELME, N. (2005): Geoinformatik. Modelle, Strukturen, Funktionen. 4. Aufl. Springer, Heidelberg.

BILL, R. (2016): Grundlagen der Geo-Informationssysteme. 6. Aufl. Wichmann, Berlin/Offenbach.

[15] https://mapbender.org/

[16] https://openlayers.org/

BOLSTAD, P. (2019): GIS Fundamentals: A First Text on Geographic Information Systems. XanEdu Publishing Inc.

BURROUGH, P. A. (1979): Principles of Geographical Information Systems for Land resources Assessment. Clarendon Press.

FU, P. (2020): Getting to know Web GIS. Esri Press.

LONGLEY, P., MAGUIRE, D. J., GOODCHILD, M. & RHIND, D. (Eds.) (2015): Geographic Information Science and Systems. Wiley.

MATTERN, M. (2013): Geodaten-Services und Open-Source-GIS-Werkzeuge. In: FISCHER-STABEL, P. (2013): Umweltinformationssysteme – Grundlegende Konzepte und Anwendungen. 2. Aufl. Wichmann, Berlin/Offenbach.

OBE, R. O. & HSU, L. S. (2011): Postgis in Action. xvii.

RHIND, D. et al. (1998): Understanding GIS: The Arc/Info Method. PC Version. Esri Press.

TOMLINSON, R. F. (1972): Geographical Data Handling. UNESCO/IGU Second Symposium Geographical Information Systems, Ottawa.

WORSLEY, J. C. & DRAKE, J. D. (2002): Practical PostgreSQL, ix.

18 Geodatenbanksysteme

Thomas BRINKHOFF[1]

Zusammenfassung

Da Umweltinformationen einen starken Raumbezug aufweisen, bietet sich der Einsatz von Geodatenbanksystemen für deren Verwaltung und Abfrage an. Drei Aspekte zeichnen Geodatenbanksysteme aus: (1) Sie stellen ein geeignetes Datenmodell für geometrische Datentypen bereit, (2) sie sind in der Lage, geometrische und topologische Operationen auf den Daten auszuführen und (3) sie stellen Mechanismen zur effizienten räumlichen Anfragebearbeitung bereit. Über entsprechende Zugriffsschnittstellen erlauben Geodatenbanksysteme die interoperable Nutzung von Umweltinformationen in unterschiedlichen Architekturen von Umweltinformationssystemen.

18.1 Einleitung

Umweltinformationen weisen einen starken Bezug zu Objekten und Prozessen oder in der Nähe der Erdoberfläche auf. Dieser Raumbezug schlägt sich deren Modellierung, Visualisierung und Analyse nieder. Damit besteht die Notwendigkeit, Umweltdaten effektiv räumlich verwalten und abfragen zu können. *Geodatenbanksysteme* (engl. *Spatial Database Systems*) sind hierfür – ggf. im Zusammenspiel mit Geoinformationssystemen, Geodiensten oder Mashups – ein geeignetes Werkzeug (RIGAUX et al. 2002, BRINKHOFF 2021).

Das relationale Datenbankmodell und relationale Datenbanksysteme haben sich seit Anfang der 1980er-Jahre zur persistenten Datenspeicherung und -abfrage generell durchgesetzt. Über die standardisierte Datenbanksprache *SQL* und auf SQL basierende Zugriffsschnittstellen ermöglichen relationale Datenbanksysteme eine Integration in IT-Infrastrukturen und die interoperable Nutzung der Daten.

Zur Repräsentation von Geodaten sind allerdings die Ausdrucksmöglichkeiten des relationalen Datenbankmodells (namentlich der 1. Normalform) zu beschränkt. Daher bedarf es einer Erweiterung dieses Ansatzes, um komplexere Objekte speichern zu können. Hierfür bieten sich insbesondere die standardisierte Speicherung der Geometrien in *BLOBs (Binary Large Objects)* oder die Verwendung von *objektrelationalen Datenbanksystemen* an, die strukturierte Daten objektorientiert durch Klassen repräsentieren können. Auf dieser Basis stellen Geodatenbanksysteme geometrische Datentypen bereit. Geometrische Funktionen stehen dann in SQL prozedural oder über Objektmethoden zur Verfügung.

Daneben ist es erforderlich, dass raumbezogene Anfragen effizient bearbeitet werden. Relationale Datenbanksysteme verwenden hierfür Indexstrukturen, die nicht für Geodaten geeig-

---

[1] Jade Hochschule, Institut für Angewandte Photogrammetrie und Geoinformatik, Ofener Str. 16/19, 26121 Oldenburg, thomas.brinkhoff@jade-hs.de, https://iapg.jade-hs.de/personen/brinkhoff/

net sind. Daher müssen Geodatenbanksysteme spezifische Techniken und Indexstrukturen für räumliche Anfragen bereitstellen.

18.2 Modellierung

Für die effektive Modellierung, Speicherung und Auswertung von raumbezogenen Daten bedarf es geeigneter geometrischer Datentypen und Funktionen. Zu diesem Zweck hat die International Organization for Standardization (ISO) die beiden nachfolgend vorgestellten Standards veröffentlicht.

18.2.1 ISO 19125 Simple Feature Access

Als Untermenge des Feature-Geometry-Datenmodells (ISO 19107 „Geographic Information – Spatial Schema") wurde das Simple-Feature-Modell entwickelt, das die Repräsentation von Geoobjekten mit zweidimensionalen Geometrien erlaubt, deren Stützpunkte geradlinig miteinander verbunden sind („Simple Features"). Das Modell liegt als ISO-Norm 19125-1 (Simple Feature Access – Common Architecture) vor.

Die Umsetzung dieses Modells in SQL stellt die Norm ISO 19125-2 dar. Neben geometrischen SQL-Datentypen und -Funktionen wird auch ein Informationsschema über die gespeicherten Geodaten und räumlichen Bezugssystemen definiert.

18.2.2 ISO/IEC 13249-3 SQL/MM Spatial

Da die Modellierungsmöglichkeiten und der Funktionsumfang von ISO 19125 recht beschränkt sind, setzen Geodatensysteme gegenwärtig verstärkt die Norm ISO/IEC 13249-3 „SQL/MM Spatial" um. Deren Datenmodell kann als Erweiterung des Simple-Feature-Modells angesehen werden. Abbildung 18.1 stellt einen wesentlichen Ausschnitt dieses Modell dar.

Die Oberklasse `ST_Geometry` bündelt die Attribute und Methoden, die allen Geometrien gemein sind. So kann jeder Geometrie ein räumliches Bezugssystem (`ST_SpatialRefSys`) zugeordnet werden. Von der Oberklasse leiten sich vier Geometrieformen ab:

- *Punkte* werden durch die Klasse `ST_Point` repräsentiert.
- `ST_Curve` ist die abstrakte Oberklasse für *Linien.* Streckenzüge werden durch die Unterklasse `ST_LineString` dargestellt. Die Klassen `ST_CircularString` und `ST_CompoundCurve` repräsentieren Linienzüge, die Kreisbögen enthalten, bzw. zusammengesetzte Linienzüge, die aus geradlinigen und kreisbogenförmigen Teillinien bestehen.
- `ST_Surface` ist die abstrakte Oberklasse für *Flächen.* Die Klasse `ST_Polygon` repräsentiert einfache Polygone mit Löchern. Ein Polygon besitzt immer genau einen äußeren Ring, der die Außenbegrenzung darstellt (Beziehung `exteriorRing`). Innerhalb des Polygons können sich Löcher als Aussparungen befinden, die durch innere Ringe beschrieben werden (Beziehung `interiorRing`). Im Fall von `ST_CurvePolygon`-Objekten können die Ringe auch Kreisbögen beinhalten.
- `ST_GeomCollection` beschreibt eine Geometriekollektion, die aus beliebig vielen Geometrien besteht. Für den Fall, dass alle Elemente der Kollektion der gleichen Klasse angehören, gibt es eine Reihe von spezialisierten Klassen (`ST_MultiXXX`).

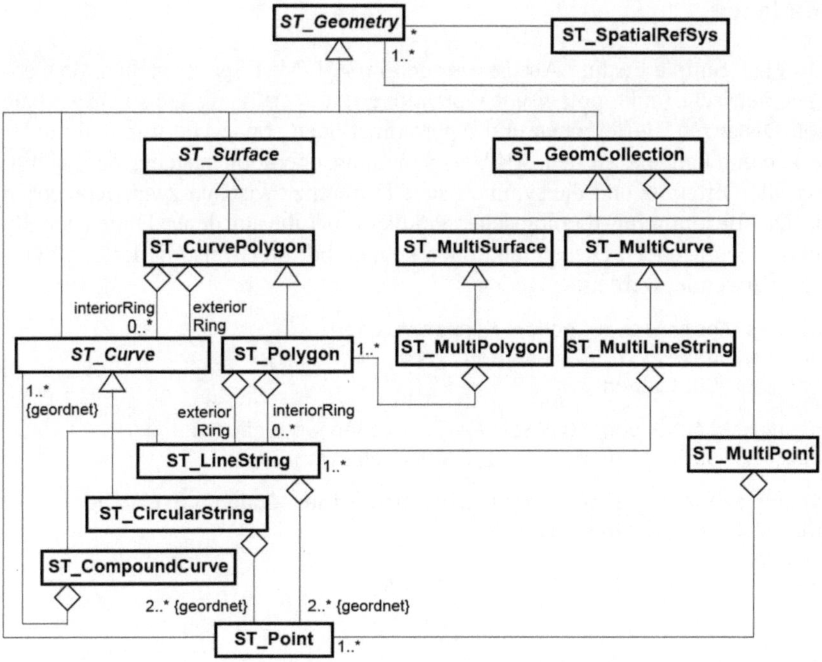

Abb. 18.1: Klassenmodell nach SQL/MM Spatial (Ausschnitt)

In Abbildung 18.2 sind beispielhaft Instanzen dieser Klassen dargestellt.

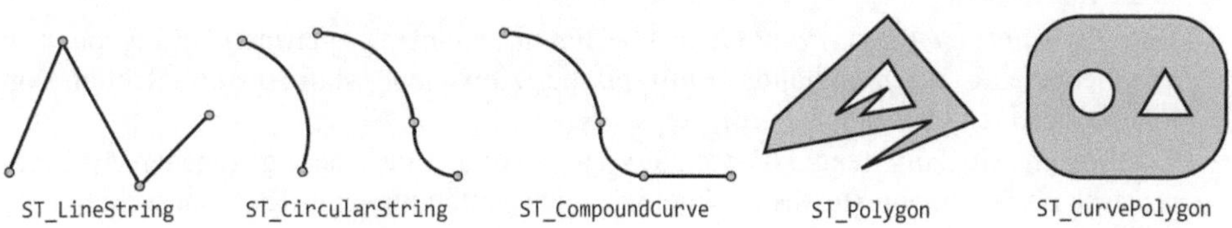

Abb. 18.2: Geometrieobjekte nach SQL/MM Spatial

Zwei Speicherformen für Geometrien werden definiert: WKT (Well-known Text) für Textdarstellungen und WKB (Well-known Binary) für eine binäre Repräsentation. WKB kann genutzt werden, um in BLOBs gespeicherte Geodaten interoperabel nutzbar zu machen. WKB und insbesondere WKT werden zudem in Konstruktoren verwendet, um neue Geometrien zu erzeugen. Neben x- und y-Koordinaten können zusätzlich jeweils eine z-Koordinate für 3D-Geometrien und eine zusätzliche Maßzahl (z. B. für eine Kilometrierung) gespeichert werden. Außerdem werden von SQL/MM Spatial Netzwerk- und allgemeine topologische Datenmodelle sowie Dreiecksvermaschungen unterstützt.

18.2.3 Funktionen

Sowohl in ISO 19125 Simple Feature Access als auch in SQL/MM Spatial stellen die Geometrieklassen geometrische und topologische Operationen zur Verfügung. Beispiele sind die Berechnung von Distanzen, Pufferzonen und Approximationen sowie von minimal umgebenden Rechtecken und konvexe Hüllen. Als Verschneidungsoperationen stehen der Schnitt, die Vereinigung, die Differenz und die symmetrische Differenz zwischen zwei Geometrien zur Verfügung. Die Bestimmung topologischer Prädikate beruht auf dem „Dimensionally Extended 9-Intersection Model". Diese Funktionen können beispielsweise in der SELECT-Klausel von SQL verwendet werden:

```
-- Berechnung des Abstands zwischen Messstationen:
SELECT m1.name, m2.name, ST_Distance(m1.geom, m2.geom)
FROM Stationen m1, Stationen m2;

-- Berechnung der Fläche von 10-Meter-Pufferzonen um Gräben:
SELECT ST_Area( ST_Buffer(geom, 10) ) FROM Gräben;

-- Verschneidung zwischen einem Waldgebiet und einer Bodentyp-Fläche:
SELECT ST_Intersection(w.geom, b.geom)
FROM Wälder w, Böden b
WHERE w.name = 'Schwarzwald' AND b.id = 12345;
```

18.3 Räumliche Anfragebearbeitung

Eine wesentliche Fähigkeit eines Geodatenbanksystems ist die effiziente Bestimmung von Datensätzen, die geometrische oder topologische Anfragebedingungen erfüllen. In diesem Fall führt ein Geodatenbanksystem die Anfrage auf eine oder eine Folge von *räumlichen Basisanfragen* zurück:

- Eine *Punktanfrage* (engl. *Point Query*) bestimmt zu einem gegebenen Anfragepunkt *p* alle Geoobjekte, die *p* enthalten. Ein typischer Anwendungsfall ist die Selektion von Flächenobjekten über eine Koordinate.
- Eine *Rechteckanfrage* (engl. *Window Query*) berechnet zu einem gegebenen Anfragerechteck *r* alle Geoobjekte, die *r* schneiden. Die Darstellung eines Kartenausschnitts beruht auf der Rechteckanfrage.
- Die *Regionsanfrage* (engl. *Region Query*) bestimmt zu einem gegebenen Anfragepolygon *p* alle Geoobjekte, die *p* schneiden. Ein solches Polygon kann zum Beispiel bei der Berechnung einer Pufferzone entstehen.
- Die *Abstandsanfrage* (engl. *Distance Query*) bestimmt alle Geoobjekte, die sich in einem vorgegebenen Abstand *d* zu einer Anfragegeometrie *g* befinden.
- Eine *k-Nächste-Nachbarn-Anfrage* (engl. *k-Nearest Neighbor Query*) berechnet zu einer Anfragegeometrie *g* die *k* nächstgelegenen Objekte.
- Der *räumliche Verbund* (engl. *Spatial Join*) ist eine Verbundoperation zwischen zwei Relationen, die mindestens eine geometrische Verbundbedingung – z. B. einen Test auf Schnitt oder eine Abstandsbedingung – beinhaltet. Ein räumlicher Verbund ist beispielsweise die Grundlage für die Verschneidung von Karten.

Abbildung 18.3 illustriert einige der genannten räumlichen Basisanfragen.

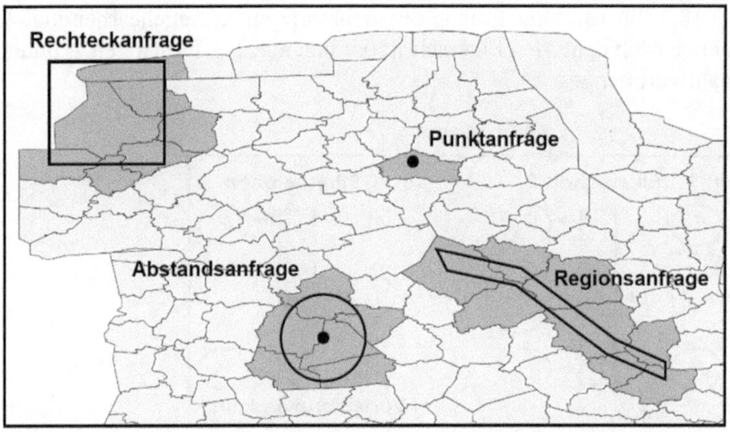

Abb. 18.3: Beispiele für räumliche Basisanfragen

Eine räumliche Anfragebearbeitung wird in der Regel erforderlich, wenn räumliche Operationen in der WHERE- oder ON-Klausel von SQL auftreten:

```
-- Punktanfrage - Bestimmen des Walds, der einen Anfragepunkt enthält:
SELECT name FROM Wälder
WHERE ST_Contains(geom, ST_Point('(8.217 53.087)',4326));

-- Regionsanfrage - alle Brunnen in der Pufferzone zu einem Graben:
SELECT b.name FROM Gräben g, Brunnen b
WHERE ST_Intersects(b.geom, ST_Buffer(g.geom, 10)) AND g.id=123;

-- räumlicher Verbund - Verschneidung von Mischwäldern mit Braunerden:
SELECT ST_Intersection(w.geom, b.geom)
FROM Wälder w INNER JOIN Böden b ON ST_Intersects(w.geom, b.geom)
WHERE w.typ='Mischwald' AND b.typ='Braunerde';
```

18.3.1 Mehrstufige Anfragebearbeitung

Die effiziente Bearbeitung räumlicher Basisanfragen wird durch folgende Umstände erschwert:

- Die Anzahl der gespeicherten Objekte ist unter Umständen sehr hoch.
- Verglichen mit herkömmlichen Datentypen aus relationalen Datenbanken – Zeichenketten, Zahlen und Datumsangaben – ist die Verarbeitung geometrischer Datentypen weitaus komplexer.
- Geometrische Attributwerte zeichnen sich durch eine sehr große Variabilität aus. Dies bezieht sich auf ihre räumliche Ausdehnung, auf den Speicherplatzbedarf, auf die Form der Geometrien und ihre Verteilung im Raum.

Eine wesentliche Konsequenz aus diesen Eigenschaften ist die Anwendung des *Prinzips der mehrstufigen Anfragebearbeitung*. Hierbei wird eine Anfrage in mehreren *Filterschritten* verarbeitet. Dabei wird versucht, die Menge der Objekte, die die Anfragebedingung potenziell erfüllen können (die *Kandidaten*), in frühen Filterschritten soweit wie möglich einzuschränken und möglichst viele Objekte, die die Anfrage sicher erfüllen (die *Treffer*), zu identifizieren. Im letzten Schritt, dem *Verfeinerungsschritt*, wird schließlich der aufwendige exakte Test der Anfragebedingung auf einer (hoffentlich stark) reduzierten Kandidatenmenge ausgeführt). Abbildung 18.4 illustriert das Prinzip der mehrstufigen Anfragebearbeitung; K_i stellt die Kandidatenmenge nach dem i-ten Filterschritt dar und alle Treffermengen T_i bilden zusammen die Gesamtantwortmenge.

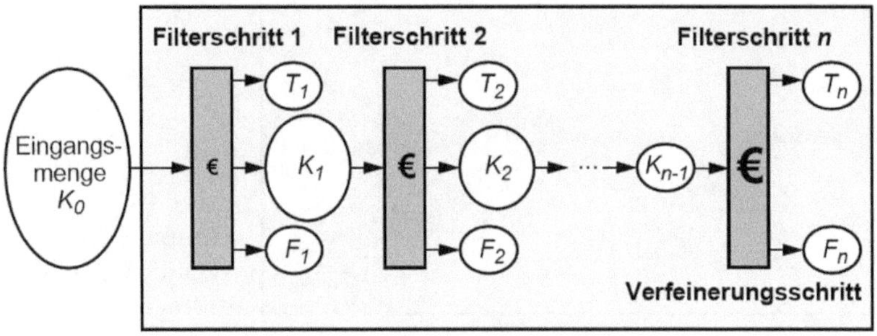

Abb. 18.4: Prinzip der mehrstufigen Anfragebearbeitung

18.3.2 Approximationen

Approximationen sind ein wichtiges Konzept, um den Rechenaufwand in Filterschritten zu verringern. Sie legen in einer Näherung die Lage und die Ausdehnung der Geometrie fest. *Konservative Approximationen* enthalten dabei die approximierte Geometrie vollständig, während *progressive Approximationen* vollständig in der approximierten Geometrie enthalten sind. Das *minimal umgebende Rechteck (MUR)* ist die gängigste konservative Approximation; die Rechteckseiten sind orthogonal zu den Achsen des Koordinatensystems ausgerichtet.

Eine geometrische Berechnung auf Basis einer Approximation ist in der Regel weitaus weniger aufwendig als die vergleichbare Operation auf Basis der exakten Geometrie. So kann auf Grundlage des MURs vielfach bereits entschieden werden, ob ein Objekt die Anfrage erfüllt bzw. ob es sie sicher nicht erfüllt. Allerdings erlaubt im Gegenzug eine Approximation nicht immer die sichere Identifikation oder den sicheren Ausschluss eines Geoobjekts, sodass das Objekt dann zunächst in der Kandidatenmenge verbleiben muss.

18.3.3 Räumliche Indexstrukturen

Datenbanksysteme organisieren die Datenbank mithilfe von *Datenbankblöcken*. Diese speichern die Daten und sind die kleinste Einheit, die vom Hintergrundspeicher eingelesen wird. Datenbankblöcke haben eine feste Größe.

Ein *Index* in einem Datenbanksystem dient dazu, die Datenbankblöcke mit den Datensätzen zu bestimmen, die eine Anfragebedingung erfüllen. Als Datenstruktur liegt einem Index typischerweise eine Datenstruktur (die *Indexstruktur*) zugrunde, die in der Lage ist, Datenbankblöcke dynamisch zu organisieren. Eine solche Indexstruktur benötigt eine lineare Ordnung, um die Daten sortieren zu können. Eine solche lineare Ordnung ist für Zahlen oder Zeichenketten offenkundig gegeben, für geometrische Datentypen hingegen nicht. Daher können herkömmliche Indexstrukturen nicht (ohne Weiteres) zur Indexierung von Geodaten eingesetzt werden. Stattdessen werden spezifische *räumliche Indexstrukturen* benötigt.

Räumliche Indexstrukturen müssen die folgenden Anforderungen erfüllen, um Geodaten effektiv verwalten können:

- Geometrische Approximationen müssen verwaltet werden können.
- Räumliche Basisanfragen müssen effizient ausgeführt werden. Eine unmittelbare Konsequenz aus dieser Forderung ist, dass Daten, die räumlich benachbart sind und daher in räumlichen Anfragen häufig gemeinsam eingelesen werden, mit hoher Wahrscheinlichkeit in einem gemeinsamen Datenbankblock liegen sollten.
- Ein dynamisches Einfügen, Löschen und Verändern von Geoobjekten muss möglich sein. Die Effizienz der Indexstruktur sollte sich durch wiederholte Einfüge- und Löschoperationen nicht wesentlich verschlechtern.
- Eine gute Speicherplatzausnutzung sollte garantiert sein.
- Die Indexstruktur sollte robust gegenüber Ungleichverteilungen der Geoobjekte im Datenraum sein, ohne dass dadurch die Speicherplatzausnutzung degeneriert oder die Bearbeitungszeit für Anfragen stark ansteigt.

Eine häufig verwendete räumliche Indexstruktur ist der *R-Baum* (GUTTMAN 1984); Darstellungen zu anderen Indexstrukturen wie linearisierte Quadtrees und Gitterverfahren finden sich bei BRINKHOFF (2021) und SAMET (2006).

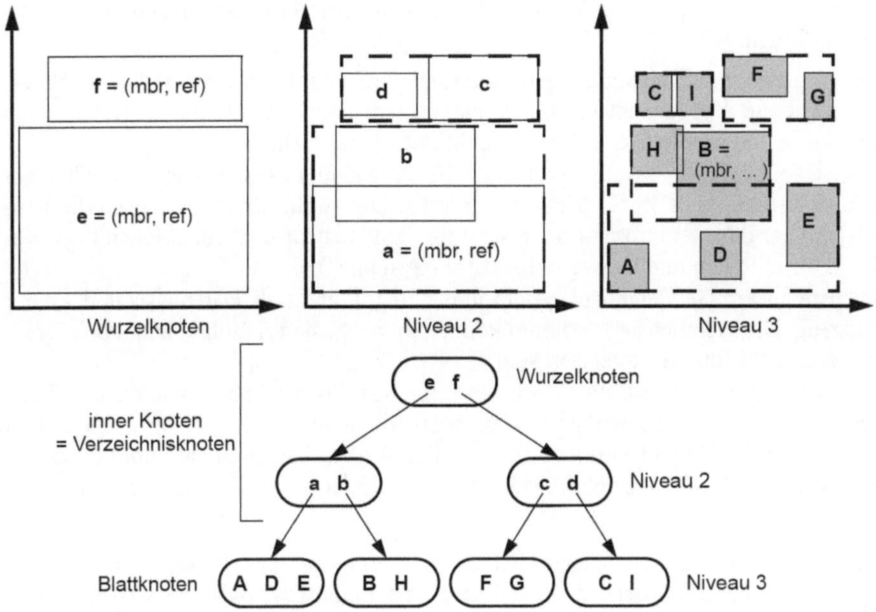

Abb. 18.5: Aufbau eines R-Baums

R-Bäume erlauben die Organisation von Rechtecken. R-Bäume sind balancierte Bäume, deren Blattknoten alle den gleichen Abstand zum Wurzelknoten besitzen. Alle Knoten eines R-Baums können mehrere Einträge speichern; die maximale Anzahl leitet sich aus der Größe der Datenbankblöcke ab. Bei einem Blattknoten enthält ein Eintrag das MUR als Geometrieapproximation und das eigentliche Geoobjekt (bzw. einen Verweis darauf). Bei den übrigen Knoten, den *Verzeichnisknoten,* speichert ein Eintrag ebenfalls ein Rechteck und einen Verweis. Der Verweis zeigt auf den nachfolgenden Teilbaum, während das Rechteck dem minimal umgebenden Rechteck um alle Rechtecke in dem Teilbaum entspricht. Abbildung 18.5 skizziert den Aufbau eines R-Baums. Die Zeichnung macht deutlich, dass es zwischen den Rechtecken in den Verzeichnisknoten zu Überlappungen kommen kann.

Die Bearbeitung von Rechteck- und Punktanfragen beginnt beim Wurzelknoten und bestimmt alle Einträge, deren Rechtecke das Anfragerechteck schneiden bzw. den Anfragepunkt enthalten. Die Knoten, auf die diese Einträge verweisen, werden nacheinander vom Hintergrundspeicher eingelesen und analog zur Wurzel bearbeitet. Dieser Vorgang setzt sich rekursiv bis zu den Blattknoten fort. Dort werden die MURs bestimmt, die die Anfragebedingung sicher oder eventuell erfüllen. Im zweiten Fall gehört das zugehörige Geoobjekt zur Kandidatenmenge und muss weiterverarbeitet werden.

18.4 Nutzungsmöglichkeiten für Umweltinformationssysteme

Fast alle gängigen relationalen Datenbanksysteme bieten Erweiterungen an, sodass sie als Geodatenbanksysteme genutzt werden können. Der angebotene Funktionsumfang als auch die Standardkompatibilität variieren stark zwischen den verschiedenen Systemen.

Die Nutzung für die Bereitstellung und Analyse von Umweltinformationen kann in vielfältigen Formen erfolgen:

- Raumbezogene Umweltanwendungen lassen sich direkt auf Basis des Geodatenbanksystems realisieren. Neben dem Geodatenmanagement kann das Datenbanksystem auch geometrische und topologische Analysefunktionen bereitstellen.
- Gängige Geoinformationssysteme erlauben die Verwaltung der Geodaten über ein Geodatenbanksystem. Als GIS-Fachschale würde ein Umweltinformationssystem die Umweltdaten über das Geoinformationssystem im Geodatenbanksystem ablegen (vgl. Kapitel 1 „Umweltdaten und Umweltinformationssysteme").
- Geodienste nutzen Geodatenbanksystem in der Regel direkt als Datenbasis und Analysewerkzeug. Die Geodienste wiederum können in webbasierte, mobile oder auch Desktop-Umweltanwendungen integriert sein.
- Webanwendungen (z. B. Mashups) stützen sich ebenfalls direkt auf Datenbanksysteme ab. Die Nutzung von Geodatenbanksystemen erlaubt den effizienten räumlichen Zugriff auf raumbezogene Umweltinformationen. Bei dieser Variante sind die Funktionsanforderungen an das Geodatenbanksystem oftmals geringer als in den drei erstgenannten Anwendungsformen.

Abbildung 18.6 stellt diese Nutzungsmöglichkeiten schematisch dar. Da Geodatenbanksysteme über SQL und darauf basierende Zugriffsschnittstellen offene Systeme darstellen, sind beliebige Mischformen und interoperable Verkettungen möglich.

18.5 Aktuelle Entwicklungen

Über den Stand der ISO-Standards hinaus gibt es eine Reihe von Technologie- und Forschungsentwicklungen, um Geodatenbanksysteme für weitere Daten- und Nutzungsformen einsetzen zu können.

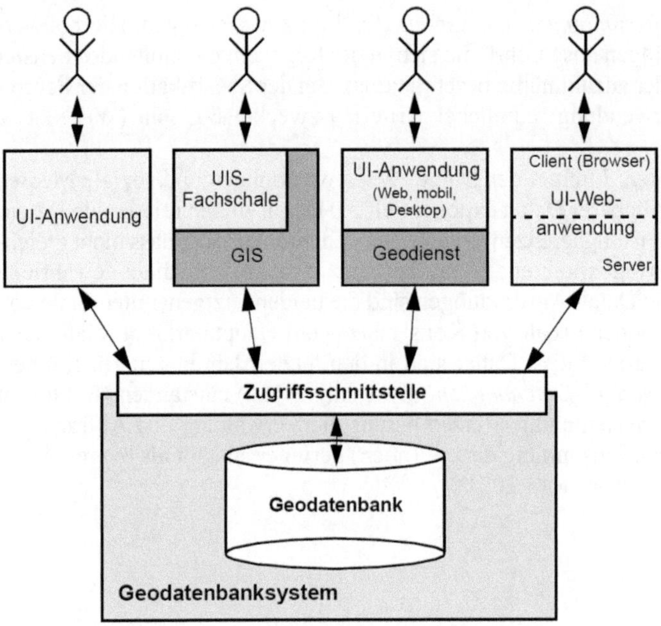

Abb. 18.6: Varianten der Nutzung von Geodatenbanksystemen für Umweltinformationssysteme und -anwendungen

- Eine Reihe von Geodatenbanksystemen erlaubt die Verwaltung von *Rasterdaten*. Dies umfasst neben der georeferenzierten Speicherung u. a. auch Extraktions- und Analysemethoden. So können beispielsweise Luft- und Satellitenbilder vom Datenbanksystem aufbereitet und bereitgestellt werden.
- Der Funktionsumfang hinsichtlich der Verwaltung von *3D-Daten* nimmt kontinuierlich zu. Über die Speicherung von Höhenwerten (z. B. für Digitale Geländemodelle) und deren Auswertung in Datenbankfunktionen hinaus können auch 3D-Körper in der Datenbank modelliert und in der Anfragebearbeitung berücksichtigt werden. Dies kann beispielsweise für 3D-Stadtmodelle, Klimamodelle und Anwendungen genutzt werden, die den Erduntergrund repräsentieren.
- Gerade für räumliche Umweltdaten spielt auch deren zeitliche Entwicklung eine entscheidende Rolle. Die Kopplung von Raum und Zeit ist Thema von *spatio-temporalen Datenbanksystemen* (GÜTING & SCHNEIDER 2005). Insbesondere kontinuierliche Veränderungen müssen hierfür geeignet modelliert (d. h. insbesondere interpoliert) werden. Dies betrifft neben Zeitpunkten der Vergangenheit auch die Repräsentation der (nahen) Zukunft. Für die spatio-temporale Anfragebearbeitung muss neben den räumlichen Dimensionen auch die zeitliche Dimension geeignet Berücksichtigung finden.
- Einzelne Geodatenbanksysteme bieten Techniken des *Spatial Data Minings* an. Dabei möchte man Zusammenhänge in räumlichen Daten erkennen, indem man z. B. räumliche Cluster, räumliche Abhängigkeiten oder räumliche Trends identifiziert. Dies kann u. a. dazu genutzt werden, um Umweltauswirkungen zu analysieren.
- Im Rahmen der Umweltüberwachung spielt die Nutzung von Sensordaten eine große Rolle (siehe auch Kapitel 6). Für diesen Zweck hat das Open Geospatial Consortium u. a. die „OGC SensorThings API" entwickelt. Diese ermöglicht es, Sensordatenströme abzufragen (vgl. Kapitel 21). Die Auswertung und Konsolidierung von Sensordatenströ-

men kann durch *Datenstrommanagementsysteme* (SEEGER 2004) erfolgen. Hierbei werden kontinuierliche Anfragen ausgeführt, die sich in der Regel auf ein gleitendes Fenster beziehen, das zeitlich oder anzahlmäßig beschränkt ist. Bei der Spezifikation der Fenster kann aber auch die Verwendung räumlicher Kriterien zweckmäßig sein (WERNER & BRINKHOFF 2020).

- Bedingt durch Sensordaten, Internet der Dinge, Webanwendungen und soziale Medien nimmt das Volumen verfügbarer Daten exponentiell zu. Damit stoßen relationale Datenbanken an prinzipielle Leistungsgrenzen, da das CAP-Theorem besagt, dass nicht gleichermaßen Konsistenz, Verfügbarkeit und Verteilbarkeit auf mehrere Rechner gewährleistet werden kann. Für „Big Data"-Anwendungen sind die beiden letztgenannten Ziele von großer Bedeutung, sodass der Erhalt von Konsistenz – ein Hauptmerkmal relationaler Systeme – beschränkt werden muss. Daher sind in den letzten Jahren neuartige, unterschiedlich strukturierte *NoSQL-Datenbanken* („Not only SQL") entstanden (EDLICH et al. 2011). Erste NoSQL-Systeme unterstützen bereits die Verwaltung und Abfrage von Geodaten, wobei der Funktionsumfang derzeit (noch) geringer ausfällt als bei relationalen Datenbanksystemen (BRINKHOFF 2021).

Literatur

BRINKHOFF, T. (2021): Geodatenbanksysteme in Theorie und Praxis. 4. Aufl. Wichmann, Berlin/Offenbach.

EDLICH, S., FRIEDLAND, A., HAMPE, J., BRAUER, B. & BRÜCKNER, M. (2011): NoSQL – Einstieg in die Welt nichtrelationaler Web 2.0 Datenbanken. 2. Aufl. Hanser, München.

GÜTING, R. H. & SCHNEIDER, M. (2005): Moving Objects Databases. Morgan Kaufmann, San Francisco.

GUTTMAN, A. (1984): R-trees: A Dynamic Index Structure for Spatial Searching. Proceedings ACM SIGMOD International Conference on Management of Data 1984, Boston, MA, 47-57.

RIGAUX, P., SCHOLL, M. & VOISARD A. (2002): Spatial Databases with Application to GIS. Morgan Kaufmann, San Francisco.

SAMET, H. (2006): Foundations of Multidimensional and Metric Data Structures. Morgan Kaufmann, San Francisco.

SEEGER, B. (2004): Datenströme. In: Datenbank-Spektrum, 9/2004, 30-33.

WERNER, T. & BRINKHOFF, T. (2020): Window Operators for Processing Spatio-Temporal Data Streams on Unmanned Vehicles. AGILE GIScience Ser., 1, 21, doi:10.5194/agile-giss-1-21-2020.

19 Methoden der Positionsbestimmung/ Satellitenortung

Manfred BAUER[1]

Zusammenfassung

In diesem Kapitel wird versucht, die heute gängigen Methoden der Positionsbestimmung/ Satellitenortung in ihren Grundzügen zu beschreiben. Die Genauigkeit der mit dem jeweiligen Verfahren möglichen Ortsbestimmung wird angegeben. Es wird darauf hingewiesen, dass es Grenzen für die Anwendbarkeit aller hier beschriebenen Verfahren gibt.

19.1 Verfügbare Verfahren

Dieses Kapitel beschränkt sich auf die Verfahren, die in Europa im Zusammenhang mit Umweltproblemen von Bedeutung sein können und verfügbar sind; es berücksichtigt nicht Verfahren zur Positionierung in Gebäuden (Indoor Positioning). Sie erscheinen dem Autor im Zusammenhang dieses Kapitels als nicht relevant.

Unter dieser Einschränkung gibt es drei Kategorien von Verfahren zur Positionsbestimmung:

- satellitenbasierte Positionsbestimmung,
- mobilfunkbasierte Positionsbestimmung.
- WLAN-basierte Positionsbestimmung.

In der Praxis werden häufig auch Kombinationen dieser Verfahren eingesetzt. Man bezeichnet das als Hybrid Positionsbestimmung.

Zusätzlich soll aber auch noch die Tachymetrie skizziert werden.

Eine umfassende Darstellung so gut wie aller Verfahren zur Positionsbestimmung finden interessierte Leser in der im Internet verfügbaren Quelle STRANG et al. (2008). Sie bietet kompetent und verständlich Grundlagenwissen.

19.1.1 Satellitenbasierte Positionsbestimmung

Die Positionierung mithilfe globaler Navigationssatellitensysteme (GNSS) hat sich in den letzten Jahrzehnten zu dem vermutlich meist verwendeten Positionierungsverfahren entwickelt. Für die zivile Nutzung stehen vier unterschiedliche GNSS zur Verfügung:

- das US-amerikanische *Global Positioning System* (GPS),
- das russische *GLObal'naya NAvigatsioannaya Sputnikovaya Sistema* (GLONASS),

[1] Prof. a. D. HCU Hamburg (Geomatik); Privatadresse: Pfarrstraße 13, 22149 Hamburg, m.bauer-hh@t-online.de, www.vermessung-und-ortung-mit-satelliten.de

- das chinesische *BeiDou Navigation Satellite System* (BDS),
- das europäische *Galileo Navigation Satellite System* (Galileo).

Zusätzlich gibt es für Indien und Japan je ein regional nutzbares satellitenbasiertes Navigationssystem. Weiter senden 19 geostationäre Satelliten satellitenbasierter GNSS-Erweiterungssysteme (Satellite Based Augmentation System – SBAS) Navigationssignale. Damit gibt es fast 140 für Navigation zu verwendende Satelliten.

Dies führt dazu, dass weltweit an jedem Ort meist mehr als 30 Satelliten gleichzeitig zur Ortsbestimmung zur Verfügung stehen – benötigt werden lediglich vier Satelliten (s. Kapitel 19.2). Diese hohe Anzahl führt u. a. dazu, dass auch in den engen Straßenschluchten der Städte GNSS-Ortung mit gewissen Einschränkungen so gut wie immer möglich ist. Daher wird die satellitenbasierte Ortung in Kapitel 19.2 gesondert beschrieben.

19.1.2 Mobilfunkbasierte Positionsbestimmung

Telefonieren mit Mobiltelefon ist Bestandteil des Alltagslebens. Mit Mobiltelefonen der neuesten Generation (Smartphones) eröffnen sich ungeahnte Möglichkeiten zu permanentem, weltweitem Austausch und Abruf von Informationen.

In Deutschland stehen derzeit vier verschiedene Generationen digitaler Mobilfunk-Netze zur Verfügung. Die Generationen unterscheiden sich vor allem durch die Datenübertragungsraten. Tabelle 19.1 listet die unterschiedlichen, aktuellen Mobilfunk-Generationen auf. Die in der Tabelle nicht enthaltene Generation 1 war das analoge Mobilfunknetz mit den Netzen A, B und C (PFEIFFER 2020).

Tabelle 19.1: Technologie digitaler Mobilfunknetze in Deutschland (BUNDESAMT FÜR STRAHLENSCHUTZ 2020)

Generation	Einführung	Standard[2]	Frequenz	Max. Rate
2	1992	GSM	900 – 1800 MHz	256 kbit/s
3	2004	UMTS	1920 – 2170 MHz	42 Mbit/s
4	2010	LTE	800 – 2600 MHz	500 Mbit/s
5	2020	NR	700 MHz – 3,6 GHz	20 GBit/s

In allen Mobilfunkstandards gibt es unterschiedliche Positionierungstechniken. Eine Beschreibung der Grundprinzipien dieser Techniken findet man u. a. bei STRANG et al. (2008), THORPE & ZELMER (2013) sowie PERAL-ROSADO et al. (2017). Die am meisten realisierte Positionierungstechnik trägt die Bezeichnung „Cell of origion positioning (CoO)[3]“.

Das Verfahren beruht darauf, dass ein Mobiltelefon immer mit genau einer Antenne des Mobilfunknetzes verbunden ist. Der Mobilfunkbetreiber kennt die Koordinaten der entsprechenden Antennen und weiß, welches Mobiltelefon mit dieser Antenne kommuniziert, auch dann, wenn das Mobiltelefon nicht benutzt wird. Eingeschaltet muss das Mobiltelefon aber sein. Auf diese Weise liegt die Information vor, in welcher Zelle des Mobilfunknetzes sich das

[2] GSM: Global System for Mobile Communication; UTMS: Universal Mobile Telecommunication System; LTE: Long Term Evolution; NR: New Radio.

[3] Man findet dafür auch die Bezeichnung Cell-ID-Methode (Cell-Identification).

Telefon befindet. Diese Information wird aber nicht auf dem Mobiltelefon angezeigt. Sie wird auf Anforderung über Internet zur Verfügung gestellt. Dabei sind Regeln zum Schutz der Privatsphäre des Eigentümers des Mobiltelefons zu beachten.

Aus dem CoO-Ortungsprinzip ergibt sich unmittelbar, dass die mit CoO erreichbare Ortungsgenauigkeit von der Dichte des Mobilfunknetzes abhängt. Da eine Mobilfunkantenne nur eine begrenzte Anzahl von Mobiltelefonen gleichzeitig betreiben kann, muss im städtischen Bereich die Dichte des Mobilfunknetzes sehr viel größer und damit die Zellen des Mobilfunknetzes sehr viel kleiner sein als im ländlichen Bereich. Das führt zu unterschiedlichen Ortungsgenauigkeiten. In Ballungszentren ist eine Genauigkeit von wenigen 100 m möglich, auf dem Land muss mit Ungenauigkeiten von 10 km und mehr gerechnet werden.

Bei den anderen Mobilfunk-Ortungsverfahren werden zusätzliche Parameter wie

- Signalstärke,
- Richtung der Signale,
- Signalankunftszeit bzw. Differenzen von Signalankunftszeiten,
- Signalmuster (Fingerprints)

und andere gemessen.

Aber auch mit diesen zusätzlichen Parametern, zu deren Beschreibung auf PERAL-ROSADO et al. (2017) und ECC REPORT 225 (2014) hingewiesen sei, sind nur geringe Genauigkeiten (im besten Fall ~ 50 m) erreichbar (s. dazu z. B. KANNENBERG et al. 2017). Dies gilt nicht für die im Aufbau befindlichen 5 G Netze. Hier werden Genauigkeiten von 1 Meter und besser erwartet. Die dazu erforderliche Dichte der Zugangskonten (Access Nodes) kann aber nur in urbanen Umgebungen erwartet werden (KOIVISTO et al. 2017).

19.1.3 WLAN-basierte Positionsbestimmung

Vorbemerkung

Die nachfolgend skizzierte WLAN-basierte Ortung wird überwiegend zur Positionsbestimmung in Gebäuden (Indoor Positioning) verwendet, in geringem Umfang aber auch zur Ortung außerhalb von Gebäuden, ausschließlich jedoch in städtischem Umfeld. Berechnet wird die Position anhand von WLAN-Ausbreitungsmustern.

In den Industrieländern gibt es seit einigen Jahren in nahezu jedem Haushalt Rechner, die mithilfe von ***WLAN*** (***Wireless Local Area Network*** – drahtloses lokales Netzwerk) mit dem Internet kommunizieren. Weiter gibt es eine große Anzahl von ***Hotspots***. Sie werden in öffentlich zugänglichen Räumen (Restaurants, Hotels, Flughäfen, Bahnhöfen, öffentlichen Verkehrsmitteln usw.) installiert, um mobilen PCs oder Mobiltelefonen unter Verwendung der WLAN-Technologie eine Verbindung zum Internet zu ermöglichen. In aller Regel wird dabei der ***IEEE-802.11 Standard***[4] genutzt. In vielen Ländern wird dafür synonym der Begriff ***Wi-Fi*** verwendet – ein für Marketingzwecke erfundener Kunstbegriff.

Im WLAN wird die Verbindung zwischen dem Rechner und dem Internet durch ein Gerät mit der Bezeichnung ***Access Point (AP)*** – deutsch Zugangspunkt – realisiert. Der Rechner selbst verfügt über einen Funkadapter, mit dessen Hilfe eine Funkverbindung zum Access

[4] IEEE: Institute of Electrical and Electronics Engineers: weltweiter Berufsverband von Ingenieuren aus den Bereichen Elektrotechnik und Informatik mit Sitz in New York City.

Point hergestellt wird. Dazu wird das lizenzfreie Frequenzband 2,400 GHz – 2,484 GHz genutzt.

Wenngleich der Access Point eigentlich nur für die Verbindung von Rechner und Internet gedacht ist, so können die Signale des Access Point auch außerhalb der Gebäude, in dem üblicherweise Access Points installiert sind, empfangen und die in dem Signal enthaltenen Informationen teilweise auch gelesen werden. Wenn keine geeigneten Schutzmaßnahmen getroffen sind, kann sich ein Fremder von außen in das WLAN einwählen und sich auf Kosten des WLAN-Eigentümers im Internet bewegen[5].

Aber auch bei geschütztem WLAN kann aus dem WLAN-Signal die Netzwerkadresse (***Media Access Control (MAC) Adress***) des Access Points herausgelesen werden. Jeder Access Point sowie jedes WLAN-fähige Gerät (Rechner, Mobiltelefon, Drucker, Digitalkamera usw.) hat seine eigene individuelle MAC-Adresse. Durch die Zuteilung der individuellen Adresse für jedes WLAN-fähige Gerät können alle möglich WLAN-fähigen Geräte in dem WLAN arbeiten, ohne dass es zu Kollisionen beim Zusammenspiel der Geräte kommt. Die individuelle Adresse des Access Point ist notwendig für das Funktionieren der WLAN-basierten Positionsbestimmung.

WLAN-basierte Ortung beruht darauf, dass eine geeignete Hard- und Software die Signale verschiedener Access Points erfasst und zur Bestimmung des Orts der verwendeten Hardware benutzt. Die WLAN-Ortung erfolgt in zwei Stufen:

1. Sammlung von MAC-Adressen der Access Points mit zugehörigen Koordinaten und Ablegen dieser Informationen in Datenbanken;
2. die Nutzung der Datenbanken zur Durchführung der WLAN-Ortung.

WLAN-Ortung wird von Firmen angeboten, die Einzelheiten ihrer Verfahren nicht veröffentlichen. Die angewendeten Grundverfahren schildert GALLAGHER et al. (2009).

WLAN-Ortung ist von folgenden Firmen/Institutionen realisiert:

- Ekahau (eine finnische Firma); Bezeichnung: *Ekahau Positioning Engine (EPE)* – www.ekahau.com/,
- Skyhook (eine US-amerikanische Firma); Bezeichnung *Wireless Positioning System (WPS)* – www.skyhookwireless.com,
- Navizon (eine US-amerikanische Firma); Bezeichnung: *Navizon Indoor Triangulation System* – www.navizon.com/index.php,
- Fraunhofer Institut für Integrierte Schaltungen IIS; Bezeichnung: *awiloc* – www.iis.fraunhofer.de/bf/ln/technologie/rssi/.

Bis auf Skyhook sehen die genannten Firmen die Ortung innerhalb von Gebäuden (Indoor Positioning) als primäre Anwendung für die WLAN-Ortung, schließen aber Ortung in engen Straßenschluchten als WLAN-Anwendung keinesfalls aus.

Belastbare Aussagen zur Genauigkeit der WLAN-Ortung können kaum gemacht werden. Dem Verfasser liegt nur GALLAGHER et al. (2009) als Quelle vor. Die dort ermittelten Genauigkeitswerte für die Verfahren von Ekahau und Skyhook unterliegen einer sehr breiten Streuung (~ 10 m – 150 m). Man kann aber davon ausgehen, das WLAN-basierte Ortung

[5] Im Magazin c't 13/04 wurde berichtet, dass bei 1389 zufällig erfassten Access Points rd. 50 % völlig offen waren. http://www.heise.de/ct/artikel/Per-Anhalter-durchs-Internet-289410.html.

i. Allg. genauer als mobilfunkbasierte Ortung ist. Nach Herstellerangabe liegt die Genauigkeit der awiloc®-Ortung des Fraunhofer Instituts im 10-m-Bereich.

Alle genannten Firmen gehen davon aus, dass WLAN-Ortung eine Ergänzung zur GNSS-Ortung in innerstädtischen Gebieten ist. Ein GNSS-Empfänger kann also jederzeit Teil der angebotenen Ortungssysteme sein und die Genauigkeit u. U. wesentlich verbessern.

19.1.4 Positionsbestimmung mit Tachymetrie

Wenn umweltrelevante Tatbestände mit relativ hoher Genauigkeit (Subdezimeter- bis Millimetergenauigkeit) georeferenziert werden sollen, kann Tachymetrie eine sinnvolle Lösung sein.

Tachymetrie bedeutet sinngemäß „Schnellmessung“. Das bei der Tachymetrie eingesetzte Gerät ist der Tachymeter. Mit dem auf einem Stativ stehenden Tachymeter werden vom Gerätestandpunkt mit einem Fernrohr die einzumessenden Ziele anvisiert. Dann werden durch die gleichzeitige Messung von Horizontalwinkel, Höhenwinkel und Strecke die Messgrößen bestimmt, die zur räumlichen Erfassung eines Punkts erforderlich sind. Die Streckenmessung (maximale Reichweite 1 km – 2 km) erfolgt durch die Auswertung eines vom Tachymeter ausgesandten und von einem Reflektor reflektierten Infrarotsignals, die Winkel (Horizontalwinkel, Höhenwinkel) werden an im Tachymeter eingebauten Teilkreisen abgegriffen. Die Messgrößen werden nach Anzielen des Punkts per Knopfdruck automatisch ermittelt und abgespeichert. Bei Ausstattung des Tachymeters mit motorisierten Achsantrieben, automatisierter Zielsuche, Zielverfolgung und Feineinstellung kann das Gerät über eine externe Kontrolleinheit (z. B. am Reflektorstab) ohne Beobachter bedient und somit als „Ein-Mann-Station“ verwendet werden (s. Abb. 19.1).

Aus den Messwerten können rechtwinklige Koordinaten und Höhen in einem lokalen Bezugssystem abgeleitet werden. Mithilfe von Passpunkten kann erforderlichenfalls in ein übergeordnetes Bezugssystem umgerechnet werden (s. Kapitel „Räumliche Bezugssysteme“).

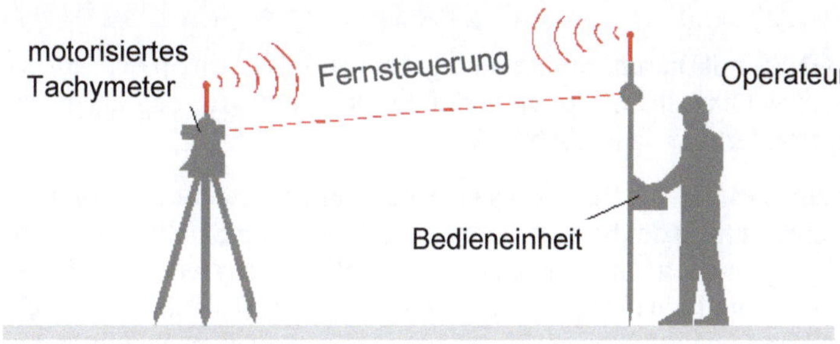

Abb. 19.1: Motorisiertes Tachymeter als „Ein-Mann-Station“

19.2 Satellitenortung im Detail

19.2.1 Funktionsprinzip

In allen Globalen Navigationssatellitensystemen (GNSS) beruht die Ortung auf dem gleichen Funktionsprinzip.

Die GNSS-Satelliten bewegen sich in mehreren prinzipiell raumfesten Ebenen auf nahezu kreisförmigen Bahnen in rd. 20.000 km Höhe über der Erdoberfläche (Geschwindigkeit von rd. 14.000 km/Stunde). Mittelpunkt der Kreisbahnen ist der Erdmittelpunkt. Die Position der Satelliten ist für jeden beliebigen Zeitpunkt bekannt bzw. berechenbar. Die GNSS-Empfänger messen die sich ständig ändernden Entfernungen zwischen den Satelliten und dem GNSS-Empfänger und berechnen daraus die Empfängerposition.

Für das Verständnis der Satellitenortung ist es wichtig, dass bei der Entfernungsmessung angewandte Prinzip zu verstehen. Es handelt sich um eine *Ein-Wege-Entfernungsmessung*. Das bedeutet dreierlei:

1. Jeder Satellit sendet zu *vereinbarten* Zeitpunkten elektromagnetische Signale. Die Einhaltung der Zeitpunkte wird durch eine *Uhr im Satelliten* gesteuert.
2. Mithilfe der *Empfängeruhr* wird der *Zeitunterschied* zwischen dem Aussenden des Signals beim Satelliten und der Ankunft an der Empfangsantenne bestimmt.
3. Aus der so gemessenen Signallaufzeit und der als bekannt vorausgesetzten Geschwindigkeit der Signalausbreitung wird die Entfernung Satellit – Satellitenempfänger berechnet.

Diese Art der Entfernungsmessung ist nur dann genügend genau, wenn die Uhren in den Satelliten und die Uhr im Empfänger genügend genau synchronisiert sind. Um sich klar zu machen, welche Ansprüche sich für die Uhrengenauigkeit ergeben, führen wir uns vor Augen, dass elektromagnetische Signale eine 3 m lange Strecke in der Zeit von $10^{-8}\,s = 10\,ns$ zurücklegen. Wenn wir für die Streckenmessung einen Fehler von 3 m zulassen, müssten wir Empfängeruhren haben, die entsprechend genau synchronisiert sind. Das lässt sich mit vertretbarem Aufwand nicht realisieren. Das Problem ist bei den GNSS dadurch gelöst, dass nur die GNSS-Satelliten über Uhren der genannten Genauigkeitsgrößenordnung verfügen (die Atomuhren). Die GNSS-Empfängeruhren sind weit weniger genau. Man muss von einem unbekannten, sich ständig veränderndem *Empfängeruhrenfehler* ausgehen. Damit ist die nach dem geschilderten Messprinzip ermittelte Signallaufzeit und die daraus abgeleitete Strecke um einen zunächst unbekannten Wert verfälscht. Die gemessenen Strecken werden daher *Pseudostrecken* genannt.

Um zu verstehen, wie die GNSS mit diesem Problem umgehen, soll das Prinzip der Ortsbestimmung zunächst an einem vereinfachten Modell und unter der Voraussetzung einer fehlerfreien Streckenmessung erläutert werden (s. Abb. 19.2).

In dem Modell gehen wir zunächst davon aus, dass sich Satelliten und Satellitenempfänger in einer Ebene befinden. Wenn mithilfe des Satellitenempfängers zu einem Satelliten bekannter Position die Entfernung d1 gemessen wird, kann sich der Empfänger auf jedem Punkt des Kreises mit Radius d1 und dem Satelliten als Kreismittelpunkt befinden. Das reicht also nicht zur Positionsbestimmung. Wenn wir die gleiche Messung zu einem zweiten Satelliten bekannter Position durchführen, erhalten wir einen zweiten Kreis. Der Empfänger muss sich auf beiden Kreisen befinden, also dort, wo sich die Kreise schneiden. Zwei Kreise schneiden sich in zwei Punkten. Beide Punkte könnten die Empfängerposition sein. Das sich hieraus ergebende Problem wird dadurch gelöst, dass wir einen der beiden möglichen Empfängerpositionen ausschließen können, weil er weit im Weltraum liegt.

Mit diesem Prinzip könnten wir eine 2D-Ortung dann durchführen, wenn die Streckenmessung fehlerfrei wäre. Einen Fehler in der Streckenmessung könnten wir nicht erkennen. Die GNSS-Streckenmessung ist aber nicht fehlerfrei.

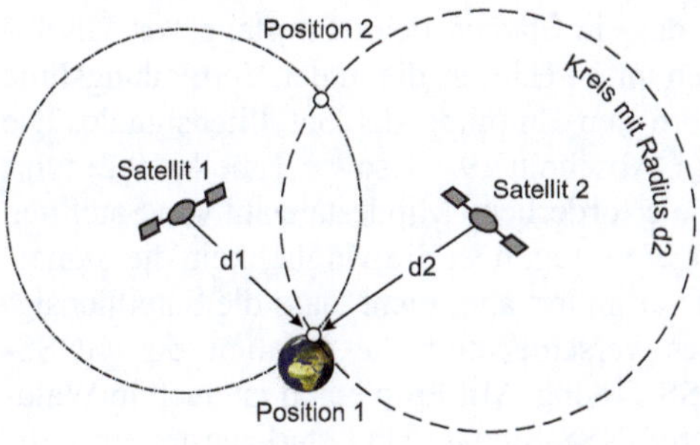

Abb. 19.2: Grundprinzip der Satellitenortung (2D-Modell)

Nun nehmen wir an, dass es einen dritten Satelliten gibt, und nehmen zunächst an, dass auch die Streckenmessung zu diesem Satelliten fehlerfrei ist. Dann ergibt sich die in der Abbildung 19.3a dargestellte Situation. Der Empfänger muss sich auf allen drei Kreisen befinden, also dort, wo sich die drei Kreise in einem Punkt schneiden. Da wir aber davon ausgehen müssen, dass die gemessenen Strecken um einen unbekannten konstanten Betrag zu groß oder zu klein sind – dass wir es mit *Pseudostrecken* zu tun haben –, schneiden sich die aus den Pseudostrecken abgeleiteten gestrichelten drei Kreise nicht in einem Punkt (s. Abb. 19.3b und Abb. 19.3c). Abbildung 19.3c zeigt aber zugleich die Lösung des Problems. Wenn wir alle drei Pseudostrecken um einen bestimmten Betrag Δs verändern, schneiden sich alle Kreise wieder in einem Punkt. Damit haben wir die richtige Lösung. Wir können erkennen, dass wegen des Empfängeruhrenfehlers zwei Satelliten für die 2D-Lösung nicht ausreichend sind. Wir benötigen einen weiteren Satelliten, um über die Möglichkeit zu verfügen, den Empfängeruhrenfehler zu kompensieren.

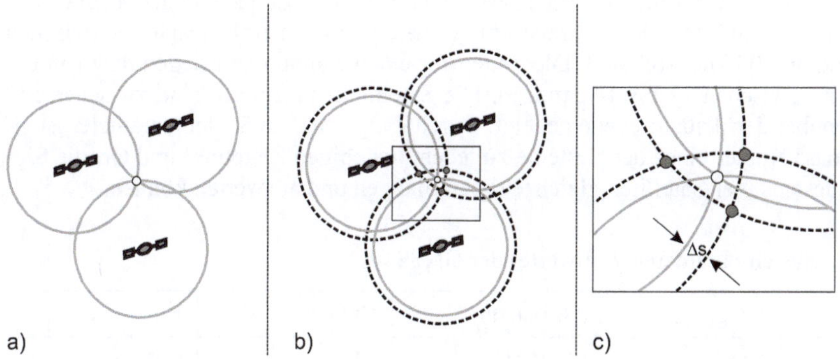

Abb. 19.3: Realisierung der GNSS-Streckenmessgenauigkeit

Dies gilt analog für den tatsächlichen 3D-Fall. Bei fehlerfreier Streckenmessung würden drei Satelliten ausreichen. Um zu einer eindeutigen Position zu kommen, benötigen wir wegen des immer vorhandenen unbekannten Fehlers der Streckenmessung einen vierten Satelliten, um die Empfängerposition exakt zu bestimmen. Eine genauere Beschreibung des Funktionsprinzips der Satellitenortung findet man z. B. bei BAUER (2017).

19.2.2 Voraussetzungen zur GNSS-Ortung – Ergebnisse der GNSS-Ortung

Die Signale aller GNSS sind Dezimeterwellen. Signale dieser Wellenlänge können nur dann mit der nötigen Signalstärke empfangen werden, wenn zwischen Sender und Empfänger

Sichtverbindung gegeben ist. Dies führt dazu, dass in Städten beim Empfang von GNSS-Signalen mit Einschränkungen gerechnet werden muss. Häuser, die in der Verbindungslinie Satellit – Satellitenempfänger liegen, verhindern den Empfang der Satellitensignale. Die große Zahl verfügbarer Navigations-Satelliten (s. Abschnitt 19.1.1 sowie Tabelle 19.2) führt jedoch dazu, dass auch in Städten fast immer die erforderliche Mindestanzahl von Satelliten zur Verfügung steht, vorausgesetzt, der Empfänger verfügt über die Möglichkeit, die Signale mehrerer GNSS gleichzeitig zu verarbeiten. Es verhindert aber nicht, dass die Satellitensignale an Hauswänden reflektiert werden. Dies verschlechtert die Qualität der GNSS-Pseudostrecken und damit die Qualität der GNSS-Ortung. Mit Problemen ist auch in Waldgebieten zu rechnen. Die dort zu empfangenen GNSS-Signale sind stark gestört und die GNSS-Ortung damit ungenau und unzuverlässig. Optimale Voraussetzung für die GNSS-Ortung ist ein Empfängerort mit weitgehender Horizontfreiheit.

Bei dem Ergebnis der GNSS-Ortung ist zu beachten, in welchem Bezugssystem das Ergebnis erhalten wird. Transformationen in das System der jeweiligen Landesvermessung werden häufig schon von den GNSS-Empfängern durchgeführt. Dazu muss der GNSS-Empfänger aber entsprechend programmiert sein. Zu beachten ist auch, dass die mit GNSS bestimmten Höhen nicht den Höhen entsprechen, die in der Praxis gebraucht werden. Die originären GNSS-Höhen sind Höhen über einem Ellipsoid, benötigt werden aber Höhen über einer Höhenbezugsfläche (für Deutschland „Höhen über Normalnull (NHN)"). Höhenbezugsflächen sind in Europa unterschiedlich.

19.2.3 Vorhandene GNSS

Tabelle 19.2 gibt einen Überblick über die bestehenden GNSSs. Zu jedem einzelnem GNSS gehören etwa 25 Satelliten deren kreisförmige Satellitenbahnen Halbachsen zwischen 25.000 km und 30.000 km groß sind. Die Zeiten für einen Bahnumlauf liegen damit in der Größenordnung zwischen 12 bis 14 Stunden. Die Satellitenbahnebenen sind zwischen 55° und 65° gegenüber der Äquatorebene geneigt. Durch die gewählten Systemparameter ist sichergestellt, dass Nutzer eines der Systeme zu jedem beliebigen Zeitpunkt und Ort die Signale von mindestens vier Satelliten gleichzeitig empfangen und auswerten können.

Tabelle 19.2: Systemparameter (Sollwerte) der GNSS

Betreiber	**USA**	**Russland**	**China**	**EU**
System	GPS	GLONASS	BDS	Galileo
Sat.-Anzahl	27	24	35	27

Bei dem chinesischen System BDS gibt es eine Besonderheit. Zu BDS gehören drei geostationäre Satelliten (Große Halbachse 42.146 km) und drei Satelliten vom Typ Inclined Geosysnchronous Orbit (IGSO). Geostationäre Satelliten bewegen sich in der Äquatorebene mit einer Geschwindigkeit, die dazu führt, dass ein Beobachter auf der Erde sie in immer gleicher Position sieht. Bei den IGSO-Satelliten ergeben sich Satellitenbahnen, deren Projektion auf den Erdkörper eine liegende Acht bildet. Alle vier GNSS stellen zivile Signale in zwei Frequenzbereichen kostenfrei zur Verfügung.

19.2.4 GNSS-Genauigkeit

Auf die Frage nach der mit den Globalen-Navigations-Satelliten-Systemen (GNSS) erreichbaren Genauigkeit gibt es keine einfache Antwort. Richtig ist, dass mit allen GNSS Positionsgenauigkeiten im Bereich weniger Meter, mit ein wenig Mühe aber auch Genauigkeiten im Bereich von einigen 1/10 Millimetern möglich sind.

GNSS-Ortsbestimmung ist 3D-Ortung. Man erhält Angaben über die geographische Länge, die geographische Breite und die Höhe (s. dazu Abschnitt 19.2.2.). Die Höhenkomponente ist immer etwas ungenauer als die Lagekomponente.

Die GNSS-Genauigkeit ist davon abhängig, mit welchen Antennen die GNSS-Signale empfangen und wie sie ausgewertet werden. Dazu muss unterschieden werden zwischen der bei allen Auswerteverfahren notwendigen Auswertung ihrer Code-Phasen und der zusätzlichen Auswertung ihrer Träger-Phasen. Dazu sei mitgeteilt, dass bei den GNSS-Signalen die jeweiligen Trägerwellen (Wellenlänge im Dezimeterbereich) nach Maßgabe von pseudozufälligen Binärcodes phasenmoduliert werden. Die Signale haben damit von den jeweiligen Codes abhängige Phasensprünge. Die Auswertung der zeitlichen Lage dieser Phasensprünge führt zu Pseudostrecken mit Genauigkeiten im Meterbereich. Nach Beseitigung der Phasensprünge im Empfänger führt die Auswertung der verbleibenden Phasenlagen der Trägerwellen zu Genauigkeiten bis hinein in den Subzentimeterbereich.

Die Auswertungen können in Echtzeit oder im Post Processing durchgeführt werden, dabei muss zwischen relativer und absoluter Auswertung unterschieden werden (s. Tabelle 19.3).

Bei einer relativen Auswertung (häufig auch differenzielle Auswertung genannt) korrigiert der Empfänger seine zur Positionsbestimmung erforderlichen Messdaten. Die Korrekturdaten werden mithilfe eines oder mehrerer benachbarter Empfänger erzeugt. In der Literatur hat sich für diese Vorgehensweise seit einiger Zeit der von WÜBBENA et al. (2005) eingeführte Begriff *Observation Space Representation (OSR)* etabliert.

Bei der absoluten Auswertung werden entweder ausschließlich die vom jeweiligen GNSS gesendeten Signale – einschließlich der darin enthaltenen Satellitenbahndaten – zur Bildung der Messdaten oder zusätzlich zu den Satellitensignalen Daten über den Zustand des jeweiligen GNSS genutzt. Für diese Darstellung der GNSS-Fehler wird der auch von WÜBBENA et al. (2005) etablierte Begriff *State Space Representation (SSR)* verwendet. Die Zustandsdaten (z. B. Satellitenuhrenfehler, Ephemeridenfehler) werden mithilfe überregional verteilter GNSS-Empfänger erzeugt und durch geostationäre Satelliten oder über das Internet zur Verfügung gestellt. Dieses relativ neue Verfahren wird Precise Point Positioning mit dem Kürzel PPP genannt, die Weiterentwicklung des PPP ist das PPP-RTK-Verfahren. Der wesentliche Unterschied zwischen PPP und PPP-RTK ist, dass beim PP-RTK-Verfahren die zur Zustandsbeschreibung genutzten Stationen regional verteilt sind, während sie beim PPP-Verfahren global verteilt sind. Einen ausführlichen Überblick über PPP und PPP-RTK mit 162 Litertaturhinweisen findet man bei LIPATNIKOV & SHEVCHUK (2019).

In Tabelle 19.3 sind die Genauigkeitsstufen den erforderlichen Auswerteverfahren zugeordnet. Genauigkeiten unter einem Meter sind nur erreichbar, wenn hochwertige Antennen verwendet werden. Smartphone-Antennen sind dazu nicht geeignet.

Tabelle 19.3: GNSS-Verfahren und Genauigkeit

Verfahren/Acronym[6]		Messgröße	Empfänger	Genauigkeit
Relativ	DGNSS	Code	1 Frequenz	Meter
	PDGNSS/RTK	Code + Phase	2 Frequenz	Zentimeter
Absolut	SPP	Code	1 Frequenz	10 – 5 Meter
			2 Frequenz	5 – 3 Meter
	PPP	Code + Phase	2 Frequenz	Dezimeter
	PPP-RTK			Zentimeter

19.2.5 Ausgewählte GNSS-Korrekturdienste zur relativen Auswertung für Europa

19.2.5.1 EGNOS

EGNOS ist ein Akronym für *European Geostationary Navigation Overlay System*. EGNOS ist ein europäisches *Satellite Based Augementation System (SBAS)*. SBAS gibt es auch in Nordamerika und Japan. Die SBAS sollen langfristig das für jeden Flughafen sonst nötige Anflugverfahren ILS (*Instrument Landing System*) ersetzen.

EGNOS arbeitet – ähnlich wie die anderen SBAS – wie folgt:

Gleichmäßig über Europa, aber auch weltweit verteilte Stationen sammeln sekündlich die Pseudostrecken der GPS- und GLONASS-Satelliten sowie GPS-ähnliche Signale, die von drei über Europa stehenden geostationären Satelliten ausgestrahlt werden. Diese Daten werden an Rechenzentren weitergeleitet. Dort werden Korrekturen für die GPS- und GLONASS-Signale berechnet. Diese Korrekturdaten werden an die geostationären Satelliten weitergeleitet und von dort an die Nutzer von EGNOS.

Es gibt bei EGNOS u. a. ein kostenfreies Signal. Die mit diesem Signal im Zusammenspiel mit den übrigen GNSS-Signalen angestrebte Genauigkeit liegt in der Größenordnung von rd. 1 m. Ein Problem bei EGNOS ist, dass in Mitteleuropa die geostationären EGNOS-Satelliten sehr niedrig stehen. Man benötigt für EGNOS in Mitteleuropa also horizontfreie Umgebung südlich vom GNSS-Empfänger.

19.2.5.2 Marine DGNSS

Der Internationale Verband der Seezeichenverwaltungen *(International Association of Maritime Aids to Navigation and Lighthouse Authorities (IALA))* hat einen Standard für die Bereitstellung eines Marine DGNSS entwickelt. Das Marine DGNSS stellt in Küstennähe und im Binnenland Referenzstationen für DGNSS zur Verfügung.

Die Korrekturdaten werden beim Marine DGNSS im Mittelwellenbereich (283,5 kHz – 315 kHz) übertragen. Dies hat den Vorteil, dass für eine nahezu flächendeckende Versorgung nur wenige Stationen errichtet werden müssen. Die für das Marine DGNSS zuständige Behörde gibt für das Marine DGNSS die Genauigkeit „besser 5 m" an. Bei Verwendung hochwertigem GNSS-Empfänger konnten allerdings auch Genauigkeiten von etwa 1 m und besser nachgewiesen werden. Der Dienst ist gebührenfrei.

---

[6] DGNSS: Differenzielles GNSS; PDGNSS: Präzises DGNSS; RTK: Real Time Kinematik; SPP: Single Point Positioning; PPP: Precise Point Positioning.

19.2.5.3 Continously Operating Reference Stations (CORS) der Vermessungsverwaltungen

Weltweit gibt es eine unüberschaubare Anzahl vernetzter GNSS-Referenzstationen, mit deren Hilfe zentimetergenaue Ortung in Echtzeit (RTK-Vermessung) erreicht wird. In der angelsächsischen Literatur wird dafür der Begriff *Continuously Operating Reference Stations* mit dem Kürzel CORS verwendet.

Vernetzte GNSS-Referenzstationen werden vor allem zur Lösung von Vermessungsaufgaben verwendet und häufig von den Vermessungsverwaltungen der Nationalstaaten betrieben. In den deutschsprachigen Ländern Schweiz, Österreich, Deutschland heißen die entsprechenden Dienste SWIPOS, APOS bzw. SA*POS*®. Die Dienste sind zunehmend kostenfrei.

19.2.6 Ausgewählte GNSS-Korrekturdienste zur absoluten Auswertung

19.2.6.1 Kostenfreie Dienste

- GNSS Analysis and Positioning Software (GAPS) der Universität New Brunswick,
- Canadian Spatial Reference System Precise Point Positioning (CSRS-PPP) Service der kanadischen Landesvermessung.

19.2.6.2 Kostenpflichtige Dienste

- Trimble CenterPoint© RTX post-processing service,
- Fugro Starfix,
- Hexagon's PPP Ecosystem (RTK From the Sky).

Eine umfangreiche Liste kostenpflichtiger Dienste findet man in dem im Jahr 2019 erschienen „PPP-RTK Market and Technology Report“ der European GNSS Agency.

19.3 Ausblick

Die Bestimmung der Position zu Wasser, in der Luft, aber auch auf der Erde war noch vor relativ kurzer Zeit Domäne von Spezialisten. Spätestens seit Etablierung des US-amerikanischen GPS hat sich dies dramatisch geändert. Sofern die Anforderungen an die Genauigkeit und Zuverlässigkeit nicht allzu groß sind, kann jedermann überall auf der Welt per Knopfdruck seine Position innerhalb weniger Sekunden auf wenige Meter genau bestimmen. Nur innerhalb von Gebäuden ist die Positionsbestimmung *noch* ein Problem. Lösungen dafür sind erkennbar. Vieles weist darauf hin, dass bald realisiert werden kann, was in der Sprache der Navigationsspezialisten als „seamless navigation – nahtlose Navigation“ bezeichnet wird: Metergenaue Ortsbestimmung *und* Navigation auf Landstraßen, im Stadtverkehr, auf Firmengelände und *innerhalb* von Gebäuden (Werkshallen, Großgaragen, Flughafenterminals etc.) durch automatische Kombination der in diesem Kapitel beschriebenen Technologien, aber auch anderer Verfahren (z. B. Trägheitsnavigation) *in einem Gerät*, ohne Eingriff des Fahrzeugführers. Technisch erscheint das möglich, realisiert ist es aber noch nicht.

Literatur

BAUER, M. (2017): Vermessung und Ortung mit Satelliten. Globale Navigationssatellitensysteme (GNSS) und andere satellitengestützte Navigationssysteme. Wichmann, Berlin/Offenbach.

BUNDESAMT FÜR STRAHLENSCHUTZ (2020): https://www.bfs.de.

ECC REPORT 225 (2014): Establishing Criteria for the Accuracy and Reliability of the Caller Location Information in support of Emergency Services.

FARAH, A. (2018): Kinematic-PPP using single/dual Frequency Observations from (GPS, GLONASS and GPS/GLONASS) Constellations for Hydrography. In: Artificial Satellites, 53 (1).

FRAUNHOFER – IIS (2012): awiloc®. Lokalisierung in Kommunikationsnetzen.

GALLAGHER, T., LI, B., KEALY, A. & DEMPSTER, A. G. (2009): Trials of commercial Wi-Fi positioning systems for indoor and urban canyons. IGNSS Symposium 2009.

KANNENBERG, T., PEKAR, M. & HAHN, R. (2017): Mobilfunkortung. Präsentation TH Wildau.

KILISZEK, D. & KROSZCYNSKI, K. (2020): Performanc of the precise point positioning method along with the development of GPS, GLONASS and Galileo System, Elsevier Measurement, 164, Nov. 2020.

KOIVISTO, M., HAKKARAINEN A., COSTA M., KELA, P., KARI LEPPANEN, P. & VALKAMA, M. (2017): High-Efficiency Device Positioning and Location-Aware Communications in Dense 5G Networks. IEEE Communications Magazine. PP. 10.1109/MCOM.2017. 1600655.

LIPATNIKOV, L. A. & SHEVCHUK, S. O. (Eds.) (2019): Cost Effective Precise Positioning with GNSS. FIG Publication, 74.

PERAL-ROSADO, J. A., RAULEFS, R., LOPEZ-SALCEDO, J. A. SEN. & SECO-GRANADOS, G. (2017): Survey of Cellular Mobile Radio Localization Methods: from 1G to 5G. In: IEEE Communications Surveys & Tutorials, 20 (2), 1124-1148.
DOI: 10.1109/COMST.2017.2785181.

PFEIFFER, R. (2020): Überblick über Mobilfunkstandards (Vorlesung). Skript, Uni Bundeswehr München.

STRANG, T., SCHUBERT, S., THÖLERT, R., OBERWEIS et al. (2008): Lokalisierungsverfahren. Herausgeber: Deutsches Zentrum für Luft- und Raumfahrt (DLR).

THORPE, M. & ZELMER, E. (2013): LTE Location Based Services Technology. Introduction. White Paper, Rhode & Schwarz.

WÜBBENA, G., SCHMITZ, M. & BAGGE, A. (2005): PPP-RTK: Precise Point Positioning using State-Space Representation in RTK Networks. In Proceedings of ION GNSS, 2005, 5, 13-16.

20 KI und maschinelles Lernen – Erfassung von Expertenwissen zur Anomalie-Erkennung in Umweltdaten

Rüdiger MACHHAMER[1] und Kristof UEDING

Zusammenfassung

Machine Learning (ML) und Künstliche Intelligenz (KI) werden inzwischen umfangreich in verschiedenen Bereichen der Umweltinformationssysteme eingesetzt. Die wesentlichen Schritte Datenerfassung, Datenbereinigung, Modellbildung und Klassifikation werden in diesem Kapitel am Beispiel des Monitorings und der Anomalie-Erkennung an einem Honigbienenstock erläutert.

20.1 Einleitung

Die Landwirtschaft genießt seit einigen Jahren die Vorzüge des IoT (Internet of Things) und der KI. Überwachung der Bewegungsprofile von Milchkühen zur Erkennung von Krankheiten, automatisierte Fütterung mit Mengenerfassung, Bilddaten-basierte Beurteilung der Gesundheit von Pflanzen, diese und viele weitere Anwendungen verbreiten sich immer stärker in den Betrieben. Im Zuge der Erforschung neuer Methoden zur Überwachung von Tieren und Pflanzen bzw. Erkennung von Anomalien in diesen Umfeldern werden am Umwelt-Campus Birkenfeld, im Rahmen des vom Bundesministerium für Ernährung und Landwirtschaft (BMEL) geförderten Forschungsprojekts IoT-Pilot, neue Werkzeuge zur Nutztierüberwachung am Beispiel eines IoT-Bienenstocks entwickelt und erprobt (MACHHAMER 2020).

Machine Learning stellt den Teilbereich der KI dar, der Algorithmen in die Lage versetzt, aus Erfahrungen zu lernen. Häufig wird dabei auf Expertenwissen zurückgegriffen, um diese langjährigen Erfahrungen zur Verbesserung der Leistungsfähigkeit der Algorithmen nutzen zu können. Daten, die bei besonderen Ereignissen erfasst wurden, werden durch Experten kontrolliert bzw. markiert und bilden das zukünftige Klassifikationsmodell.

Wir erläutern die Abläufe am Beispiel eines Bienenstocks, der mithilfe verschiedener Sensoren Daten erfasst und diese Daten durch eine KI auswertet, um dem Imker besondere Zustände (Anomalien) zu melden. Die Beurteilung des Zustands des Bienenstocks geschieht durch den Vergleich der aktuell erfassten Live-Daten mit zwei Modellen. Im ersten Schritt wird mithilfe eines Basis-Modells geprüft, ob besondere Zustände, wie z. B. *Vandalismus* oder das *Schwärmen*, vorliegen bzw. ob sich der Bienenstock in einem *Normalzustand* befindet. Falls kein Normalzustand vorliegt, wird im zweiten Schritt mithilfe des Anomalie-Modells klassifiziert, bzw. festgestellt, welche konkrete Anomalie vorliegt. Das Ergebnis dieser Klassifizierung wird dem Experten (Imker) übermittelt, der nach Prüfung des Zustands

[1] Umwelt-Campus Birkenfeld, Angewandte Informatik, Postfach 1380, 55761 Birkenfeld

beurteilt, ob die Anomalie vom Algorithmus korrekt eingeschätzt wurde. Ist dies der Fall, bestätigt er, liegt die KI falsch, erfolgt die Korrektur; die wird für zukünftige ähnliche Fälle im Modell gespeichert. Das Expertenwissen wird somit an die KI weitergegeben, woraus diese langfristig die verschiedenen Zustände immer genauer zu erkennen lernt. Durch den Experteninput wird sie zudem befähigt, neue Zustände zu erlernen, indem diese dem Klassifikationsmodell automatisiert hinzugefügt werden. Diese Vorgänge finden zur Laufzeit des Algorithmus statt, es ist also nicht erforderlich, das System nach jedem Lernvorgang neu zu starten.

20.2 Datenerfassung und -vorverarbeitung

Die Generierung des Wissens einer künstlichen Intelligenz erfordert Daten. Das IoT wirkt mit seiner Unmenge an generierten Daten somit unterstützend auf die Qualität der KI ein. Diese Datenfülle ist neben dem Moore'schen Gesetz, welches besagt, dass sich die Rechenleistung bei gleichem Werteinsatz ca. alle zwei Jahre verdoppelt, der zweite große Treiber moderner KI Anwendungen. Durch die Erhöhung der kostengünstigen Verfügbarkeit der Rechenleistung bzw. der aus dem IoT stammenden Fülle an Daten können ML- und KI-gestützte Anwendungen ihr volles Potenzial ausschöpfen (MAINZER 2016).

20.2.1 Datenerfassung

Im Fallbeispiel werden am Bienenstock folgende Daten erfasst:

- innere und äußere Temperatur,
- innere und äußere Luftfeuchtigkeit,
- Widerstandswert der Gaszusammensetzung,
- Gewicht,
- Anzahl der Ein- und Ausflüge,
- Widerstandswert des CO_2-Sensors,
- Temperatur des Brutraums (Temperatur an einer Wabe).

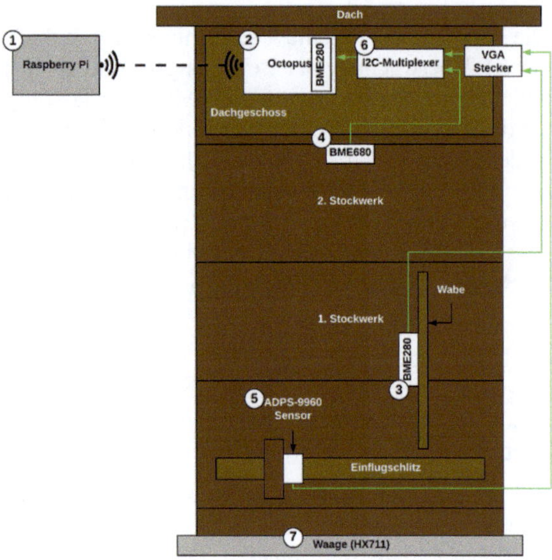

Die Rohdaten werden zunächst mit einem ESP8266 (MIKROCONTROLLER 2020) vor Ort erfasst, um diese dann in der Cloud (hier Raspberry Pi) für die KI-Auswertung zu bevorraten. Ähnlich anderer physikalischer oder technischer Vorgänge spielt das Messintervall häufig eine wesentliche Rolle für die Auswertung. Das Gewicht muss z. B. nicht sekündlich erfasst werden, diese Größe dient maßgeblich zur Erkennung von Vandalismus bzw. des Zeitpunkts zur Ernte des Honigs und der Fütterung der Bienen. Ähnlich verhält es sich mit dem CO_2-Wert und ähnlichen Umweltdaten. Es genügen meist Mittelwerte, um den Zustand des Bienenstocks ausreichend genau zu beschreiben. Diese Messintervalle bzw. die zu übertragenden Werte werden durch die Mikrocontrollerprogrammierung des ESP8266 festgelegt.

20.2.2 Datenvorverarbeitung

In der Cloud werden die empfangenen Daten als Zeilen der Datenbanktabelle *sensor_data* bevorratet. Jede Zeile der Tabelle entspricht dem ermittelten Wert pro Minute und wird mit dem Zeitpunkt der Erfassung sowie den Messwerten von Gewicht, Anzahl Flüge, Geruch, Klimawert Innen, Klimawert Außen, und CO_2 beschrieben:

data_min = [timestamp, weight, flights, smell, lft_in, lft_out, co]

Die einzelnen Datenvektoren *data_min* werden im Rahmen der Datenvorverarbeitung zunächst auf fehlerhafte Messungen wie Ausreißer oder nicht plausible Werte geprüft. Beispielhaft beträgt das Nettogewicht des leeren Bienenstocks ca. 25 kg, daher werden alle Gewichtsmessungen mit Werten unter 25 kg als fehlerhaft angesehen.

```
DELETE FROM 'sensor_data' WHERE 'weight' < 25
```

Falls ein Messwert innerhalb eines Datenvektors als fehlerhaft erkannt wird, wird der gesamte Vektor als unzureichend für die weitere Verarbeitung betrachtet. Da sich der Normalzustand mit den Jahreszeiten ändert, führen wir das Verfahren 2-wöchig mit den Daten der letzten 14 Tage durch. Im ersten Schritt des 2-stufigen Verfahrens zur Anomalie-Erkennung wollen wir lediglich den Normalzustand von den Anomalien unterscheiden, daher entfernen wir zudem alle Datenbereiche, die eine Anomalie dargestellt haben. Aus den resultierenden Vektoren wird im nächsten Schritt das Basis-Modell zur Anomalie-Detektion gebildet.

20.3 Modellbildung

Der nun vorliegende Datensatz sollte zwar alle benötigten Daten nahezu fehlerfrei beinhalten, hat jedoch noch keinerlei Aussagekraft. Damit die Daten konkrete Zustände repräsentieren können, müssen diese beiden Informationen miteinander verknüpft werden. Da wir im Rahmen der Modellbildung des Basis-Modells zunächst nur den Normalzustand „erkennen" wollen, werden lediglich Datengruppierungen in das Modell überführt, die diesen Normalzustand abbilden. Dazu werden zunächst die vorverarbeiteten Daten mithilfe des Clustering-Verfahrens DBSCAN (Density-Based Spatial Clustering of Applications with Noise; Ester et al. 1996, Frochte 2020) gruppiert. Die ermittelten Gruppen werden im Basis-Modell als „Normalzustand" definiert und dienen der grundsätzlichen Erkennung „nichtnormaler" Zustände, den Anomalien. Dies geschieht mithilfe des *k-Nearest-Neighbors*-(kNN-)Algorithmus. In einer 2. Instanz wird kNN erneut genutzt, um aus dem Klassifikationsmodell die konkrete Anomalie zu ermitteln (Kersting et al. 2019).

20.3.1 Dichtebasiertes raumbezogenes Gruppieren mit Rauschen (DBSCAN)

Der DBSCAN-Algorithmus gehört zur Gruppe der *Unsupervised-Learning*-Algorithmen (Nicht überwachtes Lernen). Dabei werden die Daten lediglich anhand der Daten selbst, also ohne Zusatzinformationen beurteilt. Der Algorithmus versucht Muster, wie z. B. den Mittelpunkt oder eine Zugehörigkeit, in den Daten zu erkennen. Im Falle von DBSCAN separiert der Algorithmus Gruppen in einer Datenmenge bzw. Punktwolke, wobei der Abstand zwischen einzelnen Datenvektoren (Punkte der Punktwolke) entscheidend für die Zuteilung zu einer Gruppe ist. Das Abstandskriterium wird auch als *Dichteverbundenheit* bezeichnet und ist abhängig von dem Wert ε, der beim Aufruf des Algorithmus als Parameter übergeben wird. Zwei Punkte sind miteinander *dichteverbunden*, wenn ihr (euklidischer) Abstand geringer als ε ist. Als weiteren Parameter wird dem Algorithmus der Wert *min_samples* übergeben, der bestimmt, ob ein Punkt als Kernpunkt oder Randpunkt definiert wird. DBSCAN unterschiedet drei Arten von Punkten:

- Kernpunkte haben mindestens *min_samples* viele Punkte innerhalb ihres ε-Radius,
- Randpunkte liegen im ε-Radius eines Kernpunkts und sind selbst kein Kernpunkt,
- Rauschpunkte befinden sich nicht innerhalb des ε-Radius eines Kernpunkts

Abbildung 20.1 veranschaulicht die *Dichteverbundenheit*. Die Randpunkte **a** und **b** sind über die Kernpunkte dazwischen verbunden, da die Länge der schwarzen Kanten nicht den ε-Radius übersteigt, bzw. die hellblau hinterlegten ε-Radien verbunden sind. Punkt **c** wird als Rauschpunkt definiert, da er nicht von der Gruppe der Kernpunkte erreicht wird.

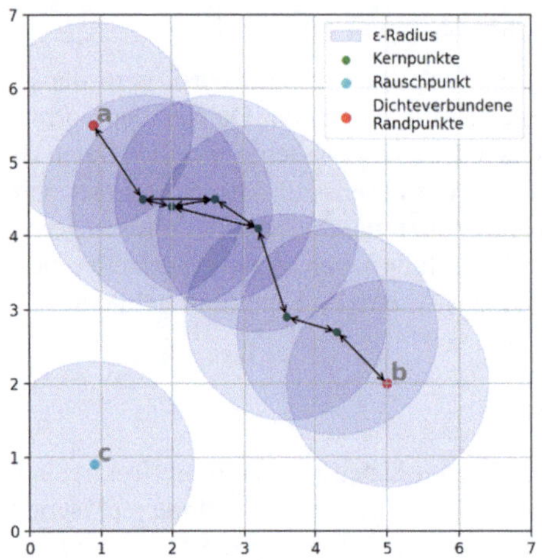

Abb. 20.1:
Dichteverbundenheit: die Randpunkte **a** und **b** sind über die Kernpunkte dazwischen verbunden, **c** stellt einen Rauschpunkt dar

DBSCAN ermittelt die Art der Punkte und Cluster (Gruppen) wie folgt:

DBSCAN: Eingabe Datensatz **D**, Anzahl *min_samples*, Größe des ε-Radius

Für jeden Punkt **p** des Datensatzes **D:**

- markiere **p** als *besucht*
- ermittle die Nachbarn **N** von **p** (innerhalb des ε-Radius)
- `Wenn:` **N** mehr als *min_samples* Punkte enthält (also Kernpunkt ist):
  - o Bilde ein neues Cluster **C**
  - o **ErweitereCluster** mit Punkt **p**, seinen Nachbarn **N** und Clusternummer **C**
- `Sonst:` markiere **p** als Rauschpunkt

ErweitereCluster: Eingabe Punkt **p**, seine Nachbarn **N** und Clusternummer **C**

Füge Punkt **p** zu Cluster **C** hinzu

Für jeden Punkt **p'** der Nachbarn **N**:

- Wenn: **p'** noch nicht besucht wurde
  - o markiere **p'** als *besucht*
  - o ermittle die neuen Nachbarn **N'** von **p'**
  - o Wenn: **N'** mehr als *min_samples* Punkte enthält (also Kernpunkt ist):
    - – Füge die neuen Nachbarn **N'** zu **N** hinzu

- Wenn : **p'** noch nicht zu einem Cluster gehört (auch wenn **p'** schon besucht wurde)
    - Füge **p'** zu Cluster **C** hinzu

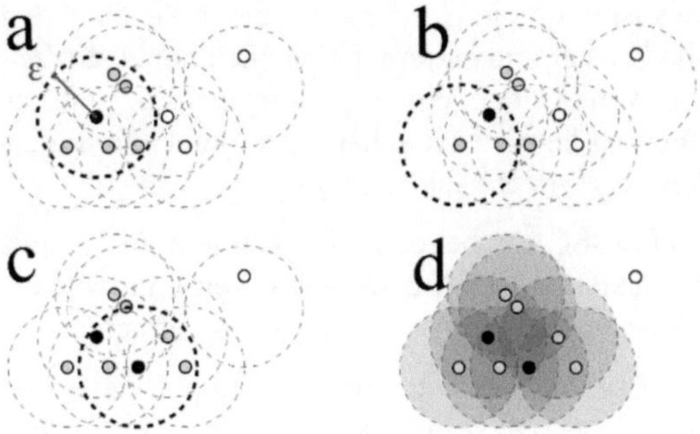

Abb. 20.2:
DBSCAN-Vorgehensweise

Abbildung 20.2 veranschaulicht die Vorgehensweise des Algorithmus. ***DBSCAN*** prüft für jeden nicht besuchten Punkt (Vektor) **p** eines Datensatzes **D**, wie viele weitere Punkte bzw. Nachbarn **N** innerhalb seines ε-Radius liegen. In Abbildung 20.2a ist der schwarze Punkt der erste zu prüfende Punkt, der schwarz gestrichelte Kreis visualisiert seinen ε-Radius, die fünf grauen Punkte sind darin enthalten und bilden die Matrix **N**. Im Beispiel gilt *min_samples* = 5, daher wird der Punkt als Kernpunkt definiert, als *besucht* markiert und bildet eine neue Gruppe (Cluster) **C**.

Nun wird zunächst dieses Cluster erweitert (Algorithmus ***ErweitereCluster***), indem die Nachbarn **N** innerhalb des ε-Radius des Clusters auf die gleiche Weise untersucht werden. Es wird geprüft, ob der nächste zu untersuchende Punkt **p'** bereits als *besucht* markiert wurde. Ist dies nicht der Fall, wird er als *besucht* markiert, und wie beim ersten Punkt **p** wird die neue Anzahl Nachbarn **N'** im ε-Radius von **p'** ermittelt. Ist der Punkt kein Kernpunkt, wird er zum Cluster **C** hinzugefügt, sofern er noch nicht zu einem anderen Cluster gehört, und bildet einen Randpunkt. Bei der Prüfung des linken unteren grauen Punkts in Abbildung 20.2b können nur zwei weitere Punkte (bzw. Nachbarn **N'**) im ε-Radius gefunden werden; der Punkt wird als Randpunkt zum Cluster **C** hinzugefügt, da er bisher noch zu keinem anderen Cluster gehört und durch die Nachbarschaftseigenschaft *dichteverbunden* mit **p** ist. Falls der Punkt, wie in Abbildung 20.2c, erneut das Kriterium für einen Kernpunkt erfüllt, wird er zum ersten Cluster **C** hinzugefügt, da er noch nicht zu einem anderen Cluster gehört und als Nachbar von **p** ebenfalls *dichteverbunden* ist. Alle seine Nachbarn aus **N'** werden zu **N** hinzugefügt. Auf diese Art und Weise werden zunächst alle Punkte in **N** untersucht und dem ersten Cluster hinzugefügt. In Abbildung 20.2d ist das erste Cluster durch die grau hinterlegten Kreisflächen visualisiert. Der rechte obere weiße Punkt bildet einen Rauschpunkt, da er nicht in einem ε-Radius eines Kernpunkts liegt.

Sind alle Punkte des ersten Clusters bearbeitet, wird der Datensatz **D** geprüft, ob weitere unbesuchte Punkte vorhanden sind. Wird ein neuer Kernpunkt gefunden, bildet dieser ein neues Cluster und der Vorgang wiederholt sich. Wird ein Randpunkt gefunden, wird dieser zunächst als Rauschen definiert. Sollte er später im ε-Radius eines weiteren Clusters liegen, wird er diesem nachträglich hinzugefügt.

Diese Vorgänge werden solange wiederholt, bis alle Punkte im Datensatz **D** als *besucht* markiert sind. Die Rückgabe des Algorithmus liefert die Clusterzugehörigkeit jedes Punkts des Datensatzes.

20.3.2 Verwendung von DBSCAN zur Anomalie-Detektion

Nach der Bereinigung der Daten übergeben wir unseren Datensatz *sensor_data* dem DBSCAN-Algorithmus, um die Cluster daraus zu ermitteln. Da diese nur einen Zustand, den Normalzustand, darstellen, vereinigen wir alle Cluster und entfernen demnach nur zusätzlich das Rauschen aus den Daten. Dazu ist es notwendig, den Wert der *min_samples* und des ε-Radius zu optimieren; dies geschieht momentan heuristisch anhand der Berechnung verschiedener Werte und der Auswahl der besten Ergebnisse nach Eignung.

Abbildung 20.3 zeigt ein Beispielergebnis von DBSCAN, bei dem die Parameter nicht optimal gewählt wurden; es wurden 651 farbige Cluster und 13.135 schwarze Rauschpunkte erkannt. Zur vereinfachten Darstellung und Erklärung werden nur drei Features betrachtet.

Abbildung 20.4 zeigt dagegen ein optimiertes Ergebnis; es wurden vier farbige Cluster und 82 schwarze Rauschpunkte erkannt.

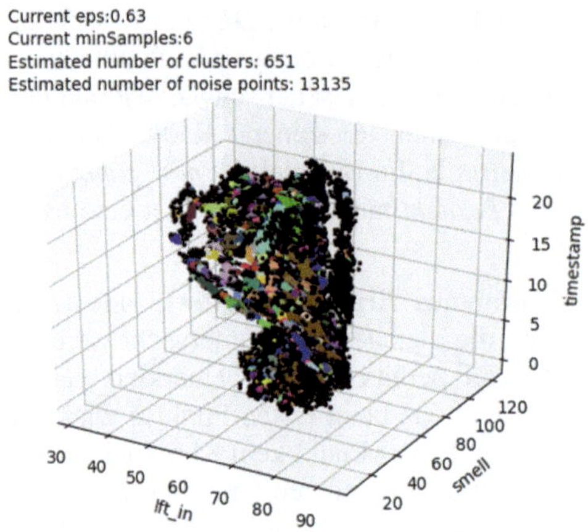

Abb. 20.3: Ergebnis von DBSCAN bei nicht optimierter Parameterwahl

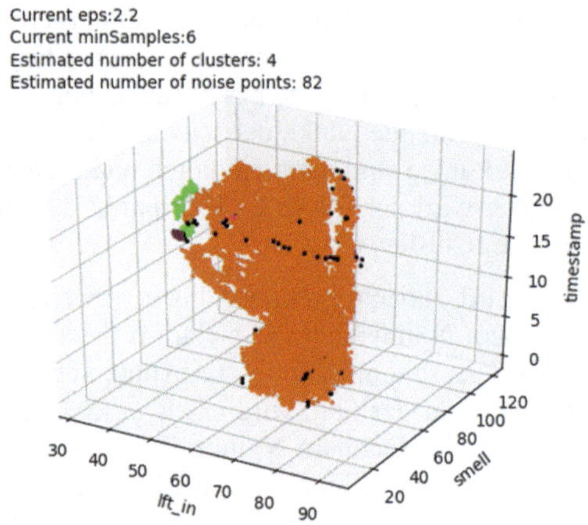

Abb. 20.4: Optimiertes Ergebnis von DBSCAN

Mithilfe dieses Basis-Modells überprüfen wir eingehende Live-Datenvektoren, die in der gleichen Form wie *data_min* vorliegen, ob sie den Normalzuständen ähnlich sind. Dazu nutzen wir den kNN-Algorithmus, um die sieben Nächsten Nachbarn auszuwerten.

20.3.3 k-Nächste-Nachbarn-Algorithmus

Der kNN-Algorithmus gehört zur Gruppe der *Supervised-Learning*-Algorithmen (Überwachtes Lernen). Dabei wird Daten eine Klasse oder ein *Label* zugeordnet, die zur Klassifizierung weiterer Daten dient. Die Gruppenzugehörigkeit der weiteren Daten wird über die Ähnlichkeit entschieden. Die Ähnlichkeit kann z. B. über eine (euklidische) Abstandsmessung zu den Gruppen (Klassen) des Modells des Algorithmus ermittelt werden. Dabei wird eine variable Anzahl *k* der Nächsten Nachbarn des zu klassifizierenden Datensatzes im Modell ausgewertet. kNN zählt zu den sog. *Lazy-Learning*-Algorithmen, d. h., beim Lernvorgang wird, im Gegensatz zu z. B. Neuronalen Netzen, nicht viel Rechenleistung benötigt, da lediglich der Datensatz mit Label gespeichert werden muss. Die Auswertung kann jedoch sehr aufwendig ausfallen, da meist alle vorhandenen Punkte untersucht werden müssen.

Abbildung 20.5 veranschaulicht die Funktionsweise. Für den schwarzen Datenvektor $\mathbf{x_0}$ soll die Gruppenzugehörigkeit bzw. Klasse aus dem Modell der roten und grünen Punkte ermittelt werden. Rot und Grün sind somit die Label, die den Modellvektoren zugewiesen wurden. kNN ermittelt nun alle Abstände zwischen den Modellvektoren der beiden Gruppen und ermittelt hier die $k = 7$ Nächsten Nachbarn ($\mathbf{n_1}$-$\mathbf{n_7}$). Häufig wird die Gruppenmajorität aus diesen k-Nachbarn zur Klassifizierung von $\mathbf{x_0}$ herangezogen. Im Beispiel wird $\mathbf{x_0}$ demnach als Grün klassifiziert, da die Mehrzahl (insgesamt vier, $\mathbf{n_1}$, $\mathbf{n_2}$, $\mathbf{n_5}$, $\mathbf{n_6}$) seiner sieben Nächsten Nachbarn grün ist.

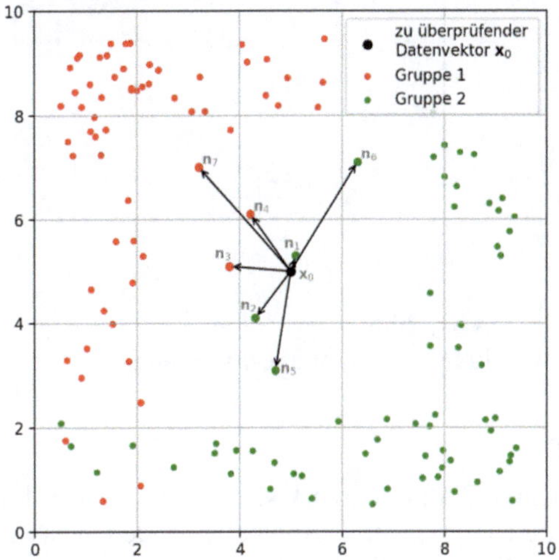

Abb. 20.5:
kNN-Beispiel, Klassenzugehörigkeit von x_0 (im Text erläutert)

kNN klassifiziert die Eingabedaten wie folgt:

kNN: Eingabe Datensatz $\mathbf{M^L}$ aus Punkten mit Label $\mathbf{p^L}$, Anzahl Nachbarn k, zu prüfender Vektor $\mathbf{x_0}$.

Für jeden Punkt $\mathbf{p^L}$ des Datensatzes $\mathbf{M^L}$:

- ermittle die (euklidische) Distanz von $\mathbf{p^L}$ zu $\mathbf{x_0}$,
- sortiere $\mathbf{p^L}$ aufsteigend nach Distanz,
- ermittle die Anzahl der Vorkommen pro Label aus den k nächsten $\mathbf{p^L}$.

Der Algorithmus gibt die ermittelte Klasse zu $\mathbf{x_0}$ zurück.

20.3.4 Verwendung von kNN zur Anomalie-Detektion

Die Cluster, die wir vom DBSCAN-Algorithmus erhalten, repräsentieren lediglich Daten des Normalzustands. Es gibt also keine zwei Klassen, denen ein Eingabedatensatz zugeteilt werden kann. Daher nutzen wir kNN in diesem Schritt durch Hinzunahme des maximalen Abstands $d_{max} = \varepsilon$ zur Klassifikation. Ist der maximale Abstand zu den k Nächsten Nachbarn des Basis-Modells, welches den Normalzustand darstellt, zu häufig überschritten, wird der Wert als *unnormal* eingestuft bzw. als Anomalie klassifiziert.

Abbildung 20.6 zeigt beispielhaft die Bewertung eines Live-Datenvektors $\mathbf{x_0}$. Der graue Kreis veranschaulicht den maximalen Abstand d_{max}, der gelbe Kreis hat den Radius des Abstands des entferntesten ($\mathbf{n_7}$) der sieben Nächsten Nachbarn ($\mathbf{n_1}$-$\mathbf{n_7}$) und dient zur Überprüfung, ob kNN richtig arbeitet. Eine Anomalie liegt potenziell dann vor, wenn maximal drei der sieben

Nachbarn im grauen Kreis liegen. Dieser Live-Datenvektor würde demnach nicht als Anomalie klassifiziert werden, da die Live-Daten $\mathbf{x_0}$ „nahe“ genug an den Normalzuständen liegen.

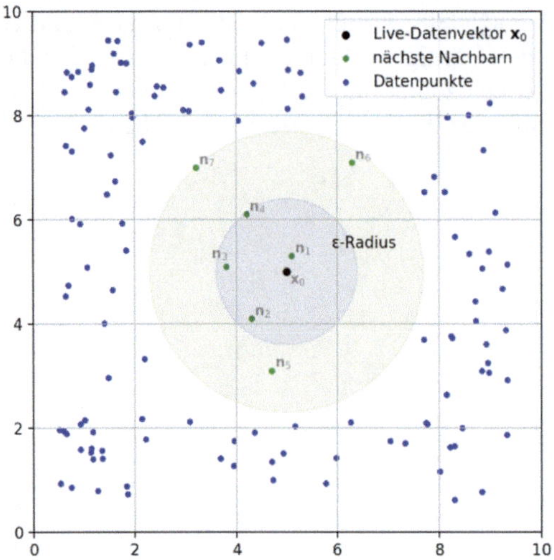

Abb. 20.6:
kNN zur Anomalie-Erkennung

20.3.5 Bildung des Anomalie-Modells

Da der wesentliche Rechenaufwand bei der Klassifikation durch kNN von der Größe des Modells abhängt, wird zur Anomalie-Erkennung ein gesondertes Anomalie-Modell verwendet. Dadurch müssen diejenigen Datenvektoren, die Anomalien darstellen, nur dann geprüft werden, wenn potenziell eine Anomalie vorliegt. Die Normalzustände im Anomalie-Modell werden ermittelt, indem für jede der 1.440 Minuten eines Tags der Mittelwert aus dem 14 Tage umfassenden Datensatz gebildet wird. Die drei Anomalien *Schwärmen*, *Vandalismus* und *Gefahr für den Nachwuchs* sind nicht besonders witterungs- oder zeitabhängig und können somit anhand von Erfahrungswerten auch aus anderen Zeiträumen verwendet werden.

20.4 Live-Betrieb mit Supervised Runtime Learning

Die bisher beschriebenen Vorgänge finden regelmäßig alle zwei Wochen statt, um Basis- und Anomalie-Modell zu aktualisieren. In diesem Kapitel wird die Arbeitsweise zur Echtzeit-Anomalie-Erkennung beschrieben.

Abbildung 20.7 veranschaulicht den Ablauf. Die Live-Daten (a) des Bienenstocks werden bei der Vorverarbeitung (b) (ähnlich Kap. 20.2) auf Vollständigkeit und Plausibilität geprüft. Die Unterscheidung zwischen Anomalie und Normalzustand (c) führt entweder zum Ende des Ablaufs (falls keine Anomalie vorliegt) oder zur Prüfung auf die konkrete Art der Anomalie (d) durch Klassifikation mithilfe des Anomalie-Modells. Das Ergebnis, die erkannte Anomalie, wird an einen Experten gesendet (e). Dieser liefert eine Bestätigung oder eine Korrektur, die jeweils im Anomalie-Modell gespeichert wird (f). Korrigiert der Imker eine erkannte Anomalie zu einem Normalzustand, wird diese im Basis-Modell gespeichert (g).

Zur vereinfachten Erklärung bzw. Bearbeitung können große Teile der Programmierung mithilfe grafischer Tools wie IBM's Node-RED (NODERED 2020) realisiert werden (HAUCK

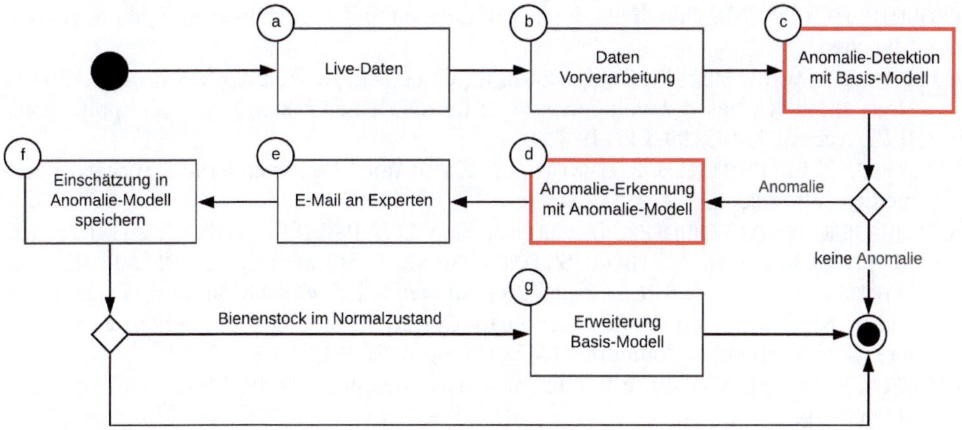

Abb. 20.7: Ablaufdiagramm Echtzeit-Anomalie-Erkennung

2019). Komplexere Vorgänge, wie das Supervised Runtime Learning (SRL), werden über adaptierte Python-Programme implementiert. SRL ist eine Erweiterung des Supervised Learning, bei der das Modell zur Laufzeit geändert bzw. erweitert werden kann. Der Algorithmus wird nicht nur zu Beginn des Programms „angelernt", sondern ist auch in der Lage, sein Wissen zur Laufzeit zu erweitern. Dies vereinfacht es, Expertenwissen von IT-Laien leicht bedienbar mithilfe einer KI zu extrahieren bzw. zu konservieren.

20.5 Ergebnisse und Fazit

Das beschriebene System wurde Ende 2020 im Rahmen einer Bachelorarbeit am Umwelt-Campus Birkenfeld realisiert und wird im Frühjahr 2021 Live getestet. Erste Tests bei der Entwicklung und Vorarbeiten konnten die Anomalie *Schwärmen* und *Vandalismus* im Live-Betrieb erkennen.

KI und ML sind nicht immer nur „Tiefe Neuronale Netze" (Deep Learning), verdeckte Markow-Modelle oder andere hochkomplexe Vorgänge; häufig genügen einfache mathematische Methoden bereits, um anspruchsvolle Anwendungen umzusetzen (CORMEN et al. 2017). Dieses Kapitel soll motivierend auf Interessierte wirken, die sich bisher durch komplexe Algorithmen abgeschreckt fühlten. Die Umsetzung einer Spracherkennung oder ähnlicher State-of-the-Art-Anwendungen sind mithilfe dieser einfachen Algorithmen natürlich nur in besonderen Fällen eingeschränkt möglich. Allerdings bieten sie im Hinblick auf Energieeffizienz und Nachhaltigkeit große Vorteile, sofern die Modelle nicht zu groß werden. Dies kann sich in besonderen Umfeldern, wie dem des Bienen-Monitorings, äußerst positiv auswirken.

Literatur

CORMEN, T. H., LEIERSON, C. E., RIVEST, R. & STEIN, C. (2017): Algorithmen – Eine Einführung. Walter de Gruyter, Berlin.

ESTER, M., KRIEGEL, H. P., SANDER, J. & XU, X. (1996): A density-based algorithm for discovering clusters in large spatial databases with noise. In: KDD'96 – Proc. of the 2nd Int. Conference on Knowledge Discovery and Data Mining, Aug. 1996, 226-231.

FROCHTE, J. (2020): Maschinelles Lernen: Grundlagen und Algorithmen in Python. Hanser, München.

HAUCK, M., MACHHAMER, R., CZENKUSCH, L., GOLLMER, K. U. & DARTMANN, G. (2019): Node and block-based development tools for distributed systems with AI applications. IEEE Access, 7, 143109-143119.

KERSTING, K., LAMPERT, C. & ROTHKOPF, C. (2019): Wie Maschinen lernen. Springer Fachmedien, Wiesbaden.

MACHHAMER, R., ALTENHOFER, J., UEDING, K., CZENKUSCH, L., STOLZ, F., HARTH, M., MATTERN, M., LATIF, A., HAAB, S., HERRMMANN, J., SCHMEINK, A., GOLLMER, K. U. & DARTMANN, G. (2020, JUNE): Visual Programmed IoT Beehive Monitoring for Decision Aid by Machine Learning based Anomaly Detection. In 2020 9th Mediterranean Conference on Embedded Computing (MECO) (pp. 1-5). IEEE.

MAINZER, K. (2016): Künstliche Intelligenz – wann übernehmen die Maschinen? Springer, Heidelberg.

MIKROCONTROLLER (2020): ESP8266 www.mikrocontroller.net/articles/ESP8266.

NODERED (2020): Low-code programming for event-driven applications, www.nodered.org.

21 Internet of Things im Umweltmonitoring

Klaus-Uwe GOLLMER und Michael MATTERN[1]

Zusammenfassung

Lokale Umweltinformationen werden vor Ort erfasst und zur Weiterverarbeitung über digitale Schnittstellen transportiert. Dieses Szenario ist ein typisches Anwendungsfeld für das Internet der Dinge (IoT). Mittlerweile gibt es weltweit mehr IoT-Geräte als Menschen. Im diesem Kapitel werden die Grundlagen und Einsatzbereiche des IoT vorgestellt und anhand eines Beispiels konkretisiert.

21.1 Grundlagen

21.1.1 Internet der Dinge

Der Begriff des Internets wird in der Regel synonym für die im World Wide Web (WWW) sichtbaren Strukturen verwendet. Suchmaschinen, Video on Demand und Soziale Netze – alles fokussiert auf den Menschen als zentrales Element. Seit Anfang der 2000er-Jahre erleben wir jedoch eine stille Revolution im Internet: Die Maschinen und Geräte erobern das Netz. Angefangen mit einem intelligenten Kühlschrank, der seinen Besitzer über die Vorräte informiert, tummeln sich heute über 20 Mrd. physische Objekte im Netz (STRATEGY ANALYTICS 2019). Das Internet der Dinge (engl. Internet of Things, IoT) hat das der Menschen längst überholt und ermöglicht den Informationsaustausch zwischen physischen und virtuellen Objekten (Abb. 21.1).

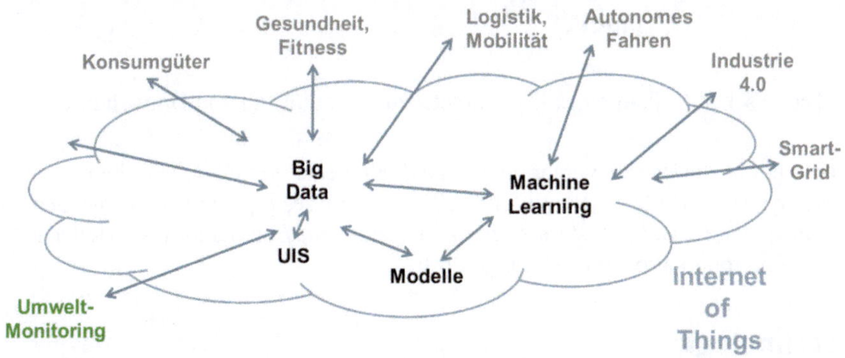

Abb. 21.1: Das Internet der Dinge verknüpft Geräte, Maschinen und Dinge

[1] Umwelt-Campus Birkenfeld der Hochschule Trier, Campusallee 14, 55768 Hoppstädten-Weiersbach, k.gollmer@umwelt-campus.de, www.umwelt-campus.de

Eine zentrale Anwendung findet das IoT beim Monitoring von Umweltprozessen, sei es in der Landwirtschaft (AHMED et al. 2018), beim Mikroklima in Städten (RATHORE et al. 2018) oder bei der Energieversorgung im Smart-Grid (HARTMAN et al. 2018).

In diesem Kapitel werden die Komponenten eines IoT-Systems vorgestellt und anhand eines exemplarischen Beispiels veranschaulicht.

21.1.2 Allgemeiner Aufbau eines IoT-Knotens

Zentrales Element eines IoT-Systems bildet ein Mikrocontroller mit Netzwerkzugriff. Hier erfolgt die Verbindung zwischen der realen Welt (Sensoren, Aktoren) und dem Internet der Dinge. Aufgrund der Verarbeitungsmöglichkeiten des intelligenten IoT-Knotens kann bereits hier eine erste Datenanalyse und Entscheidungsfindung erfolgen (Abb. 21.2). Im einfachsten Fall werden die Messdaten dann über eine Datenverbindung ans Netzwerk übertragen. Visualisierung und Speicherung erfolgen in der Cloud. Mit zunehmender Rechenleistung und Energieeffizienz der Hardware lassen sich mittlerweile auch komplexe Algorithmen des maschinellen Lernens direkt vor Ort realisieren. Nur noch die Ergebnisse (z. B. Kamera hat Objekt xyz erkannt) werden anschließend in die Cloud übertragen (Edge-AI). Dies hat Vorteile beim Datenschutz und bei der notwendigen Bandbreite zur Übertragung. Statt der reinen Sensordaten (z. B. das Rohbild) wird nur noch komprimierte Information transportiert.

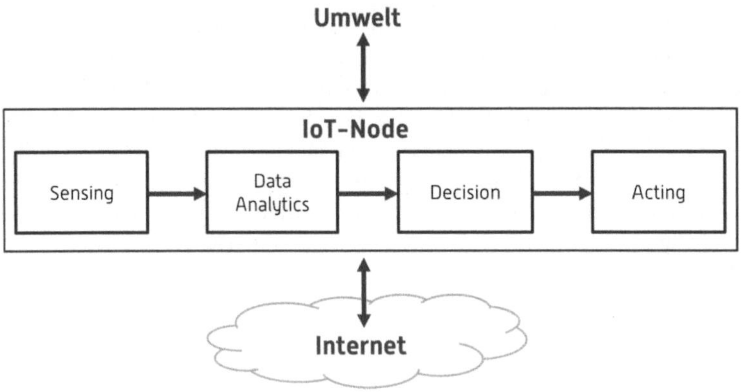

Abb. 21.2: Technischer Aufbau eines IoT-Knotens zum Monitoring von Umweltdaten

Ein wichtiger Punkt ist die Energieversorgung des IoT-Knotens. Im mobilen Feldeinsatz sind energieautarke Systeme (Batterie, Photovoltaik, Energy-Harvesting) gefordert, die Sendeleistung der Funknetze ist dadurch stark begrenzt. Dies hat zur Entwicklung spezieller IoT-Netzwerke und Kommunikationsprotokolle geführt.

21.2 Technologie

21.2.1 Hardware (Embedded System)

Eine der Triebkräfte für das IoT ist die Verdopplung der Komplexität von Mikroprozessoren alle zwei Jahre (Mooresches Gesetz). Diese Entwicklung hat dazu geführt, dass die benötigten Komponenten für ein IoT-System kostenmäßig kaum ins Gewicht fallen und mittlerweile auch für Privatpersonen erschwinglich sind. Geeignete Hardware (Mikrocontrollerboard mit WLAN) ist bereits für unter 5 € zu erwerben (z. B. NodeMCU, ESP8266).

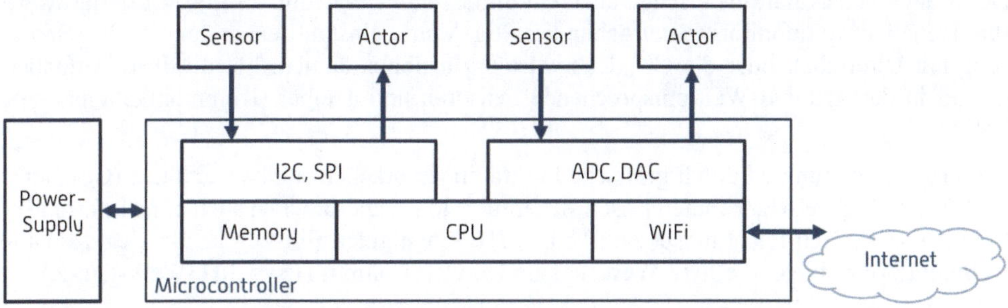

Abb. 21.3: Aufbau eines eingebetteten Systems zur Messdatenerfassung und IoT

Allen gemeinsam sind die vielfältigen Möglichkeiten zur Ankopplung an die reale Welt (Abb. 21.3). Lange Zeit war das die Domäne von Analog-Digital- (ADC) und Digital-Analog-Wandlern (DAC). Hier wird eine analoge Größe (elektrische Spannung) in einen proportionalen digitalen Messwert gewandelt und umgekehrt. Ein entsprechender Sensor/Aktor sorgt dann für die Verbindung zur physikalischen Welt. Die Umrechnung zwischen Spannung und physikalischer Größe obliegt der Software im Mikrocontroller (Kalibrierung), die Messgenauigkeit hängt stark vom verwendeten ADC/DAC-Baustein ab (10 Bit = 1.024 verschiedene Messwerte, Auflösung 1/1.024 des Messbereichs). Moderne Sensoren und Aktoren dagegen besitzen bereits eingebaute Intelligenz in Form eines eigenen Microcontrollers. Hierdurch erfolgt die Umrechnung der physikalischen Einheiten bereits im Sensor/Aktor. Zur Übertragung werden serielle Kommunikationsprotokolle wie I²C, SPI oder UART-Kommunikation genutzt, die eine höhere Auflösung und Störsicherheit ermöglichen.

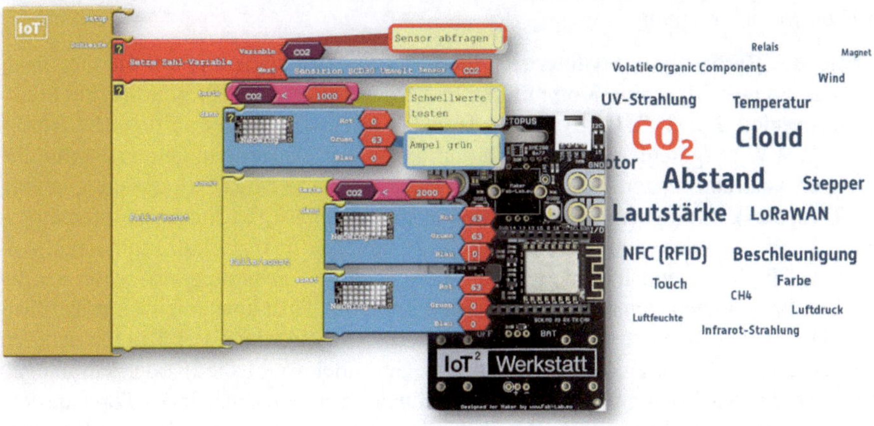

Abb. 21.4: Programmierung, Hardware und Sensorik zum Einstieg ins IoT-Umweltmonitoring

Maker aus aller Welt nutzen die Hardware für ihre Projekte, erstellen Open-Source Software zur Programmierung und zur freien Nutzung z. B. im Kontext von Citizen-Science-Initiativen. Einen guten Einstieg bietet hier das Arduino-Ökosystem (www.arduino.cc).

Der Maker-Bedarf hält inzwischen auch ein umfassendes Portfolio an Low-Cost-Hardware für eigene Umweltmonitoring-Aufgaben vorrätig. Vom Feinstaubsensor über die Pegelmessung mit Ultraschall oder die CO_2-Überwachung in Innenräumen. Für all diese Aufgaben gibt es in der Arduino-Welt entsprechende Sensoren und Treiber (Kommunikationsprotokolle).

Die Programmierung ist durch grafische Programmiersprachen stark vereinfacht (GOLLMER et al. 2019). Eigene Algorithmen lassen sich mittels IoT-Superblöcken auch ohne Informatik-Studium spielerisch leicht umsetzen (Abb. 21.4). Einen guten Einstieg im Bereich des Umweltmonitorings bietet die IoT²-Werkstatt am Umwelt-Campus (www.IoT-Werkstatt.de).

21.2.2 Netzwerktechnik

Da IoT-Systeme als eingebettete Komponente häufig integraler Bestandteil des „Dings“ sind oder zumindest in unmittelbarer Nähe des physischen Objekts betrieben werden erfolgt die Internetanbindung flexibel per Funknetzwerk. Für ortsfeste Systeme bietet das klassische WLAN eine einfache und kostengünstige Kommunikationsstruktur. Mobile Anwendungen sind dagegen auf ein externes GSM/UMTS bzw. LTE-Modem und SIM-Karte des Mobilfunkproviders angewiesen. Beiden Technologien gemeinsam ist die Nutzung der gleichen Ressourcen und Kommunikationsprotokolle wie beim Internet der Menschen.

Die damit einhergehende großzügige Übertragungsbandbreite wird bei vielen Monitoringaufgaben jedoch gar nicht benötigt. Denken wir an typisches Datenlogging, wo nur wenige kByte an Messdaten pro Stunde übermittelt werden. Gleichzeitig spielt aber die Energieeffizienz eine viel größere Rolle als bei der Handy-Vernetzung. Ein IoT-System im Unterflurcontainer der städtischen Abfallentsorgung sendet z. B. nur einmal am Tag den Containerfüllstand an die zentrale Datenhaltung. Dafür sollte das System mehrere Jahre mit einer Batterie betrieben werden können.

Mit zunehmender Verbreitung des Internets der Dinge werden spezielle, auf die Gegebenheiten der Maschine-to-Maschine-Kommunikation (M2M) angepasste Protokolle und Funkstandards verwendet. Statt HTTP (Hypertext Transfer Protocol) mit der an typische Anforderungen im WWW ausgelegten Kommunikation und hohen Anforderungen an Bandbreite und Hardwareressourcen nutzen IoT-Geräte das viel schlankere MQTT (Message Queuing Telemetry Transport), um ihre Messdaten zu übertragen. Auch MQTT nutzt das Internetprotokoll TCP/IP und lässt sich damit direkt über die bestehende Infrastruktur realisieren. Anders als bei HTTP gib es jedoch keine direkte Ende-zu-Ende-Verbindung zwischen Sender (Producer) und Empfänger (Consumer). Alle Kommunikation läuft über einen zentralen Broker, der die Daten zwischen den Geräten vermittelt und den einzelnen IoT-Knoten dadurch auch energiesparende Schlafzustände ermöglicht. Gesendet (published) oder empfangen (subscribed) werden Nachrichten über eindeutige Kanäle (Topics). Ein solches Topic besteht aus einem beschreibenden String, z. B. „UCB/PCPool1/CO2“ und identifiziert den Kommunikationskanal, unter dem der CO_2-Sensor seine Nachricht an den Broker sendet. Der Broker ist rund um die Uhr verfügbar und überprüft, ob andere Teilnehmer an dieser Information interessiert sind, d. h. den Kanal abonniert haben. Er leitet die Daten dann an diese weiter, sobald der Empfang möglich ist (Abb. 21.5).

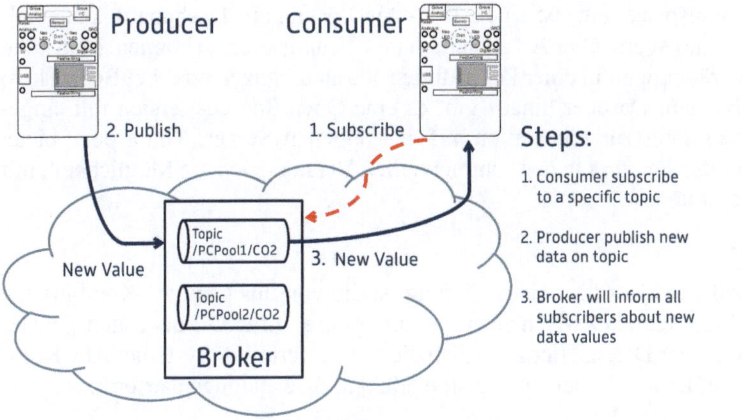

Abb. 21.5: Das MQTT-Protokoll mit ereignisgesteuerter Kommunikation

Um das Problem der im Feld oft fehlenden Netzwerkinfrastruktur zu lösen, gelang es 2015 einem Startup aus den Niederlanden, einen crowdsourced Ansatz zu initiieren. Freiwillige Mitstreiter finanzieren und installieren eigene LoRaWAN-(Long Range Wide Area Network-)Gateways und koppeln diese an das bestehende Internet. Diese Gateways empfangen Funksignale in freien Frequenzbändern (z. B. Babyphone-Frequenzen, 868 MHz), decodieren diese und leiten die Daten z. B. per MQTT im Internet weiter.

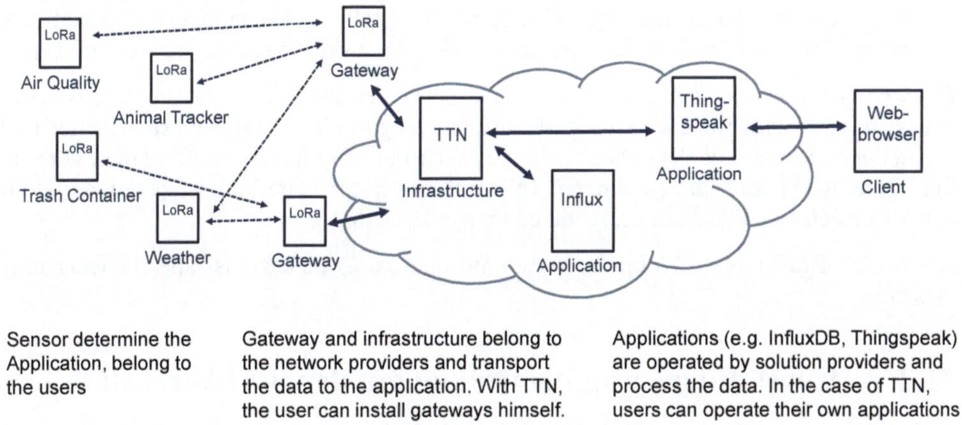

Abb. 21.6: Das IoT-Netzwerk ermöglicht den Cloudzugang auch in abgelegenen Regionen

Mit der TTN-Infrastruktur (TheThingNetwork) besteht mittlerweile in 150 Ländern eine oft flächendeckende und energieeffiziente Kommunikationsmöglichkeit für IoT-Systeme; unabhängig vom Mobilfunkprovider, energieeffizient, aber auch beschränkt in der Bandbreite. Gibt es kein Gateway in der Nähe, so kann die Netzabdeckung kostengünstig durch Installation eines eigenen Gateways erreicht werden (Abb. 21.6).

21.2.3 Datenspeicherung und Visualisierung

Als Applikation zur Speicherung und Visualisierung (Dashboard) der Daten betrachten wir im Folgenden zwei exemplarische Ansätze: Thingspeak als kostenlos nutzbares kommerzielles System und einen reinen Open-Source-Ansatz aus verschiedenen Komponenten.

Thingspeak® (www.thingspeak.com) ist eine All-in-One-Lösung aus Dashboard, Datenhaltung und Schnittstellen, um Werte aller Art speichern und visualisieren zu können. Man kann Thinkspeak mit Einschränkungen in einer kostenfreien Variante nutzen oder bei Bedarf kostenpflichtige Pakete buchen. Darüber hinaus gibt es eine Open-Source-Version mit eingeschränktem Funktionsumfang zur Installation auf dem eigenen Server. Thingspeak bietet http- und MQTT-Schnittstellen und in der kommerziellen Version auch die Möglichkeit, mit Matlab®-Scripten zu arbeiten.

Open-Source-Ansatz

Ein alternatives Modell zur Messdatenvisualisierung ist die von uns genutzte Kombination aus MQTT-Broker, Node-Red als Zwischenverarbeitungsstufe, InfluxDB als Datenspeicher und Grafana zur Anzeige der Daten. Hier zeigt sich die Stärke verteilter Systeme: Alle Komponenten greifen ineinander und bilden eine leistungsfähige Anwendungsplattform.

Node-Red (www.nodered.org) ist ein universelles, datenflussbasiertes Programmierwerkzeug. Es kann auf viele Arten eingesetzt werden, beispielsweise als Schaltzentrale für Smart Home oder Konverter zwischen zwei Systemen wie in unserem Fall. Zentrale Elemente sind Knoten, Andockpunkte und Verbinder.

InfluxDB (www.influxdata.com) ist eine Zeitreihendatenbank und als solche optimiert für Daten mit Zeitstempel. Sie bietet vielfältige Analysemöglichkeiten für solche Daten. Statt Tabellen wie bei klassischen relationalen Datenbanken gibt es lediglich „measurements“. Die komplette Kommunikation läuft über eine http-Schnittstelle ab. Datenimport, Datenabfrage, Abfrageresultate und das Erstellen von Datenbanken lässt sich so einfach bewerkstelligen.

Grafana (www.grafana.com) ist ein auf Zeitreihendaten optimiertes Dashboard, welches man sich selber nach Belieben konfigurieren kann. Es gibt viele mögliche Datenquellen und Darstellungselemente, welche darüber hinaus auch mit Plug-ins erweitert werden können. Für die fertigen Dashboards und deren Teile gibt es verschiedene Möglichkeiten, diese mit der Außenwelt zu teilen (iFrame, rendered Image, Direktlink).

Als MQTT-Broker wird ***Mosquitto*** (www.mosquitto.org) benutzt, ist aber beliebig austauschbar.

21.2 Anwendung Luftgütemessung mit der IoT²-Werkstatt

Aufgabenstellung

Die Messwerte des CO_2-Sensors sollen an den MQTT-Broker publiziert werden, während eine Node-Red-Instanz auf das gleiche Topic hört. Die ankommenden Werte werden dann an eine InfluxDB übertragen und anschließend über Grafana visualisiert (Abb. 21.7).

Zunächst bauen wir uns über Ardublock das nötige Programm für den Sensor-Knoten zusammen. Dafür benötigen wird einen WLAN-Block für die Netzwerkverbindung und einen MQTT-Block im Setup-Bereich. Hier werden auch die erforderlichen Zugangsdaten hinterlegt (Abb. 21.8).

In der Schleife wird unser CO_2-Sensor ausgelesen und über die zuvor eingerichtete MQTT-Verbindung unter dem gewählten Topic, hier „CO2“, publiziert.

Als nächstes horchen wir in Node Red auf das MQTT Topic und senden die Messwerte über einen Knoten an die Influx Datenbank (Abb. 21.9).

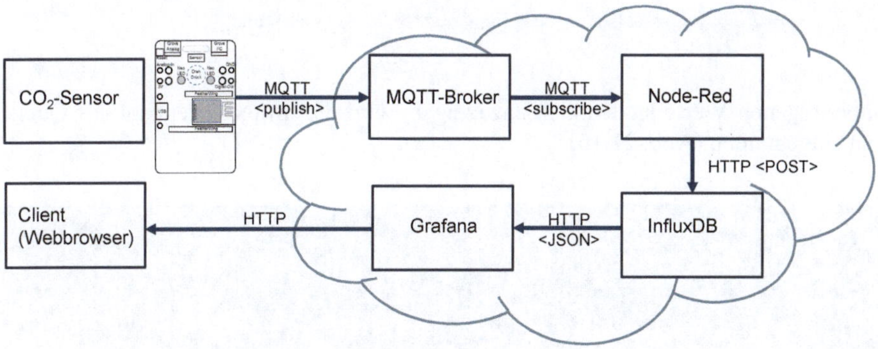

Abb. 21.7: Kommunikation zwischen den Komponenten der Beispielanwendung

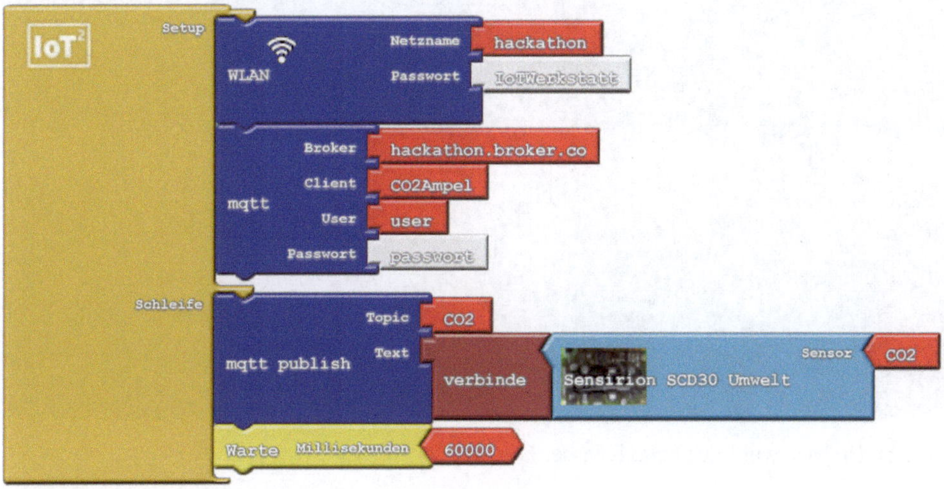

Abb. 21.8: Ardublock-Programm für den Sensorknoten

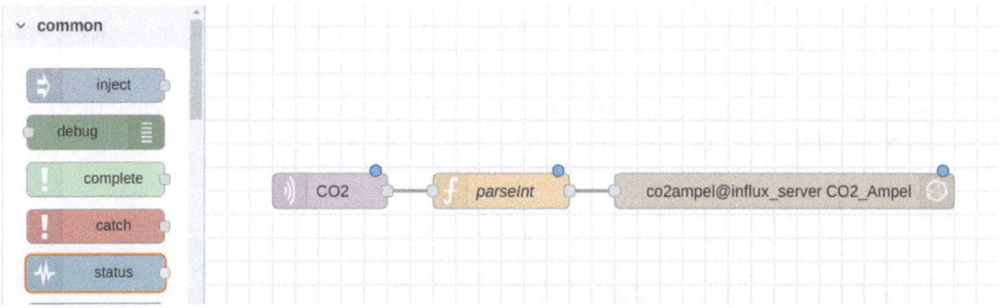

Abb. 21.9: Ein grafisches Programm beschreibt auch den Datenfluss im Node-Red

Wichtig ist hier, dass der Wert als Zeichenkette ankommt und zunächst mit einer einfachen Node-Red-Funktion in einen Zahlenwert umgewandelt werden muss, da nur dann die Datenbank die Werte als Zahlen interpretiert.

```
var newMsg = { payload: parseInt(msg.payload)};
return newMsg;
```

Um die übertragenen Werte letztendlich anzuzeigen, wird die Influx-Datenbank als Quelle in Grafana eingebunden (Abb. 21.10).

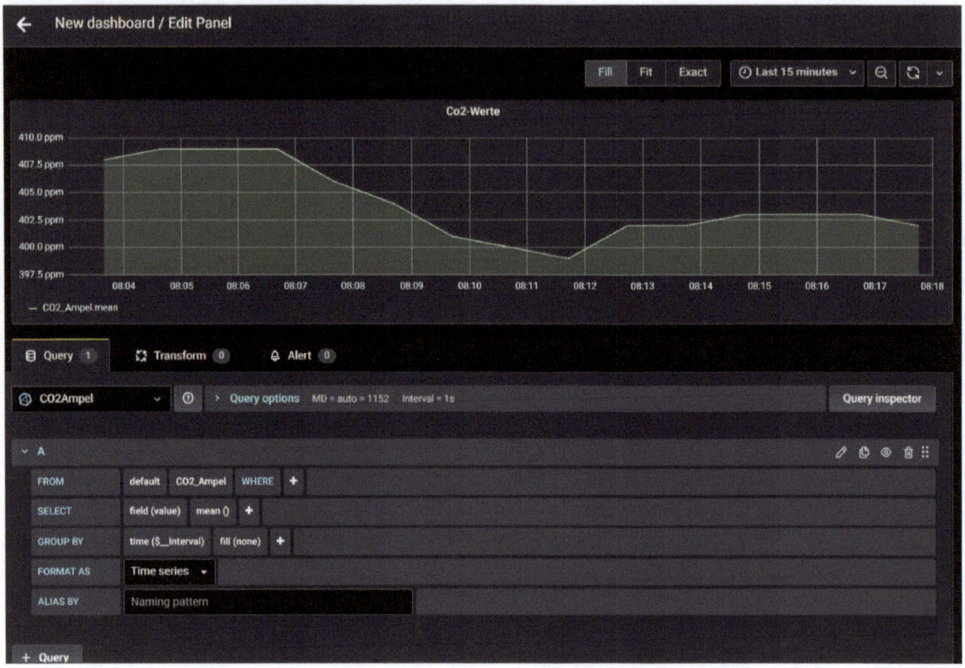

Abb. 21.10: Auswahl des Kanals in der Dashboard-Software Grafana

Wenn alles funktioniert hat, wird hier in der „Measurements"-Auswahlliste der neue Wert „CO2_Ampel" auftauchen und kann visualisiert werden. Durch Kombination von verschiedenen Diagrammen lässt sich eine umfassende Übersicht der Messwerte aufbauen (Abb. 21.11).

Die Lösung mit Thingspeak ist natürlich weit weniger aufwendig, dafür aber auch nicht so flexibel an die Anforderungen der Anwendung anpassbar (Abb. 21.12).

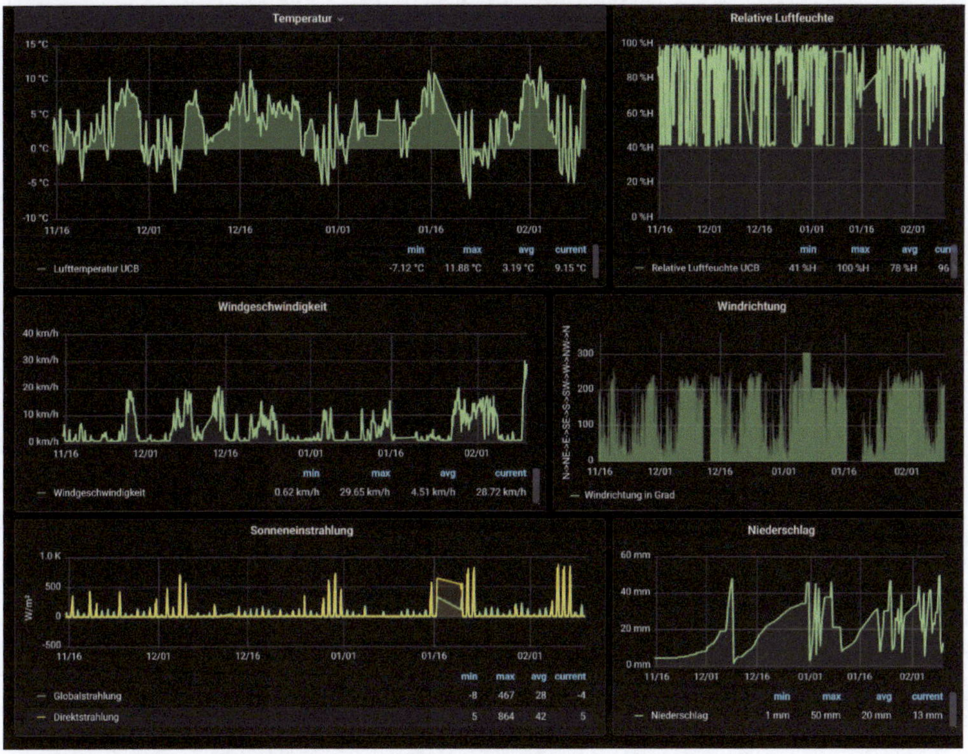

Abb. 21.11: Grafana-Dashboard zur Visualisierung

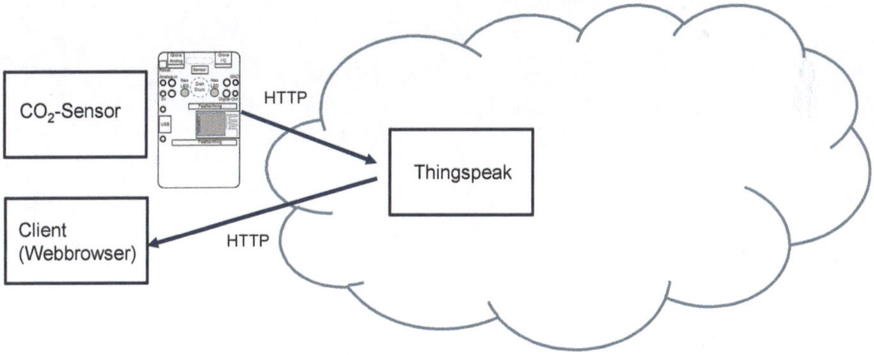

Abb. 21.12: Thingspeak als monolithische Plattform zur Speicherung und Visualisierung

Literatur

AHMED, N., DE, D. & HUSSAIN, I. (2018): Internet of Things (IoT) for Smart Precision Agriculture and Farming in Rural Areas. In: IEEE Internet of Things Journal, 5 (6), 4890-4899. DOI: 10.1109/JIOT.2018.2879579.

GOLLMER, K.-U., BURGER, G., KRIEGER, R. & WAHL, M. (2019): IoT-workshop: Application examples for adult education. Chapter in Big Data Analytics for Cyber-Physical Systems, Machine Learning for the Internet of Things. 1st Ed. Elsevier (Paperback).

HARTMAN, W. T., HANSEN, A., VASQUEZ, E., EL-TAWAB, S. & ALTAII, K. (2018): Energy monitoring and control using Internet of Things (IoT) system, 2018 Systems and Information Engineering Design Symposium (SIEDS), Charlottesville, VA, 2018, 13-18. DOI: 10.1109/SIEDS.2018.8374723.

RATHORE, P., RAO, A. S., RAJASEGARAR, S., VANZ, E., GUBBI, J. & PALANISWAMI, M. (2018): Real-Time Urban Microclimate Analysis Using Internet of Things. In: IEEE Internet of Things Journal, 5 (2), 500-511. DOI: 10.1109/JIOT.2017.2731875.

STRATEGY ANALYTICS (2019): Internet of Things Now Numbers 22 Billion Devices But Where Is The Revenue? https://news.strategyanalytics.com/press-releases/press-release-details/2019/Strategy-Analytics-Internet-of-Things-Now-Numbers-22-Billion-Devices-But-Where-Is-The-Revenue/default.aspx.

22 Modellbildung und Simulation

Klaus-Uwe GOLLMER[1]

Zusammenfassung

Systeme der Umwelt sind durch vielfältige Wechselwirkungen interner und externer Natur geprägt. Computersimulationen sind dabei bewährte Hilfsmittel zum besseren Verständnis der komplexen Phänomene innerhalb des Systems. Im folgenden Kapitel werden die grundlegenden Methoden der modellgestützten Analyse und Vorhersage vorgestellt. Beispiele aus verschiedenen Bereichen illustrieren die Einsatzmöglichkeiten.

22.1 Einleitung

Die Modellbildung und Simulation ist ein etabliertes Werkzeug in fast allen Bereichen der Wissenschaft und Technik. So finden sich Anwendungen in Natur- und Ingenieurwissenschaften genauso wie im Bereich der Sozial- und Wirtschaftswissenschaften. Unter einem Modell verbirgt sich immer ein Hilfsmittel zum Umgang mit der Realität, wobei es eine Vielzahl von Realisierungsmöglichkeiten gibt. Im Kontext der Computersimulation wird unter einem Modell die computergerechte Beschreibung eines Systems verstanden. Dabei ist gleichgültig, ob es sich um ein technisches, biologisches oder ökonomisches System handelt. Ein am realen System durchführbares Experiment kann somit in Form einer Simulation auch am Modell nachvollzogen werden. Der Vorteil eines solchen Vorgehens wird offensichtlich, wenn das Experiment, im Idealfall vollständig, durch die numerische Simulation ersetzt werden kann. Szenariotechnik zur Entscheidungsfindung ist damit einfach realisierbar, eine analytische Lösung der dem Modell zugrunde liegenden Gleichungen ist nicht notwendig und kann bei komplexen dynamischen Systemen oft auch gar nicht dargestellt werden. Außerdem kann der zeitliche Ablauf durch geeignete Wahl der Zeitachse erheblich gerafft oder gedehnt werden. So lässt sich der Verlauf der interessierenden Systemgrößen (Zustandsgrößen) detailliert analysieren.

Die Vielfalt der Simulationsprobleme lässt sich von der methodischen Seite auf wenige Klassen zusammenfassen. Wesentliche Kriterien sind

- Art der Zeitachse (kontinuierlich, diskret),
- Art der Dynamik (stationär, dynamisch),
- Art der Zustandsbeschreibung (homogen, räumlich verteilt).

Charakteristisch für kontinuierliche dynamische Simulationsmodelle ist ein System von Differenzialgleichungen (Ordinary Differential Equations, ODE), die im Zuge der Simulation mit numerischen Integrationsverfahren (z. B. Runge-Kutta-Verfahren) gelöst werden. Zeitdiskrete Simulationen bedienen sich z. B. Petri-Netzen zur Beschreibung ereignisorientierter

[1] Umwelt-Campus Birkenfeld, Angewandte Informatik, Postfach 1380, 55761 Birkenfeld

Zustandsübergänge. Zusammenhänge im Umweltbereich sind zudem häufig raum- oder flächenbezogen, was im kontinuierlichen Fall zu Systemen partieller Differenzialgleichungen bzw. im diskreten Fall z. B. zu zellulären Automaten führt.

Betrachtet man die dem Einsatz der Simulationstechniken zugrunde liegende Motivation, so lassen sich, je nach Anwendungsproblem, verschiedene Gründe erkennen:

- Das reale System ist nicht kompatibel mit den Zeitkonstanten des Anwenders (zu schnell oder zu langsam); Beispiele: Vorhersagemodelle im Bereich Ökosysteme, Waldwachstum, Klimaforschung, Bevölkerungsentwicklung.
- Das reale System ist (noch) nicht verfügbar. Beispiele finden sich vor allem im Planungsbereich z. B. von Lärmschutzmaßnahmen, technischen Anlagen oder Verkehrsnetzen.
- Das reale System ist nicht oder nur schwer beeinflussbar. Reale Experimente sind damit nicht durchführbar, z. B. bei der Wettervorhersage oder der Vorhersage von Hochwasserereignissen.
- Das Experiment ist zu teuer oder zu gefährlich. Crashtests im Automobilbereich, Störfallszenario an kerntechnischen Anlagen oder die Ausbreitungsprognose von Infektionskrankheiten.

22.2 Modelle im Umweltbereich

Diese Gründe haben zu einer Vielzahl erfolgreicher Anwendungen geführt. Eine einfache Systematik ordnet die Modelle bezüglich der nachgebildeten Phänomene (GRÜTZNER 2002):

- Ausbreitungsmodelle: räumliche Ausbreitung von Schadstoffen, Energie und Strahlung, ausgehend von der Emissionsquelle,
- Belastungsmodelle: Bewertung von Immissionen,
- Ökosystemmodelle: Dynamik in Ökosystemen,
- Physiologische/toxikologische Modelle: Schädigung von Organismen,
- Klimamodelle: Klimavorgänge und deren anthropogenen Beeinflussung,
- Ökonomische Modelle: Wechselwirkungen zwischen Umwelt, Ökonomie und Gesellschaft,
- Ressourcenmodelle: Nutzung, Belastung von Wasser, Boden, Nahrung,
- Prozessmodell: Beschreibung und Optimierung technischer Prozesse, Stoffstromanalyse.

Außerdem existieren umfangreiche Link-Sammlungen und Modellbibliotheken. So finden sich z. B. in der REM-Bibliothek (Register of Ecological Models) über 600 Modellbeschreibungen aus den Bereichen Hydrologie, Meteorologie, Land- und Forstwirtschaft, Toxikologie, Biogeochemie und Populationsdynamik (BENZ et al. 2001, ECOBAS 2021, WITTMANN 2020, EPA 2021).

22.3 Der Prozess der Modellbildung

Ein wie auch immer geartetes Modell ist eine vereinfachte Abbildung der Realität und kann somit auch immer nur einen begrenzten Verhaltensabschnitt des realen Systems beschreiben. Damit wird Art und Umfang der Modellformulierung ganz entscheidend durch die jeweilige Aufgabenstellung bestimmt. Aufgrund dieser Tatsache wird es bei den oftmals sehr speziellen Problemstellungen notwendig sein, eigene Modelle zu entwerfen bzw. bestehende Modelle zu erweitern und zu modifizieren. Eine sehr gute Einführung in den systematischen Entwurfs- und Analyseprozess findet sich z. B. im Lehrbuch von BOSSEL 2014. Weitere ausführliche Beispiele sind bei SOETAERT & HERMAN 2009 zu finden.

22.3.1 Modelltypen

Prinzipiell gibt es dabei zwei Ansätze zur Modellbildung. Die erste Möglichkeit besteht darin, lediglich das Verhalten des Systems nachzuahmen, ohne die inneren Zusammenhänge zu kennen. Voraussetzung für diesen „Black-Box"-Ansatz ist das Vorliegen umfangreicher Daten der Ein- und Ausgangsgrößen des realen Systems. Typische Vertreter sind die Zeitreihenanalyse und die neuronalen Netze. Auch die Beschreibung von Messdaten durch einfache Ausgleichspolynome gehört in diese Kategorie. Neuronale Netze (Artificial Neuronal Networks, ANN) sind universelle Approximatoren mit vorgegebener mathematischer Struktur in Form verknüpfter Neuronen. Die in dieser Struktur vorhandenen freien Parameter (Gewichte) werden in einer Trainingsphase aus einer Lernstichprobe der Realdaten ermittelt (Backpropagation). Anschließend ist das Netz in der Lage, das Systemverhalten bei unbekannten, aber ähnlichen Eingangsdaten zu beschreiben. Vorteilhaft ist die einfache, schnelle und weitgehend automatisierbare Modellentwicklung – außer den Realdaten sind keine weiteren Kenntnisse über das System erforderlich. Wesentlicher Nachteil eines solchen „Black-Box"-Ansatzes ist aber die strikte Begrenzung der Modellgültigkeit auf Bereiche, in denen historische Datensätze vorliegen, und die fehlende Aussagekraft der Parameter in Bezug auf das reale System. Eine zuverlässige Vorhersage der Reaktion auf neuartige Ereignisse ist damit nicht realisierbar.

Eine verbesserte Vorhersage lässt sich dadurch erreichen, dass die innere Struktur des Systems im Modell nachgebildet wird, d. h., das System an sich und nicht das äußerlich sichtbare Systemverhalten wird modelliert. Dieser „White-Box"-Ansatz erfordert allerdings ein sehr tiefergehendes Verständnis der komplexen Zusammenhänge des zu modellierenden Systems. Sind die inneren Zusammenhänge z. B. in Form von Massen- oder Energiebilanzen richtig beschrieben, so sind nur wenige Realdaten zur Gültigkeitsprüfung notwendig. Die Reduktion des Datenbedarfs wird dabei durch einen erhöhten Aufwand beim Systemverständnis erkauft. Diese mechanistischen Modelle enthalten zum Teil „stille" Strukturteile, die unter bestimmten Bedingungen aktiviert werden und damit auch Verhaltensweisen korrekt beschreiben, die in der Vergangenheit nicht beobachtet wurden.

Im Gegensatz zu vielen Ingenieurwissenschaften (z. B. Elektrotechnik, Maschinenbau), bei denen sich die technischen Systeme sehr gut mathematisch beschreiben lassen und eine Vielzahl validierter „White-Box"-Modelle verfügbar sind, steht die Modellbildung im Umweltbereich vor besonderen Problemen. Zum einen handelt es sich um sehr komplexe dynamische Systeme, deren theoretischen Grundlagen häufig noch nicht vollständig aufgeklärt sind. Andererseits ist das Realsystem gezielten Experimenten zur Informationsgewinnung oft nicht zugänglich und die aus Feldstudien gewonnenen Daten sind in der Regel relativ unscharf. Aus diesem Grund finden sich in der Praxis häufig Mischformen der beiden prinzipiellen Ansätze. Bei diesen sogenannten „Grey-Box"-Modellen wird versucht, zumindest die bekannten Strukturzusammenhänge im Modell abzubilden. Die genaue Anpassung an das beobachtete Verhalten erfolgt durch entsprechende Wahl freier Modellparameter.

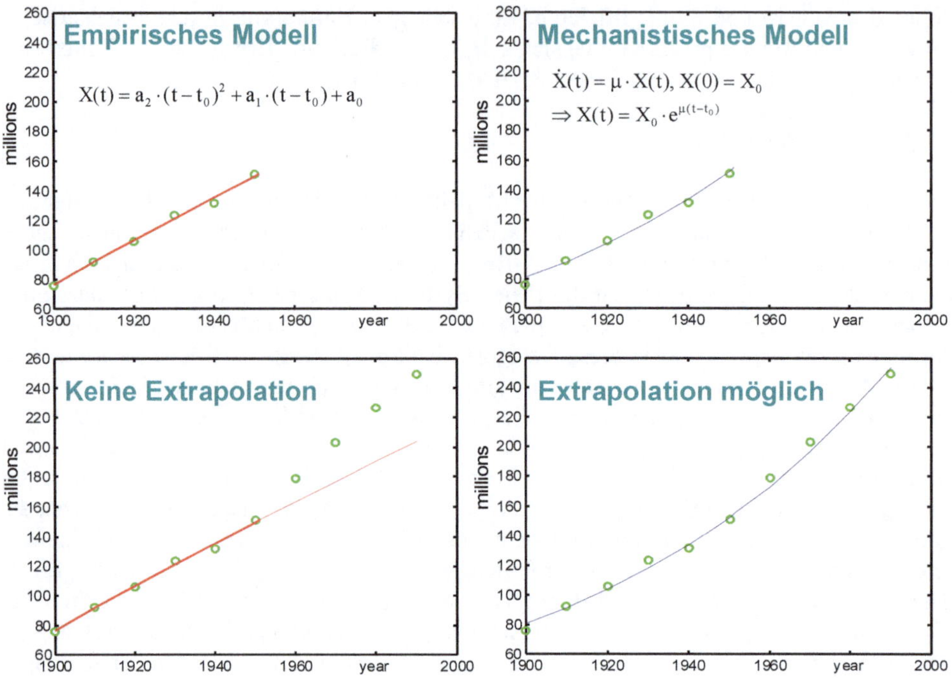

Abb. 22.1: Unterschiede zwischen empirischem und mechanistischem Modellansatz

Abbildung 22.1 zeigt ein einfaches Beispiel zur Verdeutlichung der unterschiedlichen Eigenschaften. Bei den Daten handelt es sich um US-Bevölkerungsdaten (https://www.census.gov). Der empirische Modellansatz hat mit den Polynomparametern a_i insgesamt drei freie Parameter, deren Zahlenwert im realen System keine Entsprechung findet. Wie in der Abbildung gezeigt, hat ein anhand der historischen Daten bis 1950 entwickeltes Ausgleichspolynom nur eine eingeschränkte Extrapolationsfähigkeit. Eine Prognose der zukünftigen Entwicklung korreliert nicht mit den realen Daten. Die Nutzung von A-priori-Informationen über die Systemstruktur (Zuwachs pro Zeiteinheit proportional zur aktuellen Bevölkerungszahl) führt zu einer „Grey-Box"-Lösung in Form einer einfachen Differenzialgleichung. Die vorhandenen Modellparameter Anfangspopulation X_0 und spezifische Wachstumsrate μ haben hier eine plausible Bedeutung im realen System. Die Vorhersagequalität des Modells wird erheblich verbessert.

Bedingt durch das eingeschränkte A-priori-Wissen über die zugrunde liegenden Wirkmechanismen ergibt sich bei der Modellbildung im Umweltbereich in der Regel eine Mischform zwischen strukturadäquaten Modellanteilen und empirischen Komponenten. Ein weiterer Ansatz in diese Richtung ist die Fuzzy-Technologie. Hier wird versucht, bekannte Zusammenhänge und unscharfes Wissen mathematisch in Form von Regeln und Zugehörigkeitsfunktionen zu beschreiben. Neuro-Fuzzy-Systeme kombinieren die datengetriebene Modellierung eines neuronalen Netzes mit den Regeln des Fuzzy-Ansatzes.

22.3.2 Ablauf einer Simulationsstudie

Abbildung 22.2 zeigt den generellen Ablauf einer Modellentwicklung.

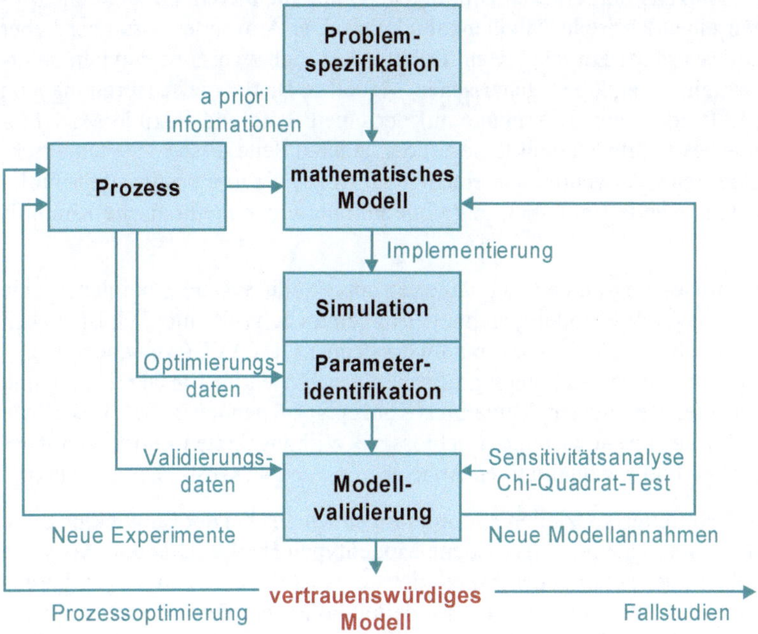

Abb. 22.2: Ablauf einer Modellierungsstudie

Ausgehend vom zu untersuchenden Prozess, den A-priori-Informationen und der jeweiligen Problemstellung wird ein erstes Modell entwickelt und am Simulator implementiert. In Abhängigkeit der gewählten Modellkategorie erfolgt die numerische Lösung mittels geeigneter Algorithmen (z. B. Differenzialgleichungslöser ODE-Solver, Nullstellensuche). Die Simulationsergebnisse werden mit einem Teil der Realdaten verglichen (Optimierungsdatensatz). Eventuell vorhandene unbekannte Modellparameter können mittels Optimierungsverfahren so angepasst werden, dass die Summe der quadratischen Abweichungen zwischen Simulation und Realdaten minimal wird (nichtlineare Optimierung z. B. Nelder & Mead Simplex-Verfahren, PRESS et al. 2007). In einem weiteren Schritt erfolgt die Überprüfung der Modellgüte. Hierzu wird das angepasste Modell mit einem Validierungsdatensatz konfrontiert. Die dabei erzielbare Übereinstimmung in Verbindung mit statistischen Tests liefern Informationen darüber, ob sich die verbleibenden Fehler allein durch die Messfehler der Realdaten begründen lassen oder ob das Modell modifiziert werden muss (z. B. Chi-Quadrat-Test, PRESS et al. 2007). Ein weiterer Schritt überprüft die Sensitivität der einzelnen Parameter und beantwortet u. a. die Frage, ob bei gegebener Datenlage alle bei der Kalibrierung identifizierten Parameter überhaupt unabhängig voneinander bestimmt werden können. Am Ende dieses iterativen Prozesses steht ein vertrauenswürdiges Modell zur Verfügung.

22.4 Software zur Simulation und Modellentwicklung

Prinzipiell lassen sich die verschiedenen Simulationsmodelle mittels jeder höheren Programmiersprache und unter Nutzung numerischer Bibliotheken implementieren. Für einfache Modelle reicht dazu sogar eine klassische Tabellenkalkulation. Der Anwender wird aber lieber auf spezielle Simulationssysteme zurückgreifen. Dabei lassen sich zwei Systemtypen unterscheiden. Systeme mit einem einzigen generischen Modell z. B. für die Ausbreitung von Schadstoffen in der Luft oder einer Kläranlage auf der einen Seite und flexible Modellierungssystemen für eine bestimmte Modellklasse auf der anderen Seite. Erstere Systeme richten sich vornehmlich an reine Anwender aus einem Fachgebiet, die ihre bestimmte Simulationsaufgabe möglichst anwenderfreundlich und ohne umfangreiche methodische Kenntnis bearbeiten möchten.

Zur flexiblen Modellentwicklung eignen sich dagegen universelle Systeme, bei denen eine Änderung der zugrunde liegenden Modellgleichungen auf einfache Weise möglich ist. Neben textbasierten Sprachen wie MATLAB® (www.mathworks.com), OCTAVE (www.octave.org) oder R (www.r-project.org) finden sich auch grafische Oberflächen im Einsatz. Dabei sind insbesondere die Vertreter des System-Dynamics-Konzepts zu nennen z. B. VENSIM® (www.vensim.com). Bei Letzterem wird die geschlossene Wirkungskette in Form von Kausaldiagrammen entwickelt und zur qualitativen Analyse von Feedback-Einflüssen genutzt.

Aufgrund der bereits diskutierten speziellen Anforderungen wird es bei der Entwicklung von Umweltmodellen oft notwendig sein, verschiedene Modelltypen (z. B. ODEs und ANN) zu kombinieren. Ein Problem der heterogenen Simulationstools ist die Übernahme von bereits erprobten Modellen aus der Literatur bzw. aus Modellbibliotheken. Eine Umsetzung wird durch unterschiedliche Syntax und Nomenklatur erheblich erschwert. Abhilfe schaffen Modelldokumentationssysteme (z. B. ECOBAS 2021), die durch eine standardisierte, einheitliche Modellbeschreibung einen einfachen Transfer der mathematischen Modelle in verschiedene Zielsysteme gestatten.

In der Regel erfolgt die Verknüpfung von UIS und Simulationssystem durch entsprechende Koppelsoftware. Als naheliegende Lösung bietet sich die Kopplung über Datendateien an. Problematisch ist dabei zum einen die Transformation der verschiedenen Datenformate, zum anderen aber auch die konsistente doppelte Datenhaltung im Simulator und im UIS. Zur Lösung dieses Problems bieten viele Informationssysteme bereits fertige Schnittstellen zu bestimmten Simulatoren an. Idealerweise ist das Simulationssystem integraler Bestandteil des UIS und ermöglicht so die Nutzung der kompletten UIS-Funktionalität. Hier wird der Simulationsalgorithmus in der vom jeweiligen UIS bereitgestellten Skriptsprache implementiert. (WITTMANN 2019).

22.5 Anwendungsbeispiele

22.5.1 Fuzzy-System zur Hochwasservorhersage

Die Flutkatastrophen der letzten Jahre haben deutlich gemacht, wie wichtig eine zuverlässige Pegelvorhersage ist. Damit die betroffenen Bewohner rechtzeitig Schutzmaßnahmen einleiten können, sind möglichst frühzeitige und genaue Prognosen der zu erwartenden Höchststände notwendig. In STÜBER et al. 2000 wird ein Fuzzy-Ansatz zur Vorhersage der Pegel der Mosel bei Trier vorgestellt. Eingangsgrößen sind die über ein dichtes Messnetz entlang der Mosel erfassten Pegel- und Niederschlagsdaten. Über einen Satz von Fuzzy-Regeln der Form

$$\text{IF } Q_{Perl}(t_l) \text{ IS high AND } Q_{Fremersdorf}(t_{k-j}) \text{ IS very\_high AND } .....$$
$$\text{THEN } Q_{Trier}(t_{k+6}) = Q_{Perl}(t_k) \times p_1 + Q_{Perl}(t_{k-1}) \times p_2 + Q_{Fermersdorf}(t_{k+2}) \times p_3 + ...$$

lässt sich das vorhandene Wissen der Hydrologen über dem gemessenen Abfluss $Q_i(t)$ am Punkt i zum Zeitpunkt t im Modell nutzen. Nachdem die freien Modellparameter p_n und Zeitpunkte t_n anhand historischer Datensätze optimiert wurden, ist das Fuzzy-Modell in der Lage, die Pegelstände in Trier für Stunden im Voraus vorherzusagen.

Die Prädiktion kann weiter verbessert werden, indem neben den Pegelständen der flussaufwärts liegenden Messstellen auch die Niederschlagsdaten in den Regelsatz integriert werden.

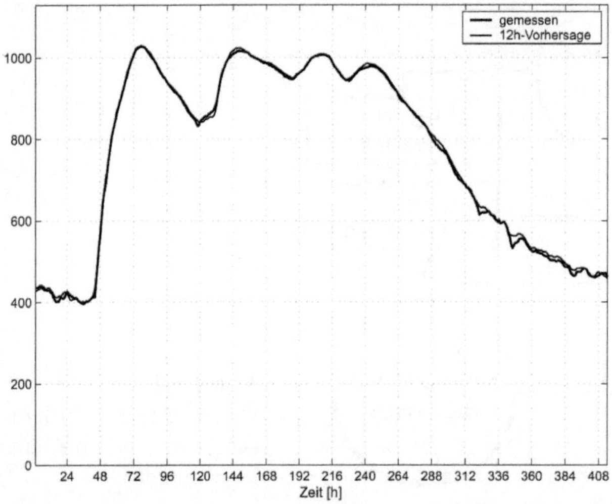

Abb. 22.3: Vergleich der zwölf Stunden Vorhersage und des tatsächlichen Pegels der Mosel bei Trier (STÜBER et al. 2000)

22.5.2 Simulation von biologischen Abwasserreinigungsprozessen

Zur Auslegung biologischer Kläranlagen werden in wachsendem Maße dynamische Simulationen eingesetzt. Mit ihnen lässt sich das Verhalten einer Anlage unter verschiedenen Lastbedingungen und Fahrweisen analysieren. Beabsichtigte Umbaumaßnahmen können so z. B. schon im Vorfeld auf ihre Wirksamkeit hin untersucht werden. Auch lassen sich die dynamischen Modelle online, d. h. parallel zum realen Prozess, betreiben und dienen so der frühzeitigen Störungserkennung und einer optimalen Auslegung der Prozessregelung.

Wichtige Systemgrößen im Belebtschlammklärbecken sind der Sauerstoffverbrauch, die Schlammproduktion, die Nitrifikation und die Denitrifikation. Zur Beschreibung dieser Vorgänge hat die IAWQ (International Association on Water Quality) mehrere Modelle veröffentlicht. Grundlage bilden dabei Massenbilanzen über die als ideal durchmischt angenommenen Rührkesselreaktoren der Anlage. Die Modelle basieren auf Wechselwirkungen zwischen 13 Stoffgruppen und den acht wesentlichen am Abbau beteiligten biologischen bzw. chemischen Prozessen (UHLENHUT 2000). So wird z. B. der gelöste Sauerstoff und der Ammonium-Stickstoff von der aktiven autotrophen Biomasse zum aeroben Wachstum genutzt. Dabei wird Biomasse und Stickstoff in Form von Nitrat/Nitrit freigesetzt. Aus der Anwendung von Massenbilanzen über die einzelnen Stoffgruppen und der Annahme kinetischer Ausdrücke für die biologisch katalysierten Reaktionen ergibt sich schließlich ein System von mehreren gekoppelten nichtlinearen Differenzialgleichungen, die z. B. mithilfe der MATLAB®-Umgebung simuliert werden können. Dieses dynamische Gleichungssystem bildet auch das Rückgrat einer Reihe von speziellen Simulationsprogrammen, so z. B. SIMBA (www.ifak.eu) oder GPS-X (www.hydromantis.com).

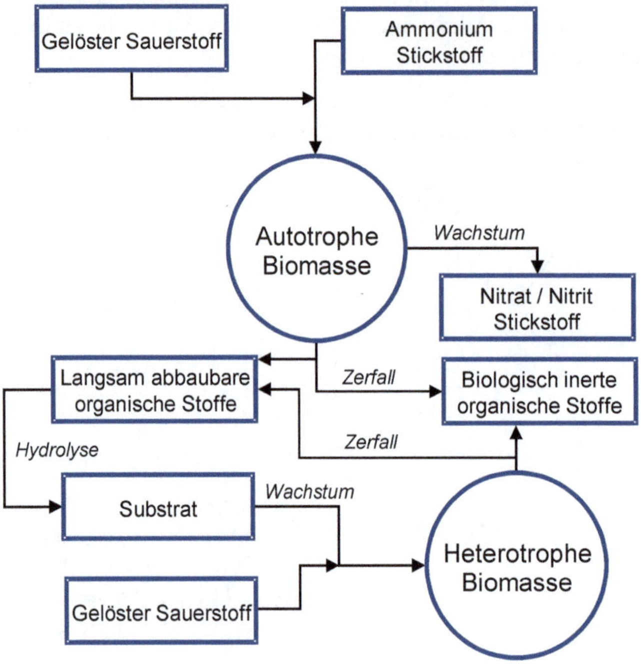

Abb. 22.4: Darstellung der Wirkzusammenhänge im Kläranlagenmodell

Die im obigen Modell identifizierten Stoffgruppen und Hauptreaktionen stellen natürlich nur eine sehr grobe – aber für den beabsichtigten Einsatzzweck der Auslegung von Kläranlagen hinreichende Sichtweise des beteiligten biologischen Systems dar. Innerhalb der Systembiologie und der Bioinformatik sind Bestrebungen zu beobachten, die Zelle in einem weitaus höheren Detaillierungsgrad abzubilden und damit die Zelle „in silico", also die im Computer simulierte Zelle zu schaffen (www.e-cell.org). Dazu wird die externe Massenbilanz um zellinterne Stoffe (Metabolite) und biochemische Reaktionskinetiken erweitert. Problematisch ist hier nicht nur die numerische Lösung des sich ergebenden komplexen Gleichungssystems – in der Zelle laufen über tausend chemische Reaktionen ab. Vielmehr sind immense Anstrengungen nötig, die quantitativen Daten der zugrunde liegenden komplexen Stoffwechselwege und der Genregulation in einem ausreichenden Detaillierungsgrad zu erforschen. Leitidee der Modellbildung ist dabei das optimale Design von molekularen, zellulären und biotechnischen Systemen – der Schritt von der „gläsernen" zur „maßgeschneiderten" Zelle. Eine solchermaßen optimierte Zelle könnte z. B. den biologischen Abbau eines bestimmten Schadstoffs verbessern oder im Medizinbereich einen bestimmten pharmakologisch interessanten Wirkstoff produzieren.

22.5.3 Prognosemodelle in der Landwirtschaft

Simulationsmodelle für pflanzenpathogene Erreger haben sich heutzutage zu einem etablierten Werkzeug in der modernen Landwirtschaft entwickelt (ZEPP 2021). Im Zusammenspiel mit räumlich aufgelösten Wetterdaten liefern diese Modelle dem Landwirt für seinen spezifischen Feldbereich zuverlässige Prognosen zum Auftreten von Schädlingen und Perioden mit hohem Infektionsdruck. Dies ermöglicht eine angepasste Bekämpfungsintensität und damit eine erhebliche Reduktion von Ressourceneinsatz und Umweltbelastung.

Als Beispiel soll hier ein Prognosemodell für die Primärinfektion des Falschen Mehltaus der Weinrebe vorgestellt werden (BERKELMANN-LÖHNERTZ et al. 2006). Der Erreger *Plasmopara viticola* überwintert als Winterspore (Oospore) im Boden. Der erste Befall im Frühjahr kann erst erfolgen, wenn der Boden gut durchfeuchtet und die Luft- sowie Bodentemperatur für ca. 24 Stunden einen bestimmten Mindestwert überschreitet. Sind die Bedingungen erfüllt, kann die Winterspore keimen (Sporangien). Diese Sporangien gelangen durch starken Regen (Splash-Ereignis) auf das junge Blatt der Weinrebe. Unter günstigen Umweltbedingungen werden bewegliche Zoosporen entlassen, diese treiben einen Keimschlauch in die Spaltöffnung und infizieren die Pflanze. Bei zwischenzeitlich länger anhaltender Trockenheit kann dieser Entwicklungszyklus stagnieren bzw. bisher gebildeten Sporangien und Zoosporen können absterben. Für den Winzer ist es von großem Interesse, die sogenannte Primärinfektion frühzeitig zu erkennen, um rechtzeitig mit den Pflanzenschutzmaßnahmen zu beginnen. Zur verlässlichen Vorhersage sind damit mehrere mathematische Teilmodelle involviert. Aus den räumlichen Wetterdaten wird über physikalische Zusammenhänge das Bestandsklima (Bodenfeuchte, Blattfeuchte, lokale Temperaturen) ermittelt. Gleichzeitig wird über ein Splash-Modell die zur Blattinfektion notwendige Spritzwasserhöhe abgeschätzt. Diese Umweltdaten beeinflussen den biologischen Entwicklungszyklus.

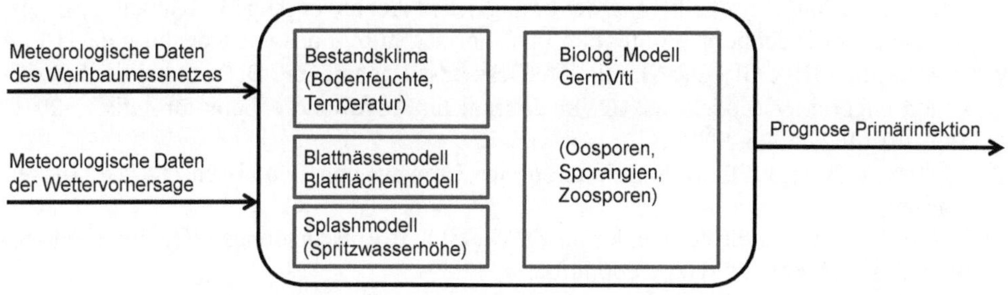

Abb. 22.5: Teilmodelle zur Prognose der Primärinfektion des Falschen Mehltaus (Agrarmeteorologisches Beratungssystem *AMBER* des Deutschen Wetterdiensts, DWD 2021)

Das biologische Modell besteht hier aus drei Differenzialgleichungen für die drei Entwicklungsstadien (Oospore, Sporangium und Zoospore). Die Übergänge zwischen den Stadien werden durch die räumlich aufgelösten äußeren Einflussfaktoren (Bestandsklima, Spritzwasser) gesteuert. Somit erhält der Pflanzenschutzberater gezielte Prognoseinformationen über den wahrscheinlichen Zeitpunkt der Primärinfektion in den einzelnen Weinbaulagen.

Literatur

BENZ, J., HOCH, R. & LEGOVIC T. (2001): ECOBAS – modelling and documentation. In: Ecological Modelling, 138, 3-15.

BERKELMANN-LÖHNERTZ, B., LOSKILL, B. J., FRÜHAUF, C., GOLLMER, K.-U., FORSTER, M., KUCZERA, A., BRADEN, H. & WITTICH, K.-P. (2006): Downy mildew forecast regarding primary and further soil borne infections based on a splash algorithm and a microclimate model. Proceedings of the 5th International Workshop on Grapevine Downy and Powdery Mildew, 130.

BOSSEL, H. (2014): Systeme, Dynamik, Simulation: Modellbildung, Analyse und Simulation komplexer Systeme. Vieweg + Teubner, Wiesbaden.

DWD – Deutscher Wetterdienst (2021): Agrarmeteorologisches Beratungssystem AMBER. http://www.dwd.de/agrarwetter, Reben – Peronospora, suche: GermViti.

ECOBAS (2021): http://www.ecobas.org.

EPA (2021): United States Environmental Protection Agency, EcoService Models Library. https://esml.epa.gov/.

GRÜTZNER, R. (2002): Problemlösung durch Simulation im Umweltbereich. In: GNAUCK, A. (Hrsg): Systemtheorie und Modellierung von Ökosystemen. Physica, Berlin/Heidelberg.

PRESS, W. H., TEUKOLSKY, S. A., VETTERLING, W. T. & FLANN, B. P. (2007): Numerical Recipes: The Art of Scientific Computing. Cambridge University Press. Online-Version verfügbar unter http://numerical.recipes.

STÜBER, M., GEMMAR, P. & GREVIN, M. (2000): Machine supportet Development of Fuzzy-Flood Forecast Systems. Proceedings of European Conference on advanced Flood Research, Potsdam, 504-515.

SOETAERT, K. & HERMAN, P. (2009): A Practical Guide to Ecological Modelling. Springer, Berlin.

UHLENHUT, F. (2000): Modellierung der biologischen Abbauvorgänge in Kläranlagen. Dissertation, Uni Oldenburg. Volltext im PDF-Format: http://oops.uni-oldenburg.de/410/.

WITTMANN, J. (2019): GIS und Simulation: Bestandsaufnahme und Defizite bei der Spezifikation integrierter Modelle in 4D. In: Journal für Angewandte Geoinformatik, 5-2019. DOI: 10.14627/537669005.

WITTMANN, J. (Hrsg.) (2020): Simulation in den Umwelt- und Geowissenschaften. Shaker, Aachen.

ZEPP (2021): Zentralstelle der Länder für EDV-gestützte Entscheidungshilfen und Programme im Pflanzenschutz. www.zepp.info.

23 Geovisualisierung und thematische Kartographie

Ariane RUFF[1]

Zusammenfassung

Thematische Karten sind ein gängiges Instrument zur fachspezifischen Visualisierung und Kommunikation von raumbezogenem Wissen. Die zunehmende Komplexität und Interdisziplinarität umweltrelevanter Fragestellungen, die stetige Weiterentwicklung von GIS-Technologien und von Web-Mapping-Services sowie die rasant wachsenden, digital verfügbaren Datenbestände stellen hohe Herausforderungen an die Abstraktion, Vereinfachung und Darstellung der gewonnenen Erkenntnisse. Die Vielfalt an grafischen Gestaltungsmitteln und Einsatzbereichen erfordert zwingend die Beachtung von kartographischen Regeln und Prinzipien, die in diesem Kapitel vorgestellt werden.

23.1 Einleitung

23.1.1 Zielsetzung und thematische Einordnung

Nach HAKE et al. (2002, 3) ist das Erfassen, Aufbereiten, Speichern, Bewerten und kartographische Darstellen von raumbezogenen Informationen Hauptgegenstand der Kartographie. Triebfedern für das Forschungsfeld der Kartographie sind die rasanten Entwicklungen im Bereich der digitalen Medien, die wachsenden (Geo-)Datenbestände (Big Data und Crowdsourcing) und die veränderten Ansprüche der Kartennutzer (MENG 2013, 115). Im Vordergrund steht immer die Nutzbarkeit von Karten, die von der Qualität der Abstraktion der Realität und der daraus resultierenden Interpretierbarkeit bestimmt werden. Trotz oder gerade im Kontext der dargestellten Entwicklungen gelten die kartographischen Prinzipien unverändert und sind die Grundlage für eine zielgerechte Darstellung von raumzeitlichen Entwicklungen. Viele, aktuell ohne Beachtung von kartographischen Regeln erstellte Karten demonstrieren den Mangel an Fachwissen und die Notwendigkeit zur Vermittlung von kartographischen Regeln und Methoden (vgl. LAMBERT & ZANIN 2020, IX).

Das Verständnis der Funktion von Karten ist häufig noch auf die traditionelle Rolle des Präsentierens beschränkt. Im Kontext der aktuellen Entwicklungen und der sich daraus ergebenden Möglichkeiten wird die Karte jedoch immer mehr zur „flexiblen Schnittstelle zu den Geodaten“. Basis sind die interaktiven und dynamischen Umgebungen, die in Verbindung mit anderen grafischen Darstellungen ein ganz neues visuelles Denken über georäumliche Strukturen, Relationen und Trends ermöglichen. Dieser erweiterte Ansatz wird im Fachgebiet Geovisualisierung bearbeitet (KRAAK 2019, 141).

---

[1] Hochschule Nordhausen, Lehrgebiet Urbane Ressourcen, Weinberghof 4, 99734 Nordhausen, ariane.ruff@hs-nordhausen.de, www.hs-nordhausen.de

Ziel dieses Kapitels ist es, die Fachgebiete Thematische Kartographie und Geovisualisierung zu erläutern sowie Regeln und Prinzipien, die für beide Bereiche von Bedeutung sind, vorzustellen.

23.1.2 Begriffsdefinition „Thematische Kartographie"

Nach LAMBERT & ZANIN (2020, 5) ist die Kartographie ein künstlerisches, wissenschaftliches und technisches Fachgebiet zur Konzeption und Erstellung von Karten. Die Thematische Kartographie beschäftigt sich mit der Konzeption, Gestaltung und Publikation von thematischen Karten, den theoretischen Grundlagen sowie praktischen Umsetzungsverfahren (WILHELMY & HÜTTERMANN 2002, 182).

Im Allgemeinen werden nach dem Karteninhalt zwei große Bereiche von Kartendarstellungen unterschieden: topographische Karten und angewandte thematische Karten. Topographische Karten dienen in erster Linie der Orientierung im Raum sowie der räumlich-korrekten Verortung von Standorten. Sie bilden die Basis der meisten thematischen Karten, die der Darstellung eines speziellen Merkmals oder Themas (z. B. Bevölkerungsdichte) dienen. Erst die kartographische Darstellung von bestimmten Sachverhalten (Themen) ermöglicht in vielen Fällen das Erkennen von räumlichen Mustern sowie die Ableitung von neue, wissenschaftlichen Aussagen (vgl. SLOCUM et al. 2014, 2).

Thematische Karten dienen der Darstellung von statistischen Werten, von Einzelbeobachtungen, von komplexen Tatbeständen, begrifflichen Verallgemeinerungen sowie geistigen Auffassungen (WILHELMY & HÜTTERMANN 2002, 182). Sie zeigen das Wissen, die Meinung und die Absicht des Autors und können somit auch als Mittel zur Meinungsbeeinflussung im Sinne von „Verhüllen", "Verschweigen", Nichtzeigen" bis zum „Verfälschen" von bestimmten Informationen missbraucht werden (SCHNEIDER 2018, 128 ff.).

23.1.3 Begriffsdefinition „Geovisualisierung"

Lange Zeit stand die Karte im Mittelpunkt des Interesses der klassischen Kartographie. Der Begriff „Karte" wird nach Meinung von KRIZ (2001, 230) im deutschen Sprachraum zu eng verwendet. Vielmehr sollte er alle kartographischen Produkte einschließen und „ist daher als strukturiertes Modell mit räumlichen Bezügen zu sehen, mit der Aufgabe, Informationen zu transportieren und dem Nutzer die Gewinnung von weitreichenden Erkenntnissen zu ermöglichen" (KRIZ 2001, 230). Dazu stehen inzwischen sozusagen für jedermann hochmoderne Modellierungs- und Visualisierungs-Softwareprodukte sowie immersive, interaktive virtuelle Entwicklungsumgebungen zur Verfügung (vgl. FUHRMANN & KRAAK, 2001, 173). In diesem Sinn definiert KRAAK (2019, 141) das Forschungsgebiet Geovisualisierung als „the visual exploration, analysis, synthesis, and presentation of geospatial data by integrating approaches from disciplines including cartography with those from scientific visualization, image analysis, information and data visualization, exploratory data analysis, visual analytics, and GIScience".

Geovisualisierung integriert somit Ansätze aus vielen verschiedenen Fachdisziplinen, wie z. B. aus der wissenschaftlichen Visualisierung, der Bildanalyse, der Informationsvisualisierung, der explorativen Datenanalyse, der Geographischen Informationssysteme und anderen Disziplinen. Sie ist damit stark interdisziplinär aufgestellt und ausgerichtet. Ein zentrales Fundament bildet die Kartographie, die wichtige Gestaltungsprinzipien und Methoden zur grafischen Darstellung und Implementierung in interaktive Karten zur Verfügung stellt (SCHIEWE 2013, 125 f.).

23.2 Kartographische Grundlagen

Die quantitativ und qualitativ hochwertige Datenverfügbarkeit sowie die ständige Weiterentwicklung der Werkzeuge in GIS-Systemen ermöglichen eine Darstellung komplexer räumlicher Phänomene zunehmend auch für „normale" Nutzer. Diese verfügen jedoch in der Regel über ein geringes Grundwissen im Bereich kartographischer Grundsätze und Regeln (vgl. BURGDORF 2009, 1). Im Folgenden werden wichtige Aspekte der kartographischen Modellierung und Darstellung im Überblick zusammengestellt.

Die Visualisierung von Umweltdaten erfolgt mithilfe von analogen und digitalen Modellen. Basis beider Modelle ist der Entwurf einer geeigneten Kartengrafik als Summe grafischer Gestaltungsregeln. Der Erstellungsprozess ist in die gedanklich-konzeptionelle Vorbereitung und die praktisch-technische Umsetzung des entwickelten Konzepts gegliedert. Beide Bereiche müssen gemeinsam betrachtet werden, da gegenseitige Wechselbeziehungen bestehen. So bestimmen z. B. Grenzen der Datenerfassung, verfügbare Verfahren und Programme sowie die Kosten den Gestaltungsspielraum im Prozess vom Entwurf bis zur Vervielfältigung/Veröffentlichung der Karte. Wichtige, zu beachtende Aspekte sind:

- sachgerechte Erfassung, Verarbeitung und Speicherung der Objektdaten unter Beachtung des Raum- und Zeitbezugs,
- fachgerechte Ableitung und Strukturierung inhaltlicher Themenkomplexe (kartographische Modellbildung),
- Wahl einer geeigneten Kartengrafik in Abhängigkeit von der Maßstäblichkeit und Generalisierungsfragen (Kartengestaltung, Visualisierungstechniken) (vgl. HAKE et al. 2002, 105 f.).

Die hohe quantitative Verfügbarkeit und zunehmende Komplexität von raumbezogenen Daten kann schnell zur visuellen Überflutung bzw. Übersättigung des Nutzers und damit zur Verminderung der Aufmerksamkeit und in der Folge zu Informationsverlusten führen. Vor diesem Hintergrund hat die Selektion, Verdichtung und Visualisierung entsprechend klassischer und weiterzuentwickelnder kartographischer Grundsätze, Regeln und Methoden eine große Bedeutung (PÜTZ & SCHMIDT-SEIWERT 2009, 729).

23.2.1 Datenerfassung

Gegenstand der kartographischen Darstellung sind in der Regel Objekte mit Raum-, Zeit- und Sachbezug. Objekte mit Raumbezug sind sinnlich wahrnehmbare, konkrete Gegenstände der belebten und unbelebten Umwelt (z. B. See, Gebäude, Mensch) sowie Sachverhalte, die mehr oder weniger abstrakt die Merkmale dieser Gegenstände (z. B. Temperatur, Alter, Aussehen) oder die Beziehung zu anderen Objekten (z. B. Bevölkerungsdichte als Relation zwischen Gesamtbevölkerung und Bezugsraum) abbilden. Grundsätzlich können folgende Erfassungsverfahren unterschieden werden:

- direkte Erfassung durch eine (thematische) Feldaufnahme (Vermessung, Kartierung) oder Befragung,
- Ableitung aus topographischen Karten, Luft- und Satellitenbildern sowie Laserscannerdaten durch visuelle oder automatische Bildinterpretation,

- Auswertung von Statistiken, amtlichen Veröffentlichungen und Nachweisen, Fachliteratur und Archivalien (vgl. HAKE et al. 2002, HENNERMANN & WOLTERING 2014).

In den letzten Jahren hat die Erfassung mittels GPS-Daten an Bedeutung gewonnen. Es können Punkte als auch Linien erfasst werden, die über die automatische Positionsbestimmung direkt mit einer geographischen Referenzierung in digitale Datenverarbeitungssysteme importiert werden können (KRAAK & ORMELING 2021, 25).

Ebenso gewinnt die freiwillige Datenbereitstellung durch die Bürger, auch Crowdsourced-Mapping genannt, zunehmend an Bedeutung. Während bei „Laien-Crowds" vorwiegend fachlich nicht qualifizierte Nutzer Daten sammeln und bereitstellen (was durchaus oft sehr wertvolle Ergebnisse liefert), werden im Sinne von „Experten-Crowds" Netzwerke von Fachspezialisten für die Generierung von Daten genutzt (IMAGI 2019, 8 f.).

Mit der Entwicklung der Open-Data-Bewegung in den 1990er-Jahren in den USA stehen weltweit zunehmend geographische und andere Daten kostenfrei und aufgrund der Bereitstellung von entsprechenden Download-Applikationen oft auch relativ leicht zugänglich zur Verfügung. Dies erleichtert die Arbeit der Kartographen erheblich (LAMBERT & ZANIN 2020, 17).

Raumbezug

Die Darstellung des Raumbezugs ist in der klassischen Kartographie und Geovisualisierung zwingend notwendig und kann auf verschiedene Arten erfolgen. Klassisch ist die Angabe des direkten Raumbezugs auf der Basis von zwei- und dreidimensionalen geographischen Koordinaten, denen ein definiertes Bezugssystem (Kartennetz) zugrunde liegt. Indirekt lassen sich räumliche Bezüge über Kennzahlen, die eine räumliche Gebietsgliederung darstellen (z. B. Postleitzahlbereiche, Katasterangaben, Adressen etc.) abbilden.

Zeitbezug

Der Zeitbezug bildet das raumzeitliche Verhalten von Objekten ab. Es werden statische und dynamische Darstellungen unterschieden. Statische Abbildungen haben den Charakter einer Momentaufnahme, wie dies zum Beispiel bei topographischen Karten der Fall ist. Dynamische Darstellungen verdeutlichen geometrische und gegenständliche Veränderungen (z. B. Stadt- und Landschaftsentwicklung, Bevölkerungsentwicklung).

Sachbezug

Der Sachbezug beschreibt die erfassten Objekte hinsichtlich ihrer Merkmale oder Attribute. Grundsätzlich werden quantitative und qualitative Daten unterschieden. Quantitative Daten beschreiben Merkmalsausprägungen, die intervallskalierte, metrische Werte annehmen können. Zudem werden diskrete (abzählbare, z. B. Personen oder Fahrzeuge) und kontinuierliche (stetige, durch Messung entstandene Daten, z. B. Wetterdaten) unterschieden. Über statistische Verfahren werden die Original- oder Primärdaten in der Regel zu Mittel- und Summenwerten, chronologischen Abfolgen etc. transformiert (Sekundärdaten, z. B. Durchschnittseinkommen). Qualitative Daten beschreiben Merkmalsausprägungen, die sich eindeutig in Kategorien oder Typen einteilen lassen, jedoch nicht immer konkrete mathematische Werte annehmen (z. B. Geschlecht, Religionszugehörigkeit etc.). Bei ordinalen Merkmalen ist die Ableitung von Hierarchien möglich (z. B. Bildungsgrad).

23.2.2 Kartographische Modellbildung

Aufgabe der Modellbildung ist die verständliche und anschauliche Abstraktion und Darstellung eines komplexen Abbilds der Realität. Grundsätzlich werden analoge und digitale Modelle unterschieden. *Analoge Modelle* bilden in Form von Karten zielgerichtet und zweckgebunden einen bestimmten Ausschnitt der Realität sowie Zusammenhänge und Prozesse ab. Die Kartengraphik wird durch den Karteninhalt, den Kartenmaßstab sowie die zu beachtenden Grundsätze der Kartengestaltung bestimmt. *Digitale Modelle*, die z. B. in Geoinformationssystemen erarbeitet werden, sind weitaus komplexer und erfordern Fachwissen aus verschiedenen Fachdisziplinen (Kartographie, Geoinformatik, Bildverarbeitung etc.). Die Erstellung digitaler Modelle gliedert sich in die Konzeption des Primärmodells (Digitales Objektmodell DOM, Digitales Landschaftsmodell DLM), des kartographischen Sekundärmodells (Digitales Kartographisches Modell DKM) sowie die Implementierung des kartographischen Transformationsprozesses unter Berücksichtigung der kartographischen Methodenlehre. Das Ergebnis ist eine kognitive Karte, die das speziell aufbereitete räumliche Wissen über den Untersuchungsraum für Entscheidungsprozesse der Nutzer zur Verfügung stellt (vgl. HAKE et al. 2002, 150 ff.; KRAAK & ORMELING 2021, 4 f.).

23.2.3 Kartendesign

Kartendesign oder Kartenentwurf ist der Prozess, in dem in Abhängigkeit von den Bedürfnissen des potenziellen Nutzers die Karten konzipiert und gestaltet werden. Übergeordnetes Ziel ist die möglichst effiziente, leicht verständliche Kommunikation von raumbezogenen Informationen. Am Anfang des Kartenentwurfs steht die Überlegung, wie die Vervielfältigung/der Druck der Karten erfolgen wird, da diese Information den Entwurfsprozess direkt beeinflusst (z. B. ein- oder mehrfarbiger Druck, Kartengröße und Auflösung etc.). Darauf aufbauend sind folgende Arbeitsschritte notwendig:

- Auswahl des geeigneten Maßstabs und der passenden Projektion,
- Auswahl der Datenklassifikationsmethoden sowie einer geeigneten Kartengrafik,
- Auswahl und Integration der Kartenelemente,
- Aufstellung einer Rangfolge der Symbole und Kartenelemente in Abhängigkeit von ihrer Bedeutung bzw. Wichtigkeit,
- Entwurf einer ersten (ggf. noch handgezeichneten) Kartenskizze,
- Erstellung der druckfähigen Endversion der Karte mithilfe der gewählten Software (vgl. SLOCUM et al. 2014, 3 ff.).

23.2.4 Kartengrafik

Die Gesamtheit der typischen Darstellungsweisen für Karten ist ein Zeichensystem, das Merkmale und Regeln aller grafischen Darstellungen umfasst. Jedes Kartenzeichen bildet dabei eine codierte Information ab, die den Raumbezug oder Eigenschaften von Objekten widerspiegelt. Das *kartographische Zeichensystem* basiert auf den grafischen Grundelementen Punkt, Linie und Fläche, in die sich jede Grafik zerlegen lässt. Die Kombination dieser Grundelemente zu zusammengesetzten Elementen ergibt typische Zeichen, die auch als Signaturen bezeichnet werden. Weitere Zeichenelemente sind das Diagramm, der Halbton und die Schrift, die ebenfalls kartographische Gestaltungsmittel darstellen. Zusätzlich werden grafische Gefüge zum kartographischen Zeichensystem gezählt. Sie entstehen durch die Verknüpfung von Grundelementen und zusammengesetzten Zeichen und bilden für bestimmte Objektarten typische grafische Strukturen/Gefüge (z. B. Isolinien). Ein weiteres kartographisches Gestaltungsmittel ist die Variation der grafischen Elemente bzw. Zeichen. Damit können Effekte, wie z. B. das Betonen oder Abschwächen von Merkmalen oder das Erkennen von flächenbezogenen Dichten, abgebildet werden (siehe Abb. 23.1 nach HAKE et al. 2002, 106 ff.).

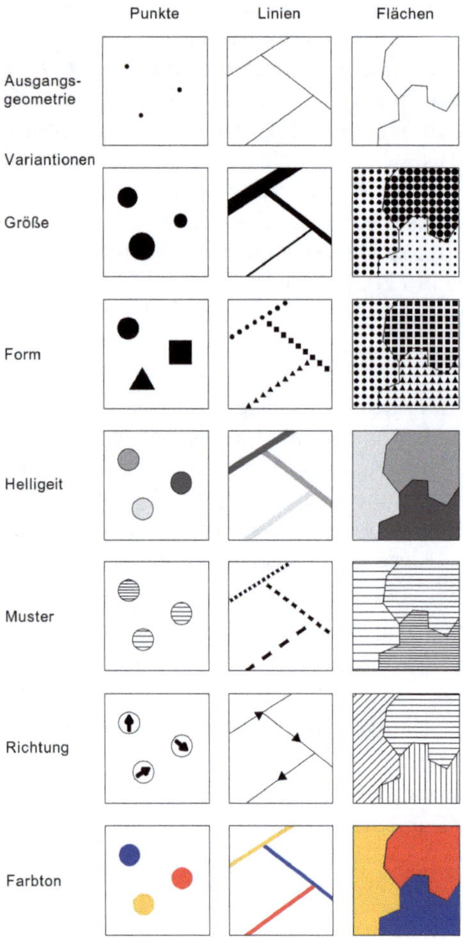

Abb. 23.1: Variationsmöglichkeiten kartographischer Elemente und Zeichen (Auswahl) (verändert nach SLOCUM et al. 2014, 92 f.).

Zur Sicherstellung der Lesbarkeit von Karten ist es notwendig, *grafische Mindestgrößen* der kartographischen Zeichen einzuhalten. Diese sind von Generalisierungsvorgaben, der Leistungsfähigkeit der Druck- bzw. Ausgabetechnik (Drucker- bzw. Bildschirmauflösung) sowie der menschlichen Sehkraft abhängig. Festsetzungen zu grafischen Mindestgrößen sind in HAKE et al. (2002, 110) sowie SPIESS (2002, 26) vertiefend dargestellt.

Auch die Verwendung von *Farben* trägt zur Steigerung der Lesbarkeit von Karten bei. Die Anschaulichkeit z. B. von Naturdarstellungen (Wald, Landwirtschaftsflächen) wird etwa durch Farbassoziationen erhöht (LAMBERT & ZANIN 2020, 72).

Farbkontraste und Farbskalen eignen sich besonders zur Darstellung von spezifischen Merkmalen (z. B. Arbeitslosenquote) und Tendenzen (z. B. demographische Veränderungen) (vgl. KRAAK & ORMELING 2021, 81 ff.).

23.3 Regeln und Prinzipien guter Kartengrafik

23.3.1 Inhalte thematischer Karten

Grundsätzlich sind formale und inhaltliche Vorgaben/Regeln bei der Erstellung und Gestaltung von Karten zu berücksichtigen (siehe Abb. 23.2), die gleichermaßen für topographische als auch thematische Karten gelten. Die *formalen* Bestandteile einer Karte bestehen aus (nach HAKE et al. 2002, 142 ff.; siehe hierzu auch SLOCUM et al. 2014, 214 ff.):

Kartenfeld: Das Kartenfeld enthält den Karteninhalt als Hauptkarte. Manchmal existieren noch Nebenkarten (meist Kartenausschnitte, Anschlussbereiche etc.), die sich innerhalb oder außerhalb der Hauptkarte befinden können.

Kartenrahmen: Der Kartenrahmen bildet die Abgrenzung zwischen Kartenfeld und Kartenrand. Die Gestaltung hängt vom Inhalt der Karte ab. Oft werden auf dem Kartenrahmen die Koordinaten abgebildet, manchmal fehlt der Rahmen ganz (z. B. bei Inselkarten).

Kartenrand: Der Kartenrand befindet sich außerhalb des Kartenrahmens und wird durch das Papierformat begrenzt. Er dient der Platzierung von Kartenrandangaben.

Kartentitel: Der Kartentitel beschreibt das Kartenthema, den abgebildeten geographischen Bereich sowie den Maßstab der Karte (z. B. Flächennutzungsplan Nordhausen 1:25.000).

Zu den *inhaltlichen/sachlichen* Bestandteilen einer Karte gehören:

Karteninhalt: Der eigentliche Karteninhalt ist die Summe aller kartographischen Gestaltungselemente, die die betrachteten Objekte oder Merkmalsausprägungen dieser abbilden (Kartenthema). Thematische Karten beinhalten die thematische Darstellung an sich, eine topographische Grundlage zur Orientierung sowie weitere Kartenelemente wie Schrift, Legende und Maßstabsleiste.

Kartennetz: Das Kartennetz besteht in der Regel aus Netzlinien oder Schnittkreuzen, die die geometrische Lage des Karteninhalts anhand von geodätischen oder geographischen Koordinaten darstellen. In thematischen Karten wird oftmals auf die Darstellung des Kartennetzes verzichtet, da der räumliche Kontext z. B. über Ländergrenzen oder den relativen räumlichen Kontext abgebildet wird.

Kartenrand- und Kartenrahmenangaben: Die Angaben auf dem Kartenrand und dem Kartenrahmen beinhalten alle für Verständnis und Auswertung des Karteninhalts notwendigen Angaben, wie den Kartentitel, Angaben zum Kartenmaßstab, ggf. einen grafischen Längenmaßstab, Angaben zum Herausgeber, Zeitpunkt der Herausgabe und Datenquellen sowie Zeichenerklärungen (Legende). Auf dem Kartenrahmen sind ggf. Koordinatenwerte sowie Hinweise zu Anschlusskarten etc. verzeichnet.

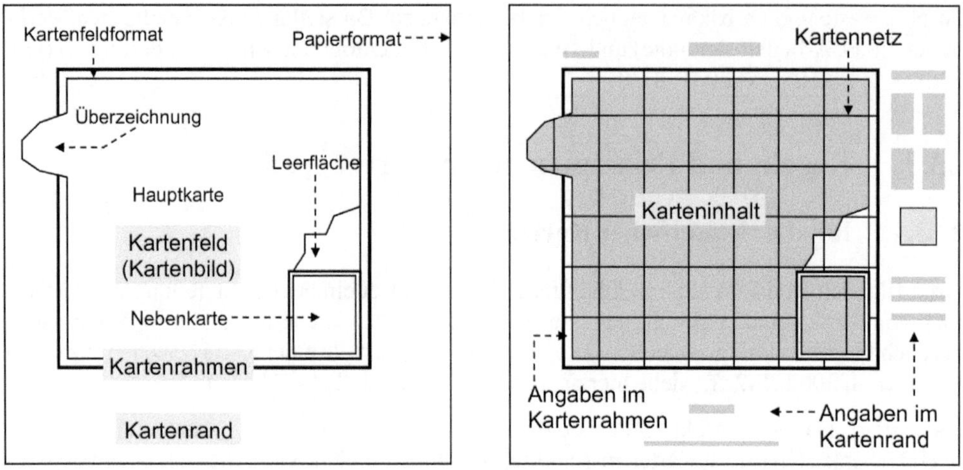

Abb. 23.2: Formale und inhaltliche Bestandteile von Karten (nach HAKE et al. 2002, 142)

Die Einsatzbereiche von thematischen Karten in der Wissenschaft und im Alltagsleben sind vielfältig. Um die interdisziplinäre Lesbarkeit und Verständlichkeit sicherzustellen, sollten gleichartige grafische Gestaltungsmittel nach festgesetzten Regeln und Prinzipien eingesetzt werden.

23.3.2 Grundsätze guter Kartengrafik

Nachdem die formalen und inhaltlichen Anforderungen an die Gestaltung thematischer Karten im vorangegangenen Abschnitt erläutert wurden, sollen nun noch einige Grundsätze und Prinzipien angerissen werden, die beim Entwurf und der Erstellung von thematischen Karten beachtet werden sollten (vgl. HAKE et al. 2002, 111 f.; siehe hierzu auch SLOCUM et al. 2014, 243 ff.):

1. Die *grafische Differenzierung* der Merkmalsausprägungen muss eine gute Lesbarkeit gewährleisten. Dies ist durch konsequente Anwendung der grafischen Variationsmöglichkeiten erreichbar.
2. Die Anzahl der dargestellten Objekte darf einen bestimmten Grenzwert nicht überschreiten. Bei zu hoher *grafischer Dichte* ist insbesondere bei kleinmaßstäbigen Karten die Lesbarkeitsgrenze schnell erreicht. Eine mögliche Lösung des Problems besteht in der Anwendung von Generalisierungstechniken.
3. Die Arbeit mit zweckmäßigen *Kontrasten und Objekttrennungen* erhöht die Lesbarkeit und Verständlichkeit von thematischen Karten. Es sind möglichst helle Hintergrundfarben, dunkle Signaturen, kräftige Linienfarben und ausreichend abgestufte Farbwerte zu verwenden.
4. Die Auswahl eines *geeigneten Kontexts* der grafischen Darstellungen erhöht die Erkennbarkeit von Ordnungen und Strukturen (z. B. Hauptverkehrsachsen im Siedlungsbereich).
5. Es gilt, *optische Täuschungen* zu vermeiden bzw. möglich gering zu halten. Zum Beispiel erscheint ein gleicher Farbwert in dunkler Umgebung heller als in heller Umgebung.

6. Die *Erwartungen des Nutzers* oder Betrachters sollten berücksichtigt werden. Dies betrifft z. B. erwartete Farben bei der Darstellung von Siedlungs- und Landschaftselementen (Wald – grün, Wohnflächen – rot etc.) oder die übliche Nordausrichtung von Kartendarstellungen.

Die Beachtung der genannten Regeln und Kriterien führen zur Einhaltung der Visuellen Hierarchie, d. h., die in der Datenanalyse identifizierten Datenkategorien sowie die Kartenelemente werden entsprechend ihrer Bedeutung vom wichtigsten zum unwichtigsten Aspekt grafisch hervorgehoben oder abgeschwächt dargestellt. So wird sichergestellt, dass der Kartennutzer die wichtigsten Informationen zuerst erkennt (SLOCUM et al. 2014, 243; KRAAK & ORMELING 2021, 81).

Abbildung 23.3 zeigt die Umsetzung schlechter und guter Kartengrafik.

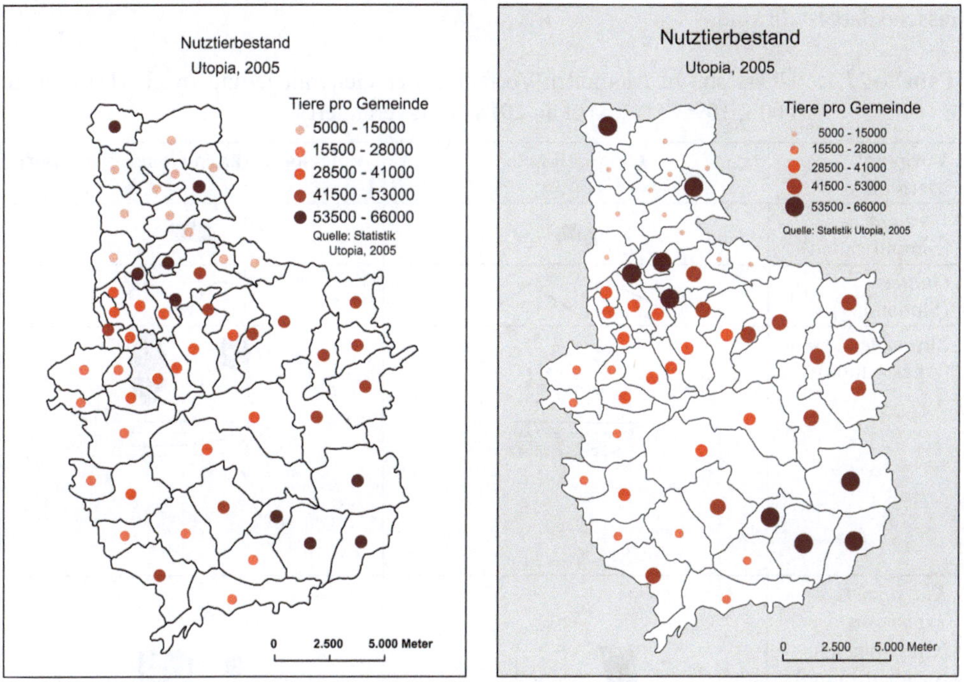

Abb. 23.3: Beispiel schlechter und guter Kartengrafik (fiktives Kartenbeispiel). Links: Ungenügende Ausdifferenzierung der thematischen Symbole in Größe und Farbkontrast, Überbetonung der topographischen Hintergrundinformationen durch zu groß gewählte Linienstärke, zu geringer Kontrast zwischen Karteninhalt und Hintergrund, ungünstige grafische Gestaltung der Kartenrandelemente. Rechts: sach- und prinzipiengerechte Kartengestaltung.

23.3.3 Generalisierung

Generalisierung ist der Prozess zur Reduzierung des Informationsgehalts von kartographischen Informationen in Abhängigkeit von Maßstabsänderungen, der Zweckbestimmung und Zielgruppe sowie technischen/kartographischen Einschränkungen (SLOCUM et al. 2014, 111).

Generell lassen sich zwei Arten von Generalisierungen unterscheiden (nach Hake et al. 2002, 166 ff.):

1. Die Kartographische Generalisierung beinhaltet die Transformation von grafischen Objekten aufgrund einer Maßstabsanpassung durch zielgerichtete Reduzierung und Verallgemeinerung, d. h. der Konzentration auf die wichtigste Information.
2. Die Objektgeneralisierung umfasst die Erfassungs- und die Modellgeneralisierung. Die Erfassungsgeneralisierung befasst sich im Wesentlichen mit der Umsetzung realer Objekte in erste kartographische oder digitale Modelle, wogegen sich die Modellgeneralisierung mit der Umwandlung von Objektmodellen in neue Objektmodelle mit geringerer semantischer (sachbezogener) und geometrischer Auflösung beschäftigt.

In Bezug auf die Veränderung bzw. Vereinfachung der Objektmerkmale lassen sich verschiedene Methoden/Verfahren der Generalisierung unterscheiden, die in Tabelle 23.1 zusammenfassend dargestellt sind.

Tabelle 23.1: Übersicht zu Methoden/Verfahren der Generalisierung (nach HAKE et al. 2002, 169; SLOCUM et al. 2014, 116; verändert)

Vorgang/ Methode	Originalkarte	Folgekarte (nach Generalisierung)
Vereinfachen (Simplification)		
Glätten (Smoothing)		
Zusammenfassen (Aggregation)	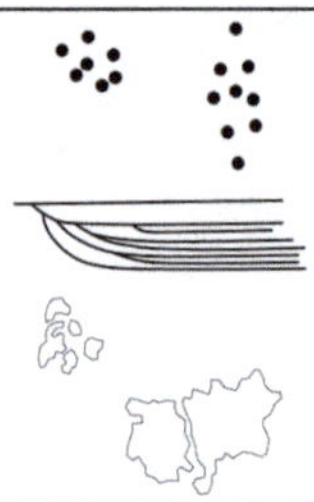	
Klassifizieren/ Typisieren (Classification, Standardization)	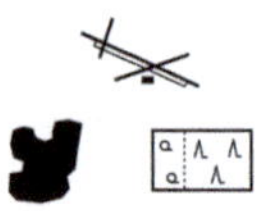	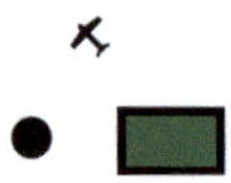
Abstraktion/ Selektion (Refinement, Selection)	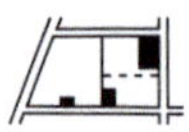	
Bewerten/ Betonen/ Mindern (Exaggeration)	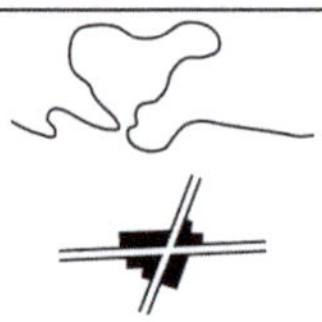	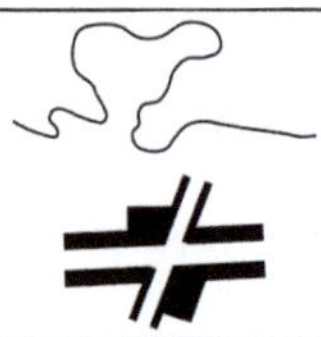
Verbreitern/ Vergrößern (Displacement)		

23.3.4 Klassenbildung

Quantitativ erfasste Daten bzw. Merkmale werden in der Regel klassifiziert dargestellt. In Abhängigkeit von den konkreten Daten und der Zielsetzung ist zunächst zu klären, wie viele Klassen gebildet werden sollen und wie die Klassengrenzen methodisch exakt bestimmt werden können. Dann erfolgt die Auswahl einer konkreten Klassifizierungsmethode. Beim nicht korrekten Einsatz von Klassifizierungsverfahren sind Manipulationen und Fehlinterpretationen möglich (OLBRICH et al. 2002, 39 ff.).

Es gibt eine Vielfalt an Klassifizierungsmethoden, die an dieser Stelle nicht näher erläutert werden können. Ausführliche Darstellungen zu diesem Thema finden sich zum Beispiel in OLBRICH et al. (2002), SLOCUM et al. (2014), KRAAK & ORMELING (2021) und LAMBERT & ZANIN (2020).

23.4 Einsatzbereiche und aktuelle Entwicklungen

23.4.1 Atlanten und Fachinformationssysteme

Atlanten sind systematische Sammelwerke von Einzelkarten, die ein Gesamtwerk bilden, im Einzelnen jedoch Karten aus verschiedenen Fachgebieten (Topographie, Geologie, Geschichte, Wirtschaft etc.) abbilden. Sie werden für den jeweiligen Zweck inhaltlich, kartographisch und technisch gestaltet (HAKE et al. 2002, 509 ff.).

Elektronische Atlanten sind durch die zielgerichtete Bereitstellung von speziell verarbeiteten Geodatensätzen und der zur Verfügung gestellten Software gekennzeichnet. Es können reine Ansichtsatlanten, interaktive, eigenständige Atlanten und elektronische Atlanten, die in eine Geodateninfrastruktur integriert sind, unterschieden werden. Die Verknüpfung mit weiteren multimedialen Applikationen ermöglicht den Zugriff auf Fotos, Videoclips, Tonspuren oder Animationen (Multimedia-Atlanten). Relativ neu sind Möglichkeiten der Verknüpfung bzw. Verlinkung mit weiteren Datenservern und Websites, die weitere Fachinformationen zur Verfügung stellen (KRAAK & ORMELING 2021, 202 ff.).

Fachinformationssysteme sind Geoinformationssysteme, die fachspezifische Geoinformationen und Sachverhalte in Fachdatenmodellen abbilden und eine optimierte Erfassung, Analyse und Präsentation dieser Fachdaten ermöglichen (HAKE et al. 2002, 451 ff.).

23.4.2 Web-Mapping und Web-Kartographie

Mit der Entwicklung des Internets haben sich auch die Web-GIS-Technologien entwickelt. Der Nutzer kann auf seine individuellen Bedürfnisse zugeschnittene Karten erzeugen, ohne über eigene Daten oder spezielle kartographische Software verfügen zu müssen. Generell werden statische, dynamische und interaktive Kartenpräsentationen im Internet unterschieden. Statische Karten sind bereits fertige Produkte, die nicht veränderbar sind, also lediglich zur Ansicht oder zum Download zur Verfügung stehen. Dynamische Karten ermöglichen die Darstellung von zeitlichen Abläufen und Prozessen. Die umfangreichsten Nutzungsmöglichkeiten bieten interaktive Karten (OLBRICH et al. 2002, 174 ff.).

Webbasierte Kartendienste, die nicht als Atlanten beschrieben werden können, sind z. B. Google Earth, Google Maps, Bing Maps, Apple Maps und OpenStreetMap (OSM). Sie bieten die Möglichkeit des Zugriffs auf speziell aufbereitete räumliche Datensätze und die Erstellung von Karten mittels der gleichzeitig zur Verfügung gestellten Software. Der Nutzer kann diese Geoinformationen über Mashups in eigene Anwendungen einbinden. Vorteile sind die in der Regel kostenfreie Bereitstellung und Aktualisierung durch eine Vielzahl von Freiwilligen (Crowdsourcing) (KRAAK & ORMELING 2021, 208).

Geoportale sind Spezialanwendungen, die über das Internet mithilfe von Web-GIS-Technologien einen direkten Datenzugriff auf komplexe Geodatensysteme ermöglichen. Weit verbreitet sind inzwischen auch mobile GIS-Anwendungen, die entweder über Funk mit einer Datenbank/einem Server verbunden sind oder die benötigten Daten auf dem Gerät selbst speichern (Navigationssysteme) und eine räumliche Verortung über spezielle Satellitenpositionierungsdienste erfolgt.

Zu nennen sind auch *StoryMaps*, die ebenfalls dem Bereich Web-Mapping zuzuordnen sind und deren Bedeutung steigt. Dabei handelt es sich um webbasierte Kartenanwendungen, die ausgehend von der „Erzählung einer Geschichte", einem großen Kreis von potenziellen Nutzern innovative und simple Möglichkeiten zur Visualisierung von räumlichen Informationen geben (BURGSTALLER 2017, 30 f.).

Literatur

BURGDORF, M. (2009): Kartographische Visualisierung in der Raumplanung. Einführung. In: BUNDESINSTITUT FÜR BAU, STADT- UND RAUMFORSCHUNG (BBSR) IM BUNDESAMT FÜR BAUWESEN UND RAUMORDNUNG (BBR) (Hrsg.): Kartographische Visualisierung in der Raumplanung. Informationen zur Raumentwicklung (IzR), 10/11.2009. Bonn.

BURGSTALLER, L. J. (2017): „Story Maps" und ihr Potential in der Web-Kartographie. Masterarbeit, Universität Wien. http://othes.univie.ac.at/45906/1/48117.pdf (13.02.2021).

FUHRMANN, S. & KRAAK, M. J. (2001): Geovisualisierung – Einführung in das Thema. In: KN – Journal of Cartography and Geographic Information, 51 (4), 173-175.

HAKE, G., GRÜNREICH, D. & MENG, L. (2002): Kartographie: Visualisierung raum-zeitlicher Informationen. 8. Aufl. De Gruyter, Berlin.

HENNERMANN, K. & WOLTERING, M. (2014): Kartographie und GIS. Eine Einführung. 2. Aufl. WBG, Darmstadt.

IMAGI (Hrsg.) (2019): Handlungsoptionen zum Umgang mit Crowdsourcing-Geodaten zur Nutzung innerhalb der Bundesverwaltung. Interministerieller Ausschuss für Geoinformationswesen (IMAGI), Berlin.

KRAAK, M.-J. (2019): Geovisualization. In: KOBAYASHI, A. (Ed.): International encyclopedia of human geography. 2nd Ed. Elsevier, Amsterdam, 141-151.

KRAAK, M.-J. & ORMELING, F. (2021): Cartography. Visualization of geospatial data. 4th Ed. CRC Press, Boca Raton/London/New York.

KRIZ, K. (2001): Kartographische Ansichten im neuen Millennium. In: BUZIN, R & WINTGES, T. (Hrsg.): Kartographie 2001 – multidisziplinär und multimedial: Beiträge zum 50. Deutschen Kartographentag. Wichmann, Heidelberg, 228-238.

LAMBERT, N. & ZANIN, C. (2020): Practical handbook of thematic cartography. Principles, methods, and applications. CRC Press, Boca Raton/London/New York.

MENG, L. (2013): Cartography and Maps beyond Disciplines. In: KN – Journal of Cartography and Geographic Information, 63 (3), 115-122.

OLBRICH, G., QUICK, M. & SCHWEIKART, J. (2002): Desktop Mapping: Grundlagen und Praxis in Kartographie und GIS. Springer, Berlin/Heidelberg.

PÜTZ, T. & SCHMIDT-SEIWERT, V. (2009): Kartographie versus Geodesign? Visualisierungsbeispiele aus dem BBSR. In: BUNDESINSTITUT FÜR BAU, STADT- UND RAUMFORSCHUNG (BBSR) IM BUNDESAMT FÜR BAUWESEN UND RAUMORDNUNG (BBR) (Hrsg.): Kartographische Visualisierung in der Raumplanung. Informationen zur Raumentwicklung (IzR), 10/11.2009, 727-739.

SCHIEWE, J. (2013): Geovisualization and Geovisual Analytics: The Interdisciplinary Perspective on Cartography. In: KN – Journal of Cartography and Geographic Information, 63 (3), 122-126.

SCHNEIDER, U. (2018): Die Macht der Karten: Eine Geschichte der Kartographie vom Mittelalter bis heute. Sonderausgabe, 4. Aufl. Theiss, Darmstadt.

SLOCUM, T. A., MCMASTER, R. B., KESSLER, F. C. & HOWARD, H. H. (2014): Thematic cartography and geovisualization. 3rd Ed. Pearson, Harlow, Essex.

SPIESS, E. (2002): Topografische Karten: Kartengrafik und Generalisierung. SGK, Wabern.

WILHELMY, H. & HÜTTERMANN, A. (2002): Kartographie in Stichworten. 7. Aufl. Borntraeger, Berlin u. a.

24 Extended-Reality-Technologien zur Visualisierung von Umweltinformationen

Jens SCHNEIDER[1]

Zusammenfassung

Extended Reality ist ein Sammelbegriff für eine Reihe von Technologien wie Augmented Reality, Mixed Reality oder Virtual Reality, welche reale und virtuelle Umgebungen verschmelzen. Diese Technologien decken ein Spektrum ab, das von der Erweiterung realer Umgebungen um virtuelle Komponenten bis hin zu deren Ersetzung durch fast vollständig virtuelle Umgebungen reicht. Im Kontext von Umweltinformationssystemen ist hier insbesondere Augmented Reality von Bedeutung, welche beispielsweise mittels eines Smartphones oder eines Head-Mounted-Displays virtuelle Komponenten in der realen Umgebung darstellt. In diesem Kapitel wird eine kurze Einführung in Augmented und Virtual Reality präsentiert und es erfolgt eine Einordnung in das Extended Reality Spektrum. Darüber hinaus werden, anhand des Beispiels einer Smartphone-App zur Darstellung von Umweltinformationen in Augmented Reality für Wanderer, die Herangehensweise und Herausforderungen bei der Realisierung einer Augmented-Reality-Anwendung diskutiert.

24.1 Hintergrund

Die Art und Weise, wie wir virtuelle Inhalte erleben, hat sich seit den ersten Computern für lange Zeit kaum verändert. Die visuelle Wahrnehmung erfolgte dabei fast ausschließlich über Darstellung von Inhalten auf flachen Bildschirmen. Zwar veränderten sich immer wieder die verwendeten Technologien, mit Auswirkungen unter anderem auf die Qualität der Darstellung der Inhalte, sowie Größe und Formfaktor der Geräte, die grundlegenden Prinzipien, dass Inhalte auf Bildschirmen dargestellt werden, blieb dabei aber weitestgehend gleich. Ein Problem von herkömmlichen Bildschirmen ist, dass unsere physikalische Umwelt dreidimensional ist, weshalb auch die menschliche Wahrnehmung intuitiv räumlich funktioniert. Dreidimensionale Inhalte lassen sich zwar durch die Vortäuschung von Räumlichkeit für viele Zwecke ausreichend gut auf flachen Bildschirmen darstellen, ihre scheinbare Räumlichkeit bleibt jedoch eine optische Illusion. Eine weitere Einschränkung ist, dass virtuelle Inhalte durch ihre Begrenzung auf meist statische Bildschirme strikt von der physikalischen Umwelt getrennt bleiben. Bei der Interaktion mit virtuellen Inhalten gab es dagegen größere Veränderungen, angefangen bei Tastaturen über die Ergänzung um eine Maus bis hin zu deren Ablösung durch Touch- und Sprach-Eingaben. Diese Entwicklung zielte darauf ab, die Interaktion für Menschen direkter, intuitiver und natürlicher zu gestalten. Vor allem die Verbreitung von

---

[1] Hochschule Trier, Umwelt-Campus Birkenfeld, Campusallee, 55768 Hoppstädten-Weiersbach, j.schneider@umwelt-campus.de, www.umwelt-campus.de

Touchscreens machte virtuelle Objekte anfassbar, wenn auch die Haptik durch die flachen Oberflächen der Bildschirme eingeschränkt blieb.

Die klare Trennung zwischen virtuellen Inhalten und der physikalischen Welt limitiert die Möglichkeiten digitaler Medien, da die Anbringung von Bildschirmen überall dort, wo virtuelle Inhalte dargestellt werden sollen, in vielen Szenarien weder effizient noch möglich ist. Angenommen ein Einzelhandel, der mit großen Online-Versandhändlern konkurrieren muss möchte seinen Kunden zu jedem Produkt detaillierte Informationen wie Videos zum Produkt oder Kundenbewertungen anbieten. Bis vor ein paar Jahren hätte das einige Probleme mit sich gebracht, da entweder eine große Anzahl an Touchscreens in direkter Nähe zu den jeweiligen Produkten oder weniger Screens, die sich nicht in der Nähe der Produkte befinden, hätten angebracht werden müssen. Im ersten Fall würde das hohe Kosten für den Händler und ein Platzproblem durch die vielen Bildschirme bedeuten. Im zweiten Fall wäre das Erlebnis für die Kunden, durch die räumliche Entfernung zum Produkt und eine mangelnde Verfügbarkeit durch die Belegung durch andere Kunden, stark beeinträchtigt. Ein weiteres Szenario wäre ein Erlebniswanderweg, bei dem den Besuchern an markanten Stellen über einfache Infotafeln hinaus Video- oder Audio-Inhalte angeboten werden sollen. Auch hier wären die Anbringung und insbesondere auch der Betrieb von Bildschirmen weder effizient noch zweckmäßig. Bereits diese beiden Beispiele zeigen das Potenzial, das sich aus einer Übertragung von virtuellen Inhalten in die reale Welt ergibt.

Im Jahr 2003 definierte Simon Greenwold den Begriff *Spatial Computing*, der sich in etwa mit „raumbezogene Datenverarbeitung“ übersetzen lässt. Greenwold beschreibt *Spatial Computing* sinngemäß als „menschliche Interaktion mit einer Maschine, bei der die Maschine Bezüge zu realen Objekten und Räumen herstellt und manipuliert“ (GREENWOLD 2003). Während also bisher reale Objekte auf Bildschirme übertragen wurden, sollen nun virtuelle Objekte in die reale Welt übertragen werden. Dies soll sich nicht nur auf die reine Darstellung der Inhalte beschränken, sondern Anwendern auch die Möglichkeit bieten, mit ihnen interagieren können. Statt also wie bisher, Aspekte der realen Welt in die Virtualität zu übertragen, soll nun die reale Welt mit virtuellen Inhalten erweitert werden. Diese Definition beschreibt sehr genau die Anforderungen und Möglichkeiten der im Folgenden beschriebenen Extended-Reality-(XR-)Technologien.

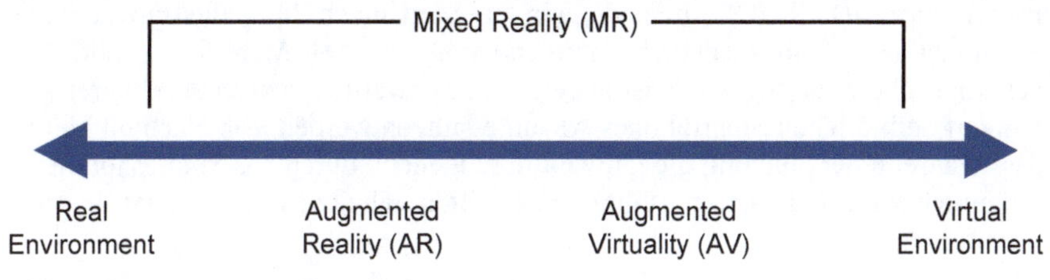

Abb. 24.1: Realitäts-Virtualitäts-Kontinuum

Das Spektrum der verschiedenen Technologien, die in den Bereich der XR fallen, wird auch durch das bereits 1995 von Milgram et al. eingeführte *Reality-Virtuality Continuum* dargestellt (vgl. Abb. 24.1) (MILGRAM et al. 1995). Die Abbildung zeigt das Kontinuum als Spektrum von Technologien zwischen der realen Umwelt und einer virtuellen Umwelt. Während die Augmented Reality („erweiterte Realität“, AR) von der realen Umwelt ausgeht und diese um virtuelle Inhalte ergänzt, geht die sogenannte Augmented Virtuality („erweiterte Virtualität“, AV) dies von der entgegengesetzten Seite an, indem sie Objekte aus der realen Umwelt in einer virtuellen Umgebung darstellt. Der Begriff Mixed Reality („gemischte Realität“, MR) umfasst sämtliche Mischformen zwischen Realität und Virtualität, ausgenommen der reinen Realität sowie der reinen Virtualität. Die Übergänge zwischen diesen Begriffen sind dabei nicht klar definiert, da die Techniken fließend ineinander übergehen.

24.2 Augmented Reality

24.2.1 Technische Grundlagen

Eine mögliche Definition für Augmented Reality (AR) ist die Folgende: „In contrast [to Virtual Reality], AR allows the user to see the real word, with virtual objects superimposed upon or composited with the real world. Therefore, AR supplements reality, rather than completely replacing it" (AZUMA 1995). Die Wahrnehmung des Nutzers wird also nicht vollständig durch eine virtuelle Realität ersetzt, stattdessen nimmt er weiter seine reale Umgebung wahr, die jedoch mit virtuellen Elementen überlagert wird. Die eingeblendeten virtuellen Elemente werden dabei räumlich in Bezug zur realen Umgebung gesetzt, sodass sie sich möglichst natürlich integrieren. Ein weiteres Merkmal von AR ist eine Interaktionskomponente, die es dem Nutzer erlaubt, die dargestellten virtuellen Elemente in Echtzeit zu manipulieren.

Grundsätzlich wird zwischen drei Verfahren unterschieden, wie AR visuell realisiert werden kann:

- Video See-Through AR: Einblendung virtueller Elemente in ein Live-Video (z. B. Kamera-Vorschau eines Smartphones),
- Optische See-Through AR: Einblendung virtueller Elemente in das Sichtfeld des Nutzers (z. B. Head-Mounted-Display oder Pkw-Windschutzscheibe),
- Projektionsbasierte AR: Projektion virtueller Elemente auf Oberflächen der Umgebung (z. B. Beamer).

Das heute verbreitetste Verfahren ist die Video See-Through AR. Das liegt daran, dass viele aktuelle Smartphones über genügend Rechenleistung verfügen, um mithilfe ihrer (Stereo)-Videokamera und, sofern vorhanden, weiterer Sensoren, wie z. B. Rotations- und Beschleunigungs-Sensoren oder LiDAR, AR-Anwendungen zu unterstützen. Im Gegensatz zu anderen Verfahren ist hier keine teure zusätzliche Hardware nötig, da viele Menschen bereits über ein geeignetes Smartphone verfügen. Es ist außerdem zu erwarten, dass in absehbarer Zeit fast alle in Umlauf befindlichen Smartphones AR unterstützen werden. Ein Nachteil hierbei ist jedoch, dass während der Nutzung die Umwelt durchgehend durch das Smartphone-Display wahrgenommen wird und das Smartphone in Position gehalten werden muss, was die Handfreiheit einschränkt.

Eine bessere Usability und damit eine bessere Nutzererfahrung bieten hier Head-Mounted-Displays (HMDs), umgangssprachlich auch AR-Brillen oder Datenbrillen genannt. Dabei handelt es sich um Brillen-ähnliche Hardware, auf deren Gläser virtuelle Elemente direkt vor die Augen des Nutzers projiziert werden können, während die Gläser jedoch durchsichtig sind und dem Nutzer somit gleichzeitig die Wahrnehmung ihrer Umgebung erlauben. Ein bekanntes System dieser Art ist Google Glass, ein HMD mit einem Miniatur-Computer, -Display und -Kamera. Die ersten Testversionen waren ab Mitte April 2014 erhältlich und nach einem vorübergehenden Verkaufstop ist seit 2019 die Enterprise Edition 2 erhältlich und ermöglicht die Anzeige von Informationen und Websites sowie das Empfangen und Versenden von Daten aus dem Internet. Die Steuerung kann über Sprache, Augenbewegung oder durch das Tippen mit den Fingern auf einer eingeblendeten virtuellen Tastatur erfolgen. Ein weiteres bekanntes Produkt ist die Microsoft HoloLens, die interaktive 3D-Projektionen in die Umgebung des Nutzers ermöglicht. Wie auch Google Glass ist der Betrieb der HoloLens ohne einen zusätzlichen Computer möglich und die Steuerung erfolgt über Gesten, Sprache, Kopfbewegungen oder kleine Knöpfe. Nachteile bei diesen Systemen sind der hohe Preis und mögliche Gefahren für die Privatsphäre, da die Geräte im aktiven Zustand ständig die Umgebung des Nutzers aufzeichnen und darüber hinaus direkt mit Servern der Hersteller verbunden sind.

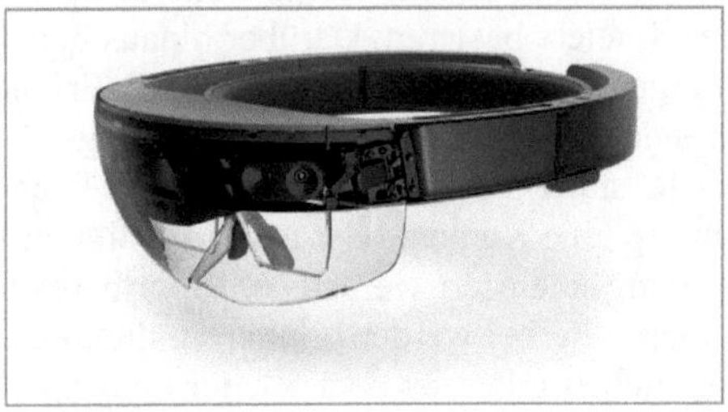

Abb. 24.2:
Microsoft HoloLens AR-HMD

Um die virtuellen Elemente innerhalb der realen Umgebung perspektivisch korrekt darzustellen, muss deren Position fortlaufend und in Echtzeit berechnet und angepasst werden. Dazu ist es notwendig die Struktur der Umgebung sowie die Position der zur Darstellung verwendeten Hardware sowie des Nutzers darin zu jeder Zeit zu kennen. Dies kann durch verschiedene Tracking-Verfahren, die jeweils verschiedene Vor- und Nachteile in speziellen Szenarien aufweisen, realisiert werden. Die technisch einfachste und universell verwendbarste Methode ist das Tracking von optischen Markern. Dazu werden spezielle ArUco Marker (GARRIDO-JURADO et al. 2014), ähnlich QR-Codes, in der Umgebung platziert. Jeder dieser Marker hat eine einzigartige ID und eine bekannte Position in der Welt. Dann kann die AR-Hardware diese Marker mittels ihrer Kamera erkennen und ihre eigene Position relativ dazu bestimmen. Ähnlich funktioniert Merkmalbasiertes Tracking. Dabei werden statt optischer Marker visuelle Features verwendet, die im Idealfall bereits vorhanden sind. Zu einer bestimmten Kombination und Anordnung von Features in einem Bild kann dann eine Weltposition hinterlegt werden. Diese Features können alle Arten von Objekten oder Texturen sein, bei denen ausreichend sicher ist, dass sie in dieser Kombination nur an der hinterlegten Position auftreten. Diese Methode eignet sich besonders für Orte, an denen geeignet markante Features vorliegen und an denen keine optischen Marker angebracht werden sollen oder können. Ist die Umgebung der AR-Anwendung vorab völlig unbekannt, kann mit *SLAM*-(Simultaneous-Localization-and-Mapping-)Algorithmen (DURRANT-WHITE & BAILEY 2006) gearbeitet werden. Diese Verfahren stammen ursprünglich aus der Robotik und fertigen zur Ausführungszeit eine Karte einer unbekannten Umgebung an und bestimmen währenddessen ihre eigene Position in dieser Karte. Dazu werden in der Regel in aufeinanderfolgenden Kamerabildern optische Features gesucht. Werden diese Features in folgenden Bildern wiedererkannt, lässt sich aus der Verschiebung der Features von Bild zu Bild die eigene Position schätzen. Solche Verfahren können in unbekannten Umgebungen zwar Sinn machen, erreichen jedoch unter Umständen nicht die Robustheit von Marker oder Merkmal basierten Verfahren, die mit Vorwissen arbeiten. In der Praxis werden häufig je nach Anforderung der Anwendung Kombinationen dieser Verfahren eingesetzt. Dabei lässt sich die Genauigkeit des Trackings weiter erhöhen indem weitere Sensoren, wie beispielsweise Inertialsensoren

(Inertial Measurement Unit, IMU) oder Navigationssatellitensysteme wie GPS, verwendet werden.

24.2.2 Anwendungsbereiche

Die Bereiche, in denen AR bereits angewendet wird oder eine Anwendung in Zukunft vorstellbar ist, sind breit gefächert. Die größte Verbreitung hat AR, seit der Unterstützung auf Smartphones, im Unterhaltungsbereich. In diesem Zusammenhang sorgte die Veröffentlichung der AR-Gaming-App Pokémon Go im Sommer 2016 für den ersten Kontakt einer breiten Öffentlichkeit mit dem Thema AR. Mittlerweile gibt es eine Reihe weiterer Spiele dieser Art, die auf der geographischen Position des Spielers basieren. Darüber hinaus bietet eine steigende Anzahl an Museen und Ausstellungen häufig Marker-basierte AR-Erfahrungen an, die Anwendern Zugang zu weiterführenden Informationen zu Ausstellungsstücken erlauben. Eine zusätzliche Anwendung von AR ist die Navigation. Hier können Richtungsangaben oder Points of Interest über eine Smartphone Kamera oder als Projektion auf einer Pkw-Windschutzscheibe direkt in die Umgebung integriert werden. Im Sportbereich hat sich unter anderem Augmented Climbing etabliert. Hierbei werden Kletterern durch die Einblendung virtueller Elemente Hilfestellungen gegeben oder aus dem Klettern ein Spiel gemacht. Auch im Bildungswesen findet AR Anklang. Die Smartphone-App Timetraveler Berlin Wall ermöglicht es, zum Beispiel historische Ereignisse, welche die Berliner Mauer betreffen, in der realen Umgebung zu erleben.

Auch im professionellen Umfeld gibt es zahlreiche Anwendungsgebiete für AR. Wie bei vielen neuen Technologien war auch hier das Militär ein starker Treiber und militärische Einsatzzwecke gehören zu den ersten Anwendungen von XR überhaupt. Darunter fallen zum Beispiel das Anzeigen von Zielen und feindlichen Kampfeinheiten oder Unterstützungssysteme für die Ausbildung von Piloten. Noch mehr Möglichkeiten finden sich in der Zivilwirtschaft. Zum Beispiel können bei komplexen Montagevorgängen Beschreibungen der Teile und einzelne animierte Arbeitsschritte angezeigt werden. Ähnliche Möglichkeiten sind auch im medizinischen Bereich denkbar, wo beispielsweise bei Operationen zusätzliche Vitalparameter angezeigt und nicht sichtbare innere Organe anhand zuvor ausgeführter bildgebender Verfahren für den Operateur eingeblendet werden können. Beim Produktdesign können Prototypen schnell und einfach begutachtet werden, ohne sie zuvor produzieren zu müssen. In der Architektur können geplante Gebäude direkt in der realen Umgebung visualisiert werden. Auch in der Lehre bietet AR Mehrwerte, z. B. bei der räumlichen Darstellung abstrakter Konzepte im Mathematikunterricht. Aber auch in anderen Lehrbereichen kann die Vermittlung von Lerninhalten durch deren interaktive und animierte Präsentation effektiver werden. Auch der Handel hat die Technologie für sich entdeckt. So gibt es zum Beispiel eine App eines großen Möbelhauses, die es ermöglicht, Einrichtungsgegenstände via AR direkt in das eigene Zuhause zu projizieren, um einen realistischen Eindruck der Stücke in dieser Umgebung zu bekommen.

Selbst für alltägliche Aufgaben wie das Vermessen eines Gegenstands oder einer Fläche gibt es mittlerweile AR-Apps für Smartphones mit deren Hilfe Objekte vermessen werden können. Smartphones, die über einen LiDAR-Sensor verfügen, erreichen hierbei Genauigkeiten im Millimeter-Bereich. Es ist abzusehen, dass AR-fähige Smartphones mit Stereokameras und LiDAR in den nächsten Jahren mehr und mehr zum Standard werden. Dies wird mit hoher Wahrscheinlichkeit auch dazu führen, dass AR-Anwendungen immer weitere Verbreitung im Alltag finden.

24.2.3 Entwicklungswerkzeuge

Durch die stetig wachsende Bedeutung von AR gibt es mittlerweile eine große Auswahl an Frameworks und SDKs zur Umsetzung von AR-Anwendungen. Diese Toolsets stellen bereits verschiedene Algorithmen und Grundfunktionalitäten bereit, sodass Entwickler auf einem relativ hohen Level ansetzen können. Typische enthaltene Funktionalitäten sind zum Beispiel Objekterkennung, Oberflächenerkennung, Kamera-Kalibrierung, virtuelle Benutzeroberflächen, 3D-Renderer, Schnittstellen für GPS und diverse Sensoren, Multiuser-Unterstützung oder Cloud-Anbindung. Unterschiede zwischen den Frameworks finden sich in den unterstützten Plattformen, Programmiersprachen und den Lizenzmodellen. Tabelle 24.1 gibt einen Überblick über einige der verbreitetsten Frameworks, die unterstützten Plattformen sowie die wichtigsten Features und Lizenzmodelle.

Tabelle 24.1: Überblick AR-Frameworks

Framework	Unterstütze Plattformen	Features	Lizenzmodell
Vuforia[2] (Qualcomm)	Android, iOS, Windows, Unity	• 2D- und 3D-Objekterkennung • VuMarks (optische Marker) • Virtueller Touchscreen • Smart-Glass-Support • Cloud-Anbindung	kostenlos/bezahltes Abonnement
Wikitude[3] (Wikitude GmbH)	Android, iOS, Windows	• Objekt-, Szenen- und Bilderkennung • 3D-Editor • Smart-Glass-Support • Cloud-Anbindung	bezahltes Abonnement mit kostenloser Test-version
ARKit[4] (Apple)	iOS	• 2D/3D-Objekterkennung und -Tracking • Multi-User-Support • Beleuchtungssimulation • Gesichtstracking	kostenlos
ARCore[5] (Google)	Android, iOS, Unity, Unreal Engine	• Positionstracking relativ zur Umgebung • Oberflächenerkennung • Multi-User-Support • Beleuchtungssimulation	kostenlos
ARToolKit[6]	Android, iOS, Windows, macOS, Linux	• 2D- und 3D-Objekterkennung • Kamera-Tracking • Unterstützung für diverse Marker	Open Source

2 https://www.ptc.com/de/products/vuforia
3 https://www.wikitude.com
4 https://developer.apple.com/augmented-reality/arkit/
5 https://developers.google.com/ar/
6 http://www.artoolkitx.org

24.3 Virtual Reality

24.3.1 Technische Grundlagen

Obwohl schon 1968 das erste HMD zur Darstellung eines im Raum schwebenden Drahtgitterwürfels entwickelt wurde, etablierte erst der Science-Fiction-Autor Damien in seinem Roman *The Judas Mandala* den Begriff Virtual Reality (VR) für diese Art von Medium. Im Gegensatz zur AR wird bei Virtual Reality (VR) die reale Umgebung des Anwenders vollständig durch eine virtuelle Umgebung ersetzt. Während dies bei einigen früheren Umsetzungen, wie *The CAVE* (Cruz-Neira, Sandin, DeFanti, Kenyon & Hart 1992), durch die Projektion der virtuellen Umgebung auf die Wände eines Raums realisiert wurde, kommt bei modernen Systemen meistens ein HMD zum Einsatz. Diese HMDs verfügen in der Regel über zwei kleine Displays, eins für jedes Auge, die das gesamte Blickfeld ausfüllen und durch die stereoskopische Darstellung der virtuellen Umgebung den glaubhaften Eindruck einer virtuellen Realität erzeugen. Zusätzlich zur optischen Wahrnehmung wird häufig auch über Lautsprecher oder Kopfhörer die akustische Wahrnehmung der Nutzer bedient.

Die zweite wichtige Eigenschaft von VR ist die Anpassung der virtuellen Umgebung an die Bewegungen des Nutzers in Echtzeit. Um die Illusion für den Nutzer glaubhaft zu machen, muss sich die Darstellung der virtuellen Umgebung mit dessen Bewegungen verändern. Um diesen Effekt zu erzielen, muss ein durchgängiges Echtzeit-Tracking der Position und Rotation des HMDs realisiert werden. Für dieses Tracking gibt es verschiedene technische Realisierungen, die im Wesentlichen von der Art des verwendeten HMDs abhängen. Aktuelle VR-HMDs lassen sich in drei Klassen unterteilen, rechnergebundene HMDs die zum Betrieb an einen Rechner angeschlossen sein müssen, Stand-alone-HMDs die ganz ohne weitere Hardware betrieben werden können, und HMDs für Smartphones, bei denen es sich nur um eine Halterung für Smartphones handelt und die beiden stereoskopischen Bilder vom Smartphone dargestellt werden. Die Unterschiede liegen vor allem im Preis und der Qualität der VR-Erfahrung. Smartphone-HMDs sind die preisgünstigste Lösung, sind jedoch beim Tracking auf die Gyrosensoren des Smartphones zur Erfassung der Kopfbewegungen des Anwenders limitiert. Stand-alone-HMDs bedienen den mittleren Bereich und funktionieren in der Regel über ein sogenanntes Inside-Out-Tracking, bei dem Sensoren des HMDs, zum Beispiel Kameras, verwendet werden, um die eigene Position relativ zur Umgebung zu bestimmen. Gegenüber rechnergebundenen HMDs sind diese jedoch hinsichtlich ihrer Rechenleistung eingeschränkt, da sie meistens mit einem Akku betrieben werden und inklusive diesem nicht zu schwer sein dürfen, um komfortabel, auch für längere Zeit, auf dem Kopf getragen werden zu können. Rechnergebundene HMDs decken den High-End-Bereich ab, da sie die volle Rechenleistung des angeschlossenen Rechners zur Darstellung der virtuellen Umgebung nutzen können. Während es auch hier Systeme gibt, die Inside-Out-Tracking nutzen, kann mit externen Tracking-Sensoren eine noch höhere Präzision erreicht werden. Ein Beispiel für externes Tracking ist das sogenannte Lighthouse-Tracking-System von Valve. Dabei werden externe Base Stations verwendet, die als Referenzpunkte dienen und ein nicht sichtbares Netz aus Laserstrahlen im Raum aufspannen. Durch die Messung der Laufzeit bis zu den getrackten Geräten kann ein millimetergenaues Tracking mit minimaler Latenz erreicht werden.

Für die Interaktion mit der virtuellen Umgebung können verschiedene Arten von Controllern verwendet werden. Während es zwar auch möglich ist, mit herkömmlicher Steuerhardware, wie Tastatur und Maus, Joysticks oder Gamepads, mit VR-Umgebungen zu interagieren, ermöglichen spezielle VR-Hand-Controller eine deutlich höhere Immersion. Diese Controller

Abb. 24.3: Benutzung eines VR-HMDs mit Handtracking-Controllern

werden wie das HMD getrackt und können somit die Handbewegungen des Anwenders in die virtuelle Umgebung übertragen. Einige Lösungen tracken dabei sogar die einzelnen Finger, sodass auch diese in der virtuellen Umgebung abgebildet werden können.

24.3.2 Anwendungsbereiche

In der Anwendung hat VR im Vergleich zu AR andere Anforderungen und mögliche Einsatzszenarien. Während AR seine Stärken vor allem im mobilen Einsatz hat, da hier die direkte Umgebung genutzt wird, eignet sich VR durch die Hardware-Anforderungen und die komplette Ersetzung der Umgebung durch eine virtuelle Realität eher für den stationären Einsatz in geschlossenen Räumen. Die Möglichkeit, vollständig virtuelle Welten zu kreieren und diese immersiv und interaktiv erlebbar zu machen, bietet jedoch gänzlich andere Nutzungsszenarien als AR.

Bei der Forschung und Entwicklung im Bereich VR war das Militär, wie bei vielen anderen mittlerweile weitverbreiteten Technologien, ein Vorreiter und folglich fand die Technologie in diesem Bereich auch ihre erste Nutzung, so etwa zur Ausbildung von Piloten, Mechanikern oder zur Simulation von Einsatzsituationen. In den letzten Jahren haben auch andere Bereiche VR für sich entdeckt. Ein Einsatzszenario für VR im professionellen Bereich findet sich zum Beispiel in der Produktentwicklung, wo neue Produktprototypen virtuell dargestellt und getestet werden können, ohne sie vorher produzieren zu müssen. In der Architektur können geplante Gebäude virtuell begangen werden und neue Baumaßnahmen können in einem virtuellen Abbild der realen Landschaft aufgebaut und vom Bauherrn oder von Anwohnern betrachtet werden. Auch in der Medizin kann VR zur Ausbildung oder zur Therapie eingesetzt werden. Beispielsweise konnte bei Alzheimer-Patienten durch das virtuelle Erleben von Erinnerungen aus ihrer Kindheit positive Reaktionen beobachtet werden und bei Verbrennungsopfern, denen während Verbandswechseln mittels VR eine virtuelle Schneelandschaft gezeigt wurde, das Schmerzempfinden um fast die Hälfte reduziert werden. Auch für die Werbebranche könnte VR in Zukunft, zum Beispiel in Form von virtuellen Shopping-Touren in Online-Shops, eine große Rolle spielen. Im privaten Einsatz ist VR in erster Linie ein Unterhaltungsmedium. So gibt es eine stetig steigende Anzahl an VR-Videospielen, welche sich dessen Potenzial zunutze machen. Dazu kommen Live-Übertragungen von Musikkonzerten und Sportevents. Außerdem können auch Ausstellungen wie Museen, Tourismusattraktionen oder Naturspektakel ohne die Notwendigkeit einer Reise virtuell erlebt werden. So gibt es zum Beispiel eine VR-Anwendung, welche die virtuelle und interaktive Besteigung des Mount Everest ermöglicht. Auch Google Maps ist in VR verfügbar und ermöglicht die Navigation und Betrachtung der gesamten Welt aus der Top-down-Perspektive oder als Flugsimulation.

24.3.3 Entwicklungswerkzeuge

Die Entwicklung von VR-Anwendungen hat, in Form der Erschaffung vollständig virtueller und interaktiver 3D-Welten, viele Gemeinsamkeiten mit der Entwicklung von Videospielen. Aus diesem Grund eignen sich für interaktive High-End-VR-Anwendungen insbesondere moderne 3D-Game-Engines. Die Schnittstellen zur VR-Hardware werden dabei von den Hardware-Herstellern in Form von Software Development Kits (SDKs) zur Verfügung gestellt. Daneben existieren auch quelloffene SDKs, wie OpenVR oder OSVR, welche verschiedene VR-Systeme unterstützen. Für die Erstellung der Inhalte der virtuellen Welten können gängige 3D-Modellierungstools, wie zum Beispiel Autodesk Maya[7], Cinema 4D[8] oder Blender[9], verwendet werden. Tabelle 24.2 gibt einen Überblick über die drei bekanntesten 3D Game Engines, die von ihnen unterstützten VR-Systeme und ihre Lizenzmodelle.

Tabelle 24.2: Überblick Game Engines für VR-Entwicklung

Game Engine	Unterstütze VR-SDKs	Lizenzmodell
Unreal Engine[10]	• Oculus VR • SteamVR • Windows MR • Samsung Gear VR • Google VR	kostenfrei bis zu einem Umsatz von 1.000.000 $, danach 5 % des Umsatzes
Unity[11]	• Oculus VR • Windows MR • Google VR • OpenVR	Kostenfreies Personal-Modell und drei kostenpflichtige Modelle mit verschiedenen Zusatzleistungen
CryEngine[12]	• Oculus VR • Steam VR • OSVR	pay-what-you-want, 5 % Abgabe ab 5.000 verkauften Exemplaren

24.4 Praxisbeispiel – Augmented Reality

Ein häufiger Anwendungsfall für AR ist die Darstellung von Informationen in der Umgebung mithilfe eines Smartphones. In Folgenden wird anhand einer solchen Anwendung diskutiert,

7 https://www.autodesk.com/products/maya/overview
8 https://www.maxon.net/de/cinema-4d
9 https://www.blender.org
10 https://www.unrealengine.com
11 https://unity.com
12 https://www.cryengine.com

wie bei der Umsetzung einer AR-App für Smartphones vorgegangen werden kann und welche Fragestellungen dabei gelöst werden müssen. Das Szenario, das hier exemplarisch betrachtet wird, ist eine App, die es Wanderern ermöglicht, an ausgewählten Stellen ihrer Route Informationen zu Sehenswürdigkeiten zu erhalten. Solche Sehenswürdigkeiten können zum Beispiel landschaftliche Besonderheiten wie Berge oder Flüsse, besondere Bauwerke wie Burgruinen oder Informationen zur Tier- und Pflanzenwelt sein. Die AR-App kann hierbei entweder herkömmliche Infotafeln ersetzen oder diese mit multimedialen Inhalten wie Audio, Video oder darüber hinausgehenden Features ergänzen. Eine denkbare Umsetzung wäre dabei, dass die App, ähnlich einer Trainings-App beim Sport, zu Beginn der Wanderung gestartet wird und dann die Position des Nutzers per Geolocation Tracking via GPS verfolgt. Erreicht der Anwender einen Ort, zu dem die App AR-Features anbietet, wird er per Push Notification darauf aufmerksam gemacht und kann dann die App öffnen und die AR-Inhalte ansehen. Sind bereits Infotafeln entlang der Strecke bzw. an den Orten, zu denen es AR-Features gibt, vorhanden, kann dies auch durch Hinweise auf den Tafeln realisiert werden.

Eine wichtige Entscheidung, die früh getroffen werden sollte, ist, welche Art von Inhalten dargestellt werden sollen, da dies entscheidend für die weiteren Anforderungen der App und die Wahl der Entwicklungstools ist. Die Darstellung von zweidimensionalen Medien, wie z. B. Markern, Pfeilen oder Videos, ist die einfachere Variante, da in diesem Fall nur deren passende Position im Kamerabild des Smartphones bestimmt werden muss. Da es sich bei diesen Elementen um keine natürlichen Objekte handelt, die in der realen Welt vorkommen, sind Details wie perfekte Skalierung, Rotation oder eine Simulation der Beleuchtung, um sie möglichst glaubhaft in die Umgebung zu integrieren, in diesem Fall von nachrangiger Bedeutung. Sollen dagegen dreidimensionale Objekte wie Gebäude oder sogar animierte Objekte wie Tiere oder Menschen dargestellt werden, müssen diese Details beim Rendering des Bilds berücksichtigt werden, um sie möglichst glaubhaft darzustellen. Die Erstellung dieser Inhalte unterscheidet sich dabei nicht vom Vorgehen für andere Verwendungszwecke. So können 3D-Modelle mit jedem beliebigen 3D-Modellierungstool, wie z. B. Autodesk Maya, Cinema 4D oder Blender, erstellt oder anhand existierender Objekte mittels Photogrammetrie, einer Stereokamera oder eines Laserscanners eingescannt werden. Bei der Erstellung von 3D-Modellen sollte nur darauf geachtet werden, ihre Komplexität, d. h. die Anzahl ihrer Polygone, möglichst gering zu halten oder nachträglich herunter zu skalieren, da sie bei Verwendung der App in Echtzeit gerendert werden müssen. Insbesondere bei Smartphones sollte sowohl im Hinblick auf Kompatibilität mit günstigeren oder älteren Geräten mit weniger Rechenleistung als auch im Hinblick auf den Akkuverbrauch auf Effizienz geachtet werden.

Eine zentrale Herausforderung bei der Realisierung einer AR-Anwendung ist die Wahl und Implementierung des Tracking-Verfahrens. Hier spielt vor allem die Umgebung und deren Gegebenheiten, in der die App verwendet werden soll, eine entscheidende Rolle. Während Anwendungen, wie zum Beispiel Apps, die Tiere oder Menschen in Fotos und Videos einblenden, mit möglichst jeder denkbaren Umgebung funktionieren sollten, gibt es in diesem Praxisbeispiel den Vorteil, dass die App nur für bestimmte, vordefinierte Orte Funktionalitäten anbietet. Folglich genügt es hier, wenn die App per 3D-Object-Tracking in der Lage ist, vordefinierte Objekte oder Panoramen wiederzuerkennen. Virtuelle Elemente können dann relativ zu diesen Orientierungspunkten im Kamerabild positioniert werden. Noch einfacher wäre dieser Prozess für den Fall, dass bereits Infotafeln vorhanden wären. In diesem Fall könnten optische Marker an den Tafeln angebracht werden, die eine sehr einfache und robuste Erkennung ermöglichen und gleichzeitig als Orientierungspunkte für die Positionierung der virtuellen Inhalte dienen. Reichen erkannte Marker, Objekte oder Panoramen nicht aus, um Inhalte ausreichend genau darzustellen, z. B. wenn Tiere durchs Bild laufen sollen, können zusätzlich komplexere Tracking-Verfahren, wie Oberflächenerkennung oder SLAM-Verfahren, eingesetzt werden. Die meisten Frameworks enthalten bereits Implementierungen aller oder der meisten dieser gängigsten Methoden, sodass diese bei der Entwicklung nur noch angewendet werden müssen.

Bei der Wahl der 3D-Engine zur Umsetzung der AR-Anwendung spielt die Zielplattform eine entscheidende Rolle. Es gibt auf dem Markt eine Vielzahl von Entwicklungswerkzeugen, zwischen denen gewählt und die teilweise auch miteinander kombiniert werden können. Soll z. B. eine Anwendung ausschließlich für iOS entwickelt werden, bietet sich die Verwendung von Apples AR-Kit an. Dieses Framework ermöglicht zwar nur die Entwicklung von Anwendungen für Apples eigene Hardware, garantiert jedoch eine optimale Einbindung in das Apple Hard- und Software-Ökosystem, die sich übergangslos in die iOS-Optik einbindet. Ähnlich verhält es sich, wenn ausschließlich für Android entwickelt werden soll. In diesem Fall kann es von Vorteil sein, Googles ARCore Framework zu verwenden, um von einer optimalen Anbindung an Google-Dienste zu profitieren. In den meisten Fällen macht es jedoch Sinn, möglichst viele Plattformen zu unterstützen. In einem solchen Fall kann unnötiger Portierungsaufwand vermieden werden, indem ein Framework wie Vuforia oder Wikitude zusammen mit einer Game Engine wie Unity, die das Entwickeln für fast alle gängigen Plattformen unterstützt, verwendet wird. Hinsichtlich der Performance und Features gibt es zwischen diesen Frameworks größtenteils keine gravierenden Unterschiede. Für den konkreten Einzelfall sollten jedoch die unterstützen Features mit den definierten Anforderungen der Anwendung abgeglichen werden. Generell gilt jedoch, dass für die Anwendung mit vielen interaktiven oder spielerischen Elementen eine Game Engine die beste Wahl ist (siehe Tabelle 24.2). Hier ist besonders Unity hervorzuheben, das zum heutigen Stand die meistverwendete 3D-Engine für mobile Apps ist.

In den meisten Anwendungen wird zudem eine Interaktionsmöglichkeit für den Nutzer benötigt, etwa um Inhalte zu selektieren, die zum Abspielen von Videos oder zu komplexeren Interaktion mit virtuellen Elementen angezeigt werden sollen. HMDs haben hier den Nachteil, dass sie in der Regel weder über ein Touchdisplay noch über eine Art von Hardware-

Abb. 24.4: Beispiel einer AR-App für Wanderer (Fischer-Stabel et al. 2021)

Controller haben und deshalb auf komplexere Benutzerschnittstellen wie Gesten- und Sprachsteuerung oder Augenbewegungen zurückgreifen müssen. Eine Smartphone-App wie im hier behandelten Beispiel hat den Vorteil, einfache Gestensteuerung mittels des Smartphone-Displays nutzen zu können. Auch dies lässt sich ohne großen Aufwand implementieren, da weitestgehend alle AR-Frameworks bereits über solche Schnittstellen verfügen.

Ein Beispiel für eine solche AR-App zur Anzeige zusätzlicher Informationen für Wanderer ist die AR-App, die FISCHER-STABEL et al. (2021) beschreiben. Die in Abbildung 24.4 dargestellte App erlaubt es Wanderern, ihre Umgebung durch die Einblendung digitaler Zwillinge von Vegetation verdeckte Landschaftsobjekte, wie zum Beispiel Bombenkratern oder Schienentrassen, auf eine neue Art zu erleben. Dazu wurden ausgewählte Strukturen aus detaillierten LiDAR-Punktwolken-Karten ausgeschnitten und mit Blender als 3D-Objekte gerendert. Zum Tracking wurden natürliche Marker verwendet und Stellen des Wanderwegs, zu denen AR-Darstellungen verfügbar sind, in der zugehörigen gedruckten Explorer-Map markiert. Die App wurde unter Windows für Android Smartphones entwickelt und als Entwicklungstools wurden Unity mit dem Vuforia Framework, Blender, QGIS[13] und Adobe Photoshop[14] eingesetzt.

Literatur

AZUMA, R. (1995): A Survey of Augmented Reality. In: Proceedings of SIGGRAPH 1995, Association for Computing Machinery, 1-38.

CRUZ-NEIRA, C., SANDIN, D. J., DEFANTI, T. A., KENYON, T. A. & HART, J. C. (1992): The CAVE: audio visual experience automatic virtual environment. In: Communications of the ACM, 35 (6), 64-73.

DÖRNER, R., BROLL, W., GRIMM, P. & JUNG, B. (2019): Virtual und Augmented Reality (VR/AR): Grundlagen und Methoden der Virtuellen und Augmentierten Realität. Springer Vieweg, Berlin/Heidelberg.

DURRANT-WHITE, H. & BAILEY, T. (2006): Simultaneous localization and mapping: part I. In: IEEE robotics & automation magazine, 13 (2), 99-110.

FISCHER-STABEL, P., MAI, F., SCHINDLER, S. & SCHNEIDER, M. (2021): Digital Twins, Augmented Reality and Explorer Maps rising Attractiveness of rural Regions for outdoor Tourism. In: Advances and New Trends in Environmental Informatics. Springer, Cham, 243-253.

GARRIDO-JURADO, S., MUNOZ-SALINAS, R., MADRID-CUEVAS, F. J. & MARIN-JIMENEZ, M. J. (2014): Automatic generation and detection of highly reliable fiducial markers under occlusion. In: Pattern Recognition, 47 (6), 2280-2292.

GREENWOLD, S. (2003): Spatial Computing. Massachusetts Institute of Technology, Master (2003).

MILGRAM, P., TAKEMURA, H., UTSUMI, A. & KISHINO, F. (1994): Augmented Reality: A class of displays on the reality-virtuality continuum. In: Proceedings Telemanipulator and Telepresence Technologies, 21. Dezember 1995. International Society for Optics and Photonics, 282-292.

[13] https://qgis.org/

[14] https://www.adobe.com/de/products/photoshop.html

25 Betriebliche Umweltinformationssysteme (BUIS)

Volker WOHLGEMUTH[1]

Zusammenfassung

Betriebliche Umweltinformationssysteme (BUIS) sichern Rechtskonformität, unterstützen das Umwelt- und Nachhaltigkeitsmanagement, ermitteln Informationen und stellen diese bereit. BUIS erfüllen ihre zumeist auf ein bestimmtes Betrachtungsobjekt fokussierten Aufgaben gut und sind im Management von Abfall, Anlagen, Gefahrstoffe, Emissionen, Energie und Stoffströme in den Betrieben längst etabliert. Es handelt sich meistens um Insellösungen und Stand-alone-Systeme mit vergleichsweise geringer Nutzerzahl. Zurzeit unterstützen BUIS vornehmlich operative, betriebliche Fragestellungen.

25.1 Einleitung und Motivation

Seit Anfang der 1990er-Jahre des letzten Jahrtausends beschäftigt sich die betriebliche Umweltinformatik mit sog. betrieblichen Umweltinformationssystemen (BUIS) (HILTY & RAUTENSTRAUCH 1995). BUIS erfassen und dokumentieren nachhaltigkeitsrelevante Daten eines Betriebs. Sie bereiten sie schließlich so auf, dass sie für unterschiedliche Problemstellungen des betrieblichen Umweltschutzes oder für das Nachhaltigkeitsmanagement verwendet werden können. Dazu zählen z. B. die Dokumentation und Sicherstellung behördlicher Auflagen und Genehmigungen, die Simulation von Stoffströmen in der Produktion oder die Planung, Steuerung und Kontrolle betrieblicher Umweltschutzmaßnahmen im Sinne eines kontinuierlichen Verbesserungsprozesses (WOHLGEMUTH 2005, 143-145).

Die noch recht junge Disziplin der betrieblichen Umweltinformatik bezieht neben den klassischen betrieblichen Informationen ökologierelevante und auch soziale Fakten in das Informationsmanagement ein. So lassen sich unternehmerische Entscheidungen auch unter Anerkennung nachhaltigkeitsorientierter Zielsetzungen vorbereiten. Das in allen Unternehmen gebotene Ziel einer Kostenminimierung kann dadurch auch unter Berücksichtigung ökologischer und sozialer Ziele erreicht werden. Damit leistet die betriebliche Umweltinformatik einen entscheidenden Beitrag zur Harmonisierung von Ökonomie, Ökologie und Sozialem. Dies gilt entsprechend auch für die Hauptprodukte der betrieblichen Umweltinformatik, den BUIS. Die Integration der sozialen Dimension der Nachhaltigkeit ist jedoch noch deutlich ausbaufähig (WOHLGEMUTH 2015).

Beispielsweise ist es für produzierende Unternehmen von großem Vorteil, die Stoff- und Energieströme in ihrem Unternehmen detailliert zu kennen, um nachhaltigkeitsoptimierende

---

[1] Hochschule für Technik und Wirtschaft Berlin (HTW Berlin), Fachbereich Ingenieurwissenschaften – Technik und Leben, Studiengang Betriebliche Umweltinformatik, Wilhelminenhofstr. 75A, 12459 Berlin, volker.wohlgemuth@htw-berlin.de, www.htw-berlin.de

Maßnahmen planen zu können. Diese Maßnahmen können die Ressourcen- und Energieeffizienz der Unternehmen verbessern und wirken sich meistens auch auf die Wirtschaftlichkeit von Produktionsprozessen positiv aus. Um diesen detaillierten Überblick über die Stoff- und Energieflüsse in einem Betrieb zu erhalten, z. B. durch ein Monitoring der Stromverbräuche von Anlagen und Prozessen, sind BUIS inzwischen zu einem beliebten Werkzeug geworden (WOHLGEMUTH 2015).

BUIS stehen zudem aufgrund ihres Fokus auf Betriebe und der Tatsache, dass ein signifikanter Teil umweltrelevanter Informationen schon in anderen Informationssystemen vorliegt, in engem Zusammenhang mit den traditionellen betrieblichen Informationssystemen (BIS). Daher sind BUIS als Erkenntnisobjekt im Überlappungsbereich von Wirtschafts- und Umweltinformatik anzusiedeln (HILTY & RAUTENSTRAUCH 1995). Es besteht somit eine gewisse Analogie zwischen BIS und BUIS, was Möglichkeiten bietet, betriebswirtschaftliche und umweltbezogene Ziele bei der Gestaltung betrieblicher Informationssysteme zu kombinieren. In diesem Sinne ist anzumerken, dass das Thema BUIS in der Gesellschaft für Informatik (GI) e. V. von den Fachbereichen „Informatik in den Lebenswissenschaften" und „Wirtschaftsinformatik" gemeinsam initiiert wurde und bis heute kontinuierlich in der Fachgruppe „Betriebliche Umweltinformationssysteme" weiterentwickelt wird[2].

25.2 Definition

Der Begriff BUIS wird in der Fachliteratur sehr unterschiedlich benutzt und steht je nach Fachrichtung nicht für identische Inhalte. Eine Übersicht über Definitionen von BUIS findet sich z. B. bei (JUNKER 2010). In diesem Kapitel wird in Anlehnung an (WOHLGEMUTH 2015) bewusst eine stark an der Praxis ausgerichtete Definition verwendet, um den real existierenden betrieblichen Einsatzfeldern von BUIS gerecht zu werden.

Heute versteht man unter BUIS in der Regel Produkte der Informatik und damit Softwaresysteme. BUIS betrachten aufgrund der Ergebnisse der Nachhaltigkeitsdiskussion nicht nur die ökonomische Dimension. Sie unterstützen. Dieses manifestiert sich in der Tatsache, dass BUIS in der Nachhaltigkeitsberichterstattung immer stärker zur Datenerfassung dienen. Ferner werden BUIS zur mengenmäßigen Reduzierung des Material- und Energieeinsatzes verwendet, was Umweltbelastungen vermindert. Diese integrierte Betrachtungsweise von zumindest der ökonomischen und ökologischen Dimension der Nachhaltigkeit ist in der Praxis sehr relevant. In diesem Kontext dienen BUIS der Erfassung betrieblicher Umweltbelastungen, der Planung und Steuerung von Maßnahmen sowie der Identifikation und Auswahl von Alternativen im Kontext der betrieblichen Nachhaltigkeit. Sie unterstützen somit das Umwelt- und Nachhaltigkeitsmanagement in ihren Aufgaben und wirken sich dabei auf alle Unternehmensbereiche aus. Es wird daher eine Definition vorgeschlagen, die das Anwendungsfeld Nachhaltigkeit und den Managementaspekt integriert (WOHLGEMUTH 2015): Ein BUIS ist jede Softwareanwendung, die der Erfassung, Dokumentation und Bewertung betrieblicher Umweltwirkungen sowie der Generierung, Planung und Steuerung von Maßnahmen zu Verbesserung der betrieblichen Nachhaltigkeit dient und damit das betriebliche Umwelt- und Nachhaltigkeitsmanagement in seinen Aufgaben unterstützt. Diese Definition ist relativ weit gefasst und beinhaltet daher eine Vielzahl von Softwareanwendungen mit unterschiedlichen Aufgaben und Lösungsansätzen. Entscheidend für eine Einordnung als BUIS sind hauptsäch-

[2] Vgl. https://fa-ui.gi.de/fachausschuss/fachgruppen/fg-buis (15.02.2021).

lich die beiden Merkmale betriebliche Relevanz und Umweltrelevanz bzw. Nachhaltigkeitsrelevanz.

Unter diese Definitionen fallen theoretisch auch Tabellenkalkulationsprogramme, wie z. B. Microsoft Excel, oder ähnliche sog. Office-Anwendungen. Sie kommen in der betrieblichen Praxis, insbesondere bei kleinen und mittleren Unternehmen (sog. KMU), sehr häufig vor allem für betrachtungsobjektbezogene Themen im Umweltbereich zum Einsatz (z. B. Verbrauchszählererfassungen für Strom, Wasser etc.), verfügen i. d. R. nur über eine geringe Komplexität und sind nicht fachspezifisch ausgelegt, d. h., die Fachlogik muss selbst in diesen Anwendungen angelegt werden (HELDT & WOHLGEMUTH 2009). Obwohl der Verbreitungsgrad dieser Tools recht hoch ist, werden derartige Anwendungen nicht zu BUIS im eigentlichen Sinn gezählt, da sie Insellösungen mit einem sehr eingeschränkten Aufgabenbereich darstellen, die häufig zu Redundanz in den Datenbeständen des Betriebs führen und keinen Mehrbenutzerbetrieb zulassen. Diese Tools sind somit nicht als ganzheitliche Informationsbasis für ein betriebliches Nachhaltigkeitsmanagement geeignet.

Aus der Definition von BUIS sollte auch klargeworden sein, dass BUIS in das Umfeld von betrieblichen Informationssystemen (BIS) eingebunden sind. BUIS müssen daher neben Anordnungen aus dem betrieblichen Umweltschutz und dem Nachhaltigkeitsmanagement auch betriebswirtschaftliche und technologische Erfordernisse bei ihrer Nutzung berücksichtigen.

25.3 Hauptaufgabenbereiche von BUIS

Die Einsatzbereiche von BUIS sind in der betrieblichen Praxis per se vielfältig und vielgestaltig. Im Kern lassen sich aber drei grundlegende Hauptaufgabenbereiche identifizieren, in denen BUIS das betriebliche Umwelt- und Nachhaltigkeitsmanagement unterstützen (HILTY & RAUTENSTRAUCH 1995), nämlich

- Informationsbeschaffung und Dokumentation,
- Bewertung und Entscheidungsunterstützung,
- Generierung, Steuerung, Planung und Kontrolle von relevanten Maßnahmen.

BUIS müssen Funktionen zur *Informationsbeschaffung und Dokumentation* betrieblicher Bemühungen zu Nachhaltigkeitsthemen bereitstellen, insbesondere für eine Ermittlung und Darstellung der betrieblichen Umweltauswirkungen und weiterer umweltrelevanter Informationen sowie ihrer Visualisierung, Aufbereitung und Aggregation. Dabei ist ein externer und interner Informationsbedarf durch ein BUIS zu befriedigen, der je nach Funktion und Problemstellung des Adressaten sehr unterschiedlich sein kann. Zur Informationsbeschaffung muss das BUIS dabei auf betriebsinterne und -externe Datenquellen zurückgreifen und ggf. die Güte und Qualität dieser Daten im Rahmen der Informationsaufnahme bewerten. Ferner hat ein BUIS die Aufgabe, Funktionen und Verfahren im Rahmen des Nachhaltigkeitsmanagements zu dokumentieren sowie weitere gesetzlich relevante Daten bereitzustellen, wie z. B. Gesetzestexte, Genehmigungsbescheide, Umweltmanagementhandbücher, Informationen zu Gefahrstoffen, Anlagenkataster.

Zur Vorbereitung von *Entscheidungen* sind die erfassten betrieblichen Umweltauswirkungen zu entscheidungsrelevanten Informationen zu verdichten, sodass eine Dokumentation vergangener und aktueller Zustände nicht mehr ausreicht. Vielmehr muss ein BUIS relevante Schwachstellen identifizieren helfen und die Erarbeitung von Alternativen unterstützen, wobei aber nicht nur umweltbezogene, sondern auch betriebswirtschaftliche oder gar soziale

Informationen in eine *Bewertung* mit einzubeziehen sind, wie z. B. die mit einer alternativen Produktionsanlage verbundenen Kosten und Arbeitsbedingungen. Sowohl die Ist-Situation als auch Alternativen sind in Bezug auf ihre ökologischen, ökonomischen und sozialen Auswirkungen entsprechend zu bewerten. Dabei besteht die Gefahr, dass bei automatischer Anwendung entsprechender Bewertungsinstrumente durch das BUIS implizite Bewertungskriterien einfließen, die dem Anwender bei der Benutzung nicht transparent sind. In diesem Kontext hat ein BUIS die Aufgabe, Bewertungsmethoden entsprechend transparent und nachvollziehbar darzustellen.

Die Aufgaben der *Generierung, Steuerung, Planung und Kontrolle* beziehen sich auf alle durchgeführten und geplanten Maßnahmen eines Betriebs zum Umweltschutz oder relevanter Aktivitäten in Bezug zur Nachhaltigkeitsstrategie. In diesem Zusammenhang bieten BUIS Funktionen an, die Mitarbeiter bei der Erarbeitung und Bewertung von Soll-Ist-Vergleichen, anhand derer das Gelingen einer Maßnahme kontrolliert werden soll, unterstützen. BUIS können dabei auf jeder Managementebene eingesetzt werden. Der Steuerungs-, Planungs- und Kontrollprozess sowie die Analyse des Ist-Zustands werden dabei als kontinuierlicher Verbesserungsprozess verstanden.

Diese Hauptaufgaben erledigen BUIS im Ganzen oder in Teilen. Jedoch enthalten manche BUIS Funktionen, die eine eindeutige Einordung in diese Aufgabenbereiche nicht immer zweifelsfrei zulassen. So dienen Stoffstromanalysewerkzeuge auch der Informationsbeschaffung, indem sie die Ist-Situation der stofflichen und energetischen Seite der betrieblichen Auswirkungen auf die Umwelt darstellen. Ferner sollen aus der Analyse und Bewertung dieser Stoffströme Maßnahmen zur Verbesserung und Optimierung abgeleitet werden, was somit hauptsächlich einer Entscheidungsunterstützung dient. Auch bieten einige Softwarewerkzeuge Lösungen für verschiedene der genannten Aufgabenbereiche, sodass BUIS häufig auch bewusst mehrere Anforderungen gleichzeitig erfüllen.

25.4 Merkmale und Ausprägungen von BUIS

BUIS sind in der Regel komplexe Softwaresysteme, die zudem eng in die betriebliche Informationsverarbeitung eingebunden sind und auf vielfältigem Wege Daten mit BIS austauschen müssen. Zudem führten unterschiedliche Anforderungen zu heterogenen Ausprägungen von BUIS, sodass sich eine große Vielfalt von Softwaresystemen im Anwendungsfeld der betrieblichen Nachhaltigkeit entwickelt hat. Auch die Vielfalt der Anwendungsgebiete und technisch-organisatorischen Möglichkeiten einer Umsetzung lassen eine Gruppierung und Differenzierung von BUIS notwendig erscheinen. Für eine Systematisierung ist daher die Angabe vom Klassifikationsmerkmalen sinnvoll. Diese erfolgt für das Gebiet der BUIS häufig in Form eines morphologischen Kastens, bei dem die Merkmale eines Systems in der Vertikalen und entsprechende Ausprägungen in der Horizontalen in einer zweidimensionalen Matrix darstellt werden. Abbildung 25.1 zeigt in Anlehnung an (WOHLGEMUTH 2005, 152) exemplarisch einen morphologischen Kasten, der BUIS nach den sechs Merkmalen Anwendungsgebiet, Betrachtungsobjekt, Betrachtungskonzept, Betrachtungsgrenzen, Adressat bzw. Anwender und Integrationsgrad unterscheidet.

Merkmal	Ausprägung						
Anwendungsgebiet	Gesetzes-konformität	Zertifizie-rung	Bilanzie-rung	Lebenszyk-lus	Berichter-stattung	Entschei-dungsunter-stützung	Unterneh-mensver-bünde
Betrachtungsobjekt	Abfall	Anlagen	Gefahrstoff	Emission	Energie	Stoff/ Stoff-strom	
Betrachtungskonzept	Verwaltungszentriert	Bewertungszentriert	Managementzentriert				
Betrachtungsgrenzen	Standort/Betrieb	Prozess	Produkt	Zwischenbetrieblich			
Adressat/Anwender	Unternehmens-führung	Umweltbeauf-tragter	Fachabteilung	Mitarbeiter	Externe Stakehol-der		
Integrationsgrad	Stand-alone	Add-on	Integriert				

Abb. 25.1: Beispielhafter morphologischer Kasten für BUIS

In der Regel ist eine trennscharfe Zurechnung von BUIS zu den Merkmalen und ihren Ausprägungen in der Praxis nicht immer möglich, da in BUIS häufig Elemente der verschiedenen Merkmale in unterschiedlichsten Ausprägungen vorzufinden sind.

Merkmal Anwendungsgebiet

Die Nutzung von BUIS geschieht immer vor dem Hintergrund, in welchem Anwendungsgebiet sie zum Einsatz kommen. Diese Anwendungsgebiete definieren dann den Funktionsumfang und die Anforderungen an die BUIS. Typische Anwendungsgebiete sind die Einhaltung der Gesetzeskonformität der umweltrelevanten Aktivitäten eines Betriebs (die sog. Legal Compliance), die Unterstützung von Zertifizierungen im Rahmen des Umwelt- und Nachhaltigkeitsmanagements, eine systematische Erfassung und Bilanzierung der mit einem Standort, einem Prozess oder einem Produkt zusammenhängenden Stoff- und Energieströme, sogar u. U. über den gesamten Lebenszyklus eines Produkts hinweg, eine systematische Generierung und Bereitstellung von Umwelt- oder Nachhaltigkeitsberichten, die Generierung einer Entscheidungsbasis für kontinuierliche Verbesserungsmaßnahmen im Rahmen des Nachhaltigkeitsmanagement oder die Koordination von Nachhaltigkeitsaktivitäten in Unternehmensnetzwerken (WOHLGEMUTH 2015).

Merkmal Betrachtungsobjekt

Der Aufgabenbereich von BUIS ergibt sich aus der Kombination eines oder mehrerer Umweltaspekte, die als Betrachtungsobjekt angeben, in welchem Funktionsbereich eine Unterstützung vorgesehen ist. Es werden dabei die Betrachtungsobjekte Abfall, Anlagen, Gefahrstoff/-gut, Energie, Emissionen und Stoff/Stoffströme unterschieden. Für jeden Bereich existieren BUIS, die die spezifischen Funktionen für das jeweilige Betrachtungsobjekt umsetzen. Beispielsweise müssen BUIS für das Betrachtungsobjekt Abfall spezifische Funktionen zur Erstellung von elektronischen Entsorgungsnachweisen, zum Altlastenmanagement bis hin zur Generierung von Abfallstatistiken bereitstellen. Das Betrachtungsobjekt gilt oft als das wichtigste Klassifikationskriterium. Neben diesen spezialisierten BUIS gibt es auch einige wenige BUIS, die einen ganzheitlicheren Ansatz verfolgen und nicht nur auf einen oder mehrere der genannten Betrachtungsobjekte fokussieren. Sie bestehen meist aus einer Basisversion, die jeweils durch ein entsprechendes Modul um spezifische Funktionen für ein weiteres Betrachtungsobjekt ergänzt werden (WOHLGEMUTH 2015).

Merkmal Betrachtungskonzept

Je nachdem, in welchem Umfang die genannten Betrachtungsobjekte, bezogen auf die Unterstützung einzelner Phasen des Plan-Do-Check-Act-Management-Kreislaufs, verarbeitet werden, lassen sich BUIS in Analogie zu ihren drei Hauptaufgaben in Systeme klassifizieren, die verwaltungszentrierte, bewertungszentrierte und managementzentrierte Konzepte unterstützen (ZSIFKOVITS & BRUNNER 2012, 234). *Verwaltungszentrierte* BUIS haben hauptsächlich Informationsbereitstellungs- und Berichtsaufgaben. Hier geht es darum, grundlegende Funktionen zur quantitativen Erfassung operativer Daten (z. B. Emissions- und Verbrauchsmengen) im Sinne einer Archivierung, als Basis für eine Kennzahlenermittlung oder für eine Nachhaltigkeitsberichterstattung bereitzustellen. Diese BUIS haben daher eher dokumentierenden Charakter und dienen in der Regel der Sicherstellung der gesetzlichen Anforderungen an den betrieblichen Umweltschutz. Verwaltungszentriete BUIS unterstützen vornehmlich die Aufgabe Informationsbeschaffung und Dokumentation. Ein BUIS, das ein *bewertungszentriertes* Konzept realisiert, fokussiert auf die Bewertungsfunktionalität und erweitert verwaltungszentrierte BUIS insbesondere um ökonomische Daten und Kennzahlen. So ist neben der mengenmäßigen auch eine Analyse der betrieblichen Umweltauswirkungen nach gesellschaftlichen Wertmaßstäben möglich. Derartige BUIS liefern Basisinformationen für das Nachhaltigkeitsmanagement und besitzen einen kurzfristigen bis mittelfristigen Zeithorizont. Verwaltungszentriete BUIS unterstützen vornehmlich die Aufgabe Bewertung und Entscheidungsunterstützung. *Managementzentrierte* BUIS sollen den gesamten Umweltmanagementkreislauf unterstützen, indem sie verwaltungs- und bewertungszentrierte Funktionalitäten um organisatorische und strategische Gesichtspunkte in Bezug auf eine Planungs- und Zielfindungsunterstützung erweitern. Sie besitzen somit einen eher mittel- bis langfristigen Zeitbezug. Managementzentrierte BUIS unterstützen mindestens die Aufgabe Generierung, Steuerung, Planung und Kontrolle von Maßnahmen im Nachhaltigkeitskontext.

Merkmal Betrachtungsgrenzen

Ein weiteres Klassifikationsmerkmal stellt der durch die betrachteten Grenzen definierte Systemausschnitt des Unternehmens dar, der durch BUIS informationstechnisch unterstützt werden sollen. Einige BUIS bieten Funktionen an, die z. B. nur die mit einem Produkt zusammenhängenden Stoff- und Energieströme erfassen, andere fokussieren auf einen Standort mit seinen Prozessen und Anlagen oder auf das gesamte Unternehmen mit mehreren Standorten (WOHLGEMUTH 2005, 151). Wiederum andere nehmen die Austauschbeziehungen zwischen verschiedenen Unternehmen in den Blick. Schließlich findet sich auch eine kombinierte Betrachtungsweise von Produkten, Prozessen, Betrieben und zwischenbetrieblichen Prozessen.

Merkmal Adressat bzw. Anwender

Informationen über Umweltbelastungen durch Produkte und Produktionsverfahren, ihrer Kosten sowie neuerdings auch sozialer Indikatoren entlang der Vor- und Nachketten der Produkte und Produktionsprozesse führen zu verschiedensten Anforderungen an BUIS, diesen Informationsbedarf zu befriedigen. Nachhaltigkeitsrelevante Daten und Informationen sowie ihrer Berechnungen und Auswertungen sind für die verschiedensten Adressaten inner- und außerhalb des Unternehmens wichtig und entscheidungsrelevant. Klassischerweise wird häufig als ein weiteres Klassifizierungsmerkmal der Adressat bzw. Anwender von BUIS genannt (z. B. RAUTENSTRAUCH 1999, 19). Hierbei werden die Adressaten Unternehmensführung, Fachabteilung, Umwelt-/Nachhaltigkeitsbeauftragter, andere Mitarbeiter des Unternehmens oder externe Stakeholder, wie Behörden, Versicherungen, Investoren, Lieferanten und Konsumenten/Kunden, unterschieden.

Merkmal Integrationsgrad

Da BUIS ein Unternehmen unter Nachhaltigkeits- und Umweltschutzgesichtspunkten betrachten, benötigen BUIS einerseits Daten, um den Betrieb in seiner Struktur und seinem Aufbau, die Produktion mitsamt den zur Produktion eingesetzten Ressourcen sowie Betriebsabläufen zu beschreiben. Diese Daten werden dann um nachhaltigkeitsrelevante Aspekte erweitert. Viele grundlegende Informationen zu Bewegungsdaten, Kosten und zur Aufbau- und Ablauforganisation des Betriebs, die auch in BUIS benötigt werden, sind bereits in BIS vorhanden. Um Redundanzen zu vermeiden, wäre eine Integration von BUIS in BIS sinnvoll. Insbesondere die Integration von BUIS-Funktionalitäten im Enterprise-Ressource-Planning-(ERP-)Systeme ist hier ein wichtiger Schritt in Richtung eines ganzheitlichen Systems zur Unterstützung der Nachhaltigkeit. Stellt man die typischen BUIS-Funktionen auf Basis dieser Daten bereit, ergäbe sich ein einheitliches Softwaresystem, welches integrativ verzahnt Informationen aus allen Bereichen des Unternehmens für das Nachhaltigkeitsmanagement zur Verfügung stellt.

Die Frage, wie gut sich BUIS in die bestehende betriebliche IT-Anwendungslandschaft einbinden lassen, die sog. Integrationsfähigkeit, ist ein zentrales Merkmal für das Funktionieren und die Akzeptanz von BUIS (PERL 2006, 54 f.). Neben der oben erwähnten funktionalen Integration umfasst dies auch die technische Integration in die bestehende IT-Systemlandschaft. BUIS können in Bezug auf ihren technische Integrationsgrad konzipiert sein als Stand-alone-Systeme (Insellösungen), Add-Systeme oder Integrierte Systeme (RAUTENSTRAUCH 1999, 16). In der Praxis dominieren heute meist noch die Insellösungen, die teilweise mit einem Webinterface ausgestattet wurden. BUIS-Lösungen oder ERP-Systeme, die bestehende BIS um ökologische, ökonomische und soziale Aspekte zu einem integrierten ganzheitlichen Nachhaltigkeitssystem erweitern, stecken noch in den Kinderschuhen, da die Schaffung einer integrierten Softwarelösung mit hohem Zeit- und Kostenaufwand verbunden ist. Insbesondere KMU verfügen meistens über keine integrierte IT-Lösung, sondern nutzen eher Stand-alone-Systeme für spezifische Fragestellungen des betrieblichen Umweltschutzes. Hier dominieren eher verwaltungszentrierte Systeme zur Sicherstellung der Gesetzeskonformität, welche dem operativen Anwendungsspektrum zuzuordnen sind. Häufig werden für diese Belange sogar Tabellenkalkulationsprogramme, wie z. B. Microsoft Excel, eingesetzt (HELDT & WOHLGEMUTH 2009).

Um nun aber Daten aus BUIS in einem ERP-System bereitzustellen, nutzt man für den Datenaustausch zwischen den Systemen häufig Schnittstellen, die i. d. R. auf der erweiterbaren, plattform- und implementationsunabhängigen Auszeichnungssprache XML basieren und somit standardisiert und nicht proprietär angelegt sind. Beispiele sind die XML-basierten Formate SPOLD[3], das auf SPOLD beruhende ecoSPOLD-Format, die in der PAS[4] 1025:2003 und der PAS 2050:2011 definierten Formate sowie das von der Europäischen Plattform für Lebenszyklusanalysen entwickelte, auf dem International Reference-Life-Cycle-Data-(ILCD-)System basierende Austauschformat (FUCHS-KITTOWSKI & FREIHEIT 2014, 782). Bis

[3] SPOLD steht für Society for the Promotion of Life Cycle Analysis.

[4] PAS ist ein Akronym für Publicly Available Specification, eine öffentlich verfügbare Spezifikation, quasi eine Vornorm durch die die Verfasser, veröffentlicht durch das Deutsche Institut für Normung (Berlin).

heute hat sich aber kein einheitlicher Standard für Schnittstellen und Übertragungsformate zur Unterstützung eines integrierten Nachhaltigkeitsmanagements durchgesetzt.

25.5 Beispiel für ein stoffstromorientiertes BUIS

Stoffstromorientierte BUIS erfreuen sich steigender Beliebtheit, da sie eine systemtheoretische Herangehensweise auf der Basis der mit den betrieblichen Aktivitäten verbundenen Stoff- und Energieströme verfolgen. Zudem lassen sich mit Stoffströmen auch Kostenströme abbilden (MÖLLER 2000), sodass sich durch ihre Nutzung eine Harmonisierung ökologischer und ökonomischer Aspekte erreichen lässt. Informationen über Menge, Art und Zusammensetzung dieser Stoffströme sind für das betriebliche Nachhaltigkeitsmanagement besonders wichtig. Stoffdaten sind daher eine notwendige Grundlage für alle umweltrelevanten Betrachtungen. Diese Stoffe können in spezifischem Kontext als Abfall, Gefahrenstoff oder Emission klassifiziert werden. Für ein BUIS mit dem speziellen Betrachtungsobjekt der Stoffströme gilt, dass es diese produkt-, prozess-, unternehmens- oder standortbezogen in einer Stoff- und Energiebilanz darstellen und mit Kosten verbinden kann, ihre Vernetzung in Stoffstrommodellen abbildet und mit erweiterter Funktionalität ein Stoffstrommanagement innerhalb eines Betriebs erlaubt. Eine Unterstützung dieses Aspekts berührt dann mittelfristige Planungsfragestellungen und geht über die kurzfristige, operative Entscheidungsebene hinaus.

Ein bekannter Vertreter eines stoffstromorientierten BUIS ist die Software Umberto. Sie dient der Abbildung von Stoff- und Energieströmen für ein Produkt, einen Prozess oder einen Betrieb[5]. Dabei ist Umberto der Oberbegriff für eine Produktfamilie, deren einzelne Produkte auf spezifische Aspekte und Betrachtungsobjekte fokussiert; z. B. gibt es ein spezielles Produkt nur zur Berechnung von Carbon Footprints, Produktökobilanzen (z. B. Life Cycle Assessment, das mehrere Umweltauswirkungen, wie u. a. Treibhaus-, Eutrophierungs-, Säurebildungs- und Toxizitätspotenzial, bewertet) oder zur Anwendung einer spezifischen stoffstrombezogenen Kostenrechnungsmethode (Material Flow Cost Accounting, MFCA), die insbesondere die Rest- und Abfallströme verursachergerecht nicht nur physikalisch, sondern auch monetär quantifiziert.

Umberto eignet sich zur flexiblen Abbildung von Stoff- und Energieströmen in Produktion, Nutzung oder Entsorgung und enthält eine Prozessdatenbank für Lebenszyklusdaten (Vor- und Nachketten), d. h., Nutzer können je nach Fokus auf betriebliche Prozesse, Standorte oder Produktlebenswege passende Modelle aufbauen. Mittels Netzeditor entstehen Produktionsstrukturen eines Betriebs oder Lebenswegabschnitte eines Produkts, wobei die Darstellung hierarchischer Netzstrukturen, nichtlinearer Prozessfunktionen und von Mehrproduktprozessen möglich ist. Mit Umberto lassen sich Szenarien und Planungen in ihren Auswirkungen prüfen. Die Ergebnisse können für das Unternehmen auf unterschiedliche Weise abgebildet werden. Dazu zählen diverse Reports, Sankey-Diagramme der Stoffströme oder eine individuelle Definition von Kennzahlen und ökologischen Auswertungsgrößen. Anhand der Sankey-Diagramme können insbesondere auch z. B. Vergleiche der Umwelt- und Kostenwirkungen von Produktionsprozessen und ihren Alternativen erstellt werden. Auf diese Weise kann Umberto auch typische Managementkreisläufe unterstützen. Umberto ermöglicht ferner eine Kostenträgerrechnung bei Mehrproduktsystemen.

---

[5] Vgl. https://www.ifu.com/umberto/ (15.02.2021).

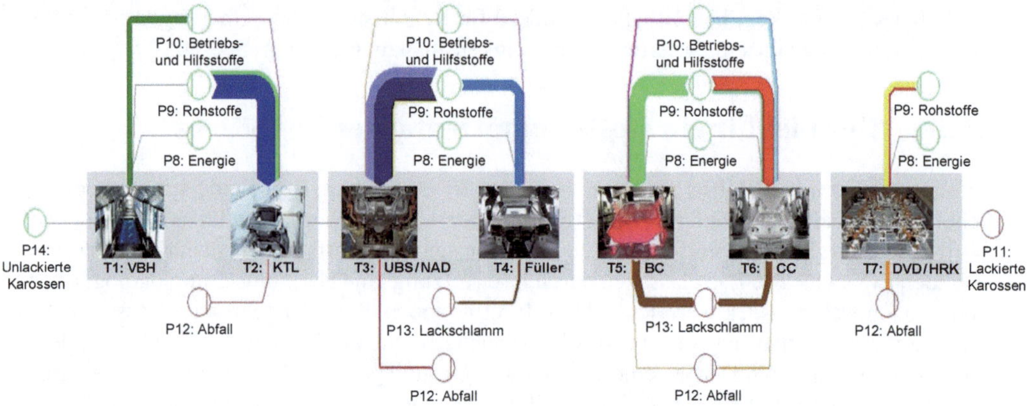

Abb. 25.2: Umberto-Modell einer Fahrzeug-Lackiererei auf oberster Ebene (WITTE & BOEHNKE 2012)

Abbildung 25.2 zeigt beispielsweise einen Ausschnitt eines hochkomplexen Umberto-Modells, das eine frühzeitige Planungsunterstützung bei neuen Lackieranlagen, einen Technologievergleich verschiedener Lackierprozesse und eine Simulation der Stoffströme einer Lackiererei bei veränderten Prozessparametern ermöglicht. So wurden z. B. in dem Modell die wesentlichen Prozesse der Lackiererei in Subnetze zerlegt und alle relevanten Stoff- und Energieströme als Sankey-Diagramm visualisiert. Die wesentlichen Unterprozesse wurden in diesen Subnetzen als Transitionen erstellt und durch die Integration von Parametern flexibel gestaltet. Zur vereinfachten Bedienung wurde zudem ein Assistent zur Unterstützung der Eingabe von wesentlichen Parametern implementiert. Dies erleichtert den Zugang zu den vielen Parametern des Modells (WITTE & BOEHNKE 2012).

25.6 Entwicklungspfade

Für die Weiterentwicklung von BUIS lassen sich zwei grundsätzliche Entwicklungspfade ausmachen, nämlich, dass immer mehr BUIS-Funktionalitäten in anderen betrieblichen Anwendungssystemen bereitgestellt werden und BUIS immer stärker taktische und strategische Entscheidungsfragestellungen unterstützen. Ein Beispiel stellen die Entwicklungen im Rahmen der digitalen Fabrik dar. Diese haben bisher eher den Fokus auf eine betriebswirtschaftliche Optimierung der Produktionsprozesse und -abläufe, werden aber aktuell gerade in der Automobilindustrie in Bezug auf eine inputbezogene Abbildung von stofflichen und energetischen Verbräuchen in der Produktion erweitert, um so auch stoffliche Aspekte bei taktischen und strategischen Entscheidungsfragestellungen zu berücksichtigen (WOHLGEMUTH 2015). Diese Tendenz ist zu begrüßen, da dadurch neben den klassischen Steuerungsparametern der Produktionssimulation (Durchsatz, Auslastung, Bestände) nun auch stoffliche Aspekte (Material- und Energieverbräuche) bei taktischen und strategischen Problemstellungen berücksichtigt werden können. Die dabei entstehenden Lösungen in Kooperation mit den Softwarelieferanten oder in Forschungsprojekten können letztendlich förderlich für die gesamte produzierende Industrie sein, wenn es gelingt, diese einzelnen Dateninseln zu vernetzen und in die bestehende betriebliche Informationstechnik zu integrieren.

Bei näherer Betrachtung der Unternehmen und ihrer derzeitigen BUIS-Landschaft zeigt sich, dass insbesondere im Bereich der nachhaltigkeitsorientierten Produktion folgende Punkte wesentlich sind für die zukünftige Entwicklung von BUIS (WOHLGEMUTH 2015):

- Ausbau der Datenerfassung aller wesentlichen Energie- und Stoffströme im Betrieb,
- Integration von Energie- und Umweltaspekten in die bestehenden Softwarewerkzeuge und Prozesse im Unternehmen,
- Nutzung der Möglichkeiten der digitalen Fabrik als wesentlicher Hebel zur Integration von Nachhaltigkeitsaspekten bei taktischen und strategischen Planungsfragestellungen.

Für die zukünftige Entwicklung von BUIS spielt insbesondere der Einsatz intelligent vernetzter Systeme und Prozesse eine Rolle, wie dies im Rahmen der digitalen Fabrik geplant ist, um für die taktische und strategische Entscheidungsebene relevante Umweltinformationen zur Verfügung zu stellen, die zu einer besseren Einschätzung nachhaltiger Entwicklungspfade, erfolgskritischer Ressourcenpreise und damit einhergehenden Risiken für das Unternehmen führen. Auf diese Weise ergäbe sich sicherlich eine besser vernetzte Integration sozialer, ökologischer und ökonomischer Kennzahlen und Indikatoren in einem System (MARX GÓMEZ, STRAHINGER & TEUTEBERG 2010, 11). Ob hierbei BUIS als eigenständiges System nachhaltigkeitsrelevante Informationen über standardisierte Schnittstellen bereitstellt oder ob BUIS vollständig in einem ganzheitlichen, integrierten Softwaresystem der digitalen Fabrik aufgehen, ist eine zentrale Frage für die Zukunft von BUIS. Allerdings werden wohl die existierenden BUIS zur Unterstützung einzelner dezidierter Aspekte des betrieblichen Umweltschutzes, wie z. B. dem Stoffstrom- oder Abfallmanagement, weiterhin Bestand haben.

Gerade BUIS fokussieren durch ihre Nutzung auf eine Erhöhung der Nachhaltigkeitsbemühungen in Unternehmen. Vergessen werden sollte aber auch nicht, dass BUIS durch die Nutzung von Hardware selbst natürliche Ressourcen verbrauchen. BUIS-Hersteller sind daher auch gefordert, ihre Software so zu gestalten, dass BUIS wenig Strom während ihres Betriebs verbrauchen und ein Minimum an Ressourcen für die Produktion von Hardware verursachen. Seit Kurzem wird das Siegel „Blauer Engel“ auch für ressourcen- und energieeffiziente Software vergeben[6]. Insbesondere BUIS-Hersteller sollten hier vorangehen und sich um eine entsprechende Zertifizierung ihrer Produkte bemühen, um die Nachhaltigkeitsbilanz von BUIS noch besser zu gestalten.

Literatur

FUCHS-KITTOWSKI, K. & FREIHEIT, J. (2014): Betriebliche Umweltinformationssysteme. In: Das Wirtschaftsstudium, 43 (6).

HELDT, K. & WOHLGEMUTH, V. (2009): Typische Entwicklungs- und Entscheidungsprozesse zu betrieblichen Umweltinformationssystemen am Beispiel der Daimler AG. In: FISCHER-STABEL, P., KREMERS, H., SUSINI, A. & WOHLGEMUTH, V. (Hrsg.): Environmental Informatics and Industrial Environmental Protection – Concepts, Methods and Tools – Volume 3. Shaker, Aachen.

[6] https://www.blauer-engel.de/de/produktwelt/elektrogeraete/ressourcen-und-energieeffiziente-software-produkte (15.02.2021).

HILTY, L. M. & RAUTENSTRAUCH, C. (1995): Betriebliche Umweltinformatik. In: PAGE, B. & HILTY, L. M. (Hrsg.): Umweltinformatik – Informatikmethoden für den Umweltschutz und Umweltforschung. 2. Aufl. Oldenbourg, München, 295-312.

JUNKER, H. (2010): Die Beliebigkeit betrieblicher Umweltinformationssysteme – eine Polemik. In: GREVE, K. & CREMERS, A. B. (Eds.): Integration of Environmental Information in Europe, 24th International Conference on Informatics for Environmental Protection. Shaker, Aachen, 232-247.

MARX GÓMEZ, J., STRAHINGER, S. & TEUTEBERG, F. (2010): Green Computing & Sustainability. HMD – Praxis der Wirtschaftsinformatik, Heft 274. dpunkt, Heidelberg.

MÖLLER, A. (2000): Grundlagen stoffstrombasierter betrieblicher Umweltinformationssysteme. Projekt, Bochum.

PERL, E. (2006): Implementierung von Umweltinformationssystemen. Deutscher Universitäts-Verlag, Wiesbaden.

RAUTENSTRAUCH, C. (1999): Betriebliche Umweltinformationssysteme. Springer, Berlin/ Heidelberg.

WITTE, S. & BOEHNKE, B. (2012): Parametrisiertes benutzergeführtes Simulationsmodell einer idealisierten Automobillackiererei. In: WOHLGEMUTH, V. (Hrsg.): Einsatz der Software UMBERTO in angewandter Forschung und Praxis – Anwendungsfälle und Praxisbeispiele des UMBERTO Competence Center Berlin (UCC Berlin). Shaker, Aachen, 99-120.

WOHLGEMUTH, V. (2005): Komponentenbasierte Unterstützung von Methoden der Modellbildung und Simulation im Einsatzkontext des betrieblichen Umweltschutzes. Shaker, Aachen.

WOHLGEMUTH, V. (2015): Ein Überblick über Einsatzbereiche von betrieblichen Umweltinformationssystemen (BUIS) in der Praxis. In: CUNNINGHAM, D., HOFSTEDT, P., MEER, K. & SCHMITT, I. (Hrsg.): INFORMATIK 2015 – Lecture Notes in Informatics, Gesellschaft für Informatik e. V., Bonn, 223-237.

ZSIFKOVITS, H. & BRUNNER, U. (2012): Konzeption und Planung von Umweltinformationssystemen. In: TSCHANDL, M. & POSCH, A. (Hrsg.): Integriertes Umweltcontrolling, 2. Aufl. Gabler, Wiesbaden, 231-253.

26 Software für das betriebliche Umwelt- und Nachhaltigkeitsmanagement

Klaus HELLING[1]

Zusammenfassung

Das betriebliche Umwelt- und Nachhaltigkeitsmanagement hat heterogene Aufgaben, die in diesem Kapitel zunächst kurz zusammengefasst werden. Anschließend werden, ausgehend vom etablierten Begriff der betrieblichen Umweltinformationssysteme (BUIS), Strukturierungsansätze für Softwareanwendungen für das betriebliche Umwelt- und Nachhaltigkeitsmanagement dargestellt. Im zweiten Kapitel wird ein kurzer Ausblick auf die zukünftigen Entwicklungsperspektiven sowie auf das Zusammenspiel von Nachhaltigkeit und Digitalisierung gegeben.

26.1 Strukturierung der Softwareanwendungen für das betriebliche Umwelt- und Nachhaltigkeitsmanagement

26.1.1 Betriebliches Umwelt- und Nachhaltigkeitsmanagement

Nachhaltiges Wirtschaften gewinnt für alle Unternehmen an Bedeutung. Auf der Inputseite müssen Unternehmen die Versorgung mit den notwendigen Materialien und Energien sicherstellen. Dabei müssen sie Informationen über alle Umweltwirkungen und die Arbeitsbedingungen der vorgelagerten Wertschöpfungsstufen sammeln, da dies in zunehmendem Maße von den Stakeholdern nachgefragt wird. Darüber hinaus zeigt die aktuelle Diskussion zur Einführung eines Lieferkettengesetzes in Deutschland, dass gesetzliche Regelungen zur Übernahme von Verantwortung in der Supply Chain zu erwarten sind. Die Auswirkungen der eigenen Produktionstätigkeit auf die Umwelt sind ebenfalls zu erfassen. Weiterhin können Umweltauswirkungen in der Nutzungsphase durch effiziente und langlebige Produkte sowie durch Kundeninformation und -service positiv beeinflusst werden. Schließlich tragen Unternehmen auch Verantwortung für die Kreislaufführung und Entsorgung ihrer Produkte.

Das betriebliche Umwelt- und Nachhaltigkeitsmanagement untersucht den Umgang des Unternehmens mit den benötigten Ressourcen sowie die Auswirkungen der Unternehmenstätigkeit und der Produkte des Unternehmens auf die Umwelt und die Gesellschaft. In der Diskussion zum Begriff der Nachhaltigkeit findet sich immer noch sehr häufig das sogenannte Drei-Säulen-Modell der nachhaltigen Entwicklung, das in der folgenden Abbildung mit dem Modell der Doughnut-Economy von Kate Raworth kombiniert wird, um darzustellen, dass die drei Säulen der Nachhaltigkeit nicht unabhängig voneinander betrachtet werden dürfen,

---

[1] Umwelt-Campus Birkenfeld der Hochschule Trier, Institut für angewandtes Stoffstrommanagement (IfaS) Postfach 1380, 55761 Birkenfeld, k.helling@umwelt-campus.de, www.umwelt-campus.de

sondern dass nachhaltige Entwicklung unbedingt ein systemisches Denken erfordert. Raworth postuliert, dass die ökonomische Optimierung nur unter Berücksichtigung der ökologischen Tragfähigkeit und sozialen Fundierung erfolgen darf, um ein sicheres und gerechtes Leben für die Menschheit zu erreichen. Zur Strukturierung und Vereinfachung werden im Folgenden allerdings die drei Bereiche Ökologie, Ökonomie und Soziales zunächst sequenziell betrachtet.

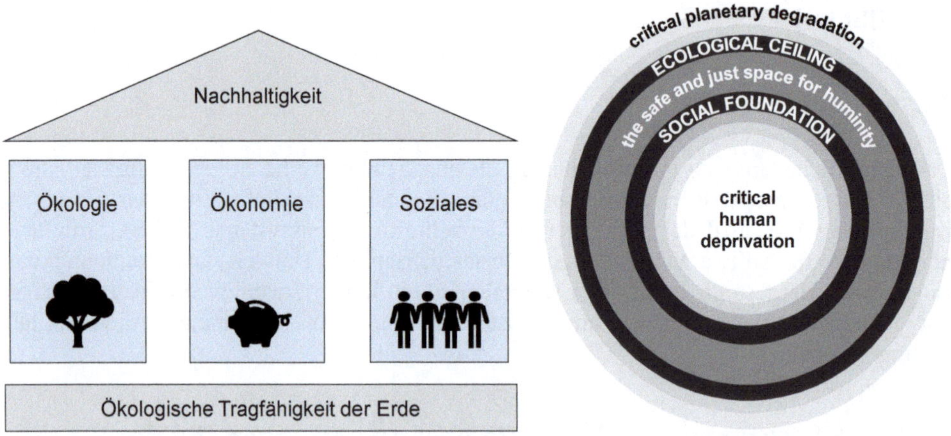

Abb. 26.1: Drei-Säulen-Modell der Nachhaltigkeit versus Doughnut-Economics

Die erste Säule „Ökologie" verlangt, dass eine nachhaltige Entwicklung immer umweltverträglich ausgestaltet werden muss. Für Unternehmen bedeutet dies, dass das Management der Umweltauswirkungen zu einer unverzichtbaren Aufgabe wird. Geeignete Instrumente sind hier die etablierten Standards des Umweltmanagements (ISO 14001 und EMAS) und auch des Energiemanagements nach der ISO 50001. Darüber hinaus haben Unternehmen eine ökologische Verantwortung bzgl. der Umweltauswirkungen ihrer Produkte. Geeignete Standards zur Ermittlung und Reduktion der produktbezogenen Umweltauswirkungen ist die Ökobilanznorm ISO 14040. Aktuell gewinnen in diesem Kontext auch die Standards zur Ermittlung von Product Carbon Footprints an Bedeutung.

Die Säule „Ökonomie" verlangt die Berücksichtigung ökonomischer Aspekte. Mit anderen Worten: Nachhaltigkeit muss sich rechnen! Diese Säule ist der Grund, warum der Begriff „Nachhaltigkeit" in der Wirtschaft viel bessere Akzeptanz findet als der Begriff „Umweltschutz". Umweltschutz bedeutet für viele Unternehmen eine Einschränkung der Produktionsmöglichkeiten, bedingt durch Gesetze, Auflagen oder Steuern. Nachhaltiges Wirtschaften postuliert, dass Unternehmen die betriebswirtschaftlichen Ziele immer im Blick behalten müssen, um dauerhaft erfolgreich zu sein. Mit Blick auf die Software für das betriebliche Umwelt- und Nachhaltigkeitsmanagement wird deutlich, dass eine Verknüpfung mit dem ERP-System und den darin enthaltenen Controllingkomponenten unabdingbar ist.

Die dritte Säule der Nachhaltigkeit integriert soziale Aspekte. Die Bedürfnisse heutiger und der kommenden Generationen betreffen nicht nur eine intakte Umwelt und ein gerechtes Einkommen, sondern auch ein angemessenes soziales und kulturelles Umfeld. Soziale Ziele finden sich in der allgemeinen Deklaration der Menschenrechte und in den Anforderungen der Internationalen Arbeitsorganisation (ILO) an gerechte Arbeitsbedingungen. Auch das Thema

Arbeitssicherheit und Gesundheitsvorsorge ist in diesem Kontext relevant. Entsprechende Anforderungen zur Etablierung von Managementsystemen für Arbeitssicherheit und Gesundheitsschutz enthält beispielsweise die Norm ISO 45001.

Um den Herausforderungen des nachhaltigen Wirtschaftens gerecht zu werden, haben viele Unternehmen ein Nachhaltigkeitsmanagement etabliert. Generelle Anforderungen an das Nachhaltigkeitsmanagement beinhaltet die ISO 26000. Die Richtlinien zur Nachhaltigkeitsberichterstattung des Deutschen Nachhaltigkeitskodex (DNK), der Global Reporting Initiative (GRI) sowie die 17 Sustainable Development Goals der Agenda 2030 bilden geeignete Rahmenwerke für die Erstellung von Nachhaltigkeitsberichten und die Etablierung eines Nachhaltigkeitsmanagements.

26.1.2 Strukturierungsansatz für Softwareanwendungen für Umwelt und Nachhaltigkeit

Software für das betriebliche Umwelt- und Nachhaltigkeitsmanagement wird im deutschen Sprachraum häufig unter dem Sammelbegriff „Betriebliche Umweltinformationssysteme" zusammengefasst. Eine erste Definition versteht unter betrieblichen Umweltinformationssystemen (BUIS) jegliche Software, die dem unternehmensweiten Umweltmanagement dient (KRAMER 1993, 10). Zwei Jahre später liefert Rautenstrauch eine bis heute etablierte Definition: „Ein betriebliches Umweltinformationssystem (BUIS) ist ein organisatorisch-technisches System zur systematischen Erfassung, Verarbeitung und Bereitstellung umweltrelevanter Informationen in einem Betrieb" (RAUTENSTRAUCH 1999, 11).

In einer Studie untersuchten TEUTEBERG und GOMEZ die Weiterentwicklung der BUIS (TEUTEBERG & GOMEZ 2010, 7 f.). Als wesentliche Aufgaben von BUIS nennen sie die Erfassung der vom Betrieb ausgehenden Umweltwirkungen, die Planung und Steuerung von Umweltschutzmaßnahmen sowie die Bereitstellung von entscheidungsrelevanten Informationen. Auf dieser Basis lassen sich BUIS in drei Kategorien gliedern:

- Berichts- und Auskunftssysteme zur externen Berichterstattung,
- Ökocontrollingsysteme zur betriebsinternen Entscheidungsvorbereitung,
- produktionsnahe BUIS.

Die Berichts- und Auskunftssysteme dienen dabei einerseits zur Sicherstellung der Legal Compliance und andererseits unterstützen sie die Erstellung von Umwelt- und Nachhaltigkeitsberichten. Die Umsetzung aller gesetzlichen und sonstigen Anforderungen (Legal Compliance) stellt eine Pflichtaufgabe für alle Unternehmen dar. Die entsprechenden Softwarelösungen ermöglichen einen Zugriff auf die relevanten Rechtsvorschriften und bieten darüber hinaus die Möglichkeit, gesetzeskonforme Berichte an Behörden und andere Adressaten zu erstellen. Die Erstellung von Umwelt- und Nachhaltigkeitsberichten stellt für kleine und mittlere Unternehmen i. d. R. eine freiwillige Leistung dar, die allerdings für viele börsennotierte Unternehmen mittlerweile aufgrund der Erwartungen der Stakeholder und auch durch gesetzliche Regelungen des CSR-Richtlinie-Umsetzungsgesetzes (CSR-RUG) zur Pflichtaufgabe wird. Nach dem CSR-RUG sind betroffene Unternehmen seit dem Geschäftsjahr 2017 dazu verpflichtet, Informationen zu Arbeitnehmer-, Sozial- und Umweltbelangen, zur Achtung der Menschenrechte und zur Bekämpfung von Korruption und Bestechung zu veröffentlichen.

Ökocontrollingsysteme stellen dem Management entscheidungsrelevante Informationen in verdichteter Form zur Verfügung. Wesentliche Instrumente sind hier Kennzahlensysteme,

Mess- und Produktionsdatenerfassungssysteme, Produktökobilanzen, Carbon-Footprint-Analysen sowie Betriebs- und Prozessökobilanzen. Neben den Stoff- und Energieflüssen müssen jeweils auch die Umweltauswirkungen und die Kosten betrachtet werden.

Unter produktionsnahen BUIS wird die Steuerung von Produktionsabläufen, Druckluftsystemen, der Haus- und Gebäudetechnik und anderen technischen Prozessen im Unternehmen eingesetzter Software verstanden. Produktionsnahe BUIS greifen im Gegensatz zu den anderen Typen von BUIS direkt in die Stoff- und Energieflüsse eines Unternehmens ein.

HELLING strukturiert die Softwarewerkzeuge für das betriebliche Umwelt- und Nachhaltigkeitsmanagement ausgehend vom Begriff des Stoffstrommanagements (HELLING 2002, 147 ff.). Im Zuge der Nachhaltigkeitsdiskussion definierte die Enquête-Kommission „Schutz des Menschen und der Umwelt" des Deutschen Bundestages den Begriff „Stoffstrommanagement" als das „zielorientierte, verantwortliche, ganzheitliche und effiziente Beeinflussen von Stoffsystemen, wobei die Zielvorgaben aus dem ökologischen und ökonomischen Bereich kommen, unter Berücksichtigung von sozialen Aspekten" (ENQUÊTE-KOMMISSION 1994, 259).

Auf den verschiedenen Ebenen und Handlungsfeldern des Stoffstrommanagements kommen aufgrund der vielfältigen Aufgaben und der Komplexität der Problemstellungen sehr unterschiedliche Softwarewerkzeuge zum Einsatz. Dieses Kapitel konzentriert sich auf das betriebliche Stoffstrommanagement. Regionale Ansätze des Stoffstrommanagements, die das Ziel verfolgen, die Stoff- und Energieflüsse innerhalb eines abgegrenzten regionalen Systems nachhaltig zu optimieren, werden nicht betrachtet. Im betrieblichen Stoffstrommanagement werden die Grundformen des einzel- und zwischenbetrieblichen Stoffstrommanagements unterschieden. Zwischenbetriebliches Stoffstrommanagement erfordert das koordinierte Vorgehen von zwei oder mehr Akteuren, einzelbetriebliches Stoffstrommanagement kann hingegen von einem Unternehmen allein umgesetzt werden. Softwarewerkzeuge für das einzelbetriebliche Stoffstrommanagement werden nur von einem Unternehmen genutzt. Hier ist die Integration der Softwarewerkzeuge in die betriebliche Systemlandschaft von großer Bedeutung. Im zwischenbetrieblichen Kontext muss ein besonderes Augenmerk auf die Vereinheitlichung von Datenstrukturen und die Gewährleistung des Schutzes sensibler Daten gelegt werden.

Tabelle 26.1 gibt einen Überblick bzgl. der eingesetzten Softwarewerkzeuge im betrieblichen und zwischenbetrieblichen Stoffstrommanagement. Als Stoffstrommanagement-Software im engeren Sinne können die Ökobilanzierungstools angesehen werden. Diese Werkzeuge dienen der Modellierung und Analyse von Stoff- und Energieströmen und erlauben eine Bewertung im Hinblick auf ökologische und teilweise auch auf ökonomische Kriterien. Weltweit gibt es eine Vielzahl von Ökobilanzwerkzeugen (auch: LCA-Tools). In den letzten Jahren haben sich die folgenden Werkzeuge zur Erstellung von Ökobilanzen auf dem deutschen Markt etabliert: Umberto, SimaPro, GaBi und EcoChain. Zum Teil verfügen diese Programme bereits über Schnittstellen zu ERP-Systemen, deren Weiterentwicklung eine wichtige Herausforderung für die Etablierung der Ökobilanzprogramme in Unternehmen darstellt. Um Daten aus den Lieferketten der Produkte zu integrieren, ist die Nutzung von LCI-Datenbanken unerlässlich. Life Cycle Inventory (LCI)-Daten sind teilweise in die LCA-Tools integriert oder werden über Schnittstellen zu produktunabhängigen LCI-Datenbanken, wie z. B. EcoInvent, realisiert. Für die Anwendung an Hochschulen bietet das lizenzfreie Tool openLCA eine interessante Alternative, um Studierenden die Arbeit mit LCA-Tools nahezubringen. Passend dazu ist die LCI-Datenbank ProBas (Prozessorientierte Basisdaten für Umweltmanagement-Instrumente) zu erwähnen, die einen ebenfalls kostenfreien Zugriff auf Sekundärdaten bietet. Neben den universellen LCA-Softwaretools gibt es eine Fülle von branchenspezifischen Werkzeugen, die mit spezifischen Daten vorkonfiguriert sind und damit den Aufwand der Ökobilanzerstellung deutlich reduzieren.

Als Stoffstrommanagement-Software im weiteren Sinne werden alle Tools eingeordnet, die im Rahmen von betrieblichen Stoffstrommanagementprojekten zum Einsatz kommen. Tabelle 26.1 zeigt die Vielfalt und Breite der in diesem Kontext eingesetzten Programme, die in die Kategorien Umwelt- und Umweltrechtsdatenbanken, Umweltmanagement, Umweltbilanzierung, Stoffstromanalyse und Compliance Management gegliedert wurden.

Tabelle 26.1: Softwarewerkzeuge für das betriebliche Stoffstrommanagement

Anwendungsbereich	**Betriebliches SSM (einzel- und zwischenbetrieblich)**
Grunddaten innerbetrieblicher Stoffströme: Produktion, Logistik, Beschaffung. Lagerhaltung, Vertrieb etc.	ERP-Systeme PPS-Systeme BDE-Systeme
Produktionsnahe Systeme	Touren- und Standortplanung Energiemanagement Abfallkataster Maschinen- und Prozesssteuerung Gebäudeautomation etc.
Analyse und Bewertung der Umweltwirkungen von Stoff- und Energieflüssen (innerbetrieblich und bezogen auf den Lebenszyklus)	Ökobilanztools (LCA, LCI) Sankey-Programme Product Carbon Footprint-Software Tools zur Öko-Effizienzanalyse GIS-Systeme
Informationen über Stoffe, Rechtsvorschriften und Technologien	Umweltrechtsdatenbanken Gefahrstoff- und Chemikaliendatenbanken Technologiedatenbanken Förderprogramme
Nachhaltigkeitsmanagement und -berichterstattung	Risikobewertungssysteme Reportingsysteme nach GRI, DNK, SDGs, EMAS etc. Social Lifecycle Assessment Tools
Organisation und Entscheidungsvorbereitung	Prozessmanagement-Tools Projektmanagement-Tools Office-Programme (z. B. Excel, Word, Access)
Künstliche Intelligenz (KI) für Nachhaltigkeit	KI für Ressourceneffizienz KI für einzelne Sektoren (Mobilität, Energie, Landwirtschaft etc.) KI in Sicherheits- und Warnsystemen
Simulation	Betriebliche Simulationstools für • Fabrikplanung • Produktionsplanung und -steuerung • Additive Fertigung

26.2 Fazit und Ausblick

Dieses Kapitel zeigt, dass eine große Vielfalt von Softwarelösungen für das betriebliche Umwelt- und Nachhaltigkeitsmanagement angeboten wird. Für konkrete Projekte müssen diese Angebote an die jeweilige Informationsinfrastruktur des Unternehmens angepasst werden. Kritischer Erfolgsfaktor für die Weiterentwicklung der Software im betrieblichen Kontext ist daher die Integration von Stoffstrommanagement-Tools und betriebswirtschaftlicher Standardsoftware. Die Bereitstellung anerkannter, qualitätsgesicherter Grunddaten und die Schaffung von Schnittstellen für den Austausch von Daten zwischen verschiedenen Ökobilanzwerkzeugen muss forciert werden. Auf diese Weise kann der Modellierungsaufwand durch Rückgriff auf Standarddaten gesenkt werden und die DV-gestützte Analyse von Stoff- und Energieströmen wird auch jenseits von akademischen Projekten im konkreten betrieblichen Alltag etabliert.

Aktuell rücken die Themen Klimaschutz und Klimaneutralität für viele Unternehmen stärker in den Fokus. Dabei geht es nicht mehr ausschließlich darum, die direkten, klimarelevanten Emissionen eines Unternehmens (Scope 1 des Greenhouse Gas Protocols GHG) und die Indirekten der Energiebereitstellung (Scope 2 GHG) zu erfassen und zu neutralisieren. Zunehmend beziehen die Unternehmen ihre Lieferanten und darüber hinaus die gesamte vorgelagerte Wertschöpfungskette mit in das Klimaschutzmanagement ein. Die sich weiterentwickelnde Produktverantwortung führt dazu, dass auch die Nutzung der Produkte bis hin zum Recycling bzw. dem Ende des Produktlebenszyklus in die Klimabilanz einbezogen werden. Um die komplexen Daten zu klimarelevanten Emissionen aus vor- und nachgelagerten Prozessen (Scope 3 GHG) in Unternehmen zu erfassen, wachsen zurzeit die Nachfrage und das Angebot entsprechender Softwarelösungen für Product und Corporate Carbon Footprints dynamisch. Auch die Integration entsprechender Lösungen in die betriebliche Standardsoftware (ERP-Systeme) macht große Fortschritte.

Das Spannungsfeld Digitalisierung und Nachhaltigkeit wird auch im Zusammenhang mit der Weiterentwicklung von Softwarelösungen für das betriebliche Umwelt- und Nachhaltigkeitsmanagement diskutiert. Dabei spielen die Ressourcen- und die Energieeffizienz der Softwareprodukte eine entscheidende Rolle. Richtungsweisend dazu ist die Entwicklung des „Blauen Engels“ für Softwareprodukte (vgl. auch Kapitel 27). Zukünftig ist zu erwarten, dass auch die Künstliche Intelligenz (KI) die Anwendungsbereiche und die Ausgestaltung von Software für das betriebliche Stoffstrommanagement durchdringt. KI-basierte Lösungen werden Unternehmen dabei helfen, die Umweltleistung zu verbessern, die Ressourceneffizienz zu erhöhen und ihre Umwelteinwirkungen besser zu verstehen.

Literatur

HELLING, K. (2002): Informationstechnologie und Stoffstrommanagement. In: HECK, P. & BEMMANN, U. (Hrsg.): Praxishandbuch Handbuch Stoffstrommanagement. Köln, 147-164.

KRAMER, J. (1993): Betriebliche Umweltinformationssysteme (BUIS): Voraussetzung effektiven Umweltmanagements. In: ARNDT, H. K. (Hrsg.): Umweltinformationssysteme für Unternehmen, 109-115.

LEAL FILHO, W. (2021): Digitalisierung und Nachhaltigkeit, Berlin.

RAUTENSTRAUCH, C. (1999): Betriebliche Umweltinformationssysteme. Berlin.

RAWORTH, K. (2017): Doughnut Economics: Seven Ways to Think Like a 21st-Century Economist. Vermont.

TEUTEBERG, F., GOMEZ, J. & STRAHINGER, S. (2010): Green Computing & Sustainability – Status Quo und Herausforderungen an BUIS der nächsten Generation. In: HBZ 274, 6-17.

UBA (2019): Künstliche Intelligenz im Umweltbereich – Anwendungsbeispiele und Zukunftsperspektiven im Sinne der Nachhaltigkeit, Dessau-Roßlau Texte 56/2019.

27 Konzepte nachhaltiger Informationstechnik

Franziska MAI, Eva KERN, Timo JOHANN, Achim GULDNER und Stefan NAUMANN[1]

Zusammenfassung

Die Informations- und Kommunikationstechnologie (IKT) gilt im Allgemeinen als eine „saubere" Technologie. Jedoch verursachen die Herstellung und der Betrieb einen beträchtlichen Verbrauch an Energie und natürlichen Ressourcen. So wurde es in den letzten Jahren ein immer stärkeres Bestreben, IKT energie- und ressourcenschonend herzustellen und zu betreiben. Was sich im Rahmen der sogenannten *Green IT* zunächst in Rechenzentren verbreitet hat, ist mit der Zeit auch bei der IT am einzelnen Arbeitsplatz und im privaten Umfeld angekommen. Neben der sich vornehmlich auf Hardware fokussierenden Green IT wird zunehmend auch die Software als Energiekonsument mit erheblichen Einsparpotenzialen betrachtet.

27.1 Einführung

Umweltinformationssysteme (UIS) dienen unter anderem dem Überwachen des Umweltzustands und der Auswirkungen verschiedener inner- und überbetrieblicher Faktoren auf die Umwelt. Dies geschieht mithilfe von Informations- und Kommunikationstechnologie. In den letzten Jahren wurde diese jedoch selbst zu einem wichtigen Einflussfaktor mit einer erheblichen Wirkung auf die Umwelt. So erreichte beispielsweise die CO_2-Emission der IKT bereits im Jahr 2007 die des internationalen Luftverkehrs (FICHTER 2007). Aktuelle Schätzungen des weltweiten Energieverbrauchs von IKT (inkl. Netzwerke, Geräte, Produktion und Rechenzentren) gehen von über 2.000 Mrd. kWh pro Jahr aus, davon 200 Mrd. kWh allein für Rechenzentren. Prognosen deuten darauf hin, dass der Verbrauch von IKT bis zum Jahr 2030 auf über 20 % des gesamten weltweiten Energiebedarfs (ca. 8.000 Mrd. kWh pro Jahr, Rechenzentren 2.500 Mrd. kWh) steigen könnte. Es wird auf einen Rückgang des Energiebedarfs von Haushalten und Arbeitsplatz-IKT verwiesen, aber auch auf einen erheblichen Anstieg in der Telekommunikation und in den Rechenzentren durch deren Gewinn an Bedeutung vor allem in den Bereichen Cloud-Computing und Streaming (Abb. 27.1) (UBA 2020, JONES 2018).

Mit dem Aufkommen von Green IT wurden in erster Linie Energieeffizienzaspekte der Computerhardware berücksichtigt. Hierbei sollen negative Umwelteinflüsse beginnend beim Entwurf, der Produktion, während der gesamten Nutzungsphase und bei der Entsorgung möglichst minimiert werden. Der wichtigste praktische Aspekt für eine nachhaltige IKT ist zurzeit die Energieeffizienz. Die beiden wichtigsten Treiber hierfür sind die großen IT-Rechen-

[1] Hochschule Trier, Umwelt-Campus Birkenfeld, Institut für Softwaresysteme, Postfach 1380, 55761 Birkenfeld, e.kern@umwelt-campus.de, t.johann@hochschule-trier.de, a.guldner@umwelt-campus.de, s.naumann@umwelt-campus.de, iss.umwelt-campus.de

zentren und das Mobile Computing. Rechenzentrumsbetreiber können mit entsprechenden Maßnahmen ihre Betriebskosten verringern – sowohl ökonomisch als auch ökologisch. Durch den immer größeren Markt für mobile Geräte (Notebooks, Smartphones, Tablets, Wearables etc.) ist eine energieeffiziente Nutzung der begrenzenden Batteriekapazitäten für Anbieter und Nutzer von großem Interesse. Neuere Konzepte aus dem Bereich der Nachhaltigkeitsinformatik gehen weit darüber hinaus. Hier wird eine ganzheitliche Nachhaltigkeitsbetrachtung herangezogen, die neben den Auswirkungen auf die Umwelt auch soziale und ökonomische Aspekte berücksichtigt. Zudem wird in diesem Teilgebiet der Informatik nicht nur die Hardware, sondern auch die Software berücksichtigt (PENZENSTADLER & FEMMER 2013, RAZAVIAN et al. 2014, CALERO et al. 2013).

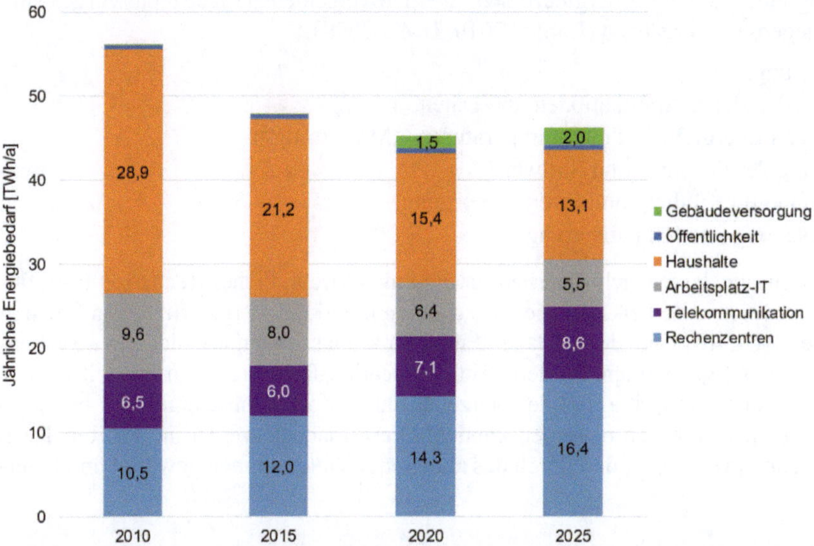

Abb. 27.1: Elektrischer Jahresenergiebedarf der IKT in Deutschland, Prognose bis 2025 (STOBBE et al. 2015)

Im Folgenden werden eben diese Aspekte der nachhaltigen Informationstechnologie beschrieben, die eine nachhaltige IKT-Nutzung von Informationssystemen befördern.

27.2 Green IT und Green by IT

Hinter Green IT selbst verbergen sich zwei verschiedene Konzepte: Green IT und Green by IT. Green IT betrachtet hierbei den eigenen Ressourcenverbrauch, der im Laufe des Produktlebenszyklus verursacht wird, und versucht diesen zu optimieren.

Green by IT hat zum Ziel, mithilfe der IKT Energie- und Ressourcenverbrauch in anderen Bereichen zu reduzieren. Zu diesem Aspekt lassen sich auch die meisten Umweltinformationssysteme zählen, mit deren Hilfe Umwelteinflüsse in verschiedensten Bereichen überwacht und minimiert werden können.

Im Folgenden werden einzelne Beispiele aus dem Bereich der Green (by) IT näher betrachtet.

27.2.1 Das umweltfreundliche Rechenzentrum

Der Betrieb eines Rechenzentrums hat nicht allein wegen der IT-Systeme einen hohen Energiebedarf. Technologische Entwicklungen in modernen Unternehmen und Einrichtungen fordern immer leistungsfähigere Server, was gleichzeitig mit neuen Herausforderungen für die IT-Infrastruktur hinsichtlich der Energieeffizienz verbunden ist. Der Betrieb der Infrastruktur, wobei die Klimatisierung und die unterbrechungsfreien Stromversorgungen neben den Servern die größten Verbräuche darstellen, trägt folglich einen erheblichen Teil zu dem hohen Energieverbrauch von Rechenzentren bei. Dieses Verhältnis wird mit der Kennzahl *Power Usage Effectiveness (PUE)* ausgedrückt.

Zur Erreichung einer höheren Energieeffizienz werden verschiedene Konzepte vorgeschlagen, die sich gegenseitig ergänzen (LAMPE 2010, BMU 2009):

- Virtualisierung,
- Analyse vorhandener Applikationen und Daten,
- Messung von Energiebedarf und Temperaturen („Monitoring“),
- Optimierung der IT-Hard- und Software,
- Optimierung von Kühlung und Stromversorgung,
- Gebäudeplanung und Klimatisierung.

Anhand dieser Ansätze lassen sich Kriterien für ein umweltfreundliches Rechenzentrum finden, die beispielsweise in Zertifikaten wie dem „Blauen Engel für energieeffizienten Rechenzentrumsbetrieb“ (UZ-161) und dem „Blauen Engel für klimaschonende Colocation-Rechenzentren“ (UZ-214) aufgenommen wurden[2]. Bei Colocation-Rechenzentren handelt es sich um eine Dienstleistung an Dritte, bei der Nutzende ihre Informationstechnik auf bereitgestellten Rechenzentrumsflächen betreiben können. Diese Flächen werden in der Regel von mehreren Nutzenden verwendet und durch das anbietende Unternehmen gewartet und unterhalten.

27.2.2 Green IT im Alltag

Nicht nur in großen Rechenzentren, auch im eigenen Haushalt, im Verkehr, Gewerbe und in der Industrie können Maßnahmen zur Green IT umgesetzt werden. Dies fängt bei der Beschaffung an. Eine bedarfsgerechte Anschaffung energieeffizienter Geräte hat hohe Einsparpotenziale, welche auch nicht zwingend mit höheren Anschaffungskosten im Vergleich zu „ineffizienten“ Geräten verbunden sein müssen. Umweltkennzeichnungen (Abb. 27.2) wie der Energy Star[3], das TCO Label[4], das EU Ecolabel[5] oder der Blaue Engel[6] können bei der Gerätebeschaffung Orientierungshilfe geben.

Abb. 27.2:
Auswahl von Umweltzeichen

[2] https://www.blauer-engel.de/de/produktwelt/elektrogeraete/rechenzentren (14.01.2020).
[3] http://www.energystar.gov (14.01.2020).
[4] http://www.tcodevelopment.com/ (14.01.2020).
[5] http://www.eco-label.com/de (14.01.2020).
[6] http://www.blauer-engel.de (14.01.2020).

An vielen Arbeitsplätzen befinden sich heute noch sogenannte *Fat Clients*. Diese, meist in Form voll ausgestatteter Arbeitsplatz-PCs, sind oft hinsichtlich des benötigten Bedarfs überdimensioniert. Ein anderes Konzept sind die sogenannten *Thin Clients*, die lediglich für die Ein- und Ausgabe zuständig sind. Die eigentliche Datenverarbeitung erfolgt dann auf zentralen Servern, die im Idealfall immer genau die Ressourcen zur Verfügung stellen, die für die jeweilige Aufgabe nötig sind.

Aber auch technisch weitaus einfachere Konzepte können schon einen großen Anteil an der Energieersparnis haben. Zum Beispiel können durch das Anbringen von Schaltersteckdosen die Computer und Peripherie komplett vom Netz getrennt werden, um den Stand-by-Energiebedarf einzudämmen. Aus solchen Energiesparmaßnahmen ergeben sich Einsparpotenziale der Endenergie.

Doch nicht nur technische Lösungen, auch das Verhalten der Nutzenden spielt eine große Rolle. Daher können entsprechende Schulungen, nicht nur für Mitarbeitende der IT-Abteilung, den Energieverbrauch bspw. an den Arbeitsplätzen minimieren. Dazu gehören technische Kenntnisse über das richtige Einstellen von Energiesparoptionen für Computer, Monitor, Drucker, und auch der richtige Umgang mit der IT ist ein wichtiger Faktor. So sollen Mitarbeitende angehalten werden, Medienbrüche zu vermeiden; E-Mails und Dokumente müssen nicht immer ausgedruckt werden. Wenn gedruckt wird, verfügen die meisten Drucker über Sparmodi, es kann Duplex oder zwei Seiten pro Blatt gedruckt werden. Das Einschalten des Ruhezustands beim Verlassen des Arbeitsplatzes und das Abschalten von nicht verwendeten Peripheriegeräten sind einfache Maßnahmen mit hohen Effekten.

27.2.3 Streaming

Eine Umfrage des statistischen Bundesamts zur Nutzungshäufigkeit von Videostreaming in Deutschland im Jahr 2019 ergab, dass 65 % der Befragten mindestens mehrmals pro Woche Video-Streaming-Angebote nutzen. Darunter waren 24 %, die angaben, täglich Video-Streaming-Dienste zu verwenden (UMWELTBUNDESAMT 2020). Video-Streaming ist der größte Verursacher von Downstream-Traffic im Internet (Abb. 27.3).

Diese Tatsache gibt Grund zum Anlass, dem Streaming ein besonderes Gewicht auch in Bezug auf die Energieeffizienz zu geben. Hier können hard- und softwareseitige Betrachtungen

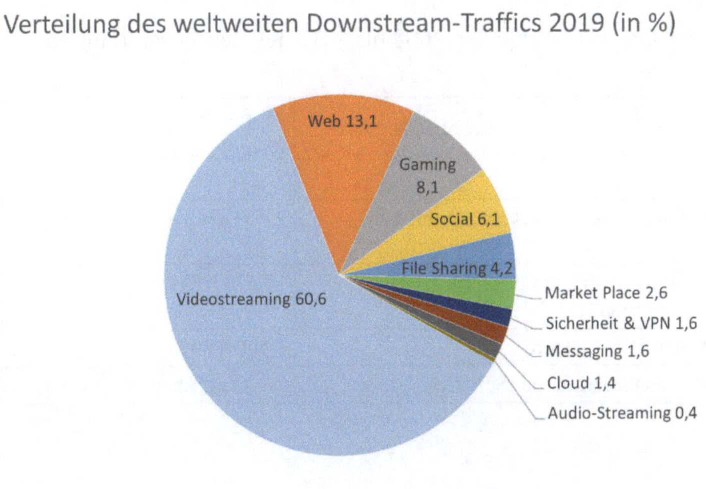

Abb. 27.3: Verteilung des Downstream-Traffics (Datenquelle: SANDVINE 2019)

durchgeführt werden, um die Energieeffizienz zu beurteilen. Beispielsweise kann die rein physikalische Art der Datenübertragung entscheidend für den Energieverbrauch sein. Laut Umweltbundesamt kann der Übertragungsweg bis zum Faktor 50 Einfluss auf die CO_2-Emission haben. So erzeugt bspw. eine Stunde Videostreaming in HD-Qualität über das 3G-Mobilfunknetz Treibhausgasemissionen von 90 g CO_2, während das 4G-Mobilfunknetz nur noch 13 g CO_2 pro Stunde bei gleicher Videoqualität zur Folge hat (UBA 2020).

Doch auch softwareseitig kann derselbe Inhalt je nach angeforderter Qualität bspw. durch Komprimierung, Codecs, Konvertierung und Formate unterschiedliche Auswirkungen auf die CO_2-Emissionen haben.

27.2.4 Praxisbeispiele

Hochschule Trier, Umwelt-Campus Birkenfeld

Der Umwelt-Campus Birkenfeld ist ein Standort der Hochschule Trier mit etwa 2.300 Studierenden und 300 Bediensteten. Das Rechenzentrum vor Ort verwaltet rund

- 900 Rechner-Arbeitsplätze,
- 170 virtuelle Server,
- 220 Netzwerkgeräte (50 Switches/Router, 100 Access Points, 50 Webcams, 120 digitale Schließanlagen/Funkrouter),
- 1400 EDV-Anschlüsse (900 Rechner und 500 Wohnheim-Anschlüsse),
- 300 Multifunktionsgeräte und
- 1180 Telefon-Anschlüsse.

Im Rahmen einer umfassenden Server-Virtualisierung wurden seit 2008 die 56 physikalischen Server (Leistung gesamt: 11,2 kW) durch vier Blade-Server mit zwei externen Storages (Leistung gesamt: 2,6 kW) ersetzt. Durch diese Umstrukturierung konnte der jährliche Energieverbrauch um 75.336 kWh reduziert werden (Zahlen aus 2012).

Neben den Maßnahmen im Bereich des Rechenzentrums wurden weitere Maßnahmen ergriffen, die in Tabelle 27.1 auszugsweise dargestellt sind. Das Energiemanagement in den PC-Pools betrifft in diesem Zusammenhang insbesondere das automatisierte Herunterfahren der PC-Arbeitsplätze nach einem gewissen Zeitraum ohne Benutzeranmeldung.

Tabelle 27.1: Beispiele von Green-IT-Projekten 2008 bis 2012 des Rechenzentrums am Umwelt-Campus

Maßnahme	**Ersparnis**
Schaltersteckdosen am Arbeitsplatz zur Reduzierung des Stand-by-Verbrauchs	10.000 kWh/a
Austausch der unterbrechungsfreien Stromversorgung mit 3 % besserem Wirkungsgrad	3.500 kWh/a
Effizientere Klimatisierung (Split-Klimageräte mit Inverter-Technik und besserer Jahresarbeitszahl)	17.520 kWh/a
Thin-Clients an studentischen Arbeitsplätzen	3.500 kWh/a
Server-Virtualisierung und Konsolidierung der Serverräume	75.000 kWh/a

Die getroffenen Maßnahmen waren sowohl aus ökonomischer als auch in ökologischer Betrachtung lohnend und wurden weiterverfolgt. Seit den oben aufgeführten getroffenen Maßnahmen wurde außerdem die konventionelle Telefonanlage abgeschaltet und zu einer Voice-over-IP-Telefonanlage migriert, was die Telefonie über das Internet ermöglicht und weitere 10.000 kWh/a einspart.

Bundesamt für Seeschifffahrt und Hydrographie[7]

Das Bundesamt für Schifffahrt und Hydrographie (BSH) in Hamburg ist eine Bundesoberbehörde im Geschäftsbereich des Bundesministeriums für Verkehr und digitale Infrastrukturen (BMVI) und ist die öffentliche Institution für meeresbezogene Aufgaben wie Gefahrenabwehr auf See, die Herausgabe von amtlichen Seekarten und Vermessungsaufgaben in Nord- und Ostsee sowie die Vorhersage von Gezeiten, Wasserstand und Sturmfluten.

Das BSH hatte bereits vor dem Antrag auf den Blauen Engel für energieeffizienten Rechenzentrumsbetrieb gute Fortschritte in der Energie- und Ressourceneffizienz der eigenen Rechenzentren gemacht. Bei einem Workshop der Green IT-Initiative 2010 wurde das Bundesamt darauf aufmerksam, dass eine Zertifizierung durch den Blauen Engel möglich ist. Zur Erfüllung der Vergabekriterien wurden schließlich noch folgende Maßnahmen getroffen:

- Modernisierung der Kältemaschinen und Umsetzung unterbrechungsfreier Stromversorgung (USV),
- Kaltgangeinhausung,
- Erhöhung der Kaltgangtemperatur,
- Optimierung der Konfiguration der Gebäudeleittechnik,
- Verlagerung der Netzwerkverkabelung aus dem Unterboden auf die Racks.

Durch die getroffenen Maßnahmen konnte der PUE von 2,5 auf 1,2 gesenkt und außerdem der Energieverbrauch und dadurch entstehende Kosten verringert werden. Das BSH in Hamburg wurde anschließend 2016 als erste Bundesbehörde mit dem Blauen Engel für energieeffizienten Rechenzentrumsbetrieb ausgezeichnet und wird mittlerweile als eines der führenden Praxisprojekte (sog. „Leading Practices") der Green-IT-Initiative des Bundesministeriums für Umwelt, Naturschutz und nukleare Sicherheit betrachtet (BUNDESMINISTERIUM FÜR UMWELT, NATURSCHUTZ UND NUKLEARE SICHERHEIT 2020).

27.3 Grüne und nachhaltige Software

Neben der Hardware-Seite wird zunehmend auch die Software-Seite in Fragen der Green IT einbezogen (NAUMANN et al. 2011), um dem Anspruch einer nachhaltigen IKT gerecht zu werden (vgl. BROWN DAVID & REAMS CHARLES 2010, AGARWAL et al. 2012, HILTY et al. 2006).

Unter „grüner und nachhaltiger Software" wird in diesem Zusammenhang Software verstanden, deren direkte und indirekte negative Auswirkungen auf Menschen, Gesellschaft und Umwelt über ihren gesamten Lebenszyklus hinweg minimal sind und die idealerweise sogar einen zusätzlichen positiven Beitrag zur nachhaltigen Entwicklung leistet (übersetzt aus DICK & NAUMANN 2010, NAUMANN et al. 2011).

[7] https://www.bsh.de/DE/Das_BSH/Wir_ueber_uns/wir_ueber_uns_node.htm (12.01.2020).

Entsprechend sollten Monitoring und Messungen der Ressourcen- und Energieverbräuche bereits in der Softwareentwicklung vorgenommen werden. Auch hier gilt es, sowohl ökologische und ökonomische als auch soziale Aspekte zu berücksichtigen.

Hier dient der Blaue Engel für Ressourcen- und energieeffiziente Softwareprodukte (UZ-215) nicht nur als Vorbild, sondern auch als Ansporn, um Softwareprodukte grün und nachhaltig zu entwickeln und langlebig zu gestalten. Die Vergabekriterien des Blauen Engel für Softwareprodukte werden in drei Kategorien aufgeteilt:

- **Ressourcen- und Energieeffizienz**
  Dieses Kriterium betrachtet die minimal erforderlichen Systemvoraussetzungen für das Ausführen eines Softwareprodukts, die Hardware-Auslastung und die elektrische Leistungsaufnahme, die durch das Softwareprodukt hervorgerufen wird. Diese Werte werden sowohl im Leerlauf (das Softwareprodukt wird ausgeführt, jedoch ohne weitere Aktionen/Eingaben an das Softwareprodukt) als auch während der Ausführung eines Standardnutzungsszenarios, welches für jede Softwareproduktgruppe entwickelt werden muss, ermittelt und so die Verbräuche transparent gemacht. Auch die Unterstützung eines Energiemanagements wird betrachtet.
- **Potenzielle Hardware-Nutzungsdauer**
  Durch das Kriterium der Abwärtskompatibilität wird gewährleistet, dass Software auf bestehender Hardware weiterverwendet werden kann und nicht neue Hardware-Komponenten beschafft werden müssen. Hier dienen Referenzsysteme zur Orientierung, in welchem Jahr Hardware als „Standard" betrachtet werden kann. Zu bewertende Software muss dann auf einem Referenzsystem aus einem Kalenderjahr lauffähig sein, welches mindestens fünf Jahre vor Antragstellung liegt.
- **Nutzungsautonomie**
  Zu dieser Kategorie gehören Anwendungskriterien, welche den Nutzenden in der Verwendung der Software zugutekommen sollen. Unter anderem muss Software gängige Datenformate unterstützen, dokumentiert sein und durch Sicherheitsupdates gewartet werden. Außerdem müssen Softwareprodukte deinstallierbar sein und auch ohne Netzwerkverbindung offline genutzt werden können. Auch die Werbefreiheit spielt hier eine Rolle, da durch die Einblendung von Werbung z. T. hohe Netzwerkauslastung hervorgerufen wird.

27.3.1 Green Software Engineering

„Green Software Engineering ist die Bereitstellung und systematische Anwendung von Prinzipien, Methoden und Werkzeugen im Software Engineering, mit dem Ziel, den direkten und indirekten Verbrauch an natürlichen Ressourcen und Energie, der über den gesamten Lebenszyklus eines Softwaresystems verursacht wird, sowie dessen Nutzungsfolgen kontinuierlich zu bewerten und zu minimieren" (übersetzt aus Dick & Naumann 2010).

Abgesehen von der Betrachtung der verschiedenen Nachhaltigkeitsaspekte, bezogen auf den Softwarelebenszyklus, kann das Thema Nachhaltigkeit als eine nichtfunktionale Anforderung in den Softwareentwicklungsprozess einbezogen werden (Calero et al. 2013b). Gleichzeitig sind die zugrunde liegenden Geschäftsprozesse zu betrachten und ggf. anzupassen (Betz & Caporale 2014).

Die Bewertung der Nutzungsfolgen von Softwareprodukten im Sinne einer nachhaltigen Entwicklung bezieht auch die globale Perspektive ein: Digitalisierung kann dazu beitragen, die

Ziele der Agenda 2030[8] zu verwirklichen. Sie birgt aber auch Risiken und Gefahren: So steigt der weltweite Elektroschrott zunehmend an (UNU/UNITAR 2020), in den vergangenen fünf Jahren auf 53.600.00 t (+21 %). Prognosen gehen von einem jährlichen Wachstum um zwei Millionen Tonnen aus. Europa hat mit 16,2 kg das größte Pro-Kopf-Aufkommen, Afrika mit 2,5 kg pro Einwohner das geringste. Die Recyclingquote liegt bei nur 17,4 %. Erklären lässt sich dieser Anstieg insbesondere mit der kurzen Lebensdauer und wenig Reparaturmöglichkeiten elektrischer Geräte. Globale Folgen sind die Belastung mit Schwermetallen in Regionen des Abbaus (bspw. 90 % der Bevölkerung in Cerre de Pasco/Peru), Kinderarbeit, kontaminiertes Grundwasser, immenser Wasserverbrauch und Rohstoff-Kriege (AK ROHSTOFFE 2020). Im Sinne einer langfristigen Nutzung von Geräten kommt der Software eine bedeutende Rolle zu.

27.3.2 GREENSOFT-Modell

Das GREENSOFT-Modell (NAUMANN et al. 2011) bündelt die unterschiedlichen Aspekte grüner und nachhaltiger Software und soll die verschiedenen Nutzergruppen, d. h. sowohl Entscheider*innen, Softwareentwickler*innen und Administratoren*innen als auch Nutzende, unterstützen.

Das Modell setzt sich aus vier Teilen zusammen: Der erste Teil umfasst den *Lebenszyklus für Softwareprodukte*, der sich an einem ganzheitlichen Lebenszyklusdenken (Life Cycle Thinking, Abk. LCT) nach dem Motto „von der Wiege bis zur Bahre" orientiert. Ziel ist es, bereits in der Entwicklungsphase von Produkten deren ökologische, soziale und ökonomische Auswirkungen über den gesamten Lebenszyklus abzuschätzen (TISCHNER et al. 2000). Die resultierenden Effekte werden in drei Kategorien eingeteilt. „Effekte erster Ordnung" umfassen Umwelteinflüsse, die durch die Produktion und Nutzung des Produkts selbst verursacht werden, bspw. der Energieverbrauch. Diese Effekte sind dem Bereich der Green IT zuzuschreiben. Der Aspekt „Green by IT" wird von Effekten zweiter und dritter Ordnung aufgegriffen. Als „Effekte zweiter Ordnung" werden die Auswirkungen durch IKT-Nutzung für andere Produkte oder Dienstleistungen bezeichnet. So kann Software bspw. dazu genutzt werden, die Entwicklung anderer Produkte und Produktionsprozesse zu optimieren. Die resultierenden Effekte zählen zu den indirekten Auswirkungen des eigentlichen Softwareprodukts. Ebenso fallen mögliche längerfristige Umwelt- und Gesellschaftsauswirkungen, die durch Software hervorgerufen oder begünstigt wurden, in diesen Bereich. Bei den „Effekten dritter Ordnung" müssen außerdem die Rebound-Effekte Beachtung finden (HILTY et al. 2006). Rebound-Effekte sind Effekte, die das ehemals erzielte Einsparpotenzial von Energieeffizienzmaßnahmen überkompensieren. In dem Fall werden durch den IKT-Einsatz die positiven Auswirkungen auf die Umwelt reduziert oder sogar ganz vernichtet (NAUMANN et al. 2011). Die Reduzierung des Verkehrs durch Telearbeit kann bspw. dazu führen, dass insgesamt eine höhere Motivation, mit dem Auto zu fahren, hervorgerufen wird (LOOS et al. 2011).

Ergänzend dazu umfasst das Modell *Nachhaltigkeitskriterien und -metriken* für Softwareprodukte, die sich in drei Kategorien unterteilen lassen und im Zusammenhang mit den unterschiedlichen Effekten stehen: allgemeine (vgl. ISO 2011), unmittelbare (Effekte erster Ordnung bzw. Bereitstellungseffekte) und mittelbare (Effekte zweiter und dritter Ordnung bzw. Nutzungseffekte und systemische Effekte) Qualitätskriterien und Metriken. Besonders für

[8] https://www.bmz.de/de/themen/2030_agenda (12.01.2020).

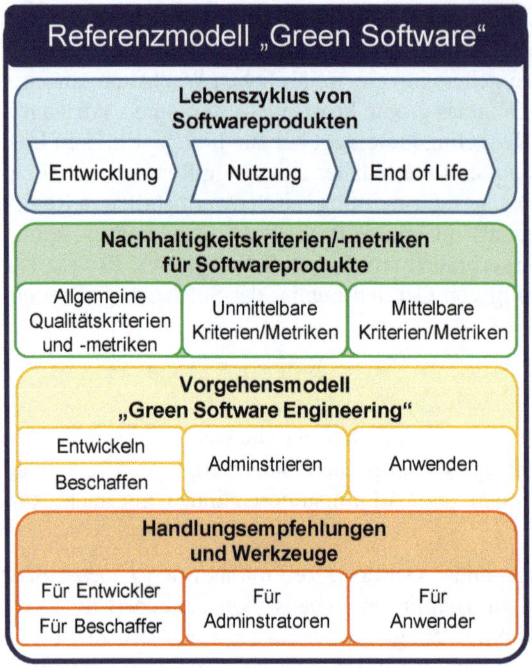

Abb. 27.4: Das GREENSOFT-Modell, Referenzmodell für grüne und nachhaltige Software (https://www.umwelt-campus.de/forschung/projekte/green-software-engineering/referenzmodell (14.01.2020))

die Messung allgemeiner Effekte existieren bereits Qualitätsmodelle und standardisierte Metriken, mit deren Hilfe einzelne Qualitätsaspekte überprüft werden können. Bei unmittelbaren und mittelbaren Effekten hingegen sind diese Modelle und Kennzahlen noch Gegenstand der Forschung.

Im dritten Teil des GREENSOFT-Modells werden *Vorgehensmodelle* vorgeschlagen, die sich auf die vier Nutzergruppen beziehen. Ausgehend von den verschiedenen Anspruchsgruppen ergeben sich Vorgehensmodelle für die Kategorien Entwickeln, Beschaffen, Administrieren und Anwenden. Die vorgeschlagenen Modelle können zur Optimierung der Prozesse herangezogen werden. Dabei wird das Ziel verfolgt, dass die grüne und nachhaltige Softwareentwicklung selbst in ihren Herstellungs-, Unterstützungs- und Anwendungsprozessen nachhaltige Zielstellungen verfolgt und deren Zielerreichungsgrad kontinuierlich verbessert wird. Die Modelle können für beliebige Prozesse adaptiert werden.

Abschließend werden den Nutzergruppen *Handlungsempfehlungen und Werkzeuge* zur Verfügung gestellt, die sie in der Umsetzung eines grünen und nachhaltigen Softwarebetriebs unterstützen. Einige der vorgeschlagenen Handlungsempfehlungen lassen sich auch auf den Bereich der Umweltinformationssysteme übertragen. So setzen auch UIS häufig auf die neuste Technik und induzieren somit unabhängig von ihrem eigenen Ressourcenbedarf, indirekt Hardwareverbrauch. Hier wäre ein erster Ansatz, die Empfehlungen aus dem Bereich der Green IT, bspw. lange Nutzungszeiten von UIS zu fördern, um Hardware-Lebenszyklen zu verlängern, umzusetzen. Auch ist es sinnvoll, Messumgebungen zu entwickeln, die systematisch, vergleich- und wiederholbar Ressourcen- und Energieverbräuche von Software ermitteln. Eine derartige Messumgebung wird bspw. in (KERN et al. 2018) näher beschrieben.

27.4 Green IT im UIS-Bereich

Umweltinformationssysteme und Green IT haben eine wesentliche Gemeinsamkeit: In beiden Fällen steht eine ökologische Frage im Mittelpunkt. Während ein Umweltinformationssystem dazu dient, einen Umweltzustand zu erfassen und zu überwachen, geschieht dies in Green IT und Nachhaltigkeitsinformatik durch die Betrachtung und Verminderung von IKT-Auswirkungen auf die Umwelt, bspw. von Energie- und Ressourcenverbräuchen, sowie im erweiterten nachhaltigen Sinn hinsichtlich der Wirkungen auf die Gesellschaft.

Umweltinformationssysteme werden primär von einer IKT-Struktur getragen und sind daher zu den Energieverbräuchen der IKT zu zählen. Die Forderung, dass ein UIS, d. h. ein Softwaresystem, das einen positiven Umweltbeitrag leisten soll, selbst auch „grün" ist, bringt Green IT ins Spiel. Dies kann bspw. durch genaue Anpassung der Hardware an den individuellen Bedarf geschehen oder auch durch Optimierungsmöglichkeiten im Bereich der Datenübertragung zur Bereitstellung der Umweltinformationen. Denkbar ist auch ein Ansatz innerhalb des Smart Grids mit dem Ziel, die verfügbare Energiemenge durch angepasste Dienstqualitäten, aufgewendete Rechenleistungen und intelligente Anbindung der Verteil-Infrastrukturen sinnvoll einzusetzen und so starken Schwankungen in der Belastung des Stromnetzes entgegenzuwirken. Dazu ist ein Zusammenwirken von UIS-Dienstanbietern, Rechenzentrumsbetreibern und Energieversorgungsunternehmen notwendig. Dabei ist zu berücksichtigen, dass durch das „Internet of Things" zunehmend Hard- und Software in Form von Sensoren, Embedded Systems oder Mikrocontrollern in UIS integriert werden. Dies stellt ebenso wie der zunehmende Einbezug von (energiehungriger) Künstlicher Intelligenz weitere Anforderungen an die Nachhaltigkeit von UIS.

27.5 Zusammenfassung und Ausblick

In diesem Kapitel haben wir die Bedeutung der Ressourceneffizienz von Software für die Green-IT-Debatte und damit auch für das Feld der Umweltinformationssysteme dargestellt. Es wurde deutlich, dass ein Softwaresystem, das einen positiven Beitrag zu Umwelt und Nachhaltigkeit leisten soll, selbst auch ressourcen- und energieeffizient sein sollte. Um solche Umweltinformationssysteme selbst umweltfreundlicher zu gestalten, können die unterschiedlichen Aspekte aus Green-IT-Betrachtungen, insbesondere bezogen auf die Auswirkungen der Softwareseite, in die Gestaltung der Systeme einbezogen werden.

Green IT hat derzeit eine breite Bekanntheit und es gibt viele Bereiche, in denen weitere Forschungs- und Entwicklungspotenziale zu finden sind. Dazu zählt beispielsweise die Bereitstellung weiterer Werkzeuge und Methoden für Softwareentwickler*innen. Ein weiterer Bereich, der in diesem Kapitel kurz angerissen wurde, ist die Betrachtung von IKT als Verbraucher im Stromnetz. Hier gilt es, Möglichkeiten zu finden, flexibel auf temporäre Energieüberschüsse und Schwachlastzeiten reagieren zu können. Bezogen auf das UIS selbst sollte versucht werden, die Nutzungszeiten der Systeme und somit auch die Hardware-Lebenszyklen zu verlängern. Insgesamt sollte Green IT und ihre Konzepte als Standard in IKT-Entwicklung, -Beschaffung und -Nutzung aufgenommen werden. Idealerweise sollte Green IT eine Standardanforderung auf Kundenseite sein und langfristig gedacht sollten dabei neben ökologischen Aspekten auch soziale Aspekte, auch aus globaler Sicht, einbezogen werden.

Literatur

AGARWAL, S., NATH, A. & CHOWDHURY, D. (2012): Sustainable Approaches and Good Practices in Green Software Engineering. In: IJRRCS 3 (1), 1425-1428.

AK ROHSTOFFE (2020): Argumente für eine Rohstoffwende. Berlin.

BETZ, S. & CAPORALE, T. (2014): Sustainable Software System Engineering. In: Big Data and Cloud Computing (BdCloud) 2014, IEEE Fourth International Conference on, 612-619.

BMU – BUNDESMINISTERIUM FÜR UMWELT, NATURSCHUTZ UND REAKTORSICHERHEIT, (2009): Energieeffiziente Rechenzentren Best-Practice-Beispiele aus Europa, USA und Asien. http://www.bmu.de/files/pdfs/allgemein/application/pdf/broschuere_rechenzentren_bf.pdf (26.02.2010).

BROWN D. & REAMS C. (2010): Toward Energy-Efficient Computing. What will it take to make server-side computing more energy efficient? In: Communications of the ACM, 53 (3), 50-59.

BUNDESMINISTERIUM FÜR UMWELT, NATURSCHUTZ UND NUKLEARE SICHERHEIT (2020): Leading Practices Green-IT. https://www.bmu.de/themen/europa-internationales-nachhaltigkeit-digitalisierung/digitalisierung-und-umwelt/green-it-initiative/leading-practices-green-it/ (14.01.2020).

CALERO, C., BERTOA, M. F. & ANGELES MORAGA, M. (2013a): A systematic literature review for software sustainability measures. In: 2nd International Workshop on Green and Sustainable Software (GREENS), 46-53.

CALERO, C., MORAGA, M. & BERTOA, M. F. (2013b): Towards a software product sustainability model. arXiv preprint arXiv:1309.1640.

DICK, M. & NAUMANN, S. (2010): Enhancing Software Engineering Processes towards Sustainable Software Product Design. In: GREVE, K. & CREMERS, A. B. (Eds.): EnviroInfo 2010: Integration of Environmental Information in Europe. Proceedings of the 24th International Conference on Informatics for Environmental Protection, October 6 – 8, 2010, Cologne/Bonn, Germany. Shaker, Aachen, 706-715.

FICHTER, K. (2007): Zukunftsmarkt Energieeffiziente Rechenzentren. Fallstudie im Auftrag des Bundesministeriums für Umwelt, Naturschutz und Reaktorsicherheit (BMU), Dessau-Roßlau.

HILTY, L. M., KÖHLER, A., VON SCHÉELE, F., ZAH, R. & RUDDY, T. (2006): Rebound effects of progress in information technology. In: Poiesis & Praxis: International Journal of Technology Assessment and Ethics of Science, 4 (1), 19-38.

ISO – INTERNATIONAL ORGANIZATION FOR STANDARDIZATION (2011): Systems and software engineering – Systems and software Quality Requirements and Evaluation (SQuaRE) – System and software quality models 35.080 (ISO/IEC 25010:2011) (01.03.2011).

JONES, N. (2018): The Information Factories. In: Nature, 163-166.

KERN, E., HILTY, L. M., GULDNER, A., MAKSIMOV, Y. V., FILLER, A., GRÖGER, J. & NAUMANN, S. (2018): Sustainable software products – Towards assessment criteria for resource and energy efficiency. In: Future Generation Computer Systems, 86, 199-210.

LAMPE, F. (2010): Green-IT, Virtualisierung und Thin Clients. Mit neuen IT-Technologien Energieeffizienz erreichen, die Umwelt schonen und Kosten sparen. Vieweg + Teubner, Wiesbaden.

LOOS, P., NEBEL, W., MARX-GÓMEZ, J., WATSON, R. T., VOM BROCKE, J., SEIDEL, S. & RECKER, J. (2011): Green IT: Ein Thema für die Wirtschaftsinformatik? In: Wirtschaftsinformatik, 239-247.

NAUMANN, S., DICK, M., KERN, E. & JOHANN, T. (2011): The GREENSOFT Model: A Reference Model for Green and Sustainable Software and its Engineering. In: SUSCOM, 1 (4), 294-304.

PENZENSTADLER, B. & FEMMER, H. (2013): A Generic Model for Sustainability with Process- and Product-specific Instances. In: MALAKUTI, S. (Ed.): Proceedings of the 2013 workshop on Green in/by software engineering. ACM, 3-8 [S. l.].

RAZAVIAN, M., PROCACCIANTI, G., TAMBURRI, D. A. et al. (2014): Four-Dimensional Sustainable E-Services. EnviroInfo, September 2014.

SANDVINE (2019): The Global Internet Phenomena Report. September 2019.

STOBBE, L., PROSKE, M., ZEDEL, H., HINTEMANN, R., CLAUSEN, J. & BEUCKER, S. (2015): Entwicklung des IKT-bedingten Strombedarfs in Deutschland. Studie im Auftrag des Bundesministeriums für Wirtschaft und Energie, Projekt-Nr. 29/14. https://www.bmwi.de/Redaktion/DE/Downloads/E/entwicklung-des-ikt-bedingten-strombedarfs-in-deutschland-abschlussbericht.pdf?__blob=publicationFile&v=3 (14.01.2020).

TISCHNER, U., DIETZ, B., MAßELTER, S., SCHMINCKE, E., PRÖSLER, M., RUBIK, F. & HIRSCHL, B. (2000): How to do EcoDesign? A guide for environmentally and economically sound design. Frankfurt am Main.

UBA – UMWELTBUNDESAMT: Energieeinsparpotenziale. https://www.umweltbundesamt.de/themen/klima-energie/energiesparen/energieeinsparpotenziale (14.01.2020).

UBA – UMWELTBUNDESAMT (2020): Politische Handlungsempfehlungen Energie- und Ressourceneffizienz digitaler Infrastrukturen. Ergebnisse des Forschungsprojektes „Green Cloud-Computing".

UNU/UNITAR – United Nations University/United Nations Institute for Training and Research (2020): Co-hosting the SCYCLE Programme: In-depth review of the WEEE Collection Rates and Targets in the EU-28 Norway Switzerland and Iceland. Global E-Waste Monitor, Bonn, Germany.

IV Operationelle Umweltinformationssystme

28 Das Umweltinformationssystem Baden-Württemberg – im Wandel durch nachhaltige Digitalisierung 356
Günter Barnikel und Bastian Ellmenreich

29 Das Regionale Klimainformationssystem ReKIS – eine gemeinsame Plattform für Sachsen, Sachsen-Anhalt und Thüringen 366
Rico Kronenberg, Johannes Franke, Tobias Neumann, Stefan Struve, Christian Bernhofer und Werner Sommer

30 Das Messnetz für die Ortsdosisleistung (ODL) 375
Walter Harms

31 Grenzüberschreitende Umweltinformation am Beispiel der Internationalen Kommission zum Schutz des Rheins 386
Adrian Schmid-Breton, Sophia Kesseler-Johann und Tabea Stötter

32 Infrastructure for Spatial Information in Europe (INSPIRE) – Geodaten für Europa 395
Bettina Barth

33 Bereitstellung von Umweltinformationen für mobile Endgeräte 406
Jana-Sophie Engelmann

28 Das Umweltinformationssystem Baden-Württemberg – im Wandel durch nachhaltige Digitalisierung

Günter BARNIKEL[1] und Bastian ELLMENREICH[2]

Zusammenfassung

Das Umweltinformationssystem Baden-Württemberg (UIS BW) dient als strategisches Instrument der Landespolitik zur Umsetzung eines effektiven Umwelt- und Klimaschutzes. Die Umweltbehörden koordinieren mit dem UIS BW die gesamte Verarbeitung von Umweltinformationen über Ressortbereiche hinweg. Die von vielen Stellen erfassten Umweltdaten werden für unterschiedlichste Verwaltungsaufgaben auf Landes- und kommunaler Ebene benötigt. Aggregierte und standardisierte Berichtsdaten sind Entscheidungsgrundlage für Führungskräfte in Politik und Verwaltung und dienen zur Erfüllung zahlreicher Berichtspflichten. Entsprechend dem Umweltverwaltungsgesetz des Landes eröffnet das UIS BW auch allen Bürgerinnen und Bürgern den freien Zugang zu aktuellen Informationen. Es nutzt eine serviceorientierte IT-Architektur aus vielen Einzelkomponenten und Fachanwendungen, die modular ineinandergreifen. Mit dem digitalen Wandel, der auch Nachhaltigkeitsaspekte einschließt, verbinden sich Herausforderungen und Chancen für eine UIS-Weiterentwicklung.

28.1 Einführung

Das Umweltinformationssystem Baden-Württemberg (UIS BW) führt umfangreiche Datenbestände aus unterschiedlichen Ressorts und Fachverwaltungen sowie Geobasisinformationen zusammen. Es dient so den Dienststellen der Landesverwaltung und des kommunalen Bereichs zur Unterstützung staatlicher Aufgaben im Umweltbereich. Zwischen den fachlich zuständigen Behörden erfolgt ein intensiver Datenaustausch. Weitere Nutzer haben entsprechend ihren Anforderungen, technischen Voraussetzungen und ihrer rechtlichen Stellung unterschiedliche Zugangsmöglichkeiten zu UIS-Daten. Das UIS BW erfüllt den Informationsbedarf verschiedener Zielgruppen und bietet Öffentlichkeit sowie Fachöffentlichkeit leistungsfähige Auskunftsdienste. Es ist mit seinen vielfältigen Aufgaben und Zielen strategisches Instrument der Landespolitik zur Umsetzung eines effektiven Umwelt- und Klimaschutzes:

- Planung und Verwaltungsvollzug: Unterstützung umweltbezogener Verwaltungsaufgaben durch den Einsatz moderner Informations- und Kommunikationstechnologie (IuK).

---

[1] Komm.ONE, Krailenshaldenstraße 44, 70469 Stuttgart, dr.guenter.barnikel@komm.one, www.komm.one

[2] Ministerium für Umwelt, Klima und Energiewirtschaft Baden-Württemberg, Kernerplatz 9, 70182 Stuttgart, bastian.ellmenreich@um.bwl.de, https://um.baden-wuerttemberg.de

- Umweltbeobachtung und Monitoring: Ermittlung, Analyse und Prognose der punktuellen, örtlichen und landesweiten Umweltsituation.
- Investitionsschutz und Weiterentwicklung: Bewahrung und Pflege des über viele Jahre aufgebauten Umweltdatenbestands als Hauptvermögen des UIS, Weiterentwicklung und Pflege bestehender IuK-Fachverfahren sowie Integration neuer Anwendungen.
- Krisenmanagement: Unterstützung bei der Bewältigung von Not-, Stör- und Vorsorgefällen durch geeignete Systeme, Simulationsverfahren oder Bereitstellung entsprechender informations- und kommunikationstechnischer Infrastruktur.
- Information: Umfassende Bereitstellung aktueller Informationen über den Umweltzustand für Politik und Verwaltung, außerdem Sicherung des freien Zugangs zu Umweltinformationen für alle Bürgerinnen und Bürger.

28.2 Rechtlicher und organisatorischer Rahmen

Das UIS BW ist in einen umfangreichen rechtlich-organisatorischen Rahmen eingebunden, wobei wesentliche Normen der Umweltverwaltung durch die EU erlassen und über Bundes- und Landesgesetzgebung umgesetzt werden. Zu berücksichtigen sind Fachgesetze wie Atomgesetz, Gesetze zu Boden- und Immissionsschutz, Naturschutz und Wasserhaushalt, weiterhin Gesetze über den Zugang der Öffentlichkeit zu Umweltinformationen, etwa das Umweltverwaltungsgesetz des Landes (UVwG). Hinzu kommen Gesetze zur Regelung des Geodatenzugangs (EU-INSPIRE-Richtlinie und darauf basierende Gesetze von Bund und Land samt Vorgaben zum Aufbau von Geodateninfrastrukturen) sowie Datenschutzgesetze. Die gesetzlichen Vorgaben prägen die Art und Ausgestaltung der UIS-Fachverfahren wesentlich.

Außerdem relevant sind Beschlüsse der Landesregierung hinsichtlich E-Government (insbesondere IT-Standards) und Vorgaben der Umweltministerkonferenz (UMK) mit ihren Gremien im Bereich Umweltinformation und -berichterstattung. Dazu kommen weitere Vereinbarungen zwischen Bund, Ländern und Kommunen, wobei in Baden-Württemberg der Staatlich-Kommunale Datenverbund (SKDV BW) eine wichtige Rolle spielt. Er regelt für den Umweltbereich den Datenaustausch des Landes mit den unteren Verwaltungsbehörden bei den Kreisen, kommunalen Behörden und anderen öffentlichen Stellen und ermöglicht allen Beteiligten einen einheitlichen Datenzugang. Den Kern bilden dabei der automatisierte Austausch umweltbezogener Fachdaten und deren gemeinsame Dokumentation über Metadatenkataloge.

Die Steuerung des UIS BW und seiner Komponenten erfordert eine leistungsfähige Projektorganisation. Diese dient der Abstimmung inhaltlicher, technischer und organisatorischer Fragen und der Koordinierung von Forschungs- und Entwicklungsarbeiten. Träger ist das Ministerium für Umwelt, Klima und Energiewirtschaft Baden-Württemberg (UM). Das Projektmanagement liegt bei der Landesanstalt für Umwelt (LUBW). Zwischen LUBW und dem kommunalen IT-Dienstleister Komm.ONE besteht ein Entwicklungsverbund. Zahlreiche technische Betriebsaufgaben nehmen der zentrale IT-Dienstleister der Landesverwaltung – die Landesoberbehörde IT Baden-Württemberg (BITBW) – sowie Komm.ONE wahr.

Das UIS BW wird durch eine mehrstufige Gremienstruktur gesteuert, in der die berührten Landesministerien, LUBW, Regierungspräsidien, Landesamt für Geoinformation und Landentwicklung, Statistisches Landesamt sowie der kommunale Bereich mit Landkreis-, Städte- und Gemeindetag sowie Komm.ONE vertreten sind.

Mit Gründung des UIS BW in den 1980er-Jahren ließ das UM Teile der benötigten Software von Forschungseinrichtungen entwickeln, da zu diesem Zeitpunkt wenig kommerziell verfügbare Software für die fachspezifischen Anforderungen der Umweltverwaltung existierte. Die Zusammenarbeit mit Forschungseinrichtungen ist gerade bei der Erschließung neuer Technologien ein wichtiges Merkmal des UIS BW geblieben. Zur fachlich-technischen Abstimmung wurde 1994 eine Entwicklungskooperation von Verwaltung, Wissenschaft und Wirtschaft gebildet. Laufende Pflegearbeiten wurden zunehmend auch kommerziellen Softwarehäusern übertragen. Seit 2001 existiert zudem eine Bund/Länder-Kooperation bei Konzeptionen und Entwicklungen von Software für UIS, in der seit 2005 alle Bundesländer vertreten sind. In dieser KoopUIS gingen die Arbeiten der ursprünglichen Entwicklungskooperation (WEISSENBACH et al. 2018) mittlerweile auf bzw. finden dort ihre Fortsetzung.

Die Entwicklung des UIS BW wird von Anfang an durch eine regelmäßig fortgeschriebene Rahmenkonzeption begleitet. Ihre Aufgabe ist es, für die Weiterentwicklung relevante, aktuelle technologische Trends und organisatorische Rahmenbedingungen abzustecken, eine Gesamtschau auf das UIS zu generieren sowie IT-Vorgaben zu definieren. Nicht zuletzt dient sie auch der Abstimmung von Entwicklungszielen mit der Landespolitik (MINISTERIUM FÜR UMWELT, KLIMA UND ENERGIEWIRTSCHAFT B.-W. 2016).

28.3 Entwicklung, Architektur und Komponenten

28.3.1 UIS-Generationen

Die zeitliche Entwicklung des UIS BW lässt sich in mehrere Etappen („Generationen") unterteilen. Die Anfänge reichen bis 1984 zurück, als das damalige Ministerium für Ernährung, Landwirtschaft, Umwelt und Forsten mit der Entwicklung erster Fachsysteme begann und bis 1986 eine interne Konzeption erstellte. In der 2. Generation (1987 – 1994) wurde unter Führung des neu gebildeten Umweltministeriums neben dem Ausbau von Fachsystemen und Datenmanagement mit der Entwicklung fachübergreifender Komponenten begonnen. Grundlage war eine nunmehr ressortübergreifende Konzeption, aufbauend auf dem Landesverwaltungsnetz als landesweite IuK-Infrastruktur.

Der Übergang zur 3. UIS-Generation erfolgte Mitte der 1990er-Jahre. Im Zentrum stand die Entwicklung einer diensteorientierten Architektur unter Nutzung der damals neuen Internettechnologie. Kennzeichnend waren die stärkere Vernetzung und Kooperation zwischen Land und Kommunen. Die Öffentlichkeit konnte nun erstmals über ein Umweltportal direkt auf UIS-Daten zugreifen.

2005 begannen die Arbeiten an der 4. UIS-Generation, da sich wesentliche Rahmenbedingungen änderten (u. a. Verwaltungsstrukturreform mit neuen Aufgabenverteilungen), mit verstärktem Fokus auf Aufgabenbündelung, Prozessorientierung und Kostensenkung. Prägend wurde die Nutzung elektronischer Medien – besonders des Internets – zur Erledigung von Verwaltungsvorgängen für Bürgerschaft, Unternehmen und Behörden.

In der seit 2015 laufenden 5. Generation wird zusätzlichen Anforderungen an Geodaten aufgrund entstehender Geodateninfrastrukturen (GDI) Rechnung getragen, wie auch geändertem Nutzerverhalten und -ansprüchen infolge rapider Fortentwicklung der (mobilen) Webtechnologien. Im Vordergrund standen und stehen u. a. folgende Themenfelder:

- systemübergreifende, serviceorientierte UIS-Architektur,
- Auf-/Ausbau des Umweltportals als Teil einer länderübergreifenden Entwicklung,

- Erprobung und Ausbau der Clouddienst-Nutzung,
- mobile Anwendungen und Dienste,
- Modellierungen und Ausbreitungsrechnungen für Schadens-/Störfälle,
- Green-IT-Thematik,
- technischer und inhaltlicher Ausbau von Informationsplattformen.

Über die UIS-Generationen hinweg ist die Bedeutung von Geodaten permanent gewachsen. Der umfangreiche Bestand an Geofachdaten und Geodiensten wurde bzw. wird laufend in die bislang entwickelten GDI von Land, Bund und EU integriert.

28.3.2 Systemkategorien

Die zahlreichen Komponenten des UIS BW lassen sich in drei Hauptkategorien einteilen (vgl. auch Abb. 28.1):

- Übergreifende UIS-Komponenten: zur Zusammenführung und fachübergreifenden Nutzung von Informationen verschiedener Umwelt- oder Zuständigkeitsbereiche. Beispiele: UIS-Berichtssystem, Räumliches Informations- und Planungssystem.
- UIS-Fachkomponenten: Fachspezifische, nach Zuständigkeiten oder Umweltmedien gegliederte Systeme zur Fachdaten-Erfassung und -Bearbeitung. Beispiele: Fachanwendung der Gewerbeaufsicht, Grundwasserdatenbank, Fachanwendung Artenschutz.

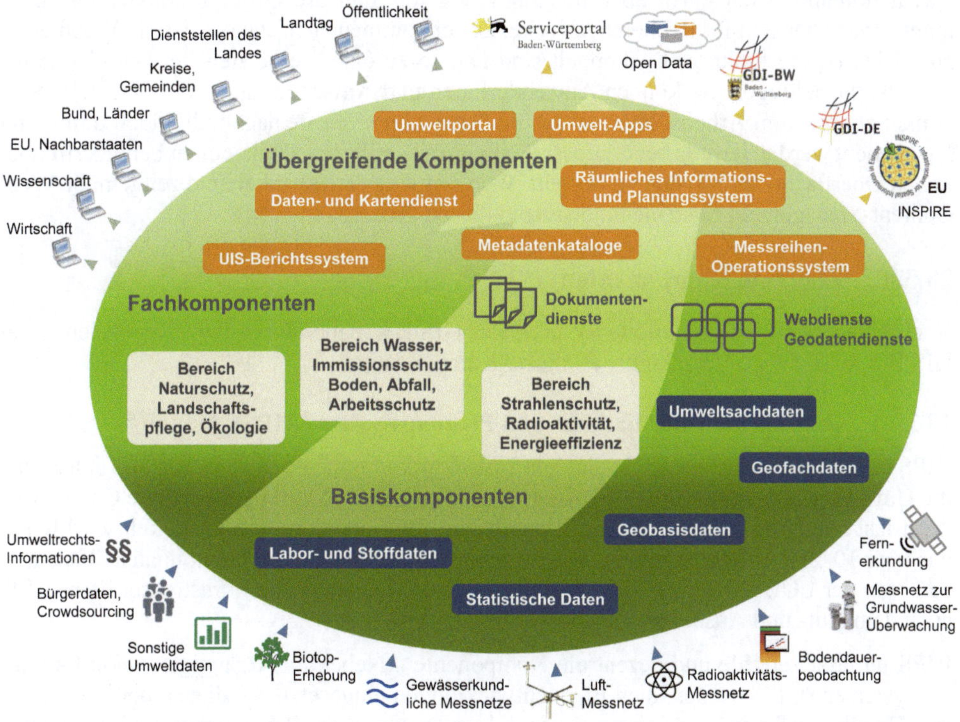

Abb. 28.1: Wesentliche Komponenten des UIS BW mit Daten- und Informationsflüssen (nach MINISTERIUM FÜR UMWELT, KLIMA UND ENERGIEWIRTSCHAFT B.-W. 2016, 43).

- UIS-Fachkomponenten: Fachspezifische, nach Zuständigkeiten oder Umweltmedien gegliederte Systeme zur Fachdaten-Erfassung und -Bearbeitung. Beispiele: Fachanwendung der Gewerbeaufsicht, Grundwasserdatenbank, Fachanwendung Artenschutz.
- Basiskomponenten anderer Ressorts und Institutionen: Informationssysteme und Infrastruktur-Elemente, die nicht speziell und alleine für die Bearbeitung von Umweltinformationen geschaffen wurden, jedoch in besonderer Weise dazu herangezogen werden. Beispiele: Geobasisdaten der Vermessungsverwaltung (ALKIS, ATKIS), Elektronisches Grundbuch des Justizministeriums, Statistikdaten des Statistischen Landesamts.

28.3.3 Serviceorientierte Architektur

Wegen der vielfältigen Datenflüsse und Vernetzungen der UIS-Komponenten untereinander wurde frühzeitig auf die Nutzung gemeinsamer Dienste gesetzt und deren Einsatz seither systematisch vorangetrieben. Sie ermöglichen die Einrichtung individueller Anwendersichten für spezifische Informationsbedürfnisse. Die Mehrfachnutzung von Komponenten erhöht zudem die Wirtschaftlichkeit des UIS BW erheblich.

Leistungsfähige Datenbanksysteme bilden die Grundlage des diensteorientierten UIS BW. Offene Schnittstellen erleichtern den Datenaustausch. Ein für große Themenbereiche einheitliches Datenmodell ermöglicht einem breiten Nutzerkreis, mit den Daten zu arbeiten. Auf dieser Basis setzen die weiteren UIS-Komponenten auf. Das Dienste-Spektrum reicht von Navigation und Datenzugriff über die Anbindung von Standard-Office-Produkten bis zu semantischen Diensten für Recherchezwecke. Dabei kommen auch standardisierte Webdienste zum Einsatz, die funktional gekoppelt sind und so zu einer vernetzten, serviceorientierten Architektur beitragen. So können Anwenderinnen und Anwender auch ohne spezielle Systemkenntnisse vom Arbeitsplatz aus auf die Daten zugreifen. Je nach individuell definierter Nutzersicht werden jeweils benötigte Ressourcen ausgefiltert und unter einer benutzerfreundlichen Oberfläche zur Verfügung gestellt. Webgestützte Datenbanken und zeitgemäße Web-Content-Management-Systeme unterstützen diesen Prozess.

28.3.4 Zentrale Komponenten

Nachfolgend sind einige zentrale Systeme des UIS BW näher dargestellt. Kennzeichen des UIS BW ist die enge Verzahnung all dieser Komponenten.

28.3.4.1 Räumliches Informations- und Planungssystem (RIPS)

RIPS bildet die übergreifende Geodateninfrastrukturkomponente des UIS BW. Es unterstützt die Umweltfachverfahren durch Geobasis- und -fachdaten sowie standardisierte Geodienste, denn fast alle Umweltdaten besitzen Raumbezug. Betrieben und fortentwickelt wird RIPS, das über 10.000 Anwenderinnen und Anwender auf staatlicher und kommunaler Ebene nutzen, von der LUBW. Durch Gremien, Regelwerke und technische Infrastruktur dient RIPS auch dem Auf- und Ausbau von GDI.

RIPS umfasst zentrale und dezentrale Komponenten. Neben marktgängigen Geoinformationssystemen (GIS) werden auch Eigenentwicklungen eingesetzt. Sie dienen der webbasierten Geodatenerfassung, Auswertung und kartographischen Präsentation und beinhalten GIS-Frameworks, Fachanwendungsrahmen sowie Werkzeuge zur Erstellung von Benutzeroberflächen. Zentrale RIPS-Komponente ist ein themenübergreifender „Datenpool“, der kontinuierlich mit qualitätsgesicherten Geo- und Sachdaten aus allen umweltrelevanten Fachsystemen im Land befüllt wird. Standardisierte Geodatendienste sind elementarer GDI-Bestandteil und werden sowohl für Verwaltungsaufgaben wie auch Öffentlichkeitsinformation eingesetzt. RIPS bietet interaktive Kartendienste, mit denen alle Interessierten auf raumbezogene Umweltdaten zugreifen und diese in thematischen Karten darstellen können. Metadatenkataloge geben Auskunft über vorhandene Daten und deren Verwendungsmöglichkeit. Diese standardisierten Beschreibungen können weitere Datenanbieter, wie Geoportale von Land und Bund, automatisiert abrufen.

Ein für die Öffentlichkeit eingerichteter Daten- und Kartendienst basiert auf dem UIS-BRS (s. u.) und bietet Zugriff auf Umweltdaten und digitale Kartenbestände einschließlich Downloadmöglichkeiten. Sachdaten vieler Themenbereiche lassen sich als Tabellen, Diagramme, Berichte oder Karten anschaulich darstellen. Das Angebot reicht von Lärmkarten über Schutzgebiete, Hochwasserrisiken oder Luftqualitätsdaten bis hin zur solaren Effizienz von Hausdächern oder Windpotenzialen. Für den Bereich erneuerbarer Energien wurde als separate Anwendung ein Energieatlas aufgebaut. Dieser stellt Bürgerschaft, Kommunen, Verwaltung, Forschung und Wirtschaft wichtige Informationen zum Stand der dezentralen Energieerzeugung und zum regionalen Energiebedarf zur Verfügung.

28.3.4.2 Informationssystem Wasser, Immissionsschutz, Boden, Abfall, Altlasten (WIBAS)

WIBAS verbindet die Bereiche Wasserwirtschaft, technischer Umweltschutz und Arbeitsschutz in einem informationstechnischen Gesamtsystem. Zunächst eigenständig aufgebaute Informationssysteme von Gewerbeaufsicht und Wasserwirtschaft wurden ab 2006 als Folge einer Verwaltungsstrukturreform im WIBAS zusammengeführt. Dies erleichtert fachliche Abstimmungs- und Entscheidungsprozesse und reduziert den Aufwand bei Entwicklung, Betrieb und Betreuung der rund 40 verschiedenen Fachanwendungen.

WIBAS unterstützt den Aufgabenvollzug (Genehmigung, Überwachung, Beteiligung etc.) und die Umweltberichterstattung bei den Stadt- und Landkreisen, den Regierungspräsidien sowie der LUBW. Dazu dienen zahlreiche Abfrage-, Auswerte- und Ausgabefunktionen bis hin zur elektronischen Kommunikation zwischen Bürgerschaft und Verwaltung. Viele Fachanwendungen nutzen statt individueller Auswertungssysteme Funktionen des UIS-BRS (s. u.) und für Kartendarstellungen Komponenten und Daten des RIPS. WIBAS basiert auf einer diensteorientierten Client-Server-Architektur. Entwicklungssprache ist Java, als Datenbanksystem wird Oracle eingesetzt.

Beispiele für WIBAS-Anwendungen sind die Fachanwendung Arbeits- und Immissionsschutz (zur Dokumentation der über 400.000 Arbeitsstätten im Land), die Grundwasserdatenbank (u. a. mit Daten landesweiter Messnetze zu Qualität und Menge des Grundwassers) oder das Bodenschutz- und Altlastenkataster. Webdienste ergänzen die Fachanwendungen im Hinblick auf die vielfältigen umweltfachlichen Verknüpfungen, die etwa zwischen Arbeitsstätten und der Wasserwirtschaft bestehen. So können z. B. Mitarbeitende der Gewerbeaufsicht bei der Erfassung eines Betriebs direkt auch relevante Umweltdaten und räumliche Aspekte einsehen und berücksichtigen. Mit WIBAS eng verknüpft ist das Flut-Informations- und -Warnsystem (FLIWAS), das dem Notfallmanagement im Hochwasserfall dient.

28.3.4.3 Naturschutzinformationssystem (NAIS)

NAIS dient der Aufgabenerledigung im Bereich Naturschutz und Landschaftspflege durch die Dienststellen des Landes und die unteren Naturschutzbehörden bei den Stadt- und Landkreisen. NAIS umfasst alle in der Naturschutzverwaltung anfallenden IuK-Aufgaben, verwaltungsinterne Fachanwendungen ebenso wie Auskunftssysteme und Fachportale für die Öffentlichkeit. Vielfältige Synergien und Querbezüge bestehen sowohl zu RIPS als auch WIBAS. Bedingt durch Verwaltungsstrukturen und naturschutzrechtliche Bestimmungen gliedern sich die IuK-Systeme des NAIS in zwei Betriebsbereiche:

- Arten, Biotope, Schutzgebiete, Eingriffsregelung, Landschaftsplanung und
- Förder- und Ausgleichsmaßnahmen.

Laufende Arbeiten gelten der weiteren Harmonisierung von Modulen des Flächen- und Artenschutzes, der Vernetzung der beiden Betriebsbereiche sowie der Integration von IT-Systemen des 2015 gegründeten Nationalparks Schwarzwald.

28.3.4.4 UIS-Berichtssystem (UIS-BRS)

Das UIS-BRS ist ein universelles Zugangs- und Auswertesystem für Sach-, Geo- und Metadaten des UIS BW, soweit diese in dessen zentralen Datenhaltungssystemen bzw. in Datenbanken mit gleichem Datenschema bereitgehalten werden. Es ermöglicht Daten-Recherchen und Selektionen sowie deren Darstellung in verschiedenen Präsentationsformen (Tabellen, Grafiken, Reports, thematische Karten). Es verknüpft und visualisiert heterogene Datenbestände aus Fachdatenbanken, GIS und UIS-Diensten. Das UIS-BRS ist in verschiedenen Ausprägungen im Einsatz. Die Vollversion wird im Verwaltungs-Intranet eingesetzt. Eine einfacher bedienbare Webversion steht ebenfalls der Verwaltung, aber auch für die Öffentlichkeit im Internet zur Verfügung und ist Basis eines Daten- und Kartendiensts. Technisch beruht das UIS-BRS auf der Java- und XML-basierten Softwareplattform Cadenza, die über eine Bund/Länder-Kooperation bereitgestellt wird. Ein integriertes GIS dient der Visualisierung, aber auch der Erfassung von Geodaten sowie raumbezogener Fachdaten.

28.3.4.5 Umweltportal Baden-Württemberg

Das Umweltportal Baden-Württemberg ist ein zentrales Instrument zur Erfüllung des UVwG, das Behörden verpflichtet, Umweltinformationen aktiv zu verbreiten und der Öffentlichkeit einfach zugänglich zu machen. Baden-Württemberg führte 2001 als erstes deutsches Bundesland ein Umweltportal im Internet ein. Die Weiterentwicklung erfolgt inzwischen im Rahmen des KoopUIS-Projekts „Landesumweltportale“ (LUPO), in dem mehrere Länder mitwirken. Das Portal bündelt Umweltinformationen und -dienste öffentlicher Stellen wie Ministerien, Landesämtern, Regierungspräsidien, Landkreisen, Städten und Gemeinden. Es bietet komfortable Suchfunktionen, eine thematisch gegliederte Navigation und Zugriff auf Umweltinformationsdienste und -Datenbanken. Durch verknüpfte Geodaten können ortsbezogene Treffer auf einer interaktiven Karte angezeigt werden.

Technische Basis ist ein serviceorientierter Baukasten, der im Zuge von LUPO aufgebaut und auch für mobile Umweltinformationsanwendungen eingesetzt wird. Er integriert aktuelle Internettechniken wie Clouddienste, containerbasierte Virtualisierungstechnologien oder semantische Technologien. LUPO-Technologien und -Dienste dienen auch als Infrastruktur für die 2013 veröffentlichte freie App „Meine Umwelt“. Mithilfe der App können Bürgerinnen und Bürger aktuelle Umweltdaten mobil abrufen, Attraktionen oder erlebnispädagogische Angebote finden, aber auch selbst beispielsweise Fundorte von Tier- und Pflanzenarten oder Umweltbeeinträchtigungen melden, ggf. ergänzt um Bilder, Video- oder Tonaufnahmen. Die App ist mittlerweile in mehreren Bundesländern in spezifischen Ausprägungen nutzbar.

28.4 Herausforderungen, Planungen und Entwicklungen

Das UIS BW hat in den bald 40 Jahren seines Bestehens stets auf neue Möglichkeiten digitaler Technologien reagiert. Mit dem fast alle Lebensbereiche erfassenden digitalen Wandel entstehen neue Möglichkeiten für den Schutz von Umwelt, Klima und Natur. Das exponentiell anwachsende Datenaufkommen ist mit Herausforderungen verbunden; so sind neuartige kommerziell, kollaborativ oder staatlich erhobene Umweltdaten verschiedenster Quellen – wie Sensornetze, Crowdsourcing oder Fernerkundung – adäquat in vorhandene Datenbestände zu integrieren und für Analysezwecke aufzubereiten.

Im Zuge der Digitalisierung ändern sich rechtliche Rahmensetzungen für den IuK-Einsatz auf europäischer, nationaler und Länderebene. Entsprechend sind neue Vorgaben etwa in den Bereichen Datenschutz oder der Informationssicherheit zu berücksichtigen. Gesetze und Strategien treiben die Digitalisierung in der Verwaltung selbst voran, aber auch an deren Schnittstellen zur Öffentlichkeit einschließlich Wirtschaft und Wissenschaft, z. B. hinsichtlich Datenzugänglichkeit und digitalen Behördendienstleistungen.

Das UIS BW ist eingebunden in eine 2017 initiierte Digitalisierungsstrategie des Landes (digital@bw). Eines ihrer Handlungsfelder ist die „Nachhaltige Digitalisierung", wobei Digitalisierungspotenziale zur Förderung einer ressourcenschonenden Entwicklung genutzt werden sollen. Im Folgenden werden streiflichtartig und ohne Vollständigkeitsanspruch einige Themenbereiche beleuchtet, die im UIS BW perspektivisch an Bedeutung gewinnen werden.

28.4.1 Fernerkundungsdaten

Das UIS BW nutzt schon länger Fernerkundungsdaten zur Erzeugung flächendeckender Landnutzungs- und Landbedeckungsinformationen. Dank der Satellitenmissionen des europäischen Erdbeobachtungsprogramms Copernicus fließen mittlerweile immense Datenströme, an deren gezielter Erschließung für die Umweltverwaltung gearbeitet wird. Beim Praxistransfer aus Forschungsprojekten stellen sich jedoch große Herausforderungen etwa bei der Identifikation von Mehrwerten und einer effektiven Behördenintegration. Zur Nutzungsoptimierung werden mittlerweile länderübergreifende Kooperationen gebildet. Baden-Württemberg untersucht im Projekt „Satellitenbasiertes Monitoring von Seen in Baden-Württemberg" (SAMOSEE-BW), wie durch Fernerkundung das auf wenige stehende Gewässer beschränkte In-situ-Monitoring von Gewässergüteparametern ergänzt und zudem eine höhere zeitliche und räumliche Auflösung erreicht werden kann. Ziel ist die möglichst automatisierte Ableitung von Produkten – beispielsweise Seen-Steckbriefen – für Verwaltung und Öffentlichkeit.

28.4.2 Mobile Angebote und Verfahren

Im UIS BW werden Umweltinformationen nicht mehr nur für rein browserbasierte Zugriffe über Desktop-PCs bereitgestellt, sondern über offene Schnittstellen auch Informationszugriffe über mobile Anwendungen ermöglicht. Mobile Angebote bieten neben erleichtertem Informationszugang auch Möglichkeiten, standortbezogene, aktuelle Umweltinformationen abzufragen oder zu melden. Zur bedarfsorientierten Gestaltung mobiler Lösungen ist zwischen den Zielgruppen Öffentlichkeit und Fachanwender zu unterscheiden. Für Erstere wurde die bereits erwähnte App „Meine Umwelt“ kooperativ zusammen mit anderen Bundesländern entwickelt und ausgebaut.

Umweltbehörden erfassen und bearbeiten Daten vielfach im Außendienst und stellen erforderliche Unterlagen vorab zusammen. Im Projekt „WIBAS wird Mobil“ wurde eine App entwickelt, die die Mitarbeiterinnen und Mitarbeiter vor Ort mit Informationen unterstützt. Gab es zum Beispiel einen Ölunfall oder eine Gewässerverunreinigung, kann die App anhand der genauen Standortbestimmung dazu passend relevante UIS-Informationen bereitstellen, etwa zum Schutzstatus betroffener Flächen. Audioaufnahmen, Bilder und Notizen können dem Vorfall zugeordnet werden. Der schnelle Überblick über alle vorhandenen Daten erleichtert eine zügige Entscheidungsfindung. Außerdem werden Schnittstellen entwickelt, die den einfachen, direkten Reimport neu erhobener Daten in Fachanwendungen bzw. Datenbanken erlauben (TOMASCHEK et al. 2020).

28.4.3 Schlüsselprojekt WIBAS-Zentralisierung

WIBAS nutzte lange Zeit eine modulare Struktur aus überwiegend dezentral eingesetzten Fachanwendungen mit lokalen Datenhaltungen. In mehrjähriger Arbeit wurden die Anwendungen mandantenfähig gemacht, um fast 50 einzelne Datenhaltungen in einer gemeinsamen Infrastruktur zentralisieren zu können. Die zentrale Datenhaltung erleichtert und beschleunigt Datenzugriffe, ermöglicht die tagesaktuelle Bereitstellung landesweiter Daten (unter Berücksichtigung des Datenschutzes) für alle Dienststellen und vereinfacht Betrieb und technische Bereitstellung der Fachverfahren erheblich. Auch die Voraussetzung für den breiteren Einsatz webbasierter, mobiler Anwendungen (s. o. „WIBAS wird Mobil“) ist damit geschaffen. Die WIBAS-Zentralisierung ist somit ein Schlüsselprojekt zum weiteren Fachverfahrensausbau im Zuge des erreichten erleichterten Datenaustauschs im UIS BW.

28.4.4 Neuausrichtung Umweltportal

Das Umweltportal Baden-Württemberg soll konzeptionell neu ausgerichtet und technisch modernisiert werden. Damit verbunden ist die Umgestaltung des bisherigen fast reinen Suchportals zu einem echten Portal mit Inhalten, denn das ursprüngliche Suchportal-Konzept ist angesichts der heutigen Leistungsfähigkeit von Internet-Suchmaschinen nicht mehr zeitgemäß. Dies eröffnet auch Möglichkeiten, künftig neu hinzukommende oder bislang an anderer Stelle angebotene Umweltinformationen (etwa des Nationalparks Schwarzwald) an einer Stelle zu bündeln und diese durch redaktionell gepflegte Inhalte zu ergänzen. Auf diese Weise wird ein einheitlicher, geschlossener Außenauftritt für die Öffentlichkeit geschaffen.

28.4.5 Green IT

Baden-Württemberg verfügt seit 2014 als erstes Bundesland über eine Landesstrategie Green IT. Ziel ist es u. a., den IT-induzierten Energieverbrauch der Landesverwaltung zu reduzieren und die Beschaffung, den Betrieb und die Entsorgung relevanter IT nachhaltiger zu gestalten. Von Interesse ist dabei nicht nur die Hardware, sondern auch die durch Software induzierten Stromverbräuche. Der 2020 veröffentlichte Blaue Engel für ressourcen- und energieeffiziente Softwareprodukte führt eine Reihe entsprechender Kriterien auf. Dabei rückt auch das UIS BW selbst mit seinen Prozessen und Ressourcenansprüchen in den Blick. Daraus resultiert eine mittelfristige Perspektive, Softwareentwickler auch im Bereich Umweltfachanwendungen künftig stärker in die Pflicht zu nehmen.

Literatur

MINISTERIUM FÜR UMWELT, KLIMA UND ENERGIEWIRTSCHAFT BADEN-WÜRTTEMBERG (Hrsg.) (2016): Umweltinformationssystem Baden-Württemberg. RK UIS 2015 – Rahmenkonzeption 2015. E.kurz+co, Stuttgart.

TOMASCHEK, J., BARNIKEL, G. & ABEL, P. C. (2020): Digitalisierung im Dienste der Nachhaltigkeit. In: Innovative Verwaltung, 9/2020, 28-31.

WEISSENBACH, K., SCHILLINGER, W., BARNIKEL, G. & WEIDEMANN, R. (Hrsg.) (2018): F+E-Vorhaben INOVUM – Innovative Umweltinformationssysteme, Phase II 2016/18. Karlsruhe Institute of Technology, KIT Scientific Reports 7751.

29 Das Regionale Klimainformationssystem ReKIS – eine gemeinsame Plattform für Sachsen, Sachsen-Anhalt und Thüringen

Rico KRONENBERG[1], Johannes FRANKE[2], Tobias NEUMANN[3], Stefan STRUVE[4], Christian BERNHOFER[1] und Werner SOMMER[2]

Zusammenfassung

Das Regionale Klimainformationssystem ReKIS der Bundesländer Sachsen, Sachsen-Anhalt und Thüringen ist eine gemeinsame Plattform zur Bereitstellung, Dokumentation, Auswertung und Interpretation von Klimainformationen auf regionaler Ebene. Das Aufgabenspektrum von ReKIS ist kontinuierlich mit den Bedarfen der Nutzerinnen und Nutzer gewachsen und befindet sich in stetiger Weiterentwicklung. ReKIS deckt verschiedene Aspekte der Kommunikation von Klimainhalten und bietet ein fundiertes Unterstützungsangebot für regionale klimabezogene Fragestellungen. Hier sollen verschiedene Funktionen und Lösungen innerhalb von ReKIS vorgestellt und zukünftige Herausforderungen benannt werden.

29.1 Einleitung

Die Änderung des globalen Klimas mit dessen regionalen und lokalen Auswirkungen ist eine durch Beobachtungsdaten bereits nachweisbare Tatsache. Am deutlichsten zeigen sich diese Änderungen in den meteorologischen Extremen, wie Starkregen, Trockenheit und Stürmen, welche zu Hochwasser, Dürre oder Windschäden in Wäldern und bei der Infrastruktur führen können. Die damit verbundenen ökonomischen und ökologischen Folgen erfordern Anpassungsmaßnahmen, um für zukünftige Extremereignisse besser gerüstet zu sein und die Lebensqualität der Bürger zu schützen.

Um dies zu erreichen, müssen wenigstens vier wesentliche Voraussetzungen erfüllt werden: Erstens muss ein kontinuierliches regionales Klima- und Klimafolgen-Monitoring erfolgen. Zweitens werden regionale Klimaprojektionen benötigt, um zukünftige Änderungen abschätzen zu können. Drittens müssen Informationen zu den Auswirkungen des Klimawandels identifiziert und erarbeitet werden, um geeignete Klimaanpassungsmaßnahmen zu entwi-

[1] Technische Universität Dresden, Professur für Meteorologie, Pienner Str. 23, 01737 Tharandt, rico.kronenberg@tu-dresden.de, www.tu-dresden.de

[2] Sächsisches Landesamt für Umwelt, Landwirtschaft und Geologie, August-Böckstiegel-Straße 1, 01326 Dresden-Pillnitz, www.lfulg.sachsen.de

[3] Thüringer Landesamt für Umwelt, Bergbau und Naturschutz, Göschwitzer Straße 41, 07745 Jena, www.tlubn.thueringen.de

[4] Landesamt für Umweltschutz Sachsen-Anhalt, Reideburger Straße 47, 06116 Halle (Saale), www.lau.sachsen-anhalt.de

ckeln und die Klima-Resilienz damit zu erhöhen. Und viertens müssen alle Daten, Analysen und Informationen dem Fachpublikum und der Öffentlichkeit auf eine einfache Weise bereitgestellt und kommuniziert werden. Diese vier Voraussetzungen bilden die Grundlage für effektive Klimaanpassungsmaßnahmen. Darüber hinaus fördern gesetzlich festgelegte Rahmenbedingungen die Effektivität solcher Maßnahmen. Dabei wird der notwendige Klimaschutz über die „Repräsentativen Emissionspfade“ (RCP) des IPCC berücksichtigt, sodass es möglich ist, auch die Vermeidung von Klimaanpassung durch rechtzeitige drastische Emissionsminderung zu beurteilen.

Die Verwaltungen der Bundesländer Sachsen, Sachsen-Anhalt und Thüringen verfügen seit ihrer Gründung jeweils über mindestens eine Verwaltungseinheit, die den Auftrag erfüllt, ein länderspezifisches Klima- und Witterungsmonitoring durchzuführen.

Da sich die zur Verfügung stehenden Beobachtungs- und Projektionsdaten, wie auch das Methodenspektrum der Datenanalyse stetig erweitern, werden die Länder durch wissenschaftliche Einrichtungen bei dieser Aufgabe in Form verschiedener Kooperationen unterstützt. Hierbei zeigte sich, dass neben der amtlichen Aufgabe des Monitorings auch die Kommunikation zu verschiedenen klimarelevanten Themen eine entscheidende Rolle spielt.

In den drei mitteldeutschen Bundesländern wurde die Bedeutung früh erkannt, diese Themen in effektiver Form mit den Mitteln des Internets webbasiert transportieren und darstellen zu können. Eine weitere Erkenntnis war, dass eine Betrachtung des Klimas, welche an den Landesgrenzen endet, nicht den natürlichen Klimaverhältnissen entspricht. Aus diesen Aufgaben, Möglichkeiten und Herausforderungen erwuchs die Idee eines länderübergreifenden Informationssystems, welches 2012 als Regionales Klimainformationssystem (ReKIS – www.rekis.org) operationell in Dienst gestellt wurde. ReKIS unterstützt beim Klima-Monitoring und stellt regionale Daten und Informationen mit Klimabezug bereit. Außerdem besitzt es eine Beratungsfunktion und dient damit nicht nur als Daten- und Informationsplattform, sondern ebenso als Kommunikationsmittel (in einer anonymisierten Verwaltungsstruktur).

ReKIS wird von den drei Bundesländern gemeinsam betrieben. Damit wirkt ReKIS über die administrativen Ländergrenzen hinweg und profitiert vom engen Austausch der Verwaltungen. ReKIS spricht dabei Klima-Laien wie auch Experten, die Verwaltung wie auch die Praxis an, um bei der lokalen und regionalen Entscheidungsfindung in Fragen der Klimaanpassung zu unterstützen.

29.2 ReKIS – Anliegen und Anforderungen

ReKIS wurde im Auftrag der Bundesländer Sachsen, Sachsen-Anhalt und Thüringen durch die Professur für Meteorologie der Technischen Universität Dresden (TU Dresden) entwickelt und wird auch von dieser seit 2012 administriert und erweitert. Das inhaltliche Angebot in ReKIS wird durch Redakteure im jeweiligen Länderbereich bereitgestellt und von der TU Dresden unterstützt. Das durch ReKIS abgedeckte Gebiet erstreckt sich über die drei Bundesländer und ist zusammen mit einem ReKIS-Produkt in Abbildung 29.1 dargestellt.

Das Hauptanliegen von ReKIS ist die Bereitstellung, Dokumentation, Auswertung und Interpretation von Klimainformationen auf regionaler Ebene. Dabei wird keine Allgemeingültigkeit im Sinne von globaler Übertragbarkeit angestrebt, sondern vor allem die lokalen Gegebenheiten auf dem lokalen Maßstab berücksichtigt. Dies bedeutet auch, dass Auswertungen und Informationen ausschließlich für diese Maßstabsebene und den Mitteldeutschen

Raum konzipiert sind. Ein kleines Beispiel soll dies veranschaulichen: Es ist schwerlich möglich, die Niederschlagsverhältnisse (z. B. Luv- und Lee-Effekte) des mitteldeutschen Raums auf Küsten- oder Alpenregionen zu übertragen; zu unterschiedlich sind die lokal dominierenden Prozesse der Landoberfläche. Deshalb wurde ein regionales Angebot erarbeitet, welches diesem Anspruch gerecht wird und andererseits auch den Ländern individuellen Gestaltungsspielraum in der Klimakommunikation bietet.

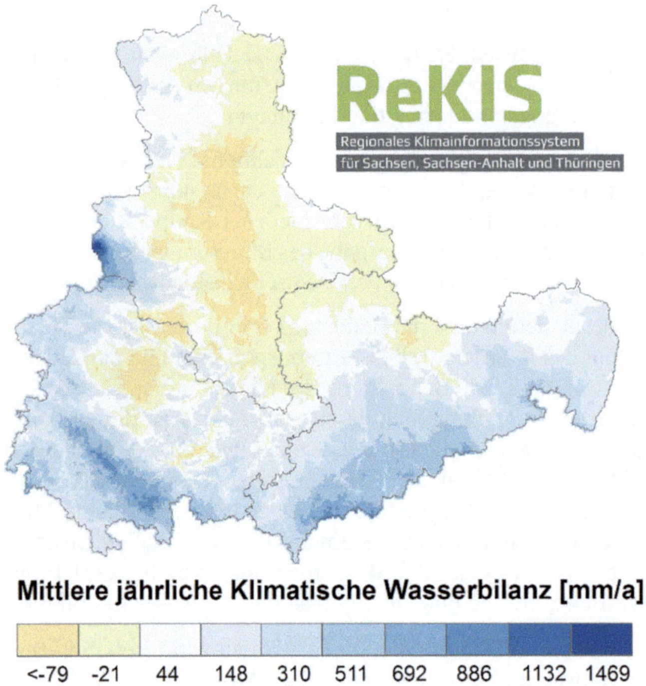

Abb. 29.1: Mittlere jährliche Klimatische Wasserbilanz (1961 – 1990) für das ReKIS-Gebiet in 1 km Auflösung, ein Ergebnis des Rasterinterpolationsdiensts (RaKliDa)

Ursprünglich stand die Bereitstellung von beobachteten und projizierten Klimadaten und deren Auswertungen im Zentrum von ReKIS. Dies beruhte auf der Annahme, dass alleine die Bereitstellung bereits zum Handeln motiviert. In den letzten Jahren hat sich jedoch gezeigt, dass die Werbung um Wahrnehmung und Akzeptanz von Klimaanalysen in verschiedenen Handlungsfeldern notwendig ist, um tatsächlich Berücksichtigung bei Entscheidungsprozessen zu finden. In dieser Erkenntnis zeigt sich bereits, dass die Entwicklung von ReKIS ein kontinuierlicher und iterativer Prozess ist. In dessen Mittelpunkt steht der Anspruch, vor allem den Wünschen und den Anforderungen der Nutzerinnen und Nutzer gerecht zu werden. Im nachfolgenden Kapitel werden wichtige Datensätze, Funktionen und Angebote sowie Produkte vorgestellt, welche sich aus der iterativen Entwicklung ergeben haben.

29.3 ReKIS – Funktionen, Werkzeuge und Datensätze

ReKIS lässt sich in die drei folgenden Bereiche einteilen: ReKIS WISSEN, ReKIS KOMMUNAL und ReKIS EXPERT. Hierbei kann sich die genaue Bezeichnung der Bereiche im Laufe der Zeit verändern, da sie wesentlich aus Sicht der Nutzerführung auf der Plattform ist. An den inhaltlichen Kategorien sind jedoch keine grundlegenden Änderungen vorgesehen.

Der erste Bereich „ReKIS WISSEN“ ist der einführende Bereich und dient der Bereitstellung von allgemeinen Klimainformationen in Form von erklärenden Texten, Diagrammen und Karten. Der inhaltliche Bogen wird dabei vom globalen hin zum regionalen Klima gespannt. Dieser Bereich soll eine Grundlage zur Einarbeitung in das Thema Klima bieten sowie die bundeslandspezifischen Schwerpunkte hervorheben. Im zweiten Bereich „ReKIS KOMMUNAL“ handelt es sich um ein Angebot, welches gezielt für die Bedarfe kleinerer Gemeinden und Kommunen erarbeitet wurde, da aufgrund von Erfahrungen hier der größte Unterstützungsbedarf besteht. Der dritte Bereich „ReKIS EXPERT“ setzt ein gewisses Grundverständnis für die Daten und Methoden voraus, da in diesem Bereich einerseits größere Datensätze im Terabyte-Bereich bereitgestellt werden und andererseits anspruchsvolle Auswertungsfunktionen verfügbar sind.

Ein letzter wichtiger Aspekt von ReKIS ist das Angebot der Kontaktaufnahme, um Fragen zu Inhalten oder zu den Daten zu stellen. Hier gibt es neben dem Administrator auch die entsprechenden Länderredakteure, die für die Beantwortung der Anfragen verantwortlich sind.

Im Folgenden sollen ReKIS EXPERT und ReKIS KOMMUNAL detaillierter beschrieben werden.

29.3.1 ReKIS EXPERT

Im Funktionsbereich ReKIS EXPERT bündeln sich alle Datensätze, Werkzeuge und Funktionen der ReKIS-Plattform. Neben dem einfachen Download sind dort auch online Analysen der Datensätze möglich. Dabei steht eine Mashup-Map im Mittelpunkt, um sich die Verortung der Datensätze anzusehen und die in ReKIS verfügbaren Rasterdaten darzustellen. Außerdem gibt es browsergestützte, grundlegende GIS-Funktionen, wie das Ausschneiden von Gebieten oder die Mittelwert- und Varianz-Berechnung von Rasterdaten. Den Bundesländern steht es hier frei zusätzliche Studien- und Projektergebnisse über einen FTP-Server bereitzustellen. Diese Ergebnisse können als einfacher Download, als KML/KMZ-Dateien oder WMS-Requests in der Karte dargestellt werden.

29.3.1.1 ReKIS – Download

Der Download-Bereich von ReKIS EXPERT kann in beobachtete Daten sowie in Klimaprojektionsdatensätze eingeteilt werden. Der größte beobachtete Datensatz stammt vom Deutschen Wetterdienst (DWD). An allen beobachteten Datensätze erfolgt eine Qualitätskontrolle. Diese besteht aus einer Prüfung der Konsistenz, der Homogenität und der physikalischen Plausibilität der Zeitreihen (FRANKE 2009). Außerdem wird das Klimaelementspektrum von gemessenen Größen um abgeleitete Größen erweitert. So werden neben dem windkorrigierten Niederschlag nach RICHTER (1995) auch Verdunstungen und die klimatische Wasserbilanz berechnet und bereitgestellt. Dies erfolgt unter der Voraussetzung, dass die nötigen gemessenen Eingangsgrößen zur Berechnung vorliegen. Weitere beobachtete Datensätze stammen aus den Landesmessnetzen der Bundesländer sowie vom tschechischen (CHMI) und polnischen (IMGW-PIB) hydro-meteorologischen Dienst. Eine Besonderheit dieser Datenbank ist die zweimalige Aktualisierung pro Jahr. Diese ist notwendig, da nicht nur neue Messungen bis zum aktuellen Termin erfolgen, sondern auch für die Vergangenheit neue Messreihen vom DWD sowie mitunter neue Stationen verfügbar gemacht werden (siehe dazu das Projekt KLIMA-DIGI (DWD 2008)). ReKIS basiert damit immer auf der aktuellen Datenbasis.

Für das Gebiet des Freistaates Sachsen wurde ein zusätzlicher klimatologischer Datensatz in das System aufgenommen, der sogenannte Klimareferenzdatensatz in täglicher und monatlicher Auflösung von 1961 bis 2015 (BERNHOFER et al. 2019). Dieser ist wesentlich ausführlicher auf Homogenität der Messreihen geprüft und vollständig lückengefüllt, was belastbarere flächige Klimaanalysen ermöglicht als mit einem lückenhaften Datensatz.

Die Klimaprojektionsdaten aus regionalen Downscaling-Experimenten bilden den mit Abstand größten Datenbestand von ReKIS. Es werden derzeit sowohl Datensätze des Coupled-Model-Intercomparison-Projekts der Phase 3 als auch der Phase 5 vorgehalten. Diese Datensätze können gitterzellenweise heruntergeladen werden. Alle angebotenen Datensätze beginnen mit ihren historischen Läufen im Jahre 1961. Die Datensätze stammen aus unterschiedlichen Quellen, der Großteil aus dem EURO-CORDEX (2020) sowie den EPISODES-Läufen vom DWD (KREIENKAMP et al. 2019). Außerdem stehen für Sachsen spezielle WETTREG Simulationen zum Download bereit, welche unter dem Namen WEREX-V (Bernhofer et al. 2016) und WEREX-VI zu finden sind (SPEKAT & ENK 2020).

Das aus der ReKliEs-De-Initiative (REKLIES-DE 2017) abgeleitete deutschlandweite Kernensemble für RCP-Szenarien wurde in Zusammenarbeit mit dem DWD unter Hinzunahme des EPI-SODES-Datensatzes für das ReKIS-Gebiet weiterentwickelt und mündete in einem Mitteldeutschen Kernensemble (MDK), welches die empfohlenen Klimamodelle enthält und eine repräsentative Bandbreite des möglichen zukünftigen Klimas im ReKIS-Gebiet abgedeckt (LAU 2020). Die drei beteiligten Bundesländer haben sich darauf verständigt, dieses MDK künftig vor anderen zu verwenden.

29.3.1.2 ReKIS – Rasterinterpolationsdienst

Der Rasterinterpolationsdienst – RaKliDa ist ein Webprozessierungsdienst, der Nutzeraufträge automatisch abarbeitet. Die Hauptaufgabe von RaKliDa besteht in der räumlichen Interpolation von Beobachtungsdaten oder projizierten Klimadaten zu meteorologischen Feldern. Die Interpolation fokussiert auf die Abbildung regionaler Effekte, wobei Rückkopplungsprozesse auf sehr kleinen Skalen (< 100 m oder < 1 d) nicht berücksichtigt werden. Für die Interpolation stehen verschiedene Verfahren zur Verfügung, die zunächst durch die Nutzerinnen und Nutzer konfiguriert werden (KRONENBERG et al. 2015, KRONENBERG & BERNHOFER 2015). Die Erfahrung hat gezeigt, dass es sinnvoll ist, den Nutzerinnen und Nutzern sowohl die Methodenparameter als auch die Verfahren entsprechend des Klimaelements und der zeitlichen Auflösung vorzugeben. Folgende Optionen stehen bei der Auftragserteilung über ein Webformular zur Wahl: der Datensatz, das Klimaelement, der Zeitraum, die zeitliche Auflösung (Tag, Monat, Jahr), der räumliche Ausschnitt und die räumliche Auflösung (100 m, 1000 m, 5000 m). Dabei ist die kleinste räumliche Ausdehnung eines Gebiets mit 10 km × 10 km festgelegt. Außerdem wird erfragt, ob die Datensätze über verschiedene Zeiträume gemittelt werden sollen.

Der Dienst entspricht keinem OGC-Standard für Web Processing Services (OGC 2018). Einzig das Datenausgabeformat ist definiert. Die Ausgabe erfolgt entweder im GRID-ASCII-Format oder als XY-Tabellendateien. Das Koordinatensystem ist als Gauß-Krüger mit 4. Meridian (GK4) definiert. UTM-Projektionen sind möglich, empfohlen wird allerdings die Nutzung des GK4-Rasters.

Ein großer Vorteil dieses RaKliDa-Diensts ist die sogenannte „on-the-fly"-Interpolation, unter Verwendung des aktuellsten Datenbestands. Denn in der regionalen Klimatologie zählt jede verfügbare Station, die dem Datenbestand durch Nachdigitalisierung hinzugefügt wurde. Die Ergebnisse der Interpolation können sowohl zur klimatologischen Analyse (BERNHOFER et al. 2014, 2008) als auch für die Wirkmodellierung, z. B. Wasserhaushalts- oder Grundwasserneubildungssimulationen (KRONENBERG et al. 2013), genutzt werden.

29.3.2 ReKIS KOMMUNAL

Die Funktionen des Datendownloads und der Online-Datenanalyse im ReKIS EXPERT, haben sich trotz ihrer einfachen Handhabung nicht als praktikabel erwiesen, um auf kommunaler Ebene einen direkten Beitrag bei klimarelevanten Entscheidungen zu leisten. Datensatz- als auch die Analysefunktionswahl setzen bereits fundiertes Vorwissen voraus und werden damit nur bedingt von kommunalen Anwenderinnen und Anwendern genutzt. Aus der Notwendigkeit heraus, auch in der kommunalen Verwaltung Klimainformationen in die Entscheidungsprozesse einfließen zu lassen, hat sich auf Initiative des Freistaates Sachsen das EU-Projekt LLA (LIFE LOCAL ADAPT, 2016) entwickelt. Als Projektergebnis kann ReKIS-KOMMUNAL schon heute ein Unterstützungsangebot für kleine und mittlere Gemeinden bereitstellen. Gemeinsam mit Thüringen und Sachsen-Anhalt wird im BMBF-Projekt KlimaKonform (KLIMAKONFORM 2020) dieser Ansatz zu einer ReKIS-Plattform für Klimaanpassung im Mittelgebirge weiterentwickelt.

Ein wichtiges Ziel beider von der TU Dresden koordinierten Projekte besteht in der Entwicklung eines niedrigschwelligen Angebots an Klimainformationen und Maßnahmenkataloge, um klimaangepasst zu handeln. Dazu zählen verschiedene Produkte, wie Gefahrenpotenzial-Karten oder kommunale Klimasteckbriefe, welche Klimainformationen auf Gemeindeebene bereitstellen und einfach, ohne Expertenwissen auf ReKIS gefunden werden können. Diese Steckbriefe fassen die wichtigsten Informationen zum beobachteten und projizierten Klima zusammen. Außerdem werden zahlreiche Klimaanpassungsmaßnahmen vorgestellt.

29.4 Ausblick und zukünftige Herausforderungen

ReKIS hat sich als Informationsplattform bewährt und als effektives Werkzeug zur Klimakommunikation etabliert. Über die langjährige Zusammenarbeit in der ReKIS-Gemeinschaft konnten effektive und kurze Kommunikationswege zwischen den zuständigen Fachbehörden der beteiligten Bundesländer aufgebaut werden. Um diesen Erfolg zu versteigen, muss ein solches System jedoch „leben" und mit entsprechenden Ressourcen ausgestattet sein, um auch kurzfristige inhaltliche Erweiterungen zu ermöglichen.

Mindestens fünf Herausforderungen können identifiziert werden, welche man in den kommenden Jahren mit ReKIS begegnen muss.

1. Die Adressierung verschiedener Handlungsfelder der Anpassungsstrategie des Bundes an den Klimawandel (DAS), wie z. B. Gesundheit, Verkehr oder Katastrophenschutz. Dabei spielen der Aspekt der Verständlichkeit und dem Vertrauen in Daten und Informationen eine wesentliche Rolle. Entscheidungsträger ohne gesetzlichen Handlungsrahmen zum Handeln zu überzeugen, erfordert ein hohes Maß an Nachvollziehbarkeit der angebotenen Klimainformationen. Damit eng verbunden ist die Herausforderung, die verschiedenen Handlungsfelder in ReKIS sinnvoll und auffindbar zu integrieren. In die-

sen Handlungsfeldern spielen unter anderem landwirtschaftliche Ertragsmodellierung, Bodenfeuchtemodellierung, Wasserhaushaltsmodellierung sowie Erosionsmodellierungen eine Rolle. Die Komplexität der Anwendungen und die Bezüge zu mehreren Handlungsfeldern macht es zu einer sehr anspruchsvollen Aufgabe, diese sinnvoll in die ReKIS-Plattform zu intergieren und gleichzeitig zu gewährleisten, dass sie verständlich sind und den Ansprüchen von Verwaltung und Praxis gleichermaßen genügen.

2. Eine INSPIRE-konforme Bereitstellung der angebotenen Geodaten. In den Geodateninfrastrukturgesetzen der Bundesländer wird eine Bereitstellung von Geodaten nach einheitlichen Standards gefordert, um einen einfachen Austausch von Daten und Informationen zu gewährleisten. Zur Umsetzung dieser Forderung wurden bereits erste Schritte unternommen, die die Integration von Web Map Services (WMS), Web Feature Services (WFS) sowie eines Katalogdiensts in ReKIS vorsehen.

3. Bereitstellung von Witterungsinformationen, also dem längerfristigen Charakter des Wetters. Durch das vermehrte Auftreten von Starkregen und Dürren steigt die Bedeutung der Witterung in den letzten Jahren. Auch wenn die Witterung an sich nicht zum Klima gezählt werden kann, wird sie dennoch klimarelevant über die Statistik langer Zeiträume. Dadurch werden vermehrt auch tagesaktuelle Anfragen an das System gestellt, die solche Witterungen vor dem Hintergrund der Klimadaten bewertet sehen sollen. Für den Umgang mit diesen Anfragen gibt es erste Lösungsansätze, deren technische Umsetzung bereits ausgearbeitet wird.

4. Unsicherheit und Korrektur von Klimaprojektionen. Um ReKIS-Daten der Klimazukunft in Wirkmodellen einzusetzen, etwa zur Ertragssimulation in der Landwirtschaft, müssen sie korrigiert werden, um einen systematischen Fehler bei Vergleich mit Messdaten zu vermeiden. Gleichzeitig wird dadurch die Bedeutung eines boden- und fernerkundungsgestützten Beobachtungsnetzes erhöht, während zumindest die klassische Klimamessung am Boden eher ausgedünnt wird. Neben dem Referenzklima an Wetterstationen müssen dabei zukünftig auch systematische Effekte des Mikroklimas (Bewuchs, Hanglage oder Siedlungsstruktur) und des Mesoklimas, etwa von Städten, berücksichtigt werden.

5. Umgang mit stetig wachsenden Datenmengen. Modellbasierte Klimadatensätze spiegeln unterschiedliche mögliche Entwicklungen wider, sind sehr speicherintensiv und werden zukünftig durch neue Szenarien, neue Modelle und höhere Auflösungen weiter zunehmen. Hier werden große Anstrengungen nötig sein, um diese Daten zu administrieren und auf regionalem Maßstab belastbar zu analysieren. Dem schließt sich an, nachvollziehbare und signifikante Ergebnisse herauszuarbeiten und diese verständlich und praktikabel anzubieten. Damit schließt sich der Kreis an Herausforderungen, denn mit einer höheren Informationsdichte steigt die Komplexität der Erklärung und eine einfache Klimakommunikation wird zur Herausforderung.

Literatur

Bernhofer, C., Franke, J., Fischer, S., Lynne, K., Körner, P., Kostrowski, D., Prasse, H., Schaller, A. & Donix, T. (2014): Analyse der Klimaentwicklung in Sachsen. Schriftenreihe des Sächsischen Landesamts für Umwelt, Landwirtschaft und Geologie, 3/2015. Dresden.

BERNHOFER, C., GOLDBERG, V., FRANKE, J., HÄNTZSCHEL, J., HARMANSA, S., PLUNTKE, T., GEIDEL, K., SURKE, M., PRASSE, H., FREYDANK, E., HÄNSEL, S., MELLENTIN, U., KÜCHLER, W. (2008): Sachsen im Klimawandel – Eine Analyse. Sächsisches Staatsministerium für Umwelt und Landwirtschaft, Dresden.

BERNHOFER, C., PLUNTKE, T., BARFUS, K., HEIDENREICH, M., KRONENBERG, R., HAUFFE, C., WAGNER, M., SCHWARZE, R., GUTZMANN, B. (2019): Analyse und Bewertung der gemessenen meteorologischen Datengrundlage im Freistaat Sachsen sowie Erzeugung eines Klima-Referenzdatensatzes. Schriftenreihe des Sächsischen Landesamts für Umwelt, Landwirtschaft und Geologie, 7/2019. Dresden.

BERNHOFER, C., PLUNTKE, T., SCHALLER, A. (2016): Witterungsextreme im WEREX-V-Ensemble. Schriftenreihe des Sächsischen Landesamts für Umwelt, Landwirtschaft und Geologie, 9/2016. Dresden.

DWD (2008): Rettung historischer Klimadaten in Deutschland: das KLIDADIGI-Projekt des DWD. https://www.dwd.de/DE/leistungen/klimastatusbericht/publikationen/ksb2008_pdf/a7_2008.html;jsessionid=FCE7FBD6EA7E09A1D32E5880A59C1E6D.live3109 (01.02.2021).

EURO-CORDEX (2020): EURO-CORDEX – Coordinated Downscaling Experiment – European Domain. https://www.euro-cordex.net/ (01.02.2021).

FRANKE, J. (2009): Risiken des Klimawandels für den Wasserhaushalt – Variabilität und Trend des zeitlichen Niederschlagsspektrums. Dresden.

KLIMAKONFORM (2020): KlimaKonform Gemeinsame Plattform zum klimakonformen Handeln auf Gemeinde- und Landkreisebene in Mittelgebirgsregionen. https://klimakonform.uw.tu-dresden.de/ (01.02.2021).

KREIENKAMP, F., PAXIAN, A., FRÜH, B., LORENZ, P. & MATULLA, C. (2019): Evaluation of the empirical-statistical downscaling method EPISODES. In: Climate Dynamics, 52, 991-1026. https://doi.org/10.1007/s00382-018-4276-2.

KRONENBERG, R., BARFUS, K., FRANKE, J. & BERNHOFER, C. (2013): On the Downscaling of Meteorological Fields Using Recurrent Networks for Modelling the Water Balance in a Meso-Scale Catchment Area of Saxony, Germany. In: Atmospheric and Climate Sciences, 3/2013, 552-561. https://doi.org/10.4236/acs.2013.34058.

KRONENBERG, R. & BERNHOFER, C. (2015): A method to adapt radar-derived precipitation fields for climatological applications. In: Meteorological Applications, 22, 636-649. https://doi.org/10.1002/met.1498.

KRONENBERG, R., FRANKE, J., BERNHOFER, C. & KÖRNER, P. (2015): Detection of potential areas of changing climatic conditions at a regional scale until 2100 for Saxony, Germany. In: Meteorology Hydrology and Water Management, 3, 17-26. https://doi.org/10.26491/mhwm/59503.

LAU – Landesamt für Umweltschutz Sachsen-Anhalt (2020): Mitteldeutsches Kernensemble zur Auswertung regionaler Klimamodelldaten – Dokumentation. Halle (Saale).

LIFE LOCAL ADAPT (2016): LIFE LOCAL ADAPT – Integration of climate change adaptation into the work of local authorities. https://life-local-adapt.eu/de (01.02.2021).

OGC (2018): OGC® WPS 2.0.2 Interface Standard Corrigendum 2. http://docs.opengeospatial.org/is/14-065/14-065.html (01.02.2021).

REKLIES-DE (2017): Regionale Klimaprojektionen Ensemble für Deutschland – ReKliEs-De. https://reklies.hlnug.de/home (01.02.2021).

RICHTER, D. (1995): Ergebnisse methodischer Untersuchungen zur Korrektur des systematischen Messfehlers des Hellmann-Niederschlagsmessers. Berichte des Deutschen Wetterdienstes, 194.

SPEKAT, A. & ENKE, W. (2020): WMSax2.0 – Bereitstellung eines Ensembles regionaler Klimaprojektionen für Sachsen. Schriftenreihe des Sächsischen Landesamts für Umwelt, Landwirtschaft und Geologie, 3/2020.

30 Das Messnetz für die Ortsdosisleistung (ODL)

Walter HARMS[1]

Zusammenfassung

Das ODL-Messnetz ist ein Teil des nuklearen Notfallschutzes in Deutschland. Das Netz wird vom Bundesamt für Strahlenschutz (BfS) betrieben, was wiederum dem Ministerium für Umwelt, Naturschutz und Reaktorsicherheit (EMU) untergeordnet ist. Das Messnetz besteht aus 1.800 über das Bundesgebiet verteilter Messsonden. Es hat die Aufgabe, im Falle einer großflächigen Freisetzung von Radioaktivität in die Umwelt, wie etwa nach der Havarie eines Kernreaktors, schnell und zuverlässig das Ausmaß und die räumliche Verteilung der Strahlenbelastung zu messen und darauf basierend wirksame Maßnahmen zum Schutz der Bevölkerung zu ergreifen. Daraus ergeben sich besondere Anforderungen an die Autarkie, Ausfallsicherheit und Integrität. Kurz: Es muss funktionieren, wenn sonst nichts mehr funktioniert.

Dieses Kapitel soll einen kleinen Einblick in die sich hieraus ergebenden Herausforderungen geben und die sehr spezifischen technischen Lösungen zeigen, die im Laufe der Jahre für dieses Messnetz entwickelt wurden.

30.1 Geschichte

30.1.1 Vom BZS zum BfS

Das Netz wurde ursprünglich vom Bundesamt für Zivilschutz (BZS) für den Zivilschutz entwickelt. Es sollte nach einem Atomschlag die vorhandene Strahlung messen können. Hierbei stand vor allem der Schutz vor hohen Dosen mit akuten Strahlenfolgen im Vordergrund. Daneben gab und gibt es für in der Umgebung der Kernkraftwerke ländereigene, regional begrenzte ODL-Messnetze.

Mit dem Reaktorunfall von Tschernobyl 1986 setzte sich die Erkenntnis durch, dass auch bei zivilen Unfällen große Mengen Radioaktivität über große Gebiete und Ländergrenzen verfrachtet werden können. Aus diesem Grund wurde das vorhandene Messnetz des BZS für die Aufgaben der Umweltüberwachung ausgebaut und mit Detektoren ausgestattet, die einerseits empfindlich genug waren, um auch die natürliche Ortsdosisleistung zu messen, und andererseits für die bei einem kerntechnischen Unfall in Deutschland erwarteten Dosisbereiche geeignet sind. Die zehn Warnämter des BZS übernahmen die Wartung und den Ausbau. Die Daten wurden dann zur Auswertung an das Institut für Atmosphärische Radioaktivität (IAR) geschickt, welches in das damals neugegründete Bundesamt für Strahlenschutz (BfS) integriert wurde.

---

[1] Bundesamt für Strahlenschutz MNK Freiburg, Rosastraße 9, 79098 Freiburg, wharms@bfs.de, www.bfs.de

Bei der Auflösung des BZS wurde die zehn (verbunkerten) Warnämter geschlossen. Das BfS übernahm die 2.150 Messstationen und etwa 65 Mitarbeiter. Zur Betreuung des Messnetzes wurde sie in sechs Außenstellen des BfS – als Messnetzknoten (MNK) bezeichnet – verteilt. Heute (2020) besteht das Messnetz noch aus 1.800 Messstationen, die von 47 Personen betreut werden. Mit der geplanten Abschaltung der deutschen Kraftwerke verliert das Messnetz nicht an Bedeutung. Im Gegenteil, da die Bundesländer für die Überwachung der deutschen und grenznahen Kraftwerke verantwortlich sind, werden mit der Abschaltung der Kraftwerke auch die Messnetze der Länder abgeschaltet.

30.1.2 Radioaktivität und Dosis(-leistung)

Radioaktivität ist der Zerfall von Atomkernen; zählt man die Anzahl der Zerfälle pro Sekunde, kommt man zur Einheit Becquerel als Maß für die Aktivität. Berücksichtigt man zudem noch die Art und Energie sowie die Gefährlichkeit der Strahlung, kommt man zu der für den Strahlenschutz wichtigen Einheit, dem Sievert.

Die Ortsdosisleistung wird daher in der Einheit Sievert pro Stunde (Sv/h) angegeben. Ein typischer natürlicher Untergrund beträgt 0,1 µSv/h. Er schwankt in Deutschland zwischen 0,05 und 0,20 µSv/h. Wichtig ist: Radioaktivität ist ein natürliches Phänomen und es gibt auf der Erde keinen Ort, an dem keine Strahlung gemessen werden könnte.

Trotzdem muss der Mensch vor erhöhter Strahlung geschützt werden, wie sie unter anderem nach einer großräumigen Freisetzung aus einer kerntechnischen Anlage auftreten kann. Man muss sich einige Grundtatsachen der Radioaktivität klarmachen, um zu verstehen, wie man solche Belastungen misst und sich davor schützt.

Grundsätzlich unterscheidet man zwischen der kurzreichweitigen Alpha- und Betastrahlen und der langreichweitigen, durchdringenden Gammastrahlung. Der Mensch erfährt durch die Letztere eine sog. externe Strahlenbelastung. Die Strahlenbelastung bedeutet, dass Strahlung aus der radioaktiven Umwelt (in der Regel nur Gammastrahlung) den menschlichen Körper erreicht und dort im Gewebe absorbiert wird oder der Mensch die radioaktiven Substanzen einatmet oder mit der Nahrung aufnimmt (inkorporiert).

Eine ODL-Sonde misst nur die durchdringende Gammastrahlung und erfasst damit die externe Strahlendosis, welcher ein Mensch ausgesetzt ist, wenn er sich am gleichen Ort wie die Sonde befindet. Inkorporation ist hierbei nicht berücksichtigt. Trotzdem ist das ODL-Messnetz das wichtigste Instrument, um die Dosis nach einem kerntechnischen Unfall, wie beispielsweise nach Fukushima, abzuschätzen. Die externe Strahlenbelastung, wie sie mit ODL-Sonden gemessen wird, macht bereits einen sehr großen Anteil an der Gesamtbelastung aus. Die Strahlenbelastung durch Aufnahme von kontaminierten Lebensmitteln lässt sich durch Messung der Nuklide in der Luft und Nahrung gut abschätzen.

30.2 Vergleichbarkeit von Messergebnissen

Die aktuellen Messnetze messen die natürliche Hintergrundstrahlung. Bevor man aber die Ergebnisse verschiedener Sonden miteinander vergleichen kann, muss man die Grundlagen verstehen, denn verschiedene Sonden liefern verschiedene Ergebnisse an ein und demselben Ort.

Der Strahlenuntergrund setzt sich aus drei Komponenten zusammen:

1. Kosmischer Anteil. Hier wird zusammengefasst, was die Erde aus dem Weltraum erreicht. Die hochenergetische Strahlung wird durch die Atmosphäre gebremst. Daher schwankt sie mit dem Luftdruck, der Sonnenaktivität usw., aber auch mit der Höhe über Normalnull. Es gibt spezielle Untergrundlabore für hochempfindliche Messungen, wo man so versucht, u. a. diesen Anteil zu mindern.
2. Terrestrischer Anteil. Hier werden Nuklide im Boden am Standort zusammengefasst. So gibt es Uran im Granit, während im Marschboden Norddeutschlands fast keine Radioaktivität zu finden ist. Das gilt auch für organische Böden, wie z. B. Moor. Eine Möglichkeit, diesen Anteil zu mindern, ist eine Umgebung mit sehr wenig strahlendem Material wie z. B. in einigen Salzminen.
3. Eigenanteil. Auch das Gerät selbst, insbesondere die Elektronik, weist einen zur Messung beitragenden Eigeneffekt auf. Labore benutzen daher für Abschirmungen gerne „abgelagerte" Materialien, beispielsweise das Blei römischer Schiffswracks oder den Stahl von vor dem Zweiten Weltkrieg gesunkener Schiffe (Scapa Flow).

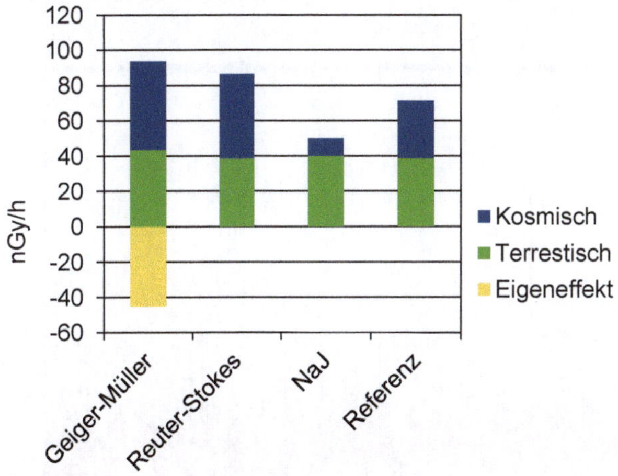

Abb. 30.1:
Der detaillierte Untergrund für einige Detektoren nach einer Messung bei der PTB

Der genaue Beitrag der Komponenten zum Messwert ist von der verwendeten Messtechnik abhängig. Die Gewichtung der Anteile sind bei einem Geiger-Müller-Zählrohr (GS05) anders als bei einem NaJ-Detektor (NaJ) oder einer Reuter-Stokes-Kammer (RSS-131).

Abbildung 30.1 zeigt die unterschiedliche Darstellung verschiedener Bereiche durch die verwendeten Geräte. Dies führt in der Realität dazu, dass die Geräte eine gleichartige Umgebung verschieden wahrnehmen. Eine weitere Komplikation besteht darin, dass unterschiedliche Detektor-Materialien auf verschiedene Energien unterschiedlich empfindlich reagieren. Dies wird vom Hersteller durch geeignete Abschirmungen korrigiert macht die Detektortypen individuell. Der Eigeneffekt bei NaJ und RSS-121 war bei der Messung nicht bekannt.

Bei all diesen Abhängigkeiten sollte es nun verständlich sein, warum beim Vergleich der Messwerte besondere Vorsicht vonnöten ist. Werden Daten aus verschiedenen Ländern mit verschiedenen Detektoren zusammen dargestellt, kann es sonst leicht zu dem berüchtigten „Sprung" an Grenzen kommen. Auf dem Schauinsland gibt es daher eine europaweit einmalige Messstelle, bei der verschiedenste, in europäischen Messnetzen verwendete Sonden aufgebaut sind. So kann man die einzelnen Ergebnisse direkt miteinander vergleichen.

30.3 Strahlen und Menschen

Wie gesehen liegt der natürliche Strahlenuntergrund in Deutschland zwischen 0,04 und 0,2 Mikrosievert pro Stunde. Eine Sonde hat aber einen Messbereich zwischen 0,01 µSv/h und 5 Sv/h. Um zu verstehen, welche Bereiche nun für den Strahlenschutz und damit für den Menschen wichtig sind, muss man sich zuerst mit den Folgen beschäftigen. Dabei unterscheidet man zwei Arten von Strahlenschäden: den stochastischen und den deterministischen.

Liegt die Strahlung über 0,5 Sv, kommt es zu deterministischen Schäden. Es wird das Gewebe zerstört, man spricht auch von einer Strahlenverbrennung. Mit höherer Dosis steigt die Schwere der Verbrennung. Die Schäden sind meist schnell zu beobachten. In einem solchen Fall ist die Ursache-Wirkung-Beziehung recht einfach.

Schwierig zu beweisen sind stochastische Schäden, hier wird die Erbinformation (DNA) geschädigt. So kann ein Krebs durch Strahlung entstehen, aber auch Chemikalien und anderes. Die Folgen sind nicht unmittelbar, sondern zeitlich nur stark verzögert zu erkennen, und können nur statistisch gezeigt werden.

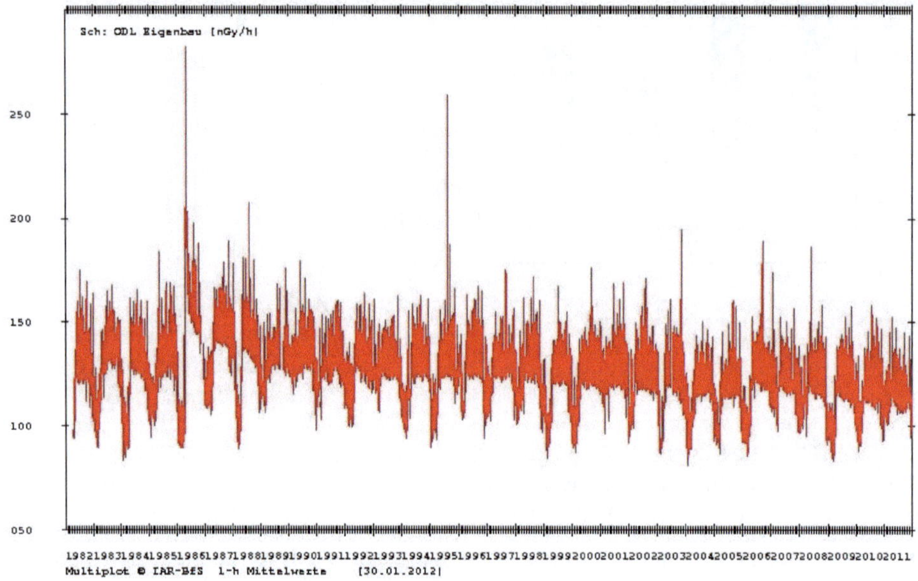

Abb. 30.2: ODL-Daten vom Schauinsland bei Freiburg von 1982 – 2011

Letztlich kann man sich vor Radioaktivität nicht schützen, man kann nur das Risiko minimieren. Für den Ernstfall gibt es zwei Richtwerte: ab 10 Millisievert über 7 Tage wird das Verbleiben im Haus und ab 100 Millisievert über 7 Tage wird die Evakuierung empfohlen. Grundlage für Entscheidung sind dabei die Daten des ODL-Messnetzes, das auch die sicheren Routen für die Evakuierung liefert.

In der Abbildung 30.2 sieht man die Auswirkung von Tschernobyl auf die Ortsdosisleistung. Das Ereignis war über 1.400 km Luftlinie von der Station in Freiburg entfernt. Dennoch sieht man deutlich den Anstieg des Untergrundpegels und sein Abklingen bis auf den alten Wert über die folgenden Jahre. Was man aber auch sieht, sind die Einbrüche durch die winterliche Schneedecke, was zur Abschirmung der Bodenstrahlung führt. Der Messwert wird kleiner. Die Ausreißer nach oben sind natürliche Schwankungen (durch Radonfolgeprodukte).

30.4 Anforderungen an ein ODL-Messnetz

Das ODL-Messnetz ist Teil des Überwachungsnetzes für Umweltradioaktivität und damit ein integraler Bestandteil des nuklearen Notfallschutzes in Deutschland. Dies bedeutet, dass das Messnetz unterbrechungsfrei 24 Stunden am Tag und 7 Tage die Woche funktionsbereit sein muss. Auch dürfen externe Störungen und Beeinträchtigungen beispielsweise durch Naturkatastrophen und großflächige Ausfälle des Stromnetzes und der Kommunikationsinfrastruktur die Funktionalität nicht gefährden. Die entsprechenden Maßnahmen zur Ausfallsicherheit und Redundanz müssen auch berücksichtigen, dass im Ereignisfall z. B. das Telefonnetz überlastet ist und somit Kommunikationswege zusammenbrechen, die im Normalbetrieb selbstverständlich genutzt werden können.

Nicht zu vergessen ist, dass die Stationen gewartet werden müssen. Das bedeutet z. B. eine regelmäßige Prüfung der elektrischen Betriebssicherheit und eine Funktionsprüfung. Diese Wartung wird durch das Personal der sechs Messnetzknoten durchgeführt. Die Knoten sind auch aus diesem Grund über ganz Deutschland verteilt, um die Fahrzeiten zu reduzieren. Natürlich ist auch die Georedundanz extrem wichtig.

30.4.1 Die Messnetzknoten-Entwicklung der Rechnerausstattung

Bereits zu Zeiten des BZS wurde das UNIX-System V als Betriebssystem eingesetzt. Es wurden Doppelrechner im „Hot-Stand-By" verwendet, sodass im Falle eines Problems das zweite System gleich hochfahren konnte.

Mit der Übernahme des Netzes durch das BfS im Jahr 1996 wurden die Rechner aus den Bunkern der Warnämter in normale Büros verlegt. Die zehn Doppelrechner wurden durch sechs unter IBMs Betriebssystem AIX laufende Server ersetzt. Im Jahr 2002 wurden die Unix-Server durch preisgünstige normale PCs mit dem Betriebssystem LINUX ersetzt. Mit dem letzten Schritt konnte auch die Ersatzteilversorgung vereinfacht werden; die Software wurde den Fähigkeiten eines PCs angepasst.

Die Messstationen liefern ihre Daten an einen von sechs Messnetzknoten, die regional im Bundesgebiet verteilt sind. Deren Aufgabe ist, neben der Reparatur und Wartung der Sonden, die dezentrale Abfrage und Entgegennahme aller Daten.

Alle sechs Knoten sind identisch konfiguriert und besitzen die volle Funktionalität. Damit sind alle Knoten gleichberechtigt. Einen zentralen Punkt, dessen Ausfall das Netz gefährden könnte, gibt es folglich nicht. Die Freigabe der Daten erfolgt aber immer nur an einer Stelle. Der Rufbereitschaftshabende übergibt die Daten dann zum Zentralsystem nach München.

Ein wichtiger Punkt bei dem Aufbau ist, dass es nicht notwendig ist, Daten an einen bestimmten Knoten zu liefern, denn jeder Knoten ist gleich. Dies bedeutet aber, dass ein Verfahren gefunden werden musste, welches die notwendigen Daten konsistent (und zeitnah) an alle Knoten verteilt. Zwei unterschiedliche Verfahren wurden entwickelt, eines für Daten, die zeitkritisch sind und ein zweites für den Rest. Abbildung 30.3 zeigt das im Überblick.

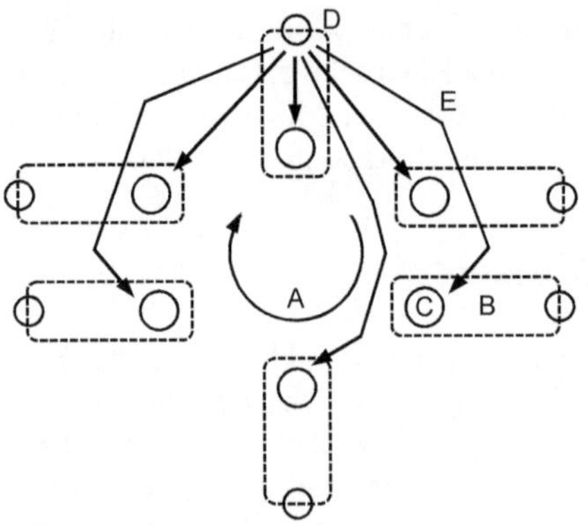

A: Zeitgesteuerter Abgleich zwischen den Knoten
B: Messnetzknoten
C: Datenbank
D: Kommunikationsrechner
E: Sofortiges Verteilen

Abb. 30.3: Schematische Übersicht über die Datenabgleiche im ODL-Messnetz. Die Daten laufen oben bei D ein und kommen in allen Knoten fast zeitgleich an, bei Störungen wird gepuffert.

Das erste Verfahren ist für wichtige, zeitkritische Daten. Es besteht darin, die Daten vor dem Eintrag in die Datenbank zu kopieren und parallel über einen Spooler an die anderen Rechner zu verteilen („copy on write"). Sollte es nun zu einer Netzstörung kommen, werden die entsprechenden Daten gepuffert. So ist sichergestellt, dass temporäre Unterbrechungen der Verbindung zu keinem Datenverlust führen. Unkritische Daten, die länger warten können, werden zunächst in die lokale Datenbank geschrieben und dann einfach zu festgelegten Zeiten automatisch in die anderen Datenbanken verteilt.

30.4.2 Entwicklung der Software

Die verwendete Anwendersoftware wurde zunächst von einer externen Firma entwickelt, die aber nach kurzer Zeit die Weiterentwicklung einstellte. Dadurch mussten im Laufe der Zeit immer wieder Anpassungen in Eigenleistung vorgenommen werden, sodass um das Jahr 2000 herum die Software fast vollständig durch Eigenentwicklungen ersetzt worden war.

Das Entwicklungsmodel ist das klassische, aus dem Open-Source-Bereich bekannte evolutionäre Modell. Es erlaubt, kleine Änderungen schnell zum Einsatz zu bringen, sowie die rasche Umsetzung des Feedbacks der Nutzer. Zusammen mit dem klassischen UNIX-Prinzip – kleine Programme, eine Aufgabe – und der Tatsache, dass Entwickler und Anwender in der gleichen Organisationseinheit eng zusammenarbeiten, führte dies dazu, dass die Programme den Bedürfnissen der Nutzer entgegenkommen, wenig Systemressourcen benötigen und Fehler auch kurzfristig behoben werden können.

Das ODL-Messnetz ist wie alle Organisationen, die in einem Notfall funktionieren müssen, dezentral organisiert und auf größtmögliche Autarkie und Ausfallsicherheit bedacht. Das hat auch seinen Niederschlag in der Software gefunden. Da nur Software benutzt wird, die auch im Sourcecode vorliegt, kann sehr viel freie Software eingesetzt werden. Es ist so ein System entstanden, das nicht nur unter freier Lizenz steht, sondern auch extrem robust ist.

Mit dieser Entwicklung konnten wir ein Messnetz erschaffen, das exakt den Bedürfnissen entspricht und auch ohne Probleme von Dritten genutzt werden kann. Die Erfahrungen aus den Projekten bildeten auch die Grundlage für viel weiterreichende Entwicklungen.

30.5 Messstationen

30.5.1 Einleitung

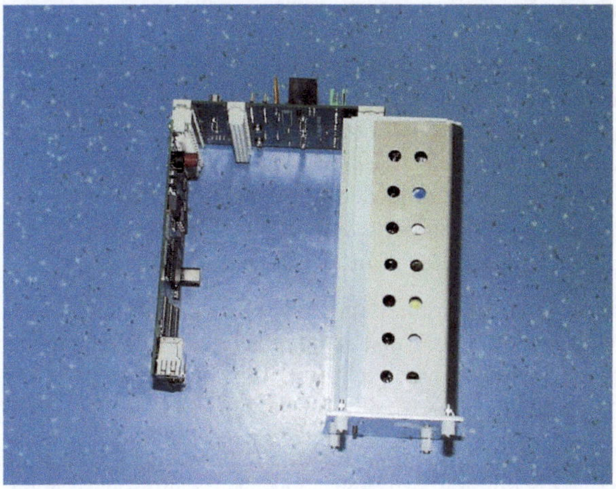

Abb. 30.4:
Messwertsender Typ 3, bestehend aus CPU-Platine, Backplane, Netzteil

Die komplette Erneuerung der Software der Messnetzknoten in Eigenleistung erbrachte der Abteilung genügend Erfahrung, auch Hardwareprojekte mit dem Ziel einer preisgünstigen, flexibel einsetzbaren Messstation anzugehen, die die Vorgaben erfüllt.

Eine Station des ODL-Messnetzes besteht in der Regel aus einer Sonde und einem Messwertsender (MWS). Die Sonde befindet sich gewöhnlich draußen auf dem Gelände des Vertragspartners (Gestattungspartner), der Messwertsender in einem angrenzenden Gebäude. Um die Vergleichbarkeit der Messergebnisse zu gewährleisten, kommt nicht jedes Gelände infrage; es werden einige Anforderungen gestellt, damit bei einer Analyse der Daten, diese auch untereinander vergleichbar sind.

Nach dem selbstständigen Erstellen der Software für den Messnetzknoten war das nächste große Ziel die Entwicklung lizenzfreier eigener Hardware. Zunächst wurde ein Messwertsender entwickelt, der – im Gegensatz zur bis dahin verwendeten Technik – über ein Betriebssystem verfügt. Man entschied sich, nach den guten Erfahrungen mit den Knotenrechnern und auch um die dortigen Erfahrungen zu nutzen, für LINUX. Ein weiterer Designpunkt waren standardisierte externen Anschlüsse wie Ethernet und serielle Anschlüsse. Als serielle Schnittstelle für die Sondenkommunikation wurde RS485 gewählt, da hier bis 1.200 m zwischen Sonde und MWS möglich sind. Zudem verfügt das System über eine eingebaute unterbrechungsfreie Stromversorgung (USV), die bis zu drei Tage vorhält; die Zeit kann ohne Probleme verlängert werden. Die Sonde wurde ebenfalls neu entwickelt. Statt der bis dato passiven Impulsweiterleitung an den MWS wurde ein Mikrocontroller eingesetzt, der die Daten als ASCII-Text über RS485 sendet. Dadurch kann man die Sonde nun mit einem simplen Adapter und einen handelsüblichen PC – unabhängig vom MWS – testen. Auch sind die Daten der Sonde im Klartext lesbar. Zusammen mit der Software der Zentrale ist damit erstmals ein komplettes Messnetz möglich, welches unter der GNU-Public-Licence steht.

Die Stationen haben keine permanente Verbindung zu den Knoten. Die Station überwacht aber ihren technischen und radiologischen Zustand. Sollte etwas Verdächtiges auffallen, wird selbstständig eine Nachricht verschickt. Im Ernstfall schicken die Stationen alle 10 Minuten ihre Daten. Dadurch ist es möglich, den Durchzug einer Kontamination direkt zu beobachten und Maßnahmen zu ergreifen.

30.5.2 Redundanz und Datenverkehr

Wie schon beschrieben sind alle Daten der Stationen in jedem Knoten verfügbar und alle Knoten sind gleich. Lediglich die Zentrale hat spezielle Aufgaben. Von hier werden Daten an Abnehmer freigegeben, auch kann das Messnetz von hier manuell in den Alarmzustand versetzt werden. Zu den zu lösenden Problemen gehört, dass ein Netz bei einem Kommunikationsverlust auseinanderbricht. Hat ein solches Netz eine Zentrale, stellt sich die Frage der Redundanz. Dazu folgende Beispiele: Die Zentrale und das Netz trennen sich; gelöst ist das dadurch, dass sich eine vordefinierte Ersatzzentrale zur Zentrale erklären kann.

Ein anderes Problem: Eventuell muss evakuiert werden, dafür kann die Zentrale ihre Funktion jederzeit an jeden anderen Knoten abgeben. Das Umschalten erfolgt aber in jedem Fall manuell, da die Erfahrung zeigt, dass eine gewisse Übersicht über die Situation notwendig ist.

Ein ähnliches, aber einfacheres Problem entsteht durch den Ausfall eines Knotens. Hier wird die Aufgabe des Knotens an einen anderen Knoten übertragen. Diese Zuweisung wird ebenfalls von der Zentrale übernommen. Nach einem solchen Ausfall gilt es nur noch, die Datenbank wieder auf den neuesten Stand zu bringen.

30.5.3 Datenprüfung

Innerhalb der Knoten gibt es nun die Aufgabe, die Qualitätssicherung der eigenen Daten zu übernehmen. Dabei helfen die von der Station zusätzlich übermittelten Statusinformationen. Diese Aufgabe konnte stark automatisiert werden, doch die Komplexität der Daten bedingt weiterhin eine manuelle Kontrolle. Vor dem Weiterleiten dieser Messdaten erfolgt eine zweite manuelle Plausibilitätsprüfung durch den letztlich verantwortlichen Wissenschaftler („Vier-Augen-Prinzip“).

In der ZDB in München werden neben der ODL auch die geprüften Daten aller Messnetze und Labore in Deutschland gesammelt und bewertet. Diese bilden – im Falle eines Unfalls – die Grundlage für Prognosen und Maßnahmen. Zu den (automatischen) Messnetzen gehört das Messnetz des BfS, das Netz des BSH (Radioaktivität im Meer), des BFG (Radioaktivität in Flüssen und Seen) und des DWD (Alpha, Beta und Jod-Monitore). Dazu kommen Messungen aus den Laboratorien (Lebensmittel etc.) und der Kraftwerksfernüberwachung (KFUE) der Länder. Die Daten des ODL-Messnetzes des BfS bilden jedoch den größten Einzelposten und sind insbesondere in der Frühphase einer Freisetzung von elementarer Bedeutung. Nur mit den 10-Minuten-Daten aus dem ODL-Messnetz ist die großflächige Ausbreitung einer Kontamination verfolgbar.

Daneben ist Deutschland zusätzlich in internationale Strukturen eingebunden und liefert sowohl Daten an die Europäische Union als auch an einzelne Staaten. Beim weiteren Verwenden der Daten sind auf europäischer Ebene nun alle jene Feinheiten zu berücksichtigen, wie sie im Abschnitt Messung der Radioaktivität beschrieben wurden. Sonst kommt es zu den berühmten Grenzeffekten, wo Messungen plötzlich politische Grenzen auf Karten erkennen lassen.

Abb. 30.5: Interkalibrationsfeld Schauinsland

Ein Voralarm wird aber automatisch ausgelöst. So ein Voralarmkriterium für ein deutschlandweites Messnetz muss viele individuelle Details der Sonden, wie die Höhenlage, den geologischen Untergrund etc., berücksichtigen. Daher wurde ein statistisches Verfahren gewählt: Wenn eine Sonde für 3 Minuten den standortspezifischen Median plus 6 Sigma überschreitet, gibt sie eine Meldung an das Messnetz ab. Sollte sich nun binnen einer Stunde eine zweite Sonde im Umkreis von 30 km melden, wird sofort der Rufbereitschaftshabende zur Beurteilung der Situation angerufen (dies geschieht ca. 120 Mal pro Jahr), der nun die Sachlage untersucht. Sollte es sich dabei um ein natürliches Ereignis handeln, beobachtet er die Situation; falls nicht, treten ab hier die Notfallpläne in Kraft[2].

30.6 Der Internetauftritt ODLinfo

Bei ODLinfo handelt es sich um den Internetauftritt des ODL-Messnetzes. Unter der URL „http://odlinfo.bfs.de" wird ein Zugang zu den aktuellen Zeitverläufen der Stationen geboten. Zusätzlich gibt es das BfS-Geoportal, das auch die Möglichkeit bietet, andere Messdaten zu visualisieren.

Die Webseiten wurden ursprünglich für die Expo2000 entwickelt. Das ODL-Messnetz präsentierte sich als Teil des BfS. Damals wurden aus Eigeninitiative und in Eigenleistung eine Webpräsenz entwickelt, die aktuelle geprüfte (vgl. Daten) Messwerte aller Stationen anzeigte und die Darstellung des zeitlichen Verlaufs ermöglichte. Diese Webseite stieß auf großes Interesse, die Abteilung wurde daher von den Bundesländern gebeten, sie auch über die Expo hinaus zu betreuen. Sie wurde in der Folgezeit stetig weiterbetrieben, schien aber nur für wenige Gestattungspartner[3] und Spezialisten von Interesse. Dieses änderte sich im Laufe der Ereignisse von Fukushima schlagartig.

---

2 Das ist eine etwas vereinfachte Darstellung, in Realität ist dieser Prozess aus Sicherheitsgründen mehrfach redundant ausgelegt, z. B. erhält der Rufbereitschaftshabende mindestens zwei unabhängige Anrufe, eine Diskussion würde hier aber den Rahmen sprengen.

3 Der Grund, auf dem die Sonden stehen, gehört dem Gestattungspartner.

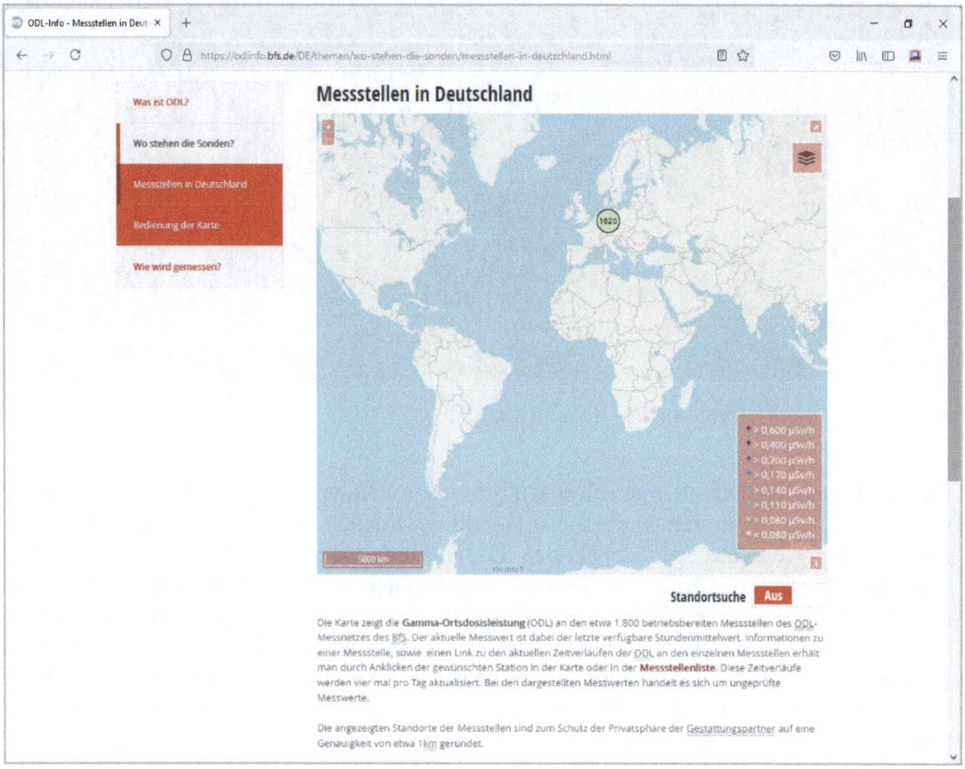

Abb. 30.6: Einstiegsseite von ODL-Info im Jahr 2021

30.6.1 Fukushima

Es entstand eine plötzlich große Nachfrage nach aktuellen Daten. Das Messnetz wurde daher zur Gewinnung noch aktuellerer Daten in einen höheren Takt versetzt. Dazu wurde das grundlegende Konzept, nur komplett geprüfte Messwerte darzustellen, aufgehoben. Der Zeitverzug zwischen dem Messdatum und der Darstellung führte zu Irritationen und, um das Vertrauen zu erhalten, wurden nun auch ungeprüfte Daten gezeigt.

Die erforderlichen Änderungen der Webseiten konnten sehr kurzfristig[4] umgesetzt werden, da alles in Eigenleistung erstellt worden ist. Unmittelbar mit der Katastrophe kam es zu einer ganzen Reihe von Anfragen. Auch damit hatte niemand gerechnet. Die Daten konnten dennoch schnell zum Download bereitgestellt werden. Es gab einige Fragen des Zugangs und des Datenschutzes, die aber alles in allem sehr zügig geklärt werden konnten.

Um mögliche Veränderungen zu erkennen, gab es nun auch Anfragen nach älteren Jahrgängen. Es ist daher auch möglich, komplette Jahrgänge von ODL-Daten herunterzuladen, um so zu erkennen, wie sich die Radioaktivität in Deutschland in den letzten Jahren entwickelt hat.

Auch aus Fukushima musste man Lehren ziehen. Erstmal die guten Nachrichten. Der größere Teil der radioaktiven Wolke ist auf das Meer hinausgeweht. Der Rest hat sich aber in einer

[4] Die Aufforderung des Präsidenten des BfS erfolgte am späten Freitagnachmittag.

schmalen ca. 80 km langen Fahne in das Land verteilt. Ferner erfolgte der Entlass über mehrere Tage. Außerdem hatte man die beschädigten Reaktoren verzweifelt mit Seewasser gekühlt, was bedeutete, dass beim Entlass ein (gegenüber Tschernobyl) verändertes Gemisch von Radionukliden freigelassen wurde.

Inzwischen wurden hier in Deutschland die Notfallschutz-relevanten Radien um die Kraftwerke auf 100 km erweitert. Dazu wurden die Forschungen zu einer spektrometrischen Überwachung vorangetrieben und das mobile Messen entwickelt. Wozu mobiles Messen?

Mit dem ODL-Messnetz hat man qualitativ hochwertige Daten in einem Raster über Deutschland. Die Punkte bilden die Grundlage für alle Maßnahmen. Was passiert aber nun bei einer Fahne, die schmaler ist als die Rasterweite des Netzes? Mit dem mobilen Messen plant man, zwischen den Messpunkten des ODL-Messnetzes zu messen, um so einen besseren Überblick zu bekommen. Bei Übungen in der Umgebung des Reaktors in Tschernobyl wurde das Verfahren erfolgreich erprobt. Es zeigte sich, dass es möglich ist, die Messgeräte in einem Rucksack, in einem Fahrzeug etc. zu transportieren und zu messen. Es zeigt sich aber auch, dass die Interpretation solcher Ergebnisse nicht einfach ist, da man hier keine Information über den bisherigen Untergrund hat.

30.7 Ausblick

Die europäischen Messnetze arbeiten bereits gut zusammen. So werden alle deutschen Daten regelmäßig in das Europäische Zentrum in Ispra (Italien) übertragen. Diese Daten können mit den Daten anderer Staaten unter http://eurdep.jrc.ec.europa.eu eingesehen werden.

Aber Fukushima hat die Notwendigkeit einer besseren Zusammenarbeit mit anderen Staaten außerhalb Europas gezeigt. Es wird daher angestrebt, die Interkalibrations-Plattform Schauinsland auch für außereuropäische Institutionen zu öffnen. Erste Schritte in diese Richtung sind zum Beispiel die Zusammenarbeit mit Kanada. Wir hoffen aber, in Zukunft mit mehr asiatischen Staaten zusammenzuarbeiten.

Das BfS stellt inzwischen einen Server für Daten zur Verfügung, die nach dem „Umweltinformationsgesetzes“ angefordert werden können. Die ODL-Daten beinhalten viele zusätzliche Informationen über Vorgänge im Boden. So kann man z. B. eine Korrelation mit der Bodenfeuchte zeigen. Wir erwarten in den nächsten Jahren eine stärkere fachübergreifende Zusammenarbeit, um mehr Informationen aus den vorhandenen Daten zu ziehen.

31 Grenzüberschreitende Umweltinformation am Beispiel der Internationalen Kommission zum Schutz des Rheins

Adrian SCHMID-BRETON, Sophia KESSELER-JOHANN und Tabea STÖTTER[1]

Zusammenfassung

Umweltinformationssysteme (UIS) für die Zwecke der IKSR sind Informatiksysteme, die es erlauben, auf der Grundlage von realen Daten Informationen in Verbindung mit der Wasserwirtschaft im Rheineinzugsgebiet zusammenzutragen, zu vergleichen, zwischen den betreffenden Staaten und Regionen auszutauschen und zu bewerten sowie in letzter Instanz verschiedenartige Angaben (in Realzeit oder zeitlich versetzt) mittels Internet der Öffentlichkeit in den drei Hauptsprachen des Einzugsgebiets (D, F, NL) in Form von Karten, Übersichtstabellen, Grafiken und Texten oder Karten nahezubringen.

Von Hochwasservorhersagesystemen bis zu thematischen Karten werden verschiedene Arten von UIS von der IKSR bereitgestellt, verwaltet oder genutzt. Die UIS sind wesentliche Werkzeuge für den grenzüberschreitenden Datenaustausch, ersetzen aber nicht die internationale Gremienarbeit, sondern erleichtern und unterstützen diese.

31.1 Informations- und Datenaustauschprozesse der IKSR als Basis für Umweltinformationssysteme

31.1.1 Realer Informationsaustausch und aktive Zusammenarbeit zwischen den Staaten

Die Voraussetzung für alle (virtuellen) Umweltinformationssysteme bleibt ein realer und gut organisierter Austausch zwischen den Umweltbehörden und unterschiedlichen Akteuren, die einerseits (komplexe) Daten produzieren und andererseits die Angaben und Informationen für eine Zielgruppe und für einen bestimmten Zweck bereitstellen. Die verschiedenen Etappen dieses Prozesses werden von Computer- und GIS-basierten Systemen unterstützt und begleitet (siehe Kap. 31.1.2).

Die Internationale Kommission zum Schutz des Rheins (IKSR), gegründet im Jahr 1950, bildet einen Rahmen für den grenzüberschreitenden wasserwirtschaftlichen Informationsaustausch am Rhein[2]. Die folgenden neun Staaten im Einzugsgebiet des Rheins arbeiten eng zusammen, um die vielfältigen Nutzungs- und Schutzinteressen im Rheingebiet miteinander in Einklang zu bringen und gemeinsame Umweltziele zu formulieren: die Schweiz, Frank-

---

[1] IKSR, Kaiserin-Augusta-Anlagen 15, 56068 Koblenz, sekretariat@iksr.de, www.iksr.org

[2] Vgl. https://www.iksr.org

reich, Deutschland, Luxemburg, die Niederlande, Österreich, Liechtenstein, die belgische Region Wallonien, Italien sowie die Europäische Union. Die Schwerpunkte der Arbeiten sind die nachhaltige Entwicklung und Bewirtschaftung des Rheins mit dem Ziel des guten Zustands aller Gewässer im Einzugsgebiet, ökologische Gewässeraufwertung, die Verbesserung der Hochwasservorsorge, die Vorbereitung auf Niedrigwasserereignisse sowie die Anpassung an den Klimawandel. Die IKSR ist die Plattform der Staaten für die koordinierte Umsetzung der europäische Wasserrahmenrichtlinie (Richtlinie 2000/60/EG; WRRL)[3] und Hochwasserrisikomanagement-Richtlinie (Richtlinie 2007/60/EG; HWRM-RL)[4] im Einzugsgebiet des Rheins.

Arbeiten zu obigen Themen, wichtige Entscheidungen, der Informations- und Datenaustausch sowie die Bereitstellung der Angaben für die Öffentlichkeit verlaufen in der IKSR auf verschiedenen Ebenen und zwischen mehreren Gremien (vgl. Abb. 31.1)[5]. Die Rheinminister, die nationalen Delegationen in Plenarsitzungen oder in der Strategiegruppe definieren die Hauptaufgaben und die zu erstellenden Produkte sowie die Mandate der thematischen Arbeitsgruppen. Die konkrete Zusammenführung der Daten und die Entwicklung der Produkte (Berichte, Karten u. Ä.) erfolgt dann in den Arbeits- und Expertengruppen, die über spezialisiertes Fachwissen (Gewässerökologie, Wasserqualität, Wasserquantität) verfügen. Die Expertengruppe „Geoinformationssysteme" (EG GIS) unterstützt die Arbeits- und Expertengruppen. Sie ist zuständig für die Regelung des Datenaustauschs sowie für die Lösung technischer GIS-Probleme. Den Gremien der IKSR steht auch ein internationales Sekretariat (Koblenz, Deutschland) zur Seite. Die Arbeitssprachen der IKSR sind Deutsch, Französisch und Niederländisch. Viele Publikationen und Informationsangebote (Website, UIS) liegen zudem in englischer Sprache vor.

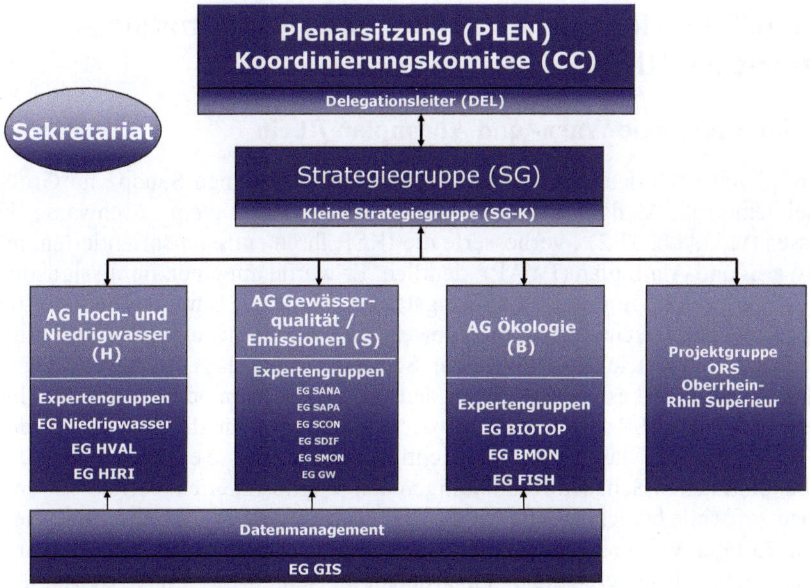

Abb. 31.1: Arbeitsstruktur der IKSR

[3] Vgl. https://www.iksr.org/de/eu-richtlinien/wasserrahmenrichtlinie

[4] Vgl. https://www.iksr.org/de/eu-richtlinien/hochwasserrichtlinie

[5] Vgl. https://www.iksr.org/de/iksr/ueber-uns/organisation

31.1.2 Der IKSR-Ansatz zur Bearbeitung und Bereitstellung von Daten

Die Aufgaben der IKSR erfordern nicht nur abgestimmte Parameter für physikalische, chemische und biologische Untersuchungsprogramme, sondern auch die Zusammenstellung, Bewertung und Darstellung sowie Visualisierung von räumlichen Informationen, u. a. für die allgemeine Öffentlichkeit. Dabei werden Umweltinformationssysteme verwendet.

Die IKSR-Gremien müssen also zuerst Daten (und Karten) aus den verschiedenen Staaten überprüfen und zusammentragen. Dafür eignen sich in hervorragender Weise Geoinformationssysteme (GIS), die die Basis vieler Rhein- bzw. IKSR-Umweltinformationssysteme bilden. Jedoch sind die Daten oft verschiedener Natur (diverse Zwecke, Umfang, Präzisierung, Maßstab) und müssen zuerst an den Grenzen harmonisiert werden. Mit kohärenten und plausibilisierten Daten können dann Berechnungen und Abschätzungen vorgenommen werden und international abgesprochene Berichte und Karten (Legenden) erstellt werden.

Zum Zweck des Datenmanagements hat die IKSR eine Kooperationsvereinbarung mit der deutschen Bundesanstalt für Gewässerkunde (BfG) in Koblenz abgeschlossen. Diese übernimmt in ihrem Auftrag kartographische Arbeiten und betreibt die IT-Infrastruktur und das Datenmodell des Wasserinformationsportals WasserBLIcK[6]. Dieses Umweltinformationssystem wurde gemeinsam von der BfG und den deutschen Bundesländern für die Berichterstattung an die EU in Bezug auf die wasserbezogenen EU-Richtlinien entwickelt und bildet jetzt auch das internetbasierte Datensystem für die gemeinsame koordinierte Umsetzung der WRRL und der HWRM-RL in der internationalen Flussgebietseinheit Rhein (IFGE Rhein). Nachfolgend werden unterschiedliche operationelle und konkrete UIS der IKSR vorgestellt.

31.2 Vorstellung vier operationeller Umweltinformationssysteme am Rhein

31.2.1 Der internationale Warn- und Alarmplan Rhein

Im Jahre 1986, gleich nach dem Brandunfall im Chemieunternehmen Sandoz im Großraum Basel, bei dem große Mengen von mit Chemikalien verunreinigtem Löschwasser in den Rhein flossen (vgl. Abb. 31.2)[7], verbesserte die IKSR ihren emissionsorientierten, internationalen Warn- und Alarmplan (IWAP)[8] deutlich. Er wurde um einen immissionsorientierten Teil in Verbindung mit den Monitoringstationen ergänzt. Damit sollten künftig Gefahren durch Gewässerverschmutzungen abgewehrt und die Ursachen von Verschmutzungen (Einleitungen, industrielle Unfälle oder Schiffshavarien u. Ä.) aufgedeckt und verfolgt werden. Der IWAP basiert seither auf dem „Rhein-Alarmmodell" (auch Rheinfließzeitmodell), das die IKSR zusammen mit der Kommission für die Hydrologie des Rheingebiets (KHR) für den Rhein und seine wichtigsten Nebenflüsse entwickelt hat. Das Modell kann bei plötzlichen Schadstoffeinleitungen den prognostizierten Verlauf der entstehenden Schadstoffwelle berechnen und hat sich seit dem Sandoz-Störfall bei einer Vielzahl weiterer stoßartiger Verunreinigungen (z. B. bei der Waldhof-Havarie bei St. Goarshausen im Januar 2011) als unverzichtbares Instrument im Rahmen des IWAP bewährt.

6 Vgl. https://www.wasserblick.net/

7 Vgl. https://www.eawag.ch/en/news-agenda/news-portal/news-archive/archive-detail/der-rhein-rot-die-fische-tot-30-jahre-nach-dem-sandoz-brand/

8 Vgl. https://www.iksr.org/de/themen/verschmutzungen/internationaler-warn-und-alarmplan

Abb. 31.2: Der Sandoz Unfall am 1. November 1986 in Schweizerhalle bei Basel (Schweiz)

Wenn sich ein Störfall ereignet oder Schadstoffe in erheblichen Mengen in den Rhein fließen, sodass weitreichende Gewässerverschmutzungen drohen, greift der IWAP, der alle Rheinanliegerstaaten und insbesondere die Unterlieger warnt. Ob es dabei um Warnungen, Informationen oder Suchmeldungen (zur Ermittlung der Verantwortlichen für die Verunreinigung des Rheins) geht, das Prinzip der Kommunikation über dieses UIS bleibt stets dasselbe und basiert auf einer wirksamen grenzüberschreitenden Kooperation zwischen sieben internationalen Hauptwarnzentralen (vgl. Abb. 31.3)[9]. Die Meldungen werden mithilfe einer Online-Plattform übermittelt, welche in den drei Arbeitssprachen der IKSR (Deutsch, Französisch (InfoPol Rhein) und Niederländisch (Infra-Web)) zur Verfügung steht. Bei einem möglichen Ausfall der Plattform würde auf E-Mail-Meldungen und Smartphone-Meldungen ausgewichen. Die Kommunikation erfolgt sowohl stromabwärts (Informationen oder Warnungen) als auch stromaufwärts (Suchmeldungen). Bei der Beurteilung einer Alarmsituation – und bei der Entscheidung, die Behörden und die Bevölkerung zu warnen – können die internationalen Hauptwarnzentralen und Fachbehörden neben dem oben genannten Fließzeitmodell auch auf einen Satz von Orientierungswerten für „alarmrelevante" Konzentrationen und Frachten, Listen von Stoffdatenbanken und weitere Hilfsmittel zurückreifen. Gewässergütedaten zu unterschiedlichen Stoffen sind auf der Internetseite der IKSR[10] öffentlich zugänglich; dieses Abfragetool stellt ebenfalls ein UIS dar.

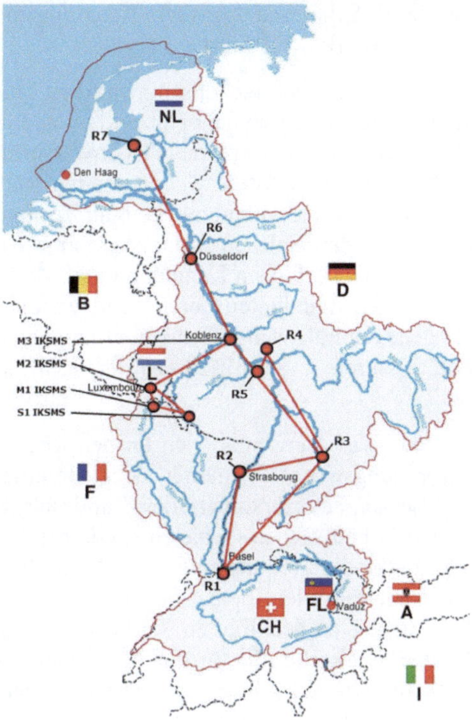

Abb. 31.3: Informationsstrom zwischen den sieben internationalen Hauptwarnzonen

Einige der Bearbeitungsgebiete in der Flussgebietseinheit Rhein (z. B. die Internationalen Kommissionen zum Schutz der Mosel und der Saar, IKSMS) verfügen über eigene Warn- und Alarmpläne. Das Rheinfließzeitmodell und der IWAP dienten auch als Muster für die

---

9 Vgl. https://www.iksr.org/index.php?id=86

10 Vgl. http://iksr.bafg.de/iksr/

Erstellung vergleichbarer Modelle bei anderen Flusskommissionen, wie der von Donau und Maas.

31.2.2 Das internationale Hochwasservorhersage- und Hochwasserwarnungssystem Rhein

Gut funktionierende und zusammenarbeitende Hochwasservorhersagezentralen und Hochwasserwarnsysteme haben sich mittlerweile in Europa als unerlässliche Instrumente für eine wirksame Hochwasservorsorge erwiesen. Zuverlässige Vorhersagen über voraussichtlich eintretende Wasserstände und ihren zeitlichen Verlauf bilden unter anderem die Grundlage für die Umsetzung von Katastrophenabwehrplänen (und somit z. B. die Informationsgrundlage für weitreichende Entscheidungen, etwa in Bezug auf Evakuierungen im Vorfeld von kritischen Situationen wie 1995 im Rheindelta, Niederlande), Hochlagerung von Gütern und Absicherung industrieller Produktionsstätten, Aufbau mobiler Hochwasserschutzmaßnahmen (z. B. Schutzwände) sowie Retentionsmaßnahmensteuerung und Einschränkungen des Verkehrs (z. B. Schifffahrt).

Die grenzübergreifende Zusammenarbeit beim Hochwassermelde- und -vorhersagesystem für den Rhein ist durch nationale und internationale Verwaltungsvereinbarungen geregelt. Im Rheineinzugsgebiet werden die Hochwasserinformationen (Hochwassermeldungen wie auch Vorhersagen, Messdaten, ...) von den regional/national zuständigen Hochwasservorhersagezentralen flächendeckend und zeitnah bereitgestellt (vgl. Abb. 31.4). Um eine bestmögliche Vorhersage für den Rheinstrom zu garantieren, erstellt jede der Hochwasserzentralen auf Basis ihrer guten örtlichen Kenntnisse und Modelle die Vorhersagen für die Einzugsgebiete im jeweiligen Zuständigkeitsbereich und gibt diese automatisiert und zeitnah an die flussabwärts gelegene Zentrale weiter. Dank internationaler Zusammenarbeit der Hochwasservorhersagen seit 25 Jahren, u. a. im Rahmen der IKSR, sind die Vorhersagezeiträume verdoppelt worden[11].

Die Hochwasserinformationen für den Rhein und seine Zuflüsse werden auf verschiedenen Verbreitungswegen[12] (Internet, mobile Internetdienste und Apps, Videotext, telefonische Ansagedienste, Fax-/Emailverteiler, Rundfunk) für alle Akteure und (potenziell) für die Bevölkerung in betroffenen Gebieten sowie die Medien bereitgestellt. Eine zentrale Rolle in der Informationsverbreitung spielen die IKSR-Internetseite[13] und die nationalen Hochwasservorhersageportale aller Rhein-Anliegerstaaten[14]. Sie bieten über Karten einen grenzübergreifenden Zugang zu detaillierten Vorhersagen für das gesamte Rheineinzugsgebiet (vgl. Abb. 31.4). Das gleiche gilt für die App „Meine Pegel“, ein Service des länderübergreifenden Hochwasserportals, die einen schnellen Überblick zur überregionalen Hochwasserlage gibt (vgl. Abb. 31.4)[15]. User können sie sich über den aktuellen Wasserstand an ihrem Pegel informieren und sich über Push-Mitteilung bei Über-/oder Unterschreitung von individuell konfigurierbaren Grenzwerten benachrichtigen lassen.

---

[11] Vgl. Bilanz „Rhein 2020“: https://www.iksr.org/de/oeffentliches/dokumente/archiv/broschueren

[12] Dabei gilt folgendes: je zahlreicher und unterschiedlicher die Informationswege sind, desto größer ist die Chance, dass die Hochwasserwarnung bei den potenziell Betroffenen ankommt.

[13] Vgl. https://www.iksr.org/de/themen/hochwasser/melde-und-vorhersagezentralen

[14] Vgl. z. B. für Deutschland und Nachbarstaaten: das „Länderübergreifende Hochwasserportal“: https://www.hochwasserzentralen.de/

[15] Vgl. https://www.hochwasserzentralen.info/meinepegel/

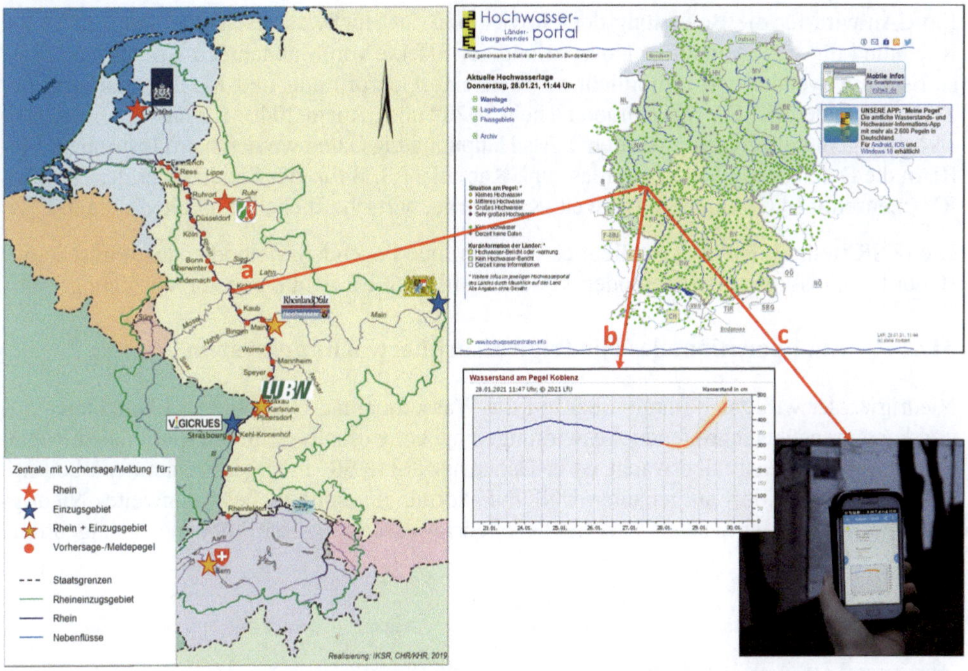

Abb. 31.4: Regionale und lokale Hochwasservorhersage sind über Internet verfügbar:
a) durch die Übersichtskarte der Zentralen auf der IKSR-Homepage
b) durch ein nationales Portal (hier Deutschland und Rheinland-Pfalz)
c) durch die Mobil-App „Meine Pegel"

31.2.3 FloRiAn: ein Instrument zur Hochwasserrisikoanalyse

Als besonderes UIS hat die IKSR zum Nachweis der Effekte von Maßnahmen auf das Hochwasserrisiko das GIS-Instrument „FloRiAn (Flood Risk Analysis)" entwickelt[16] (vgl. Abb. 31.5).

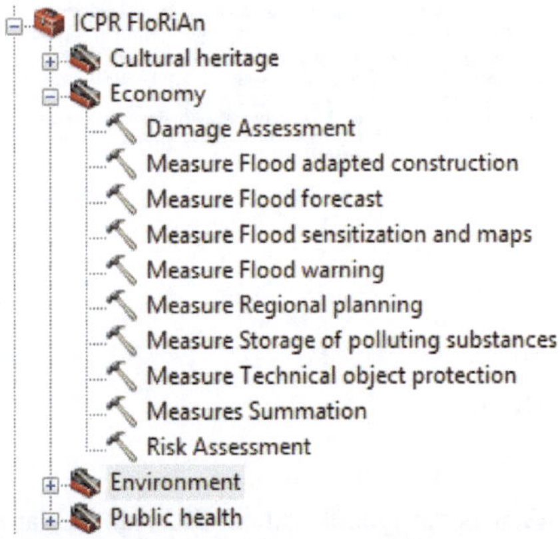

Abb. 31.5: Berechnungsmodule/-schritte von FloRiAn (ArcGIS-Toolbox) am Beispiel des Schutzguts „Wirtschaft"

[16] Vgl. https://www.iksr.org/de/themen/hochwasser/hochwasserrisiko-instrument-florian

FloRiAn wird für die Bewertung der Entwicklung der Hochwasserschäden und -risiken am Rhein und für die regelmäßige Überprüfung der Effekte von Maßnahmen auf das Hochwasserrisiko verwendet und ermöglicht so auch eine Überprüfung und Messbarmachung der Ziele, die in den IKSR-Programmen „Rhein 2020“ und „Rhein 2040“ für das Hochwasserrisikomanagement formuliert wurden[17]. Als Haupteingangsdaten werden beim Instrument FloRiAn die Daten des IKSR-Rheinatlas (vgl. Kapitel 31.3.2) für vier Schutzgüter der HWRM-RL (menschliche Gesundheit, Umwelt, Kulturerbe, wirtschaftliche Tätigkeiten) genutzt.

Die IKSR stellt FloRiAn einschließlich der zugrunde liegenden Methoden auf Wunsch auch Behörden, Flusskommissionen oder wissenschaftlichen Einrichtungen zur Verfügung.

31.2.4 Ein operationelles Niedrigwasserüberwachungssystem

Niedrigwasser wirkt sich unmittelbar auf die Wasserqualität, Ökologie und Nutzungen aus und kann grenzüberschreitende Auswirkungen haben, weshalb es im internationalen Rheineinzugsgebiet intensiv überwacht wird. Daher hat die IKSR, in enger Zusammenarbeit mit der BfG und dem dort aufgebauten UNDINE-Portal, ein einheitliches rheinweites Niedrigwassermonitoring entwickelt[18]. Aktuelle Niedrigwasserereignisse können so eingeordnet

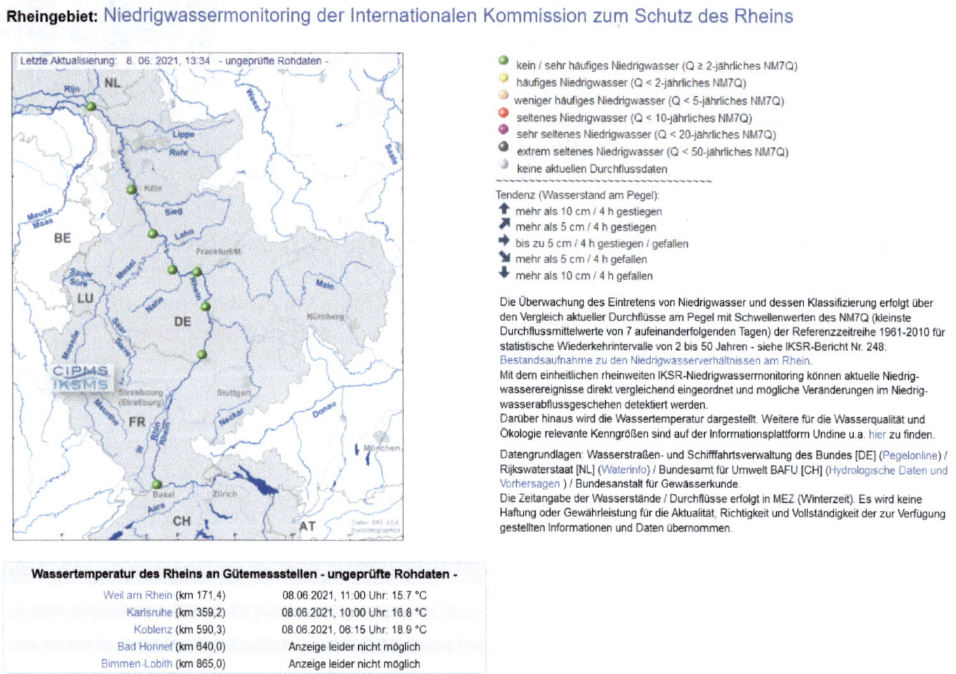

Abb. 31.6: Niedrigwasserüberwachungssystem der IKSR

17 Vgl. https://www.iksr.org/de/iksr/rhein-2040, https://www.iksr.org/de/iksr/rhein-2020 und Bilanz „Rhein 2020“: https://www.iksr.org/de/oeffentliches/dokumente/archiv/broschueren

18 Vgl. https://www.iksr.org/de/themen/niedrigwasser/niedrigwassermonitoring

werden und es können mögliche Veränderungen im Niedrigwasserabflussgeschehen detektiert werden. Das Niedrigwassermonitoring ist in Form einer Online-Karte mit Angabe der Rheinpegel abrufbar (vgl. Abb. 31.6). Die Überwachung wird durch retrospektive und prospektive Analysen von Niedrigwasserereignissen ergänzt[19].

31.3 IKSR-Kartenportal und -Rheinatlas

31.3.1 Ein Kartenportal als Instrument der Öffentlichkeitsinformation

Wie bereits in Kapitel 31.1.2 erwähnt, erstellt die IKSR im Rahmen der koordinierten Umsetzung der WRRL und HWRM-RL eine Reihe von Karten, die der Öffentlichkeit über Internet in Form abrufbarer Berichte oder über das Kartenportal der IKSR[20] (vgl. Web Map Service – WMS) zugänglich gemacht werden. Folgende interaktive Karten erscheinen auf Deutsch, Niederländisch, Französisch und Englisch:

- Karten zum international koordinierten Bewirtschaftungsplan des Rheins gemäß WRRL,
- Hochwasserkarten des Rheins: der „Rheinatlas“ (vgl. Kapitel 31.3.2),
- Karten zum Sedimentmanagementplan Rhein.

Das System bietet dem Publikum verschiedene vereinfachte GIS-Operationen und Darstellungsformen wie die Überlagerungen verschiedener Kartenthemen oder die Abfrage von Kenndatenblättern und Steckbriefen zu den Gebieten. Die Karten (inklusive der Legenden) können anschließend als PDF- oder Bilder-Dateien ausgedruckt oder per Email versendet werden. Damit wird eine gute Verbreitung der Informationen gewährleistet.

31.3.2 Der Rheinatlas als Hochwassersensibilisierungsinstrument

Internet-Hochwasserkartenportale tragen zur Bewusstseinsbildung innerhalb der Bevölkerung bei und erweisen sich als sehr gutes Instrument für die Öffentlichkeitsarbeit. Darüber hinaus werden sie auch auf verschiedene Weise intensiv durch Fachleute in den Kommunen, Hilfskräfte sowie in der Raum- und Stadtplanung usw. genutzt. Im Rheineinzugsgebiet haben – seit 2001 und der ersten Veröffentlichung des IKSR-Rheinatlas – enorme Entwicklungen im Bereich der GIS-gestützten Hochwasserkartographie und der öffentlichen Hochwasserkartenportale stattgefunden. Die Rheinanliegerstaaten aber auch Länder, Regionen und Städte besitzen mittlerweile fast alle eigene digitale Geoportale oder veröffentlichen Karten in unterschiedlichen Formaten auf ihren eigenen Internetseiten.

Durch den webbasierten Rheinatlas[21] mit Karten für den gesamten Hauptstrom vom Alpenrhein bis zur Nordsee einschließlich Bodensee, IJsselmeer und niederländischer Küsten erhalten Interessierte umfassende Informationen über die Hochwasserrisiken für drei Szenarien (häufige, mittlere und extreme Hochwasser) (vgl. Abb. 31.7). Für Details wird im Rheinatlas auf nationale Kartenportalen verlinkt. Neben Überschwemmungsflächen und -tiefen werden auch der Hochwasserschutz sowie potenziell betroffene Personen, Städte, Industrien, Naturschutzgebiete und Kulturgüter angezeigt. Die Daten fließen außerdem in die Risikoanalyse

[19] Vgl. https://www.iksr.org/de/themen/niedrigwasser
[20] Vgl. https://www.iksr.org/de/oeffentliches/dokumente/archiv/karten
[21] Vgl. https://www.iksr.org/de/oeffentliches/dokumente/archiv/karten/rheinatlas

Abb. 31.7:
Auszug aus dem IKSR-Rheinatlas

und -berechnung mit dem Tool „FloRiAn“ ein (vgl. Kap. 31.2.3 und Abb. 31.5). Der Rheinatlas ist als gemeinsame Maßnahme der Staaten des Rheineinzugsgebiets im internationalen Hochwasserrisikomanagementplan[22] integriert.

Der Rheinatlas wird im Zuge der Aktualisierung der nationalen Karten gemäß der HWRM-RL im Rahmen der IKSR (EG GIS) regelmäßig überarbeitet/aktualisiert. Die GIS-Daten werden zudem auf WasserBLIcK (vgl. Kapitel 31.1.2) hochgeladen und aufbewahrt.

[22] Vgl. https://www.iksr.org/de/eu-richtlinien/hochwasserrichtlinie/hochwasserrisikomanagementplan

32 Infrastructure for Spatial Information in Europe (INSPIRE) – Geodaten für Europa

Bettina Barth[1]

Zusammenfassung

Geoinformationen berühren heute fast alle Lebensbereiche und werden für vielfältige strategische und operative Fragestellungen in Politik und Verwaltung genutzt. Längst sind digitale Geoinformationen aus unserem Alltag nicht mehr wegzudenken. Qualitativ hochwertige und zugängliche Geodaten sind unverzichtbar, wenn es darum geht, Antworten auf wesentliche Zukunfts- und Nachhaltigkeitsfragen zu finden. Insbesondere gemeinschaftliche, umweltpolitische Entscheidungen müssen heute mehr denn je transparent getroffen und die Bürger in angemessenem Maße beteiligt werden. Häufig ist jedoch gerade die grenzübergreifende Nutzung von Geodaten schwierig, weil sie heterogen und nicht kompatibel sind.

Abhilfe innerhalb der Europäischen Union (EU) sollte die 2007 in Kraft getretene Initiative INSPIRE (INfrastructure for SPatial InfoRmation in Europe) schaffen. Sie hat das Ziel, die grenzüberschreitende Nutzung von Geodaten in Europa zu erleichtern, und legt allgemeine Bestimmungen zur Schaffung einer Geodateninfrastruktur in Europa für die Zwecke der Umweltpolitik der EU fest. Dabei stützt sich die europäische Infrastruktur auf die von den EU-Ländern eingerichteten und verwalteten Geodateninfrastrukturen. Dieses Kapitel stellt die Umsetzung der europäischen Rahmenrichtlinie INSPIRE am Beispiel des Aufbaus der Geodateninfrastruktur des Bundes (GDI-DE) und der Geodateninfrastruktur des Saarlands (GDI-SL) vor.

32.1 Einleitung

Geodaten als Entscheidungsgrundlage unterstützen in besonderer Weise die digitale Umweltverwaltung und schaffen Schnittstellen zwischen Verwaltung, Bürger*innen und Unternehmen. Ein Großteil aller politischen, wirtschaftlichen und behördlichen Planungs- und Entscheidungsprozesse hat bereits heute einen geographischen Raumbezug, sodass Geodaten in einer modernen IT-gestützten Verwaltung einen besonderen Stellenwert haben. Viele Geodaten entstehen aus dem Gesetzesvollzug im Umweltbereich und werden primär zur Aufgabenerledigung der Fachressorts auf Landesebene genutzt. Zunehmend werden sie aber auch bei der Erfüllung von Berichtspflichten auf Grundlage unterschiedlicher europäischer Umweltrichtlinien benötigt. Viele Fragen in unserer komplexen, hochvernetzten Gesellschaft können nur interdisziplinär und überregional gelöst werden, insbesondere wenn es um die

[1] Landesamt für Vermessung, Geoinformation und Landentwicklung, Zentrale Stelle Geodateninfrastruktur Saarland (GDI-SL), Von der Heydt 22, 66115 Saarbrücken, b.barth@lvgl.saarland.de, www.saarland.de/geodatenzentrum/

Beantwortung von aktuellen gesellschaftlichen Fragen, wie Klima- und Umweltschutz, Gewässer- und Hochwasserschutz, Nachhaltigkeit und Erneuerbare Energie oder Mobilität, geht.

Die fach- und medienübergreifende Nutzung von Geodaten war bis 2007 aber mit erheblichen Schwierigkeiten verbunden. Es wurden zwar bereits jede Menge Geodaten erzeugt allerdings waren diese häufig nicht flächendeckend vorhanden und kaum dokumentiert; sie waren oft nicht auffindbar und konnten nicht miteinander kombiniert werden, weil sie weder inhaltlich noch technisch miteinander kompatibel waren. Zudem haben institutionelle, finanzielle und rechtliche Barrieren die gemeinsame Nutzung und Wiederverwendung von vorhandenen Geodaten verzögert oder gar verhindert[2].

Die am 15. Mai 2007 in Kraft getretene Richtlinie 2007/2/EG INSPIRE[3] hat es den Mitgliedsstaaten daher zur Aufgabe gemacht, eine gemeinsame Geodateninfrastruktur (GDI) aufzubauen, und bildet damit die Grundlage für ein europäisches Geodatenmanagement. Mit dem Aufbau und dem Betrieb von Geodateninfrastrukturen, können zukünftig die rechtlichen, organisatorischen und technischen Grundlagen für eine einfache(re) fach- und grenzübergreifende Nutzung von Geodaten erfolgen. Eine Definition des Begriffs *Geodateninfrastruktur* findet sich in dem 2009 erlassenen und 2012 geänderten Geodatenzugangsgesetz des Bundes: „Geodateninfrastruktur ist eine Infrastruktur, bestehend aus Geodaten, Metadaten und Geodatendiensten, Netzdiensten und -technologien, Vereinbarungen über gemeinsame Nutzung, über Zugang und Verwendung sowie Koordinierungs- und Überwachungsmechanismen, -prozesse und -verfahren, mit dem Ziel, Geodaten verschiedener Herkunft interoperabel verfügbar zu machen“ (AK ARCHITEKTUR 2019).

32.2 INSPIRE – Geodateninfrastruktur für Europa

Die EU-Kommission (EU KOM) hat bereits 2003 mit der Veröffentlichung der Richtlinie 2003/4/EG[4] (Umweltinformationsrichtlinie – UIRL) den Rahmen für den freien Zugang zu Umweltinformationen geschaffen und ihre aktive Verbreitung geregelt. Alltag waren aber kaum gemeinsame Standards, kaum grenzüberschreitende Koordination, kaum Koordination zwischen den Verwaltungsebenen und vielfach uneinheitliche Nutzungsbedingungen.

Mit der INSPIRE-RL setzt die EU KOM vier Jahre später ihre offene Informationspolitik fort und hat mit der Verabschiedung der RL 2007/2/EG INSPIRE eine europäische Rahmenrichtlinie auf den Weg gebracht, die die Nutzung von Geodaten in Europa erleichtern soll und den Aufbau einer einheitlichen Geodateninfrastruktur vorgibt. Voraussetzung für eine gemeinsame Nutzung von Geodatensätzen in Europa ist aber deren Harmonisierung und grenzübergreifende Verfügbarkeit über das Internet. Die Richtlinie legt daher allgemeine Bestimmungen zur Schaffung einer Geodateninfrastruktur in Europa für die Zwecke der Umweltpolitik der EU fest, die Auswirkungen auf die Umwelt haben, und hat das Ziel, die Bereitstellung von Geodaten durch die EU-Mitgliedstaaten zur Erfüllung von Berichtspflichten gegenüber der EU KOM zu vereinfachen.

---

[2] https://inspire.ec.europa.eu/inspire-policy-background/27902 (15.01.2021)

[3] https://eur-lex.europa.eu/LexUriServ/LexUriServ.do?uri=CELEX:32007L0002:DE:HTML

[4] https://eur-lex.europa.eu/LexUriServ/LexUriServ.do?uri=OJ:L:2003:041:0026:0032:DE:PDF

Damit die Regelungen in den Nationalstaaten rechtsverbindlich werden, musste die INSPIRE-Rahmenrichtlinie in das jeweilige nationale Recht der Mitgliedstaaten überführt werden. Die Richtlinie findet ihre Anwendung in den Bereichen,

- in denen die EU-Länder Hoheitsbefugnisse haben,
- in denen die Geodaten in elektronischer Form vorliegen,
- die bei einer Behörde vorhanden sind,
- die eines oder mehrere Themen nach Anhang I, II oder III der RL betreffen.

Weder die INSPIRE-RL noch die Geodatenzugangsgesetze enthalten die Verpflichtung, neue Geoinformationen zu erfassen und bereitzustellen. Die INSPIRE-RL verpflichtet damit „Behörden" in Deutschland und in allen anderen Mitgliedsländern, digitale Daten mit Raumbezug, technisch und semantisch interoperabel über Dienste, d. h. in einheitlichen Datenmodellen, gemäß den Durchführungsbestimmungen im Rahmen eines vorgegebenen Zeitrahmens flächendeckend bereitzustellen, sofern diese unter eines der ***34 Themen*** in den Anhängen der Richtlinie fallen (vgl. Abb. 32.1). Dabei versteht man unter Interoperabilität die Fähigkeit zur Kombination und Interaktion verschiedener Systeme, Techniken oder Daten unter Einhaltung gemeinsamer Standards.

Anhang I

- Koordinatenreferenzsystem
- Geografisches Gittersystem
- Geografische Bezeichnung
- Verwaltungseinheiten
- Adressen
- Flurstücke/Grundstücke
- Verkehrsnetze
- Gewässernetz
- Schutzgebiete

Anhang II

- Höhe
- Bodenbedeckung
- Orthofotografie
- Geologie

Anhang III

- Statistische Einheit
- Gebäude
- Bode
- Bodennutzung
- Gesundheit und Sicherheit
- Versorgungswirtschaft und staatliche Dienste
- Umweltüberwachung
- Produktions- u. Industrieanlagen
- Landwirtschaftliche Anlagen und Aquakulturanlagen
- Verteilung der Bevölkerung-Demografie
- Bewirtschaftungsgebiete/Schutzgebiete/geregelte Gebiete und Berichterstattungseinheit
- Gebiete mit naturbedingten Risiken
- Atmosphärische Bedingungen
- Meteorologisch-geogr. Kennwerte
- Ozeanografisch-geografische Kennwerte
- Meeresregionen
- Biogeografische Regionen
- Lebensräume und Biotope
- Verteilung der Arten
- Energiequellen
- Mineralische Bodenschätze

Abb. 32.1: Übersicht der 34 Annex-Themen der INSPIRE-RL

Bei der zeitlichen Umsetzung verfolgt INSPIRE einen stufenweisen Ansatz. Betroffene Geodatensätze werden anhand der Themenfelder identifiziert und schrittweise zugänglich gemacht[5],

1. indem zunächst die identifizierten originären Daten dokumentiert und mit ***Metadaten*** beschrieben werden, damit die Daten recherchierbar sind,
2. indem ***Internetdienste*** erzeugt werden (Darstellungs- und Downloaddienste),
3. indem die Geodaten für eine interoperable Nutzung in ***einheitliche Datenmodelle*** überführt und verfügbar gemacht werden.

[5] https://www.gdi-de.org/INSPIRE/Zeitplan

Das Fundament für den Aufbau der Infrastruktur bilden fünf *Durchführungsbestimmungen* (zu 1. ***Metadaten***, 2. ***Netzwerkdiensten***, 3. ***Interoperabilität von Geodatensätzen und -diensten***, 4. ***harmonisierten Zugangsbedingungen*** sowie 5. ***Überwachung und Berichtswesen***), die als EG-Verordnungen unmittelbar in den Mitgliedstaaten gelten. Für die konkrete technische Umsetzung der Durchführungsbestimmungen sind vor allem die begleitenden, rechtlich nicht bindenden *Umsetzungsanleitungen* („Technical Guidelines“) relevant. Ab 2021 sollen INSPIRE-relevante Geodaten aus ganz Europa in einheitlichen Formaten genutzt werden können[6].

Zentraler europäischer Zugangsknoten zu den INSPIRE-relevanten Daten in Form von Diensten ist das ***INSPIRE Geoportal*** der EU Kommission[7]. In Deutschland werden die mit Metadaten beschriebenen Geodaten und Geodatendienste in den Länderportalen registriert und in einem regelmäßigen Zyklus in den Geodatenkatalog des Bundes, das Geoportal DE[8], geharvestet. Sofern der Geodatensatz INSPIRE-betroffen ist und der Metadatensatz das Schlüsselwort „inspireidentifiziert“ enthält, wird er aus dem Bundesportal ins INSPIRE-Geoportal der EU übernommen (vgl. Abb. 32.2).

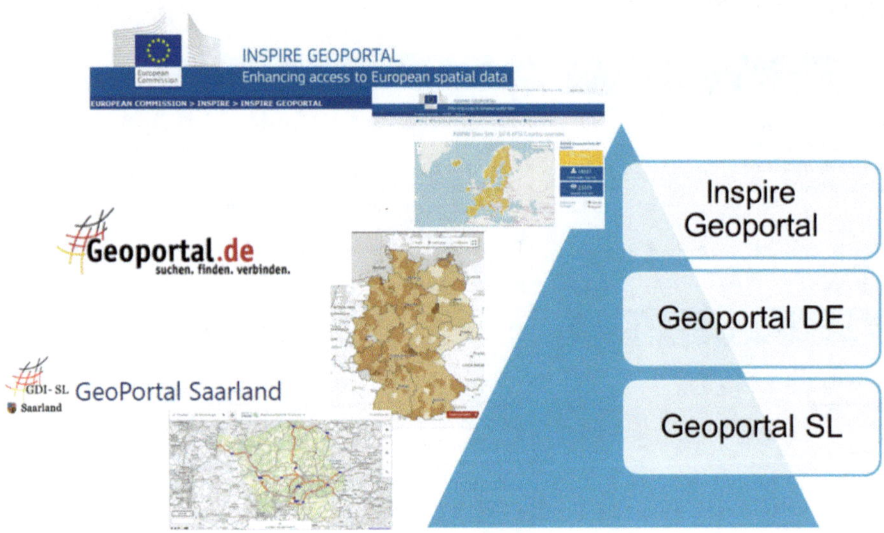

Abb. 32.2: Hierarchie der Geoportale (Stand Februar 2021)

INSPIRE-Geodaten können neben der Visualisierung in den Geoportalen aber auch über standardisierte Schnittstellen (Dienste) in externe Fachverfahren eingebunden werden. Der große Vorteil besteht darin, dass die Daten bei den geodatenhaltenden Stellen verbleiben und somit eine hohe Aktualität gesichert ist.

---

6 https://inspire.ec.europa.eu/quick-overview-implementers/57528
7 https://inspire-geoportal.ec.europa.eu/
8 https://geoportal.de/

32.3 Aufbau der Geodateninfrastruktur Deutschland (GDI-DE)

In Deutschland hat man die Bedeutung von Geodateninfrastrukturen früh erkannt. Bereits 2003 wurden im Bundeskanzleramt die Fundamente zum gemeinsamen Aufbau der Geodateninfrastruktur Deutschland (GDI-DE) gelegt[9]. Die GDI-DE ist ein gemeinsames Vorhaben von Bund, Ländern und Kommunen zur Vernetzung von Geodaten in Deutschland für Aufgaben der Verwaltung, Wirtschaft, Wissenschaft und der Öffentlichkeit. Grundlage bildet die *Verwaltungsvereinbarung GDI-DE* zwischen Bund und Ländern von 2006 (letzte Fortschreibung 2017[10]). Die GDI-DE soll verteilt vorliegende Geodaten verschiedener Herkunft über Geodatendienste interoperabel verfügbar machen. Die Geodateninfrastrukturen des Bundes und der Bundesländer werden als integrale Bestandteile der GDI-DE aufgebaut. Die Bundesländer ihrerseits unterstützen die Bereitstellung der Geodaten der Kommunen. Damit ist die GDI-DE der nationale Beitrag bzw. Bestandteil der europäischen Geodateninfrastruktur, um die Geodaten aus Deutschland auch international zu vernetzen. Folglich werden in Deutschland die Anforderungen von INSPIRE über die Geodateninfrastruktur Deutschland (GDI-DE) umgesetzt (AK ARCHITEKTUR 2019).

Die rechtliche Umsetzung von INSPIRE erfolgt in Deutschland auf der Bundesebene durch das „*Gesetz über den Zugang zu digitalen Geodaten*" (Geodatenzugangsgesetz – GeoZG[11]) des Bundes vom 10.02.2009. Das Gesetz regelt den Aufbau der nationalen Geodateninfrastruktur (GDI-DE). Es schafft den rechtlichen Rahmen für den Zugang zu und die Nutzung von Geodaten, Geodatendiensten und Metadaten auf Bundesebene und verpflichtet insoweit die geodatenhaltenden Stellen des Bundes und der bundesunmittelbaren juristischen Personen des öffentlichen Rechts. Die Federführung der INSPIRE-Umsetzung in Deutschland hat das Bundesministerium des Inneren, für Bau und Heimat (BMI). Zuständig ist der interministerielle Ausschuss für Geoinformationswesen (IMAGI) des Bundes, der dafür sorgt, dass die Belange des Geoinformationswesens bei politischen Entscheidungen berücksichtigt werden. Der IMAGI hat die Aufgabe, die Bundesverwaltung bei der Bereitstellung und Nutzung von Geodaten zu unterstützen. Mit der *Geodatennutzungsverordnung* (GeoNutzV[12]) von 2013 wurden die Nutzungsbestimmungen für die Bereitstellung von Geodaten des Bundes festgelegt und dahingehend ergänzt, dass Geodaten und Metadaten des Bundes über Geodatendienste für die kommerzielle und nicht kommerzielle Nutzung geldleistungsfrei zur Verfügung zu stellen sind, soweit nicht durch besondere Regelungen anderes bestimmt ist.

Die Bundesländer setzen die RL in eigener Verantwortung um und mussten die INSPIRE-RL durch Geodateninfrastrukturgesetze innerhalb von zwei Jahren in ihr Landesrecht übernehmen. Die Koordinierung der GDI-DE obliegt der Koordinierungsstelle GDI-DE (KSt. GDI-DE). Sie wird vom Bund und den Ländern finanziert und ist organisatorisch beim Bundesamt für Kartographie und Geodäsie (BKG) angesiedelt. Um diese Aufgabe zu erfüllen, ist eine enge Vernetzung mit den GDI Kontaktstellen der Länder notwendig. Das Lenkungsgremium GDI-DE (LG GDI-DE) ist das strategische Entscheidungsgremium der GDI-DE. Es steuert und koordiniert die Umsetzung und Weiterentwicklung der GDI-DE einschließlich

[9] https://www.gdi-de.org/GDI-DE
[10] https://www.gdi-de.org/sites/default/files/2020-04/Verwaltungsvereinbarung_2017.pdf
[11] https://www.gesetze-im-internet.de/geozg/ (15.01.2021)
[12] https://www.gesetze-im-internet.de/geonutzv/ (15.01.2021)

der Umsetzung der INSPIRE-Richtlinie (RL 2007/2/EG). Dabei fungiert das LG GDI-DE auch als nationale Anlaufstelle der Europäischen Kommission für die Umsetzung der INSPIRE-Richtlinie. Vertreten sind der Bund sowie alle Bundesländer und die drei kommunalen Spitzenverbände. Beratend wirken außerdem Vertreter aus Wirtschaft und Wissenschaft mit[13].

Die GDI-DE stellt nationale und dezentrale IT-Komponenten bereit, sog. ***Nationale zentrale Komponenten***[14].

- Der Suchdienst *Geodatenkatalog.de,* über den alle in der GDI-DE verfügbaren Geodaten und Dienste gefunden werden können.
- Die Anwendung *GDI DE Testsuite* zur Überprüfung der Konformität von Geodatendiensten.
- Das Auskunftssystem *GDI DE Registry* zur Verwaltung und technischen Unterstützung übergreifender Konzepte.
- Die Webseite *Geoportal.de*, die Anwendern einfache Möglichkeiten bietet, Geodaten zu recherchieren, zu verknüpfen und in Karten anzeigen zu lassen.

32.4 INSPIRE-Umsetzung im Saarland (GDI-SL)

Mit dem *Saarländischen Geodateninfrastrukturgesetz* (SGDIG[15]) hat der Gesetzgeber die Richtlinie 2007/2/EG des europäischen Parlaments und des Rats vom 14. März 2007 zur Schaffung einer Geodateninfrastruktur in der Europäischen Gemeinschaft (INSPIRE) 2009 fristgerecht in saarländisches Recht umgesetzt und geodatenhaltende Stellen von Land und Kommunen frühzeitig in den Umsetzungsprozess eingebunden. Das Gesetz dient der Umsetzung der Vorgaben der Richtlinie zur Schaffung einer Geodateninfrastruktur in der EU. Die GDI-SL versteht sich als die gemeinschaftliche Geodateninfrastruktur der Landesverwaltung und der Kommunen. Die GDI-SL als eigenständige Geodateninfrastruktur ist damit Teil der nationalen GDI-DE und damit auch Bestandteil der europäischen Geodateninfrastruktur. Dabei erfolgt der Auf- und Ausbau unter Beachtung internationaler Standards für die Bereitstellung der Geodaten, um größtmögliche Synergieeffekte zu erzielen.

32.4.1 Koordinierungsstelle der GDI-SL – Geodatenzentrum

Die ressortübergreifende Kontakt- und Koordinierungsstelle der GDI-SL wurde gemäß § 9 SGDIG beim Landesamt für Vermessung, Geoinformation und Landentwicklung (LVGL) im Geodatenzentrum eingerichtet. Sie koordiniert den Aufbau der GDI im Saarland und unterstützt die nationale Anlaufstelle des Bundes (KSt. GDI-DE). Darüber hinaus ist das Geodatenzentrum seit 2003 als der zentrale Koordinations- und Bereitstellungsdienst für das Geodatenmanagement der Geofachdaten des Ministeriums für Umwelt und Verbraucherschutz (MUV)[16] zuständig. Die Fachressorts des MUV und seiner nachgeordneten Behörden erzeugen bereits seit vielen Jahren im Zuge ihrer Aufgabenwahrnehmung digitale Umweltinformationen, die fachspezifisch aufbereitet und verwaltet werden. Damit entsteht eine

[13] https://www.gdi-de.org/GDI-DE (15.01.2021)
[14] https://www.gdi-de.org/index.php/GDI-DE/Servicefunktionen (15.01.2021)
[15] https://recht.saarland.de/bssl/document/jlr-GDIGSLrahmen
[16] https://www.saarland.de/muv/DE/home/home_node.html

Vielfalt an Datenstrukturen, die eine fachübergreifende Datenbereitstellung und Auswertung erschwert. Im Umweltressort wurde bereits früh erkannt, dass Fachverfahren an zentraler Stelle zusammenzuführen sind und damit auch für INSPIRE nutzbar gemacht werden können. Grundlage der saarländischen Geodateninfrastruktur ist der zentrale Geodatenserver Saar (Geodatenzentrum). Ziel ist es, die heterogenen, filebasierten Datenbestände der verschiedenen Fachverfahren in einer objektorientierten Datenbank zentral mit einem fachübergreifenden, einheitlichen Datenmodell abzubilden („*Middleware*"). Diese Datenhaltungskomponente stellt eine fachlich-inhaltlich breit gefächerte Grundlage für die INSPIRE-Datenmodellierung und Datenbereitstellung dar (KÜHN & RUDOLF 2016) (vgl. Abb. 32.3).

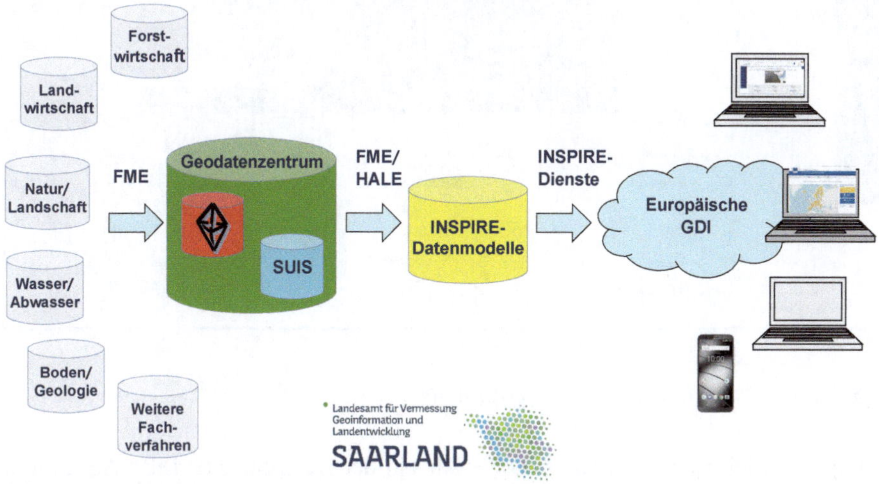

Abb. 32.3: Datenmodellierung und -bereitstellung im Geodatenzentrum

Zu den Aufgaben des GDZ zählen darüber hinaus die ressortübergreifende Unterstützung der Landesbehörden und Kommunen bei der Umsetzung von INSPIRE und die Bereitstellung von zentralen Komponenten innerhalb der GDI-SL (GeoPortal SL, Metadatenkatalog GEOMIS SL, Kontaktstelle GDI SL). Durch das Angebot an zentralen Dienstleistungen und den Betrieb notwendiger zentraler Komponenten können Synergien genutzt und der Aufbau nachhaltig, wirtschaftlich und effizient gestaltet werden.

32.4.2 GeoPortal Saarland

Das GeoPortal Saarland[17] ist nach § 8 SGDIG der zentraler Zugangsknoten zu digitalen Geodaten im Saarland (vgl. Abb. 32.4). Als Kernelement der Geodateninfrastruktur des Saarlandes (GDI-SL) ermöglicht das GeoPortal den Bürger*innen, der Politik, der Wirtschaft sowie der Verwaltung die gezielte Recherche und Visualisierung von Geobasis- und Geofachdaten der Landesverwaltung und der Kommunen ortsunabhängig, ganztags und ohne Wartezeiten (7/24). Das im Rahmen der Entwicklergemeinschaft aus den GDI-Koordinierungsstellen Rheinland-Pfalz, Saarland und Hessen entwickelte System wurde 2010 in Betrieb genommen, basiert komplett auf freier Open-Source-Software und wird seitdem kontinuierlich erweitert, modernisiert und optimiert.

[17] https://geoportal.saarland.de

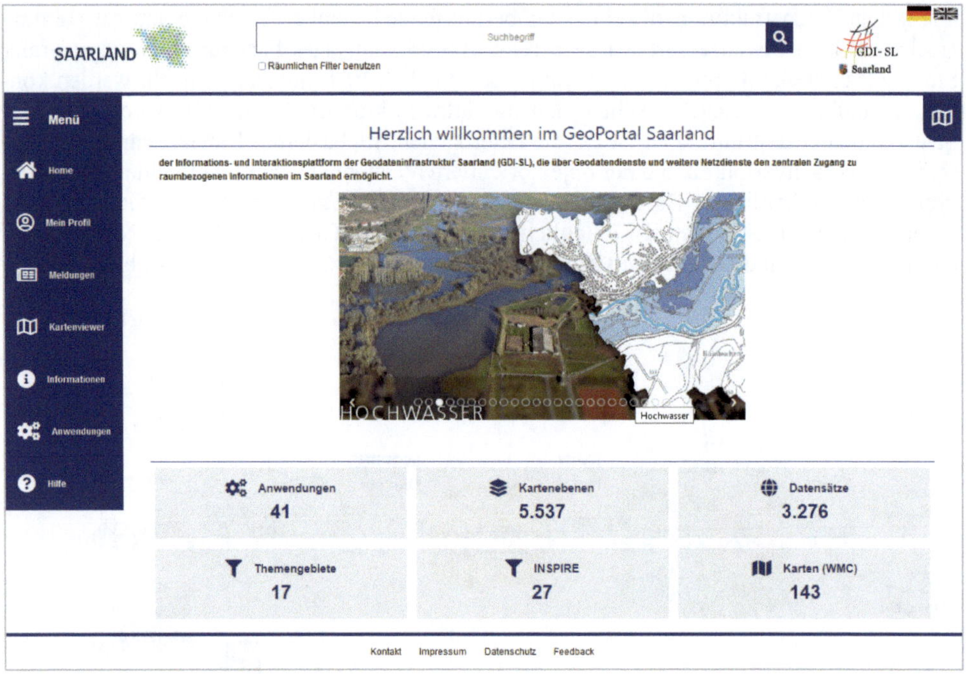

Abb. 32.4: Das GeoPortal Saarland (Stand Juni 2021)

Seit der Implementierung des Portals sind die Anzahl der Datensätze und das Angebot an Anwendungen stetig gestiegen. Derzeit werden bereits mehr als 5.000 Kartenebenen und über 40 thematische Anwendungen im GeoPortal präsentiert (u. a. Bodenrichtwerte, Schutzgebietskataster, Lärmkartierung, Hochwassergefahrenkarten, Windenergieatlas, Forst- und Landwirtschaft, Geologie und Boden, Raumordnung, Verkehr usw.). Mit dem Einstellen der rechtsverbindlichen Bebauungspläne haben auch viele saarländische Kommunen ihr Internet-Angebot zum Bürger*innenservice deutlich erweitert.

32.5 INSPIRE-Umsetzung in Deutschland und Europa: Status und Ausblick

32.5.1 Aktueller Stand

Der aktuelle Status von INSPIRE und der Umsetzung der Richtlinie wird im Rahmen des jährlich durchgeführten INSPIRE-Monitorings erhoben[18]. Jedes Jahr im Dezember müssen die Mitgliedstaaten an die Generaldirektion Umwelt der Europäischen Kommission über den Stand der Umsetzung berichten. Zum Monitoring werden Indikatoren ermittelt, die Rückschlüsse auf den Ausbaustatus und Betrieb der Geodateninfrastrukturen in den Mitgliedsstaaten erlauben. Das aktuelle Monitoring mit dem Bezugsjahr 2020 bestätigt ein seit Jahren wachsendes Netzwerk an Beteiligten und Ressourcen in Form von Geodaten und Geodaten-

[18] https://inspire.ec.europa.eu/monitoring-and-reporting/69 (15.01.2021)

diensten in Deutschland sowie der gesamten Europäischen Union[19]. Deutschland meldete für das Jahr 2020 mehr als 58.000 Datensätze sowie über 88.000 Dienste[20].

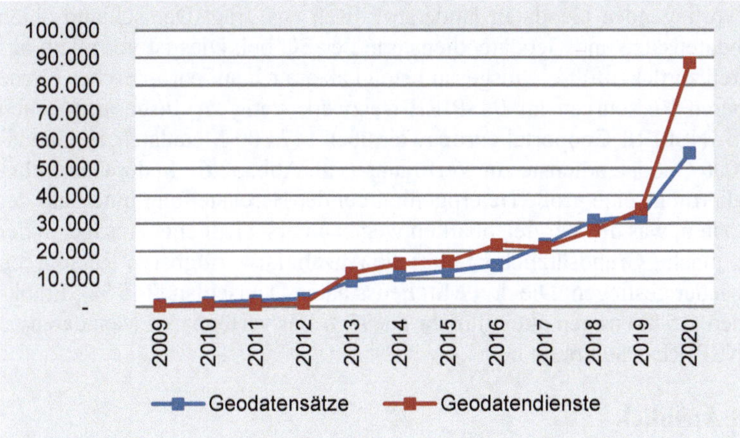

Abb. 32.5: Anzahl von Geodatensätzen und -diensten in der GDI-DE[21]

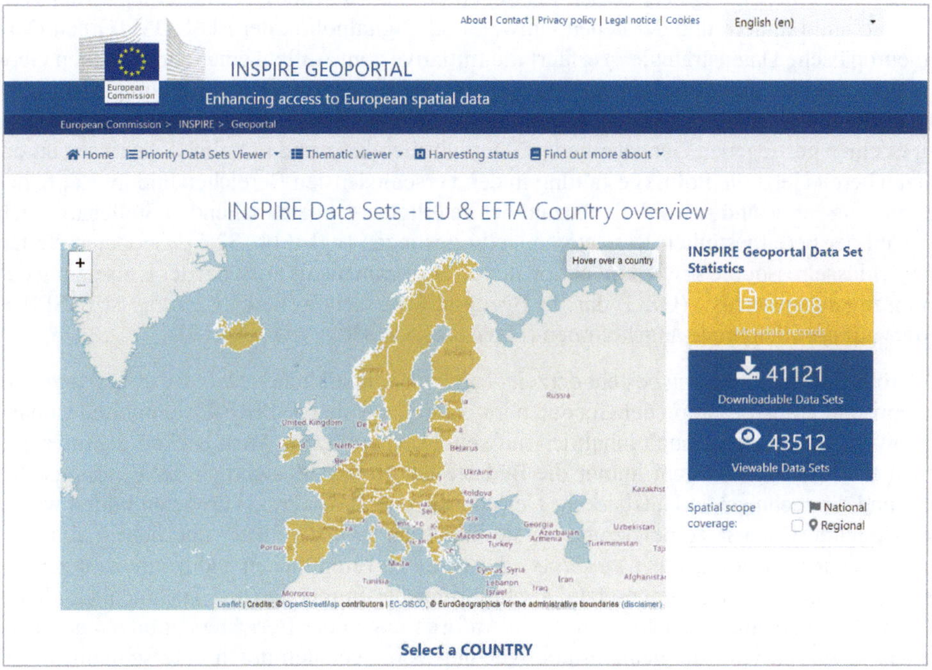

Abb. 32.6: Thematic Viewer INSPIRE Geoportal[22] (Stand Juni 2021)

[19] https://inspire.ec.europa.eu/inspire-your-country-table-view/51764
[20] https://inspire-geoportal.ec.europa.eu/mr2020.html (15.01.2021)
[21] https://wiki.gdi-de.org/display/insp/Monitoring (15.01.2021)
[22] https://inspire-geoportal.ec.europa.eu/overview.html?view=thematicEuOverview&theme=none

Damit liegen für INSPIRE so viele nationale Ressourcen vor wie noch nie zuvor. In Abbildung 32.5 ist die Anzahl der im INSPIRE-Monitoring gemeldeten Geodatensätze und -dienste aus Deutschland seit Beginn der Erfassung bis heute dargestellt. Wertet man die im INSPIRE Geoportal vorliegenden Geodaten länderspezifisch aus, trägt Deutschland einen großen Anteil an Geodatensätze und Geodatendienste in der EU bei. Dies ist vor allem auf die föderalen Strukturen zurückzuführen. Insgesamt steigt aber auch auf europäischer Ebene die Zahl der verfügbaren Ressourcen im INSPIRE-Netzwerk stetig an. Insgesamt stehen Stand Januar 2021 im INSPIRE Geoportal europaweit über 147.000 Metadaten zu Geodatensätze und über 80.000 Geodatendienste zur Verfügung (vgl. Abb. 32.6). In der Gesamtbetrachtung zeigt sich allerdings eine große Heterogenität bei der Bereitstellung innerhalb der einzelnen Mitgliedsstaaten, was die Vergleichbarkeit wegen unterschiedlicher Ansätze in der Umsetzung schwierig macht. Grundsätzlich ist aber die Anzahl an verfügbaren Ressourcen auch in diesem Jahr wieder gestiegen. Die drei Mitgliedsstaaten Deutschland (45 %), Frankreich (35 %) und Italien (15 %) tragen aktuell mehr als 95 % der verfügbaren Metadaten zu Geodatensätzen im INSPIRE-Datenraum bei.

32.5.2 Fazit und Ausblick

2021 wird der letzte INSPIRE-Meilenstein erreicht. Dies bedeutet jedoch keinesfalls, dass die INSPIRE-Umsetzung beendet ist. Im Gegenteil: Im Zuge der Digitalisierungsoffensiven bei Bund und Ländern und der neuen Umwelt und Digitalpolitik der EU KOM (Green Deal und europäische Datenstrategie[23]) erfährt die Initiative zum Aufbau einer europäischen Geodateninfrastruktur aktuell wieder neue Aufmerksamkeit und größere Bedeutung (MEINERT 2020). Denn sowohl bei der EU-Kommission als auch auf der Ebene von Bund und Ländern gibt es einen gestiegenen Geodatenbedarf. Digitale Geodaten und räumliche Analysen unterstützen bereits jetzt die Politikgestaltung in den verschiedensten Bereichen und im Laufe der letzten zehn Jahre sind sowohl die Anzahl der beteiligten geodatenhaltenden Stellen als auch die Zahl der bereitgestellten Ressourcen stetig gestiegen (vgl. Abb. 32.6). Geodaten stellen eine Schlüsselressource sowohl im nationalen E-Government als auch bei der Umsetzung des Onlinezugangsgesetzes[24] (OZG) dar. In Bezug auf die technische Umsetzung ist INSPIRE bereits auf der Zielgerade angekommen (HAGEMANN & HOPFSTOCK 2019).

Die größte Herausforderung besteht derzeit noch in der einheitlichen *Datenmodellierung*. Die semantische Transformation der Geodaten ins entsprechende INSPIRE-Datenmodell ist häufig sowohl technisch als auch inhaltlich aufwendig umzusetzen. Auch decken die interoperablen INSPIRE-Daten nicht immer die Bedarfe der Nutzer hinsichtlich der benötigten Inhalte und der technischen Nutzbarkeit. Deshalb werden in der Praxis in vielen Fällen weiter die originären Datensätze bevorzugt, da sie inhaltlich „vollständiger“ und häufig aktueller sind. Auch der Anspruch, das *Umweltberichtswesen* zu vereinfachen und zu unterstützen, ist bisher noch unzureichend umgesetzt. Durchführungsbestimmungen und Technical Guidance müssen dazu verstärkt in Einklang mit den Anforderungen der Berichterstattungen gebracht werden. Daneben wird die gemeinsame Nutzung von Geodaten durch unterschiedliche *Lizenzbedingungen* erheblich beeinträchtigt. Auch mit INSPIRE ist es bisher noch nicht gelungen, die Kosten und Lizenzpolitik verbindlich zu harmonisieren.

[23] https://ec.europa.eu/info/strategy/priorities-2019-2024

[24] https://www.gesetze-im-internet.de/ozg/

INSPIRE ist aber sowohl für Europa als auch für Deutschland nicht zuletzt treibende Kraft für die standardisierte Bereitstellung von Geoinformationen in Form einer dienstebasierten Infrastruktur, die den barrierefreien Zugang zu Geoinformationen ermöglicht. INSPIRE hat sich zu einem wirksamen Instrument für ein effektives Verwaltungshandeln im Rahmen umweltpolitischer Entscheidungsfindung etabliert und für mehr Transparenz und öffentliche Teilhabe für Bürger*innen gesorgt.

Literatur

AK ARCHITEKTUR – Arbeitskreis Architektur (2019): Architektur der GDI-DE – Ziele und Grundlagen.

HAGEMANN, N. & HOPFSTOCK, A. (2019): INSPIRE auf der Zielgeraden – Anforderungen und Umsetzung im Jahr 2019. In: zfv, 144 (2).

KÜHN, N. & RUDOLF, H. (2016): „Geodatenzentrum-Saarland“ – Let's go INSPIRE!

MEINERT, M. (2020): INSPIRE – Aufbruch zu neuen Horizonten? In: zfv, 145 (6).

33 Bereitstellung von Umweltinformationen für mobile Endgeräte

Jana-Sophie ENGELMANN[1]

Zusammenfassung

Technologische Fortschritte bei mobilen Endgeräten bewegen immer mehr Menschen dazu, sich über diese statt über stationäre Desktopangebote zu informieren. Dadurch steigt auch die Nachfrage an mobilen Lösungen zur Bereitstellung von Umweltinformationen. Es gibt vielfältige Anwendungen, die sich auf einen Themenbereich, wie z. B. das Wetter, spezialisiert haben. Aber es gibt vereinzelt auch ganze Umweltportale als mobile Anwendungen, die einen einheitlichen Zugang zu themenübergreifenden Daten anbieten. Dieses Kapitel gibt einen – nicht abschließenden – Überblick über vorhandene mobile Lösungen, ihre Konzepte und die Daten, die sie abdecken.

33.1 Motivation

Mit der zunehmenden Verbreitung von internetfähigen Mobilgeräten und der erhöhten Verfügbarkeit drahtloser Netzwerkverbindungen steigt der Bedarf an mobilen Lösungen zur Bereitstellung von Umweltdaten. Diese bieten dabei einige Vorteile: Das Smartphone oder die Smartwatch sind heutzutage überall dabei und griffbereit. Die Geräte verfügen über eigene Sensoren zur Positionsbestimmung, Kameras, Lagesensoren, Kompass, Lautsprecher, Mikrofon und Bluetooth. So können Daten nicht nur überall abgerufen, sondern auch eigene erfasst und in Systeme eingespeist werden. Die mobilen Geräte werden meist ausschließlich über den Bildschirm per Berührungssensoren bedient, was eine intuitive Interaktion des Nutzers mit den Inhalten ermöglicht. Diese Eigenschaften machen mobile Lösungen auch im Kontext des Umweltinformationsgesetzes attraktiv, da ein leichter Zugang zu Umweltinformationen gewährt werden kann.

Das Angebot an mobilen Lösungen hat sich so in den letzten Jahren stark erweitert. Mittlerweile finden sich zu fast jedem Umweltthema eigene Apps für Smartphones, Smartwatches oder Tablets, die den Nutzer über Messungen, die dem individuellen Interesse entsprechen, in Echtzeit informieren oder per Push-Benachrichtigung vor Ereignissen warnen. Es wird dabei zwischen nativen Apps und der responsiven Nutzung eines Webangebots auf dem mobilen Endgerät unterschieden. Die nativen Anwendungen lassen sich auf das Endgerät herunterladen und je nach Design auch offline nutzen. Bei der Nutzung eines Webangebots, welches an die Oberfläche des mobilen Endgeräts angepasst ist, muss jedoch immer eine Internetverbindung vorhanden sein. Im Folgenden wird der Fokus auf nativen Apps liegen, es finden sich jedoch auch Beispiele eines mobilfähigen Webangebots.

[1] Hochschule Trier, Umwelt-Campus Birkenfeld, s20a4d@umwelt-campus.de

33.2 Anwendungsbereiche

Die Anwendungsbereiche mobiler Lösungen zur Bereitstellung und Visualisierung von Umweltdaten sind vielfältig. Sie lassen sich in die Bereiche Land, Luft, Wasser sowie bereichsübergreifende Anwendungen einteilen. Bei den meisten Anwendungen wird auf die Positionsbestimmung des mobilen Geräts zurückgegriffen, um dann die Messwerte oder Prognosen der relevanten Messstationen mittels Umkreissuche zu bestimmen. Außerdem kann der Nutzer häufig auch noch zusätzliche Orte mittels Auswahl auf einer Karte, per Postleitzahl oder Suche auswählen, für die er die entsprechenden Daten erhalten möchte. Dieses Prinzip findet sich in allen Bereichen wieder. Die vorgestellten Apps lassen sich über die verbreiteten App-Stores von Google Play[2] oder Apple[3] finden.

33.2.1 Terrestrisch

Mobile Lösungen für Umweltdaten, die das terrestrische Geschehen betreffen, stellen dem Anwender z. B. Informationen über umweltbezogene Einschränkungen des Verkehrs zur Verfügung. Die App *Green-Zones* der European Data Service GmbH informiert beispielsweise über die aktuell geltenden Einschränkungen beim Befahren von sogenannten Umweltzonen innerhalb Europas, zugeschnitten auf den Fahrzeugtyp des Anwenders.

Die App *Hilfe im Wald* der INTEND Geoinformatik GmbH erlaubt es dem Nutzer, sich bestimmte Kartenabschnitte auf das mobile Gerät zu laden, welche später dann offline verfügbar sind. Will man nun einen Unfall, Waldbrand, o. Ä. melden, kann man in der App mittels Positionsbestimmung den nächstgelegenen offiziellen Rettungstreffpunkt finden und so eine klare Aussage über den Ort des Geschehens treffen.

Das WSL-Institut für Schnee- und Lawinenforschung bietet die Anwendung *White Risk – SLF Avalanche App*[4] an, welche über die aktuelle Lawinensituation in der Schweiz informiert. Zusätzlich stellt sie umfangreiches Wissen über die Einschätzung der Lawinensituation mit verschiedenen Modellierungen bereit. Die App und die Webanwendung enthalten außerdem einen Tourenplaner, der topographische Karten mit Hangneigungsdaten für die Schweiz, Frankreich und Österreich sowie lawinenspezifische Features enthält. In diesem kann man online oder offline seine Touren planen und die Planungsinhalte danach mit der App für die Offlinenutzung während der Tour synchronisieren. Mit der Positionsbestimmung des Smartphones kann die geplante Route offline genau navigiert werden, wobei in der Kartenansicht der App die besonders lawinengefährdeten Hänge farbig markiert sind.

Um flächendeckend für Baden-Württemberg den Bestand und das Potenzial bezüglich der Nutzung erneuerbarer Energien zu analysieren, wurde 2014 die Webanwendung *Potenzialatlas Erneuerbare Energien*[5] veröffentlicht (MÜLLER et al. 2014). Diese informiert über Wind-, Solar- und Bioenergie sowie Wasserkraft und Wärmenetze. Hierbei werden auf verschiedenen Karten die Bestände der einzelnen Anlagen in Baden-Württemberg angezeigt sowie das für das jeweilige Gebiet berechnete Potenzial für die spezifische Art an erneuerbarer Energie. Interessierte Bürger und Gemeinden können so für Objekte von Interesse das Po-

[2] https://play.google.com/store/apps?hl=de (28.01.2021)
[3] https://www.apple.com/de/app-store/ (28.01.2021)
[4] https://whiterisk.ch/de/welcome (08.01.2021)
[5] https://www.energieatlas-bw.de/ (08.01.2021)

tenzial für erneuerbare Energien bestimmen und mittels eines eingebundenen Wirtschaftlichkeitsrechners Planspiele durchführen. Die flexible Benutzeroberfläche basiert auf dem Anwendungsframework map.apps der Firma con terra aus Münster. Diese ermöglicht die Nutzung der ArcGIS Plattform bei der Erstellung von Kartenanwendungen, welche später auf allen verbreiteten Endgeräten dargestellt werden kann. Demnach ist der *Potenzialatlas Erneuerbare Energien* zwar keine native App, die sich der Nutzer auf ein mobiles Endgerät herunterlädt, aber er ist auch auf die Anwendung auf mobilen Geräten ausgerichtet und verfügt beispielsweise über eine entsprechend angepasste Navigationsführung.

33.2.2 Luft

Die meisten Bürger kommen täglich mit Umweltdaten zur Luft in Berührung, wobei auch hier mobile Geräte eine immer größere Rolle als Informationsquelle spielen. So gibt es unzählige Wetterapplikationen für Smartphones, aber auch Daten über die Luftqualität, Strahlung oder den Pollenflug werden populärer. Beispielsweise sagt die App *Pollen* des Österreichischen Pollenwarndiensts die stündliche Pollenbelastung für die nächsten drei Tage abhängig von der Region des Anwenders voraus. Die Vorhersage für Deutschland beruht dabei auf Daten des Deutschen Wetterdiensts (DWD), des Finnischen Meteorologischen Instituts und der Stiftung Deutscher Polleninformationsdienst. Des Weiteren gibt es für den Nutzer die Möglichkeit, ein Pollentagebuch zu führen, welches die Beeinträchtigung im Alltag dokumentiert. Basierend darauf werden individuelle Vorhersagen zur Pollenbelastung erstellt. Außerdem können die Daten anonymisiert für die Grundlagenforschung im Bereich der Allergologie verwendet werden. So profitieren sowohl die Nutzer von einer individuelleren Vorhersage, basierend auf Umweltdaten, als auch die Entwickler der App durch zusätzliche Daten für die Forschung.

Spätestens seit der Nuklearkatastrophe von Fukushima im Jahr 2011 ist auch das Interesse der Smartphone-Nutzer an aktuellen Strahlungsmesswerten, wie der Gamma-Ortsdosisleistung als Maß für die vor Ort wirkende ionisierende Strahlung, gestiegen. Diesem Interesse trägt die App *Strahlung Deutschland* der arsmedium group Rechnung. Hier können Anwender mittels der automatischen Positionsbestimmung des mobilen Geräts auf die letzten veröffentlichten Messwerte der nächstgelegenen Messstation des Bundesamts für Strahlenschutz (BfS) zurückgreifen. Dieses misst die Strahlung kontinuierlich an 1.800 Messstationen des integrierten Mess- und Informationssystems zur Überwachung der Umweltradioaktivität in Deutschland und veröffentlicht die Messwerte alle sechs Stunden. Vor Veröffentlichung der Daten benötigt das BfS jedoch Zeit für die Überprüfung und Aufbereitung der Daten. Deshalb sind die Werte, die die App anzeigt, mindestens sieben Stunden und maximal 13 Stunden alt. Die App erlaubt außerdem, die Werte für manuell eingestellte Orte anzuzeigen und diese auch in den Startbildschirm mobilen Geräts zu integrieren, sodass der Nutzer jederzeit informiert ist.

Über die Luftqualität in Europa informiert die App *EuropeAir* von 4sfera Innova. Diese bezieht Messwerte von 3.500 Messstationen in über 30 Ländern, welche Ozon, Stickstoffdioxid und Feinstaub der Partikelgröße PM2,5 und PM10 messen. So erhält man einen schnellen Überblick über die größten Einflussfaktoren auf die Luftqualität in Europa. Für Nutzer, die sich hauptsächlich für die Luftqualität Deutschlands interessieren, gibt es die App *Umweltdaten* von Matthias Schorer, welche noch etwas mehr ins Detail bei den einzelnen Luftkomponenten geht. Sie bietet zusätzlich zu den Daten, die auch *EuropeAir* anzeigt, die aktuellen Werte zu Kohlenmonoxid und Schwefeldioxid. Außerdem enthält sie auch die Radioaktivitätsdaten des BfS und die aktuellen Wasserstandspegeldaten, auf die im folgenden Abschnitt noch näher eingegangen wird.

Genaue Angaben über die Wind- und Wellenverhältnisse lassen sich häufig auch in Apps für Wind- und Wassersportler finden, wie z. B. *Windy.com, Windy.app* oder *LuckGrib*. Diese bieten alle verschiedene globale und lokale Wetter- und Ozeanmodelle zur Auswahl an, wie z. B. das ECMWF-Modell des Europäischen Zentrums für mittelfristige Wettervorhersage, welches eine Auflösung von neun Kilometern hat und damit sehr genau ist. Manche der Apps ermöglichen auch sogenannte Wetternavigation, die optimierte Routen durch die komplexen Wettersysteme, z. B. beim Segeln, berechnet.

Auch für andere Bereiche, die besonders vom Wetter abhängig sind, wurden spezielle Apps entwickelt, die dem interessierten Bürger detailliertere Wetterdaten als Standardwetteranwendungen bieten. Die Bayer AG offeriert den Landwirten die *Bayer Agrar Wetter App*. Diese informiert mit hochauflösenden HD-Wetterprognosen mit einer Auflösung von einem Kilometer über die Wettervorhersage im Stundentakt. Auch hier wird auf verschiedene Wettermodelle für einen Wettertrend von mehreren Tagen zurückgegriffen. Spezifisch für die Landwirtschaft enthält die App Prognosewerte zur Bodenfeuchte in verschiedenen Tiefen oder der tatsächlichen Verdunstung von Gras über sandigem Lehm, welche eine ökonomische Optimierung ermöglichen. Außerdem stellt die App die Unwetterwarnungen des DWD bereit, die dieser selbst auch in der *WarnWetter-App* darstellt. Eine weitere spezialisierte App ist das *DWD-Flugwetter*, welches hochauflösende Radarbilder, Blitzdaten und eine aktuelle Flugwetterübersicht enthält. Diese App wird jedoch vom DWD ausschließlich über einen zahlungspflichtigen Zugang für eine geschlossene Nutzergruppe zur Verfügung gestellt.

33.2.3 Wasser

Das Wasser betreffende Umweltdaten sind z. B. aktuelle Wasserstände, -abflussmengen, -qualität oder auch Fischvorhersagen für Angler. Die Anwendung *Qualité Rivière* der Wasserbehörde und französischen Agentur für Biodiversität zeigt die Badewasserqualität und den ökologischen Status der Flüsse mit den darin lebenden Fischarten für Frankreich an. Die Daten reichen bis zu drei Jahre zurück und werden jedes Jahr mindestens einmal aktualisiert.

Für deutsche Gewässer gibt es die Anwendung *Meine Pegel* als amtlichen Service des länderübergreifenden Hochwasserportals www.hochwasserzentralen. Diese informiert über den aktuellen Wasserstand der rund 2.500 Pegel, die überregionale Hochwasserlage in Deutschland und die Wasserstandsganglinie. Außerdem bietet sie eine Vorhersage des Wasserstands. Dabei kann der Anwender Pegel als Favoriten festlegen und sich über Push-Benachrichtungen von der Über- oder Unterschreitung eines von ihm festgelegten Grenzwerts am Pegel benachrichtigen lassen. Um Informationen über die Wassertemperatur, Navigierbarkeit der Flüsse und Kayak-Routen zu erhalten, können Smartphone-Nutzer zusätzlich auf die *RiverApp* von Florian Bessière zurückgreifen, welche auch die Daten der hydrologischen Institute in Europa und Amerika verwendet. Zusätzlich gibt es für Angler noch diverse Apps, wie z. B. *FishAngler* oder *FishingPoints*, welche die besten Zeiten für einen Angelerfolg basierend auf Mond- und Sonnendaten, den sogenannten Solunarzeiten, Gezeiten und Wetter-/ Windprognosen vorhersagen.

Für Feuerwehren und Kommunen stellt die Wasserkarte.info GmbH die gleichnamige Mobilanwendung zur Verfügung. Diese ist in der Basisversion kostenlos und auch dem interessierten Bürger nach Registrierung zugänglich. Die App enthält alle eingetragenen Daten zu

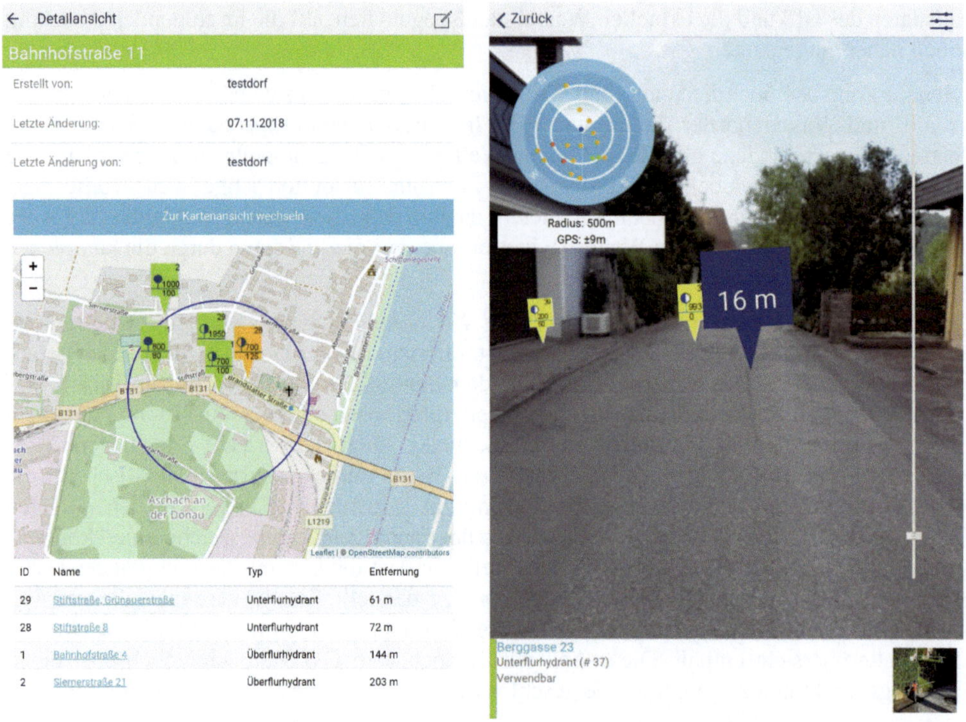

Abb. 33.1: Beispiele für die Benutzeroberfläche der App *Wasserkarte.info*. Links: Anzeige der nächstgelegenen Wasserentnahmestellen, rechts: Einbettung der Positionen der Wasserentnahmestellen in das Kamerabild mittels Augmented Reality (Wasserkarte.info GmbH, https://wasserkarte.info/app/#).

Gebäuden, Löschwasserförderungen und Wasserentnahmestellen und wird von Kommunen und Feuerwehren in enger Zusammenarbeit genutzt. Die Daten können auch offline für die Einsatzführung vor Ort abgerufen werden. Über die Positionsbestimmung des mobilen Geräts können die nächstgelegene Entnahmestelle sowie weitere Informationen wie ihre Verwendbarkeit, Höhenunterschiede und Drücke während des Einsatzes abgerufen werden (vgl. Abb. 33.1 links). Auch Brandschutzpläne von Gebäuden und Ergebnisse einer Wartung können in der App offline hinterlegt und später mit der Plattform synchronisiert werden. Außerdem stellt die App eine Augmented-Reality-Ansicht zur Verfügung, um auch schwer auffindbare Objekte, wie Armaturen oder Hydranten, schnell sichtbar zu machen. Dafür wird in das Kamerabild des Smartphones, welches dem Blickfeld des Nutzers entspricht, die Position der Objekte eingeblendet (vgl. Abb. 33.1 rechts).

33.2.4 Übergreifende Konzepte

Neben den spezialisierten Anwendungen gibt es auch Apps, die viele verschiedene Umweltbereiche verbinden. Dazu gehören einerseits Katastrophenwarnungen, aber auch generelle Umweltportale als mobile Anwendungen, welche beide in diesem Abschnitt beschrieben werden.

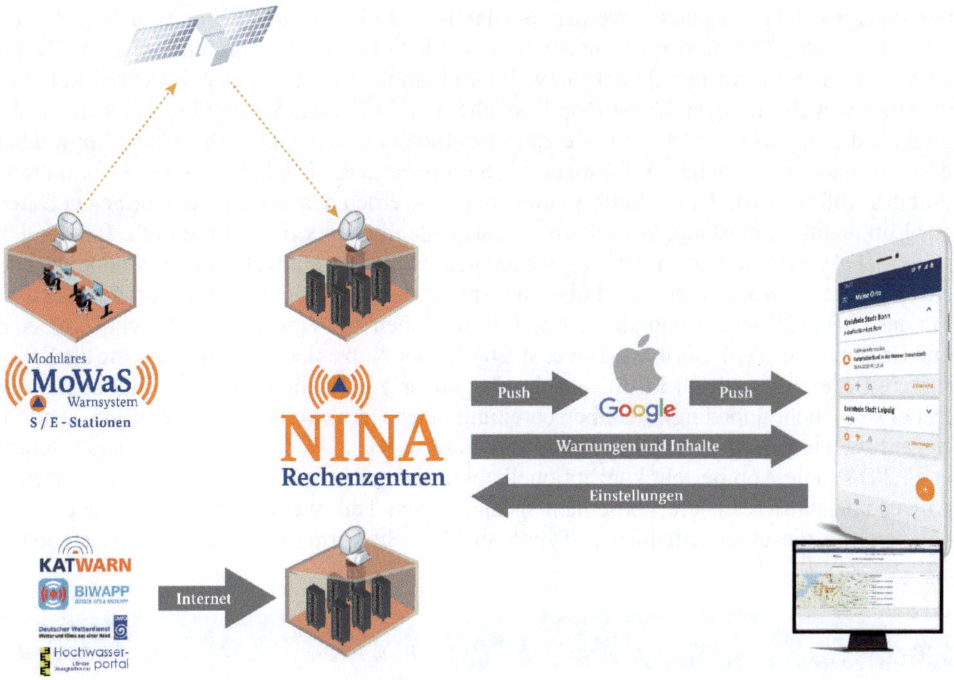

Abb. 33.2: Funktionsweise der Warn-App *NINA* im Zusammenspiel mit dem Modularen Warnsystem und der anderen Warn-Apps (BKK 2020, 22)

Für den Bevölkerungsschutz gibt es in Deutschland das Modulare Warnsystem (MoWaS) des Bundes sowie ländereigene Warninfrastrukturen (vgl. BKK 2020). Dabei wird eine Warnmeldung entweder in den Lagezentren von Bund, Ländern oder von den unteren Katastrophenschutzbehörden wie Landkreise oder kreisfreie Städte ausgelöst. Die Übertragung erfolgt daraufhin sowohl via Satelliten als auch kabelgebunden über das Internet, um mögliche Störfälle eines Übertragungswegs zu berücksichtigen. Die Warnmeldung wird vom zentralen Warn-Server an die verschiedenen Warnmultiplikatoren, wie z. B. Medienbetreiber wie der öffentliche Rundfunk, regionale Warnsysteme oder das Internet, weitergegeben, von wo die Warnmeldung dann auf den verschiedenen Endgeräten erscheint (vgl. Abb. 33.2). Als mobile Anwendungen gibt es hierbei die amtliche Warn-App *NINA* sowie lokale Warn-Apps wie *KATWARN* oder *BIWAPP*. Dabei dienen erweiterte Schnittstellen der lokalen Warn-Apps zum MoWaS-System zum Austausch gegenseitiger Warnmeldungen, sodass Bürger unabhängig von der Art der installierten App für ihre Region gewarnt werden. Die Warnmeldungen betreffen hierbei nicht nur Großschadenslagen, sondern auch Meldungen über Unwetterwarnungen, Hochwasser, Vollsperrungen, Feuer, Kampfmittelfunde und Notfallverordnungen z. B. in einer Pandemiesituation. Auch hier kann der Nutzer verschiedene Orte auswählen, zu denen er benachrichtigt werden möchte, oder auf die automatische Ortung zurückgreifen.

Mit dem Ziel, eine universelle mobile Umweltanwendung zu entwickeln, wurde 2011 begonnen, die Daten der Umweltportale der Bundesländer, insbesondere der Plattform für Baden-Württemberg, in einer App zur Verfügung zu stellen (SCHLACHTER et al. 2011). Hierbei sollten Synergieeffekte ausgenutzt werden, die daraus resultieren, dass die meisten Apps grundsätzlich dieselbe Funktionsweise haben und sich lediglich im Design unterscheiden. Dafür wurde der App-Baukasten „Landesumweltportale mobil“ („LUPO mobil“) entwickelt, auf welchem sowohl die App *Meine Pegel*, welche im Abschnitt „Wasser“ beschrieben wurde, als auch die App *Meine Umwelt* basieren (KIMMING et al. 2016). Die App *Meine Umwelt* hat drei Anwendungsbereiche: „Informieren“, „Sammeln“ und „Erleben“. Unter „Informieren“ fällt das Abfragen von Umweltinformationen. Hier werden dem Nutzer standortgenau Daten zur Luftqualität, Feinstaub, Unwettern, Pegelstände und Energie bereitgestellt. Im Bereich „Sammeln“ wird dem Nutzer die Möglichkeit geboten, selbst Umweltbeeinträchtigungen und Artenfunde zu dokumentieren und über die App an das zuständige Umweltportal zu senden. Für das Thema „Erleben“ enthält die App Informationen zu Veranstaltungen, Schutzgebieten und Erlebnisorten (vgl. SCHLACHTER et al. 2014). Der Nutzer kann bestimmte Orte als Favoriten festlegen und sich für Push-Benachrichtigungen zu Gefahren für diese Orte anmelden. Dabei steht nicht unbedingt die Überschreitung eines Grenzwerts im Vordergrund, sondern es geht auch um „politisch ausgerufene“ Warnungen, wie z. B. der „Feinstaubalarm“ (KOCH et al. 2018). Die App besteht konzeptionell aus einem generischen Teil, der die generischen Anwendungsfälle realisiert, und einem spezialisierten Teil, welcher die Komponenten enthält, welche die unterschiedlichen Typen an Umweltinformationen in die App einbetten

Abb. 33.3: Screenshots der mobilen Anwendung des Umweltdatenportals *EnVIS* des Schweizer Kantons Aargau (LIENERT 2019, 15)

(SCHLACHTER et al. 2014). Mittlerweile ist die App für die Bundesländer Baden-Württemberg, Sachsen-Anhalt, Schleswig-Holstein und Thüringen verfügbar, wobei das relevante Bundesland vom Nutzer manuell ausgewählt werden kann. Bayern bietet eine ähnliche App unter dem Namen *umweltinfo* an.

Der Schweizer Kanton Aargau hat im Rahmen seiner Digitalisierungsstrategie *SmartAargau* das Umweltdaten-Managementportal *EnVIS* (*En*vironmental Data *Vis*ualization) geschaffen (LIENERT 2019). Dieses führt Umweltdaten verschiedener Quellen zusammen und wertet diese mit einem Geoinformationssystem in Echtzeit aus. Darunter fallen z. B. Daten zur Agronomie (Sonneneinstrahlung, Blattnässe-Index), Boden, Grundwasser, Hydrometrie, Luft- und Wasserqualität und Meteorologie. Diese Daten werden interaktiv und visuell ansprechend für die Bevölkerung in digitalen Karten unter verschiedenen Umweltthemen, wie z. B. der Feinstaubbelastung, dargestellt (vgl. Abb. 33.3). Mittels dieser Daten können die Bürger die Entwicklungen der Umwelt direkt vor ihrer Haustür besser nachvollziehen, Trends erkennen und werden für das Thema sensibilisiert. Das System ist nicht nur an interessierte Bürger gerichtet, sondern dient auch den Mitarbeitern der kantonalen Verwaltung als einheitlicher Zugang zu kantonalen Umweltdaten. *EnVIS* verwendet die Web-GIS-Oberfläche auf ArcGIS Online, wodurch es auch auf mobilen Endgeräten benutzerfreundlich ist.

33.3 Ausblick

Die Bürger haben ein breites Angebot an Umweltdaten, das sie mittels mobiler Geräte abrufen können. Dabei sind die meisten Anwendungen spezialisiert auf ein Themenfeld, aber es gibt auch schon einige Anwendungen, die einen einheitlichen Zugang zu vielen verschiedenen Umweltdaten bieten. Derartige Anwendungen, die zumeist von öffentlicher Hand bereitgestellt werden, werden in Zukunft häufiger entwickelt werden, da sie Gemeinden ermöglichen, den im Umweltinformationsgesetz geforderten leichten Zugang zu Umweltinformationen zu realisieren. Dies führt auch zur ständigen Weiterentwicklung und Verwendung von fortgeschrittenen Technologien, wie etwa Virtual oder Augmented Reality. Vereinzelt gibt es schon mobile Anwendungen, die die neuartigen Visualisierungsmöglichkeiten für Umweltdaten nutzen. Dieses Potenzial wird in den kommenden Jahren weiter erprobt werden, um Umweltinformationen vor Ort erlebbar zu machen. Auch die Möglichkeit, Daten durch die Nutzer über die Umwelt mittels mobiler Anwendungen zu erhalten, birgt ein großes Potenzial, da so große Datenmengen in kürzester Zeit zusammengetragen werden.

Literatur

BKK – BUNDESAMT FÜR BEVÖLKERUNGSSCHUTZ UND KATASTROPHENHILFE (Hrsg.) (2020): MoWaS und NINA: Das Modulare Warnsystem und die Warn-App NINA. https://www.bbk.bund.de/SharedDocs/Downloads/BBK/DE/NINA/MoWaS_NINA_Imagebroschuere.pdf?__blob=publicationFile (10.01.2021).

KIMMING, D., SCHILLINGER, W., TAUBER, M., KOCH, L., HIBBELER, C., WESTRICH, P., SCHLACHTER, T. BRAUN, E., DÜPMEIER, C., GRECEANU, C., SCHMITT, C. & WEISSENBACH, K. (2016): LUPO mobil. Synergieeffekte bei der Entwicklung mobiler Anwendungen am Beispiel der Apps „Meine Umwelt" und „Meine Pegel". In: WEISSENBACH, K., SCHILLINGER, W. & WEIDEMANN, R. (Hrsg.): KIT Scientific Reports 7715, KIT Scientific Publishing, Karlsruhe, 39-50.

KOCH, L., HÄNIG, K., HIBBELER, C., SCHLACHTER, T., SCHILLINGER, W., SCHERRER, M., BECKER, J., WEISSENBACH, K. & FÖLL, J. (2018): LUPO mobil. Intelligente Umweltassistenten im Rahmen der LUPO-Kooperation für mobile Anwendungen. In: WEISSENBACH, K., SCHILLINGER, W., BARNIKEL, G. & WEIDEMANN, R. (Hrsg.): KIT Scientific Reports 7751, KIT Scientific Publishing, Karlsruhe, 41-50.

LIENERT, C. (2019): EnVIS. Neues mobiles Umweltdatenportal Kanton Aargau. https://www.kkgeo.ch/application/files/1015/7683/8252/EnVIS_Praesentation_KKGeo_20.11.2019.pdf (12.01.2021).

MÜLLER, M., SCHERRER, M., KOST, F., TOLLE, A., HERICH, M., OSSWALD, M. & MÄNDL, C. (2014): Potenzialatlas Erneuerbare Energien. In: WEISSENBACH, K., SCHILLINGER, W. & WEIDEMANN, R. (Hrsg.): KIT Scientific Reports 7665, KIT Scientific Publishing, Karlsruhe, 159-171.

SCHLACHTER, T., DÜPMEIER, C., GEIGER, W., WEIDEMANN, R., EBEL, R., TAUBER, M. & ZETZMANN, K. (2011): LUPO mobil. Ein Schichtenmodell zur Auswahl und Nutzung von Umweltdiensten auf mobilen Endgeräten. In: MAYER-FÖLL, R., EBEL, R. & GEIGER, W. (Hrsg.): KIT Scientific Reports 7586, KIT Scientific Publishing, Karlsruhe, 33-42.

SCHLACHTER, T., DÜPMEIER, C., WEIDEMANN, R., SCHILLINGER, W., NONNENMANN, B., ROSSI, R., HIBBELER, C., KOCH, L. & DOMBACK, T. (2014): LUPO mobil. Umweltdaten mobil: Konzepte und technologische Einblicke in die ‚Meine Umwelt'-App. In: WEISSENBACH, K., SCHILLINGER, W. & WEIDEMANN, R. (Hrsg.): KIT Scientific Reports 7665, KIT Scientific Publishing, Karlsruhe, 75-90.

V Best-Practise-Beispiele

34 Nachhaltigkeits- und Biodiversitätsmonitoring im Alpenraum 416
Ulrike Tappeiner, Roberta Bottarin, Thomas Marsoner, Uta Schirpke und Erich Tasser

35 Nachhaltige Landnutzung und digitale Landwirtschaft..... 426
Patrick Noack

36 GIS-basierte Gefährdungs- und Risikoanalyse von urbanen Starkregenereignissen (Risk Mapping – Starkregenereignisse)........ 436
Laura Berresheim, Jan-Henrik Kruse und Thomas Siekmann

37 Informationssysteme für das Krisen- und Notfallmanagement........ 446
Horst Kremers

38 Erneuerbare Energien 456
Henrik te Heesen

39 Netzdokumentation bei einem regionalen Versorgungsunternehmen 467
Markus Lermen

40 Citizen Science – praktische Erfahrungen am Beispiel des ArtenFinders Rheinland-Pfalz........ 479
Hendrik Geyer

41 Emissionskataster 487
Heinrich Humer und Rudolf Orthofer

34 Nachhaltigkeits- und Biodiversitätsmonitoring im Alpenraum

Ulrike TAPPEINER[1,2], Roberta BOTTARIN[1], Thomas MARSONER[1], Uta SCHIRPKE[1] und Erich TASSER[1]

Zusammenfassung

Die Alpen sind ein wichtiger Natur- und Kulturraum im Zentrum Europas. Aufgrund der topographischen und klimatischen Besonderheiten sowie menschlicher Nutzung über Jahrtausende haben sich vielfältige Ökosysteme und Landschaften herausgebildet, die jedoch auch besonders empfindlich gegenüber anthropogenen Einflüssen sind. Daher ist ein Nachhaltigkeits- und Biodiversitätsmonitoring besonders wichtig und herausfordernd, um eine nachhaltige Entwicklung der Alpenregionen zu unterstützen und dem Verlust an biologischer Vielfalt entgegenzuwirken. Ein einheitliches Umweltmonitoring ist für die Alpen jedoch nicht vorhanden, aber es gibt einige erfolgreiche Best-Practice-Beispiele über den gesamten Alpenbogen sowie auf nationaler und regionaler Ebene. Diese Beispiele könnten den Weg zu einem alpenweiten Nachhaltigkeitsmonitoring auf Gemeindeebene mit Bezug zu den 17 Zielen für nachhaltige Entwicklung der Vereinten Nationen (SDGs) sowie ein Biodiversitätsmonitoring mit einheitlichem Protokoll für ausgewählte Arten und Lebensräume ebnen.

34.1 Einleitung und Problemstellung

Gebirgslebensräume stellen für ein Umweltmonitoring eine besondere Herausforderung dar. Die vielfältigen und kleinräumigen Unterschiede im Relief beeinflussen abiotische Faktoren, wie die Sonneneinstrahlung und den Niederschlag, und führen damit zu extrem ausgeprägten Umweltgradienten auf kleinem Raum. Die vielfältigen Mikrohabitate, die dadurch entstehen, unterscheiden sich in den physikalischen und chemischen Bodeneigenschaften, der Vegetation und dem davon geprägten Bioklima. Hinzu kommt eine kleingliedrige und diverse Nutzung des Raums durch den Menschen. Gerade der Alpenraum mit seiner jahrtausendealten Nutzung ist dadurch zu einem der vielfältigsten Räume Europas geworden. Gleichzeitig hinterlassen ökonomische und soziale Veränderungen, wie die Rücknahme der Landnutzung, neue Formen der Freizeitgestaltung in der Natur, aber auch ökologische Veränderungen, wie CO_2-Anstieg, anthropogene klimatische Veränderungen oder Stickstoffeintrag, ihre Spuren. Die dadurch entstehende Dynamik ist häufig nicht unmittelbar erkennbar, sondern ist aufgrund der zeitverzögerten Reaktion der Ökosysteme erst über lange Zeiträume nachweisbar, der Grund warum ein langfristiges Umweltmonitoring speziell für Berggebiete ein wichtiges Anliegen ist.

[1] Eurac Research, Institut für Alpine Umwelt, Drususallee 1, I-39100 Bozen, [Vorname].[Nachname]@eurac.edu, www.eurac.edu

[2] Universität Innsbruck, Institut für Ökologie, Sternwartestr. 15, A-6020 Innsbruck, ulrike.tappeiner@uibk.ac.at, www.uibk.ac.at

Die Alpen erstrecken sich über etwa 190.700 km² und wirken wie eine Barriere, die vier verschiedene Typen von Klimazonen voneinander trennt. In den Alpen leben mehr als 14 Millionen Menschen in acht europäischen Ländern: Italien, Frankreich, Schweiz, Österreich, Slowenien, Deutschland, Liechtenstein und Monaco. Der mit 17 % geringe Anteil an verfügbarem Dauersiedlungsraum führt zu einem erheblichen Wettbewerb um die Flächennutzung und beeinflusst Lärm und Luftqualität aufgrund der Konzentration von Siedlungen und Infrastruktur. Durch die Reliefenergie spielen zudem Naturgefahren eine große Rolle.

Entsprechend der großen Bedeutung all dieser Aspekte gibt es im Alpenraum zahlreiche Monitoringprogramme zu den verschiedenen Umweltbereichen, allerdings folgen diese in der Regel den nationalen und teilweise regionalen Vorgaben und werden damit weder flächendeckend für den gesamten Alpenraum, noch nach einem einheitlichen Protokoll erhoben. Darüber hinaus liefern NGOs, aber auch Europäische Forschungsprojekte zahlreiche alpenweite Umweltdaten. Teile dieser Daten fließen in europäische Informationssysteme ein, etwa der Europäischen Umweltagentur. Übersichtliche Alpenzustandsberichte werden von der 1991 gegründeten Alpenkonvention, einem multilateralen Rahmenabkommen zur nachhaltigen Entwicklung im Alpenraum mit besonderer Berücksichtigung der dort lebenden Menschen, veröffentlicht. Die sieben bisher (2020) erschienenen Zustandsberichte basieren auf ABIS, dem Alpenbeobachtungs- und Informationssystem, sind aber jeweils einem Spezialthema, wie den Naturgefahren (STÄNDIGES SEKRETARIAT DER ALPENKONVENTION 2019), dem nachhaltigen Tourismus oder dem Wasser, gewidmet und sind daher keine fortlaufenden Zustandsbeschreibungen, sondern aktuelle Momentaufnahmen. Die Alpenkonvention stellt die von ihr gesammelten Daten über ihren Alpenkonventionsatlas zur Verfügung. Der Atlas umfasst Karten, Dokumente und Datensätze (www.atlas.alpconv.org (24.01.2021)). Neben der Alpenkonvention beschäftigt sich vor allem auch die Initiative EUSALP mit der nachhaltigen Entwicklung von Makroregionen im Alpenraum, um dort zur wirtschaftlichen, sozialen und territorialen Kohäsion beizutragen. Auf einer eigenen Plattform werden dazu Informationen gesammelt, dokumentiert und so der Öffentlichkeit zugänglich gemacht.

Da es kein einheitliches Umweltmonitoring für die Alpen gibt, stellen wir in diesem Kapitel ausgewählte Best-Practice-Beispiele über den gesamten Alpenbogen, aber auch für die nationale und regionalen Ebene vor. Zudem konzentrieren wir uns auf ökologisch besonders relevante Bereiche, die derzeit auch eine wichtige Rolle im gesellschaftspolitischen Diskurs spielen. Im Speziellen sind dies Informationssysteme zur Nachhaltigkeit und zur biologischen Vielfalt.

34.2 Nachhaltigkeitsmonitoring

Bereits auf der UN-Konferenz für Umwelt und Entwicklung in Rio de Janeiro wurde 1992 ein großes Aktionsprogramm zur nachhaltigen Entwicklung, die Agenda 21, verabschiedet. 2015 wurde diese in die Agenda 2030 für Nachhaltige Entwicklung überführt. Darin werden 17 Hauptziele für eine nachhaltige Entwicklung (Sustainable Development Goals, SDGs) als Leitfaden für eine bessere und nachhaltigere Zukunft für alle definiert. Die meisten Alpenstaaten haben diese Nachhaltigkeitsziele bereits für die nationale Ebene aufgegriffen und auch das Klimazielsystem 2050 der Alpenkonvention orientiert sich ausdrücklich an den SDGs ebenso wie der 7. Alpenzustandsbericht. Allerdings sind adäquate Monitoringsysteme zu den SDGs erst im Entstehen und fokussieren entweder auf eine gesamtstaatliche Ebene oder auf einzelne Regionen. Im folgenden Kapitel stellen wir ein bereits etabliertes Informationssystem vor, das wesentliche Nachhaltigkeitsindikatoren für den gesamten Alpenraum umfasst, und gehen dann auf zwei regionale Beispiele in den Alpen ein.

34.2.1 Der Alpenatlas: ein alpenweites Nachhaltigkeitsinformationssystem zur nachhaltigen Entwicklung

Zwar war der 3. alpenweite Zustandsbericht der Alpenkonvention der Nachhaltigkeit gewidmet (STÄNDIGES SEKRETARIAT DER ALPENKONVENTION 2011), aber erst im Rahmen des vom Alpenraumprogramm der EU finanzierten Forschungsprojekts „DIAMONT" wurde ein umfassendes Indikatorensystem zu Gesellschafts-, Wirtschafts-, und Umweltaspekten für alle 5.888 Alpengemeinden mit über 100 alpenweite Indikatoren entwickelt und in einem letzten Schritt in Form eines Alpenatlas als gedrucktes Kartenwerk dargestellt (TAPPEINER et al. 2008). Der Alpenatlas enthält alpenweite Karten und deren Interpretation aus den Bereichen Soziales, Wirtschaft und Ökologie. Themen wie Landbedeckung, Landschaftsvielfalt, Landschaftszerschneidung, Erreichbarkeit, Siedlungssituation, Betriebsstruktur, Frauenbeschäftigung, Erwerbsituation, Besiedelungsentwicklung, Arbeitsmarktsituation, Demographie, Haushaltssituation, Familiensituation, Bildung oder Partizipation werden jeweils mit mehreren Indikatoren dargestellt und interpretiert. Darüber hinaus wurden diese Informationen im Sinne der Nachhaltigkeitsdebatte analysiert und dabei auf einige wenige, dafür aber besonders aussagekräftige Karten verdichtet. Schlussendlich erfolgte in einem Clusterverfahren eine Einteilung des Alpenbogens in acht klar voneinander abgrenzbare Entwicklungsregionen im Alpenraum: „Arbeitsplatzzentren", gekennzeichnet durch einen hohen positiven Pendlersaldo; „Wohn- und Schlafgemeinden" im unmittelbaren Umfeld der großen urbanen Arbeitsmärkte; „Tourismusgemeinden" mit vielen Arbeitsplätzen im Dienstleistungssektor und inmitten einer funktionierenden Landwirtschaft und damit einer intakten Kulturlandschaft; „Dynamischer ländlicher Raum" mit einem dynamischen Arbeitsmarkt, aber einer überdurchschnittlich hohen Abwanderungsrate vieler Erwerbstätiger; „Alpine Standardregion" mit einem negativen Pendlersaldo und einem leichten Rückzug der Landwirtschaft; „Ländliches Rückzugsgebiet", bei dem die Bevölkerung aufgrund einer guten Verkehrsanbindung zur Arbeit auspendelt, ihren Lebensmittelpunkt aber im ländlichen Hinterland behält, das weitgehend naturbelassen und von einer hohen Landschaftsvielfalt geprägt ist; „Traditionelle Landwirtschaftsregion", die durch eine starke Überalterung der Bevölkerung und eine schlechte Verkehrsanbindung, aber auch durch eine reiche Kulturlandschaft gekennzeichnet ist; und schlussendlich der „Vergessener ländlicher Raum", der durch eine deutliche Überalterung der Bevölkerung und einen besonders starken Rückzug der Landwirtschaft geprägt ist.

Das entwickelte Indikatorensystem beruht auf für wissenschaftliche Zwecke frei verfügbare Daten für Geoinformationssysteme, wie z. B. CORINE Land Cover (EUROPEAN UNION 2018) oder OpenStreetMap, sowie auf Daten der nationalen Großzählungen der beiden Jahre 1990/91 und 2000/01, die allerdings in einem mühseligen Prozess harmonisiert werden mussten (TAPPEINER et al. 2007). Die berechneten Indikatoren wurden nach Projektabschluss in den Alpenkonventionsatlas überführt und sind frei verfügbar. Der im Rahmen des Projekts entwickelte Basisdatensatz wurde von Eurac Research in Bozen mit den Zensusdaten von 2010/11 um einen weiteren Zeitabschnitt erweitert. Hierfür wurden die für die Berechnung der Indikatoren benötigten Daten für die Alpengemeinden von den nationalen Statistikämtern gesammelt und harmonisiert, um damit ein langfristiges Monitoringsystem zu etablieren. 30 dieser Nachhaltigkeitsindikatoren sind auf der AlpES-Web-GIS-Plattform (www.alpeswebgis.eu/ (25.01.2021)) zugänglich. Weitere Basisdaten können für wissenschaftliche Zwecke bei den Autoren angefordert werden.

In einem weiteren Projekt aus dem Alpenraumprogramm, „AlpES“ wurde ebenfalls auf Gemeindeebene das Angebot, der Fluss und die Nachfrage von acht für den Alpenraum zentralen Ökosystemleistungen (Trinkwasser, Grünlandbiomasse, Brennholz, Filtration von Oberflächengewässern, Schutz vor Naturgefahren, CO_2-Bindung, Freizeitaktivitäten im Freien sowie symbolische Pflanzen, Tiere und Landschaften) in Form von Indikatoren erfasst und kartiert (SCHIRPKE et al. 2019a). Das Untersuchungsgebiet umfasste dabei den erweiterten Alpenraum, welcher neben dem zentralen Gebirgsbogen auch das Alpenvorland und weite Teile der Po-Ebene mit über 15.000 Gemeinden und einer Gesamtbevölkerung von mehr als 51 Millionen umfasst. Die Gegenüberstellung von Angebot, Fluss und Nachfrage der Ökosystemleistungen unterstreicht dabei, dass die räumlichen Flüsse im Alpenraum von lokalen bis zu globalen Interaktionen reichen und weit über den Alpenraum hinausgehen. Die Transportprozesse umfassen dabei passive biophysikalische Prozesse (z. B. Trinkwasserreinigung, Kohlenstofftransport), den aktiven Transport von Waren (z. B. Futtermittel) oder eine Informationsverteilung z. B. durch den Alpentourismus. Gerade solche Beispiele weisen darauf hin, wie bei der Entscheidungsfindung und Politikgestaltung ein verbessertes Verständnis genutzt werden könnte, um die Auswirkungen von Entwicklungen im Alpenraum auf die lokalen, regionalen und globalen Systeme zu berücksichtigen (SCHIRPKE et al. 2019b).

34.2.2 Nachhaltigkeitsmonitoring Südtirol

Die Agenda 21 weist vor allem den Gemeinden eine führende Rolle bei der Umsetzung der Nachhaltigkeitsziele zu. Jedoch variieren Gegebenheiten und Probleme auf Gemeindeebene so stark, dass unterschiedliche Strategien erforderlich sind. Daher müssen auch Indikatoren für ein Nachhaltigkeitsmonitoring lokale und spezifische Gegebenheiten erfassen können, sowie für alle Akteure in den Gemeinden verständlich und beeinflussbar sein. Außerdem benötigen Gemeinden nachvollziehbare und aktuelle Informationen, die sie bei der Entscheidungsfindung unterstützen und einen Dialog mit den Bürger*innen ermöglichen. Basierend auf internationalen Monitoringsystemen entwickelten die Landesagentur für Umwelt der Autonomen Provinz Bozen-Südtirol, das Wirtschaftsforschungsinstitut der Handelskammer Bozen sowie die Europäische Akademie Bozen (Eurac Research) ein Indikatorenset auf Gemeindeebene (TAPPEINER et al. 2007). Dabei wurde darauf geachtet, dass die Indikatoren den Standards internationaler Monitoringsysteme entsprechen und gleichzeitig den lokalen Anforderungen von Berggebieten gerecht werden, indem die Ergebnisse einer Delphiumfrage mit internationalen Expert*innen sowie lokalen Interessenvertreter*innen berücksichtigt wurden. Die 76 ausgewählten Indikatoren sind 19 Themenbereiche zugeordnet: (1) Umwelt: Wasser, Luft, Biodiversität, Raumnutzung, Energie, Abfall, Verkehr; (2) Gesellschaft: Bevölkerung, Bildung, Pendler, Politik, Sozialpflege, Wohnungen; (3) Wirtschaft: Arbeitsmarkt, Landwirtschaft, Handel, Tourismus, Unternehmen, Wertschöpfung. Die Datenreihe ist ab dem Jahr 2000 vorhanden und wird jährlich aktualisiert. Während Indikatoren der Bereiche Gesellschaft und Wirtschaft aufgrund guter Datenverfügbarkeit (z. B. Bevölkerungs-, Betriebsstätten-, Landwirtschafts- und Tourismusstatistiken) relativ einfach aktualisiert werden können, ist das bei einigen Indikatoren aus dem Umweltbereich schwierig, da diese auf räumlichen Daten (z. B. Landnutzungskarte) beruhen und die Informationen nicht jährlich aktualisiert werden.

Die Indikatoren sind über das interaktive Webportal „Nachhaltigkeit Südtirol" (www.sustainability.bz.it) für alle 116 Gemeinden in Südtirol öffentlich zugänglich. Es bietet außerdem Hintergrundinformationen auf Deutsch, Italienisch und Englisch und umfasst verschiedene Anwendungen: (1) ein interaktives Web-GIS zur räumlichen Darstellung aller Indikatoren; (2) den Download der Daten und Dokumentationsblätter der Indikatoren; (3) drei Tools zur individuellen und detaillierten Auswertung der Indikatoren, die beispielweise einen Vergleich zwischen Gemeinden bzw. verschiedenen Jahren ermöglichen: einen Nachhaltigkeitscheck für einen ersten Überblick, Profile zur Darstellung der Indikatorwerte als prozentuale Abweichung vom Südtiroler Durchschnitt, und eine Zeitreihe, die die zeitliche Entwicklung der letzten zehn Jahre für jeden Indikator anzeigt. Mit dem Nachhaltigkeitsportal Südtirol ist eine kontinuierliche Dokumentation und Auswertung der nachhaltigen Entwicklung in allen Südtiroler Gemeinden möglich und es wurde bereits in einigen Gemeinden Südtirols erfolgreich für lokale Agenda-21-Prozesse eingesetzt. Im Zuge der anstehenden Neugestaltung der Homepage werden die Indikatoren auch mit den 17 SDGs in Verbindung gebracht werden.

34.2.3 Das grenzüberschreitende Mont-Blanc-Observatorium

Bereits 2012 ist dank der grenzübergreifenden Zusammenarbeit zwischen Frankreich (Gebiete der Savoyen und des Departements Haute-Savoie), Schweiz (Gebiete des Kantons Wallis) und Italien (Autonome Region Valle d'Aosta) das Mont-Blanc-Observatorium ins Leben gerufen worden. Ziel war es, mithilfe der Verwendung europäischer Mittel ein strategisches Instrument für die Harmonisierung der öffentlichen Politiken der Gebiete um den Mont Blanc zu entwickeln und grenzüberschreitend anzuwenden, wobei als übergeordnetes Ziel eine gemeinsam getragene nachhaltige Entwicklung definiert wurde. Das Nachhaltigkeitsinformationssystem beinhaltet 32 Indikatoren aus den Bereichen Umwelt, Wirtschaft, Lebensraum, Bildung, Bevölkerung, öffentliche Gesundheit und Verkehr. Die Indikatoren werden auf Gemeindeebene berechnet und werden jährlich aktualisiert. Auf der Homepage wird jeder Indikator durch einen beschreibenden Teil (einschließlich Tabellen, Grafiken und Metadaten) und einen kartographischen Teil dargestellt, der es ermöglicht, auch Besonderheiten dieses Gebiets, wie z. B. Straßeninfrastruktur, Schutzhütten, Wanderwege, Hydrographie, hervorzuheben (http://observatoire.espace-mont-blanc.com). Die Beobachtungsstelle monitoriert anhand der Indikatoren die Entwicklung des Gebiets des Espace Mont-Blanc und seiner Naturräume sowie die konkreten Auswirkungen der vorgeschlagenen Empfehlungen, Strategien, Aktionspläne und Maßnahmen.

34.3 Biodiversitätsmonitoring

Biodiversität – oder biologische Vielfalt – umfasst die gesamte Vielfalt aller Lebensformen und ist die Grundlage vieler Ökosystemleistungen, also den Nutzen und die Vorteile, die wir Menschen aus der Natur beziehen. Nie zuvor hat der Mensch weltweit so viel Einfluss auf den Zustand der Umwelt genommen wie heute, was sich auch durch den Begriff des Anthropozäns – eines vom Menschen maßgeblich beeinflussten Erdzeitalters – widerspiegelt. Der weltweite Verlust an biologischer Vielfalt hat neben dem Klimawandel nach Einschätzung vieler Wissenschaftler*innen bereits die planetaren Grenzen so weit überschritten, dass ein hohes Risiko besteht, das System Erde in einen neuen Zustand zu versetzen (STEFFEN et al. 2015). Bereits 1992 wurde die sog. Biodiversitätskonvention, ein völkerrechtlicher Vertrag zum Schutz der Biodiversität, beschlossen. Fast 200 Vertragsparteien haben dieses Übereinkommen inzwischen ratifiziert. Allerdings fand trotz der internationalen Bemühungen der rasche globale Verlust an biologischer Vielfalt kaum Eingang in die gesellschaftspolitische Diskussion. Daher wurde 2012 in Analogie zum Weltklimarat, der Weltbiodiversitätsrat (IPBES: Zwischenstaatliche Plattform für Biodiversität und Ökosystemleistungen) etabliert, der 2018 und 2019 einen globalen und mehrere kontinentale Zustandsberichte zur biologischen Vielfalt und Ökosystemleistungen veröffentlichte und deutlich darauf hinwies, wie wichtig ein laufendes Monitoring der biologischen Vielfalt ist.

34.3.1 Biodiversitätsmonitoring in den Alpen

Tabelle 34.1: Wichtige internationale Initiativen zum Biodiversitätsmonitoring im Alpenraum (I = international; A = alpenweit; Abrufdatum: 01/2021). Die Auswahl enthält keine nationalen Initiativen und erhebt keinen Anspruch auf Vollständigkeit.

Initiative	Ziel	Raum	Link
GMBA	Inter- und transdisziplinäre Forschung zur Gebirgsbiodiversität	I	www.gmba.unibe.ch/
GLORIA	Klimabedingte Vegetationsentwicklung im alpinen Bereich	I	www.gloria.ac.at/
Waldbiodiversität	Entwicklung der Waldstrukturen und Artenvielfalt der Wälder	I	ec.europa.eu
Ländlicher Raum in der EU (ELER)	Vögel und Schmetterlinge der Agrarlandschaft	I	www.eea.europa.eu/
BirdLife international	Entwicklung der Vögel weltweit	I	www.birdlife.org
TRY-Netzwerk	Pflanzenmerkmale und funktionelle Diversität	I	www.try-db.org
LIFE-Projekt WOLFALPS	Migration des Wolfs	A	www.lifewolfalps.eu
KORA	Migration der Karnivoren Luchs, Braunbär, Wolf und Wildkatze	A	www.kora.ch/
SAVE Foundation	Agrodiversität allgemein	A	www.agrobiodiversity.net
Fundus Agricultura Alpina	Autochthone Nutztierrassen, Pflanzensorten, Kulturtechniken und Brauchtum	A	fundus-agricultura.wiki/
Pro Patrimonio Montano	Autochthone Nutztierrassen	A	patrimont.org/de/

Im Alpenraum fehlt nach wie vor ein systematisches Monitoring der Biodiversität. Im IPBES-Zustandsbericht zu Europa und Zentralasien (IPBES 2018) werden zwar alpine und subalpine Systeme behandelt, aber für eine vertiefende Analyse gibt es in wenigen Ländern systemisch erhobene Daten zur biologischen Vielfalt. Häufig wird daher auf internationale und nationale Initiativen zurückgegriffen, die spezifische Daten entweder unmittelbar für Gebirgsregionen zur Verfügung stellen oder aus denen man Daten für Gebirgsregionen extrahieren kann (Tabelle 34.1).

Neben diesen internationalen Initiativen gibt es in den Staaten des Alpenraums auch einige nationale Programme, wie das Vogelmonitoring in Deutschland (www.bfn.de). Zunehmend werden auch Citizen-Science-Projekte mit Aufnahmen einzelner Organismengruppen durch

Freiwillige initiiert, wie z. B.: Biodiversitätsmonitoring mit Landwirt*innen (wiese.biodiversitaetsmonitoring.at), Tagfalter-Monitoring in Österreich (www.viel-falter.at), StadtWildTiere (www.stadtwildtiere.at), naturbeobachtung.at (www.naturbeobachtung.at).

Schlussendlich sind noch weitere regionale und lokale Monitoringansätze zu nennen, die in einzelnen Regionen bzw. an einzelnen ausgewählten Standorten im Alpenraum die Entwicklung der Biodiversität beobachten (Abb. 34.1). Viele dieser Initiativen werden durch National- und Naturparke getragen, was die Bedeutung von Schutzgebieten für Langzeitbeobachtungsprogramme unterstreicht.

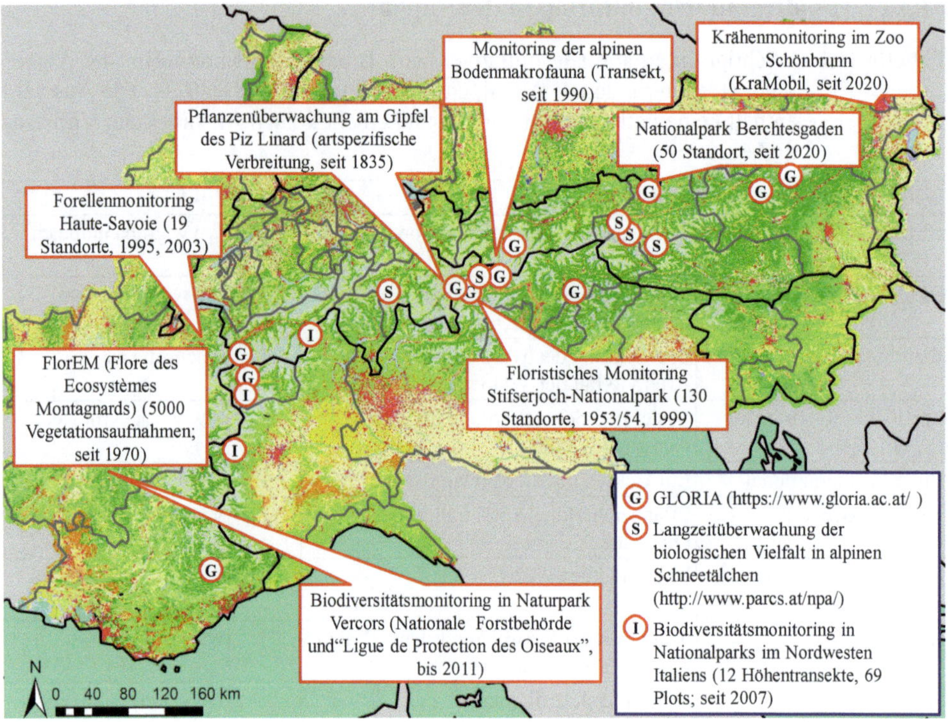

Abb. 34.1: Regionale und lokale Standorte zum Monitoring von einzelnen Artengruppen oder in spezifischen Habitaten im Alpenraum. Die Auswahl enthält keine nationalen Initiativen und erhebt keinen Anspruch auf Vollständigkeit.

Gebirge mit ihren topographischen, klimatischen und kulturhistorischen Mannigfaltigkeiten stellen für ein Biodiversitätsmonitoring eine besondere Herausforderung dar. Dies gilt auch für den Alpenraum. Im Alpenraum gibt es unseres Wissens derzeit nur zwei bereits etablierte Ansätze eines staatlichen oder regionalen Biodiversitätsmonitorings, das Biodiversitätsmonitoring Schweiz (BDM) sowie das Biodiversitätsmonitoring Südtirol (BMS). Für beide Länder gilt, dass sie zwar über eine gute Tradition verfügen, das Vorkommen von gefährdeten und wertvollen Arten zu dokumentieren, aber darüber hinaus vor der jeweiligen Implementierung des Monitorings keine umfassende Übersicht über sogenannte Vorkommens- und Nichtvorkommensdaten hatten und damit auch nicht die Möglichkeit, zielführend negative Entwicklungen bei weitverbreiteten und häufigen Arten frühzeitig zu erkennen.

34.3.2 Biodiversitätsmonitoring Schweiz

Das im Jahre 2001 implementierte Biodiversitätsmonitoring der Schweiz (BDM) verfolgt folgende Ziele (Koordinationsstelle BDM 2014): (1) das Aufzeigen langfristiger Trends der biologischen Vielfalt; (2) repräsentative Aussagen für die gesamte Schweiz zu ermöglichen; (3) die Normallandschaft einzubeziehen und gleichzeitig (4) seltene und häufige Arten zu integrieren. Dazu werden in einem einheitlich-systematischen Netz insgesamt 1.600 terrestrische und 570 aquatische Aufnahmeflächen beprobt und folgende Organismengruppen auf Artniveau erhoben: Gefäßpflanzen, Moose, Brutvögel, Tagfalter, Mollusken und Gewässerinsekten. Für die Erhebung der Daten gibt es genaue Methodenprotokolle, um die Qualität der Ergebnisse zu sichern. Stichprobenflächen werden in der Regel zwei- bis dreimal pro Jahr begangen, um auch jahreszeitlich bedingte Unterschiede in der Artenzusammensetzung zu berücksichtigen. Daten, die bereits auf Artniveau im Feld bestimmt werden können, werden unmittelbar über eine BDM-Smartphone-App in die entsprechende Datenbank eingegeben. Aufgrund finanzieller und personeller Grenzen ist die zeitliche Auflösung, mit der Stichprobenflächen neuerlich beprobt werden können, begrenzt. Es wird jedes Jahr jeweils nur ein Fünftel der Gesamtstichprobe erhoben. Damit liegen erstmals nach zehn Jahren verbundene Wertepaare für die gesamte Stichprobe vor (Koordinationsstelle BDM 2014). Die Auswertung der Daten erfolgt in Hinblick auf die Artenvielfalt in Landschaften, die Artenvielfalt in Lebensräumen und die Vielfalt von Artengemeinschaften. Die Daten werden auch in internationale Biodiversitätsdatenbanken eingespeist. Detaillierte Informationen sowohl zur Methodik als auch zu den berechneten Indikatoren und Ergebnissen sowie weiterführende Links finden sich auf der Website des BDM (https://www.biodiversitymonitoring.ch (24.01. 2021)).

34.3.3 Biodiversitätsmonitoring Südtirol

Das Design des Biodiversitätsmonitoring Südtirol (BMS) wurde 2018 entwickelt und 2019 implementiert. Ähnlich wie beim BDM verfolgt es als Ziele, Daten für eine Analyse langfristiger Trends der biologischen Vielfalt zu liefern, repräsentativ für das ganze Land – von der stark landwirtschaftlich geprägten Talsohle über die Waldregion, die Almenregion und die alpine und nivale Stufe – zu sein und seltene Habitate und Arten insbesondere im Natura-2000-Schutzgebietsnetz zu integrieren. Das Monitoring dient nicht nur der Grundlagenforschung, sondern soll auch die wissenschaftliche Grundlage für politische Entscheidungen zur Raumplanung, Landwirtschaft und zum Naturschutz liefern. Es erfasst sensible Artengruppen, die auf Klima- und Landnutzungsänderungen reagieren. Neben den ausgewählten Organismengruppen Gefäßpflanzen, Moose, Brutvögel, Tagfalter, Heuschrecken Fledermäuse und der Süßwasserfauna werden auch physikalische und chemische Bodenparameter, Nutzungs- und Managementmaßnahmen, etwa der Land- und Forstwirtschaft, sowie die Landschaft und die Lebensräume der umliegenden Gebiete erfasst, um eine Kausalanalyse von Einflussfaktoren auf die beobachtete biologische Vielfalt und deren Veränderungen durchführen zu können.

Im Gegensatz zum BDM wurde für die Auswahl der Aufnahmeflächen kein flächenhaftes „Netz" gewählt, sondern ein Habitat-Ansatz: Dabei wurde für die entsprechenden Habitate der Flächenanteil, die Höhenlage und, im Falle der Fließgewässer, zusätzlich auch die Fließgeschwindigkeit und Abflussmenge, die Geologie sowie das Quellgebiet berücksichtigt und mittels einer GIS-Analyse ausgewertet. Anschließend wurden für die durch diese Kriterien

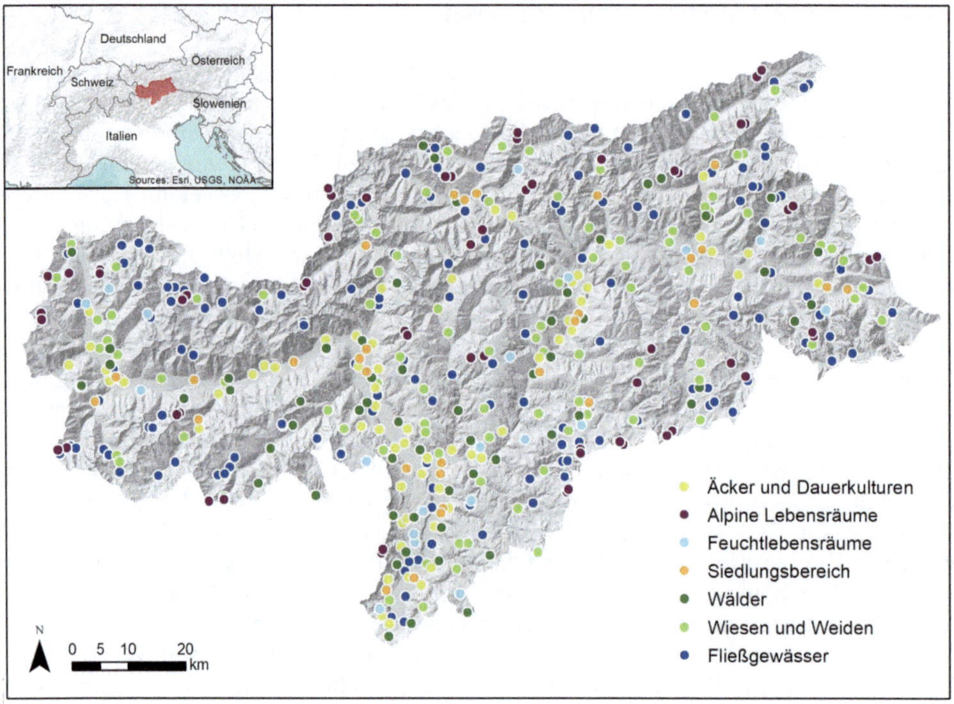

Abb. 34.2: Übersicht über die Verteilung der 320 terrestrischen und 120 aquatischen Aufnahmeflächen über Südtirol (7.400 km²). Das Monitoring untersucht sowohl vom Menschen geschaffene und bewirtschaftete Lebensräume als auch naturnahe Lebensräume wie Wälder, Feuchtgebiete und alpine Standorte. Darüber hinaus werden in besonders durch den Klimawandel gefährdeten Lebensräumen, wie Quellen, Gletscher und Blockgletscher, weitere 30 Flächen in unregelmäßigeren zeitlichen Abständen beprobt.

typisierten/stratifizierten Habitate geographisch in ganz Südtirol verteilte Zufallspunkte erstellt. Die Aufnahmemethoden beruhen sowohl auf klassischen Felderhebungen durch entsprechende Expert*innen als auch auf neueren Ansätzen, wie z. B. die Erfassung der Fledermausarten anhand deren Rufe, die über einen „Batlogger“ aufgezeichnet werden. Auch im BMS werden genaue Methodenprotokolle befolgt. Die zeitliche Staffelung der Aufnahmen beträgt bei terrestrischen Flächen fünf Jahre, bei den aquatischen aufgrund deren größerer Dynamik vier Jahre. Weitere laufend ajournierte Details finden sich auf Website des BMS (https://biodiversity.eurac.edu (24.01.2021)).

Literatur

BAFU (Hrsg.) (2017): Biodiversität in der Schweiz: Zustand und Entwicklung. Ergebnisse des Überwachungssystems im Bereich Biodiversität, Stand 2016. Bundesamt für Umwelt, Bern. Umwelt-Zustand Nr. 1630.

EUROPEAN UNION (2018): Copernicus Land Monitoring Service 2018, European Environment Agency (EEA). https://land.copernicus.eu/pan-european/corine-land-cover (26.01.2021).

IPBES (2018): Zusammenfassung für politische Entscheidungsträger des Regionalen Assessments zur biologischen Vielfalt und Ökosystemleistungen in Europa und Zentralasien der Intergovernmental Science-Policy Platform on Biodiversity and Ecosystem Services. Hrsg.: FISCHER, M., ROUNSEVELL, M., TORRE-MARIN RANDO, A. IPBES-Sekretariat, Bonn.

KOORDINATIONSSTELLE BDM (2014): Biodiversitätsmonitoring Schweiz BDM. Beschreibung der Methoden und Indikatoren. Bundesamt für Umwelt, Bern. Umwelt-Wissen Nr. 1410. www.bafu.admin.ch/uw-uw-1410-d (24.01.2021).

SCHIRPKE, U., CANDIAGO, S., EGARTER VIGL, L., JÄGER, H., LABADINI, A., MARSONER, T., MEISCH, C., TASSER, E. & TAPPEINER, U. (2019a): Integrating supply, flow and demand to enhance the understanding of interactions among multiple ecosystem services. In: Science of the Total Environment, 651 (1), 928-941.

SCHIRPKE, U., TAPPEINER, U. & TASSER E. (2019b): A transnational perspective of global and regional ecosystem service flows from and to mountain regions. In: Scientific Reports, 9, 6678.

STÄNDIGES SEKRETARIAT DER ALPENKONVENTION (2011): Nachhaltige Entwicklung und Innovation im Ländlichen Raum. Alpenzustandsbericht. Alpenkonvention Alpensignale – Sonderserie 3, Zusammenfassung.

STÄNDIGES SEKRETARIAT DER ALPENKONVENTION (2019): Naturgefahren Risiko-Governance. Alpenzustandsbericht. Alpenkonvention Alpensignale – Sonderserie 7.

STEFFEN, W., RICHARDSON, K., ROCKSTRÖM, J., CORNELL, S. E., FETZER, I. et al. (2015): Planetary boundaries: Guiding human development on a changing planet. In: Science 13 (347/6223), 1259855.

TAPPEINER, U., LECHNER, O. & TAPPEINER, G. (2007): Nachhaltiges Südtirol? Athesia, Bozen.

TAPPEINER, U., TAPPEINER, G. & GRAMM, D. (2007): Daten für die Alpen – Von Schwierigkeiten und Lösungen beim Alpenmonitoring. In: BORSDORF, A. & GRABHERR, G. (Hrsg.): Internationale Gebirgsforschung. Verlag der Österreichischen Akademie der Wissenschaften, Wien, 50-55.

TAPPEINER U., BORSDORF A. & TASSER E. (Hrsg.) (2008): Alpenatlas – Atlas des Alps – Atlante delle Alpi – Atlas Alps – Mapping the Alps. Society – Economy – Environment.

35 Nachhaltige Landnutzung und digitale Landwirtschaft

Patrick NOACK[1]

Zusammenfassung

Die Landwirtschaft leistet einen erheblichen Beitrag zur Versorgung mit Nahrungsmitteln und Energie und wirkt gleichzeitig auf die belebte und unbelebte Umwelt. Zudem spielt sie als Abnehmer, Zulieferer und Arbeitgeber eine nicht unerhebliche Rolle für die Volkswirtschaft.

In diesem Zusammenhang treten in letzter Zeit vermehrt Zielkonflikte auf, die einerseits durch die suboptimale Effizienz der landwirtschaftlichen Produktion und andererseits durch die steigenden Anforderungen der Gesellschaft an die landwirtschaftliche Produktion bedingt sind (Nahrungsmittelqualität, Natur- und Umweltschutz, Tierwohl). Der Einsatz von Informationstechnologie kann die in Konflikt stehenden Ziele objektiv transparent machen und zu einer Abwägung auf Basis von Daten und Informationen beitragen. Die gleichzeitige Erreichung oder Optimierung unterschiedlicher Nachhaltigkeitsziele[2] (keine Armut, kein Hunger, Gesundheit, sauberes Wasser, Klimaschutz, Leben an Wasser und Land) ist nicht möglich.

Precision Farming wird auch als Smart Farming, Digital Farming oder Farming 4.0 bezeichnet. Es basiert auf der Erhebung, Speicherung und Verarbeitung von Daten und Messwerten und zielt auf die Entscheidungsunterstützung oder der Automatisierung von landwirtschaftlichen Produktionsprozessen ab. Es handelt sich um einen Werkzeugkasten aus verschiedenen Technologien, mit dem sowohl die pflanzliche als auch die tierische Erzeugung in Bezug auf die Nachhaltigkeit optimiert werden kann: Es können sowohl ökonomische als auch ökologische und soziale Aspekte als Zielgröße herangezogen werden.

Dieses Kapitel befasst sich schwerpunktmäßig mit Anwendungen in der Pflanzenproduktion. Dies ist der Tatsache geschuldet, dass der Raumbezug in diesem Produktionszweig eine erheblich größere Rolle spielt als in der Innenwirtschaft (tierische Erzeugung).

35.1 Einleitung

Die landwirtschaftliche Produktion hat sich, wie die meisten anderen Industrie- und Wirtschaftszweige, in den vergangenen 100 Jahren dramatisch gewandelt.

Ein wesentlicher Faktor ist dabei der technische Fortschritt, also die zunehmende Mechanisierung und der Einsatz neuer Verfahren bei der Düngung und im Pflanzenschutz. Gleichzei-

[1] Hochschule Weihenstephan-Triesdorf, Markgrafenstr. 16, 91746 Weidenbach, patrick.noack@hswt.de, www.hswt.de

[2] https://unric.org/de/17ziele/

tig unterlagen die Rahmenbedingungen der landwirtschaftlichen Produktion einem ständigen Wandel: Die Struktur landwirtschaftlicher Flächen und Betriebe hat sich ebenso stark verändert wie die Gesetzgebung, Kosten und Preise, die Beschäftigungsstruktur, das Klima und die Wahrnehmung und Erwartung der Gesellschaft.

Anfang des 20. Jahrhunderts setzte die Mechanisierung der Pflanzenproduktion ein: Zugtiere wie Ochsen und Pferde wurden zunehmend durch Traktoren ersetzt, deren Größe, Gewicht und Leistung in den folgenden Jahrzehnten kontinuierlich zugenommen hat. Gleichzeitig erfolgte in dieser Zeit die Einführung mineralischer Stickstoffdünger. Aufgrund der schnelleren Verfügbarkeit und der besseren Dosierbarkeit verdrängten sie zunehmend die organische Düngung mit Stallmist, Gülle und Jauche.

Nach dem zweiten Weltkrieg erfuhr der Einsatz von chemischen Pflanzenschutzmitteln größere Verbreitung in der Pflanzenproduktion. Bei der Bekämpfung von Beikräutern (Herbizide) ersetzten sie dabei zunehmend die mechanische Unkrautbekämpfung mit Hacken und Striegeln. Durch die Bekämpfung von Pilzerkrankungen (Fungizide) und Insektenbefall (Insektizide) mit Pflanzenschutzmitteln konnte die Produktion gesteigert, die Qualität des Ernteguts verbessert und die Fruchtfolgen enger gestellt werden (Anbau gleicher Feldfrüchte in kürzerer Abfolge). In diesen Zeitraum fällt auch die Mechanisierung der Ernte: Die vorher zeitlich aufeinanderfolgenden Arbeitsschritte Mähen, Binden, Abfahren und Dreschen wurden im Mähdrescher zusammengefasst. Dies führte zu einer erheblichen Steigerung der Arbeitseffizienz.

Im Zusammenhang mit der Mechanisierung hat der Anteil der in der Landwirtschaft beschäftigten in den vergangenen Jahrzehnten dramatisch abgenommen. Trotz des sinkenden Bedarfs ist ein Fachkräftemangel zu verzeichnen. Gleichzeitig hat die Größe der Felder zugenommen. Diese Entwicklung steht einerseits in Zusammenhang mit der Flurneuordnung (Flurbereinigung) und der Zusammenlegung von Flächen im Rahmen der Kollektivierung der Landwirtschaft in der ehemaligen DDR. Die Größe der Betriebe hat vor dem Hintergrund des Kostendrucks, der teilweise auf die zunehmende Mechanisierung zurückgeht, der sinkenden Erzeugerpreise, der geänderten Altersstruktur und der erhöhten Lebenshaltungskosten gleichzeitig zugenommen und nimmt weiter zu.

Gleichzeitig steigen die Ansprüche, die seitens Politik und Gesellschaft an die landwirtschaftliche Produktion gestellt werden. Dies betrifft vor allem den Einfluss der landwirtschaftlichen Produktion auf die belebte und unbelebte Umwelt. Die steigenden Nitratgehalte im Grundwasser, die teilweise die Grenzwerte der Grund- und Trinkwasserverordnung übersteigen, sind zu einem nicht unerheblichen Anteil auf Stickstoffdüngung auf landwirtschaftlichen Flächen zurückzuführen. Zunehmend kritisiert wird auch, dass der Einsatz von chemischen Pflanzenschutzmitteln und der geringe Anteil von Blühflächen mutmaßlich Ursache für den Rückgang der Artenvielfalt sind.

Der Klimawandel wirkt sich nicht nur durch die Erhöhung der Temperaturen, sondern vor allem durch die sich ändernde Niederschlagverteilung und Niederschlagsintensität aus: In den vergangenen Jahren häufen sich längere Trockenperioden und Ereignisse mit hohen Niederschlagsmengen. Dies führt einerseits dazu, dass bisher angebaute Feldfrüchte züchterisch angepasst oder in der Fruchtfolge ersetzt werden müssen. Andererseits muss bei der Bewirtschaftung vermehrt Rücksicht auf durch Starkregen bedingte Erosionsereignisse genommen werden. Diese führen zum Oberbodenabtrag und zum Austrag von Phosphat in Oberflächengewässer (Eutrophierung).

In Summe steht die Landwirtschaft vor der Herausforderung, dass immer weniger Arbeitskräfte bei sich änderndem Klima eine immer größere Fläche bewirtschaften und dabei mit weniger Betriebsmitteln (Dünger, Pflanzenschutz) auskommen müssen, um so den gesellschaftlichen Zielen und den gesetzlichen Vorgaben gerecht zu werden.

Die Optimierung der Bewirtschaftung bezüglich in Zeit und Raum variabler Rahmenbedingungen (Boden, Witterung) erfolgte in der Vergangenheit auf kleinen Betrieben und kleinen Schlägen auf Basis von tradiertem Wissen und eigener Erfahrung. Diese Informationsquellen verlieren aus genannten Gründen an Bedeutung. Der Effekt wird durch Vergabe von Feldarbeiten an Dritte (Lohunternehmen) begünstigt.

Daten- und informationsgetriebene Entscheidungsunterstützung und Automatisierung (Precision Farming) können dazu beitragen, die dargestellten Herausforderungen zu meistern und die Erzeugung von Lebensmitteln, Futter, Rohstoffen und Energie nachhaltiger zu gestalten.

35.2 Werkzeuge und Methoden

Precision Farming umfasst alle Bereiche der landwirtschaftlichen Produktion. In der Außenwirtschaft (Pflanzenproduktion) besteht sehr häufig ein räumlicher Bezug. Die Bewirtschaftung findet in räumlich abgegrenzten Einheiten (Feld, Schlag) statt. Das Pflanzenwachstum hängt von räumlich variierenden Parametern wie Nährstoffgehalt, Höhe, Bodeneigenschaften, Neigung und Exposition ab. Zudem sind lokal variierende Vorgaben wie Abstandsauflagen und Einschränkungen in Wasserschutzgebieten zu berücksichtigen. Weiterhin können bei der Bewirtschaftung oder unabhängig davon Daten mit Raumbezug erfasst werden. Aus diesem Gründen spielen Geographische Informationssysteme (GI-Systeme) neben GNSS-Empfängern für die Lokalisierung und Navigation eine zentrale Rolle im Precision Farming.

35.2.1 Werkzeuge

Precision Farming ist ein Werkzeugkasten, bei dem verschiedene Technologien zum Einsatz kommen: GNSS dient der Ortung und Navigation, CAN-Bus-Technologie ermöglicht die Kommunikation zwischen Steuerungsrechnern auf Maschinen und Anbaugeräten, Multi- und Hyperspektralsensoren dienen der Bestimmung von Pflanzen- und Bodeneigenschaften.

35.2.1.1 GNSS

GNSS-Empfänger (Satellitenortungssysteme) werden in der Landwirtschaft als Sensoren für Positionsbestimmung und die Navigation eingesetzt. Als zentraler Baustein von automatischen Lenksystemen auf Traktoren und Erntemaschinen sorgen sie für exaktes Anschlussfahren und die Minimierung von Überlappungen und Fehlstellen. Zusätzlich werden zum automatischen Ein- und Ausschalten von Gerätesegmenten (Teilbreiten) verwendet, um Doppelbehandlungen und Fehlstellen zu vermeiden (Teilbreitenschaltung, *Section Control*). Zudem dienen sie der variablen Mengenregelung auf Basis von Sollwertkarten bei der Ausbringung von Betriebsmitteln (teilflächenspezifische Bewirtschaftung, *Variable Rate Control*). Zusammen mit mobilen GI-Systemen werden GNSS-Empfänger für die Kartierung eingesetzt (*Mapping*).

35.2.1.2 Ackerschlagkartei (FMIS)

Ackerschlagkarteien, die im Englischen als *Farm Management Information Systems* (FMIS) bezeichnet werden, dienen der Dokumentation von Tätigkeiten im Umfeld der Pflanzenproduktion. Nachdem hierbei immer ein räumlicher Bezug zu den Bewirtschaftungsgrenzen (Schlag, Feld) besteht, handelt es sich bei Ackerschlagkarteien im weiteren Sinne um GI-Systeme.

Das Führen von Ackerschlagkarteien dient der Erfüllung der gesetzlichen Dokumentationspflicht. Es dient unter anderem der Kontrolle, ob Auflagen bei der Bewirtschaftung erfüllt wurden (Einhaltung von Ausbringmengen, Ausbringzeitpunkte). Andererseits können die gespeicherten Daten für die betriebswirtschaftliche Analyse genutzt werden (Kostenanalyse).

Der schematische Aufbau einer Ackerschlagkartei ist in Abbildung 35.1 vereinfacht dargestellt. Jede Maßnahme hat eine Bezeichnung und ist mit einem Feld, einer oder mehreren Maschinen und einem Mitarbeiter verknüpft. Maßnahmen haben einen Beginn und ein Ende.

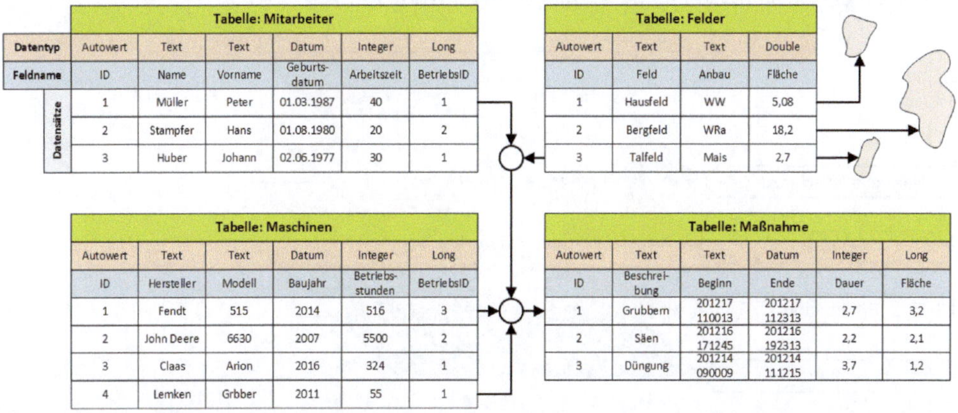

Abb. 35.1: Schematische Darstellung des Aufbaus einer Ackerschlagkartei (FMIS)

Der Aufbau der Datenbankstruktur ist tatsächlich komplexer, da auch Betriebsmittel wie Diesel, Dünger und Pflanzenschutzmittel verwaltet und mit Maßnahmen verknüpft werden können. Zudem können neben der summarischen Zusammenfassung auch die einzelnen Positionen des Fahrzeugs, die Uhrzeiten sowie aktuellen Ausbringmengen gespeichert und in Kartenform dargestellt werden, wenn diese im Feld erfasst wurden.

35.2.1.3 Terminals, mobile und stationäre GI-Systeme

GI-Anwendungen werden in unterschiedlichen Bereichen der Landwirtschaft eingesetzt. Auf Traktoren und selbstfahrenden Arbeitsmaschinen (z. B. Mähdrescher, Feldhäcksler) kommen Bedienterminals zum Einsatz, auf den in vielen Fällen die aktuelle Position des Fahrzeugs auf einer Karte dargestellt werden. Für die Ermittlung der Position werden dabei GNSS-Empfänger verwendet. Zusätzlich können dabei die Feldgrenzen und Hindernisse angezeigt werden, wenn diese im Vorfeld mittels eines Speichermediums oder eines Telemetriesystems hochgeladen wurden. Ebenfalls verbreitet ist die Darstellung von farbigen Karten, in denen aktuelle Prozessparameter (Ertrag, Ausbringmengen) dargestellt werden.

Für die Erfassung von Daten im Feld kommen mobile GI-Systeme zum Einsatz. Diese bestehen aus einem handgetragenen Rechner mit GI-System und einem GNSS-Empfänger. Sie werden dazu genutzt, um die Position von Bodenproben zu erfassen, Grenzsteine zu finden oder Hindernisse und Feldgrenzen zu kartieren.

Neben den erwähnten Ackerschlagkarteien (s. Abschnitt 35.2.1.2) kommen in der Landwirtschaft auch klassische GI-Systeme wie ArcGIS oder QGIS zum Einsatz. Diese dienen der Erstellung von Karten aus im Feld aufgezeichneten Daten (z. B. Ertragskarten) oder Aufbereitung von Luftbildern und Satellitenaufnahmen. Die Bedeutung von webbasierten GI-Systemen nimmt im Vergleich zu PC-basierten GI-Systemen zu, wenn die Angebote von kommerziellen Anbietern genutzt werden (z. B. NEXT Farming, 365farmnet).

35.3 Datenquellen

Wie bei jeder anderen GI-Anwendung auch spielt die Darstellung und das Verschneiden unterschiedlicher Datenebenen eine große Rolle (s. Abb. 35.2).

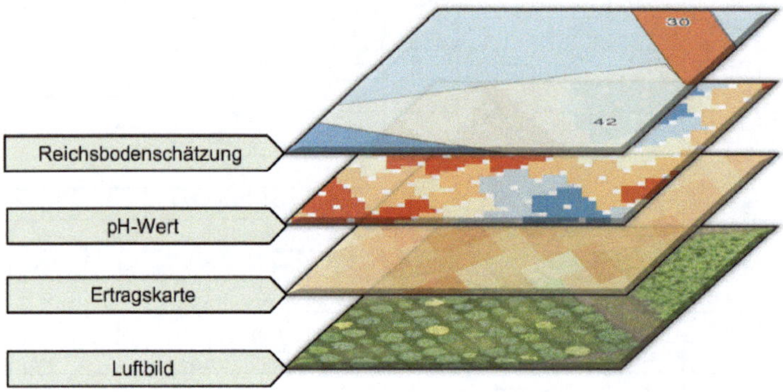

Abb. 35.2: Anordnung von Ebenen in der teilflächenspezifischen Landbewirtschaftung

Die wichtigsten Datenquellen, die für eine präzise, an den Bedarf der Teilfläche angepasste und damit nachhaltige Bewirtschaftung genutzt werden, werden in diesem Abschnitt kurz vorgestellt.

35.3.1 Rasterdaten

Neben den hier genannten Datenquellen spielen auch aus Punktdaten mittels Interpolation erstellte Rasterlayer (z. B. Ertrags-, Nährstoffkarten) im Precision Farming eine wichtige Rolle.

35.3.1.1 DOP, UAV- und Satellitendaten

Die Nutzung Satellitenaufnahmen unterschiedlicher Herkunft hat in der Landwirtschaft eine lange Tradition. Weit verbreitet ist die Nutzung der kostenlos verfügbaren Aufnahmen der Landsat-Missionen und der Sentinel-2-Mission. Vereinzelt werden auch die Radardaten der Sentinel-1-Mission für speziell Fragestellungen herangezogen.

UAV oder „Drohnen“ werden zunehmend im landwirtschaftlichen Bereich eingesetzt. Sie dienen dabei als Träger für RGB-Kameras, vereinzelt kommen auch Multi- oder gar Hyperspektralkameras zum Einsatz. Nach dem Zusammensetzen und Orthorektifizieren werden die Bilder in GI-Systemen analysiert.

Aus den Aufnahmen werden in GI-Systemen spektrale Indizes, wie der auch in anderen Fachbereichen genutzte NDVI, berechnet und für die Bestimmung der Biomasse und der Stickstoffaufnahme genutzt. Diese beiden Kenngrößen können dazu verwendet werden, die Ausbringmengen von Dünger und Pflanzenschutzmitteln an den Bedarf anzupassen.

Die von den Landesvermessungsämtern bereitgestellten Digitalen Orthophotos (DOP) können ebenfalls für die Analyse der Heterogenität von landwirtschaftlich genutzten Flächen verwendet werden.

35.3.1.2 Wetterdaten

Die Wetterdaten des Deutschen Wetterdiensts (DWD) stehen als Messgrößen oder als abgeleitete Größen (z. B. Bodenfeuchte) kostenlos zum Download als Vektor- oder Rasterdaten zur Verfügung. Sie erlauben es, Aussagen über die Wasserverfügbarkeit und Wahrscheinlichkeiten für das Auftreten von Pflanzenkrankheiten zu treffen. Neben den Daten des Deutschen Wetterdiensts können auch die Daten anderer Anbieter genutzt werden (Yahoo, OpenWeatherMap).

35.3.1.3 Digitale Geländemodelle

Digitale Geländemodelle (DGM) können ebenfalls von den Landesvermessungsämtern oder aus anderen Quellen bezogen werden. Nicht zuletzt ist in GI-Systemen die Berechnung von Digitalen Geländemodellen aus den während der Feldarbeit aufgezeichneten GNSS-Positionen möglich. Durch weitere Verarbeitung können aus den Geländemodellen Aussagen zur relativen Bodenfeuchte oder zur Erosionsanfälligkeit abgeleitet werden.

35.3.2 Vektordaten

Neben Rasterdaten werden im teilflächenspezifischen Pflanzenbau auch verschiedene Daten im Vektorformat in GI-Systemen genutzt oder erzeugt.

35.3.2.1 Feldgrenzen

Der Import von Feldgrenzen aus dem amtlichen Kataster, das Digitalisieren der Feldgrenzen anhand von Digitalen Orthophotos oder der Import von selbst mittels GNSS erfassten Grenzen stellt die Grundlage für die Verarbeitung fast aller Geodaten in Zusammenhang mit der teilflächenspezifischen Bewirtschaftung dar.

35.3.2.2 Gewässer und Landschaftselemente

Daten zur Lage und dem Verlauf von Gewässern und der Lage von Feldgehölzen liegen ebenso wie die Flurkarten und Geländemodelle in digitaler Form vor und werden durch die entsprechenden Institutionen bereitgestellt. Sie stellen eine wichtige Grundlage für die Einhaltung von Bewirtschaftungs- und Abstandsauflagen dar. Gleiches gilt für Natur- und Wasserschutzgebiete sowie andere ökologisch relevante Geodaten.

35.3.2.3 Bodenkarten

Die Landesvermessungsämter und die für Geologie und Umwelt zuständigen Landesämter verfügen über ein breites Spektrum an digitalem Kartenmaterial zu Bodenarten, Bodenzusammensetzung, Wasserhaltefähigkeit, Humusgehalt und anderen Parametern, die aus pflanzenbaulicher Sicht eine hohe Relevanz besitzen und für die Anpassung der Bewirtschaftung an kleinräumige Unterschiede des Bodens genutzt werden können

35.3.2.4 Nährstoffkarten

Grundnährstoffe, wie Phosphor, Kalium, Spurennährstoffe und der Kalkgehalt des Bodens bzw. sein pH-Wert, variieren ebenso wie die physikalischen Bodeneigenschaften. Aus diesem Grund müssen landwirtschaftliche genutzte Flächen regelmäßig auf den Nährstoffgehalt untersucht werden. Wenn die Positionen der Bodenprobenahme bekannt ist oder erfasst wird, können aus den Positionen und den Laborergebnissen Nährstoffkarten generiert und für die an den Bedarf angepasste Düngung genutzt werden (s. o.).

35.3.2.5 Sensordaten

In landwirtschaftliche Maschinen, insbesondere in Erntemaschinen, sind oft Sensoren verbaut, deren Messwerte zusammen mit der Position aufgezeichnet werden können. Einer der wichtigsten Parameter bei der Ernte ist sicherlich der Ertrag, der als Massen- und Volumenstrom erfasst und in den lokalen Ertrag umgerechnet wird. Neben dem Ertrag selbst werden auch weitere qualitätsbestimmende Parameter, wie zum Beispiel die Gutfeuchte oder der Proteingehalt, erfasst. Die Daten werden in GI-Systeme mittels Interpolation zu flächendeckenden Rasterebenen verarbeitet, die einerseits der Erfolgskontrolle und andererseits als Eingangsgröße in die Planung zukünftiger Maßnahmen dienen.

Neben der Ertragskartierung spielt auch die Bestimmung der Heterogenität bei der standortbezogenen Optimierung der Pflanzenproduktion eine wichtige Rolle. In diesem Zusammenhang werden Systeme zur Messung der elektrischen Leitfähigkeit bzw. des elektrischen Widerstands des Bodens für die Kartierung eingesetzt (Geoelektrik). Die Messgröße steht in direktem Zusammenhang mit dem Wassergehalt, der Lagerungsdichte und dem Salzgehalt des Bodens. Keine dieser Bodeneigenschaften kann ohne – meist schlagindividuelle – Kalibrierung direkt aus den Messwerten abgeleitet werden. Relativ gesehen nimmt die Leitfähigkeit jedoch mit zunehmendem Wasser- und Salzgehalt und zunehmender Lagerungsdichte zu. Aus diesem Grund werden die Systeme als Grundlage dazu eingesetzt, um Managementzonen innerhalb von landwirtschaftlich genutzten Flächen auszuweisen.

In den vergangenen Jahren setzt sich zunehmend die Nutzung von sogenannten Stickstoffsensoren durch. Diese werden an oder auf Traktoren angebracht und basieren ähnlich wie die Multispektralkameras an Satelliten oder Drohnen darauf, dass die spektrale Reflektion im roten und nahinfraroten Bereich des Lichts mit der Biomasse und der Stickstoffaufnahme von Pflanzenbeständen in engem Zusammenhang steht. Die Messwerte der Sensoren können ebenso wie der Ertrag oder die elektrische Leitfähigkeit zusammen mit den Positionen eines GNSS-Empfängers aufgezeichnet und in GI-Systemen verarbeitet werden. Primäres Einsatzgebiet bleibt jedoch die Regelung der Ausbringmengen bei der Stickstoffdüngung in Echtzeit.

35.4 Anwendungsbeispiel: teilflächenspezifische Grunddüngung

Phosphor und Kalium sind neben Stickstoff die wichtigsten Nährstoffe, die Pflanzen zum Wachstum benötigen. Sowohl die Gehalte im Boden als auch die Fähigkeit des Bodens, diese Nährstoffe zu speichern, können kleinräumig stark variieren. Gleiches gilt für den pH-Wert, der sich auf die Nährstoffverfügbarkeit auswirkt und durch die Ausbringung von Kalk beeinflusst werden kann. Im Gegensatz zum Stickstoff unterliegen die Gehalte von Grundnährstoffen und der pH-Wert geringen jahreszeitlichen Schwankungen.

Die regelmäßige Beprobung der Böden landwirtschaftlicher Flächen ist gesetzlich vorgeschrieben. Sie dient der Überprüfung, ob eine Unter- oder Überversorgung vorliegt. Die Probenahme muss nicht georeferenziert erfolgen, diese ist aus pflanzenbaulicher Sicht sinnvoll und mit einem vergleichsweise geringen Aufwand verbunden. Sie ermöglicht es, im Nachgang eine Nährstoffkarte und aus der Nährstoffkarte eine Düngekarte (Sollwertkarte, Applikationskarte) zu erstellen und so den Bedarf kleinflächig angepasst auszugleichen.

35.4.1 Vorbereitung und Planung

Zunächst muss festgelegt werden an welchen Stellen in einem Schlag Bodenproben gezogen werden sollen. Als Grundlage hierfür dient ein Polygon der Feldgrenze, das in Regel als Esri-Shape-Datei vorliegt oder einem GI-System auf Basis eines DOP digitalisiert wird.

Im einfachsten Fall werden die Positionen der Bodenprobenahmestellen als regelmäßiges Punktraster oder als Punktebene mit zufällig verteilten Punkten innerhalb des Polygons erzeugt. Bevorzugt wird das Feld jedoch auf Basis anderer Datenquellen in unterschiedliche Managementzonen eingeteilt. Als Grundlage hierfür können Ertragskarten, UAV-Aufnahmen oder Satellitenaufnahmen dienen. Besonders eignen sich jedoch Karten der elektrischen Leitfähigkeit oder Bodenkarten, da die Bodeneigenschaften einen Zusammenhang zum Nährstoffgehalt erwarten lassen. Wenn Bodeninformationen verwendet werden, erfolgt die Probenahme zentral oder möglichst gleichmäßig verteilt in den zuvor ausgewiesenen Zonen. In der überwiegenden Zahl der Fälle setzt sich eine Bodenprobe aus mehreren Einstichen zusammen. Die Abfolge der Einstiche wird dann als Beprobungspfad bezeichnet.

35.4.2 Durchführung der Bodenbeprobung

Die Beprobungspunkte (Punktlayer) bzw. Beprobungspfade (Linienlayer) werden aus stationären GI-System auf ein mobiles GI-System übertragen, sodass dieses bei der Navigation zu den Beprobungspunkten bzw. Einstichpunkten unterstützt. Bei der Erfassung der Position der tatsächlichen Einstichpunkte wird eine eindeutige Probennummer als Attribut erfasst. Diese dient der späteren Zuordnung der Ergebnisse aus dem Labor zu den Beprobungspunkten. Die Ergebnisse der Bodenanalyse werden in der Regel als CSV- oder Excel-Datei bereitgestellt und könnten über die Probennummer im stationären GI-System mit den Beprobungspunkten verknüpft werden.

35.4.2.1 Erstellung der Nährstoff- und Düngekarte

Aus den als Punktlayern vorliegenden Ergebnissen der Bodenbeprobung wird im GI-System mittels Interpolation eine flächendeckende Nährstoffkarte erstellt. Dabei kommen sowohl

Thin-Plate-Spline-Verfahren als auch Inverse Distance Weighting oder Kriging-Methoden zum Einsatz. Alternativ können die Nährstoffgehalte den Polygonen zugewiesen werden, die sich als Managementzonen aus der Klassifizierung bzw. Segmentierung der Bodenleitfähigkeiten ergeben haben. Nicht zuletzt stellt die Berechnung der Schwerpunkte der Einstichstellen und die nachfolgende Erzeugung von Voronoi-Polygonen eine mögliche Methode zu Erstellung einer flächendeckenden Nährstoffkarte dar.

Landwirtschaftliche Böden werden je nach Nährstoffgehalt in unterschiedliche Klassen eingeteilt (A bis E). Je nach Gehaltsklasse und Nährstoff werden unterschiedliche Düngermengen vorgeschlagen. Aus der Nährstoffkarte lässt sich anhand der Empfehlungen mittels Datenbankoperationen im GI-System formelbasiert eine Karte erstellen, in der die empfohlenen Düngermengen teilflächenspezifisch hinterlegt sind. Diese Karte wird als Sollwertkarte oder Applikationskarte bezeichnet.

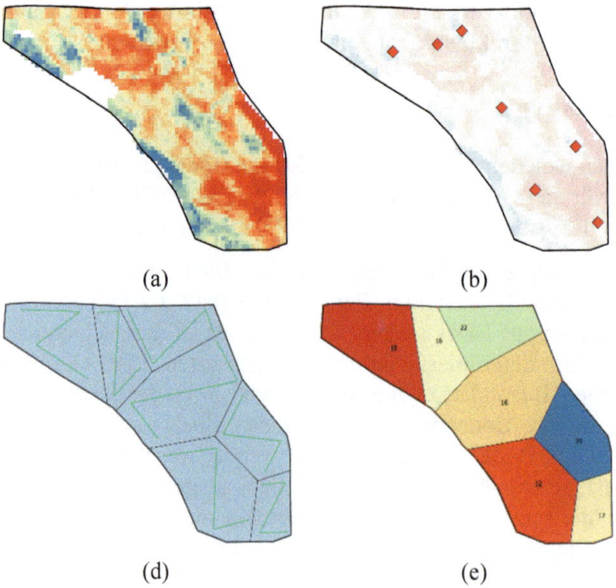

Abb. 35.3: Einzelschritte zur Erstellung einer Nährstoffkarte aus Bodenleitfähigkeitsmessungen: (a) Karte der elektrischen Leifähigkeit, (b) Festlegung der Beprobungspunkte auf Basis von (a), (c) Aufteilung in Zonen (Voronoi-Polygone) auf Basis von (b), (d) Festlegung der Beprobungspfade (Mischproben) auf Basis von (c), (e) Nährstoffkarte nach Laboranalyse auf Basis von (c), (f) Nährstoffkarte nach Laboranalyse nach Interpolation von (b)

35.4.2.2 Teilflächenspezifische Applikation

Die Sollwert- oder Applikationskarte kann teilweise direkt als ESRI Shape auf ein Terminal in einem Traktor übertragen werden. Für die Übertragung werden meist Datenträger (z. B. USB-Laufwerk) oder ein Telemetriesystem genutzt. In der Landwirtschaft wird für die Übertragung der Daten vom FMIS (Farm Management Information System) auf den Traktor und zurück oft jedoch ein anderes Format verwendet (ISO-XML gemäß ISO 11783). Dieses kann von vielen PC- und webbasierten FMIS geschrieben werden; die meisten generischen GI-Systeme können dieses Format jedoch weder lesen noch schreiben.

Nach der Übertragung auf das Terminal bzw. den sogenannten Task-Controller überwacht dieser fortlaufend die Position des Fahrzeugs, ermittelt den an der aktuellen Position hinterlegten Sollwert und sendet diesen über einen CAN-Bus (gemäß ISO 11783) an das Anbaugerät. Einzelne Systeme nutzen statt des standardisierten ISO-Protokolls auch serielle oder WLAN-Verbindungen mit einem proprietären Protokoll.

Weiterführende Literatur

AUERNHAMMER, H. (1991): Elektronik in Traktoren und Maschinen: Einsatzgebiete, Funktion, Entwicklungstendenzen. BLV, München.

AUERNHAMMER, H., DEMMEL, M., MUHR, T., ROTTMEIER, J. & PERGER VON, P. (2015): Lokale Ertragsermittlung mit GPS in Serienmähdreschern 1990. Jahrbuch Agrartechnik, 2015, 1-11.

BACH, H. &. MAUSER, W. (2018): Sustainable Agriculture and Smart Farming. In Mathieu, P.-P. & Aubrecht, C. (Eds.): Earth Observation Open Science and Innovation. Springer, Berlin/Heidelberg, 261-269. DOI: 10.1007/978-3-319-65633-5_12.

CASTRIGNANO, A., BUTTAFUOCO, G., RAJ KHOSLA, A. M., MOSHOU, D. & NAUD, O. (2020): Agricultural Internet of Things and Decision Support for Precision Smart Farming. Academic Press. DOI: 10.1016/B978-0-12-818373-1.12001-3.

LORENZ, F. & MÜNCHHOFF, K. (2015): Teilflächen bewirtschaften: Schritt für Schritt. DLG, Frankfurt.

NOACK, P. (2018): Precision Farming – Smart Farming – Digital Farming: Grundlagen und Anwendungsfelder. Wichmann, Berlin/Offenbach.

STAFFORD, J. & DEBOER, J. M. (Eds.) (1999-2020): Precision Agriculture. Springer, Berlin/Heidelberg. https://www.springer.com/journal/11119/.

ZHANG, Q. (2015): Precision Agriculture Technology for Crop Farming. CRC Press.

ZHANG, X., SHI, L., JIA, X. et al. (2010): Zone mapping application for precision-farming: a decision support tool for variable rate application. In: Precision Agriculture, 11, 103-114. DOI: 10.1007/s11119-009-9130-4.

ZOGG, J.-M. (2009): Essentials of Satellite Navigation. https://www.u-blox.com/sites/default/files/products/documents/GPS-Compendium_Book_%28GPS-X-02007%29.pdf.

36 GIS-basierte Gefährdungs- und Risikoanalyse von urbanen Starkregenereignissen (Risk Mapping – Starkregenereignisse)

Laura BERRESHEIM[1], Jan-Henrik KRUSE[1] und Thomas SIEKMANN[1]

Zusammenfassung

GIS-gestützte Analysen stellen einen wichtigen Baustein bei der Gefährdungs- und Risikoanalyse von urbanen Starkregenereignissen dar. Besonders im Hinblick auf eine Erstabschätzung einer potenziellen Exposition wichtiger Schutzgüter (Bürger*innen, kritische Infrastrukturen) ist deren Anwendung im Rahmen einer effektiven Hochwasser- und Starkregenvorsorge unumgänglich. Es wird die grundlegende Vorgehensweise mit den verschiedenen Analyseaspekten mitsamt einer praxisbezogenen Anwendung vorgestellt sowie Probleme und Grenzen dieser Methodik dargelegt.

36.1 Starkregengefährdung – Grundlagen und Problemstellung

In den vergangenen Jahren kam es vermehrt zu lokal auftretenden Niederschlagsereignissen mit hohen Intensitäten, die zu signifikanten Überflutungen und erheblichen Sachschäden geführt haben (RIES et al. 2020). In vielen Gemeinden in Rheinland-Pfalz (z. B. im Kreis Ahrweiler oder in Herrstein) ließen diese Starkregen aus kleinen Bächen reißende Ströme werden und führten zu einer erhöhten Überflutungs- und Überschwemmungsgefährdung in bisher nicht exponierten Bereichen (MUEEF RLP 2018).

Hochwasserereignisse an Fließgewässern I. und II. Ordnung mit einem großen Flussgebiet sind schwerpunktmäßig auf langanhaltende Regenspenden oder Schneeschmelzen zurückzuführen. Anhand von kontinuierlichen Messreihen aus einem über die Jahre aufgebauten Pegelnetz an den entsprechenden Gewässern können Scheitelabflüsse mit hoher Wahrscheinlichkeit vorhergesagt werden. Entsprechende Gefahren- und Risikokarten mit Überschwemmungsbereichen nach europäischer Hochwasserrichtlinie (EU-HWRL) sind verfügbar und frei zugänglich (MUEEF RLP, online). Dies versetzt zumindest die jeweiligen Unterlieger eines Messpegels in die Lage, sich auf etwaiges Hochwasser vorzubereiten.

Pluviale Überflutungen sind meist durch ein Starkregenereignis bedingt, bei dem durch Überschreitung der Infiltrationsrate oder Sättigung des Bodens ein erhöhter Oberflächenabfluss entsteht. Besonders in kleineren, steilen Einzugsgebieten kommt es dadurch zu hohen Abflussbeiwerten (RIES et al. 2020). Neben einem blitzartigen Anschwellen von bestehenden Gewässern kann es zudem in „schlafenden Bächen" und ausgeprägten Tiefenlinien fernab des eigentlichen Gewässerlaufs zur Ausbildung von Fließwegen nennenswerten Ausmaßes

[1] Ingenieurgesellschaft Dr. Siekmann + Partner mbH, Segbachstraße 9, 56743 Thür, info-myk@siekmann-ingenieure.de, www.siekmann-ingenieure.de

kommen. Treffen diese Fließwege auf Gewässer, steigt die Hochwassergefahr entsprechend an. Zwar ermöglicht ein flächiges Pegelnetz an den Gewässern die Erfassung von Abflüssen, wodurch Vorhersagen ermöglicht werden, doch können hohe (pluviale) Zuflüsse aus den Außengebieten die Situation schlagartig und ohne Vorwarnung verändern. Ferner können diese Abflüsse auch im Entstehungsgebiet vor Zulauf ins Gewässer technische und soziale Infrastrukturen beschädigen. Solche pluvialen Überflutungen (urbane Sturzfluten) können in der breiten Fläche auftreten und sind messtechnisch kaum zu erfassen. Das Zusammenwirken von fluvialen, d. h. gewässerseitigen Überschwemmungen, und pluvialen Ereignissen steigert vielerorts die Hochwassergefährdung (MUEEF RLP 2018).

36.2 Gefahren- und Risikokarten für Starkregenereignisse

36.2.1 Grundlagen und Daten für die starkregenbedingte Gefährdungsanalyse

Der Umgang mit seltenen, außergewöhnlichen Starkregenereignisse und daraus resultierenden urbanen Sturzfluten erfordert ein risikoorientiertes und präventives Handeln von zuständigen Behörden und der örtlichen Bevölkerung, um bestehende Risiken zu minimieren (SCHEID 2018). Um eine fundierte Bewertung der Überflutungsrisiken durchführen zu können, muss eine Gefährdungsanalyse erfolgen (DWA-M 119 2016). Grundlage bildet im Allgemeinen die Identifizierung kritischer Bereiche mit erhöhter Überflutungsgefährdung. Dies kann ohne Berücksichtigung der Niederschlagsbelastung (belastungsunabhängige Methode) erfolgen oder unter Vorgabe spezifischer Niederschlagsbelastungen (belastungsabhängige Methode) durchgeführt werden (DWA-M 119 2016). Voraussetzung für die Anwendung des belastungsunabhängigen Ansatzes ist die Durchführung einer Fließweg- und Senkenanalyse mit einer Geoinformationssoftware (DWA-M 119 2016). Grundlage hierfür sind digitale Gelände- bzw. Höhenmodelle (DGM bzw. DHM). Aus diesen Modellen lassen sich durch verschiedene Analysen die Fließwege sowie Wasseransammlungen in Geländetiefpunkten (Senken) ermitteln. Fließwege werden hier als Geländebereiche definiert, in denen sich aufgrund der angrenzenden Gefälleausrichtung die Oberflächenabflüsse konzentrieren (DWA-M 119 2016). Die belastungsunabhängige GIS-Analyse von Geländetiefpunkten und Fließwegen ermöglicht eine flächendeckende Bewertung der Überflutungsgefährdung auch für größere Einzugsgebiete (DWA-M 119 2016). Diese Methode postuliert, dass bei Starkregenereignissen die Aufnahmefähigkeit des Kanalnetzes erschöpft ist und dieses nur einen begrenzten Beitrag zur Ableitung des Niederschlags leisten kann. Im Gegensatz zu einer hydraulischen *belastungsabhängigen* Analyse stellt die GIS-gestützte *belastungsunabhängige* Analyse eine einfache und weitgehend automatisierbare Möglichkeit dar, eine grobe, flächendeckende Vorbewertung der Überflutungsgefährdung zu liefern (DWA-M 119 2016).

36.2.2 Vorgehensweise und Analyse

In der GIS-gestützten Analyse wird das Gelände über ein DHM in höhenreferenzierte Zellen abstrahiert. Geländemodelle weisen viele abflusslose Hohlformen, sogenannte Senken auf. Diese können beispielsweise durch Messungenauigkeiten sowohl künstlich generiert als auch natürlicher Herkunft sein. Aus hydrologischer Sicht ist das Höhenmodell an diesen Stellen inkonsistent, da kein Abfluss „talwärts“ gewährleistet ist (Abb. 36.1). Dies führt zu einem Abbruch der GIS-gestützten Analysefunktion.

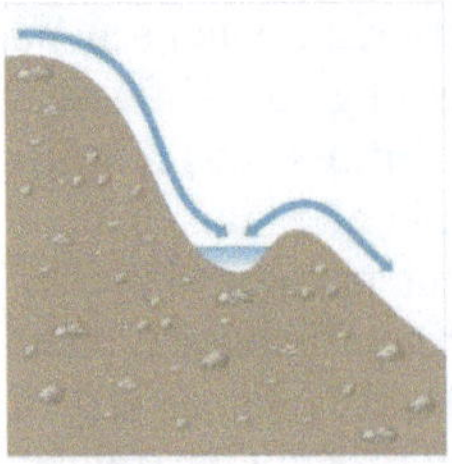

Abb. 36.1: Geländesenke

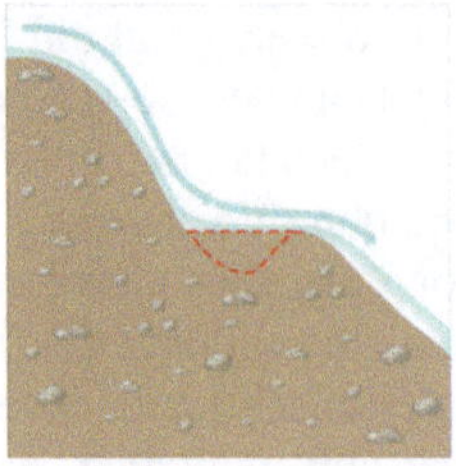

Abb. 36.2: Aufgefüllte Geländesenke

Aus diesem Grund erfolgt eine Aufbereitung bzw. die Erstellung eines hydrologisch korrekten bzw. konsistenten Höhenmodells. Hierfür werden abflusslose Geländesenken auf die Höhe des niedrigsten Auslasses angehoben (Abb. 36.2). Der Starkregengefährdungsanalyse liegt das hydrologisch konsistente DHM zugrunde. Zu beachten ist, dass es sich bei der aufgefüllten Geländesenke um eine tatsächlich vorkommende Struktur handeln könnte. Hier führt die Aufbereitung zu einer „Verfälschung" der IST-Situation, da der Abfluss an dieser Stelle in Realität ggf. zum Erliegen kommen könnte. Mit Verweis auf die Verfolgung eines belastungsunabhängigen Ansatzes wird dem entgegengesetzt, dass es immer zu einem Niederschlagsereignis kommen kann, dass eine Senke vollfüllt und in der Folge der Abfluss weiter talwärts geführt wird. Das wesentliche Element der Gefährdungseinschätzung bildet die Bestimmung der Fließrichtungen. Nach vorhandenen Erfahrungswerten durch die Hochwasserereignisse in Rheinland-Pfalz, z. B. im Juni/ Juli 2016, wird angenommen, dass durch eine Sättigung der Böden Benetzungs-, Mulden- und Versickerungsverluste von untergeordneter Bedeutung sind. Verdunstungseffekte sind bei Starkregenereignissen ebenfalls vernachlässigbar (DWA-M 119 2016). Folglich würde nahezu der komplette Niederschlag, der auf die Erdoberfläche trifft, talwärts in eine bestimmte Richtung abgeleitet. Für die Bestimmung von Fließwegen gibt es verschiedene Ansätze und Algorithmen (O´CALLAGHAN & MARK 1984, FAIRFIELD & LEYMARIE 1991, QUINN et al. 1991, TARBOTON 1997, SEIBERT & MCGLYNN 2007, CONRAD 1998). In der hier dargelegten Methode wird der Abfluss nicht nur an die am tiefsten liegende Nachbarzelle weitergegeben, sondern auch noch ein Rasterhöhen-abhängiger Anteil in andere jeweils angrenzende Zellen berücksichtigt (TARBOTON 1997).

36.2.3 Klassifizierung der Ergebnisse und Bestimmung der Gefährdungsbereiche

Aufbauend auf der Bestimmung der Fließrichtungen kann die Summe an Zellen ermittelt werden, die in die jeweilige Zelle entwässert. Je näher eine Zelle an einer Wasserscheide, also einem relativen Hochpunkt liegt, desto geringer ist das jeweilige Einzugsgebiet. Liegt eine Zelle weiter stromabwärts im Einzugsgebiet, so steigt die Anzahl zugeordneter Zellen.

Hinsichtlich einer Klassifizierung der Überflutungsrelevanz von Fließwegen wird Empfehlungen des DWA-M 119 (2016) gefolgt.

Für die topographische Gefährdungsanalyse gewinnen Geländesenken an Bedeutung, wenn sie sich mit einem Fließweg schneiden und hier verortete, potenzielle Risikoelemente (z. B. Gebäude) gefährden. Aus hydrologischer Sicht stellen Senken einen topographisch abgegrenzten Bereich dar, dessen Oberflächengefälle zu einem lokalen Tiefpunkt hinführt.

Tabelle 36.1: Klassifizierung akkumulierter Einzugsgebiete nach DWA-M 119 (2016)

Gefahrenklasse	Überflutungsgefahr	Akkumuliertes Einzugsgebiet
1	sehr gering	0,1 – 1 ha
2	gering	1 – 5 ha
3	mäßig	5– 10 ha
4	hoch	10 – 50 ha
5	sehr hoch	50 – 100 ha
6	extrem	> 100 ha

Auch im Kontext der Maßnahmenfindung sind Senken bedeutsam, da sie außerhalb geschlossener Ortschaften zu Retentionszwecken genutzt werden können. Liegen sie zudem günstig zu den ermittelten Fließwegen, so ist der bauliche Aufwand für eine geeignete Wegeführung (Fluttrassen) in der Regel begrenzt. Das schematische Vorgehen der Fließweg- und Senkenanalyse ist in Abbildung 36.3 zusammenfassend dargestellt.

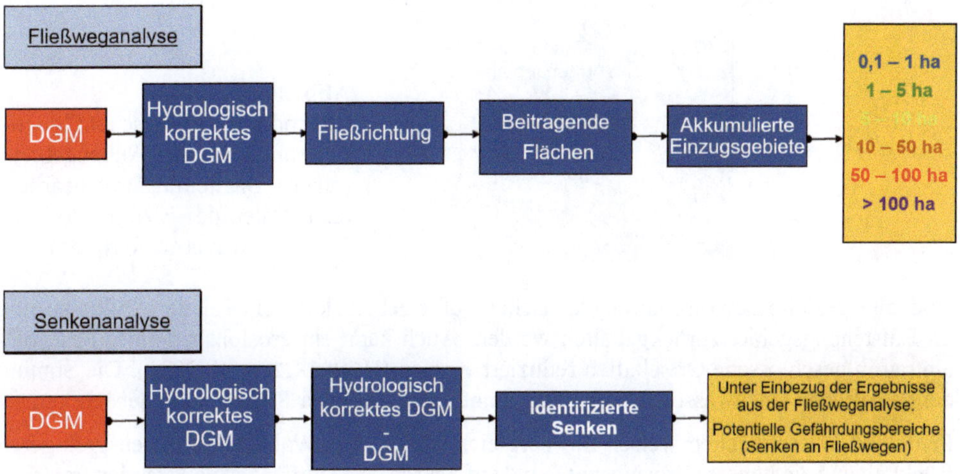

Abb. 36.3: Schematisches Vorgehen bei der Fließweg- und Senkenanalyse

36.2.4 Bewertung der kritischen Außengebiete

Hochwasser entsteht nicht erst im Gewässer oder in einer Hauptfluttrasse, sondern auf den Flächen der Einzugsgebiete. Eine Bewirtschaftung der Wassermassen auf ihren Entstehungsflächen trägt zur Reduktion des Gefahrenpotenzials für Unterlieger bei und ist somit Teil der Hochwasservorsorge (DWA-M 119 2016). Dies wird auch durch das Hochwasserschutzgesetz II (§78d[2]) durch entsprechende Würdigung der Entstehungsgebiete untermauert.

Aber Außengebiete beeinflussen nicht nur die Mengenbilanz, sondern auch maßgebend den Feststofftransport (HONECKER et al. 2021). Die Hochwasserereignisse der vergangenen Jahre

[2] Bundesgesetzblatt (2017): Gesetz zur weiteren Verbesserung des Hochwasserschutzes und zur Vereinfachung von Verfahren des Hochwasserschutzes (Hochwasserschutzgesetz II), Teil I Nr. 44.

haben gezeigt, dass mitgeführte Schlammmassen, Sand und Geröll das Schadensausmaß deutlich erhöhen. Neben der Erosionsstabilität und dem Versickerungsvermögen des vorliegenden Bodentyps spielen die Landnutzung und das Gefälle eine entscheidende Rolle für den Wasserrückhalt und Feststoffabtrag eines Außengebiets (MUEEF RLP 2018).

Eine Analyse zur Erstabschätzung kann dabei mittels digitaler Geländedaten erfolgen, anhand dieser die Hangneigung bestimmt werden kann. Trifft z. B. eine Hauptfluttrasse mit hohem akkumuliertem Einzugsgebiet auf ein Außengebiet mit einer sehr hohen Hangneigung sowie einem erosionsfördernden Landnutzungstyp (z. B. landwirtschaftliche Nutzfläche), so kann dieses als kritisches Außengebiet mit starker Abflussbildung und hohem Gefahrenpotenzial für die Unterlieger definiert werden. Erstelltes Kartenmaterial (Abb. 36.4) dient einer Priorisierung von Maßnahmen im Außengebiet.

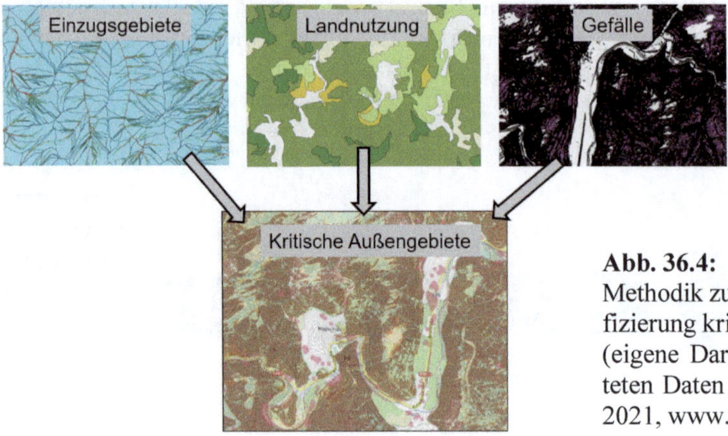

Abb. 36.4:
Methodik zur Analyse und Identifizierung kritischer Außengebiete (eigene Darstellung mit bearbeiteten Daten des LVermGeo RLP 2021, www.lvermgeo.rlp.de)

Über eine gezielte Bewirtschaftung kritischer Außengebiete kann ein Teil der Abflussspende im Entstehungsgebiet zurückgehalten werden. Auch kann ein erosionsbedingter Feststoffeintrag in geschlossene Ortschaften reduziert werden (HONECKER et al. 2021). Die Summe der getroffenen Hochwasservorsorgemaßnahmen führt zu einer Reduzierung der Risiken.

Feld- und Wiesenflächen weisen im Vergleich zu intakten Waldflächen einen geringeren Rückhalt und ein höheres Erosionspotenzial auf. Durch das Anpflanzen von standortfremdem Gehölz und das Entwässern von Hoch- und Hangmooren sowie durch Wildschäden können allerdings auch Waldflächen zu kritischen Außengebieten werden (vgl. ZEMKE et al. 2016).

KALWA et al. (2021) beschreiben am Beispiel der neuen Bundesländer, dass der Bewässerungsbedarf landwirtschaftlicher Flächen künftig steigen wird. Werden bisher nur sehr wenige bewirtschaftete Teilflächen bewässert, so ist durch häufigere und längere Trockenperioden eine Verschärfung der Wasserknappheit erwartbar.

In den Sommermonaten 2020 musste – beispielsweise im Westerwald und Hunsrück – die Trinkwasserentnahme zeitweise reguliert werden, um einen absoluten Trinkwasserengpass zu vermeiden.

Diese Beispiele zeigen, dass Konzepte und Maßnahmen erforderlich sind, die nicht nur eine Aufkonzentrierung von Abflüssen in den Entstehungsgebieten vermeiden, sondern auch deren Nutzung vor Ort – zur Speisung des Grundwassers oder zur Bewirtschaftung von Feldern – ermöglichen.

36.2.5 Bewertung potenzieller Risiken

Die Durchführung einer Risikoanalyse kann eine Aussage darüber liefern, wie hoch der mögliche Schaden bei einer Betroffenheit durch urbane Starkregenereignisse sein kann. Dabei wird das Risiko als Produkt der Eintrittswahrscheinlichkeit eines Ereignisses und des Schadensausmaßes definiert (SIEKMANN 2014). Herausfordernd ist in diesem Kontext eine objektive Bestimmung des Schadenspotenzials. Diese kann über verschiedene Vorgehensweisen erfolgen, jedoch hat sich im Kontext pluvialer Ereignisse eine nutzungstypenspezifische Unterscheidung des Schadenspotenzials bewährt (SIEKMANN 2014). Die Realitätsnähe hängt dabei von den jeweils verwendeten Schadensfunktionen und den zu erfassenden potenziell betroffenen Objekten bzw. Werten ab (MERZ et al. 2010, MAIWALD 2007).

Eingeschränkt wird die Validierung des Schadenspotenzials, vor allem im Hinblick auf pluviale Ereignisse, durch den eingeschränkten Zugriff auf Schadensaufzeichnungen, die bis auf wenige Einzelfälle streng vertraulich gehandhabt werden. Zudem wären sehr detaillierte Aufzeichnungen notwendig, um den Einfluss verschiedener Elemente (z. B. Wassertiefe, Fließgeschwindigkeit etc.) auf den Gesamtschaden bewerten zu können (SIEKMANN 2014).

Bei einer belastungsunabhängigen Betrachtung ist eine dezidierte Risikobewertung ohnehin nicht möglich, da anhand der Fließwege lediglich eine räumliche Exposition potenzieller Risikoelemente erfasst wird, nicht jedoch das Ausmaß (Wassertiefe, Fließgeschwindigkeit) der Betroffenheit (SIEKMANN 2014).

Im Kontext hoher Unsicherheiten und Bandbreiten modellrelevanter Variablen sowie mangelnder Aufzeichnungen retrospektiver Starkregenereignisse ist eine Kombination aus belastungsunabhängiger Bewertung der Exposition und nutzungstypabhängiger Einordnung des Schadenspotenzials zumeist das Mittel der Wahl (SIEKMANN 2014).

36.2.6 Praxisbezogene Anwendung

Erfahrungswerte in der Anwendung der vorgestellten Methodik zeigen, dass diese für die Erstellung von Starkregengefährdungs- und -risikokarten absolut geeignet ist. Gestützt wird dies durch zahlreiche Begehungen vor Ort im Rahmen der Erstellung von Hochwasser- und Starkregenvorsorgekonzepten für Gemeinden in Rheinland-Pfalz. Bei örtlichen Begehungen erfolgt eine Validierung der theoretisch ermittelten Fließwege mit den tatsächlichen, durch die Bevölkerung beschriebenen und aufgezeigten Fließwegen. Dies gilt sowohl für die hier beschriebene Gefährdungseinschätzung als auch für die spätere Maßnahmenentwicklung. Für die eigentliche Planung von Maßnahmen ist jedoch eine dezidiertere Aufnahme des Geländes (terrestrische Vermessungsarbeiten) notwendig. Für eine Ersteinschätzung möglicher Maßnahmen und deren Verortung ist ein rein GIS-basierter Ansatz jedoch durchaus geeignet. Eine Darstellung der im Rahmen der Vorsorgekonzepte ermittelten Fließwege und Senken ist Abbildung 36.5 zu entnehmen.

Über die Verortung der Hauptfluttrassen und die Ausweisung der Fläche, die an den jeweiligen Fließwegen hängt, lässt sich die *Gefährdung* potenzieller Risikobereiche einschätzen. Diese Aussage kann auf einzelne Risikoelemente heruntergebrochen werden, indem ein Bereich von x Metern um den Fließweg bzw. in diesem Suchradius gelegene Objekte, z. B. ein Gebäude GIS-gestützt ausgegeben werden. Wird diesen Objekten dann ein nutzungstypspezifisches Schadenspotenzial zugewiesen, so lässt sich im Sinne einer Risikokarte auch ein *objektspezifisches Risiko* ausweisen.

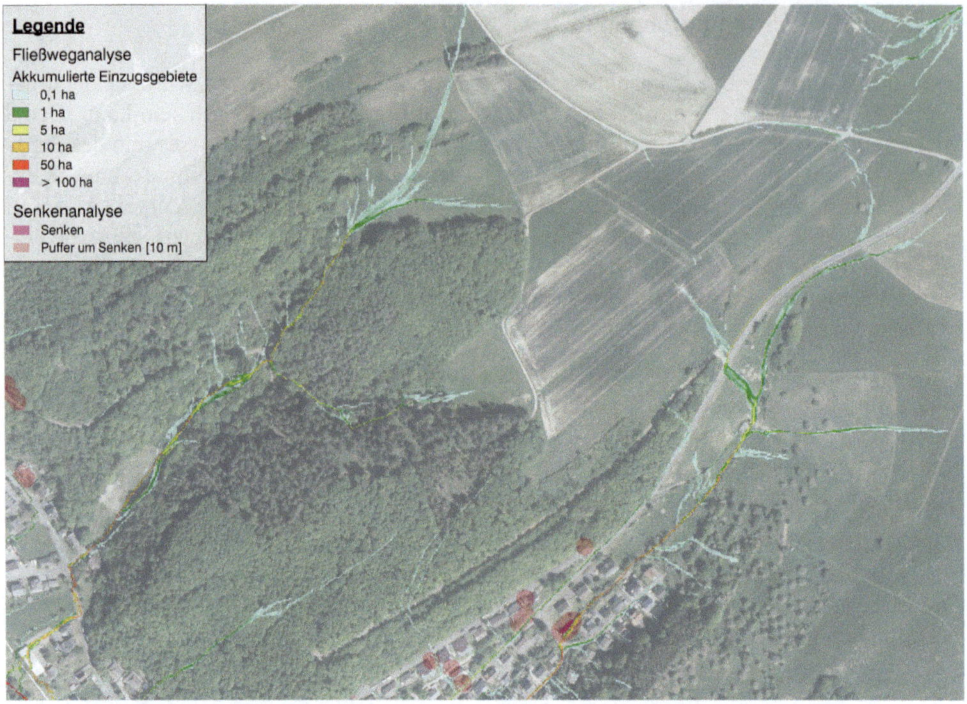

Abb. 36.5: Entstehungsgebiet (Außengebiet) des Abflusses oberhalb einer Ortslage (eigene Anfertigung mit bearbeiteten Daten des LVermGeo RLP 2021, www.lvermgeo.rlp.de)

In Ergänzung zu einer Bewirtschaftung der Abflüsse im Entstehungsgebiet (vgl. Kap. 36.2.4) geht es bei der Maßnahmenplanung innerorts im Wesentlichen um lokalen Objektschutz (Abb. 36.6, Bild 1) und die Vorhaltung von Notabflusswegen (Abb. 36.6, Bilder 2 und 3).

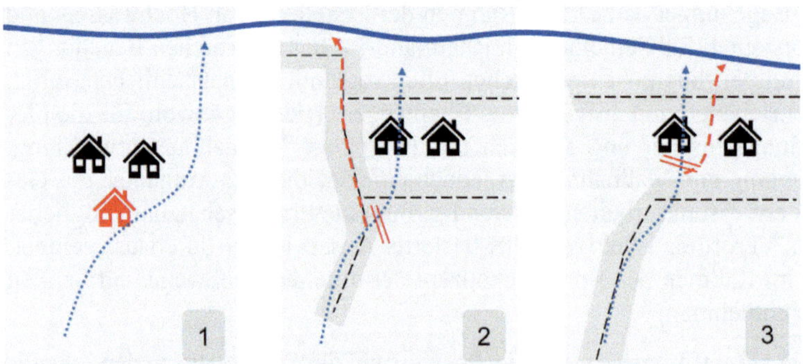

Abb. 36.6: Innerörtliche Maßnahmen zur Sturzflutvorsorge

Entweder sind Straßenzüge mithilfe von Hochbordsteinen als Notabflussweg zu nutzen (Abb. 36.6, Bild 2) oder es sind neue Trassen anzulegen (Abb. 36.6, Bild 3). Bei Extremereignissen kann es lediglich darum gehen, das Wasser möglichst schnell und möglich schadensfrei durch die Ortschaften zu bringen.

36.3 Grenzen der Methodik

Der Abfluss setzt sich aus den Komponenten „Niederschlag“ und „Fläche“ zusammen. Unter Vernachlässigung der Komponente „Niederschlag“, deren zeitliches und räumliches Auftreten v. a. bei den hier relevanten konvektiven Starkregenereignissen nicht vorhersagbar bleibt, hat auch bei alleiniger Untersuchung der Fläche das Modell Ungenauigkeiten und Grenzen, auf die im Folgenden eingegangen wird.

Datengrundlage:

- Die Auflösung der Datengrundlage (DHM: 1 m oder 5 m Raster) bestimmt maßgeblich die Qualität und Aussagekraft der Analyseergebnisse der Fließwege.
- Die Aktualität der Datenaufnahme kann die Ergebnisse, vor allem bei reger Bautätigkeit im Betrachtungsgebiet, wesentlich beeinflussen.
- Abhängig ist das Ergebnis der Analyse von der Wahl des Grundmodells: Digitales Geländemodell (DGM) oder Digitales Oberflächenmodell (DOM) bilden anhand ihrer spezifischen Aufnahmetechnik und modelltechnischen Aufbereitung unterschiedliche Gegebenheiten ab. Dies betrifft im Wesentlichen die Erfassung geschlossener Fließblockaden, die bei pluvialen Überflutungen die Gefährdungssituation maßgeblich beeinflussen (SIEKMANN 2014).
- Abbildung von Vulnerabilitäten auf Objektebene scheitert vorrangig an mangelnden Angaben zur Objektanfälligkeit und zur Bewältigungskapazität, während sich Schadenspotenziale sehr grob anhand von Nutzungsdaten abschätzen lassen.

Bearbeitung der Daten:

- Eine Vorglättung des DHM prägt das Ergebnis der Gefährdungsanalyse maßgebend.
- Ein nachträgliches „Einbrennen“ von Fließgewässerverdolungen in das DHM durch die entsprechenden GIS-Werkzeuge bedarf stets einer Einzelfallprüfung. Zwar würde ein Einbrennen der Verrohrung eine fundierte Abschätzung der gewässerbedingten Gefährdung im Unterlauf ermöglichen, allerdings würde die oberflächenabflussbedingte Gefährdung fehlerhaft eingestuft werden, da die eigentlich an der Oberfläche verbleibenden Abflüsse weitestgehend dem Verlauf der Verdolung folgen würden.

Gegebenheiten vor Ort:

- Bei Hochwasser- oder Starkregenereignissen können sich Engstellen und Verdolungen mit angeschwemmtem Material zusetzen und somit den Fließweg und die Betroffenheit signifikant verändern. Solche Phänomene können anhand eines Höhenmodells nicht festgestellt bzw. erfasst werden. Dies gilt auch für Gefährdungs- und Risikoeinschätzungen durch fluviale Überschwemmungen.
- Risikobewertungen sind vorrangig vulnerabilitätsbezogen, d. h. mit Fokus auf mögliche Schadensausmaße und Präventionsmaßnahmen durchzuführen. Dies kann nur auf Objektebene, konkret durch bzw. mit den potenziell Betroffenen, erfolgen. Risikoanalysen sind somit zwangsläufig ein integrierender, dialogorientierter Prozess (SCHEID 2018).
- Erfordernis einer Validierung bzw. Verifizierung der Modelle zur Realitätsprüfung und Reduzierung von Fehlerfortpflanzungen. Dies betrifft z. B. Wirtschaftswege, die Außengebiete in Richtung geschlossener Ortschaft entwässern. Je nach Ausbildung der wegebegleitenden Grabensysteme, die durch das DHM nicht erfasst werden, sind realitätsferne Simulationsergebnisse möglich.

Grundsätzlich:

- Eine Nachbildung aller Eventualitäten ist nicht darstellbar, da weder sämtliche Szenarien gedanklich erfasst noch diese in ihrer Komplexität nachgebildet werden können.

36.4 Schlussfolgerung und Ausblick

Starkregen und urbane Sturzfluten sind hochaktuell und werden durch klimawandelbedingte Veränderungen des Niederschlagsregimes auch in den kommenden Jahren weiterhin an Brisanz gewinnen. Deshalb ist es wichtig, sich weiterhin mit dieser Thematik zu beschäftigen und entsprechende Vorkehrungen zu treffen bzw. vorsorgende Maßnahmen zu entwickeln. GIS-gestützte Analysen bilden eine gute Basis zur Erreichung dieses übergeordneten Ziels. Technische Möglichkeiten hinsichtlich der Abbildung der Betroffenheit und für eine Erarbeitung von (Klima-)Anpassungs-/Vorsorgemaßnahmen sind verfügbar, es mangelt weiterhin an deren flächigen Anwendung.

Literatur

BUNDESMINISTERIUM FÜR VERKEHR UND DIGITALE INFRASTRUKTUR: Wetterlexikon – Starkregen. Bundesministerium für Verkehr und digitale Infrastruktur. https://www.dwd.de/DE/service/lexikon/Functions/glossar.html?nn=103346&lv2=102248&lv3=102572 (04.11.2020).

CONRAD, O. (1998): DiGem-Software for Digital Elevation Model. Ph. D. Thesis (in German), University of Goettingen.

DWA – DEUTSCHE VEREINIGUNG FÜR WASSERWIRTSCHAFT, ABWASSER UND ABFALL E. V. (2016): Merkblatt DWA-M 119, Risikomanagement in der kommunalen Überflutungsvorsorge für Entwässerungssystem bei Starkregen.

FAIRFIELD, J. & LEYMARIE, P. (1991): Drainage networks from grid digital elevation model. In: Water Resources Research, 27, 709-717. DOI: 10.1029/90WR02658.

GYÖRFI, J., DÖRR, A. & WITTLAND, C. (2016): Erkennen und Abschätzen von abflusskritischen Außengebieten. Masterthesis, Karlsruhe 2014. Tiefbauamt Karlsruhe und Hochschule Karlsruhe, Technik und Wirtschaft. DOI: 10.13140/RG.2.2.12597.06880.

HONECKER, U., KUBINIOK, J. & WEBER, G. (2021): Gewässerschutz durch Bodenschutz: Kausalzusammenhänge und potenzielle Maßnahmen im Bereich der Landwirtschaft, Untersuchung am Beispiel des Theel/Ill Einzugsgebietes im mittleren Saarland. In: Korrespondenz Wasserwirtschaft, Schriftreihe 2021, (14) 1.

INFORMATIONS- UND BERATUNGSZENTRUM HOCHWASSERVORSORGE RHEINLAND-PFALZ (2013): Starkregenereignisse und ihre Folgen. https://ibh.rlp-umwelt.de/servlet/is/8580/ (02.11.2020).

JENSON, S. K. & DOMINGUE, J. O. (1988): Extracting Topographic Structure from Digital Elevation Data for Geographic Information System Analysis. In: Photogrammetric Engineering and Remote Sensing, 54, 1593-1600.

KALWA, F., JUNGHANS, V. & WALLSCHLÄGER, R. (2021): Bewässerungsbedarf in den neuen Bundesländern – Die Perspektive der Landwirte nach dem „Dürresommer" 2018. In: Korrespondenz Wasserwirtschaft, Schriftreihe 2021, (14) 1.

MAIWALD, H. (2007): Ingenieurmäßige Ermittlung von Hochwasser-Schadenspotentiale im mikroskaligen Bereich. Dissertation, Bauhaus-Universität Weimar. Schriftreihe des Instituts für Konstruktiven Ingenieurbau, 11.

MERZ, B., KREIBICH, H., SCHWARZE, R. & THIEKEN, A. (2010): Assessment of economic flood damage. Natural Hazards and Earth Systems Science, 10.

MINISTERIUM FÜR JUSTIZ RHEINLAND-PFALZ (2015): Landeswassergesetz (LWG). http://landesrecht.rlp.de/jportal/?quelle=jlink&query=WasG+RP&psml=bsrlpprod.psml (19.11.2020).

MINISTERIUM FÜR UMWELT, ENERGIE, ERNÄHRUNG UND FORSTEN RHEINLAND-PFALZ (2018): Bericht – Starkregen und Hochwasser in Rheinland-Pfalz. https://www.hochwasser-rlp.de/publikationen/bericht_juni_2018.pdf (23.11.2020).

MINISTERIUM FÜR UMWELT, ENERGIE, ERNÄHRUNG UND FORSTEN RHEINLAND-PFALZ: Hochwassergefahren- und Risikokarten. http://www.hochwassermanagement.rlp.de/servlet/is/8662/ (11.12.2020).

NAEF, F., SCHERRER, S. & WEILER, M. (2002): A process based assessment oft he potential to reduce flood runoof by land use change. In: Journal of Hydrology, 267 (1), 74-79. DOI: 10.1016/S0022-1694(02)00141-5.

O'CALLAGHAN, J. F. & MARK, D. M. (1984): The extraction of drainage networks from digital elevation data. In: Comput. Vision, Graphics and Image Process., 28, 323-344. DOI: 10.1016/S0734-189X(84)80011-0.

QUINN, P. F., BEVEN, K. J., CHEVALLIER, P. & PLANCHON, O. (1991): The prediction of hillslope flowpaths for distributed modelling using digital terrain models. In: Hydrol. Processes, 5, 59-79. DOI: 10.1002/hyp.3360050106.

RIES, F., KIRN, L. & WEILER, M. (2020): Experimentelle Untersuchung der Abflussbildung bei Starkregen. In: Hydrologie & Wasserbewirtschaftung, 64, (5), 221-236. DOI:10.5675/HyWa_2020.5_1.

SCHEID, C. (2018): GIS-basierte Starkregen-Risikoanalyse unter besonderer Berücksichtigung von Datenerfordernissen und methodischer Aussagefähigkeit. In: wasser infrastruktur ressourcen, Schriftreihe, 4/2018.

SEIBERT, J. & MCGLYNN, B. L. (2007): A new triangular multiple flow direction algorithm for computing upslope areas from gridded digital elevation models. In: Water Resour. Res., 43, W04501. DOI: 10.1029/2006WR005128.

SIEKMANN, T. (2014): Bestimmung und Bewertung urbaner Risiken durch pluviale Überflutungen zur risikoorientierten Anpassung an Wandeleffekte. Dissertation, RWTH Aachen. Gesellschaft zur Förderung der Siedlungswasserwirtschaft an der RWTH Aachen e. V. Aachener Schriften zur Stadtentwässerung, Band 20.

STEINMETZ, H., BÁRDOSSY, A. & WIEPRECHT, S. (2013): Anpassungsstrategie Baden-Württemberg an die Folgen des Klimawandels – Fachgutachten für das Handlungsfeld Wasserhaushalt. Universität Stuttgart – Wasserforschungszentrum Stuttgart. https://pudi.lubw.de/detailseite/-/publication/98771 (07.01.2021).

TARBOTON, D. G. (1997): A new method for the determination of flow directions and upslope areas in grid digital elevation models. In: Water Resour. Res., 33, 309-319. DOI: 10.1029/96WR03137.

ZEMKE, J. J., TEMPEL, M., SCHULTHEIß, J. & KÖNIG, D. (2016): Untersuchungen zum Wasser- und Stoffhaushalt potentieller Hangmoorstandorte im Nationalpark Hunsrück-Hochwald. In: Geographica Augustana, Manuskripte, 101-116.

37 Informationssysteme für das Krisen- und Notfallmanagement

Horst KREMERS[1]

Zusammenfassung

Das SENDAI-Rahmenwerk der Vereinten Nationen setzt die Forderungen nach Kohärenz und Synergien für wesentliche Verbesserungen bei Planung, operativer Reaktion und Wiederherstellung durch. Information Governance ist erforderlich, um mittel- und langfristige domänen- und organisationsübergreifende nationale und internationale Implementierungen für alle Phasen des Katastrophenmanagements, insbesondere beim Krisen- und Notfallmanagement, zu fördern. Eine umfassende Anwendung fortschrittlicher Prinzipien des Informationsmanagements ist unerlässlich für die bestmögliche Unterstützung gesellschaftlicher, natürlicher, technischer, humanistischer und ethischer Aspekte für unsere Zukunft.

37.1 Herausforderungen

Der UN-SENDAI-Rahmen für Katastrophenvorsorge (UNDRR 2015) spezifiziert die Anforderungen an die Verfügbarkeit, Kohärenz und Synergien komplexer Informationen für wesentliche Verbesserungen insbesondere in den Phasen Prävention, Ersthilfe/operativer Reaktion und Nachsorge.

Der Paradigmenwechsel besteht derzeit darin, dass traditionelle Organisationsformen (Rescue-as-a-Service) erweitert werden hin zu partizipativer/integrativer Governance und der Berücksichtigung der Entscheidungs- bzw. Handlungserfordernisse von Betroffenen (Gesellschaft, Gesundheitswesen, Wirtschaft etc.) in allen Phasen des Na/Tech-Katastrophenzyklus. Infolgedessen müssen wir auch gemeinsame Ansätze zwischen Sicherheit und Bevölkerungsschutz anstreben, wobei menschliche Faktoren, gesellschaftliche, (psycho-)soziale, kulturelle, ethische sowie organisatorische Aspekte in allen Phasen von Krisen berücksichtigt werden. Der spezifische Unterschied besteht darin, eine integrative Beteiligung nicht nur in den Vorbereitungsphasen zu ermöglichen, sondern auch bei der Bewertung des Zielerreichungserfolgs nach der Katastrophe und bei der Formulierung von Vorschlägen zur verbindlichen Berücksichtigung in überarbeiteten Aktions- und Anpassungsplänen.

Die Kohärenz mit den SENDAI-Rahmenspezifikationen der Vereinten Nationen wird hauptsächlich dadurch erreicht, dass die regelmäßige Berichterstattung und Prüfung auf einer möglichst detaillierten Rahmenspezifikationsebene obligatorisch ist (ECA 2019/2020).

Die Best-Practice-Methoden für das Management unterstützen insbesondere die Prinzipien des „kritischen Denkens“ und ermöglichen eine umfassende Berichterstattung und transpa-

[1] CODATA-Germany e. V., Postfach 200548, 13515 Berlin, office@horst-kremers.de, www.CODATA-Germany.org

rente Analyse, die Einhaltung von Vorschriften und anderen Randbedingungen sowie eine konstruktive Kontrolle der Zielerreichung. Diese Kontrollverpflichtungen umfassen Phasen der Rückverfolgung, Prüfung, erneuten Prüfung, Analyse, Vermeidung von Fehlverhalten und Hinweise auf Schwachstellen (KREMERS 2019, SMITH 2011).

Die organisationsübergreifende Verarbeitung und Nutzung von Daten birgt ein enormes Potenzial, um strategische Vorausschau (Foresighting), Situationsmanagement und Ex-post-Bewertung zu ermöglichen. Für eine erfolgreiche Entscheidungsfindung und Handlungsunterstützung müssen wir dieses Potenzial bestmöglich nutzen.

Die Methoden und Techniken für Big Data – Volumen, Vielfalt, Geschwindigkeit und Richtigkeit/Qualität (LUKOIANOVA 2013) – sowie eine angemessene Anwendung der etablierten Managementprinzipien tragen wesentlich dazu bei, Subjektivität, Diskrepanzen, und Täuschungen zu vermeiden. Datentyporientierte Konzepte müssen um Qualitätsmaßnahmen für Informationsnutzungsverfahren, wie Unvollständigkeit, Unsicherheit, Präzision, Mehrdeutigkeit, Zuverlässigkeit, Benutzerfreundlichkeit und bezüglich der Einhaltung vorgegebener Regeln (Compliance), ergänzt werden.

Während der Schwerpunkt derzeit hauptsächlich auf der Generierung von „Verfügbarkeit" und „Zugang" zu Informationen liegt, wird sich der Schwerpunkt in den nächsten Jahren viel intensiver auf Bereiche der Informationsnutzung (Entscheidungsunterstützung, Analyse und alle anderen Managementkategorien für Maßnahmen und Kontrollen) verlagern.

Auf operativer Ebene muss syntaktische, semantische und pragmatische Kohärenz (vollständige semiotische Kohärenz, d. h. auf Syntax-, Semantik- und Pragmatikebene) auf lokaler, regionaler, nationaler und internationaler Ebene erreicht werden. Besonderes Augenmerk wird auf Ontologien gelegt, die sich mit Pragmatik befassen (operative zeitkritische Entscheidungsfindungs- und Aktionsmanagementkonzepte für Workflows und Prozesse in dynamischen Situationen mit mehreren Stakeholdern), einschließlich der Modellierung der Zielerreichungskontrolle (BELLAHSÈNE 2010, 2011; KREMERS 2019 PAR. 2; LOLLI 2013).

Komplexe Struktur- und Verfahrensmodelle sollten immer anwendungsfallorientierten Anforderungsanalysen (Requirements Engineering) folgen, indem sie deren Relevanz für Entscheidungsunterstützung, Maßnahmen und Zielerreichungskontrolle berücksichtigen.

Entscheidungsunterstützende Systeme, die auf einer übergreifenden und organisationsübergreifenden Integration basieren, fehlen weitgehend. Gemeinsame Projekte und Entwicklungen in den Bereichen der zivil-militärischen Zusammenarbeit können nicht nur die gemeinsame Informationsverarbeitung verbessern, sondern auch das Bewusstsein für den hohen Nutzen umfassender und solider Managementprinzipien schärfen. Eine holistische Sichtweise schließt die Berücksichtigung der erforderlichen Fachkräfte und Kompetenzen für Bildung und Entwicklung, insbesondere für die große Vielfalt der Organisationseinheiten der öffentlichen Verwaltung und der beteiligten Strukturen des Privatsektors.

Lücken in der organisationsübergreifenden Datenverfügbarkeit, inkompatible Datenqualität und fehlende Interoperabilität verhindern bestmögliche Entscheidungen und Dienste in allen Arbeitsbereichen (BIAŁCZAK 2020).

Es gibt eine stetig wachsende Anzahl von interdisziplinären Bereichen, die sich den Herausforderungen durch die vorgenannten innovativen Systemkonzepte bereits erfolgreich stellen (vgl. Gesundheit (NUNES-VAZ 2019, CONSOLI 2013, DEPARTMENT OF HEALTH 2013),

Landwirtschaft (Pflanzen und Tiere), Lebensmittelversorgungskette, Transport und Logistik (CHONG 2019, YÁÑEZ-SANDIVARI 2021), Geschäftsprozesse (ECHLEG 2020, GALBUSERA 2020, LACHHAB 2017, RICHMANN 2020, RUIZ 2019, VOẞSCHMIDT 2019, WESKE 2020).

Obwohl die Implementierung der derzeit besten verfügbaren Praktiken, die ausschließlich auf strukturierten Ontologien unter Verwendung formaler Methoden basieren, für einige Zeit der wesentliche Schlüssel für erfolgreiche Lösungen sein wird, ist es dringend erforderlich, die Arbeitsvorgänge für die Formalisierung der Spezifikationen für das Kategorisieren und Codieren formaler Details auf ein Minimum zu beschränken. Dazu ist parallel ein F&E-Prozess in den Bereichen Big Data und künstliche Intelligenz erforderlich, um betriebliche Perspektiven für neuartige Implementierungen für weniger strukturierte oder unstrukturierte Informationsräume und deren sich abzeichnendes Innovationspotenzial zu erhalten.

Damit ergibt sich der erforderliche Rahmen für die Bewältigung der in zehn Jahren zu erwarteten Komplexität der Informationen (Advanced Technology Engineering für die Modellierung von Semantik und Pragmatik) zusammen mit den technischen Konzepten für die erforderliche Validierung wiederholbarer Korrektheit und Vertrauenswürdigkeit sowie zur Gewährleistung von Mehrwerts und Synergie (HOLM 2020, KOVACIC 2013, HEDELIN 2019, SETOLA 2016).

37.2 Governance

Information Governance als ganzheitliche strategische Vorgehensweise für die partizipative und rekursive Erarbeitung, Realisierung und Kontrolle von Prozessen, Rollen, Kontrollmechanismen und Metriken ist erforderlich, um mittel- und langfristige domänen- und organisationsübergreifende nationale und internationale Implementierungen zu begleiten.

Die involvierten Organisationen und Akteurkreise sind in allen Phasen des Katastrophenmanagements nicht nur an der Digitalisierung ihrer aktuellen Verfahren interessiert, sondern bemühen sich gleichzeitig um die Nutzung der in der angewandten Informatik aktuell verfügbaren digitalen Techniken, Analysen und Workflows zur Nutzung von Informationen entsprechend den im UN-SENDAI-Rahmenwerk vorgegebenen komplexen Handlungsfeldern. Um den Nutzen für alle an der Katastrophenvorsorge und Schadensminderung beteiligten Akteure erheblich zu steigern, ist eine umfassendere partizipative Governance mit den beteiligten Akteuren und Organisationen auf der Grundlage angemessener Rechenschaftspflicht erforderlich (GESUNDHEITSMINISTERIUM 2013, BUNDESKANZLERAMT 2019).

Die ganzheitliche Sicht auf die Verfügbarkeit von Big Data und die organisationsübergreifende sowie domänenübergreifende Interoperabilität (PÉREZ 2017) muss von der Governance des Informationsmanagements noch angemessen berücksichtigt werden (SMALLWOOD 2014, CONSTANTINIDES 2014). Nach den Grundsätzen des SENDAI-Rahmens der Vereinten Nationen ist Information Governance ein Prozess, der auf permanente und integrative Weise („niemanden zurücklassen") mit mehreren Interessengruppen organisiert und umgesetzt werden muss.

37.3 Synergien durch übergeordnete und begleitende Strategien und Programme

Nationale, europäische und globale Initiativen (Datenstrategie der Bundesregierung[2] 2021, Digital Europe (EUROPEAN COMMISSION 2020), Europäischer Interoperabilitätsrahmen (EIF 2017) und andere) fördern die Implementierung von Informationsinfrastruktur und Interoperabilität zugunsten von Verwaltungsbehörden, Wirtschaft und Nichtregierungsorganisationen.

Zukünftige Forschung und Entwicklung in diesen Bereichen werden nur dann einen wesentlichen Beitrag zum gesamten Zyklus der Nachhaltigkeitsanalyse und zum Nachhaltigkeitsmanagement leisten, wenn die inhärente Komplexität von interdisziplinären/organisationsübergreifenden Daten, Datenanalysen, Datenübertragungs- und -nutzungsprozessen hoch entwickelt ist. Ontologiemodelle zur Situationsvorhersage sowie Konsequenzszenarien für alle Arten von Akteuren basieren auf formalen Methodenstandards und Prinzipien der Informationsinfrastruktur.

Die Bemühungen um die Informationsinfrastruktur richten sich nach dem gemeinsamen Engagement und den Anforderungsspezifikationen der Akteursorganisationen (öffentliche Verwaltung, Zivilgesellschaft, Privatsektor und F&E). Die Übertragung und Anpassung/Erweiterung von Konzepten, die für die Realisierung einer großen Informationsinfrastruktur (z. B. INSPIRE) als angemessen erwiesen wurden, erfordert die entsprechenden Elemente einer guten Regierungsführung.

Der Aufbau organisationsübergreifender Informationsinfrastrukturen ist eine der Kerntechniken, um die organisationsübergreifende Interoperabilität von Daten und in allen Phasen des Managements operativer Kräfte zu ermöglichen (CONSTANTINIDES 2014, DA SILVA 2017, DG HOME 2017, HOFINGER 2016, MERTINS 2016).

Moderne Entwicklungen ermöglichen es, den Datenschutz gemäß der Datenschutzgrundverordnung und für vertrauliche Geschäftsdaten zu gewährleisten.

Die Informationen von UN Instruments in ihrer Komplexität erfordern eine sehr breite systematische Integration, Verarbeitung, Bewertung und zielgerichtete Anwendung großer Datenmengen heterogenen Ursprungs in Echtzeit. Big Data bietet die geeignete Technologie, um Daten aus verschiedenen Quellen zu integrieren, zu analysieren und auf verschiedenen nach Gruppen von Akteuren angepassten und konsistenten Abstraktionsebenen für Entscheidungsprozesse und Betriebsunterstützung verfügbar zu machen (CONSOLI 2013, KREMERS 2020).

In Deutschland unternimmt das Territorial Tasks Command der Bundeswehr große Anstrengungen, um einen „Territorial Hub“ für die zivil-militärische Zusammenarbeit zu schaffen (BREUER 2020, SMITH 1981). Im zivilen Bereich wird derzeit beraten, wie die Einrichtung von nationalen zentralen Organisationseinheiten für das Katastrophenmanagement (Informationsmanagement und andere) eine bessere Effizienz im Sinne vernetzter Kompetenzen führen kann.

---

[2] Das Hochleistungsrechnen (engl. High Performance Computing) … stellt eine infrastrukturelle Grundlage für (kommende) Anwendungen der Künstlichen Intelligenz, komplexe Klimamodelle oder Simulationen (u. a. für Unternehmens- und Fertigungsprozesse, im Bereich der Medizin, der Physik sowie im Maschinenbau und zur Risiko- bzw. Katastrophenvorsorge) dar.

Für den Bereich der Bewältigung von Krisenlagen im Rahmen des Nationalen Risiko- und Krisenmanagements zum Schutz deutscher Staatsangehöriger im Ausland wird in der nationalen Datenstrategie 2021 ein ressortgemeinsam nutzbares, von stationär bis mobil einsetzbares sowie flexibel erweiterbares Krisenvorsorgeinformationssystem Bund angefordert. Somit „wird dem gestiegenen Bedarf der Ressorts an einem umfassenden Info- und Datenaustausch sowie modernen Kommunikationsformen zur Unterstützung gemeinsamer Prozessabläufe bei der Bewältigung von Krisenlagen im Ausland Rechnung getragen“ (BUNDESTAG 2021).

Die Europäische Kommission und die Europäische Verteidigungsagentur streben eine Maximierung der Komplementarität und Synergie der zivilen Sicherheits- und Verteidigungsforschungsaktivitäten durch Synchronisierung der Investitionen in Forschung und Entwicklung an.

37.4 Management

Die Anwendung modernster Methoden und Technologien der Informatik, die den Anforderungen eines komplexen Informationsmanagements mit vielen Akteuren und Organisationen entsprechen, ist dringend erforderlich, um bestehende und zukünftige nationale, europäische und globale Vereinbarungen, Verträge, Rahmenbedingungen und Programme organisatorisch und technisch umzusetzen und Kohärenz zwischen den erforderlichen Bereichen zu gewährleisten.

Die Anwendungsbereiche von Managementprinzipien reichen von „Verfügbarkeit“ für die Entscheidungsfindung über Bereitstellung von situationsspezifischen Vorschlägen für Alternativen (unter Berücksichtigung von Dynamik und Verfügbarkeit von Datentypen, Datenqualitäten und Kontextparametern) sowie Angaben zum Verbrauch der Betriebsressourcen bis hin zur Analyse von Schwachstellen-/Stabilitätskriterien im strukturellen und funktionalen Informationsfluss für Entscheidungen und zur Kontrolle der Zielerreichungseffektivität.

Ein Überblick über Managementprinzipien sowie die beteiligten Informationstypen und -strukturen wird in KREMERS (2020) vorgestellt.

37.5 Empfehlungen

Informationsmodelle, die den Implementierungen von UN-Instrumenten zugrunde liegen, müssen aus Gründen der Transparenz und zur Unterstützung der Rechenschaftspflicht mit den Beteiligten und mit den Betroffenen abgestimmt werden. Der gesamte Kommunikationsprozess erfordert wesentlich mehr Untersuchungen, um zuverlässig und effizient genug zu werden, das Gesamtziel eines umfassenderen Verständnisses, einer ausgewogeneren Entscheidungsfindung und eines effektiveren Handelns mit Verbesserung der humanitären Lage im gesamtgesellschaftlichen Diskurs zu erreichen.

Die folgenden Empfehlungen beziehen sich jeweils auf das Risiko-Informationsmanagement und können als Bausteine in den Verhandlungen für verabredete und zusätzlich erforderliche Strategien, Plattformen, Roadmaps und Implementationen dienen:

- Machen Sie die offene Verfügbarkeit von Datenmanagementplänen obligatorisch (aber nicht nur im wissenschaftlichen Bereich), um im Verlauf der Systemverfügbarkeit und

Systemänderung dynamisch inhaltliche und organisatorische Kohärenz und Korrektheit zu gewährleisten (DFG, UNIV. KONSTANZ, WILKINSON 2016), möglichst auch durch Nutzung von Data-Lifecycle-Management-Tools (LEONARD 2018).

- Finden Sie Hauptakteure in den Bereichen Wirtschaft, Verwaltung, Forschung und Entwicklung mit aktuellen Implementierungen, die durch Anwendung innovativer Methoden und Techniken ein nachweislich hohes Potenzial für zukunftssichere Vorgehensweisen bieten (Leuchtturm-Projekte).
- Anpassung an nationale und EU/internationale Strategien zur Unterstützung der Digitalisierung, der digitalen Transformation, der Interoperabilitätsrahmen und des grenzüberschreitenden Informationsaustauschs.
- Erkennen Sie die erheblichen Überschneidungen bei der Nutzung von Informationen und die erwarteten Synergien aus gemeinsamen Strategien mit den Sicherheitsbereichen.
- Ermöglichen Sie Schritte zur Institutionalisierung der partizipativen Steuerung von RISIKO-Informationen, einschließlich der regelmäßigen Berichterstattung sowie der unabhängigen Prüfung nach ganzheitlichen Managementgrundsätzen auf allen Ebenen. Die Abstimmung von Interesse und operativer Rolle der verschiedenen Betroffenen- und Beteiligtengruppen wird durch offene partizipative Verfahren erreicht.
- Prüfung der nationalen Umsetzung anhand der vollständigen Detail-Anforderungen nach dem gesamten Text des SENDAI-Rahmenwerks der Vereinten Nationen.
- Ermutigung der Nichtregierungsorganisationen, die Erfahrungen, Empfehlungen und Anforderungen ihrer Interessengruppen aus den Katastrophensituationen und den Folgen zu dokumentieren.
- Berücksichtigen Sie die Rolle der nationalen DRR-Plattformen der Vereinten Nationen bei der domänenübergreifenden und integrativen Beteiligung, insbesondere für und mit den am stärksten gefährdeten Gruppen und sozioökonomischen Auswirkungen, die weit über die Definition der formalen administrativen/rechtlichen Katastrophensituation hinausgehen.
- Nutzen Sie frühere Langzeiterfahrungen in den Bereichen Umweltinformation und Geoinformation beim Aufbau und Betrieb von Informationsinfrastrukturen (INSPIRE, ORCHESTRA 2008, VESCOUKIS 2012).
- Finden Sie geeignete Wege, um die Lücken zwischen F&E und Praktikern zu schließen, indem Sie aus Projekten gewonnene technische Best Practices für Routineverfahren in Gruppen und Organisationen operativer Akteure verbindlich machen.
- Unterstützung der Entwicklung einer Sicherheitsinformationspolitik für die Europäische Kommission (European Safety & Security Information Space).
- Überprüfung der Wirksamkeit lokaler, regionaler, nationaler und europäischer Strukturen (Organisationen und Rechtsrahmen) mit Vorschlägen für die Einrichtung geeigneter Zentralstellen für spezifische Aufgabenbereiche auf der Basis offensichtlicher Defizite und Schwachstellen, die insbesondere in Zeiten der Corona-Pandemie deutlich werden.

Neben der allgemeinen Vorgehensweise zur systematischen Erreichung oder Annäherung an bestimmte (ausgewählte) Ziele sollte all jenen Situationen viel mehr Aufmerksamkeit gewidmet werden, in denen ein suboptimales Informationsmanagement derzeit erhebliche Lücken/Defizite in Bezug auf natürliche, technische Nachhaltigkeit und humanitäre Hilfe bedingt.

37.6 Zukunft

Die konsequente Umsetzung der Digitalisierung ist eine Aufgabe für die gesamte operative Praxis in den Bereichen Sicherheit und Schutz auf allen Managementebenen, die in holistischer Weise über den Technologiebereich hinausgeht und sowohl die Organisation und die Prozesse als auch die Sicherstellung adäquater humanitärer Hilfsfähigkeiten deutlich erhöht.

Die Anwendung geeigneter Grundsätze für das Informationsmanagement zur Umsetzung des UN-SENDAI-Rahmens für Katastrophenvorsorge und angrenzender anderer UN-Instrumente unter den Anforderungen der Kohärenz von Methoden, Techniken und Management stellt einige wichtige Anforderungen an die Zukunft.

Es ist unsere Zukunft: Leitprinzipien, Struktur, Beteiligung und Praxis der Multi-Stakeholder-Governance für die Umsetzung von Konventionen und anderen Instrumenten sind unabdingbar (UN IEAG 2014). Diese Bemühungen richten sich nicht nur an die betrieblichen Anforderungen von Technikern und Administratoren, sondern sind für betroffene Bürger und für die Gesellschaft insgesamt von wesentlicher Bedeutung.

Literatur

BELLAHSENE, Z., BONIFATI, A. & RAHM, E. (2010): Schema Matching and Mapping. Data-Centric Systems and Applications book series (DCSA). Springer, Berlin/Heidelberg.

BELLAHSÈNE, Z. (2011): Schema Matching and Mapping. Data-Centric Systems and Applications. Springer, Berlin/Heidelberg.

BIAŁCZAK, P. et al. (2020): Proactive Detection – Good Practices Gap Analysis Recommendations. European Network and Information Security Agency (ENISA). https://www.enisa.europa.eu/publications/proactive-detection-good-practices-gap-analysis-recommendations/at_download/fullReport.

BREUER, C. (2020): Das Kommando Territoriale Aufgaben der Bundeswehr. Behörden Spiegel, 36, 53.

BUNDESKANZLERAMT (2019): Open Government Prozess OGP – Zweiter Nationaler Aktionsplan 2019-2021. https://www.bundesregierung.de/resource/blob/997532/1667398/d3a4e7a0597be1d49dc37237a3849aca/2019-09-04-nationaler-aktionsplan-ogp-data.pdf?download=1.

CHONG, M. et al. (2019): Goal programming optimization model under uncertainty and the critical areas character-ization in humanitarian logistics management. In: Journal of Humanitarian Logistics and Supply Chain Management, 9 (1) 82-107.

CONSOLI, S. & STILIANAKIS, N. (2013): Operations research in disaster preparedness and response: The public health perspective. JRC Technical Report EUR 25763 EN. https://publications.europa.eu/en/publication-detail/-/publication/8579c689-ff66-4c6e-b394-b9e57a4ae8dc.

CONSTANTINIDES, P. & BARRETT, M. (2014): Information Infrastructure Development and Governance as Collective Action. In: Information Systems Research, 26 1-17. DOI: 10.1287/isre.2014.0542. https://www.researchgate.net/publication/273130860_Information_Infrastructure_Development_and_Governance_as_Collective_Action.

DA SILVA AVANZI, D. et al. (2017): A framework for in-teroperability assessment in crisis management. In: Journal of Industrial Information Integration, 5, 26-38.

DEPARTMENT OF HEALTH (2013): Information: To share or not to share? The Information Governance Review. https://assets.publishing.service.gov.uk/government/uploads/system/uploads/attachment data/file/192572/2900774_InfoGovernance_accv2.pdf.

DFG – Leitlinien zum Umgang mit Forschungsdaten. https://www.dfg.de/foerderung/antrag_gutachter_gremien/antragstellende/nachnutzung_forschungsdaten/.

DG HOME – EUROPEAN COMMISSION DIRECTORATE-GENERAL FOR MIGRATION AND HOME AFFAIRS (2017): High-level expert group on information systems and interoperability. Final Report. Ref. Ares (2017) 2412067 – 11/05/2017. https://ec.europa.eu/transparency/regexpert/index.cfm?do=groupDetail.groupDetailDoc&id=32600&no=1.

ECA – EUROPEAN COURT OF AUDITORS (2019): 'Have your say!': Commission's public consultations engage citizens, but fall short of outreach activities. Special Report, 14. https://www.eca.europa.eu/Lists/ECADocuments/SR19_14/SR_Public_participation_EN.pdf

ECA – EUROPEAN COURT OF AUDITORS (2020): Big Data & Digital Audit. ECA Journal, 1. https://www.eca.europa.eu/Lists/ECADocuments/JOURNAL20_01/JOURNAL20_01.pdf.

ECHLEG – EUROPEAN COMMISSION, HIGH-LEVEL EXPERT GROUP ON BUSINESS-TO-GOVERNMENT DATA SHARING (2020): Towards a European strategy on business-to-government data sharing for the public interest. https://ec.europa.eu/newsroom/dae/document.cfm?action=display&doc_id=64954.

EIF (2017): European Interoperability Framework – Implementation Strategy. Communication from the Commission to the European Parliament, the Council, the European Economic and Social Committee and the Committee of the Regions. COM (2017) 134 final. http://eur-lex.europa.eu/resource.html?uri=cellar:2c2f2554-0faf-11e7-8a35-01aa75ed71a1.0017.02/DOC_1&format=PDF.

EUROPEAN COMMISSION (2020): Europe investing in digital: the Digital Europe Programme. https://ec.europa.eu/digital-single-market/en/europe-investing-digital-digital-europe-programme.

GALBUSERA, L, TRUCCO, P. & GIANNOPOULOS, G. (2020): Modeling Interdependencies in Multi-Sectoral Critical Infrastructure Systems: Evolving The DMCI Approach. Reliability Engineering and System Safety 203, Article number 107072. Elsevier.

HEDELIN, B. (2019): Complexity is no excuse. Introduction of a research model for turning sustainable development from theory into practice. In: Sustainability Science, 14, 733-749. Springer. https://doi.org/10.1007/s11625-018-0635-5.

HOFINGER, G. & HEIMANN, R. (2016): Handbuch Stabsarbeit: Führungs- und Krisenstäbe in Einsatzorganisationen, Behörden und Unternehmen. Springer, Berlin/Heidelberg.

HOLM, J. (2020): 'Big data' analysis and modern supreme audit institutions: tearing down the walls of data kingdoms. In: ECA Journal, 1, 80-84. https://www.eca.europa.eu/Lists/ECADocuments/JOURNAL20_01/JOURNAL20_01.pdf.

INSPIRE – EUROPEAN UNION: Infrastructure for Spatial Information in the European Community. http://inspire.ec.europa.eu/.

KOVACIC, S. F. & SOUSA-POZA, A. (2013): Managing and Engineering in Complex Situations. Topics in Safety, Risk, Reliability and Quality. Springer, Berlin/Heidelberg.

KREMERS, H. (2019): Challenges in Operational Risk Information Management 2019. CODATA-Germany. http://RIMMA.org/StratRep2019.pdf.

KREMERS, H. (2020): Global Programs and Conventions: Coherence and Mutual Synergies from Holistic Information Management. LNIS Lecture Notes in Information Sciences. Selected Papers. In: Geoinformation and Sustainable Development, 9, 90-100. CODATA-Germany. https://tinyurl.com/GlobalProgramsCoherence2020.

LACHHAB, M. et al. (2017): Towards an Integration of Systems Engineering and Project Management – Processes for a Decision Aiding Purpose. IFAC PapersOnLine, 50, 7266-7271. Elsevier. DOI: 10.1016/j.ifacol.2017.08.1379.

LEONARD, A. (2018): Data Integration Life Cycle Management with SSIS. Apress.

LOLLI, F. (2013): Semantics and pragmatics in actual software applications and in web search engines – exploring innovations.
https://arxiv.org/ftp/arxiv/papers/1307/1307.0087.pdf.

LUKOIANOVA, T. & RUBIN, V. (2013): Veracity Roadmap: Is Big Data Objective, Truthful and Credible? Advances in Classification Research Online, 24th ASIS SIG/CR Classification Research Workshop, Montreal, QC, Canada. DOI: 10.7152/acro.v24i1.14671.

MERTINS, K. et al. (2016): Enterprise Interoperability VII: Enterprise Interoperability in the Digitized and Networked Factory of the Future. Proceedings of the I-ESA Conferences, 8, 151-162. Springer, Berlin/Heidelberg.

NUNES-VAZ, R., ARBON, P. & STEENKAMP, M. (2019): Imperatives for health sector decision-support modelling. In: International Journal of Disaster Risk Reduction, 38, 101234. https://doi.org/10.1016/j.ijdrr.2019.101234.

ORCHESTRA CONSORTIUM (2008): Orchestra – an open service architecture for risk management. http://www.eu-orchestra.org/documents.shtml.

PÉREZ, F. J. et al. (2017): A Solution for Interoperability in Crisis Management. In: International Journal of Computers Communications & Control, 12 (4), 550-561.
http://univagora.ro/jour/index.php/ijccc/article/download/2910/pdf.

RICHMANN, D. (2020): Geschäftsprozessmanagement bei der Feuerwehr. Kohlhammer, Stuttgart.

RUIZ HERRERA, M. P. & SÁNCHEZ DÍAZ, J. (2019): Improving Emergency Response through Business Process, Case Management, and Decision Models. Proceedings of the 16th ISCRAM Conference, May 2019, València, Spain, 116-125.
https://iscram2019.webs.upv.es/wp-content/uploads/2019/09/ISCRAM2019_Proceedings.pdf#page=147.

SETOLA, R. et al. (2016): Managing the Complexity of Critical Infrastructures. Studies in Systems, Decision and Control 90 300. Springer, Berlin/Heidelberg.
https://link.springer.com/content/pdf/10.1007%2F978-3-319-51043-9.pdf.

SMALLWOOD, R. F. (2014): Information Governance – Concepts, Strategies, and Best Practices. Wiley.

SMITH, M. (2011): Fundamentals of Management. 2nd Ed. McGraw-Hill Education.

SMITH, R. G. & DAVIS, R. (1981): Frameworks for Cooperation in Distributed Problem Solving. In: IEEE Transactions on Systems, Man and Cybernetics, 11 (1) 61-70.

UN IEAG (2014): A World that Counts – Mobilising the Data Revolution for Sustainable Development.
http://www.undatarevolution.org/wp-content/uploads/2014/11/A-World-That-Counts.pdf.

UNDRR (2015): Sendai Framework for Disaster Risk Reduction 2015-2030. http://www.unisdr.org/we/inform/publications/43291.

UNIVERSITÄT KONSTANZ: Portal Forschungsdaten.info. https://www.forschungsdaten.info/themen/informieren-und-planen/datenmanagementplan/.

VESCOUKIS, V., DOULAMIS, N. & KARAGIORGOU, S. (2012): A Service Oriented Architecture for Decision Support Systems in Environmental Crisis Management. In: Future Generation Computer Systems, 28 (3), 593-604.

VOßSCHMIDT, S. & KARSTEN, A. (2019): Resilienz und Kritische Infrastrukturen – Aufrechterhaltung von Versorgungsstrukturen im Krisenfall. Kohlhammer, Stuttgart.

WESKE, M. (2020): Business Process Management: Concepts, Languages, Architectures. 3rd Ed. Springer, Berlin/Heidelberg.

WILKINSON, M. D. et al. (2016): The FAIR Guiding Principles for scientific data management and stewardship. Scientific Data 3, 160018. Springer Nature Limited.

YÁÑEZ-SANDIVARI, L., CORTÉS, C. E. & REY, P. A. (2021): Humanitarian logistics and emergencies management: New perspectives to a sociotechnical problem and its optimization approach management. In: International Journal of Disaster Risk Reduction, 52, 101952. https://www.sciencedirect.com/science/article/abs/pii/S2212420920314540?dgcid=raven_sd_via_email#!.

38 Erneuerbare Energien

Henrik TE HEESEN[1]

Zusammenfassung

Erneuerbare Energien spielen eine wesentliche Rolle bei der Energiewende, um die globalen Klimaschutzziele zu erreichen. Der Einsatz regenerativer Energieanlagen wie Windturbinen, Photovoltaikanlagen oder Wasserkraftwerke stellen elektrische Energie bereit und verursachen im Betrieb keine Treibhausgasemissionen. Über die Sektorenkopplung, das heißt der Umwandlung der elektrischen Energie in Wärmeenergie oder Treibstoff für den Transportsektor, kann das bestehende, auf fossilen Energieträgern beruhende System auf ein vollständig erneuerbares Energiesystem umgestellt werden.

38.1 Grundlagen

Die global fortschreitenden Emissionen und die daraus resultierende Agglomeration von Treibhausgasen führen zu einem kontinuierlichen Temperaturanstieg der Atmosphäre und der Weltmeere, einem Abschmelzen der Gletscher und Eisflächen in der Arktis und Antarktis sowie einem Auftauen des Permafrostbodens. Diese Kennzeichen der Änderungen des Weltklimas lassen sich auf einen immer schneller werdenden Klimawandel zurückführen, der mittel- und langfristig zu einer radikalen Änderung des Ökosystems Erde führen wird. Um diese Entwicklung zu verhindern oder zumindest abzumildern, muss eine Umstellung der Energieerzeugung von einer hauptsächlich fossilen Nutzung von Öl, Kohle und Erdgas auf regenerative Energiequellen innerhalb der nächsten Jahre bis Jahrzehnte erfolgen, um den weltweiten Temperaturanstieg bis zum Jahr 2100 im Mittel auf 2 °C, besser noch auf 1,5 °C zu begrenzen (IPCC 2013).

In diesem Kapitel werden hierzu zunächst die wesentlichen physikalischen Definitionen sowie Energiekennzahlen eingeführt. Des Weiteren werden die grundlegenden Funktionen der wichtigsten erneuerbaren Energiesysteme erläutert. Schließlich wird anhand eines Beispiels das Vorgehen zur energetischen Bilanzierung von regenerativen Energiesystemen vorgestellt.

38.1.1 Definitionen

Zu Beginn erfolgt eine Definition des Begriffs der „erneuerbaren Energie“ und eine Abgrenzung zu „fossilen Energieträgern“ sowie die Darstellung unterschiedlicher Energieformen.

[1] Hochschule Trier, Umwelt-Campus Birkenfeld, Institut für Betriebs- und Technologiemanagement (IBT), Campusallee, 55768 Hoppstädten-Weiersbach, h.teheesen@umwelt-campus.de, www.umwelt-campus.de/ibt

In der Wissenschaft, aber auch in der Allgemeinheit, hat sich die Bezeichnung der erneuerbaren Energien in der Form etabliert, dass damit Energiesysteme gemeint sind, bei denen aus physikalischer Sicht der Energiezustrom, nämlich primär durch solare Einstrahlung, in das Energiereservoir Erde im Gleichgewicht mit dem Energieabstrom, das heißt der Umwandlung durch Windenergie- oder Photovoltaikanlagen in elektrische Energie, ist (REGELOUS & MEYN 2011). Bei fossilen Energiesystemen ist hingegen der Zustrom durch die natürliche Neubildung fossiler Ressourcen wie Kohle, Öl oder Erdgas deutlich kleiner als der Abstrom durch die Verbrennung dieser Ressourcen. Vereinfachend lässt sich daraus ableiten, dass sich erneuerbare Energiequellen auf einer Zeitskala von Minuten (Solar, Wind) bis Jahre (Biomasse) regenerieren, während fossile Energiequellen hierfür Jahrmillionen benötigen.

In der Energietechnik werden drei Arten der Energieform unterschieden – die Primärenergie, die Endenergie und die Nutzenergie. ***Primärenergie*** beschreibt eine Form der Energie, die in ihrer ursprünglichen, natürlichen Form vorliegt und keinem Transformationsprozess unterzogen wurde. Zu den Primärenergieträgern zählen zum Beispiel Stein- und Braunkohle, Erdöl, Erdgas, aber auch Sonnenenergie, Windenergie, Biomasse, Wasserkraft und Geothermie. Die ***Endenergie*** ist der Anteil der Primärenergie nach Umwandlungs- und Transportverlusten, die beim Endnutzer (Haushalte, Gewerbe, Industrie) zur Umwandlung in Nutzenergie verwendet wird. Bei der Endenergie kann es sich sowohl um Primärenergieträger (zum Beispiel Erdgas) als auch um sekundäre Energieträger (Umwandlung von Erdöl in Benzin oder Diesel) handeln. Die Wandlung der Primär- in die Endenergie lässt sich über einen (Effizienz-)Faktor beschreiben, der die Verluste in Form von Förderung, Transport oder Lagerung widerspiegelt. Schließlich ist ***Nutzenergie*** die aus der Endenergie umgewandelte Energieform, die dem Endnutzer für unterschiedliche Anwendungen zur Verfügung steht. Bei der Verwendung der Nutzenergie kann es sich zum Beispiel um eine Maschine handeln, die aus Endenergie in Form von elektrischer Energie mechanische Energie für einen industriellen Prozess bereitstellt. Die Nutzenergie lässt sich aus der Endenergie abzüglich der Anlagenverluste berechnen. Die Verdrängung von verbrennungsbasierten Technologien durch strombasierte Technologien im Zuge der Energiewende und der Sektorenkopplung wird durch die verbesserte Umwandlungseffizienz zu einer Reduktion des Primärenergiebedarfs bei gleichzeitigem Anstieg der Nutzenergie führen.

38.1.2 Energiekennzahlen

In der Energietechnik haben sich zahlreiche Kennzahlen etabliert, um Energieerzeugungsanlagen beziehungsweise den Energieverbrauch analysieren und vergleichen zu können. Die gebräuchlichsten Kennzahlen werden im Folgenden eingeführt. Zunächst ist das betrachtete Zeitintervall T relevant. In der Regel werden die Energiekennzahlen auf ein Jahr bezogen, jedoch ist auch eine unterjährige Betrachtung auf Monats- oder Tagesbasis möglich. In Abbildung 38.1 ist der Verlauf der Leistungsproduktion P über einen Zeitraum von 24 h dargestellt. Das betrachtete Kraftwerk habe eine installierte Nennleistung von $P_{\mathrm{Nenn}} = 20$ MW.

Die Energie E, die im Zeitraum erzeugt wird, ergibt sich aus dem Integral über die zeitabhängige Leistung $P(t)$ und das Zeitintervall T

$$E = \int_{t=0}^{T} P(t)\, dt \qquad (1)$$

beziehungsweise bei diskreten Leistungswerten P_i aus der Summe über die einzelnen Zeitschritte i multipliziert mit der Zeitschrittlänge Δt

$$E = \sum_{i=0}^{N} P_i \cdot \Delta t \tag{2}$$

und wird durch die Fläche unter der Leistungskurve wiedergegeben. Als Einheit für die Energie E in der Energietechnik bietet sich Wattstunde (Wh) an, um aus dem üblichen Zeitintervall in Stunden unmittelbar Energie und Leistung ineinander umrechnen zu können.

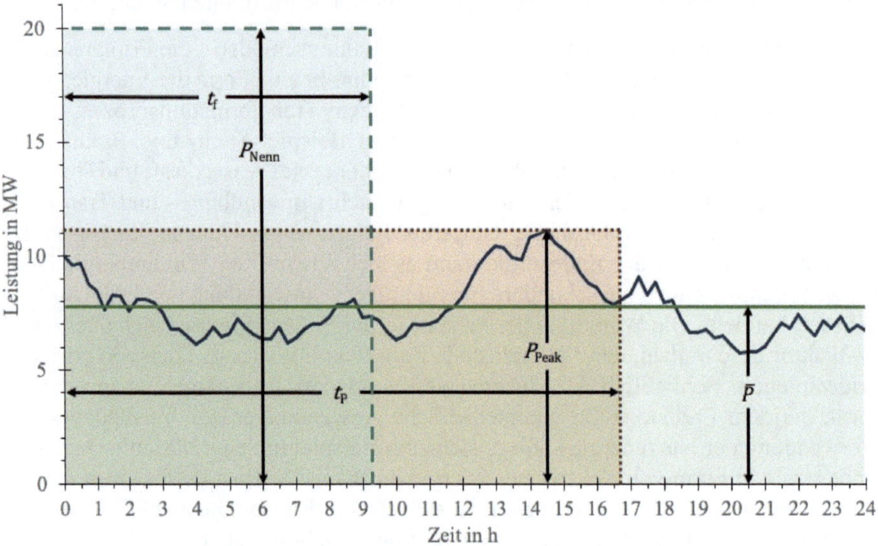

Abb. 38.1: Energiekennzahlen einer Kraftwerkslastkurve über 24 Stunden. Die blaue, durchgezogene Kurve stellt den Leistungsverlauf $P(t)$ über die Zeit dar. Die Nennleistung P_{Nenn} beträgt 20 MW.

Die ***mittlere Leistung*** $\bar{P}$, die im Zeitintervall T anliegt, ergibt sich aus der Division der Energie E durch die Zeitdauer T

$$\bar{P} = \frac{E}{T} \quad . \tag{3}$$

In Abbildung 38.1 ist die mittlere Leistung durch die grüne, durchgezogene Linie dargestellt. Die grün hergegebene Fläche spiegelt die Energie E wider, die erzeugt wurde. Eine weitere wesentliche Kenngröße sind die ***Volllaststunden oder Vollbenutzungsstunden*** (engl. *Full Load Hours*) t_{f}, in der Abbildung durch die hellblaue, gestrichelte Linie symbolisiert. Wird die erzeugte Energie E im Zeitintervall durch die nominale Leistung P_{Nenn} dividiert, ergibt sich hieraus die Zeitdauer, während der das Kraftwerk unter Nennleistung die Energie E erzeugt

$$t_{\mathrm{f}} = \frac{E}{P_{\mathrm{Nenn}}} \quad . \tag{4}$$

Das Kraftwerk hat in dieser Betrachtung lediglich zwei Betriebszustände: Produktion mit Nennleistung oder ausgeschaltet. Die Volllaststunden geben an, wie lange das Kraftwerk benötigen würde, die Energie E zu erzeugen, wenn es mit der Nennleistung P_{Nenn} betrieben würde. Aus den Volllaststunden lässt sich der ***Nutzungsgrad oder Ausnutzungsfaktor*** (im Englischen *Capacity Factor*) c_p als Verhältnis der im Zeitintervall erzeugten Energie E dividiert durch das Produkt der Nennleistung P_{Nenn} und dem Zeitintervall T ableiten

$$c_p = \frac{E}{P_{\text{Nenn}} \cdot T} = \frac{t_{\text{f}}}{T} \quad . \tag{5}$$

Schließlich wird das Verhältnis aus der Energie E und der im Zeitintervall T auftretenden Spitzenleistung P_{Peak} als ***Benutzungsdauer*** t_{P} bezeichnet

$$t_{\text{P}} = \frac{E}{P_{\text{Peak}}} \quad . \tag{6}$$

In Abbildung 38.1 ist die Spitzenleistung durch die rote, gepunktete Linie dargestellt. Die drei Rechtecke in Grün, Blau und Rot geben jeweils die erzeugte Energie E an und haben die gleiche Fläche. Aus Gleichung (6) ergibt sich durch Division durch die Intervalllänge T der ***Belastungsfaktor*** m des Kraftwerks

$$m = \frac{E}{P_{\text{Peak}} \cdot T} = \frac{t_{\text{P}}}{T} \quad . \tag{7}$$

Das Verhältnis des Belastungsfaktors m und des Nutzungsgrads c_p wird als ***Reservefaktor*** r bezeichnet und stellt dar, um welchen Faktor die Nennleistung P_{Nenn} größer als die Spitzenleistung P_{Peak} des Kraftwerks ist

$$r = \frac{P_{\text{Nenn}}}{P_{\text{Peak}}} = \frac{m}{c_p} = \frac{t_{\text{P}}}{t_f} \geq 1 \quad . \tag{8}$$

Über diese Kennzahlen lassen sich Bilanzen für Energiesysteme ermitteln und aus der Kenntnis des Energieverbrauchs sowie insbesondere des Nutzungsgrads ableiten, welche Nennleistung benötigt wird, um einen bilanziellen Energieausgleich zu erreichen.

38.2 Erneuerbare Energiesysteme

Im Folgenden werden die wesentlichen Grundlagen regenerativer Energiesysteme beschrieben. Der Schwerpunkt wird auf die Windenergie, die Photovoltaik und die Wasserkraft gelegt. Aus den Angaben lässt sich eine energetische Bilanzierung ableiten, um mithilfe der zuvor dargestellten Energiekennzahlen den Bedarf an erneuerbaren Energiesystemen abzuschätzen.

Zur Identifikation von Ausbaupotenzialen sowie geeigneter Standorte spielen Umwelt- und Geoinformationssysteme eine wesentliche Rolle. Im Bereich der Windenergie werden diese Systeme eingesetzt, um Potenzialflächen unter Berücksichtigung von Abstands- und Emissionsschutzvorgaben ausfindig zu machen. Für die Photovoltaik bieten Geoinformationssysteme den Nutzen, weitestgehend automatisiert geeignete Dachflächen auf Gebäuden erkennen und bewerten zu können.

Neben den drei wichtigsten erneuerbaren Energiesystemen Windenergie, Photovoltaik und Wasserkraft werden global weitere Systeme zur regenerativen Energieerzeugung eingesetzt. Hierzu zählen insbesondere die Bioenergie, die Geothermie und die Solarthermie. Allen Systemen ist gemein, dass sie neben der Bereitstellung elektrischer Energie auch andere Energiesektoren – Wärme und Verkehr – mit Energie versorgen können. Da der Windenergie und der Photovoltaik in der globalen Energiewende das größte Entwicklungspotenzial zugeschrieben wird und die Wasserkraft die größte erneuerbare Energiequelle darstellt, werden diese Systeme erläutert und die übrigen erneuerbaren Energiesysteme nicht weiter beschrieben. Ein Überblick und weiterführender Einstieg zur regenerativen Energietechnik ist bei QUASCHNING (2019) und ZAHORANSKY (2015) zu finden.

38.2.1 Windenergie

Windenergie ist die Umwandlung der Bewegungsenergie des Winds in unteren Atmosphärenschichten in Rotationsenergie einer Turbine und schließlich in elektrische Energie durch einen Generator. Für die Erzeugung der elektrischen Energie kommen in modernen Energiesystemen Windenergieanlagen mit horizontaler Drehachse zum Einsatz, bei denen der Rotor und eine Gondel mit dem Generator auf einem Turm montiert werden. Der Rotor verfügt in der Regel über drei Rotorblätter mit einer Länge von 50 bis 60 Metern. Die Nabenhöhe beträgt zwischen 100 und 150 Metern. Der Antrieb des Rotors erfolgt über das Auftriebsprinzip durch den anströmenden Wind, analog zu Flügeln bei Flugzeugen.

Die elektrische Leistung P einer Windenergieanlage ergibt sich aus

$$P = \frac{1}{2} \cdot \eta \cdot c_p(v) \cdot \varrho \cdot A \cdot v^3 \tag{9}$$

mit dem Wirkungsgrad η, dem Leistungsbeiwert $c_p(v)$ in Abhängigkeit der Windgeschwindigkeit v (siehe Abb. 38.2), der Dichte der Luft ϱ und der Querschnittsfläche des Rotors A. Die elektrische Leistung wächst mit der dritten Potenz der Windgeschwindigkeit v^3.

Wetterstationen liefern in der Regel keine Messdaten zu Windgeschwindigkeiten in Nabenhöhe, sondern messen lediglich in einer Höhe von zehn Metern. Um die Windgeschwindigkeit auf Nabenhöhe einer Windenergieanlage zu berechnen, werden die logarithmische Höhengleichung

$$v(h_2) = v(h_1) \cdot \frac{\ln\left(\frac{h_2 - d}{z_0}\right)}{\ln\left(\frac{h_1 - d}{z_0}\right)} \tag{10}$$

bzw. die Hellmann-Gleichung

$$v(h_2) = v(h_1) \cdot \left(\frac{h_2}{h_1}\right)^{\alpha} \qquad \text{mit } \alpha = \left(\frac{\sqrt{h_1 \cdot h_2}}{z_0}\right)^{-1} \tag{11}$$

mit der Höhe der Windgeschwindigkeitsmessung h_1, der Nabenhöhe h_2, dem Hellmann-Exponenten α, der Rauhigkeitslänge z_0 als Maß für die Unebenheit des Geländes und dem Versatz d der Grenzschicht (in der Regel gilt $d = 0$) verwendet.

Der Verlauf des Leistungsbeiwerts sowie der elektrischen Leistung einer Windenergieanlage nach Gleichung (9) ist in Abbildung 38.2 dargestellt. Bei 2 bis 3 m/s Windgeschwindigkeit setzt die Rotation der Anlage ein. Die Leistung steigt bis zur Nennwindgeschwindigkeit von 12 bis 15 m/s auf die Nennleistung an. Ab rund 25 m/s wird die Windenergieanlage zum Schutz vor Schäden abgeschaltet.

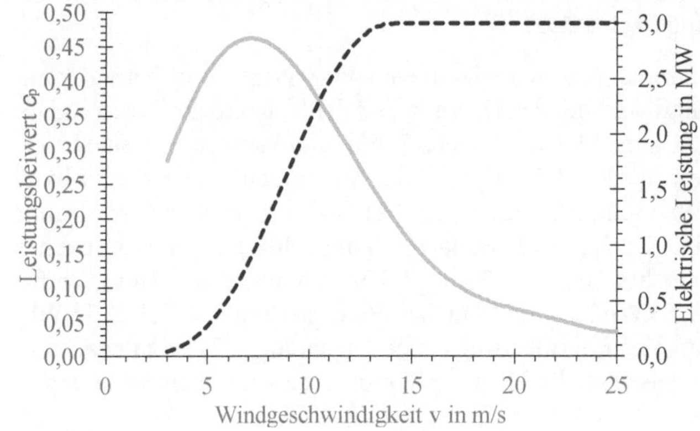

Abb. 38.2: Verlauf des Leistungsbeiwerts c_p (grüne, durchgezogene Linie) und der elektrischen Leistung P einer Windenergieanlage in Abhängigkeit der Windgeschwindigkeit v (blaue, gestrichelte Linie)

Der Nutzungsgrad von Onshore-Windenergieanlagen, das heißt Anlagen an Land, und von Offshore-Windenergieanlagen, also Anlagen auf dem Meer, die spezifischen Installationskosten sowie die Stromgestehungskosten (LCOE, *levelized costs of electricity*) für Deutschland im Jahr 2019 sind in Tabelle 38.1 aufgeführt. Der Nutzungsgrad der Onshore-Anlage hängt stark vom Standort ab und variiert zwischen 0,21 im Binnenland und 0,37 in unmittelbarer Küstennähe.

Tabelle 38.1: Nutzungsgrad c_p, Installationskosten und Stromgestehungskosten von Windenergie in Deutschland im Jahr 2019 (IRENA 2020)

Windenergie	Nutzungsgrad	Installationskosten	Stromgestehungskosten
Onshore	0,31	1.571 EUR/kW	0,061 EUR/kWh
Offshore	0,44	3.636 EUR/kW	0,107 EUR/kWh

Weiterführende Informationen zur Windenergie sind bei HAU (2013) und QUASCHNING (2019) zu finden.

38.2.2 Photovoltaik

Photovoltaikanlagen nutzen die solare Einstrahlung, um durch den photoelektrischen Effekt in den Solarzellen der Photovoltaikmodule Gleichstrom zu erzeugen, der von Wechselrichtern in Wechselstrom umgewandelt wird. Die Solarmodule werden entweder dachparallel auf Satteldächern oder aufgeständert auf Flachdächern von Gebäuden montiert. Alternativ können die Module auch auf freier Fläche installiert werden.

Der elektrische Jahresenergieertrag E, den eine Photovoltaikanlage produzieren kann, ergibt sich vereinfacht aus

$$E = P \cdot R_P \cdot k \cdot G_H \cdot f \tag{12}$$

mit der Nennleistung der Anlage P in Wattpeak (W_p), der Performance Ratio R_P als einheitenlose Maßzahl für den Systemwirkungsgrad, dem Korrekturfaktor $k = 1\ m^2/kW_p$, der horizontalen Globalstrahlung G_H am Standort der Anlage sowie dem Neigungsfaktor f, über den die Jahresglobalstrahlung in die geneigte Solarmodulebene umgerechnet werden kann. Der Quotient aus Energie E und Nennleistung P wird in der Photovoltaikbranche als spezifischer Ertrag $Y = E/P$ mit der Einheit kWh/kW_p bezeichnet, obwohl es sich im Grunde um die Volllaststunden nach Gleichung (4) handelt.

Die Performance Ratio von modernen Photovoltaikanlagen in Mitteleuropa beträgt rund 0,85. Der Neigungsfaktor in Abhängigkeit der Ausrichtung und der Neigung der Solarmodule ist in Abbildung 38.3 dargestellt. Eine südausgerichtete Photovoltaikanlage mit einer Neigung von 30° weist einen Faktor von rund 1,1 auf; sind die Solarmodule nach Osten bzw. Westen mit einer Neigung von 30° montiert, beträgt der Neigungsfaktor etwa 0,95. Damit ergibt sich beispielsweise für eine Dachanlage (Südausrichtung, 30° Neigung) mit einer Nennleistung von 5 kWp und einer horizontalen Jahresglobalstrahlung von 1.100 kWh/m^2 ein spezifischer Ertrag von 1.028,5 kWh/kW_p und ein Jahresstromertrag von 5.142,5 kWh. Bei einer unterjährigen Berechnung des Energieertrags nach Gleichung (12) ist zu beachten, dass sowohl die Performance Ratio als auch der Neigungsfaktor jahreszeitlichen Änderungen unterworfen sind.

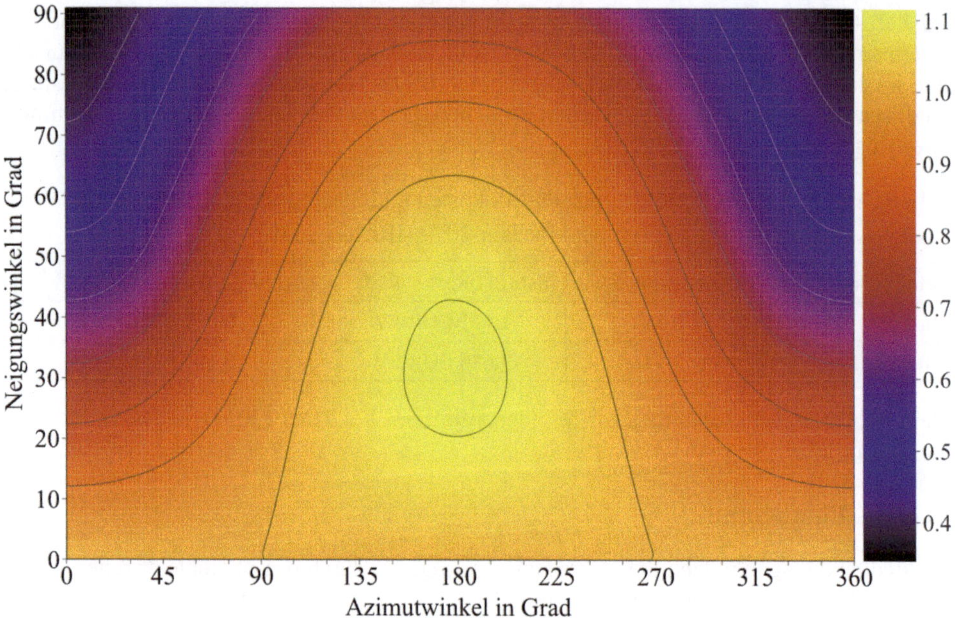

Abb. 38.3: Neigungsfaktor der solaren Einstrahlung in Abhängigkeit der Ausrichtung (Azimutwinkel) und Neigung für Deutschland, bezogen auf die Horizontale

Gemäß Gleichung (5) lässt sich der elektrische Energieertrag einer Photovoltaikanlage auch über die Kenntnis des Nutzungsgrads ermitteln. In Tabelle 38.2 sind der Nutzungsgrad, die Installationskosten sowie die Stromgestehungskosten für Aufdach- und Freiflächenanlagen für Deutschland aufgeführt. Der Nutzungsgrad spiegelt den Durchschnitt aller Photovoltaikanlagen in Deutschland wider.

Tabelle 38.2: Nutzungsgrad c_p (BNETZA 2021), Installationskosten und Stromgestehungskosten von Photovoltaikanlagen in Deutschland im Jahr 2019 (IRENA 2020).

Photovoltaik	Nutzungsgrad	Installationskosten	Stromgestehungskosten
Aufdach	0,12	1.468 EUR/kW	0,123 EUR/kWh
Freifläche		1.008 EUR/kW	0,094 EUR/kWh

Weiterführende Informationen zur Photovoltaik sind bei MERTENS (2020) und QUASCHNING (2019) zu finden.

38.2.3 Wasserkraft

Die Nutzung der Wasserkraft stellt die weltweit größte erneuerbare Energiequelle zur Erzeugung elektrischer Energie dar. Während in Europa die Wasserkraft in Skandinavien und der Alpenregion eine zentrale Rolle spielt, beträgt der Anteil der Wasserkraft an der Nettostromerzeugung in Deutschland lediglich etwa vier Prozent. Dies lässt sich auf die nicht ideale Topologie in Deutschland zum Ausbau der Wasserkraft zurückführen.

Bei der Wasserkraftnutzung wird in Laufwasser- und Speicherkraftwerke unterschieden. Die weiteren Arten der elektrischen Energieerzeugung durch Wasserkraft (Gezeiten-, Meeresströmungs- oder Wellenkraftwerke) spielen keine große Rolle. Grundprinzip der Wasserkraft ist die Ausnutzung der potenziellen Energie durch Aufstauen des Wassers. Die potenzielle Energie wird in kinetische Energie umgewandelt, indem das Wasser einen Höhenunterschied h überwindet. Die kinetische Energie treibt eine Turbine an, die wiederum über einen Generator elektrische Energie erzeugt. Die Leistung eines Wasserkraftwerks lässt sich aus

$$P = \eta \cdot \varrho \cdot g \cdot Q \cdot h \tag{13}$$

mit dem Wirkungsgrad η des Kraftwerks von 60 bis 90 Prozent, der Dichte ϱ des Wassers, der Erdbeschleunigung g und dem Durchfluss $Q = \dot{V}$ als Volumenstrom berechnen.

Bei Pumpspeicherkraftwerken lässt sich der Energieerzeugungsprozess umkehren, indem (überschüssige) Energie genutzt wird, um Wasser aus einem Unterbecken in ein höher gelegenes Oberbecken zu pumpen. Das Volumen der Speicherbecken und der Höhenunterschied geben die Energie an, die in einem Pumpspeicherkraftwerk gespeichert werden kann. Ein weiterer Vorteil vom Pumpspeicherkraftwerken ist, dass diese innerhalb weniger Minuten mit Volllast elektrische Energie ins Stromnetz einspeisen können und damit eine netzstabilisierende Rolle einnehmen können.

Wesentliche Kennzahlen zum Nutzungsgrad sowie zu den Installations- und Stromgestehungskosten von Wasserkraftanlagen in Europa sind in Tabelle 38.3 dargestellt. Im Gegensatz zu den volatilen Energiesystemen Wind und Photovoltaik ist die Wasserkraft grundlastfähig, das heißt, eine kontinuierliche Energieversorgung weitestgehend unabhängig von Wetterverhältnissen kann sichergestellt werden.

Tabelle 38.3: Nutzungsgrad c_p, Installationskosten und Stromgestehungskosten von Wasserkraftanlagen bis 10 MW und über 10 MW elektrischer Leistung in Europa in den Jahren 2015 bis 2019 (IRENA 2020)

Wasserkraft	Nutzungsgrad	Installationskosten	Stromgestehungskosten
< 10 MW	0,51	4.171 EUR/kW	0,115 EUR/kWh
> 10 MW	0,35	1.644 EUR/kW	0,099 EUR/kWh

Weiterführende Informationen zur Wasserkraft sind bei QUASCHNING (2019) und ZAHORANSKY (2015) zu finden.

38.3 Anwendung zur energetischen Bilanzierung

Die in den vorherigen Abschnitten eingeführten Energiekennzahlen und -systeme werden nun zu einem vereinfachten Energiemodell auf Jahresbilanzbasis zusammengefasst. In Tabelle 38.4 sind exemplarische Energieverbrauchswerte der drei Sektoren Strom, Wärme und Transport jeweils für die Verbrauchsgruppen Haushalte, Gewerbe, Handel, Dienstleistungen (GHD) und Industrie aufgeführt. Der Jahresenergiebedarf in dieser Modellregion entspricht einer Bevölkerung von rund drei Millionen Menschen und beträgt 100 Terawattstunden. Der Wärmesektor unterteilt sich in den Wärmebedarf für Raumwärme und Warmwasser sowie in Prozesswärme. Der Transportsektor umfasst den Energiebedarf für Pkw sowie für Lkw, Schiffe und Flugzeuge.

Tabelle 38.4: Jahresenergieverbrauch der Sektoren Strom, Wärme und Transport für die Verbrauchsgruppen Haushalte, Gewerbe, Handel, Dienstleistungen (GHD) sowie Industrie in Terawattstunden (TWh)

<table>
<tr><th>Verbrauchsgruppe</th><th>Stromsektor</th><th>Wärmesektor</th><th>Transportsektor</th></tr>
<tr><td>Haushalte</td><td>5 TWh</td><td>20 TWh</td><td>20 TWh</td></tr>
<tr><td>Gewerbe, Handel, Dienstleistungen</td><td>5 TWh</td><td>10 TWh</td><td rowspan="2">10 TWh</td></tr>
<tr><td>Industrie</td><td>10 TWh</td><td>20 TWh</td></tr>
<tr><td>Summe</td><td>20 TWh</td><td>50 TWh</td><td>30 TWh</td></tr>
</table>

Ziel des Energiemodells ist es, unter Berücksichtigung von Transformationspfaden die Nennleistung regenerativer Energiesysteme zu ermitteln, um den Energiebedarf bilanziell zu decken. Vereinfachend wird angenommen, dass durch die Substitution des fossilen Treibstoffs für Pkw durch den elektrischen Antrieb der Energiebedarf aufgrund der größeren Effizienz um den Faktor drei gesenkt wird. Als Energieträger für die Wärme und den übrigen Transportsektor wird Gas (Methan bzw. Wasserstoff) angenommen. Der Energiebedarf des fossilen Treibstoffs kann durch die gleiche Energiemenge Gas ersetzt werden. Bei der Wärmeerzeugung aus der Gasverbrennung werden Verluste von fünf Prozent angesetzt. Schließlich soll über Power-to-Gas durch den Einsatz elektrischer Energie synthetisches Gas mit einem Wirkungsgrad von 0,6 erzeugt werden. Das vollständige Energiemodell ist in Abbildung 38.4 dargestellt.

Aus den Energieverbrauchsdaten und den Transformationspfaden ergibt sich ein elektrischer Jahresenergiebedarf von 131 TWh, um über die Sektorenkopplung den Bedarf der einzelnen

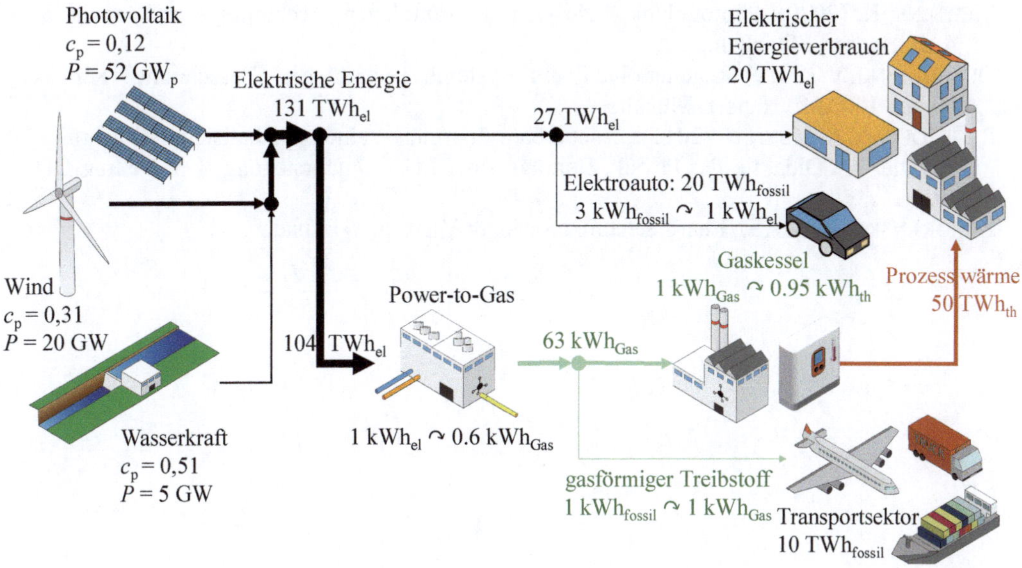

Abb. 38.4: Vereinfachtes Energiebilanzmodell zur Versorgung der Sektoren Strom, Wärme und Verkehr durch regenerative Energiesysteme. Die Dicke der Pfeile spiegelt die entsprechende Energiemenge wider, die Farbe stellt den Energieträger dar – Schwarz für Strom, Grün für synthetisches Gas und Orange für Wärme. Die Energiewerte sind auf ganze Terawattstunden (TWh) gerundet.

Verbraucher zu decken. Mit den Nutzungsgradangaben für Photovoltaik, Windenergie und Wasserkraft ergibt sich, dass hierfür 52 GW_p Photovoltaik, 20 GW Windenergie und 5 GW Wasserkraft benötigt werden.

Mithilfe der Kennzahlen lässt sich also mit hinreichender Genauigkeit abschätzen, welche Größenordnung an installierter, regenerativer Kraftwerksleistung benötigt wird, um eine Region durch Sektorenkopplung ohne Treibhausgasemissionen mit Energie zu versorgen. Eine höhere Genauigkeit, auch unter Berücksichtigung von Energiespeichern, wird durch eine stundengenaue Betrachtung der Verbrauchs- und Erzeugungsprofile erreicht. Potenzielle Flächen für die Windenergie und für Photovoltaikanlagen können über Geoinformationssysteme identifiziert und bewertet werden.

Literatur

HAU, E. (2013): Windkraftanlagen. 3. Aufl. Springer, Berlin/Heidelberg.

IPCC (2013): Climate Change 2013: The Physical Science Basis. Contribution of Working Group I to the Fifth Assessment Report of the Intergovernmental Panel on Climate Change [STOCKER, T. F., QIN, D., PLATTNER, G.-K., TIGNOR, M., ALLEN, S. K., BOSCHUNG, J., NAUELS, A., XIA, Y., BEX, V. & MIDGLEY, P. M. (Eds.)]. Cambridge University Press, Cambridge/New York.

IRENA (2020): Renewable Power Generation Costs in 2019. International Renewable Energy Agency, Abu Dhabi.

MERTENS, K. (2020): Photovoltaik. Lehrbuch zu Grundlagen, Technologie und Praxis. 5. Aufl. Hanser, München.

QUASCHNING, V. (2019): Regenerative Energiesysteme. Technologie – Berechnung – Klimaschutz. 10. Aufl. Hanser, München.

REGELOUS, A. & MEYN, J. (2011): Erneuerbare Energien – eine physikalische Betrachtung. PhyDid B – Didaktik der Physik, Beiträge zur DPG-Frühjahrstagung, 1-5. Beitrag DD 19.01.

ZAHORANSKY, R. (2015): Energietechnik. Springer Vieweg, Wiesbaden.

39 Netzdokumentation bei einem regionalen Versorgungsunternehmen

Markus LERMEN[1]

Zusammenfassung

Während vor einigen Jahrzehnten die Netzdokumentation in einem Versorgungsunternehmen noch als „Zeichenbüro" oder „Plankammer" bezeichnet und meist nur als Kostenfaktor gesehen wurde, ist mit der Einführung neuer Technologien und insbesondere der Digitalisierung ein bedeutender Wandel eingetreten. Mittlerweile wird das Energie- und Wassernetz als wichtiges Asset erkannt, das bewirtschaftet werden muss und zudem durch die Regulierungsbehörden einem enormen wirtschaftlichen Erfolgsdruck ausgesetzt ist. Hierfür stellt die Netzdokumentation, inzwischen immer häufiger auch „Netzdatenmanagement" genannt, eine wesentliche Datenbasis zur Verfügung. Dieses Kapitel berichtet über aktuelle Rahmenbedingungen und organisatorische Herausforderungen der Netzdokumentation.

39.1 Aufgaben der Netzdokumentation – früher und heute

Netzbetreiber sind mehr denn je auf verlässliche Informationen zu ihren Netzen und Betriebsmitteln angewiesen, um den vielfältigen Anforderungen heutzutage gerecht werden zu können. Bis in die 1980er-Jahre allerdings lag der Focus im Wesentlichen noch auf der analogen Darstellung der Leitungen in Bezug auf Grundstücke und Gebäude, um etwa gegenüber Auskunftssuchenden, meist Baufirmen, Planauszüge zur Vermeidung von Beschädigungen bereitstellen zu können. Rudimentäre Angaben, wie Leitungstyp, Dimension usw., waren als Texte angeschrieben, um das Planwerk auch für betriebliche Abläufe nutzen zu können. Technische Fachdaten wurden in Aktenordnern verwaltet oder auf Karteikarten vermerkt, wodurch Auswertungen schwierig, zeitaufwendig und zudem fehleranfällig waren.

39.1.1 Einführung der grafischen Datenverarbeitung bei Versorgungsunternehmen

Mit Einführung der Grafischen Datenverarbeitung (GDV) in den 1980er-Jahren wurden die Inhalte der Folien- und Papierpläne nach und nach digital erfasst, sodass eine farbige Darstellung als Plot und erste Netzstatistiken (Längen, Typ, Baujahr) möglich wurden. Die Software erforderte Rechenleistungen, die damals nur Großrechner erfüllen konnten und mit hohen Kosten verbunden waren. Um die Dimensionen einmal am Beispiel der IT-Ausstattung eines damaligen Dienstleisters aufzuzeigen: ein Prozessorkern, vier MB Hauptspeicher, vier Festplattenlaufwerke zu je 420 MB (jeweils so groß wie eine Waschmaschine), Magnetband-

[1] energis-Netzgesellschaft mbH, Heinrich-Böcking-Str. 10-14, 66121 Saarbrücken, markus.lermen@energis-netzgesellschaft.de, www.energis-netzgesellschaft.de

laufwerk, DIN-A0-Stiftplotter, großer, vollklimatisierter Rechnerraum. An den Hauptrechner angeschlossen waren fünf bis sechs Erfassungsarbeitsplätze über Modemleitungen mit 2.400 Bit/s. Kosten des Gesamtsystems: ca. eine Mio. DM. Es wurde meist im Drei-Schichtbetrieb gearbeitet.

Abb. 39.1:
Beispiel für ein Großrechner-System der 1980er-Jahre: Siemens 7.722 (Siemens AG, 1976, 7 https://www.f10479.de/gallery/siemens_computer/das_siemens_system_7_700_klein.pdf)

Die neue Arbeitsweise stellte bereits einen großen Fortschritt dar, der sukzessive auch Auswirkungen auf die gekannten technischen Prozesse eines Versorgungsunternehmens hatte. Der Schwerpunkt lag zunächst aber weiterhin auf der lagebezogenen Visualisierung des Leitungsnetzes. Erst mit der Möglichkeit zur Anbindung von Fachdatenbanken und den damit verbundenen erweiterten Bearbeitungs- und Auswertungsmöglichkeiten sowie der rasant gestiegenen Rechnerleistung erfolgte die Weiterentwicklung zum Geographischen Informationssystem (GIS).

39.1.2 Amtliche Kartenwerke als Grundlage der Netzdokumentation

Als Grundlage für die Dokumentation der Leitungsnetze werden nach wie vor meist amtliche Kartenwerke verwendet, auf Bestandsplanebene im Maßstab 1:250 bis 1:1.000 die Geobasisdaten der Vermessungsverwaltungen. Die Daten werden entweder gegen Gebühr oder in Anlehnung an das E-Government-Gesetz des Bundes (Open-Data-Gesetz) vermehrt kostenfrei bereitgestellt. Als in der frühen Phase der GDV die Digitalisierung der Leitungspläne durch Versorgungsunternehmen (VU) in Angriff genommen wurde, standen jedoch keine digitalen Katasterkarten in dem benötigten Umfang zur Verfügung, sodass die VU auf eigene Kosten auch die analogen Katasterkarten digitalisieren mussten. Durch Kooperationen mit anderen Unternehmen oder vereinzelt auch mit den Vermessungsbehörden versuchte man, die immensen Kosten in einem halbwegs erträglichen Rahmen zu halten.

39.1.3 Aktuelle Anforderungen an Netzbetreiber

Die Komplexität der Aufgaben, die ein Netzbetreiber heutzutage erfüllen muss, ist in den vergangenen zehn Jahren rasant angestiegen. Der Ausbau der erneuerbaren Energien und die damit verbundene Einspeisung in die vorhandenen Stromnetze oder auch die Installation von Ladesäulen oder Wallboxen für die E-Mobility führen zu Netzbelastungen, die neben der

Verstärkung oder des Ausbaus der Netze insbesondere eine intelligente, digitale Netzsteuerung (Smart Grid) erfordern. Und für alle diese Analysen, Planungen, Berichte und Entscheidungen bilden im Wesentlichen die Daten die Grundlage, die in dem Bereich der Netzdokumentation erfasst, qualitätsgesichert und zur weiteren Nutzung zur Verfügung gestellt werden.

39.2 Moderne IT-Architektur

Aktuell sind bei der energis-Netzgesellschaft die vielfältigen Netzdaten in unterschiedlichen IT-Systemen gespeichert: Daten mit Geobezug im GIS (Geobasisdaten, Leitungsnetze, Schutzgebiete usw.), Fachdaten zu den Betriebsmitteln sowie Inspektionsergebnisse, Instandhaltungsmaßnahmen, Leistungs- und Verbrauchswertewerte usw. in SAP. Von diesen Basissystemen werden die Daten täglich in die übergeordnete Datenbankplattform SAP HANA, eine Hochleistungsdatenbank mit In-Memory-Technologie, kopiert. Dort erfolgt die eigentliche Datenintegration.

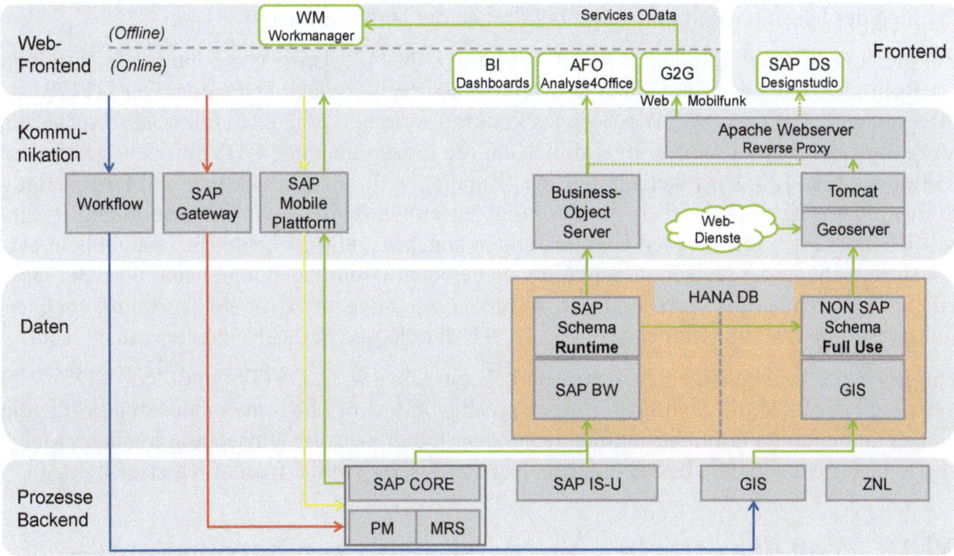

Abb. 39.2: IT-Struktur zur Datenintegration mit SAP HANA und Anbindung des Frontends „Geo to Go" (VSE AG 2017)

Als weitere wichtige Komponente dient das eigenentwickelte Frontend „Geo to Go" (G2G), das den Anwendern ohne spezielle GIS- und SAP-Kenntnisse alle gewünschten Informationen für ihre jeweiligen Aufgaben zur Verfügung stellt. Neben den in HANA gespeicherten Daten können auch Informationen aus dem Dokumenten-Managementsystem (DMS) abgerufen werden. Dabei wurde insbesondere auf Bedienerfreundlichkeit und Performance Wert gelegt. Neben der gezielten Auswahl, der Visualisierung und Auswertung von Daten können mit G2G auch Informationen vor Ort erfasst und an die Basissysteme weitergegeben werden. Darüber hinaus stehen für den integrierten Planungsprozess von Netzerweiterungen spezielle Funktionen zur Verfügung.

Mit der neuen IT-Architektur und den dazugehörigen Tools konnte eine weitgehende Digitalisierung der Prozesse und damit eine Vereinfachung und Beschleunigung erreicht werden, was letztlich zu spürbaren Kosteneinsparungen führt.

39.3 Leitplanken und Orientierung – das Regelwerk der Fachverbände DVGW und VDE-FNN

Für die Planung und Ausführung von technischen Objekten oder baulichen Maßnahmen gelten die allgemein anerkannten Regeln der Technik. In einer Reihe von Gesetzen und Verordnungen wird vom Gesetzgeber hinsichtlich der Festlegung der technisch-wissenschaftlichen Anforderungen die Einhaltung der allgemein anerkannten Regeln der Technik gefordert. Konkret ist etwa im Energiewirtschaftsgesetz (EnWG) in § 49 festgeschrieben, dass Energieanlagen „so zu errichten und betreiben sind, dass die technische Sicherheit gewährleistet wird. [...] Die Einhaltung der allgemein anerkannten technischen Regeln wird vermutet, wenn ...“ die technischen Regeln des VDE (Elektrizität) oder DVGW (Gas) eingehalten worden sind. Im Strafrecht haben die Regeln der Technik große Bedeutung im Hinblick auf die Prüfung der Fahrlässigkeit und somit bei Fragen der Haftung erlangt.

Für die Netzdokumentation ist etwa 1975 mit der DIN 2425 Teil 1 und 3 eine erste Normung für Rohrnetzpläne der öffentlichen Gas- und Wasserversorgung entstanden. Der DVGW als „Regelsetzer“ des Gas- und Wasserfachs konkretisierte und ergänzte einige Jahre später die Vorgaben und Empfehlungen im Hinblick auf die Einzug haltende GDV mit der technischen Mitteilung GW 120. Dort werden u. a. die Grundlagen für die Einmessung und Einarbeitung in das „Planwerk“ beschrieben. In den Folgejahren wurde die GW 120 regelmäßig fortgeschrieben und den technischen Entwicklungen angepasst und ist heute die maßgebliche Arbeitsgrundlage in der Netzdokumentation. Neben dem Grundlagenpapier sind über die Jahre etliche ergänzende oder vertiefende Regelwerke entstanden, etwa zur Netzauskunft, zur Qualitätssicherung oder zur Einbindung von GIS-Technologien in das Netzdatenmanagement.

Aufgrund der regelmäßigen Zusammenarbeit zwischen dem DVGW und dem VDE-FNN existieren auch für die Sparte Strom entsprechende technische Anwendungsregeln für die Netzdokumentation mit nahezu gleichlautendem Inhalt, was die Umsetzung in einem Mehrspartenunternehmen, wie bei der energis-Netzgesellschaft mbH, wesentlich erleichtert.

39.4 Von der örtlichen Vermessung bis zur Netzauskunft – die Prozesse in der Netzdokumentation

Um einen aktuellen und vollständigen Datenbestand sicherzustellen, müssen zeitnah alle neuen Betriebsmittel bzw. Änderungen an bestehenden Daten in die Datenbanksysteme einfließen. Dies gilt gleichermaßen für erdverlegte Leitungen als auch für das Freileitungsnetz. Neben den klassischen Aufgaben wie dem Netzausbau oder dem Bau neuer Netzanschlüsse werden auch kleine Änderungen, beispielsweise dem Austausch eines Leuchtmittels an einer Straßenlampe, erfasst. So kommen annähernd 10.000 Änderungen pro Jahr zusammen, die bearbeitet und letztlich aus Gründen der Nachverfolgbarkeit archiviert werden müssen. Der Digitalisierung der Prozesse kommt daher eine wichtige Rolle zu.

Am Beispiel der Errichtung eines neuen Netzanschlusses sollen die wesentlichen Teilprozesse bei der energis-Netzgesellschaft mbH skizziert werden. Sie sind im Wesentlichen auch auf andere Unternehmen übertragbar, unterscheiden sich jedoch im Detail aufgrund unterschiedlicher betrieblicher Rahmenbedingungen.

39.4.1 Örtliche vermessungstechnische Aufnahme

Die Regelwerke GW 120 oder VDE-AR-N4201 geben vor, dass:

- Leitungen und Betriebsmittel,
- bei Neuverlegung oder Veränderungen,
- am offenen Graben,
- in Lage und Höhe (bzw. Deckungsangabe),
- durch vermessungstechnisches Fachpersonal oder speziell geschulte Mitarbeiter,
- mit geeigneten Messverfahren,
- in einem geodätischen Bezugssystem oder auf dauerhafte Bezugspunkte (z. B. Gebäude, Grenzpunkte),
- mit einer definierten Messgenauigkeit (Wiederherstellungsgenauigkeit von 0,2 m),
- mit Überbestimmungen (z. B. Kontrollmaße)

einzumessen sind.

Mit dem bei der energis-Netzgesellschaft mbH vorhandenen Fachpersonal war es seinerzeit nicht möglich, die Vielzahl der täglich parallel durchgeführten Verlegemaßnahmen in dem großen Netzgebiet, das etwa zwei Drittel des Saarlandes beträgt, hinsichtlich der Einmessung am offenen Graben und den weiteren Anforderungen des Regelwerks sicherzustellen. Daher wurde bereits vor mehr als 20 Jahren beschlossen, die Einmessungsarbeiten an qualifizierte Vermessungsbüros zu vergeben.

Die Einsatzbereiche sind heutzutage genau festgelegt, sodass auch die Zuständigkeiten je nach Ort der Baumaßnahme von vornherein bekannt sind. Der Abruf des Vermessungstrupps erfolgt durch das Tiefbauunternehmen, da sie am besten abschätzen können, wann eine Verlegemaßnahme fertiggestellt sein wird und der Leitungsgraben wieder verfüllt werden kann.

Abb. 39.3: Elektronischer Tachymeter mit automatischer Zielerfassung und Registrierung (VSE AG 2017)

Der Vermessungstrupp, früher meist bestehend aus zwei Mitarbeitern, wurde seit einigen Jahren aufgrund der fortgeschrittenen Technologie der Vermessungsinstrumente und -verfahren bei Arbeiten im innerörtlichen Bereich auf einen Fachmann/Fachfrau reduziert. Dies hat sich auch positiv auf die Kosten ausgewirkt.

Zur Durchführung der Einmessung werden moderne Messgeräte verwendet:

- GNSS-Empfänger (Global Navigation Satellite System), die durch Auswertung von Satellitensignalen Punkte auf der Erdoberfläche nach Lage und Höhe bestimmen, oder
- elektronische Tachymeter mit automatischer Zielerfassung und -verfolgung.

Je nach Aufgabenstellung und örtlichen Gegebenheiten ist auch eine Kombination der Messgeräte sinnvoll. Das altbekannte Messband hat praktisch ausgedient.

Die Vorteile liegen auf der Hand: Es werden Messgenauigkeiten erzielt, die die Anforderungen des Regelwerks übererfüllen und von diesen Präzisionsgeräten – in den Händen von Fachleuten – per se mitgeliefert werden. Ebenso bedeutsam ist jedoch die Verarbeitung und Speicherung digitaler Daten bereits an der Baustelle, die die Grundlage für den sogenannten *automatischen Datenfluss* bilden.

Neben den Armaturen und Leitungen ist auch die dazugehörige Topographie für die Darstellung im Bestandsplan von Belang. Daher werden im Zuge der Leitungseinmessung auch Gebäude, Straßenränder, Hinterkante Bürgersteig und weitere markante Punkte (Kanaldeckel, Einlaufschacht, Mast Straßenbeleuchtung usw.) in der unmittelbaren Umgebung nach Lage und Höhe aufgenommen.

Ergänzend werden an wichtigen Stellen Fotos gemacht, die zum einen den Zustand des Leitungsgrabens dokumentieren und zum anderen bei der späteren Bearbeitung im GIS weiterhelfen können.

Abb. 39.4: Verlegung von Mittelspannungskabel (VSE AG 2016)

39.4.2 Übergabe der Informationen ohne Medienbruch

Die Ergebnisse der einzelnen Vermessungsaufträge werden am Ende eines Tags im Büro des Auftragnehmers ausgewertet und qualitätsgesichert. Die Einmessungsskizzen im PDF-Format und die Schnittstellen-Dateien zur Übernahme in das GIS werden wöchentlich zu einem festgelegten Termin übergeben – und dies alles ohne jeglichen Medienbruch. Der hohe Automatisierungsgrad führt dazu, dass die Fülle an Fortführungsmaßnahmen mit vergleichbar geringen Personalressourcen und zu moderaten Kosten bewältigt wird.

Nicht wenige Netzbetreiber haben immer wieder mit Problemen im Prozessablauf zu kämpfen, etwa eine deutlich verspätete Abgabe der Einmessungsskizzen, die dann auch noch Messungenauigkeiten oder gar grobe Messfehler aufweisen. Meist wird noch versucht, vor Ort eine Nachprüfung durchzuführen, bei der leider der Leitungsgraben, sofern überhaupt noch erkennbar, bereits lange verfüllt ist.

Mit der praxisorientierten und effizienten Vorgehensweise bei der energis-Netzgesellschaft mbH werden Aktualität, Vollständigkeit der Informationen und Verlässlichkeit hinsichtlich der Lage und Höhe sichergestellt.

39.4.3 Neue Entwicklungen – Einmessung per Smartphone-App

Für die Einmessung von Hausanschlüssen zeichnet sich seit Kurzem mit der „Smartphone-App“ eine vielversprechende Entwicklung ab. Hierbei werden die in dem Gerät vorhandenen Beschleunigungssensoren und die Bildpunkte, die mit der eingebauten Kamera aufgenommenen und photogrammetrisch ausgewertet werden, mit der Augmented-Reality-Technologie verknüpft. Die jeweiligen Leitungspunkte werden mithilfe der eingebauten Kamera anvisiert. Als Ergebnis erhält man eine Skizze mit dem aufgenommenen Leitungsverlauf, der dazugehörigen Bemaßung, dazu die Fachdaten zu den eingemessenen Betriebsmitteln inklusive einer Fotodokumentation und alles zusammengefasst mit den jeweiligen Angaben zum Auftrag – komplett digital. Leider zeigt sich bislang, dass die vom Regelwerk geforderte Messgenauigkeit unter verschiedenen Baustellen- und Witterungsbedingungen noch nicht durchgängig stabil ist. Aber mit jeder neuen Hardwareversion wurden deutliche Verbesserungen erzielt, sodass es nur eine Frage der Zeit sein dürfte, bis sich dieses Verfahren als eine echte Alternative etabliert haben wird.

Interessant ist diese Methode auch deshalb, weil neben der Einmessung insbesondere auch die Beauftragung und Abrechnung mit den ausführenden Firmen unterstützt werden kann. Daher versuchen etliche Hersteller mit ihrer Software den gesamten Hausanschluss-Prozess abzubilden.

Abb. 39.5: Vermessung mit Smartphone-App (Mettenmeier GmbH, 2020; https://issuu.com/ingorameil/docs/solutions_ausgabe_2020/s/11231170)

39.4.4 Datenübernahme und Bearbeitung im GIS

Nach Eingang der Dokumente und Daten der Vermessungsbüros in dem zentralen Mail-Postfach werden sie vom *Team Arbeitsvorbereitung* gesichtet. Die Angaben zu den jeweiligen Baumaßnahmen können weitgehend automatisiert in die Prozessdatenbank der Netzdokumentation übernommen und so eine manuelle Eingabe vermieden werden. Sie ermöglicht das Controlling über alle Teilprozesse. Jede einzelne Fortführungsmaßnahme erhält eine ID, die eine eindeutige Zuordnung von Vermessungsergebnissen, den bearbeiteten Netzobjekten im GIS bis hin zur Archivierung im Dokumenten-Managementsystem Saperion gewährleistet.

Die Schnittstellendateien mit den Vermessungsdaten durchlaufen zunächst ein Checkprogramm, das auf Syntax und Plausibilität prüft, bevor sie anschließend in die GIS-Datenbank gespeichert werden. Beim Einspielen der Dateien werden im GIS automatisch lagerichtige Leitungsobjekte erzeugt, die neben der Leitungsbezeichnung mit Material und Rohrdurchmesser oder des jeweiligen Kabeltyps auch das Baudatum enthalten. Zudem wird auch die eingemessene Topographie übernommen, sodass gerade im Hinblick auf neue Gebäude eine hohe Aktualität gewährleistet ist. Mit diesem Arbeitsschritt werden die Leitungsobjekte bereits visuell dargestellt und können u. a. für die Netzauskunft genutzt werden.

Alle ergänzenden Informationen und Dokumente zum Netzanschluss stehen digital zur Verfügung und sind in den jeweiligen Projektverzeichnissen gespeichert. Hier hat das papierlose Büro bereits seit langem Einzug gehalten.

Sind alle Informationen vollständig vorhanden, werden die Aufträge von der Arbeitsvorbereitung den Mitarbeitern des *GIS-Teams* je nach Einsatzschwerpunkt, Erfahrung und aktueller Auslastung persönlich zugeteilt. In den nachfolgenden Schritten werden Angaben (Adresse, SAP-Anschlussobjekt-Nr., wesentliche Fachdaten) ergänzt und die Bemaßung auf Gebäude und Topographieobjekte erzeugt. Bei komplizierten Leitungsverläufen werden die Fotos zu Rate gezogen. Anschließend erfolgt die Einbindung in die bestehende Netztopologie.

Vor dem Zurückspeichern in die GIS-Datenbank erfolgt bereits ein erster Schritt zur Qualitätssicherung: Mit einem speziellen QS-Tool werden die bearbeiteten Netzobjekte und die dazugehörigen Attribute auf Vollständigkeit und Plausibilität sowie die korrekte Netzstruktur geprüft. Werden Fehler ausgewiesen, können diese gezielt selektiert und zügig korrigiert werden. Mit einem entsprechenden Klick in der Prozessdatenbank und dem endgültigen Abspeichern ist die Bearbeitung im GIS abgeschlossen. Der digitale Projektordner wird an das Team Qualitätssicherung weitergeleitet.

Auch hier wurde und wird einem hohen Automatisierungsgrad besondere Beachtung geschenkt, um die Anforderungen an die Netzdaten so effizient wie möglich erfüllen zu können.

39.4.5 Qualitätssicherung

39.4.5.1 Empfehlungen des Regelwerks

Aktuelle und zuverlässige Daten sind eine wesentliche Grundlage für alle sich anschließenden Berechnungen, Analysen oder Auskünfte gegenüber Dritten. Tagtäglich sind beispielsweise Entscheidungen von den Spezialisten der Netzplanung zu treffen, inwieweit größere Verbraucher oder Einspeiseanlagen an das vorhandene Stromnetz noch angeschlossen werden können oder ob bereits ein Ausbau aus Gründen der Netzstabilität notwendig wird. Daher kommt der permanenten Qualitätssicherung eine entscheidende Rolle zu. Auch hier haben die Verbände DVGW und VDE-FNN mit der GW 130 bzw. S 130 wichtige Hinweise im Hinblick auf eine praxisorientierte Anwendung gegeben.

Im Wesentlichen geht es bei der Qualitätssicherung neben der Identifizierung von Fehlern vor allem um die Ursachenforschung und die Ableitung bzw. Umsetzung von Verbesserungsmaßnahmen. Es empfiehlt sich ein methodisches und strukturiertes Vorgehen. Hierzu sind zunächst zu den Qualitätsmerkmalen (Vollständigkeit, Richtigkeit, Lagegenauigkeit, Aktualität oder auch Prozessdauer und Prozessstabilität) die entsprechenden Kennzahlen festzulegen. Sie orientieren sich an den betrieblichen Rahmenbedingungen und können von Unternehmen zu Unternehmen unterschiedlich sein. Anschließend werden gezielt Prüfungen (Messungen) durchgeführt, um das Ergebnis mit den Soll-Vorgaben zu vergleichen. Die Prüfergebnisse werden dokumentiert, da sie in die Analyse der Fehlerursachen einfließen.

In der Vergangenheit wurden in den Unternehmen zwar häufig die Aktualisierungen der Netzdokumentation geprüft, allerdings meist durch den Bearbeiter selbst, also ohne das Vier-Augen-Prinzip. Festgestellte Fehler wurden nicht dokumentiert und konnten für eine systematische Analyse nicht benutzt werden. Hintergrund war eine nicht vorhandene oder nur schwach ausgeprägte *Fehlerkultur* in den Betrieben. Fehler kosten Geld, Nerven und fördern bisweilen unangenehme Wahrheiten zu Tage. Mittlerweile hat ein Umdenken eingesetzt, denn eine positive Fehlerkultur bringt etliche Vorteile mit sich: Innovationen, Agilität, Schnelligkeit, Transparenz, Gelegenheit, daraus zu lernen. „Wer nie gescheitert ist, hat sich noch nie an etwas Neuem versucht“ (EINSTEIN).

39.4.5.2 Umsetzung in der Praxis

Bei der energis-Netzgesellschaft mbH hat man sich an den Empfehlungen der Verbände orientiert und bereits vor Jahren ein *Team Qualitätssicherung* aufgebaut. Dessen Aufgabe besteht darin, nach vorher festgelegten Schwerpunkten im GIS bearbeitete Maßnahmen auszuwählen und detailliert zu prüfen. Aufgrund der Mengen und der zur Verfügung stehenden Personalressourcen kann dies sinnvollerweise nur stichprobenartig erfolgen. Die Ergebnisse werden in der Prozessdatenbank dokumentiert, wobei nach verschiedenen Fehlerarten unterschieden wird. Im monatlichen Jour fixe werden die Ergebnisse erörtert, wenn notwendig Maßnahmen zur Ursachenbeseitigung vereinbart und Schwerpunkte neu festgelegt. Darüber hinaus sind die Bauverantwortlichen verpflichtet zu prüfen, ob ihre Maßnahmen hinsichtlich der Vollständigkeit der Netzobjekte im GIS korrekt erfasst wurden.

Ein wichtiges Beurteilungskriterium ist die sogenannte *Kritikalität* einer Fehlerart. Dabei geht es um die Frage, welche Schäden durch einen Fehler entstehen können. Ein nicht dokumentierter Gas-Hausanschluss in der Netzauskunft beispielweise kann bei Baumaßnahmen zu einer Explosion führen, wohingegen ein falscher Eintrag zur ausführenden Verlegefirma allenfalls internen Rechercheaufwand nach sich zieht. An der Kritikalität orientieren sich Umfang und Intensität der Qualitätssicherung.

Neben der manuellen/visuellen Prüfung setzt die energis-Netzgesellschaft mbH vor allem auf Software-Tools, um den Datenbestand im GIS entweder vor Abschluss einer einzelnen Fortführungsmaßnahme oder aber in monatlichen Abständen detailliert und vollständig auf Fehler zu durchforsten. Dabei werden weitere Datenquellen verwendet, so etwa bei der Prüfung auf Vollständigkeit der Netzveränderungen, um eventuelle Lücken aufzudecken.

Wesentlich bei der Sicherstellung der Qualität ist die genaue Analyse der festgestellten Fehler im Hinblick auf die Ursachen. Dabei steht immer die Vermeidung von Fehlern im Vordergrund und nicht eine mögliche Schuldzuweisung. Neben der Korrektur genießen insbesondere die Sensibilisierung und die regelmäßige Schulung der Mitarbeiter Priorität.

39.5 Anwendungsbeispiel Netzauskunft

Eine der grundlegenden Anwendungen der Netzdokumentation ist die Bereitstellung von Informationen zu den Leitungsnetzen an Dritte, meist Bauunternehmen und Planungsbüros. Sie dienen dem Schutz der Versorgungseinrichtungen und damit der Vermeidung von Personen- und Sachschäden sowie der sicheren Versorgung der Kunden. Im § 823 BGB werden Schadensersatz und Verschulden geregelt, aus der sich einerseits für den Bauausführenden eine Erkundigungspflicht, andererseits für das Versorgungsunternehmen eine Mitwirkungsverpflichtung ergeben. Eine Vielzahl höchstrichterlicher Urteile haben in den vergangenen Jahrzehnten eine eindeutige Rechtslage geschaffen. Für die Umsetzung bei den Netzbetreibern definieren die Regelwerke GW 118 (A) und VDE/AR-N 4203 praxisbezogene und rechtssichere Anforderungen.

Die Anzahl der Auskunftsanfragen hat bereits seit Jahren ein hohes Niveau erreicht. Sie resultiert einerseits aus der gestiegenen Bautätigkeit, etwa dem Ausbau oder Erneuerung der Infrastruktur, andererseits aber auch durch die zunehmende Sensibilisierung der Beteiligten, Schäden zu vermeiden. Daher entschied sich die energis-Netzgesellschaft mbH, die Daten im GIS auch für die externe Netzauskunft zu nutzen, in die IT zu investieren und ein entsprechendes Webportal aufzubauen. Die Entscheidung liegt jetzt etwa zwölf Jahre zurück und hat sich sehr bewährt. Mittlerweile werden über 80 % aller Netzauskünfte von den Firmen selbstständig angefragt. Die übrigen Fälle, in der Regel behördliche Anfragen, werden von dem Team Netzauskunft interaktiv bearbeitet, wobei auch hier das Internetportal WBAU als Grundlage dient.

Waren früher im Unternehmen fünf bis sechs Mitarbeiter ausschließlich mit der Zusammenstellung der analogen Unterlagen für die Netzauskünfte beschäftigt, so reicht heute aufgrund der Einführung des Internetportals durchschnittlich eine Vollzeitkraft aus. So konnte ein großes Einsparpotenzial genutzt werden.

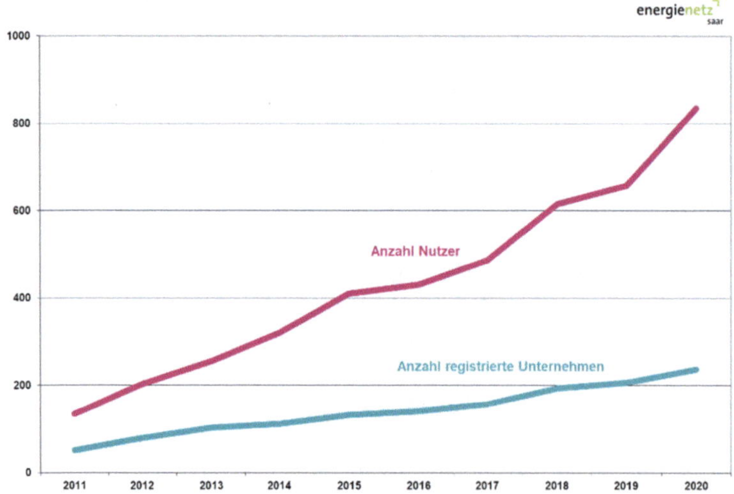

Abb. 39.6: Akzeptanz des Internet-Auskunftsportals – Entwicklung der Registrierung von Unternehmen bzw. Anwender

Als *Betreiber kritischer Infrastrukturen* müssen besondere Auflagen hinsichtlich der IT-Sicherheit erfüllt werden. Daher gelten für den Betrieb der Server im Internet besondere Sicherheitsmaßnahmen. Auch der Zugang zu WBAU muss jeweils gesondert beantragt werden. Hierbei wird anhand des Unternehmenszwecks geprüft, ob grundsätzlich ein berechtigtes Interesse besteht und erst nachdem die Nutzungsvereinbarung mit unseren detaillierten Vorgaben und Hinweisen unterschrieben vorliegt, wird das System für die jeweiligen Nutzer freigeschaltet. Zusätzlich sind zu jeder Auskunftsanfrage aussagekräftige Angaben, etwa Art der Maßnahme, Auftraggeber, Ausführungszeitraum, zu machen. Somit kann jederzeit nachvollzogen werden, welcher Nutzer zu welchem Zeitpunkt eine Anfrage gestellt hat und welche Unterlagen und Hinweise als Netzauskunft erteilt wurden. Dies ist insbesondere bei Schadensfällen von Bedeutung. Alle Informationen werden in einem speziellen Dokumentenmanagementsystem (DMS) rechtssicher archiviert.

Um eventuellen Missbrauch zeitnah aufzudecken, werden regelmäßig die Angaben der Nutzer zu den angefragten Baumaßnahmen und die beauskunfteten Flächengrößen plausibilisiert. In WBAU selbst ist zusätzlich pro Anfrage eine dazugehörige Obergrenze parametriert.

Neben den technischen Voraussetzungen ist zudem die Datenqualität jederzeit zu gewährleisten. Ein manuelles Eingreifen oder Korrigieren ist aufgrund des vollständig automatisierten Prozesses und 24/7-Betriebs praktisch nicht möglich. Besonders an Aktualität, Vollständigkeit sowie an die Lagegenauigkeit der Leitungen werden daher hohe Ansprüche gestellt.

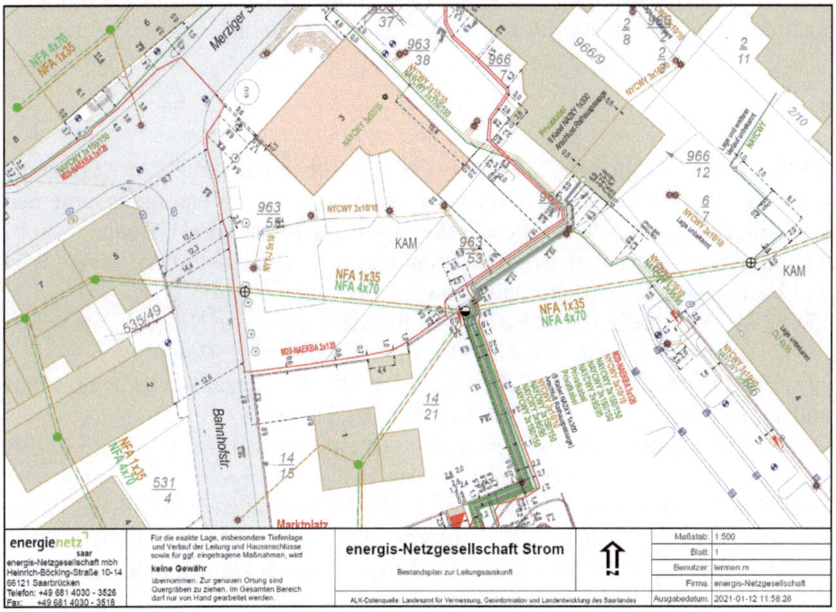

Abb. 39.7: Netzauskunft aus Internetportal WBAU – Sparte Strom

Durch die unterschiedlichen Netzinfrastrukturen und wechselnden Netzkonzessionen hat sich die Komplexität beim Einholen von Netzauskünften für die Auskunftssuchenden erhöht, denn um Beschädigungen vermeiden zu können, müssen *alle* zuständigen Netzbetreiber angefragt werden. Daher sind in den letzten Jahren neben den Auskunftsportalen der Netzbetreiber übergeordnete Internetportallösungen entstanden, die bei der Frage der Zuständigkeiten unterstützen und helfen, mögliche Netzbetreiber zu eruieren. Seit wenigen Wochen steht mit der GW 115 auch hierfür eine technische Regel zur Verfügung, die Mindestanforderungen an eine standardisierte Auskunftsanfrage und deren digitale Weiterverarbeitung in einem definierten Datenformat beschreibt. So soll die Kommunikation zwischen den Prozessbeteiligten vereinfacht und beschleunigt werden.

39.6 Ausblick

Die Digitalisierung hat innerhalb weniger Jahre Einfluss auf nahezu alle Lebensbereiche genommen. Von der geänderten Erwartungshaltung der Kunden sind mehr oder weniger alle Branchen betroffen. Um dem steigenden Kostendruck zu begegnen, sind die Unternehmen gezwungen, ihre internen Prozesse so optimal wie möglich zu gestalten. Eine moderne und leistungsfähige IT-Landschaft, verbunden mit qualitätsgesicherten Daten, ist eine der Voraussetzungen zum Bestehen der zukünftigen Anforderungen am Markt.

Mit der eingeleiteten Energiewende und dem stark wachsenden Anteil der erneuerbaren Energien bei der Stromerzeugung geht auch eine enorme Belastung der Stromnetze auf allen Spannungsebenen einher. Der intelligenten Netzsteuerung zur Vermeidung von Engpässen kommt eine wichtige Rolle zu. Bei den hierfür notwendigen Prognoseberechnungen zur Erzeugung und Netzbelastung bis hin zum Energiehandel werden heute schon große Datenmengen verarbeitet. Die Transformation des Energiesystems wird nur mit einer leistungsfähigen IT-Infrastruktur und belastbaren Daten, auch die der Netzdokumentation, gelingen.

Literatur

BIERMANN, I. (2016): Was ist SAP HANA? https://erlebe-software.de/knowhow/sap-hana/.

DVGW (2010): GW 120 Arbeitsblatt 11/2010 Netzdokumentation in Versorgungsunternehmen. wvgw Wirtschafts- und Verlagsgesellschaft Gas und Wasser mbH, Bonn.

DVGW (2017): GW 118 Merkblatt 01/2016 Erteilung von Netzauskünften. wvgw Wirtschafts- und Verlagsgesellschaft Gas und Wasser mbH, Bonn.

DVGW (2017): GW 130 Arbeitsblatt 04/2017 Qualitätssicherung der Netzdokumentation. wvgw Wirtschafts- und Verlagsgesellschaft Gas und Wasser mbH, Bonn.

DVGW (2020): GW 115 Merkblatt 10/2020 Metasystematik zur Netzauskunft. wvgw Wirtschafts- und Verlagsgesellschaft Gas und Wasser mbH, Bonn.

LERMEN, M. (2005): Qualitätsgesicherte Geodaten? – (k)ein Problem! In: IT GOES ENERGY-Kompendium 2005, 20-23. wvgw mbH, Bonn.

LERMEN, M. (2018): Digitalisierung und Big Data in der Versorgungswirtschaft. In: PINNEKAMP, J. (Hrsg.); KÖLLING, V. (Bearb.): 51. Essener Tagung für Wasserwirtschaft. Essen.

VDE (2010): VDE-AR-N 4201 Anwendungsregel:2010-11 Netzdokumentation. VDE, Berlin/Offenbach.

VDE (2010): VDE-AR-N 4203 Anwendungsregel:2017-04 Erteilung von Netzauskünften in Versorgungsunternehmen. VDE, Berlin/Offenbach.

VDE (2016): FNN-Hinweis: S 130 – Qualitätssicherung in der Netzdokumentation. VDE, Berlin/Offenbach.

ZINKE, G. (2019): Anwendung künstlicher Intelligenz im Energiesektor. Hrsg.: Begleitforschung Smart Service Welt II Institut für Innovation und Technik (iit) in der VDI/VDE Innovation + Technik GmbH. Berlin.

40 Citizen Science – praktische Erfahrungen am Beispiel des ArtenFinders Rheinland-Pfalz

Hendrik GEYER[1]

Zusammenfassung

Bürgerwissenschaftsprojekte, auch unter dem Namen Citizen-Science-Projekte bekannt, finden im Bereich der Umweltinformationssysteme in den letzten Jahren mehr Anwendung. Über freiwillige Teilnehmer lassen sich sehr effektiv große Mengen an Umweltinformationsdaten erheben. In der Biodiversitätserfassung findet diese Form der Datenerhebung bereits länger Anwendung, so auch im Projekt ArtenFinder Rheinland-Pfalz. Hier werden von Freiwilligen in ganz Rheinland-Pfalz verschiedenste Organismendaten gesammelt. Die erhobenen Daten werden durch ehrenamtlich tätige Experten für diverse Organismengruppen geprüft und der Öffentlichkeit sowie dem amtlichen Naturschutz zur Verfügung gestellt. In Umweltinformationssystemen, welche mit einem Citizen-Science-Ansatz und mithilfe ehrenamtlicher Expertenkontrolle arbeiten, fallen oft ähnliche Themen an. Im Folgenden wird ein kurzer Einblick in den Bereich Umweltinformationserfassung mit Citizen-Science-Schwerpunkt gegeben und anhand von Beispielen aus dem Projekt ArtenFinder Rheinland-Pfalz erklärt.

40.1 Umweltinformationssysteme und Citizen Science – der ArtenFinder Rheinland-Pfalz als Beispiel

In den vergangenen Jahren findet Citizen Science, zu Deutsch auch Bürgerwissenschaft, in vielen Bereichen in und außerhalb der Wissenschaft, insbesondere auch in Umweltinformationssystemen, immer breitere Anwendung.

Unter Citizen Science versteht man Projekte, welche mithilfe von Freiwilligen wissenschaftliche Fragestellungen bearbeiten oder Daten erheben. Besonders geeignet ist Citizen Science für die Erfassung von großen Datenmengen aus weitläufigen Gebieten, für die viele Erfasser nötig sind. Genauso vielfältig wie die Möglichkeiten zur Datenerfassung sind die Themengebiete und Zielgruppen, welche von Citizen-Science-Projekten bearbeitet werden.

Ein beliebtes Themenfeld, mit welchem sich viele Citizen-Science-Projekte befassen, ist die Erfassung von Organismen, um Daten über das Vorkommen, die Verbreitung und weitere Informationen über einzelne Organismen, Arten oder Artengruppen zu erhalten. Manche Projekte konzentrieren sich auf eine einzelne Zielart, wie beispielsweise das Gartenschläfer Projekt des BUND E. V. (https://www.gartenschlaefer.de/), und verwenden hierzu teilweise sehr spezielle Erfassungsmethoden. Andere Projekte in diesem Themenkomplex fokussieren sich

[1] Stiftung Natur und Umwelt RLP, Diether-von-Isenburg-Straße 7, 55116 Mainz, hendrik.geyer@snu.rlp.de, snu.rlp.de

auf bestimmte Organismengruppen, so beispielsweise die Plattform Ornitho.de, auf der durch Laien, aber auch professionelle Ornithologen Vogeldaten gemeldet werden können. Weitere Citizen-Science-Portale, die sich mit der Erfassung von Organismen beschäftigen, ermöglichen das Dokumentieren verschiedener Tiere, Pflanzen und Pilze, hierzu gehören beispielsweise die Plattform Naturgucker.de oder der im folgenden Text genauer betrachtete ArtenFinder Rheinland-Pfalz (https://artenfinder.rlp.de).

Damit Citizen-Science-Projekte als Umweltinformationssysteme funktionieren, müssen bestimmte Variablen bereits im Vorfeld überlegt und geklärt werden. Zudem gibt es Faktoren, die die Erfolgsaussicht des Projekts bestimmen. Im Folgenden soll auf diese Faktoren für ein Gelingen des Projekts eingegangen werden.

40.1.1 Zielsetzung bzw. Anreiz für die Teilnehmer

Der ArtenFinder Rheinland-Pfalz ist ein seit 2011 bestehendes Online-Meldeportal, in welchem Bürgerinnen und Bürger Beobachtungen von Tieren, Pflanzen und Pilzen einstellen können (https://artenfinder.rlp.de/node/1). Zudem gibt es eine mobile Version des ArtenFinders (https://artenfinder.rlp.de/app), welche ermöglicht, direkt vor Ort eine Meldung abzusenden. Diese Beobachtungen werden anschließend von ehrenamtlich tätigen Experten geprüft und korrekt zugewiesene Beobachtungen daraufhin an die Datenbanken des Landes Rheinland-Pfalz weitergegeben. Dort können diese Daten für den amtlichen und ehrenamtlichen Naturschutz verwendet werden. Der ArtenFinder hat also ein klares Ziel: Das Portal stellt eine Möglichkeit zur Verfügung, wie sich naturinteressierte Bürgerinnen und Bürger aktiv am Schutz von Arten beteiligen können, indem Sie zur Verbesserung der Datengrundlage im ehrenamtlichen und amtlichen Naturschutz beitragen. Gleichzeitig profitieren ehrenamtlicher und amtlicher Naturschutz von der besseren Datengrundlage und können so beispielsweise Pflege- und Schutzmaßnahmen gezielter anpassen und anwenden.

Im ArtenFinder Rheinland-Pfalz sind seit seiner Entstehung 2011 bis zum Jahr 2021 über 660.000 einzelne Meldungen von verschiedensten Arten eingegangen (Abb. 40.1). Insgesamt gab es im Jahr 2020 etwa 600 Teilnehmer, die mindestens eine Meldung abgegeben haben.

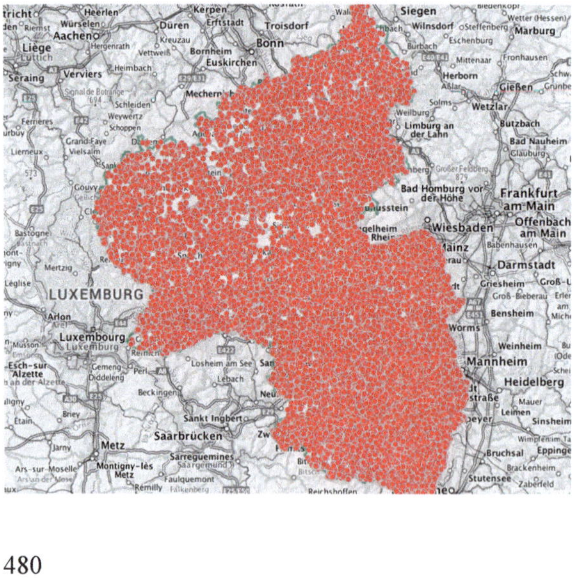

Abb. 40.1:
Alle Meldungen des ArtenFinders (https://www.artenanalyse.net/artenanalyse/)

40.1.2 Teilnehmer und Ehrenamtsmanagement

Entscheidend für das Gelingen von Citizen-Science-Projekten ist die Generierung und Bindung von Teilnehmern im Projekt. Dies ist vor allem in der Anfangsphase entscheidend und erfordert einen Großteil der Arbeitszeit im Projekt. Durch Beteiligung an Entscheidungsprozessen und Planungen innerhalb des Projekts lässt sich das Zugehörigkeitsgefühl zu diesem bei den Teilnehmern noch verstärken. Vor dem Start des Projekts sollte man hier entsprechende Strukturen zur öffentlichen Bekanntmachung bereits ins Auge gefasst haben, um das Projekt möglichst breit zu streuen und dadurch Teilnehmer anzuwerben.

Ein für ehrenamtliche Strukturen typisches und interessantes Phänomen, das sich auch im ArtenFinder beobachten lässt, ist, dass eine Gruppe aus wenigen Teilnehmern den Großteil der Daten generiert. So stammen etwa 45 % der etwa 90.000 eingegangenen Meldungen im Jahr 2020 von den zehn aktivsten Meldern. Dieses Phänomen taucht auch in anderen Citizen-Science-Portalen auf. Meist handelt es sich hierbei um Personen, die sich stark mit dem Projekt identifizieren und demnach auch aus persönlichem Interesse ihr Engagement in das Projekt einfließen lassen. Besonders wichtig für Citizen-Science-Projekte ist es deshalb, solche Personen durch Betreuung und Wertschätzung an das Projekt zu binden.

40.1.3 Laufzeit und Finanzierung

Die Laufzeit und Finanzierung sind ebenso wichtige Themen, mit welchen sich eingehend zu Beginn der Konzipierung eines Citizen-Science-Projekts befasst werden sollte. Ein großes Problem in vielen Citizen-Science-Projekten ist, dass die Projekte an Laufzeiten gebunden sind. Dies ist vor allem im wissenschaftlichen Bereich der Fall, da die Projektförderung meist auf drei bis fünf Jahre beschränkt ist. Wird ein Abschlussziel innerhalb des Projekts angestrebt, ist dies gut zu kommunizieren und wird von der generierten Teilnehmergemeinschaft oft akzeptiert. Offene Projekte, die beispielsweise hauptsächlich Daten ohne klaren Abschluss oder Zielvorgabe sammeln, leiden jedoch unter solchen zeitlich limitierten Förderungen. Besonders im Bereich der Erfassung von Umweltdaten können länger laufende Projekte, wie der ArtenFinder oder der Naturgucker, jedoch wichtig sein, um Informationen über die Veränderung von beispielsweise Artendaten über längere Zeiträume liefern. Dies ist in Zeiten des Klimawandels und Biodiversitätsverlusts von besonderem Interesse und für behördliche Stellen besonders nützlich, da beispielsweise laufende behördliche Monitoringprojekte unterstützt werden können. Besonders schade ist es, wenn Citizen-Science-Projekte erfolgreiche Entwicklungen zeigen und viele aktive ehrenamtliche Teilnehmer generiert haben, das Projekt jedoch wegen mangelnder Finanzierung zeitlich begrenzt ist und sozusagen auf dem Höhepunkt endet.

40.1.4 Nachhaltigkeit

Oft entsteht in Citizen-Science-Portalen die Frage, wie und wo die gesammelten Daten dauerhaft praktische Anwendung finden. In wissenschaftlich orientierten Projekten geschieht dies oft durch eine Publikation zum Abschluss des Projekts. In stärker auf Citizen Science ausgerichteten Portalen wird eine Nutzung der Daten durch Anwendungs- und Auswertungsmöglichkeiten durch die Teilnehmer angestrebt. Hierbei wird den Teilnehmern die Möglichkeit eröffnet, die gesammelten Daten selbst für eigene Fragestellungen auszuwerten. Wo und wie die gesammelten Daten nachhaltig angewendet werden können und wie die Teilnehmer daran teilhaben können, sollte in der Umsetzung von Umweltinformationssystemen mit Citizen-Science-Anteilen eingehend berücksichtigt werden. Die Einbeziehung von Teilnehmern in die Bearbeitung und Entwicklung von wissenschaftlichen Fragen wird in vielen Citizen-Science-Projekten jedoch oft nur zweitrangig behandelt. Meist beschränkt sich der Hauptteil der Bürgerbeteiligung auf das Sammeln und Generieren von Daten.

Beim ArtenFinder ist die dauerhafte Anwendungsfrage der Daten zum einen durch die Weitergabe an den behördlichen Naturschutz gelöst. Hier stellt der ArtenFinder jedoch eine Ausnahme unter den biodiversitätserfassenden Citizen-Science-Projekten dar. Weiterhin steht jedem Interessierten ein Auswertungssystem der Daten des ArtenFinders in Form der Arten-Analyse (https://www.artenanalyse.net) zur Verfügung (Abb. 40.2). Hier können alle eingegangenen Daten im ArtenFinder auf Karten grafisch dargestellt werden und in diversen Dateiformaten exportiert und ausgegeben werden. Filtermöglichkeiten auf bestimmte Gebiete, Arten, Artengruppe, Zeiträume usw. sind möglich. Die ArtenAnalyse ist besonders für Naturschutzorganisationen, welche den ArtenFinder als Erfassungsdatenbank der Beobachtungen ihrer Mitglieder verwenden, interessant. So können hier gezielt bestimmte Gebiete, Artverbreitungen oder Zeiträume ausgewertet werden und entsprechend Schutzmaßnahmen begleitet, eingeleitet und angepasst sowie auf Besonderheiten aufmerksam gemacht werden.

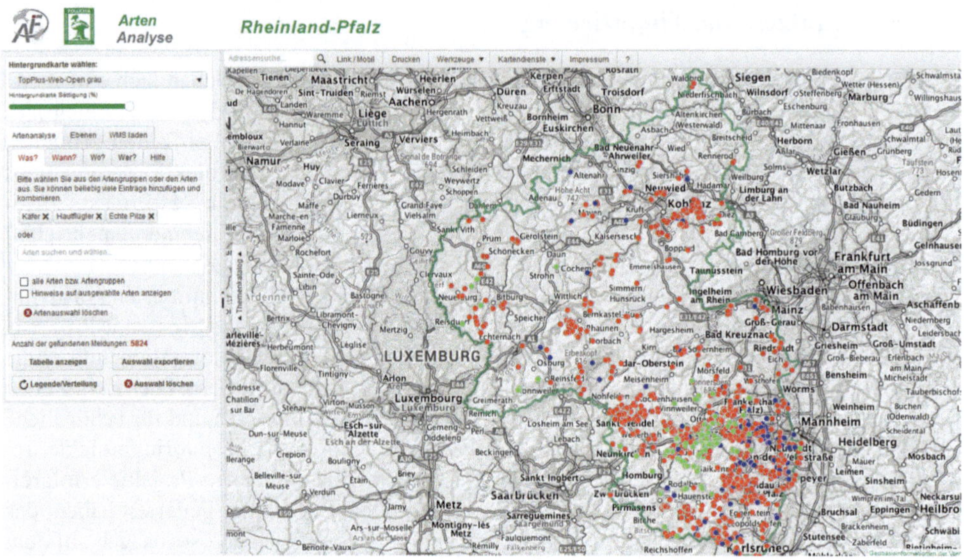

Abb. 40.2: Beispiel einer ArtenAnalyse (https://www.artenanalyse.net/artenanalyse/)

40.1.5 Datenqualität

Eine der wohl größten Kritik- und Streitpunkte im Bereich Citizen Science ist die Datenqualität. Immer wieder hört man, dass die Datenqualität in durch Citizen Science erfassten Datensätzen nicht den Standards von wissenschaftlich oder professionell erhobenen Datensätzen entspricht. Zum einen lässt sich dazu generell sagen, dass Citizen Science in weiten Teilen mit diesen wissenschaftlichen/professionell erhobenen Datensätzen nicht in Konkurrenz treten will. Viel mehr bieten die meisten Citizen-Science-Portale eine Erweiterung für Datensätze an. Außerdem lassen sich durch Citizen Science oft Datensätze generieren, welche durch wissenschaftliche oder professionelle Datenerhebung nur schwer zu erheben sind. Beispielsweise müsste man, um eine Datenerhebung, wie sie im ArtenFinder stattfindet, viele Personen engagieren, die über das gesamte Jahr ununterbrochen Daten von diversen Organismengruppen in vielen Teilen von Rheinland-Pfalz generieren. Dies ist jedoch zum einen logistisch kaum umzusetzen, da beispielsweise wissenschaftliche Arbeitsgruppen oft ein recht begrenztes Personalkontingent haben. Weiterhin verursacht ein Aufstocken des Personals für die Datenerfassung oft zu hohe Kosten und sprengt damit das Budget des Projekts.

Die Datenqualität ist dennoch ein wichtiger Punkt in Citizen-Science-Portalen. Hier gibt es verschiedene Vorgehensweisen, wie eine Kontrolle der Datensätze vollzogen werden kann. Von Community-Kontrolle, in welcher sich die Teilnehmer gegenseitig kontrollieren und über eine Art Schwarmintelligenz komplexe Probleme/Fehler im Datensatz bearbeitet werden, über künstliche Intelligenzen, welche beispielsweise über Bilderkennung den Datensatz kontinuierlich auf Fehler prüfen, bis hin zur Kontrolle des Datensatzes durch Einzelne oder Gruppen von Personen gibt es hier viele Ansätze. Jeder dieser Kontrollmechanismen hat Vor- und Nachteile.

Im ArtenFinder ist eine Kontrolle durch einige Personen etabliert. Diese ehrenamtlich tätigen Personen sind anerkannte Experten für bestimmte Organismengruppen. Ihre Rollen sind dabei offen, so können diese Experten rein kontrollierend agieren oder selbst auch als Melder tätig sein. Eine solche Expertenkontrolle erfordert von der Projektleitung jedoch kontinuierliche Betreuung und muss, genau wie eine Teilnehmerbasis, erst auf- und ausgebaut werden. Der Vorteil einer solchen Expertenkontrolle ist, wenn diese gut aufgebaut wurde, zum einen ein hohes Niveau in der Kontrolle des Datensatzes. Zum anderen bietet der persönliche Kontakt mit einem Experten für den Nutzer die Möglichkeit für gezielte Rückfragen und schafft dadurch zusätzliche Lernmöglichkeiten für die Teilnehmer. So ist der ArtenFinder eine gute Lernmöglichkeit, um in die Bestimmung von Organismen einzusteigen. Die Lern- und Fortbildungsmöglichkeiten in Citizen Science sollten bei der Planung von Projekten zentraler Bestandteil sein. Besonders im Bereich der Biodiversitätserfassung ist dies wichtig, da die meisten Experten für diverse Organismengruppen bereits im gehobenen Alter sind und es oft an Nachwuchs mangelt. Das Stichwort lautet hierbei Artenkennerschwund und wird schon seit mehreren Jahren von der Wissenschaft sowie von vielen Naturschutzorganisationen als großes Problem angesprochen. Hier können Citizen-Science-Plattformen wie der ArtenFinder einen Beitrag leisten, um den Einstieg in dieses Themenfeld zu erleichtern und Neueinsteiger mit Experten zu vernetzen.

Eine solche Expertenkontrolle macht jedoch gewisse Anpassungen nötig. Gerade im Bereich der Biodiversitätserfassung stößt man bei einem Kontrollsystem mit Expertenkontrolle oft auf Meldungen, welche schwierig zu bearbeiten sind. Auf den ArtenFinder trifft dies besonders zu, da die Daten bei einer Freigabe an den amtlichen Naturschutz weitergegeben werden und dort gewissen Qualitätsstandards unterworfen sind. Demnach ist der Qualitätsanspruch an die Kontrolle durch die Experten sehr hoch. Das führt vor allem bei Organismen, welche nicht auf Artniveau anhand von Fotos zu bestimmen sind oder bei qualitativ schlechten sowie fehlenden Fotos, zu Problemen. Der ArtenFinder hat daher ein System entwickelt, wie Datensätze mit unterschiedlicher Qualität zu behandeln sind (Abb. 40.3). Durch die flexible Herangehensweise kann auch auf schwierige Meldungen von Verwechslungsarten, wie z. B. Weiden- und Sumpfmeise, oder auf Meldungen mit unscharfen Belegbildern reagiert werden. Die Abbildung 40.3 ist jedoch, was den genauen Inhalt der Prüfung einer Meldung angeht, stark vereinfacht. Eine Meldung enthält im ArtenFinder viele Informationen, welche geprüft werden müssen. Die Kontrolle der gemeldeten Art anhand von Fotos spielt dabei eine zentrale Rolle, jedoch kann es abhängig von der gemeldeten Art notwendig sein die Verortung, die Anzahl der gemeldeten Organismen sowie das Datum der Beobachtung zu kontrollieren. Als einfaches Beispiel ist eine Kontrolle der Verortung bei wassergebunden Organismen notwendig, um zu prüfen, ob diese auch im oder in der Nähe von Wasser gemeldet wurden. Eine Prüfung der Anzahl der gemeldeten Organismen wird dann notwendig, wenn die gemeldete Art als Einzelgänger lebt. Die Kontrolle des Datums wird notwendig, wenn die gemeldete Art beispielsweise nicht das ganze Jahr über in Rheinland-Pfalz vorkommt oder die Art bestimmte Zeiten aufweist, in welchen die Organismen auftauchen und ansonsten versteckt oder nicht sichtbar leben. Viele Vögel, Pflanzen, Pilze aber auch Insekten fallen in diese Kategorie. Dies sind nur einige Beispiele, die verdeutlichen sollen, wie aufwendig die Kontrolle von Citizen Science generierten Daten sein kann. Weitere Mechanismen, welche die Kontrolle erleichtern können, sind technisch erzeugte Parameter, welche beispielsweise den Stand der Expertise des Nutzers angeben. Wichtig ist, dass dieses System, nach welchen die Kontrolle erfolgt, festgehalten wird, sodass für Außenstehende nachvollziehbar ist, nach welchen Qualitätsstandards die Daten geprüft wurden. Dies ist besonders wichtig, wenn ein Austausch mit anderen Plattformen oder eine Weitergabe der Daten gewünscht ist.

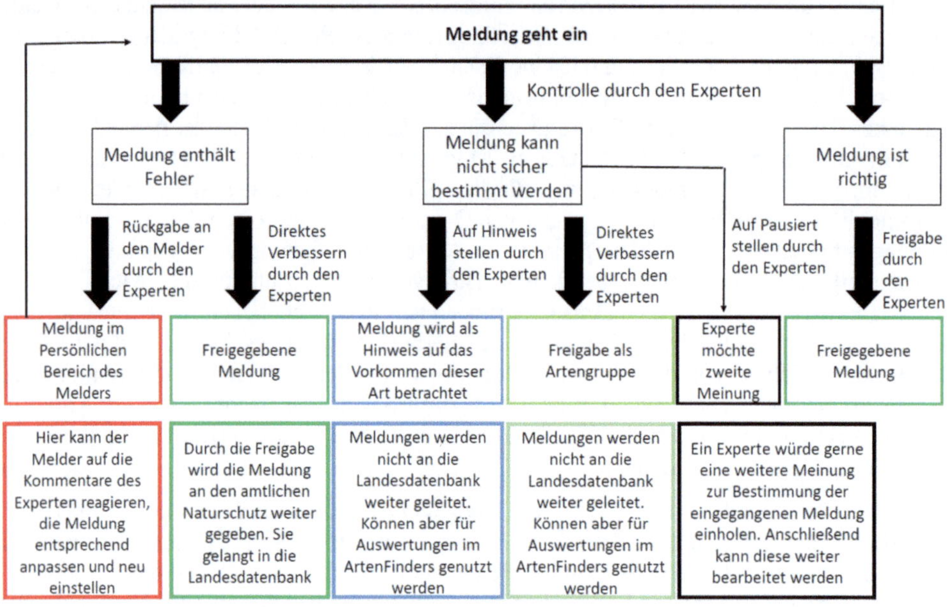

Abb. 40.3: Bearbeitungsmöglichkeiten durch die kontrollierenden Experten, nachdem eine Meldung eingegangen ist (ArtenFinder Geschäftsstelle Rheinland-Pfalz)

40.1.6 Zielgruppe

Ein wichtiger Punkt bei der Erfolgskontrolle, der auch bei der Planung von Citizen-Science-Portalen hilft, ist die Fokussierung auf Zielgruppen. Im Kern heißt dies: „Wen möchte ich mit meinem Citizen-Science-Portal ansprechen, wer soll teilnehmen?" Im Fall des ArtenFinders handelt es sich im Allgemeinen um naturinteressierte Personen, welche möglichst oft in der Natur unterwegs sind.

Wenn man die Zielgruppe festgelegt hat, ist es hilfreich, im Laufe des Projekts möglichst viele Informationen über seine Teilnehmer generieren zu können, um entsprechend auf Tendenzen in seiner Community zu reagieren. Hierbei können je nach Projekt Punkte, wie die geographische Verteilung, Alter und Geschlecht sowie Einkommen, Beruf und ethnische Herkunft der Teilnehmer, eine Rolle spielen und können auf Probleme aufmerksam machen. Beispielsweise gibt es im ArtenFinder eine ungleiche geographische Verteilung der Meldungsdichten (Abb. 40.4). So gehen im südlichen Rheinland-Pfalz mehr Meldungen ein als im Norden oder Nordwesten des Bundeslandes. Dies entstand womöglich hauptsächlich durch die sehr aktive Beteiligung der POLLICHIA (https://www.pollichia.de/), einem Naturschutzverein der hauptsächlich im Süden von Rheinland-Pfalz aktiv ist. Die Mitglieder der POLLICHIA sind selbst aktive Melder, werben andere Melder an und stellen einen Großteil der kontrollierenden Experten im ArtenFinder. Um dies auszugleichen, sollten sich Anwerbungsangebote für Neueinsteiger in den ArtenFinder auf die Regionen mit wenigen Meldern konzentrieren. Leider fehlen im ArtenFinder bis jetzt weitere Hintergrundinformationen über die Teilnehmer. In Zukunft soll dieser Bereich weiter ausgebaut werden, um gezielter auf die Community eingehen zu können. Stellt sich z. B. heraus, dass die meisten Nutzer im gehobenen Alter sind, könnte man aktiv versuchen, die Teilnehmercommunity um jüngere Nutzer zu erweitern oder bestimmte Einstiegshürden oder Probleme für diese Gruppen bearbeiten.

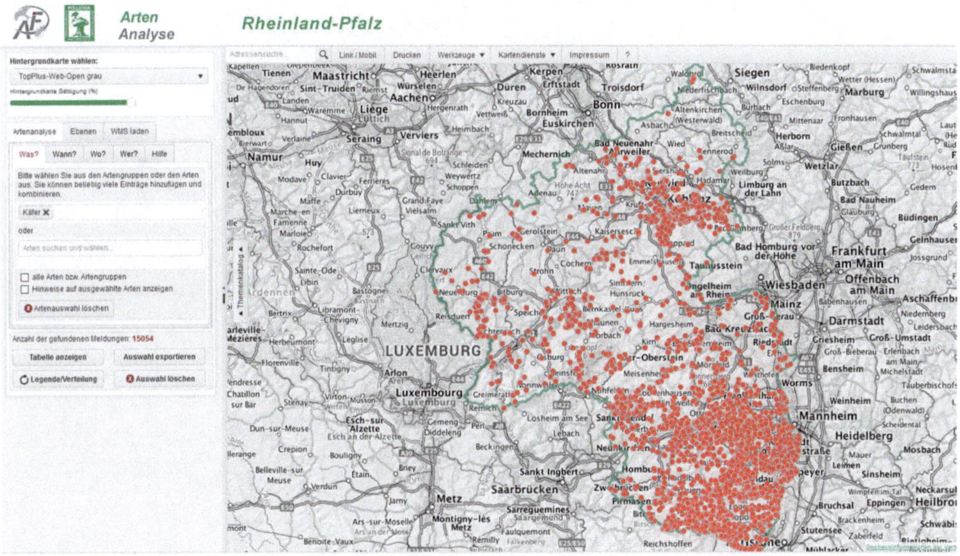

Abb. 40.4: Ungleiche geographische Verteilungen der Meldungsdichten (https://www.artenanalyse.net/artenanalyse/)

Literatur

ARTENANALYSE RLP: https://www.artenanalyse.net/artenanalyse (15.01.2021).
ARTENFINDER RLP: https://artenfinder.rlp.de/node/1 (15.01.2021).
BUND E. V.: Der Gartenschläfer – „Zorro“ braucht Hilfe! https://www.bund.net/themen/tiere-pflanzen/tiere/saeugetiere/gartenschlaefer (15.01.2021).
NATURGUCKER: Allgemeine Informationen. https://naturgucker.info/start/herzlich-willkommen (15.01.2021).
NATURGUCKER: https://naturgucker.de/natur.dll/ubWPaVWlZQYcc6XaI7Cxb1gkqZC/ (15.01.2021).
ORNITHO: https://www.ornitho.de (15.01.2021).
POLLICHIA: https://www.pollichia.de/ (28.01.2021).
SCHULTE, R. et al. (2019): Eine Strategie zur Förderung der Artenkenntnis. In: Naturschutz und Landschaftsplanung 51 (5).
WISSENSCHAFT IM DIALOG GGMBH: Bürger schaffen Wissen – Die Citizen Science Plattform, https://www.buergerschaffenwissen.de (15.01.2021).

41 Emissionskataster

Heinrich HUMER[1] und Rudolf ORTHOFER[2]

Zusammenfassung

Emissionsinventare erlauben die Verwaltung, Dokumentation und die Verknüpfung einer großen Menge heterogener Daten und deren Berechnungsmodelle. emikat.at ist ein System, das Experten unterstützt, die Emissionsinventare zu erstellen und zu bearbeiten.

emikat.at besteht aus einem Datenverwaltungsserver und einer Benutzeroberfläche, die sich auf dem PC (Client) des Benutzers befindet. In der Serverdatenbank werden alle Daten für verschiedene Clients und verschiedene Versionen verwaltet. Der Zugriff ist auf autorisierte Clients und deren Benutzer beschränkt. Über die Benutzeroberfläche haben Benutzer die Möglichkeit, Daten hinzuzufügen, zu bearbeiten und zu löschen sowie alternative Szenarien zu definieren und Modellergebnisse zu berechnen. emikat.at leitet Emissionen für die kleinsten verfügbaren Verwaltungseinheiten ab, d. h. „Zählsprengeldaten“. In jedem Sprengelgebiet werden die Emissionen nach den spezifischen Eigenschaften der Emissionsquellen berechnet, die nach Geschäftsbereichen (NACE[3]-System), Emissionsquellenkategorien (SNAP[4]-System) sowie nach Eingangsstoffen, Kraftstoffarten und Umwandlungsprozessen organisiert sind. Emissionen aus Linienquellen (z. B. Straßenverkehr) sind direkt mit den Hauptverkehrslinien eines Zählgebiets verbunden. Die Emissionen können auch auf der Grundlage eines Rasters von 100 × 100 m berechnet werden. In diesem Fall wird die Landnutzung innerhalb eines Zählsprengels für die räumliche Verteilung der Emissionen berücksichtigt. Ergebnisse mit einem definierten räumlichen Bezug (z. B. Sprengel, Gemeinden, Bezirke, Rasterzellen) können auch als Karten angezeigt werden. Das System wurde in sechs österreichischen Bundesländern eingesetzt und wird nun seit 20 Jahren laufend erweitert und aktualisiert.

41.1 Hintergrund

Emissionskataster oder Inventuren sind wesentliche Bestandteile des Luftverschmutzungsmanagements, da sie Informationen über die Bedeutung von Emissionsquellen und ihren Beitrag zur gesamten Luftverschmutzung liefern. Emissionskataster basieren auf einer Übersicht über emissionserzeugende Aktivitäten und aktivitätsrelevante Emissionsfaktoren in einem

---

[1] Austrian Institute of Technology GmbH, Giefinggasse 4, 1210 Wien, heinrich.humer@ait.ac.at, www.ait.ac.at und www.emikat.at

[2] Austrian Institute of Technology GmbH, Giefinggasse 4, 1210 Wien, rudolf.orthofer@ait.ac.at, www.ait.ac.at und www.emikat.at

[3] NACE (Nomenclature of Economic Activities) Europäischer Standard für wirtschaftliche Aktivitäten.

[4] SNAP (Selected Nomenclature for sources of Air Pollution) Klassifikation von Emissionsquellen.

bestimmten räumlichen Bereich. Die zeitliche Auflösung ist normalerweise ein bestimmtes Bezugsjahr, eventuell noch gegliedert nach Kalendermonaten.

Die Methode zur Erstellung von Emissionsinventuren ist in internationalen Richtlinien gut dokumentiert (z. B. US EPA 1985 – 1993, EWR 2004).

Nur wenige emissionserzeugende Aktivitäten können direkt übernommen werden: Beispiele hierfür wären der Kraftstoffverbrauch einzelner bekannter Großkraftwerke und Industrieanlagen. Für die meisten anderen Luftverschmutzungsquellen (wie Kraftfahrzeuge und Wohnraumheizung) müssen Datenmodelle erstellt werden, um den Beitrag der jeweiligen Quellengruppen unter Verwendung von Ersatzdaten zu berechnen. Zum Beispiel können Emissionen von Kraftfahrzeugen geschätzt werden, indem Informationen über die Gesamtzahl der verwendeten Fahrzeuge und ihr Kraftstoffsystem (Benzin, Diesel), ihre technischen Merkmale und typischen Emissionsverhalten sowie die Fahreigenschaften (Kilometerstand, Fahrmodus eingeschaltet) verwendet werden.

Um die Schadstoffemission zu berechnen, werden aktivitätsspezifische Emissionsfaktoren (wie die Menge an Luftschadstoff, die von einer Aktivitätseinheit freigesetzt wird, z. B. Gramm CO pro gefahrene Kilometer) mit emissionserzeugenden Aktivitäten kombiniert. Das klingt einfach, ist aber ein komplexer Prozess. Oft ist es notwendig, unterschiedliche Berechnungsmethoden zu verwenden, um verlässliche Ergebnisse zu erhalten und Unsicherheiten zu reduzieren. Während die Ergebnisse der Emissionskataster aus relativ einfachen Datentabellen bestehen, erfordert deren Erstellung komplexe Datenmodelle.

Die Komplexität ist noch ausgeprägter, wenn es um die Erstellung von Emissionsszenarien geht. Diese spiegeln Annahmen darüber wider, was passiert, wenn bestimmte emissionserzeugende Aktivitäten geändert werden. Solche Szenarien sind nützlich für die Erstellung von Luftreinhalte- und Maßnahmenplänen. Es ist äußerst wichtig, dass alle zugrunde liegenden Annahmen von Szenarien – emissionserzeugende Aktivitäten, Emissionsfaktoren oder Berechnungsmodelle – vollständig dokumentiert sind. Andernfalls wäre es nicht möglich, Emissionsunterschiede mit Änderungen der Eingabedaten in Beziehung zu setzen.

41.2 Das „emikat.at"-Datenmanagementsystem

emikat.at ist ein Datenmanagementsystem zur Verwaltung emissionsrelevanter Daten (d. h. emissionserzeugende Aktivitäten, Emissionsfaktoren, unterstützende Informationen und zugehörigen Berechnungs- und Darstellungsmodellen). Alle Daten, Datenverbindungen und Datenänderungen werden in Form spezifischer Versionen dokumentiert.

Es unterstützt:

- Importieren, Speichern und Dokumentieren von emissionsrelevanten Daten und Datenverknüpfungsmodellen;
- Emissionen nach verschiedenen Modellen berechnen;
- Aufbereitung der Ergebnisse gemäß benutzerdefinierten Anforderungen;
- Ansprechende Darstellung der Ergebnisse (z. B. Visualisierung der Emissionsbelastung als Karten).

emikat.at wurde in enger Zusammenarbeit mit der Umweltschutzabteilung mehrerer österreichischer Bundesländer entwickelt und ist seit über 20 Jahren im Einsatz.

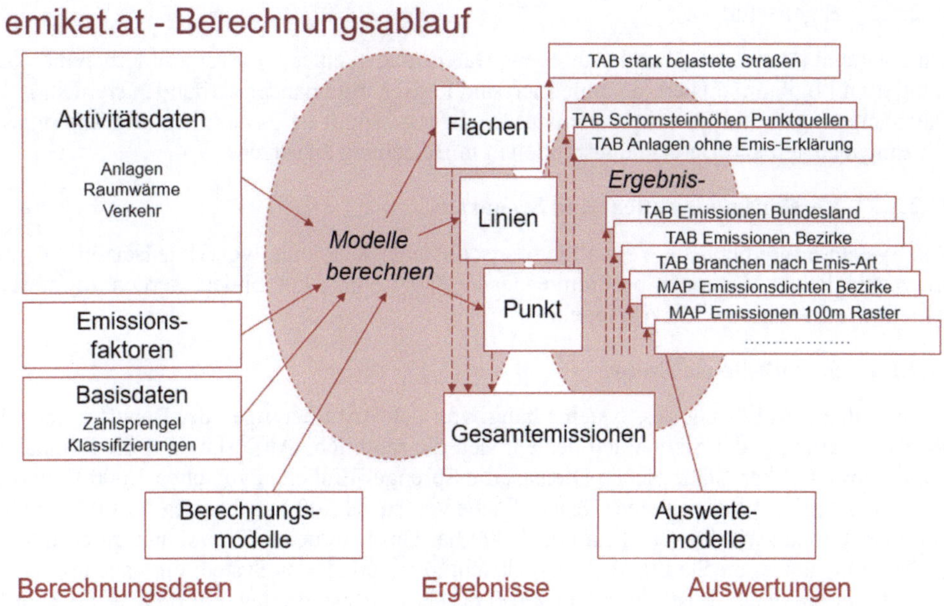

Abb. 41.1: emikat.at Berechnungsablauf vom Datensammeln bis zur Auswertungsmodellierung

41.2.1 Das Konzept

41.2.1.1 Die Architektur

emikat.at besteht aus einem zentralen Datenserver und einem Anwendungsclient. Der Datenserver wird für die zentrale Datenverwaltung und -sicherung verwendet.

Der Zweck des Clients besteht darin, den Benutzern – abhängig von ihren Zugriffsrechten – das Hoch- und Herunterladen von Daten, das Ändern von Datensätzen, das Erstellen oder Ändern von Berechnungsmodellen sowie das Zusammenfassen und Abrufen von Ergebnissen zu ermöglichen. Der Client ist eine Java-Anwendung. Bei jedem Start des Clients werden die Benutzerrechte überprüft und der Zugriff auf den Server bereitgestellt. Wenn eine aktualisierte Version der Anwendung auf dem Server verfügbar ist, wird der Client automatisch aktualisiert.

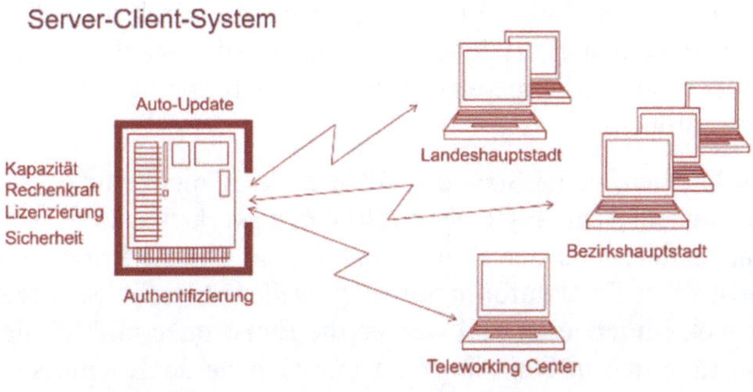

Abb. 41.2: emikat.at Client-Server-System

41.2.1.2 Eigenschaften

Mit emikat.at können große und heterogene Datensätze in einer benutzerdefinierbaren dokumentierten Logik organisiert, dokumentiert und logisch miteinander verbunden werden. Alle Datenänderungen und Berechnungen werden erfasst. Somit ist es möglich, alle Ergebnisse mit Eingabedaten und Berechnungsmodellen in Beziehung zu setzen.

41.2.1.3 Versionsmanagement und Szenarien

Das System ermöglicht die Verwaltung verschiedener Versionen von Datensätzen. Solche unterschiedlichen Versionen bestimmter Datensätze können kombiniert werden, um unterschiedliche Szenarien widerzuspiegeln.

41.2.1.4 Räumliche Auflösung

Die räumliche Auflösung des Systems hängt von den Anforderungen der Benutzer ab. Für die Anforderungen der Stadt Wien bezieht sich die räumliche Auflösung auf die Zähldaten des Österreichischen Statistischen Diensts, die Sprengel-Einheiten von etwa 1.000 Einwohnern umfassen. In Wien mit einer Gesamtfläche von ca. 41.500 ha gibt es ca. 1.400 Sprengel mit einer Größe zwischen ca. 1 ha und 2.000 ha. Um heterogene Emissionsdichten in den größeren Gebieten am Stadtrand zu berücksichtigen, enthält das System eine nachträgliche Aufsplittung in einem Raster von 100 × 100 m. Dieses Rastersystem ermöglicht die Zuordnung von „einheitlichen Emissionssummen“ innerhalb eines Sprengels zu ihren emissionsrelevanten Rasterzellen, basierend auf der jeweiligen Landnutzung: z. B. Emissionen aus der Industrie würden nur Rasterzellen zugeordnet, die sich auf die industrielle Landnutzung beziehen, Emissionen aus heimischen Quellen nur auf Rasterzellen, die sich auf Wohngebiete beziehen usw.

41.2.1.5 Emissionsquellen

Das System verarbeitet drei verschiedene Arten von Emissionsquellen: Punktquellen, Linienquellen und Flächenquellen.

Punktquellen beziehen sich auf bekannte Orte. Sie werden räumlich durch ihre jeweiligen (Longitude/Latitude) Koordinaten definiert, die automatisch von ihren Adressen abgeleitet werden. Emissionen können leicht mit dem relevanten Sprengel oder der relevanten 100-m-Rasterzelle in Beziehung gesetzt werden.

Linienquellen beziehen sich auf Aktivitäten entlang von Straßen, Bahnlinien und Flüssen. In Wien wurden etwa 1.000 km Straßen als Linien definiert. Die Verkehrsemissionen werden räumlich den Sprengeln zugeordnet, in denen sie auftreten. Verkehrsemissionen sind wichtig für Emissionen aus Kraftfahrzeugabgasen und für Partikelemissionen, die durch die Bewegung von Kraftfahrzeugen verursacht werden. Emissionen aus Linienquellen werden den jeweiligen Sprengel entsprechend der relativen Länge einer Linie in einem Sprengel und den jeweiligen 100-m-Rasterzellen zugeordnet.

Flächenquellen beziehen sich auf Quellen, deren Standorte nicht exakt bekannt sind. Diese Kategorie umfasst die meisten Quellen, einschließlich des Kraftfahrzeugverkehrs auf Nebenstraßen, der Heizung von Wohngebäuden und der Kleinindustrie. Die Flächenemissionen werden in der Regel anhand statistischer Ersatzinformationen entweder für jeden Sprengel oder für die Gesamtfläche berechnet. Im letzteren Fall werden die Emissionen mithilfe der Landnutzungsverteilungsfunktion räumlich in emissionsrelevante Gebiete aufgeschlüsselt.

Beispielsweise können Emissionen, die durch die Verwendung von Stickstoffdüngern in der Landwirtschaft verursacht werden, aus der Gesamtnutzungsstatistik für ganz Wien berechnet werden, die jedoch unter Verwendung von Landnutzungsdaten räumlich nach relevanten Sprengeln aufgeschlüsselt werden. Innerhalb der Sprengel werden den Rasterzellen Emissionen entsprechend der jeweiligen Landnutzung (z. B. Landwirtschaft, Wohnen, Industrie, Verkehr usw.) zugeordnet.

41.2.1.6 Zeitliche Auflösung

Nach internationalen Standards beträgt die zeitliche Auflösung der Emissionsinventuren ein ganzes Jahr. Die Benutzer definieren ein Referenzjahr und das System durchsucht die Datenbank nach allen Daten, die sich auf dieses Referenzjahr beziehen, oder – falls solche Informationen fehlen – nach Daten im Jahr zuvor oder sogar früher. Dies ist sehr nützlich, da häufig nicht für jedes Jahr Daten zu emissionsrelevanten Aktivitäten verfügbar sind. Beispielsweise sind Volkszählungsdaten für Haushalte möglicherweise nur alle zehn Jahre verfügbar, während jedes Jahr zuverlässige Daten über die durchschnittliche Fahrzeugflotte erwartet werden können und der Kraftstoffverbrauch in Kraftwerken möglicherweise sogar jeden Monat veröffentlicht wird. Infolgedessen spiegelt die emikat.at-Emissionsberechnung für das Referenzjahr eine Inventur wider, die auf „allen bis zum Referenzjahr verfügbaren Informationen" basiert. Es ist wichtiger, eine vollständige Emissionsinventur zu haben, welche die Situation während eines Zeitraums von Jahren widerspiegelt, als ein Inventar für ein bestimmtes Jahr, in dem bestimmte Aktivitätsgruppen fehlen. Innerhalb eines Basisjahres kann das System verwendet werden, um kurzfristige zeitliche Emissionsintervalle durch Anwendung zeitlicher Zuordnungsmodelle zu schätzen. Solche Kurzzeitemissionen können für Monate, Wochen, Tage oder sogar Stunden berechnet werden.

41.2.2 Die Client-Anwendung

Beim Start überprüft der Client den Benutzer auf Zugriffsrechte und stellt den Zugriff auf die Daten bereit. Der emikat.at-Client verwendet eine Windows ähnliche Oberfläche, die den meisten Benutzern vertraut ist (Abb. 41.3).

Auf der linken Seite hat der Benutzer das Baumfenster, das eine hierarchisch strukturierte Übersicht aller Daten bietet. Dazu gehören (a) szenario- und versionenspezifische Eingabe aten, Datenverknüpfungs-/Berechnungsmodelle, (b) primäre und sekundäre Ergebnisse und (c) benutzerspezifische Berichte.

- Die Eingabedaten sind nach dem internationalen Standard SNAP-System[5] organisiert. Darüber hinaus gibt es unterstützende Daten wie Kategorisierungssysteme, Verwaltungseinheiten und Emissionsfaktoren. Die Datentabellen sind in etwa 15 logische „Datengruppen" (z. B. eine Gruppe für die Heizung von Wohngebäuden oder eine andere Gruppe für den Kraftfahrzeugverkehr auf Hauptstraßen) mit eindeutigen Versions-IDs unterteilt. Eine Reihe verschiedener Versionen von „Datengruppen" bildet ein „Szenario". Dies ist eine effiziente Methode zur Verwaltung mehrerer Szenarien, die sich möglicherweise nur in wenigen Aspekten voneinander unterscheiden (zum Beispiel: Ein Szenario könnte sich auf die einfache Änderung des Anteils von Benzin- und Dieselautos beziehen; eine solche Änderung würde nur eine geringfügige Änderung erfordern in der

[5] European Environment Agency – Atmospheric Emission Inventory Guidebook, 3rd Edition.

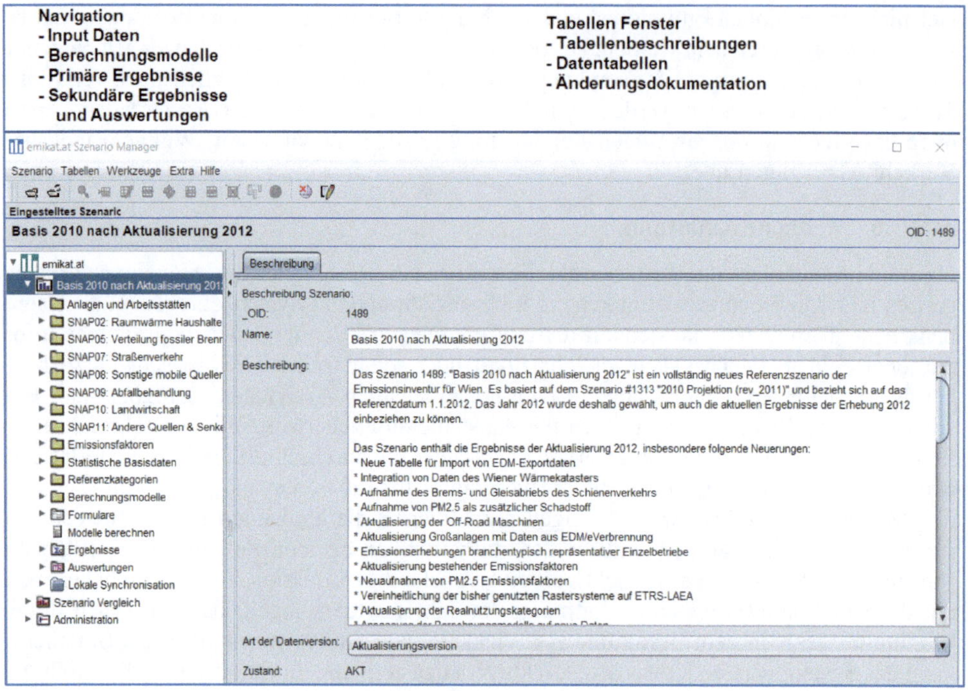

Abb. 41.3: emikat.at User-Interface bei Start

Datentabelle, die zu einer neuen „Version" der jeweiligen Datengruppe führt, während alle anderen Datengruppen unverändert bleiben).

- Datenverknüpfungsmodelle sind ebenfalls Teil des Eingabedatensatzes. Diese Modelle sind im Wesentlichen SQL-Anweisungen, die den logischen Rahmen für die Verknüpfung von Eingabedatentabellenelementen übersetzen.
- Berechnungsmodelle sind auch eine versionierte Gruppe. Somit führt eine Änderung des Berechnungssystems auch zu einem anderen Szenario.
- Primäre Ergebnisse sind das Ergebnis der detaillierten Emissionsberechnung, die separat für Punktquellen, Linienquellen und Flächenquellen durchgeführt wird. Sie enthalten drei Datentabellen, die eine detaillierte Zusammenfassung aller Berechnungsergebnisse enthalten. Das Layout der drei Tabellen bezieht sich speziell auf die Merkmale des Quellentyps. Die Ergebnisse werden jedoch typischerweise als Emissionen pro räumlicher Einheit (normalerweise Sprengel, bei Linienquellen auch die einzelnen Straßen) pro Kategorie der Quelle (bei Punktquellen bezieht sich dies auch auf einzelne Quellen) angegeben, pro Art der wirtschaftlichen Aktivität (NACE)[6], pro verwendetem Kraftstofftyp, pro Schadstoff und pro Berechnungsmodell. Alle Ergebnistabellen sind mit relevanten Informationen der Eingabetabellen verknüpft. Somit ist es möglich, dass für einen bestimmten Ergebnisdatensatz der jeweilige Eingabedatensatz nachgeschlagen werden kann.

[6] NACE (Nomenclature of Economic Activities): europäischer Standard für wirtschaftliche Aktivitäten.

- Alle drei primären Ergebnisse werden zu einer sekundären „Gesamtemission“ kombiniert. Dies ist eine aggregierte, harmonisierte Kreuztabelle mit Emissionen pro räumliche Einheit, pro Quellenkategorie und pro Schadstoff.
- Berichte sind konfigurierbare Module, die benutzerspezifische Kurzberichte aus primären und sekundären Ergebnissen mithilfe der SQL-ähnlichen Syntax extrahieren. Solche Berichte können Datentabellen sein, die sich auf räumliche Einheiten beziehen (z. B. Emissionen pro Bezirk und Schadstoff), die als Karten dargestellt werden können, oder sie können komplexe Datentabellen sein, die andere Informationen extrahieren (z. B. eine Liste der wichtigsten Emissionsquellen in einem Bezirk, die einen bestimmten Schwellenwert überschreiten und möglicherweise die Emissionserklärung des letzten Jahres nicht vorgelegt haben).

41.3 Emissionsmodellierung am Beispiel Wien

Das emikat.at-System wurde angewendet, um die Emission von SO_2, NO_x, CO, NMVOC, CO_2, TSP und PM10 in der Stadt Wien für verschiedene Referenzjahre zu berechnen.

Drei verschiedene Emissionsfälle wurden berücksichtigt. Zusätzlich zum Referenzfall haben wir zwei Demonstrationsszenarien „Was wäre wenn“ hinzugefügt, nämlich (a) einen reduzierten Einsatz von Dieselfahrzeugen („Minus Diesel“) und (b) einen Ausstieg aus flüssigen und festen Brennstoffen für die Heizung in dichter besiedelten Wohngebieten der Stadt („Cleaner Heating“).

41.3.1 Die Eingangsdaten

41.3.1.1 Die Emission generierenden Aktivitäten

Die Eingabedaten stammen aus Routinestatistiken, Verkehrsmodellen und Umfragen. Die Landnutzung war für etwa 40 verschiedene Kategorien verfügbar. Alle Daten wurden nach dem internationalen Standard-Luftemissionsmeldesystem der Europäischen Umweltagentur (SNAP-System) organisiert.

41.3.1.2 Die Emissionsfaktoren

Die Emissionsfaktoren wurden aus den verfügbaren internationalen Standardempfehlungen (z. B. EWR 2004), aus nationalen Zusammenstellungen (Stanzel et al. 1995), aus dem AT-CH-DE-Handbuch der Emissionsfaktoren für den Straßenverkehr (Keller 2004) und aus zahlreichen anderen Quellen erhoben. Die Emissionsfaktordatenbank enthält etwa 3.000 Emissionsfaktoren für die sieben Schadstoffe und zahlreiche verschiedene Prozesse und Einheiten.

41.3.1.3 Die Berechnungsmodelle

Die größte Herausforderung für die Emissionsberechnung war die mehrfache Verknüpfung heterogener Daten innerhalb eines dokumentierten und konsistenten Berechnungsschemas. Basisdaten waren in mehreren – manchmal unvergleichbaren – Einheiten verfügbar. Daher musste die Berechnung eine bestimmte prozedurale Logik berücksichtigen, wie z. B. Berechnungskaskaden:

```
FOR Quellkategory #1
    WENN es Informationen zu Aktivitätsindikator_ #1 und _ #2 gibt
    DANN berechnen Sie die Emissionen, indem Sie Indikator 1 mit Indikator 2
         verknüpfen
       SONST WENN es Informationen zu Indikator_ #1 und _ #3 gibt
       DANN berechnen Sie die Emissionen nach Indikator 1 mit Indikator 3
            in diesem Fall jedoch die bereits zuvor berechneten Emissionen
            ausschließen
       SONST WENN… DANN …..
```

Zur Berechnung aller Emissionen wurden etwa 50 verschiedene Datenverknüpfungsmodelle verwendet. Die meisten Modelle werden verwendet, um die Emissionen „Bottom-up“ für jeden Sprengel zu berechnen. Falls Datenmodelle Emissionen für die gesamte Stadt Wien berechnen (z. B. NOx-Emissionen durch Blitzschlag), enthalten sie eine Methode für eine nachträgliche Aufsplittung (sogen. Disaggregation) zu den jeweiligen Sprengelgebieten. Die Berechnung dauert mehrere Stunden und wird normalerweise als Batch-Prozess über Nacht ausgeführt.

41.3.2 Die Ergebnisse

Die Ergebnisse werden getrennt für Punktquellen (ca. 4.000 Datensätze), Linienquellen (ca. 1,5 Millionen Datensätze) und Flächenquellen (ca. 160.000 Datensätze) berechnet, differenziert nach räumlicher Relevanz, Emissionskategorie, Branche und nach „Emissionsursachen (z. B. Kraftstoffverbrauch)“. Diese primären Ergebnisse werden in einer sekundären, einheitlichen Datentabelle „Gesamtemission“ zusammengefasst, in der die Ergebnisse für Sprengeldaten, Quellenkategorie (SNAP-System) und Branche (NACE-System) zusammengefasst sind. Trotzdem enthält die Tabelle noch rund 80.000 Datensätze.

41.3.3 Benutzungsspezifische Datenzusammenstellungen (Reports)

41.3.3.1 Tabellen

Primäre und sekundäre Ergebnisse werden kombiniert und in Tabellen zusammengefasst, die typische Anwendungsfälle erfüllen. Solche Berichte werden über Skripte generiert. Beispiele solcher Berichte sind Tabellen, in denen die Emissionen für die 23 Stadtbezirke aggregiert sind oder in denen die Ergebnisse für Teilmengen ausgewählter Verursachersektoren (z. B. Haushalte, Infrastruktur, Verkehr usw.) zusammengefasst sind. Derzeit verwendet emikat.at etwa 60 vordefinierte Berichtstypen. Diese können jedoch je nach den speziellen Vorlieben oder Anforderungen des Benutzers beliebig erweitert werden.

41.3.3.2 Kartendarstellungen

Berichtstabellen, die sich auf eine definierte räumliche Einheit beziehen, können als Karten visualisiert werden. Solche räumlichen Einheiten können die 23 Stadtbezirke, die 1.364 Zählsprengel oder – zusammen mit einer speziellen nachträglicher Aufsplittung – in ein 100 × 100 m großes Rastergittersystem mit etwa 40.000 Zellen sein.

Kartendarstellungen der Ergebnisse sind besonders nützlich, um lange und schwer verständliche Tabellen in Bilder zu übersetzen, welche die räumliche Dimension der Emissionen zeigen. Eine solche Visualisierung bietet eine nützliche Grundlage für gezielte Maßnahmen zur Schadstoffreduzierung. Benutzer müssen jedoch berücksichtigen, dass die „Macht der Kartierung“ auch große Sorgfalt hinsichtlich der Definition geeigneter Kartenmerkmale (z. B.

unter Verwendung räumlicher Emissionsdichten anstelle absoluter Mengen) und der Auswahl von Klassengrenzen und -farben (für weitere Einzelheiten siehe MONMONIER 1996) erfordert.

Die Standardzuordnung bezieht sich auf vordefinierte Verwaltungseinheiten, z. B. Gemeindebezirke oder Sprengelgebiete. Um die heterogenen räumlichen Eigenschaften in flächenmäßig großen Sprengel zu berücksichtigen, wurde eine nachträgliche räumliche Disaggregation der Emissionen in ein Raster von 100 × 100 m entwickelt. Dabei werden die Emissionen innerhalb eines Sprengels den Rasterzellen gewichtet entsprechend der Landnutzung zugeordnet (z. B. werden Emissionen aus dem Straßenverkehr Rasterzellen zugeordnet, in denen sich die Landnutzung auf den Straßenverkehr bezieht, Emissionen aus Haushalten werden Rasterzellen zugeordnet, die sich auf Wohngebiete beziehen usw.).

41.3.3.3 Szenario-Vergleich

Im emikat.at-System können zwei verschiedene Szenarien ausgewählt und die jeweiligen vordefinierten Berichte als Vergleichsdatentabellen angezeigt werden. Für Berichte, die sich auf definierte räumliche Einheiten beziehen, können Unterschiede als Differenzkarten dargestellt werden. Diese Funktion ist sehr nützlich, um die räumliche Auswirkung von Maßnahmen darzustellen.

41.3.4 Beispielsergebnis: PM10-Emissionen in Wien

In den folgenden Abschnitten werden die Ergebnisse des Wiener Emissionsinventars unter Verwendung von PM10 (Luftpartikel mit einem aerodynamischen Durchmesser < 10 µm) als Beispielschadstoff beschrieben. Im Referenzfall liegen die PM10-Gesamtemissionen bei rund 1.200 Tonnen/Jahr. Mehr als 60 % der Emissionen stammen aus dem Straßenverkehr, etwa 15 % aus großen Punktquellen (Infrastruktur und Industrie), 10 % aus kleinen Unternehmen und 5 % aus Haushalten. Im Verkehrssektor entstehen Emissionen gleichermaßen durch Motorabgase (hauptsächlich von Dieselmotoren) und durch diffuse Partikel, die entlang der Straßen verteilt sind (Straßenstaub, Brems- und Reifenverschleiß, Wiederaufwirbelung). Die durchschnittliche Emissionsdichte beträgt ca. 29 kg/ha; Die Emissionsdichte übersteigt 100 kg/ha in 5 % des Wiener Verwaltungsgebiets mit etwa 15 % der Bevölkerung und übersteigt 150 kg/ha in 2 % des Gebiets mit etwa 5 % der Bevölkerung, hauptsächlich in der Innenstadt.

Die Änderungen in den beiden Was-wäre-wenn-Szenarien sind in Tabelle 41.1 dokumentiert. Dieser Vergleich zeigt die Leistungsfähigkeit des emikat.at-Systems: In jedem dieser Szenarien wurden nur einige kleine einfache Was-wäre-wenn-Änderungen in einem der vielen vorgenommen Dateneingabetabellen vorgenommen, die Ergebnisse ermöglichen jedoch eine grobe Bewertung der Auswirkungen von Minderungsstrategien.

Der Ausstieg aus Dieselfahrzeugen der aktuellen Technologie (Szenario Fall (a)) reduziert die Emissionen um −15 %, während der Ausstieg aus flüssigen und festen Brennstoffen in den dicht besiedelten Teilen der Stadt die Emissionen nur um −10 % reduziert (Szenario Fall (b)).

Die räumlichen Auswirkungen der beiden Strategien sind jedoch völlig unterschiedlich, insbesondere, wenn man die Bevölkerung in Gebieten mit hohen Emissionsdichten > 100 kg/ha betrachtet: Szenario (b), das hinsichtlich der Gesamtemissionsreduzierung weniger effektiv ist, verringert die Anzahl der Personen, die in höher belasteten Gebieten wohnen, um –50 %, während der insgesamt effektivere Szenariofall (a) diese Zahl nur um −40 % reduzieren kann. Wenn nur die Größe der Gebiete betrachtet wird, ist die Wirksamkeit der Strategien erneut unterschiedlich: Szenario (a) kann die Größe von Gebieten mit Emissionsdichten > 100 kg/ha um −40 % verringern, Szenario (b) jedoch nur um −25 %.

Tabelle 41.1: Beispielergebnis für Szenario-Vergleich (gerundete Ergebnisse)

	Basisfall	**„Minus Diesel" Szenariofall (a)**	**„Cleaner Heating" Szenariofall (b)**
Emission (t)	1 200	−15 %	−10 %
Emissionsdichte > 100 kg/ha			
Bewohner (1000)	250	−40 %	−50 %
Area (ha)	2 100	−40 %	−25 %

Die räumliche Verteilung der Emissionen im Referenzfall spiegelt die Bedeutung des Straßenverkehrs wider. Mit emikat.at können die Ergebnisse als Karten für Stadtbezirke, für Sprengel und für ein Raster von 100 × 100 m dargestellt werden. Während die Karten für die 23 Stadtbezirke zeigen, dass in der Innenstadt nichts anderes als die Emissionsdichten tatsächlich höher sind als am Stadtrand (Abb. 41.3), spiegeln die Karten für die etwa 1.400 Sprengelgebiete die hohen Emissionsdichten in diesen Zensusgebieten wider, die in der Nähe von Hauptverkehrsstraßen liegen (Abb. 41.4). Wie zu erwarten war, zeigt die Visualisierung der Ergebnisse im 100 ×100-m-Raster, dass die höchsten Emissionsdichten tatsächlich entlang des Hauptstraßennetzes liegen (Abb. 41.5).

41.4 Zusammenfassung

emikat.at ist ein Tool, mit dem Daten verwaltet werden können, die für die Schätzung der Luftschadstoffemissionen aus unterschiedlichsten Quellen relevant sind. Von besonderem Nutzen ist die Funktion, dass alle Daten in unterschiedlichen Versionen gespeichert und alle Änderungen an den Datensätzen dokumentiert werden. Mit dieser Funktion können Emissionsszenarien erstellt werden, die sich auf unterschiedliche Referenzjahre oder auf unterschiedliche „Was wäre wenn"-Annahmen beziehen können.

Die Möglichkeit, Ergebnisse als Karten anzuzeigen, ist ein leistungsstarkes Werkzeug zur Visualisierung der Ergebnisse und zur Identifizierung von Hotspots. Die hauptsächliche Verwendung des emikat.at-Systems besteht in der Kontrolle der Luftverschmutzung bei regionalen Behörden. Wir gehen jedoch davon aus, dass die zugrunde liegende Methode für andere Aufgaben zur Bewertung von Umweltdaten angewendet werden kann, bei denen heterogene Daten mit Datenmodellen kombiniert, verknüpft und bewertet werden müssen. Beispielsweise könnte emikat.at auch als Ausgangspunkt für die Entwicklung eines räumlich aufgelösten Wasserinformationssystems verwendet werden.

Abb. 41.4: PM10-Emissionsdichte in den 23 Bezirken (kg/ha)

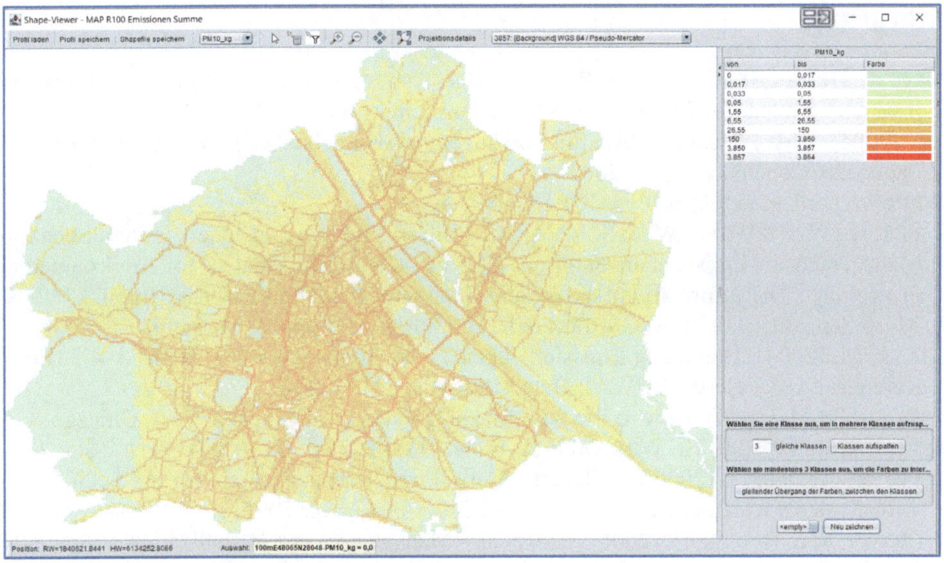

Abb. 41.5: PM10-Emissionsdichte in den 1.364 Sprengeln (kg/ha)

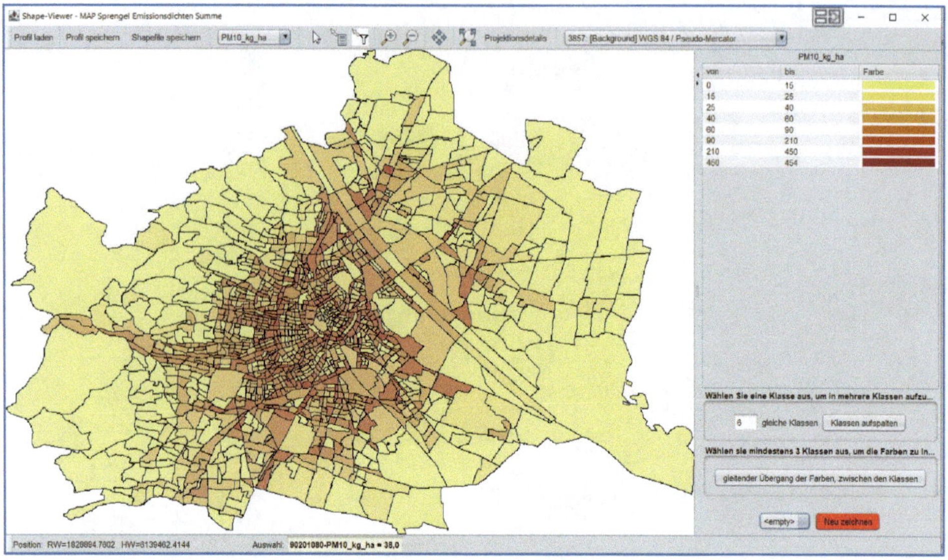

Abb. 41.6: PM10-Emissionsdichten in 100 ×100-m-Rasterzellen (kg/ha)

Literatur

DURO, R., HUMER, H., ORTHOFER, R. & PREINERSTORFER, A. (2017): Emikat.at – Emission Inventory System for Decision/Policy Making. EnviroInfo 2017.

EEA (2004): EMEP/CORINAIR Emission Inventory Guidebook. 3rd Ed. EEA Technical Papers 30, Copenhagen, Sep 2003. http://reports.eea.eu.int/EMEPCORINAIR4/en.

HUMER, H., WINIWARTER, W. & SCHIMAK, G. (2003): Multiple Dependencies and Scenario Management in Emission Inventories. 17th Int. Conf. „Informatics for Environmental Protection“: The Information Society and Enlargement of the European Union, Cottbus, 24-26 Sep 2003, Ed. by A. GNAUCK & R. HEINRICH. Metropolis, Marburg.

KELLER, M. (2004): Handbuch Emissionsfaktoren des Straßenverkehrs. HBEFA 2.1 Quick Reference. UBA Berlin/BUWAL Bern/UBA Wien, Feb 2004.

MONMONIER, M. (1996): How to Lie with Maps. University of Chicago Press, Chicago.

ORTHOFER, R., HUMER, H., WINIWARTER, W., KUTSCHERA, P., LOIBL, W., STRASSER T. & PETERS-ANDERS, J. (2005): emikat.at – Emissionsdatenmanagement für die Stadt Wien. ARC Systems Research, Wien, Report ARC–sys-0049, Apr 2005.

ORTHOFER, R. & HUMER, H. (2006): emikat.at – Management and Visualization of Spatially Resolved Emission Inventories and Emission Scenarios. EnviroInfo, Managing Environmental Knowledge, Graz, 2006.

STANZEL,W., JUNGMEIER, G. & SPITZER J. (1995): Emissionsfaktoren und energietechnische Parameter für die Erstellung von Energie- und Emissionsbilanzen im Bereich Raumwärmeversorgung. Joanneum Research, Graz, Report IEF-B-02/95.

US EPA (1985-1993): AP 42. Compilation of Air Pollutant Emission Factors. Volume 1: Stationary Point and Area Sources. Publication in Series 9/85-7/93. US EPA, Research Triangle Park, NC, USA.

Autoren

Dr. Günter Barnikel schloss 1995 ein Biologiestudium an der Universität Ulm mit der Promotion über ein ökotoxikologisches Thema ab. Nach Tätigkeit als wissenschaftlicher Mitarbeiter im dortigen Fachbereich Biologie folgten eine GIS-Fortbildung (TU München) und Stationen als wissenschaftlicher Mitarbeiter am Forschungsinstitut für anwendungsorientierte Wissensverarbeitung Ulm (FAW) im Bereich UIS und bei einer Unternehmensberatung. Seit 2012 ist er als IT-Consultant bei Komm.ONE in Stuttgart (vormals Datenzentrale Baden-Württemberg) mit Aufgabenschwerpunkten im Umfeld des UIS Baden-Württemberg tätig.

Dr. Bettina Barth studierte Geographie, Botanik, und Rechtswissenschaften an der Universität des Saarlands. 1996 schloss sie ihr Studium mit der Promotion über GIS-basierte Erosionsprognosen ab und war danach als wissenschaftliche Mitarbeiterin am Lehrstuhl für Physische Geographie beschäftigt. Seit 2009 arbeitet sie beim Landesamt für Vermessung, Geoinformation und Landentwicklung des Saarlands als Sachgebietsleiterin im Geodatenzentrum. Zu den Aufgabenbereichen des Geodatenzentrums gehören das Geodatenmanagement des Umweltressorts und der Aufbau der Geodateninfrastruktur für das Saarland als Kontaktstelle GDI-SL.

Prof. Dipl.-Ing. Manfred Bauer studierte Geodäsie an der Universität Bonn. Nach dem Hochschulabschluss absolvierte er eine Referendarausbildung, die er 1971 mit der Großen Staatsprüfung für den höheren vermessungstechnischen Verwaltungsdienst abschloss. Von Dezember 1971 bis September 1978 war er bei der Wasser- und Schifffahrtsdirektion Hamburg tätig. Von Oktober 1978 bis zu seiner Pensionierung im März 2006 war er Dozent im Fachbereich Vermessungswesen der FH Hamburg (heute HafenCity Universität Hamburg – Geomatik). Die Lehre an der FH unterbrach er vom 1. Oktober 1981 bis zum 30. September 1982 durch eine Tätigkeit als Hydrographic Supervisor in Jeddah (Saudi-Arabien). Dort konnte er erste praktische Erfahrungen mit der Satellitenortung sammeln. Vermessung und Ortung mit Satelliten machte er im Anschluss an seine Arbeit in Saudi-Arabien zum Schwerpunkt seiner Lehrtätigkeit an der FH Hamburg.

Prof. Dr. Christian Bernhofer studierte Meteorologie und Botanik an der Universität Wien. Nach dem Doktorat 1980 am Institut für Meteorologie und Geophysik der Universität Wien erfolgte 1993 die Habilitation und der Erhalt der venia legendi für Angewandte Meteorologie. Seit 1993 ist er Professor und Leiter der Meteorologie am Institut für Hydrologie und Meteorologie der Technischen Universität Dresden.

Laura Berresheim hat an der Universität Koblenz-Landau das Studium der Biogeowissenschaften mit dem Master of Science 2020 erfolgreich abgeschlossen. Thematische Schwerpunkte waren gewässerökologische und hydrologische Fragestellungen, die mit der Masterarbeit zur „vergleichenden Untersuchung der Schwermetallmobilität zwischen Schwebstoffen, Sedimenten und Auenböden“ im Flussgebiet der Lahn ihren Abschluss fanden. Seit Januar 2020 betreut sie bei der Ingenieurgesellschaft Dr. Siekmann + Partner mbH die Projektplanung aus gewässerökologischer und naturschutzfachlicher Perspektive.

Dr. Michael Bilo schloss sein Studium der Geographie am Lehrstuhl für Landschaftsökologie und Vegetationskunde der Universität Köln 1987 mit dem Diplom ab. Bis 1991 arbeitete er am Forschungszentrum (KFA) Jülich zu einem radioökologischen Thema und promovierte an der Universität Tübingen zum Dr. rer. nat. Die Dissertation wurde 1992 durch die Gesellschaft für Naturkunde in Württemberg ausgezeichnet. Nach Stationen im Bundesforschungs- und Bundesumweltministerium arbeitet er seit 2001 im Bundesamt für Naturschutz, wo er aktuell als Direktor und Professor die Abteilung „Digitalisierung, Artenschutzvollzug, Nagoya-Protokoll" leitet. Dr. Bilo hat als nationaler Experte die INSPIRE-Richtlinie begleitet und ist aktuell Mitglied im Steuerungskreis Digitalisierung des BMU.

Dr. Roberta Bottarin studierte Biologie an der Universität Ferrara (Italien) und promovierte in Ökologie an der Universität Parma (Italien). Seit 1998 arbeitet sie bei Eurac Research, Bozen, zunächst als Senior Researcher am Institut für Alpine Umwelt, dann als Vize-Leiterin des Instituts für Alpine Umwelt (seit 2003) und seit 2016 als Vize-Direktorin von Eurac Research. Ihre Forschungsschwerpunkte beziehen sich auf die Ökologie von Fließgewässern, Nachhaltigkeit, Biodiversität von alpinen Ökosystemen und deren Beziehungen zu abiotischen Parametern und menschlichen Aktivitäten.

Alexander Bräunlich, Projektleiter für Strategie und Grundsatzfragen bei der DEGES, ist Dipl.-Wirtsch.-Ing. (Bau) und Generalist mit hoher fachlicher Kenntnistiefe. Nach höchst interdisziplinärer, lebenszyklus- und nachhaltigkeitsorientierter beruflicher Tätigkeit in den Bereichen Bau, Betrieb, Erhaltung und Digitalisierung in der VINCI-Gruppe strukturiert und gestaltet er seit Juni 2019 im Bereich Digitales Planen und Bauen bei der DEGES u. a. in unterschiedlichen Verwaltungsgremien die Verbesserung der BIM-spezifischen Interaktion der Beteiligten im Lebenszyklus.

Prof. Dr. Thomas Brinkhoff studierte Informatik an der Universität Bremen. Er war wissenschaftlicher Mitarbeiter an der Ludwig-Maximilians-Universität München und promovierte dort mit einer Arbeit über die räumliche Anfragebearbeitung in Geodatenbanken. Im Anschluss war er Projektleiter für GIS-basierte Anwendungen in der Verkehrstelematik. Seit 1999 ist er Professor für Geoinformatik an der Jade Hochschule in Oldenburg. Seine Arbeitsschwerpunkte sind Geodatenbanken und Geodatenmanagement, die Entwicklung raumbezogener Anwendungen sowie die Verarbeitung von Geosensordaten. Er ist Autor von rund 85 Veröffentlichungen, Autor des einzigen deutschsprachigen Lehrbuchs über Geodatenbanksysteme und Gutachter für zahlreiche wissenschaftliche Konferenzen und Zeitschriften.

Dr. Henning Buddenbaum hat 2010 an der Universität Trier zur Nutzung von LiDAR- und Hyperspektraldaten für die Forstfernerkundung promoviert. Danach war er Postdoc im EnMAP Core Science Team und ist seit 2020 als wissenschaftlicher Mitarbeiter im Fach Umweltfernerkundung und Geoinformatik sowie als Geschäftsführer des Research Institute for Applied Geoinformatics an der Universität Trier beschäftigt. Seine Forschungsschwerpunkte liegen in der Multi- und Hyperspektralfernerkundung von Bäumen.

Dr. Axel Didion war nach dem Biologiestudium an der Universität des Saarlands als wissenschaftlicher Mitarbeiter am Zoologischen Institut in Saarbrücken beschäftigt. 1990 wurde er über ein bewegungsphysiologisches Thema zum Insektenflug promoviert. Bereits während des Studiums war er als faunistischer Gutachter für verschiedene Artengruppen (Vögel, Amphibien, Reptilien, Tagfalter, Libellen, Heuschrecken, Laufkäfer, Schwebfliegen) bei Planungsbüros im Saarland, Rheinland-Pfalz, Bremen und Thüringen als freier Mitarbeiter tätig. Seit 1991 ist er als wissenschaftlicher Mitarbeiter bei der Naturlandstiftung Saar angestellt.

Dort ist er für die Entwicklung und Umsetzung von Naturschutzprojekten auf Landes-, Bundes- und EU-Ebene zuständig und betreut die Schutzgebiete der Stiftung. Er ist maßgeblich an der Erforschung von Libellen des Saarlands und der Erstellung der Roten Liste der Libellen beteiligt.

Bastian Ellmenreich absolvierte 2002 das Studium der Vermessung an der Hochschule Neubrandenburg mit Schwerpunkt Geoinformatik und 2006 das Studium Geographical Information Science and Systems an der Universität Salzburg. Bis 2009 war er im Bereich Administration, Entwicklung und Projektmanagement im Bereich Geoinformatik bei einem mittelständischen Ingenieurbüro und IT-Dienstleister tätig. 2009 erfolgte der Wechsel in die öffentliche Verwaltung zur Landesanstalt für Umwelt Baden-Württemberg. Hier war er für die Steuerung und das Projektmanagement verschiedener IT-Projekte zuständig. Seit 2012 ist er Referent und derzeit stv. Referatsleiter im Referat Informationstechnik, IT-Leitstelle, Umweltinformationssystem und Nachhaltige Digitalisierung im Ministerium für Umwelt, Klima und Energiewirtschaft Baden-Württemberg.

Jana-Sophie Engelmann, B. Sc. studierte von 2016 bis 2020 an der Universität des Saarlands, wo sie ihren Bachelor in Bioinformatik abschloss. Danach wechselte sie an den Umwelt-Campus Birkenfeld der Hochschule Trier, um den Masterstudiengang Angewandte Informatik mit Schwerpunkt Umwelt- und Wirtschaftsinformatik zu absolvieren.

Prof. Dr. Peter Fischer-Stabel studierte Geographie, Informatik, Hydrologie und Botanik an der Universität des Saarlandes. 1995 erfolgte die Promotion am dortigen Umweltforschungszentrum. 1992 bis 1996 war er wissenschaftlicher Mitarbeiter bei der Umweltprobenbank des Bundes sowie Assistent der Geschäftsführung von Game Conservancy Deutschland. Zwischen 1997 und 2000 war er Mitarbeiter im Earth Observation Department der European Space Agency (ESA), Rom. Seit 2000 ist er Professor für Geoinformatik und Visualisierung am Umwelt-Campus der Hochschule Trier und seit 2003 Direktor des Instituts für Softwaresysteme in Wirtschaft, Umwelt und Verwaltung (ISS). Er unterhält diverse internationale Kooperationen und ist Mitglied in zahlreichen Fach- und Gutachtergremien sowie in mehreren Programmkomitees wissenschaftlicher Konferenzen. Seine aktuellen Forschungsschwerpunkte liegen im Design von Umweltinformationssystemen sowie auf dem Gebiet der Raum-Zeit-Visualisierung geowissenschaftlicher Daten und im Umweltmonitoring.

Dipl.-Ing. Dirk Fitting studierte an der Universität Bonn Geodäsie und absolvierte im Anschluss das Referendariat in Nordrhein-Westfalen. Nach einer Anstellung bei der Stadt Köln ist er seit dem Jahr 2007 in unterschiedlichen Stationen in der Vermessungs- und Katasterverwaltung Rheinland-Pfalz tätig. Neben mehreren Leitungspositionen bei einem Vermessungs- und Katasteramt und einer Referatsleitung beim Ministerium des Innern und für Sport ist er seit Anfang 2019 für die Abteilung Geodatendienste und Geoservice im Landesamt für Vermessung und Geobasisinformation verantwortlich. Er vertritt das Land Rheinland-Pfalz im AdV-Arbeitskreis „Public, Relation und Marketing“ sowie beim Oberprüfungsamt für das vermessungstechnische Referendariat als Mitglied des Prüfungsausschusses Geodäsie.

Dr. Johannes Franke studierte Geographie an der Technischen Universität Dresden. Von 2001 bis 2014 war er wissenschaftlicher Mitarbeiter an der Professur für Meteorologie der TU Dresden. 2009 erfolgte die Verteidigung der Dissertation zum Thema „Risiken des Klimawandels für den Wasserhaushalt – Variabilität und Trend des zeitlichen Niederschlagsspektrums“ an der TU Dresden. Seit 2014 ist er Referent am Sächsischen Landesamt für Umwelt, Landwirtschaft und Geologie, Referat Klima, Luftqualität.

Hendrik Geyer studierte 2014 bis 2017 Biologie in Leipzig. Anschließend erfolgte das Masterstudium in Marburg zum Thema „Naturschutz und Biodiversität". Er schloss dieses Studium 2019 mit einer Masterarbeit zum Thema „Einfluss von Mahd und Beweidung auf die Diversität von Spinnen" ab. Seit 2020 arbeitet er in der Stiftung Natur und Umwelt Rheinland-Pfalz im Citizen-Science-Projekt ArtenFinder Rheinland-Pfalz.

Prof. Dr. Klaus-Uwe Gollmer lehrt und forscht im Bereich Angewandte Informatik am Umwelt-Campus Birkenfeld der Hochschule Trier. Derzeit liegt der Fokus seiner Arbeiten auf der Anwendung von modellgestützen Verfahren des maschinellen Lernens in cyberphysischen Systemen. Gleichzeitig engagiert er sich an der Schnittstelle Wirtschaft, Hochschule, Schule und Maker-Community. Die IoT2-Werkstatt, ein Ergebnis dieser übergreifenden Zusammenarbeit, macht das Internet of Things and Thinking anfassbar. Professor Gollmer studierte Bioingenieurwesen (Medizintechnik) an der FH Hamburg und Elektrotechnik (Technische Informatik) an der TU Hamburg-Harburg. Er promovierte an der Universität Hannover auf dem Gebiet der Mustererkennung bei biotechnologischen Prozessen.

Achim Guldner, M. Sc. hat am Umwelt-Campus der Hochschule Trier Angewandte Informatik studiert. Seit 2013 liegt sein Forschungsschwerpunkt auf Informationssystemen für nachhaltige Entwicklung, wo er in mehreren Forschungs- und Entwicklungsprojekten mit Fokus auf der Verbesserung der Ressourcen- und Energieeffizienz von und durch IKT- und insbesondere Softwaresystemen arbeitete. Aktuell ist er Mitglied des Forschungskollegs „AI-based Self-Adaptive Cyber-Physical Process Systems", wo er die Energie- und Ressourceneffizienz von Machine Learning und Künstlicher Intelligenz untersucht. Weitere Forschungsinteressen liegen im Bereich Data Science und Data Management.

Dipl.-Phys. Walter Harms hat ein Studium der Physik in Oldenburg mit dem Diplom abgeschlossen. Seit 1996 ist er beim Bundesamt für Strahlenschutz im ODL-Messnetz tätig und dort im Bereich Serveradministration und Datenbank sowie Embedded Systeme und Detektorentwicklung beschäftigt. Darüber hinaus bietet er praktische Hilfe für nationale Organisationen beim Aufbau von landesweiten Messnetzen sowie Messungen, z. B. in Tschernobyl, an und war daneben auch Ausbilder für Fachinformatiker (bis 2015).

Prof. Dr. Klaus Helling hat ein BWL-Studium an der Universität in Göttingen absolviert, anschließend erfolgte die Promotion zum Dr. rer. pol. an der Universität Osnabrück. Danach war er als Unternehmensberater für Prozess- und Umweltmanagement in Saarbrücken tätig. Seit 1998 ist er Professor für BWL/Umweltmanagement am Umwelt-Campus Birkenfeld der Hochschule Trier und Mitgründer und Direktor des Instituts für angewandtes Stoffstrommanagement. Weiterhin ist er seit 2009 Mitglied im wissenschaftlichen Beirat von B.A.U.M. (Bundesdeutscher Arbeitskreis für Umweltbewusstes Management e. V.), seit 2010 Nachhaltigkeitsbeauftragter am Umwelt-Campus Birkenfeld, seit 2016 Mitglied im Kuratorium der Stefan-Morsch-Stiftung in Birkenfeld und seit 2018 Mitglied im Klimaschutzbeirat des Landes Rheinland-Pfalz. Seine Arbeitsschwerpunkte liegen im betrieblichen Stoffstrommanagement sowie dem nachhaltigen Wirtschaften.

DI Heinrich Humer ist Senior Engineer am Center for Digital Safety & Security des AIT Austrian Institute in Wien. Er ist seit vielen Jahren verantwortlich für die Architektur und Implementierung von Umweltmessnetzen und Emissionsinventuren. Das System emikat.at für die Verwaltung und Verarbeitung von Emissionsinventuren wurde von ihm konzipiert und seit über 20 Jahren betreut.

Timo Johann ist wissenschaftlicher Mitarbeiter an der Hochschule Trier und Doktorand bei der Mobile Services and Context Aware Software Engineering Group an der Universität Hamburg. Er hat einen Masterabschluss in Angewandter Informatik der Hochschule Trier/ Umwelt-Campus Birkenfeld. Er arbeitete im Green-Software-Engineering-Projekt und veröffentlichte mehrere Arbeiten zum Thema „Nachhaltigkeitsaspekte der Informatik". Vor seiner Rückkehr an die Hochschule war er als Associate Manager für ein Beratungsunternehmen in Luxemburg tätig.

Dr. Eva Kern beschäftigt sich mit der Frage, wie Umweltaspekte von Software bewertet und kommuniziert werden können, und hat zahlreiche internationale Konferenzbeiträge zu grüner Software verfasst. Ein weiteres Interessensgebiet sind die Auswirkungen der Digitalisierung aus globaler Perspektive. Vor ihrer Promotion arbeitete sie als wissenschaftliche Mitarbeiterin in verschiedenen Forschungs- und Entwicklungsprojekten, unter anderem im Projekt „GREENSOFT – Green Software Engineering" am Umwelt-Campus Birkenfeld. Eva Kern schloss 2013 ihr Studium der Informatik und Medien (Abschluss: M. Sc.) an der Hochschule Trier ab und promovierte 2018 an der Fakultät Nachhaltigkeit der Leuphana Universität Lüneburg.

Sophia Keßeler-Johann, M. Sc. absolvierte ihr Biologiestudium an der Universität Bonn. Im Anschluss daran studierte sie im Masterstudiengang „BioGeoWissenschaften" mit dem Schwerpunkt Gewässerkunde an der Universität Koblenz-Landau. Seit September 2019 arbeitet sie als wissenschaftliche Mitarbeiterin im Sekretariat der Internationalen Kommission zum Schutz des Rheins (IKSR). Dort ist sie zuständig für die Koordinierung und Organisation der Arbeitsgruppe „Wasserqualität und Emissionen" mit ihren Expertengruppen, insbesondere im Bereich des internationalen Alarm- und Warnplans sowie des chemischen Monitorings.

Dr. Carolin Klonner erforscht die Erhebung und Darstellung partizipativer geographischer Informationen und wie diese für die Katastrophenvorsorge genutzt werden können. In ihrer Doktorarbeit hat sie Sketch Maps als partizipative Methode gewählt, um die Hochwasserrisikowahrnehmung der Einwohner*innen von Santiago de Chile und Eberbach zu visualisieren. In ihrem aktuellen Projekt „Waterproofing Data" mit Studiengebieten in Brasilien untersucht sie Möglichkeiten, um den Informationsaustausch zwischen Wissenschaftler*innen, Bürger*innen und Behörden zu optimieren. Im Rahmen des Projekts wurde das Sketch-Map-Tool entwickelt, welches OSM-Daten einer Region analysiert und den Nutzer*innen, z. B. einer lokalen Behörde, eine Rückmeldung gibt, ob die OSM-Daten für die Anwendung als Sketch Map geeignet sind.

Dr. Eva Maria Klos studierte von 2007 bis 2013 Geschichte, Französisch und Bildungswissenschaften an den Universitäten Trier und Charles de Gaulle – Lille III. Von 2013 bis 2017 forschte sie im Rahmen ihrer vom Fonds National de la Recherche Luxembourg geförderten Dissertation an den Universitäten Luxemburg und Trier über Erinnerungen an den Zweiten Weltkrieg in Luxemburg, Frankreich und Belgien. Seit 2017 ist sie Referentin für Forschungsförderung an der Hochschule Trier.

Horst Kremers ist Ingenieur und Informationswissenschaftler. Sein besonderes Interesse gilt der angewandten digitalen Semiotik im Zusammenhang mit umfassenden Managementaspekten beim Betrieb und bei der Steuerung komplexer Informationssysteme. Nach seinem Studium (RWTH Aachen und Universität Bonn) und nach Positionen an der TU Berlin und der Universität Stuttgart wechselte er in die Technische Verwaltung des Berliner Senats. Er beteiligte sich kontinuierlich aktiv an der Festlegung von Strategien und technischen Innovationen in mehreren Berufsverbänden und Organisationen. Seit vielen Jahren ist er auch an Diskussionen um die Implementation von UN-Instrumenten auf globaler, nationaler, regionaler und städtischer Ebene beteiligt, hauptsächlich in den Bereichen Nachhaltige Entwicklung (UN SDGs) und Informationsmanagement zur Reduzierung des Katastrophenrisikos (UN DRR).

Prof. Dr. Rolf Krieger studierte von 1985 bis 1989 Informatik an der Universität des Saarlands. Anschließend war er als wissenschaftlicher Mitarbeiter an der Universität Frankfurt am Main beschäftigt; die Promotion erfolgte 1994. Bis 1999 war er als IT-Berater bei der SAP tätig. Schwerpunkt seiner Beratungstätigkeit war die Einführung von betrieblicher Standardsoftware in Handelsunternehmen. Seit 1999 ist er Professor an der Hochschule Trier, Umwelt-Campus Birkenfeld, an dem er das Lehrgebiet Wirtschaftsinformatik vertritt. Er beschäftigt sich in Forschungsarbeiten mit der Architektur, Entwicklung und Einführung von Informationssystemen und dem Informations- und Datenqualitätsmanagement.

Dr. Rico Kronenberg studierte Hydrologie an der Technischen Universität Dresden. Er absolvierte von 2012 bis 2014 ein Promotionsstudium an der Staatlichen Technischen Universität Moskau „N. E. Bauman“. 2015 erfolgte die Verteidigung der Dissertation zum Thema „Prozessierung von Radardaten für klimatologische Anwendungen“ an der TU Dresden. Seit 2014 ist er wissenschaftlicher Mitarbeiter an der Professur für Meteorologie der TU Dresden und verantwortlich für die technische Administration und Weiterentwicklung von ReKIS. Weiterhin hält er Vorlesungen zu den Grundlagen der Fernerkundung und des Messens, der Hydrometeorologie sowie Angewandte Meteorologie für Hydrologen.

Jan-Henrik Kruse studierte Bauingenieurwesen mit Vertiefung in der Wasserwirtschaft/ Siedlungswasserwirtschaft an der Hochschule Koblenz. Dieses Studium schloss er 2019 mit einer Masterarbeit erfolgreich ab. Seit 2017 arbeitet er zunächst als Werkstudent und nach dem Studienabschluss als Projektingenieur bei der Ingenieurgesellschaft Dr. Siekmann + Partner mbH. Er hat sich auf die Hochwasser- und Starkregenvorsorge spezialisiert und ist für Projekte mit diesem Schwerpunkt zuständig.

Dr. Stefanie von Landwüst studierte Rechtswissenschaften an der Universität Göttingen und an der Université de Bourgogne in Dijon, Frankreich. Nach dem Studium war sie als wissenschaftliche Mitarbeiterin am Institut für Völkerrecht und Europarecht der Universität Göttingen tätig und promovierte dort 2007 zu einem europarechtlichen Thema. Nach dem Rechtsreferendariat mit Stationen, u. a. beim EuGH in Luxemburg, war sie von 2009 bis 2018 als Rechtsanwältin in zwei internationalen Anwaltskanzleien in München tätig und beriet dort insbesondere bei der Planung und Realisierung umweltrelevanter Vorhaben mit Schwerpunkt im Planungs-, Naturschutz- und Umweltrecht. Seit 2018 ist sie Leiterin der Rechtsabteilung und Liegenschaftsverwaltung der WIGES Wasserbauliche Infrastrukturgesellschaft mbH in München. Des Weiteren ist sie Autorin mehrerer Veröffentlichungen zum Europa-, Planungs-, Umwelt- und Naturschutzrecht.

Dr. Sven Lautenbach arbeitet am HeiGIT und forscht insbesondere zum Einsatz von OSM im Bereich humanitäre Zusammenarbeit, öffentliche Gesundheitsvorsorge und Umwelt. Zuvor arbeitete er am Lehrstuhl für Geoinformatik der Universität Heidelberg, am Helmholtz-Zentrum für Umweltforschung der Humboldt-Universität zu Berlin sowie der Universität Osnabrück in den Bereichen Landschaftsökologie, Geomatik und Umweltsystemmodellierung. Des Weiteren war er Junior-Professur für Landnutzungsmodellierung und ökologische Dienstleistungen an der Universität Bonn.

Dipl.-Ing. (FH) Markus Lermen studierte von 1984 bis 1988 an der Fachhochschule Mainz Vermessungswesen und realisierte im Rahmen seiner Diplomarbeit die Datenmigration zwischen zwei GDV-Systemen. Anschließend war er als Prokurist bei einem Ing.-Büro angestellt, das als Dienstleister deutschlandweit für große Energieversorgungsunternehmen die Einführung von GDV-Systemen und die Digitalisierung der Leitungsnetze betreute. Später wechselte er in die Energiebranche und ist seitdem für einen regionalen Energiekonzern, neben anderen Aufgaben, für den Bereich Netzdokumentation verantwortlich. Zudem engagiert er sich beim DVGW in der Regelwerksarbeit, u. a. als Obmann des Technischen Komitees Netzdokumentation.

Dr. Christina Ludwig promoviert bei Prof. Dr. Alexander Zipf in der Abteilung Geoinformatik (GIScience) des Geographischen Instituts an der Universität Heidelberg. In ihrer Dissertation beschäftigt sie sich mit der Fusion von Geoinformation aus Fernerkundungs- und OSM-Daten unter Berücksichtigung der datenspezifischen Unsicherheiten, der OSM-Datenqualität und regional unterschiedlicher Charakteristika der OSM-Daten. Sie studierte Umweltnaturwissenschaften (B. Sc.) an der Universität Freiburg und Angewandte Geoinformatik (M. Sc.) an der Universität Trier.

Rüdiger Machhamer erhielt 2019 den Master in Angewandter Informatik am Umwelt-Campus Birkenfeld. Derzeit promoviert er in der Forschungsgruppe Verteilte Systeme am Institut für Softwaresysteme (ISS), wo er das BMEL-Forschungsprojekt KI-Pilot leitet. Sein Forschungsschwerpunkt liegt im maschinellen Lernen, Online-Lernen und dem Internet der Dinge.

Franziska Mai ist Studentin der Hochschule Trier des Studiengangs „Umwelt- und Wirtschaftsinformatik“ (B. Sc.). Als Teil der praktischen Studienphase war sie in der Analyse und Bewertung von Softwareprodukten am Institut für Softwaresysteme tätig. Ihr Interesse ist hier die Durchführung von Messungen als Bedingung der Vergabe des Blauen Engels für ressourcen- und energieeffiziente Softwareprodukte. In Zusammenarbeit mit dem Institut für Softwaresysteme und der KDE Community bewertet sie auch weiterhin Softwareprodukte hinsichtlich Ressourcen- und Energieeffizienz.

Thomas Marsoner absolvierte 2014 sein Diplomstudium für Physische und Regionale Geographie an der Universität Würzburg und arbeitet seitdem am Institut für Alpine Umwelt bei Eurac Research in Bozen. Sein Forschungsschwerpunkt liegt dabei auf der GIS-basierten Modellierung und Analyse von Ökosystemleistungen und Nachhaltigkeitsindikatoren.

Michael Mattern, B. Sc. betreibt als Medieninformatiker derzeit am Umwelt-Campus der Hochschule Trier das Innovationslabor Digitalisierung, ein Projekt der Carl-Zeiss-Stiftung. Darüber hinaus ist er aktiv im Bereich GIS tätig und arbeitet mit den Nationalparken Hunsrück-Hochwald und Hainich an verschiedenen Projekten rund um Geo- und Metadaten, unter anderem dem Forschungsserver der Nationalparke (fs.nlphh.de).

Ulrich Moritz ist seit 1970 in der Vermessungs- und Katasterverwaltung Rheinland-Pfalz tätig. In den letzten Jahren beschäftigte er sich im Zuge der AAA-Einführung maßgeblich mit der Überführung der Daten des vermessungstechnischen Raumbezugs in das AFIS-Datenmodell. Er leitet die Projektgruppe AFIS des AdV-Arbeitskreises Raumbezug.

Prof. Dr. Stefan Naumann hat seit 2008 die Professur für Grundlagen der Informatik mit dem Schwerpunkt Umwelt- und Nachhaltigkeitsinformatik am Standort Umwelt-Campus Birkenfeld der Hochschule Trier inne. Seine Forschungsinteressen umfassen insbesondere Green Software Engineering, also wie Softwareprodukte energie- und ressourceneffizienter werden können. Darüber hinaus interessieren ihn alle Fragen rund um das Thema, welchen Beitrag Informationstechnik zur Lösung von Energie- und Umweltproblemen leisten kann.

Dominik Neumann arbeitet am HeiGIT mit den Schwerpunkten Öffentlichkeitsarbeit und Public Relations. Er absolviert seinen B. Sc. an der Ruprecht-Karls-Universität Heidelberg mit den Schwerpunkten Wirtschaftsgeographie, Soziale Netzwerke und Geoinformatik.

Tobias Neumann absolvierte ein Studium der Umwelttechnik an der Fachhochschule Jena zum Dipl.-Ing. (FH). Anschließend erfolgte ein berufsbegleitendes Fernstudium Umweltschutz an der Universität Rostock zum Master of Science. Seine Masterarbeit beschäftigte sich mit den Auswirkungen des Klimawandels auf den Ausbau regenerativer Energien in Thüringen. Seit 2012 ist er Sachbearbeiter im Referat Klimaagentur am Thüringer Landesamt für Umwelt, Bergbau und Naturschutz und ReKIS-Länderredakteur für Thüringen.

Prof. Dr. Patrick Noack studierte von 1991 bis 1997 Agrarwissenschaften an der TU München mit der Vertiefung Landbewirtschaftung und Umwelt. Von 1997 bis 2013 war er in den Bereichen Softwareentwicklung, Vertriebsleitung, Projektmanagement, Produktentwicklung und Forschung bei der geo-konzept GmbH, Adelschlag, beschäftigt. Seit 2013 bekleidet er die Professur für Agrarsystemtechnik an der Hochschule Weihenstephan-Triesdorf. Aktuell ist er Studiendekan Agrartechnik sowie wissenschaftlicher Leiter des Kompetenzzentrums für Digitale Agrarwirtschaft (KoDA) und führt verschiedene Forschungsprojekte im Umfeld der Digitalisierung durch.

Dr. David Oesch studierte Geographie und Geschichte an der University of North Carolina, Greensboro (USA), und der Universität Bern (Schweiz). Es schloss sich ein Masterstudium Geographie, Meteorologie und Klimatologie am Fachbereich Fernerkundung an. Die Promotion erfolgte über die operative Verarbeitung von Satellitendaten für den Datenassimilationsprozess in numerischen Wettervorhersagemodellen. Danach war er mit dem Aufbau und Betrieb agrarmeteorologischer und klimatologischer Produkte bei Syngenta beschäftigt. Seit 2010 ist er Senior Projektleiter/Product Owner der Geodateninfrastruktur des Bundes geo.admin.ch beim Bundesamt für Landestopografie swisstopo.

Prof. Dr.-Ing. Boris Resnik studierte Geodäsie an der Hochschule für Bergbauwesen in St. Petersburg (Russland). Zwischen 1982 und 1991 arbeitete er in Russland als Vermessungsingenieur im Projektinstitut der Autostraßen, in der Baumontageverwaltung für den U-Bahn-Bau sowie im Forschungsinstitut für Markscheidewesen. 1993 bis 1995 war er als Vermessungsingenieur in einem Ingenieurbüro in Aachen beschäftigt. Nach zwei Jahren als wissenschaftlicher Mitarbeiter an der BTU Cottbus und TU Braunschweig war er 1997 bis 2003 als Oberingenieur im Fachbereich Landeskultur und Umweltschutz der Universität Rostock tätig und dort unter anderem für die Forschung in der Geoinformationserfassung und -verarbeitung verantwortlich. Seit 2004 ist er Professor für Vermessungskunde und Geoinformatik im Fachbereich Bauingenieur- und Geoinformationswesen der Beuth Hochschule für Technik (ehemals TFH) Berlin.

Dr. Rebecca Retzlaff erstellte 2016 ihre Promotion zum Potenzial kleiner unbemannter Luftfahrzeuge in der multispektralen Fernerkundung landwirtschaftlicher und archäologischer Fragestellungen und ist wissenschaftliche Mitarbeiterin im Fach Umweltfernerkundung und Geoinformatik. Neben der Lehre beschäftigt sie sich mit Anwendungen der Geoinformatik und multispektralen und thermalen Fernerkundung von UAV-Daten im Weinbau und in der Landwirtschaft.

Dr. rer. nat. Achim Röder wurde 2005 mit einer Arbeit zum Monitoring mediterraner Rangelands mittels fernerkundlicher Zeitreihen promoviert und ist als akademischer Direktor in der Abteilung Umweltfernerkundung und Geoinformatik der Universität Trier tätig. Sein wissenschaftliches Interesse gilt der Analyse der Landnutzungsdynamik in gekoppelten Mensch-Umwelt-Systemen durch die Integration von Satellitenzeitreihen mit (Geo-)Daten. Sein aktueller Forschungsschwerpunkt liegt im südlichen Afrika.

Prof. Dr. Ariane Ruff vertritt seit März 2019 die Professur Urbane Ressourcen an der Hochschule Nordhausen und ist Leiterin des neu gegründeten Thüringer Innovationszentrums für Wertstoffe (ThIWert). Nach ihrem Geographiestudium an der Universität Potsdam war sie von 2000 bis 2003 an der Universität Erfurt am Institut für Geographie im Rahmen von Lehraufträgen sowie in Forschungsprojekten tätig. Von 2003 bis 2015 bearbeitete sie als wissenschaftliche Mitarbeiterin an der Hochschule Nordhausen federführend zahlreiche Forschungsprojekte im Bereich des Flächenrecyclings sowie des Flächen- und Energiemanagements. Von 2015 bis 2019 war sie als Kreisplanerin und stellvertretende Amtsleiterin im Landratsamt des Wartburgkreises (Thüringen) tätig. 2017 hat sie ihr berufsbegleitendes Promotionsstudium an der Universität Liechtenstein erfolgreich abgeschlossen.

DI Gerald Schimak arbeitet als Scientist am Center for Digital Safety & Security des AIT Austrian Institute in Wien. Seit mehr als 20 Jahren koordiniert bzw. arbeitet er mit an mittelgroßen und großen europäischen Forschungsprojekten im Bereich Umweltinformationssysteme mit Spezialisierung auf Luftgütemessnetze. Derzeit liegt sein wissenschaftliches Engagement auf Innovationsaspekten des Krisenmanagements in Bezug auf Naturkatastrophen und Klimawandel.

Dr. Uta Schirpke arbeitet am Institut für Ökologie der Universität Innsbruck und am Institut für Alpine Umwelt bei Eurac Research in Bozen (Italien). Nach einem Diplom für Physische Geographie der LMU München promovierte sie am Institut für Ökologie der Universität Innsbruck und schloss dort auch 2020 ihre Habilitation zum „Thema Ökosystemleistungen in Berggebieten“ ab. Ihr Forschungsschwerpunkt liegt auf der räumlichen und zeitlichen Modellierung von Ökosystemleistungen, den Auswirkungen von Landschafts- und Klimaänderungen sowie den Wechselwirkungen zwischen sozioökonomischen und ökologischen Charakteristiken von Berglandschaften.

Adrian Schmid-Breton, M. Geog. studierte Geographie in Lille und Berlin sowie Natürliches Risiken- und Katastrophenmanagement in Montpellier, wo er sich schwerpunktmäßig mit der Thematik des grenzüberschreitenden Hochwasserrisikomanagements an internationalen Gewässern befasste. Seit Januar 2010 arbeitet er als wissenschaftlicher Mitarbeiter im Sekretariat der Internationalen Kommission zum Schutz des Rheins (IKSR). Dort befasst er sich mit Fragen der Wassermenge sowie des Klimawandels und betreut die koordinierte Umsetzung des internationalen Hochwasserrisikomanagementplans sowie der Europäischen Hochwasserrisikomanagement-Richtlinie (HWRM-RL) im Rheineinzugsgebiet.

Jens Schneider, M. Sc. hat Medieninformatik am Umwelt-Campus Birkenfeld der Hochschule Trier studiert. Er arbeitet als wissenschaftlicher Mitarbeiter am Institut für Softwaresysteme der Hochschule Trier in der Arbeitsgruppe „Verteilte Systeme“. Sein Forschungsschwerpunkt liegt im Bereich der Plattformen für digitale Dienste und intelligente Mobilität.

Dr. Michael Schultz befasst sich mit der Fusion von Geodaten an der Schnittstelle von Fernerkundung, GIScience und Citizen Science. Er verwendet Künstliche Intelligenz zur Bewertung von Datenqualität und zur Lösung traditioneller Merkmalsextraktion. Durch den effektiven Einsatz von Deep Learning in der Kombination mit OSM und Fernerkundungsdaten entstehen exklusive und neuartige Datenprodukte. Aktuell befasst er sich mit der Generierung von OSM-Landuse-Produkten, Emissionskarten aus OSM (HCE) sowie der Qualitätsabschätzung von OSM mittels Fernerkundung und Deep Learning (DFG). Michael Schultz arbeitet eng mit Anwendungsexperten aus dem akademischen Bereich und der Industrie zusammen im Sinne einer effizienten und lösungsorientierten Wissenschaft.

Dr.-Ing. Dietrich Schürer studierte an der Universität Bonn Geodäsie und absolvierte im Anschluss das Referendariat in Rheinland-Pfalz. Nach seiner Zeit als wissenschaftlicher Mitarbeiter am Institut für Kartographie und Geoinformation der Universität Bonn, die er mit der Promotion beendete, ist er seit 2002 im Landesamt für Vermessung und Geobasisinformation Rheinland-Pfalz in verschiedenen Positionen tätig gewesen. Derzeit leitet er die Abteilung Geotopographische Informationen und vertritt das Land Rheinland-Pfalz im AdV-Arbeitskreis Geotopographie.

Linda Sendlinger arbeitet am HeiGIT mit den Schwerpunkten Öffentlichkeitsarbeit und Public Relations. Sie hat nach einer journalistischen Ausbildung ihren B. Sc. in Geographie an der Ruprecht-Karls-Universität Heidelberg abgeschlossen und absolviert dort nun ihren M. Sc. Ihr Forschungsschwerpunkt liegt auf der Sozialgeographie und der Geoinformatik, insbesondere auf den Bereichen der Institutionsforschung und der Sozialen Netzwerkanalyse.

Stephan Siegert, Projektleiter für Digitale Beteiligungs- und Genehmigungsverfahren bei der DEGES, ist Diplom-Geograph und Spezialist in Fragen der Öffentlichkeitsbeteiligung und Planfeststellung für Verkehrsinfrastrukturprojekte. Nach langjährigen Tätigkeiten bei der Deutschen Bahn und der dänischen Projektgesellschaft Femern A/S kümmert er sich seit Mai 2019 im Bereich Digitales Planen und Bauen bei der DEGES um die Digitalisierung von Beteiligungs- und Planfeststellungsverfahren sowie deren Integration in die BIM-Methode.

Dr. Thomas Siekmann hat sein Studium des Entsorgungsingenieurwesens an der RWTH Aachen 2010 abgeschlossen. Im Anschluss arbeitete er vier Jahre am Forschungsinstitut für Wasser- und Abfallwirtschaft FiW e. V. an der RWTH Aachen. Hier befasste er sich mit verschiedenen Fragestellungen im Kontext der Anpassung wasserwirtschaftlicher Infrastrukturen an die Auswirkungen des Klimawandels. Seine Promotion mit dem Thema „Bestimmung und Bewertung urbaner Risiken durch pluviale Überflutungen zur risikoorientierten Anpassung an Wandeleffekte“ schloss er im Jahr 2014 erfolgreich ab. Seitdem arbeitet er bei der Ingenieurgesellschaft Dr. Siekmann + Partner mbh, für die er seit 2019 die Geschäfte führt.

Werner Sommer absolvierte ein Lehramtsstudium für Chemie und Geographie an Gymnasien an der Universität Münster. Von 1992 bis 2015 war er Referent im Sächsischen Staatsministerium für Umwelt und Landwirtschaft. Seit 2016 ist er Leiter der Abteilung „Klima, Luft, Lärm, Strahlen“ am Sächsischen Landesamt für Umwelt, Landwirtschaft und Geologie.

Dr. Johannes Stoffels ist seit seiner Promotion zur satellitenbildbasierten Baumartenklassifikation als wissenschaftlicher Mitarbeiter im Fach Umweltfernerkundung und Geoinformatik der Universität Trier tätig. Er beschäftigt sich mit der Anwendung von Fernerkundung und Geoinformatik im Monitoring von Waldökosystemen und zur Unterstützung eines nachhaltigen Forstmanagements.

Prof. Dr. Stefan Stoll leitet die Arbeitsgruppe „Interdisziplinärer Umweltschutz" am Umwelt-Campus Birkenfeld der Hochschule Trier. Er forscht und publiziert zu angewandten ökologischen Fragestellungen mit dem Ziel, Umweltmanagement effektiver und nachhaltiger zu gestalten. Der Fokus liegt dabei auf aquatischen Ökosystemen und der Optimierung von Gewässerrenaturierungen. Außerdem betreibt er im Nationalpark Hunsrück-Hochwald ein ökologisches Monitoringprogramm, um langfristige Veränderungen in der Umwelt zu beobachten und deren Treiber zu identifizieren. Stefan Stoll engagiert sich im Vorstand des deutschen ökologischen Langzeitforschungsnetzwerks Long-Term Ecological Research Deutschland (LTER-D).

Dr. Tabea Stötter schloss ihr Studium mit dem Master in Umweltgeowissenschaften 2011 an der Universität Basel ab und promovierte anschließend in Klimawissenschaften an der Universität Bern. Seit 2015 arbeitet sie im Sekretariat der Internationalen Kommission zum Schutz des Rheins (IKSR). Hierbei unterstützt sie insbesondere die Arbeitsgruppe „Wasserqualität und Emissionen". Darunter fallen auch zahlreiche Expertengruppen mit unterschiedlichen Themenbereichen, wie Mikroverunreinigungen und Non-Target-Analytik sowie die chemischen Aspekte des Bewirtschaftungsplans Rhein nach Wasserrahmenrichtlinie. Seit November 2020 ist sie zudem stellvertretende Geschäftsführerin der IKSR.

Stefan Struve studierte Wirtschaftsingenieurwesen mit Spezialisierung auf Chemie- und Umweltingenieurwesen an der Hochschule Merseburg (FH) – University of Applied Sciences. Von 2009 bis 2016 war er im Landesverwaltungsamt Sachsen-Anhalt im Bereich des anlagenbezogenen Immissionsschutzes tätig. Seit 2016 ist er Mitarbeiter im Landesamt für Umweltschutz Sachsen-Anhalt im Fachgebiet Klima, Erneuerbare Energien, Nachhaltigkeit, Umweltallianz, Geschäftsstelle AG Klima, und verantwortlich für den ReKIS-Länderbereich Sachsen-Anhalt. Darüber hinaus hält er Vorträge im Rahmen der Ausbildung von Umweltreferendaren zum Thema „Klimawandel".

Prof. Dr. Ulrike Tappeiner studierte Biologie und Informatik, promovierte 1985 und habilitierte 1996 im Fach Ökologie. Seit 1995 leitet sie das Institut für Alpine Umwelt an Eurac Research in Bozen (Italien), seit 2005 ist sie Professorin für Ökosystemforschung und Landschaftsökologie an der Universität Innsbruck, seit 2006 Sprecherin des Forschungszentrums „Ökologie des Alpinen Raumes" und seit 2018 Präsidentin der Freien Universität Bozen. Zu ihren Forschungsschwerpunkten zählen u. a. die Auswirkungen von Landnutzungs- und Klimawandel auf biogeochemische Kreisläufe, auf die funktionelle Biodiversität und auf Ökosystemleistungen sowie das sozial-ökologische Langzeitmonitoring und die Entwicklung von Nachhaltigkeitsindikatoren in Bergregionen.

Dr. Erich Tasser arbeitet am Institut für Alpine Umwelt bei Eurac Research in Bozen (Italien). Er habilitierte am Institut für Ökologie der Universität Innsbruck zum Thema „Landschaftsmodellierung im Berggebiet". Sein Forschungsschwerpunkt liegt in der Systemökologie und Landschaftsökologie, Prozessanalysen auf verschiedenen zeitlichen und räumlichen Skalen und Landschaftsmodellierung. Im Speziellen forscht er zu den ökologischen Auswirkungen von Landnutzungsänderungen in Berggebieten unter besonderer Berücksichtigung der biologischen Vielfalt, von Vegetationsänderungen, des Risikopotenzials, des Wasser- und Kohlenstoffkreislaufs sowie der Ökosystemleistungen.

Prof. Dr. Henrik te Heesen ist Professor für Erneuerbare Energien am Umwelt-Campus Birkenfeld der Hochschule Trier. Er studierte Physik an der RWTH Aachen und promovierte in Physik an der Ruhr-Universität Bochum. Nach seiner Tätigkeit als Vorstandsassistent des CEO war er Leiter der O&M-Abteilung eines mittelständischen Unternehmens in der Photovoltaikbranche. 2013 schloss er sich dem Umwelt-Campus Birkenfeld an und ist für den Studiengang „Erneuerbare Energien“ verantwortlich. Seine Forschungsschwerpunkte sind die Energiemodellentwicklung sowie Qualitätssicherung von erneuerbaren Energiesystemen. Seit Juni 2018 ist er Leiter des Instituts für Betriebs- und Technologiemanagement (IBT) am Umwelt-Campus und seit Januar 2019 Mitglied im Vorstand des Umwelttechniknetzwerks Ecoliance Rheinland-Pfalz. Er ist Autor verschiedener Publikationen, insbesondere zur Energiesystemmodellierung sowie zur Ertragsanalyse und Optimierung von Photovoltaikanlagen.

Univ.-Prof. Dr. Thomas Udelhoven leitet das Fach Umweltfernerkundung & Geoinformatik an der Universität Trier. Seine Forschungsinteressen umfassen Monitoring und Modellierung von raumzeitlichen Prozessen der Geo- und Biosphäre durch die integrierte Nutzung von Geodaten, hochauflösenden Fernerkundungsdaten und (geo-)statistischen Methoden. Er ist Mitglied der Mission Advisory Group (MAG) der ESA für die Sentinel-Kandidatenmission LSTM – Copernicus Land Surface Temperature Monitoring.

Kristof Ueding hat 2021 sein Bachelor-Studium der Angewandten Informatik am Umwelt-Campus Birkenfeld (Außenstelle der Hochschule Trier) absolviert. Derzeit studiert er am Umwelt-Campus Birkenfeld, um den Master-Abschluss in der Angewandten Informatik zu erlangen. Des Weiteren arbeitet er neben seinem Studium als wissenschaftliche Hilfskraft am Institut für Softwaresysteme (ISS) im Forschungsprojekt KI-Pilot.

Dr. Gerhard Wagner studierte Geographie, Raumplanung und Fernerkundung an den Universitäten Tübingen, Freiburg und Saarbrücken; seine Promotion in den Fächern Biogeographie, Bodenkunde und Ökotoxikologie folgte im März 1987. Seit 1979 ist er Projektleiter für die Umweltprobenbank des Bundes im Institut für Biogeographie der Universität des Saarlands, seit 2001 an der Universität Trier in gleicher Funktion. Von 1998 bis 2001 oblag ihm die Koordination des EU-Projekts „Comparative Evaluation of European Methods for Sampling and Sample Preparation of Soils“ (CEEM), dem ersten Probenahme-Ringversuch auf EU-Ebene. Seit 2007 ist er Qualitätsmanagementbeauftragter der nach ISO 17025 akkreditierten Projektgruppe.

Prof. Dr. Volker Wohlgemuth studierte nach einer Ausbildung und beruflichen Tätigkeit beim Deutschen Wetterdienst 1991 bis 1997 Informatik an den Universitäten Hamburg und Christchurch (Neuseeland). Nach dem Diplom 1997 arbeitete er zur einen Hälfte als wissenschaftlicher Mitarbeiter am Fachbereich Informatik der Universität Hamburg, wo er 2005 seinen Doktor in der Angewandten Informatik erhielt. Zur anderen Hälfte war er von 1997 bis 2005 als Softwareentwickler, Projektleiter und Key-Account-Manager für die ifu Hamburg GmbH tätig. Zum Wintersemester 2005/2006 wurde er als Hochschullehrer an die Hochschule für Technik und Wirtschaft (HTW) Berlin für die Gebiete Stoffstrommanagement, Modellbildung und Simulation sowie Anwendung und Entwicklung betrieblicher Umweltinformationssysteme (BUIS) berufen. Seitdem hat er u. a. zahlreiche Projekte zum Technologietransfer zwischen der Hochschule und Industrie auf den Gebieten der Anwendung von Stoffstrommanagement- und Simulationswerkzeugen zur Ressourceneffizienzsteigerung sowie entsprechender Softwareentwicklungen im Bereich der betrieblichen Umweltinformationssysteme (BUIS) durchgeführt. Seine weiteren Forschungsgebiete sind die Usability von BUIS und die Verwendung von KI-Methoden in BUIS.

Dr. Bernhard Zagel studierte Geographie und Angewandte Geoinformatik an der Universität Salzburg und promovierte dort mit einer Arbeit im Bereich Verkehrsmanagement und Geoinformatik. Seit 1995 ist er am Fachbereich Geoinformatik – Z_GIS in Forschung und Lehre involviert und war über zehn Jahre Lehrbeauftragter bei den UNIGIS Fernstudien. Die AGIT-Symposien und das GI_Forum koordiniert er mit seinem Team seit 2006. Er forscht über zehn Jahre als Principal Investigator in der LTER Site Oberes Stubachtal im Nationalpark Hohe Tauern im Land Salzburg im Bereich der ökologischen Langzeitforschung, insbesondere zum Zusammenhang von Klima – Gletscher – Wasser und den damit verbundenen glazialhydrologischen Prozessen.

Prof. Dr. Alexander Zipf leitet die Abteilung Geoinformatik (GIScience) am Geographischen Institut der Universität Heidelberg. Er ist Mitglied des Zentrums für Wissenschaftliches Rechnen (IWR) und Gründungsmitglied des Heidelberger Zentrums für Umwelt (HCE). Derzeit baut er zudem das Heidelberg Institute for Geoinformation Technology auf (HeiGIT gGmbH). Vorher leitete er den Lehrstuhl für Kartographie an der Universität Bonn und war zuvor Professor für Angewandte Informatik und Geoinformatik an der Fachhochschule Mainz. Er studierte Mathematik und Geographie an der Universität Heidelberg und promovierte am European Media Laboratory in Heidelberg. Seine Forschungsinteressen beinhalten unter anderem Geo-Crowdsourcing und Volunteered Geographic Information für Umweltanwendungen, Katastrophenmanagement, humanitäre Hilfe und Verkehr.

Dr. Patrick Zwickl ist Senior Engineer, Projektleiter und Business Development Manager am Center for Digital Safety & Security des AIT Austrian Institute in Wien. Sein Schwerpunkt liegt auf Sensornetzwerken, IoT und Informationssystemen in kritischen Bereichen (z. B. Umwelt- oder Sicherheitsüberwachung). Er ist promovierter Wirtschaftsinformatiker, forschte einige Jahre interdisziplinär an Telekommunikationslösungen und hat einen Hintergrund in strategischem und technischem Business-IT-Consulting.

Stichwortverzeichnis

3D-Daten 255
3D-Stadtmodell 163, 202, 255
3D-Topographiemodell 162

AAA-Datenmodell 147
Aarhus-Konvention 41
Abstand 250
Ackerschlagkartei 429
AFIS-ALKIS-ATKIS 145
Aktive Fernerkundungssysteme 131
Alpenatlas 418
Alpenraum 416
Alpenzustandsberichte 417
Altlastenkataster 361
Amtliches Festpunktinformationssystem (AFIS) 146, 150
Amtliches Liegenschaftskatasterinformationssystem (ALKIS) 146, 148, 202, 237
Amtliches Topographisch-Kartographisches Informationssystem (ATKIS) 154
Anforderungsanalyse 210, 213
Anforderungsspezifikation 212
Anfragebearbeitung
– räumliche 251
Approximation
– konservative 252
– progressive 252
Apps 406
Arc-Node-Modell 237
Artbestimmung 105, 106
Artenschutz 26
Artensterben 68
Artenvielfalt 111, 423, 427
Atlanten 309
Augmented Reality 314, 320, 323, 410

Basemap.at 174
Basis-DLM 148, 155, 157, 158, 159, 162
BeiDou Navigation Satellite System (BDS) 258
Beobachtungsnetz 71
Berichtspflicht 26, 86, 395, 396
Berichtssystem 362
Bessel-Referenzellipsoid 62
Bestimmungsmaterialien 108
Betriebliches Umwelt- und Nachhaltigkeitsmanagement 335
Betriebliches Umweltinformationssystem (BUIS) 33, 324
– stoffstromorientiert 331
Bezugssystem
– globales 61
– lokales 61
Biodiversität 105
Biodiversitätskonvention 105, 420
Biodiversitätsmonitoring 416
Bioindikation 68
Bioindikatoren 95
Biomonitoring 93
Biosonde 94
Biotest 94
Biozönosen 26
Bodenauflösung 162, 164, 173
Building Information Modeling (BIM) 198, 199
Bundesanstalt für Gewässerkunde (BfG) 388
Bundes-Immissionsschutzgesetz (BImSchG) 26, 93

Catalog Service Web (CSW) 182
Citizen Science 52, 91, 114, 479
CityGML 202
Client-Server-Architektur 361
Cloud-Computing 342
Common Data Environment (CDE) 202
Computer-aided Design (CAD) 236
Computersimulation 289
Convention on Biological Diversity 105

Copernicus
– -Dienste 138
– -Programm 87, 138
CORINE 31, 194
Crowdsourcing 114, 363

Darstellungsdienst 182
Datenbankentwurf 222
Datenmodellierung 220
Datenqualität 229, 482
Datenstrommanagementsystem 256
Dauerbeobachtung 99
DBSCAN-Algorithmus 271
Desktop-GIS 240
Deutscher Wetterdienst 70
Deutsches Hauptdreiecknetz (DHDN) 62
Digitale Katastralmappe 171
Digitale Landwirtschaft 426
Digitale Schweiz 186
Digitale Topographische Karte 160
Digitaler Bestimmungsschlüssel 112
Digitaler Zwilling 33, 323
Digitales Geländemodell (DGM) 172, 431
Digitales Landschaftsmodell (DLM) 172
Digitales Oberflächenmodell (DOM) 443
Digitales Orthophoto (DOP) 164, 431
Digitalisierung 47, 356
Drohne 431, 432

Eingriffsregelung 36
EIONET 31
Ellipsoid 58
Emissionskataster 487
Emissionsmodellierung 493
Empfängeruhrenfehler 262
Energieeffizienz 348
Entity-Relationship-Modell 221, 222, 224, 226
EPSG-Codes 65
Erdbeobachtung 74
Erdbeobachtungssatellit 138
Erdfigur 58, 59
Erneuerbare Energien 456
ETRS89 57, 63, 65, 151
EU-Richtlinie 2007/2/EG 170
Europäische Chemikalienverordnung REACH 100
European Geostationary Navigation Overlay System (EGNOS) 266
Extended Reality 312
Extensible Markup Language (XML) 86, 330, 362

Fachinformationssystem 309
Fernerkundung 118, 363
FFH-Richtlinie 36
FFH/SPA-Richtlinie 48
Filterschritt 251
Flächenverschneidung 238
Floraweb 107
Fotografie 73

Galileo 258
Gauß-Krüger-Abbildung 61, 65
Geiger-Müller-Zählrohr 73
Generalisierung 148, 162, 307
Geobasisdaten
– Deutschland 145
– Österreich 170
– Schweiz 178
Geobotanik 94
Geocodierung 63, 235
Geodaten 395
– Charakteristika 251
– -Services 240
Geodatenbanksystem 247
Geodateninfrastruktur (GDI) 40, 146, 165, 170, 178, 240
– Deutschland (GDI-DE) 40, 399
Geodatenzugangsgesetz 40
Geodätische Bezugsflächen 58
Geodätische Bezugssysteme 151
Geography Markup Language (GML) 241
Geoid 59
Geoinformatik 65
Geoinformationssystem (GIS) 64, 203, 234
– Open-Source- 242
Geomedienkompetenz 245
Geometrieobjekte 249
Geoportal.de 400
Georeferenzierung 63

Geotopographie 147
Geovisualisierung 299
German Environmental Information Network (GEIN) 48
Global Environmental Monitoring System (GEMS) 32
Global Positioning System (GPS) 236, 257
Global Resource Information Database (GRID) 32
GLObal'naya NAvigatsioannaya Sputnikovaya Sistema (GLONASS) 257
GNSS 236, 257, 428
– differenzielles (DGNSS) 266 266
– -Genauigkeit 265
– -Korrekturdienste 267
– -Messungen 64
– -Ortung 263
– -Referenzstationen 152
Grafische Mindestgrößen 304
Green IT 342, 359, 364
GREENSOFT-Modell 349
Grenzwertüberwachung 84
GRS80 59, 63
Grüne Software 347

Head-Mounted-Display 314
Hochwasserrisiko 195, 391
Hochwasservorhersage 294, 390
Hohenpeißenberg 70

Immissionsschutzrecht 36
Indexstruktur
– räumliche 252, 253
Information der Öffentlichkeit 27
Informationsaustausch 386
Informationspflichtige Stellen 42, 44
Informationssystem Wasser, Immissionsschutz, Boden, Abfall, Altlasten (WIBAS) 361
INFOTERRA 32
InGrid 48
INSPIRE 86, 175, 203, 357, 395
– -Richtlinie 40, 48
Instrumentenmessung 70
Interferogramm 135
Interkalibrationsfeld 383
Internationale Kommission zum Schutz des Rheins (IKSR) 386
Internet of Things (IoT) 88, 269, 279
Internet-Artenschutzportal 50
ISO 19125 248
ISO/IEC 13249-3 248

Kandidat 251
Kartendesign 303
Kartographie 299
Kartographische Modellbildung 303
Kartographisches Modell (KM) 171
Kartographisches Zeichensystem 303
Katasterverwaltung 166
Katastrophen 67
Klimainformationssystem 366
Klimaprojektionen 372
Klimaschutzkarte 193
Klimawandel 68, 371
kNN-Algorithmus 274
Kommunale Umweltinformationssysteme 32
Kompensationsprinzip 82
Koordinaten
– Gauß-Krüger- 65
– -systeme 57, 59
– UTM- 65
Koordinatenreferenzsystem (CRS) 65, 151
Krassowskij-Ellipsoid 59
Kreisbogen 248
Krisenmanagement 357, 450
Künstliche Intelligenz 54, 88, 269

Land Surface Temperature 128
Landsat 74, 138, 430
LANIS 236
– -Bund 31
Laserscanning 135
Leitungspunkte 473
Light Detection and Ranging (LiDAR) 135, 314
Linienzug 248
– zusammengesetzter 248
Location-based Services 51
Luftbilder 172

Machine Learning 88, 269
Map Overlay 238
Marine DGNSS 266
Meldungsmanagement 84
Merkmalbasiertes Tracking 315
Messabweichungen 82
Message Queuing Telemetry Transport (MQTT) 282
— -Protokoll 283
Messen
– direktes 81
– indirektes 82
Messnetze 78, 79
Messtechnische Grundlagen 81
Messwert 82, 85
Metadaten 28
Metainformationssystem 50
Meteorologie 71
Mikrowellenfernerkundung 131
Minimal umgebendes Rechteck 252
Mobile Datenerfassung 53
Mobile Lösungen 406
Modellbildung 289
Modellierung 220, 237, 248
Mustererkennung 52, 137

Nachbarschaftsbeziehungen 122, 238
Nachhaltige Landnutzung 426
Nachhaltige Software 347, 350
Nachhaltigkeitsmanagement 335
Nachhaltigkeitsmonitoring 416
Nachhaltigkeitsstrategie 44
Nächste-Nachbarn-Anfrage 250
Nationale Geodaten-Infrastruktur Schweiz 179
Natura-2000-Schutzgebietsnetz 423
Naturschutz 47
Naturschutzinformation 51
Naturschutzinformationssystem (NAIS) 361
Netzauskunft 476
Netzdokumentation 467
Neuronale Netze 291
Niedrigwassermarken 74
Normalhöhennull (NHN) 63
Normalized Difference Vegetation Index (NDVI) 125
Normbasierte Austauschschnittstelle (NAS) 165
Notfallmanagement 446
Null-Meridian
– Meridian von Uranienburg 73
– Pariser Meridian 73

Ökosystem 26
Open Data 153, 175, 185
Open Geospatial Consortium (OGC) 87, 165, 240
– -Dienste 87
– -Spezifikationen 87
Open Government Data
– Österreich 174, 175
– Schweiz 185, 186
OpenStreetMap (OSM) 188, 309, 418
– Datenqualität 190
Orthophotos 172
Ortsdosisleistung (ODL) 375

Passive Aufnahmesysteme 119
Photochemical Reflectance Index (PRI) 125
Photovoltaik 461
PortalU 48
Positionsbestimmung 257
– mit Tachymetrie 261
– mobilfunkbasiert 258
– WLAN-basiert 259
Power Usage Effectiveness (PUE) 344
Precision Farming 426
Prognosemodelle 297
Projektion
– Azimutal- 60
– Kegel- 60
– UTM- 61
– Zylinder- 60
Proxydaten 75
Pseudostrecken 262
Pufferzone 250
Punktanfrage 254

Quadtree 253
Qualitätsmanagement 83
Qualitätssicherung 97

Radarinterferometrie 134
Radarsystem 132
Radioaktivität 376
Rasterdaten 64, 237, 430
Raumbezug 51, 57, 58, 63, 145, 147, 150, 151, 152, 247, 301, 302
Räumliche Anfragen 250
– mehrstufige Bearbeitung 251
Räumliche Bezugssysteme 57
Räumliche Indexstrukturen 252
R-Baum 253
– Anfragebearbeitung 254
Realitäts-Virtualitäts-Kontinuum 313
Rechteckanfrage 254
Repräsentativität 94, 100, 102
Requirements Engineering (RE) 210
Rheinatlas 393
Rhizotomikon 69
Risikokarten 437
Risk Mapping 436
Rohwert 85
Rotationsellipsoid 58

Sachbezug 302
SAPOS 152
Satellite Based Augmentation System (SBAS) 258
Satellitenortung 257
SENDAI-Rahmenwerk 446
Sensor Observation Service (SOS) 87
Sensor Web Enablement (SWE) 87
Sensoren 79
Sensornetze 363
Sensor-Web 33
Sentinel 87, 133, 134, 138, 139, 140, 430
Serviceorientierte Architektur 360
Shannon 107
Shared Environmental Information System (SEIS) 45
Simulation 289
Simultaneous Localization and Mapping (SLAM) 315
Sinneswahrnehmung 68
Societas Meteorologica Palatina 70
Spatial Data Mining 255
Speckle-Effekt 133
Spektrale Eigenschaften 124
Standardisierung 67
Starkregenereignisse 436
Structured Query Language (SQL) 223, 492, 493
Systematische Fehlerquellen 82

Tachymeter 261, 471
TandemX 134
TerraSAR-X 134
Thematische Kartographie 299
Thermalfernerkundung 128
Tiros-1 74
Topologie 238
Transmissionsgrad 120, 130
Treffer 251

Umberto-Modell 332
UMPLIS 31
Umweltanalytik 73
Umweltbeobachtung 26, 54, 69
Umweltdaten 26
Umweltdatenkatalog 48
Umweltinformatik 27
Umweltinformation(en) 35
Umweltinformationsgesetz (UIG) 27, 41
Umweltinformationssystem (UIS) 26, 30
– Baden-Württemberg 356
– betriebliches (BUIS) 33, 324
– integriertes 85
– kommunales 32
– landesweites 32
– nationales und internationales 31
– verwaltungsunabhängiges 32
Umweltkatastrophen 79
Umweltmonitoring 78, 279, 416
Umweltpolitische Digitalagenda 54
Umweltportal 362
Umweltprobenbank 99, 100
Umweltrecht 26, 40
Umweltüberwachung 44
Umweltverträglichkeitsprüfung 36
UNEP 32
UNESCO-MaB-Gebiete 32
United European Levelling Network (UELN) 63
Use Cases 214, 215
UTM-Projektion 61

Vektordaten 237, 431
Verfeinerungsschritt 251
Verschneidung 237, 238
Virtual Reality 318
Visualisierung 239, 312

Warn- und Alarmplan Rhein 388
Washingtoner Artenschutzübereinkommen 55
Wasserkraft 463
Wasserrahmenrichtlinie (WRRL) 36, 101
Web Coverage Service (WCS) 242
Web Feature Service (WFS) 241
Web Map Service (WMS) 241
Web Processing Service (WPS) 242
Web-Mapping 309
WGS84 59, 63, 65
Windenergie 460
Winkeltreue Abbildung 60
WLAN 259

Zeigerorganismen 105
Zeigerpflanze 94
Zeitbezug 302

Wichmann
NEU
Wiggenhagen/Steensen
Taschenbuch zur Photogrammetrie und Fernerkundung
Guide for Photogrammetry and Remote Sensing
6., neu bearbeitete und erweiterte Auflage
6th revised and extended edition
Wichmann
Technikwissen punktgenau:
Standardwerk für Photogrammetrie und Fernerkundung
Dieser „Klassiker" im Bereich der Photogrammetrie und Fernerkundung erscheint bereits in der 6. Auflage und behandelt mathematische, photogrammetrische und fernerkundliche Grundlagen. Mit zahlreichen Abbildungen, Formeln, Tabellen und Kurztexten ist das zweisprachige Buch ein unentbehrliches Nachschlagewerk für Studierende, Wissenschaftler und Praktiker.
6., neu bearbeit. und erweiterte Auflage 2021. 360 Seiten
48,– € (Buch/E-Book)
67,20 € (Kombi)
Preisänderungen und Irrtümer vorbehalten. Sowohl das E-Book als auch das Kombiangebot (Buch + E-Book) sind ausschließlich auf www.vde-verlag.de erhältlich.
Bestellen Sie jetzt: (030) 34 80 01-222 oder www.vde-verlag.de/buecher/537678
Werb-Nr. 2107042